JN421998

환경정책의 이론과 실제

김지태 · 김상훈 · 안세창 · 오길종 · 정병철 · 황석태

도서출판 동화기술

머리말

21세기를 맞이하면서 선진국들이 제시한 국가 장기발전전략을 살펴보면 공통적으로 경제적 성과(economic performance), 사회적 통합(social cohesion), 환경적 지속가능성(environmental sustainability)이라는 세 가지 기본 이념을 토대로 하고 있습니다. 이는 경제·사회·환경의 통합적 접근만이 인류사회의 지속적인 발전을 가능하게 한다는 의미입니다. 여기서 지속가능성은 에너지·자원의 이용효율을 제고하고 환경친화적인 경제·사회구조를 지향하는 것을 전제로 실현할 수 있으며 광의적 차원에서 환경보전의 중요성을 강조한 것입니다.

현대 사회의 환경문제는 시간적·공간적으로 다양한 분야에서 매우 복잡한 양상으로 나타나고 있어 단순한 대응 방식으로는 효과적인 해결책을 제시하기 어렵습니다. 따라서 환경문제를 해결하기 위한 환경정책도 종래 단순히 오염물질을 저감하는 차원에서 벗어나 각종 개발정책, 산업정책, 농업정책, 산림정책, 에너지정책, 보건의료정책, 교통정책 등 제반 정부정책과 밀접히 연계되면서 조화롭게 추진되어야 합니다. 또 정책 대상과 범위가 확대된 만큼 보다 정교하고 통합적인 환경정책의 수단과 방법이 요구되고 있습니다.

이러한 시대적 여건에서 그간 우리나라 환경정책을 실무적으로 입안하고 집행해온 환경부의 전현직 공직자들이 실무 경험을 바탕으로 함께 이 책을 기술하였습니다. 환경관련 학문을 공부하는 학부 고학년생과 대학원생, 그리고 환경관련 기업이나 연구기관에 계신 분들, 그리고 환경정책에 관심을 가진 분들이 국내에서 시행되는 제반 환경정책의 배경과 현황, 그리고 향후 전망을 쉽게 이해할 수 있도록 노력하였습니다, 환경정책의 개념을 이해할 수 있는 기초이론을 시작으로 환경행정의 발전과정, 대기·물·폐기물 관련 정책, 자연환경 보전정책, 환경보건 및 생활환경정책, 기후변화 및 지구환경문제 순으로 편제하였습니다. 환경정책의 취지와 적용되고 있는 각종 정책의 내용, 분야별 정책의 도입 경과와 실태에 대하여 가급적 최신 통계와 법규를 기초로 소개하고 정책수단들이 가진 의미를 분석·제시하였습니다.

책을 펴내고자 하니 부족함을 많이 느낍니다. 앞으로 독자들의 비평을 소중히 담아 미진한 부분에 대해 추후 보완할 기회를 갖도록 하겠습니다. 이 책을 발간하는데 각별한 관심과 애정을 보여주신 도서출판 동화기술 관계자 여러분께 깊은 감사를 드립니다.

목 차

CHAPTER 1

환경정책의 이해

1.1 환경정책의 배경과 특징

1.1.1 선택의 문제로서 공공환경정책

환경정책은 궁극적으로 환경질을 개선시켜 국민의 건강과 쾌적한 생활여건을 보장하기 위해 취해지는 공공정책으로 대기질, 수질, 소음도, 상수도 보급률, 생물다양성 등과 같은 다양한 지표로 나타낼 수 있다. 그러나 환경질은 몇 가지 지표로 나타내기 어려운 복합적인 결과이기 때문에 환경문제 역시 단편적인 시각으로 접근해서는 해결하기 어렵다. 따라서 환경정책은 정치적·경제적·사회적 지식뿐 아니라 과학기술의 수준과 적용성을 종합적으로 고려한 학제적 통합 접근이 요구된다. 다음 사례를 통해 환경정책의 특성을 고찰해 본다.

2011년 12월에 환경부 소속기관인 "중앙환경분쟁조정위원회(이하 위원회)"에서 내린 먼지 피해자에 대한 결정을 살펴본다.[1] 충북 제천시에 소재한 시멘트회사에서 발생되는 먼지 피해를 인정하여 인근지역 주민 16명에게 총 1억2천5백만 원을 지급하라고 결정한 것이다. 시멘트 공장의 경우 생산 공정에서 상당량의 먼지가 발생한다.[2] 2010년 국립환경과학원이 실시한 주민건강조사 결과에 따르면, 제천지역에서 진폐증 환자 10명이 확인되었고, 조사자의 12.5%인 71명이 만성폐쇄성 폐질환으로 나타났는데 이는 대조 지역의 8.5%보다 높은 것이었다. 그런데 문제가 된 시멘트공장도 먼지를 줄이기 위한 노력을 계속해 왔다. 1989년 석회석 운반벨트를 밀폐하였고, 기존시설을 2003년 최신의 먼지제거시설인 여과식 집진시설로 교체했으며, 2009년에는 근로자 보행로까지 밀폐한바 있다. 위원회는 이러한 공장의 노력에도 불구하고 공장의 먼지 배출과 지역주민 폐질환 사이에 인과관계가 있음을 인정했고, 산업재해보상보험법의 진폐 보상수준과 2001년 이후 건강보험진료비 등을 참고하여 위의 금액을 배상토록 결정하였다.

이와 같이 시민의 건강과 생명을 위협하는 환경문제는 다종·다양한 형태로 계속 발생하고 있다. 우리가 마시는 물의 안전한 공급, 불가피하게 발생하는 쓰레기의 적정한 처리, 4만종 이상에 달하는 각종 화학물질의 위해성 관리와 같은 일반적인 환경관리 문제뿐만 아니라, 건강한 생태계의 보전을 포함한 자연환경의 훼손 문제, 나아가 기후변화(climate change)에 대응하

---

1) 환경부 시멘트공장 먼지로 인한 건강피해 최초 배상 결정" 환경부 보도자료(2011.12.28).

2) 시멘트 생산 공정에는 시멘트의 원료가 되는 석회석의 채굴과 분쇄, 공장으로의 이송, 원료의 조합, 건조, 저장, 시멘트 반(半)제품 생산을 위한 고온 융용 및 소성(1,350~1,450℃), 반제품에 석고와 부재료를 혼합, 분쇄, 저장하는 제품 생산과정이 포함된다.

는 온실가스 감축(mitigation)과 적응(adaptation), 생물다양성(biodiversity) 등과 같은 지구환경문제에 이르기까지 시간적·공간적으로 다양한 변수를 가진 복합적 이슈가 환경문제이다.

이를 해결하기 위해서는 다양한 학문 분야가 복합적으로 적용되어야 한다. 우선 특정한 오염물질과 이로 인한 건강 피해 또는 생태계 훼손 간의 인과관계를 밝히기 위해서는 자연과학의 도움이 필요하다. 즉 시멘트 공장에서 배출된 먼지를 주민들이 흡입하고, 폐로 흡입된 먼지가 질환을 일으키기까지의 경로와 영향 메커니즘에 대한 과학적 지식이 요구된다. 역사적으로 환경문제를 일으킨 물질들을 보면 처음에는 유용한 인공합성물질로 인식되나 나중에 심각한 환경위해를 수반하는 오염물질로 밝혀지곤 했다. 예컨대 유기염소 계열의 살충제인 DDT, 냉매·세척제로 광범위하게 사용되던 CFC, 석면 등이 좋은 사례다. 한때 기적의 광물로 불리면서 건축자재, 자동차용품, 섬유제품 등에 광범위하게 사용되던 석면을 지금은 폐암 등을 유발할 수 있는 1급 발암물질로 분류한다. 우리나라의 경우 1970년대 주거환경개선사업의 일환으로 농가 지붕재로 다량 사용되었던 석면슬레이트가 심각한 사회문제가 되고 있다. 이처럼 환경문제의 발생과 해결 과정에서 자연과학 분야의 도움을 받아야 하지만 자연과학 지식에 존재하는 불확실성(uncertainty)에 유념할 필요가 있다.[3] 현 시점에서 별 문제 없어 보이는 물질들도 언제 돌이킬 수 없는 환경문제를 일으킬지 모르기 때문이다.

환경문제가 단순 명료하게 자연과학의 연구 결과에 따라 결정되느냐 하면 그렇지 않다. 대다수 환경정책이 기존의 이해 당사자들에게 영향을 미치게 되므로 환경정책의 결정과정은 불가피하게 여러 이해관계자 간의 갈등과 분쟁을 수반한다. 간단히 말해, 환경정책은 가치와 이해가 충돌하는 경우가 대부분이며, 많은 경우 정치적인 여건을 고려하여 결정된다. 시멘트 공장 측에 대해 과거부터 누적된 먼지피해를 배상하라고 하는 결정과정에서 공장 측은 지역경제에 기여한 자신들의 노력과 성과를 강조할 것이고, 주민의 건강피해가 과장되어 있다고 주장할 것이다. 지역주민 간에도 입장 차이가 있을 수 있다. 시멘트 공장 때문에 경제적 이득을 보고 있는 주민이 있다면 환경문제로 공장이 피해를 보는데 반대할 수 있다. 중앙정부와 지방자치단체의 의견이 다를 수 있다. 가치의 배분을 다루는 정치학(politics)의 도움이 필요한 까닭이다.

문제는 여기서 그치지 않는다. 과연 공장의 가동으로 인한 경제적 이득이 지역주민의 심각한 건강상 피해에 우선할 수 있을까? 생명과 건강의 가치는 얼마일까? 생명과 건강의 가치를 금전적 가치로 나타내는 게 과연 바람직한가? 시멘트 공장으로 인한 피해의 존재를 알고 있었던 사람과 그렇지 않은 사람 간에 배상을 달리해야 하지 않는가? 피해의 존재에 관

3) 사실 환경문제에 대한 사람들의 입장 차이는 이 불확실성을 어떻게 받아 들이냐에 따라 갈린다고 해도 과언이 아니다. 불확실성에 사전적으로 대비(precautionary)하자는 주장이 있을 수 있고, 불확실성이 해소되기를 기다리자는 의견이 있을 수 있다.

한 지식의 유무는 피해에 대한 보상과 무관한 것은 아닌가? 기업이 최선을 다해 방지시설을 설치했다면 피해배상의 책임은 없는 것이 아닌가? 윤리학(ethics)의 논의가 이러한 질문에 대한 답을 찾는데 도움이 될 수 있을 것이다.

지역주민 일부에서 건강상의 피해가 발견되었다고 해서 시멘트 산업을 포기하기는 쉽지 않다. 오염물질을 배출한다는 이유로 모든 공장의 문을 닫을 수는 없기 때문이다. 공장 폐쇄가 아닌 배출허용기준을 설정하고 기준 이하로 배출하게 하는 대안적 환경규제를 선택하는 이유가 여기에 있다. 그러면 어느 정도의 환경오염을 불가피한 것으로 받아들여야 할까? 이에 대한 대답은 단순히 환경오염만이 아닌 국가의 경제발전 수준, 시민의 가치관과 이에 따른 수용성, 환경오염의 피해 정도와 생산·고용·소득 등 경제적 부가가치를 종합적으로 고려해야 가능하다. 세계 경제가 글로벌화 되는 여건에서 환경규제가 기업의 국제 경쟁력에 미치는 영향을 도외시하기도 어렵다. 글로벌 시장에서 치열한 경쟁을 벌이고 있는 기업의 현실을 고려해야 하고 외국의 규제 수준을 참고해야 한다는 의미이다. 경제학이 이러한 관점에서 바람직한 지침을 제공해 줄 수 있다. 이밖에도 심리학, 법학, 사회학 등 여러 가지 학문 영역에서의 이해와 분석이 필요한 것이다.

여기에서 이러한 학문 모두에 대해 논의할 수는 없으며 환경정책을 만들고 집행하는 사람이 이 모든 학문의 전문가일 수도 없다. 중요한 것은 환경정책을 단순히 특정 전문분야의 판단 영역으로 보아서는 안 된다는 점이다. 예컨대 자연과학의 지식에만 의존해서 결정할 수 있을 만큼 환경정책의 대상이 규칙적으로 변화하지 않는다. 최선의 환경정책을 수립하기 위해서는 자연과학 이외에 정책학이나 행정학을 토대로 공공정책의 형성 과정과 올바른 정책의 선택에 필요한 여러 가지 방법과 도구에 대한 이해를 가져야 한다.

무엇보다 중요한 공공정책의 본질은 정책의 대상이나 방법이 선택적이라는 사실에 있다[4]. 가용자원이 충분하다면 굳이 무엇을 버리고 무엇을 취할지 고민할 필요가 없겠지만, 정책의 선택은 본질적으로 한정된 자원을 전제로 하고 모든 정책의 실행에는 비용과 편익이 수반되므로 선택의 고민이 생기는 것이다. 환경정책에 대한 과학적 이해는 선택의 문제로서 환경정책을 인식할 때 시작된다.[5] 환경정책 역시 정책의 수립과 집행과정에서 여러 가지 이론과 분석수단을 활용하여 비용을 최소화하고 편익을 최대화해야 한다. 이 장에서는 이러한 관점에서 환경정책을 체계적·분석적으로 이해하기 위해 필요한 행정학과 정책학의 기초이론과 적용사례를 기술하기로 한다. 공공정책은 정책학과 행정학으로 불리는 사회과학의 한 분야에서 다양한 방법론과 누적된 실증연구를 통해서 연구되고 있으므로 이를 활용한다.

---

4) Greenspan, 2011

5) 생태·자연·환경이 무조건적인 보호와 관심의 대상이라면 굳이 환경정책론을 연구할 필요가 없을 것이다. 생태·자연·환경을 사랑하는 열정의 가치를 낮게 평가해서도 안되지만 그러한 열정만으로는 모든 환경문제를 해결할 수는 없다는 의미이다.

1.1.2 환경문제의 원인과 해결방법

모든 시대, 모든 지역마다 환경문제가 발생한다. 현대인은 자기 이익만 추구하는 나쁜 사람들이기 때문에 환경문제가 생긴 것이고, 옛날 사람들은 순박하고 자연친화적인 삶을 영위하였기 때문에 환경문제를 야기하지 않았다는 생각은 역사적 사실과 다르다. 우리에게 친숙한 이스터(easter) 섬이나 마야(maya) 문명처럼 환경파괴로 문명 자체가 역사의 장에서 사라진 사례가 다수이기 때문이다.[6] 그렇다고 해도 대량생산, 대량소비와 대량폐기를 특징으로 인류 역사상 최고의 물질적 풍요를 구가하는 현대사회에서 예전에 나타나지 않았던 환경문제가 더 빈번하게 발생하고 있음은 분명해 보인다.

깨끗한 물, 맑은 공기, 건강한 생태계 등 환경자원은 공유재(common property resource)의 성격을 갖는다. 말 그대로 공유재는 주인이 확실치 않다. 때문에 사회 구성원의 협력 없이는 제대로 지켜지고 보존되기 어려워 보인다. 이에 대하여 Kraft의 이론을 배경으로 공유재의 관리방법을 살펴보고자 한다. Ostrom은 공유자산의 관리방안에 깊이 천착한 바 있다. 그의 논의를 따라 환경문제의 원인과 환경자산의 관리방안에 관한 이해를 넓히도록 한다. Kraft는 환경문제의 발생 원인을 단순히 경제적 이익만이 아닌, 지식의 부족과 윤리의 문제로까지 확대해 조망하면서 각각의 환경문제의 본질과 그 해결방안이 밀접하게 연관됨을 설명한다.

가. Ostrom : 세 가지 이론과 공유자산 관리방법

노벨 경제학상 수상자인 Elinor Ostrom 미국 인디아나大 교수는 공유자산(CPR : Common-Pool Resources)에 관한 연구로 유명하다. Ostrom(1990)은 공유자산의 관리방안을 찾기 위해 합리적 개인 간에 협력이 가능한 지 타진하면서, 사회과학 분야에서 너무도 유명한 세 가지 이론을 검토한다. 이 중에 특히 Hardin의 "공유재의 비극(tragedy of commons)"은 사유화되지 않은 목초지가 불가피하게 황폐해질 수밖에 없음을 논증하였는데, 같은 맥락에서 환경문제의 발생 원인을 이해할 수 있다.[7] 예를 들어 설명하기로 한다.

아무나 사용할 수 있는 목초지가 있다. 공유화된 목초지이기 때문에 누구나 자신이 키울 수 있는 최대한도로 가축을 키우려 한다. 즉 한 목동이 가축 한 마리를 늘릴 경우 그 혜택은

---

6) Greenspan(2011) 인용. 이 밖에도 태평양의 Pitcain and Handerson 섬, 북미의 Anasazi, 스칸디나비아 바이킹의 Norse Greenland 정착지 등이 환경파괴로 멸망의 길에 이른 바 있다(Diamond, 2005).

7) 이 비유는 Garrett Hardin은 같은 제목의 논문을 1968년 Science誌에 게재하면서 학자들 사이에 회자되기 시작했다.

전부 목동 개인에게 돌아가지만 추가 방목에 따라 발생하는 비용은 공유 목초지에 방목하는 목동 모두가 분담한다. 추가된 한 마리의 가축이 먹는 풀의 양을 기존의 가축 전체가 똑같이 나누어 줄여야 한다는 의미이다. 따라서 '합리적인' 목동이라면 당연히 자신이 방목하는 가축의 수를 늘리려고 한다. 모든 목동이 이렇게 생각한다면? 어느 순간 공유된 방목지에는 풀이 하나도 남지 않게 된다.

이러한 결과는 피할 수 없다. 그래서 비극이고, 암울하다. 유한한 공유지에서 제한 없이 가축을 늘리도록 만드는 시스템에 목동들이 꼼짝없이 갇혀서, 공유지의 자유라고 착각하고 자신의 이익을 한껏 추구하다가 결국 공멸에 이르게 되는 것이다.[8] 어차피 내가 양 한 마리를 더 방목하지 않으면 다른 사람이 할 터이니 합리적인 목동이라면 더 많은 양을 방목하려 할 것이고, 이러한 결정이 모여 파국을 가져오는 것이다. 이는 의사결정의 주체로서 개인이 인지하는 편익과 사회적으로 감당해야 하는 비용이 불일치하기 때문이다.

Hardin(1968)은 우리가 직면하는 환경문제도 마찬가지 이유로 발생한다고 보고 해결책을 제시한다. 목초지와 같은 개념으로 오염물질, 예컨대 쓰레기, 화학물질, 방사능물질, 폐수, 대기오염물질, 불쾌한 광고물을 자연에 버리기 때문에 오염(pollution)이 발생한다. 깨끗한 강에 폐수를 버리는 공장을 생각해 보자. 폐수를 그냥 버리는 비용이 폐수를 정화하는데 드는 비용보다 훨씬 적다. 합리적인(rational) 공장 운영자라면 폐수를 그냥 방류할 것이며 모든 공장에서 더러운 폐수를 강물에 버리면 결국 강물이 크게 오염되는 것이다. 이러한 비극을 막을 방법은 무엇일까? Hardin은 공유지를 개인에게 매각하여 사유재산(private property)으로 만들거나, 공공재산으로 하되 출입권을 제한하는 방법[9]을 제시하고 있다. 환경오염이 발생하는 경우는 법으로 배출을 제한하거나 배출행위에 대해 처리비용에 상응하는 세금을 부과하는 것이 해결책이다.

다음이 "죄수의 딜레마(The Prisoner's Dilemma)" 이론이다. 경찰의 취조를 받고 있는 두 명의 범죄자가 있다고 하자. 이들이 선택할 수 있는 대안은 두 가지 뿐으로 표 1.1과 같이 범죄를 인정하는 것과 끝가지 자백하지 않는 것이다. 둘이 함께 범죄를 부인하면 징역 1년에 처해진다. 하지만 한사람은 자백하고 다른 한 사람은 부인하면 부인한 사람은 10년의 징역을 받고 자백한 사람은 무죄로 석방된다고 가정하자. 두 사람 모두 범행을 인정하면 둘

8) 참고로 원문을 옮기면 다음과 같다. "Therein is the tragedy. Each man is locked into a system that compels him to increase his herd without limit - in a world that is limited. Ruin is the destination toward which all men rush, each pursuing his own best interest in a society that believes in the freedom of the commons(Hardin, 1968; 1244)."

9) 출입을 제한하는 기준은 여러 가지가 있다. 경매를 실시해서 가장 많은 비용을 내는 사람이 우선 들어가게 할 수 있을 것이고, 잠재적 참여자 간에 출입에 관한 기준을 합의해서 이에 따를 수도 있을 것이다. 제비뽑기를 할 수도 있고, 일찍 오는 사람이 들어가도록 하는 방법(first-come first-served)도 가능하다.

다 5년 징역을 받는다. 이러한 상황이라면 두 사람 모두 범죄를 부인하는 게 최선이다(-1. -1). 문제는 따로 취조 받는 상황에서 범행을 자백해서 무죄로 방면되고 싶은 유혹을 극복할 수 있느냐 하는 점이다. 더구나 다른 죄수를 믿기도 어렵다. 자신은 범행을 부인했는데 다른 공범자가 범행을 인정했을 경우의 벌칙은 무려 징역 10년이다((0, -10) 또는 (-10, 0)). 합리적인 범죄자라면 범행을 자백할 것이다(-5, -5).

표 1.1 죄수의 딜레마 상황

구 분		범죄자 A	
		부 인	자 백
범죄자 B	부 인	(-1, -1)	(0, -10)
	자 백	(-10, 0)	(-5, -5)

마지막으로 Mancur Olson(1965)이 주장한 '집단행동의 논리(The Logic of Collective Action)'가 있다. Olson은 집단의 구성원10)이 자신이 속한 집단의 공유이익이나 목표를 달성하기 위해 협력한다는 전제에 이의를 제기한다. 이와 반대로 집단이 제공하는 혜택(benefit)이 집단행동을 유인하기에 충분하지 않을 경우 집단 구성원은 공동의 노력에 참여하여 공동의 이익(common interest)을 구현하기 보다는 무임승차자(free-rider)가 되고 싶어한다. 즉 합리적 개인은 공동선이 구현되면 자신의 삶이 더욱 나아질 것임을 알고 있어도 공동선을 구현하는데 필요한 협력과 집단행동에 참여하려 하지 않는다는 말이다. 혜택(공동선)은 누리면서, 비용(참여)은 지불하려 하지 않는다는 의미이다. 노조활동(파업)에는 참여하지 않으면서 노조활동의 성과물(임금인상)은 누리려는 노조원의 모습이 그 예이다. 구성원의 수가 충분히 작거나 집단의 공유된 이익에 기여하도록 하는 방법, 예컨대 강제성(coercion)이 존재하지 않으면 협력은 없다는 해석이다.

이와 같은 세 가지 모델(이론)은 분명히 매력적이다. 세 모델 공히 합리적인 인간이 협력할 수 없는 이유를 논증하고 있기 때문이다. 합리적인 목동이라면 당연히 더 많은 가축을 소유하려고 하고, 합리적인 범인이라면 범행의 부인보다는 자백을 선택할 것이다. 합리적 조직원이라면 굳이 조직과 집단의 목표를 달성하는데 필요한 희생보다는 다른 구성원의 노력에 편승하여 비용은 지불하지 않고 혜택은 누리는 전략적 행동을 취할 것이다. 우리는 사회질서를 유지하기 위한 협력은 당연하고, 협력을 통해 공동의 선과 공익을 추구할 것이라고 생각한다. 그러나 세 가지 모델은 이러한 전제가 당연한 것이 아니며, 오히려 협력하지

10) 여기서 집단 구성원은 합리적이고 자기 이익을 추구하는(self-interested) 존재이다.

않는 것이 개인에게는 합리적이고 논리적인 선택임을 밝히고 있다.

그러면 협력을 통한 공유재의 관리는 불가능한가? Ostrom에 따르면 해결방법은 세 가지로 중앙통제(정부), 사유화(시장), 그리고 대안(alternative solution)이다. 앞서 설명한 세 가지 모델은 기본적으로 제도와 시스템의 틀에 갇힌 이기적(합리적)인 개인을 전제로 한다. 공유 초지의 목동, 검찰에 취조 받고 있는 범죄자, 다수의 구성원 중 하나에 불과한 개인이 그들이다. 이들은 자신들이 처한 제약요소(constrains)를 결코 스스로 해결할 수 없기 때문에 외부의 힘이 필요하다. 우선 중앙 집중화된 통제방법(centralized control)이 있다. 공유지에 최적 생산이 가능한 양(羊)의 마리 수(L)를 확정하고, 목동의 수만큼(N) 나누어서(L/N) 방목하도록 강제하는 것이다. 정부가 개별 오염 행위자의 오염행위 수준(예, 배출허용기준)을 정하는 것 역시 이 방법이다. 다른 방법은 사유화(privatization)이다. 과다 방목이 문제인 경우, 목동들에게 목초지를 똑같이 나누어 사용할 수 있는 권리를 주게 되면 목동들은 자신의 초지를 황폐화시키지 않으면서 방목한다. 즉 공유지의 공유재적 성격을 없애는 것으로 공유재의 파멸을 가져오는 내재적 한계로부터 개인을 구할 수 있게 된다.

문제는 이 두 가지 방법이 충족되기 어려운 전제조건에 기반하고 있다는 점이다. 첫 번째 방법의 경우 최적의 대안을 제시할 만큼 정부가 보유한 정보가 정확하고, 정부가 위반행위에 대해 확실히 벌칙을 부과할 수 있는 감시능력을 갖고 있으며, 또한 이러한 정부활동에 비용이 들지 않는다고(zero administration cost) 전제한다. 두 번째 방법의 경우에도 사적 권리를 설정하는 것이 간단하지 않다는 문제가 있다. 목초지의 상태가 서로 다를 수도 있고, 목초지가 전체적으로 관리될 때 가능했던 완충 역할이 불가능해 질 수도 있다.[11] 더구나 공해 상 어족자원처럼 소유권을 구분하는 게 불가능한 사례도 많다.

Ostrom은 중앙통제 방법이든 사유화방법이든 모두 제도적 변화(institutional change)가 밖에서 안으로 부과되어야 한다고 인식하는 것이 근본적인 문제라고 지적한다.[12] 최적의 제도적 방법이 쉽게 설계되고 외부로부터 별 다른 비용 없이 도입될 수 있다고 전제해서는 안 된다. 제대로 된 제도를 만드는 일은 힘들고, 시간도 오래 걸리고, 분쟁을 유발하는 과정이다. 더구나 공유재를 공유하는 개인들이 공유재의 비극을 가져오는 내재적 제약 내지 함정에 당연히 빠질 것이라고 생각할 필요도 없다. 오히려 개인들은 다양하고 창의적인 방법으로 다양한 유형의 딜레마 상황으로부터 벗어나고 있으며, 이를 위해 자율적이고 자발적인 협력을 하고 있다.[13]

---

11) 나누어진 목초지 한 곳에 가뭄이 들어 풀이 없어질 경우 그 곳의 양들이 모두 죽을 수 있다. 나누어져 있지 않았다면 양들을 이동시켜 풀을 뜯게 할 수 있었을 터인데 말이다.

12) 이 두 가지 해결방법을 주장하는 사람들이 자기의 방법이 유일한 해결책이라고 주장하는 것도 문제이다.

13) 실제 Ostrom교수는 다양한 지역에서 공유재를 성공적으로 관리하는 수많은 사례를 연구한 바 있다.

Ostrom의 논의는 정책결정자에게 '제도'에 대한 관심을 갖도록 한다. 실제 정부의 규제나 시장의 활용방안이 모두 다양한 현실의 상황을 과도하게 단순화하고, 각각의 방법이 갖는 장점과 효과를 과장하는 경향이 있다. 정책이 실제 집행되는 여건은 그렇게 단순하지 않으며 다양한 변수가 존재한다. 따라서 복잡한 현상에 적합한 제도를 찾아야 한다. 중앙 집권적 규제의 경우 집행하는 조직을 어떻게 만들지, 규제에 필요한 정보를 어떻게 수집할지가 중요하다. 또 집행 담당자의 구성과 능력, 성과의 모니터링, 보상과 처벌체계도 제도의 성패에 결정적인 영향을 미친다. 사유화 방법 또한 마찬가지이다. 개인의 권리를 어떻게 정의할지, 사유화와 관련된 재화와 서비스의 정도를 어떻게 계량화할지, 사유화에서 제외되는 사람들에 대한 비용을 누가 지불할지, 권리와 관계된 분쟁을 어떻게 해결할지와 같은 구체적인 제도의 내용(institutional details)이 매우 중요하다.

나. Kraft : 환경문제의 원인과 해결방법

환경오염의 원인에 대한 이해와 해결방법은 밀접한 연관성을 가진다. Kraft의 설명을 살펴보자. 첫째, 환경오염은 '지식의 부족(a lack of scientific knowledge)'에서 발생한다는 주장이 있다. 주로 과학자들이나 기업가들이 이런 생각을 가지고 있다. 자연시스템은 복잡한 상호작용을 하는데 인간의 활동으로 자연시스템에 간섭하는 경우 어떤 기술, 어떤 물질, 어떤 활동이 어떤 경로와 방식으로 오염과 훼손에 이르게 되는지 제대로 알기 어렵다. 즉 환경오염의 발생 메커니즘을 잘 모르기 때문에 환경오염이 가중된다는 것이다. 이러한 관점에서 보면 환경오염 행위에 대한 감시를 강화하고, 그 발생 메커니즘에 대한 연구를 바탕으로 환경오염을 줄이기 위한 기술개발에 보다 많은 투자를 해야 한다는 주장을 하게 된다.

둘째, 환경오염이 과학적 지식이나 가용한 기술의 부족보다는 '인센티브의 불균형(an unfortune imbalance of incentives)' 때문에 생긴다고 주장한다. 경제학자들이 많이 주장하는 이론으로 Hardin이 설명하는 공유재의 비극과도 통하는 주장이다. 공기, 물, 공공용지와 같은 공유재가 낮은 가격으로 인해 과도하게 이용되고, 태양광과 같은 신기술이 높은 가격 때문에 제대로 활용되지 못하는 것이 그 예이다. 따라서 해결책은 소비자와 공급자에게 잘못된 신호(signal)를 보냄으로써 파괴적인 결과를 초래하는 비현실적 시장가격 체계를 바꾸는 것이다. 환경비용이나 편익이 시장가격에 반영되어 내부화(internalization)되어야 한다는 것인데 대표적인 수단으로 세금(tax)이나 부담금(charge)이 제시된다. 화석연료에 무거운 세금을 매겨서 사용을 줄이도록 유도하고, 에너지 효율이 높은 제품에는 세금 환급(tax credit)을 통해 소비를 장려하는 방법이 간단한 예이다.[14)]

14) 나아가 현행의 국내총생산(GDP)이 환경이나 자원의 손실을 제대로 반영하지 못하고 있음을 지적하고,

마지막으로 환경오염 행위를 '환경가치와 윤리(environmental values and ethics)'의 문제로 보는 주장이 있다. 환경 철학자나 환경운동가 등이 이 입장을 지지한다. 환경문제는 결국 서구 산업사회의 기반이 되는 가치체계가 잘못되어 있기 때문에 발생한다고 주장한다. 이러한 핵심 가치의 내용을 살펴보면 다음과 같다.[15] 인간은 지구상의 다른 종(種)과 근본적으로 다르다. 인간은 목표를 달성하기 위해 필요하다면 무엇이든 할 수 있으며, 여기에 세계는 넓고 무한한 기회를 제공한다. 인류의 역사는 성장과 진보의 역사이다.[16] 이러한 가치나 믿음이 개인적 선택과 집단적인 행동에 강한 영향을 미치고, 결국 자연자원의 고갈과 환경 악화를 야기한다. 이러한 관점에서 보면 환경문제는 단순히 정부의 단기정책을 바꾼다고 해결될 수 없으며 정치, 경제, 사회, 문화 체계 전반의 변화가 필요하다. 따라서 새로운 환경 패러다임을 설정해야 하며, 개인의 행동과 정치적 활동의 변혁을 가져올 수 있는 환경윤리를 발전시켜야 한다는 주장으로 귀결된다.

1.1.3 환경정책의 특성과 정책유형

정책학자들은 정책의 특성에 따라 수립·시행과정이 달라질 수 있다고 본다. 우선 경제·외교·국방·문화정책 등과 같이 정부 조직상의 실질적·기능적 분류로서 환경정책의 특성에 관해 살펴본다. 이어서 정치 및 정책 과정의 성격을 좌우하는 요소로서 정책을 유형화한 Lowi의 논의를 정리한다. 미국의 정치행정학자 Wilson은 정책을 만드는데 드는 비용을 누가(소수 vs. 다수) 부담하고, 정책으로 인한 혜택을 누가 누리느냐에 따라 정책의 유형을 나누고, 각 유형에서 특징적으로 나타나는 정치 상황을 분석하였는데 이에 대해 마지막으로 설명한다.

생태계가 제공하는 서비스의 가치를 거시경제지표에 반영할 것을 주장한다. 예를 들어 습지를 없애고 아파트를 짓는다고 하자. 이 때 아파트 건설로 발생하는 수질오염을 개선하기 위해 불가피하게 처리시설을 건설하게 된다. 이 경우 습지를 파괴하는 아파트의 건설과 이에 따른 수질오염물질 처리시설의 건설 활동은 GDP에 반영된다. 하지만 오염물질 정화기능과 심미적 만족을 제공하는 습지를 보호함으로써 발생하는 편익은 전혀 GDP에 포함되지 못한다. Costanza 등(1997)에 따르면 지구 전체 생태계 및 자연 자본은 매년 33조 달러의 가치에 상당하는 서비스를 공급하고 있다고 한다.

15) Catton and Dunlap, 1980

16) Catton and Dunlap은 이를 주류 사회 패러다임(DSP : A Dominant Social Paradigm)이라고 명명했다. 이러한 믿음에서 기원하는 전제와 가치는 경제적 복지 우선, 부(富)를 창조하는 전통 기술이 일으킬 수 있는 위험의 수용, 자연가치의 낮은 평가, 제한 없는 경제성장, 경쟁, 위계체계(hierarchy), 효율에 기초한 현재의 경제·사회체계에 대한 지지, 집중화된 권위구조와 관료적 전문성을 특징으로 하는 정치과정에 대한 지지이다(Milbrath, 1989).

가. 환경정책의 특성

경제정책, 복지정책, 주택정책, 교통정책, 교육정책 등 정책의 대상이나 분야는 매우 다양하다. 정책학에서는 이러한 정책 간의 유사성 또는 차별성에 착안해 정책의 특성에 대하여 연구한다. 여기서는 환경정책이 다른 정책과 구분되는 특성이 무엇인지 살펴보고자 한다.[17)]

첫째, 가치판단의 개입이다. 대부분의 정책은 필연적으로 가치판단을 수반한다. 모든 공공정책이 본질적으로 정책의 실현을 통해 구현하고자 하는 가치를 내포하고 있기 때문이다. 그런데 환경정책의 경우에는 가치판단의 개입이 과학적 증거의 불확실성과 밀접히 관련된다는 특성이 있다. 환경정책은 시간적으로 촉박한 경우가 많아(time pressure) 환경오염에 관한 정보가 부족(missing data)한 상태에서 마련되곤 한다. 환경정책의 형성은 환경오염의 잠재적 영향에 관한 불확실성 속에서 진행되고 정책결정 참여자의 가치판단, 정치적 이해와 입장, 주관적 편견이 작용하는 정치화 과정이 수반된다. 환경호르몬이라 불리는 내분비계장애물질의 대처 사례에서 보듯이 환경 분야의 의사결정은 오염원의 영향과 피해에 관한 자료가 크게 부족한 상태에서 이뤄져야 하는 경우가 많다. 더구나 이런 문제들은 일반시민의 건강과 안전에 밀접히 관련되어 국민의 관심이 높기 때문에 정책결정자는 조속히 대책을 마련해야 한다는 사회적 압박을 받는다. 과학자의 가치관이나 관점에 따라 낙관적 예측과 비관적 전망 사이에 크게 차이가 나는 경우가 많으며, 이 경우 정책결정자는 특정 기관이나 개인에게 유리한 방향으로 해석할 여지를 갖게 된다.

둘째, 환경정책은 개발과 보전의 상충이라는 근본적인 갈등구조 하에서 수립되고 집행된다. 앞에서 기술한 시멘트 공장의 예처럼 산업발전의 부산물로 환경피해가 발생한다. 새만금 간척사업[18)], 영월다목적댐 건설, 경부고속전철 천성산 터널[19)], 서울외곽순환고속도로 북한산관통도로[20)] 등은 개발과 보전을 둘러싼 첨예한 대립이 심각한 사회적 갈등으로 발전한

---

17) 여기에서 제시되는 환경정책의 특성이 절대적 가치를 지닌 것은 아니다. 다른 유형의 정책과 비교할 때 '상대적으로 이런저런 측면이 더 강하다'라고 이해하는 것이 바람직하다. 이 부분은 주로 황석태(1999)를 참조하였다.

18) 군산과 부안 앞바다에 33km의 방조제를 건설하여 401km^{2}의 간척지를 조성하는 사업이다. 1991년 6월 환경영향평가 협의완료 후 공유수립 매립면허를 받아 1991년 11월28일 기공식을 거쳐 방조제 건설공사가 착공되었다. 제5장에서 상술한다.

19) 서울과 부산을 잇는 약 417km의 고속전철 사업구간 중 천성산 터널(부산~경남 구간)에 대해 불교계 지율스님과 환경단체 등에서 지하수고갈, 고산늪지 훼손 등을 이유로 노선변경을 주장한 사건이다. 단식농성 등 거센 반대로 사업이 1년간 지연되었다.

20) 서울외곽순환도로 건설사업 구간 중 북한산국립공원을 통과하는 터널 4km를 포함한 4.6km가 문제가 되었다. 당초 우이령 통과노선을 사패산 터널 통과노선으로 변경하기로 2001년7월 당사자 간 합의가 이루어졌으나 다시 종교계와 당초 합의에 참여하지 않은 환경단체가 이에 반대하여 2001년9월부터 2003년12월까지 2년 넘게 사업이 중단되었다. 공사가 재개된 계기는 2003년12월22일 노무현대통령의 조계종 방문 사과였다.

몇 가지 사례이다. 최근의 4대강 정비사업 또한 예외가 아니다. 뒤에서 상세히 다루겠지만, 경제학에서 환경문제는 외부효과의 전형적인 사례로 지적된다.[21] 외부효과가 시장실패를 유발하는 것은 시장이 이러한 비용과 편익을 내부화시키지 못하기 때문이다. 한편 맑고 깨끗한 환경자원은 물론 이를 제공하기 위한 시설도 공공재의 성격을 갖는다.[22] 환경기초시설 건설과 같이 공공재의 보전을 위한 정부의 직접적인 투자가 필요한 것이다.

마지막으로 환경정책 수립과정에 있어 점화장치(triggering device)로서 환경오염사고에 주목할 필요가 있다. 수많은 사회문제 중 어떤 문제가 사회적인 이슈가 되고 정부가 정책적인 해결을 주도하는 지가 중요하다. 즉 사회문제가 정책문제로 전환되는 과정을 정책의제 설정(agenda setting)이라 한다. 여기서 점화장치는 일반시민과 정책당국의 관심을 촉발시키는 사건을 말한다. 중국어선 불법조업 문제가 해경의 사망으로 정책의제가 되고, 학교폭력 문제가 괴롭힘 당하던 학생의 자살사건으로 사회적 이슈가 되는 경우가 이에 해당한다. 우리나라 환경정책에 있어서도 낙동강의 페놀사고(1991), 유기용제 오염(1994) 사고가 수질보전정책 발전의 결정적 계기가 된바 있다. 점화장치의 영향력은 그 범위가 넓고, 강도가 강할수록 잠재적인 사회문제가 정책의제로 채택될 가능성이 높아진다. 환경문제의 특성 상 어느 정도 노출되면 더 이상 의사결정을 미루는 상황(無意思決定, non-decision making)이 불가능해지는 것이다.

정책이야기 1.1 영월다목적댐 건설사업

환경보전과 개발과의 갈등사례로 영월다목적댐 사업이 있다. 일명 동강댐으로 불리는 이 사업은 당초 댐 높이 98m, 길이 325m, 저수량 7억 톤 규모로 계획되어 1997년부터 한국수자원공사 주관으로 추진하던 사업이다. 1997년 6월 환경영향평가서 제출 후 수 많은 논란을 거듭한 끝에 2000년 6월에 백지화된 사업이다.

정부는 1990년 9월 큰 홍수가 나자 이를 계기로 한강유역의 홍수조절 기능 강화와 수자원 확보를 목적으로 1991년부터 동강댐 타당성조사를 시작한다. 사업계획 수립후 환경영향평가 과정에서 환경단체, 전문가 등이 댐의 안전성 문제와 생태계 파괴 문제를 제기함에 따라 댐 건설에 대한 반대여론이 확산되었다. 반대 논리는 댐건설 지역이 석회암지대

21) 폐수를 배출하여 하천을 오염시키는 공장은 부정적인 외부효과를 야기한다. 폐수로 인해 더러워진 하천이 공장(개인)의 생산비용에 포함되지 않는다면 그 피해는 사회가 고스란히 떠안을 수밖에 없다. 이렇게 사회적 비용과 개인이 부담하는 비용 간에 차이를 외부효과라 부른다. 이 경우 외부효과를 내재화시키기 위한 정부의 개입, 즉 조세(피구세)나 규제(예, 배출허용기준)가 정당화된다.

22) 공공재는 이른바 비배제성과 비경합성을 갖고 있어 시장 기구에 의해 적정량이 공급되지 못한다. 서울의 공기가 깨끗해졌다고 해서 그 편익을 선별적으로 제공할 수 없고, 또 어떤 사람이 깨끗해진 공기를 마셨다고 해서 다른 사람이 마실 수 있는 깨끗한 공기의 양이 준다고 보기도 어렵다.

이므로 누수로 인한 댐 붕괴의 위험이 있어 안전성을 담보할 수 없고, 동강 유역에 있는 천연동굴과 희귀 동식물의 서식지를 훼손함으로써 생태환경을 파괴한다는 것이었다.
국무총리실은 "영월댐 타당성검토 공동조사단"을 구성하여 1999년 9월부터 2000년 5월까지 다시 타당성을 조사하였다. 공동조사단의 최종 조사결과를 토대로 사업을 백지화하기로 결정하고 2000년 6월 5일 환경의 날에 대통령이 백지화를 선언하여 논란이 종식되게 된다. 이는 대규모 개발사업이 안정성 문제도 있으나 주로 환경문제에 의하여 취소된 최초의 사례이다. 비록 취소되었으나 승자도 패자도 없는 개발사업을 둘러싼 대표적인 사회적 분열의 사례이자 분쟁해결의 사례이기도 하다. 이를 계기로 정부는 개발사업 초기부터 환경영향을 검토하는 전략환경영향평가 제도 도입을 서두르게 된다.

정책이야기 1.2 낙동강 수질오염사고

환경정책의 점화장치로서 우리나라의 대표적인 사례는 낙동강 수질오염사고가 있다. 산업화이후 주요 하천의 수질이 악화된 여건에서 1991년과 1994년 두 차례에 걸쳐 최대의 수질오염사고가 낙동강유역에서 발생하였다. 1991년 사고는 낙동강 상류지역의 구미공단에 소재하는 인쇄 회로기판용 수지제조 업체에서 생산원료인 페놀이 누출되어 낙동강으로 흘러들어 발생했고, 1994년 사고는 대구 성서공단 소재 폐수수탁처리업체에서 다량의 유기용제류 폐수를 금호강에 누출시킴으로서 발생하였다. 심한 화공약품 냄새와 분뇨 냄새가 나는 오염된 수돗물이 그대로 부산 및 경남지역 주민에게 공급되었다.
이 두 사고의 정부 대처 단계에서 음용수 관리상 문제점이 노정되었고, 낙동강을 식수원으로 하고 있는 주민들은 격한 분노와 불신감을 나타냈다. 이 분위기는 전국적으로 확산되어 정부의 환경정책에 대한 국민의 신뢰에 막대한 타격을 주었다. 낙동강 페놀사건으로 당시 환경처 장관이 경질되었고, 유기용제류 폐수 유출사고의 후속대책으로 당시 국무총리가 직접 4대강 수질개선대책을 발표하기에 이르렀다. 그 대책의 일환으로 당시 건설부의 하수도 관련업무와 보건사회부의 음용수관리업무가 환경처로 이관되었으며, 그해 말 환경처는 환경부로 개편되었다. 이 사고는 우리나라 수질개선사업을 크게 확충하는 계기가 되었다.

나. 정책의 분류

정책의 실질적인 내용이나 기능에 따라 외교정책, 교육정책, 복지정책, 환경정책처럼 분류할 수 있지만, 정책과정 상 나타나는 특징에 기초하여 정책을 유형화하는 방법도 정책분석과 실행에 유용하다. Lowi의 분류가 대표적이므로 이를 소개하기로 한다. Lowi는 정책을 배분정책(distributive policy), 규제정책(regulatory policy), 재분배정책(redistributive policy), 구성정책(constitutional policy)으로 구분한다.

배분정책은 용어 그대로 정부가 무언가를 나누어주는 정책이다. 특정 지역에 도로나 공항을 건설한다든지, 농산물과 수출제품에 보조금을 지급한다든지, 소외지역에 의료서비스를 제공하는 정책이 이에 해당한다. 배분정책은 직접적인 수혜자가 당연히 선호하므로 배분할 권한을 가진 자, 특히 선출직은 득표를 위해 해당 지역이 각종 배분정책의 수혜자가 되도록 열과 성을 다하기 마련이다. 환경 분야에 있어서는 수질보전을 위해 하수처리장을 건설하거나 생태하천을 조성하는 사업이 여기에 속한다고 하겠다. 이러한 사업에는 통상 중앙정부의 국고지원이 이루어진다.

규제정책은 특정한 목적을 위해 개인이나 집단의 행동에 제약을 가하는 정책이다. 기업의 오염물질 배출을 통제하는 환경규제가 대표적인 예이다. 규제정책의 핵심은 정부의 강제력에 있다. 물론 민주주의 국가에서 개인의 행동에 대한 정부의 간섭을 정당화하기 위해, 또는 부당한 정부 강제력의 행사를 방지하기 위해 규제의 내용을 통상 법률에 근거하도록 하고 있다. 규제정책의 경우 규제 비용을 부담하는 집단과 이로 인해 혜택을 보는 집단 간에 심각한 갈등이 발생하는 경향이 있다.

재분배정책은 소득이전을 가져오는 정책이다. 재산이 많은 사람에게 더 높은 세율을 적용하는 누진세제와 이를 통해 마련된 재원으로 저소득층에 각종 사회보장혜택을 제공하는 복지정책이 대표적인 예이다. 학교 무상급식에 대한 우리 사회의 논란에서 볼 수 있는 것처럼 재분배정책과 관련한 논란과 갈등은 계급적 대립의 성격을 띠고, 개인이 가지고 있는 이념상의 차이를 반영하기도 한다. 마지막으로 구성정책은 우리 사회의 헌법 질서의 구성에 관련된 정책으로 볼 수 있다. 선거구를 획정한다든지, 정부의 조직과 의회의 운영, 헌법기관(예, 공무원)의 보수 등에 관한 정책이 이에 해당한다. 이러한 정책에는 당연히 정당이 중요한 영향력을 가진다.

다. 환경정책 형성의 유형론

환경정책에 있어 점화장치가 중요한 이유를 Wilson의 환경정책 유형에 관한 연구를 통해 이해할 수 있다.[23] Wilson은 규제의 비용을 누가 부담하고 편익을 누가 향유하느냐에 따라 정책형성 과정을 유형별로 구분하였다. 정치활동의 참여자들은 기본적으로 참여에 따른 비용과 결과에 따른 편익을 비교하여 참여할지 여부와 참여 수준을 결정한다. 규제로 인한 비용과 편익의 분포와 이에 대한 이해관계자의 입장이 규제정책에 대한 정치적 상황을 규정한다.

첫째, 규제의 비용은 다수가 부담하면서 규제로 인한 편익은 소수에게 귀속되는 상황으로 이때는 소위 '고객정치(client politics)'가 펼쳐진다.[24] 편익을 누리는 소수집단의 정치 조직

23) 이 부분은 최병선(1992)의 "정부규제론-규제와 규제완화의 정치경제"를 참고하였다.

24) 수입물품 제한, 각종 면허제도, 최저 가격제의 경우에서 볼 수 있는 것처럼 이러한 규제로 인한 경쟁제한을 통해 특정집단이 혜택을 보는 반면, 경쟁으로 인한 가격 하락이나 소비자 선택범위의 확대와 같이 일반 소비자 또는 사회 전체가 누리는 편익이 사라진다. 사회 전체적으로는 바람직하지 않은 정부규제

화가 쉽게 이루어지고 이들의 규제당국에 대한 로비가 강력하게 진행되는 반면, 비용을 감내해야 하는 다수의 조직화는 어렵다. 사회적으로 바람직하지 않은 규제, 정부부처의 정책고객에게 도움이 되는 규제가 손쉽게 만들어 지는 이유이다. 대표적인 예가 농업분야의 수입규제이다. 국내 농업을 보호(편익)한다는 이유로 외국 농산물(예, 설탕)에 고율의 수입관세를 부과함에 따라 일반시민은 비싼 농산물(비용)을 감수할 수밖에 없게 된다.

둘째, '대중적 정치(majoritarian politics)'는 정부규제에 대응하는 이해관계자의 비용과 편익이 모두 넓게 분산되는 경우이다. 공정사회(fair society)와 같이 새로운 사상이나 이념의 토대위에서, 이에 대한 일반시민의 공감이 있을 때 가능하게 되는 포괄적 규제 상황이다. 우리 사회의 보편복지 논쟁도 이 범주에 넣을 수 있다. 특정한 규제와 관련되지는 않지만, 사회 전체적인 분위기가 형성되는 상황이라고 볼 수 있다. 이러한 분위기 하에서 새로운 규제가 탄생하기도 한다.

셋째, 고객정치와 정반대의 상황이 '기업가적 정치(entrepreneurial politics)' 상황이다. 불특정 다수에게 도움이 되는 각종 사회적 규제가 이러한 경우에 해당한다. 환경오염을 줄이기 위해 공장의 배출허용기준을 강화하는 것이 그 사례이다. 규제의 비용으로서 환경오염방지시설의 설치비용을 감당해야 할 주체는 오염물질을 배출하는 소수의 공장이지만, 환경오염 감소로 인한 혜택은 다수의 지역주민, 나아가 사회 전체가 누리게 된다.[25] 이렇게 사회적으로는 바람직한 규제임에도 비용을 부담해야 하는 기업들이 강력한 정치적 영향력을 행사하여 조직적으로 반대하는 반면, 혜택을 보는 시민들은 조직도 없고 정치적 활동에도 소극적이다. 이런 상황에서 어떻게 정부규제가 이루어질 수 있을까? 이와 관련하여 사회연합(social coalition)의 역할에 주목할 필요가 있다. 사회연합이 형성되기 위해서는 공익을 지키기 위한 사회적 규제의 필요성에 사회적인 공감대가 형성되어야 하고, 사회적 규제에 앞장서는 정치인, 공익단체, 사회 운동가, 나아가 언론과 사법부 등의 지지와 협조가 필요하다. 미국의 경우 1960년대 중반 이후 각종 사회적 규제가 폭발적으로 증가하는데 Edward Kennedy 미 상원의원, Ralph Nader와 그가 이끄는 소비자법연구센터 등이 중요한 역할을 한바 있다. 이 과정에서 시민사회의 관심을 집중시키며 점화장치의 역할을 하는 사건이 중요하다. 환경정책 분야에서는 역설적으로 환경사고가 이러한 점화장치의 역할을 한다.

마지막으로 '이익집단 정치(interest-group politics)' 상황은 소수와 소수가 경합하는 상황이다. 정부규제로 인한 편익과 비용이 함께 소수의 동질적인 집단에 한정되므로 쌍방이 모두 조직화와 정치행동 참여의 유인 동기를 갖게 되고 이들 집단이 첨예하게 대립하게 된다.

라 할 수 있다.

25) 일상생활과 관련한 여러 규제가 이 유형에 해당한다. 자동차, 장난감, 전기용품, 의약품, 화장품 등 일상생활용품과 관련한 각종 안전규제, 위생규제, 환경오염 규제 등을 말한다.

의사와 약사, 소규모 마트와 대형 백화점, 대기업과 중소기업, 세무사와 공인회계사 등등이 영업권에 대한 정부규제를 둘러싸고 벌이는 갈등이 이에 해당한다. 의약분업처럼 엄청난 사회문제가 되는 경우도 있지만, 대부분 일반시민이 내용을 정확히 알지 못하는 상황에서 이익집단 간 갈등과 분쟁이 진행된다.

표 1.2 규제의 4가지 정치적 상황

구 분		편 익	
		넓게 분산	좁게 집중
감지된 비용	넓게 분산	대중적 정치 (majoritarian politics)	고객 정치 (client politics)
	좁게 집중	기업가적 정치 (entrepreneurial politics)	이익집단 정치 (interest-group politics)

(자료 : 최병선(1992); 126 재인용)

1.2 환경정책과 정치

1.2.1 정치와 행정의 관계

정치와 행정의 관계에서 흔히 비판되는 것은 당파적 정치의 폐해로 행정의 비효율과 국고낭비가 초래된다는 점이다. 한편으로는 행정의 주체인 공무원들이 폐쇄적인 조직 속에서 관행에 안주하고 행정기관의 영역(jurisdiction)을 지키는 것에만 주력한다는 비판도 있다. 이러한 양 측면의 비판을 어떻게 해소할지는 결국 정치적 통제의 범위와 수준을 어느 정도로 할지의 문제로 귀결된다. 사실 전문가의 영역으로서 행정행위를 인정하되, 행정 권력을 민주정치 권력이 어떻게 통제하고 견제할 것인지에 대한 문제 제기는 행정학이 태동하는 계기였으며, 그 해답은 지금도 분명치 않아 보인다. 그럼에도 분명한 것은 정치와 행정의 밀접한 관계이다. 앞에서 정책유형론을 통해 정치와 행정의 연결을 엿볼 수 있었다면, 이제 정치학과 행정학에서 연구되고 있는 여러 가지 정치·행정 관계론을 본격적으로 살펴본다.

가. 행정학과 정치학

삼권분립 하에서 행정부에서 하는 일, 즉 행정(public administration)을 다루는 학문이 행정학이다.[26] 행정학의 태동과 변천과정을 설명하는데 핵심요소가 바로 정치와 행정의 관계이다.[27] 행정학은 행정이 정치과 구분되는 영역이라는 학문적 자각에서 시작한다. 즉 행정은 정치적 영향으로부터 분리되어 전문가의 판단이 존중되는 영역이라는 문제 제기로부터 행정학이 탄생하였다.[28] 행정은 정치의 영역 밖에 존재하며 경영의 한 분야(a field of business)로 간주되어야 한다는 주장이 제기된 것이다(Wilson, 1887).

동·서양의 역사에서 볼 수 있듯이 거대한 제국이나 왕조에서도 왕명을 집행하는 전문가 집단으로서 관료 계층이 존재했다. 이때에도 행정은 주어진 목적을 달성하기 위해 합리적인 방법을 찾고, 관련된 이익집단과의 협력을 추구하였다(Waldo, 1995). 우리나라의 경우 고려시대에 이미 시험 형식을 통해 관리를 뽑기 시작했고, 조선조에는 통치의 학문으로서 유학이라는 전문적 지식을 공유한 사대부 집단이 관료층을 형성하여 왕권에 버금가는 권력을 소유하기까지 한다. 그런데 19세기 말과 20세기 초에 걸쳐 미국에서 행정은 정치의 영역과 다

---

26) 정부가 아닌 사기업에서 이루어지는 행정은 Business administration(경영학)이다. Public administration은 행정대학원에서, Business administration은 경영대학원에서 다루나 많은 부분을 공유한다. 경영대학원(Kelley school of business)에서 가르치는 조직이론(organization theory)에서 공공조직과 사조직을 특별히 구분하지 않는다.

27) 학문으로서 행정학은 정치학과 관리과학(management)을 부모(父母)로 두고 있다고 한다. Henry(1975)는 행정학의 변천과정을 통해 다섯 개의 패러다임(Five Paradigms)이 나타났다고 한다. Paradigm I(1900-1926)은 정치/행정 이원론(dichotomy)으로 행정은 정치와 분리된 영역(locus)으로서 의회의 정치적 결정을 가장 효율적인 수단, 비당파적, 비정치적인 방법으로 실현하는 활동이라고 주장한다. Paradigm II(1927-1937)는 행정에 있어 유일한 최선의 방법(one best way)이 있다고 보고 이를 추구한다. 그것을 과학적인 원칙(focus)이라며 정리하며 이른바 행정의 원칙(Principles of Administration)이다. 이후 이러한 패러다임에 도전이 제기된다. 행정의 원칙이 실제 적용되지 않는 상황이 발생되었다. 미국의 대공황, 뉴딜정책, 2차 세계대전 등이 그것이다. 학문적으로도 이러한 원칙이 비판받기도 한다. 과학적 원칙이 격언(proverbs)에 불과하다며 사이비 과학성을 비판한 H. A. Simon과 정치/행정 이원론의 이론적 허약함을 비판한 정치학자(R. A. Dahl 등)가 있다. 이에 따라 두 가지 패러다임이 분기(分岐)되는데 Paradigm III(1950-1979)은 정치/행정 일원론으로서 행정학과 정치학의 관계를 재설정하면서 정치학(political science)으로서 행정학을 추구한다. 행정과정, 조직 구성원의 행태, 정책결정, 정치와 행정의 상호작용에 대해 다양한 관점과 방법론으로 연구하며, 선출직을 통해 구현되는 행정의 대표성, 정치적 반응성, 책임성을 강조한다. Paradigm IV(1950-1979)는 행정과학(administrative science)으로 행정학을 정의하고, 행정의 전문성과 기술에 대한 연구에 집중한다. 경영학에서 발전된 조직이론이나 관리과학이 연구주제에 포함하는데 결국 사(私) 조직과 구분되는 공(公) 조직의 특성이 무언가 하는 의문에 봉착하고, 실제 행정에서 정치와 행정을 구분하는 게 쉽지 않다는 사실도 발견하게 된다. Paradigm V(1970-?)는 행정의 특징적 영역으로서 공익(public interest)과 행정연구의 초점으로 조직이론과 관리과학을 연구한다. 행정학은 정치과정을 통해 구현되는 공공목적을 행정학 나름대로 재(再) 정의 할 필요가 있으며, 이를 관리과학에서 사용하는 방법론과 행정과학의 관료적 관점으로 융합시켜야 한다.

28) 이러한 자각을 반영한 저작물이 1887년 Woodrow Wilson의 행정의 연구(The Study of Administration)이다. 보통 행정학의 시작을 이때로 본다. 나중에 미국 대통령이 된 윌슨은 미국 내에서도 유명한 정치학자다.

른 것이므로 정치가 행정의 영역에 무분별하게 간섭해서는 안 된다는 학문적 주장이 나타났다.[29] 행정에 관한 전문지식의 정도가 아니라 정치적 충성도나 정치권력에 기여한 정도에 따라 임명되는 관료가 행정을 맡아서는 안 된다는 주장이다. 이러한 인식의 변화를 기반으로 행정은 이전과 달리 관료의 전문적 활동영역으로 발전한다.

하지만 역설적으로 이러한 행정학의 태동 자체가 정치와 행정이 불가분의 관계에 있음을 반증한다. 정책은 어차피 선택의 문제이고, 민주국가에서는 정치가 사회적 선택을 다루기 때문이다(politics is about social choice). 다시 말해, 정부의 선택은 사회적 선택이고, 사회적 선택은 정치과정을 통해 이루어진다. 행정은 선출직의 지시와 통제를 받기 때문에[30] 정책의 기본적인 방향과 목표는 정치적으로 결정된다고 보아야 한다. 행정을 정치과정과 연동되는 과정으로 이해해야 하는 이유이다. 행정 분야에서 갖추어야 할 능력도 중요하지만 행정에 대한 민주적 관리방법을 확보하는 것 역시 중요하다. 행정의 전문성과 민주적 통제라는 두 가지 가치가 융합되어야 효율적인 정부이면서 좋은 정부가 되는 것이다. 공무원들이 정교하고 전문적인 역량과 기술을 갖추어야 행정부의 성과가 극대화된다는 것에는 이론의 여지가 없다. 그렇다고 해도 공공행정(public administration)에서 행정(administration)에 앞서 존재하는 공공(public)의 의미가 무엇인지, 공공이 지향하는 방향이 어디인지, 공공이 요구하는 가치는 어떠한 것인지에 대한 끊임없는 성찰이 요구되며, 이 때 공공의 범위와 영역을 정하는 것은 민주정치과정이어야 한다.[31]

나. 민주주의와 정책형성 : 이익집단 정치론(Interest Group Politics)

민주주의(Democracy)는 국민의 지배(the rule of people)를 의미한다.[32] 민주제도 하에서 시민은 지배의 주체이자 동시에 객체가 된다. 자유민주주의[33]에서 '시민의 지배'라는 이상

29) 이러한 주장의 배경에는 정치의 영향 하에 만연한 행정의 부패와 비능률이 있다. 자연스럽게 행정의 독립은 행정의 개혁운동으로 발전한다. 그 목표는 관리과학으로서 행정학, 정부부처의 행정활동 역시 사기업과 마찬가지로 운영되어야 하며, 효과성(effectiveness), 효율성(efficiency), 경제성(economy)을 극대화하는 것이 그 목표가 되어야 한다는 것이다.

30) 보다 구체적으로 정책을 마련하고 집행하는 행정부는 정치적으로 선출된 대통령과 그에 의해 임명되는 정치적 인사의 지휘를 받고, 국민의 재산과 생명에 영향을 미치는 정부정책은 반드시 국민에 의해 선출된 국회의원으로 구성된 입법부에서 통과되는 법률의 형식을 가져야 한다.

31) 요즘 우리 사회의 가장 중요한 이슈인 복지 논쟁을 생각해 보자. 국가의 재원으로 어디까지(무상급식?) 누구에게(저소득층만?) 복지혜택을 제공해야 할지 결정하는 것은 결국 정치이고 정치 지도자이며 민주적 합의과정이 필요한 것이다.

32) 민주주의는 그리스어(語)의 demokratia에 근원을 두고 있는데 이는 시민을 뜻하는 demo와 지배를 의미하는 kratos의 합성어이다.

33) 자유민주주의는 간접민주주의이다. 국민이 뽑은 대표를 통해 국민의 지배가 이루어진다. 이와 다른 게

을 구현하는 방법은 두 가지인데 투표(vote)와 이익집단(interest groups)의 활동이 그것이다. 우선 민주주의는 투표를 통해 선출되는 자(예, 국회의원)가 재선(reelection)을 위해 유권자의 요구를 공공정책과정에 반영할 것이라는 합리적 기대(rational anticipation)에 근거하고 있다. 또 자유민주주의는 이익집단의 자유로운 활동을 보장한다. 정치과정이나 정부의 정책수립 과정에 영향을 미쳐 자신들에게 유리한 정책을 만들고자 개인들이 자발적으로 이익집단을 구성한다. 자기 이익을 추구하는 이익집단의 기본 속성으로 인해 이익집단은 민주주의 가치 구현에 기여할 수도 있고, 공익을 해칠 수도 있다.

정치과정에서 수행하는 이익집단의 역할과 관련하여, 이익집단의 순기능을 강조하는 입장과 이를 부정하는 입장이 있다. 정치학에서는 다원론과 다원주의자(pluralism and pluralist)가 전자의 입장이다. 민주주의 정치과정에서 이익집단이 순기능을 담당함을 증명하려면, 크게 두 가지 전제가 충족되어야 한다. 우선 외부 환경의 변화에 따라 이에 부응하는 이익집단이 자발적으로 구성될 수 있어야 한다. 시대가 바뀌면 새로운 이해관계가 생겨나기 마련인데 이렇게 변화된 이익을 표출해야 하는 이익집단이 외부환경에 의한 왜곡이나 방해 없이 제 때에 생겨날 수 있어야 한다. 사회 속의 다종·다양한 사익 중에 어떤 것은 이익집단을 통해 정치과정에 반영되고 어떤 것은 그렇지 못하다면 이는 이익집단이 민주정치의 공정한 운영을 방해하는 결과를 가져오기 때문이다. 더불어 이러한 이익집단 간에 견제와 균형의 원리가 작동해야 한다.[34] 첫 번째 조건이 충족되어 사회에 존재하는 다수의 다양한 이해관계를 반영하는 이익집단이 제대로 구성되어 활동하고 있다 하더라도 이들 이익집단 간에 영향력의 차이가 커서는 안 된다. 정치과정에서 내는 목소리의 크기가 다르면, 정치과정의 결과물로서 정책에 반영되는 이익의 크기도 다를 것이기 때문이다. 민주주의 기본원리인 견제와 균형이 이익집단 간에도 작동할 때만이 정치과정 상 불공정 경쟁이 없어진다. 시장과 마찬가지로 정치에서도 독과점은 해롭다.

Truman(1971)은 이익집단 간 상호관계를 통해 정치를 이해할 수 있다고 주장한다. 다원주의의 핵심으로서 이익집단 정치이론에 따르면, 사회공동체 내의 모든 주장은 이익집단을 통해 정치과정에 영향을 미칠 수 있다. 현대 사회가 복잡해짐에 따라 다종·다양·다수의 이

직접민주주의이다. 대표가 필요 없이 국민의 일반의지(general will)에 의해 직접 국민의 지배가 이루어지는 정치이다. 직접민주주의에 대한 자유민주주의의 우월성에 대해서는 Riker(1982)를 참조할 수 있다.

34) 미국 건국의 아버지 중 한명인 Madison이 가졌던 난제가 바로 이것이었다. 그는 사익 추구가 인간의 본성임을 간파하고, 사익 추구를 위한 조직과 집단을 만들려는 성향도 마찬가지라고 보았다. 만약 어떤 이익집단의 힘이 너무 커져서 사회에서 독재자(tyranny)의 역할을 하게 되면 어떻게 하나? 독재를 막기 위해 노심초사했던 건국의 아버지들에게 이는 심각한 문제였다. Madison의 해답은 경쟁하는 사익간, 또 이러한 사익을 대변하는 수많은 이익집단 간의 충돌과 견제, 또 이를 통한 균형을 통해 독재적 이익집단의 탄생이 저지될 수 있을 것이라 판단하였다. 광대한 영토를 가진 미국에서 공화제가 이러한 이익집단의 독재적 경향을 막는데 필요한 견제 역할을 할 수 있을 것이라고 보았다.

해관계가 생기고, 개인들은 자신의 이익에 대한 침해(disturbance)가 있을 때 같은 이해관계를 가진 다른 개인들과 힘을 합쳐 자신들의 이익을 조직화한다. Dahl(1961)은 특정 지역(new haven)의 사례를 통해 정책형성 과정에서 이익집단과 정치인 간에 느슨한 형태의 연합(loose coalition)이 중요한 역할을 한다는 사실을 밝혔다. 즉 특정 정책에 의해 영향을 받는 이익집단과 정치 지도자 간의 협상과 타협이 중요하며, 어떤 이익집단도 계속해서 지배적인(dominating) 역할을 수행하지는 못한다는 것이다.

이러한 주류 논의에 대한 반대 주장도 있다. Schattschneider(1960)는 이익집단이 자동적으로 전체 사회의 이익을 공정하게 대표한다는 주장을 비판한다. 오히려 정치과정에서 나타나는 이익집단의 압력은 선택적(selective)이고 편향되어 있다는 것이다. 이익집단을 구성하는 집단은 사회·경제적으로 상층부에 속해 있으며, 특히 산업계의 이익이 과다하게 표출될 수 있다. Olson(1965)의 이론 또한 다원주의에 반대하는 논거로 볼 수 있다. 간단히 말해 특별한 유인이 없다면 이익집단은 구성되지 않는다. 사회의 변화에 맞추어 이익집단이 구성되고 활발하게 자신들의 이익을 대변할 것이라는 다원주의의 전제가 성립되지 않는 것이다. Lowi는 이익집단이 대중의 정치 통제력을 약화시키고, 특권을 옹호하며, 사회의 변화에 저항하는 보수적인 기능을 수행한다고 본다. Lindblom도 마찬가지로 산업계가 이익표출에 있어서 특권적 지위를 갖는다고 본다.

다. 정치활동과 정책과정[35)]

미국의 정치학자 Easton이 제안한 체제이론(system theories)의 틀에서 정치과정을 이해하는 학자로 Almond와 Powell이 있다.[36)] 이들에 따르면 정치체계는 시민의 요구와 지지라는 투입요소를 정책이라는 산출물로 전환시키는 과정이다. 여기서 정치체제로의 투입은 이익표출(interest articulation)과 이익결집(interest aggregation)의 단계를 거쳐 이루어진다. 통상 전자는 이익집단, 후자는 정당이 담당한다는 차이가 있으며, 정당의 이익결집 과정을 통해 다양한 정책요구가 몇 가지 정책대안으로 통합되며 정치적 고려의 대상이 된다. 이러한 정치적 활동 배경 속에서 과정론의 시각으로 공공정책을 이해할 수 있다. 여기서 정책과정(policy process)은 정책의제 설정, 정책 결정, 정책 집행, 정책 평가의 단계로 구분할 수 있다.[37)]

35) Rosenbaum(2002)은 정책과정을 의제설정(agenda setting), 정책 확정(formulation and legitimation), 정책 집행(Implementation), 정책 평가와 개편(assessment and reformulation), 정책종결(termination)로 구분하고 있다.

36) Almond and Powell, 1980

37) 정당의 정강이나 공약이 이익결집의 대표적 사례이다.

첫 번째, 정책의제 설정(agenda setting)은 사회문제가 정책문제로 전환되는 과정이다. 정부가 특정한 사회문제를 어떻게 해결할 것인지 모색하면서 정책의제로 설정할지 여부를 판단하는 단계이다. Cobb과 Elder에 따르면 사회문제가 정책의제로 전환되는 과정은 사회문제 → 사회적 쟁점(이슈) → 공중의제 → 정부의제로 전개된다. 여기서 사회적 쟁점은 사회적으로 논쟁의 대상이 되는 사회문제이다. 하천오염에 관해 평상시에는 큰 관심이 없으나, 수질오염사고가 나면 수질오염의 원인과 대처방법에 대한 사회적 논쟁이 뜨거워진다. 사회문제가 사회적 쟁점으로 발전하는데 문제를 제기하는 주도자와 수질오염사고와 같은 점화장치가 중요한 요소로 작용한다. 공중의제(public agenda)는 정부가 문제를 해결해야 한다고 인정하는 단계에 이른 사회문제를 말한다. 예로서 기후변화로 인해 발생하는 이상기후 현상을 정부에게 해결하라고 요구하지는 않는다. 이상기후 자체는 공중의제가 될 수 없다는 말이다. 끝으로 정부의제는 정부의 의사결정과정에 반영된 사회문제이다. 환경부가 수질오염사고 방지대책을 수립하겠다고 밝혔다면 이는 정부의제에 해당한다.[38)]

두 번째 단계로 대안의 비교·분석 등 전문적 검토과정을 거쳐 정책목표와 이행수단을 담은 구체적인 정책방안을 확정하는 단계로 정책 결정(policy decision)이다. 체계이론의 관점에서 보면 정책은 정책결정 과정의 산출물(product)이 된다. 정부의 공공정책은 민간부문과 달리 정치과정을 통해 합법화 과정을 거쳐야 한다. 이른바 정당성(legitimacy)을 획득하는 것이다. 즉 헌법과 행정절차법에 정해진 절차와 방법에 따르고, 정책수립 주체 역시 법령에 의해 주어진 역할을 수행해야 한다. 또 정책결정 과정에는 정책분석이 선행되어야 한다. 정부의 정책은 달성하고자 하는 목표와 이를 달성하기 위한 구체적 계획, 이 계획을 이행하는데 필요한 수단을 포함하며, 이러한 내용에 대한 과학적·기술적 근거를 제시하는 과정이 정책분석이다.[39)]

38) Cobb 등은 정책의제 설정과정의 유형을 분류한 바 있다(정정길, 1990; 221~225 참조). ① 외부주도형은 사회문제가 공중의제로 발전한 다음 결국 정부의제가 되는 경우이다. 정치체계 밖의 사회문제에 대한 시민의 불만이 정상적으로 결집되면서 구체적인 정책개입 요구로 발전하고, 정부가 이를 받아들여 해결에 나서는 모양새이다. 다원화, 민주화된 사회에서 많이 나타나는 유형이다. ② 동원형은 외부주도형과 정반대로 정치지도자에 의해 사회문제가 정부의제로 채택된 후에 정부가 PR을 통해 공중의제가 되는 형태이다. 사업의 성공을 위해 필요한 대중의 지지와 협조, 순응을 확보하기 위해 정부 PR이 전개된다. 과거의 새마을운동이나 가족계획사업 등이 이에 해당하고, 최근에는 4대강사업이 이에 유사하다고 볼 수 있다. ③ 내부접근형은 정치지도자보다 낮은 지위의 고위관료가 주도해서 정부의제가 되고, 동원형과 반대로 공중의제가 되는 것을 방해하는 모습이다. 일종의 음모형이라고 할 수 있다. 후진국의 관료주도 정책들에 이런 형태가 많이 나타난다고 한다.

39) 우리나라 정책결정의 절차와 정책분석에 대해서는 뒤에서 자세히 서술한다.

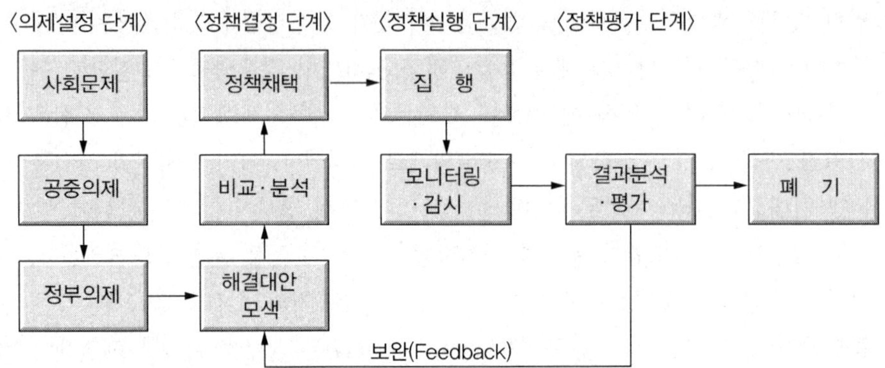

그림 1.1 정책과정(policy process) 도식도

정부의 정책이 실제 집행되고 실현되는 단계가 정책 집행(policy implementation)이다.[40) 정부정책은 정책 집행을 통해 가시화된다. 정책결정 과정에서 정해진 사항을 단순히 실행하는 과정으로 정책 집행을 이해하기 쉽지만 실제 집행과정에서 집행 담당자가 상당한 재량권을 행사하게 되고 집행과정에 참여하는 유관기관의 협조와 지원이 목표의 실현에 매우 중요하다[41)]. 또 많은 경우 정책결정 과정의 갈등을 조정하면서 분명하지 않거나 모순된 내용, 불합리한 내용을 포함하는 경우도 있으므로 집행과정에서 이를 수정·보완할 필요가 있다. 즉 모호한 정책내용은 현실에 맞춰 구체화되어야 하며, 이 과정에서 원래 의도된 목표대로 될 수도, 그렇지 못할 수도 있게 된다.

집행결과 정책이 본래 목적을 달성하였는지, 그렇지 못하다면 그 이유가 무엇인지 등을 따져보는 게 마지막 단계인 정책 평가(policy evaluation)이다. 정책이 사회에 어떤 영향을 미쳤는지, 또 그 영향이 바람직한 것이었는지를 평가하고, 이를 담당 공무원과 일반시민들이 이해할 수 있는 내용으로 제시하는 과정이다. 정책평가 결과는 정책결정 단계에 피드백되어 정책의 수정·보완, 또는 중단 여부를 결정하는 객관적 근거가 된다. 정책평가 과정을 통해 정책 참여자의 공과를 분명히 함으로써 행정의 책임성(accountability)을 확보하고, 정책의 품질을 높일 수 있다.

40) 정책집행에 대한 행정학의 본격적인 관심은 Pressman과 Wildavsky(1973)의 집행론(implementation)에서 기인한다. 두 사람은 1960년대 Economic Development Administration이 Oakland에서 수행한 정부사업이 정책집행 과정에서 사실상 실패한 사례를 통해 집행의 중요성을 부각시켰다. 무엇보다 집행은 다양한 이해를 갖는 많은 기관과 사람이 관여하는 복잡한 과정이다. 이러한 참여자 하나하나가 의사결정에 참여하고 거부권(veto)을 행사하기도 한다. 이러한 과정에서 당초의 계획이 바뀌면서 본래의 목적을 벗어나기도 한다.

41) Pressman and Wildavsky, 1973)

1.2.2 정책형성 : 하위정부(Subgovernment) vs 이슈 네트워크(Issue Network)

구체적으로 정책이 어떻게 수립되는지 살펴보자. 위에서 설명한 것처럼 정치학에서는 이 주제를 이익집단 정치라는 시각에서 특정 집단이나 계급이 자신의 이익을 정치과정에 반영하는데 있어 다른 집단에 비해 우월한 지위를 가지는지 여부에 대해 논의한다. 행정학이나 정책학에서도 비슷하게 정책형성과정의 개방성에 관한 이론이 있다. 이와 상반된 이론이 존재하는데 하위정부론(下位政府論)[42]과 이슈 네트워크가 그것이다.

가. 하위정부론

하위 정부론은 철의 삼각(iron triangle), 하위체계(subsystem), 삼각 연대(triple alliances) 등 다양한 명칭으로 불린다. 이 이론에서는 정부정책이 소수의 집단이 외부의 간섭을 배제하고 협상을 거쳐 만들어진다고 주장한다. 이를 정리하면, ① 특정한 정책분야에 있어 정책수립에 주도적인 역할을 하는 행위자는 소수이다. ② 정책결정은 합의제적 성격(consensual)을 갖고, 합의는 관련 집단 간 타협의 결과물이다. ③ 정당정치는 이러한 자율적이고 안정된 합의에 별 다른 영향력을 미치지 못한다. 즉 광범위한 정치집단이 배제되고 폐쇄적인 전문가그룹의 판단이 존중된다.

하위 정부론은 미국의 정책수립 과정에 대한 연구에서 나왔다. 왜 하위정부가 생겨나는가? Freeman에 따르면 국가적인 관심의 대상이 되는 경우 외에 대부분의 정책의제는 행정부와 의회의 하부체계(하위정부)에서 결정되기 때문이다.[43] 하위정부는 분산된 권력구조와 전문가의 기능적인 전문성을 기반으로 상당한 자율성을 갖는다. McConnell(1966)은 미국 정치안에 국지적 이익을 추구하는 일련의 권력구조가 존재한다고 분석했다. 그 구성요소는 ① 연방정부 내 부처 또는 기관, ② 의회(하원과 상원)의 상임위 또는 소위원회, ③ 정부기관의 고객인 민간조직(협회), ④ 주로 지역에 기반을 둔 이익단체이다.

그러면 하위정부는 어떠한 환경에서 나타나는가? McCool(1990)은 배분정책 상황이라고

42) 정부가 만드는 정책이란 게 사실은 정부를 구성하는 하위 조직과 집단에 의해 결정된다는 의미가 담겨 있다. 정부의 이름으로 정책이 발표되고 집행되지만, 그 안을 들어다 보면 몇몇 사람이 끼리끼리 해먹는다는 것이다. 이른 바 철의 삼각에서 말하는 의회 내 소위원회(국방위원회)의 선임의원과 그 보좌관, 해당업무를 계속 담당해 온 소수의 관료(국방성), 그리고 기업(무기제조업체)과 협회 등 이익집단이 이들이다.

43) 미국의 설탕 보조금 정책이 대표적 사례로 지적될 수 있다(Carter, 1964). 1934부터 1974년까지 미국의 설탕 정책은 자국의 설탕 생산 업자를 보호하는데 초점이 맞춰져 있었다. 예컨대 쿼터제로 외국으로부터의 설탕 수입을 제한하고 있었다. 그러다 1974년 설탕의 소비자 가격이 세배나 폭등하면서 쿼터제의 존재가 일반시민에게 알려지고 상황이 바뀌게 된다.

대답한다. 배분정책은 '혜택의 집중'과 '비용의 분산'이라는 특징을 갖는다. 이런 상황에서 정책 행위자들은 혜택을 획득하기 위해 적극 활동한다. 수혜집단은 혜택에 따르는 부담을 지지 않는데, 그 비용은 통상 세금으로 충당되기 때문이다. 하위정부의 규범(norm)이 있으니 그것은 상호성이다. 하위정부 활동의 결과물(혜택)이 참여하는 주체들에게 비교적 균등한 수준으로 배분되느냐가 매우 중요하다. 하위정부에서는 혜택의 독점은 불가하고, 주고받는 관계로 유지된다. 또 특별한 경우가 아니라면 외부의 간섭은 최소한에 그친다. 이러한 자율성(autonomy)을 누리는 주체는 의회 전체의 영향력으로부터 상대적으로 자유로운 상임위와 산하 소위원회, 정부 부처와 정부부처로부터 간섭을 거의 받지 않는 특정 기관이다. 이러한 자율성은 최고 의사결정자인 대통령의 관심에서 벗어나 있어야 가능하다.

나. 이슈 네트워크

Heclo는 정책이 형성되는 모습을 서로 의존하는 다수의 행위자가 참여하는 이슈 네트워크(issue network)로 보았다. 여기서는 참여자가 끊임없이 바뀌고, 어느 누구도 정책이나 이슈를 통제하지 못하며, 물질적인 이익보다는 지적이고 감정적인 헌신이 중요하다. 이슈 네트워크에서는 정보 교환이 중요하며[44] 정책결정자들은 여러 다양한 집단과 연합을 형성하고 정보를 교환한다.

이슈 네트워크의 특성을 정리하면 다음과 같다. ① 누구도 모든 주요 이익집단의 활동을 조정하지 않는다. 이슈도 많고 이익집단이나 관련 조직도 많기 때문에 특정 집단이 지속적인 리더십을 발휘할 수 없다. ② 대부분의 참여 집단이 특정 영역에만 관심을 갖는다. 이들 집단은 관심영역과 이해관계를 공유하는 집단들과 주로 관계를 맺게 되는데 이러한 이슈의 영역이 다수 존재하게 된다(multiple niches). ③ 정책결정이 복잡해지고, 같은 영역에서 다른 이익집단과의 경쟁이 치열해짐에 따라 전문성이 더욱 중요해진다(the importance of being expert). ④ 이슈 네트워크의 참여자는 유동적(fluid)이다. 이슈 네트워크에 이미 들어가 있는 조직이나 집단과 협력적 관계를 형성할 경우 새로운 조직의 참여가 가능하다. 이슈 네트워크의 경계는 확정되어 있지 않다(sloppy boundaries).

그러면 왜 이슈 네트워크가 나타나게 되었을까? 이익집단의 급속한 확산을 가장 중요한 이유로 지적할 수 있다. 새로운 집단이 다수 나타나면서 더 이상 하위정부는 이들을 정책과정으로부터 배제시킬 수 없어지게 되었다. 미국의 경우 특히 1960년대 시민권 확산운동, 반전운동을 거치면서 이익집단 활동이 급격히 증가하였다. 1960대 후반과 1970년대에 이른바 공익단체(public interest groups)가 대중화되었다. 산업계 역시 시민단체와 정부규제에 맞서

44) Berry, 1997

활발히 대응단체를 조직하게 된다. 이들 단체 중 상당수는 단순히 상업적·전문적 이익에 집중하기보다 이데올로기적 성격을 갖는다는 점에 주목할 필요가 있다.

정부의 구조 역시 바뀌었다. 의회의 기능이 확대되면서 업무영역이 중복되게 되었고, 행정부 또한 규모가 커지면서 정책의 결정이 정부 내 여러 기관과 관련하게 되었다. 특히 복지정책의 증가에 주목할 필요가 있다. 앞에서 설명한 것처럼 하위정부는 협조적인 거래(accommodative bargaining)를 허용하는 정책 유형, 즉 배분정책에 적합하다. 하지만 미국의 경우 1960년대부터 1980년대까지 규제정책과 재분배정책이 상대적으로 증가하면서 이전의 하위정부 때와 다른 분쟁조정체계가 형성된다. 이들 유형의 정책은 서로 반대되는 이익을 중심으로 연합이 만들어지고 의회처럼 외부에 노출되는 여건에서 결정이 이루어지게 된다.

Heclo는 1950년대 후반부터 정부주도 정책이나 프로그램이 많은 분야에서 늘어난 반면, 정부의 조직은 별로 증가하지 않았다는 사실을 지적한다. 이는 비정부기구와 같은 중간자(middlemen)[45]의 기능이 활성화되었기 때문에 가능한 일이다. 정부의 각종 프로그램에 대한 전문 조직과 이슈 지향적인 이익집단의 정치적 관여가 늘어나면서, 이슈와 직접 관련성이 적은 시민, 전문가가 아닌 정치인이 기술적이고 복잡한 관리·경영에 관심을 갖기 어렵게 되었다. 전문가 중심의 이슈 네트워크가 확산되는 증거로 볼 수 있겠다.

다. 정책의 동태적 변화와 환경정책의 형성과정

정부의 실제 정책형성 과정이 하위정부와 이슈 네트워크의 두 개 모델 중 어느 것에 부합하는지는 실증연구(empirical studies)를 통해서 밝혀질 수 있겠지만,[46] 두 가지 모델(이론)은 정책형성 과정을 연구하는데 중요한 착안사항이 된다. 물론 이분법적으로 정부 정책형성 과정을 나누는 데는 무리가 있다. 정책형성 과정의 변수가 많으므로 특정 정책 분야에 대해 하위정부 또는 이슈 네트워크의 특성을 갖는다고 단정 지을 수도 없다. 환경정책 분야의 정책형성 과정에 대해 살펴보기 전에 정부의 실제 정책수립 과정에 도움이 될 수 있는 이론으로 정책시스템의 동태적(dynamics) 성격을 반영한 두 가지 이론을 살펴보기로 한다.

---

45) 정부예산으로 시행되는 각종 복지 프로그램 등이 정부기구가 아닌 비정부기구에 의해 수행된다. 사익을 추구하지 않는 각종 비영리단체(NPO: Non Profit Organization)가 대표적이다.

46) 단순히 정부의 정책형성과정이 한 가지 모델로 모두 설명될 수 있다고 주장함은 어리석다. 이슈 네트워크 모델을 만든 Heclo(1978)는 하위정부보다 이슈 네트워크가 정부 정책형성의 대세라고 주장하는데 주저한 바 있다. Berry(1989)는 실증연구들을 조사한 후 몇 가지 결론을 제시한바 있다. ① 이익집단 간에 발생하는 상당한(significant) 분쟁은 정책결정과정의 특성이다. ② 대통령선거는 정책결정자에 대한 이익집단의 접근에 상당한 변화를 가져온다. ③ 하위정부에 대한 학자들의 비판은 계속 증가해 왔다. ④ 이슈 네트워크 모델이 미국의 정책결정을 설명하는데 유용하다.

Baumgartner는 '정책독점체(policy monopoly)'라는 개념을 제시한다. 정책 독점체의 특성은 크게 두 가지이다. ① 외부와 구분되는 특정 분야의 정책결정 기구나 집단이다. 예컨대 원자력 발전소 건설사업의 경우 정부 의사결정에 영향을 미치는 소관 정부기구, 학계, 산업계 등을 말한다. 이 독점체는 의사결정에 있어 외부의 접근을 배제시킬 수 있다. ② 정책독점체를 지지(support)하는 정책 아이디어, 이론, 철학 등이 존재한다. 원자력 발전(nuclear power)에 관한 찬성 입장과 반대 입장을 생각하면 된다. 이 두 번째 특성이 정책독점체를 하위정부나 철의 삼각 등 폐쇄적 정책독점과 구분짓는 요소이다. 하위정부가 외부에 드러나지 않는 정책결정을 특징으로 하는 반면, 정책독점체의 성공여부는 그 정책독점체가 외부사회에 제시하는 긍정적 이미지에 좌우된다. 정책독점체들은 해당 정책분야에서 비교우위를 차지하기 위해 서로 경쟁한다.[47] 이러한 경쟁의 결과로 정책독점체의 교체와 정책의 근본적인 변화가 일어나곤 한다.

Thurbow(1991)는 정책의 '하위체계(policy subsystem)'를 세 가지 형태로 나누고, 그 형태가 동태적으로 변한다고 본다. 특정 하위체계가 우위를 점하는 상황, 즉 우위적 하위체계에서는 1)하위체제에 속한 기관 등의 연합이 안정적이고, 2)기관 간의 관할이 분명하며, 3)정치적으로 외부에 잘 노출되지 않는다. 또한 4)갈등이 낮은 수준에 머물고, 5)정책결정에 참여하는 행위자의 수도 많지 않다. 이에 반해 분해된 상태의 하위체계, 즉 분절적 하위체계는 1)불안정한 연합, 2)외부에 드러나는 정책결정, 3)기관 간 관할중복과 파편화를 특징으로 하며 따라서 4)갈등의 범위가 넓고 분쟁의 수준이 높은 상황이 전개된다. 이 두 가지 유형의 중간에 위치한 것이 경쟁적 하위체계인데, Thurbow는 Heclo의 이슈 네트워크가 이에 해당한다고 본다.

그러면 환경정책의 형성과정은 어떠한 모습일까? Rosenbaum(2002)은 환경정책 형성에 있어 세 가지 특징을 열거한다. 첫째, 정책형성(policy making)은 각계각층의 기관과 개인, 중앙 및 지방정부 등 다양한 이해관계자의 의사가 반영되는 과정이다. 특히 환경정책은 참여하는 주체나 과정이 유동적이고, 진행과정에서 결정내용이 계속 바뀌며(impermanent), 이러한 정책과정을 거치면서 변화된 모습의 결과물이 탄생한다고 한다. 둘째, 정책과정에 참여하는 주체들이 일정한 제약 조건 하에 행동한다. 정부기관이라면 법령상 정해진 기능과 역할이 있고, 행정부, 사법부, 입법부 간에 존재하는 권력분립의 원칙도 있으며, 문서화 되지는 않았더라도 참여자 간에 양해된 게임의 법칙(rules of the game)이 있을 수 있다. 이러한 이유로 정책과정은

47) 미국의 원자력발전과 관련한 정책독점체 간의 경쟁을 보자(Baumgartner, 1994). 원자력발전에 대한 대중의 긍정적 이해를 배경으로 1940~1950년에는 일반시민의 관여를 배제한 채 원자력산업체의 전적인 통제가 가능하였다. 하지만 1960~1970년대에는 상황이 달라진다. 원자력 문제가 공중의제로 대두하면서 일반시민의 인식이 비판적으로 변하고, 이에 따라 의회, 주정부, 선출직이 원자력 문제에 관심을 갖고 목소리를 내기 시작한다. 이러한 이미지의 변화가 결국 불과 20년 만에 기존의 정책독점체를 해체시키고, 이전에 결정되었던 많은 것들을 바꾸게 된다.

어느 정도 예측 가능하다. 셋째, 환경정책 형성과정에는 정치와 과학이 밀접하게 연관된다. 환경정책에서 정책의 정당성을 확보하기 위해서는 과학적 근거가 중요하다.

표 1.3 정책 하위체계의 유형

유형	연합의 성격	결정의 가시성	관할의 분명함	갈등의 범위	갈등의 수준	참여자수	결정과정의 접근성
우위적 하위체계 (Dominant)	안정	낮음	관할 명확	좁음	낮음	소수	폐쇄적
경쟁적 하위체계 (Competitive)	단기간 불안정	낮음	관할 겹침과 도전	중간	중간	중간	경쟁 집단에만 개방적
분절적 하위체계 (Disintegrated)	불안정	높음	관할 겹침과 분해	넓음	높음	다수	개방적

Rosenbaum이 지적하는 환경정책 형성과정의 첫 번째 특징은 분명히 이슈 네트워크의 모습에 가깝다. 많은 환경정책이 소수의 오염행위자로부터 다수를 지키기 위한 규제이고, 그 성격 상 개발과 보전이라는 갈등구조 하에서 가치판단이 개입되기 쉽다는 특성을 가지고 있음을 고려할 때, Heclo가 말하는 이슈 네트워크의 상황에서 정책이 결정될 가능성이 타 분야에 비해 상대적으로 높다고 볼 수 있다. 그럼에도 환경정책 안에 규제만이 아니라 배분적 성격의 프로그램이 존재할 수 있고, 정책형성의 모습이 동태적으로 변화한다는 점을 감안한다면 단순한 유형화는 피해야 한다.

1.3 의사결정모형의 이해

1.3.1 의사결정모형의 개념

우리는 복잡한 현실세계를 개념적으로 분석하고 또 미래상황을 예측하기 위해 모형(model)을 만든다. 모형은 핵심 변수(variables)와 이들 변수의 인과적 관계를 적용하여 구성되는데 물리(physical) 모형, 생태(ecosystem) 모형, 사업(business) 모형, 경제(economic) 모형 등 수많은 모형이 존재한다. 마찬가지로 의사결정모형 역시 실제로 일어나는 복잡한 의사결정을 개념적으로 이해하고 분석하기 위하여 만들어지고 활용된다. "우리는 현실을 단순히 관찰하는 게 아니라 창조한다."고 했듯이 모형은 우리가 세계를 관찰하고 순기능적으로 창조해 나가는 방법이자 도구라고 할 수 있다.[48)]

정부의 정책결정과 정책집행은 수많은 의사결정의 집합체라고 할 수 있다. 하나의 정책이 만들어지기 위해서는 행정부 내에서 통상 사무관→과장→국장→장차관으로 이어지는 계선의 의사결정을 거쳐, 차관회의→국무회의 등 법령이나 내부규정에 따라 운영되는 협의체의 의사결정을 거쳐야 한다. 국회에서도 마찬가지로 상임위→법제사법위(법률)/예산결산위(예산)→본회의 등의 의사결정 절차가 요구된다. 이러한 이유로 정부정책을 이해하기 위해서는 의사결정의 논리와 방법을 체계적으로 파악해야 하며 이에 대한 학문적 배경이 바로 의사결정 이론이고 모델이다.

우선 바람직한 의사결정은 어떤 모습이어야 하는지에 대한 해답으로 제시되는 '합리적 의사결정모형'을 살펴본다. 합리적 의사결정을 위해서는 완전한 정보, 충분한 시간, 목표에 대한 합의, 행정관청의 광범위한 재량 등 전제조건이 충족되어야 한다.[49)] 실제 의사결정 과정에서 이러한 조건이 모두 갖추어는 것은 불가능에 가깝다. 그래서 현실에서 의사결정이 어떻게 이루어지는지를 다루는 의사결정의 '현실 묘사 모형'이 제시된다. 나아가 이상과 현실에 대한 이해를 바탕으로 해서 바람직하면서도 현실적으로 실행 가능한 의사결정방식으로 제안되는 것이 '처방 목적의 의사결정모형'이다. 이제 이러한 순서로 의사결정모형을 살펴보고, 의사결정모형 전반에 대한 평가를 덧붙이고자 한다.

가. 합리적 의사결정모형(Rational Decision-Making Model)

합리적 의사결정모형은 최적의 성과물을 창출 할 수 있는 이상적인 의사결정의 모습을 담고 있다. Simon은 이를 ① 결정에 필요한 정보를 수집(Intelligence gathering)하고, ② 가능한 모든 대안(代案)을 탐색(Identifying all options)하며, ③ 탐색한 각각의 대안이 야기하게 될 결과를 평가(Assessing consequences of options)한 후, ④ 각각의 대안이 가져 올 결과의 가치를 비교하여(Relating consequences to values) ⑤ 가장 선호되는 대안을 선택(Choosing preferred option)하는 다섯 단계로 제시한다. 이러한 이상적 의사결정과정은 완전한 합리성과 충분한 정보와 지식을 전제로 한다.

---

48) 모형을 conceptual framework, conceptual lenses라고 부르는 것은 이러한 이유 때문이다.

49) Fiorino, 1995

Lindblom이 보는 합리적 의사결정의 첫 단계는 의사결정의 기준이 되는 가치가 무엇인지 찾아보고, 그 가치 간의 우선순위를 정하는 일이다. 우리가 좋고 나쁨을 판단하는 기준인 가치(value)에는 여러 가지가 있다. 예컨대 상수도사업에서 수돗물의 안전성 확보라는 가치도 있고, 수돗물 생산비용의 최소화(정수장 생산성 제고)라는 가치도 있다. 첫째, 어느 것이 우선적 가치를 갖는지 정할 필요가 있다. 둘째, 여러 가치에 부합하는 목표를 구체화한다. 수돗물 안전성은 수돗물 수질기준으로, 정수장 생산성은 수돗물 단위 당 생산비용 등으로 측정할 수 있다. 셋째, 이러한 목표를 달성하기 위한 대안과 이행수단을 모두 찾아낸다. 수돗물의 경우, 수돗물 생산의 원료가 되는 원수를 보다 깨끗하게 하는 대안이 있을 수 있고, 원수가 나쁘더라도 고도정수 처리방법을 채택해서 수돗물을 깨끗하게 할 수 있다. 네 번째는 각 대안이 가져올 결과를 보고 대안을 비교·평가하는 단계이다. 원수를 깨끗하게 하기 위해서는 수원지 인근주민의 행위를 제한하는 것이 불가피하게 된다. 하지만 원수는 그대로 두고 고도정수시설을 설치하기로 했다면 투자재원을 마련해야 한다. 이렇게 각 대안의 선택에 따라 발생하게 되는 결과에 근거해서 각 대안의 우열을 평가한다. 이러한 단계를 거쳐 가치를 최적화하는 대안을 선택하게 된다.

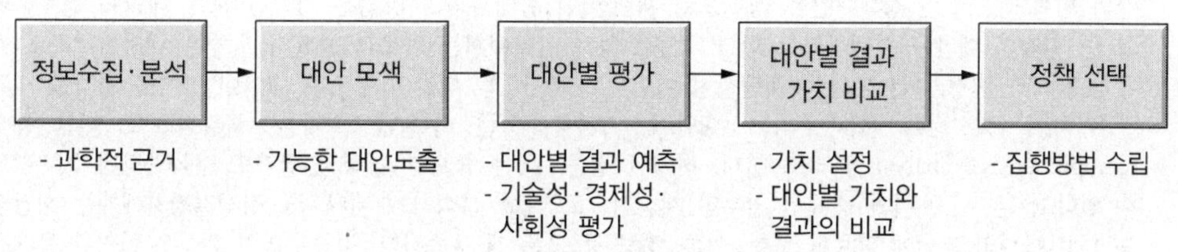

그림 1.2 정책선택의 절차와 요소

나. 현실 묘사 모형(Descriptive Decision-Making Model)

'합리적 의사결정모형'은 의사결정자가 지향해야 할 목표이기도 하고, 의사결정의 윤곽을 파악하는데 도움을 준다. 그러나 현실적 여건에서는 다양한 변수가 존재하므로 합리적 모델과 다른 현실의 의사결정 체계를 묘사하는 모형이 필요하다. 대표적인 것이 Simon(1945)의 '행정인(administrative man)'이다. 그에 따르면 실제 행정인은 제한된 합리성(bounded rationality)만을 가진다. 인지능력에 결함이 있고, 조직역량도 부족한 면이 있다. 의사결정자 역시 현실에서는 완벽함을 추구하기 보다는 만족하는 수준[50]에서 멈춘다. Lindblom(1959)에 따르면, 의사결정자는 모든 것을 알고 있는 것(omniscient)도 아니고, 모든 것을 할 수 있는 것

50) Simon은 이런 상태를 표현하기 위해 satisfying과 sufficing의 합성어로 satisficing이라는 합성어를 사용했다. 이는 충분히 만족할 정도의 수준을 의미한다 하겠다.

(omnipotent)도 아니다. 합리적 의사결정의 각 단계마다 요구되는 지식과 기술을 모두 갖추기도 어렵다. 추구하는 가치가 불분명하고 가치 선택이 일관성을 잃기도 한다.

집합 행위(collective action)의 상황에서 충돌하는 이해관계를 조정할 수 있는 합리적인 방법이 없는 경우가 많다. 현대 조직은 전문화된 하위조직으로 구성되어 있는데 하위조직의 시각으로 전체를 조망하는 데는 한계가 있다. 하위조직 간의 분쟁을 조정하거나 하위조직의 경계를 넘는 정보를 충분히 확보하기도 어렵다. 이는 정부 부처 간의 치열한 다툼을 생각해 보면 알 수 있다. 의사결정자는 현실적인 제약요인 때문에 합리성, 효율성, 생산성 같은 이상적인 판단기준에만 근거해서 결정하지 못한다. 시간적·공간적 제약뿐 아니라 과거에 행해진 의사결정, 기득권, 외부의 기대요구로부터 자유롭지도 못하기 때문이다.[51)]

---

51) 점증주의(Incrementalism)는 행정학과 정치학에서 중요한 이론이자 모형이다. Lindblom과 Wildavsky가 대표적인 학자이다. 이들은 합리주의자의 주장과 달리 현실의 정책결정은 진흙탕을 헤쳐 나가는 것(muddling through)과 같다고 한다. 정보, 분석능력, 인력, 시간 등이 부족한 가운데 내려지는 결정은 기존의 정책에서 소폭의 변화를 주는 모습으로 이루어지고, 이후 정보, 기술 등 부족한 사항을 보완한다든지, 또 일단 해본 후에 그 결과를 보면서 추가적인 변화를 추구한다고 주장한다. 합리주의와 비교한 점증주의의 5가지 특징을 살펴본다(Lindblom 1959, 정정길 1989). ① 점증주의는 현재의 정책에서 약간의 변화만을 주는 정책대안을 정책으로 채택한다. 합리주의의 방법은 가능한 모든 대안을 검토하여 그 중 최적의 대안을 선택하라고 한다. 점증주의는 현실에서는 아무리 중요하고 좋은 대안이더라도 기존의 정책과 전혀 다른 대안은 채택하기 어렵다고 본다. ② 대안의 우열은 대안이 가져올 결과를 비교·평가하여 결정된다. 합리주의는 대안이 가져올 모든 주요한 결과를 포괄적으로 비교·분석(comprehensive analysis)하라고 한다. 하지만 점증주의는 중요한 정책의 결과도 분석과정에서 누락될 수 있다고 본다. 즉 결과 중에서 일부만 제한적으로 비교·분석하게 된다. ③ 정책결정자에게는 시간과 능력 뿐 아니라 분석에 필요한 모형, 이론, 정보 등 모든 게 부족하다. 점증주의의 핵심은 이러한 문제를 해결하기 위해서 정책의 일부를 조금씩 수정·보완하는 방법을 쓴다는 것이다. 기존의 정책을 약간 수정한 대안을 선택하여 시행해 보고, 그 결과를 보아서 잘못된 부분이 있으면 이를 보완하는 방법을 쓰는 것이다. 즉 시행착오를 거치면서 피드백되는 정보를 활용하여 불충분한 정보의 한계를 극복해 가는 방식이다. Lindblom이 연속적 평가와 분석(serial evaluation and analysis), 연속적·순차적 정책결정(serial and sequential policy-making)이라고 하는 것이다. ④ 합리주의가 상정하는 것처럼 사회의 의사결정, 정부의 정책결정이 한 곳에서 조정·통합되어 이루어지는 게 아니다. 정책대안에 대한 분석과 평가가 사회의 여러 곳에서 분산적, 산발적으로 이루어진다. 이것이 분할적 점증주의(disjointed incrementalism)라는 것이다. 언뜻 보기에 이런 방식이 문제 있어 보이지만 오히려 장점이 된다고 점증주의자들은 주장한다. 하나의 기관에서 분석과 평가를 독점할 때 간과될 수 있는 중요한 정책대안이나 결과가 사회적 의사결정에 반영될 가능성이 커진다. 점증주의는 정치적 다원주의를 전제로 하고 있을 뿐 아니라 다원주의를 지지하는 논거가 될 수 있다. ⑤ 합리주의에서는 가치와 목표, 이를 달성하기 위한 정책과 수단이 확연히 구분된다. 먼저 전자가 확정된 다음에 이를 달성하기 위한 최선의 수단으로서 모든 정책대안이 비교·평가된다. 점증주의는 목표와 수단이 상호의존적이라고 본다. 실제 정책결정은 목표를 분명히 밝히거나 이에 대한 명시적 합의 없이도 이루어진다. 그 이유는 목표와 가치에 대한 사회적 합의가 어렵고, 상충하는 목표나 가치를 통합·조정할 수 있는 기준도 없으며, 채택 가능한 정책수단이 있느냐에 따라 정책목표가 좌우되기도 하기 때문이다. 목표가 불분명한 경우에도 정책이 결정되기도 하고, 목표 간에 상충되는 경우도 생길 수 있다. 여·야가 서로 다른 생각으로 하나의 정책을 만들 수 있다. 동상이몽(同床異夢)이 가능한 것이다. 점증주의는 정책과 관련된 이해관계자 간의 합의가 중요하다고 본다. 훌륭한 정책은 많은 관계자가 동의하는 정책인 것이다.

March와 Olsen(1989)은 정치적 의사결정에서 '규칙(rules)'의 기능과 역할에 주목한다. 정치적 행동은 절차, 결정, 평가와 관련된 규칙에 따라 이루어진다. 여기서 규칙은 제도화된 관례(institutionalized routines)이다.[52] 정치가들이 자신의 결정이 어떠한 결과를 가져올지 합리적으로 분석하여 그에 따르기 보다는 그간의 관례에 비추어 적절한 지 판단한다는 것이다. 즉 의사결정자는 합리성이라는 기준이 아니라 현실적 상황이 기존의 규칙에 맞는지 비교해 보고, 규칙에 부합되는 범위내에서 적절한 수준으로 결정한다. 기존의 규칙이 적용되기 어려운 새로운 이슈인 경우에도 새로운 규칙을 만들기 보다는 기존의 규칙과 관례에 따르려고 한다.

Lindblom은 현실세계의 의사결정이 '내부논리(internal logic)'에 따른다고 본다. 그 내부논리는 다음과 같다. ① 모든 과정을 체계적으로 사고하지 않고, 최소한의 목표를 세운다. ② 문제를 해결하기 위한 행동은 점진적(incremental)으로 이루어진다. 즉 신중하게 시험적으로 움직인다. ③ 의사결정은 순차적(serial)이다. 통합적으로 검토하고 판단하는 것이 아니라, 일의 순서와 흐름에 맞춰 각각의 결정이 이루어진다. ④ 권력 네트워크 안에는 수많은 영향력 집단이 존재하는데 결국에는 이들 간 상호작용에 의해 결정이 내려진다. ⑤ 행위자들은 이해관계를 상호 조정(adjusting) 한다. 그 이유는 합의(consensus)를 추구하기 때문이고, 따라서 그 결과는 최선(best)의 정책이 아니라 타협(compromise)의 산물이 된다.

Allison은 정부의 의사결정에 3가지 모델이 있다고 한다. ① 합리적 행위자 모델(Model I, rational actor model)은 단일의 행위자가 자신의 목적을 전략적으로 추구하는 의사결정을 설명하는데 사용할 수 있다. Simon의 합리적 모형에 해당한다. ② 조직과정 모델(Model II, organizational process model)은 수많은 행위자가 의사결정에 참여하며, 표준행동절차(standard operating procedures)에 따르는 고도로 구조화된 과정이다. 현실 묘사모형에서 설명한 것과 같다. ③ 관료정치 모델(Model III, bureaucratic politics paradigm)이 있다. 이에 따르면 정부정책은 상당한 정도의 자율권(semi-autonomous)을 갖고 있고 서로 다른 목표를 가진 행정부 조직과 그 구성원 상호 간에 이루어지는 타협의 결과물이다. 정치적 의사결정을 설명하는 모델이다. Model I에서 Model III으로 갈수록 의사결정의 무질서 정도가

52) March와 Olsen의 주장을 이해하기 위해서는 제도주의(institutionalism)가 무엇인지 이해할 필요가 있다. 제도주의는 매우 중요한 조직이론(organization theory)이면서 사회학, 경제학, 행정학 등 여러 사회과학에서 활용되고 있다. 여기서 제도라 함은, 제도주의가 사용되는 분야에 따라 차이가 있기는 하지만, 구성원들이 자연스럽게 받아들이는 규칙(rules of the game), 절차(procedures), 유형(patterns) 등을 말하는데 조직을 안정적으로 운영하는 틀을 제공한다. March와 Olsen(1984)은 제도가 각 개인들이 정책과정에서의 행위에 대한 의미를 부여하고, 나아가 개인들이 선호하는 행위로 결정짓는다고 본다. 제도주의적 관점에 따르면 사회나 조직의 구성원은 모든 일을 합리적인 판단에 근거해서 결정하는 것이 아니라, 언제부터인지 모르지만 사회와 조직이 당연한 것, 합당한 것, 적절한 것으로 받아들이고 있는 제도의 지배를 받는다.

증가하고, 합리성은 약해진다고 볼 수 있다.[53)]

마지막으로 쓰레기통 모형(garbage can model)은 극히 혼란스럽고 우연적인 의사결정 상황을 설명한다(Cohen, March, and Olsen, 1972). 이 모형의 네 가지 요소는 다음과 같다. ① 정책 선호에 문제가 있다. 선호하는 방법에 일관성이 없고, 제대로 정의되어 있지 못하다. 간단히 말해, 무엇이 좋은지 모른다는 얘기다. ② 기술이 불분명하다. 문제해결을 위한 기술이 불분명하기 때문에 시행착오를 겪으면서 지속적으로 개선해 나가는 방식이 활용된다. 정답이 없는 상황이란 의미이다. ③ 참여자가 유동적이다. 의사결정에 참여하는 주체의 경계가 불확실하고 변화한다. 다양한 문제의 해결책이 의사결정 참여자들에 의해 만들어지고 버려진다(dumped). ④ 개인적 결정이든 집단적 결정이든 의사결정의 기회가 있다. 이와 같은 네 가지 요소(선택문제, 해결책, 참여자, 선택기회)가 어느 순간 우연히 결합하여 정책결정이 이루어진다.

다. 처방 목적의 의사결정모형(Prescriptive Decision-Making Model)

이상적인 의사결정과 현실적인 의사결정에 대한 이해를 바탕으로 정부의 의사결정을 어떻게 하면 좋을지 고민해 볼 수 있겠다. Simon이 제시한 처방은 두 가지이다. 프로그램화된 의사결정을 개선하는 것과 휴리스틱[54)] 문제해결(heuristic problem solving) 방법을 개발하는 것이다. 첫째, 일상적으로 정해진 방법에 따르는 의사결정을 유형화하고, 각각의 유형에 적합한 결정을 데이터베이스로 만들어 활용한다. 사실 조직에서 이루어지는 수많은 의사결정의 상당 부분은 반복적이다. 이러한 사안을 유사한 것끼리 모으고, 해당 유형에 적합한 의사결정은 무엇인지 미리 정해놓고 활용한다면 의사결정의 질도 높이고 의사결정에 소요되는 비용을 절약할 수 있을 것이다. 소위 행정행위에 대한 매뉴얼을 정해놓는 것이다. 둘째, 일상화되지 않은 사안이 발생하였을 경우 사용할 수 있는 방법이 휴리스틱이다. 분석의 초기단계에서는 모든 변수가 아니라 중요한 변수만 분석하고 점차 변수를 확대시켜 나간다든지, 문제상황을 여러 가지로 나누어 각각 분석한 후 이를 전체적인 관점에서 종합하는 방법 등이 있다. Simon은 이러한 의사결정 전반에 컴퓨터와 수학을 이용한 각종 분석도구, 예를 들어 OR(operations research)[55)], 시스템분석(system analysis), 프로그램 분석(programming), 모

53) Allison은 이 세 가지 모형으로 현실의 정책결정 사례를 설명한다. 예컨대 쿠바 미사일 위기 해결과정을 대통령을 포함한 고위 정책결정자 간의 정치적 게임으로 본다.

54) 휴리스틱은 그리스어로 발견하다(to find)라는 뜻을 가진다. 프로그램화되지 않은 새로운 문제에 대한 해답을 시행착오를 통해 발견하는 것을 말한다. 기업과 정부가 당면하고 있는 외부 환경은 매우 복잡하고 변화가 심하다. 더욱이 의사결정에 필요한 시간이나 정보도 제한되어 있다. 이러한 여건에서 완벽한 의사결정은 희망에 불과하다. 휴리스틱 접근은 가장 이상적인 방법을 통해 완벽한 해답을 찾는 것이 아니라 현실적으로 만족할 만한 수준의 해답을 찾는 것이다.

델링(modeling) 기법 등이 도움이 된다고 설명한다.

Lindblom이 이야기하는 점증주의 모델은 현실 묘사 모델이기도 하면서 처방 모델이기도 하다. 점증적 분석에는 세 가지가 있다. ① 단순한(simple) 점증주의 분석으로 현 상황(status quo)과 약간 차이나는(incrementally) 다른 대안만을 분석하는 방법이다. ② 분절된(disjointed) 점증주의는 '내부논리'에 이루어지는 현실의 의사결정 모델에서 설명한 내용이다. ③ 전략적 분석(strategic analysis)은 복잡한 문제를 단순화시키기 위해 충분한 분석과정을 거쳐 선택된 대안만을 분석하는 방법이다. 이것이 Lindblom의 처방인데 단순한 점증주의에서 진일보하여 합리적 모형의 방법을 수용한 것으로 합리적 분석과 점증적 방법을 통합함으로써 정책결정자가 단순한 점증주의에서 벗어날 수 있도록 한다. 요약하면, 일련의 전략에 따르는 종합적이고 과학적인 분석방법이다.

Etzioni(1967)는 혼합탐사(mixed scanning) 모델을 제시하여 합리모델과 점증모델의 통합을 도모한다. 혼합탐사는 태풍의 발생 가능성을 탐지하는 기상위성의 예로 설명할 수 있다. 기상위성은 두 개의 서로 다른 카메라, 즉 지구 전체를 조망하는 카메라와 문제가 있어 보이는 지역을 세밀하게 관찰하는 카메라를 함께 사용한다. 마찬가지로 정책결정도 ① 광범위한 대안을 종합적·포괄적으로 검토하는 단계와 ② 여기서 정해진 맥락과 범위 내에서 작은 변화만 있는 대안을 검토하는 단계로 나누어 진행한다. 첫 번째 단계는 주요한 대안을 빠짐없이 검토한다는 측면에서는 합리주의의 장점을 활용하지만, 대안 하나하나에 대한 세부적이고 자세한 검토는 생략한다는 측면에서는 점증주의에 가깝다. 이 단계를 통해 중요한 대안을 누락시키는 결정적 실패를 방지하고, 분석역량을 집중할 분야를 선택할 수 있으며 근본적인 방향 설정에서의 오류를 방지 할 수 있다. 두 번째 단계 역시 제한된 변화를 갖는 대안을 검토한다는 면에서는 점증주의이고, 소수의 비슷한 대안에 대해 세밀하고 전문적인 분석(detailed, specialized, and in-depth analysis)을 행한다는 점에서는 합리주의에 해당한다. 두 단계 모두 합리주의와 점증주의의 장점을 활용한다고 볼 수 있다.

1.3.2 의사결정모형의 평가

의사결정모델의 양 극단에 두 모델이 있다. 중앙 집중적이고 기술 중심적인 합리모델

55) 수학을 활용하여 최적의 대안을 찾는 다양한 방법을 총칭한다. 분석과 예측에 수학 기법을 활용함으로써 현실에서 일어나는 복잡한 의사결정에 도움을 준다. 각 대안의 비교에 주로 최적화(optimization) 기법을 활용한다. 제2차 세계대전 중 연합군에서 무기를 개발하는 등의 각종 의사결정에 활용하면서 확산되었다.

(Simon)이 하나이고, 분산적이고 정치적인 점증모델(Lindblom)이 다른 하나이다. 이는 의사결정론의 일반적인 인식인데, Etzioni(1968) 역시 정책결정자가 고도의 통제권을 행사하는 합리주의적 모델과 주변 환경에 대한 지배력이 낮은 상태에서 이루어지는 점증주의적 접근을 대비한다. 하지만 이러한 이분법적 접근은 의사결정의 실제를 정확히 반영하고 있다고 보기 어렵다.

흔히 합리모델은 비현실적이라고 비판 받지만, 이는 지나친 측면이 있다. 어차피 합리모델은 이상형(ideal type)으로서 현실이 아니라 의사결정자가 추구해야 할 목표를 의미하기 때문이다. 합리모델을 실제 적용하는데 있어 핵심적인 장애물은 가치문제이다. 추구하는 가치가 불분명한 경우, 또 가치 간에 충돌이 발생할 경우 합리모델은 해답을 주지 못한다. 더불어 중앙 집권적이고 기술적인 모델이라는 문제가 있다. 공산주의 계획경제를 생각해 보면 이해하기 쉬울 것이다. 고도의 전문성을 가진 소수의 엘리트 집단이 합리모델의 미명 하에 의사결정을 독점할 경우 민주주의의 작동을 근본적으로 위협할 수 있다.

Lindblom(1959)의 점증모델은 과도하게 기존 질서를 지키고, 자본주의 시장의 원활한 운영을 지원하는데 그치며, 계획이나 전력에 근거한 개선 가능성을 부정한다는 비판을 받는다. 간단히 말해 기득권을 옹호할 뿐이라는 비판이다. 진흙탕을 헤쳐 가는(muddling-through) 점증주의 방법은 분명히 부분적인 최적화를 고착(chronic sub-optimization)시키는 위험성을 내포하고 있다. 부분별 최적의 합(合)이 결코 전체적인 최적 상태를 보장하지는 못한다.

종합적·포괄적인 최적화를 외면할 경우 각 부분 간의 중복, 갈등, 상충 문제를 해결할 수 없다. 나아가 점증주의가 작동하지 않는 상황이 있을 수 있다. 즉 현재의 정책이 명백히 잘못되어 있거나 문제 상황이 빠르게 또 근본적인 변화를 겪고 있는 경우, 또 문제해결 방법이 크게 변화하는 상황이 그러하다. 이러한 환경에서는 점증주의 방법을 적용하는 것이 적절치 않을 것이다. Etzioni의 모델 역시 문제가 있다. 태풍을 탐사하는 것과 사회문제의 해결방법을 찾는 것을 비교하기는 어렵다. 무엇보다 어떤 정책 이슈를 자세하게 분석하고 어떤 것을 간단히 분석할지 구분할 수 있는 기준이 없다. 점증모형의 방법을 사용한다고 하지만 결국 합리모형의 불완전분석에 그치기 쉽다.

합리적 모델의 반대편에 비합리적 의사결정으로서 정치모델을 세우고, 후자를 개선·극복해야 한다는 주장도 타당하지 않다. 정치는 합리적인 분석을 통해 해결할 수 없는 문제를 해결해야 한다. 정부가 개입하여 해결해야 할 일은 무엇인지, 왜 개입해야 하는지에 대한 답은 정치가 제시해야 한다. 정치적인 해결방식을 합리적 의사결정의 대척점에 세우고, 이를 비합리적이라고 매도하는 것은 결코 바람직하지 않다. 오히려 두 가지 방식은 서로 다른 종류의 합리성이라고 보는 게 합당하다.

이렇게 볼 때, 의사결정이론은 주어진 상황에 따라 이해하는 것이 적절하다. 즉 의사결정모델의 선택은 과업과 환경에 따라 결정된다. 예컨대 가치에 대한 합의가 존재하는지, 정책을 통해 해결하고자 하는 사회문제의 원인과 그 해결책에 관한 인과관계를 정확히 알고 있는지 여부가 분석모델을 선정하는데 중요하다. 이 두 가지가 갖추어져 있다면 합리모델을 활용하기 위해 노력해야 하겠지만, 그렇지 않다면 합의 가능성이 높은 점증모델에 의지하는 것이 현명할 수 있다. 마지막으로 공공조직과 민간조직의 차이에도 유념해야 한다. 활동공간이 시장인 민간조직은 분석적인 방법을 사용할 여지가 많은 반면에, 공공조직은 분석보다는 판단(judgement)이 많은 비중을 차지한다.[56)] 정부조직이 수행해야 할 과업은 그 특성상 정치와 보다 직접적으로 연계되므로 부득불 다양한 이해관계를 고려해야 하기 때문이다.[57)]

1.4 정책분석(Policy Analysis)의 이해

1.4.1 정책분석의 개념

공공정책은 민간의 활동에 정부가 개입하는 것이다. 정부정책의 이러한 특성 때문에 정책분석은 우선적으로 "과연 정부가 개입해야 하나?"라는 질문을 던져야 한다. 정부가 개인의 판단에 따라 이루어지는 각종 활동에 제약을 가하고 간섭하려면 합당한 이유와 분명한 근거가 있어야 한다. 이것이 정당성(legitimacy) 기준이다. 두 번째 질문은 "어떤 수단과 방법으로 개입해야 하나?"이다. 정부는 가용한 정책도구(toolkit) 중에 의도한 목적을 가장 잘 달성할 수 있는 수단과 방법을 선택해야 한다. 이것이 효율성·효과성 기준이다. 그렇다면 구체적으로 정책분석이란 무엇인가? 다양한 정의가 있지만[58)] "정책결정자가 올바른 판단을 하

56) Nutt, 1999

57) 공직사회에서 사용하는 용어 중에 "정무적 판단"이라는 게 있다. 합리적인 분석의 결과물인 정책이 대상 집단에게 어떻게 받아들여질지 고민하는 것이 여기에 포함될 수 있다. 사람들은 자신의 이해관계가 걸린 사안일수록 합리적으로 판단하기보다 감정적으로 대응하는 경향이 크다.

58) Weimer and Vining(1999)은 정책분석이 공공 의사결정에 관련하여 사회적 가치를 기반으로 행해지는 고객지향적 조언이라고 한다. Water Williams(1971)는 정책결정에 도움이 되는 방식으로 정보를 결합(synthesizing)하고, 정책관련 정보의 미래 수요를 결정하는 수단으로 본다. Dunn(1981)에 따르면, 정책

는데 도움이 되는 정보와 지식을 생산하는 과정과 활동"이라 할 수 있다. 이 책의 논의 주제인 환경정책의 분석은 환경정책 결정자가 환경문제를 해결하는데 유용한 정보와 지식을 생산하는 활동이라고 할 수 있겠다.

1.4.2 공공정책의 필요성과 시장실패론

사회는 수많은 집단행동에 의해 움직인다. 생활 중에 사용하는 거의 모든 물건과 먹고 마시는 음식과 물, 이동하고 활동하는데 이용하는 교통수단, 문화와 여가활동 등 각종 서비스는 집단행동에 의해 생산되고 소비된다. 이때 중요한 점은 집단행동의 결과로 제공되는 재화와 서비스의 대부분이 개인의 자발적인 선택과 합의에 의해 거래된다는 사실이다. 이 과정은 누가 강제하지 않더라도 개인이 자신의 판단과 선택에 따라 참여함으로써 진행되고,[59] 이러한 활동이 이루어지는 장소가 바로 시장이다.

정책분석의 대상인 공공정책은 강제력을 가진 정부의 정당한 개입이다. 정부정책은 개인의 자유와 재산권에 영향을 미치는 만큼 그에 합당한 이유, 즉 정당성을 확보할 수 있어야 한다. 자유민주주의 국가에서 개인의 신체와 재산에 대한 간섭은 법령에 의해서만 가능하도록 제한한다. 여기서 법령은 시민을 대표하는 자(선출직)의 동의를 의미한다.[60] 다시 말하면, 개인의 자유와 재산권에 영향을 미치는 사안은 국회의 의결을 거친 법령의 형식을 갖추어야 한다. 우리 사회에서 발생하는 수많은 문제를 모두 정부가 해결해야만 하는 것도 아니고, 또 그럴 능력도 없다. 어디까지 정부가 개입하고 관여해야 할지에 관해서는 많은 사회적 논란과 학문적 논쟁이 있어 왔으며, 이러한 다툼은 결국 과학의 영역을 넘어 이데올로기의 충돌로 귀결된다.

미국의 경우 정부 간섭을 최소화하려는 보수주의자(conservatives)와 사회복지 분야 등에서 정부의 폭넓은 관여와 활동을 인정하는 자유주의자(liberals) 간에 다툼이 있다. 정책분석은 법령이라는 형식적 정당성에 그치지 않고 정부가 개입할 만한 사안이 되는 논거를 제시하는데서 출발한다. 無정책도 좋은 정책일 수 있다. 사회에서 발생하는 문제 중에 정부가 간

분석은 응용 사회과학으로서 정책문제를 해결하는 정치적 결정과정에서 사용되며, 정책관련 정보를 생산하고 변환시키는데 활용되는 다양한 조사(inquiry)와 주장(argument)으로 정의한다.

59) 재화 또는 서비스를 생산·공급하는 특정 회사에 근무하기로 하는 개인의 결정은 사회적 생산과정에의 참여라 할 수 있으며, 시장에서 특정 재화를 구입하는 개인의 행동 역시 사회적 소비과정에 참여하는 것이다.

60) 대표 없이 세금 없다(No tax without representation).

섭해서는 안 되는 것도 있고, 간섭한다고 해도 해결되지 않는 것이 있다. 정책분석가의 첫 번째 의문은 "분석의 대상인 특정 정책이 과연 필요한 것인가?"이어야 할 것이다.

정부의 개입이 필요한 분야가 무엇인지에 대한 체계적인 논의는 상당수가 경제학에서 비롯되었다. 이에 따르면, 몇 가지 조건[61]이 성립한다는 전제 하에 완전경쟁(perfect competition) 시장에서 가장 효율적인 자원배분이 이루어진다. 이른바 파레토 효율(Pareto efficiency)이라고 불리는 균형 상태인데 파레토 효율을 구현하고 있다면 효율성 측면에서 정부가 개입할 이유가 전혀 없다. 파레토 효율의 정의(definition) 그대로, 어떤 사람을 지금보다 더 부유(better-off)하게 하려면 다른 사람을 가난하게(worse-off) 만들어야 하기 때문이다. 완전경쟁 시장이 작동하지 못하는 상황이라면, 정부의 과도한 시장 간섭에 부정적인 입장에서도 정부가 개입할 필요성은 인정할 수밖에 없다.

가. 시장실패는 왜 발생하나?

경제학의 입장에서 보면 정부 개입이 허용되는 예외적 상황은 파레토 효율이 깨질 때이다. 이는 완전경쟁시장을 가능하게 하는 전제조건 또는 가정(assumptions)이 충족되지 못하는 경우로서 ① 공공재(public goods), ② 외부효과(externalities), ③ 자연독점(natural monopoly), ④ 정보 비대칭(information asymmetry)이 이에 해당한다. 이에 대해 구체적으로 살펴보자.

공공재의 특성은 우리에게 익숙한 사유재(private goods)와 비교해 보면 명확히 나타난다. 사유재의 두 가지 특성은 경쟁적 소비(rivalrous consumption)와 배타적 소유권(excludable ownership)이다. 내가 소비할 경우 다른 사람은 소비할 수 없고, 내가 소유할 경우 다른 사람은 소유할 수 없다는 의미이다.[62] 공공재는 이러한 사유재의 특성이 적용되지 않는 재화와 서비스이다. 국방의 예처럼 국방의 혜택을 받는 국민의 수가 늘어난다고 기존 혜택의 수준이 감소하지 않거나(非경쟁적 소비), 공해상의 어족 자원처럼 특정국가가 소유권을 배타적으로 주장할 수 없는 경우이다(非배타적 소유권). 이러한 특성 때문에 공공재는 사유재와 달리 민간 기업이 공급하기 어렵다. 국방이 국가의 독점적 공급 영역으로 남아 있는 이유가 이 때문이다. 환경 분야에서 보면 맑은 공기, 깨끗한 물이 공공재적 특성을 갖는다. 맑은 공

61) 완전경쟁의 조건으로 ① 다수의 수요자와 공급자가 존재해야 한다. 특정 수요자나 특정 공급자가 가격 결정력을 가지면 안 되고, 참여자 모두가 가격 수용자(price taker)여야 한다. ② 거래되는 재화가 동질적(homogeneous)이어야 한다. 이른 바 명품처럼 대체되지 않는 재화는 해당되지 않는다. ③ 시장에의 진입과 퇴출이 자유로워야 한다. 즉 생산요소의 완전한 이동성이 보장되어야 한다. ④ 시장 참여자가 시장과 상품에 대해 완전한 정보(perfect information)를 가지고 있다고 가정한다.

62) 지금 신고 있는 신발과 옷을 생각해 보자. 이러한 사유재는 나누어 소비하거나 소유할 수 없다.

기나 깨끗한 수자원은 누가 배타적으로 소유할 수도 없고, 내가 마신다고 다른 사람이 마시는데 문제가 생기지도 않는다. 한편으로는 민간이 맑은 공기나 깨끗한 수자원을 지키기 위해 어떤 자발적 행동이나 투자를 하리라고 기대하기도 어렵다.[63]

외부효과는 생산과 소비 과정의 특정 행동이 이와 무관한 제3자에게 영향을 미치는 경우를 뜻한다. 외부효과가 있다면 제3자는 자신의 동의없이 부정적이거나 긍정적인 영향을 받게 되고, 외부효과를 일으키는 당사자 역시 자신이 유발한 긍정적 효과에 대한 보수를 받거나 부정적 효과에 대한 비용을 부담하지 않는다.[64] 시장에서 상품을 사고파는 경우를 생각해 보자. 이 거래는 사는 사람과 파는 사람의 문제이고 다른 사람이 별 다른 영향을 받지 않는다. 하지만 외부효과의 경우는 이와 다르다. 공장의 오염물질 배출로 인한 대기오염이나 수질오염은 부정적 외부효과의 대표적 사례이다.

긍정적 외부효과로 백신(vaccinations) 접종, 과수원에 핀 꽃, 예쁘게 꾸며진 집 등을 예시할 수 있다. 공장은 지역주민에게 악취와 소음, 대기오염이라는 부정적 영향을 미치지만 이에 대해 보상하지 않는다. 마찬가지로 양봉업자가 과수원 주인에게 비용을 지불하지 않는다. 전염병 백신은 접종된 사람만이 아니라 다른 사람의 전염 가능성을 낮춘다. 이웃에 심어진 꽃나무나 예쁜 집이 주는 심미적 만족감은 불특정 다수에게 분명 긍정적인 영향을 준다. 이러한 긍정적·부정적 외부효과가 자발적인 거래대상이고, 그래서 피해자에게 보상하거나 혜택을 보는 지역주민이 대가를 지불해야 한다면 어떻게 될까? 피해를 참거나 혜택을 누리는 대가로 제시하는 가격은 개인마다 천차만별일 수 있어서 시장을 형성하기가 쉽지 않을 것이다. 그럼에도 시장형성이 가능한 경우가 있다. 예로서 공해의 거래시장이 형성될 수 있다면 어떤 형태로든 가격이 형성될 수 있을 것이라는 점을 잊지 말아야 한다.

자연독점은 생산량의 증가에 따라 평균 생산비용이 지속적으로 하락할 때 나타난다. 정부의 지원이나 기업 간 담합의 결과로 발생하는 독과점과 다르게 재화의 기술적 특성 때문에 독점이 발생하는 경우이다. 전기, 전화, 철도, 우편 등을 생각해 보면 알 수 있다.[65] 이러한 사업들은 규모의 경제(economy of scale) 때문에 대단위의 시설 투자를 필요로 하고, 규모가 커질수록 단위 당 생산비용이 계속 줄어든다. 따라서 다수의 사업자가 시장에서 경쟁할 수 없다. 사업자 수가 줄어들수록, 또 사업규모가 커질수록 생산비용이 줄고 경쟁력이 커진다. 자연독점과 관련해서 두 가지 점에 주의할 필요가 있다. 첫째, 자연독점에 의해 생산되

63) 공해상의 어족자원은 남획으로 한때 멸종의 위기에 처하게 된다. 고래나 참치를 생각해 보자.

64) Weimer and Vining, 1999; 94

65) 기술적 독점의 해소를 위해 사용 가능한 수단은 사적 독점, 공적 독점, 그리고 공적 규제이다. 사적 독점은 민간기업의 독점을 방치하는 것이고, 공적 독점은 독점 기업을 국유화하는 것이며, 공적 규제는 독점의 폐해를 없애기 위한 정부 규제를 의미한다. Friedman은 사적 독점이 그나마 가장 덜 나쁜 것 같다는 결론을 내린다.

는 재화의 가격 탄력성(price elasticity)[66]이다. 자연독점의 폐해는 자연독점으로 인해 완전경쟁 때보다 판매가격이 높게 형성될 때 발생한다. 자연독점의 생산물이 가격 비탄력적일수록 소비자는 선택의 여지가 없기 때문에 부당한 가격으로 인한 피해를 더 크게 입게 된다.[67] 둘째, 기술의 발달로 인해 자연독점상황이 바뀔 수 있다. 자연독점의 성격을 갖는 케이블 TV시장이 위성방송 기술의 등장으로 독점적 지위를 상실하게 되는 경우가 대표적이다. 기술발달의 동태적(dynamic) 변화를 눈여겨 봐야한다.

정보는 공공재적 성격을 갖는다. 물리적으로 비경쟁적 소비의 특성을 가지고 있기 때문이다. 정보는 특성상 한 사람이 사용한다고 다른 사람이 같은 정보를 사용하는데 지장이 생기지 않는다.[68] 그런데 이런 특성을 갖는 정보의 양과 수준에는 차이가 있다. 이른 바 정보 비대칭(asymmetry)이다. 예를 들어, 판매되는 제품에 관한 정보는 대개 파는 사람(seller)이 사는 사람(buyer)에 비해 더 많이 가지고 있다. 또 고용자가 노동자에 비해 제품 생산과정의 위해 요소에 대해 더 많이 알고 있다. 생산라인에서 사용되는 화학물질이 건강에 미치는 악영향 가능성에 대해 노동자는 제대로 모르고 있을 가능성이 크다. 이런 정보의 비대칭 상황에서는 시장의 선택에 왜곡이 생길 수 있다.[69]

---

66) 가격 탄력성은 가격 변화에 대한 소비량의 변화 정도를 표시한다. 가격 탄력성이 1보다 높으면 가격의 변화량 보다 소비량의 변화가 더 크다. 사치재의 경우처럼 가격의 변화에 소비가 민감하게 반응하는 경우이다. 반대로 가격 탄력성이 1보다 작다면 가격이 올라도 소비가 그 만큼 감소하지 못한다. 가격이 올라도 꼭 소비해야 하는 필수재가 이에 해당한다. 이렇게 가격 비탄력적인 재화의 경우 가격 상승으로 생산자가 이익을 보게 된다.

67) 가격 비탄력성 여부는 대체재가 있느냐에 따라 좌우된다고 할 수 있다. 자연독점의 경우 초기 투자비용이 많이 소요된다. 케이블 TV가 그러한 예일 것이다. 하지만 케이블 TV는 일반 공중파 TV에서 비디오 대여업에 이르기까지 대체효과를 갖는 상품이 있다. 이럴 경우 자연독점력이 크게 약화된다고 볼 수 있다.

68) 오히려 정보는 더 많이 퍼질수록 그 가치가 높아지는 경우가 많다. 더 많이 공유될수록 가치는 더 높아진다.

69) 구체적으로 어떤 상황에서 시장 선택이 크게 왜곡될까? 우선, 선택되는 상품의 성격이 중요하다. 이른바 탐색재(search goods)라 해서 상품의 특성을 구매 전에 알 수 있는 상품의 경우는 정보 비대칭의 피해가 적거나 없을 것이다. 컴퓨터, 가구, 책과 같은 상품으로 인터넷에서 사양, 사진, 이미지만 보고 구입해도 별 탈이 없는 제품들이다. 이에 반해 사용하고 경험해 본 후에야 그 상품과 서비스의 질을 판단할 수 있는 경험재(experience goods)는 정보 비대칭의 영향이 크다. 수박이나 설렁탕은 먹어봐야 맛을 안다. 미용실이 머리 잘하는 지는 미용사에게 내 머리를 맡겨봐야 알 수 있다. 중고차 역시 그 성능에 대한 판단이 쉽지 않다. 이러한 제품 특성에 더해서 경험재의 특성과 질에 관한 객관적인 정보가 제공되고 있느냐가 중요하다. 인증이나 전문가 평가가 그 예이다. 농산물 인증제를 통해 과일의 당도에 관한 정보가 제공될 수 있고, 미식가가 음식점에서 판매되는 음식의 질에 관해 평가한다. 이러한 평가 정보가 있다면 정보 비대칭의 피해가 크게 줄 수 있을 것이다.

나. 시장실패와 정부개입 : Milton Friedman의 주장

정부보다는 시장에 의한 선택이 보다 효율적이고 합당하다는 관점을 강하게 주장하는 학자 중 가장 영향력 있는 사람은 Milton Friedman이 아닌가 한다. 그는 "자본주의와 자유"라는 저서[70]에서 시장에서 다룰 수 없는 분야, 혹은 다룰 수는 있지만 비용이 너무 많이 들어 정치과정 내지 정부의 개입을 허용하는 편이 더 효율적인 분야를 제한적으로 열거하고 있다. 앞에서 살펴본 시장실패의 연장선 위에 있음을 알 수 있는데 정부의 역할을 생각할 때 한번은 주목할 만한 내용이다.

첫째, 규칙의 제정자이자 심판의 기능은 정부가 담당해야 한다. 공정한 운동경기를 위해서는 경기에 참여하는 선수들이 경기의 규칙을 지켜야 한다. 마찬가지로 사회질서가 유지되기 위해서는 사회 구성원이 정해진 규칙에 따라야 한다. 규칙의 제정과 해석을 단순히 관습이나 합의에만 의존하여 해결할 수 없다. 때문에 규칙을 정하고 이견이 있을 때 이를 조정하며, 규칙을 준수하지 않는 극소수의 사람들에게 규칙을 강제하는 일을 담당할 공권력, 즉 정부가 필요하다. 구체적으로 Friedman은 한 개인이 다른 개인에게 피해를 주는 행동을 못하도록 법과 질서를 유지하는 일, 자발적인 계약의 강제, 재산권의 의미 규정, 규칙의 해석과 집행, 마지막으로 통화의 운용체계 등을 국가가 해야 할 일로 열거한다.

둘째, 기술적 독점과 외부효과가 발생하는 경우 국가의 개입이 필요하다고 본다. 시장은 시장에 참여한 주체 간에 자발적 교환이 가능할 때 온전한 기능을 한다. 여기서 교환이 자발적이려면 선택 가능한 대안이 다양해야 한다. 이러한 조건이 충족되지 못하는 경우가 자연독점과 외부효과이다. 외부효과는 앞에서 설명한 것처럼 개인의 행동이 다른 개인에게 영향을 미침에도 이에 대해 보상하거나(부정적 영향의 경우), 보상 받는 것(긍정적 영향의 경우)이 불가능한 상황에서 발생한다. 수많은 진출입 통로가 있는 일반도로나 도심 공원의 경우 혜택에 따른 비용 징수가 사실상 불가능하다.[71] 이런 경우라면 정부 개입이 불가피하다.

셋째, 가부장적 온정주의(paternalism)에 의해 이루어지는 정부활동은 용인될 수 있다. 사회적으로 정상적인 활동이 어려운 정신이상자나 고아들과 같은 무능력자가 사적인 보호를

---

70) Milton Friedman의 저서 Capitalism and Freedom은 1962년 처음 출간되었고 그 후 2002년판까지 나왔다. 우리나라에서 경우 "자본주의와 자유"라는 제목으로 번역(2007)되어 있다. 이 부분은 번역본을 참고하였다.

71) Friedman은 이런 경우까지 정부의 개입을 당연시 할 필요는 없다고 본다. 정부가 개입한다고 해도 제3자에 미치는 외부효과의 크기를 계량화하여 요금을 부과하는 데는 어려움이 있다. 즉 외부효과 문제를 극복하기 위한 정부의 개입이 추가적인 외부효과를 가져올 수도 있다는 것이다. 따라서 정부의 활동을 당연시 할 게 아니라 정부 개입의 대차대조표를 만들 것을 요구한다. 이때 정부의 개입으로 인한 자유의 위협을 부채(負債) 란에 넣는 것을 잊어서는 안 된다. 이와 반대로 교통량이 많고 진입로가 적은 장거리 고속도로나 옐로스톤 국립공원, 그랜드캐넌 같이 입구도 적고 동떨어져 있는 공원의 경우 이용료의 징수를 통한 정부개입이 합리적일 수 있다.

받지 못하고 있다면 이들을 보호하는 것 역시 정부가 해야 할 일이다.72)

1.4.3 정부개입의 이유 : 소득분배와 다른 가치

앞서 살펴 본 것처럼 파레토 효율의 달성이 불가능한 상황, 즉 시장실패가 발생할 경우 정부의 개입이 정당화된다. 공공정책을 통한 정부의 개입이 파레토 효율을 개선할 수 있기 때문이다. 그런데 “과연 경제적 효율성만이 사회가 추구해야 하는 유일한 가치인가?” 라는 의문이 생긴다. 극단적인 자유시장론자를 제외하고는 당장 사회적 복지(social welfare)나 형평성(equity)과 같은 가치가 떠오른다. 분명 건강하고 행복한 사회가 경제적 효율성만으로 만들어 진다고 보기는 힘들다.

파레토 효율이 경제적 효율에 관한 함수(function)를 통해 구해지는 것처럼 사회적 복지에 관한 함수를 만들 수는 없을까? 몇 가지 측면에서 부정적이다. 우선 사회적 복지 함수의 근간이 되는 개인의 효용이 주관적(subjective)이라는 문제가 있다.73) 상대적 박탈감이라는 심리적 특성이 사회적 복지와 직접 관련되는 배분의 문제를 다룰 때 영향을 미친다. “사촌이 땅을 사면 배가 아프다”는 속담을 기억하면 될 것이다. 이러한 제약요인에도 불구하고 일정한 부(富)와 수입(income), 소비패턴의 수준에 대해 사회 구성원 모두가 합의할 수 있다면 문제는 해결된다. 그러나 만장일치(unanimity)가 가능할까? 만장일치가 불가능하다면 어떻게 해결할 수 있을까? 모든 이가 동의하는 공정한 투표절차(fair vote procedure)로 결정하는 방법도 있지만, 이렇게 되면 논의가 경제가 아닌 정치의 영역으로 옮겨지게 된다.74) 여러 가지 재분배 상태에 대한 선택이 이루어지는 정치과정은 불가피하게 개인의 선호를 비교하게 된다.

셋째, 설사 사회적 효용함수가 존재한다고 해도 이를 적용하기가 거의 불가능하다. 정보나 인식에 제한이 있기 때문이다. 분배 상태를 변경하기 위한 정부정책이 사회 구성원 각각에 미치는 영향을 파악하기는 불가능하다. 따라서 불가피하게 사회 구성원을 수개의 그룹으로 나누어야 할 텐데 이 경우 그룹 내 개인 간에 존재하는 차이가 무시되는 오류가 발생한

72) 이 경우 누군가(정부)가 다른 사람(무능력자)의 결정을 대신해야 하고, 불가피하게 보호받는 개인의 자유를 심각하게 침해할 수밖에 없는 상황이 발생할 수 있음에 유의해야 한다. Friedman은 우리가 어디에서 멈춰야 할지 알려주는 공식은 없다고 단언한다.

73) 경제적 효율 함수에서는 상품의 양을 비교함으로써 효용함수의 주관성 문제를 피해갈 수 있다. A와 B의 효용 비교는 상품의 선호도를 비교하는 것으로 가능하다.

74) 재분배 상태에 대한 선택이 이루어지는 정치과정은 불가피하게 개인의 선호를 비교하게 된다.

다. 마지막으로 부의 재분배를 다루는 사회적 복지 함수는 단기적인 결과에 집착할 가능성이 크다. 현재의 소득배분 상태에 집중하다보면 재분배 정책이 중장기적으로 물리적·인적 자본에 영향을 미치는 투자활동에 어떤 영향을 미칠지 고려하기 어렵다. 미래세대까지 포함하는 사회적 복지의 가치를 계량적으로 반영하기 어렵다는 것이다.

이제까지는 기본적으로 어떻게 재화를 배분하는 것이 경제적으로 효율적인지 또 사회적 복지 차원에서 바람직한 것인지 설명하였다. 파레토 효율을 유일한 가치로 전제하고 시장실패를 통해 정부개입의 논거를 찾는 접근방식을 분석하였다. 공공정책에서 효율성은 무시될 수 없는 중요한 가치임에 분명하다. 하지만 인간이라면 마땅히 누려야 할 존엄성의 가치가 있다. 빈부, 인종, 종교 등 개인을 특정 짓는 여러 가지 차이에도 불구하고 인간으로서, 사회 구성원으로서 누려야 하는 기본가치가 존재한다. 특히 인간으로서 자신의 행복을 추구할 권리와 자신이 원하는 삶을 선택할 권리가 있다. 이러한 맥락에서 이른 바 평등권(equity) 문제가 제기된다. 현대 자본주의 사회에서 선택의 자유라는 게 따지고 보면 애매하다. 집을 사고 싶어도 돈이 없으면 안 된다. 돈이 없다면 집을 살 자유가 없게 되는 것이다. 평등을 기회(opportunity)를 기준으로 볼지, 아니면 결과(outcomes)의 평등으로 볼 것인지에 따라 큰 차이가 생긴다.

어느 사회에서든 구성원이 합의한 기본질서가 있으며, 그 핵심사항은 헌법에 담겨 있다. 이른 바 헌법상의 원칙(constitutional principles)이라는 것인데 공화정, 대표 민주주의, 지방자치 등이 이에 해당한다. 정부의 개입이 이러한 원칙을 지키기 위한 것이라면 이는 정당하다. 헌법상의 원칙을 지키기 위해서는 사회 구성원의 자발적인 순응(voluntary compliance)이 중요하다. 그렇지 않고 정부가 일일이 강제할 경우 그 비용이 엄청날 수 있기 때문이다. 자발적인 순응에 영향을 미치는 핵심요소가 바로 공정성(fairness)이다. 내용적으로도 공정하면 더 좋겠지만, 최소한 절차적으로 공정해야 한다. 정책이 수립되고 집행되는 과정이 얼마나 공정했는지에 대해 시민들이 어떻게 체감하는지가 중요하다. 이러한 가치 모두는 경제적 효율이라는 기준으로 재단할 수 없는 것들이다.

1.4.4 정부실패론

그렇다면 정부의 개입은 전혀 문제가 없는가? 정부는 과연 만능인가? 이와 관련하여 소위 정부실패(government failure)라는 논제를 살펴본다. 정부실패란 정부가 오히려 문제라는 의미이다. 비효율적인 정부, 시민의 요구를 무시하는, 자신과 조직의 이익을 추구하는 공조직에 대한 비판이 적지 않다. 시장의 실패가 있기 때문에 당연히 정부가 간섭해야 한다고 주장하기 보다는 시장의 실패와 정부의 실패 중 어느 것이 나은 것인지 따져 볼 필요가 있다.

정부실패에 관하여는 크게 두 가지 접근방식이 있다. 첫 번째는 민주주의에 관한 의문이다. 정부의 시장 개입은 의회나 정부의 의사결정이 수반되고, 그 결정의 주체는 선거를 통해 선출된 사람들인데 이들을 선택하는 민주주의에 문제가 있다는 것이다. 두 번째는 관료제가 내포하고 있는 문제에 관한 것이다. 공무원은 시민과 선출직을 대리해서 일을 수행한다. 이와 관련해서 대리자의 손실이라는 고전적 논의가 있다. 이 밖에도 시장의 실패와 유사하게 관료제가 갖는 근원적 문제가 있고, 지방자치제의 문제도 존재한다. 이에 대해 살펴보기로 하자.

가. 민주주의의 문제

민주주의에는 두 가지 방식, 직접민주주의와 간접민주주의가 있다. 직접민주주의에 대해서는 시민의 직접적인 의사표현이 가능하다는 큰 장점이 있으나 문제점도 지적된다. 그 중에서도 이른바 투표의 패러독스(paradox of voting)라는 직접민주제 하의 의사결정 수단으로서 투표가 갖는 근본적 문제가 제기다. 투표 방식에 따라 결과가 달라지는 것이다. 예로서 결선 투표제가 도입된다고 하면 예선에서 1위를 한 후보가 결선에서 1위를 한다는 보장이 없다. 이러한 경우를 올림픽 개최지를 선정하는 투표에서 많이 경험했다. 또 우리나라 국회의원 선거의 경우 선거구역 제도에 따라 결과가 달라질 수 있다. 중선거구에서 2위로 당선되는 후보가 소선거구제에서는 당선될 수 없는 반면 소선거구제에서 1위를 한 후보가 얼마든지 중선거구제에서는 탈락될 수 있다.

또 직접 투표로 의사결정을 할 경우 이른바 다수의 횡포(tyranny of the majority)가 나타날 수 있다는 문제가 있다. 다수의 결정이라는 이름으로 소수집단에 지나친 부담을 지울 수 있다. 더욱이 일반시민들이 복잡한 문제의 내용을 과연 제대로 이해하고 결정을 내릴 수 있을지도 의문이다. 이 밖에도 직접민주제 하에서는 선호(preference)의 강도(intensity)가 제대로 반영되지 못한다. 일인 일표 원칙에는 이러한 차이가 반영될 여지가 없다.[75]

이렇게 직접민주제는 문제를 안고 있다. 그렇다면 간접민주주의에는 문제가 없을까? 간접민주제에서는 시민들에 의해 뽑힌 대표(representatives)가 정부정책을 결정한다. 우리나라의 경우 시민이 뽑은 국회의원으로 구성된 입법부가 있고, 역시 선출직인 대통령과 시·도지사가 행정부를 이끈다. 간접민주제의 핵심적 전제는 선출된 대표가 자신을 선출한 유권자의 이익을 충실히 대표한다는 것이다. 여기에 더하여 선출직이 일반시민에 비해 나은 교양과

75) 예로서 무상급식이 아니면 자식이 학교에서 굶을 수 있는 극빈층이 무상급식을 원하는 정도와 소득수준이 높은 부유층이 무상보다 유상급식을 원하는 선호의 강도 간에는 커다란 차이가 존재함이 분명하다.

지식을 갖추고 있으며, 이를 바탕으로 우수한 정책대안을 선택하리라는 기대가 있다.

이제 간접민주제의 문제점을 살펴보자. 간접민주주의의 비효율성은 크게 세 가지 이유에서 발생한다(Weimer and Vining, 1999). 간접민주주의 제도 하에서 행정행위는 선거구민이 자신들의 대표(representatives)로 뽑은 선출직에 의해 주도된다. 먼저 선출직의 판단에 영향을 미치는 세 가지 요소를 살펴 볼 필요가 있다. ① 선출직의 자기이익(private interests)이 있다. 선출직이 선거구민의 이익과 사회가 추구해야 할 올바른 가치를 위해서만 행동하기를 기대한다. 그러나 선출직에게 가장 중요한 자기 이익은 재선 또는 더 나은 자리로 이동하는 것이다. 극단적으로 자기이익만을 추구하는 선출직의 경우에는 재선의 가능성을 최대화하기 위해서 행동한다고 보면 된다.[76] ② 선출직의 행동을 감시하는데 많은 비용이 들고 충분한 정보도 제공되지 않는다. 더불어 이익집단을 만들고 이를 통해 이익을 대변하는 데도 비용이 발생한다. 선출직의 행동을 설명하는데 이 두 가지 요소가 중요하다.[77] ③ 정당의 영향력이 선출직의 행동을 제약한다. 소속 선출직에 미치는 정당의 영향력은 대통령제냐 의원내각제냐, 단원제냐 양원제냐에 따라 다르다.[78]

이러한 세 가지 요소를 토대로 간접민주주의의 문제를 살펴보면 첫째, 이익집단 정치와 Wilson의 정책 유형론에서 이미 설명한 내용으로, 선출직의 행동에 영향을 미치는 이익집단 정치가 제대로 작동하지 못하는 문제가 있다. 환경규제 등 사회적 규제가 입안될 경우 벌어지는 Wilson의 "기업가적 정치" 상황에서 비용을 부담하는 기업이 이익집단을 만들어 규제에 적극 반대하지만, 혜택을 보는 대다수 시민은 자기 의사표현에 소극적일 수밖에 없다. 집단행동 딜레마(Olson, 1965) 역시 이러한 맥락에서 참조할 수 있다. 둘째, 선출직은 선거주

76) 선출직이 유권자의 이익을 대표하게 하는 가장 중요한 유인이 바로 재선이라는 점은 선출직을 매도하는 위험성이 있기는 하나, 부작용을 이해한다는 측면에서 충분한 분석이 필요하다. 이 전제는 크게 세 가지 요소에 의해 영향을 받는다(Weimer and Vining, 1999). 첫째, 선출된 대표는 유권자의 이해가 아닌 자신의 이익을 추구할 수 있다. 선출직이 가장 중요하게 생각하는 이익이 재선이라면 지지표를 더 얻는데 총력을 기울인다. 사회적 비용보다는 지역구의 이익을 앞세울 것이고, 유권자 중에도 영향력이 큰 집단의 이익을 대변하는데 앞장설 것이다. 둘째, 유권자의 감시비용이 중요하다. 감시에는 시간과 비용이 든다. 선출직은 감시비용을 부담할 수 있는 집단에 우선적으로 관심을 가진다. 자신의 이익을 정책에 반영시키는데 있어 이익집단이 일반 유권자에 비해 유리한 이유가 된다. 사회적 효과가 큰 정부정책을 선택하기 보다는 오히려 특정집단의 이익에 영향을 미치는 정책에 선출직이 더 큰 관심을 갖게 된다. 후자의 정책이 감시비용이 적게 들기 때문이다. 마지막으로 정당의 지배력이 영향을 미친다. 선출직의 자기 이익 추구를 당이 억제할 수 있다. 정당의 지배력은 국가나 정체에 따라 다르다. 유럽에 비해 미국은 상원 및 하원의원이 당의 지배를 약하게 받는다. 대통령제보다는 의원내각제 하에서 당의 지배력이 더 강하다. 우리나라의 경우 대통령의 임기 초기냐 말기냐에 따라 다른 역학관계가 형성된다.

77) 그러면 어떤 집단이 이 두 가지 비용을 감당하려 할까? 그것은 이념(ideology)과 경제적 이익이다. 이념의 가치를 추구하는 사람들과 선출직의 결정이 자신의 경제적 이해에 크게 영향을 받는 사람들이 적극적으로 나선다. 따라서 이 두 부류에 해당하는 선거구민의 이해가 과다하게 반영되는 문제가 생기게 된다.

78) 대통령제보다는 의원내각제에서 의원 개인의 의사표출에서 더 강하게 제약받는다. 미국의 상원의원들은 정당의 입장과 다르게 표결하는 경우가 자주 있으며, 이 점이 결정적 흠이 되지 않는다.

기(electoral cycles)에 큰 영향을 받는다. 선출직은 장기적인 이익보다는 임기 내의 성과 창출에 맞추어 판단하고 행동할 수밖에 없다. 장기적인 비용보다는 단기적인 혜택이 중요하다. 임기 내에 가시적인 성과가 중요할 뿐 장기간으로 사회전체가 감당해야 할 비용은 외면당한다. 시간이 갈수록 비용이 크게 증가하는 복지 프로그램을 생각해 보자. 마지막으로, 지역대표성의 문제가 있다. 선출직은 국가나 사회 전체적으로 소요되는 비용보다는 자신을 선출하는 지역의 이익이 우선이다. 국가적으로 보면 편익보다 비용이 더 큰 지역 개발사업이 추진되는 이유이다.[79] 효율성이나 성과, 이에 대한 과학적이고 객관적인 분석이 아니라 지역구의 기업이나 이해관계자의 이익이 중요하다.

나. 관료제와 지방자치의 문제

현대 사회에는 다양한 형태의 주인과 대리인 관계(principal-agent relationship)가 존재한다. 이는 사회 전반의 전문화·분업화가 확산되면서 불가피하게 나타나는 현상이다. 의뢰인과 변호사, 주주(株主)와 사장의 관계와 같이 지역주민과 국회의원, 대통령과 행정부 공무원의 관계도 주인과 대리인의 관계로 볼 수 있다.[80] 대리인에 의한 손실은 주인이 자기 일을 대리인에게 위탁할 경우에 발생하는 손실이다. 대리인이 위임받은 일을 처리함에 있어 주인의 이익보다 자신의 이익을 우선하기 때문에 발생한다고 보면 된다. 이러한 대리인의 손실은 공조직에서든 사조직에서는 모두 발생한다. 특별히 공조직의 경우 대리인의 손실이 보다 커질 수 있는데 그 이유는 다음과 같다.

첫 번째로 공공조직의 경우 산출물의 가치를 측정하기가 어렵다. 기업은 일정한 가격의 제품을 만들어 시장에 판매하므로 가치가 비교적 정확히 계량화된다. 하지만 정부의 산출물인 행정서비스는 무형의 자산으로 가격이 없기 때문에 가치 정도를 산출하기 어렵다. 국방이나 치안정책을 생각해 보면 쉽게 이해할 수 있다. 탱크나 전투기를 한 대 더 구입하는 것이 국방의 수준을 얼마나 높이는 것인지 그 가치를 정량적으로 알기 어렵다. 더구나 행정서비스는 사적 재화와 달리 통상 형평성 문제를 내포한다. 예를 들어 특정 지역에 경찰을 더 배치할 경우 다른 지역에 비해 혜택을 더 받는 결과가 된다. 시장에서 판매되는 상품은 이러한 문제와 무관하다.

둘째, 정부조직에는 경쟁이 존재하지 않는다. 기업이 시장에서 경쟁한다는 것은 가장 적

---

79) 공설운동장, 각종 경기장, 국제행사 등에서 나타날 수 있다.

80) 대리의 문제로는 첫째 대리인과 주인의 선호와 이해가 달라서 생기는 문제가 있다. 이로 인해 주인의 이익이 아니라 대리인이 자기의 선호와 이익을 추구하는 현상이 발생한다. 또 다른 문제는 주인이 대리인에 비해 전문지식이 부족하기 때문에 대리인이 자신의 이익을 위해 최선을 다하고 있는지 제대로 모니터링 할 수 없는 데서 발생한다.

은 비용으로 가장 좋은 제품을 만들도록 기업을 유인하는 메커니즘이 작동한다는 의미이다. 정부조직은 대개의 경우 다른 조직이나 민간 기업과 경쟁하지 않으므로 이로 인해 발생하는 공공기관의 비효율을 감안해야 한다.[81)]

마지막으로 정년이 보장되는 공무원제도의 특성 상 관료제는 경직적으로 운영된다. 관료제를 정치의 부당한 영향과 압력으로부터 보호하기 위한 노력이 계속되어 왔다. 부정적 의미의 당파정치가 전문적이고 중립적인 공무원의 판단에 부당하게 간섭하여 행정의 비효율을 가져오고 공익을 해치는 폐해 때문이다. 대부분의 민주주의 국가에서 정치적 임명직과 일반 관료집단을 구분하고, 후자에 대해 신분보장의 혜택이 주어진다. 임면, 보수, 처벌의 종류와 요건, 인사의 절차 등 신분보장에 관한 내용을 법령으로 정해서 정치적 간섭을 배제시키고 있다. 이러한 공무원 신분보장의 부작용 가운데 하나가 공무원 사회의 비유연성(inflexibility)이다. 예를 들어 명문화된 보수규정은 유연한 보수제도의 운영, 즉 보수를 인센티브로 활용할 방법을 극히 제한하게 된다. 엄격한 인사규정으로 우수한 직원을 승진시키거나, 무능한 직원을 공직에서 배제시키기가 매우 어렵게 된다. 또한 공직사회가 시민의 요구에 민첩하게 대응하는 능력이 떨어지는 문제도 간과할 수 없다. 시장의 요구, 소비자의 선호에 빠르게 대응해야 하는 민간 기업과 달리 공공조직은 성과와 업적이 개인의 승진이나 보수와 직접 결부되지 않기 때문에 상황 변화에 둔감할 수 있다. 부정적인 정치적 영향으로부터 일반직 공무원의 독립성을 지키기 위한 제도가 선출직을 통해 시민의 요구사항이 정책으로 반영되는데 장애요인이 될 수 있다는 점을 유의해야 한다.

81) 공조직의 비효율은 여러 측면에서 분석할 수 있다. 독점기업은 기술적으로 가능한 최소비용(minimum cost)으로 운영되는 경쟁기업과는 다르게 최소비용을 추가할 필요가 적으므로 이에 따라 비효율(X-비효율, X-inefficiency)을 발생한다(Leibenstein, 1976). 동태적으로 보면, 앞서가는 기업의 특징인 혁신(innovation) 면에서 공조직은 뒤떨어지게 마련이다. 일단 비용절감을 수반하는 혁신을 굳이 해야 할 유인책이 공조직에는 적다. 더욱이 민간 기업의 혁신기술이 특허를 통해 보호되는 반면, 공조직의 경우 혁신의 혜택을 독점적으로 향유할 장치가 없다. 또 공조직은 따라하거나 경쟁할 대상이 없는 경우가 많다. 혁신의 결과물이 어느 정도의 가치가 있는 지도 알기 어렵다.

1.5 정책분석의 절차와 환경정책 입안과정

1.5.1 정책분석의 절차와 적용

환경문제의 해결에 정책분석(policy analysis)의 방법이 사용될 수 있다. Stokey and Zeckhauser은 정책분석을 그림 1.3에서 정리된 바와 같이 크게 5단계로 구분하였다. ① 문제 파악(Establishing Context) 단계이다. 문제의 핵심을 파악하고, 구체적인 목표를 세우는 단계이다. ② 대안 모색(Laying out the Alternatives) 단계이다. 어떤 방식으로 상황에 개입할 수 있을지 검토하는 단계이다. 대안 모색에 필요한 추가적인 정보의 수집도 요구된다. ③ 결과 예측(Predicting the Consequences) 단계이다. 앞에서 도출한 각각의 대안이 가져올 결과를 예측하는 단계이다. 이때 예측에 어떤 기술(techniques)을 사용할 지가 중요하다. 결과 예측이 불확실할 경우 각 대안의 발생확률을 제시하는 방법도 가능하다. ④ 결과의 가치평가(Valuing the Outcomes) 단계이다. 목표의 성공여부를 측정하는데 어떤 기준(criteria)을 사용할지, 복수의 목표가 존재하는 경우 각 목표를 어떻게 통합적으로(combinations of valued objectives) 비교·평가해야 할 지가 관건이다. ⑤ 최적의 대안 선택(Making a Choice)이 마지막 단계이다. 이러한 절차가 낯설지 않은데, 바로 Simon 등이 제시하는 합리적 의사결정모형과 다르지 않기 때문이다. 합리적 의사결정을 정책과정에서 구현하는 것이 바로 정책분석이다.

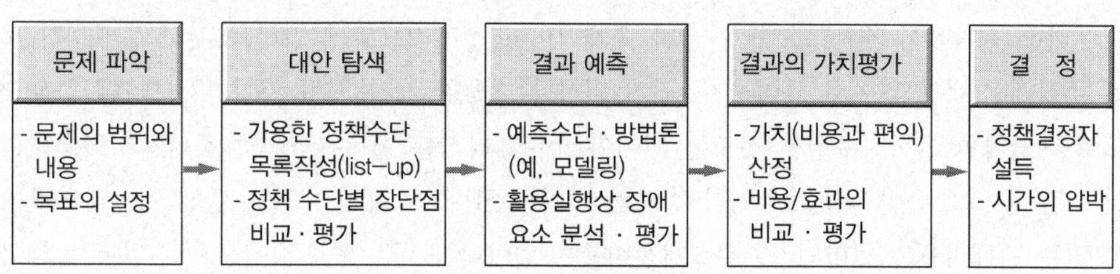

그림 1.3 정책분석 절차

가. 제1단계 : 문제 파악

정책분석은 정책대상이 되는 이슈가 무엇이 문제인지 파악하는데서 시작한다. 첫째, 문제의 핵심을 정의하고, 왜 문제가 되는지 심층 분석할 필요가 있다. 정책분석에서 말하는 문제파악은 보통 우리가 일상생활에서 무의식적으로 다루는 문제파악과 다르다. 무엇보다 정책분석에서는 문제를 추상적이고 개념적인 수준(conceptual level)에서 다룬다. 예를 들어보자. 위에서 환경오염은 시장실패(market failure) 때문에 발생한다고 했다. 하천에 오염물질을 버리는 행위의 문제를 보자. 우선 하천이 공공재(public goods)의 성격을 갖는다는 사실과 오염행위가 다른 사람의 보건에 악영향을 주지만 그 비용을 행위자가 부담하지 않는 외부효과를 갖는다는 점을 전제할 수 있다. 이에 따라 공공재의 문제를 해결하기 위한 정책수단, 예를 들어 하천에 소유권을 설정하는 방법을 정책대안으로 검토할 수 있으며, 행위자가 제3자에 미치는 영향을 비용으로 환산하여 세금이나 수수료를 부과하는 방안도 대안으로 고려할 수 있다.

이렇게 정책분석은 학문적으로 논의되는 개념과 논리에 근거하여 문제의 성격을 정의하고, 해결방법을 고찰하는 것에서 출발한다. 지금까지 살펴본 정책의 유형(예, 규제정책), 정책형성과정의 특성(예, 하위정부), 규제의 정치적 상황(예, 기업가적 정치) 등에 관한 이론이 도움이 된다. 여기서 유의할 점은 실제 문제가 없는데 문제가 있는 것으로 오해할 수 있다는 것이다. 또 정부가 개입하기에 부적절한 사회문제가 있을 수 있다. 사회문제가 발생하면 많은 사람들이 정부를 비난하고 정부의 개입을 요구하지만, 정책분석과정에서는 냉철하게 실체적 문제인지, 또 정부가 정책과제로서 대응할 만한 사안인지 살펴봐야 한다.[82)]

문제의 범위와 내용을 파악한 후에는 목표를 설정해야 한다. 문제해결 과정에서 과연 달성하고자 하는 목표가 무엇인지를 망각하는 경우가 있다. 예로서 교육환경을 개선하는데 학생의 학업 성취도 향상이 목표가 되는 것이 아니라 단순히 교사의 수를 늘리는 문제에 골몰하는 경우이다. 의료 서비스의 향상이 아니라 낙후지역에 의사를 확보하는 문제에만 신경을 쓰는 사례도 마찬가지다. 문제를 제대로 정의하지 못하면 목표의 방향성을 잃게 된다.

이러한 맥락에서 정책목표를 가급적 구체적이고 정량적으로 설정하는 것이 중요하다. 하천 수질개선 목표의 예를 들어보자. 과연 얼마나 깨끗한 게 깨끗한 것인가? 보기에 좋은 정도로 깨끗하면 될까? 수영할 정도는 되어야 하나? 낚시는 할 수 있어야 하나? 지역에 위치한 공장 등 오염유발시설을 유지할 정도는 되어야 하나? 악화된 수질로 인해 지역사회가 입고 있는 피해비용은 얼마인가? 수질개선비용은 얼마나 드나? 즉 수질개선으로 얻는 득과 실이 존재하며, 하나를 얻으면 다른 하나를 잃어야 하는 상충관계(trade-offs)가 존재한다는 점에 유의해야 한다. 정책분석 과정에서 이러한 사항을 종합적으로 고려하여 구체적인 목표를 설정해야 한다. 그렇지 않으면 문제의 본질에서 벗어나 엉뚱한 문제의 해결에 골몰하거나 득보다 실이 많은 정책에 힘을 쏟고 있게 될지 모른다.

---

82) 위에서 설명한 정부개입의 정당성을 확보할 수 있어야 한다.

나. 제2단계 : 대안 찾기

문제를 파악했으면 이제 문제의 해결방법을 찾아야 한다. 보통 정책 개입의 다양한 방법을 대안(alternative courses of action)이라고 하는데 정책분석은 다양한 대안 중 가장 적절한 것을 선택하도록 돕는 도구이다. 다시 수질개선사업을 예로 들어보자. 정책분석자가 검토해야 할 대안이 제한된 상황일 수 있다. 이미 설치 계획이 확정된 하수처리장의 입지 후보지 중 하나를 선택해야 하거나, 수질오염물질을 배출하는 사업장에 적용할 배출허용기준의 수준을 정하는 경우를 말한다. 하지만 다양한 정책도구를 검토하여 대안의 종류를 확대할 수 있는 경우가 적지 않다.

첫째, 시장을 활용하는 방법이 있을 수 있다. 수질개선정책에서 시장이 존재하지 않는다는 사실이 문제의 원인일 수 있기 때문이다. 경제학자들은 하천에 소유권(property rights), 즉 누군가 하천을 소유하도록 허용함으로써 문제를 해결할 수 있다고 주장한다. 법률체계상 하천에 흐르는 물에 사유권을 설정한다는 게 불가능할 수도 있다. 하지만 소유권을 설정함으로써 공유재의 문제를 해결할 수 있다는 주장은 이론적으로 문제가 없을 뿐 아니라 실증된 아이디어이기도 하다. 시장 활용 정책이 이미 적용되었음에도 문제가 발생한다면, 다른 대안을 찾을 수 있다. 일례로 별도의 규제를 더하지 않고 정책고객이 필요로 하는 정보를 공개(information disclosure)함으로써 목적을 달성할 수 있다. 하천 인근 주민들이 악화되는 수질에 관한 정보에 접하게 되어 하천 오염원인 공장 등에 압력을 가하고, 결국 오염원인자들의 적극적인 수질개선 노력을 유인할 수 있다.

둘째, 수질오염행위를 금지하거나 제한하는 방법이 있다. 완전한 금지조치를 취하거나 일정 수준까지만 오염행위를 허용하는 것이다. 기술적으로는 배출시설에 방류수 허용기준을 정해서 이를 준수하도록 의무화하는 것이다. 강제규제 방식으로 지시·통제 방식이라고 불리는 정책수단이다. 이 경우 먼저 배출허용기준을 정하고 이를 준수하는지 감시(monitoring)해야 하며, 지키지 않을 경우 위반자가 감당해야 할 벌칙(penalty)을 정한 후 이를 집행할(enforcement) 수 있어야 한다. 기준을 벗어난 오염행위를 금지하고, 위반자를 처벌하는 형식의 이러한 규제 정책은 간단명료하고 효과도 큰 정책수단이다. 물론 기준의 정도, 벌칙의 수준이나 부과절차 등과 관련해서 구체적인 세부방안을 검토해야 한다.

셋째, 행위를 금지시키는 것이 아니라 유인책을 제공함으로써 정책목표를 달성할 수 있다.[83] 오염물질 통제와 관련하여 발전되어온 두 가지 유인책이 있는데 배출부과금(effluent

---

83) 유인을 통한 배출 규제가 갖는 효율성 측면에서의 장점에도 불구하고, 과연 오염행위에 혜택(유인)을 주는 것이 윤리적으로 정당한 것인가에 대한 논란과 이에 근거한 반대가 있을 수 있다. 개인의 행동에 영향을 미치기 위한 유인은 정책수단의 대세를 이룬다고 해도 과언이 아니다. 폐기물 분야의 예치금과 부담금 뿐 아니라 주류와 담배에 부과하는 높은 세금, 바람직한 투자활동에 대한 각종 공제, 전기나 수도 사용량 증가에 따른 누진세 적용 등 다양하다.

charges)과 배출권(pollution rights)이 그것이다. 경제적 제재(sanction) 개념으로 배출부과금이 높을수록 사업자가 오염물질을 저감하고자하는 의지도 커진다. 경제적으로만 보면 오염물질 배출로 인한 한계편익(marginal benefit)과 배출부과금의 한계비용(marginal cost)이 같아지는 수준에서 오염물질을 배출하게 된다. 또 목표하는 수준의 수질이 가능한 정도까지 오염물질의 배출권(right)을 인정함으로써 오염을 통제할 수 있다. 배출할 수 있는 오염물질의 총량을 정하고, 이를 사고 팔 수 있는(cap and trade) 배출권거래시장을 만들어서 배출자에게 재산권 행사가 가능하도록 유연성을 부여할 수 있다.

마지막으로, 정부가 직접 필요한 재화와 서비스를 공급할 수 있다. 하천의 수질정화를 위해 하수처리장을 정부가 직접 건설하고 운영하는 방법이 이에 해당한다. 이 밖에도 공원을 조성하고 쓰레기를 직접 수거·처리하는 등 정부가 환경재의 보존과 공급을 위해 수행하는 역할과 사례는 적지 않다.

이렇게 다양한 대안을 찾는 과정은 창조적인 작업이다. 대안 모색에 소극적일 경우 좋은 정책이 채택될 수 있는 기회가 사라질 수 있다. 대부분 시간적 제약 하에서 대안을 제시해야 하는 정책 현장에서, 여러 가지 대안을 모색하는 과정이 낭비로 치부될 수도 있다. 하지만 다양한 대안을 찾고 각각의 대안이 갖는 장단점을 분석함으로써 얻을 수 있는 이점과 기회를 간과해서는 안 된다. 현안의 해결에 통상 충분한 시간이 없기 때문에 문제의 해결방법에 관해 상당한 불확실성이 존재함에도 불구하고 결정을 해야만 하는 경우도 많다. 새로운 정보와 지식이 있다면 정책이 실패하는 것을 막을 수 있고, 정책 수행에서 나타나는 오류를 줄일 수 있다. 유의할 점은 과학기술은 끊임없이 발전한다는 사실이다. 보다 값싸게 오염물질을 제거할 수 있는 새로운 기술이 나오면 사업장은 그 만큼 생산량을 늘릴 수 있다. 이러한 기술발전을 감안한다면 대안의 범위가 확대될 수 있다. 나아가 문제 정의에서 대안 선택까지의 단선적·일회적(straightforward) 정책분석 과정이 아니라 순환·반복(iterative)되는 작업이 요구된다. 대안을 검토하는 과정에서 문제의 정의가 분명해지거나 바뀌는 경우가 있을 수 있다. 이에 따라 정책목표를 변경해야 할 필요가 생기기도 한다. 이러한 경우 반복과정을 통해 정책분석의 수준과 질이 높아지게 된다.

다. 제3단계 : 결과 예측

선택된 대안이 가져올 결과를 예측하는 단계이다. 결과를 예측하는 방법에는 사고적 예측(mere reflection)에서부터 수리적인 예측모형이나 기법을 활용하는 과학적 방법 등 여러 가지가 있다. 모형은 복잡한 현실을 단순하게 시험해 보는 것으로 미래의 변화를 어느 정도 예측할 수 있다. 문제의 성격에 따라 유용하게 사용될 수 있는 다수의 모델이 개발되어 있다. OR(Operations Research)처럼 수리적 기법을 활용한 최적화 방법의 경우 은행창구에서 기다리는 시간을 최소화하는 방법, 효율적인 재고 관리방법, 에너지 사용을 가장 적게 하는 배달체계 등에 활용할 수 있다.

수질이나 대기질 관리에 있어서도 변화를 예측할 수 있는 모델이 다수 존재한다. 필요한 양질의 데이터가 제공된다면 상당히 정확하게 미래의 수질이나 대기질을 예측할 수 있다.[84)] 정책 대안으로 배출허용기준을 강화하고자 할 때 어느 수준으로 정했을 때 어느 정도의 수질이 나타날지 예측할 수 있다. 그런데 실제 정책 분석에서는 배출허용기준의 변화가 수질에 미치는 영향뿐 아니라, 규제 수준의 변화가 규제 대상기업에 미치는 영향, 규제가 광범위할 경우 해당 산업, 지역 경제, 국가 경제에 미치는 영향을 분석할 필요가 있다. 환경정책 부서에서는 수질개선 효과에만 관심을 가지려 할 수도 있지만, 제도의 성공적 집행을 위해서는 수질개선 이외에 보다 광범위한 정책의 영향(consequences) 예측이 필요하다.

정책 대안의 도입에 따른 결과의 예측치가 불확실하거나, 발생 가능한 결과 간에 차이가 많을 경우, 정책결정자는 의사결정구조(decision tree)를 만들고, 가능한 의사결정 경로별로(path) 각각의 발생확률(probability)을 예측할 수 있다. 수질보전대책에 있어서 미래 기술의 발전이나, 변화무쌍한 정치과정에서 발생할 수 있는 일을 미리 정확히 알 수 없다. 이런 경우 예를 들어 미래 신기술의 성공확률을 알 수 있다면 이를 의사결정구조에 포함시킬 수 있을 것이다.

위에서 살펴 본 것처럼 정책대안이 채택되는 과정에서 수많은 변수가 존재한다. 환경보전대책의 경우 다른 경제부처나, 산업계, 시민단체 등의 이익집단이 강하게 이의를 제기할 수 있다. 법률 제·개정 작업이나 예산이 수반되는 경우 정부에서 결정되어도 국회의 동의를 얻어야 한다. 대부분의 정책을 집행하는 지방자치단체에서 지역의 기업체를 보호하기 위해 지도·단속을 소홀히 하여 결국 정책이 실패할 가능성 역시 배제하기 어렵다. 요약하면, 정책분석자는 현실에서 발생 가능한 상황을 충분히 파악해야 한다. 정책집행에서 현장행정이 강조되는 이유이기도 하다. 사용하는 모델의 한계를 이해하고 모델에 입력되는 데이터의 문제점에 대해서도 정확히 파악하고 있어야 하며, 정책이 현실에 적용될 때 실제로 어떤 모습으로 나타날지도 예측하고 있어야 한다. 이러한 경험과 지식을 바탕으로 정책의 수립과 집행과정에서 나타날 수 있는 여러 가지 장애요인을 분석과정에 포함시켜 대처해야 한다.

---

84) 대기 질 모델링에 대해 설명하자. 대기 질 모델링은 대기 중에 확산되고 반응하는 대기오염물질의 물리·화학·침착과정을 수치계산을 통해 가상 구현하는 방법이다. 기상자료와 배출원 정보(배출량과 배출의 시공간 분포)를 입력해서 1차(직접배출) 및 2차(대기 중 화학반응)로 생성되는 대기오염물질의 시·공간적 분포의 특성을 모사한다. 이때 대기질 모델링은 크게 기상장 모델링, 배출량 모델링, 3차원 화학모델링으로 구성된다.

라. 제4단계 : 결과의 가치 평가

대안을 정책으로 확정하여 추진했을 때 어떤 결과가 나타날지를 예측하였다면, 이제 각각의 결과가 갖는 가치를 평가할 필요가 있다. 가치 평가는 대안 간의 상대적 우위를 가늠할 수 있는 정보로서 매우 중요하다. 가치의 비교·평가는 일상생활에서도 흔히 일어난다. 철수가 아이스크림을 고를 때 가격이 같다고 하면 바닐라 아이스크림과 초콜릿 아이스크림 중에 선택하는 기준은 맛의 차이일 가능성이 가장 크다.[85] 만일 가격이 다르다면 철수는 가격의 차이와 맛의 차이를 비교해서 하나를 선택할 것이다. 이 경우 단순히 맛을 비교하는 것보다는 복잡하고 어렵지만, 어떤 것이든 결정은 나온다. 이와 비교해서 사회적 의사결정 또는 공공정책의 최종결정에서 가치평가는 상당히 복잡하다. 정책분석에서 중요한 것은 공공의 선택으로서 특정 정책을 통해 달성하고자 하는 목적이 무엇인지에 답해야 한다. 즉 대안 중 하나를 선택할 때 그 판단 기준이 무엇인지가 중요하다. 아이스크림은 내가 좋아서 선택했다고 하면 그만이지만, 공공정책은 논리적으로 타당한 근거를 제시해야 하는 것이다. 가치판단 기준은 무궁무진하다.[86] 많은 철학자, 정치학자, 경제학자가 이 분야에서 나름의 이론을 제시하고 있다.

전기요금의 요율을 결정한다고 하자. 2011년 9월 15일에 발생한 서울시내 순간정전 사례에서 볼 수 있듯이 전력 부족 현상이 심각한 사회 문제가 되고 있다. 정책당국은 이러한 전력 공급 상의 문제가 원가에도 못 미치는 요금 수준에 있다고 보고, 요금 인상을 추진하기로 했다. 얼마나 어떻게 올릴 것인가?[87] 정책분석을 통해 요금인상 비율에 따른 전력수요의 감소효과를 예측했다고 하자. 그렇다면 전력 수요 감소가 가져오는 가치는 과연 얼마인가? 예컨대 요금을 10% 인상해서 수요가 20% 감소하는 대안A와 요금을 20% 인상해서 수요를 30% 줄이는 대안B를 어떻게 비교할 수 있을까? 만일 전력 수요를 30% 줄여야 한다는 합의 내지 결정이 이미 내려져 있다면 문제는 간단하다. 하지만 그렇지 못하다면, 수요가 20% 감소하는 대안과 30% 감소하는 대안 간의 차이(감소율 10% 차이)가 가져올 효용성을 비교해야 하는데 이것은 쉽지 않다. 여기에 요금 인상이 가져오는 부정적 효과를 함께 고려하면 문제가 훨씬 복잡해진다.

하천의 수질개선 대안에 관한 정책분석의 경우도 상황은 비슷하다. 수질개선을 위한 강제규제(예 : 배출허용기준 설정) 또는 투자방식(예 : 하수처리장 건설)은 모두 비용을 수반하는데 이 비용이 과연 부담할 가치가 있는 것인지 검토해야 한다. 여기서 가치는 투자와 규제

85) 사람에 따라 맛이 아니라, 예컨대 색깔을 기준으로 할 수도 있을 것이다. 핵심은 가치판단 기준은 다를지라도 사회적 의사결정에서 일어나는 가치판단 기준 간의 상충과는 차원이 다르다는 점이다.

86) 마이클 샌델의 베스트셀러 "정의란 무엇인가" 역시 이 주제를 다루고 있다. 동 책자의 엄청난 히트는 올바른 가치판단 기준에 대한 우리 사회의 깊은 관심을 반영한다 하겠다.

87) 전체적인 전기요금 수준을 높이지 않으면서도 요금체계를 바꾸는 방법도 있을 것이다. 절전운동 같이 행태변화를 유도하는 방법도 있다. 여기서는 단순히 요금 단가를 올리는 것으로 문제를 단순화했다.

가 목적하는 '깨끗한 하천 수질' 인데 과연 그것이 어느 정도의 수질인지(How clean is clean?) 알기가 쉽지 않다. 더욱이 1급수, 2급수와 같이 지표화된 수질의 가치를 화폐단위와 같은 객관적인 가치로 전환하기도 어렵다. 투자가치 판단을 위해 자주 사용되는 경제적 타당성 분석방법인 편익/비용 비율(B/C ratio)[88], 순현재가치(NPV : Net Present Value)[89], 내부수익률(IRR : Internal Rate of Return)[90]을 적용하기가 어려운 것이다. 이러한 문제를 해결하기 위해서 수질개선의 혜택을 누리기 위해 지불할 용의가 있는 금액, 즉 지불의사(willingness to pay)를 조사해서 사용하기도 한다. 이 밖에도 무형의 환경 가치를 계량화하는 여러 가지 방법론이 제시되고 있다.

참고자료 1.1 정책의 비용/편익(B/C) 분석

환경정책의 편익/비용 분석은 규제 제도의 경우에는 최선의 방법을 모색하고, 환경 투자사업의 경우에는 최적의 투자대안을 찾는 유용한 기법이다. 이러한 비용과 편익 산출에 관하여는 다양한 경제학적 접근 방식이 있으며 산출 방식도 환경가치를 바라보는 관점에 따라 차이가 나게 된다. 비용과 편익의 기본적인 구성인자는 다음과 같다.

- 비용(규제제도의 경우) : 피규제 대상이 규제 기준을 만족하기 위해 지불하는 직접 투자비용, 조세 및 부담금, 생산구조 변경으로 인한 간접 피해비용, 재화의 가치 변동 등
- 비용(투자사업의 경우) : 직접적 오염방지시설 투자비용, 시설 건설에 수반되는 간접 경비, 투자된 시설의 운영비용과 시설 운영으로 인한 간접 피해비용, 투자비용 확보에 따른 손해비용 등
- 편익 : 규제나 투자로 인한 오염도 개선이 각 개인에 미치는 건강효과, 활용효과, 생산성 제고 효과와 사회 전반에 미치는 환경가치 증대 효과의 합

이러한 경제성 분석은 환경여건이 복잡해지고 통합적 관리방식을 지향할수록 정책의 우선순위를 결정하는데 유용하게 사용된다. 우리나라의 경우 일정 규모 이상의 대규모 신규사업에 대하여는 예산편성계획을 수립하기 전에 정부재정법에 따라 기획재정부장관 주관으로 예비타당성 조사를 실시하는데 이 조사의 핵심이 비용/편익 분석이라 하겠다.

(자료 : 환경부·동국대학교(김일중), 2003환경정책의 비용/편익분석 지침서 개발에 관한 연구)

88) 사업이 유발하는 총편익과 총비용의 비율을 말한다. 장래에 발생할 비용과 편익을 현재가치로 환산한 후 그 비율을 계산한다. 이 비율이 1을 넘으면 경제성이 있다고 판단한다.

89) 사업에 수반되는 비용과 편익을 기준년도의 현재가치로 할인한 뒤, 편익의 현재가치에서 비용의 현재가치를 뺀 값을 구한다. 그 값, 즉 순현재가치가 1을 넘으면 경제성이 있다고 본다.

90) 편익과 비용을 현재가치로 환산한 값이 같아지는 할인율을 구하는 방법이다. 사업 시행의 순현재가치가 0이 되는 할인율을 구하게 된다. 내부수익률이 사회적 할인율보다 높으면 경제성이 있다고 판단한다.

마. 제5단계 : 정책 결정

정책분석의 마지막 단계는 선택(choice)이다. 위에서 설명한 절차를 거쳐 최선이라고 판단되는 대안을 정책으로 확정하는 단계이다. 선행 단계에서 조사한 내용을 전체적으로 검토한 후 최적 대안을 선택하게 된다. 실제 공공정책의 결정 시에는 두 가지 사항을 유념할 필요가 있다. 첫째, 정책 결정자가 정책분석의 전문가가 아니라는 점이다. 고위직으로 올라갈수록 어려운 수식과 복잡한 모델로 가득 찬 정책분석 내용을 이해하기 어렵다. 따라서 정책분석자는 분석의 결과를 간단명료하게 전달할 수 있는 능력이 있어야 한다. 둘째로 대부분의 정책결정은 시간과의 싸움이다. 특히 사고와 같은 사회적 문제 발생이 정책 수립의 직접적인 동기인 경우 언론과 시민들은 즉각적인 대책을 요구한다. 여론의 영향을 크게 받는 고위 정책결정자는 당연히 신속하게 정책을 결정하고자 한다. 공공분야의 의사결정이 민간의 결정에 비교할 때 불확실한 요소도 많고 고려해야 할 변수도 다양함은 물론 파급효과도 광범위함에도 불구하고 충분한 시간이 주어지지 않는다. 공공정책 결정의 경우 과학적 분석만이 아니라 정치적 고려가 중요한 요소이기 때문이기도 하다.

정책분석은 상대적으로 나은 결정을 선택하는 것이다(better decision). 실제 정책을 결정하는 사람이 이해하지 못하는 정책분석은 무의미하다. 정작 정책을 결정하는데 사용할 수 없는 정보를 제공하는 정책분석이라면 이론과 방법론 측면에서 아무리 뛰어나다 하더라도 자원의 낭비일 뿐이다. 또한 정책이 결정되는 한계시점이 지난 후 제시되는 정책분석은 내용이 아무리 훌륭해도 소용없다. 정책결정의 창(policy window)이 이미 닫혀버린 후이기 때문이다. 정책분석은 전문 학술지에 발표되는 논문이 아니다. 정책분석 실무자가 명심해야 할 사항이다.

1.5.2 환경정책의 입안 및 결정과정

우리나라는 법치국가이기 때문에 중요한 정책은 법령의 형식을 갖추어야 한다. 이제 법령이 어떻게 만들어지고 수정되는지 살펴봄으로써 환경정책 수립과정의 실제 모습에 대한 이해를 넓히고자 한다. 환경법령의 제·개정 작업은 정부입법의 경우 정부 내 업무 담당 조직에서 정책의 내용을 담은 법령 초안을 작성하는데서 시작한다. 담당 공무원은 정책 수요를 파악하고, 구체적인 방안을 만들기 위해 필요한 경우 연구용역을 의뢰하거나 전문가에게 자문을 구한다. 이렇게 해서 정책의 내용을 "법령의 형태"로 담은 것이 법령안이다. 법령초안에 대해 먼저 정부 내 관계부처나 유관기관의 의견을 수렴한다.[91] 의견을 묻는 기간은 10일

이상으로 정하고 있으며, 동시에 부패영향평가와 통계평가를 한다.

환경행정의 주무부처인 환경부의 경우 다른 행정부처의 업무와 상당한 관련성을 갖기 마련이다.[92] 때문에 환경정책 입안 및 집행 과정에서 관계부처와 갈등이 일어나곤 한다. 갈등의 원인은 많은 경우 복합적 성격을 갖는다. 우선 업무의 성격에서 기인하는 구조적 갈등요인이 있다. 예를 들어 오염물질 배출을 규제하는 환경정책은 오염물질 다량배출자인 산업계에 심대한 영향을 미칠 수밖에 없으므로 산업진흥을 담당하는 산업부와 갈등이 발생한다. 다른 중요한 요인은 부처 간 업무영역(jurisdiction) 다툼이다. 환경보전이 중요해지면서, 환경부 이외의 부처에서 담당하는 업무가 환경과 관련되는 경우가 많아지는데 이 경우, 환경부와 주도권 다툼이 생길 수 있다. 반대로 환경부가 자신의 업무영역을 확대해 나가는 과정에서 다른 부처의 기존 업무와 충돌이 발생하기도 한다. 물 관리 주체로서 환경부는 수질(水質)을 국토해양부는 수량(水量)을 담당한다고 원칙적으로 구분하지만 두 분야가 서로 밀접히 관련되므로 갈등요인이 상존하고 있는 것이다.[93] 환경부가 수질개선에 필요한 수량의 확보에 나설 경우, 반대로 취수하는 하천의 수질에 국토부가 관여할 경우 다툼이 생긴다. 새로운 업무가 등장할 때도 역시 부처 간에 갈등이 빚어지곤 한다. 온실가스 감축업무를 어느 부처에서 주관할지에 대해 환경부와 산업부가 치열하게 다투는 것이 그 예이다.[94]

부처협의 후 법령 주관기관은 입법안을 대외에 알리고 의견을 수렴한다. 입법내용과 계획을 일반시민에 공개하고, 의견을 모으는 것이다. 부처협의가 정부 내부의 의견수렴 절차라면 입법예고는 정부 밖의 이해관계자를 대상으로 의견을 묻는 과정이라고 보면 된다. 행정절차법(2008.2.29 시행, 법률 제8852호)은 입법예고의 방법과 기간, 제출된 의견의 처리절차를 규정하고 있다.[95] 행정관청은 입법안의 취지와 주요 내용 또는 전문을 관보·신문·인터넷 등을 통해 공고해야 하며, 예고기간은 특별한 사정이 없는 한 20일[96] 이상으로 해야 한다. 이 기간 동안 누구든지 예고된 입법안에 대해 의견을 제출할 수 있으며, 행정관청은

91) 법제처 소관 "법제업무 운영규정"(대통령령 제23266호)에 자세한 절차가 규정되어 있다.

92) 경제부처와의 업무 갈등은 물론이고 배출업소 인·허가와 지도·단속, 각종 환경기초시설의 설치·운영 등 환경행정의 상당부분을 담당하는 지방자치단체와 환경부의 의견이 다른 경우도 많다.

93) 1994년 낙동강 유기용제 사건이 발생한 후 먹는물 관리 기능 일원화 방침에 따라 건설교통부와 보건복지부에서 담당하던 상하수도 및 수돗물 관리업무가 환경부로 이관된다. 이에 따라 환경부에 상하수도국(수도정책과, 상수도과, 음용수관리과, 하수도과)이 설치된다. 그러나 여전히 물관리는 분산되어 있다.

94) 간단히 정리하면, 환경부는 온실가스 감축이 환경규제에 해당한다고 하고, 산업통상자원부는 온실가스의 대부분이 에너지 연소에서 배출되기 때문에 에너지업무를 담당하는 부서에서 온실가스 감축업무를 수행해야 한다고 주장한다.

95) 행정절차법(제41조)에 따르면 입법내용이 국민의 권리·의무 또는 일상생활과 관련이 없거나, 긴급을 요하는 입법, 상위법령의 단순집행을 위한 경우 등은 입법예고를 생략할 수 있다.

96) 2011.12.2 입법예고기간을 40일로 늘린 행정절차법이 확정되었다.

제출된 의견의 처리결과를 통지하여야 한다. 입법예고 외에 행정관청은 공청회 등을 개최하여 의견을 수렴할 수 있다.

국무총리실에 설치된 규제개혁위원회(이하 "규개위")는 정부의 규제정책을 심의·조정하고, 각종 규제의 심사·정비에 관한 사항을 심의하기 위해 설치되었다.[97] 위원장은 국무총리와 민간 위원장 2인이고, 경제 분과와 행정사회 분과로 구분된다. 정부의 규제 확대를 통제하기 위해 규개위 위원의 과반수를 민간전문가로 구성하도록 하고 있다. 사회를 조직하고 통제하는 방법으로 정부와 시장이 있다고 한다. 정부의 통제 하에 놓여있던 영역과 업무를 시장기능에 다시 맡기는 일이 규제완화(deregulation)라고 할 수 있는데 정부의 비효율, 시민의 요구에 대한 소극적 대응 등을 해결하기 위해 규제완화가 공론화되었다. 규개위는 이러한 요구를 반영한 것이라 할 수 있으며 법령안에 담긴 규제사항은 반드시 규개위의 심의를 거치게 된다.

규제심사는 담당부서에서 규제영향분석서를 작성하는데서 시작한다. 이 분석서는 규제의 대상·범위·방법 등을 설정하고 규제방식의 타당성을 검토하는 내용을 담고 있다. 규개위 심의의 사전 단계로 각 부처의 자체심사절차가 있다(행정규제기본법 제7조제2항).[98] 자체심사를 통과한 법령안은 자체심사 과정에서 제시된 의견서와 입안부서가 작성한 규제영향분석서 등과 함께 규개위에 제출된다(법 제10조). 규개위는 예비심사를 통해 중요규제와 비중요규제로 구분[99]하고, 중요규제의 경우 분과위원회 또는 본위원회에서 심의·의결한다. 비중요규제의 경우는 심사 요청일로부터 10일 이내에, 중요규제는 요청일로부터 45일 이내에 심의결과가 부처에 통보된다. 규개위는 관계전문가, 이해관계인, 참고인 등의 의견을 듣기도 한다.

규개위를 통과한 법령안은 법제처의 심사를 받는다. 법제처는 정부입법을 총괄·조정하는 정부부처이다. 각 부처에서 입안한 법률안과 대통령령안, 총리령안과 부령안은 법제처의 심의를 받아야 한다. 법제처의 법령심사는 법령안에 위헌적·위법적 요소가 없는지, 다른 법령과 모순·충돌하는 내용은 없는지 등을 검토하고 수정하는 과정이다. 법제처 심사를 완료한 법령안은 차관회의와 국무회의 심의, 대통령의 재가, 국무총리 및 관계 국무위원의 부서(符書)를 거쳐 확정된다. 국회의 동의를 받아야 하는 법률의 경우는 정부안으로 국회에 제출된다.[100]

97) 1998.4.18 행정규제기본법 제23조의 규정에 의해 대통령 직속 위원회로 설치되었다.

98) 각 부처에 자체규제심사위원회가 구성·운영되는데 자체심사제도의 실효성을 높이기 위해 규제의 입안부서가 아닌 법무담당 부서에서 업무를 담당하도록 하고 있다.

99) 중요규제에 해당하는 규제라 함은 규제영향의 연간비용이 100억 원 이상인 규제, 피규제자의 수가 연간 100만 명 이상인 규제, 명백하게 경쟁제한적인 성격의 규제, 국제기준에 비해 규제정도가 과다하거나 불합리한 규제, 관계부처 또는 이해당사자의 이견이 있거나 사회경제적으로 파급효과가 큰 사안으로 규개위가 심사의 필요성을 인정하는 규제가 해당한다.

국회 내의 절차는 정부안과 의원입법안이 동일하다. 정부나 의원이 제출한 법률 제·개정안은 국회에서 필요한 절차를 거친다. 먼저 국회의장은 소관 상임위원회에 정부안을 회부한다. 환경관련 법률은 환경노동위원회(이하 "환노위"라 한다)에서 담당[101]하는데 법률안을 구체적으로 검토하기 위해 통상 환노위에 설치된 법안심사소위원회를 먼저 거친다. 법안심사소위의 심의·의결을 마친 법률안은 환노위 전체회의에서 의결된 후 다시 법제사법위위원

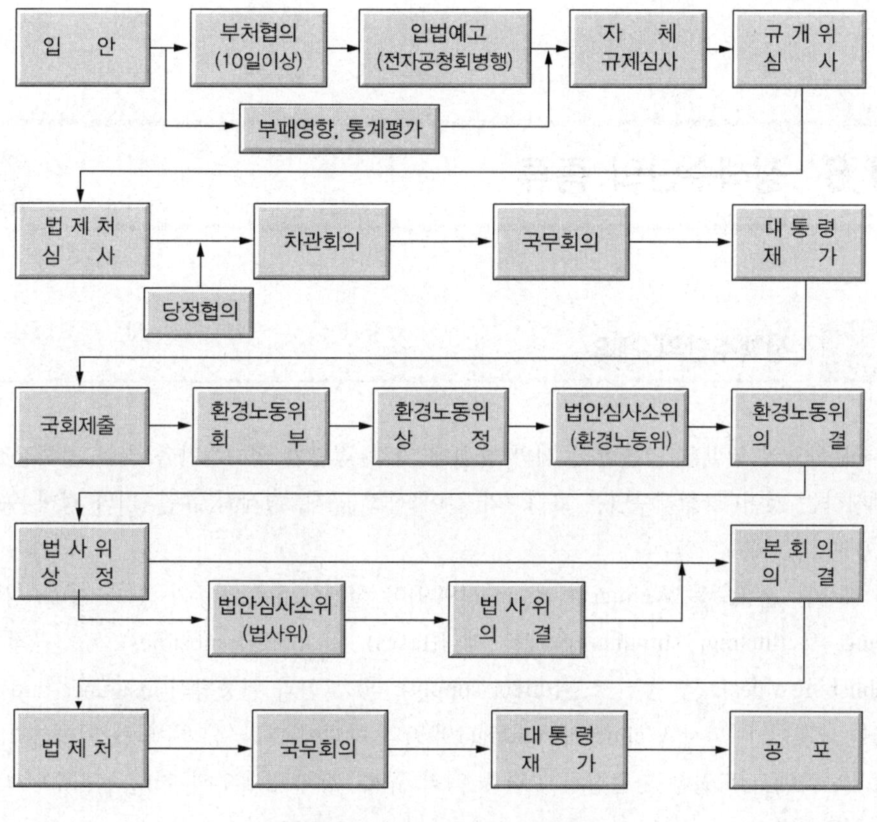

그림 1.4 법률 제·개정 흐름도

100) 국회법(제98조의2)에 따라 중앙행정기관의 장은 대통령령, 총리령, 부령 및 각종 훈령, 예규, 고시의 제·개정 및 폐지에 관한 사항을 국회의 소관 상임위원회에 제출하여야 한다. 상임위원회는 제출된 대통령령 등이 법률의 취지와 내용에 부합하는지 여부를 심사하고, 부합하지 않는 경우 이를 중앙행정기관에 통보하여 조치하도록 한다.

101) 국회에는 16개의 상임위원회가 있다. 국회운영위원회, 법제사법위원회, 정무위원회, 기획재정위원회, 외교통상통일위원회, 국방위원회, 행정안전위원회, 교육과학기술위원회, 문화체육관광방송통신위원회, 농림수산식품위원회, 지식경제위원회, 보건복지위원회, 환경노동위원회, 국토해양위원회, 정보위원회, 여성가족위원회가 그것이다.

회의 심의·의결을 거쳐야 한다. 동 위원회는 정부 내의 법제처 기능과 유사하다고 보면 된다. 법률안의 체계·형식 등을 주로 심의한다.[102] 이후 법률안은 본회의에 상정되며 국회의 의결을 거친 법률은 국회에서 정부로 이송되고, 대통령의 재가를 거쳐 공포된다. 이상 설명한 절차를 흐름도로 정리하면 그림 1.4와 같다.

1.6 정책수단의 종류

1.6.1 정책수단의 개요

정책분석자의 역할은 당면한 문제의 해결에 가장 적합한 정책수단을 찾아 정책결정자에게 제시하는 것이다. 정책수단은 표 1.4와 같이 직접 규제, 경제적 유인, 기타 정책수단으로 구분할 수 있다.

더 자세한 분류로는 Weimer와 Vining(1999)이 설정한 5개 범주가 있다. ① 시장 활용(freeing, facilitating, stimulating), ② 세금(taxes) 및 보조금(subsidies), ③ 규칙 제정(establishing rules), ④ 정부 조달(direct supply), ⑤ 보험과 완충방식(insurance and cushions)이 그것이다. 먼저 Weimer와 Vining(1999)의 방법에 따라 정책수단을 기술하고, 이어서 우리나라에서 도입한 환경정책 수단을 직접 규제, 경제적 유인과 기타 정책수단으로 나누어 설명한다.

102) 법제사법위원회는 사회적 쟁점이 되는 법률의 입안에 상당한 영향력을 갖는다. 일단 심사기간을 늘려서 입법을 늦출 수 있다. 국회 본회의 의결은 형식적인 경우가 많으므로 법제사법위원회에서 의결되지 못하면 입법이 될 수 없다. 법제사법위원회가 문지기(Gate Keeper)의 역할을 하는 것이다.

표 1.4 OECD가 분류한 환경규제수단의 범주

범주	규제수단 및 내용
직접규제	- 다음에 열거된 것과 관련하여 주로 인·허가절차를 통해 환경에 영향을 미치는 행위를 직접규제 1) 생산·배분된 생산물 2) 생산·배분에 사용된 원료 3) 재화 및 원료의 생산기술 4) 환경으로 배출되는 잔재물 5) 생산 및 기타 경제적 행위가 일어나는 장소
경제적 수단	- 화폐적 유인 및 disincentives를 사용하여 환경적 성과를 개선하고자 행위를 조정하며 다음과 같은 종류가 있음 1) 부과금 및 조세 2) 보조금 3) 과태료(비이행 행위에 대한) 기타 4) 기타 시장창출수단(예 : 배출권거래제)
기타 정책수단	- 비강제적 수단을 포함하여 환경성과를 개선 1) 환경적 문제관련 정보 및 환경문제 경감방법정보의 공급 개선 2) 개별적 및 집단적 수준에서 환경문제를 경감하고자 행위를 조정하기 위한 자발적 이행수준의 제고 - 종류 1) 환경계획, 환경영향평가, 전과정평가(LCA), 확대생산자책임(EPR) 2) 자발적 협약 3) 정보확산체계 4) 합의된 환경질 목표와 관련하여 비용효과적으로 이행하려는 환경경영시스템 및 환경감사 절차

(자료 : OECD, Environmental Regulatory Reform in OECD Countries, 1997)

1.6.2 시장 활용 정책수단

정책수단으로서 시장을 활용하는 방법이 있다. 앞에서 설명한 시장실패 요인이 없을 경우 시장은 한정된 자원을 가장 효율적으로 배분한다. 그런데 시장이 자연적으로 형성되지 못하는 상황이 있을 수 있다. 이 경우에는 정부가 시장을 조성하고 활성화하는 정책을 시행할 필요가 있다. 또 상황이 변하여 과거에 필요했던 정부개입이 바람직하지 않게 되기도 한다. 시장의 활용 가능성을 계속 검토해야 하는 이유이다. 시장 활용수단은 다음과 같이 구분된다.

첫째, 시장 자유화가 있다. 정부가 규제하던 영역에서 정부개입을 해제하는 방법으로 규제완화(deregulation)가 그것이다. 정부는 여러 가지 이유로 시장의 활동을 규제해 왔다. 시장 가격이나 거래 수량을 통제하거나, 시장 진입과 퇴출을 제한하기도 한다. 안정적이고 질

높은 서비스를 제공한다는 정책 목표를 달성하기 위해 통신이나 방송 시장의 공급자를 제한하는 규제가 그 예이다.[103] 많은 경제학자들이 이러한 정부규제를 확대하는 것에 부정적이다. 시장개입이 결국 시장에 참여하고 있는 제한된 주체들에게 불필요한 이익(rent)을 주게 되고, 그 피해는 일반시민이나 시장의 소비자가 부담하게 된다는 점을 지적한다. 시장 자유화 중에 과거 처벌의 대상이었던 행위를 합법화(legalization)하는 것이 있다. 한 사례로 특정한 형식(예 ; 경마)이나 특정한 장소(예 ; 호텔 카지노)에서는 도박영업을 합법화하고, 수입을 지방정부나 중앙정부 예산에 활용하는 것이다. 또 정부가 담당하던 기능을 민간에 맡기는 민영화(privatization)가 다양한 방식으로 이루어진다. 쓰레기 수거 등 정부 제공 서비스를 민간회사에 외주(contracting-out)하거나, 한국전력이나 포항제철과 같이 정부가 소유한 기업을 민간에 매각하는 방식이 있으며, 민간회사의 시장 참여를 허용해서 공기업과 경쟁하도록 할 수도 있다.[104]

둘째, 이전에는 소유권이 없던 재화와 서비스에 소유권을 부여하거나 새로운 거래시장을 만드는 방법이 있다. Coase는 수질오염과 관련하여 상류의 오염행위로 인한 하천의 오염을 막기 위해서 하천의 이용행위나 오염행위 둘 중 하나에 소유권을 부여하는 방법을 제시한 바 있다.[105] 하천에 수리권(水利權)을 부여함으로써 과도한 물의 사용을 억제하는 정책이 같은 맥락이다. 이전에 없던 새로운 권리를 만들고 이 권리의 거래를 허용하는 방법도 있다. 기후변화를 일으키는 온실가스나 각종 오염물질을 줄이기 위해 적용되는 배출권거래제(emission trading)가 좋은 사례이다.[106] 배출권거래제가 시행되면 배출 가능한 오염물질의 총량(Cap)이 정해지고, 총량의 범위에서 개별 배출업체가 배출할 수 있는 오염물질의 양이 할당된다. 배출업체는 할당받은 범위 내에서 오염물질을 배출할 수도 있고, 부족하면 시장에서 배출권을 살 수 있다(Trade).

마지막으로, 현재의 시장이 활성화되어 있지 못할 경우 정부가 경매의 방법을 활용하여 시장에 자극을 줄 수 있다. 예를 들면 자연독점의 성격을 갖는 방송이나 통신 주파수를 최고가를 제시하는 사업자에게 배분하는 것이다. 여러 가지 문제[107]에도 불구하고, 한정된 자

---

103) 이 경우 각종 자격기준, 시설기준 등으로 시장 참여자를 제한한다. 이렇게 신규 진입이 제한될 경우 기존의 시장 공급자는 완전경쟁 하의 시장가격보다 높은 가격을 통해 추가적인 이익을 얻게 된다. 토지처럼 공급이 제한되는 상황에서 시장 참여자가 얻는 추가적 수익을 지대(rent)라고 한다.

104) 철도노선의 일부에 대한 건설이나 운영을 민영화하는 방법도 여기에 해당한다.

105) 하천의 물에 소유권을 부여하면 하천을 소유한 자가 오염을 행하는 자에게 비용을 요구할 수 있다. 반면에 오염행위에 권리를 부과하면 하천 물을 사용하는 자가 오염행위를 막기 위한 비용을 부담하게 된다. 어느 경우든 양자(하천 물 이용자와 오염 행위자)의 비용과 수익이 일치하는 수준에서 하천의 오염이 통제되는데 그 수준은 동일하다. 이때 거래비용(transaction cost)은 없다고 가정한다.

106) 배출권거래제는 총량규제(cap)와 거래허용(trade)의 두 요소를 핵심으로 한다. 이 때문에 배출권거래제를 Cap and Trade라고도 부른다.

원을 배분하는 방법으로 경매를 고려해 볼 수 있다.

1.6.3 조세와 보조금

시장을 활성화하거나 없던 시장을 새롭게 만들어서 정책목표를 달성하는 방법과 달리 조세와 보조금은 정부의 직접적인 시장개입이다.[108] 시장에 맡기기에는 부작용이 심각하게 우려되거나 효과가 의문시될 경우 정부가 사용할 수 있는 수단이다. 시장은 효율성을 최우선 가치로 추구하는데 사회적으로 효율성 이외에 정부가 구현해야 하는 다른 가치가 있다. 예로서 소득 불균형 해소라는 정책과제의 경우 시장에 의해 발생한 소득격차를 시장을 활용해서 해결하기 어렵다고 하면, 조세와 보조금 방식이 소득 불균형을 해소하는 대안이 될 수 있다. 조세나 보조금을 통해 재화의 상대가격에 영향을 미치고 이를 통해 원하는 결과를 얻기도 한다. 사회적인 관점에서 소비가 더 필요한 상품에는 보조금을 주고, 소비가 줄어야 할 상품에는 반대로 조세를 부과함으로써 정책목표를 달성하는 것이다.

조세와 보조금은 크게 세 가지 목적으로 사용할 수 있다. 첫째, 시장실패의 유형으로 외부효과를 해소하기 위해서 사용한다. 외부효과를 동반하는 재화는 사회적으로 바람직한 수준보다 적게 또는 많게 생산되고 소비된다. 만일 사회적 비용 또는 편익을 정확히 알 수 있다면, 실제 시장에서 지불되는 가격과의 차액을 계산해서 그 만큼 보조금(양의 외부효과의 경우)을 지급하거나 조세(음의 외부효과의 경우)를 부과하면 될 것이다. 이러한 조치는 사회 전체적으로 적정한 수준의 소비를 유도하게 되고, 시장의 효율성은 오히려 높아지게 된다. 두 번째는 순수하게 재분배 목적으로 조세와 보조금을 활용할 수 있다. 저소득층에 소득보조를 하고, 고소득층에 누진세율을 적용하는 경우가 이에 해당하겠다. 만일 시장이 효율성을 발휘하고 있는 상태였다면 이때 사용되는 조세와 보조금은 손실이 된다.[109] 마지막으로 지대(rent)를 회수하기 위해 세금을 부과할 수 있다. 경제학에서 지대는 공급이 제한되는 재화가 있으면 발생하는데, 공급이 제한되는 정도에 따라 평균이윤을 초과하는 정도가 커지게 된다. 따라서 이러한 초과이윤에 대해 세금을 부과할 경우 효율성을 저해하기 않으면서 개인에게 불공정하

107) 가격으로 사업자를 선정할 경우 사업자는 제품이나 서비스의 질을 낮춤으로써 부당하게 낙찰 받으려는 유인이 생긴다. 또 경매 참여자의 수가 적을 경우 공모(collusion)의 위험이 생긴다.

108) Weimer and Vining(1999; 205)은 이를 "market-compatible forms of direct government intervention"이라고 한다. 시장의 활용이 시장을 통해 원하는 행동이 나타나도록 "유인(induce)"하는 반면, 조세와 보조금은 시장을 통해 목적하는 행동이 나타나도록 "강제(command)"한다.

109) 이때 발생하는 손실을 자중손실(deadweight loss)이라고 부른다. 이러한 효율성 측면의 손실에도 불구하고 다른 정책목표, 예컨대 소득 불평등 해소를 위해 정부가 이 정책수단을 활용하게 된다.

게 돌아가는 초과이윤을 공공재원으로 확보할 수 있다.[110] 조세와 보조금은 수요와 공급 부문에 각각 부과 또는 지급할 수 있으며 여기에는 네 가지 유형의 정책도구가 가능하다.

① 공급부문의 세금(supply-side taxes)에는 부정적인 외부효과[111]나 지대를 유발하는 재화와 서비스에 부과하는 세금(output taxes)과 국내 산업의 보호 또는 외국 덤핑에 대응하기 위해 부과하는 관세(tariffs)가 있다.

② 공급부문에 보조금(supply-side subsidies) 지급이 가능하다. 우선 일정액이나 일정비율을 보조하는 매칭 보조금이 있다. 긍정적인 외부효과를 갖는 상품(예, 백신)이나 서비스(예, 교육)의 생산자에게 일정액의 보조금을 지급하는 방법이다. 또 지방자치단체가 추진하는 공공사업(예, 하수처리장 건설)에 중앙정부가 전체사업비의 일정비율을 지원하는 경우 역시 이에 해당한다.[112] 다음으로 보조금이 아니라 조세지출(tax expenditure)을 활용할 수 있다. 세금부과의 대상이 되는 소득에서 공제(deductions to taxable incomes)함으로써 실제 보조금과 같은 효과를 거둘 수 있다. 예컨대 기업이 공공재의 성격을 갖는 기술개발(R&D)에 투자한 비용이 있다면 이를 법인세 공제항목에 포함시켜 보조금 지급과 동일한 효과를 거두는 것이다. 소비부문에서도 조세와 보조금을 적용할 수 있다.

③ 정부는 특정한 소비를 진작시키기 위해 소비부문의 보조금(demand-side subsidies)을 사용한다. 현물(in-kind) 보조의 경우 정부가 직접 특정 재화를 구입해서 소비자에게 나누어주는 것인데 보통 사용되는 방법은 바우처(vouchers)이다. 정부가 저소득층에 식료품 구입을 지원하고자 하는 경우 만일 저소득층에게 현금을 주면 식료품이 아닌 다른 물품(예, 술)에 사용하는 부작용이 나타난다. 이를 피하기 위해 식료품과 교환할 수 있거나 또는 낮은 가격에 구입할 수 있는 증서(바우처)를 배부한다. 소비부문에도

---

110) 다시 문제는 이러한 지대의 크기를 조세를 부과하는 정부가 정확히 알 수 있느냐이다. 이 정보가 부정확할 경우 시장왜곡이 발생하게 된다. 공급이 제한되는 토지가 대표적인 지대 발생 재화이다. 개발에 따른 토지가격의 상승을 초과이윤으로 보고, 이를 전부 세금으로 환수하자는 주장이 강하게 제기되곤 한다. 양도소득세가 대표적이다. 그런데 토지는 한정된 자원이지만, 토지의 이용 가능성, 즉 토지 공급은 여러 가지 방법(택지 개발, 간척 등)에 따라 늘어난다. 따라서 강력한 토지 관련 세금의 부과는 이러한 의미의 토지 공급이 일어나는 유인을 줄이게 된다.

111) 세금을 통해 부정적인 외부효과로 인해 발생하는 사회적 비용을 상품 가격에 포함시킴으로써 사회적 관점에서 자원배분의 효율을 높인다는 아이디어는 영국의 경제학자 A. C. Pigou로부터 나왔다. 이러한 기능과 목적을 갖는 세금을 피구세(Pigovian tax)라고 부른다. 기후변화의 원인물질인 온실가스를 배출하는 석탄과 유류 등에 탄소세를 부과하자는 주장이 이러한 맥락에 있다. 화석연료의 사용으로 인한 부정적 영향으로서 기후변화의 비용이 화석연료의 가격에 포함되지 않아서 화석연료의 과대 소비(부정적 외부효과)를 유발하므로 탄소세를 통해 화석연료 가격을 높여 사용을 줄여야 한다는 주장이다.

112) 소득 불평등 해소를 위해서 공급부문에 보조금을 지급할 수 있다. 저소득층이 활용하는 여러 가지 서비스, 예컨대 어린이 놀이방의 운영자에게 보조하는 방법이 이에 해당한다.

마찬가지로 조세지출이 가능하다. 정부가 시민들의 주택 보유를 늘리고 싶다면 주택 마련에 소요되는 비용과 관련한 각종 세금을 감면해 주는 것이다. 이러한 방법으로 교육, 보육, 의료 등 정부가 특정 계층이나 특정 분야에서 활성화되기를 기대하는 소비를 늘릴 수 있다.

④ 소비부문의 조세(demand-side taxes)로 물품세(또는 소비세)가 있다. 사회적으로 시장 활성화가 바람직하지 않은 술이나 담배 같은 물품에 부과하는 세금이 이에 해당한다. 다음으로 사용자 수수료(user fees)인데 특정 서비스를 받고자 하는 자에게 부과되는 비용으로 각종 공공요금, 운전면허 발급 수수료, 대여(rental) 수수료, 혼잡통행료 등이 해당한다. 정책결정자는 외부효과를 반영할지 여부, 예컨대 긍정적 외부효과를 가져오는 대중교통 활성화 차원에서 지하철 요금을 낮게 책정해야 하는지를 결정해야 한다. 또 공공재의 소비를 조절하기 위해 과연 얼마만큼의 금액을 부과해야 할지 결정해야 한다.[113)]

1.6.4 규칙의 제정

규칙(rules)은 가장 기본적인 정책수단이다. 정부는 규칙을 제정하고 이를 강제함으로써 공공영역의 질서를 만들고 유지한다. 정부는 규칙을 통해 원하는 행동을 유도하거나 원하지 않는 행동에 제재를 가할 수 있다. 교통질서를 유지하기 위해 과속차량이나 주차위반 차량에 범칙금을 부과하는 것이다.[114)] 규칙은 크게 두 가지로 나누어 설명할 수 있다.

첫째, 제도입법(frameworks)이다. 자유경쟁 시장이 작동하려면 각종 정부규제가 최소화되어야 한다고 주장할 수 있다. 하지만 자유시장경제가 제대로 작동하기 위해서는 오히려 일정한 수준의 규칙과 규제가 절대적으로 필요하다. 제도학파에 따르면 경제현상은 역사적으로 진화하는 사회제도의 하나이다.[115)] 여기서 제도는 시장을 규율하는 각종 규칙과 관습, 나아가 문화까지도 포괄하는 개념이다. 이는 경제인(homo economicus), 즉 개인의 욕망과

113) 혼잡한 출퇴근 시간대의 교통량을 줄이기 위해 도로의 일정지점에서 혼잡통행료를 부과한다든지, 국립공원에 입장료를 부과하거나 낚시 면허세를 내도록 해서 등산객과 낚시꾼의 수를 조절한다든지, 공공주택의 임대료를 의도적으로 낮춘다든지 하는 다양한 사례가 있다.

114) 이 범칙금을 규칙으로 볼 것인지 아니면 일종의 세금으로 볼 것인지 분명하지 않은 측면이 있다. 사실 많은 사람들이 각종 벌금을 준조세로 받아들인다.

115) 경제학의 분파로서 제도학파 만을 의미하는 것은 아니다. 이미 살펴본 바와 같이, 공유재 문제의 해결을 위한 제3의 대안으로서 제도를 강조하는 Ostrom(1990), 의사결정에서 제도화된 관례에 주목하는 March와 Olsen(1989), 조직분야의 제도주의가 모두 제도화된 규칙을 중시한다.

선호에 따라 자신의 효용을 극대화하기 위해 행동하는 합리적 개인을 이론의 토대이자 출발점으로 하는 19세기 고전파 경제이론과 다른 입장이다. 경쟁시장은 규칙의 부재 속에서 이루어지지 않는다. 즉 규칙 없는 시장에서 자발적 거래가 성립할 수 없다. 규칙 없는 자유경쟁시장은 무정부상태의 다른 이름일 뿐이다. 이러한 맥락에서 시장경제에 영향을 미치는 몇 가지 민·형사 관련 법률의 내용을 간단히 살펴보자.

먼저 재산권(property right) 규정이 중요하다. 특허 등 지적재산권을 얼마나 잘 보호하느냐에 따라 기술개발(R&D) 투자가 영향을 받고, 사회적인 혁신(innovation) 분위기가 좌우될 수 있다. 보다 일반적으로 재산권은 불법행위(tort)와 직접적으로 관련된다. 불법행위는 고의 또는 과실로 인한 위법행위로 다른 사람에게 손해를 입히는 경우를 말한다. 불법행위를 어떻게 규정하고 집행하느냐에 따라 기업의 활동이 영향을 받게 된다. 나아가 기업이 비록 과실이 없더라도 개인에게 피해를 입혔다면 불법행위의 책임을 묻는 무과실책임주의(無過失責任主義)도 자본주의 국가에서 확산되고 있다.

여기서 계약법(contract law)에 주목해야 한다. 시장경제 활동은 수많은 계약으로 구성되므로 당연히 계약관련 법률의 내용에 따라 경제활동, 나아가 환경오염 행위가 영향을 받는다. 특히 계약 당사자가 부담해야 하는 책임(liability)의 한계와 내용에 관한 사항이 중요하다. 계약 당사자 간에는 정보의 비대칭이 존재한다. 예컨대 공장 부지를 사는 사람보다는 파는 사람이 부지에 관해 더 많이 알 것이다. 만일 오염되어 있는 토지를 사고파는 거래가 이루어졌을 경우 토양의 정화비용을 누가 부담할 것인가? 오염된 사실을 모르고 산 사람인가? 아니면 오염된 토지를 판 사람인가? 마지막으로 경쟁제한 행위를 금지하는 법률 역시 경제활동에 큰 영향을 미친다. 담합과 공모에 의한 가격형성은 불공정행위로 처벌 대상이 된다. 미국의 경우 19세기 후반기 이후 치열한 경쟁에서 승리한 소수의 기업이 경쟁을 배제하는 독점구조를 만들어 독점이윤을 취했다. 그 폐해가 노동자와 소비자에게까지 미치면서 자본주의 경제의 정당성을 훼손하기에 이르게 되었다. 이에 셔먼법이라 불리는 독점 금지법(Anti-trust Law)을 제정하여 거래 제한적 계약, 트러스트를 포함한 모든 형태의 결합과 공모를 위법한 것으로 간주하면서 이 분야의 근대 입법이 시작되었다.

둘째, 정부 규제(regulations)이다. 규제는 전형적인 지시·통제 방식의 정책수단이다. 정부는 규제내용이 확정되면 이를 제대로 지켜지는지 감시하고, 지키지 않는 경우 처벌한다. 일반적으로 규제는 조세나 보조금 같은 경제적 수단에 비해 제도의 설계나 집행과정이 경직되기 마련이고, 규제기관이 규제 대상자의 로비 대상이 되거나 규제 대상자의 이해관계를 과도하게 고려하는 폐해가 지적되기도 한다.[116] 시장실패의 해소방법으로 정부가 가격과 수량을 규제하는 것도 가능하다. 독점이윤에 해당하는 만큼 가격을 낮추도록 한다든지 경쟁시

116) 이를 규제기관의 포획이라고 하는데 이에 관한 다수의 이론이 존재한다.

장이라고 가정할 경우 생산되었을 만큼 생산량을 강제로 늘리도록 하는 방법이 있다. 반대로 부정적인 외부효과로 인해 사회적으로 바람직한 수량 이상으로 상품이 생산되고 있다면 생산량을 감축하도록 규제할 수 있다. 특정 상품의 사용·생산의 금지는 가장 강력한 수량규제라 할 수 있다.

환경기준에서 정한 오염물질 배출량을 지킨다든지, 배출권거래제에서 배출할 수 있는 배출허용총량을 할당하는 것도 수량규제에 해당한다. 이러한 수량규제는 앞서 설명한 조세나 보조금을 대체하여 사용될 수 있다. 예컨대 관세(tariff)를 부과하는 대신 수량규제 방식으로 할당제(quota)를 적용할 수 있다. 이론적으로 두 방법 간에 큰 차이는 없다. 어차피 관세로 인해 수입가격이 올라 갈 경우 수입되는 물량이 줄 것이기 때문에 결국 똑같은 수량만 수입하도록 허가하는 할당제와 그 효과가 동일하다고 볼 수도 있다. 하지만 많은 학자들이 할당제에 대해 비판적인데, 그 이유는 할당량과 할당대상을 정하는데 있어 정부의 자의적인 판단이 작용할 여지가 크기 때문이다. 또 관세는 수입이 국고로 들어오지만, 수량 제한(quota)은 경쟁가격보다 높은 수출가격을 부과할 수 있는 수출업자에게 결국 수입이 돌아간다는 차이도 있다.[117]

마지막으로 생산자에게 정보 제공(information provision) 의무를 부과할 수 있다. 시장실패 요인의 하나인 정보 비대칭에 대해 이미 설명하였다. 이를 해결하기 위해서는 정부가 직접 소비자의 선택에 도움이 되는 정보를 제공하거나, 아니면 간접적으로 기업의 정보 제공을 강제하는 방법이 있다.

후자의 경우, 정부는 의무적으로 제공해야 할 정보의 목록을 정하고, 생산자가 실체적 정보를 제공하는 경우가 대부분이다. 흡연이 폐암을 유발한다는 정보를 담배 갑에 표시하도록 한다든지, 과자나 음료수의 과다 섭취 시 건강에 해로운 설탕·소금의 함량이나 해당 제품의 칼로리를 표시하도록 하는 것이다. 자동차에 연비를 표시하거나 각종 가전제품에 에너지 효율등급을 표시하는 방법, 보험 약관 등의 사전 고지의무를 부여하는 방법도 마찬가지 예이다. 이 방법은 규제 비용이 크게 소요되지 않기 때문에 정부 입장에서 매력적인 정책수단의 하나이다. 한편으로 서비스 제공과 같이 물리적 특성으로 나타내기 어려운 정보가 있을 수 있다. 좋은 법률 서비스, 맛있는 음식점, 머리 잘하는 미장원 등을 생각해 보자. 이러한 경우에는 정부가 자격증제도를 운용할 수 있다. 특정한 자격요격을 심사하여 이를 통과한 경우 자격증을 발급하는 것이다.[118] 참고로 경제학자들은 자격제도가 진입장벽이라는 부작용을

117) 할당으로 인해 수입(수출) 물량이 제한됨에 따라 경쟁가격에 비해 높은 가격이 매겨진다. 공급물량이 제한될 경우 가격이 오르기 때문이다. 이는 수출(수입)업자에게 초과이윤이 발생한다는 의미가 된다.

118) 예컨대 지방자치단체 등에서 맛있는 식당을 지정해서 소비자의 선택을 돕고 있다. 하지만 이 보다는 식당에 관한 정보를 인터넷에서 찾아보고 결정하는 경우가 일상화된 듯하다. 식당 관계자의 자기 정보 제공 가능성도 배제할 수는 없지만, 실제 식당을 이용한 소비자가 제공한 정보는 매우 정확하다고 봐야 할 것이다.

낳는다는 점을 지적한다.

1.6.5 정부 조달

시장이 아닌 정부가 직접 필요한 공공재를 공급할 수 있다. 시장에서 공공재가 제대로 공급되기 어렵다면, 정부가 시장을 대신해서 공공재 공급에 나설 수 있겠다. 간단한 해결책으로 보이지만 이 방법 역시 정부실패를 야기할 수 있으며 더욱이 정부실패와 시장실패 중 어느 것의 폐해가 더 큰지를 알기 어렵다는 문제는 여전히 남는다. 이런 맥락에서 정부 조달의 주체가 다변화되는 현상을 이해할 수 있다. 정부기관이 직접 정부 조달의 주체가 되기보다는 공사·공단으로 불리는 공공기관을 설립해서 특정 재화와 서비스의 공급을 담당하도록 하는 것이다. 환경 분야를 예로 들면 상하수도, 폐기물, 대기관리, 기후변화 등 여러 가지 공공적 성격의 환경업무를 담당하는 환경공단이 있고, 수도권지역 광역 쓰레기매립지의 운영·관리 업무를 담당하는 수도권매립지공사가 있다. 이밖에도 정부 조달을 외부에 발주하는 방법(외주, contracting-out)이 있다. 외주기관은 이윤을 추구하는 민간 기업이 될 수도 있고, 비영리(non-profit) 단체가 될 수도 있다. 국·공립 의료원, 공공미술관 등이 후자에 해당한다.

1.6.6 보험과 완충장치

보험(Insurance)은 개인의 위험을 줄이기 위한 목적으로 다수가 비용을 모으는 방법이다. 건강보험, 사망보험, 상해보험, 재해보험 등 다양한 형태의 민간 보험시장이 존재한다. 그런데 여러 가지 이유[119]로 개인이 합리적인 보험 가입 결정을 못하는 경우가 종종 있다. 때문

119) 보험과 관련해서 도덕적 해이(moral hazard)와 역선택(adverse selection)을 기억해 둘 필요가 있다. 전자는 보험에 가입함에 따라 주의의무를 게을리 하는 현상을 말한다. 건강보험에 들었다는 사실에 안심해서 건강관리를 게을리 한다든지, 자동차 보험에 가입한 운전자가 난폭운전을 하게 되는 경향을 뜻한다. 역선택은 정보의 격차가 존재하기 때문에 발생한다. 보험회사보다는 보험에 가입하는 사람이 자신의 건강에 대해 더 잘 알고, 중고차를 사고자 하는 사람보다는 중고차를 팔려는 사람이 자신의 차에 대해 더 잘 안다. 이 경우 건강 상 문제가 있는 사람만 보험에 가입하고, 성능이 떨어지는 차만이 중고차 시장에 나오는 현상이 발생한다. 겉만 그럴듯하고 성능은 떨어지는 중고차 시장(Market for Lemons)이 이러한 역선택 상황을 설명하는 사례이다. 위에서 설명한 자발적, 민간 의료보험시장의 경우도 마찬가지다.

에 정부가 공익 목적으로 개인의 보험 가입을 강제하기도 한다. 의료보험의 경우 민간시장에 맡겨놓으면 건강한 사람은 보험 가입을 외면하고, 건강에 문제가 있는 사람들만 의료보험에 가입하게 되는 현상이 발생할 수 있다. 이는 청구되는 의료비용이 상승되고, 이를 충당하기 위한 보험료 인상으로 이어져 결국 보험시장이 붕괴하게 된다. 이를 해결하기 위해 정부는 모든 국민에게 의료보험을 강제함으로써 보험의 원래 목적인 위험 분산 기능이 보장되도록 한다.[120] 나아가 소득 수준에 따라 의료보험료를 차등화해서 소득이전(income transfer) 효과도 거둘 수 있다.

또 강제규제 방식이 아니라 일부 보험료를 정부가 보조하는 것이 가능하다. 각종 재해로 인한 피해비용은 보험을 통해 분산시킬 수 있지만 설마 자신에게 재해가 발생할까 하는 생각에 자발적인 재해보험 가입률이 낮을 가능성이 높다. 더욱이 재해에 취약한 지역일수록 소득 수준이 낮은 경우가 많아 재해보험이 상대적으로 더욱 필요한 취약 지역의 재해보험 가입이 오히려 부진하게 된다. 이러한 경우 재해발생 가능성이 높은 지역주민에게 정부가 재해 보험비의 일부를 지원함으로써 재해보험 가입률을 높일 수 있다.

위험 분산의 수단으로 완충장치(cushions)를 활용할 수 있다. 시장경제에서 재화와 서비스는 가격을 매개로 수요와 공급이 조정된다. 하지만 특별히 중요한 재화의 경우는 비축(stockpiling)의 방법을 통해 위험을 회피해야 할 필요가 있으며 석유 비축이 좋은 사례이다. 또 현금보조방식(cash grant)이 있는데 저소득층의 경제적 어려움을 완화해 주기 위해 제한적으로 활용할 수 있다. 사회 최하위 계층의 경우 경제적 어려움은 생존의 문제로 치달을 수 있다. 정부는 최저생계비 현금보조를 통해 이러한 위험을 방지할 수 있다. 이상 설명한 정책수단을 정리하면 다음 표 1.5와 같다.

표 1.5 정책 수단의 종류

구 분	정 책 수 단
시장 활용	시장 자유화, 소유권 부여 및 거래시장 창출, 시장 촉진
세금 및 보조금	공급부문의 조세·보조금, 소비부문의 조세·보조금
규칙 제정	제도 관련 입법, 정부규제, 정보의 제공
정부 조달	정부의 재화·서비스 직접 공급
보험과 완충	보험, 물자 비축, 현금 보조

120) 가습기 청정제에 포함된 유해물질로 생명이 잃는 사건이 발생하여 상당한 사회적 반향을 불러일으킨바 있다. 이러한 사태에 대비하여 비슷한 유해물질을 생산하는 업체의 부담 하에 기금을 마련하거나 공동으로 제조물 책임보험에 가입하도록 강제할 수 있다. 토양오염 치유를 위한 기금 조성 역시 이러한 방식의 대응이다.

1.7 환경정책의 원칙

1.7.1 환경정책의 선택기준

다양한 환경정책수단 중 환경적·경제적으로 최적의 수단을 선택하는 기준을 일률적으로 정하는 것은 불가능하다. 이 기준은 사회·경제적 여건과 실행가능성, 공정성 등 여러 가지의 정책 도입 원칙을 감안하여 개별 정책 별로, 또 시대 별로 적절히 설정하는 것이다. 환경정책수단을 선택하는데 기준이 되는 요소들을 환경정책의 원칙(principles)이라 할 수 있다.

환경정책의 원칙에 관하여는 다양한 견해가 있다. 경제협력개발기구(OECD)는 사전오염예방원칙, 오염자부담원칙, 지속가능발전원칙, 근접성의 원칙, 통합성의 원칙으로 구분한다.[121] 무과실책임원칙, 현상유지원칙, 중점원칙, 보충원칙을 포함하기도 한다.[122] 이러한 원칙들 중에 국내 환경정책을 시행하는데 필요한 조건을 고려하여 여기서는 사전오염예방원칙, 오염원인자부담원칙, 지속가능발전원칙과 협동·참여의 원칙, 통합의 원칙을 중심으로 서술한다.

환경정책의 선택에 적용할 수 있는 일반적 원칙과 별도로, 구체적인 환경정책 수단을 선택함에 있어 정책결정자(정책분석자)는 오염유발 행위와 그 결과물에 의해 오염피해에 이르는 과정을 파악하고 있어야 한다. 또 가능하면 판단에 도움을 줄 수 있는 정량적인 지표(indicators)를 확보할 필요가 있다. 그런데 문제는 오염물질이 사람의 건강과 생태계의 온전함(integrity)에 미치는 악영향이 여러 단계를 거쳐, 오랜 시간이 지난 후에 나타난다는 점이다. 그림 1.5에서 볼 수 있는 것처럼 오염물질을 배출하는 각종 활동에서 시작하여 오염물질에 사람과 생태계가 노출(exposure)되고 결국 오염물질이 축적되어 건강 상 피해를 입게 되는 과정에 이르기까지 노출시간, 나이, 성별, 면역력, 적응성 등과 같은 다양한 인자에 따라 상이한 결과가 나타날 수 있다. 오염행위와 오염피해 간에 존재하는 인과관계를 둘러싼 논란은 이 때문에 생기는 것이다. 정책분석의 수준과 질은 아래의 각 단계를 정확히 진단·파악하는데 필요한 자료와 정보를 제대로 확보했는지 여부에 달려 있다고 해도 과언이 아니다. 또 실제 정책수단을 선택하는데 도움이 되는 정책분석은 구체적인 지표를 근거로 할 때 설득력을 가진다.

---

121) EU의 환경정책과 시사점, 김영우, 2008.11, 국제무역연구원

122) 환경정책론, 김동욱 외, 2005.9, 그루

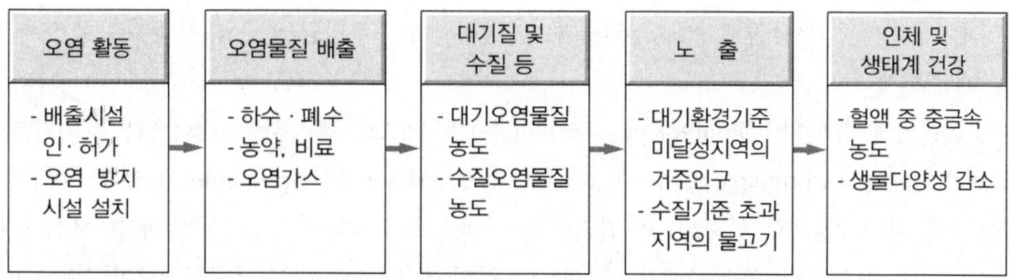

그림 1.5 환경오염 피해 경로 및 지표

1.7.2 사전오염 예방의 원칙

사전오염예방의 원칙(Precautionary principle)은 사전배려 원칙으로도 불린다. 여기서 배려라 함은 환경이라는 공공재를 배려한다는 것이다. 특정 물질이나 행위가 환경보호에 악영향을 미친다는 확실한 증거가 없더라도 상당한 가능성이 있을 경우 사전에 오염발생을 차단할 수 있는 정책수단을 선택해야 한다는 원칙이다. 환경은 일단 파괴되거나 오염되면 복원하는데 많은 시간과 비용이 소모되고, 심지어는 복원이 불가능한 경우가 있다. 사전오염예방원칙이 중요한 이유는 환경오염이 이러한 비가역성과 광역성, 그리고 장기적 축적에 의한 영향이라는 특성을 갖기 때문이다. 따라서 선진 환경정책에서 가장 중요시되는 원칙이라 하겠다.

정책사례로는 자연보호구역이나 상수원보호구역을 지정하여 개발행위를 원칙적으로 규제한다든지, 특정지역이나 시기에 유해폐기물 배출을 금지하는 것, 도시지역에서 고체연료 사용을 금지하는 정책 등이 해당된다.

1.7.3 오염원인자 부담원칙

환경오염을 발생시키거나 그 원인을 제공한 자가 환경오염의 방지를 위한 비용과 물적 손해에 대하여 책임을 져야 한다는 원칙이다. 통상적으로는 환경오염으로 인해 훼손된 상태를 복원하는데 소요되는 일체의 비용을 부담하는데 적용되는 원칙이다. 여기에는 오염원인자에게 보조금을 포함하여, 행정적·재정적 지원을 해서는 안 된다는 의미도 함축하고 있다. 이 원칙은 환경정책에서 경제적 수단을 활용할 때의 기준으로 적용된다. 우리나라의 정책 사례로 폐기물예치금·부담금제, 배출부과금제, 환경개선비용 부담금제, 쓰레기수수료 종량제 등이 해당된다.

오염원인자 부담원칙(Polluter-pays principle)을 역으로 해석하는 개념으로 수익자부담(Beneficiary pays principle) 또는 이용자부담의 원칙(User pays principle)이 있다. 수익자부담원칙은 환경개선으로 인하여 직·간접적으로 혜택이나 이익을 보는 자가 개선비용을 분담한다는 원칙을 말한다. 정책사례로는 4대강 유역에 적용되는 물이용부담금제도가 있다. 이용자부담의 원칙이라 함은 환경을 잘 보전하여 우수한 상태로 유지하는 경우에 그 환경을 이용하는 자가 보전비용을 지불해야 한다는 원칙을 말한다. 사례로는 먹는샘물에 부과하는 수질개선부담금, 생태계보전협력금, 지금은 폐지되었지만 종래의 국립공원 입장료 등이 있다.

1.7.4 지속가능한 발전원칙

지속가능한 개발원칙은 각종 개발행위 시 환경용량을 고려하여 환경적으로 건전하게(Environmentally sound) 개발해야 한다는 원칙이다. 지속가능발전 이념은 20세기말부터 세계적인 국제질서의 이념으로, 또 각 국가들의 환경정책의 이념으로 정립되어 왔다. 즉 쾌적한 환경을 향유하거나 자원·에너지를 이용하는데 있어 미래세대를 고려함으로써 세대 간의 형평을 보장하는 것이다. 지속가능발전원칙은 이제 대부분의 환경정책 선택 시 고려해야 할 기본 요소가 되었다. 환경영향평가제도가 가장 이 원칙에 충실한 제도로 보인다.

1.7.5 협동·참여의 원칙

환경보전이라는 국가목표는 특정 집단이나 주체만으로 달성될 수 없다. 따라서 사회의 각 주체인 국가, 지방자치단체, 기업, 시민사회가 협력하여야 한다는 원칙을 협동원칙이라 하겠다. 참여원칙은 협동의 원칙의 실효성을 제고하는 역할을 하게 된다. 세계적으로 가버넌스(協治) 개념의 통합적 참여를 강조하고 있는데 환경정책에 있어 각 주체들이 폭넓게 참여해야 한다는 것이다. 정책사례로 정부·기업 간에 자발적 오염물질저감협약을 체결하는 것, 환경기초시설 설치 시 주민의견을 수렴하는 제도, 환경정보를 공개하는 정책, 환경감시나 환경계획 수립 시 이해당사자들이 참여하는 것들이 모두 이 원칙에 바탕을 두고 있다.

1.7.6 통합의 원칙

통합의 원칙은 복잡해지는 현대사회에서 효과적인 환경정책을 수립하기 위해서는 유관 분야와의 통합적 접근이 필요하다는데서 출발한다. 즉 환경정책은 산업정책, 농수산정책, 산림정책, 조세정책, 교통정책 등 타 분야의 정책과 연계·통합되어야 실효성을 확보할 수 있다. 대기오염 저감정책을 추진하는데 교통정책이나 산업정책을 조정·규율하지 않고는 실질적인 정책수단을 찾기 어렵다. 앞으로 사회·경제구조가 고도화되면서 통합의 원칙의 비중은 더욱 커질 것이다. 정책 사례로 기후변화 대응대책을 수립하면서 에너지정책으로 신재생에너지를 확충하는 것이나 온실가스 다량배출 산업을 규제하는 것, 주택정책으로 건물의 에너지소비효율을 조정하는 것, 농약·비료를 적게 쓰는 친환경농업 확산정책 등이 이에 해당한다.

1.8 우리나라의 환경정책 수단

우리나라의 환경정책은 지난 30여 년간 비약적으로 발전해 왔으며, 다양한 정책 수단들이 도입되어 왔다. 이러한 정책 수단들은 수질보전, 대기보전, 폐기물 관리, 토양보전, 생태계보전과 같이 오염매체 별로 구분할 수 있다. 그러나 이 분류는 정책수단 자체의 특성이 잘 나타내지는 못하므로 여기서는 정책수단의 특성을 이해하고자 직접 규제, 경제적 유인, 기타 정책수단 별로 대표적인 환경정책 수단을 소개한다. 오염매체별 정책수단에 관하여는 각 장에서 상세히 설명한다.

표 1.6 우리나라 환경정책수단의 구분

정책수단 종류	환경정책수단 예시
강제적 규제수단	배출시설 인허가, 환경기준, 배출허용기준
경제적 수단(시장유인)	배출부과금, 폐기물예치금 및 부담금, 배출권거래제
기타 정책수단	환경보전계획, 환경영향평가, 자발적 협약, 환경표지, 환경교육

1.8.1 직접 규제수단

직접 규제(direct regulation)는 지시·통제(command-and-control) 방식의 규제를 말한다. 전통적인 환경규제 방식은 직접 규제를 의미한다. 일반적으로 국민의 건강과 생명을 지키는 환경정책은 목표를 달성하기 위해 직접 규제함이 타당하고 올바르다는 인식을 기반으로 한다. 직접 규제는 단순·명료한 것이 가장 큰 장점이다. 목표로 하는 환경수준이 어느 수준이고 이를 달성하기 위해 규제 대상이 준수해야 하는 의무가 분명히 제시된다. 또한 그 효과가 가시적으로 명료하게 나타난다. 물론 어느 환경 분야에서나 가장 효과적인 정책수단이라는 보장은 없으며 환경정책이 발전할수록 직접 규제의 효용성에 의문을 제기하는 경우도 많다. 직접 규제에 속하는 대표적 환경정책수단은 네 가지로 분류된다.

첫째, 각종 환경기준(ambient standards)을 정하는 것으로 이는 국가가 지향하는 정책 목표를 설정하는 것으로 세부 규제방식의 근거가 된다.[123] 즉 쾌적한 환경을 보전하고 사람의 건강을 보호하기 위하여 유지하여야 할 환경 상의 조건을 수치화한 것이다. 예로서 대기환경기준은 국가가 달성하고자 하는 대기보전분야의 정책 목표로 환경정책기본법에 이산화황, 일산화탄소, 이산화질소, 미세먼지, 오존, 납 및 벤젠의 대기환경기준을 정량적으로 규정하고 있다. 이 기준은 국내의 대기오염 현황, 인체와 생태계에 미치는 영향 뿐 아니라 외국의 기준, WHO(세계보건기구)와 같은 국제기구의 권고기준을 참고하여 정한다. 환경기준을 준수하는 것이 국가의 책무이기는 하나 직접적인 규제 대상자를 국가로 보는 것이 타당한가 하는 점에서 직접규제로 분류하는 것이 부적합하다는 의견도 있다. 그러나 환경기준이 사업장은 배출허용기준이나 토지규제 등 세부강제기준의 근거가 되고 국가 환경정책 뿐 아니라 농업정책, 산림정책 등 타 정책에도 직·간접적으로 영향을 미치기 때문에 직접 규제로 분류하는 것이 타당하다 하겠다.

둘째, 환경기준을 달성하기 위해 정부가 구체적으로 설정하는 가장 중요한 규제 수단으로 배출허용기준(emission standards)이 있다. 예컨대 대기분야의 경우 대기오염물질을 직접 배출하는 사업장과 제작자동차에서 배출할 수 있는 오염물질의 최대 허용치(limits)를 배출허용기준으로 정한다. 기준의 달성 여부를 담보하기 위한 행정행위는 크게 사전 허가와 사후 이행점검 방식이 있다. 사전허가는 오염물질을 배출하는 시설에 대해 기준을 달성할 수 있는지 사전에 평가하여 허가여부를 결정하는 것이다. 사후 점검은 기준을 항시 준수하는지 검사하고 미이행시 벌칙을 부과하는 방식이다.

123) 환경기준은 각 개인·사업자에게 강제적으로 준수할 의무를 부과하는 기준은 아니나 배출허용기준이나 환경보건을 위한 각종 규제의 준거가 된다.

셋째, 각종 사회적·경제적 활동 행위를 제한하는 것이다. 예를 들어 특정지역의 토지이용을 제한한다든지, 쓰레기 투기를 금지한다든지, 상수원지역에서 세차나 낚시를 금지한다든지 하는 규제이다. 사회적 반발이 변수이기는 하나 오염물질 발생을 차단하는 효과적인 방법이다.

넷째, 환경문제를 유발하는 특정한 물질·제품의 사용제한(use restrictions)이나 금지(bans) 형태의 규제가 있다. 이를 위해 생산이나 유통과정을 규제할 수도 있다. 석면(asbestos) 사용금지나 휘발유 중 납(lead) 사용금지가 대표적인 예이다. 건강과 생명에 치명적인 위해를 미칠 가능성이 높은 유해물질은 유해화학물질관리법에 따라 생산·사용 규제를 받는다.

직접 규제는 명료하고 가시적인 효과를 가짐에도 불구하고 여러 가지 비판이 있다. 그러나 직접 규제의 효과는 규제 대상에 따라 매우 복잡하게 나타나기 때문에 시간적·공간적으로 직접 규제의 효과를 일률적으로 재단할 수는 없다. 날로 복잡해지는 사회·산업 구조와 기술발전을 고려하면 규제 당국이 특정한 수준의 규제 값을 정하기도 쉽지 않다. 기술적인 한계가 우선 고려되어야 하겠지만, 최고 수준의 기술이라도 경제적으로 타당성이 없다면 이를 기업에 강제하기는 불가능하다. 정치적인 수용성 역시 중요하다.

다종·다양한 규제 대상을 일률적으로 규제하는 방식 역시 직접 규제가 갖는 또 다른 문제이다. 배출허용기준의 경우 신규시설이냐 기존시설이냐에 따라 상황이 다르고, 시설 규모에 따라 규제 비용이 크게 차이가 날 수 있다.[124] 배출 규제에도 매몰비용이 있고, 규모의 경제가 존재하기 때문이다. 또 직접 규제는 기술발전을 제약한다는 약점이 있다. 특별히 기술 규제(technology regulation)의 경우에 이 문제가 더욱 부각된다. 사업자의 입장에서는 정해진 배출허용기준을 달성하기만 하면 그만이므로 더 나은 기술을 개발해서 정해진 기준 아래로 오염물질을 배출해야 할 필요가 없다. 동태적인 기술혁신의 유인이 없다는 의미이다. 이러한 점에서 환경규제는 규제실패(regulatory failure)로 나타날 가능성이 내포한 규제로 분류된다.

1.8.2 경제적 유인수단

경제적 유인은 시장의 운용 메커니즘을 활용하는 정책 수단이다. 시장은 궁극적으로 유인에 의해 움직인다. 환경행정 분야에서도 경직적인 직접 규제의 대안으로서 시장 유인(market incentives)을 활용해야 한다는 주장이 20세기 후반부터 환경경제학자를 중심으로

124) 우리나라 대기 배출시설 배출허용기준은 기존시설과 신규시설, 시설의 규모에 따라 허용기준에 차이를 둔다. 일반적으로 신규시설과 대규모시설의 기준이 더 강하다.

제기되어 왔다. 경제적 유인은 제품이나 서비스에 사회적 비용을 내부화(internalization)하는 방법이다. 환경오염의 처리비용을 사업장이 부담하도록 하는 것이다.

경제적 유인의 장점을 정리하면, ① 사업장에 선택의 여지를 부여함으로써 피규제자에게 유연성(flexibility)을 제공한다. 스스로 오염물질을 줄이거나 오염물질을 배출할 권리를 구매할 수 있도록 하는 것이 그 예이다. ② 피규제자 하나하나가 규제의 이행을 위해 부담하는 한계비용(marginal cost)을 비슷한 수준으로 만들어(equalize), 결국 사회 전체의 규제 순응비용을 최소화시킬 수 있다. 기업 간 오염저감 한계비용의 차이가 크면 클수록 시장유인 제도의 사회적인 환경비용 저감효과는 더욱 커지게 된다.[125] ③ 오염물질 배출을 줄이면 줄일수록 경제적 이득이 되므로 오염저감 기술개발을 유도하게 된다. 배출권 거래시장에서 거래되는 오염물질 배출권의 가격보다 싸게 오염물질 배출을 줄일 수 있는 기술을 개발한 사람은 그만큼 경제적 이득을 얻는 것이다. 다음으로 시장 유인을 활용한 환경 분야의 정책수단을 구분해본다.

첫째, 오염행위에 대한 부담금(pollution fees)이다. 부담금은 학문적으로는 사적(私的) 비용과 사회적 비용의 차이만큼 부과하는 것으로 외부효과를 상쇄할 수 있는 금액을 부과하는 것이 이상적이다. 우리나라는 대기, 수질, 폐기물, 생태계보전 분야에 부담금 제도를 운영하고 있다. 가장 먼저 도입된 폐기물부담금은 특정 대기·수질 유해물질을 함유하는 제품·재료·용기의 제조업자에게 부과한다. 부담금 제도의 기본원칙은 환경오염 원인자 부담원칙이며 외부 비용을 제품 가격에 포함시킨다는 의미와 다르지 않다. 온실가스 감축수단으로 논의되는 탄소세(carbon tax) 역시 이 범주에 들어간다. 또한 배출되는 오염물질에 대해서도 부담금을 부과할 수 있다. 대기오염물질이나 폐수배출에 대해 부과하는 배출부과금이 이에 해당한다. 문제는 환경 부담금이 과연 본래 목적에 맞게 환경오염의 외부비용을 충분히 반영하느냐에 있다. 경제협력개발기구(OECD)에서도 환경 부담금이 환경오염의 사회적 비용을 반영하기 보다는 환경오염 처리를 위한 정부의 세수(revenue) 확보 수단으로 주로 사용된다고 한다고 지적한다.

두 번째 유형은 오염 배출권의 거래(marketable permits)이다. 정부가 오염물질 배출권의 거래를 위한 시장을 만들고, 이를 통해 사회 전체적인 오염물질 처리비용의 최소화를 구현하는 방법이다. 우리나라는 수도권의 대형 대기오염물질 배출업체에 대해 황산화물과 질소산화물의 배출권거래제를 시행하고 있으며, 2015년부터는 온실가스를 거래항목으로 하는 배출권거래시장이 열린다.

세 번째는 환경비용 예치금제도(deposit-refund systems)이다. 주로 폐기물관리 분야에 사

125) 한계비용의 차이가 클수록 거래 참여자가 거래로 얻는 이익이 더욱 커지게 된다. 한계비용의 차이가 클수록 거래 역시 더욱 활발해 질 것이다.

용되며 우리나라는 예치금제와 보증금제 형태로 도입되었다. 폐기물의 재활용을 촉진하기 위한 목적으로 특정 제품이나 용기에 사전에 예치금을 부과하고, 대상 제품이나 용기가 반환되었을 때 반환하는 제도이다. 예치금은 생산자예치금, 사용자 예치금으로 구분할 수 있는데 우리나라의 경우 대부분의 대상 제품이 전자에 해당한다.[126) 이 제도는 예치금 부과 대상자인 생산자나 사용자로 하여금 제품이나 용기를 반환하게 만드는 유인책이 된다.[127)

네 번째는 수익자부담에 의한 환경비용 부과방식이다. 대표적인 것이 물이용부담금 제도이다. 상류지역의 규제로 수질을 개선하고 그 효과로 하류지역이 혜택을 보게 되므로 부담금을 부과하는 것이다. 넓은 의미에서 보면 수도요금도 이 범주에 속할 수 있다.

이 밖에도 시장 가격에 영향을 미치는 정부 정책이 있을 수 있다. 환경적으로 민감한 지역의 개발 사업에 추가적인 환경비용을 부담토록 한다든지, 반대로 보조금을 지급해서 특정한 오염방지 행위에 대한 비용을 지원하는 방법이 있다. 이러한 보조금은 환경보전 측면에서만 보면 좋은 것일 수도 그렇지 않을 수도 있다. 예를 들어 농가의 축산분뇨 자원화시설 설치자금을 지원하는 것은 당장 오염도는 낮추지만, 절대 발생량을 증가시켜 오염을 오히려 악화시킬 수 있다. 이러한 제도가 모두 넓은 의미에서 경제적 유인에 해당한다.

1.8.3 기타 정책수단

직접 규제 방식이나 경제적 수단에 포함되지 않는 정책수단이 있다. 이러한 제3의 환경정책수단을 소개하면, 첫째, 환경계획(environmental planning)이다. 정부계획은 장래 일정한 시점에 어떤 모습을 지향할지 목표를 정하고, 이를 달성하기 위한 수단과 방법을 유기적으로 연계시키고 종합하는 과정이다. 특히 환경행정에서는 사전오염예방이 중요한 요소이기 때문에 오염물질을 근본적으로 저감하는 통합적 성격의 환경계획의 중요성이 상대적으로 높을 수 있다. 환경계획은 종합계획과 오염매체별 분야별 계획으로 나눌 수 있다. 종합계획으로는 환경정책기본법에 근거한 환경보전종합계획이 대표적이고, 분야별 계획에는 자연환경보전계획, 대기보전장기종합계획, 물관리종합대책 등이 해당한다.

둘째, 환경영향평가(EIA : Environment Impact Assessment) 제도이다. 환경영향평가는 개발사업을 시행하기 전에 개발영향을 사전에 예측하여 대책을 강구함으로써 환경피해를 최소화하는 일종의 사전오염예방 프로그램이다. 개발사업자가 환경영향평가서 검토기관이

---

126) 빈병을 가게에 가져가면 일정 금액을 주던 공병보증금 제도는 후자에 속한다.

127) 굳이 예치금을 돌려받기 싫어서 용기를 반환하지 않았다면, 부담금을 부과한 것과 같은 효과가 생긴다.

제시하는 의견을 준수해야 하므로 강제규제수단으로 분류할 수도 있으나 평가서 작성의 주체가 개발사업자라는 점을 고려하면 강제수단으로 보기도 어렵다.

다음으로 자발적 협약(voluntary agreements)이 있다.[128] 새로운 규제 수요가 생기거나, 명확히 규제 기준을 정하기 어려운 경우에 규제대상 집단과 정부가 협약의 형식으로 자율규제를 시행할 수 있다. 환경부가 페인트 제조업체나 조선사와 협약을 체결해서 유기용제 함량이나 휘발성유기화합물(VOC) 배출량을 자율적으로 규제하는 사례가 있다. 이러한 자발적 협약과 관련해서 법적으로 정해지지 않은 규제, 더욱이 자율협약으로 법정 규제 이상의 규제가 가능한 것인지에 대한 논란이 있을 수 있다. 마지막으로, 다양한 형태의 정보공개(information disclosure) 제도가 있다. 기업이 사용하고 있는 유해화학물질의 종류나 양을 인근 지역주민 등에게 공개하도록 함으로써 기업의 철저한 유해물질 관리를 유도하는 방법이다. 이외에도 환경교육, 환경표지제(eco-labelling), 환경지표, 자발적 환경경영평가 등이 이 범주의 정책수단으로 활용되고 있다.

---

128) 우리나라는 자율환경관리협약이라는 표현을 주로 쓴다. 이는 참여하는 기업 등의 자발적인 자기 관리라는 의미를 담고 있다.

참고문헌

- 김동욱 외, 2005, *환경정책론*, 그루
- 김병완, 1997, *한국의 환경정책과 녹색운동*, 나남
- 김영우, 2008, *EU의 환경정책과 시사점*, 국제무역연구원
- 김영화, 2011, *녹색 환경정책론*, 신광
- 김인환·전병성, 2003, *환경법강의*, 홍문관
- 밀턴 프리드먼, 2007, *자본주의와 자유*, (주)청어람미디어
- 앨런 그리스펀, 2007, *격동의 시대: 신세계에서의 모험*, 북@북스
- 이기식, 1994.7, *환경정책결정과정과 언론의 역할*, 고려대 대학원 박사학위 논문
- 정정길, 1990, *정책학원론*, 대명
- 정회성, 2011, *환경정책론*, 박영사
- 최병선, 1992, *정부규제론-규제와 규제완화의 정치경제*, 법문사
- 최주섭, 2010, *환경정책과 LCA(Life Cycle Assessment)-환경친화성을 지향키 위해 국제적 표준화된 평가의 도구개발*, 한국발포스티렌재활용협회
- 환경부, 2010, *환경 30년사*
- 환경부, 2013, *환경백서*
- 황석태, 1999.2, *다부처 의사결정의 조정에 관한 연구*, 서울대 행정대학원 석사학위 논문
- Allison, G. T. 1971. *Essence of Decision: Explaining the Cuban Missile Crisis*. Boston: Little, Brown and Company.
- Almond, G. A., and Powell, G. B., Jr. 1980. *Comparative Politics 2nd ed.* Boston: Little, Brown and Company.
- Berry, J. M. 1989. *Subgovernment, Issue Networks, and Political Conflict" In Remaking American Politics.*, edited by Richard A. Harrison., and Sidney M. Milkis. Boulder CO: Westview Press.
- Berry, J. M. 1997. *Interest Group Society 3rd ed.* Longman.
- Carter, D., 1964. *Power in Washington*. New York: Vintage.
- Catton, W. R., Jr., and Dunlap, R. E. 1980. *A New Ecological Paradigm for Post-Exuberant Sociology*, American Behavioral Scientist 24: 15-47.
- Coase, R. 1960. *The Problem of Social Cost, Journal of Law and Economics*. 3(1): 1-44.
- Cohen, M., March, J., and Olsen, J. 1972. *A Garbage Can Model of Organizational Choice*, Administrative Science Quarterly 17(1): 1-25.
- Costanza, R., et al. 1997. "*The Value of the World's Ecosystem Services and Natural Capital.*", Science 387: 253-60.
- Dahl, R. A. 1961. *Who Governs?* New Haven: Yale University Press.

- Diamond, J., 2005. *Collapse: How Societies Choose to Fail or Succeed.* New York: Penguin Group.
- Etzioni, A. 1968. *The Active Society*. New York: The Free Press.
- Fiorino, D. J., 1995. *Making Environmental Policy*. Berkeley and LA: University of California Press.
- Freeman, L. J. 1965. *The Political Process: Executive Bureau-Legislative Committee Relations*. New York: Random House.
- Hardin, G., 1968. "*The Tragedy of Commons.*" Science 162: 1243-48.
- Heclo, H. 1978. *Issue Networks and the Executive Establishment, In The New American Political System*, edited by Anthony King. Washington DC: American Enterprise Institute.
- Henry, N. L. 1975. *Paradigms of Public Administration, Public Administration Review*: 378-86.
- Kraft, M. E., 2001. *Environmental Policy and Politics 2nd ed.* Addison-Wesley Educational Publisher, Inc.
- Lindblom, C. 1959. The Science of Muddling Through, Public Administration Review 19: 79-88.
- Lindblom, C. 1968. *The Policy-Making Process*. New York: Prentice Hall.
- Lindblom, C. 1977. *Politics and Markets*. New York: Basic Books.
- Lowi, T. J. 1964. *American Business, Public Policy, Case-Studies and Political Theory*. World Politics 16: 698.
- Lowi, T. J. 1979. *The End of Liberalism 2nd ed.* Pacific Grove, CA: Brooks/Cole.
- March, and Olsen, 1989. *Rediscovering Institutions: The Organizational Basis of Politics*. New York: Free Press.
- McConnell, G. 1966. *Private Power and American Democracy*. New York: Alfred A. Knopf.
- McCool, D. 1990. *Subgovernment as Determinant of Political Viability*. Political Science Quarterly 105: 269-293.
- Milbrath, L. W., 1989. *Envisioning a Sustainable Society: Learning Our Way Out.* Albany: State University of New York Press.
- Olson, M., Jr., 1965. *The Logic of Collective Action.* Cambridge: Harvard University Press.
- Ostrom, E., 1990. *Governing the Commons.* New York: Cambridge University Press.
- Pressman, J. L., and Wildavsky, A. 1973. *Implementation.* Berkeley: University of California Press.
- Riker, W. 1982. *Liberalism Against Populism.* New York: Waveland Press.
- Rosenbaum, W. A. 2002. *Environmental Politics and Policy 2nd ed.* Washington DC: CQ Press.

- Simon, H. A. 1945. *Administrative Behavior*. New York: McMilan.
- Simon, H. A. 1978. *Rationality as Process and as Product of Thought. American Economic Review.*
- Stokey, E., and Zeckhauser R. 1978. *A Primer for Policy Analysis*. New York: W. W. Norton & Company, Inc.
- Truman, D. 1971. *The Governmental Process*. New York: Alfred A. Knopf.
- Thurbow, J. A. 1991. *Dynamics of Policy Subsystems in American Politics*. In Interest Group Politics 3rd ed., edited by Ciglerand Loomis. Washington DC: Congressional Quarterly Press.
- Waldo, D. 1980. *The Enterprise of Public Administration*. Novato, CA: Chandler & Sharp Publisher, Inc.
- Wilson, J. Q., 1974. *The Politics of Regulation. In Social Responsibility and the Business Predicament.*, edited by James., W. McKie. Washington DC: Brookings Institution.
- Wilson, W. 1887. *The Study of Administration*. Political Science Quarterly 2(June): 197-222.
- Weimer, D. L., and Vining, A. R. 1999. *Policy Analysis: Concepts and Practice 3rd ed.* Upper Saddle River, New Jersey: Prentice-Hall, Inc.

CHAPTER 2

환경정책의 발전과정

이 장에서는 우리나라 환경정책과 환경행정이 발전해온 과정을 소개하고자 한다. 환경정책의 흐름과 새로운 제도의 도입과정, 행정조직의 변화, 환경예산의 변천과정 순으로 기술한다. 지난 40여 년간 우리나라는 급속한 경제성장을 성취했듯이 환경정책 역시 비약적으로 발전하였다. 산업화와 도시화가 급속히 진행되고 국민 생활수준이 높아짐에 따라 필연적으로 환경오염물질 발생량이 크게 증가하였고 국민 건강에 미치는 영향 역시 매우 커졌다. 이러한 시대적 여건 하에서 환경정책은 불가피하게 강화될 수밖에 없었다. 또 역사적으로 금수강산으로 불리는 우리 국토환경을 보호하고자 하는 국민들의 참여·지지와 쾌적한 환경에 대한 욕구가 환경정책 발전에 원동력이 되었다.

환경정책은 1960년대 오물을 청소하고 주변 쓰레기를 치우는 단순 위생형 관리정책에서 1970대 후반부터 대기오염·수질오염 등 공해를 방지하는 오염물질 저감형 정책으로 발전된다. 1980년 중앙행정기관으로 환경정책을 전담하는 환경청이 발족하면서 환경정책이 본궤도에 오르게 된다. 환경규제 정책이 본격 시행되어 오염배출자에 대한 관리가 엄격해지고 각종 환경계획이 수립되었다. 국민소득은 높아진 반면 환경오염 현상은 더욱 심화되어 환경에 대한 국민들의 인식도 높아지게 된다. 1990년 장관급 기관으로 환경처가 발족하면서 환경정책은 새로운 전환기를 맞는다.

국가 경제수준과 사회의식이 높아짐에 따라 각종 경제적 수단, 환경영향평가, 유역관리정책, 오염총량제 등 새로운 선진 환경정책들이 도입되었다. 21세기 들어서면서 전 세계적으로 지속가능한 발전이 새로운 국가전략으로 확고히 자리 잡게 되었고 우리나라 환경정책도 환경·경제·사회를 통합하는 방향으로 발전되고 있다.

표 2.1 우리나라 환경정책 및 행정의 발전과정

구 분	1960~70년대	1980년대	1990년대	2000년 이후
단계	공해방지	환경정책의 도입·정착	선진 환경정책으로 발전	지속가능발전형 환경정책
중점 정책	보건위생 차원의 환경관리	오염물질 저감을 위한 공해방지 중심형 환경정책	사전오염예방정책과 경제적 수단 활용	환경보전과 사회·경제발전의 통합형 환경정책
중점 대상	국지적 환경오염 우심지역	산업단지, 도시지역, 상수원	전국 모든 지역	국내문제와 지구환경문제
법제	위생법/공해법	환경단일법	전문화된 환경법	국제화된 환경법
중앙정부 조직	보건사회부 국/과 단위	환경청	환경처/부	환경부 강화, 관계 부처 환경기능 보완

2.1 환경관리 체계의 잉태기

2.1.1 환경오염 문제의 대두

이 시기는 1980년 환경청이 설립되기 이전인 1960~1870년대를 의미하며 쓰레기 청소와 상수도 공급이라는 최소한의 환경관리 체계를 갖춘 시기이다. 전 세계적으로 환경문제가 사회적 이슈로 본격 대두된 것은 산업화 시대 이후로 볼 수 있다. 산업화 이전에 환경문제가 사회적으로 문제시되지 않았던 것은 인간 활동으로 배출되는 오염물질이 환경용량[1] 범위를 크게 초과하지 않았기 때문에 자연정화 능력으로 환경오염을 제어할 수 있었기 때문이다. 산업화 시대를 거치면서 급격한 인구증가와 다량의 오염물질 발생이 수반되었고 환경문제가 필연적으로 나타나게 되었다. 현대 환경문제의 출발점은 역시 인구 증가와 과학기술의 발전에 있다.

인구의 폭발적인 증가로 천연자원의 채취·사용이 급증하였고, 산업화로 인한 오염물질의 악성화·다량화 현상은 점점 더 자연정화 능력의 한계를 초과하게 되었다. 우리나라의 경우 일제 강점기와 해방 후 6.25 전쟁을 치르면서 상당한 환경파괴가 있었음에도 산업화 수준이 낮아 비교적 양호한 환경 질을 유지할 수 있었다. 그러나 1960년대부터 급속한 산업화가 추진되면서 인구가 급증하고 밀집되어 단기간에 환경질이 크게 악화되고 환경오염이 심각한 사회적 문제로 대두된 것이다.

표 2.2 총인구 및 인구성장률 추이 (단위 : 천명, %)

구 분	1970	1980	1990	2000	2010	2012
총 인 구	32,241	38,124	42,869	47,008	49,410	50,004
인구성장률*	2.21	1.57	0.99	0.84	0.46	0.45
인구밀도(명/km^2)	328	389	434	473	494	500

※ 인구성장률은 전년대비 인구증가율임
(자료 : 통계청, 2011, 장래인구추계 : 2010~2060)

1) 환경용량(environmental capacity)은 자연환경이 인간의 인위적 개입 없이 스스로 정화할 수 있는 능력을 말한다. 즉 삶의 질을 일정하게 유지하고 부존자원을 재생산할 수 있도록 자연이 스스로 정화할 수 있는 능력을 절대량으로 환산한 것을 의미한다. 생태학에서는 환경오염이 발생하지 않을 경우 자연환경에서 생존할 수 있는 생물종의 최대 개체수라고 정의하기도 한다.

우리나라는 국토가 좁아 동일한 배출조건이라도 단위 면적당 오염영향이 클 수밖에 없다. 이러한 조건에서 1960~1970년대 급속한 성장 시대를 맞아 오염물질 배출량이 급증하게 되었다. 특히 도시지역과 산업단지에서 오염밀도가 크게 증가하고 여기에 오염물질의 유해성도 높아져 국토의 환경오염 피해를 증가시켰을 뿐만 아니라 유해물질로 인한 인간 건강과 생태계에 미치는 악영향이 크게 확산되었다. 이 시기의 환경오염 농도 수치는 정확하지 않으나 한국경제개발협의회가 1978년에 발간한 '환경보전 장기 종합대책 추진방안 연구'에 수록된 1975~1977년도의 주요 도시의 이산화황 오염도를 보면, 최고치가 당시의 환경기준의 10배인 0.5ppm을 초과하고 있어 동절기의 이산화황 오염도가 얼마나 극심했는지 알 수 있다.

오염물질과 유해물질이 다량 발생하는 울산공단이나 여천공단과 같은 공단지역에서는 대기·수질오염 사고가 빈발하였다. 전국 상수원과 하천오염, 도시 대기오염이 심화되고 유해물질로 인한 인체건강과 생태계 피해가 크게 우려되면서 국민들 사이에 공해병에 대한 두려움이 나타났고 환경인식도 싹트게 되었다.

표 2.3 1970년대의 이산화황 오염도 (단위 : ppm)

지역 \ 연도	1975년	1976년	1977년
	평균치 (최고치)	평균치 (최고치)	평균치 (최고치)
서울	0.045 (0.542)	0.049 (0.352)	0.049 (0.499)
부산	0.034	0.034 (0.236)	0.047 (0.292)
대구	0.046	0.039 (0.158)	0.032 (0.199)
광주	-	0.010 (0.076)	0.013 (0.123)
인천	0.043 (0.489)	0.032 (0.061)	0.049 (0.241)
마산	-	0.027 (0.245)	0.036 (0.296)
울산	-	0.020 (0.153)	0.018 (0.165)
여천공단	-	0.020 (0.047)	0.019 (0.087)

(자료 : 환경 30년사, 2010, 환경부)

2.1.2 환경관리 여건과 체계

가. 환경관리 수준

당시의 공공분야의 환경관리 수준은 매우 낮아 미처리된 하·폐수의 배출, 폐기물 무단 투기,

연탄 사용으로 인한 도시 대기오염 등 다양한 환경오염 요인이 급증한 반면, 환경관리 인프라와 예산 투자는 매우 미흡한 시기로 평가된다. 1970년대에는 정부의 중화학공업 육성정책이 본격 추진되면서 환경오염 부하는 더욱 증가하게 된다. 또한 산업단지 등 각종 개발사업이 환경영향을 고려하지 않고 무차별적으로 추진되어 국토환경 파괴를 가속화하게 되었다. 이러한 여건에서도 1960년대부터 강력히 추진된 산림보호 정책은 생태 건강성을 유지하는데 큰 효과를 가져왔고 1971년 도입된 그린벨트 정책[2] 역시 도시환경 개선에 일정부분 기여하게 된다.

정부의 환경관리는 쓰레기·분뇨의 처리와 상수도 공급과 같은 기본 생활환경 여건을 조성하는데 주력하였다. 환경인프라는 정수장, 분뇨처리장, 쓰레기 매립장 위주로 건설되었다. 도시지역에는 대부분 정수장이 운영되어 만족할 만한 수질은 아니더라도 비교적 안정적으로 수돗물이 공급되기 시작하였다. 도시지역의 쓰레기와 분뇨 수거체계가 정비되어 최소한의 환경위생 여건을 갖추게 되었다. 물론 당시 쓰레기매립장은 Open-Dumping 형태로 쓰레기를 야적하는 수준이었으나, 생활쓰레기의 경우 위해성이 비교적 적은 연탄재 비중이 커서 심각한 건강위협 요인으로 대두되지는 않았다. 당시 재정 구조가 환경기초시설에 본격적으로 투자할 여력이 없었던 시기였다. 1976년에 국내 최초로 중랑하수처리장이 건설[3]되었고 대도시를 중심으로 대규모 하수처리장이 설치되기 시작하였다. 환경보전법이 제정되면서 공장에는 대기오염 방지시설과 폐수처리시설이 설치되기 시작하였다. 경제규모가 커지고 기업 경쟁력이 높아지면서 환경기술 개발에도 관심을 기울이기 시작하였고 국내업체들이 초급 기술이기는 하나 환경오염물질의 처리기술을 개발하였고, 외국 환경기술도 도입되어 각종 환경기초시설에 적용된다.

나. 환경관리 조직의 태동

1960~1970년대에 우리나라는 경제성장에 국력을 집결하는 시기로 빈곤 탈피가 우선시 되었기 때문에 환경문제에 대처할 관심도 없었고 투자할 여력도 없었다. 정부의 환경관리는 오물청소 관점에서 다뤄졌고 환경오염 문제는 정책 대상으로 취급조차 되지 않았다. 환경 관련 법령으로 1963년에 공해방지법과 "독물·극물에 관한 법률"이 제정되었으나 집행조직

2) 그린벨트의 법적 용어는 개발제한구역으로 도시의 무절제한 팽창을 막고 도시민의 건강에 필요한 주변 녹지를 보전하기 위해 1971년도에 도시계획법(현재는 개발제한구역의지정및관리에관한특별조치법)을 개정하여 도입한 토지규제 제도이다. 1977년까지 전국 14개 도시권의 5,397km^2(전국토의 5.4%) 면적을 지정하였으며, 이후 일부가 해제되어 2011년 3월말 현재 3,895km^{2}가 존치되어 있다.

3) 서울시는 1976년에 국내 처음으로 1일 15만 톤의 하수를 처리할 수 있는 청계천하수처리장(현 중랑)을 건설하였고 이어 1979년에 21만톤 규모의 중랑하수처리장을 추가 건설하였다. 계속하여 가양, 난지, 탄천 하수처리장을 건설하여 1987년에 서울시 전지역에 1일 200만 톤의 하수처리용량을 확보함으로써 올림픽을 앞두고 하수처리체계를 완비하게 된다. 현재는 물재생센터라 칭한다.

이 없어 실효성을 갖지 못하였다. 중앙정부의 환경행정 조직은 1967년에 보건사회부 환경위생과에 공해계를 신설한 것이 최초의 전담 조직이었다. 이후 서서히 확대되어 1977년에는 국단위의 환경관리관실을 설치하였고, 이는 환경청 설립의 기반이 된다.

다. 환경관리 법제

1977년 말 정기국회에서 최초의 환경관리에 관한 전문 법률이라 할 수 있는 환경보전법과 해양오염방지법이 제정되었다. 환경문제에 대한 정부의 대응도 변화하기 시작하여 적극적인 오염통제·관리 차원은 아니더라도 기본적인 오염물질 처리와 환경보호 정책이 필요하다는 인식이 정부 내에서 확산되었다. 환경보전법의 제정은 우리나라가 공해법 시대에서 벗어나 종합적 환경관리체계를 규정한 현대적 환경법제를 갖게 되었다는 상징적 의미가 있다. 이렇게 부분적으로 발전되기는 했으나 환경행정은 오염자에 대해 강력히 오염물질 배출을 제한하거나 정화를 강제할 수 있는 법적 근거가 미흡하였고 환경행정 조직도 정비되지 않아 여전히 청소관리 행정 수준을 크게 넘어서지 못하였다. 당시 폐쇄적 정책결정 구조인 여건에서 체제 안정을 우선시하였기 때문에 환경문제가 정부 내에서조차 공론화되기 힘든 상황이었다. 또한 기업이나 정부나 환경비용을 부담할 능력도, 의지도 없었으며, 일반국민의 환경문제 의식도 충분히 성숙되지 못한 상태에 있었다.

2.2 환경정책의 도입기

2.2.1 환경청의 발족

1970년대 후반에 접어들면서 환경오염 사고가 빈발하였고, 특히 산업단지 인근지역의 대기오염의 유해성이 사회적으로 이슈화되었다. 기업의 무분별한 오염물질 배출에 대한 국민들의 비난이 증가하고 정부 규제가 강화되면서 산업단지와 대기업을 중심으로 대기오염 방지시설이나 폐수처리시설이 본격적으로 설치되기 시작하였다. 이러한 사회적·경제적 여건

하에서 1980년 중앙행정기관인 환경청이 발족된다. 1980년 제5공화국 헌법에는 건강하고 쾌적한 환경에서 생활할 국민의 기본권으로서 환경권이 규정되었고, 이후 1988년 올림픽과 민주화 과정을 거치면서 환경정책과 행정이 크게 발전하게 된다.

1980년 환경청이 설립되면서 국가차원의 환경오염 관리체계가 자리잡기 시작하였고 비록 위상이나 영향력이 크지는 않았으나 중앙정부 내에서 개발부처가 주도하는 개발사업을 견제하는 역할을 하게 된다. 정부는 환경을 고려한 개발정책으로 서서히 전환하기 시작하였고 국민들의 환경보전에 대한 의식은 더욱 높아졌으며 비정부기구(NGOs)인 환경단체 활동도 전개되기 시작한다. 아울러 막대한 예산이 요구되는 하수처리장, 쓰레기 매립장을 비롯한 환경기초시설이 도시지역을 중심으로 확충되기 시작되었으며 1988년 올림픽은 환경관리 행정을 강화하는 중요한 계기가 되었다.

정책이야기 2.1 환경청 출범에 얽힌 이야기

1970년대 후반부터 환경 전문가를 중심으로 환경행정을 전담할 중앙행정기관이 필요하다는 의견이 제시되었으나 정부 내에서는 경제성장을 우선시하여 시기상조라는 입장을 취하고 있었다. 그런데 1979년 5월 대통령이 중앙의 환경전담기구 설치를 내각에 지시하게 되는데 그 배경에는 당시 사회적 여건이 크게 작용한다. 울산의 식수오염사고가 발생하여 시민들의 불만이 고조되고 울산공단의 공해문제도 해결될 기미가 보이지 않자 내각에서 대책을 논의하던 과정에서 결정되었다고 전해진다. 당시 경제부총리가 찬성하는 입장이었다고 전해진다. 확인할 수는 없으나 전체적인 국가 경제를 조망하면서 환경문제를 더 이상 미룰 수 없다고 생각했던 것으로 추정된다.
당시 여론은 국무총리 소속의 처 단위 기관으로 하고 다른 부처에 분산되어 있던 환경기능을 흡수한다는 것이었으나 1979년 말에 비상사태가 발생하면서 환경문제는 다시 뒷전으로 밀린다. 결국 1980년에 다른 부처의 환경보전 관련 기능은 그냥 유지하고 보건사회부에서 관장하던 공해방지 업무를 일부 확대하여 환경청으로 발족한다. 이후 10년 뒤인 1990년에 환경처로 승격되고 다시 5년 뒤에 환경부가 탄생된다.

(자료 : 김인환, 2004, 환경호 사공들의 이야기)

2.2.2 환경법령 및 계획의 발전

환경법령의 경우 1981년에 환경보전법을 대폭 개정한다. 여기에는 오염물질 배출부과금 제도, 환경오염방지기금 설치, 사업자의 오염 방지시설 설치 의무화, 생활소음의 규제, 사업자의 폐기물 처리기준 설정, 환경영향평가 대상 확대 등 다각적인 환경오염 관리 제도가 도입

·강화되었다. 1980년대 초반에 우리나라는 1단계 환경정책 수단이라 할 수 있는 강제명령형 규제정책을 정립하게 된 것이다. 즉 배출되는 오염물질을 관리하기 위해 배출시설의 설치 허가 제도를 도입하고 정화시설 설치를 의무화하는 동시에 오염물질 배출부담금을 부과하였다. 오염물질 배출자나 처리자에게 엄격한 법적 의무를 부여하고 이를 준수하지 않을 경우 처벌하는 강제규제 제도를 확립한 것이다. 법령상 의무를 점검하는 조직으로 환경청의 지방단위조직이 설치된다. 1986년에 6개 환경지청이 설치되면서 산업계에 대한 오염규제 행정이 정착하게 되고, 추후 지방자치제 시행 이후에는 지방자치단체의 환경 전담조직이 크게 확대된다.[4)]

1980년대부터 생활계 오염물질 처리를 위한 환경기초시설이 본격적으로 확충되기 시작한다. 가정에서 발생되는 쓰레기나 생활오수를 처리하는 것은 대부분의 공공영역인 국가나 지방정부가 담당한다. 정부가 오염물질을 처리하기 위해서는 우선 환경기초시설을 설치·운영할 수 있는 재원과 조직을 확보해야만 한다. 하수처리장은 1989년 기준으로 전국 주요도시에 18개 처리장이 설치되었고, 37개소가 건설 중이었다. 분뇨처리장은 154개소가 가동되었으며 오염이 심한 6개 공단지역에 공단폐수종말처리장이 건설되었다. 서울 난지도 쓰레기매립장이 포화상태에 이르자 정부는 최초의 쓰레기 위생처리 기술을 적용하여 1989년에 경기도 김포군[5)] 해안간척지 630여만 평에 광역위생매립장을 건설하였다. 이외에 쓰레기 소각시설, 유해산업폐기물의 광역 처리시설, 상수도시설 등 다양한 환경기초시설이 전국적으로 크게 확충되는 시기였다.

1980년대에 추진된 주요 환경계획·조사 사업으로 1988년 환경보전장기종합계획 수립, 1986년 제1차 전국 자연환경기초조사 등이 있다. 1980~1990년대 환경정책은 전통적인 오염매체 관리정책인 대기오염·수질오염, 폐기물관리 분야에 중점을 두게 된다. 대기오염 분야에서 저유황 연료 및 청정연료 공급, 고체연료 사용규제, 정유시설의 원유탈황시설 설치 의무화, 자동차배출가스 규제기준의 강화, 무연휘발유 공급 등 의욕적인 대기질 개선 대책이 추진되었다. 수질개선 대책으로는 중랑천을 비롯한 오염하천 정화사업, 오염우심해역 준설사업, 주요 공단의 폐수종말처리장 건설사업이 추진되었고, 폐기물관리 부문에 있어서는 생활쓰레기 위생매립장 및 소각장 건설사업[6)], 권역별 유해폐기물 공공처리시설 설치, 산업

4) 산업체에 대한 환경관리 지도·단속 기능은 이후 수차례 조정을 거쳐 현재는 대부분 지방자치단체로 이관되었다. 이에 대해 지역특성에 맞는 자율적인 환경관리가 이뤄졌다는 긍정적인 평가와 지자체장이 선출직으로 관내 기업에 대한 실질적인 단속이 어려워 환경관리 수준이 후퇴했다는 부정적인 평가가 있다.

5) 행정구역 개편으로 현재는 인천광역시로 편입되었다. 수도권매립지는 1991년 완공되어 운영중이다. 당초 2015년까지 사용하기로 하였으나 매립량이 줄어 아직 매립여유량이 많다. 최근에는 매립지 사용연장 문제를 놓고 환경부, 서울시, 인천시, 지역주민이 대립중이다.

6) 매립지는 투기형, 단순매립형, 위생매립형으로 발전되며 1980년대까지는 서울 난지도 매립장을 비롯하여 전국 매립장이 전부 투기형이나 단순매립형이었다. 1991년 수도권매립지 완공을 계기로 1990년대에 대부분의 지자체에서 위생매립장 건설사업을 추진한다. 투기형과 단순매립형 매립지는 1990년대부터 사후

폐기물의 수입 규제, 농촌의 폐비닐 처리 등의 시책이 시행되었다.

이와 같이 각종 환경시책을 추진하고 환경투자를 확대한 결과 1980년 하반기부터 부분적으로나마 가시적인 환경질 개선 효과가 나타나기 시작하였다. 대기 오염의 경우 서울의 이산화황산 오염도는 1980년의 0.094ppm에서 1989년에는 0.056ppm으로 개선되었으며, 수질오염 역시 한강 팔당의 경우 BOD는 1981년의 5.2mg/L에서 1989년에는 1.2mg/L로 대폭 개선되었다. 수질의 경우 환경기초시설이 거의 전무한 상태에서 1980년대에 본격적으로 건설되기 시작한 하수처리장이 큰 효과를 가져 온 것으로 보인다.

2.3 1990년대 선진 환경정책의 발전기

2.3.1 국내외 환경정책 여건

가. 국내 여건

1980년대를 거치면서 환경 인프라가 확충되고 환경오염에 대한 국민들의 관심도 더욱 커지게 된다. 1988년 올림픽을 계기로 환경오염 데이터들이 공개되고 시민·환경단체의 감시활동이 활성화되기 시작하면서 생활계·산업계 전반에 걸친 환경관리체계도 정착되는 시기이다. 1990년대 들어서면서 환경오염도 개선은 느리게 진행되는 반면, 국민들의 쾌적한 환경에 대한 욕구는 소득 증대에 따라 크게 증가한다. 정부로서는 환경행정 조직을 확대하고 환경정책을 강화할 수밖에 없는 여건이 된 것이다. 더욱이 국제적으로 지구환경문제 해결을 위하여 다양한 국제환경협약이 논의되기 시작한다. 지구환경문제가 더 이상 국지적인 환경문제가 아니라 세계정치의 문제이자, 경제·무역과 연계되는 국가 간 협상이슈로 대두된 것이다.

정화사업을 벌이게 되는데 2002년 월드컵을 앞두고 시행된 난지도 재생사업이 대표적인 예다.

나. 국제적 여건

국제적으로는 1983년 UN 주도하에 설치된 세계환경개발위원회(WCED)에서 1987년에 장래 인류발전 모습을 조망한 "Our Common Future"이라는 보고서를 발표하고 환경적으로 건전하고 지속가능한 개발(ESSD : Environmentally Sound and Sustainable Development)의 이념을 제시하였다. UN은 1992년 6월 브라질 리우에서 세계 정상들이 참가한 가운데 UN환경개발회의(UNCED)를 개최하여 "리우선언"과 이를 구체적으로 실천하기 위한 21세기의 환경보전 실천계획인 "의제 21"(Agenda 21)을 채택하였다. 이 기간에 기후변화협약, 생물다양성협약 등 많은 국제환경협약이 잇달아 체결되었다. 또한 국제환경협약과 연계하여 선진국을 중심으로 환경보전을 명목으로 한 무역규제 경향이 점차 가시화 된다. 1995년 우루과이 라운드 타결과 함께 세계무역기구(WTO)가 출범되면서 소위 그린라운드라 불리는 '무역과 환경' 논의가 전개되기 시작한다. 이러한 지구환경문제의 대두는 우리나라의 환경정책 및 법규를 선진국 수준으로 정비하는 계기가 되었고 국내 산업구조의 개편과 환경정책의 선진화를 유도하는 중요한 동인이 되었다. 국내 환경기초시설 건설로 역량을 축적한 환경산업이 새로운 성장동력 산업으로 떠오르는 계기가 되기도 한다.

1996년 경제협력개발기구(OECD) 가입을 계기로 환경정책이 한단계 업그레이드되는 전환기를 맞는다. OECD에서 우리나라 가입조건으로 선진국 수준의 환경정책 및 기준을 요구함에 따라 각종 환경법규와 기준, 화학물질 관리체계가 OECD 회원국 수준으로 대폭 개선되는 계기가 된다.[7] 이 시기에 OECD가 개발한 오염원인자 부담원칙, 경제적 유인제도, 각종 환경지표, 선진 화학물질 관리체계 등을 국내에 도입하게 된 것이다.

2.3.2 선진 환경정책 도입과 인프라 확충

가. 환경정책 기조의 변화

1980~1990년대에 오염매체별 규제정책과 환경기초시설 투자가 확대되면서 대기오염, 수질오염, 폐기물 처리 등의 전통적 환경오염 문제를 해결하기 위한 대책은 상당한 기반을 다지게 된다. 1980년대에 환경오염물질의 저감을 환경정책의 주요 목표로 하였다면 1990년

7) OECD는 각종 환경정책을 개발하여 미래 정책을 이끄는 싱크탱크 역할을 하고 회원국들은 지구환경문제 논의에도 주도적으로 참여한다. 또 각 분야별로 수시로 전문가회의를 개최하는데 우리나라도 1996년 회원국이 되면서 정부 관료와 전문가들이 회의에 수시로 참여하여 선진국의 정책동향을 파악하게 되고 국내 정책에도 반영하게 된다.

대에 들어서면서 효율성과 안전성을 추구하는 선진국형 정책체계로 서서히 전환하였다. 국제적으로는 지구환경 보호를 위한 논의와 협상에 적극 참여하기 시작하였으며, 환경법규와 환경기준이 선진국에 근접하는 수준으로 강화되기 시작하였다.

환경관리에서 가장 기본적인 조건은 역시 하수처리장, 폐기물 처리장 등 환경기초시설을 완비하는 것이다. 이는 주로 공공재원을 필요로 하는 것으로 국민소득과 밀접한 관계가 있다. 우리나라는 1990년에 환경처로 승격되면서 환경예산이 처음으로 1천억 원을 넘어선다.[8] 이후 1995년 하수처리 업무가 건설부에서 환경부로 이관되면서 환경예산이 급신장하여 1999년에는 1조 1,536억 원에 달하게 되었다. 환경예산은 주로 하수처리장, 도시쓰레기 처리시설, 상수도시설 건설에 투자되었고 2000년대 초반에는 대부분의 도시지역에 하수처리장과 쓰레기 위생매립장이 완비되어 비로소 선진국 수준에 근접한 환경기초시설을 갖추게 된다. 세계적으로 가장 단기간에 전국적인 환경기초시설을 완비한 사례로 평가된다.[9]

한편 1990년대 들어서면서 새로운 환경문제들이 대두되게 된다. 기후변화 문제, 생물다양성과 자연생태계 보전 문제, 화학물질의 안전관리와 환경성 질환 이슈, 폐금속 광산 주변 토양의 중금속오염, 비점오염원과 하천 녹조, 축산분뇨 오염 등 다양한 환경 문제들이 현안으로 대두되었다. 이러한 현안들을 해결하고 지속가능한 발전을 추구하기 위해 환경정책의 범주도 친환경적 산업구조, 국토환경계획, 환경보건분야 등으로 확대된다.

나. 환경관리 조직의 정비

이 시기는 비로소 국가 차원의 환경관리체계가 구축된 시기로 평가된다. 국내 환경행정 수요가 급격히 확대되면서 환경청을 장관급 부서로 승격해야 한다는 여론이 형성되었고 1990년에 장관급 기관인 환경처가 발족하게 된다.[10] 비록 환경행정 조직이 확대되고 환경투자가 확대되고는 있었으나 1990년대 들어 환경오염은 쉽게 개선되지 않고 오히려 오염물질이 악성화 되면서 환경사고의 위험성이 높아지게 되었다. 1991년과 1994년에는 두 차례의 낙동강 수질오염사고가 발생하여 상수원 수질개선에 관한 국민들의 요구가 거세지고 국가 환경정책의 집행력을 강화할 필요성이 제기된다. 이에 1994년 환경처를 집행기능이 보완된 환경부로 개편하고 정부는 "물 관리 일원화 방침"을 발표한다.[11] 당시 건설부 소관업무

---

8) 환경예산은 2.7장에서 상세히 설명한다.

9) 하수처리장과 쓰레기 위생처리시설의 경우 2000년대 이후에는 도시지역뿐 아니라 농어촌 지역으로 확대되고 최근에는 작은 마을단위 처리시설까지 확충되고 있다.

10) 당시 선진국들은 장관급 환경부서를 두고 있었는데 우리나라의 경제발전 상황을 고려할 때 적절한 시기에 환경처가 발족되었다.(당시는 처 단위기관이 장관급이었다) 중국의 경우 국가환경보호국(차관급), 국가환경보호총국(장관급), 환경부(장관) 순으로 중앙행정 조직이 변화되는데 우리나라보다 10~20년 정도 뒤따르는 셈이다. 환경부서의 위상이 국민소득과 연동되는 것을 보여준다.

이던 상하수도 관리 기능과 보건사회부 소관이던 음용수 관리기능이 환경부로 이관되었다. 이후 1998년에는 국립공원 관리업무가 내무부에서, 1999년에는 야생조수보호 관련 기능이 산림청에서 이관된다.

2.3.3 분야별 환경시책

가. 대기보전정책

1988년 올림픽을 거치면서 산업체의 대기오염 방지시설이 확충되고, 도시지역 연료규제 등으로 우리나라 도시지역 대기오염이 서서히 개선되었다. 1993년에는 대기오염물질 배출 허용기준 예시제를 처음으로 시행하였고 기준도 강화되었다. 1996년에는 여천산업단지를 대기보전 특별대책지역으로 지정하는 등 특정지역에 대한 계획적 관리 방안을 마련하였으며, 청정연료 사용 의무화 범위 확대, 대도시 천연가스 버스 공급(1999년), 오존경보제 도입(1995년) 등의 다양한 대기오염 관리정책이 도입되었다.

나. 수질개선대책

수질보전 분야에서는 전국적으로 하·폐수 처리장이 완비되는 시기이고 정부 차원에서는 유역단위의 수질보전 종합대책을 수립하였다. 1980년대 후반부터 수돗물의 안전성이 사회적 이슈로 크게 대두되면서 정부는 1989년 우리나라 최초의 종합적 수질보전대책이라 할 수 있는 "맑은물 공급종합대책"을 수립하고 이후 주요 하천별 수질개선을 목표로 하는 다양한 대책을 추진하였다. 1990년에는 수도권의 주요 상수원인 팔당호의 수질보전을 위해 경기도 7개 시·군 일원에 수질보전특별대책지역을 설정하고 각종 개발행위를 제한하였으며 대청호 특별대책지역도 지정되었다. 하수처리장이 도시지역에 대부분 완비되면서 읍 단위 농촌지역까지 확충되고 과학적인 하수관거 정비사업이 추진된다. 축산분뇨로 인한 수질오염이 심각해짐에 따라 축산분뇨의 자원화시설, 축산폐수처리시설도 지속적으로 확충되기 시작하였다.

11) 당시 물관리 일원화는 엄밀한 의미에서 수질관리 일원화이다. 물관리 일원화 문제는 1990년대 이후 반복적으로 제기된다. 국토교통부의 수자원 공급·조절기능과 환경부의 수질관리 기능을 통합하자는 것인데, 이원화 체제의 문제점은 일부 공감하면서도 정부 내에서나 전문가 사이에 여전히 이해관계에 따라 의견이 엇갈린다. 이해관계를 떠나 최선의 합리적 방안을 검토해야 할 시점이다.

다. 폐기물관리정책

폐기물관리 분야에서는 1992년에 630만 평에 달하는 수도권매립지가 준공되어 우리나라에 최초로 선진형 쓰레기 위생매립 시대를 열게 된다. 이후 전국 주요 도시에 위생매립장이 건설되고 도시쓰레기 소각장도 확충된다. 1회용품 및 포장재 규제, 사업장 감량의무제 등 감량화 정책, 유해폐기물의 집중화 처리정책, 소각장 다이옥신 처리 등을 통해 안전한 쓰레기 위생처리 개념이 확립되게 된다. 폐기물 예치금제·부담금제 등 경제적 수단과 함께 분리수거제, 음식물쓰레기 자원화와 같은 생활쓰레기 재활용정책, 자원재활용업종 지정, 재활용제품 인증제 등 산업계 재활용정책을 추진하여 폐기물 관리정책의 중심이 적정 처리정책에서 감량·재활용 우선정책으로 전환하게 된다.

정책이야기 2.2 수도권쓰레기매립지 조성에 관한 이야기

1980년대까지 우리나라의 위생매립장은 전무하여 비위생형 단순매립에 의존하였다. 서울시의 경우도 2차 오염 방지시설이 없는 난지도매립장을 이용하고 있었으나 이마저도 거의 포화상태에 이르자 정부는 새로운 매립지를 찾게 된다. 1986년부터 서울시, 인천시, 경기도에서 환경청에 매립지 확보를 요구하고, 환경청은 수도권 일원에 확보 가능한 부지를 찾는다. 결국 당시 경기도 김포군에 위치한 1,200만평의 간척지를 후보지로 선정하고 간척지를 개간한 D건설사와 협의에 들어간다. 최종적으로 간척지중 630만평을 매수하기로 하고 450억 원에 정부가 인수하였다. 수도권매립지는 총 6공구로 분할하여 제1공구 건설 사업에 착공하여 1992년 2월 완공하여 수도권쓰레기가 반입되기 시작하였다. 2000년에는 제1공구 매립이 완료되어 2공구에 매립을 시작하였다.

수도권쓰레기매립장은 전 세계에 유례없는 대규모 매립장이자 지반 보강시설과 침출수처리장을 갖춘 우리나라 최초의 위생매립장이다. 초기에 지역주민과의 마찰과 기술적 시행착오를 거쳐 침출수처리장을 정상 운영하고 매립가스 발전시설을 완공하는 등 국내 쓰레기 처리시설의 메카로 자리 잡는다. 초창기에는 환경부와 3개 시·도, 환경관리공단이 공동으로 운영하는 수도권매립지 운영관리조합에서 관리하다가 2000년 1월에 수도권매립지관리공사를 설립하여 전문 운영체계를 확립하게 되었다. 폐자원 에너지화시설, 드림파크 조성 등 복합 매립단지로 발전하고 있으며 선진국에 뒤지지 않는 폐기물 종합처분시설로 평가되고 있다.

라. 환경기술 개발 및 환경산업의 육성

1990년대에 들어서면서부터 환경기술 개발을 위한 정부 차원의 관심과 지원이 시작되고 1994년에는 환경기술개발 및 촉진에 관한 법률이 제정되었다. 1992년에는 환경과학기술개발 10개년계획을 수립하여 정부 주도의 환경분야 연구개발 사업이 본격화된다. 당시 국내 환경기술은 기초기술을 확보한 수준으로 고도기술은 대부분 외국기술을 도입하거나 모방하는 수준이었다. 1992년에 선도기술개발사업(일명 G7 Project)에 의한 환경공학 기술개발 사업에 착수하여 10년간 약 3천억 원이 투자되었다. 대기오염방지, 수질오염방지, 폐기물 처리, 청정기술, 지구환경, 해양환경, 환경생태·보건 등 7개 분야 핵심기술의 실용화를 목표로 추진되어 국내의 열악했던 환경기술 수준을 제고하는 동시에 분야별 전문 환경산업체가 양성되기 시작한 시기로 평가된다. 이 기간에 국내 환경기업들이 크게 확충되던 환경기초시설 설치에 참여할 기회가 증대되면서 환경 플랜트 건설·운영기술과 부품 제조기술을 확보하게 된다.

마. 지구환경 보전 참여

1992년 리우회의를 계기로 전 세계적으로 지구환경보전에 대한 관심이 크게 높아지고 각 국가에 대한 참여 의무도 논의되게 된다. 우리나라도 지구환경문제에 범정부적으로 대처하기 시작하여 국무총리를 위원장으로 하는 '지구환경 관계장관 대책회의'를 설치하고 국내 관련대책을 시행하였다. 국제환경협약도 비약적으로 증가하고 강화되는데 대표적으로 기후변화협약과 생물다양성협약이 채택되었으며, 1990년대를 전후하여 오존층 보호를 위한 비엔나 협약 및 몬트리올 의정서, 해양오염방지에 관한 런던협약, 유해폐기물의 국가 간 이동 통제에 관한 바젤협약, 멸종 위기종의 국제거래에 관한 협약(CITES), 습지보호에 관한 람사르 협약, 사막화 방지협약, 환경보호에 관한 남극조약 의정서 등이 채택되었고 우리나라도 대부분의 국제환경협약에 가입하였다.

바. 자연환경 보전정책

1990년대에 들어서면서 대기오염·수질오염 방지정책이 정착되는 한편 자연생태 보전정책이 전향적으로 추진되게 된다. 종래 산림보전 위주의 자연환경정책에서 다양한 생태계 보전정책으로 발전하게 된다. 1991년에는 자연환경보전법이 제정되고, 1994년에는 이 법에 근거하여 처음으로 자연환경보전기본계획을 수립하였다. 자연생태계 변화 관찰제도 도입, 생물다양성보전 국가전략 수립, 생태계보전지역 도입 등의 제도가 시행되었다. 그러나 자연환경보전 정책의 경우 환경부, 산림청, 농수산부, 건설교통부, 문화관광부 등 여러 부처에 기능이 산재해 있어 종합적인 정책 추진에는 한계가 있는 것으로 보인다. 1998년에는 국립공원 관리가 내무부에서 환경부로 이관되면서 산림지역 생태계 보호에 환경부가 직접 관여하게 된다.

사. 유해화학물질 관리

산업화가 가속화되면서 화학물질의 생산·사용량이 급증하고 폐기량도 크게 증가하게 된다. 화학물질은 인체 건강에 직접적인 영향을 미치는 경우가 많고 독성 정도에 대한 과학적 입증이 쉽지 않아 사전예방적 정책조치가 매우 중요한 분야이다. 선진국들은 1970년대부터 이미 화학물질 관리에 대한 강력한 규제 제도를 도입하였으며 화학물질 관리부서가 환경행정에서 가장 중요한 분야로 인식되었다. 이렇게 화학물질의 안전관리가 국민건강 보호를 위한 최우선 과제로 설정되기 시작하면서 우리나라도 1990년에 기존의 "독물·극물에 관한 법률"을 폐지하고 "유해화학물질관리법"을 제정하였다. 이로써 화학물질의 유해성 심사제도, 사용제한 제도 등을 포함한 선진화된 화학물질 관리 체계로 진입하게 되었다. 화학물질 관리제도는 특히 1996년 OECD에 가입하면서 OECD의 요구에 따라 한층 강화되었다.

2.3.4 경제적 수단을 활용한 환경정책 도입

1990년대에 환경정책에서의 큰 변화는 환경인프라에 대한 투자와 경제적수단의 도입으로 볼 수 있다. 환경정책의 기본적인 수단은 강제명령형 규제방식이다. 그러나 강제적 규제방식은 그 효율성에 한계가 있어 선진국들은 1980년대부터 경제적 수단과 계획적 관리수단을 병행하게 된다. 우리나라도 1990년대에 들어서면서 기존의 강제규제 방식을 보완 또는 대체하는 방식으로 다양한 경제적 수단(economic instruments)들이 도입된다. 경제적 수단은 환경보전을 위한 유인책이자 환경 투자재원의 확보수단으로 채택되었으며 우리나라의 경우 폐기물처리비용 예치금제와 부담금제, 쓰레기수수료 종량제가 대표적 사례이다. 이외에도 환경개선부담금제, 오염물질 배출부과금제 등이 도입되었다.12)

정책이야기 2.3 배출부과금 도입에 얽힌 이야기

우리나라의 배출부과금은 1981년 환경보전법을 개정하면서 도입되었다. 1970년대부터 선진국에서는 시장을 활용한 정책수단이 활발히 논의되어 탄소세, 부담금제, 예치금제 등이 도입된다. 1980년에 환경청이 발족하면서 사업장의 오염물질 배출을 본격적으로 규제하기 시작하였다. 배출허용기준을 설정하고 기준 초과시 개선명령이나 이전명령을 내리게 되는데, 개선명령을 이행하는 기간에는 기준을 초과해서 배출해도 아무런 조치를 취할

12) 2000년대에는 시장활용 수단으로 배출권거래제가 도입된다.

수 없었다. 이행을 최대한 늦추면서 경제적 이득을 보는 불량 기업으로 선량한 기업까지 도매금으로 비난받는 경우가 많았다. 이러한 불합리한 점을 개선하기 위해 기준 초과시에 그 오염 부하량 만큼 경제적 부담을 지우는 벌과금적 성격의 부과금제도를 도입하게 된 것이다. 환경행정 초창기인 당시에 관계부처와 기업계의 반대가 심해 법 개정이 어려웠음에도 이 제도를 도입하여 환경정책이 한 단계 도약하는 계기가 된 것으로 평가된다.
법 개정 이후에도 하위 법령에 부과금 산정기준을 만들어야 하는데 참고 사례가 없어 난관에 빠져있던 중 당시 실무진에서 부피를 질량으로 환산하는 아보카드로 공식을 사용하여 대기·수질 부과금 산정공식을 만들어 냈다. 이러한 산정공식은 당시 외국에도 사례가 없었던 것으로 알려진다. 배출부과금 제도는 1991년에 기업 규모에 따라 차등화된 종별 기본부과금의 추가 부과, 1996년 초과배출부과금 병합부과 방식으로 발전하였다. 또한 1990년대 본격 도입되는 폐기물 예치금·부담금제, 종량제, 수질개선 부담금 등 경제적 유인책의 기본 개념을 제공하고 경제적 수단이 환경정책에 활용될 수 있다는 인식을 심어준 것으로 평가된다. 우리나라의 제2세대 환경정책 시대를 펼친 제도이다.

가. 환경오염물질 배출부과금제

배출부과금제는 1983년에 도입되었으며 당초에는 배출허용기준을 초과하는 경우 초과분만큼 부과하는 벌과금적 성격이었다. 1997년에 이 제도를 보완하여 배출허용기준 이하일 경우에도 오염물질 배출량에 따라 부과하는 기본부과금 제도가 도입되었다. 이는 오염물질을 기준 이하로 배출한다 하더라도 환경자원이라는 공공재를 사용하는데 대한 비용을 부담한다는 개념이다. 즉 대형사업장의 경우 기준 이하로 배출하더라도 오염물질 배출총량이 크므로 환경부하에 상응하는 비용을 부담한다는 개념이다. 이 제도는 최초의 경제적 수단을 활용한 환경정책으로 의미가 크다. 기업의 기술혁신을 유도하고 환경 투자재원도 마련한다는 취지로 도입되어 초기에는 상당한 효과를 거둔 것으로 평가된다.

참고자료 2.1 배출부과금 부과대상 오염물질 및 적용대상

배출부과금 부과대상 오염물질

- 대기분야(10종) : 황산화물, 불소화합물, 먼지, 악취, 염화수소, 염소, 시안화수소, 암모니아, 황화수소, 이황화탄소
- 수질분야(19종) : BOD 또는 COD, 부유물질, 카드뮴 및 그 화합물, 시안화합물, 유기인화합물, 납 및 그 화합물, 6가크롬 화합물, 비소 및 그 화합물, 수은 및 그 화합물, PCB, 구리 및 그 화합물, 크롬 및 그 화합물, 페놀류, 테트라클로로에틸렌, 트리클로로에틸렌, 아연 및 그 화합물, 망간 및 그 화합물, 총질소, 총인

배출부과금 산정방식

- 기본부과금은 대기분야의 경우 사업장내 배출허용기준 이하로 배출되는 오염물질(황산화물과 먼지)량에 대하여 부과하며, 수질분야는 배출허용기준 이내이나 방류수수질기준을 초과하여 배출되는 오염물질(유기물질(BOD, COD)과 부유물질)량에 대하여 부과하고 있다.
- 초과부과금은 배출허용기준을 초과한 오염물질 배출량에 대하여 오염물질 kg당 부과금액, 배출허용기준 초과율별 부과계수, 지역별 부과계수, 연도별 부과금산정지수, 위반횟수별 부과계수를 적용하여 산정하며, 수질분야의 경우 이에 사업장 규모에 따른 종별부과금을 추가하여 부과하고 있다.

나. 폐기물 회수·처리비용 예치금제 및 부담금제[13)]

국내·외적으로 폐기물관리 분야에서 경제적 수단이 가장 활발히 도입되었다. 이는 폐기물의 배출 특성상 경제적 수단을 통해 직접적인 감량·재활용 확대 효과를 기대할 수 있기 때문이다. 간단한 예로서 쓰레기 배출수수료를 높이면 각 배출자에게 배출량을 줄이고 재활용량은 늘이게 되는 직접적인 유인책을 제공하는 것이다. 우리나라는 1991년에 폐기물관리법을 개정하여 폐기물 회수·처리비 예치금제를 도입하였다. 선진국에서는 예치금제도를 도입하면서 통상 소비자에게 예치금을 부과하였으나 우리나라는 생산자에게 예치금을 부과하는 제도를 도입하였다.[14)] 이후 1993년에는 예치금 대상이 확대되고 폐기물처리 부담금제가 도입되면서 폐기물관리 분야의 경제적 수단이 체계화되었다. 폐기물 예치금 및 부담금제도는 1992년에 제정된 "자원의 절약과 재활용 촉진에 관한 법률"에 체계적으로 규정되어 있으며 추후 2003년에 생산자책임 재활용제도로가 도입되면서 통합·개선되었다. 이 제도는 생산단계부터 최종 처리단계까지 기업의 참여를 유도하고 일정부분 의무를 부과했다는 점에서 의의를 찾을 수 있다.

다. 환경개선 부담금

1991년에는 환경개선비용부담법을 제정하여 대형건물과 일정규모 이상의 음식점, 숙박시설, 경유 자동차를 대상으로 오염처리에 필요한 비용을 부담하는 환경개선부담금제도를 도입하였다. 환경오염물질이 다량 배출되어 환경오염의 직접적인 원인이 되는 시설물과 경유자동차 소유자에게 오염원인자 부담원칙에 따라 부과하는 제도이다. 부과대상은 경유자동차와 각층 바닥면적의 합계가 160m^2 이상의 건물이다.

13) 제5장 폐기물관리정책에서 상세히 설명한다.

14) 우리나라의 공병보증금제도가 소비자예치금 개념이다.

환경개선 부담금제는 경제적 수단을 활용한 환경정책으로서 오염물질 저감효과는 크지 않았으나 투자재원 확보라는 측면에서는 상당한 효과를 거두었다. 엄밀한 의미에서 효율적인 경제적 수단이라기보다는 환경세 개념으로 환경예산 확보에 의미가 있다.

참고자료 2.2 환경개선부담금 산정방식과 부과기준

1. 부담금 산정방식
   - 자동차 : 기준부과금액×부과금산정지수×오염유발계수×차령계수 ×지역계수
   - 시설물 : 수질부담금+대기부담금
     · 수질부담금 : 용수량×기준부과금액×부담금산정지수×오염유발계수×지역계수
     · 대기부담금 : 연료량×기준부과금액×부담금산정지수×연료계수×지역계수

2. 자동차에 대한 개선부담금의 기준 부과금액 법(제14조제2항 관련)

적용 기간	1995년~1996년	1997년 이후
기준 부과금액(원/반기)	12,150	20,250

3. 시설물에 대한 개선부담금의 기준 부과금액(제14조제2항 관련)

가. 대기오염물질을 배출하는 경우

구분	액체환산연료량(L/반기)	기준 부과금액(원/L)
1	1,000 이하	13
2	1,000 초과~ 2,000 까지	15
3	2,000 초과~ 4,000 까지	16
4	4,000 초과~ 6,000 까지	18
5	6,000 초과~ 10,000 까지	20
6	10,000 초과~ 20,000 까지	22
7	20,000 초과~100,000 까지	24
8	100,000 초과~600,000 까지	27
9	600,000 초과	29

나. 수질오염물질을 배출하는 경우

구분	용수 사용량(톤/반기)	기준 부과금액(원/톤)
1	400 이하	79
2	400 초과~ 800 까지	87
3	800 초과~ 1,600 까지	97
4	1,600 초과~ 2,400 까지	108
5	2,400 초과~ 4,000 까지	120
6	4,000 초과~ 8,000 까지	132
7	8,000 초과~ 40,000 까지	145
8	40,000 초과~240,000 까지	160
9	240,000 초과	176

(자료 : 환경개선비용부담법 시행령 별표 요약)

라. 쓰레기수수료 종량제의 도입[15]

폐기물관리 수단으로 예치금 및 부담금제가 기업 대상의 경제적 수단이라면 종량제는 일반시민을 대상으로 한 경제적 수단이라 하겠다. 쓰레기 배출량에 비례하여 쓰레기 처리 수수료를 부과한다는 개념으로 배출자가 직접 비용을 지출하여 단위 봉투를 구매한 후 봉투로만 쓰레기를 배출하게 하는 종량제를 1995년에 도입하였다.[16] 일부 선진국에서 주로 쓰레기통 단위로 쓰레기 처리비용을 부과하는 간접적인 종량제를 시행하고 있었는데 반해 우리나라는 종량제봉투를 사용한 것이다.

2.4 21세기 지속가능발전 시대

2.4.1 환경정책의 여건 변화

가. 국내여건 변화

1990년대에 우리나라는 환경투자 재원을 확충하고 각종 환경기준을 강화해 나감으로서 1990년대 말에는 외형적으로 환경정책의 틀을 갖추게 되었으나, 여전히 도시 대기질, 공공수역 수질 등 생활환경질이 선진국에 비해 미흡한 수준에 머무르고 있었다. 한편 소득 증대로 국민들의 환경질에 대한 욕구는 크게 높아졌고, 특히 실내 공기질과 새집증후군, 아토피 등 환경성질환, 유해화학물질로 인한 건강 유해성 등에 대한 우려가 커지고 자연생태계 보호와 기후변화 등에 대한 국민적 관심도 한층 높아졌다. 이에 반해 경제 규모가 증가되면서 환경부하가 더욱 커지고 각종 개발욕구 또한 증대되면서 오염물질 규제·저감이라는 기존의

15) 제5장 폐기물관리정책에서 상세히 설명한다.

16) 종량제 봉투가 도입된 것은 당시 쓰레기 수거차량이 주택지역에 진입하기 어려운 경우가 많아 정형화된 쓰레기통을 설치하는 것이 어려운 현실을 감안한 것이었다. 종량제 비닐봉투를 사용하여 2차 오염을 발생시킨다는 비판이 있었으나 당시 상황에서는 불가피하였다. 또한 직접 비용을 지불하고 봉투를 구입하는 것이 쓰레기통 단위로 부과하는 것보다 유인효과가 훨씬 큰 것으로 보인다. 그러나 우리나라도 국민 인식이 많이 높아지고 재활용 체계가 자리 잡았기 때문에 위생차원에서 용량별로 쓰레기통을 보급하고 통단위로 정액수거료를 부과하는 가칭 '쓰레기통 단위 수거료' 방식이나 자동화 수거시스템을 검토할 필요가 있다.

환경정책 수단으로는 효과적인 환경질 개선에 한계를 노정하게 되었다. 구체적으로는 자동차 증가로 인한 질소산화물, 오존, 미세먼지 등 대기오염물질의 배출 증가, 비점오염원 증가로 인한 수질오염 가중문제, 산업폐기물 발생량 증가로 인한 최적 처리방안과 유해폐기물 적정처리 문제 등이 여전히 주요한 정책과제로 남아있다.

나. 국제적 여건 변화

국제적으로는 지구온난화가 가속되고 기상이변 현상이 빈번히 발생하는 등 기후변화 문제를 둘러싸고 지구생태계 및 인류 생존의 위기감이 고조되면서 에너지·자원의 효율적 이용문제가 국가차원의 과제로 대두되었다. 2002년 남아프리카공화국 요하네스버그에서 개최된 지속가능발전 세계정상회의(World Summit for Sustainable Development)에서 정상 선언문과 WSSD 이행계획이 채택되는데 여기에서는 환경보전, 경제성장 및 사회발전의 균형있는 발전이 필요함을 강조하고 있다.[17)] 전 세계적으로 온난화가스 배출감축을 위한 교토의정서의 이행 강화, 신재생에너지 공급 확대, 화학물질의 안전관리 강화 등이 주요 환경이슈로 논의되었다. 이와 함께 EU가 화학물질의 안전관리 강화를 위하여 REACH제도를 채택한 것을 비롯하여 선진국들은 경쟁적으로 각종 제품관련 환경기준을 강화하고, 생물자원의 이용을 둘러싼 국가 간 주권 문제 등도 본격 논의되기 시작하였다.

21세기에는 환경보전이 단순히 오염물질 저감이라는 차원을 넘어 인류 공통의 보편적인 이념이자 지향해야 할 규범이 되고 있으며 선진국들은 이미 국가경영의 이념 및 발전전략을 경제성장 중심에서 지속가능한 발전으로 전환하고 있다. 환경적 지속가능성을 전제하지 않고는 지속적인 경제성장이 불가능하다는 인식이 국가전략에 반영되고 있는 것이다.

2.4.2 지속가능발전형 환경정책의 시행

21세기 국내외적 여건 변화에 따라 우리나라도 국가 환경정책의 패러다임을 전환하고 있다. 지속가능한 발전은 결국 환경용량을 고려한 경제성장을 추구하는 것인데 국토면적, 인구밀도, 산업구조 등 기본적인 환경조건이 열악한 우리나라로서는 지속적인 경제성장을 위해서 선택이 불가피한 정책 이념이라 하겠다. 아래 참고자료 2.3에서 보듯이 다보스포럼에

17) 선진국들은 21세기를 맞이하면서 21세기에 지향할 장기 국가전략을 수립하는데 공통적으로 경제적 효율성(economic performance), 사회적 통합성(social cohesion), 환경적 지속가능성(environmental sustainability)이라는 세 가지 축을 기본으로 하고 있다.

서 2014년 1월에 발표한 환경성과지수(EPI)는 이전보다 다소 개선되어 43위를 기록했으며 전반적으로는 50~100위권에 머무르고 있다. 그러나 여전히 산업계에서는 환경규제를 불필요한 규제로 인식하는 경우가 많고 에너지다소비형의 산업구조를 단기간에 바꾸는 것도 쉽지 않아 실질적으로는 환경 오염도를 소폭 저감하거나 또는 유지하는 정도의 수준에서 크게 발전되지 못하고 있다고 하겠다.

이러한 여건 하에서 지속가능한 발전을 실현하기 위해서는 환경정책은 경제·산업정책, 국토개발정책, 농업정책 등 다양한 분야와의 조화·협력이 불가피하다. 즉 환경정책 수단의 정당성이 인정되더라도 성장을 우선시하는 경제주체[18]와 생활편의성 추구를 우선시하는 집단과의 합의가 없이는 환경정책의 효율성을 담보하기 어렵기 때문이다. 이러한 배경에서 정부는 1999년에는 새천년 환경비전 선언을 발표하고 2000년에는 국가지속가능발전위원회[19]를 설치하였으며 2005년에는 국가 지속가능발전 비전을 제시하여 세계적인 지속가능 발전 이념을 국가전략으로 채택하였다.

2008년부터는 지속가능발전의 이념에 기반을 둔 저탄소 녹색성장 정책을 국가전략으로 제시하여 녹색성장 정책을 범정부적으로 추진하였다.[20] 녹색성장 정책은 2020년까지 환경기술·산업의 세계 5위권 진입, 저탄소형 사회·경제구조로의 개선을 목표로 하며 세부대책으로 신재생에너지 확충, 폐자원 및 바이오매스의 에너지화, 원전 확충, 기후변화 적응 대책, 환경기술 및 환경산업 육성 등이 포함되어 있다.

참고자료 2.3 EPI 지수 개요

1. 환경성과지수 개요

환경성과지수(EPI : Environmental Performance Index)는 환경보전에 대한 성과를 지수화한 것으로 2년마다 스위스에서 개최되는 다보스포럼을 통해 발표되는 각 국가별 지수가 발표된다. 미국 예일대·콜롬비아대 연구팀이 작성하며 2000년부터 6차례 발표되었다.

18) 여기서 경제주체·집단이라 함은 정부 부처, 산업계, 시민사회, 전문가 그룹 등을 통칭한다.

19) 1992년 리우회의 이후 UN은 '의제 21'의 실천계획을 수립하고 평가하기 위하여 각 국가별로 '국가지속가능발전위원회'(NCSD : National Committee on Sustainable Development)를 설치할 것을 권고한다. 이에 우리나라도 2000년 9월에 민간전문가, 시민·환경·종교단체 대표, 관계부처 장관 등으로 구성된 위원회를 발족하게 되었다

20) 녹색성장과 지속가능한 발전 개념의 차이를 명확히 구분하기는 어렵고 학자들 간에도 의견이 엇갈린다. 당시 정부는 녹색성장이 지속가능한 발전의 상위 개념이라고 설명하였으나 명확하지 않다. 우리나라에서 시행된 녹색성장 정책은 지속가능발전정책보다는 다소 개발 개념을 강조하는 것으로 보이고 녹색성장의 환경가치에 대해서도 논란이 있다.

우리나라는 50~100위권에 머물다가 2012년과 2014년에 43위로 평가되었다. 이 지수는 통계확보와 처리의 어려움 때문에 국가 환경상태나 정책수준을 정확하게 평가하지 못한다는 비판이 있으나, 전반적인 경향을 파악하는 데는 유용한 것으로 보인다.

EPI 우리나라 순위 변화

2002	2006	2010	2012	2014
136위/146개국	122위/146개국	94위/163개국	43위/132개국	43위/178개국

2. 환경성과지수 평가항목

환경보건분야 3개 범주, 생태계 건전성 6개 범주에 총 20개 항목으로 평가하며 다음 표와 같이 각 항목별로 가중치를 부여하고 있다.

EPI 평가지표와 우리나라 순위

정책분야	범주	지표	Core EPI 순위	범주순위
환경 보건	환경성질병 부담	영유아 사망률	29	29
	물 보건	식수 접근성	63	37
		물 위생	1	
	대기 보건	실내공기오염	1	166
		미세먼지($PM_{2.5}$) 평균노출인구	171	
		미세먼지($PM_{2.5}$) 기준초과 노출인구	171	
생태계 건강성	수자원	하수처리	18	84
	생물다양성	보호지역/국토면적	124	108
		보호지역/세계면적	121	
		주요서식처보호	N.A.	
		해양보호구역	45	
	산림	산림손실	62	62
	해양/어업	어업강도	83	69
		초과어획량	12	
	농업	농약규제	18	158
		농업보조금	152	
	기후변화	KWh당 CO_2 배출량	91	93
		탄소집약도 추세	90	
		탄소집약도 추세변화	112	
		전력 접근성	91	

3. 평가결과
- 스위스가 2012년에 이어 2014년에도 87.67점으로 1위를 차지하였고 이어 룩셈부르크, 호주, 싱가포르, 체코, 독일, 스페인, 오스트리아, 스웨덴, 노르웨이가 10위권을 형성
- 하위권에는 아프가니스탄, 레소토, 아이티, 말리, 소말리아 등 저개발 국가들이 차지
- 우리나라는 실내공기오염, 물 위생, 하수처리 분야에서 높은 평가를 받은 반면, 기후변화, 초미세먼지 오염, 농업보조금, 어업강도 등에서는 낮게 평가됨
- 즉 환경여건에 해당되는 1인당 오염지수는 순위가 낮게 나타나고 기후변화 관련 지표도 모두 낮아 관련 분야의 정책 개선이 요구됨

(자료 : 홍종호, 2012, 환경성과 지수관리 및 개선방안 마련연구 ; 환경부, 2014.1, EPI 지수 발표결과)

2.4.3 분야별 환경시책

가. 대기오염 관리대책

1980년대부터 추진한 저황유 및 청정연료 확대, 자동차 연료기준 강화 등 각종 대기오염물질의 규제 정책에 따라 이산화황, 먼지 등 대기오염도는 전반적으로 개선되었으나, 여전히 선진국 수준에는 못 미치고 있다. 전반적인 대기오염추이를 연도별로 보면 SO_2의 경우 1980년대 이후 지속적으로 크게 개선되고 있는 반면, 먼지오염도는 1990년대 중반부터 정체 추세를 보이고 있다. 여러 가지 원인이 있으나 자동차 급증으로 도시지역의 경우 대기오염물질 중 자동차 배출가스의 비중이 커진 것이 주요 원인으로 평가된다. 1990년대 후반부터 자동차 배출가스를 저감하기 위해 천연가스(CNG) 버스 보급, 전기자동차 및 하이브리드차 보급, 저공해차 보급 확대 등의 시책을 적극 추진하게 된 배경이 여기에 있으며, 앞으로도 당분간 자동차 배출가스 관리가 대기오염 관리정책의 핵심이 될 것이다.

나. 공공수역 수질보전대책

공공수역의 수질은 1980～1990년대 환경기초시설을 대폭 확충하면서 초기에는 상당한 가시적인 개선 효과가 나타났으나, 시간이 흐르면서 개선 효과가 한계에 달해 새로운 유역관리체계가 요구되었다. 그림 2.3과 같이 2000년대에 BOD의 경우는 점진적인 개선 추이를 보이고 있으나 COD의 경우는 정체 상태이다.

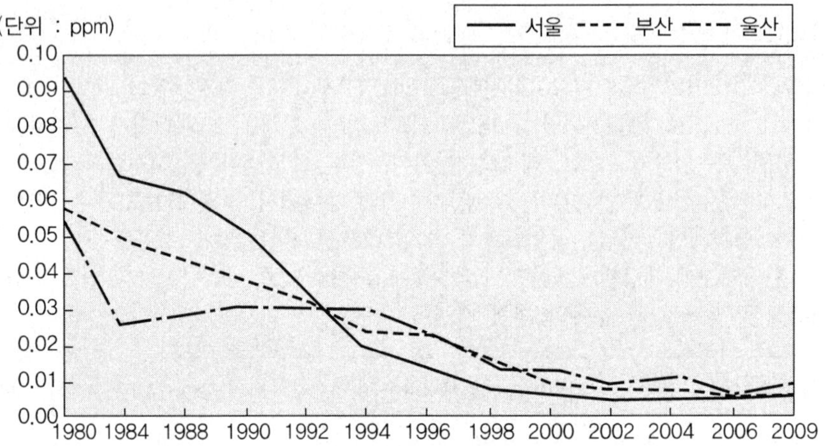

그림 2.1 주요 도시의 이산화황 오염도 변화추이

(자료 : 환경30년사, 2010, 환경부, P231)

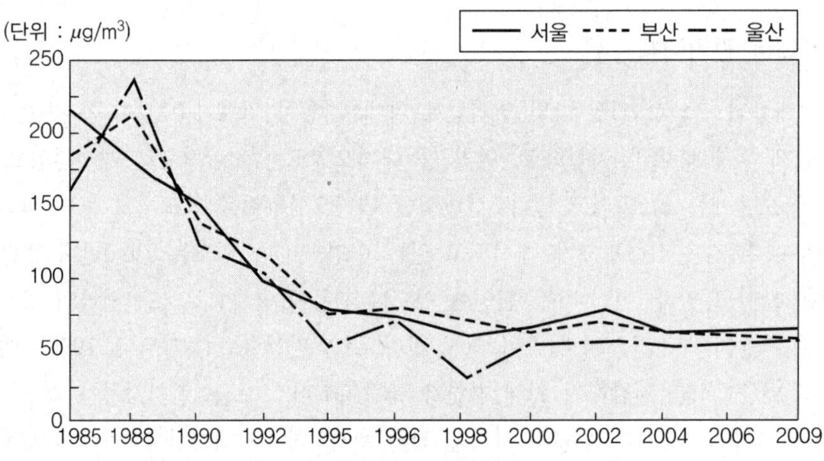

그림 2.2 연도별 먼지오염도 변화

※1985~1998년까지는 TSP측정치이며, 1999년부터는 PM10 측정치임

(자료 : 환경30년사, 2010, 환경부)

이에 따라 1998년에 정부는 사전오염예방 제도와 상·하류 지역의 상생 정책을 핵심으로 한 한강수계 수질개선대책을 수립하였다. 대책을 법적으로 뒷받침하는 "한강수계 상수원 수질개선 및 주민지원 등에 관한 법률"은 1999년 2월에 제정되었다. 여기에는 수변구역 지정, 수질오염물질 총량관리제, 물이용부담금제, 상류지역의 주민 지원, 수계관리기금 등 선진형 유역수질관리제도가 대거 도입되었다. 이후 1999년 낙동강, 2000년 금강과 영산강·섬진강 수계 물관리종합대책을 확정하고 관련법을 제정함으로써 전국적인 유역관리체계를 확립하

였다.

하·폐수처리장이 확충됨에 따라 점오염원에 대한 관리는 상당한 효과를 거두고 있으나 상대적으로 비점오염원(Non-point source)의 부하 비중이 증가하면서 수질개선에 한계가 나타나게 되었다. 2004년에는 정부 합동으로 국내 최초의 "4대강 비점오염원 관리종합계획(2004~2020)"을 수립하고 4대강 수계별로 식생 여과대, 인공습지 등 비점오염원 저감시설의 설치, 도시지역의 초기강우 유출수 처리를 위한 지하 우수저류시설 설치, 농촌지역 고랭지밭의 흙탕물 저감시설 설치사업 등을 추진하고 있다. 그러나 비점오염 저감 정책은 통상 투자효율이 낮고 지역개발 계획과 밀접히 연계되어[21] 선진국들도 시행 효과를 크게 거두지는 못하고 있다. 수질개선을 위해서는 유역개발 규제와 자연정화시설 설치 등 전향적인 관리대책이 요구된다. 향후 수질관리정책의 핵심은 유역관리를 통한 비점오염원의 저감대책과 에너지절약형·물순환형 개념의 환경기초시설 개선대책이라는 두 가지 요소가 될 것이다.

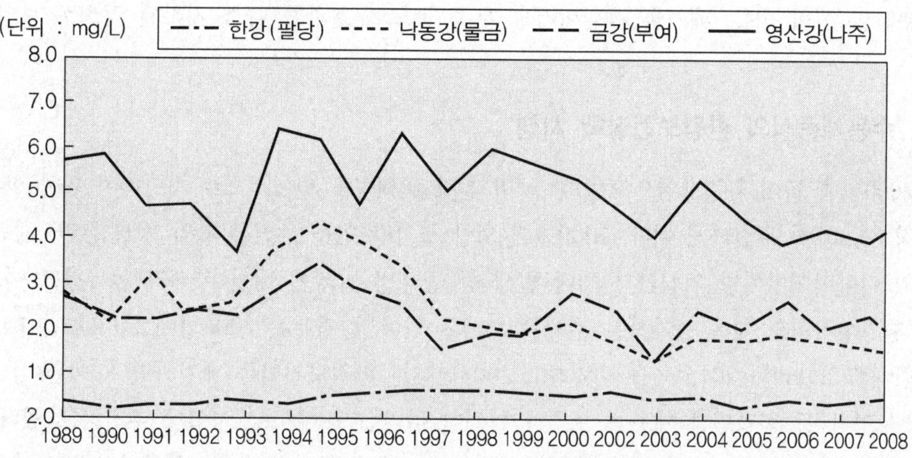

그림 2.3 4대강 주요지점의 수질(BOD) 변화 추이

(자료 : 환경30년사, 2010, 환경부)

다. 자원순환형 폐기물 관리정책의 추진

21세기 들어 폐기물 관리정책은 폐자원의 폐기량를 줄여 경제시스템 내에 다시 순환시킴으로서 자원 투입을 최소화하는 개념의 자원순환정책으로 바뀌게 되었다.[22] 경제적 수단으

21) 예로서 주차장이나 보도에 빗물이 스며드는 블록을 설치할 경우 공사비가 증대되고 관리가 어려워지므로 설치자는 이를 기피하게 된다. 비점오염 저감을 위해서는 개발지역과 개발방식에 대한 규제가 불가피한데 사회적으로 이를 수용할 수 있을지 여부가 정책의 관건이 되는 것이다.

22) 환경부의 폐기물관리국의 명칭이 폐기물자원국으로, 다시 자원순환국으로 변경된 것을 보면 정책의 추

로 도입된 폐기물 예치금제도를 크게 축소하고 생산자에게 직접적인 회수의무를 부과하는 생산자책임재활용(EPR)제도를 2002년부터 도입하여 시행중이다. 이러한 EPR 제도와 함께 분리수거제, 품목별 자원화대책 등을 기초로 폐자원 순환을 극대화하는 자원순환형 폐기물 관리방식으로 전환하게 된다. 자원순환정책은 현실적으로 지역별로 발생되는 폐자원을 지역 내에서 순환하는 개념으로 접근해야 한다. 우리나라는 폐기물 수집·운반체계, 재생시설, 처리시설로 연계되는 시스템이 이러한 자원순환형으로 구축되었다고 보기는 어려워 향후 폐기물처리 인프라를 재정비해야 할 것이다.

자원순환정책의 일환으로 2008년에는 폐기물 에너지화 종합대책을 수립하여 고형연료화(RDF)시설, 유기성폐기물 바이오가스화 시설, 매립장 매립가스 회수시설 등 폐기물 에너지화시설 확충을 추진하고 있다. 1990년대부터 도입되어 2000년대 초반까지 완비된 폐기물 관리정책들은 당시 선진국에서도 벤치마킹할 만큼 경제적 수단, 강제명령형 규제수단, 계획형 정책수단을 복합적으로 응용한 선진 제도였으나 경제부서와 산업계의 반발, 중앙·지방정부간의 협력 미흡, 폐기물 자원화기술 부족 등으로 효과가 다소 저하된 것으로 보인다.

라. 수용체중심의 환경보건정책 시행

2000년대 들어 환경오염으로 인한 국민 건강 위해성을 원천적으로 차단하기 위한 환경보건정책을 본격 추진하게 된다. 2000년대 초반 소각장 인근 주민들의 암 발생 논란, 폐광 지역의 이따이이따이병 의심환자 집단 발생 등 공해병 발생에 대한 우려가 높아졌고 아토피 등 환경성질환도 지속 증가하는 추세를 보이고 있다. 환경부는 2006년에 '환경보건 10개년 종합계획(2006년~2015년)을 수립하고 2008년에는 환경보건법을 제정하였다. 어린이, 임산부, 노약자 등 환경민감 계층을 보호하기 위한 다양한 조사·보호사업을 추진하고 있다. 또한 다중이용시설의 실내 공기질 관리를 위해 2004년에 공기질 측정 및 환기설비 설치를 의무화하고, 지하역사 등에 대한 원격자동시스템(TMS)을 설치하는 등 규제를 강화하였다. 새로운 환경보건 이슈인 새집증후군 예방을 위해 건축자재 기준 설정 등을 통해 원인물질을 감축토록 하였으며, 신축공동주택에 대한 실내 공기질 권고기준도 마련하였다. 접착제 및 페인트 등 800여개 건축자재를 대상으로 유해물질 방출시험을 실시하여 기준 초과 시에는 사용을 제한하도록 하였다.

유해화학물질의 경우 1990년대에 관리체계를 어느 정도 갖춘 이후 강화하는 단계로 접어들었다. 2004년에는 화학물질 확인제 및 취급금지물질 지정제도를 도입하였고, 정부와 석유화학, 철강 등 화학물질 다량배출기업간의 자발적 협약을 통해 자율적인 배출저감 유도정책

진기조가 변화됨을 알 수 있다.

을 도입하였다. 2007년에 시행된 EU의 REACH[23] 제도와 같은 선진국들의 새로운 환경보전형 무역장벽을 극복하기 위해 2008년에 범세계적으로 통일화된 화학물질의 분류 및 표시 체계(GHS)를 도입하는 등 제도를 정비하였다. 2013년에는 "화학물질 등록 및 평가 등에 관한 법률"을 제정하여 모든 신규화학물질 또는 연간 1톤 이상 기존화학물질을 제조·수입할 경우 매년 보고하거나 제조·수입 전에 미리 등록하도록 하여 EU의 REACH 등 선진국의 화학물질 관리제도와 연계되도록 관리 제도를 강화하였다.

환경보건 정책은 보건위생부서·식품관리부서와 업무의 경계점이 모호한 측면이 있다. 이는 행정중복으로 나타나기도 하지만 때로는 행정공백으로 나타나게 된다. 앞으로 인체 건강 측면에서 건강 위해성을 평가하여 환경오염 원인을 추적 관리하고 나타나는 질병 양상을 분석하여 경로별로 종합적인 대응대책을 추진해야 한다. 이를 위해 보건의료정책과 환경보건 정책을 융합한 새로운 행정관리 섹터가 요구된다 하겠다.

마. 자연환경 보전 정책

자연환경 보전은 그간 생태경관보호지역, 국립공원, 습지보호구역 등 다양한 자연보호구역을 지정하고 보전권역으로 관리하는 정책을 중심으로 추진하였다. 그러나 자연환경의 범위가 광범위하고 앞서 기술한 바와 같이 여러 부처에서 소관 업무별로 추진하여 다른 분야에 비해 정책수단이나 효과가 미흡한 실정이다. 환경부의 경우 생태계 보호를 위한 생태축 보전방안, 생물서식지 보전, 멸종위기종 보호·복원 사업 등 생물자원 보호, 국립공원의 보전형 관리 정책 등을 주로 추진한다. 생태축 보호를 위해서 2005년에 "백두대간보호지역" 지정, "DMZ 일원 생태계보전대책" 수립, "도서·연안생태축 보전방안" 및 "특정도서보전 기본계획" 수립 등 한반도 3대 핵심 생태축 관리방안을 제시하였다.

1996년에 생물다양성협약이 발효된 이후 세계적으로 생물자원의 생태적 가치뿐 아니라 경제적 가치가 부각됨에 따라 생물자원에 대한 국가 간 경쟁이 치열해 지고 있어 우리나라도 생물자원 보호정책을 강화하는 추세이다. 2005년에 국가생물자원보전 종합대책(2005~2014)을 수립하였고, 2007년에는 국립생물자원관을 설립하여 생물자원 관리체계를 갖추고 고유 생물종의 발굴, 생물자원의 유전체 정보 축적 등 연구시스템을 구축하였다. 2013년에는 국립생태원을 완공하였고 국립낙동강생물자원관도 건설 중이다.

23) REACH는 화학물질의 등록·평가·허가·제한(REACH : Registration, Evaluation, Authorisation and Restriction of Chemicals)에 관한 제도를 의미하며 2007년 6월 1일 발효된 유럽연합(EU)의 법규로 신화학물질 관리제도로 불린다. EU 내에서 연간 1톤 이상 제조 또는 수입되는 모든 화학물질에 대해 제조량, 수입량과 위해성에 따라 등록, 평가, 허가 및 제한을 받도록 하는 화학물질 관리 규정이다. 대외적으로는 환경을 명분으로 한 무역규제에 해당된다.

바. 환경산업의 육성 및 고도 환경기술 개발

2000년에 환경(ecology)과 경제(economy)를 상생 발전시킨다는 목표아래 'Eco-2 프로젝트'를 추진하였다.[24] 세부적으로는 환경기술 개발, 환경산업 육성, 친환경 경영 촉진, 환경친화적 생산·소비체제의 구축, 자원·에너지 저소비형으로의 산업구조 개편 등을 목표로 제시하였다. 특히 환경기술개발 분야에서 1990년대에 G-7 프로젝트를 추진한데 이어 2000년대에 들어서 정부가 1조원, 민간이 4,350억 원을 투자하는 차세대 핵심환경기술개발사업을 10개년계획으로 추진함으로써 환경기술 발전의 토대가 되었다. 2011년부터는 후속으로 글로벌탑 환경기술개발사업을 10개년 계획으로 추진 중이다. 국내 환경기술이 여전히 전통적 오염물질처리기술 외에는 선진국 기술수준에 다소 못 미치고 있다. 이 사업은 이러한 기술수준 차를 극복하기 위해 종전 기술개발과 달리 첨단 환경기술을 개발하여 해외시장에 진출하는 것을 주요 목표로 하고 있는 것이 특징이다.

사. 지구환경보전 시책

우리나라는 기후변화협약과 관련하여 1997년의 교토의정서에 가입은 하였으나 개발도상국의 지위를 요구하여 온실가스 감축의무 대상국에서는 제외되었다. 그러나 기후변화에 대처하는 국제적 노력에 동참해야 한다는 국내외 압력이 거세지고 있다. 비록 교토의정서 후속 협상이 각국의 이해관계로 원활하지는 않으나 추후 국제협상에서는 우리나라도 어떤 형태로든 온실가스 감축 부담을 가질 것으로 예상된다. 2001년부터 국무총리소속 하에 '기후변화협약 대책위원회'를 설치하여 범정부적인 대책을 마련하여 추진하고 있다. 2008년 9월에는 녹생성장 시책의 일환으로 '기후변화 대응 종합기본계획'을 수립하였으며 여기에는 신재생에너지 개발, 기후변화 적응력 강화 등의 대책을 포함하고 있다.

지구환경보호를 위한 국제협력의 일환으로 환경분야의 공적개발원조(ODA)를 확대한다는 계획이다. 2004년 'UNEP 특별총회 및 세계환경장관회의'(제주) 개최, 2008년 제10차 람사르 습지보호협약 당사국총회 개최, 2012년 세계자연보전총회 개최 등 다양한 국제환경회의도 개최하여 국제적 위상을 제고한 것으로 평가된다. 또한 동북아 지역의 환경협력을 위해 한·중·일 환경장관회의를 매년 개최하고 있다.

---

24) IMF 금융위기 이후 경제상황이 어려워진 여건에서 강력한 환경보전을 주장하는데 한계가 있었다. 이러한 여건을 고려하여 1999년 환경산업을 국가 성장동력산업으로 육성하자는 취지로 출발한 Eco-2 프로젝트는 경제부서와의 협조가 미흡하여 정책효과에는 한계가 있었으나, 국내에서 최초로 환경과 경제 통합이념을 제시했다는데 의의가 있다.

2.5 환경법의 발전과 현황

2.5.1 환경법의 형성 과정

초기 환경법상 공해의 개념은 직접적인 환경오염 현상을 가리키는 것으로 현재의 환경오염의 범위보다는 협의의 개념으로 이해된다. 초기 환경법제는 바로 공해에 대응하는 법률 체계로 구성되었다. 즉 공해로 인한 피해를 보상하고, 공해를 발생시킨데 대한 직접적인 책임을 부과하는 법적 형태라 할 수 있다. 공해법은 환경오염이 다양화되면서 피해 구제 대상을 점진적으로 확대하긴 하지만 기본적으로 오염 피해가 발생한 후에 조치되는 보상적 성격을 갖고 있다. 통상적으로 집단적인 피해구제가 어렵다는 점에서 급증하는 환경오염 피해 문제를 해결하기는 어렵다. 따라서 환경오염을 사전에 차단하는 환경 규제가 필요하게 되었고, 이를 위해서는 환경오염을 일으키는 시설이나 지역을 법적으로 규제할 필요성이 커지게 되어 현대 환경법이 발전하게 되었다.

공해법도 오염 유발자에게 일정한 책임을 부과하게 되므로 환경오염 문제를 일정 부분 해결하는데 기여하게 된다. 그러나 공해법은 통상적으로 일반 경찰법의 법리에 따라 규정되었기 때문에 직접적인 환경오염 행위를 제한하거나 금지한다. 즉 환경오염의 위험으로부터 일반 시민을 보호하기 위하여 최소한의 공권력을 동원하여 사후적 규제를 하는 것이다. 따라서 공해법은 직접적인 생활환경상 위해 요인을 제거하고 입증된 공해 피해를 개별적으로 구제하기 위하여 인간 행위를 규제하는 소극적 성격을 지닌다. 과학기술이 급속히 발전하고 산업규모가 급성장하면서 환경오염 현상은 한층 다양화·악성화 되었다. 이렇게 복잡해진 환경오염의 양태를 공해법적 시각에서 접근하는 것은 개별적인 사건에 대한 사후적이고 개별적인 접근이므로 공공적 성격을 지닌 환경문제의 근원적인 해결을 기대하기 어렵다.

현대사회에서 환경법의 대상과 범위는 오염 규제나 피해 구제뿐만 아니라 쾌적한 삶을 영위할 수 있는 수준의 환경 질을 보전하고 유지하는 범위로 확대되어야 한다는 것이 일반적인 견해이다. 즉 환경법은 환경 질을 유지하기 위한 적극적이고 종합적인 규제가 전제되는 것이다. 선진국에서 보듯이 환경정책이 발전되면서 공해법 단계를 거쳐 환경법 단계로 발전하며 사전오염예방적 성격의 규제가 확대된다. 우리나라도 1960~70년대 공해법 시대를 거쳐 1980년대부터 본격적인 환경법 시대를 맞는다.[25)]

25) 환경 30년사, 2010 환경부

2.5.2 환경입법 발전 개관

가. 공해법의 제정

우리나라 최초의 환경법은 1963년 당시 군사혁명 정부의 국가재건최고회의에서 제정한 공해방지법으로 볼 수 있다. 당시는 공해 문제가 심각하지도 않았으며 국민들이 환경문제에 대한 의미 자체도 모르는 시절이어서 공해방지법은 이후 제대로 시행되지는 않았으나 당시 우리나라 여건상 환경오염에 선제적으로 대응하는 입법조치로 볼 수 있다.

공해방지법은 환경오염으로 인한 국민 보건위생상의 위해와 생활환경의 피해를 방지하는 것으로 목적으로 하는 전형적인 공해법의 특성을 가지고 있었다. 공장 오염행위를 관리하는 정도의 제한적인 법률이었다. 당시 소관부서가 보건사회부로 위생 차원에서 접근한 것으로 보인다. 이후 공공의 안전과 위생 관리를 위해 분야별로 오물청소법, 수도법, 하수도법, 독물 및 극물에 관한 법률, 그리고 조수보호 및 수렵에 관한 법률 등이 제정되었다. 물론 환경청이 설립되기 이전이기 때문에 보건사회부, 건설부, 산림청 등 법률별로 소관 부처를 달리하였다.

나. 환경법의 제정

1970년대 고도 경제성장기를 거치면서 환경오염이 급속히 악화되고 오염물질의 발생 양상이 다양화되었다. 공해방지법 체계로는 이러한 복잡해진 환경문제에 효과적으로 대처할 수 없게 되었고, 환경문제에 종합적으로 대응하기 위해 환경종합 법률이 필요하게 되었다. 이러한 배경에서 1977년에 우리나라 최초의 환경법이라 할 수 있는 환경보전법이 제정된다.[26)]

환경보전법은 환경기준 및 배출허용기준 설정, 환경감시제도 도입, 방지시설 설치의 의무화, 환경영향평가 협의 근거 등을 규정하고 법률의 관리 대상도 생활환경뿐 아니라 자연환경까지 확대하였다. 비록 규제수준이나 내용은 미흡하였고 집행력 부족으로 실제 법률 시행효과는 적었으나 전형적인 환경법의 형식을 갖춘 법률로 환경오염의 사후 조치뿐 아니라 사전예방 기능을 가진 제도를 규정하였다. 대기오염, 수질오염, 환경영향평가 등 오염매체별 관리에 관한 사항을 모두 규정하였고 규범적 성격의 규정과 집행적 성격의 규정을 모두 포함하였다. 환경보전법은 1980년 발족한 환경청이 초기 환경정책을 추진하는 법적 기반이 된다.

26) 이때까지도 환경행정 주관부서는 보건사회부의 과단위 조직에 불과해 공해방지법은 제대로 시행되지도 못하고 폐지되게 된다.

다. 헌법상 환경권의 인정

1980년 개정된 제5공화국 헌법 제33조에 환경권이 처음으로 규정되었다. 현행 헌법 제35조 제1항에서 '모든 국민은 건강하고 쾌적한 환경에서 생활할 권리를 가지며, 국가와 국민은 환경보전을 위하여 노력하여야 한다.'라고 규정하고 있고, 제2항에서는 환경권의 내용과 행사에 관하여는 법률로 정한다고 규정하고 있다. 이는 국가가 환경권을 국민의 기본권으로 규정하고, 이를 보장하기 위한 세부적인 조치를 법률로 규정해야 한다는 것을 의미한다. 환경권의 법적 성격은 기본적으로 국민 각자의 존엄권, 생존권, 행복추구권 등을 포함하면서, 쾌적한 환경질을 유지함으로써 이러한 기본권을 보장해야 한다는 것을 의미한다.

라. 전문 환경법 체계로의 발전

1977년 제정된 환경보전법을 기반으로 대기오염, 수질오염 등의 매체별 오염문제에 대처하면서 1980년대 까지는 환경관리 행정을 수행할 수 있었다. 그러나 경제·산업규모가 확대되면서 환경오염 양태도 매우 복잡하고 다양하게 나타난다. 더욱이 과학기술의 발전으로 환경오염의 원인을 분석하고 대책을 마련하는 것도 분야별로 전문화되었다. 이렇게 고도화되는 현대산업 사회의 환경관리를 환경보전법 하나의 법체계로 규율하기에는 한계가 있었다. 또한 국제사회에서 수많은 국제환경협약이 채택되는 등 지구환경보전을 위한 국제적 논의가 활발해 지면서 새로운 법률 수요가 발생하였다. 이러한 국내외 여건 변화에 따라 전문적이고 기술적인 법률체계가 필요하게 되어 환경법 체계를 대폭 개편하게 되었다.

종전의 환경보전법은 규범적인 사항과 구체적 정책 집행사항을 혼합하여 규정하고 있었고, 대기, 수질, 토양, 산업폐기물, 소음, 진동, 환경피해 분쟁 조정 등 다양한 분야를 하나의 법률에서 규정하였다. 따라서 환경정책 여건이 변할 때 마다, 또 새로운 법적 조치가 요구될 때마다 수시로 개정하여야 하는 행정상의 문제가 있었다. 더욱 중요한 것은 환경오염 매체별로 관리방식이나 수단이 상이하여 여러 가지 법을 하나로 통합한 것 밖에 되지 않으므로 하나의 법에서 규정하는 실익도 없었다.

이에 정부는 1980년대 말에 종래의 단일입법주의 대신 복수입법주의로 전환하고자 대기, 수질, 화학물질 등 환경오염매체와 환경관리 영역별로 환경보전법을 분법화하는 환경법 체계 개선안을 마련하였다. 이에 따라 기존의 환경보전법을 환경정책기본법, 대기환경보전법, 소음·진동규제법, 수질환경보전법, 유해화학물질관리법, 환경오염피해분쟁조정법 등 소위 환경 6법으로 분법화하는 개정안을 마련하였다. 이들 환경법안은 1990년 8월 제정되어 우리나라의 환경법 체계는 분법화, 복수법화 시대로 접어들게 되었다. 이 시기가 우리나라 환경행정 역사상 가장 활발한 입법활동을 전개한 시기라 평가할 수 있으며 현재의 환경관리

제도들의 모태가 되었다.

표 2.4 1990년 분법화시기의 환경법 현황

소관	1990년 이전 단일법 제도	1990년 이후 복수법 제도
환경청 소관	환경보전법(1977년) 독물 및 극물에 관한 법률(1963년)	환경정책기본법 대기환경보전법 소음진동규제법 수질환경보전법 유해화학물질관리법 환경오염피해분쟁조정법
	오물청소법(1961) → 폐기물관리법(1986)	폐기물관리법
타부처 소관	하수도법(1966년), 수도법(1961년), 자연공원법(1980년) 조수보호 및 수렵에 관한 법률(1967년)	

참고자료 2.4 분법된 6개 법률의 주요내용

1. 환경정책기본법은 기본적인 환경정책에 관한 내용과 개별 법률에 포함시킬 수 없는 조항을 규정한 법률이다. 이 법에서 가장 논란이 되었던 내용은 환경영향평가시 주민의견 수렴 여부와 방식이었다. 최종적으로 '환경평가서를 작성하는 사업시행자는 그 사업의 시행으로 인해 영향을 받게 되는 주민의 의견을 참고하여 이를 내용에 포함시켜야 한다'는 것으로 모호하게 규정되었다. 비록 강제 규정은 아니고 선언적 조항이기는 하나 정부차원의 개발사업 추진 시에도 주민의견을 수렴한다는 취지를 반영했다는 의의가 있다.
2. 대기환경보전법은 대기오염물질 배출시설에 대한 규제를 강화하고 자동차 증가에 대처하기 위해 자동차 배출가스 규제기준을 강화하였다.
3. 수질환경보전법은 수질보전 관련 내용을 강화하였고 배출시설의 구체적인 허가절차를 규정하였다.
4. 소음진동규제법은 주민생활 보호를 위해 시·도지사가 교통수단으로 인한 소음진동을 규제할 필요가 있는 경우에 교통소음진동 규제지역을 지정할 수 있게 하는 등 피해 방지를 위한 내용을 보완하였다.
5. 유해화학물질관리법은 종래에 여러 법률에 분산되어 있던 화학물질 관리에 관한 규정을 통합하여 유해화학물질의 발생부터 처리까지의 관리체계를 구축하였다.
6. 환경오염피해분쟁조정법은 환경분쟁조정 전담기구로서 중앙 및 지방 환경분쟁조정위원회를 상설 기구화하여 환경분쟁에 대한 피해구제를 신속히 처리할 수 있도록 했다.

라. 분야별 법령의 발전과정

1) 폐기물 관련 법령의 정비

폐기물관리법은 1986년에 종래 오물청소법을 대체하여 제정되었다. 오물청소법은 위생매립 개념조차 불확실한 시기에 제정되어 폐기물의 투기를 제한하는 수준의 법률이었다. 반면에 폐기물관리법은 생활폐기물과 산업폐기물로 분류하고 처리기준을 규정하는 등 전통적인 폐기물 관리체계를 확립하는 기반이 되었다. 이후 1990년대에 접어들면서 당시 위생매립장이나 소각장이 전무한 상황에서 폐기물의 안전처리와 2차 오염 관리 문제가 새로운 정책과제로 대두됨에 따라 폐기물관리법을 1991년 9월에 전면 개정하게 된다. 개정법에서는 폐기물의 분류체계를 유해성 기준으로 새롭게 정비하고 국가와 지방자치단체의 관리 책임을 명확히 하였으며, 폐기물 예치금제도와 폐기물매립시설의 사후관리제를 도입하였다.

1992년 12월에는 당시 분리수거제가 도입되면서 관심이 높아진 재활용을 촉진하기 위하여 폐기물관리법상의 재활용 관련규정을 분리하고, 새로운 재활용 시책을 추가·보완한 "자원의 절약과 재활용촉진에 관한 법률"이 제정되었다.[27] 1995년 1월에는 소각시설이나 매립지 등 폐기물처리시설의 설치를 원활하게 하기 위한 법적 지원을 위해 "폐기물 처리시설 설치촉진 및 주변지역지원 등에 관한 법률"이 제정되었다. 1993년에는 농촌폐비닐 수거, 처리를 주목적으로 한 "합성수지 폐기물 처리사업법"이 폐지되고 그 대신 한국자원재생공사법이 제정되었다.

2) 수질보전 관련 법령의 정비

1991년과 1994년에 낙동강 유역에 수질오염사고가 발생한 후 근본적인 관리체계 정비가 요구되었고 수자원의 안전하고 안정된 관리에 대한 국민적 관심도 높아지자 정부는 물 관리 행정체제를 정비하게 되었다. 1994년 수도법과 하수도법을 개정하여 지방상수도의 관리업무와 하수도의 설치관리 업무를 당시 건설교통부에서 환경부로, 음용수 관련 기능을 보건사회부에서 환경부로 이관한다. 이후 1995년에는 먹는물관리법을 제정하여 식품위생법과 공중위생법에 분산된 음용수 관련규정을 통합하였다.

1980년대부터 축산분뇨에 의한 수질오염과 하수처리장이 없는 지역의 생활오수 처리가 문제시 되었다. 1991년에는 "오수분뇨 및 축산폐수의 처리에 관한 법률"[28]을 제정하여 폐

---

27) 자원의 절약과 재활용 촉진에 관한 법률은 제정당시 주관부처를 놓고 환경부와 상공부간에 치열한 논쟁이 벌어졌으며 경제기획원의 조정으로 환경부가 주관하게 된다. 당시 일본·독일의 법령을 참고하여 제정하였으며 일부 규정은 이들 국가보다 더욱 체계적으로 규정하였다. 생산자에게 회수·처리 의무를 부과하고 업종별로 재활용관련 지침을 제시하는 등 다양한 재활용정책을 법제화 하였다. 외국에서도 재활용분야의 새로운 입법 사례로 분석대상이 되었다.

기물관리법에서 규정하던 내용을 보완하여 별도 법을 제정하였다. 1997년에는 녹조 방지대책 등을 담은 호소수질관리법이 제정되었다. 1999년부터 전국 4대강 수질보전특별대책이 수립되면서 1999년 "한강수계 상수원수질개선 및 주민지원 등에 관한 법률"이 제정되었고, 2002년에는 이와 유사하면서도 지역적 특징을 반영한 법으로 금강, 낙동강, 영산강 수계를 대상으로 한 법률이 제정된다.

3) 국제환경협약의 이행을 위한 국내법제 정비

1990년대부터 우리나라도 국제환경협약에 적극적으로 가입함에 따라 이들 협약을 이행하는데 필요한 국내법을 마련하게 되었다. 유해폐기물의 국가간 이동 및 그 처리를 규제하는 내용의 바젤협약이 발효되면서 국내에서도 1992년 12월에 "폐기물의 국가간 이동 및 그 처리에 관한 법률"을 제정하였다. 멸종위기에 있는 야생동식물의 국제거래에 관한 협약(CITES)과 생물다양성협약에 대비하여 1994년에 자연환경보전법을 개정하였다. 또한 습지 및 철새보호를 위한 람사협약의 취지를 반영하여 습지보전법을 1999년에 제정하였다.

4) 자연환경 보전 및 환경평가 관련 법률의 정비

자연환경 관리를 위한 법령은 종전에 환경보전법에서 일부 규정하고 있었으나 환경보전법이 분법화 됨에 따라 1991년 자연환경보전법이 제정되었다. 자연환경보전법은 통합적인 관리 제도보다는 자연환경 조사 등 기초적인 내용을 규정하였다. 1993년에는 환경정책기본법에 규정되어 있던 환경영향평가 관련 조항들을 분리·보완하여 환경영향평가법을 별도 법률로 제정하였다. 이 법은 1999년 정부 부처간 유사한 영향평가 제도를 통합한다는 방침에 따라 타 부처 소관의 영향평가까지를 통합하여 규정한 '환경·교통·재해등에 관한 영향평가법'으로 변경되었다. 이후 2008년도에는 다시 환경영향평가만을 관장하는 환경영향평가법으로 환원되었다. 이외에 1995년에는 토양환경보전법이, 1997년에는 독도등도서지역의생태계보전에관한특별법이 제정되었다.

5) 기타 법령 정비

1991년 3월 낙동강 페놀오염사고의 후속 대책의 하나로 환경오염 행위에 대한 강력한 처벌 규정을 마련하게 되었다. 이에 1991년 5월 환경오염물질을 배출하여 공중의 생명과 신체에 위해를 가하는 행위에 대하여 환경범죄로 강력히 처벌할 수 있도록 하는 "환경범죄의 처벌에 관한 특별조치법"이 제정되었다. 오염원인자 부담원칙을 적용하고 환경오염방지시설

---

28) 이 법은 2006년 일부는 하수도법으로 이관되고, 축산분뇨 분야만 분리하여 가축분뇨 관리 및 이용에 관한 법률을 제정한다.

의 투자재원을 마련하기 위하여 건축물과 경유자동차를 대상으로 한 환경개선비용부담법을 1991년에 제정하였다. 환경개선부담금을 비롯하여 배출부과금, 폐기물부담금 등 각종 원인자부담금을 환경투자 재원으로 활용하기 위하여 1994년에 환경개선특별회계법이 제정되었다. 그리고 1994년에는 '환경기술개발 및 지원에 관한 법률'이, 1996년에는 '다중이용시설 등의 실내공기질 관리법'이 제정되는 등 환경법 체계의 개별법화가 가속되었다.

참고자료 2.5 환경법 연혁 및 현황

1960 (6개 법률)	1970~1980 (9개 법률)	1990~2013(52개 법률)		
		현 황	제정일	최종개정일
공해방지법 (1963.11.5. 제정)	환경보전법 (1977.12.31. 제정)	환경정책기본법	1990. 8. 1	2013. 4. 5
		대기환경보전법	1990. 8. 1	2013. 7.16
		지속가능발전 기본법	2007. 8. 3	2007. 8. 3
		환경교육진흥법	2008. 3.21	2008. 3. 21
		환경보건법	2008. 3.21	2013. 1. 1
		다중이용시설 등의 실내공기질 관리법	1996.12.30	2013. 6.12
		소음·진동관리법	1990. 8. 1	2013. 3.22
		악취방지법	2004. 2. 9	2013. 7.16
		수도권대기 환경개선에 관한 특별법	2003.12.31	2013. 7.16
		수질 및 수생태계 보전에 관한 법률	1990. 8. 1	2013. 3.22
		한강수계 상수원 수질개선 및 주민지원 등에 관한 법률	1999. 2. 8	2010. 5.31
		낙동강수계 물관리 및 주민지원 등에 관한 법률	2002. 1.14	2008.12.31
		금강수계 물관리 및 주민지원 등에 관한 법률	2002. 1.14	2008.12.31
		영산강·섬진강수계 물관리 및 주민지원 등에 관한 법률	2002. 1.14	2008.12.31
		자연환경보전법	1991.12.31	2013. 3.22
		환경범죄의 단속에 관한 특별 가중처벌에 관한 법률	1991. 5.31	2013. 5.22

		환경분쟁조정법	1990. 8. 1	2012. 2. 1
		남극활동 및 환경보호에 관한법률	2004. 3.22	2013. 3.23
		녹색제품 구매촉진에 관한법률	2004.12.31	2012. 2. 1
		환경분야 시험·검사 등에 관한 법률	2006.10. 4	2013.2.16
		환경개선비용부담법	1991.12.31	2013.7.16
		인공조명에 의한 빛공해방지법	2012. 2. 1	2012. 2. 1
	자연공원법 (1980. 1.4. 제정)	자연공원법	1980. 1. 4	2011. 7.28
		독도등 도서지역 생태계보전 특별법	1997.12.31	2011. 7.28
		습지보전법(공동입법)	1999. 2. 8	2013. 7.16
		환경영향평가법	1999.12.31	2011. 7.21
		토양환경보전법	1995. 1. 5	2012. 6. 1
		백두대간보호에 관한 법률(공동입법)	2003.12.31	2009. 3. 5
		문화유산과 자연환경자산에 관한 국민신탁법(공동입법)	2006. 3.24	2011.7.28
		2012세계자연보전총회 지원특별법	2010. 5.17	2011.11.14
조수보호 및 수렵에 관한 법률 (1967.3. 30 제정)		야생생물 보호 및 관리에 관한 법률	2004. 2. 9	2013. 7.12
		생물 다양성 보전·이용에 관한 법률	2012. 2. 1	2012. 2. 1
		국립생태원의 설립·운영에 관한 법률	2013. 6.12	2013. 6.12
환경오염 방지사업법 (1983.5.1.제정)		한국환경공단법	2009. 2. 6	2012. 5.23
		환경개선 특별회계법	1994.1. 5	2012. 7.22. (폐지)
		환경기술개발 및 산업지원법	1994.12.22	2013. 2.16
독물 및 극물에 관한법률 (1963.12.13. 제정)		유해화학물질관리법	1990. 8. 1	2013. 6. 4
		잔류성유기오염물질 관리법	2007. 1.26	2012. 2. 1
		화학물질의 등록·평가 등에 관한 법률	2013. 5.22	2013. 5.22
오물청소법 (1961.12.30. 제정)	폐기물 관리법 (1986.12.31. 제정)	폐기물관리법	1986.12.31	2013. 7.16
		오수·분뇨 및 축산폐수의 처리에 관한 법률(폐지)	1991. 3. 8	2007. 9.28. (폐지)
		가축분뇨의 관리 및 이용에 관한 법률(공동입법)	2006. 9.27	2010. 2. 4
		자원의 절약과 재활용촉진에 관한 법률	1992.12. 8	2013. 5.22

		전기·전자제품 및 자동차의 자원순환에 관한 법률(공동입법)	2007. 4.27	2013. 7.16
		폐기물의 국가간 이동 및 그 처리에 관한 법률	1992.12.8	2010. 3.22
		건설폐기물의 재활용촉진에 관한 법률	2003.12.31	2013. 6.12
		폐기물처리시설 설치촉진 및 주변지역지원 등에 관한 법률	1995. 1. 5	2013. 8.13
		수도권매립지관리공사의 설립 및 운영 등에 관한 법률	2000. 1.21	2011. 7.28
		석면피해구제법	2010. 3.22	2010. 3.22
		석면안전관리법	2011. 4.28	2011. 4.28
	합성수지법 (1979.12.28. 제정)	한국환경자원공사법	1993.12.27	2009. 9.26. (폐지)
하수도법 (1966.8.3. 제정)		하수도법	1966. 8. 3	2013. 7.16
수도법 (1961.12.31. 제정)		수도법	1961.12.31	2011.11.14
		먹는물관리법	1995. 1. 5	2013. 3.22
		물의 재이용 촉진·지원에 관한 법률	2010. 6. 8	2013. 7.16

(자료 : 국립환경인력개발원 2011년 교재, 전형률)

2.5.3 환경법제 현황

가. 환경부 소관 법률

지난 30여 년간 환경법제가 꾸준히 발전되면서 미국, 일본, 유럽등 대부분의 선진국과 같이 오염 매체별 또는 규제대상별로 특정 법률을 제정하는 복수법 주의를 채택하고 있으며, 법률 구성 체계는 헌법, 환경정책기본법, 개별법 단계로 되어 있다. 이렇게 우리나라 환경법이 관리 대상 매체별로 세분화되면서 환경부가 관장하는 법률은 2013년 기준으로 총 52개 법률에 달하게 되어 외형적인 법률 체계는 선진국 수준으로 정비된 것으로 평가된다. 분야별로는 그림 2.4와 같이 자연환경 관리분야 12개, 수질보전분야 10개, 대기보전분야 5개, 폐기물분야 9개 등으로 구성되어 있다.

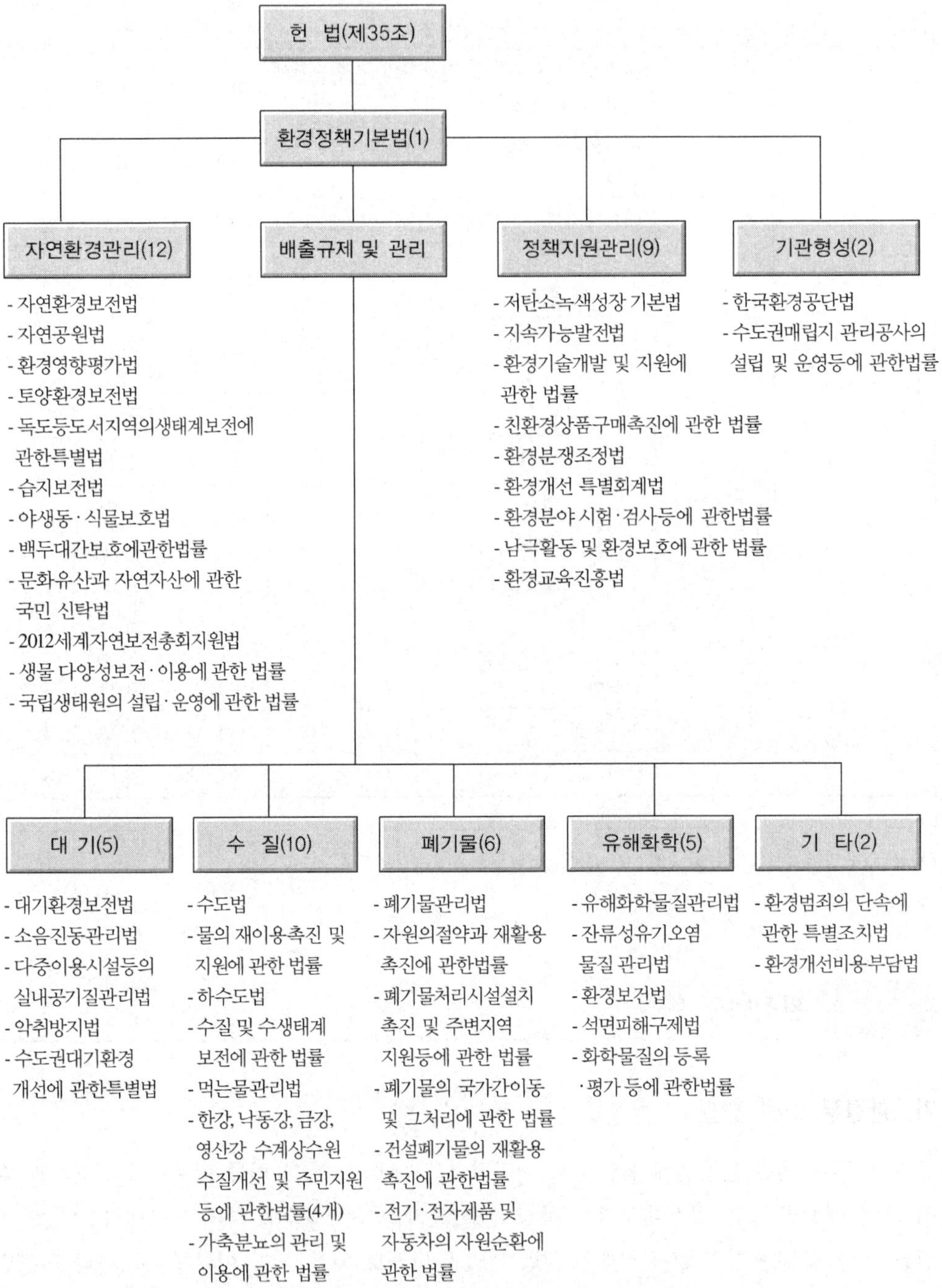

헌 법(제35조)

환경정책기본법(1)

자연환경관리(12)

- 자연환경보전법
- 자연공원법
- 환경영향평가법
- 토양환경보전법
- 독도등도서지역의생태계보전에 관한특별법
- 습지보전법
- 야생동·식물보호법
- 백두대간보호에관한법률
- 문화유산과 자연자산에 관한 국민 신탁법
- 2012세계자연보전총회지원법
- 생물 다양성보전·이용에 관한 법률
- 국립생태원의 설립·운영에 관한 법률

배출규제 및 관리

정책지원관리(9)

- 저탄소녹색성장 기본법
- 지속가능발전법
- 환경기술개발 및 지원에 관한 법률
- 친환경상품구매촉진에 관한 법률
- 환경분쟁조정법
- 환경개선 특별회계법
- 환경분야 시험·검사등에 관한법률
- 남극활동 및 환경보호에 관한 법률
- 환경교육진흥법

기관형성(2)

- 한국환경공단법
- 수도권매립지 관리공사의 설립 및 운영등에 관한법률

대 기(5)

- 대기환경보전법
- 소음진동관리법
- 다중이용시설등의 실내공기질관리법
- 악취방지법
- 수도권대기환경 개선에 관한특별법

수 질(10)

- 수도법
- 물의 재이용촉진 및 지원에 관한 법률
- 하수도법
- 수질 및 수생태계 보전에 관한 법률
- 먹는물관리법
- 한강, 낙동강, 금강, 영산강 수계상수원 수질개선 및 주민지원 등에 관한법률(4개)
- 가축분뇨의 관리 및 이용에 관한 법률

폐기물(6)

- 폐기물관리법
- 자원의절약과 재활용 촉진에 관한법률
- 폐기물처리시설설치 촉진 및 주변지역 지원등에 관한 법률
- 폐기물의 국가간이동 및 그처리에 관한 법률
- 건설폐기물의 재활용 촉진에 관한법률
- 전기·전자제품 및 자동차의 자원순환에 관한 법률

유해화학(5)

- 유해화학물질관리법
- 잔류성유기오염 물질 관리법
- 환경보건법
- 석면피해구제법
- 화학물질의 등록·평가 등에 관한법률

기 타(2)

- 환경범죄의 단속에 관한 특별조치법
- 환경개선비용부담법

그림 2.4 환경부소관 환경법 체계도

나. 타 부처 소관 환경관련 법률 현황

현재 타 부처에서 관장하는 환경보전과 직간접적으로 관련되는 법률은 표 2.5에서 보는 바와 같이 70여개 이상에 달하고 있으며 소관 부처만도 15개 이상에 달하고 있다.

표 2.5 타부처 소관 환경관련 법률 현황

분야		법 률 명
국토 이용 및 보전	국토계획/용도지정 일반	국토기본법 국토의 계획 및 이용에 관한 법률
	환경관련 토지이용	수도권정비계획법, 산업집적활성화 및 공장설립에 관한 법률, 산업입지 및 개발에 관한 법률, 택지개발촉진법, 농지법, 개발제한구역의 지정 및 관리에 관한 특별조치법, 지역균형개발 및 지방중소기업육성에 관한 법률, 동서남해안권 발전 특별법, 신발전지역 육성을 위한 투자촉진 특별법
	영향평가 특례	제주국제자유도시특별법, 폐광지역개발 지원에 관한 특별법
자연 환경 보전 및 이용	산 림	산림법, 사방사업법,
	농·축산	농약관리법, 비료관리법, 식물방역법, 초지법
	관광, 문화재	문화재보호법, 관광진흥법, 체육시설의 설치 및 이용에 관한 법률
	광 산	광업법, 광산보안법, 폐광지역개발지원에 관한 특별법
	기 타	접경지역지원법, 해양생태계의 보전 및 관리에 관한 법률, 무인도서의 보전 및 관리에 관한 법률
대기·에너지 관련		에너지이용합리화법, 집단에너지사업법, 대체에너지개발촉진법, 석유사업법, 중기관리법, 오존층보호를 위한 특정물질 제조·규제 등에 관한 법률, 고압가스안전관리법
수자원 관련		하천법, 공유수면매립법, 공유수면관리법, 골재채취법, 소하천정비법, 내수면어업법, 댐건설 및 주변지역지원에 관한 법률, 지하수법, 온천법, 해양심층수의 개발 및 관리에 관한 법률
소음관련		항공법, 도로교통법, 학교보건법, 집회 및 시위에 관한 법률
기 타		유전자변형생물체의 국가간 이동에 관한 법률, 기업활동 규제완화에 관한 특별 조치법, 과학기술기본법, 외국인투자촉진법, 산업안전보건법, 해양환경관리법, 건설기술관리법, 장사 등에 관한 법률, 건설산업기본법

(자료 : 국립환경인력개발원 2011년 교재, 전형률)

2.6 환경행정 조직의 발전과정

2.6.1 환경청 시대

1963년 우리나라 최초의 환경법이라 할 공해방지법이 제정된 이후 1967년에는 당시 보건사회부의 환경위생과에 공해계가 신설됨으로써 중앙정부의 환경행정 담당조직의 시초가 되었다. 이후 1970년대에 보건사회부에 과단위, 국단위 조직으로 서서히 확대되었다. 1980년에는 차관급 부서인 환경청이 발족하면서 비로소 중앙정부의 환경행정기관이 탄생하였다. 이후 1986년에 6개 지방환경지청이 설치되면서 환경청이 전국 환경관리 조직으로서 틀을 갖추게 된다.

2.6.2 환경부 시대

1990년에 환경청이 장관급 부서인 환경처로 승격되면서 본부 조직과 지방환경청 조직이 대폭 강화되었다. 1994년에는 낙동강에서 잇달아 식수오염 사고가 발생하고 후속조치로 정부의 물 관리 기능을 조정하여 건설교통부의 상하수도 업무와 보건사회부의 음용수관리업무를 인수하게 되고, 집행기능을 강화하기 위해 환경처를 환경부로 승격한다. 이후 1999년에는 산림청으로부터 야생조수의 보호 및 수렵관리 업무가 환경부로 이관되었다.

2002년에는 산업단지 내의 배출업체에 대한 지도·단속업무를 지방자치단체에 이관하면서, 지방환경청에서는 단속 업무 대신 환경성검토 협의, 환경영향평가, 환경생태계 조사 등 사전오염예방 기능과 자연생태 보전기능이 보완되었다. 2008년에는 기후변화에 대응하는 차원에서 기상청이 환경부 산하로 이관되었다. 현재 환경부 산하기관으로는 한국환경공단, 국립공원관리공단, 수도권매립지관리공사, 한국환경산업기술원, 국립생태원[29]이 있다.

지방자치단체의 환경행정 기능도 지방자치제도가 도입되면서 비약적으로 발전해 왔으며 환경영향평가 및 유해화학물질 관리 등 일부 집행업무를 제외하고는 대부분의 집행적 성격의 국가사무는 위임되거나 이양되어 있어 실질적으로 배출원 관리를 전담하고 있다.[30] 지자

29) 충남 서천군에 건설되었으며 2013년 법인화되어 발족하였다.

체는 하수처리장, 폐기물처리장 등 환경기초시설의 설치·운영 주체이기도 하다. 현재 광역 지자체인 시·도의 경우 대부분 국 단위의 환경관리 부서를 두고 있고, 기초지자체인 시·군의 경우 과 단위의 환경관리 부서를 두고 있다.

2.7 환경예산

2.7.1 환경예산 개관

광의의 환경예산은 환경부뿐 아니라 국토교통부, 농림축산부 등 각 부처 예산에 편성된 모든 환경보전 관련 예산과 지방자치단체의 환경관련 예산을 포괄하는 의미이나, 여기서는 환경부 소관 예산을 중심으로 기술한다. 1980년대 환경청 시절에는 환경행정 기능이 환경기초시설 투자보다는 환경 규제에 집중되어 예산 규모도 적고 기관운영 예산 위주였다. 환경처 발족 이후 환경행정 기능이 한층 강화되면서 환경예산도 크게 증가하기 시작하였다. 표 2.6에서 보듯이 환경예산 규모는 1980년 120억원 수준에서 출발하여 1990년에 1천억원을 초과하고 2013년에는 5.4조원에 달하게 되었다.

예산회계 구조도 여러 차례 변화한다. 1993년 까지는 일반회계와 환경오염방지기금, 폐기물관리기금, 지방양여금(1991~2004년)으로 편성되었다. 1994년에 환경재원을 일원화하자는 취지에서 환경개선특별회계법이 제정되면서 일반회계 전입금과 환경개선부담금, 수질개선부담금 등 개별법에 의한 모든 부담금을 재원으로 하는 환경개선특별회계제도가 도입되었다.

예산은 세입예산과 세출예산으로 구분된다. 환경관련 세입예산은 환경개선특별회계(이하 '환특'이라 한다.)에 편성된다. 2014년 환특 세입예산을 보면 표 2.7과 같이 전년 대비 2,234억원 증액된 4조 8772억원이다. 자체 세입은 2013년보다 1,218억원 감액된 1조 3,435억원이다. 세입중 생태계보전협력금, 수질개선부담금 등 각종 부담금 수입이 감소하고 있다. 전입금은 일반회계전입금을 포함하여 3,456억원 증액된 3조 5,335억원이다.[31)]

30) 사업장에 대한 지도·단속 업무가 지자체로 대부분 이양·위임되면서 단속 건수가 크게 감소하게 되었다. 이는 사업장의 환경관리가 개선되었다는 시각도 있고 민선 지자체장 시대에 지역발전에 기여하는 사업장을 단속하기가 사실상 어렵다는 시각도 있다.

표 2.6 환경예산의 변화 (단위 : 억원)

연 도	환경부 예산 규모	비 고
1971	0.5	보사부내 과기능
1980	120.5	환경청 발족
1987	670.8	지방환경청 개청
1995	9,200	환경개선특별회계 도입
2000	21,744	
2005	28,557	지방양여금 → 환특 및 농특
2008	35,514	
2014	54.121	

※ 1995년과 2000년의 경우 지방양여금이 각각 2,471억원, 8,721억원이 포함된 예산규모임

표 2.7 2014년 환경부 소관 세입예산 내역 (단위 : 억원)

내 역	'13 예산		'14 예산 (B)	증 감 (B–A)	
	본예산(A)	추경예산			%
합계	46,538	48,250	48,772	2,234	4.8
<일반회계>	-	-	2	2	순증
◦ 재산수입	-	-	2	2	순증
<환특회계>	46,538	48,250	48,770	2,232	4.8
■ 자체세입	14,653	14,653	13,435	△1,218	△8.3
- 법정부담금	10,365	10,365	9,673	△692	△6.7
- 융자원금 회수	2,913	2,913	2,469	△444	△15.2
- 기타경상이전수입	721	721	745	24	3.3
- 재산수입	567	567	432	△135	△23.8
- 재화 및 용역판매수입	26	26	48	22	84.6
- 수입대체경비	9	9	6	△3	△33.3
- 기타(가산금 등)	53	53	62	9	17.0
■ 전입금	31,885	33,597	35,335	3,450	10.8
- 일반회계 전입금	31,451	33,163	35,335	3,884	12.3
- 기금예수금	434	434	-	△434	순감

※ 세입예산 48,770억원은 세출예산을 편성할 때 환특 세출예산으로 44,582억원, 광특 세출예산으로 3,985억원, 기금전출금으로 203억원이 각각 편성된다.

(자료 : 환경부, 2014년 환경부 세입예산, 2014.1)

31) 이렇게 조성된 세입예산은 표 2.7 하단에 명기한 것 같이 환특, 광특, 기금전출금으로 사용되며, 실제 집행되는 세출예산은 세입예산과 다르게 편성된다.

실제 집행되는 세출예산을 회계별로 보면 환경개선특별회계가 가장 많고 농어촌구조개선특별회계, 광역·지역발전특별회계, 에너지및자원사업특별회계로 구성되어 있다. 2014년의 세출예산은 전년 대비 3.7%(1,915억원) 증액된 5조 4,121억원 규모이다.

표 2.8 환경부소관 연도별·회계별 세출예산 변화추이 (단위 : 억원)

구 분	1995	2000	2003	2006	2008	2014
합 계	6,729	13,023	14,037	29,992	35,914	54,121
환경개선특별회계	4,193	10,505	12,241	26,326	31,159	44,582
재정융자특별회계	2,056	1,886	1,115	905	-	
농어촌구조개선특별회계	425	388	680	776	1,006	903
국유재산관리특별회계	55	243	-	-	-	
광역·지역발전특별회계	-	-	-	1,985	3,749	7,834
에너지및자원사업특별회계						802

※ 재정융자특별회계는 2007년부터 공공자금관리기금으로 통합됨에 따라 기금사업으로 전환
※ 국유재산관리특별회계는 종합환경연구단지 조성사업임.

표 2.9 2014년 환경부 세출예산 내역 (단위 : 억원)

구 분	'13 예산		'14 예산 (B)	증 감 (B–A)	
	본예산(A)	추경			%
합 계	52,206	54,215	54,121	1,915	3.7
환경개선특별회계	42,479	44,181	44,582	2,103	5.0
농어촌구조개선특별회계	1,082	1,379	903	△179	△16.5
광역·지역발전특별회계	7,688	7,698	7,834	146	1.9
에너지및자원사업특별회계	957	957	802	△155	△16.2

(자료 : 환경부, 2014년 환경부 예산, 2014.1)

2014년 세출 예산을 부문별로 보면 표 2.10과 같이 상하수도·수질분야가 전체예산 대비 64.7%로 가장 많으며, 환경일반, 자연보전, 대기보전, 폐기물관리 분야 순으로 편성되어 있다.

표 2.10 2014년 환경부 부문별 세출예산 내역 (단위 : 억원)

구 분	'13 예산		'14 예산 (B)		증 감 (B-A)	
	본예산(A)	추경		%		%
합 계	52,206	54,215	54,121	100.0	1,915	3.7
사업비	50,915	52,924	52,815	97.6	1,900	3.7
상하수도·수질	33,283	35,164	35,021	64.7	1,738	5.2
- 상하수도(토양지하수 포함)	24,641	25,919	26,621	49.2	1,980	8.0
- 수질	8,641	9,245	8,400	15.5	△241	△2.8
폐기물	3,390	3,390	3,235	6.0	△155	△4.6
대기	2,919	2,919	2,665	4.9	△254	△8.7
자연	4,260	4,270	4,694	8.7	434	10.2
환경일반	7,063	7,180	7,200	13.3	137	1.9
- 환경정책	3,453	3,456	3,105	5.7	△348	△10.1
- 환경보건	779	893	1,196	2.2	417	53.5
- 국제협력	113	113	184	0.3	71	62.8
- 환경연구·교육	558	558	683	1.3	125	22.4
- 기타 환경관리	2,160	2,160	2,032	3.8	△128	△5.9
인건비·기본경비 등	1,291	1,291	1,305	2.4	14	1.1

(자료 : 환경부, 2014년 환경부세출예산, 2014.1)

2.7.2 4대강 수계관리기금

환경부의 환경개선특별회계 등 정부 예산 외에 광의의 환경예산으로 4대강수계 수질개선 특별법에 근거하여 조성되는 수계관리기금이 있다. 4대강 수계법은 최종 수요자에게 물 사용량에 비례하여 물이용 부담금을 부과·징수하여 수계관리기금에 납입하도록 하고 있다. 이는 상류 지역을 규제하여 수질이 개선되는 편익을 하류지역에서 갖게 되므로 수혜자부담 원칙에 따라 이에 상응하는 비용을 수익자가 부담해야 한다는 논리이다. 따라서 수계관리기금은 수질보전을 위하여 규제되는 지역 주민에 대한 지원사업과 상류지역 환경기초시설의 설치·운영 등 상수원의 수질개선을 위한 환경기초시설의 확충사업에 주로 사용되고 있다.

물이용 부담금의 부과요율은 한강수계의 경우, 1999년 톤당 80원에서 출발하여 2005년 이후에는 톤당 130원이 부과되고 있다. 수계관리기금의 수입내역을 보면 4대강 수계에 전부 적용된 2004년 6,874억원 규모에서 2013년의 경우 약 9,010억원으로 증가하고 있다.[32)]

표 2.11 4대강 수계관리기금의 연도별 수입 추이 (단위 : 억원)

연 도	1999	2000	2004	2007	2014
수입 금액	278	2,036	6,874	7,602	9,010

※ 2000년까지는 한강수계만 부과, 2004년부터 전국 4대강 수계 부과

기금의 수입 내역을 보면 2014년 기준으로 총 수입액은 9,010억원으로 전년 예산 8,667억원 대비 4.0% 증가하였다. 수입 금액 중 가장 큰 비중을 차지하는 물 이용부담금은 최근 3년간 물 사용량 추이를 반영하여 전년 대비 264억원 증가하였다.

표 2.12 2014년 수계관리기금 수입내역 (단위 : 십억원, %)

구 분		'13 계획	'14계획(안)	증(△)감
합 계		867	901	34
물이용부담금		822	848	26
기타 재산수입		2	2	△0.2
기타경상이전 수입 등		15	11	△4
여유자금 회수		28	39	11
수계별	한강수계관리기금	457	478	21
	낙동강수계관리기금	220	221	1
	금강수계관리기금	106	115	9
	영산강·섬진강수계관리기금	83	87	4

(자료 : 환경부, 2014.1, 2014년 환경부 기금예산)

32) 부담금은 한강수계의 경우 서울시와 인천시, 경기도 일부지역 주민들에게 부과되는데 하류 지자체들은 기대보다 수질개선 효과가 적고 수계기금의 용도가 불합리하다며 부담금 인하를 요구하고 있으며 때로 부담금 납부를 일시 거부하기도 한다. 반면 상류 지역의 지자체와 주민들은 더 올려야 된다는 입장이다. 중앙정부, 상하류 지방정부, 지역주민 모두가 의견이 달라 조정이 쉽지 않으나 환경기초시설도 많이 확충되었고 지역주민 지원사업의 종류에 한계가 있으므로 전반적인 지출 용도와 수입구조에 대해 검토할 필요가 있다.

2014년 수계관리기금의 지출내역을 부문별로 보면 환경기초시설 운영비가 가장 많고, 다음으로 토지매수 및 수변구역 관리, 환경기초시설 설치비, 주민지원사업 순이다. 환경기초시설 설치 예산이 감소한 것은 그간 상류지역에 하수처리장을 지속적으로 건설하여 신규 수요가 감소하게 된 것을 나타낸다.

표 2.13 수계관리기금 지출계획 내역 (단위 : 백만원, %)

구 분	'13계획	'14계획(안)	증(△)감	%
계	866,657	901,067	34,410	4.0
총지출	847,555	837,042	△10,513	△1.2
- 주민지원사업	131,148	130,456	△692	△0.5
- 환경기초시설 설치	195,108	182,389	△12,719	△6.5
- 환경기초시설 운영	178,141	230,548	52,407	29.4
- 토지매수 및 수변구역관리	236,288	187,155	△49,133	△20.8
- 오염총량관리	23,965	21,770	△2,195	△9.2
- 기타수질개선지원	69,110	69,986	876	1.3
- 기금운영비	13,795	14,738	943	6.8
여유자금운용	19,102	64,025	44,923	235.2

(환경부, 2014.1, 2014년 환경부 기금예산)

참고문헌

- 경제인문사회연구회, 2009, *녹색성장 : 한국 경제·사회발전의 새로운 패러다임*, 연구회
- 김동욱 외, 2005, *환경정책론*, 그루
- 김병완, 2001, *환경정책의 논리와 실제*, 나남출판
- 김영화, 2011, *녹색 환경정책론*, 신광
- 김인환·전병성, 2003, *환경법강의*, 홍문관
- 김번웅, 2006, *환경행정학 : Sustainable governance in Korea*, 대영문화사
- 김진욱, 2006, *현대 환경행정론*, 한국학술정보
- 김형철, 2003, *환경법정해*, 신광출판사
- 김홍균, 2012, *환경법*, 홍문사
- 박원훈·최기련, 2003, *지속가능한 미래를 여는 에너지와 환경*, 홍문관
- 유동운, 1992, *환경경제학*, 비봉출판사
- 유영옥·김상철, 2003, *국제환경정책론*, 학문사
- 정회성, 2011, *환경정책론*, 박영사
- 정회성·변병설, 2008, *환경정책의 이해*, 박용사
- 지속가능발전위원회, 2001, *OECD 환경전망*, 김영사
- 환경부, 2010, *환경 30년사*
- 환경부, 2012, *환경백서*
- 한국환경정책평가연구원, 2012, *환경정책의 새로운 과제와 방향*, KEI
- 한국행정학회, 2000, *새천년을 향한 환경행정 : 정책 비전과 전략*, 한국행정학회
- 홍준형, 2005, 환경법, 박영사
- Buck, Susan J., 2006, *Understanding Environmental Administration and Law*, Island Press
- Deke, Oliver, 2010, *Environmental Policy Instruments for Conserving Global Biodiversity*, Springer
- Essers, P. H. J., Flutsch, Paul A, 1999, *Environmental Policy and Direct Taxation in Europe*, Kluwer Law Int'l
- Fiorino, D. J., 1995. *Making Environmental Policy*. Berkeley and LA: University of California Press.
- Nash, Jonathan R, 2010, *Environmental Law and Policy*. Kluwer Law & Business
- OECD, 1996, *Environmental Requirements for industrial permitting*, OECD
- OECD, 2001, *Domestic Transferable permits for environmental management*, OECD
- OECD, 2000, *Towards Sustainable Development*, OECD
- William J.Baumol, Wallace E. Oates, 1988, *The Theory of environmental policy (Second Edition)*, Cambridge university

- Environmental Law and Policy : *The Essentials [페이퍼백] Nash*, Jonathan R. 지음 Wolters Kluwer Law & Business 2010년 04월

CHAPTER 3

대기환경 보전정책

3.1 대기오염의 기본개념

3.1.1 대기오염 관리 여건

대기환경 보전정책은 대기환경을 적정하고 지속가능하게 관리·보전하여 맑고 깨끗한 대기환경을 유지하고 대기오염으로 인한 환경상의 위해를 예방함으로써 국민의 건강을 보호하고 쾌적한 환경을 향유할 수 있도록 하는 것을 기본 목표로 한다.[1] 우리나라에서 대기오염이 사회적 문제로 부각되기 시작한 것은 중화학 공업이 본격적으로 성장하고 도시화가 급격히 진전되기 시작한 1970년대부터이다. 우리나라는 좁은 국토에 인구밀도가 높아(세계 3위, 492명/km^2) 대기환경 관리에 있어 매우 불리한 여건을 갖고 있다. 특히 국토면적의 11.8%에 불과한 수도권에 인구와 자동차의 절반 가까이 집중되어 높은 대기오염 밀도를 나타낼 수밖에 없다. 또한 주요 대도시는 대부분 구릉이나 분지형태의 지형적 여건을 가지고 있으며 도심이 고밀도로 개발되어 대기오염물질의 확산을 더욱 어렵게 하고 있다. 대기환경 관리 여건이 기본적으로 매우 열악한 것이다.

우리나라의 대기 오염은 1970~80년대 후진국형 오염 양태에서 선진국 형으로 변화하고 있다. 1970~80년대 심각하던 이산화황과 먼지 오염도는 지속적으로 개선되고 있는 반면, 1990년대 이후 자동차 보급이 크게 확대되고 산업구조가 고도화되면서 오존, 이산화질소, 미세먼지(PM_{10}), 초미세먼지($PM_{2.5}$) 등 2차 오염물질과 유해화학물질 배출이 더욱 증가하는 양상이다. 앞으로도 경제규모가 계속 커짐에 따라 사업장, 자동차 등 대기오염물질 배출원이 계속 증가할 것으로 예상되어 대기오염도가 단기간에 개선되기는 쉽지 않을 것으로 전망된다. 아울러 초미세먼지($PM_{2.5}$), 유해화학물질 등에 의한 인체 위해성을 기준으로 대기오염물질 관리체계를 개편하는 것이 요구된다.

장거리이동 오염물질 등 광역적 지역단위의 오염 문제도 심화되고 있다. 기후변화로 중국과 몽골의 사막화가 촉진되면서 국내로 유입되는 황사 발생 횟수와 농도가 증가[2]하고 있으며, 중국의 급격한 산업화로 질소산화물, 미세먼지 등 장거리이동 대기오염물질의 영향도 점점 커지고 있다.[3]

---

1) 대기환경보전법 제1조

2) 황사 발생 횟수는 서울의 경우 1980년대 3.9일/년에서 1990년대 7.7일/년, 2000년 이후 12.2일/년으로 증가하였다.

중국은 에너지의 70%를 석탄으로 사용하고 있고, 사용량도 지속적으로 증가하여 주요 도시에 극심한 스모그가 발생하고 있다. 베이징 $PM_{2.5}$ 농도는 2013년 1월에 최고 993$\mu g/m^3$를 기록하기도 했다.(WHO 권고기준 : 일일 25$\mu g/m^3$) 우리나라는 기상상황이 서풍 계열일 경우 미세먼지(PM_{10})가 평균 44.5% 증가[4]하는 것으로 나타나 중국의 대기오염에 큰 영향을 받고 있다.

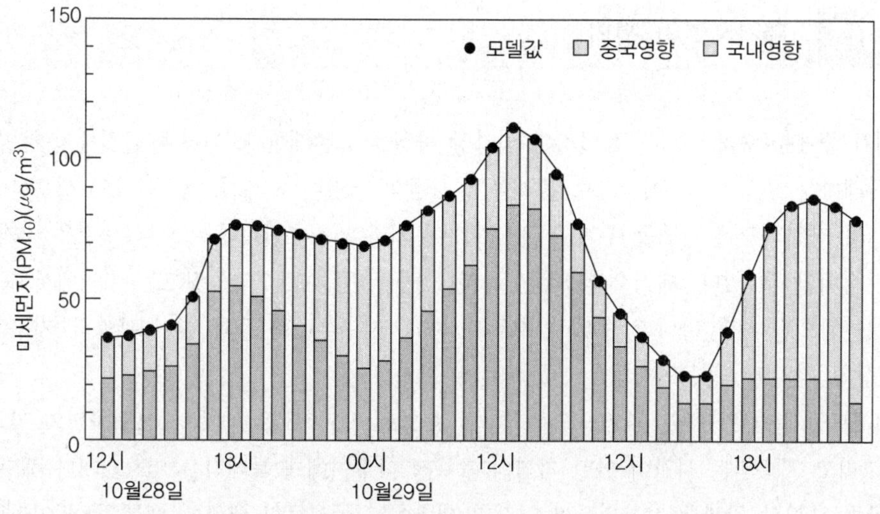

그림 3.1 중국 대기오염의 영향 사례(2013.10.29)

(자료 : 2차 수도권 대기환경관리 기본계획, 2013.12, 환경부)

대기질을 획기적으로 개선하기 위해서는 대기오염물질 배출원에 대한 농도 기준의 규제 방식으로는 한계가 있고 총량적 개념으로 대기오염물질 배출량을 규제하는 방향으로 전환이 불가피하다. 오염물질 배출시설과 자동차 배출가스에 대한 규제 등 오염원에 대한 사후적 규제로는 대기질 개선에 한계가 있으며 사전예방적 저감 정책이 확대되어야 하는 것이다. 또한 대기오염에 영향을 미치는 국토 및 도시계획 관리, 교통관리, 산업구조와 에너지 수급정책과 밀접히 연계되지 않으면 대기보전정책의 실효성을 담보하기 어려운 여건이 되었다.

대기환경 보전정책은 먼저 대기질 관리를 위한 국가목표인 대기환경기준을 설정하고 이

3) 중국으로부터 미세먼지가 유입되는 횟수가 증가하고 양상도 심각해지고 있다. 2013년 수도권에서 미세먼지 농도가 일일 환경기준치(100$\mu g/m^3$)를 초과하여 12시간 이상 지속된 경우가 1월~10월간 19차례나 관측되었다.(2012년은 3차례) 미세먼지의 중국으로부터의 영향은 정확하지 않으나 연평균 30~50% 수준까지 추정된다.(경기개발연구원, 2013.11)

4) 2011년 백령도 측정소 분석결과

를 달성하기 위하여 사업장, 자동차 등 배출원별 특성을 고려하여 배출허용기준 설정, 연료 사용 규제, 운행차에 대한 배출가스 저감장치 부착, 휘발성유기화합물 관리 등 다양한 정책 수단을 활용한다. 과학적인 예측을 기반으로 정책을 수립하기 위해 대기오염물질 배출량 조사, 대기오염 현황 모니터링 등 기초조사가 선행되어야 한다.

3.1.2 대기오염의 정의

대기 중에는 수많은 가스상 물질과 입자상 물질들이 존재한다. 이러한 물질들이 자연적으로 존재하는 일정 농도 이상으로 존재하여 사람의 건강이나 재산, 동·식물의 생육환경 등 생활 및 자연환경에 피해를 주거나 온실가스에 의하여 기후변화를 일으키는 것을 대기오염이라 정의할 수 있다. 대기오염물질은 도시나 공단 등 대기오염물질 발생지역에서 국지적 오염을 일으킬 뿐만 아니라 산성비, 오존층 파괴, 지구온난화 등과 같이 광역적·지구적 오염현상의 원인이 되기도 한다.

세계보건기구(WHO)는 대기오염을 "대기 중으로 인위적으로 배출된 오염물질의 양과 농도, 그리고 지속되는 시간이 어떤 지역의 불특정 다수인에게 불쾌감을 일으키거나 해당지역에 공중 보건상 위해를 가함으로써 인간의 생활이나 동식물의 생존에 해를 주어 인간의 정당한 생활과 재산을 침해하는 상태"라고 정의한다.[5] 우리나라는 법규에서 대기오염을 별도로 정의하지는 않고, 대기오염물질에 대해 심사·평가결과 대기오염의 원인이라고 인정된 가스상·입자상 물질로서 환경부령으로 정하는 것으로 정의하고 있다.[6]

대기오염물질의 농도는 전체 대기부피에 반비례하고 대기오염물질의 양에 비례한다. 따라서 같은 오염물질이 배출되더라도 전체 대기부피에 따라 대기오염물질의 농도는 다르게 나타난다. 즉, 대기의 확산 정도에 크게 좌우되므로 대기가 안정되어 확산이 제한되는 경우 일시적으로 고농도 대기오염 현상이 발생할 수 있다.

5) 국립환경과학원, 2012.11, 대기환경연보(2011), p3

6) 대기환경보전법 제2조

참고자료 3.1 대기오염물질의 농도 산정방법

1. 표시방법

가) 백분율 표시방법 : 농도(ppm) =대기오염물질의 부피 / 전체 대기부피

- 1ppm(parts per million)은 전체 대기부피 10^6중에서 오염물질의 부피가 1인 경우임 (예 : cm^3/m^3), %로 표시하면 1ppm은 0.0001%에 해당

나) 단위부피당 질량표시방법 : 농도($\mu g/m^3$)=대기오염물질의 질량 / 전체 부피

- 대기오염물질은 수질오염물질에 비해 미량이므로 통상 $\mu g/m^3$ 단위로 무게를 측정

2. 환산방법

- 오염도는 보통 25℃, 1기압(760mmHg)을 기준으로 하며, 이 조건에서 다음관계 성립

$$\mu g/m^3 = ppm \times \frac{\text{오염물질의 분자량}}{24.5} \times 10^3$$ (1기압, 25℃에서의 부피 24.5L 적용)

3.1.3 대기오염 배출원과 특성

가. 대기오염물질의 배출원

대기오염물질을 발생시키는 원천은 크게 자연적 발생원과 인위적 발생원으로 나눌 수 있다. 황사, 산불, 화산폭발과 같이 인간의 활동과 관계없이 대기오염물질을 발생시키는 배출원을 자연적 발생원이라 한다. 기후변화 및 사막화로 발생 빈도와 강도가 증가하고 있는 황사의 경우에는 직접적 영향이 심대하여 대기보전정책의 대상이 되기도 하지만, 통상적으로 정책의 관리대상이 되는 것은 자연적 발생원 보다는 주로 인간의 활동에서 비롯되는 오염물질, 즉 인위적 발생원이다.

인위적 발생원은 오염원의 특성에 따라 점오염원, 면오염원, 선오염원으로 구분할 수 있다. 점오염원은 대규모 공장, 발전소, 대형 난방시설과 같이 일정한 장소에서 다량의 오염물질을 배출하는 시설을 말한다. 면오염원은 점오염원과 달리 소규모의 발생원이 다수 집합하여 해당지역의 대기오염을 초래하는 것으로서 난방시설, 소형 소각로 등이 밀집한 주택 또는 상가를 말한다. 선오염원 또는 이동오염원은 자동차, 선박, 철도와 같이 이동하면서 오염물질을 배출하는 것을 말한다. 점오염원은 일반적으로 오염물질이 굴뚝을 통해 배출되어 확산 범위가 넓은 특성이 있는 반면, 면오염원이나 이동오염원의 경우는 해당 시설이나 자동차에서 배출되는 오염물질의 절대량은 점오염원에 비해 매우 적으나 배출지점이 지상에 가까워 배출되는 지역에 직접적인 영향을 미치는 특성이 있다.

나. 대기오염물질의 종류

대기오염물질은 물리적 특성에 따라 가스상 물질과 입자상 물질로 나눌 수 있다. 가스상 물질은 물질이 연소·합성·분해될 때에 발생하거나 물리적 성질로 인하여 발생하고, 입자상 물질은 물질이 파쇄·선별·퇴적·이적(移積), 연소·합성·분해될 때에 발생한다. 대기 중에 존재하는 입자상 물질은 입자로서 대기 중으로 직접 배출되는 것도 있고, 가스상으로 배출된 물질이 화학적 변환을 거쳐 입자로 응결되는 경우도 있다. 이산화황(SO_2), 질소산화물(NO_2), 일산화탄소(CO), 오존(O_3)은 가스상 물질의 예이고, 먼지, 매연, 검댕 등은 입자상 물질에 해당된다.

생성과정에 따라서도 오염물질을 분류하는데 공장의 굴뚝이나 자동차 등에서 대기 중으로 직접 방출되는 1차 오염물질과 대기 중에서 1차 오염물질이 물리적, 화학적 변환(광화학 반응)을 거쳐 생성되는 2차 오염물질로 구분할 수 있다. 미세먼지(PM_{10}, $PM_{2.5}$)의 경우 비산먼지, 자동차 배기가스처럼 배출원에서 직접 배출(1차 오염물질)되는 경우도 있지만 휘발성유기화합물(VOCs), 황산화물(SO_x), 질소산화물(NO_x) 등이 대기 중에서 반응하여 생성되는 2차 오염물질이 대부분이다. 이산화질소(NO_2)는 일산화질소(NO)의 산화반응으로, 오존(O_3)은 질소산화물과 휘발성유기화합물의 광화학 반응으로 생성된다. 질소산화물과 휘발성유기화합물은 오존, 이산화질소, 미세먼지 생성과 관계되고 서로의 농도에 영향을 미치게 된다.

참고로 대기 중에서 일어나는 화학반응에는 광화학적으로 활성화된 분자에 의해 발생하는 광화학 반응과 비광화학 반응이 있다. 비광화학 반응에는 가스상 물질간의 반응, 가스 성분과 촉매 표면과의 촉매산화반응, 가스성분의 입자 표면에의 흡착, 가스상 물질이 액체 분진에 녹는 반응 등이 있다.

3.1.4 대기오염물질의 영향[7)]

대기오염으로 인한 사망자가 연간 130만 명이라고 보고[8)]되었듯이 대기오염은 인간의 건강에 직접적인 영향을 미치는 중요한 환경요인이다. 특히 대기오염은 다른 환경오염과 달리 본인이 제어하기 어렵고 노출을 피하기도 어렵기 때문에 공공정책으로서의 대기보전정책의

7) 국립환경과학원, 2012.11, 대기환경연보(2011), p3-5, WHO, 2005, WHO Air quality guideline for particulate matter, ozone, nitrogen dioxide and sulfur dioxide 내용 중심으로 정리

8) WHO, 2005, WHO Air quality guideline for particulate matter, ozone, nitrogen dioxide and sulfur dioxide

중요성이 더욱 높아지는 것이다.

가. 미세먼지(Particulate Matter)

미세먼지는 황산염, 질산염, 암모니아, 탄소, 염화나트륨 등이 주요 성분인데 공기 중에서 유기물과 무기물이 고체상과 액체상 입자의 혼합 형태로 존재한다. 이러한 입자들은 자연 배출원 뿐만 아니라 발전, 난방 등의 연소 작용이나 자동차 배출가스로부터 배출되므로 다양한 형태의 모양과 크기를 가지고 있다. 또한 이산화황, 질소산화물과 같은 가스상 물질에 의해 2차적으로 생성되기도 한다. 미세먼지는 입자 크기에 따라 지름이 10μm 이하인 PM_{10}과 2.5μm 이하인 $PM_{2.5}$(초미세먼지)로 구분한다.[9]

미세먼지는 다른 어떤 오염물질보다 인체에 미치는 영향이 크다. 특정 농도 이하에서는 인간에 대한 악영향이 없는 임계값(threshold)도 없는 것으로 알려져 있다. 천식과 같은 호흡기계 질병을 악화시키고, 폐질환 등으로 인한 조기사망[10]의 요인이 되며 폐암을 일으킬 수 있다. EU의 경우에도 $PM_{2.5}$으로 인한 평균 수명 감소가 8.6개월이라는 보고[11]도 있다. 또한 미세먼지는 시정을 악화시키고, 식물의 잎 표면에 침적되어 신진대사를 방해하며, 건축물에 퇴적되어 조각물이나 동상에 부식을 일으킨다.

나. 오존(O_3)

오존[12]은 대기 중에 배출된 질소산화물과 휘발성유기화합물 등이 자외선과 광화학 반응을 일으켜 생성된 PAN, 알데하이드, Acrolein 등의 광화학 옥시단트의 일종이다. 전구물질인 휘발성유기화합물은 자동차, 화학공장, 정유공장과 같은 산업시설과 다양한 배출원에서 발생하고 자연적으로 발생하기도 한다. 오존 오염도는 온도가 상승하는 여름철 오후에 가장 높게 나타난다.

고농도의 오존에 반복 노출시에는 호흡기관에 피해를 줄 수 있는데 가슴의 통증, 기침, 메

9) $PM_{2.5}$는 입자가 미세하여 코 점막을 통해 걸러지지 않고 흡입시 폐포까지 직접 침투하기 때문에 PM_{10} 보다 더 위해하다. 따라서 WHO, EU, 미국 등에서는 PM_{10}이 아닌 $PM_{2.5}$를 기준으로 환경기준을 설정하고 대책을 추진하고 있다. 우리나라도 $PM_{2.5}$ 관리정책으로 전환하기 시작하였다. 최근 중국에서 유입되는 미세먼지의 경우 $PM_{2.5}$의 농도가 상대적으로 높은 것으로 알려지고 있다.

10) 서울의 $PM_{2.5}$ 10$\mu g/m^3$ 증가 당 일별 조기사망률이 0.8% 증가(2009, 국립환경과학원·인하대)

11) WHO, 2005, WHO Air quality guideline for particulate matter, ozone, nitrogen dioxide and sulfur dioxide

12) 성층권 오존(지상에서 20~30km 상공)은 대기오염물질인 지표면 오존과 달리 태양에서 오는 자외선을 차단하는 보호막 역할을 한다.

스꺼움, 목의 자극을 유발할 수 있으며, 기관지염, 심장질환, 폐기종 및 천식을 악화시키고, 폐활량을 감소시킬 수 있다. 특히 기관지 천식환자나 호흡기 질환자, 어린이, 노약자 등에게는 큰 영향을 미치므로 주의해야 한다. EU의 연구결과에 따르면 10μg/m^3 이상의 오존에 노출될 경우 하루 사망률이 0.3%, 심장병 발병이 0.4% 증가한다고 한다.[13] 또한 농작물과 식물에 직접적으로 영향을 미쳐 수확량이 감소되고 잎이 말라 죽기도 한다.

다. 이산화질소(NO_2)

이산화질소는 적갈색의 반응성이 큰 기체로서 발전, 난방, 자동차, 선박 등의 연소과정에서 발생한다. 휘발성유기화합물과 반응하여 오존을 생성하는 전구물질의 역할을 하며 초미세먼지의 주요한 구성성분이다. 고농도의 이산화질소에 노출되면 눈, 코의 점막 손상에서 만성 기관지염, 폐렴, 폐출혈, 폐수종의 발병으로까지 이어질 수 있다. 또한 식물세포를 파괴하여 식물의 잎에 갈색이나 흑갈색의 반점을 만들기도 한다.

라. 이산화황(SO_2)

황산화물은 연료 중의 황 성분이 연소시 산소와 결합하여 생성된 후 대기 중으로 배출되는데 이산화황(SO_2), 삼산화황(SO_3)을 묶어 황산화물(SO_x)로 표현한다. 이산화황은 물에 잘 녹는 무색의 자극성이 있는 불연성 가스로서 화석연료의 연소, 황 함유 금속의 제련·가공공정, 발전, 난방, 자동차 등에 의해 발생한다. 이산화황은 미세먼지의 주요 원인물질의 하나이기도 하다. 이산화황은 호흡기와 폐 활동에 영향을 준다. 고농도시 콧물, 담, 기침이 나오고 호흡곤란을 초래하며 심한 경우 기관지염, 폐수종, 폐렴 등을 유발할 수 있다. 이산화황은 질소산화물과 함께 산성비의 주요 원인물질로서 토양, 호수, 하천의 산성화를 초래할 수 있고, 식물의 잎맥 손상 및 성장저해, 각종 건물이나 구조물의 부식을 촉진시킨다.

마. 일산화탄소(CO)

일산화탄소는 무색, 무취의 유독성 가스로서 연료 속의 탄소성분이 불완전 연소될 때 발생한다. 주로 수송부문에서 배출되지만 산업공정, 연료연소, 산불 등을 통해서도 배출된다. 일산화탄소는 혈액 중에서 산소운반 역할을 하는 헤모글로빈을 카르복실헤모글로빈(COHb)으로 변성시켜 산소의 운반기능을 저하시키며, 고농도의 일산화탄소는 유독성이 있어 건강

13) WHO, 2005, WHO Air quality guideline for particulate matter, ozone, nitrogen dioxide and sulfur dioxide

한 사람에게도 치명적인 해를 입힌다.[14)]

바. 벤젠(Benzene)

벤젠은 색깔이 없는 투명한 액체로 휘발유와 비슷한 냄새가 난다. 공기 중으로 쉽게 날아가는 휘발성이 있어 주로 공기 중으로 배출되며, 물이나 토양으로 배출된 경우에도 대부분 휘발되어 공기 중으로 이동한다. 주로 벤젠을 원료로 사용하는 석유화학공장에서 많이 배출되며 자동차 배출가스나 주유소에서 자동차 연료를 주입할 때 배출되기도 한다. 과거에는 세정제 등 용제에도 널리 포함되었으나, 현재는 상당수가 비독성 유기용제로 대체되고 있다.

단기간에 높은 농도로 노출되면 마취된 것과 같은 증상이 나타나며 호흡곤란, 불규칙한 맥박, 졸린 증상 등이 나타나고 심한 경우 혼수상태에 빠질 수 있다. 만성중독일 경우 혈액장애, 간장장애를 일으키고 재생불량성 빈혈, 백혈병을 일으키기도 한다. 국제암연구센터(IARC) 등에서 발암물질로 규정되어 있다.

참고자료 3.2 대기오염물질별 건강영향 수치

오염물질	구 분	농 도	설정 근거	비 고	참고문헌
SO₂	좋음	0.018ppm 미만	- 만성노출로 호흡기계 및 만성 폐색성 폐질환으로 병원 내원율이 유의하게 증가하지 않을 수준	WHO 연평균 기준	WHO, 2000
	보통	0.018~0.03 ppm	- 평균 0.018ppm으로 만성노출시 호흡기계 및 폐질환자의 병원 내원율이 다소 증가 - 0.035ppm으로 만성노출시 어린이의 폐기능(FVC, FEV1)이 5.5% 감소	국내 연평균 기준(0.02)	Wichai 등, 2003 WHO, 2000
	민감군 영향	0.04~0.08 ppm	- 만성노출시 호흡기계 질환의 유병율 증가, 폐기능 감소에 대한 LOAEL 0.04ppm - 0.087ppm에서 24시간 노출시 천식환자 및 민감군의 호흡기계 증상 유발	WHO 24시간 권고치 국내 24시간 기준(0.05)	WHO, 2000
	나쁨	0.09~0.19 ppm	- 천식환자 대상 0.1ppm, 10분 노출시 기도 저항의 변화 - 0.1ppm 이상으로 만성노출시 일반인의 폐기능 감소 유발	국내 1시간 기준(0.15)	영국 DOH, 1992 WHO, 2000
	매우 나쁨	0.20~0.39 ppm	- 천식환자가 가벼운 운동 중 0.25ppm, 10분 노출시 기도 저항성 증가		Sheppard, 1981

14) 난방연료로 연탄을 사용할 당시 CO중독 사고가 많이 발생하여 언론에 자주 보도되곤 했었다. 최근에는 가스보일러나 순간가스 온수기 등 가스기기에 의한 CO중독 사고가 종종 발생하므로 유의해야 한다.

	위험	0.40ppm 이상	- 일반인이 0.4ppm, 15분 노출시 폐기능(FEV1) 10% 감소 - 일반인이 0.6ppm, 15분 노출시 폐기능(FEV1) 10% 감소		Linn 등, 1987 WHO, 2000
NO_2	좋음	0.02ppm 미만	- 만성노출에 의해 어린이 등 민감군의 호흡기 및 폐기능에 영향을 미치지 않을 수준	WHO 연평균 권고치 EC 연평균 기준	WHO, 2000
	보통	0.02~0.04 ppm	- 천식환자의 폐기능 변화, 기도 반응성 5% 증가 - 어린이(5-12세)가 만성 노출시 경미한 호흡기계 증상이 20% 상승될 수 있는 수준		Hasselblad 등, 1992 WHO, 1997
	민감군 영향	0.05~0.07 ppm	- 만성노출로 인해 천식환자의 폐 구조와 기능 변화 유발, 알러지 반응 증가	국내 연평균 기준	US EPA, 1995 WHO, 2000
	나쁨	0.08~0.09 ppm	- 만성노출시 일반인에게 경미한 호흡기계 증상 유발 - 6세 미만 어린이의 천식 유병율 증가	국내 24시간 기준 WHO 1시간 권고치	WHO, 2000
	매우 나쁨	0.10~0.19 ppm	- 급성노출시 만성 폐색성 폐질환자에게 폐기능, 기도 저항성, 호흡기계 증상 등의 영향 유발 - 천식환자의 병원 입원율 증가 유발	국내 1시간 기준(0.15)	US EPA, 1995 WHO, 2000
	위험	0.20ppm 이상	- 급성노출시 일반인의 기도 반응성이 5% 증가하는 LOAEL : 0.2~0.3ppm - 세포 변성에 의한 생화학적 변화 유발 : 0.2~0.4 ppm		WHO, 2000
CO	좋음	2.0ppm 미만	- 비흡연 임산부에 대한 저산소증, 허혈성 심장 질환 예방을 위한 혈중 COHb 2.5% 미만으로 유지하는 24시간 평균 농도		WHO, 2000
	보통	2.0~4.4 ppm	- 만성노출시 민감군의 혈중 COHb가 정상치보다 다소 증가될 수 있는 농도	WHO 8시간 권고치 국내 8시간 기준	미국 AQI
	민감군 영향	4.5~8.9 ppm	- 만성노출시 민감군의 혈중 COHb 증가로 저산소증 및 허혈성 심장질환이 유발		WHO, 2000
	나쁨	9.0~15.4 ppm	- 8시간 이상 노출시 민감군 혈중 COHb 증가 - 만성노출시 일반인 혈중 COHb 증가 유발		미국 AQI
	매우 나쁨	15.5~24.9 ppm	- 8시간 이하 노출에도 민감군 혈중 COHb 증가 - 8시간 이상 노출시 일반인 혈중 COHb 증가	WHO 1시간 권고치 국내 1시간 기준	WHO, 2000
	위험	25.0ppm 이상	- 1시간 이하의 단기노출에도 민감군에 저산소증 및 허혈성 심장질환 유발 가능 - 1시간 이상 노출시 일반인의 혈중 COHb 증가		WHO, 2000
O_3	좋음	0.03ppm 미만	- 일반 환경중 배경농도 0.02~0.035ppm - 호흡기계 질환 내원율이 10%를 초과하지 않을 수준		WHO, 2000

	보통	0.03～0.05 ppm	- 1시간 노출시 호흡기질환 내원율이 20% 증가하는 농도 - 8시간 노출시 민감군의 FEV1 5% 감소하는 농도	국내 8시간 기준	WHO, 2000
	민감군 영향	0.06～0.07 ppm	- 2시간 노출시 호흡기질환이 유발되는 LOAEL : 0.06ppm - 8시간 노출시 민감군의 FEV1 10% 감소하는 농도		WHO, 2000
	나쁨	0.08～0.09 ppm	- 1시간 노출시 일반인의 천식 발생이 25～50% 증가하는 농도	국내 1시간 기준	WHO, 2000
	매우 나쁨	0.10～0.19 ppm	- 8시간 노출시 일반인의 천식 발생이 50% 이상 증가하는 농도 - 1시간 노출시 호흡기 세포 염증 반응 증가	국내 오존주의보 (0.12)	WHO, 2000
	위험	0.20ppm 이상	- 8시간 노출시 일반인 천식발생 100% 증가 - 1시간 노출시 일반인 천식발생 50% 증가 - 1시간 노출시 일반인 FEV_1 20%이상 감소	국내 오존경보(0.3)	WHO, 2000
PM_{10}	좋음	30μg/m^3 미만	- WHO 제시하고 있는 배경 농도	WHO 연평균 권고치	WHO, 2000
	보통	30～49 μg/m^3	- 연평균 30μg/m^{3}으로 만성노출시 어린이 폐기능 감소		McConnell, 1999
	민감군 영향	50～89μg/m^3	- 50μg/m^3 증가시 CVD 유병율 증가, 어린이 천식 발생 증가	국내 연평균 기준(70)	Samet, 2000;
	나쁨	90～119 μg/m^3	- 어린이 급성사망률 8.5% 증가(per 50μg/m^3) - 어린이 급성사망률 10% 증가(90μg/m^3)	WHO 24시간 권고치(100)	Ostro, 1999
	아주 나쁨	120～154 μg/m^3	- 전체 만성 사망률 5.5% 증가(per 50μg/m^3) - 전체 만성 사망률 10% 증가 수준 : 120μg/m^3	국내 24시간 기준(150)	Krewski, 2000
	위험	155μg/m^3 이상	- 전체 급성 사망률 4.0% 증가(per 50μg/m^3) - 전체 급성 사망률 10% 증가 수준 : 155μg/m^3		Samet, 2000 Braga, 2000
$PM_{2.5}$	좋음	20μg/m^3 미만	- WHO 제시하고 있는 배경 농도	WHO 연평균 권고치	WHO, 2000
	보통	20～34 μg/m^3	- 연평균 20μg/m^{3}으로 만성노출시 어린이 폐기능 감소		Gauderman, 2000
	민감군 영향	35～49 μg/m^3	- 평균 36μg/m^{3}으로 만성 노출시 어린이 폐활량 증가율 감소 및 FEV1 3.4% 감소		Gauderman, 2000
	나쁨	50～69 μg/m^3	- 어린이 급성 사망율 9.1% 증가(per 25μg/m^3) - 어린이 급성 사망률 10% 증가 수준 : 50μg/m^3		Ostro, 1999
	아주 나쁨	70～79 μg/m^3	- 일반인 만성 사망률 4.1% 증가(per 20μg/m^3) - 일반인 만성 사망률 10% 증가 수준 : 70μg/m^3		Pope, 1995
	위험	80μg/m^3 이상	- 일반인 급성 사망률 4.3% 증가(per 25μg/m^3) - 일반인 급성 사망률 10% 증가 수준 : 80μg/m^3		Moolgavkar, 2000

(자료 : 환경부, 2013.2, 대기환경보전법 개정내용 설명회 자료집)

참고자료 3.3 대기오염으로 인한 건강 피해사례

오염물질	배경농도	농 도	건강영향	출 처	신뢰구간
O_3	20.7ppb	9.3ppb 증가시	- 뇌졸증으로 인한 사망률 2.9% 증가	홍윤철 등, 2002, EHP	0.3 -5.5
	12.3ppb	17.32ppb 증가시	- 뇌출혈 및 뇌허혈을 포함한 뇌졸중으로 인한 사망률 6% 증가	홍윤철 등, 2002, Stroke	1.02 -1.10
	23.2ppb	21.7ppb 증가시	- 15세 이하의 천식발작으로 인한 병원 방문률이 12% 증가	이종태 등, 2002, Epidemiology	1.07 -1.16
		15.94ppb 증가시	- 초등학교 결석 비교위험도 1.08배 증가	박혜숙 등, 2002, Arch Pediatr Adolesc Med	1.06 -1.11
	23.2ppb	21.7ppb 증가시	- 모든 연령대에 대해 뇌허혈 심장질환으로 인한 병원 방문률이 4% 증가	이종태 등, 2003, Arch Environ Health	1.01 -1.07
			- 64세 이상의 뇌허혈 심장질환으로 인한 병원 방문률이 10% 증가		1.05 -1.15
	12.3ppb	16.1ppb 증가시	- 65세 이상의 사고사를 제외한 총 사망률이 2.1% 증가	하은희 등, 2003, Pediatrics	1.019 -1.022
			- 2세부터 64세까지의 호흡기계 질환으로 인한 사망률 9.8% 증가		1.068-1.130
			- 65세 이상의 호흡기계 질환으로 인한 사망률 3.7% 증가		1.026-1.048
		-	- 오염물질 노출에 따라 급성 천식으로 인한 응급실 방문 비교위험도가 1.10-1.17	김선영 등, 2006, 대한예방의학회지	
PM_{10}		42.9μg/m^3 증가시	- 신생아의 사망률은 1.142배 증가 - 호흡기질환 사망률은 2.018배 증가	하은희 등, 2003, Pediatrics	
	40.5μg/m^3	40.4μg/m^3 증가시	- 천식발작으로 인한 병원입원 위해도는 4% 증가	이종태, 2003, 대한예방의학회지	
	40.μg/m^3	40.4μg/m^3 증가시	- 64세 이상의 뇌허혈 심장질환으로 인한 병원 방문률이 5% 증가	이종태 등, 2003, Arch Environ Health	1.01 -1.10
	47.4μg/m^3	41.9μg/m^3 증가시	- 임신 1,2,3분기 전체적으로 저체중아 출산율이 6% 증가	이보은 등, 2003, Hum report3	1.01 -1.10
	44.8μg/m^3	42.9μg/m^3 증가시	- 0에서 1세 사이의 사고사를 제외한 총 사망률이 14.2% 증가	하은희 등, 2003, Pediatrics	1.096 -1.190
			- 2에서 64세 사이의 사고사를 제외한 총 사망률이 0.8% 증가		1.006 -1.010
			- 65세 이상의 사고사를 제외한 총 사망률이 2.3% 증가		1.023 -1.024
			- 0에서 1세 사이의 사고사를 제외한 호흡기		1.784

			계 질환 사망률이 2.018배 증가		-2.283
			- 2에서 64세 사이의 사고사를 제외한 호흡기계질환 사망률이 7.1% 증가		1.044 -1.090
		가장 높은 사분위의 PM_{10}에 대해	- 임신 1,2,3분기 전체적으로 저체중아 출산율이 6% 증가	임종한 등, 2006, EHP	
NO_2	25ppb	13.94ppb 증가시	- 뇌출혈 및 뇌허혈을 포함한 뇌졸중으로 인한 사망률 4% 증가	홍윤철 등, 2002, Stoke	1.01 -1.07
	24.8ppb	14.9ppb 증가시	- 2에서 64세 사이의 사고사를 제외한 총 사망률이 1.2% 증가	하은희 등, 2003, Pediatrics	1.010 -1.014
			- 65세 이상의 사고사를 제외한 총 사망률이 2.8% 증가		1.027 -1.029
			- 2에서 64세 사이의 사고사를 제외한 호흡기계질환 사망률이 7.4% 증가		1.048 -1.101
			- 65세 이상의 사고사를 제외한 호흡기계질환 사망률이 6.3% 증가		1.053 -1.072
	25ppb	14.7ppb 증가시	- 임신 2분기에 저체중아 출산률이 3% 증가	이보은 등, 2003, Hum Report	1.01 -1.06
		14.6ppb 증가시	- 천식발작으로 인한 병원입원 위해도 5% 증가	이종태, 2003, 대한예방의학회지	
	23.7ppb	14.6ppb 증가시	- 15세 이하의 천식발작으로 인한 병원 방문률이 15% 증가	이종태 등, 2002, Epidemiology	1.10 -1.20
	23.7ppb	14.6ppb 증가시	- 64세 이상의 뇌허혈 심장질환으로 인한 병원 방문률이 8% 증가	이종태 등, 2003, Arch Environ Health	1.03 -1.14
		가장 높은 사분위의 NO_2에 대해	- 임신1분기에 미숙아 출산 1.24배 증가	임종환 등, 2006, EHP	

(자료 : 환경부, 2013.2, 대기환경보전법 개정내용 설명회 자료집)

3.2 대기환경기준과 오염물질 분류체계

3.2.1 대기환경기준

대기환경 보전정책의 목표를 달성하기 위해 우선 국가적으로 유지해야 할 대기질 목표수준, 즉 대기환경기준을 설정하고 이 기준을 초과하지 않도록 사업장, 자동차, 건물 등 배출원별로 오염물질 관리대책을 추진해야 한다. 환경정책기본법에서는 국가는 환경기준을 설정하여야 하며, 환경여건의 변화에 따라 그 적정성이 유지되도록 하여야 한다고 규정하고, 대통령령으로 대기, 소음, 수질 및 수생태계 등에 대한 환경기준을 정하고 있다.[15] 시·도지사가 지역 환경의 특수성을 고려하여 필요하다고 인정하는 경우에는 조례로 환경기준보다 확대·강화된 별도의 지역 환경기준을 설정할 수 있다.[16]

대기환경기준은 1978년에 최초로 이산화황에 대한 기준을 설정한 이래 표 3.1과 같이 현재까지 6회에 걸쳐 항목이 추가되고 기준치도 강화되어 왔다. 1983년에는 일산화탄소, 이산화질소, 총먼지, 오존, 탄화수소, 1991년에는 납, 1993년에는 PM_{10}(1995년 적용), 2007년에는 벤젠(2010년 적용), 2011년에는 $PM_{2.5}$(2015년 적용)에 대한 환경기준을 추가로 설정하여[17], 현재 8개 항목에 대해 설정하고 있다.

주요 선진국의 기준과 비교하면 측정기준이나 방법이 달라 일률적으로 평가하기는 어려우나 전반적으로 선진국과 비슷한 수준이다. 다만 선진국들이 이미 대부분 도입·시행하고 있는 $PM_{2.5}$ 기준을 우리나라는 2015년부터 적용할 예정이다.

---

15) 환경정책기본법 제12조

16) 환경정책기본법은 환경기준 유지를 위해 국가 및 지방자치단체에 대해 환경 관련 법령의 제·개정, 행정계획 수립, 개발사업시 환경 악화의 예방 및 그 요인의 제거, 환경오염지역의 원상회복, 새로운 과학기술의 사용으로 인한 환경오염 및 환경훼손의 예방, 환경오염방지를 위한 재원의 적정 배분 등을 고려하도록 하고 있다.(제13조)

17) 환경정책기본법 시행령 제2조 별표

표 3.1 대기환경기준의 변천 내역

항 목		1978	1983	1991	1993[2)]	2001	2007[3)]	2011[4)]
이산화황(ppm)		0.05/년 0.15/일	0.05/년 0.15/일	0.05/년 0.15/일	0.03/년 0.14/일 0.25/시간	0.02/년 0.05/일 0.15/시간	0.02/년 0.05/일 0.15/시간	0.02/년 0.05/일 0.15/시간
일산화탄소 (ppm)		-	8/월 20/8시간	8/월 20/8시간	9/8시간 25/시간	9/8시간 25/시간	9/8시간 25/시간	9/8시간 25/시간
이산화질소(ppm)		-	0.05/년 0.15/시간	0.05/년 0.15/일	0.05/년 0.08/일 0.15/시간	0.05/년 0.08/일 0.15/시간	0.03/년 0.06/일 0.1/시간	0.03/년 0.06/일 0.1/시간
먼지 ($\mu g/m^3$)	총먼지	-	150/년 300/일	150/년 300/일	150/년 300/일	-	-	-
	미세먼지[1)] (PM_{10})	-	-	-	80/년 150/일	70/년 150/일	50/년 100/일	50/년 100/일
	$PM_{2.5}$	-	-	-	-	-	-	25/년 50/일
오존(ppm)		-	0.02/년 0.1/시간	0.02/년 0.1/시간	0.06/8시간 0.1/시간	0.06/8시간 0.1/시간	0.06/8시간 0.1/시간	0.06/8시간 0.1/시간
납($\mu g/m^3$)		-	-	1.5/3개월	1.5/3개월	0.5/년	0.5/년	0.5/년
탄화수소(ppm)		-	3/년 10/시간	3/년 10/시간	-	-	-	-
벤젠($\mu g/m^3$)		-	-	-	-	-	5/년	5/년

※ 1시간 평균치는 999천분위수의 값이 그 기준을 초과해서는 안 되고, 8시간 및 24시간 평균치는 99백분위수의 값이 그 기준을 초과해서는 안 된다.

※ 1) 미세먼지는 입자의 크기가 10μm 이하인 먼지를 말한다.
2) 1993년 이산화황(시간기준), 미세먼지(PM_{10}) 기준 신설 (1995년 적용)
3) 2007년 벤젠기준 신설 (2010년 적용)
4) 2011년 $PM_{2.5}$기준 신설 (2015년 적용)

(자료 : 환경정책기본법 시행령 제2조 별표)

표 3.2 외국의 대기환경기준

항목	기준 시간	한국	미국	일본	영국	캐나다	호주	홍콩	EU	WHO
SO_2 (ppm)	10분									0.188
	15분				0.10[7]					
	1시간	0.15		0.10	0.132[11]		0.20[15]	0.30[17]	0.13[11]	
	24시간	0.05	0.14[1]	0.04	0.047[12]		0.08[15]	0.13[2]	0.047[12]	0.008
	1년	0.02	0.03				0.02	0.03		
CO (ppm)	15분									85.8
	30분									51.5
	1시간	25	35[1]					25[17]		25.7
	8시간	9	9[1]	20	8.6		9[15]	9[1]	8.6	8.6
	24시간			10						
NO_2 (ppm)	1시간	0.10			0.105		0.12[15]	0.11[17]	0.105[13]	0.105
	24시간	0.06		0.04~0.06				0.06[1]		
	년	0.03	0.053		0.021		0.03	0.03	0.021	0.021
O_3 (ppm)	1시간	0.1	0.12[5]	0.06[17]			0.10[15]	0.12[17]		
	4시간						0.08[15]			
	8시간	0.06	0.075[6]		0.05[8]	0.065			0.06[14]	0.05
PM-10 ($\mu g/m^3$)	1시간			200						
	24시간	100	150[2]	100	509)	50		180[1]	50[10]	50
	년	50			40		50[16]	55	40	20
PM-2.5 ($\mu g/m^3$)	24시간	(50)	35[4]	35[19]		30[4]	25			25
	년	(25)	15[3]	15	25		8		25	10
Pb ($\mu g/m^3$)	30일		1.5							
	3개월		0.15					1.5		
	년	0.5			0.25		0.5		0.5	0.5
벤젠 ($\mu g/m^3$)	년	5		3	5				5	
PAH (ng/m^3)	년				0.25					

※ 1) 1년에 1회 이상 초과하면 안됨
2) 최근 3년간 24시간 평균 PM_{10} 농도가 150$\mu g/m^3$을 1회 이상 초과하면 안됨
3) $PM_{2.5}$의 연간 산술평균 농도의 3년 평균치가 1$\mu g/m^3$을 초과하면 안됨
4) $PM_{2.5}$의 24시간 농도의 98percentile의 3년 평균치가 35$\mu g/m^3$을 초과하면 안됨
5) 1시간 농도가 0.12ppm을 초과하는 일수가 연간 1회를 초과하면 안됨
6) 1년간 측정된 일중 8시간 평균 오존농도의 최고치 중 4번째로 높은 농도의 3년 평균치가 0.08ppm을 초과하면 안됨
7) SO_2 15분 농도가 1년에 35회를 0.10ppm을 초과하면 안됨
8) O_3 8시간 농도가 1년에 10회 초과하면 안됨
9) PM_{10} 24시간 농도가 1년에 35회를 50$\mu g/m^3$을 초과하면 안됨
10) PM_{10} 24시간 농도가 1년에 7회 이상 초과하면 안됨
11) SO_2 1시간 농도가 1년에 24회 이상 초과하면 안됨
12) SO_2 24시간 농도가 1년에 3회 이상 초과하면 안됨
13) NO_2 1시간 농도가 1년에 18회 이상 초과하면 안됨

14) O_3 8시간 농도가 1년에 25회 이상 초과하면 안됨
15) 1년에 1일 이상 초과하면 안됨
16) 1년에 5일 이상 초과하면 안됨
17) 1년에 3회 이상 초과하면 안됨
18) O_3 및 PAN과 같은 광화학 반응생성물
19) $PM_{2.5}$의 24시간 농도의 98percentile이 35$\mu g/m^3$을 초과하면 안됨
※ WHO, EU, 영국의 자료는 20°C, 101.3kPa를 환산 적용한 값
(자료 : 국립환경과학원, 2012.11, 대기환경연보(2011), p433)

대기농도는 측정방법에 따라 차이가 발생하므로 대기환경기준의 항목별 측정방법은 환경정책기본법에서 표 3.3과 같이 규정하고 있다.

표 3.3 대기환경기준 항목의 측정방법

측정항목	측정 방법
이산화황(SO_2)	자외선 형광법(Pulse U.V. Fluorescence Method)
일산화탄소(CO)	비분산 적외선법(Non-Dispersive Infrared Method)
이산화질소(NO_2)	화학발광법(Chemiluminescence Method)
오존(O_3)	자외선 광도법(U.V Photometric Method)
미세먼지(PM_{10})	베타선 흡수법(β -Ray Absorption Method)
납(Pb)	원자흡광광도법(Atomic Absorption Spectrophotometry)
벤젠	가스크로마토그래피(Gas Chromatography)

(자료 : 환경정책기본법 시행령 제2조 별표)

3.2.2 대기오염물질 분류체계

가. 현행 분류체계

대기오염물질의 종류는 산업구조가 고도화, 다양화되고 물질 분석기법이 발전하면서 증가한다. 이렇게 수많은 물질 중에서 어떤 물질을 대기오염물질로 국가가 관리할 것인지는 정책적 판단의 문제가 된다. 관리대상 물질은 대기오염 저감기술과 저감비용, 오염도 측정 및 분석기술 수준, 오염물질의 위해성과 사회적 수용성 등을 종합적으로 고려하여 결정하게 된다.

현재 대기환경보전법에서는 대기오염의 원인이 되거나 특별한 관리가 필요한 물질들을 아래 참고자료와 같이 대기오염물질 61종, 특정대기유해물질 35종, 휘발성유기화합물 37종으로 분류하여 정하고 있다.

참고자료 3.4 국내법상 대기오염물질의 종류

대기오염물질(61종)

1. 입자상물질	2. 브롬 및 그 화합물	3. 알루미늄 및 그 화합물
4. 바나듐 및 그 화합물	5. 망간화합물	6. 철 및 그 화합물
7. 아연 및 그 화합물	8. 셀렌 및 그 화합물	9. 안티몬 및 그 화합물
10. 주석 및 그 화합물	11. 텔루륨 및 그 화합물	12. 바륨 및 그 화합물
13. 일산화탄소	14. 암모니아	15. 질소산화물
16. 황산화물	17. 황화수소	18. 황화메틸
19. 이황화메틸	20. 메르캅탄류	21. 아민류
22. 사염화탄소	23. 이황화탄소	24. 탄화수소
25. 인 및 그 화합물	26. 붕소화합물	27. 아닐린
28. 벤젠	29. 스틸렌	30. 아크롤레인
31. 카드뮴 및 그 화합물	32. 시안화물	33. 납 및 그 화합물
34. 크롬 및 그 화합물	35. 비소 및 그 화합물	36. 수은 및 그 화합물
37. 구리 및 그 화합물	38. 염소 및 그 화합물	39. 불소화물
40. 석면	41. 니켈 및 그 화합물	42. 염화비닐
43. 다이옥신	44. 페놀 및 그 화합물	45. 베릴륨 및 그 화합물
46. 프로필렌옥사이드	47. 폴리염화비페닐	48. 클로로포름
49. 포름알데히드	50. 아세트알데히드	51. 벤지딘
52. 1, 3-부타디엔	53. 다환 방향족 탄화수소류	54. 에틸렌옥사이드
55. 디클로로메탄	56. 테트라클로로에틸렌	57. 1, 2-디클로로에탄
58. 에틸벤젠	59. 트리클로로에틸렌	60. 아크릴로니트릴
61. 히드라진		

특정대기유해물질(35종)

1. 카드뮴 및 그 화합물	2. 시안화수소	3. 납 및 그 화합물
4. 폴리염화비페닐	5. 크롬 및 그 화합물	6. 비소 및 그 화합물
7. 수은 및 그 화합물	8. 프로필렌 옥사이드	9. 염소 및 염화수소
10. 불소화물	11. 석면	12. 니켈 및 그 화합물
13. 염화비닐	14. 다이옥신	15. 페놀 및 그 화합물
16. 베릴륨 및 그 화합물	17. 벤젠	18. 사염화탄소
19. 이황화메틸	20. 아닐린	21. 클로로포름
22. 포름알데히드	23. 아세트알데히드	24. 벤지딘
25. 1, 3-부타디엔	26. 다환 방향족 탄화수소류	27. 에틸렌옥사이드
28. 디클로로메탄	29. 스틸렌	30. 테트라클로로에틸렌
31. 1, 2-디클로로에탄	32. 에틸벤젠	33. 트리클로로에틸렌
34. 아크릴로니트릴	35. 히드라진	

(자료 : 대기환경보전법 시행규칙 별표1 및 별표2)

표 3.4 대기오염물질의 새로운 분류

종류	내용
대기오염물질	대기 중에 존재하는 물질 중 대기오염물질에 대한 심사·평가 결과 대기오염의 원인으로 인정된 가스상·입자상 물질
유해성대기감시물질	대기오염물질 중 대기오염물질에 대한 심사·평가 결과 사람의 건강이나 동식물의 생육에 위해를 끼칠 수 있어 지속적인 측정이나 감시 관찰(모니터링) 등이 필요하다고 인정되는 물질
특정대기유해물질	유해성대기감시물질 중 대기오염물질에 대한 심사·평가 결과 저농도에서도 장기적인 섭취나 노출에 의해 사람의 건강이나 동식물의 생육에 직접 또는 간접으로 위해를 끼칠 수 있어 대기배출에 대한 관리가 필요하다고 인정된 물질

(자료 : 대기환경보전법 제2조)

나. 분류체계 개선방안

현행 분류방식은 각 분류별로 포함되어야 하는 물질에 대한 정의가 불명확하여 일관성이 미흡하다는 문제가 지적되어 왔다. 그림 3.2에서 보듯이 휘발성유기화합물질 37종 중 23종, 배출허용기준 물질 중 염화수소 등 2종이 대기오염물질에는 포함되어 있지 않고 분류시 위해성에 대한 고려가 미흡하다는 것이다.

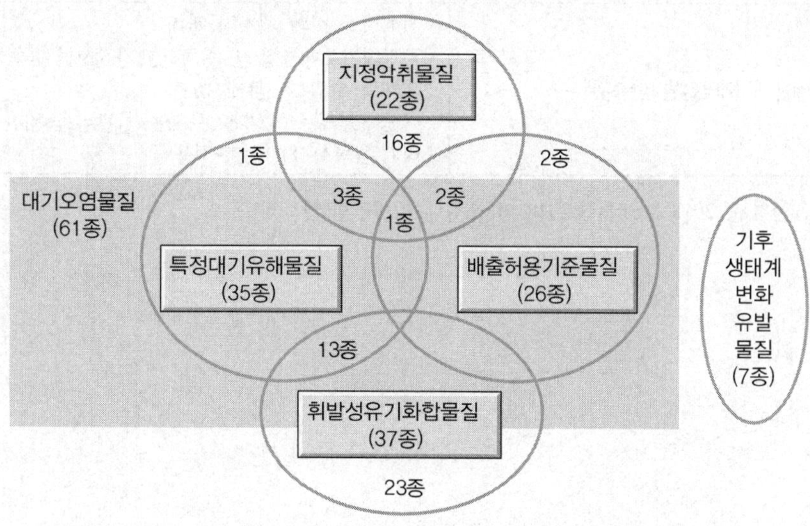

그림 3.2 대기관리 체계별 대기오염물질 목록 비교(현행)

(자료 : 국립환경인력개발원, 2013.3, 2013 기후대기정책과정, p180)

이러한 문제를 해소하고자 정부는 2012년 대기환경보전법을 개정하여 대기오염물질의 분류체계를 전반적으로 바꾸었다. 대기오염물질을 위해성 정도에 따라 분류하기 위해 대기오염물질에 대한 심사·평가 제도를 도입하고 대기오염물질을 유해성대기감시물질, 특정대기유해물질, 환경기준물질로 분류하였다. 물질독성(발암성, 흡입 독성참고치, 흡입 발암등급, 흡입 단위위해도, 자극성 등 고려), 생태계에 미치는 영향(체축적계수, 대기반응성, 대기반감기, 물-옥탄올 분배계수), 대기 중 배출량(TRI 배출량, 대기모니터링 자료), 대기환경기준에 대비한 오염도 등을 고려하여 대기오염물질을 분류한다는 계획이다.[18] 현행 제도와 새로이 개정된 분류체계를 표 3.5에서 비교하였다.

표 3.5 대기오염물질 분류체계 개선방안 비교

구 분	현 행	개 선 안
분류기준	없 음	- 위해성 중심의 척도평가 모델을 통한 심사·평가 - 물질독성, 생태계에 미치는 영향, 대기중 배출량 및 오염도 등 4개 분야 평가지표 마련
지정절차	없 음	- 대기오염물질 심사평가위원회 구성, 물질별 심사 평가 후 지정
오염물질 분류(안)	- 대기오염물질(61종) - 특정대기유해물질(35종) * VOCs 고시물질(37종) 중 14종 포함, 23종 제외됨	- 대기오염물질(85종) • 유해성대기감시물질(55종) • 특정대기유해물질(37종) • 환경기준물질(8종)
관리체계	오염원별 단순관리	- 위해성 중심의 체계적 관리 - 특정대기유해물질 및 유해성대기감시물질의 관리 기본계획 수립·시행(매 10년) - 비산배출되는 특정대기유해물질 관리를 위한 시설관리기준(MACT) 마련·적용

(자료 : 환경부, 2013.2, 대기환경보전법 개정내용 설명회 자료집)

18) 구체적인 물질 종류는 2014년 대기환경보전법 시행규칙을 개정하여 정할 예정이다.

3.3 대기오염 측정 및 현황

3.3.1 대기오염 측정망 및 배출량조사

가. 대기오염 측정망 구축·운영

대기보전정책을 추진하기 위해서는 먼저 시간적·공간적으로 대기오염 수준을 정확히 파악해야 한다. 대기환경보전법 제3조에서 환경부장관은 전국적인 대기오염 및 기후·생태계 변화 유발물질의 실태를 파악하기 위하여 측정망을 설치하고 대기오염도 등을 상시 측정하여야 한다고 규정하고 있다.[19)]

1973년 최초로 국가에서 대기오염 측정망을 설치·운영한 이래 1983년부터는 환경기준이 설정된 대기오염물질을 주요 측정 대상으로 하여 전국으로 측정망이 확대되었다. 2000년부터는 국가와 지자체간 역할을 분담하여 환경부는 광역적 차원에서 배경농도, 비기준성 대기오염물질을 측정하고 지방자치단체는 대기환경기준 물질에 대한 관할구역내의 대기질을 측정하는 것으로 변경되었다.

2006년부터는 측정망을 일반대기오염 측정망(도시대기, 국가 배경농도, 교외 대기농도, 도로변 대기), 특수대기오염 측정망(대기중금속, 광화학오염물질, 유해대기물질, 산성강하물, 시정거리, 지구대기)으로 구분하여 운영하고 있다. 2011년말 기준으로 전국 95개 시·군에 총 463개의 측정소가 설치되어 있다.

대기오염 측정자료는 측정망 운영기관인 환경부(지방환경청), 한국환경공단, 지자체(보건환경연구원)에서 측정 결과를 1차 검색한 후 국가대기오염 정보관리시스템(NAMIS)을 거쳐 국립환경과학원의 전산시스템으로 전송되어 자료가 최종 확정되고 통계 처리된다. 국립환경과학원에서는 통계자료의 신뢰성 제고를 위하여 대상기간 중 75% 이상의 측정자료가 확보된 경우에만 유효한 자료로 인정하는 방법을 2001년 1월부터 적용하고 있다.[20)]

측정망의 설치·운영현황을 보면[21)], 도시대기측정소의 설치율이 90%, 전체 측정소당 인구수도 11만명[22)]으로 적정 수준이며, 측정장비의 가동률도 2003년 95.8%에서 2009년에는 98.9%

---

19) 시·도지사도 측정망을 설치할 수 있으며 이 경우 측정결과를 환경부에 보고하도록 하고 있다.

20) 국립환경과학원, 2012.11, 대기환경연보(2011)

21) 환경부, 2010, 대기오염측정망 운영계획(2011-2015), p7-9 내용을 중심으로 요약

22) 선진국과 유사한 수준으로 이탈리아, 영국 등은 20~40만명에 달한다.

표 3.6 전국 대기오염측정망 설치현황(2011년말 기준)

측정망	측정항목	측정목적	측정주기	측정소수		
				소계	환경부	지자체
도시대기 측정망	SO_2, NO_x, O_3, CO, PM_{10}, 풍향, 풍속, 온도, 상대습도	도시지역의 평균 대기질 농도를 파악하여 환경기준 달성 여부 판정	연속/1시간	249 (79개 시·군)	-	249 (79개 시·군)
도로변대기 측정망	SO_2, NO_x, O_3, CO, PM_{10}, 풍향, 풍속, 온도,	자동차 통행량과 유동 인구가 많은 도로변 대기질을 파악	연속/1시간	36 (16개 시)	-	36 (16개 시)
산성강하물 측정망	pH, 강수량, 전기 전도도, 이온농도	대기중 오염물질의 건성 침착량, 강우·강설 등에 의한 오염물질의 습성 침착량 파악	강수시	40 (37개 시·군)	40 (37개 시·군)	-
국가배경 농도 측정망	SO_2, NO_x, O_3, CO, PM_{10}, 풍향, 풍속, 온도	국가적인 배경농도를 파악하고 외국으로부터의 오염물질 유입, 유출상태 등을 파악	연속/1시간	5 (5개 시·군)	5 (5개 시·군)	-
교외대기 측정망	SO_2, NO_x, O_3, CO, PM_{10}, 풍향, 풍속, 온도	도시를 둘러싼 교외 지역의 배경 농도를 파악	연속/1시간	16 (16개 시·군)	16 (16개 시·군)	-
대기중금속 측정망	Pb, Cd, Cr, Cu, Mn, Fe, Ni, As, Be	도시지역 또는 공단 인근 지역에서의 중금속에 의한 오염실태를 파악	월/5회	51 (20개 시)	-	51 (20개 시)
유해대기 물질 측정망	VOCs 13개항목 PAHs 7개항목	인체에 유해한 VOCs, PAHs 등의 오염실태 파악	월/1회	31 (22개 시·군)	31 (22개 시)	-
광화학 오염물질 측정망	VOCs 56개항목	VOCs에 대한 감시 및 효과적인 관리대책의 기초자료 파악	연속/1시간	25 (11개 시·군)	17 (11개 시·군)	9 (1개 시)
지구대기 측정망	CO_2, CH_4, N_2O (CFCs)	지구 온난화 물질의 대기 중 농도 파악	연속/1시간	1 (1개 군)	1 (1개 군)	-
$PM_{2.5}$ 측정망	$PM_{2.5}$ 질량농도, 탄소성분, 이온성분, 중금속성분	인체위해도가 높은 미세먼지($PM_{2.5}$)의 농도 파악 및 성분 파악을 통해 배출원 규명	1회/1일	4 (4개 시·군)	4 (4개 시·군)	-
집중 측정망	SO_2, NO_x, O_3, CO, PM_{10}, 풍향, 풍속, 온도, 습도, $PM_{2.5}$, 질량농도, 탄소성분, 이온성분, 중금속성분	국가 배경지역과 주요 권역별 대기질 현황 및 유입·유출되는 오염물질 파악, 황사 등 장거리 이동 대기오염물질을 분석하고 고농도 오염현상에 대한 원인 규명	연속	4 (4개 시·군)	4 (4개 시·군)	-
총 계				463 (95개 시·군)	119 (44개 시·군)	345 (79개 시·군)

(자료 : 국립환경과학원, 2012.11, 대기환경연보(2011))

까지 높아져 측정망의 양적 인프라는 선진국 수준에 근접한 것으로 평가된다. 다만 측정치를 활용하는데 있어 대기오염도 변화 추이와 환경기준 달성여부를 판단하는 1차적인 해석 자료로만 이용하고 있으며 미세먼지나 오존의 고농도 현상이 발생하는 원인, 기상자료와의 통합적 해석, 대기오염 모델링 자료와의 연계 등 대기오염도의 종합적 분석·활용은 미흡한 실정이다. 앞으로 대기오염 현상의 분석·활용기능을 강화할 필요가 있다.

나. 대기오염물질 배출량 조사

대기환경 개선을 위한 중장기 계획[23]을 과학적으로 수립하기 위해서는 전국의 대기오염물질 배출원과 배출량을 정확히 파악할 필요가 있다. 대기오염물질 배출량 자료는 대기질 관리정책의 수립·평가뿐 아니라 기존 배출원 관리 및 신규 배출원 평가, 대기오염 측정망의 설계, 대기질 모델링 입력자료, 환경영향평가, 대기오염정책의 효과 평가, 배출부과금 산정 등 다양한 분야에서 활용할 수 있는 정책 기초자료이다.[24]

1999년 이전까지는 매년 시·도별로 연료사용량[25]을 기준으로 SO_2, NO_x, TSP, CO, HC 등 5개 항목의 대기오염물질 배출량을 난방, 산업, 수송, 발전 등 4개 부문으로 구분하여 산정하였다. 사용연료별 오염물질 배출계수의 경우 연간 유류 및 석탄 소비실적을 토대로 주로 미국 환경보호청(EPA)에서 발표한 배출계수(AP-42)를 적용하였고, 자동차 오염물질 배출계수는 국내에서 개발한 계수를 적용하였다. 그런데 연료사용량을 기준으로 산정하는 방식으로는 전체적인 배출 총량을 파악할 수는 있으나, 생산 공정, 에너지 공급, 유기용제 사용 등 비연소 부문에서 발생하는 배출량을 산정하지 못하고, 더 근본적으로는 대기오염 모델링에 필요한 시·군·구별, 격자별 세분화된 자료를 산정하는 것이 불가능하다는 한계가 있다.

이러한 문제점을 보완하기 위해 대기오염 모델링을 적용한 배출량조사시스템이 도입되었다. 1999년부터 지역별·부문별로 세분화된 대기오염물질 배출량을 산정하기 위한 대기정책지원시스템(CAPSS : Clean Air Policy Support System)을 구축하였다. 현재 CAPSS의 배출원 분류체계는 EU의 배출원 분류체계인 SNAP 97을 기초로 대·중·소·세분류 등 4단계로 구성되어 있다.[26] 대분류는 에너지산업 연소, 비산업 연소, 제조업 연소, 생산공정, 에너지 수송 및 저장, 유기용제 사용, 도로이동오염원, 비도로 이동오염원, 폐기물처리, 농업, 기타 면오염원, 비산먼지 등 12개로 구분되어 있다. 대분류 하부에 중분류 58개, 소분류 336개, 세분류 578개 항목이 있다.[27]

---

23) 법정계획에는 대기환경개선 종합계획, 환경보전중기종합계획, 수도권대기환경관리 기본계획이 있다.

24) 국립환경과학원, 2007.11, 대기오염물질 배출량 2005

25) 연료는 석유, 석탄, 가스 등의 연료를 말한다.

26) 대분류와 중분류는 대체로 SNAP(Selected Nomenclature for Sources of Air Pollution)을 따르고 있다. SNAP은 EU의 대기배출량 인벤토리인 CORINAIR(CORe INventory of AIR emissions)의 배출원 분류체계이기도 하다.

현재 배출계수는 국립환경과학원에서 산출한 국내계수를 우선 적용하고 있으며, 국내계수가 없는 경우 EU의 CORINAIR, 미국의 AP-42[28] 등을 적용하고 있다. CAPSS에서 사용하고 있는 배출계수는 총 9,566개로 이중 미국 AP-42가 55.8%, 유럽 CORINAIR가 1.2%, 국내 17.1%, 기타 25.9%를 각각 차지한다. 방지효율은 대기배출원 관리시스템(SEMS)에 수록된 기술자료를 적용하고 있다.

가정난방, 도로 이동오염원, 비도로 이동오염원, 자연배출원 등은 대분류 단계에서 배출량을 산정하고, 중·소·세분류 단계로 배출량을 할당하는 Top-down 방식을 적용한다. 주요 사업장(1-3종 배출업소), 공공발전시설, 지역난방시설, 석유정제시설, 매립시설 등은 개별 배출원에 대해 각각 배출량을 산정하고 이를 상위 단계의 배출원 단계에서 종합하는 Bottom-up 방식으로 배출원별 배출량을 산정하고 있다.

표 3.7 대기오염물질 배출량 산정방법 개선

구분	1998년 이전	현행 방식
배출원 분류	난방, 산업, 수송, 발전 등 4개 부문배출 산정	배출원 분류 세분화(대분류 12, 중분류 58, 소분류 336, 세분류 578)
배출량 산정단위	시·도 단위, 연간 배출량 산정 연료사용에 따른 배출량만 산정	1km×1km 단위, 연간 및 월간 배출량 산정 생산공정, 유기용제 등 연료사용 이외의 배출량 포함
배출계수	주로 미국 EPA 계수	국내 실정에 맞는 배출계수
배출량 조회	대기오염물질 배출량 책자	배출량 조회 전산시스템 구축 대기오염물질 배출량 책자

(자료 : 환경부, 2012.12, 환경백서 2012)

3.3.2 대기오염 현황[29]

우리나라의 대기오염 추세를 보면 1980년대 이후 SO_2와 CO 오염도는 크게 감소되어 선진국 도시와 유사한 수준을 보이고 있다. NO_2와 PM_{10} 오염도의 경우 1990년대 지속적으로 개선되고는 있으나 아직 선진국에는 크게 못 미치고 있다. 연도별로는 1990년대는 연료규제가 시행되고 대기오염 방지시설이 크게 확충되는 시기로 감소율이 비교적 높았으나, 1990년

27) 국립환경과학원, 2012.12, 대기오염물질 배출량 2010

28) AP-42는 미국 환경처(USEPA)의 대기오염물질 배출계수 목록(Compilation of Air Pollutant Emission Factors)로 1972년 최초 작성된 이후 계속 보완되고 있다.

29) 국립환경과학원, 2012.11, 대기환경연보(2011)

대 이후로는 정체되거나 소폭 개선되고 있는 것으로 분석된다.

가. 이산화황

이산화황 농도는 전국적으로 1980~90년대에 비해 크게 개선되었다. 지난 10년간은 승용차와 화물차가 증가하고 무연탄을 제외한 대부분의 연료 사용량이 증가 추세에 있음에도 불구하고 소폭 감소하여 안정적인 추세를 보이고 있다. 이는 연료 황함유 기준(1981년), 고체연료 사용금지(1985년), 청정연료 사용 의무화(1988년) 같은 청정연료의 공급확대 등 지속적인 연료규제와 배출허용기준 강화 정책에 기인한 것으로 보인다.

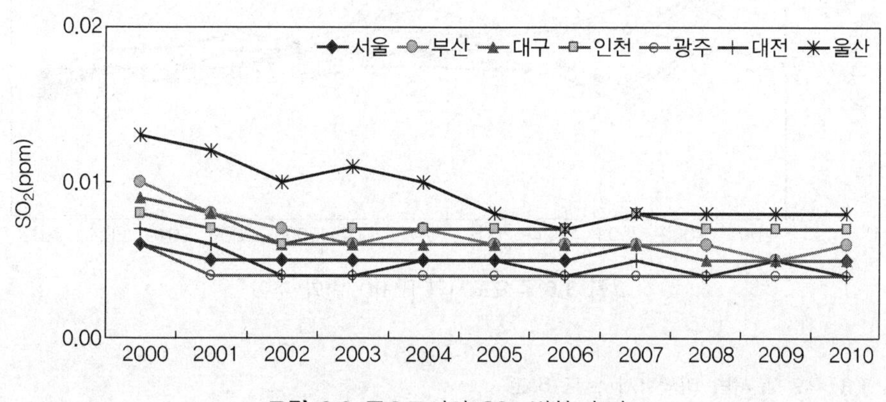

그림 3.3 주요도시의 SO_2 변화 추이

나. 이산화질소

주요 도시의 이산화질소 농도는 2000년대 중반까지 크게 뚜렷한 변화를 보이지 않다가 2008년 이후 완만한 감소세를 보이고 있다. 선진국 주요도시에 비해 여전히 높은 수준을 유지하고 있다.

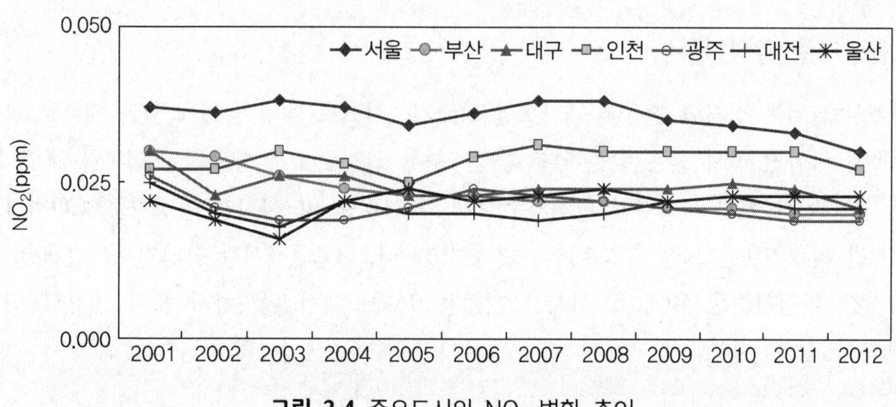

그림 3.4 주요도시의 NO_2 변화 추이

다. 미세먼지

주요 대도시의 2012년 연평균 PM_{10} 농도는 $38 \sim 47 \mu g/m^3$의 분포를 보이고 있다. 인천이 가장 높고, 광주가 가장 낮은 평균 오염도를 보이고 있으나 지역별로 큰 차이를 보이지는 않는다. 전반적으로 지난 10여년간 소폭 개선되는 추세를 보이고는 있으나 표 3.8에서 보듯이 여전히 OECD 주요 선진국에 비교하면 매우 미흡한 상황이다.

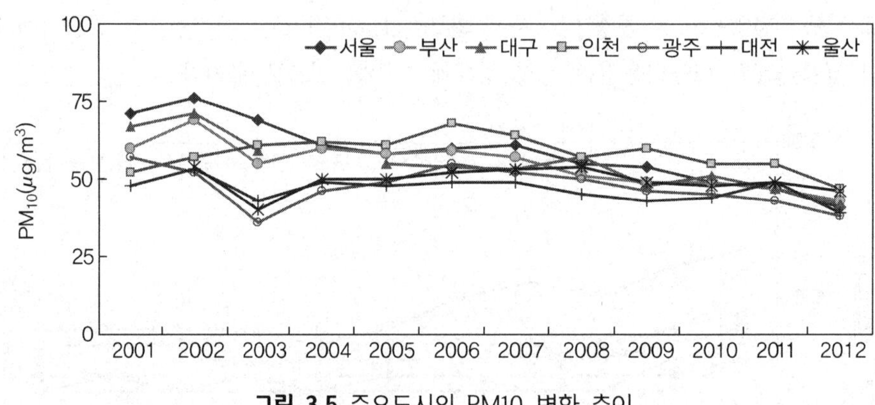

그림 3.5 주요도시의 PM10 변화 추이

표 3.8 주요 도시별 미세먼지 농도 비교

국가별	우리나라			선진국			
도시별	서울시	인천시	경기도	워싱턴	동경	파리	런던
농도(μgm^3)	41	47	49	12	21	27	31

(자료 : 1) 환경부, 2013.12, 제2차 수도권대기환경관리기본계획, 2)경기개발연구원, 2013.11, 건강을 위협하는 미세먼지)

라. 환경기준 달성현황

앞에서 살펴본 것처럼 연평균 대기오염도는 지속적으로 개선 추세에 있는 것으로 보이나 선진국에 비하면 아직 높은 수준이다. 환경기준이 설정된 6개 항목의 오염도를 보면 2012년의 경우 납과 벤젠의 연평균 환경기준, SO_2의 연평균 및 24시간 환경기준, CO의 1시간 및 8시간 환경기준은 모든 측정소에서 달성하였으나, SO_2의 1시간 환경기준은 2개소, NO_2는 1시간 환경기준은 50개소, 24시간 기준은 76개소에서 달성하지 못한 것으로 나타났다.[30)]

30) 국립환경과학원, 2012.11, 대기환경연보(2011)

오존과 미세먼지는 장단기 환경기준을 만족하지 못한 경우가 많았는데, O_3은 1시간 기준을 96개소, 8시간 기준을 233개소의 측정소에서 달성하지 못하였으며 PM_{10}은 24시간 기준을 235개소, 연평균 기준을 106개소에서 달성하지 못하였다.

특히 오존의 대기환경기준 달성률은 매년 감소 추세이다. 향후 자동차 배출가스와 연료 사용량의 증가로 인하여 질소산화물 배출량과 연료·용매의 증발 등으로 발생하는 휘발성유기화합물 배출량이 증가할 것으로 전망되고 지구온난화도 가속화되면서 오존 문제는 더욱 악화될 것으로 우려된다.

앞으로 연평균 오염도 중심으로 대기환경을 평가하는 수준에서 진일보하여 환경기준을 초과하는 고농도 발생 현상을 저감시키는 방안과 도로변 등에서 생활하는 고농도 노출인구에 대한 영향 최소화 방안을 모색하여야 할 것이다.

표 3.9 오염물질별 환경기준 달성현황(2011년)

항 목	환경기준		총 측정 소수	유효 측정 소수	해당 측정소수		환경기준 달성률(%)
					달성	미달성	
SO_2	연평균	0.02ppm	250	235	235	0	100
	24시간	0.05ppm			235	0	100
	1시간	0.15ppm			233	2	99.1
NO_2	연평균	0.03ppm	250	239	174	65	72.8
	24시간	0.06ppm			163	76	68.2
	1시간	0.1ppm			189	50	79.1
O_3	8시간	0.06ppm	250	239	6	233	2.5
	1시간	0.1ppm			143	96	59.8
CO	8시간	9ppm	250	235	235	0	100
	1시간	25ppm			235	0	100
PM_{10}	연평균	$50\mu g/m^3$	250	239	133	106	55.6
	24시간	$100\mu g/m^3$			4	235	1.7
Pb	연평균	$0.5\mu g/m^3$	51	51	51	0	100
Benzene	연평균	$5\mu g/m^3$	31	31	31	0	100

(자료 : 국립환경과학원, 2012.11, 대기환경연보(2011))

표 3.10 오존 대기환경기준 달성률(달성된 측정소 / 총 측정소)

구 분	2006년(%)	2007년(%)	2008년(%)	2009년(%)	2010년(%)	2011년(%)	2012년(%)
8시간 평균 (0.06ppm)	11.7	9.3	4.3	1.7	2.6	2.5	2.0

(자료 : 국립환경과학원, 2012.11, 대기환경연보(2011))

3.3.3 대기오염물질 배출량 현황

2010년도 연간 대기오염물질 배출량은 표 3.11과 같다. 배출원을 11개 부문의 산업분류별로 구분하여 대기오염물질 배출량 구성 비율을 함께 나타냈다. 산업분야별로 구분시 CO와 NO_x는 도로 이동오염원(각각 67.9%, 36.0%), TSP와 PM_{10}은 제조업 연소분야(각각 73.2%, 65.1%)가 가장 높은 비율을 차지하였다. VOCs의 경우에는 유기용제 사용(63.7%), NH_3는 농업분야(79.6%) 배출량이 가장 높은 부분을 차지하였다. SO_x의 경우에는 제조업 연소(25.8%), 생산공정(23.2%), 에너지산업 연소(20.3%) 부분이 높은 기여도를 보이고 있다.

표 3.11 대분류별 대기오염물질 배출량 현황(2010년) (단위 : 천톤)

배출원 대분류	CO	NO_x	SO_x	TSP	PM_{10}	VOCs	NH_3
에너지산업 연소	50.6 (6.6%)	153.4 (14.5%)	81.6 (20.3%)	4.4 (2.5%)	2.8 (2.4%)	7.1 (0.8%)	1.4 (0.5%)
비산업 연소	83.4 (10.9%)	96.5 (9.1%)	57.8 (14.4%)	2.8 (1.6%)	2.4 (2.1%)	3.0 (0.3%)	1.6 (0.6%)
제조업 연소	17.7 (2.3%)	164.9 (15.5%)	103.7 (25.8%)	130.1 (73.2%)	76.0 (65.1%)	3.3 (0.4%)	0.9 (0.3%)
생산공정	19.7 (2.6%)	49.0 (4.6%)	93.4 (23.2%)	11.1 (6.2%)	6.5 (5.5%)	136.9 (15.8%)	32.8 (11.3%)
에너지수송 / 저장	0.0	0.0	0.0	0.0	0.0	35.5 (4.1%)	0.0
유기용제 사용	0.0	0.0	0.0	0.0	0.0	552.0 (63.7%)	0.0
도로이동오염원	520.4 (67.9%)	382.2 (36.0%)	0.8	15.3 (8.6%)	15.3 (13.1%)	74.8 (8.6%)	9.3 (3.2%)
비도로 이동오염원	66.8 (8.7%)	208.9 (19.7%)	62.9 (15.7%)	13.4 (7.5%)	13.4 (11.5%)	16.3 (1.9%)	0.6 (0.2%)
폐기물처리	1.0	6.1	1.5	0.2 (0.1%)	0.2 (0.1%)	36.9 (4.3%)	0.0
농업	0.0	0.0	0.0	0.0	0.0	0.0	230.6 (79.6%)
기타 면오염원	6.6	0.2	0.0	0.5 (0.3%)	0.3 (0.2%)	0.6 (0.1%)	12.6 (4.4%)
총계	766.3	1061.2	401.7	177.6	116.8	866.4	289.8

※ 도로재비산먼지는 미포함
(자료 : 국립환경과학원, 2012.12, 대기오염물질 배출량 2010)

연도별 대기오염물질 배출량은 표 3.12와 같다. 1999년부터 배출량을 조사하고 있으나 매년 배출원을 추가하거나 일부 배출원의 산정방법이 달라져 과거 배출량과 현재 배출량을 그대로 비교하기는 어려운 점이 있으나, 전체적으로 먼지, PM_{10}, VOCs, NH_3는 증가 추세이고 NO_x, SO_x는 감소추세에 있는 것으로 보인다.

표 3.12 연도별 대기오염물질 배출량 현황 (단위 : 천톤)

연도	CO	NO_x	SO_x	TSP	PM_{10}	VOCs	NH_3
2001년	845.1	1,219.0	487.7	88.1	67.4	734.8	231.5
2002년	822.8	1,242.3	474.1	84.4	65.1	741.6	222.6
2004년	817.0	1,377.5	446.8	80.1	62.5	797.2	243.7
2006년	829.9	1,275.0	446.5	88.3	64.8	794.2	235.7
2008년	703.7	1,045.1	418.0	171.6	110.8	857.9	265.7
2010년	766.3	1,061.2	401.7	177.6	116.8	866.4	289.8

(자료 : 국립환경과학원, 2012.12, 대기오염물질 배출량 2010)

3.4 대기환경 관리 법규

3.4.1 대기환경보전 관련 법규의 발전과정

1963년 제정된 공해방지법에서 "대기오염, 하천오염, 소음·진동으로 인한 보건위생상의 위해를 방지하여 국민건강의 향상을 기한다"라고 제정 목적을 규정하여 대기오염을 최초로 정책 대상으로 명시하였다. 이 법은 전담기관 설치나 예산확보 등의 후속 조치가 없어 실효성을 갖지 못하였다. 이후 1970년대 철강·화학·조선 등 중화학공업이 발전되면서 울산·온산 산업단지 등에서 발생한 대기오염 문제가 사회문제로 부각되기 시작하였다. 이에 1977년 제정한 환경보전법에서 최초로 기본적인 대기관리제도가 도입되었는데 환경기준 및 배출허용기준 설정, 환경오염도의 상시측정, 방지시설 설치의 의무화, 대기보전 특별대책지역의 지정 등이 규정되었다.

1990년에는 환경보전법이 6개 법률로 분법하면서 대기환경보전법과 소음·진동규제법이 제정되었다. 이후 2003년에는 수도권 대기환경개선에 관한 특별법이, 2004년에는 악취방지법이 제정되어 일반적 대기환경관리, 악취관리, 소음·진동관리, 실내공기질 관리, 수도권 대기질관리 등 분야별로 전문법 체제를 완성하게 되었다.

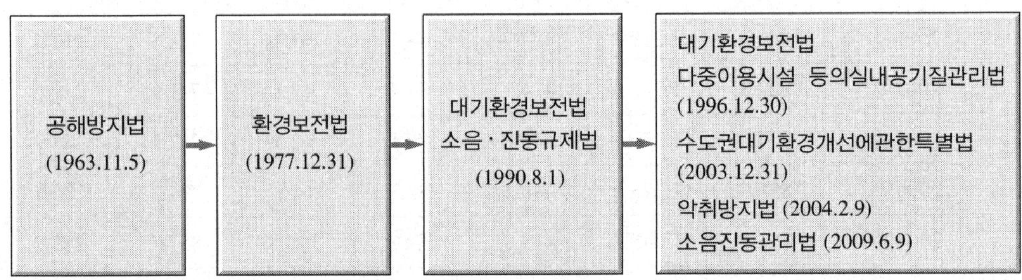

그림 3.6 대기환경보전 관련법의 변천과정[31)]

3.4.2 대기환경보전법의 주요 내용

대기환경보전법은 1990년 8월 환경보전법에서 분리되어 별도의 법으로 제정되었다. 기존 환경보전법에서 총칙 중 일부 조항(환경기준, 상시측정, 특별대책지역), 제2장 배출시설 및 방지시설(배출허용기준, 배출부과금), 제3장 대기보전 등 3개 장에 걸쳐 부분적으로 규정하고 있던 대기관리 분야를 사업장, 생활환경, 자동차 배출가스 등 오염원의 특성별로 구분하여 제도를 구체화하는 내용으로 제정하였다. 대기환경보전법은 제정 후 40여 차례의 개정을 거쳐 2013년 5월부터 새로운 개정 법률이 시행되고 있다.

주요 개정 경과를 보면 1995년에 법 개정을 통해 대기환경경보, 대기환경규제지역, 환경친화기업 운영, 휘발성유기화합물 배출규제, 운행차 정기검사 제도 등의 제도가 새로이 도입되었다. 2002년에는 자동차 정밀검사 제도, 2005년에는 대기환경개선 종합계획 수립, 선박에 대한 배출허용기준의 설정, 배출가스 관련부품의 결함확인검사 제도가 도입되었다. 2007년에 현행 법체계로 전부개정이 이루어졌으며, 2009년에는 공회전 제한장치 부착명령

31) 소음·진동관리법률의 제명을 "소음·진동규제"에서 "소음·진동관리법"으로 변경하여 소음·진동이 관리의 대상임을 명확하게 하였다.

제도, 2012년에는 새로운 대기오염물질 분류체계가 도입되었다.

현행 법 체계는 대기오염물질을 오염원의 특성에 따라 크게 세 가지로 구분하고 오염원별로 규제 내용을 규정하고 있다. 제2장에서 사업장에 대한 배출허용기준과 인·허가 등 고정오염원 관리에 관한 내용을, 제3장에서 연료, 비산먼지 등 생활환경 관리에 관한 내용을, 제4장에서 이동오염원인 자동차 배출가스 관리에 관한 내용을 각각 규정하고 있다.

법률의 주요 내용을 살펴보면, 제1장에서 대기오염물질, 기후변화유발물질, 특정대기유해물질, 배출시설 등 주요 용어의 정의, 전국적인 대기오염도를 파악하기 위한 오염물질 상시측정 제도의 운영, 대기환경기준을 초과하여 심각한 위해를 끼칠 우려가 있는 경우 대기오염경보를 발령하도록 하는 내용, 대기오염물질과 온실가스를 줄이기 위한 대기환경개선 10개년 종합계획의 수립·시행 등을 규정하고 있다.

제2장 사업장 관리대책에서는 배출시설에 대한 사업장 배출허용기준 설정, 배출시설 설치자의 허가 또는 신고의무, 배출되는 오염물질을 저감시키기 위한 방지시설의 설치·운영의무, 오염물질이 배출허용기준 이내로 배출되는지 여부를 확인하기 위한 측정기기 부착, 배출허용기준을 초과하는 경우에 개선명령 또는 조업정지 명령 조치 등의 사업장 관리체계를 규정하였다. 직접적 규제제도 이외에도 배출허용기준 준수를 위한 경제적 유인수단인 배출부과금 제도도 규정하고 있다.

제3장에서는 환경기준을 초과하거나 초과할 우려가 있는 지역으로서 대기질 개선이 필요하다고 인정하는 지역을 환경부장관이 대기환경규제지역으로 지정하고, 시·도지사가 규제지역으로 지정된 지 2년 이내에 기준을 달성·유지하기 위한 실천계획을 수립·시행하도록 하는 대기환경규제지역 지정 제도가 규정되어 있다. 연료 사용으로 인한 대기오염 방지를 위해 연료의 제조·사용 등에 관한 규제를 규정하고, 비산먼지를 발생하는 사업자는 시·도지사에게 신고를 하고 비산먼지 발생을 억제하기 위한 시설을 설치하거나 필요한 조치를 하도록 하며, 필요한 조치를 하지 않는 경우 사업을 중지시킬 수 있도록 규정하고 있다. 질소산화물과 반응하여 오존 등을 발생시키는 휘발성유기화합물의 발생을 규제하기 위해 특별대책지역 또는 대기환경규제지역 내에서 휘발성유기화합물질을 배출하는 시설을 설치하는 경우 신고의무와 방지시설 설치의무를 부과하고 있다.

제4장에서는 자동차에서 배출되는 배출가스를 규제하기 위한 제작차 배출허용기준 설정, 제작차에 대한 인증, 배출허용기준 검사, 결함확인검사 제도를 규정하고 있다. 자동차를 제작할 때 자동차 배출가스가 보증기간 동안 배출허용기준에 적합하게 유지하도록 사전 확인하는 인증 의무, 인증을 받고 제작한 자동차가 배출허용기준에 맞는지 확인하기 위한 수시검사와 정기검사 제도, 운행 중인 자동차에서 나오는 배출가스가 배출허용기준에 적합한지 확인하는 결함확인검사 제도에 대하여 규정하고 있다. 운행되는 자동차에 대한 배출허용기

준, 이를 검사하는 수시점검, 정기검사 및 정밀검사 제도에 대해서도 규정하고 있다.

표 3.13 대기환경보전법 체계

구분	내용	
총칙	- 목적 및 정의 - 대기오염경보 - 기후·생태계 변화유발물질 배출억제 - 대기순환 장애의 방지 - 황사피해방지 종합대책 수립	- 상시측정 및 측정망 설치계획 - 대기오염물질 심사·평가 - 국가 기후변화 적응센터 - 대기환경개선 종합계획 수립
사업장	- 배출허용기준 및 배출원·배출량 조사 - 배출시설 설치허가·신고 - 방지시설 설치 - 측정기기 부착 - 배출부과금	- 대기환경규제지역 지정·관리 - 사업장의 분류 - 가동개시 신고 - 개선명령 - 환경기술인
생활대기오염	- 유류 황함유기준 - 비산먼지 규제	- 연료사용 규제 - 휘발성유기화합물 규제
자동차·선박	- 제작차 배출허용기준 및 인증·검사 - 운행차 배출허용기준 및 저공해차 운행 - 운행차 정기·정밀검사 - 연료·첨가제 사전검사 - 자동차 온실가스 배출허용기준	- 결함확인검사 및 부품결함 시정 - 공회전 제한 - 확인검사 대행자 - 선박 배출허용기준 - 저탄소차 협력금
보칙·벌칙	- 환경관리인 교육 - 재정적·기술적 지원 - 행정처분 기준 - 권한의 위임·위탁	- 자동차환경협회 설립 - 보고 및 검사 - 청문 및 수수료 - 벌칙 및 과태료

3.4.3 수도권 대기환경개선에 관한 특별법의 주요 내용[32)]

수도권의 대기질을 근본적으로 개선하기 위해서는 대기오염물질에 대한 직접적인 관리뿐만 아니라 대기 영향권을 고려한 광역적 관리, 사전예방적 총량관리, 교통분야, 에너지분야 등 관련 정책과의 통합적인 접근이 불가피하게 되었다. 이러한 여건을 고려하여 2004년에 수도권 대기환경개선에 관한 특별법을 제정하게 되었다.[33)]

수도권특별법은 제1장 총칙, 제2장 수도권 대기환경관리 기본계획의 수립, 제3장 사업장

32) 수도권 대기관리대책에 대하여는 3.5.3절에서 상술한다.

33) 당시 산업자원부 등 관계부처와 산업계의 반대로 난항을 겪었으나, 2003년 7월 관계부처, 시민단체, 산업계가 함께 참여하는 조정회의를 통해 최종 합의안을 도출하였다, 기존의 일방적인 정부 주도형 정책 결정 방식에서 벗어나 사회적 합의를 도출한 것으로 사회적 갈등 해소의 좋은 선례로 평가되고 있다.

오염물질 총량관리, 제4장 자동차 배출가스의 억제, 제5장 휘발성유기화합물 배출억제, 제6장 재원의 확보·관리 등 총 8장 46조로 구성되어 있다.

주요 내용을 보면 수도권지역 중 대기오염이 심각하다고 인정되는 지역과 당해 지역에서 배출되는 대기오염물질이 수도권지역의 대기오염에 크게 영향을 미친다고 인정되는 지역을 대기관리권역으로 설정하여 특별히 관리하도록 하였다(제2조). 일정규모 이상의 사업자에 대하여 대기오염물질 배출허용총량을 할당하고 이를 초과하여 배출하는 경우 총량초과부과금을 부과하도록 하는 대기오염물질 총량관리 제도를 도입하였다(제16조).

또한 배출가스 보증기간이 경과한 경유자동차에 대해 대기환경보전법보다 강화된 운행차 배출허용기준을 설정하고, 검사결과 배출허용기준을 만족하지 못하는 경우 배출가스저감장치를 부착하거나 저공해 엔진으로 개조 또는 교체하도록 하는 등 운행되는 자동차의 배출가스 관리 제도를 강화하였다(제25조).

이 법에서는 국내에서는 최초로 오염물질 총량관리 개념이 도입되어 선진화된 대기보전 정책의 기반이 되었다. 그러나 이후 시행과정에서 총량관리 대상업체나 범위가 제한적으로 적용되어 실효성이 제한적이라는 의견도 제기되고 있다. 수도권의 대기질이 여전히 답보 상태인 것을 고려할 때 수도권특별법의 효과를 분석하여 대안을 마련해야 할 시점이다.

3.4.4 악취방지법의 주요 내용

2004년까지는 악취배출시설을 대기오염 관리차원에서 대기오염물질 배출시설 및 생활악취시설로서 규정하고 대기환경보전법에 따라 관리하였다. 그러나 악취는 일반적인 대기오염과는 달리 원인물질이 다양하고 복합적인데다가 국지적·순간적으로 발생하고 소멸하는 특성이 있어 전국적으로 동일한 방식으로 관리하는 대기환경보전법 체계로는 악취를 효율적으로 관리하는데 한계가 있었다.

이러한 문제를 해결하기 위해 2004년 2월 악취방지법을 제정, 악취 관리의 대상을 '시설' 단위에서 '지역' 단위로 전환하고, 지정악취물질을 종전의 8종 외에 14종을 추가하여 총 22종으로 확대하고 공기희석관능법, 기기분석법 등 악취측정방법도 개선하게 되었다.[34)]

악취방지법은 총 6장 30조항으로 구성되어 있다. 주요 내용을 보면 악취와 관련된 민원이 1년 이상 지속되고 악취 배출허용기준을 초과하는 지역이나 악취와 관련된 민원이 집단적으로 발생하는 지역을 악취관리지역으로 지정[35)]하도록 하였다. 악취관리지역안의 사업장에

34) 환경부, 2012. 환경백서 2012,

서 배출되는 악취의 배출허용기준을 설정하고(제7조), 악취배출시설의 설치 신고를 하도록 의무화하였다. 악취관련 민원이 1년 이상 지속되고 복합악취나 지정악취물질이 3회 이상 배출허용기준을 초과하는 경우에는 시·도지사가 해당 악취배출시설을 신고대상 시설로 지정하여 사업자가 악취방지계획을 수립하도록 하였다.

국가, 지방자치단체 및 한국환경공단이 각 사업장에서 배출되는 악취를 공동으로 처리하기 위하여 악취공공처리시설을 설치·운영할 수 있도록 하였다. 또한 악취관리지역안의 사업장에서 배출되는 악취가 배출허용기준을 초과하는 경우에는 시·도지사가 필요한 조치명령을 취할 수 있도록 하고 있다.

표 3.14 대기오염과 악취오염의 특성비교

구 분	대 기 오 염	악 취 오 염
오염물질의 발생	- 지속적·연속적 - 주로 배출구를 통해 배출	- 순간적 - 보관·공정 등 주로 물질의 취급과정에서 배출
영향지역의 범위	- 광역적 : 발생원으로 부터 수백 km까지 영향	- 국지적 : 발생원으로 부터 수 km까지 영향
인체에 미치는 영향	- 급성·만성적 건강 피해 : 호흡기질환자, 노약자, 어린이들의 사망률·입원율 증가	- 감각공해(불쾌감, 혐오감) : 일부 민간한 사람은 구토 증세
규제대상 오염물질	- 환경기준 항목과 위해성이 큰 특정대기유해물질을 중심으로 규제	- 주된 악취물질과 함께 복합취(악취물질)도 규제
규제 대상	- 일정배출구를 가진 배출시설 : 전국 어느 곳이든 위치에 관계없이 규제대상	- 배출시설뿐 아니라 분뇨처리장, 하수처리장, 농수산물 도매시장 등 사업장도 규제대상 - 수 km 이내에 주민이 거주하지 않는 경우 규제 불필요
특징	- 기체상 물질에 국한	- 기체상 물질, 배출수, 폐기물 등에 확대 적용

35) 2012년말 기준으로 울산 미포·온산 국가산업단지, 인천 검단일반산업단지, 경남 창원국가산업단지 등 10개 시·도 29개 지역을 악취관리지역으로 지정·관리하고 있다.

3.5 지역별 대기환경관리 정책

대도시나 산업단지 지역은 오염원이 밀집되어 있을 뿐만 아니라 발생되는 대기오염물질의 총량이 매우 크기 때문에 대기환경보전법에서 규정하고 있는 오염원(배출원)을 대상으로 한 통상적인 규제·관리 정책만으로는 대기질을 개선하는데 한계가 있다. 따라서 이런 지역에 대해서는 지역에 따른 오염물질 배출 특성, 오염원의 분포 등을 고려한 별도의 대책이 필요하게 되었다. 이에 우리나라에서는 공단지역의 대기오염 특별관리를 위한 제도인 대기보전 특별대책지역, 지방자치단체별로 오염우려지역의 대기질 개선을 위한 대기환경규제지역 등 지역별 대기환경관리 제도를 운영하고 있다.

표 3.15 지역별 대기개선 대책 추진현황

구분	특별 대책지역	대기환경 규제지역	수도권 대기관리권역	인구 50만 도시관리
지정 근거	- 환경정책기본법 제22조	- 대기환경보전법 제18조	- 수도권특별법 제2조 제2호	- 대기환경개선 10개년 종합계획
지정 내역	- 울산·미포 및 온산국가산업단지(1986) - 여천국가산업단지 및 확장단지(1996)	- 부산권(1999) : 부산시(기장군제외), 경남 김해시 - 대구권(1999) : 대구시(달성군제외) - 광양만권(1999) : 전남 여수·광양 등	- 서울시 - 인천시(옹진군 중 영흥면만 포함) - 경기도(김포시, 고양시 등 24개시)	- 청주, 천안, 전주, 포항, 창원
지정 목적	- 산업단지 발생 오염물질 저감 (이산화황, VOCs 등)	- 오염물질의 환경기준 초과 또는 초과우려 지역 대기질 개선	- 오염물질의 환경기준 초과 또는 초과우려 지역 대기질 개선	- 대기환경규제지역 신규지정에 앞서 자발적 대기질 개선유도
관리 물질	- 13개 물질을 기존/신규 사업장 구분 적용 - VOCs 방지시설 (11개업종 32개시설) - 3종이상 사업장, 특정유해물질 업소 입지제한	- SO_2, PM_{10}, O_3, NO_2, CO, 벤젠 - 부산권, 대구권 : NO_2, O_3 관리 - 광양만권 : O_3 관리	- SO_2, PM_{10}, NO_2, VOCs - 개선목표('14년 서울) : PM_{10} 40$\mu g/m^3$, NO_2 22ppb	- PM_{10}, NO_2, O_3
관리 체계	- (환경부)지역지정 및 특별종합대책 수립 - (시·도지사)대책시행	- (환경부)지역지정 - (시·도지사)실천계획 수립 및 시행 - (지방환경청)평가	- (위원회)기본계획 수립 - (시·도지사) 시행계획 수립 및 추진 실적 보고	- (시장)추진계획 수립 및 시행

3.5.1 대기오염 특별대책지역

대기오염이 심화된 지역에서 오염물질 배출을 보다 효율적으로 규제·관리하기 위해 대기보전 특별대책지역 제도가 1986년 도입되었다.[36] 지금까지 지정된 대기보전 특별대책지역은 이산화황 피해를 계기로 지정된 울산·미포 및 온산 국가산업단지(1986년), 휘발성유기화합물과 악취물질로 인한 피해를 계기로 지정된 여수·여천국가산업단지(1996년) 등 2개 지역이다.

1962년부터 조성된 울산·미포 산업단지는 대기오염 방지시설을 설치할 필요성조차도 인식하지 못한 여건에서 주거마을이 혼재된 채로 무계획적으로 공장들이 건설되었다. 주거지역의 대기오염이 극심하여 주민과의 분쟁이 끊이지 않았다. 이와 같은 상황을 개선하기 위해 정부는 1986년 3월 울산·미포산업단지를 대기보전 특별대책지역으로 지정하고 특별종합대책을 고시하였다.[37]

여천 산업단지는 1967년에 석유화학단지를 조성하기 시작하면서 20여년간 안전사고와 환경오염으로 인한 피해분쟁이 빈발하였다. 1996년 전라남도가 여천 산업단지 주변마을에 대한 환경영향조사 결과를 토대로 중앙정부에 주민이주 대책을 요구하면서 사회적 문제로 부각되었다. 정부는 1996년 이 지역을 특별대책지역으로 지정하였다.[38]

현재 특별대책지역 안에서의 대기환경 관리는 "대기보전특별대책 지정 및 동지역내 대기오염 저감을 위한 종합대책[39]"에 따라 시행되고 있다. 우선 기존 배출시설에 대하여는 엄격한 배출허용기준을, 신규 배출시설에 대하여는 특별 배출허용기준을 적용한다. 원칙적으로 신규 업체의 입지를 제한하되 최적의 방지시설을 설치하는 경우에 한하여 허용한다는 취지이다. 휘발성유기화합물 배출시설을 설치하는 경우에는 방지시설을 설치하도록 하였고, 이때 1종~4종 규모의 사업장은 설치허가를 받아야 한다. 1~3종 사업장과 특정대기유해물질 배출사업자는 환경성검토를 받도록 하여 신규업체의 입주를 제한한다.

---

36) 환경정책기본법 제22조1항에서 "환경부장관이 환경오염·환경훼손 또는 자연 생태계의 변화가 현저하거나 현저하게 될 우려가 있는 지역과 환경기준을 자주 초과하는 지역을 관계 중앙행정기관의 장 및 시·도지사와 협의하여 환경보전을 위한 특별대책지역으로 지정·고시하고 당해 지역안의 환경보전을 위한 특별종합대책을 수립하여 관할 시·도지사에게 이를 시행하게 할 수 있다"라고 규정

37) 환경부, 2010, 환경30년사(부문별)

38) 울산과 여천지역 공히 이후에 일부 인근지역 주민을 이주시킨다.

39) 환경부고시 제2009-3호, 2009. 6. 30

3.5.2 대기환경규제지역

종전에 주요 대기오염물질 배출원이었던 산업체 등 점오염원의 경우 지속적인 규제 강화와 기술발전으로 대기오염 영향이 점차 저감되고 있다. 반면에 면오염원과 이동오염원의 경우 도시지역 확대, 자동차 증가, 화학물질의 사용 증가 등으로 대기오염 영향이 더욱 커지고 있다. 종전과 같은 산업체 위주의 규제만으로는 대도시의 대기오염을 효과적으로 개선하는 데 한계가 있는 것이다. 또한 대기오염물질은 같은 양이 발생되더라도 기상 및 지형여건에 따라 오염도가 다르게 나타나므로 대기오염 영향권역별로 교통관리, 에너지 수요관리대책을 포함한 종합적인 개선대책이 필요하다.

이에 따라 1995년 12월에 "대기환경보전법"을 개정하여 환경기준을 초과하였거나 초과할 우려가 있는 지역으로서 대기질의 개선이 긴급하다고 인정되는 지역을 대기환경규제지역으로 지정할 수 있도록 하였다. 이 법을 근거로 수도권(1997년 7월), 부산권, 대구권, 광양만권(1999년 12월)을 대기환경규제지역으로 지정하였다. 이 중 수도권 지역은 "수도권 대기환경개선에 관한 특별법" 제정에 따라 대기관리권역으로 지정·관리되고 있다. 주요 관리 내용으로 휘발성유기화합물 억제시설 및 방지시설 설치의무화, 운행차 배출가스 정밀검사 실시, 저공해자동차 도입 등이 있다.

현행법상 대기환경규제지역의 지정기준은 대기오염도가 표 3.16과 같이 환경기준을 초과한 지역을 대상으로 한다. 대기오염도 측정결과가 없는 지역의 경우에는 오염물질 배출량 자료를 이용한 확산모델링 결과로 산정한 대기오염도가 환경기준의 80% 이상인 지역의 면적이 당해 지역 총면적의 30%를 초과하는 경우에 지정대상이다.

표 3.16 대기환경규제지역 지정기준

대상물질	SO_2 (ppm)			PM_{10} ($\mu g/m^3$)		O_3 (ppm)		NO_2 (ppm)			CO (ppm)		벤젠 ($\mu g/m^3$)
단위	연	24시간	1시간	연	24시간	8시간	1시간	연	24시간	1시간	8시간	1시간	연
적용기준	0.02[1)]	0.05[2)]	0.15[4)]	50[1)]	100[2)]	0.06[3)]	0.10[4)]	0.03[1)]	0.06[2)]	0.10[4)]	9[2)]	25[4)]	5[1)]

※ 1) 최근 3년간 측정치의 평균이 환경기준 이상인 경우
2) 최근 3년간 측정치의 99퍼센타일 평균농도가 환경기준을 초과한 경우
3) 최근 3년간 측정치의 95퍼센타일 평균농도가 환경기준을 초과한 경우
4) 최근 3년간 측정치의 99.9퍼센타일 평균농도가 환경기준을 초과한 경우
※ PM_{10}는 황사기간 미포함 자료. 최근 3년간 자료는 국립환경과학원의 대기환경연보 자료 인용
(자료 : 환경부고시 제2013-120호(2013.9.27) 별표)

대기환경규제지역은 환경부장관이 지정하며, 대기환경규제지역을 관할하는 시·도지사는 대기환경규제지역으로 지정·고시된 후 2년 이내에 실천계획을 수립하여야 한다. 실천계획에는 일반 환경현황, 대기오염물질의 배출원 및 배출량 조사결과, 대기오염예측모형을 이용하여 예측한 대기오염도, 대기오염원별 대기오염물질 저감계획 및 계획의 시행을 위한 수단, 계획달성연도의 대기질 예측 결과, 대기보전을 위한 투자계획과 대기오염물질 저감효과를 고려한 경제성 평가 등을 포함해야 한다.

표 3.17 대기환경규제지역 지정현황

구 분 \ 규제지역	대상지역	지정일시	대상물질
부산권	부산광역시(기장군 제외), 김해시(진영읍, 8개면 제외)	1999. 12. 1 (환경부고시 제1999-191호)	오존(O_3) 이산화질소(NO_2)
대구권	대구(달성군 제외)		
광양만권	- 경남 하동군 하동화력발전소 - 전라남도 · 광양시(4개면지역 제외), · 순천시(승주읍, 8개면 제외) · 여수시(돌산읍, 3개면 제외)		오존(O_3)

3.5.3 수도권 대기환경개선에 관한 특별대책

가. 추진배경

수도권 대기환경개선 특별대책을 수립하게 된 것은 정부가 기존의 대기환경 관리 수단으로는 갈수록 심각해지는 수도권의 대기질을 근본적으로 해결할 수 없다고 판단했기 때문이었다. 수도권 대기환경개선 특별대책이 수립되던 2004년 당시 선진국 도시와 수도권의 대기오염도를 비교하면 미세먼지(PM_{10})는 런던이나 파리(각각 $20\mu g/m^3$)에 비해 1.8～3.5배에 달하고, 이산화질소(NO_2)는 1.2～1.7배 수준으로 수도권지역의 대기질 수준은 OECD 국가 중 최하위 수준에 머무르고 있었다.[40)]

미세먼지와 오존 증가시에 뇌졸중 사망자수가 증가한다는 연구결과나 대기오염으로 인한 사망자수가 교통사고로 인한 사망자수의 3배에 달한다는 미국의 연구결과가 시사하듯이 대기오염으로 인한 피해가 광범위하게 발생하고 있다. 급성·만성 사망, 호흡기 질환 등의 건

40) 환경부, 2005.11, 수도권 대기환경관리 기본계획

강피해와 재산상의 피해를 고려하여 EU가 제안한 대기오염의 사회적 피해비용 지수를 토대로 수도권 지역의 대기오염으로 인한 연간 사회적 피해비용을 추정한 결과, 수도권 지역 총생산의 4.2%인 10조원에 달하는 것으로 추산되었다.[41]

표 3.18 주요 OECD 국가의 환경관련 지표

구분		한국	일본	미국	영국	독일
인구밀도		467.2	334.6	28.9	334.6	230
단위 면적당 배출량(t/천ha)	SO_X	50.3(2000)	23.0(1999)	17.8(1999)	48.9(1999)	23.3(1999)
	NO_X	94.8	43.78	23.92	65.99	45.85
	PM_{10}	7.85	4.47	2.87	7.66	7.25
국민 1인당 배출량(kg/인)	SO_X	10.6	6.9	62.7	19.9	10.1
	NO_X	19.9	13.1	84.4	26.9	19.9
	PM_{10}	1.7	1.3	10.1	3.1	3.2

(자료 : OECD, OECD Environmental Data Compendium 2002)

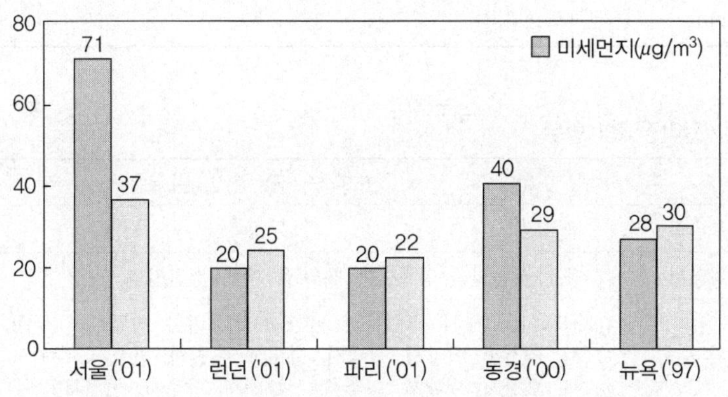

그림 3.7 선진국 주요도시와 대기오염도 비교(2000년대 초반)

나. 수도권 대기관리 여건

수도권은 대기질 관리여건이 매우 열악하다. 이 악화된 원인은 기본적으로 높은 인구밀도, 자동차 밀집과 에너지 소비량의 급증에 기인한다. 서울의 인구밀도는 17천명/km^2으로 세계의 주요도시와 비교하여 2.8~5.7배 높은 수준이다.(런던 5천명/km^2, 동경 6천명/km^2, LA 3천명/km^2) 즉 수도권은 국토면적의 12%에 불과하나, 인구의 46%, 자동차의 42%가 밀집되어 있고, 국내 에너지사용량의 34%를 차지하는 등 오염원이 집중되어 있기 때문이다.[42]

41) 안세창, 경기논단 2002 겨울호

다. 제1차 특별대책의 주요 내용

제1차 수도권 대기환경개선 특별대책(2005~2014)은 수도권의 대기질을 2014년까지 선진국 수준으로 개선하기 위하여 미세먼지, 질소산화물 등 주요 오염물질 배출총량을 2004년의 절반 수준 이하로 삭감하여 맑은 날 남산에서 인천 앞바다를 볼 수 있도록 하는 것을 목표로 하였다.

수도권지역 중 대기오염이 심각하다고 인정되는 지역과 당해 지역에서 배출되는 대기오염물질이 수도권지역의 대기오염에 크게 영향을 미치는 지역을 표 3.20과 같이 대기관리권역으로 설정하여 특별관리 하도록 하였다.

표 3.19 단계별 대기환경 개선목표(서울시 기준)

오염물질	2003	2007	2009	2011	2014
PM_{10}($\mu g/m^3$)	69	60	55	50	40(동경수준)
NO_2(ppb)	38	35	32	28	22(파리수준)

표 3.20 대기관리권역의 범위

	지 역 범 위
서울특별시	전지역
인천광역시	옹진군(옹진군 영흥면은 제외)을 제외한 전지역
경 기 도	김포시, 고양시, 의정부시, 남양주시, 구리시, 하남시, 성남시, 의왕시, 군포시, 과천시, 안양시, 광명시, 시흥시, 부천시, 안산시, 수원시, 용인시, 화성시, 오산시, 평택시, 파주시, 동두천시, 양주시, 이천시

(자료 : 수도권 대기환경개선에 관한 특별법 시행령 별표1)

대책의 특징은 우선 대기환경관리 시스템을 근본적으로 개선하는데 초점을 맞추고 있다. 즉, 사후적 농도규제 방식의 관리체계를 벗어나 사전예방적 관리로 대기관리체계를 전환하고 지방자치단체별 분산관리 체계를 보완하여 광역적 관리시스템을 도입하는 것이다. 또한 공장, 자동차 등 오염원에 대한 개별적 관리뿐만 아니라 에너지 절약, 도시계획 등 대기오염에 영향을 미치는 다양한 요인을 종합적으로 고려하는 관리방식을 모색하였고, 규제 일변도의 관리정책을 보완하여 기업체에 대한 경제적 유인책을 강화한다고 대책방향을 제시하였다.

42) 환경부, 2005.11, 수도권 대기환경관리 기본계획

표 3.21 대기환경 관리체계의 개선방향

기존 정책방향	개선 방향
사후적 농도규제	사전예방적 총량관리
자치단체별 분산관리	광역 통합관리
단기처방위주의 대증적 접근	중장기 계획에 의한 체계적 관리
배출원별 관리	에너지·도시계획·환경정책의 통합적 접근
규제 일변도의 정책	보조금 지급 등 경제적 유인기능 강화

(자료 : 안세창, 경기논단 2002 겨울호)

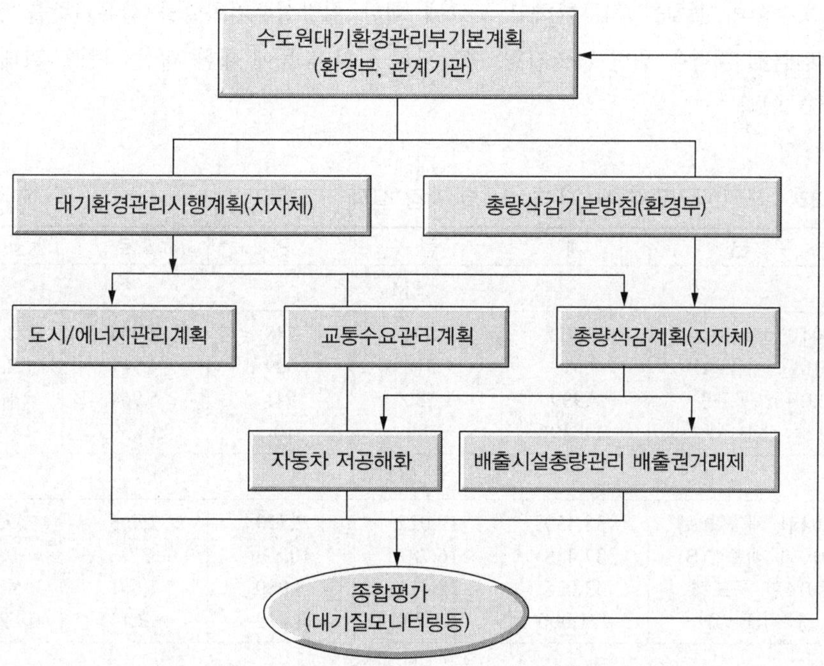

그림 3.8 수도권 대기환경 관리계획 추진체계도

대책에서 제시한 주요 오염물질 삭감방안은 분야별로 다음과 같다.

1) 자동차 : 제작차 배출허용기준 강화, 특정경유차 배출가스 저감, 저공해자동차 구입 의무화 등 친환경자동차 보급 및 인프라 구축
2) 사업장 : 총량관리제(NO_x, SO_x) 및 배출권거래제, 사업장 최적방지시설 기준 강화, 중소사업장 저녹스 버너 보급
3) 면오염원 : 주유소 유증기 회수설비 설치 의무화, 도료 VOCs 함유기준 설정

4) 비산먼지 : 도로먼지 제거장비 보급, 이동측정차량 시범운영

자동차에서 배출되는 오염물질을 줄이기 위해 제작차에 대하여 선진국 수준으로 배출허용기준을 강화하고, 천연가스버스 및 하이브리드 자동차 등 저공해 자동차 보급을 확대하도록 하였다. 배출가스 보증기간이 경과한 자동차인 특정경유자동차에 대하여 대기환경보전법보다 강화된 운행차 배출허용기준을 설정하고, 이 기준을 초과하는 경우 배출가스 저감장치를 부착하거나 저공해엔진으로 개조·교체 하도록 하는 등 운행차의 배출가스 관리 제도를 강화하였다. 사업장에서 배출되는 오염물질을 저감하기 위해 대형 사업장을 대상으로 NO_x 및 SO_x 총량제와 배출권거래 제도를 도입하고 사업장 최적방지시설 기준 강화, 중소사업장 저녹스 버너 보급 등을 추진하였다. 휘발성유기화합물 관리를 위해 수도권의 모든 주유소에 유증기 회수설비 설치를 의무화하고 도료에 대한 휘발성유기화합물 함유기준을 설정하는 한편, 오염물질 저감을 위한 기술지원, 방지시설 설치비 등에 대한 재정 지원도 확대하는 내용을 담고 있다.

표 3.22 수도권 대기환경 개선대책 부문별 저감 실적 (단위 : 톤)

구 분	계	점	면	도로	비도로
PM_{10}					
2004년 배출량(A)	13,915	1,608	548	8,904	2,855
2010년 배출량(B)	9,519	1,518	609	4,511	2,881
2014년 목표량	8,999	1,320	541	5,964	1,175
증 감(B-A)	△4,396	△89	61	△4,393	26
SO_x					
2004년 배출량(A)	38,439	19,022	7,710	2,465	9,242
2010년 배출량(B)	37,438	16,787	10,839	321	9,491
2014년 목표량	43,025	28,415	8,900	1,661	4,049
증 감(B-A)	△1,000	△2,235	3,129	△2,143	249
NO_x					
2004년 배출량(A)	329,783	69,697	40,566	167,964	51,556
2010년 배출량(B)	264,168	40,029	42,359	130,156	51,624
2014년 목표량	145,412	32,760	15,757	73,736	23,159
증 감(B-A)	△65,615	△29,667	1,792	△37,808	8
VOCs					
2004년 배출량(A)	328,363	30,125	238,061	55,419	4,758
2010년 배출량(B)	278,910	28,122	214,729	31,484	4,575
2014년 목표량	160,900	17,813	106,559	33,294	3,233
증 감(B-A)	△49,452	△2,003	△23,332	△23,934	△183

라. 대책 추진결과와 과제

1) 대기오염물질 발생량

2004년 대비 2010년 발생량을 보면 그림 3.9와 같이 미세먼지(PM_{10})는 4,396톤(32% 저감), 황산화물은 1,000톤(3% 저감), 질소산화물은 65,615톤(20% 저감), 휘발성유기화합물은 49,452톤(15% 저감)을 각각 감축시킨 것으로 분석되었다. SO_x와 PM_{10}은 당초 2014년 목표치를 달성할 것으로 예상되나 NO_x와 VOCs는 목표치에 크게 미달할 전망이다.

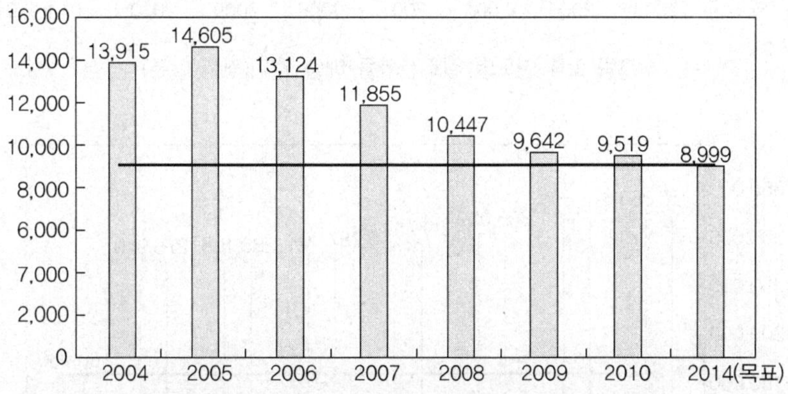

그림 3.9 연도별 미세먼지 배출 추이(단위 : 톤)

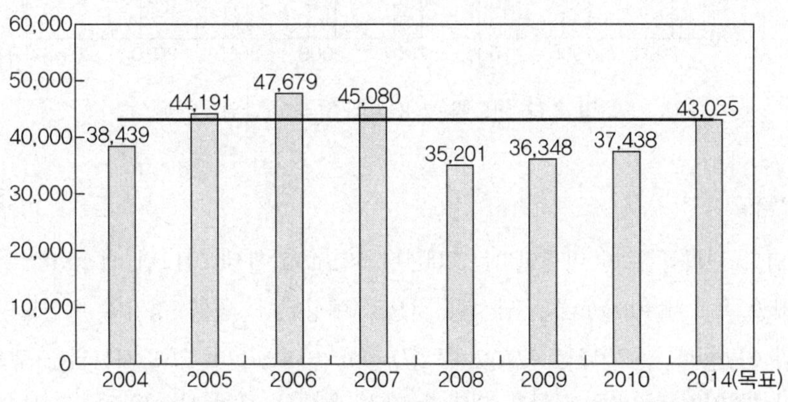

그림 3.10 연도별 황산화물 배출 추이(단위 : 톤)

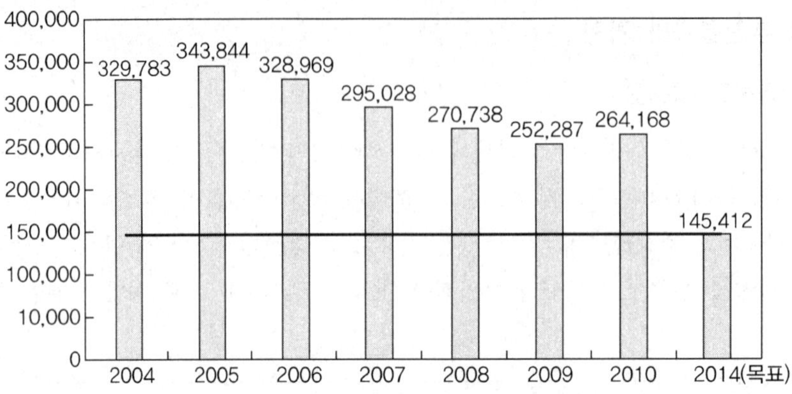

그림 3.11 연도별 질소산화물 배출 추이(단위 : 톤)

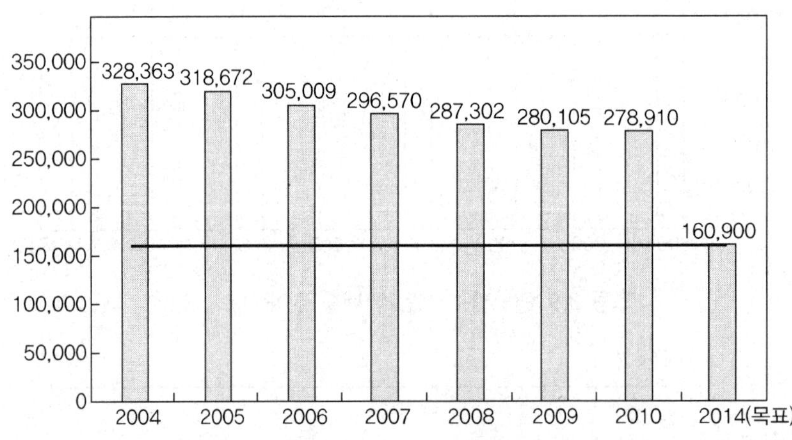

그림 3.12 연도별 VOCs 배출 추이(단위 : 톤)

2) 대기오염도

대기오염도 변화를 보면 미세먼지는 2004년 59μg/m^{3}에서 2012년 41μg/m^{3}로 개선되어 2014년 최종 목표치(40μg/m^3)는 달성할 것으로 예상된다. 인천·경기의 오염도의 경우 각각 2004년 61μg/m^3 → 2012년 47μg/m^3, 67μg/m^3 → 49μg/m^{3}으로 개선되는 추세에 있다.

반면 이산화질소는 2008년 이후 완만한 감소 추세를 보이고는 있으나, 2014년 목표치(22ppb) 달성은 어려울 것으로 전망된다. 인천·경기의 오염도는 각각 28ppb(2004) → 27ppb(2012), 32ppb → 28ppb로 소폭 개선되는 추세이다.

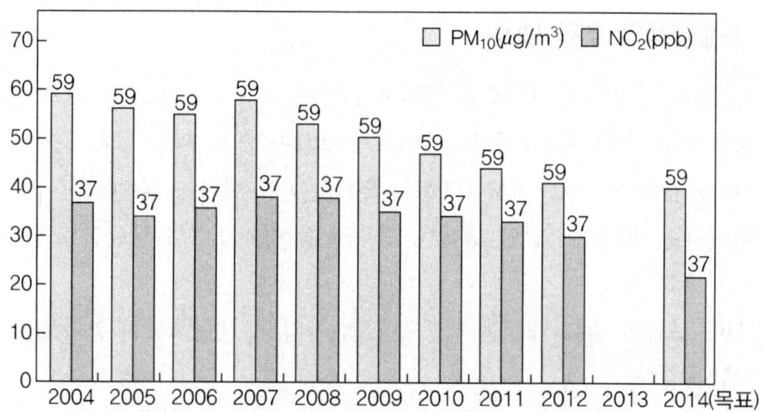

그림 3.13 서울시 PM_{10}, NO_2 개선 추이(단위 : $\mu g/m^3$, ppb)

3) 대책의 분석

그동안 추진한 수도권 대기개선 특별대책을 통해 오염물질을 저감시키는 것은 어느 정도 성과를 거두었으나 아직 선진국 수준으로 대기오염을 개선하기에는 미흡한 실정이다. 그간 추진한 정책의 문제점은 다음과 같다.

첫째, 관리대상 물질에 인체 위해성이 큰 초미세먼지($PM_{2.5}$)와 오존이 포함되지 않아 인체 위해성 관리에 한계가 있다는 지적이 있다. 또한 고농도 오염지역(Hot-Spot)의 위치 분석 및 노출영향 분석 등 관리대책이 미흡한 것으로 나타났다.

둘째, 오염총량제가 당초 목표한 시장활용 효과를 거두지 못한 것으로 보인다. 초기에 할당량이 과다 책정되어 배출권거래 실적이 할당량의 4.6%(NO_x 기준)에 불과하였다. 또한 특별법상 먼지도 총량관리 대상물질에 포함되었으나, 사업장의 먼지 배출량 측정자료 미비 등으로 시행을 유보하여 가장 중요한 미세먼지 저감대책에 기여하지 못했다.

셋째, 생활오염원에 대한 실효성 있는 저감대책을 제시하지 못하여 VOCs 관리 성과가 저조한 것으로 보인다. 또한 배출원 조사, 측정항목 및 측정망이 아직 미흡하고, 오염원 배출계수 개발, 인체 위해성 평가 등 기초연구도 미흡한 실정이다.

넷째, 수도권에 단기간에 극심한 미세먼지 농도 상승을 야기하는 중국의 대기오염물질 유입에 대한 대책이 미흡하다.[43)]

43) 국가간 대기오염물질 이동에 대한 대책은 매우 어려운 과제이나, 국가간 자료공유, 국제기구 및 인접 국가간 협력을 통한 대기오염 저감 지원프로그램 시행 등 다각적인 노력이 요구된다.

마. 제2차 특별대책의 추진 내용

위와 같은 제1차 대책의 추진상황을 고려하여 정부는 2013년 12월에 제2차 수도권 대기환경관리계획을 제시하였다 계획기간은 2015년~2024년이며 다음 표와 같이 선진국 수준에 근접한 대기오염도 목표치를 PM_{10}, $PM_{2.5}$, NO_2, O_3에 대하여 설정하였다.[44] 관리권역은 1차 기본계획에서는 제외되어 있던 포천시, 광주시 등 경기도 7개 시·군을 포함한 수도권 전역으로 확대할 계획이다.

제2차 계획에 포함된 주요 대책은 자동차오염, 사업장, 생활오염원 분야로 제시하였으며 요약하면 다음과 같다.

표 3.23 수도권 지역별 대기개선 목표

구 분	PM_{10}($\mu g/m^3$)	$PM_{2.5}$($\mu g/m^3$)	NO_2(ppb)	O_3(ppb)
서울시	30	20	21	60
인천시	36	20	20	60
경기도	37	20	20	70

(자료 : 제2차 수도권 대기관리계획, 2013.12, 환경부)

표 3.24 목표치 설정관련 고려인자

오염물질	고려 인자
PM_{10} (30$\mu g/m^3$)	- WHO 권고기준 : 20$\mu g/m^3$(IT-1 70, IT-2 50, IT-3 30$\mu g/m^3$) - 세계 주요도시 : 파리 27, 동경 21, 런던 31$\mu g/m^3$ - 환경기준 : 한국 50, 영국 40, EU 40$\mu g/m^3$
$PM_{2.5}$ (20$\mu g/m^3$)	- WHO 권고기준 : 10μg/m3(IT-1 35, IT-2 25, IT-3 15$\mu g/m^3$) - 세계 주요도시 : 파리 17, 동경 16, 뉴욕 14$\mu g/m^3$ - 환경기준 : 한국 25, 미국 15, 일본 15$\mu g/m^3$
NO_2 (21ppb)	- WHO 권고 기준 : 21ppb - 세계 주요도시 : 파리 16, 동경 19ppb - 환경기준 : 한국 30, 영국 21, 중국 21ppb
O_3 (60ppb)	- WHO 권고 기준 : 50ppb - 환경기준 : 한국 60, 영국 50, EU 60ppb

44) 1차 계획에 없던 $PM_{2.5}$와 NO_2, O_3를 목표물질에 추가하였다.

1) 자동차 관리 및 저감대책

- 2024년까지 친환경차 등록 비율을 전체 등록 차량의 20% 수준인 200만대로 확대
- 공공기관에 대한 저공해자동차 의무구매율을 현재 30%에서 50%까지 확대
- 저탄소차 협력금제도를 2015년부터 시행
- 전기차 보급 확대를 위해 전기 충전망을 7만기 설치
- 휘발유·가스차에 대해서는 2025년까지 현재의 배출허용기준보다 질소산화물 배출량을 82%까지 저감하는 SULEV[45] 수준으로 단계적으로 강화
- 경유차는 2009년 이후 출시되는 EURO 5에 비해 미세먼지와 질소산화물 배출허용기준이 50% 강화된 EURO 6 기준을 적용
- 운행 경유차 배출가스 검사기준에 2017년부터 질소산화물을 포함
- 운행차의 삼원촉매장치 교체사업(휘발유차), PM-NOx 동시저감장치 부착 사업(경유차)을 추진

2) 대기오염 배출사업장에서의 저감대책

- 2008년부터 시행 중인 총량제 대상사업장을 기존 1～2종에서 3종까지 포함해 2012년 312개에서 414개로 확대하고 배출허용총량을 기술 발전에 맞춰 감축
- 배출허용기준을 30～60% 강화(2015년)하고 배출기준 적용 대상시설 확대
- 황함유량 0.3% 이하 중유 사용지역과 고체연료 사용제한 지역을 전역으로 확대하고 중소사업장에 대한 저녹스 버너 교체 지원사업(1만 5,000대) 추진

3) 소규모 생활오염원 관리대책

- 현재 서울시, 인천시와 경기도 15개 시·군에 대해 시행하고 있는 주유소 유증기 회수설비 설치사업을 단계적으로 수도권 전역으로 확대
- 수도권 전체 VOCs 배출량의 15%(4만 4,193톤)를 배출하는 인쇄소, 세탁소, 소규모 도장시설 등에 대한 관리방안 마련
- 접착제, 스프레이 등 생활용품과 도료(선박용, 강교용)에 대한 휘발성유기화합물(VOCs) 함유기준을 마련
- $PM_{2.5}$ 제거가 가능한 분진흡입식 청소장비를 지자체에 매년 38대씩 보급

45) SULEV(Super Ultra Low Emission Vehicle) : 극초저공해 배출차량

3.6 연료품질 개선 및 사용규제 제도

3.6.1 저황유 사용 의무화

1960～1970년대 산업화가 본격 추진되면서 석탄, 석유 등 에너지 사용량이 급증하였다. 이에 따라 황산화물, 질소산화물, 일산화탄소, 총먼지 등 대기질도 급격히 악화되었다. 이산화황 오염도를 개선하기 위한 방법은 황성분이 적은 연료로 대체하는 방법과 연소 후 배출가스를 탈황 처리하는 방법이 있는데, 1981년부터 황산화물 배출을 사전에 예방하기 위해 황성분이 적은 연료로 대체하는 저황유 사용 의무화 제도를 시행하게 되었다. 이 제도는 연료 사용으로 인한 이산화황의 배출량을 원천적으로 감소시키기 위해 경유 및 중유에 대한 황함유 기준을 설정하는 제도이다.[46] 서울시에 제일 먼저 적용하였으며 경유에 대해서는 0.4%(기존 1%), B-C유에 대해서는 1.6%(기존 4.6%)로 황함유 기준을 각각 설정하였다.

표 3.25 저황연료유 공급 확대현황

구 분	1994	1995	1996	1997	1999	2000	2001	2002	2003 ~ 2008	2009 ~ 2010.6	2010.7 ~ 2011	2012 이후
중유	17개 (1.6%) 21개 (1.0%)	19개 (1.6%) 22개 (1.0%)	42개 (1.0%)	37개 (1.0%) 24개 (0.5%)	전국 (1.0%) 56개 (0.5%)	전국 (1.0%) 56개 (0.5%)	전국 (1.0%) 49개 (0.5%) 7개 (0.3%)	전국 (1.0%) 43개 (0.5%) 20개 (0.3%)	전국 (1.0%) 39개 제주도 (0.5%) 광역시, 13개 (0.3%)	전국 (1.0%) 20개 (0.5%) 광역시, 제주도, 34개 (0.3%)	전국 (1.0%) 43개 (0.5%) 광역시, 제주도 49개 (0.3%)	전국 (1.0%) 104개 (0.5%) 광역시, 제주도 54개 (0.3%)
경유	38개 (0.2%)	42개 (0.2%)	63개 (0.1%)	전국 (0.1%)								

※ 개소수는 시·군의 수를 말한다. ( )숫자는 황함유율, "전국"은 강화된 기준이 적용되는 지역 외의 모든 지역을 말한다.

(자료 : 환경부, 2012.12, 환경백서 2012)

46) 대기환경보전법 제41조 및 시행령 제40조

이후 정유사의 탈황 및 분해시설 설치 여건을 고려하여 단계적으로 기준을 강화하여 현재 경유는 전국적으로 황함유량 0.1% 이하를 공급·사용하도록 하고 있으며, 중유의 경우는 서울시, 부산시 등 7개 특·광역시와 파주시, 군포시 등 52개 시·군에 대하여는 0.3% 이하의 중유(LSWR[47] 포함)를, 기타지역은 0.5~1%의 중유(LSWR 포함)를 공급·사용하도록 하고 있다. 저황유 외의 연료를 사용해도 황산화물의 배출허용기준을 준수할 수 있거나 부생가스 또는 폐열을 사용하는 시설, 배출부과금을 면제받은 시설 등의 경우에는 저황유 사용의무가 면제된다.[48]

표 3.26 연료의 황함유 기준 강화 현황

구 분		황함유 기준별 시행시기		
		1997.6.30까지	1997.7.1부터 2001.6.30까지	2001.7 이후
유류	중 유 (벙커 A, B, C)	1.0% 이하	0.5% 이하 1.0% 이하	0.3% 이하 0.5% 이하 1.0% 이하
	경유, 등유1호	0.1% 이하		
	저황왁스유(LSWR)	0.3% 이하		
석탄	유연탄	0.7% 이하	0.5% 이하	0.3% 이하
	무연탄	0.7% 이하	0.5% 이하	0.5% 이하

3.6.2 고체연료 사용 제한

1979년 2차 석유파동 이후 국가의 석유 의존도를 줄이기 위하여 연료원 다변화 정책이 추진되었다. 이에 따라 1980년대 들어 유연탄의 사용이 증가하였고 도시 대기오염이 악화되는 주요인으로 작용하였다. 1980년대 초에 대도시 이산화황 농도는 환경기준을 크게 초과하였고 이산화황의 절반가량은 연탄을 사용하는 가정에서 배출되었다. 결국 대기환경기준을 초과할 우려가 있는 지역에 대해 석탄과 같은 고체연료 사용을 제한하게 된다. 1985년부터 서울시와 5개 직할시 및 수도권 8개 시지역에 고체연료 사용을 금지하였으며, 1993년에는 이를 전국 22개 시·군으로 확대하였다.

---

47) 저황왁스유(low sulphur waxy residue)는 황함량이 낮고(0.3% 이하) 유동점이 높은 중유(B-C유)의 일종이다.

48) 대기환경보전법 시행령 제41조

현재는 서울시와 6개 광역시, 수원시, 부천시 등 13개 지역이 고체연료 사용금지 지역으로 지정되어 있다.[49] 그러나 제조공정의 연료 용해과정에서 광물성 고체연료가 사용되어야 하는 주물공장·제철공장 등의 용해로 시설, 연소과정에서 발생하는 오염물질이 제품 제조공정 중에 흡수·흡착 등의 방법으로 제거되어 오염물질이 현저하게 감소되는 시멘트·석회석 등의 소성로 시설, 폐기물관리법 제2조에 따른 폐기물 처리시설에 대해서는 예외 규정을 두고 있다.[50]

3.6.3 청정연료 사용 의무화

석탄 등 고체연료의 사용을 규제하고 저황유 공급을 확대하였음에도 불구하고 도시지역의 대기오염도가 여전히 환경기준을 초과하자 올림픽이 열린 1988년부터 환경부장관이 고시하는 지역과 시설에 대해서는 오염물질이 거의 배출되지 않는 액화천연가스(LNG), 액화석유가스(LPG) 등 기체연료의 사용을 의무화하는 청정연료 사용 의무화 제도가 도입되었다. 1988년 9월부터 서울특별시의 업무용 보일러와 인천화력에 사용하는 연료를 LNG(또는 경유)로 대체 사용하도록 의무화한 이후, 전국 37개 시지역의 업무용 빌딩 및 공동주택·발전소로 확대·적용되었다. 다만 연료사용량이 지나치게 많아 청정연료의 수요·공급에 미치는 영향이 크거나 에너지 절감으로 인한 대기오염 저감효과가 크다고 인정되는 발전소, 집단에너지 공급시설 및 일정 규모 이하의 열 공급시설 등에 대하여는 청정연료 외의 연료를 사용할 수 있도록 하고 있다.[51]

표 3.27 청정연료 사용 의무화 현황

구 분	1988	1991	1993	1998	1999	2000 이후
대상 지역	서울	인천시, 경기도(14개시)	부산·대구	울산·광주·대전 등 13개시	김해·구미·포항 등 6개시	진해
대상 시설	발전소, 빌딩	발전소, 빌딩, 공동주택				

(자료 : 환경부, 2012.12, 환경백서 2012)

49) 대기환경보전법 시행령 별표 11의2
50) 대기환경보전법 시행령 제42조제2항
51) 대기환경보전법 시행령 제43조제3항

이러한 연료 규제를 통해 이산화황의 오염도는 획기적으로 개선되었다. 2008년 서울의 이산화황 연평균 오염도는 0.006ppm로 1989년 0.056ppm에 비해 1/10 수준으로 감소하였다. 연료사용 규제는 대기환경 보전정책의 발전 과정에서 개도국형 오염물질인 황산화물을 비교적 초기에 저감한 우수정책 사례이다.

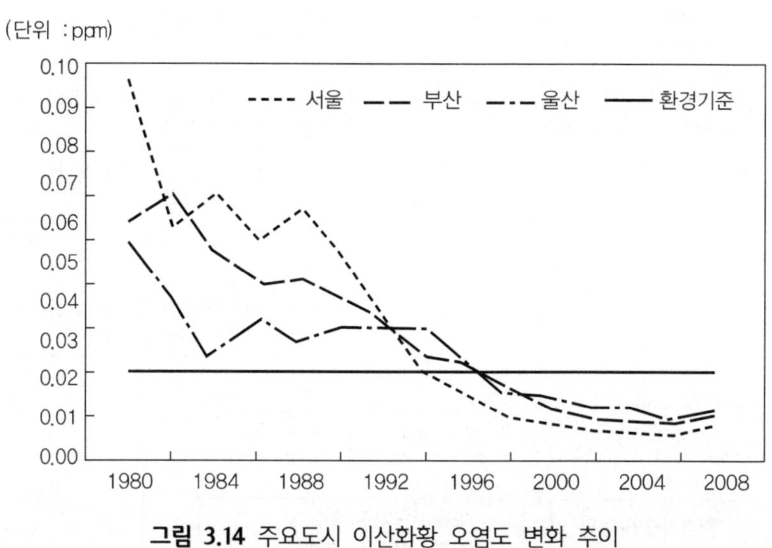

그림 3.14 주요도시 이산화황 오염도 변화 추이

3.7 사업장 대기오염 관리정책

3.7.1 사업장 대기오염 관리체계

사업장의 대기오염 관리체계의 근간은 각 사업장에서 대기오염 방지를 위해 지켜야 할 일정한 배출기준과 절차를 규정하고 이를 준수토록 사업자에게 의무를 부과하는 강제명령 규제방식이다. 기본적으로 배출시설을 설치하고자 하는 경우 방지시설 설치내역서와 함께 배출시설 설치 허가를 받도록 하고 정상 운영하지 않는 경우 허가를 취소하는 것이다.[52]

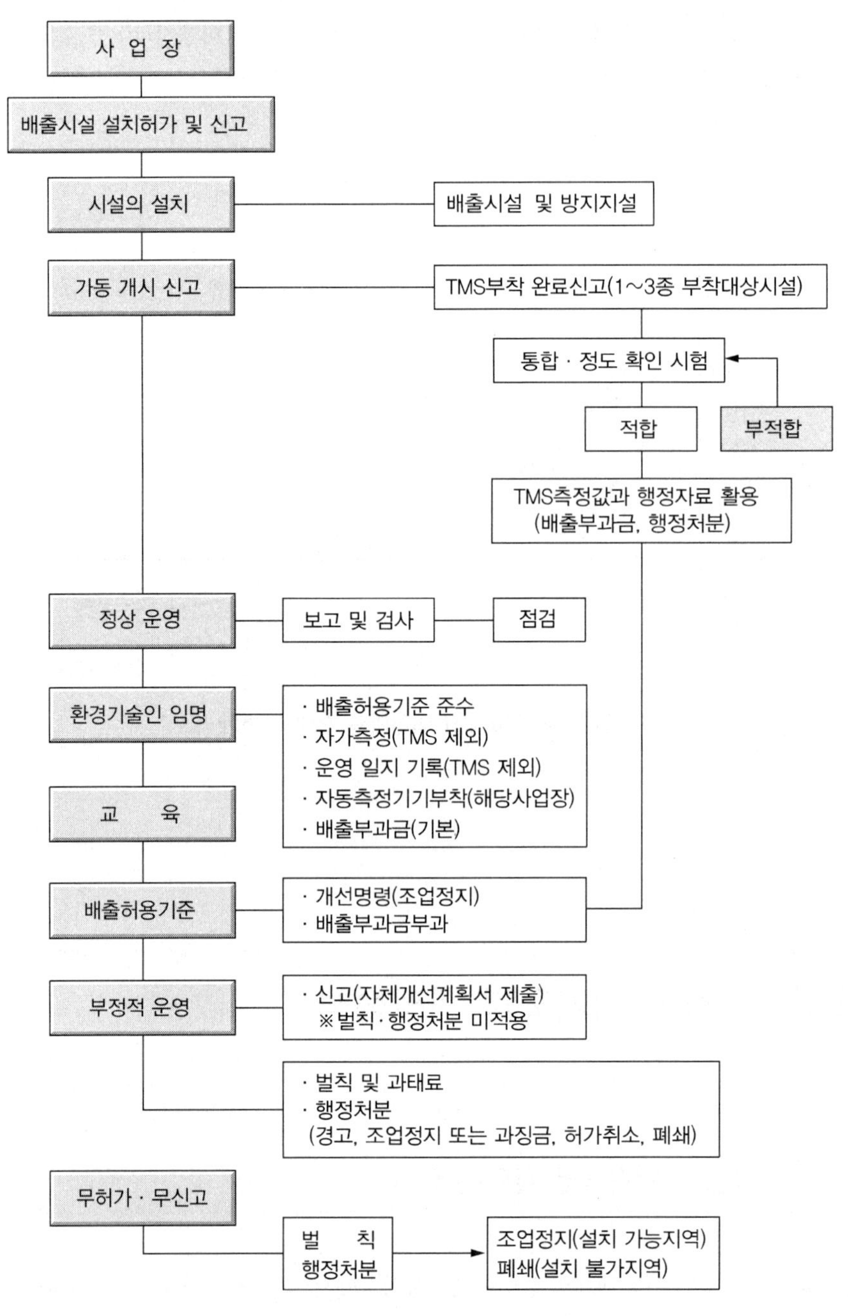

그림 3.15 배출시설의 운영·관리 체계도

52) 환경보전법 제2장 배출시설 제14조~제25조

1977년에 제정된 환경보전법에서 처음 도입되었으나 실질적으로는 1980년대부터 시행되었다. 이후 방지시설의 설치 의무화 및 배출부과금 제도(1981년), 배출시설 설치허가 제한제도(1986년) 등을 도입하여 배출시설의 오염물질 처리에 관한 규제를 강화하였다.

사업장에 대한 대기환경관리 체계가 보다 구체화된 것은 1990년대 이후이다. 1990년에 대기환경보전법이 제정되면서 배출허용기준과 벌칙을 강화하고 오염우심지역에 대한 특별대책의 추진 등의 다양한 관리수단이 정비되었다. 다음 그림은 사업장에서 배출시설을 설치할 때부터 운영에 이르기까지의 관리체계를 도식화한 것이다.

표 3.28 주요 사업장관리 규제·제도의 도입 및 변화

	1971	1977	1981	1983	1985	1986	1988	1991	1993	1994	1995	1996	1997	1999
인·허가제도	제정	강화				강화				완화				
환경영향평가		제정				확대						강화		
배출허용기준				설정				강화			강화			강화
저황유사용의무			도입						강화					
청정연료의무							도입							
고체연료 금지					도입									
초과부과금			도입	시행	강화									
기본부과금											도입		시행	
VOCs 규제											도입			확대

(자료 : 한국환경정책·평가연구원, 2000.6, 2000년대 대기보전시책 수립에 관한 연구, p76)

3.7.2 배출시설의 정의 및 분류

가. 배출시설의 정의

대기오염물질 배출시설이란 대기오염물질을 대기에 배출하는 시설물, 기계, 기구, 그 밖의 물체로서 세부적인 시설 목록은 대기환경보전법 시행규칙 별표3에서 명시하고 있다. 대기오

표 3.29 대기오염물질 배출시설 분류체계

14개 시설(2009년까지 적용)	28개 시설(2014년까지 적용)
1. 금속의 용융·제련, 열처리시설	20. 제1차 금속 제조시설
2. 금속의 표면처리시설	21. 조립금속제품·기계·기기·장비·운송장비·가구 제조시설
3. 화합물 및 화학제품제조시설	6. 기초유기화합물 제조시설
	7. 기초무기화합물 제조시설
	8. 무기안료·염료·유연제 ·기타 착색제 제조시설
	9. 화학비료 및 질소화합물 제조 시설
	10. 의약품 제조 시설
	11. 기타 화학제품 제조 시설
	12. 화학섬유 제조시설
4. 고무 및 플라스틱 제품제조시설	13. 고무 및 고무제품 제조시설
	14. 합성고무, 플라스틱물질 및 플라스틱제품 제조시설
5. 석유정제품제조시설	5. 석유제품 제조 시설
6. 코크스 및 관련제품제조시설	4. 코크스 제조시설 및 관련제품 저장시설
7. 비금속광물제품제조시설	15. 유리제품 제조시설(재생용 원료가공 시설 포함)
	16. 도자기·요업 제품 제조시설(재생용 원료가공시설 포함)
	17. 시멘트·석회·플라스터 및 그 제품 제조시설
	18. 기타 비금속광물제품 제조시설
	19. 아스팔트제품 제조시설
8. 가죽·모피가공, 제품제조시설	2. 가죽, 모피가공 및 모피제품, 신발 제조시설
9. 제재 및 목재가공시설	26. 입자상물질 및 가스상 물질 발생시설
10. 펄프, 종이제품 제조시설	20. 펄프, 종이 및 종이제품 제조시설
11. 담배제조시설	26. 입자상물질 및 가스상 물질 발생시설
12. 음식료품제조시설, 단백질 및 배합사료제조시설	26. 입자상물질 및 가스상 물질 발생시설
13. 섬유제품제조시설	1. 섬유제품 제조 시설
14. 공통시설(발전시설, 보일러, 소각시설 등)	22. 발전시설(수력, 원자력 발전시설은 제외)
	23. 폐수·폐기물·폐가스 소각시설(소각 보일러 포함)
	24. 보일러
	25. 고형연료제품사용시설
	26. 입자상물질 및 가스상 물질 발생시설
	27. 화장로 시설
	28. 그 밖의 배출시설

(자료 : 환경부, 2012.12, 환경백서 2012)

염물질을 배출하지 않거나, 배출 하더라도 일정규모 미만인 시설, 또는 제조시설의 종류에 포함되지 않는 시설은 대기오염물질 배출시설로 보지 않는다.

배출시설은 주로 제조시설에 대하여 적용하며, 제조업이 아닌 농어촌의 농수산물 건조시설 등 단순한 가공시설은 배출시설로 관리하지 않는다. 배출시설에서 발생되는 대기오염물질을 가스류, 전기 또는 경질유만을 사용하여 간접 가열하는 연소시설과 전기만을 사용하는 간접 가열시설 등은 당해 연소시설에 한하여 배출시설에서 제외한다. 배출시설은 개별시설별로 배출시설 설치허가 또는 신고의무를 부과하고 있고, 밀폐된 연속공정에 대하여는 공정 단위로 허가 또는 신고를 받을 수 있다.

나. 배출시설의 종류

배출시설의 종류는 수차 개정되면서 세분화되어 왔다. 1990년 대기환경보전법 제정시에는 배출시설을 13개 제조시설과 공동시설 등 14개 시설로 구분하였으나, 2010년부터 산업구조 및 여건변화를 반영하여 한국표준산업분류에 따라 섬유제품, 코크스 제조시설 등 21개 주요 업종과 기타 7개 시설군 등 28개 배출시설로 표 3.29와 같이 세분화하였다.

한편, 2015년부터는 산업공정의 변화에 맞춰 기존의 배출시설을 일부 통합하여 27개 배출시설로 변경된다. 고형연료제품(바이오매스, 목재펠릿 등 포함) 및 일반 카센터 도장시설 등을 배출시설에 포함하도록 하였고, LNG 및 신재생에너지 사용증가를 반영하여 가스, 경질유를 사용하는 보일러 등 간접가열시설과 고형연료제품 제조시설, 석탄가스화시설 등도 배출시설로 추가되어 배출허용기준이 적용된다.

다. 규모별 사업장 분류

배출시설에서 나오는 오염물질 발생량에 따라 사업장은 규모에 따라 1종부터 5종으로 구분하고 있다. 우리나라의 대기오염물질 배출 사업장은 1991년에 24,000여 개소에서 2012년 말에는 48,035개소로 증가하였다. 배출 사업장의 대부분은 4종, 5종의 소규모 사업장으로서 이들이 차지하는 비중이 90%에 달한다. 오염물질 발생량은 배출시설의 용량이나 최대 연료 사용량을 기준으로 할 때 발생 가능한 연간 총발생량으로 산정한다.[53)]

대형사업장에는 엄격한 기준이 적용된다. 환경기술인의 자격기준, 과징금의 부과기준이 규모에 따라 다르게 적용되며, 1종~3종 사업장의 경우에는 굴뚝자동측정기기를 부착해야 한다. 4종~5종 사업장의 경우에는 배출부과금이 감면된다.

53) 배출시설의 '시간당 오염물질 배출량×일일 조업시간×연간 가동일수'로 산정한다. 배출시설의 시간당 오염물질 발생량은 '대기오염물질 배출계수×당해 시설의 시간당 최대 연료사용량'으로 계산한다.

표 3.30 대기오염물질 배출 사업장 현황(2012년말 기준)

종별	사업장 수	오염물질 발생량 구분
계	48,035	
1종	1,144	대기오염물질발생량의 합계가 연간 80톤 이상인 사업장
2종	1,276	대기오염물질발생량의 합계가 연간 20톤 이상 80톤 미만인 사업장
3종	1,907	대기오염물질발생량의 합계가 연간 10톤 이상 20톤 미만인 사업장
4종	14,953	대기오염물질발생량의 합계가 연간 2톤 이상 10톤 미만인 사업장
5종	28,755	대기오염물질발생량의 합계가 연간 2톤 미만인 사업장

※ 비고 : "대기오염물질발생량"이란 방지시설을 통과하기 전의 먼지, 황산화물 및 질소산화물의 발생량을 환경부령으로 정하는 방법에 따라 산정한 양을 말한다.
(자료 : 대기환경보전법 시행령 제13조 및 별표1)

대기보전 특별대책지역 내에서 사업장을 설치하는 경우 1종~4종 사업장에 대해서는 설치허가를 받을 의무가 주어진다. 대기관리권역의 1, 2종 사업장 중 총량관리대상 오염물질을 기준량보다 초과하여 배출하는 경우에는 수도권 대기환경개선에 관한 특별법에 따라 설치허가를 받아야 한다.

3.7.3 배출시설의 설치

가. 사업장 배출허용기준

사업장 배출허용기준은 배출시설에서의 무분별한 오염물질 배출을 방지하고 대기환경기준을 달성하기 위한 직접적이고 강제적인 규제수단이다. 배출허용기준은 개별적인 오염물질 배출시설에서 배출될 수 있는 오염물질의 최대 허용농도로서 환경기준과 달리 개별 배출자가 반드시 준수해야 하는 법적 구속력을 가진 기준치이다. 따라서 배출허용기준을 초과하는 경우 개선명령을 내리고, 개선명령을 이행하지 않는 경우 조업정지를 명할 수 있다.[54)]

배출허용기준은 대기오염도 현황, 대기오염 방지시설 기술수준, 대기오염물질의 위해도, 배출시설의 밀집도 및 배출부하, 사회적·경제적·지역적 요인, 연료 사용형태 등을 종합적으로 고려하여 설정하고 있다. 배출허용기준은 1963년 공해방지법의 제정 때부터 설정되었

54) 대기환경보전법 제33조~34조

다. 당시에는 배출시설의 종류나 규모에 관계없이 모든 시설에 공통적으로 적용하였다.[55] 이후 적용대상 항목이 확대되어 현재는 대기환경보전법 시행규칙 별표 8에 가스상 물질과 입자상 물질로 나누어 먼지, 질소산화물 등 26개 물질(특정대기유해물질 13종 포함)에 대해 배출허용기준이 설정되어 있다[56]. 배출허용기준은 단계적으로 강화해 왔으며 3~5년 단위로 배출허용기준을 사전에 고지하여, 사업자가 시설개선 또는 보완을 위해 필요한 준비기간을 주고 있다.

지역 환경기준의 유지가 곤란하다고 인정되거나 대기환경규제지역 안의 대기질 개선을 위해 필요한 경우에는 시·도의 조례로 별도의 엄격한 배출허용기준을 정할 수 있다. 울산·온산 산업단지와 여수산업단지 등 대기질 상태가 열악하여 특별관리가 요구되는 대기보전특별대책지역에는 엄격한 배출허용기준을 설정하여 일반지역보다 강화된 기준을 적용하고 있다.

배출허용기준은 크게 농도로 규제하는 방법과 배출총량을 규제하는 방식으로 구분할 수 있다. 대기환경보전법에서 농도규제 방식으로 사업장 배출허용기준과 자동차 배출가스 배출허용기준을 규정하고 있다. 농도규제 방식의 배출허용기준은 배출허용기준이 준수되더라도 개별 배출시설의 수가 증가할 경우 배출총량이 증가하여 대기질의 악화를 억제할 수 없다. 이러한 문제를 해소하기 위해 지역단위로 오염물질의 총량을 규제하는 방식을 도입할 수 있다. 현행법에서도 총량규제[57] 방식이 규정되어 있으나 실제로는 대기환경보전법에 따른 총량규제 방식은 시행되지 않고 있으며 "수도권 대기환경개선에 관한 특별법"에 따라 수도권 관리권역에 대해 NO_x, SO_x 등 2개 오염물질에 대해 적용하고 있다.

나. 배출시설 설치 허가 또는 신고

대기오염물질 배출시설을 설치하거나 변경할 때에는 허가를 받거나 신고하도록 하여 배출단계부터 관리하고 있다. 배출시설의 허가 제도는 오염물질을 배출하는 시설이 무분별하게 설치·운영되는 것을 사전에 예방하기 위한 것이다. 즉 배출시설이 적정한 방지시설 없이 설치되는 것을 규제하는 방식으로서 기본적인 오염관리 제도이다.[58]

55) 한국환경정책평가연구원, 2000.6, 2000년대 대기보전시책 수립에 관한 연구, p77

56) 2015년부터 적용될 기준도 예고되어 있다.

57) 총량규제는 오염물질의 배출을 농도단위로 규제하지 않고 시간당 또는 일단위, 연단위로 배출하는 오염물질 총량을 규제하는 방식이다. 대기환경보전법 제22조에 총량규제에 관해 규정하고 있는데, 대기오염 상태가 환경기준을 초과하여 주민의 건강·재산이나 동·식물의 생육에 심각한 위해를 끼칠 우려가 있다고 인정하는 구역 또는 특별대책지역 중 사업장이 밀집되어 있는 구역의 경우에 당해 구역안의 사업장에 대하여 오염물질을 총량으로 규제할 수 있도록 하고, 총량규제구역, 총량규제 대기오염물질, 대기오염물질의 저감계획 등 총량규제의 항목과 방법 등은 환경부장관이 정하여 고시하도록 하고 있다.

1996년 이전까지는 법규에서 정한 대기오염물질 배출시설을 설치하고자 할 때는 모두 환경부장관의 허가를 받도록 하여 배출시설의 신규설치를 엄격하게 관리하였으나, 신규로 설치되는 모든 배출시설에 대하여 허가를 받도록 하는 것은 전문인력이 부족한 현실에서 그 실효성이 저하되고 행정비용이 과다 소요되며 산업활동에 대한 과도한 규제라는 논리로 상당 부분이 신고제로 전환되었다.[59] 현재는 특정대기유해물질이 발생되는 배출시설과 대기보전 특별대책지역에 설치하는 배출시설만 허가대상으로 정하고 있으며, 특정대기유해물질이 발생되는 시설이라도 이를 배출하지 않는 배출시설로서 5종 사업장에 설치되는 시설은 허가대상에서 제외하고 있다.[60] 허가도 환경부장관이 아닌 시·도지사로부터 받도록 하고 있다.

배출시설의 설치허가 또는 신고시에는 원료의 사용량 및 오염물질 배출량을 예측한 명세서, 배출시설 및 장비의 설치명세서 등의 기술자료를 제출하도록 하고 있다. 행정관청은 오염물질을 배출허용기준 이내로 처리할 수 있고 국토의 계획 및 이용에 관한 법률, 건축법, 농지법 등 다른 법령에 의하여 배출시설의 설치가 제한되지 않는 경우 허가하게 된다. 설치허가·신고한 배출시설 규모가 증설[61]되거나 설치허가를 받은 배출시설의 용도가 추가되는 경우에는 변경허가를 받도록 하고 있다.

배출시설로 인하여 주변 환경오염이 심각히 우려되는 경우는 원천적으로 설치를 제한할 수 있다.[62] 일반지역의 배출시설에서 배출되는 특정대기유해물질이나 특별대책지역의 배출시설로부터 배출되는 대기오염물질로 인하여 환경기준의 유지가 곤란하거나 주민의 건강·재산, 동식물의 생육에 심각한 위해를 끼칠 우려가 인정되는 경우이다. 구체적으로는 1) 배출시설 설치지점으로부터 반경 1km안의 상주인구가 2만명 이상인 지역으로 특정대기유해물질 중 한 가지 종류의 물질을 연간 10톤 이상 배출하거나 두 가지 이상의 물질을 연간 25톤 이상으로 배출하는 시설과 2) 대기오염물질(먼지, 황산화물, 질소산화물 등 3가지만 해당)의 발생량 합계가 연간 10톤 이상인 배출시설을 특별대책지역에 설치하는 경우에는 배출시설 설치를 제한할 수 있다.[63]

---

58) 환경부, 2011, 2011 대기관리(환경기술인 법정교육교재)

59) 한국환경정책평가연구원, 2000.6, 2000년대 대기보전시책 수립에 관한 연구, p77

60) 대기환경보전법 제23조제1항 및 동법 시행령 제11조제1항

61) 누계 개념으로 허가 또는 신고한 배출시설 규모의 50% 이상을 증설하거나, 특정대기유해물질 배출시설의 경우 허가 규모의 30% 이상 증설되는 경우를 말한다.

62) 앞서 설명한대로 신고대상 시설인 경우 사업자가 배출시설 설치 신고를 했을 때 신고수리를 거부할 수 있는지는 법리적 다툼이 있다.

63) 대기환경보전법 제23조제6항 및 동법 시행령 제12조

정책이야기 3.1 배출시설 설치 신고제의 도입

전통적인 환경규제 중 가장 기본이 되고 중요한 것이 배출시설에 대한 인·허가제이다. 단위 배출원 별로 제반 환경기준과 규정을 준수하고 있는지 여부를 배출시설 설치 전에 점검하는 것이다. 즉 배출시설을 설치하고자 하는 자가 정해진 기준에 적합하게 설치하는지 사전에 심사하여 이를 충족할 때 허가하는 '예방적 금지'를 전제로 한 제도이다. 따라서 환경 관련법에서 배출시설 허가제는 강제명령형 규제 수단인 동시에 사전오염 예방 성격을 지닌 배출원 관리의 기본 요소가 되는 제도이다.[64]
1995년 12월 규제완화 차원에서 대기환경보전법, 수질환경보전법 등에 규정된 배출시설 허가제를 "허가 또는 신고제"로 변경한 것은 환경관리의 핵심 제도인 배출시설 사전 관리제도의 기반을 허무는 것이라는 환경법학자들의 비판적 견해가 있다. 최근에 BAT 방식의 배출시설 관리방식이 다시 논의되고 있는데 사업자의 부담이 문제가 된다면 절차를 간소화하여 부담을 최소화하고 허가제로 환원하는 방법도 검토할 필요가 있다.

(자료 : 홍준형, 1999, 환경법과 환경규제, 아주대학교 사회과학연구소)

다. 배출시설 설치 허가의 개선방향

현행 대기 배출시설 사업장의 인·허가 제도가 단순히 행정적인 절차로 인식되어 환경에 대한 전문적인 검토가 미흡하다는 지적이 있어 왔다. 오염수준, 배출시설의 규모, 배출되는 오염물질의 인체 위해성 정도 등에 대한 별도의 구분 없이 일률적으로 운영되고 있다는 것이다. 또한 일단 허가를 얻게 되면 무기한 허가를 받는 개념이므로 더 좋은 기술이 개발되더라도 반영할 필요가 없다는 문제가 있다. 현실적으로 인·허가 처리를 위한 행정관청의 법정처리기간이 10일 이내인 점을 고려할 때 배출시설의 신설 또는 증설에 따른 영향을 충분히 검토하는 것도 어렵다. 이에 미국 등 선진국에서 실시하고 있는 대기오염물질 배출시설 인·허가 갱신제 도입을 검토하고 있다.[65] 현행 무기한 허가제를 유기한(예: 5년 또는 10년) 허가제로 전환하고 재허가 당시의 시점에서 방지시설 기술현황, 자원과 에너지 이용의 효율 등 모든 면에서 최적가용기술[66]을 적용토록 유도하는 방안이다.

---

64) 예방적 금지와 대립되는 개념으로 억제적 금지가 있다. 이는 예외적인 경우에만 금지 조치를 해제하는 것으로 허용여부가 행정기관의 재량에 맡겨져 있다.

65) 환경부, 2013.2, 대기환경보전법 개정내용 설명회 자료집

66) 최적가용기술(BAT : Best Available Technology) : 생산~처리(저감)공정 전반에서 오염물질을 최소화할 수 있는 우수 상용화 기술로서 경제적 타당성이 입증된 기술을 말한다. 대기 배출시설의 경우 배출되는 오염물질을 최소화하고 동시에 공정의 운전효율을 최적화하여 경제적으로 대기오염을 최소화할 수 있는 포괄적인 개념의 기술을 의미한다. 이는 단순히 대기 배출허용기준을 만족하는 수준을 넘어서는 실현가능한(기술적 또는 경제적으로) 최고수준의 기술을 말하며, 여기에는 오염물질의 발생을 억제할 수 있는 연료의 개선과 배출을 최소화할 수 있는 모든 후처리 기술뿐 아니라 공정의 효율개선, 에너지사용

정책이야기 3.2 통합환경관리제도와 배출시설 설치허가

최근 정부는 오염물질 배출사업장에 대한 설치허가를 일원화하는 통합환경관리제도를 2015년까지 마련한다고 발표하였다. 이 제도의 주요 골자는 다음과 같다.

1) 현재 수질, 대기, 폐기물 등 오염매체별로 분산 관리하는 체계를 통합적으로 관리하기 위해 (가칭)환경오염시설 통합관리에 관한 법률을 제정하여 현행 9개 법률에 분산된 허가체계를 1개의 통합허가 체계로 전환함
2) 매체별 발생량, 화학물질 배출량 등을 총체적으로 고려하여 통합허가 대상업종 및 사업장규모를 설정하고, 통합적으로 배출시설을 허가함
3) 허가시 현재 한번 허가받으면 무기한 유효한 제도를 일정기간이 지나면 다시 허가받도록 하는 유기한 재허가제로 전환함
4) 허가시에는 최적가용기술(BAT : Best Available Technology, economically achievable)을 적용했는지 평가하여 허가함

(자료 : 환경산업기술원, 2013.9, 통합환경관리제도 설명자료)

라. 대기오염 방지시설의 설치

배출시설을 설치한 자는 오염물질을 배출허용기준 이하로 배출하기 위해 대기오염 방지시설을 설치·운영해야 한다.[67] 대기오염 방지시설이란 대기오염물질 배출시설로부터 나오는 대기오염물질을 연소조절에 의한 방법 등으로 없애거나 줄이는 시설로서 세부적인 시설은 대기환경보전법 시행규칙 별표4에서 정하고 있다. 방지시설에는 대기오염물질을 포집하기 위한 장치(후드), 오염물질이 통과하는 관로(덕트), 오염물질을 이송하기 위한 송풍기, 각종 펌프 등 방지시설에 딸린 기계·기구류 등도 포함된다.

대기오염 방지시설을 설치하기 위해서는 원칙적으로 방지시설업 등록을 하여야 한다.[68] 방지시설을 설치해야 함에도 불구하고 방지시설을 설치하지 않고 배출시설을 가동하거나 방지시설을 임의로 철거한 경우에는 1차 위반시 조업정지, 2차 위반시 허가 취소 또는 폐쇄명령을 받는다.[69]

배출시설의 기능이나 공정에서 오염물질이 항상 배출허용기준 이하로 배출되는 경우나 방지시설을 설치하지 않아도 오염물질을 적정하게 처리할 수 있는 경우에는 방지시설을 설

량의 최소화 등 동원될 수 있는 모든 방법을 의미한다. 미국, 영국, 독일 등 주요 선진국에서 적용하고 있다.

67) 대기환경보전법 제26조제1항

68) 방지시설업자 이외의 자나 사업자 스스로 설치할 수 있는 예외적인 경우는 별도 규정하고 있다(대기환경보전법 제28조, 동법 시행규칙 제30조, 31조)

69) 대기환경보전법 제36조제4호, 제84조, 동법 시행규칙 별표 36 제2호 가목3

치하지 않아도 된다.[70] 그러나 방지시설 설치가 면제되는 배출시설에서 배출시설의 공정이 변경되거나 사용 연료 변경, 배출허용기준 강화 등으로 배출허용기준을 초과할 우려가 있는 경우에는 방지시설을 설치해야 한다.[71] 산업단지나 그 밖에 사업장이 밀집된 지역의 사업자는 공동 대기오염 방지시설을 설치하여 배출시설에서 나오는 오염물질을 공동으로 처리할 수 있다.[72] 공동 방지시설의 배출허용기준은 배출시설에서 나오는 대기오염물질의 배출허용기준과 동일하다.

3.7.4 배출시설의 관리

가. 측정기기의 부착 및 운영

사업자는 배출시설에서 나오는 오염물질이 배출허용기준을 준수하고 있는지를 확인하기 위하여 적산전력계, 굴뚝자동측정기기(TMS)[73]와 같은 측정기기를 부착·운영하여야 한다.[74] 측정기기는 모든 사업장에서 설치하여야 하고 이 중 굴뚝자동측정기기는 1~3종 사업장이 설치 대상이다.

굴뚝자동측정기기는 사자가 스스로 대기오염물질 배출상황을 상시 파악하여 배출가스 처리에 문제가 있는 공정을 조기에 개선함으로써 과학적으로 배출시설을 관리하는 장치로 1987년에 처음 도입되어 지속적으로 확대되었다. 굴뚝에 설치되어 먼지, SO_x, NO_x, NH_3, HCl, HF, CO 항목을 연속적으로 측정한다. 5분 또는 30분 간격으로 측정 데이터를 생산하고 측정 자료는 한국환경공단에 설치된 권역별 관제센터로 전송되어 배출부과금, 행정처분을 위한 행정자료로 활용되고 있다. 현재 전체 대기오염물질 사업장 48,035개소 중 562개 대형 배출사업장(전체 사업장의 1.2%)의 1,451개 굴뚝에 굴뚝자동측정기기를 부착하여 배출시설에서 나오는 오염물질을 24시간 실시간으로 관리하고 있다.

---

70) 대기환경보전법 제26조제1항 단서 및 동법 시행령 제14조

71) 대기환경보전법 제26조제2항 및 동법 시행규칙 제29조

72) 대기환경보전법 제29조제1항

73) Tele-Monitoring System, 2006년부터는 CleanSYS 라는 이름으로 브랜드화 되었다.

74) 대기환경보전법 제32조제1항 및 제2항, 동법 시행령 제17조

표 3.31 굴뚝자동측정기기 부착사업장 현황(2012.12월 기준) (단위 : 개소, 개)

구 분			사업장수	굴뚝수	측정항목		
					계	오염물질	비오염물질
2012년 운영 현황	계		562	1,451	7,894	3,538	4,356
	TMS 관제 센터	소 계	410	1,018	5,605	2,576	3,029
		수도권	26	36	253	127	126
		영남권	175	412	2,234	1,005	1,229
		호남권	91	230	1,311	609	702
		중부권	118	340	1,807	835	972
	수도권 총량		152	433	2,289	962	1,327
2011년 운영현황			564	1,454	7,854	3,510	4,344

※ 오염물질 : 먼지, SO_x, NO_x, HCl, HF, NH_3, CO
※ 비오염물질 : 유량, 온도, 산소

나. 배출부과금

대기오염물질을 배출하는 사업자와 배출시설 설치허가·변경허가를 받지 않거나 신고·변경신고를 하지 않고 배출시설을 설치 또는 변경한 자에 대하여 배출부과금을 부과·징수하고 있다.[75] 배출부과금은 배출허용기준을 초과하여 배출하는 경우 대기오염물질의 배출량과 배출농도에 따라 부과하는 초과부과금과 배출허용기준 이하로 배출하는 오염물질에 부과하는 기본부과금이 있다. 기본부과금은 연료 대체, 공정개선, 고효율 방지시설의 설치 등을 통해 오염물질의 배출을 최소화하기 위한 오염원인자 부담원칙 차원에서, 초과부과금은 배출허용기준을 초과한 사업자에 대하여 벌과금적인 성격으로 부과하는 제도이다. 이는 경제적 수단을 활용한 환경정책으로 사업자에게 오염물질을 저감하는 경제적 유인책을 제공하는 목적을 가진다.

초과부과금은 1983년에 도입되었는데 도입 당시에는 먼지, 황산화물, 불소화합물, 악취 등 4개 오염물질에 대해 적용하였으며, 현재는 황산화물, 암모니아, 황화수소, 이황화탄소, 먼지, 불소화합물, 염화수소, 염소, 시안화수소 등 9종에 부과하고 있다. 부과금 산정방법은 다음과 같다.

- 개선계획서를 제출하고 개선을 완료한 경우 : 오염물질 1kg당 부과금액×배출허용기준 초과 오염물질 배출량×지역별 부과계수×연도별 부과금 산정지수
- 개선명령에 따라 개선을 이행한 경우 : 오염물질 1kg당 부과금액×배출허용기준 초과

75) 대기환경보전법 제35조

오염물질 배출량×지역별 부과계수×연도별 부과금 산정지수×배출허용기준 초과율별 부과계수×위반횟수별 부과계수

표 3.32 오염물질 1kg당 초과 부과금액

항목	먼지	황산화물	암모니아	황화수소	이황화탄소	불소화합물	염화수소	염소	시안화수소
금액(원)	770	500	1,400	6,000	1,600	2,300	7,400	7,400	7,300

(자료 : 대기환경보전법 시행령 별표4)

배출허용기준을 초과한 오염물질 배출량은 “1일 기준초과 배출량×배출기간 일수”로 산정하되, 굴뚝자동측정기기를 부착한 시설의 경우에는 배출허용기준을 초과한 30분 평균값에서 배출허용기준을 뺀 농도에 유량을 곱하여 배출허용기준 초과 시간대별로 각각 배출량을 산정한다.[76]

표 3.33 기본부과금과 초과부과금 비교

	기본부과금	초과부과금
정책목표	배출허용기준 준수만으로는 대기오염 개선효과 미흡 오염원인자 부담원칙의 정립	배출허용기준의 준수강제 기준을 초과한 사업자에 대하여 부과하는 벌과금 성격
도입시기	1997.1 시행	1983년 최초 도입되어 1991년 부과항목 확대
정책수단	경제적 유인으로 자발적 배출억제	기준 초과시 높은 벌과금 부과
대상물질	먼지, 황산화물	먼지, 황산화물 등 9종
대상사업장	1, 2, 3종 사업장	배출허용기준을 초과한 사업장
부과기준	배출허용기준 이내	배출허용기준 초과
요율체계	기본요율, 농도별 할인계수 적용, 지역별 부과계수	초과농도별 부과계수, 지역별 부과계수, 위반횟수별 부과계수
부과면제	연료별 면제 농도별 부과계수에 의한 면제	없음

76) 다만 굴뚝자동측정기기를 설치하여 관제센터로 측정결과를 자동 전송하는 사업장이 기본부과금 부과대상 오염물질에 대한 초과배출량을 산정하는 경우로서 배출허용기준을 초과한 날 이전 3개월간 평균 배출농도가 배출허용기준의 30% 미만인 경우 초과배출량에서 초과배출량 공제분을 공제한다.(2010.12.31 개정·시행)

기본부과금 제도는 먼지, 황산화물을 대상으로 1997년부터 도입·운영되어 2000년부터 전 사업장으로 확대되었으며, 현재는 4, 5종 사업장에 대해서는 적용이 면제되고 있다. 부과금은 오염물질 1kg당 부과금액×배출허용기준 이하로 배출하는 오염물질 배출량×지역별 부과계수×연도별 부과금 산정지수×농도별 부과계수로 산정한다.

배출부과금은 황 함유량 0.3% 이하의 액체연료 등의 청정연료를 사용하는 배출시설을 운영하는 사업자, 기준에 따라 최적방지시설을 설치한 사업자, 일정한 군사시설을 운영하는 자에 대해서는 부과를 면제하고 있다.[77]

다. 위반시 제재 조치

측정기기의 운영·관리 기준을 지키지 못하거나 배출시설에서 나오는 오염물질 농도가 배출허용기준을 초과하는 경우에는 시·도지사가 개선명령 또는 조치명령을 내린다. 개선명령 또는 조치명령을 받고도 이를 이행하지 않거나 이행은 하였으나 검사결과 배출허용기준을 계속 초과한 경우에는 해당 배출시설의 전부 또는 일부에 대해 조업정지 명령을 내린다. 다만 조업정지로 주민의 생활, 대외적인 신용·고용·물가 등 국민경제, 공익에 현저한 지장을 줄 우려가 있다고 인정되는 경우에는 조업정지 처분에 갈음하여 2억원 이하의 과징금을 부과할 수 있다.

3.7.5 사업장 대기오염물질 총량관리제

수도권 대기환경개선에 관한 특별법에 따라 2007년 7월부터 사업장에서 배출되는 질소산화물과 황산화물의 배출량을 관리하기 위하여 대형 사업장에 대해 사업장 대기오염물질 총량관리 제도가 도입되었다. 사업장 총량규제는 사업장에 연도별로 배출허용 총량을 할당하고 할당량 이내로 오염물질 배출을 허용하는 관리 제도이다. 배출농도를 기준으로 규제할 경우 배출허용기준은 준수하더라도 지역 환경용량 이내로 오염물질의 다량 배출되는 것을 막을 방법이 없는데 반해 총량관리 제도는 환경적으로 수용 가능한 배출허용총량 이내에서 오염물질 관리가 가능하다.[78]

초기에는 1종 사업장 중 NO_x, SO_x 배출량이 각각 30톤, 20톤을 초과하는 사업장을 대상으로 시행하였으며, 2009년 7월부터 대상사업장을 1·2종 사업장 중 NO_x 또는 SO_x 배출량

77) 대기환경보전법 제35조의2

78) 환경부, 2012.10, 수도권대기환경청수도권, 사업장 대기오염물질 총량관리제 업무편람

이 4톤을 초과하는 사업장으로 확대, 시행하고 있다.

표 3.34 총량관리 대상 사업장

구 분	적용시기	대 상	비 고
1단계	2007.7.1～ 2009.6.30	연간 질소산화물 배출량 30톤 초과 연간 황산화물 배출량 20톤 초과	1종 사업장 1차할당 : 2008～2012 2차할당 : 2013～2017
2단계	2009.7.1～	연간 질소산화물 배출량 4톤 초과 연간 황산화물 배출량 4톤 초과	1, 2종 사업장 허가연도 이후 5개년도 할당연장

(자료 : 수도권 대기환경개선에 관한 특별법 시행령 별표2)

배출허용총량은 5년 단위로 할당되며, 초기연도에는 과거 평균 배출량 수준으로, 최종 연도에는 최적방지시설[79]을 설치하여야 하는 수준으로 할당한다. 2차 할당시에는 개별 배출구별로 실제 배출량을 근거로 산정한 할당계수를 적용할 수 있도록 하고 있다.

표 3.35 총량관리 사업장 현황(2013년 7월 기준)

【단계별 사업장 및 배출구】

구분	계		1단계		2단계		중복	
	사업장	배출구	사업장	배출구	사업장	배출구	사업장	배출구
계	298	1,461	113	692	206	923	21	154
서울	18	53	9	27	11	31	2	5
인천	68	341	34	207	37	139	3	5
경기	212	1,067	70	458	158	753	16	144

【오염물질별 사업장 및 배출구】

구분	계		질소산화물		황산화물	
	사업장	배출구	사업장	배출구	사업장	배출구
계	298	1,461	280	1,364	133	472
서울	18	53	18	53	6	15
인천	68	341	66	332	25	83
경기	212	1,067	196	979	102	374

79) 최적방지시설(BACT : Best Available Control Technology) ; 현재 사용되고 있는 대기오염물질 저감기술 중 저감효율이 매우 우수한 시설로서 기술적, 경제적으로 적용 가능한 수준으로 결정한다.

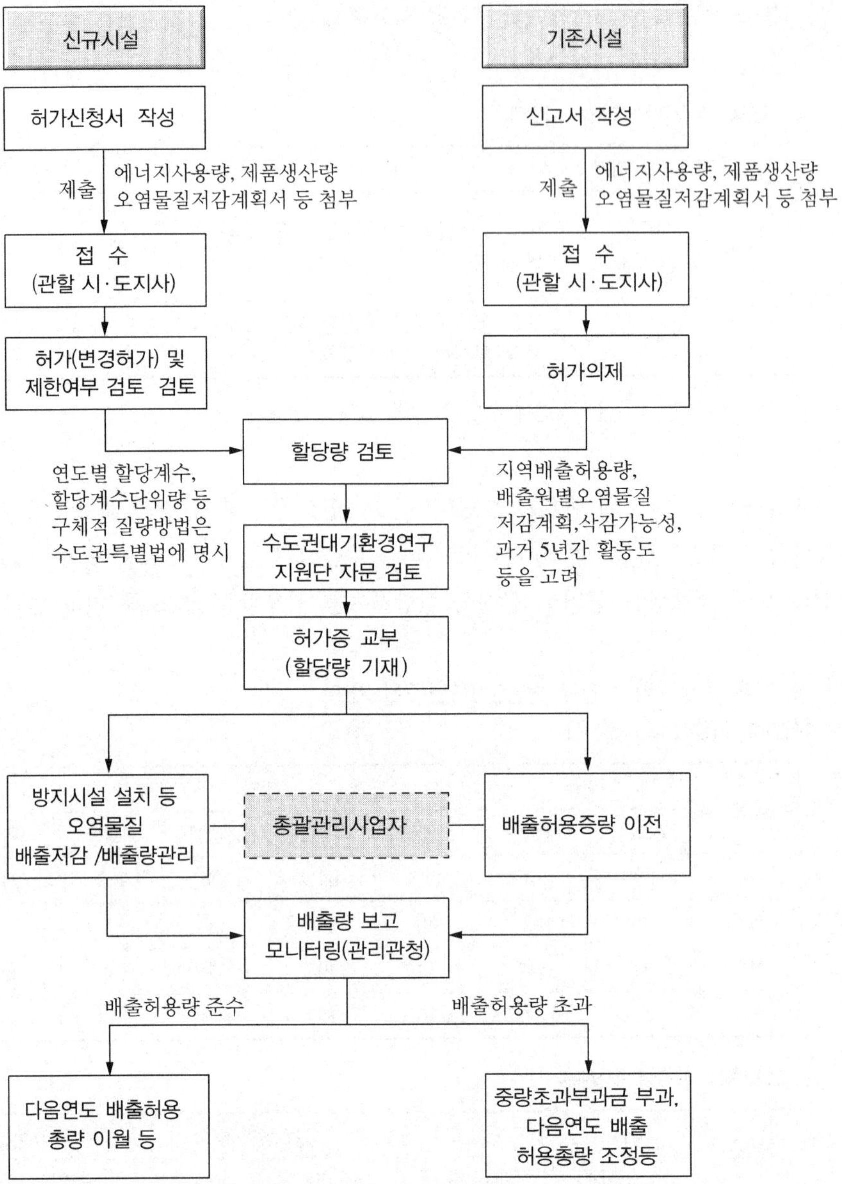

신규시설

허가신청서 작성

제출 에너지사용량, 제품생산량 오염물질저감계획서 등 첨부

접 수 (관할 시·도지사)

허가(변경허가) 및 제한여부 검토 검토

기존시설

신고서 작성

제출 에너지사용량, 제품생산량 오염물질저감계획서 등 첨부

접 수 (관할 시·도지사)

허가의제

할당량 검토

연도별 할당계수, 할당계수단위량 등 구체적 질량방법은 수도권특별법에 명시

지역배출허용량, 배출원별오염물질 저감계획,삭감가능성, 과거 5년간 활동도 등을 고려

수도권대기환경연구 지원단 자문 검토

허가증 교부 (할당량 기재)

방지시설 설치 등 오염물질 배출저감 /배출량관리

총괄관리사업자

배출허용증량 이전

배출량 보고 모니터링(관리관청)

배출허용량 준수

배출허용량 초과

다음연도 배출허용 총량 이월 등

중량초과부과금 부과, 다음연도 배출 허용총량 조정등

그림 3.16 사업장 대기오염물질 총량관리제 흐름도

(자료 : 환경부, 수도권대기환경청, 2012.10, 수도권 사업장 대기오염물질 총량관리제 업무편람)

총량관리 사업장에 대하여는 대기환경보전법에 따른 황산화물에 대한 기본부과금과 초과부과금의 면제, 연료의 황함유 기준 적용 배제, 대기배출허용기준보다 20~30% 완화된 기준을 적용하는 등 배출량 총량관리에 따른 각종 인센티브를 제공하고 있다. 또한 할당량을 준수하는 경우 잔여 배출허용총량을 타 사업장에 판매할 수 있도록 하고 있다.

배출량은 굴뚝자동측정기기, 연료 유량계 등 측정기기를 설치하여 매월 배출량을 관리하고 측정기기 설치가 곤란한 시설은 배출계수와 단위 배출량, 자가측정 결과 등을 바탕으로 산정한다. 배출허용총량을 초과하여 배출하는 경우에는 초과배출량에 대해 총량초과 부과금을 부과하고 초과배출량의 최고 2배의 범위 내에서 다음년도 배출허용총량을 할당시 삭감한다.

환경부에 따르면 총량관리 제도 시행 전(2004~2007년)과 시행 후(2008~2011년) 4년간의 사업장 평균 배출량을 비교해보면 질소산화물은 45,676톤/년에서 28,468톤/년으로 38%, 황산화물은 14,549톤/년에서 12,333톤/년으로 15% 삭감된 것으로 분석되었다.[80] 배출권 거래건수는 2008년 18건에서 2012년 105건으로 증가하였고, 배출권 거래량은 질소산화물의 경우 2008년 894톤에서 2012년 1,868톤으로, 황산화물의 경우 2008년 115톤에서 2012년 1,401톤으로 증가하였다. 그러나 거래량은 총 배출량의 4.4%에 불과하였는데 이는 제도 도입 초기에 할당량이 과다 책정된 것이 주요 원인인 것으로 분석된다.

3.7.6 휘발성유기화합물 관리

가. 휘발성유기화합물의 정의

휘발성유기화합물(VOCs : Volatile Organic Compounds)은 휘발성이 높아 대기 중의 광화학적 반응에 관여하는 화합물로서 주로 산업단지에서 위해성 문제가 제기되었으며 최근에는 주거지역까지 관리 필요성이 증대하고 있다. 휘발성유기화합물은 그 자체로 유해[81]할 뿐만 아니라 오존 전구물질로서 오존 노출에 따른 건강상의 피해를 일으킨다. 휘발성유기화합물은 우리가 살고 있는 모든 지역에 존재하는 물질로 국제적으로 공통된 정의가 없이 휘발성유기화합물 규제 배경과 대기 중의 오존 오염도 수준에 따라 국가와 지역별로 조금씩 다르게 적용되고 있다.[82]

우리나라에서는 1996년에 처음으로 법규에 명시하였다. 대기환경보전법 시행령 제39조에 휘발성유기화합물을 "지방족 탄화수소류, 방향족 탄화수소류, 비균질 탄화수소류(알데히드, 케톤, 알코올 등) 또는 지방족, 방향족, 비균질 탄화수소류가 혼합되어 있는 탄화수소류 중 레이드증기압이 27.6kPa 이상인 물질"로 정의하였다. 현재는 "탄화수소류 중 석유화학제품

80) 수도권대기환경청 보도자료, 2012.11.7

81) 벤젠 및 1,3-부타디엔 백혈병, 포름알데히드 후두암, 사염화탄소 간독성 등

82) 환경부, 2012.12, 환경백서 2012

·유기용제 등의 물질로서 환경부장관이 고시하는 것"으로 정의하고 있으며, 아세트알데히드·벤젠·휘발유 등 37개 물질 및 제품이 환경부장관 고시로 규정되어 있다.[83] 또한 1기압 250°C 이하에서 최소 비등점을 가지는 유기화합물[84]은 배출시설 외의 관리대상(도료의 VOCs 함유기준 등)으로 정하여 규제하고 있다.

나. 배출현황

휘발성유기화합물은 다양한 배출원에서 배출되는데 유기용제 부문이 전체 배출량의 63.7%로서 가장 많은 부분을 차지하며 생산공정(15.8%), 도로이동오염원(8.6%) 순으로 배출되고 있다. 유기용제 부문에서는 도장시설에서 대부분(63.3%) 배출되고 있다.

표 3.36 주요 배출원별 휘발성유기화합물 연간배출량(2010년)

구 분	계	에너지 산업 연소	비산업 연소	제조업 연소	생산 공정	에너지 수송 및 저장	유기 용제 사용	도로 이동 오염원	비도로 이동 오염원	폐기물 처리
배출량 (천톤/년)	866.4 (100%)	7.1 (0.8%)	3 (0.3%)	3.3 (0.4%)	136.9 (15.8%)	35.5 (4.1%)	552 (63.7%)	74.8 (8.6%)	16.3 (1.9%)	36.9 (4.3%)

(자료 : 국립환경과학원, 2012.12, 대기오염물질 배출량 2010)

다. 관리현황

휘발성유기화합물의 관리는 1996년 "여천공단 대기보전특별종합대책"에서 처음 규제되기 시작하여 휘발성유기화합물 규제지역 설정, 배출시설 관리기준 마련, 도료 중 휘발성유기화합물 함유기준 설정 등의 제도가 시행되고 있다. 대기환경규제지역과 대기보전 특별대책지역 내에서는 휘발성유기화합물 배출시설 설치·변경시 의무적으로 신고해야 하고, 일정 규모 이상의 배출시설의 경우 밀폐하거나 국소배기장치 또는 휘발성유기화합물 방지시설을 설치하는 등 적절한 방지조치를 취해야 한다.

규제되는 휘발성유기화합물 배출시설의 종류와 규모는 대기환경규제지역과 대기보전 특별대책지역에서 차이가 있다. 대기환경규제지역에서는 석유정제 및 석유화학 제조 업종, 저유소, 주유소, 세탁시설 등 9개 업종이 대상이며, 특별대책지역에서는 여기에 1차 금속산업과 보관·창고업을 추가하여 11개 업종이 규제대상이다. 배출시설 종류와 배출 허용규모도

83) 환경부고시 제2012-130호, 2012.7.27

84) 유기화합물중에서 탄산 및 그 염류 등 국립환경과학원장이 정하여 공고하는 물질은 제외한다.

대기보전 특별대책지역이 보다 엄격하게 적용되고 있다.

표 3.37 대기환경규제지역 및 특별대책지역 휘발성유기화합물 규제대상 업종

구 분	지 역	규 제 업 종	근 거 법 령
대기환경 규제지역	서울, 인천, 경기 15개시, 부산, 대구, 광양만지역	석유정제 및 석유화학제조업, 저유소, 세탁시설, 주유소, 유기용제 및 페인트제조업, 자동차제조업, 선박 및 대형철구조물 제조업, 기타제조업, 폐기물보관·처리시설	"대기환경보전법 시행령" 제39조 제2항, 환경부고시 제2005-4호
특별대책 지역	울산·미포산단, 여수산단	위 9개 업종 + 1차금속산업, 보관 및 창고업	"대기환경보전법 시행령" 제39조 제2항, 환경부고시 제2005-5호

(자료 : 환경부, 2012.12, 환경백서 2012)

수도권의 경우 "수도권 대기환경개선에 관한 특별법"에 따라 건축용·자동차 보수용, 도로표지용 도료에 대해서는 휘발성유기화합물 함유기준을 설정하여 관리하고 있다. 우선적으로 2004년 1월 국내 페인트 주요 7개 제조사와 환경부간에 자발적 협약을 체결하여 기업체 스스로 자사에서 생산하는 페인트 중의 유기용제 함량을 감축하도록 하였고, 2005년 7월에는 페인트의 휘발성유기화합물 함량기준을 설정한 환경친화형 도료의 기준을 설정하였다. 도료의 휘발성유기화합물 함량기준에 적용하는 휘발성유기화합물 규제 대상 물질은 기존 37종에서 물질별 합산개념인 TVOCs(Total VOCs) 방식으로 개선하여 2009년 7월부터 적용하고 있다. 2013년 5월부터는 환경친화형 도료의 보급 및 사용권역이 수도권에서 전국으로 확대되었다.

또한 주거지역에 인접해 있어 주민건강에 악영향을 미치는 주유소에서 발생하는 휘발성유기화합물을 줄이기 위해 2004년 말까지 제조시설에서 주유소 저장시설까지의 단계인 Stage I에 대한 방지시설 설치를 완료하였고, 2008년부터는 주유소 저장시설에서 자동차 연료탱크로 급유하는 단계인 Stage II에서도 방지시설 부착을 단계적으로 의무화하였다.[85)]

85) 환경부, 2012.12, 환경백서 2012. 2012년말 현재 2,949개 주유소 중 일부 폐업, 부도업체를 제외한 2,869개 설치 완료(설치율 97%)

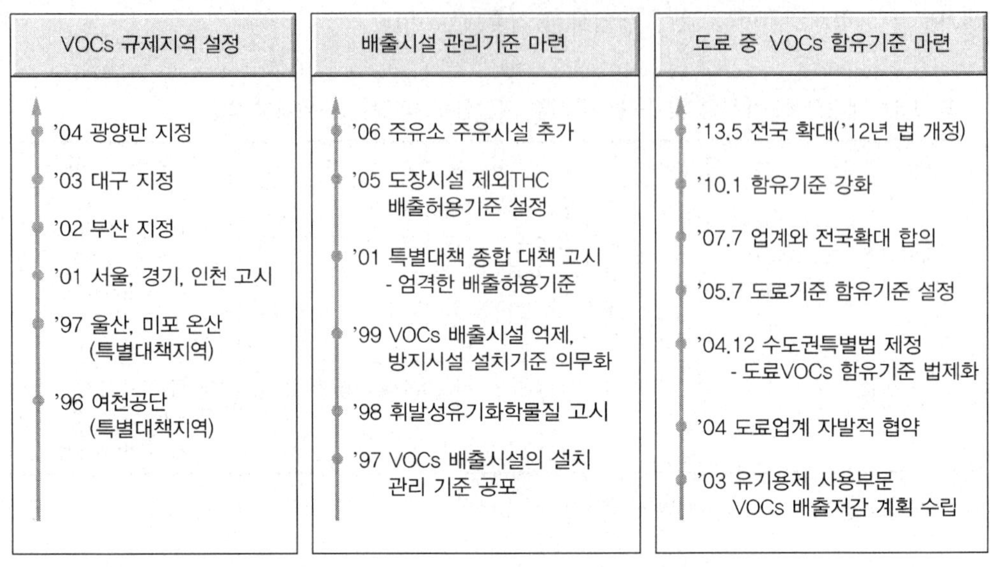

그림 3.17 휘발성유기화합물 관리 제도의 도입 및 변화

3.8 교통환경 관리정책

3.8.1 배경과 현황

가. 자동차 배기가스 오염 현황 및 특징

우리나라의 자동차 등록대수는 1965년에는 4만여대에 불과하였으나, 급속한 경제성장과 자동차 산업의 발전으로 기하급수적으로 증가하였다. 1990년에 3백만대를 돌파하고, 1997년에 1천만대를 넘어선 이래 2013년 7월 현재 1,922만대가 등록되어 있다. 1993~1996년간에는 매년 1천만대 이상씩 증가하다 외환위기를 맞으며 다소 감소하였으나 2000년대 이후 연평균 3% 정도의 증가율을 유지하며 자동차 시장이 완만한 성장세인 성숙단계로 들어서고 있다.

자동차는 대표적인 이동오염원으로서 개별 자동차가 모두 오염물질 배출원으로 작용한다.

점오염원과 달리 자동차 운행자 스스로가 오염 원인자인 동시에 오염 피해자가 되는 특징이 있다. 자동차는 일정한 고정배출원에서 오염물질을 배출하여 국지적으로 영향을 미치는 점오염원과 달리 오염지역의 범위가 광범위하다. 특히 자동차 배기가스는 인구 밀집지역의 주변에서 집중적으로 배출되기 때문에 일반 국민들의 건강에 미치는 영향이 상대적으로 크다. 우리나라 대도시 지역은 좁은 면적에 인구가 밀집되어 있고, 도로와 거주지역의 이격거리가 짧으며 대형버스 및 트럭 등 경유 차량의 운행이 빈번하여 시민들이 느끼는 체감 오염도는 더욱 높게 된다.

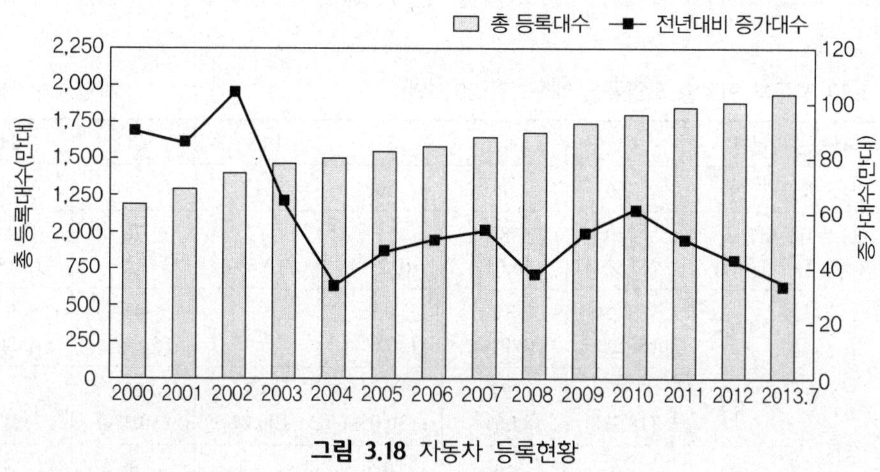

그림 3.18 자동차 등록현황

나. 배기가스중 오염물질 배출현황

자동차에서 배출되는 오염물질은 사용하는 연료에 따라 차이가 있다. 휘발유나 가스를 사용하는 경우에는 일산화탄소, 탄화수소, 질소산화물 등이 배출되며 경유를 사용하는 경우에는 여기에 더해 미세먼지 배출이 문제가 된다. 자동차에서 배출되는 오염물질 중에서 특히 질소산화물과 미세먼지 관리의 중요성이 커지고 있다. 질소산화물은 그 자체로 호흡기 질환을 일으키기도 하지만 광화학반응을 통해 오존으로 전환되어 인체에 영향을 미치게 된다. 미세먼지는 호흡기에 쉽게 침투하여 폐에 흡착됨으로써 기관지와 폐에 악영향을 미치게 된다. 자동차 배출가스로 인한 대기오염 문제는 대도시를 중심으로 점점 심화되고 있는데 전국 대기오염물질 배출량 중 질소산화물 발생량의 36%, 미세먼지의 13%를 차지하고 있다.

표 3.39와 같이 도로 이동오염원 중 경유차가 차지하는 오염비중이 NO_x의 경우 85%, 미세먼지는 거의 100%를 차지하여 최근 문제가 심각한 미세먼지 및 질소산화물 저감을 위해서는 경유 자동차에 대한 대책이 불가피하다.

표 3.38 자동차 오염물질 배출현황(2010년) (단위 : 천톤/년)

구 분	CO	NO_x	SO_x	PM_{10}	VOCs	NH_3
대기오염물질 배출량(전국)	766	1,061	402	117	866	290
도로이동오염원 전국 배출량 (이동오염원/전국배출량)	520 (67.9%)	382 (36.0%)	1 (0.2%)	15 (12.8%)	76 (8.7%)	9 (3.1%)
수도권배출량 (도로이동오염원 전국대비)	232 (44.6%)	147 (38.5%)	0.3 (30.0%)	5 (33.3%)	33 (44.0%)	4 (44.4%)

(자료 : 국립환경과학원, 2012.12, 대기오염물질 배출량 2010, 비산먼지 및 식생 제외)

표 3.39 자동차 연료별 오염물질 배출현황(2010년) (단위 : 천톤/년)

배출원(대분류)		CO	NO_x	SO_x	PM_{10}	VOCs	NH_3
전국 배출량 합계		766	1,061	402	117	866	290
도로이동오염원 (자동차 · 이륜차)		520 (67.9%)	382 (36.0%)	1 (0.2%)	15 (12.8%)	76 (8.7)	9 (3.1%)
연료	휘발유	339 (65.2%)	34 (8.9%)	0.2 (20.0%)	-	41 (53.9%)	9 (100.0%)
	경유	97 (18.7%)	323 (84.6%)	0.3 (30.0%)	15 (100.0%)	23 (30.3%)	-
	LPG	75 (14.4%)	14 (3.7%)	0.5 (50.0%)	-	3 (3.9%)	-
	기 타	9 (1.7%)	11 (2.9%)	-	-	9 (11.8%)	-

(자료 : 국립환경과학원, 2012.12, 대기오염물질 배출량 2010)

다. 배기가스 관리분야

자동차 배출가스 관리는 신규로 제작되어 출고되는 자동차의 배출가스를 원천적으로 관리하는 발생원 대책, 출고 후 운행단계의 배출가스를 관리하는 운행차 관리대책, 연료를 개선하는 연료품질 관리정책으로 구분할 수 있다. 또한 차량 운행을 줄여 자동차 배출가스를 저감하는 교통수요 관리정책 등으로 구분할 수 있다.

발생원 대책으로는 제작차의 배출허용기준 강화와 저공해차 보급분야로 구분된다. 저공해차는 천연가스 버스, 하이브리드 자동차, 전기자동차 등을 말하며 구매 보조금 지원, 세제감면 등의 인센티브를 제공함으로써 보급을 촉진하는 정책을 시행하는 것이다.

표 3.40 교통환경 관리체계

구 분	자동차 배출가스관리	대기질 개선	교통수요관리
생산 전 단계	- 제작차 배출허용기준 ·배출가스 보증기간 설정 - 제작차 인증		
생산 단계	- 제작차 배출기준 검사 ·정기검사(제작차) ·수시검사(환경부)	- 저공해 자동차 개발 - 천연가스, 하이브리드 - 전기차, 저공해 경유차 - 전기이륜차 - 저공해 자동차 보급 ·국고지원, 세제감면 ·충전소 설치 · 저공해차 보급 촉진	- 환경친화적 자동차의 보급 시행계획
운행 단계	- 결함확인 검사 - 부품 결함시정 - 운행차 배출가스검사 ·수시점검 ·정기검사 ·정밀(종합)검사	- 배출가스 저감장치 및 저공해 엔진 인증 - 배출가스 저감장치 부착 - 엔진개조 및 교체 - 공회전 제한장치 부착 - 자동차 연료품질관리	- 친환경운전문화 확산 - 공해차량제한지역(LEZ) - '승용차 없는 날' 운영 - 자전거 이용 활성화
폐차 단계		- 조기 폐차 지원 - 저감장치·엔진개조, 사후관리	

운행차 관리대책으로는 먼저 운행차 배출허용기준을 설정하고 기준 준수 여부를 수시 단속하거나 정기적인 검사를 실시한다. 또한 노후 경유차에 대한 배출가스 저감장치 부착, LPG 엔진개조 등 적극적인 조치도 있다. 교통수요 관리정책은 교통 혼잡료 부과 등 승용차 이용 억제를 통해 도심의 교통 혼잡을 완화하고 대기오염물질을 저감하는 정책들을 말한다.

3.8.2 제작차 배출가스 관리

가. 제작차 배출허용기준

자동차로 인한 환경오염을 가장 효과적이고 근원적으로 저감시키기 위한 방법은 자동차 제작 단계에서부터 오염물질을 적게 배출하도록 하는 것이다. 자동차 배출가스 규제는 도로운송차량법에 의해서 일부 규제되어 오다가 1977년 공포된 환경보전법에 신규 제작자동차와 운행자동차의 배출가스 규제 제도가 도입되면서 1980년부터 본격적으로 시행되게 되었다. 정부에서는 휘발유 자동차에 대해서는 1980년 1월부터, 경유자동차에 대해서는 1984년

7월부터 제작차 배출허용기준을 적용·시행하고 있다.

초기의 제작차 배출허용기준은 일본의 배출가스 기준치와 시험방법을 준용하여 도입하였으나, 1987년 이후부터는 휘발유 및 가스 자동차에 대하여는 주로 미국의 기준 체계를, 경유 자동차는 유럽의 기준 체계를 따르고 있다. 이는 경유 자동차 기술은 유럽 지역에서 주로 발전되었고 휘발유 자동차 중심의 미국 시장 진출 등을 고려하여 휘발유 자동차는 미국 기준과 유사하게 책정하게 되었다. 이후 국제적인 기준 강화 추세에 맞춰 수차례에 걸쳐 제작차 배출허용기준을 강화하였다. 2000년 이전까지는 미국 및 유럽에 비해 2~5년 뒤진 기준을 적용하였으나, 현재는 미국·유럽 수준과 동일한 수준을 적용하고 있다.

표 3.41 우리나라 최초의 자동차 배출허용기준

차종	적용연도	CO	HC	NO_x	매연	측정방법
휘발유 승용차	1980.1	26.0g/km	3.8g/km	3.0g/km	-	10 모드
휘발유 승합 및 화물 (차량 총중량 2.5톤 초과)	1980.1	1.6%	520ppm	2,200ppm	-	6 모드
경유자동차	1980.1	-	-	-	50%	전부하
	1984.7	980ppm	670ppm	1,000ppm (590ppm)	50%	6 모드

※ ( )는 소형자동차에 주로 사용하는 부실식 엔진에 적용
(자료 : 국립환경과학원 교통환경연구소, 2010.12, 교통환경연구 30년)

표 3.42 선진국과 국내 제작차 배출허용기준 비교

적용 년도	우리나라		미국 (휘발유차)	유럽 (경유차)
	휘발유차*	경유차		
2008년	ULEV(75%)	EURO-4	ULEV(90%), SULEV(10%)	EURO-4(2005년 소형) EURO-5(대형)
2009년~ 2010년	ULEV(100%)	EURO-5(2009년 대형) EURO-5(2010년 소형)	ULEV(80%), SULEV(20%)	EURO-5(2009년 대형) EURO-5(2010년 소형)
2012년	ULEV(90%), SULEV(10%)		ULEV(60%), SULEV(40%)	
2014년		EURO-6		EURO-6(2013년 대형) EURO-6(2014년 소형)
2025년	제정 중		SULEV(100%)	

* 휘발유자동차에 대해서는 2009년부터 평균배출량제도(FAS) 시행

1) 휘발유 및 가스 자동차 배출허용기준

1980년 1월부터 도입된 최초의 휘발유 자동차 배출가스 규제는 일본에서 1973년부터 사용하고 있는 기준과 시험방법을 적용하였다. 이후 1988년 올림픽을 앞두고 대기오염 개선과 대기 중 납 오염도 저감을 목표로 1987년 7월부터 휘발유 및 가스 자동차의 배출허용기준을 대폭 강화하였다. 당시 세계에서 세 번째로 삼원촉매장치 부착과 무연휘발유 사용을 의무화하여 배출가스를 획기적으로 저감시키는 계기를 마련하였다. 이러한 규제정책은 국내 자동차 제작사의 배출가스 저감기술을 크게 업그레이드시키는 효과를 가져와 환경규제 정책이 유관 산업·기술의 발전을 유도한 사례로 평가된다.

2000년도에는 미국의 1994년도 기준인 Tier 1 기준을 도입·적용하였으며, 2003년부터는 미국 캘리포니아주의 LEV(Low Emission Vehicle) 기준을, 2006년부터는 ULEV(Ultra Low Emission Vehicle) 기준으로 단계적으로 강화하였다. ULEV 기준의 경우 1988년 기준에 비해 NO_x는 95%, HC는 90%가 각각 강화된 수준이다.

2009년부터는 여러 단계(LEV, ULEV, SULEV, ZEV)[86]의 배출허용기준을 허용하되 제작사가 별도로 규정된 평균 배출허용기준을 맞추는 경우 동일 차종도 일부 모델은 완화된 기준을, 다른 모델은 강화된 기준을 적용할 수 있는 제도를 도입하였다. 이는 평균 배출량 관리제도(FAS : Fleet Average System)로서 총량규제 개념을 자동차 배기가스 관리에 간접 적용한 정책으로 볼 수 있다. 현재 적용되는 배출허용기준은 표 3.43과 같다.

표 3.43 휘발유 자동차 배출허용기준

차 종	기준		일산화탄소 (g/km)	질소산화물 (g/mk)	탄화수소		
					배기관가스 (g/mk)	부로바이 가스	증발가스
경자동차 소형승용 소형화물 중형승용 중형화물	기준1	LEV	2.11 이하	0.031 이하	0.047 이하	0g/1주행	2g/테스트 이하
	기준2	ULEV	1.06 이하	0.031 이하	0.025 이하	0g/1주행	2g/테스트 이하
	기준3	SULEV	0.625 이하	0.0125 이하	0.00625 이하	0g/1주행	2g/테스트 이하
	기준4	ZEV	0 이하	0 이하	0 이하	0g/1주행	0g/테스트 이하

※ LEV(Low Emission Vehicle), ULEV(Ultra Low Emission Vehicle), SULEV(Super Ultra Low Emission Vehicle), ZEV(Zero Emission Vehicle)

86) 1990년 10월 미국은 대기정화법을 강화하여 연차적으로 LEV, ULEV, 대체연료 자동차, ZEV 등 무공해 자동차 도입을 규정하였다. 1993년부터 1998년까지 자동차 배기가스규제는 0.25 HC(1993), TLEV(Transitional Low Emission Vehicle; 0.125 HC, 1994), LEV(0.075 HC, 1997), ULEV(0.040 HC, 1997), ZEV(1998) 순으로 강화하였으며, 특히 캘리포니아 지역에서는 연도별로 판매되는 자동차의 일정비율을 무공해 자동차로 판매하도록 의무화하고 있다.

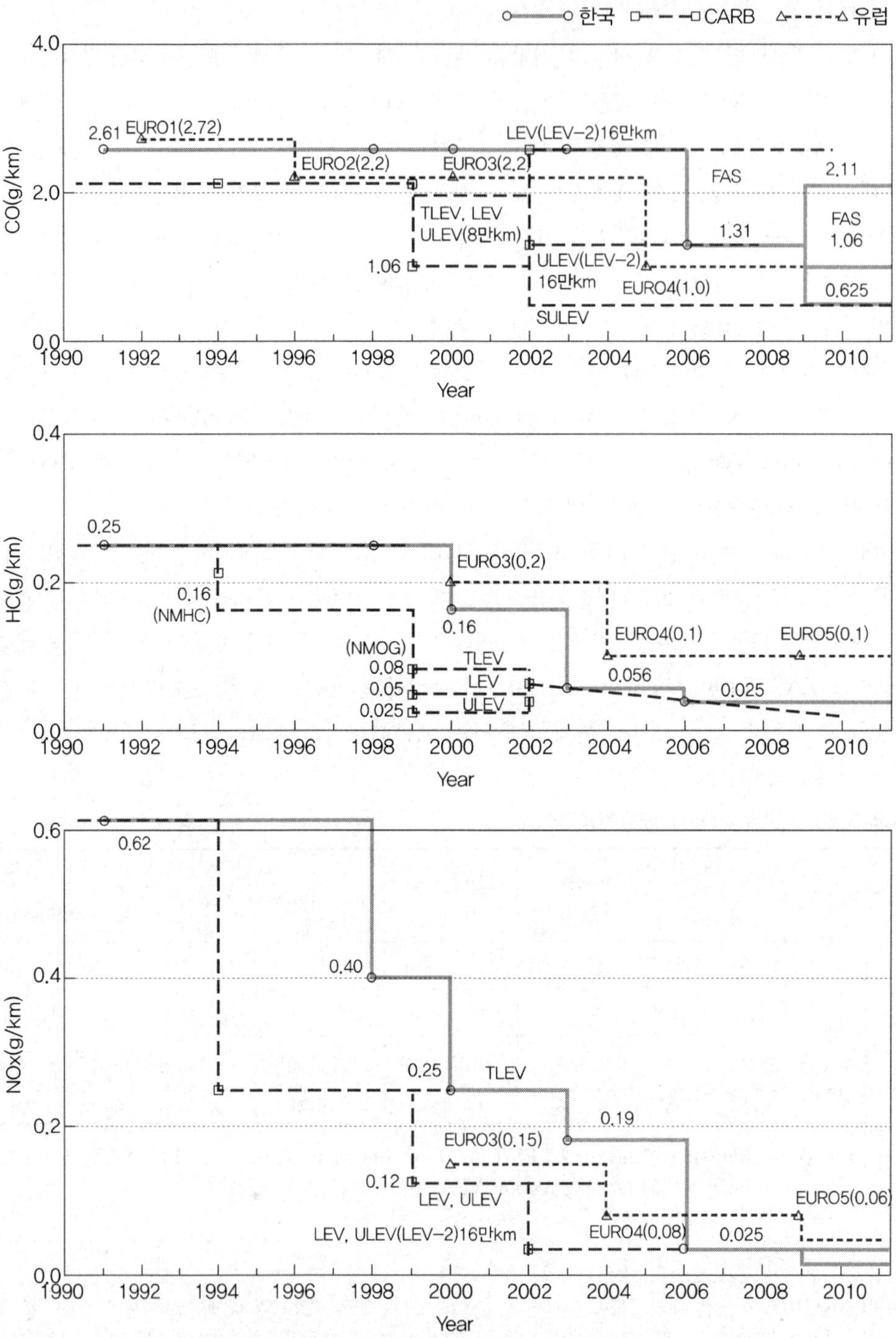

그림 3.19 유럽, 미국과 휘발유 자동차 기준 비교
(자료 : 정용일, 2012, 자동차와 환경, 숭실대학교 출판부)

제작사의 평균배출량 기준은 탄화수소 배기관가스(NMOG)에만 적용되며, 초기 연도는 ULEV 기준인 0.025g/km 이하를, 2012년 7월부터는 강화된 기준을 적용하고 있다. 평균값과 대비한 기준치 이내의 배출량 해당분은 다음 연도로 이월 사용이 가능하고 기준 초과분에 대해서는 상환 조치가 가능하다.

표 3.44 평균배출량(탄화수소의 평균값) 기준

적용대상	2009	2010	2011	2012년 6월까지	2012년 7월부터	2013	2014	2015
경자동차 소형승용(다목적형 제외) 1.7톤* 미만 소형화물	0.025 g/km 이하	0.025 g/km 이하	0.025 g/km 이하	0.025 g/km 이하	0.024 g/km 이하	0.024 g/km 이하	0.023 g/km 이하	0.022 g/km 이하
1.7톤 이상 소형화물 중형승용·화물 다목적형소형승용	0.031 g/km 이하	0.031 g/km 이하	0.031 g/km 이하	0.031 g/km 이하	0.029 g/km 이하	0.029 g/km 이하	0.027 g/km 이하	0.027 g/km 이하

※ 1.7톤=시험중량(공차중량+136kg) 기준

직접분사(GDI) 엔진[87]을 사용하는 휘발유 자동차에 대해 입자상물질 기준이 신설(0.004g/km) 되어 신모델은 2014년부터, 기존모델은 2015년부터 각각 적용될 예정이다. 또한, 증발가스 기준도 현행 2.0g/test에서 미국과 동일한 1.2g/test로 강화되어 신모델은 2014년부터, 기존모델은 2015년부터 각각 적용되는 배출허용기준이 예고되어 있다.

천연가스 연료를 사용하는 대형차에 대해서는 EURO-6 보다 13% 강화된 기준이 도입되어 신차에 대하여 2013년부터 시행(기존차 2014년)되고 있으며, 메탄 기준(0.5g/kWh)과 암모니아 기준(10ppm)이 도입되었다.

표 3.45 휘발유 자동차 차기 배출허용기준 예고안

차종	기 준	국내 도입	EU·미국	
휘발유차	직접분사(GDI)엔진 입자상물질(PM) 신설 (0.004g/km)	신모델 : 2014.1 기존모델 : 2015.1	미국	신모델 : 2014.1 기존모델 : 2015.1
			EU	신모델 : 2011.9 기존모델 : 2013.1
	증발가스 강화 (2.0 → 1.2g/test)	신모델 : 2014.1 기존모델 : 2015.1	미국	신모델 : 2004.1 기존모델 : 2005.1

87) 휘발유차의 성능개선(연비, 출력)을 위해 가솔린 직접분사방식(GDI) 엔진이 장착되면서 엔진의 연소특성으로 인해 휘발유차에서도 매연이 발생. 이에 대응하기 위해 유럽은 2011년 9월부터 0.0045g/km, 미국은 2012.1월부터 0.006g/km, 2014.1월부터는 0.004g/km의 규제기준 도입

정책이야기 3.3 천연가스버스 도입

1997년에 자동차 보유대수가 천만대를 넘어서게 된다. 1990년대 대도시 대기오염은 이산화황을 제외하면 대부분의 지표가 쉽게 개선되고 있지 못한 상태였다. 오염원 중 자동차가 대기오염의 주범으로 인식되었으며 특히 수도권에 전체 자동차의 절반 가까이 집중되어 있어 대기질에 큰 영향을 미치게 되었다. 자동차 중에서도 대형 경유차에서 배출되는 매연은 대기오염 영향도 크고 시각적으로도 문제가 있어 사회적 비판이 지속되었다. 환경부는 경유버스를 대체하는 방안을 모색하여 매연이 거의 없고 여타 대기오염물질도 65% 이상 적게 배출하는 천연가스버스를 도입하게 된다. 1997년에는 자동차 회사들이 천연가스 엔진 개발을 완료하여 1998년에 인천과 안산시에서 천연가스버스 4대를 시범 운행하게 되었다. 마침내 2000년에는 서울에서 15대의 천연가스버스를 운행하여 매연이 거의 없고 승차감도 뛰어나 승객들로부터 호평을 받았다. 이에 환경부에서는 1999년에 "대기환경보전법"을 개정하여 '시내버스에 대하여 천연가스버스를 권고'하는 규정을 신설하여 본격적으로 보급하기 시작하였다. 도입 과정에서 정부지원 체계, 충전소 설치 문제 등을 둘러싸고 많은 난관을 겪었다.

2002년 월드컵 대회를 앞두고 천연가스버스를 신속히 보급하고자 버스 구입시 대당 2,250만원을 보조하고 조세를 감면하는 등 정부지원을 확대하여 보급이 크게 확산된다. 또한 천연가스 충전소 설치를 위해 1개소당 시설비 전액인 7억원을 융자하고, 천연가스 가격은 경유가격을 감안하여 합리적으로 조정하여 보급을 촉진하게 된다. 2012년말 기준으로 전국적으로 천연가스 시내버스 31,680대와 천연가스 청소차 1,124대가 운행되어 주요 도시의 시내버스는 대부분 천연가스버스로 대체되었으며, 충전소는 178개소(453기)가 설치되었다. 2012년에는 2억 달러 상당의 천연가스버스 및 충전장치를 해외에 수출하는 성과도 거두었다. 사업을 기획한 환경부의 의지도 평가받을 만하고, 무엇보다 자동차 제작사와 시내버스 운송사업자, 중앙정부와 지자체 등 모든 주체들이 역할을 분담하여 친환경적인 교통체계를 구축한 모범적인 사례로 평가된다. 개도국 등 많은 국가에서 이를 벤치마킹하고 있다.

2) 경유 자동차 배출허용기준

휘발유 자동차는 삼원촉매장치를 부착하여 오염물질을 획기적으로 저감시킬 수 있었는데 반해 경유 자동차는 국내 배출가스 저감기술이 떨어져 배출허용기준이 2000년 이전까지는 엄격하지 않았다. 1993년부터 경유 승용자동차의 배출허용기준을 농도규제에서 중량규제로 강화하였으나, 1990년 이후 한동안 경유 승용자동차가 국내에서 거의 생산되지 않았기 때문에 사실상 이 기준은 적용되지 않았다. 1996년부터는 경유 소형화물차 및 중량자동차의 배출허용기준을 농도규제에서 중량규제로 전환하면서 실질적으로 경유 자동차에 대한 입자상물질 규제가 최초로 시행되게 되었다.

표 3.46 경유 자동차의 입자상 물질 규제 적용내역

차종	적용연도	CO	HC	NO_x	PM	매연	측정방법
승용자동차	1993.1	2.11g/km	0.25g/km	0.62g/km	0.12g/km	-	CVS-75모드
소형화물 자동차	1996.1	6.21g/km	0.50g/km	1.43g/km	0.31g/km	-	
중량화물 자동차	1996.1	4.9g/kWh	1.2g/kWh	11.0g/kWh	0.9g/kWh	35%	D-13모드

(자료 : 국립환경과학원 교통환경연구소, 2010.12, 교통환경연구 30년)

표 3.47 경유 자동차 배출허용기준

<table>
<tr><th colspan="2" rowspan="2">차종</th><th rowspan="2">2008</th><th colspan="2">2009</th><th colspan="2">2010</th><th rowspan="2">2012</th><th rowspan="2">2014</th></tr>
<tr><th>1.1~8.31</th><th>9.1~12.31</th><th>1.1~8.31</th><th>9.1~12.31</th></tr>
<tr><td colspan="2">경자동차</td><td rowspan="2">EURO-4</td><td colspan="4" rowspan="2">EURO-5(2009.9.1일 이후 인증)
EURO-4(2009.8.31까지 인증완료, 2009.9.1~2010.12.31 출고)</td><td rowspan="2">EURO-5
(2012년 이후 입자개수 기준 적용)</td><td rowspan="2">EURO-6
(2014.9.1부터 적용)</td></tr>
<tr><td rowspan="2">소형승용</td><td>2톤 이하</td></tr>
<tr><td>2톤 초과, 7인승 이상</td><td rowspan="6">EURO-4</td><td colspan="2" rowspan="4">EURO-4(2010.8.31 까지적용 유예)</td><td colspan="3" rowspan="4">EURO-5(신규인증)
EURO-4
(2010.8.31까지 인증)</td><td rowspan="4">EURO-5(2015.8.31까지 인증, 2015.9.1~2016.8.31까지 출고)
EURO-6(2015.9.1부터적용)</td></tr>
<tr><td rowspan="3">소형화물 중형승용 ·화물</td><td>RW≤1,305kg</td></tr>
<tr><td>1,305<RW ≤1,760kg</td></tr>
<tr><td>RW>1,760kg</td></tr>
<tr><td rowspan="2">(초)대형 승용· 화물</td><td>1.50g/kWH 이하</td><td colspan="5" rowspan="2">EURO-4(2009.8.31까지 인증, 2009.9.1~2010.9.30까지 출고)
EURO-5(2009.9.1 이후 신규인증, 2010.10.1부터 출고)</td><td rowspan="2">EURO-5(2013.12.31까지 인증, 2014.1.1~2014.12.31까지 출고)
EURO-6(2015.1.1부터적용)</td></tr>
<tr><td>4.0g/kWH 이하</td></tr>
</table>

2000년대에 들어와서 경유 자동차의 배출허용기준이 EURO-1[88] 수준으로 강화되어 자동차에 터보차저와 인터쿨러가 사용되기 시작하였다. 2003년부터는 EURO-3 기준이 적용, 커먼레일 연료분사 시스템이 도입되었고 입자상 물질의 규제기준을 만족하기 위해 산화촉매장치가 일부 차종에서 도입되기 시작하였다. 2006년부터는 EURO-4 기준을, 2009년부터는 EURO-5 기준을 적용하고 있다.

88) 유럽에서 사용하는 자동차 배출가스 허용기준으로 국내 경유차 배출허용기준의 경우 유럽방식 및 기준을 적용하고 있어 우리나라의 경유차 배출허용기준 단계를 지칭할 때 통상적으로 사용한다.

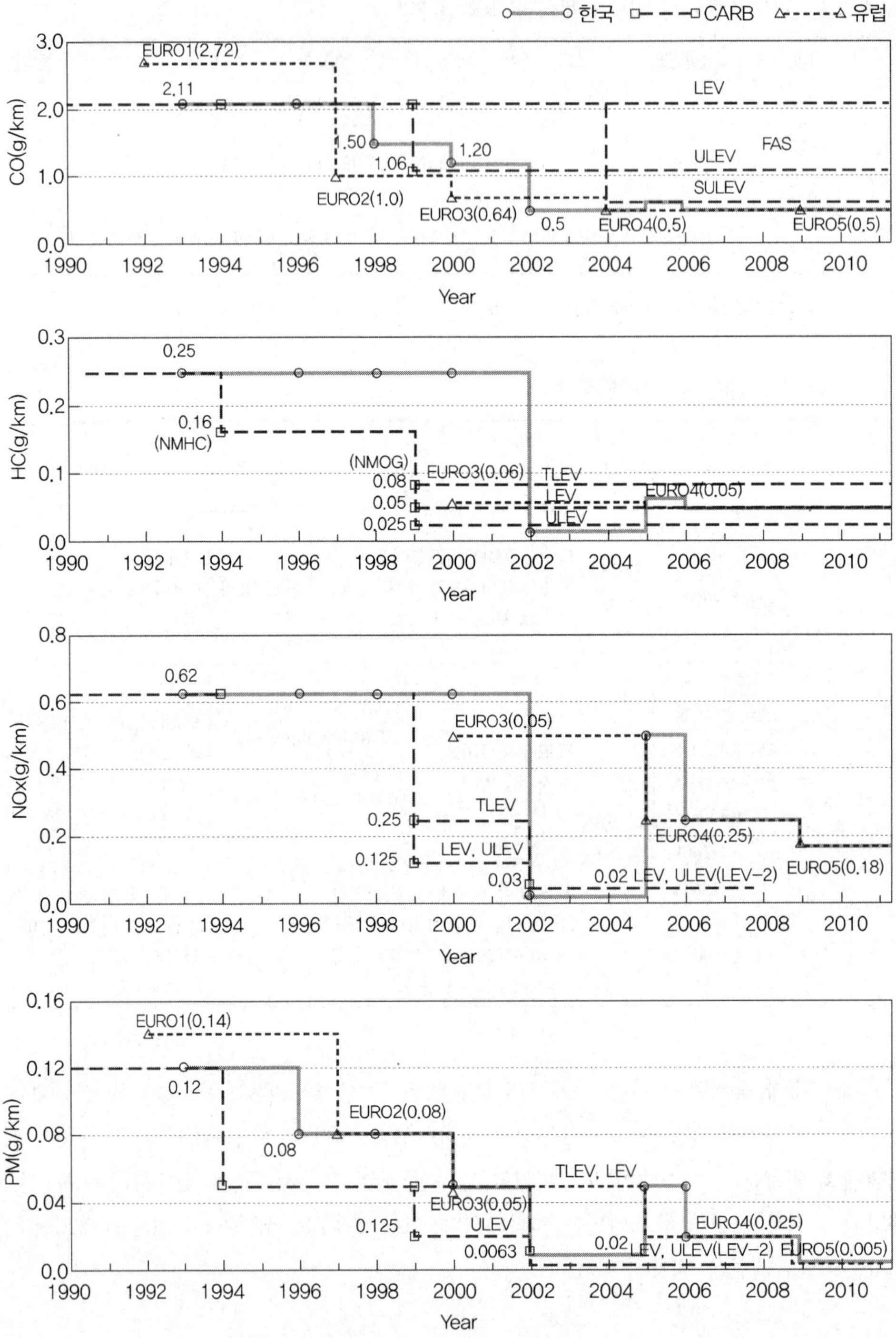

그림 3.20 유럽, 미국과의 경유 승용차 기준 비교

(자료 : 정용일, 2012, 자동차와 환경, 숭실대학교 출판부)

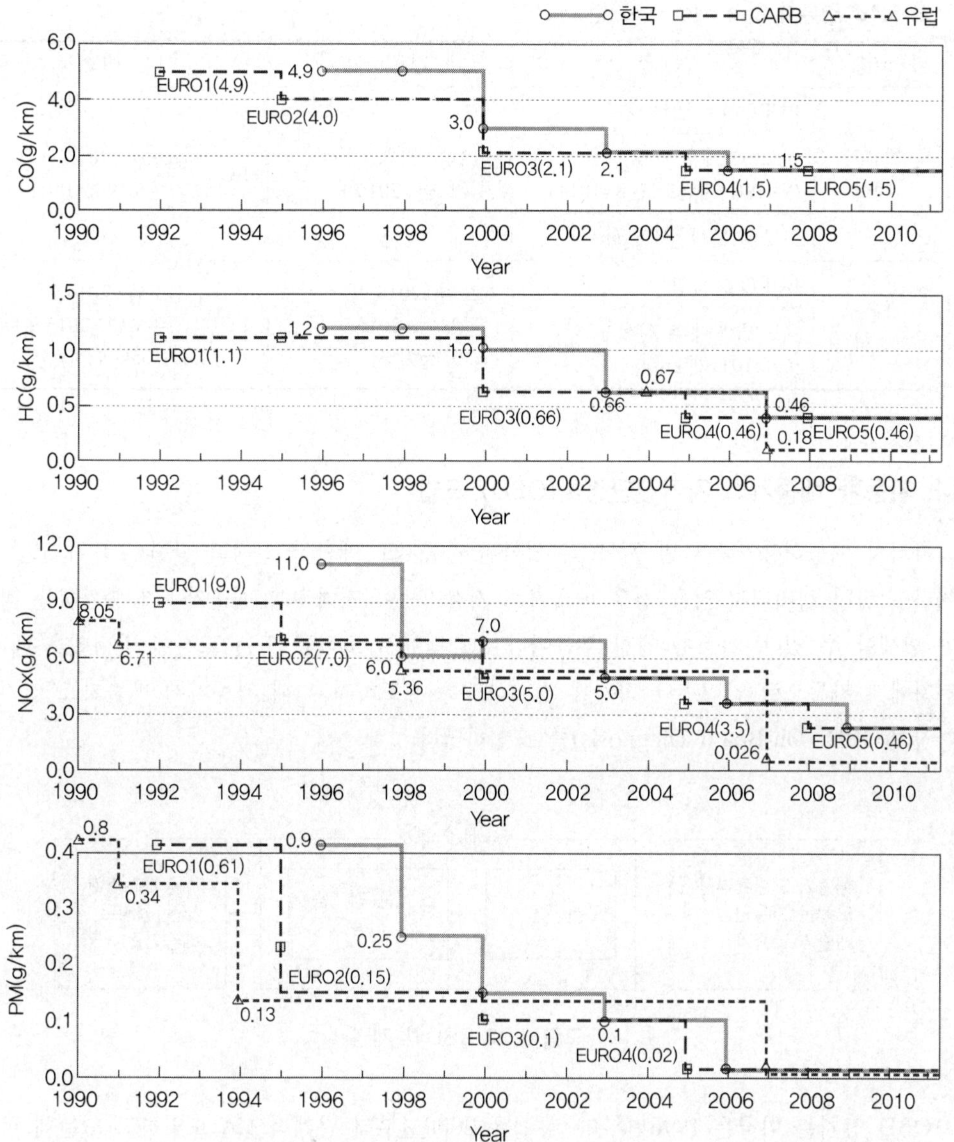

그림 3.21 유럽, 미국과의 경유 중량자동차 기준 비교
(자료 : 정용일, 2012, 자동차와 환경, 숭실대학교 출판부)

2014년부터는 EURO-6 기준이 적용되며 나노입자 개수와 암모니아 기준도 신설된다. 소형경유차의 나노입자 규제는 신모델은 2012년부터 기존모델은 2013년부터 적용되었고, EURO-6 기준의 경우 신모델은 2014년 9월부터, 기존모델은 2015년 9월부터 적용된다. 버스, 트럭 등 대형경유차는 EURO-6 기준과 나노입자 개수, 암모니아 기준이 신모델은 2014년부터, 기존모델은 2015년부터 각각 적용된다.

표 3.48 경유차 차기 배출허용기준 예고안

차종	기 준	국내 도입	EU·미국	
경유차 (대형)	EURO-6 도입[89)]	신모델 : 2014.1 기존모델 : 2015.1	EU	신모델 : 2013.1 기존모델 : 2014.1
	나노입자개수 신설 (WHSC 시험모드 8×1011)			
	암모니아 신설(10ppm)			
경유차 (소형)	EURO-6 도입[90)]	신모델 :2014.9 기존모델 : 2015.9 (1,305kg이하)	EU	신모델 : 2014.9 기존모델 : 2015.9 (1,305kg이하)
	나노입자 개수 신설 (6.0×1011개/km)			

나. 자동차 배출가스 자기진단장치(OBD) 도입

제작차 배출허용기준을 만족하도록 생산된 자동차도 배출가스 정화 관련 부품이 고장 나거나 적절히 정비되지 않을 경우 배출가스 저감기능이 저하되어 배출가스가 증가하는 경우가 발생할 수 있다. 자동차 엔진 부품이나 시스템에서 오작동 또는 고장이 발생했을 때 운전자에게 자동으로 알려주어 적기에 정비하도록 유도하기 위해 자동차에 배출가스 자기진단장치(OBD : On-Board Diagnosis)를 도입하였다.

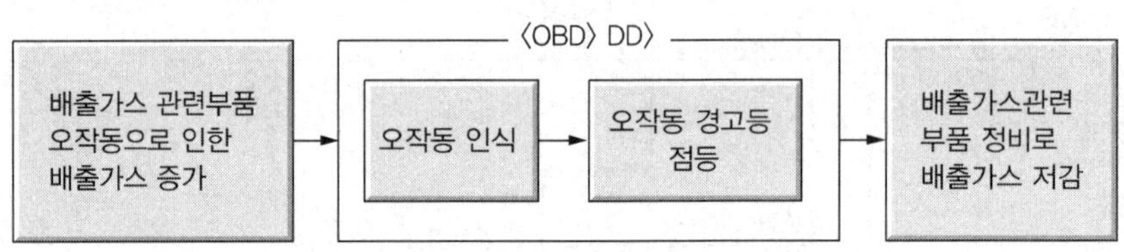

그림 3.22 OBD의 개념

OBD 장치는 미국은 1996년부터, 유럽은 2000년부터 단계적으로 도입하고 있는데 우리나라는 2005년부터 적용하고 있다. 휘발유 승용차는 미국식으로, 경유 자동차에 대해서는 유럽식 OBD를 적용하고 있다. 휘발유 승용차는 2005년부터 단계적으로(2005년 10%, 2006년 30%) 적용하여 2007년부터는 모든 차량이 OBD를 장착하게 되었다. 경유 승용차는 2006년부터 일부 차종에 장착 의무를 도입하였고, 2010년부터는 모든 차종에 의무적으로 장착하도록 하고 있다.

89) EURO-5 대비 NO_x 80%(2.0g/kWh → 0.4g/kWh), 입자상물질 50%(0.02g/kWh → 0.01g/kWh) 저감
90) EURO-5 대비 NO_x 56%(0.18g/km → 0.08g/km), 입자상물질 10%(0.005g/km → 0.0045g/km) 저감

다. 결함확인 검사제도

결함확인 검사제도(recall test system)는 자동차 제작사가 배출가스 보증기간 동안 제작차 배출허용기준을 유지하는지 여부를 확인하기 위하여 소비자가 구매하여 운행 중인 자동차를 대상으로 배출가스 검사를 실시하고, 검사 결과 제작차 배출허용기준을 초과할 경우 자동차 제작사가 책임을 지고 당해 차종 전체에 대하여 무상으로 관련 부품을 수리 또는 교체하도록 하는 제도이다.[91] 우리나라에서는 1992년부터 본격적으로 도입하여 시행하고 있다. 2002년부터는 결함확인 예비검사 제도를 도입하여 결함확인 가능성이 높은 차종을 사전에 선별하고 이 차종을 중심으로 검사를 시행함으로써 결함확인검사의 실효성을 강화하고자 하였다.

결함확인검사 결과 1995년 이후 4개 차종이 불합격되어 배출가스 관련 불량부품에 대하여 결함을 시정토록 하였다. 2007년부터는 운행 중인 차량의 배출가스 관련 부품에 결함이 반복하여 발생하는 경우 제작사가 부품 결함을 보고하고 결함비율이 일정 수준에 도달하면 제작사에서 자발적으로 시정하도록 하는 “배출가스 관련 부품 결함보고 및 시정 제도”가 도입되었다. 2009~2012년까지 8개 제작사 10개 차종의 부품에 대해 자발적 결함시정이 실시되었다.

제작차 배출가스 관리 제도에서 인증을 통한 사전관리보다 사용차(in-use) 관리가 더욱 중요한 저감방안으로 강조되고 있으며, 이러한 관점에서 결함확인검사는 운행차 배출가스 저감을 위한 대책의 하나로 중요성이 더욱 강조되고 있다. 대형차에서 배출되는 오염물질 배출량이 훨씬 많으나[92], 엔진 탈부착 검사가 어려워 현재 결함확인검사는 소형차에 대해서만 실시하고 있다. 특히 대형차의 경우 실제 도로 주행과정에서 배출가스 인증값 보다 더 많은 오염물질을 배출하는 것으로 알려지고 있어 오염물질 배출실태를 파악하고 배출가스 허용기준에 반영하기 위해 선진국에서는 도로를 주행하면서 배출가스를 측정할 수 있는 PEMS[93]를 이용한 대형차 결함확인검사 제도를 운영 중에 있다. 우리나라도 미국과 유럽의 사례를 토대로 한국 실정에 맞는 검사제도 도입을 검토하고 있다.

---

91) 대기환경보전법 제51조 및 같은 법 시행규칙 제72조~75조

92) 대형차의 차량 등록대수는 약 3.3% 수준이나, 전체 도로 이동오염원 중 NO_x는 71%, PM은 59% 배출

93) PEMS(Portable Emission Measurement System) : 차량에 탑재하여 그 차량의 운행 중 배출가스를 실시간으로 측정할 수 있는 장치

3.8.3 운행차 배출가스 관리

가. 운행차 배출가스 검사제도

제작 단계에서 배출허용기준을 만족하는 자동차도 장기간 사용하거나 자동차 소유자가 제대로 관리를 하지 않는 경우 배출가스 관련 부품의 고장이나 노화 등으로 오염물질 배출이 증가될 수 있다. 이를 방지하기 위해 운행자동차에 대한 배출허용기준을 별도로 설정하고 정기적으로 배출허용기준을 만족하고 있는지 검사를 받도록 하는 운행차 검사 제도를 도입·운영하고 있다.[94] 운행차 배출허용기준 검사에는 정기적으로 실시하는 정기·정밀(종합) 검사 제도와 운행 중인 자동차를 도로에서 정차시켜 점검하는 수시검사가 있다. 검사결과 배출허용기준에 부적합한 경우 정비·점검을 통해 개선하도록 하고 있다.

정기검사 제도는 1996년 7월부터 시행하고 있으며, 차량이 정지된 상태에서 공회전 또는 급가속하면서 배출가스를 측정하는 방법(무부하검사)을 적용하였다. 2010년 11월부터는 정기검사시 임의 조작하는 것을 방지하기 위해 검사방식을 기존의 저속공회전 모드에서의 무부하 검사방법에서 저속 공회전 모드 및 고속 공회전 모드의 2-speed Idle 방식으로 개선하였다. 또한 경유 자동차의 경우에는 여지반사식 매연측정방식을 삭제하고 광투과식 방식만을 허용하여 검사과정에서 발생할 수 있는 임의 조작을 방지하고 있다.

정기검사는 정차·무부하 상태에서 배출가스를 측정하기 때문에 자동차의 실제 운행조건을 반영하지 못하고 휘발유·가스 자동차에서 다량 배출되어 광화학 스모그의 원인물질이 되는 질소산화물 제어가 어려운 문제가 있다. 이러한 문제를 해소하기 위해 휘발유·가스 자동차에 대하여 질소산화물을 검사항목에 추가하고 자동차가 실제 달리는 상태를 재현하여 주행상태에서 차량의 특성을 반영할 수 있도록 정기검사 보다 엄격한 정밀검사 제도를 도입하였다.

정밀검사 제도는 2002년 5월 서울시를 시작으로, 2006년까지 수도권 및 5대 광역시로 확대되었으며, 2008년부터는 인구 50만 이상의 도시지역 중 전주, 천안, 청주, 포항, 창원과 대기환경규제지역인 김해시까지 확대되었다. 2006년 7월부터는 정밀검사 제도 시행과 병행하여 검사 결과 2회 이상 부적합 판정된 차량의 경우 전문정비업체의 정비·점검을 받도록 하였다. 정밀검사 방법도 2010년 11월부터 개선되어 적용되고 있는데, 휘발유·가스 자동차의 경우 25% 부하에서 40km/h로 정속 주행하면서 검사하는 정속 모드(ASM 2525모드)에서 무부하 정지가동과 정속 모드 모두를 검사하는 방식으로 개선하였다. 경유차의 경우는 가속페달을 최대로 밟고 엔진 정격 회전수의 100%, 90%, 80%에서 검사하는 Lug-Down 3

94) 대기환경보전법 제61조~63조, 자동차관리법 제43조의2

방식에서 도로주행 패턴을 반영하여 기어를 변속하며 주행하는 KD- 147 방식으로 개선하였다.

한편 자동차관리법 상의 정기검사, 대기환경보전법 상의 배출가스 정밀검사, 수도권 대기환경개선에 관한 특별법 상의 특정경유차의 배출가스 검사가 별도로 실시되던 것을 하나의 검사로 통합한 종합검사 제도가 2009년 3월부터 시행되고 있다.

표 3.49 운행차 배출가스 검사제도

구 분	수시점검		정기검사	종합검사(정밀검사)
	노상단속	원격측정		
근거 법령	대기환경보전법 제61조	대기환경보전법 제61조	대기환경보전법 제62조 및 자동차관리법 제43조	대기환경보전법 제63조 및 자동차관리법 제43조의2, 시·도 조례
시행 지역	전국	정밀검사 지역	종합검사 외 지역	대기환경규제지역 및 인구 50만 이상 지역(수도권 및 5개 광역시, 천안, 청주, 전주, 창원, 포항, 김해)
검사 대상	약 1,887만대 (2012년 기준)	정밀검사지역 내 휘발유·가스차	930만대(2012년 기준)	471만대(2012년 기준)
검사 주기	차령에 관계없이 운행하는 모든 자동차를 도로에서 무작위로 강제 검사	차령에 관계없이 운행하는 모든 자동차를 도로에서 무정차 검사	- 승용자동차 : 차량등록 후 4년째부터 2년 주기 - 승합·화물 자동차 : 차량등록 후 1~2년째부터 6월~2년 주기	- 승용자동차(비사업용) : 차량등록 후 6년째부터 2년 주기 - 승합·화물자동차(사업용) : 차량등록 후 3~4년째부터 1년 주기
검사 항목	정기검사와 동일	정밀검사 항목과 동일	- 무부하검사(정차상태검사) - 휘발유 : CO, HC, 공기비 - 경 유 : 매연	- 부하검사(구동상태 검사) · 휘발유 : CO, HC, NO_x · 경 유 : 매연, 엔진출력

운행 중인 차량을 불시검문식으로 강제 정차시켜 검사하는 노상단속 방법(수시점검)에 대해 안전사고 위험, 교통체증 초래 등의 이유로 개선 필요성이 지속적으로 제기되었다. 이에 원격측정장비(RSD : Remote Sensing Device)를 활용하여 차량의 흐름을 방해하지 않고 운행 중인 차량의 배출가스를 실제 주행상태에서 확인하는 방법을 도입하게 되었다. 2013년도 수도권 지역에서 휘발유·가스 자동차를 대상으로 우선 활용한 후 측정지역 및 측정대상 차량을 확대해 나갈 예정이다.

나. 운행차 배출허용기준

휘발유·가스 자동차는 CO, HC, 공기과잉률 등 3개 항목에 대해, 경유자동차는 매연 한 개 항목에 대해 배출허용기준이 설정되어 있다. 현행 휘발유·가스자동차의 정밀검사의 배출허용기준은 2002년 도입 당시 완화된 배출허용기준을 적용하여 대기개선 효과가 미흡하다는 지적을 받아왔다. 이에 휘발유·가스 승용차 중 1997년까지 등록된 차량(760만대, 61%)은 현행 기준을 유지(가스차는 일부 완화)하되 제작차 기준이 강화된 2001년 이후 차량(440만대, 35%)에 대하여는 현실에 맞게 기준을 강화하여 2014년부터 시행할 예정이다. 한편 경유 자동차는 정밀검사 방법을 Lug Down(100% 부하)에서 KD-147(실제 운행조건) 방법으로 변경한 것을 고려하여 별도로 배출허용기준을 조정하지는 않았다.

표 3.50 운행차 배출허용기준 강화 계획

구분		현행 기준	배출허용기준 강화	
			2014년까지 적용 (US EPA 수준)	2015년부터 적용 (버지니아주 수준)
승용	CO	1.06%	0.74%(1.4배 강화)	0.65%(1.6배 강화)
	HC	166ppm	128ppm(1.3배 강화)	111ppm(1.5배 강화)
	NO_x	1,226ppm	984ppm(1.2배 강화)	674ppm(1.8배 강화)
소형 승합 화물	CO	1.58%	1.16%(1.4배 강화)	0.91%(1.7배 강화)
	HC	168ppm	124ppm(1.4배 강화)	108ppm(1.6배 강화)
	NO_x	916ppm	835ppm(1.1배 강화)	671ppm(1.4배 강화)
중대형 승합 화물·특수	CO	1.58%	1.51%(거의 동일)	1.51%(거의 동일)
	HC	168ppm	132ppm(1.3배 강화)	132ppm(1.3배 강화)
	NO_x	916ppm	1,224ppm(1.3배 완화)	1,224ppm(1.3배 완화)

(자료 : 대기환경보전법 시행규칙 별표21 제3호)

다. 배출가스 저감장치

수도권 대기환경개선에 관한 특별법에 따라 자동차에서 배출되는 오염물질을 줄이기 위한 방법의 하나로 운행차에 대한 특별대책이 시행되고 있다. 즉, 배출가스 보증기간이 경과한 자동차(특정경유자동차)에 대하여 대기환경보전법보다 강화된 운행차 배출허용기준을 설정하고, 이 기준을 초과하는 경우 배출가스 저감장치(DPF, p-DPF, DOC)를 부착하거나 저공해엔진으로 개조·교체, 또는 조기폐차를 유도하는 대책이다.

2004~2005년간 시범사업을 거쳐 2006년부터 본격 추진되었으며, 2012년까지 배출가스 저감장치 부착 39만대, LPG 엔진개조 18만대, 조기폐차 15만대 등 72만대를 개조하거나 폐차하였다. 정부 통계에 따르면 이를 통해 PM_{10} 3,489톤, NO_x 19,041톤, VOCs 4,350톤을 각각 저감한 것으로 추산된다. 향후에는 기존의 사업대상에서 제외되었던 건설기계의 배출가스 저감을 위한 대책이 필요한 것으로 보인다. 배출가스 저감장치의 저감방식과 제거효율은 표 3.51과 같다.

표 3.51 배출가스 저감장치의 종류 및 특징

구 분	매연여과장치(제1종) (DPF : Diesel Particulate Filter)	부분적 매연여과장치(제2종) (PDPF : Partial Diesel Particulate Filter)	산화촉매장치(제3종) (DOC : Diesel Oxidation Catalyst)
저감 방식	- 배출가스 중 PM을 필터로 포집 후 연소시키는 원리 - 필터의 촉매는 CO, HC 저감 - 입자상물질의 연소에 필요한 열 공급 방식에 따라 연속재생, 강제재생, 복합재생방식으로 구분	- 1종 DPF 장치와 같이 전단부와 필터부의 촉매층에 의해 변환된 NO_2를 이용하여 필터부의 금속섬유층에 포집된 PM과 산화반응을 하여 매연저감	- 배출가스가 촉매를 통과하면서 화학반응을 통해 매연 중 용해성유기물질 연소
저감효율 (PM)	- 저감효율 80% 이상	- 저감효율 50% 이상	- 저감효율 25% 이상
특성	- 대형 경유자동차에 부착 - 자연재생식은 포집된 매연을 배기가스를 이용하여 태우는 방식으로 재생하므로 일정수준 이상의 배출가스 온도 필요 - 일정주기(1~2회/연)로 필터 청소 등 사후관리 필요	- 배기량 6,000cc 미만 경유자동차에 부착	- 중·소형 차량까지 부착가능 - 촉매를 이용해 매연을 변환시키는 장치이므로 별도의 사후관리가 필요하지 않음 - 차종별로 배출가스 특성이 달라 인증 받은 차종에 한해 부착가능
인증 현황	- 5개사 11개 장치(자연재생식 7종, 복합재생식 4종)	- 8개사 13개 장치(소형 6개, 중형 7개)	- 1개사 1개 장치

3.8.4 자동차용 연료 관리

자동차용 연료기준은 석유사업법과 대기환경보전법에 의해 관리되고 있다. 석유사업법에서는 석유제품의 수급 상황과 소비자 입장 등을 고려하여 품질기준을 정하고, 대기환경보전법에서는 대기오염 저감을 위해 자동차 연료 및 첨가제의 제조기준을 정하고 있다.

자동차 배출가스와 연료의 품질은 밀접한 관계에 있다. 황 함량은 황산화물의 배출뿐만 아니라 de-NO_x 촉매, 배출가스 저감장치 등 자동차 저공해 기술 적용시에도 고려해야 하는 중요한 요소이다. 또한 연료 중의 방향족 화합물, 올레핀 함량, 밀도 등도 대기오염에 큰 영향을 미치는 요소이다. 자동차 연료의 환경기준은 대기오염도, 자동차 배출가스 저감기술 등을 감안하여 각 나라의 실정에 맞게 설정되는데 최근 자동차 기술이 고도화[95]되면서 자동차 연료품질 요구수준이 높아지는 추세다.

1991년 2월 "대기환경보전법 시행규칙" 개정시 연료의 종류별로 대기오염물질의 배출에 영향을 미치는 항목에 대해 품질기준을 정하였다. 휘발유의 경우 1992년 이전까지는 인체에 직접적으로 영향을 미치는 납과 인 성분만을 규제하여 옥탄가를 높이기 위해 납 화합물을 첨가하거나 방향족 화합물의 함량을 높여 제조하였으나, 1993년부터는 인체 및 대기환경에 직·간접적으로 영향을 미치는 방향족 화합물과 벤젠 함량을 연차적으로 강화하였고 CO와 HC의 배출에 영향을 주는 산소 함량도 추가로 규제하기 시작하였다. 경유의 경우에는 황함유 기준을 1993년 0.2% 이하로 규제하기 시작하여, 1996년 0.1% 이하, 1998년 4월부터는 0.05% 이하로 강화하였다.

2002년부터는 휘발유의 경우 당시 도입되기 시작한 저공해차(low emission vehicle)의 전자제어 및 촉매장치에 적합하도록 황 함량(130ppm 이하)과 벤젠(1.5V/V% 이하) 기준을 강화하였다. 경유의 경우에도 경유 자동차의 매연을 줄이기 위해 밀도(815~855kg/m^3) 기준을 신설하고, 차세대 디젤엔진 장착에 적합하도록 황함량(430ppm 이하) 기준을 강화하였다.

2009년부터는 환경기준을 초과하고 있는 오존, 미세먼지 등을 저감하기 위해 휘발유는 미국의 캘리포니아 개질휘발유 기준[96](CARFG Ⅲ) 수준으로, 경유는 EU 및 세계연료헌장(worldwide fuel charter) 수준[97]으로 개선하여 보급하고 있다. 휘발유와 경유의 황함량은 10ppm으로, LPG의 황함량은 40ppm으로 강화되었으며, 경유에 방향족 화합물과 세탄지수(또는 세탄가)[98] 항목도 추가되었다.

---

95) 직접분사방식(GDI) 엔진, 배출가스 자기진단(OBD)시스템, 촉매장치 등 첨단기술 적용이 확대되고 있다.

96) 개질휘발유 기준 : 저옥탄가의 납사(naphtha, 원유의 분해산물)를 열 개질 또는 접촉개질시켜 얻은 고옥탄가의 휘발유를 개질휘발유라고 하며, 이를 반영한 기준임

97) 세계연료헌장(worldwide fuel charter) : 세계 자동차 회사들이 차량의 성능을 향상시키고 시스템을 보호하기 위해 자동차연료 규격을 정한 것.

98) 세탄지수(또는 세탄가) : 디젤기관의 착화성을 나타내는 수치로서 이 값이 클수록 착화성이 좋음

표 3.52 연료품질이 자동차 및 대기에 미치는 영향[99]

기준 항목		자동차 및 대기에 미치는 영향
휘발유	황	- de-NO_x 촉매, Lean Burn 기술, OBD 시스템 등 자동차 저공해 기술 적용에 황성분 제거가 중요 - 황함량을 450 ⇒ 50ppm으로 낮출 경우 HC 18%, CO 19%, NO_x 8% 등 배출가스의 저감 효과가 큼(미국 AQIRP)
	방향족 화합물	- 엔진내부 침전물 증가, 탄소/수소의 비가 커서 CO_2를 포함한 배출가스 증가 원인이 됨 - 발암물질 함유, 전체 독성물질 배출에 가장 큰 영향(미국 AQIRP)
	올레핀	- 옥탄가를 좋게 하는 성질이 있는 반면, 침전물 형성을 증가시켜 오존 형성 및 유해물질 배출 증가를 초래하는 물질
	증기압	- 국내 하절기 오존 발생 빈도수가 증가 추세로 이를 줄이기 위한 대안으로 증기압 기준을 강화하고 있음
경 유	밀도	- 경유엔진은 연료량을 부피로 제어하기 때문에 엄격해지고 있는 배출허용 기준 대응에 매우 중요한 인자 - 균질화된 연료 보급 차원에서 밀도 범위를 좁게 유지하는 것이 중요
	세탄가	- 세탄은 압축 점화거동의 척도, 낮은 엔진 부하에서 세탄이 증가하면 NO_x 배출이 감소되고, 세탄 증가는 탄화수소 배출을 30～40% 저감

표 3.53 국내 자동차용 연료 제조기준

• LPG 품질기준

항목		2000. 10～2003. 12	2004. 01～2008. 12	2009. 01～
황(ppm)		0.02 이하	100 이하	40 이하
증기압(40℃, MPa)		1.27 이하		
밀도(g/cm^3)		0.50～0.62		
동판부식(40℃, 1시간)		1 이하		
100mL 증발잔류물(mL)		0.05 이하		
프로판 혼합비율	동절기 (11.1～3.31)	15～35		
	하절기 (4.1～10.31)	10 이하		

(자료 : 대기환경보전법 시행규칙 별표33)

99) 국립환경과학원, 2011.12, 자동차 연료품질에 따른 배출수 예측 시스템 구축연구 ; 국립환경과학원, 2010.12, 연료품질기준변화가 저감장치에 미치는 영향(I) ; 환경부, 2009.9, 차기(2012년 이후) 자동차연료 제조기준 설정을 위한 연구 등 종합

• 휘발유 제조기준

구 분	1991.2~ 1992.12	1993.1~ 1995.12	1996.1~ 1998.3	1998.4~ 1999.12	2000.1~ 2001.12	2002.1~ 2005.1	2005.2~ 2008.12	2009.1~
방향족화합물 (부피%)	-	55 이하	50 이하	45 이하	35 이하	35(30) 이하	30(27) 이하	24(21) 이하
벤젠함량 (부피%)	-	6 이하	5 이하	4 이하	2 이하	1.5 이하	1.0 이하	0.7 이하
납함량(g/L)	0.3 이하	0.013 이하						
인함량(g/L)	0.0013 이하							
산소함량[1] (무게%)	-	0.5 이상	0.75이상	1.0 이상	1.3~2.3 (여름용 2.3이하)	1.0~2.3 (여름용 2.3이하)		2.3 이하
올레핀함량[2] (부피%)	-				23 이하	18(23) 이하	18(21) 이하	16(19) 이하
황함량(ppm)	-				200 이하	130 이하	50 이하	10 이하
증기압[3] (kPa, 37.8 ℃)	-				82 이하	70 이하	65 이하	60 이하*
90% 유출온도(℃)	-				175 이하			170 이하

※ 1) 산소함량은 MTBE(메틸 t-부틸에테르)에 함유되어 있는 산소량을 말함.
2) 올레핀함량에 대하여 ( )안의 기준을 적용할 수 있음. 이 경우 방향족화합물에 대해서도 ( )안의 기준을 적용
3) 증기압 기준은 매년 6월1일부터 8월 31일까지 출고되는 제품에 대하여 적용

• 경유 제조기준

구 분	1991.2 ~ 1992.12	1993.1~ 1995.12	1996.1~ 1998.3	1998.4~ 2001.12	2002.1~ 2005.12	2006.1~ 2008.12	2009.1~
10% 잔류탄소량(%)	0.20 이하	0.15 이하					
밀도 (15℃, kg/m^3)	-				815~855	815~845	815~835
황함량(ppm)	4,000 이하	2,000 이하	1,000 이하	500 이하	430 이하	30 이하	10 이하
다환방향족 (무게%)	-					11 이하	5 이하
윤활성@60℃ (HFRR, μm)	-					460 이하	400 이하
방향족화합물 (무게 %)	-						30 이하
세탄지수 (또는 세탄가)	-						52 이상

※ 혹한기(11월15일부터 다음해 2월28일까지)에는 세탄가를 48 이상으로 적용

참고문헌

- 국립환경과학원 교통환경연구소, 2010.12, *교통환경연구 30년*
- 국립환경과학원, 2012.12, *대기오염물질 배출량,* 2010
- 국립환경과학원, 2012.11, *대기환경연보 2011*
- 국립환경과학원, 2010.12, *연료품질기준변화가 저감장치에 미치는 영향(I)*
- 국립환경과학원, 2011.12, *자동차 연료품질에 따른 배출계수 예측 시스템 구축연구*
- 국립환경인력개발원, 2013.3, *2013 기후대기정책과정*
- 배현주 외 3인, 2010.12, *기후변화와 대기오염이 환경관련질환에 미치는 영향,* 한국수도권대기환경청, 2012.11
- 안세창, *경기논단,* 2002 겨울호
- 오광중 외 4인, 2013.3, *대기오염개론,* 동화기술
- 임재빈 외, 1995, *대기오염과 방지기술*
- 정용일, 2012, *자동차와 환경*, 숭실대학교
- 조광명, 2003, *대기오염*, 청문각
- 한국정보산업진흥원, 2013.03, *한국산업총람* 2013,한국정보산업진흥원
- 한국환경정책·평가연구원, 2000.6, *2000년대 대기보전시책 수립에 관한 연구*
- 환경부, 2013.05, *환경통계 연감세트 2012(전2권)*
- 환경부, 2013.2, *대기환경보전법 개정내용 설명회 자료집*
- 환경부, 2010, *대기오염측정망 운영계획(2011-2015)*
- 환경부, 2005.11, *수도권 대기환경관리 기본계획*
- 환경부, 2012. *수도권 사업장 대기오염물질 총량관리제 업무편람,* 수도권대기환경청
- 환경부, 2009.9, *차기(2012년 이후) 자동차연료 제조기준 설정을 위한 연구*
- 환경부, 2012, *환경백서 2012*
- 환경부, 2010, *환경30년사(부문별)*
- 환경부, 2011, *대기관리(환경기술인 법정교육교재)*
- Calhoun, Yael, 2005.03, *Air Quality*, Facts on File
- Cooper, David C., 2010.08, *Air Pollution Control*, Waveland Pr Inc
- D. Owen Harrop, 2003.01, *Air Quality Assessment and Management: A Practical Guide*, Sponpress
- OECD, *OECD Environmental Data Compendium 2002*
- Vasiliev, Daniel G., 2012.01, *Air Pollution Emissions*, Nova
- Wang, Lawrence K./ Pereira, Norman C./ Hung, Yung-Tse / Li, Kathleen Hung, 2004.07, *Air Pollution Control Engineering*, Humana Pr Inc
- Schnelle, Karl B., Jr., Brown, Charles A., Kreith, 2001.10, *Air Pollution Control*

Technology Handbook , CRC Press
- Reitze, Arnold W., 2011.12, *Air Pollution Control and Climate Change Mitigation Law*
- WHO, 2005, *WHO Air quality guideline for particulate matter, ozone, nitrogen dioxide and sulfur dioxide*

CHAPTER 4

물환경 관리정책

4.1 물환경 관리정책 개관
4.2 물환경 관리 법규 및 제도
4.3 수질오염 관리여건 및 오염현황
4.4 수질보전정책의 주요 내용
4.5 비점오염원 관리정책
4.6 호소수질 보전정책
4.7 해양환경 보전정책
4.8 상수도 관리정책
4.9 하수·분뇨 처리정책
4.10 토양환경 보전정책
4.11 지하수의 수질보전정책

4.1 물환경 관리정책 개관

4.1.1 물환경 정책의 의의

물은 생명의 원천이며 현대 사회의 모든 경제·사회활동의 필수적인 투입 자원이자 공공재로서 중요한 역할을 지닌다. 인구증가와 급격한 산업화로 수자원의 중요성이 더욱 커지는 가운데 사회적·경제적 여건 변화뿐 아니라 지구온난화 등으로 인한 환경요인 변화로 최근 물 위기에 관한 경고들이 계속해서 제기되고 있다. 세계경제포럼이 2009년 1월 발표한 수자원 이니셔티브 보고서에서는 "이제는 1970년대 석유파동(oil shock)이 아니라 물파동(water shock)에 대비해야 한다."며 수자원 부족(water bankruptcy) 가능성을 경고했고, UN과 경제협력개발기구(OECD) 등 국제기구에서도 지속적으로 수자원 확보의 중요성을 제기하고 있다.[1)]

산업규모 확대, 인구증가 등으로 많은 국가에서 물부족 현상이 만성화되고, 산업폐수, 생활오수, 축산분뇨 등 오염물질 발생이 급증, 수질오염이 심화되고 있어 21세기는 청정 수자원 확보가 국가경쟁력의 주요 요인으로 작용할 전망이다. 물 문제 해결을 위해 각국에서 물관리 투자를 확대하고 있어 물 산업은 21세기의 Blue Gold 산업으로 부상하고 있으며, 시장규모가 2007년 3천6백억 달러에서 연평균 5% 수준의 성장세를 유지, 2025년에는 8천 6백억 달러에 달할 것이라고 예측하고 있다(GWI : Global Water Intelligence).

세계 각국이 청정 수자원 확보를 위해 경쟁하면서 이제 물 문제는 식량, 에너지와 함께 국가안보문제로 인식하게 되었다. 이제 깨끗한 물의 확보는 21세기 국가와 기업의 중요한 생존전략이 되며, 수자원 부족이나 오염이 심화될 경우 경제성장을 저해함은 물론 인체건강과 생태계 건전성을 위협하는 등 2차 피해로 확산될 우려가 커지게 된다. 따라서 이러한 물의 위기는 21세기 인류가 당면한 과제이자 공동의 해결이슈이며, 우리나라 또한 이 문제에서 자유로울 수가 없는 것이다.

우리나라는 1960년대 이후 개발위주의 고도 성장기를 거치면서 나타난 심각한 수질오염을 해결하기 위해 정부 주도하에 대대적으로 상하수도 인프라를 확충하여 보급률이 비교적 단기간에 세계 수준까지 대폭 제고되었다. 이에 따라 하천·호소의 오염도가 상당히 개선되

---

1) UN 미래보고서(state of the future) (2011. 7)는 "2025년에는 세계인구의 절반 수준이 물부족 상황에서 생활 할 것"이라고 전망하였다. OECD 2050 환경전망 보고서(2012. 3)는 "2050년까지 세계인구의 40% 이상이 심각한 물 스트레스 지역에 거주하게 될 것"임을 경고하고 있다.

었음에도 아직 국민들의 요구를 충적할만한 상수원 수질 수준에는 못 미치고 있다.

우리나라의 환경정책은 초기의 단순한 공해문제의 해결단계에서 복잡한 환경오염의 저감단계를 거쳐 지속가능한 발전을 지향하는 단계에 왔다[2]는 점에서 물환경 정책도 통합적 국가 물관리 시스템을 지향해야 한다. 즉 쾌적한 생활환경과 산업활동의 핵심요소로서 맑은 물에 대한 요구뿐만 아니라 친수활동 등 문화공간으로서의 기능을 높이고 수생태계를 보전할 수 있는 물관리 체계가 요구된다. 여기서는 우리나라 정부 내에서 환경부가 관장하는 수질 및 수생태 보전을 위한 정책을 주로 기술하며 국토교통부가 주관하는 이수·치수 관리정책은 제외하였다.

4.1.2 물환경 관리여건 및 전망

가. 수질관리 여건

우리나라는 좁은 국토와 높은 인구밀도를 가진 국가이면서, 1960년대 이후 급속한 산업규모의 확대로 물 수요의 증대와 오염물질 배출량 증가 및 집중화 현상이 나타났다. 더구나 과도한 토지이용에 따른 비점오염원의 증가로 수질을 관리하는데 많은 어려움을 겪고 있다.

여기에 더하여 몬순기후를 갖고 있고 천연호소가 적어 일정한 수자원 용량을 유지하는 것이 쉽지 않고, 가뭄과 홍수가 연례적으로 발생하여 치수관리를 어렵게 한다. 인공 저류시설의 증대로 인한 물 흐름의 정체와 영양물질 농도의 증가로 부영양화가 확산되고, 이에 따라 조류발생도 증대되면서 수질악화 우려도 높아지고 있다. 더구나 1995년 지방자치제가 시행되면서 대부분의 환경관리 권한이 지방정부로 이관되고, 지역개발 압력이 증대하고 있어 물관리를 위한 사회적 여건 또한 긍정적인 측면보다는 부정적인 측면이 부각되고 있는 실정이다.

우리나라의 연평균 강수량은 1,277mm(1978～2007년 평균)로 세계 평균 807mm의 약 1.6배이나 인구 1인당 연강수총량은 2,629m^{3}로 세계 평균 16,427m^{3}의 약 1/6에 불과한 실정이다. 1인당 이용 가능한 수자원량[3]은 2007년 기준 1,553m^{3}로 세계평균 8,372m^{3}의 약 1/5 수준에 불과하다. 우리나라의 수자원 총량은 2007년 기준으로 1,297억 m^{3}이며 이중 이

2) 정회성·변병설, 2003, 환경정책의 이해, 박영사

3) 1인당 가용 수자원량은 국토면적에 떨어지는 연간 강수량 중 증발 등의 손실을 제외한 유출량을 인구수로 나눈 값이다. 이는 국가별 기본적인 수자원 여건을 판단할 수 있는 지표로, UNEP 등에서 공식적으로 사용되고 있다. 2003년 국제인구행동연구소에서 발표한 자료에 의하면, 우리나라의 1인당 가용 수자원량은 153개 국가중 129위를 차지했다.

용 가능한 수자원량은 758억m^3이고, 실제 이용량은 333억 m^3이다. 공급원은 그림 4.1과 같이 하천이 32%, 댐 57%로 지표수가 89%를 차지하고 지하수가 나머지 11%를 차지하고 있다. 총 이용량은 60년대 중반 51.2억 m^3부터 90년대 후반 330억 m^3까지 30여 년간 6배 이상 크게 증가하였다. 인구증가, 생활수준 향상, 산업규모 확대, 하천유지용수 증가 등이 주요 요인이며 최근 들어 이러한 증가 추세가 다소 둔화되었다.

그림 4.1에 표시된 수치의 산출기준은 다음과 같다.

- 수자원총량은 연평균강수량×국토면적이며, 북한지역에서의 유입량 23억 m^3/년이 포함된 수량이다.
- 이용 가능한 수자원량은 강수량을 이용하여 산정한 유출량이며, 손실량은 수자원총량에서 이용 가능한 수자원량을 뺀 값으로 증발산 등의 손실을 간접적으로 나타낸다.
- 총이용량 333억 m^3/년은 생활·공업·농업용수 이용량과 하천유지용수 이용량을 합산한 수치이나, 하천유지용수는 하천에서 인위적으로 취수하지 않는 하천에 흘러가는 비소모성 이용량이다.

용도별로는 2007년 기준으로 하천유지용수를 제외하고 생활용수가 30%, 공업용수 8%, 농업용수 62%를 차지하고 있다. 전반적으로 농업용수는 비율이 감소하고 하천유지용수는 증가하는 추세이다. 수자원 용도별 이용 현황은 그림 4.2와 같다.

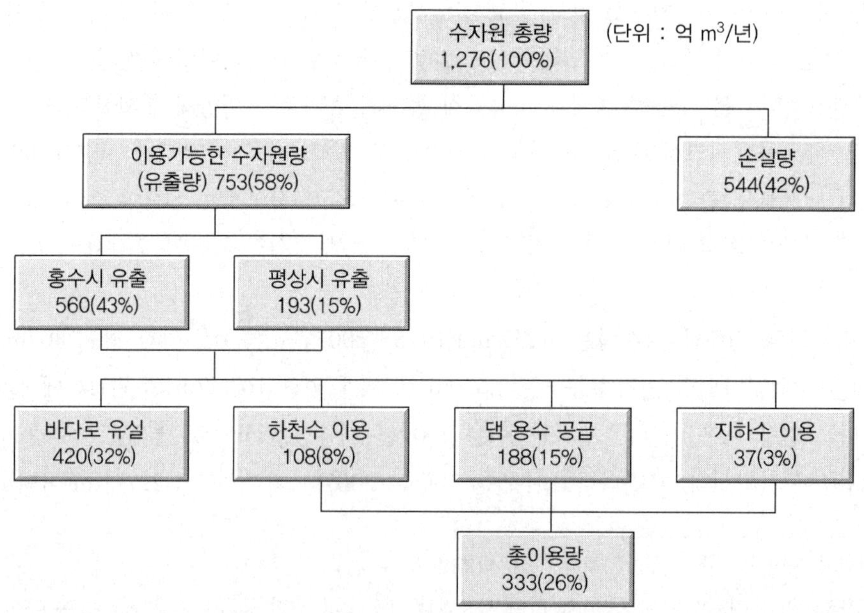

그림 4.1 우리나라 수자원 총량과 이용량

(자료 : 국토교통부, 2010, 수자원장기종합계획 2011～2020)

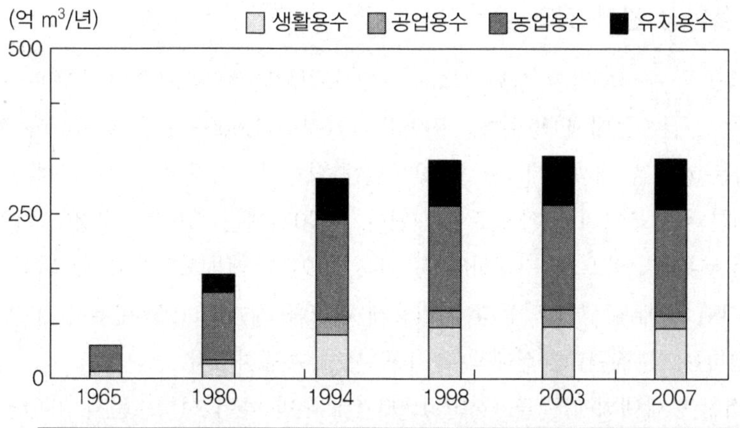

구분		1965	1980	1994	1998	2003	2007
수자원총량(억 m^3/년)		1,100	1,140	1,267	1,276	1,240	1,297
이용현황 (억m^3/년)	총이용량	51.2	153	301	331	337	333
	생활용수	2.3	19	62	73	76	75
	공업용수	4.1	7	26	29	26	21
	농업용수	44.8	102	149	158	160	159
	유지용수	-	25	64	71	75	78
강수량(mm)		1,171	1,367	923	1,630	1,756	1,380

그림 4.2 용도별 수자원 이용추세

(자료 : 국토교통부, 2010, 수자원장기종합계획 2011～2020)

표 4.1 우리나라 물환경 관리여건 요약

분 야	여 건
강수 및 기후조건	- 1인당 강수량이 세계 평균의 1/6 - 강수량의 2/3가 6～9월에 집중
사회·경제적 조건	- 주요 하천 주변에 도시 및 산업시설 집중, 지속적인 개발압력 - 인구밀도가 높고 아직 폐수배출형 산업비중이 큼
수량 확보 여건	- 댐, 저수지 등 지속적 수자원 개발로 안정적 공급능력 확보 - 갈수기에 가뭄지역의 수자원 부족현상이 나타남
수질 여건	- 하·폐수처리 인프라가 단기간에 확충됨 - 비점오염원 부하량 증가 및 대응방안 부재 - 독성물질 모니터링 및 관리 미흡
물관리체계	- 용도별(생활용수, 공업용수, 농업용수), 부문별(수량, 수질, 재해) 관리체계를 갖고 있음

(자료 : 지속가능한 물관리정책 참조, 2005.10, 지속가능발전위원회(국정과제 회의자료)

나. 그 간의 물환경 관리 경과

1989년에 수돗물 수질오염이 사회적으로 크게 부각되면서 최초의 전국 단위의 수질보전대책인 "맑은물 공급종합대책"을 수립, 1996년까지 2조 1,600억원을 투자하여 하수처리장 등을 건설한다는 계획을 제시한다. 또한, 1990년대 상반기까지의 수질보전대책은 주로 대형 오염사고에 대한 후속조치의 일환으로 추진된다. 1990년에는 팔당호, 대청호 지역을 "상수원 수질보전특별대책지역"으로 지정하였고, 이후 1991년 페놀오염사고 및 낙동강, 영산강 수질악화, 1994년 초에 발생한 낙동강 유기용제 사고를 계기로 1996년부터 2005년까지 약 27조원을 투입하는 "수질관리개선대책"을 1994년에 수립하였다.

그러나, 이러한 종합대책에도 불구하고 1990년대 후반 들어 시화호문제, 새만금호문제, 4대강 식수원 오염문제 등 물문제로 인한 현안은 끊이지 않았고, 수도권 식수원인 팔당호를 비롯하여 4대강의 수질은 크게 개선될 기미를 보이지 않았다. 이에 정부는 1998년부터 2002년까지 5년 동안 정부, 기업, 전문가, 지역주민의 합의를 거쳐 4대강 수질개선특별대책을 완성하였다.

4대강 수질개선특별대책은 그간의 대책을 보완하면서 상하류 공영(win-win) 정신을 바탕으로 수립되었다. 이 대책은 '지속가능한 유역공동체 건설'을 궁극적인 목표로 하였으며 목표달성을 위해 오염총량관리제도, 수변구역제도, 물이용 부담금제도, 상수원지역 주민 지원 및 토지매수제도 등 강력하고 선진적인 물관리 정책이 도입되었다.

21세기 들어 그간의 대책들이 생태적으로 건강하고 유해물질로부터 안전한 물 환경 조성을 원하는 국민들의 변화된 욕구를 충분히 반영하지 못하는 한계가 있어 이를 보완할 필요성이 제기되었다. 이에 따라 정부는 BOD, COD 등 이·화학적 오염물질 관리 위주의 물환경 정책에서 탈피하여 국민 건강과 생태적 건강성을 정책의 최우선에 두고 "생태적으로 건강한 하천과 유해물질로부터 안전한 물환경 조성"을 목표로 향후 10년간(2006~2015)의 정책방향을 제시하는 물환경관리 기본계획을 2006년에 수립하였다.

다. 향후 전망

하수도 보급률이 2011년 기준 90.9%(도시지역은 94.2%, 농어촌지역은 59.5%)로 높아지고, 상수도 보급률도 97.9%(2011년)로 크게 제고되어 환경기초시설은 거의 완비되어가고 있다. 수질도 BOD의 경우 1990년의 4.2mg/L에서 2010년 2.1mg/L(2010년)으로 개선되는 추세를 보이고 있다.

그러나 이렇게 BOD는 지속적으로 개선되고 있는 반면, 난분해성 유기물질(인공화합물, 농약, 합성고분자물질, POPs 등)을 포함하는 COD는 지속적인 상승 추세를 보이고 있고,

녹조의 원인물질인 총인의 경우 여전히 높은 수준에 있다. 더욱이 전체 수질오염물질 배출부하량의 약 68%(2010년 기준)를 차지하는 비점오염원이 2020년경에는 70%에 상회할 것으로 예상되어 수질개선 전망이 낙관적이지 못하다. 아울러 전국 수계의 좋은 물은 86% 수준을 보이고 있음에 비해 최근 주요 정책지표로 부각되고 있는 '수생태계 건강성'의 양호 비율은 68.5%(2012년 기준)에 불과하여, 수질개선 효과에 비해 수생태계 건강성은 여전히 미흡한 수준이다.

기후변화는 물환경 관리에도 큰 영향을 미치고 있다. 강수량은 전반적으로 증가하지만 강우 편중현상이 심해져 가뭄과 홍수빈도가 증가하는 등 강우패턴이 변화하고, 계절별 강수량 편차도 심화되는 추세이다. 동일한 오염배출량이라 할지라도 수량이 부족할 경우 수질오염 유발효과는 더욱 크게 된다. 따라서 강우패턴의 변화와 강수량 편차의 심화로 갈수기가 장기화 되면서 수질오염 유발효과가 더욱 커지게 될 전망이다. 한반도 기후의 아열대화가 진행되고, 2050년 전체 하천, 호소의 수온이 각각 1.06도, 0.95도 증가할 것이라는 전망이 현실화되면 수온 상승으로 인한 조류 발생 가능성[4]도 더욱 높아지게 되는 것이다.

더욱이 4대강 정비사업 이후 변화된 하천환경에 부합하는 최적의 수질·수생태계관리 및 유역관리 방안의 마련이 필요하고, 생활수준의 향상에 따라 수변공간을 활용한 친수활동에 대한 수요가 급증하여 쾌적한 수변환경 조성과 수생태계 건강성 복원요구도 더욱 증대될 것으로 전망되어, 물환경관리 정책에 새로운 도전이 필요한 시기라 하겠다.

4.1.3 물환경 관리정책의 목표와 기준

가. 물환경 관리정책의 목표

물환경 정책은 설정된 수질·수생태 목표와 현재 상태와의 차이를 해소하기 위해 취해지는 정부의 조치이다. 여기서 정량화된 목표는 물환경 관리 분야의 기본법이라 할 수 있는 수질 및 수생태계 보전에 관한 법률(이하 "수질보전법"이라 한다)에서 제시하고 있다. 수질보전법 제3조에서 국가 및 지방자치단체에게 "수질 및 수생태계(水生態系)의 오염이나 훼손을 사전

4) 최근 국내하천에서 과거와는 다른 조류발생 패턴이 나타나면서 논란이 제기되고 있다. 2011.11~12월 동절기에도 북한강에서 남조류의 이상번식이 발생했고, 2012.8월에는 북한강~팔당~한강본류와 낙동강 중류까지 녹조가 발생, 확산되다가 8월 12일 시작된 강우를 계기로 완화되었다. 이를 두고 4대강정비사업의 보 설치에 따른 체류시간 증가가 조류발생의 직접적인 원인이라는 주장과 국내 하천과 호소는 기상조건만 충족되면 언제든지 조류가 발생할 수 있으며, 과거에도 봄철, 장마 이후에 녹조발생이 빈번했고 2012.7월 중순부터 시작된 폭염과 가뭄 등의 이상기후현상으로 녹조가 심화되었다는 주장이 대립하는 논란이 계속되었다.

에 억제하고 오염되거나 훼손된 수질 및 수생태계를 적정하게 보전할 수 있는 시책을 강구하여 하천·호소 등 공공수역의 수질 및 수생태계를 적정하게 관리·보전함으로써 모든 국민이 건강하고 쾌적한 환경에서 생활할 수 있도록 하여야 한다"는 법적인 책무를 부여하고 있다. 이는 헌법 제35조에 규정된 환경권을 물환경 측면에서 구현하기 위한 정부의 책무를 명시한 것으로 수질 및 수생태계 환경기준을 통해 계량적으로 물환경 정책목표로 제시하고 정부는 이를 달성하기 위한 정책을 추진한다. 수질 및 수생태계 보전·관리, 점오염원 및 비점오염원 관리, 축산폐수관리, 연안오염관리, 상하수도관리, 지하수 관리 등 대상에 따른 수질보전 정책은 물론, 수질오염사고 대응, 물환경 측정망의 설치·운영, 물환경정보 서비스 제공 등의 다양한 정책이 포함된다.

나. 우리나라의 물환경기준

수질 및 수생태계 환경기준[5]은 국민의 건강 보호와 쾌적한 물환경 조성을 위한 국가의 물환경 관리 목표로서, 배출허용기준 설정, 보호지역 지정 등 수질오염에 대한 각종 규제수단의 근거가 된다. 이 기준은 수자원 여건, 행정적 관리여건, 경제수준과 기술수준, 국민의 의식수준을 고려하여 국가와 시대별로 그 항목과 기준치를 달리 정하게 된다. 우리나라는 1978년 처음으로 수질환경기준을 제정한 이후 계속 강화해 왔다.

참고자료 4.1 수질·수생태계 환경기준의 개정 경과

- 우리나라 수질관련 기준은 1963년에 제정된 공해방지법에서 처음 도입되었고, 당시의 "공해안전기준"에는 공공수역에 대한 수질환경기준은 설정하지 않았다. 1978년 "환경보전법"을 제정하면서 수질환경기준을 도입하여 사람의 건강보호기준 및 생활환경기준으로 분류하여 하천·호소에 동일하게 적용하였다. 1983년에 생활환경기준의 등급을 4개 등급에서 5개 등급으로 조정하고, 하천은 BOD 및 COD, 호소는 COD만 적용토록 개정하였다. 1989년에는 호소에 총인(TP) 및 총질소(TN) 기준을 추가하였다.
- 1991년에 "환경보전법"이 분법화되어 수질환경기준은 "환경정책기본법"에, 배출허용기준은 "수질환경보전법"에 각각 규정되었다. 1978년 수질환경기준 제정 이후 계속 되어온 BOD와 COD 등 유기물 관리 중심의 수질보전정책을 변화된 환경여건에 맞게 보완할 필요성이 제기됨에 따라 2006년에 수질환경기준을 '수질 및 수생태계 환경기준'으로 명칭을 변경하고, 등급체계를 7등급으로 세분화하였다. 또, 사람의 건강보호기준에 벤젠 등 8개 항목을 추가하고 납과 카드뮴의 기준치를 먹는물 수준으로 강화하였다.

5) 환경부, 2012, 2012 환경백서, p421

- 수질환경기준은 공공수역의 목표 수질을 제시하는 것으로 종래 우리나라는 하천수질을 I 급수(BOD 1ppm 이하), II 급수 등으로 분류하였으며 BOD 개선을 수질관리 행정의 주요 목표로 삼았다. 이는 수질보전 인프라가 취약한 여건에서 하수처리장 등 환경기초시설을 크게 확충하는 등 초기 수질환경행정 발전 시기에는 기본적인 지표로서 의미가 있었다. 그러나 BOD 1ppm은 수질오염원이 거의 없는 곳에서도 달성하기 어려운 수질 상태여서, 상징적 목표치가 아니라면 실현가능성 측면에서 정책 목표로 삼는 것은 비합리적인 측면이 있었다. 이러한 문제점을 개선하기 위해 정부는 2006년에 하천생태계 건강성을 종합적으로 고려할 수 있는 새로운 수질 및 수생태 기준을 설정하게 된 것이다.
- 환경부는 "물환경관리기본계획" 수정 계획(2011)을 통하여 '수질 및 수생태계 환경기준'의 항목 수를 확대하고 보호 대상을 인간 외에 수생생물까지 포함하여 생태 수용체 중심의 물 관리 및 유해성 화학물질 관리체계로 강화한다는 비전을 제시하였다.

(자료 : 환경부, 2006, 물환경관리기본계획)

표 4.2 건강보호 기준(하천·호소 공통)

항목	기준값(mg/L)	항목	기준값(mg/L)
카드뮴(Cd)	0.005 이하	비소(As)	0.05 이하
시안(CN)	불검출 (검출한계 0.01)	수은(Hg)	불검출 (검출한계 0.001)
유기인	불검출 (검출한계 0.0005)	PCB	불검출 (검출한계 0.0005)
납(Pb)	0.05 이하	6가 크롬(Cr^{6+})	0.05 이하
음이온 계면활성제(ABS)	0.5 이하	사염화탄소	0.004 이하
1,2-디클로로에탄	0.03 이하	TCE	0.04 이하
디클로로메탄	0.02 이하	벤젠	0.01 이하
클로로포름	0.08 이하	DEHP	0.008 이하
안티몬	0.02 이하		

(자료 : 환경정책기본법 시행령 별표 1)

현재 우리나라의 수질 및 수생태계 환경기준은 하천, 호소 및 지하수로 나누어 기준을 정하고 있다. 하천·호소의 경우 공통적으로 적용되는 표 4.2의 건강보호항목 17개 항목과 하천(8개)·호소(9개)에 달리 적용되는 표 4.3~4.4의 생활환경항목[6]으로 구분하고, 각 항목은

6) 호소의 경우 하천 8개 항목 중 BOD를 제외하고, T-N과 Ch-a 농도 기준이 추가된 것으로, 항목별·등급별 기준은 각각 다르다.

수질상태에 따라 7등급으로 구분하고 있다. 등급 분류는 오염물질의 이화학적인 농도 뿐 아니라 수생태계 내에 존재하는 생물에의 영향을 고려하였다. 최근에는 수질 관리여건의 변화로 조류와 화학적산소요구량(COD)의 중점적인 관리가 요구되어 2009년 7월에 하천환경기준에 화학적산소요구량(COD) 및 총인(TP) 기준을 추가하여 2010년 1월 1일부터 시행하고 있다.

건강보호 항목으로는 카드뮴, 비소, 시안, 수은, 유기인, PCB, 납, 6가크롬, ABS 등 총 9개 항목으로 지정하고 있었는데, 산업발전에 따라 증가하고 있는 난분해성·유해성 화학물질에 대한 관리가 미흡하다는 지적에 따라 2006년에 인체발암물질인 벤젠과 테트라클로로에틸렌(드라이클리닝용제 등으로 사용) 등 암을 일으킬 가능성이 있는 5종, 2009년에는 환경호르몬으로 알려져 있는 디에틸헥실프탈레이트(DEHP) 등 3개 신규항목이 추가되어 현재

표 4.3 생활환경 기준(하천)

등급		상태 (캐릭터)	기 준						대장균군(군수/100mL)	
			pH	BOD (mg/L)	COD (mg/L)	TP (mg/L)	SS (mg/L)	DO (mg/L)	총대장균군	분원성 대장균군
매우 좋음 (Very Good)	$\mathrm{I^a}$		6.5~8.5	1이하	2이하	0.02 이하	25이하	7.5이상	50이하	10이하
좋음 (Good)	$\mathrm{I^b}$		6.5~8.5	2이하	4이하	0.04 이하	25이하	5이상	500이하	100이하
약간 좋음 (Fairly Good)	II		6.5~8.5	3이하	5이하	0.1이하	25이하	5이상	1,000이하	200이하
보통 (Fair)	III		6.5~8.5	5이하	7이하	0.2이하	25이하	5이상	5,000이하	1,000이하
약간 나쁨 (Fairly Poor)	IV		6.0~8.5	8이하	9이하	0.3이하	100이하	2이상	-	-
나쁨 (Poor)	V		6.0~8.5	10이하	11이하	0.5이하	쓰레기 등이 없을 것	2이상	-	-
매우 나쁨 (Very Poor)	VI		-	10초과	11초과	0.5초과	-	2미만	-	-

(자료 : 환경정책기본법 시행령 별표 1)

는 총 17개 항목이 지정되어 있다.

또한 화학물질로 인한 수질 유해성을 과학적으로 평가하기 위해 선진국에서 1990년대 초반부터 시행해온 생태학적 수질평가기법을 도입하였다. 즉 물리적·화학적 방식의 수질평가의 한계를 극복하기 위하여 2006년에 수질 등급별 생물지표종7)을 선정하였으며 4개 등급으로 구분하였다. 생물지표종은 물리·화학적인 수질특성과의 연계성을 우선 고려하는 동시에 하천 생태계의 건전성을 종합적으로 반영할 수 있는지 여부를 감안하여 선정되었다.

표 4.4 생활환경 기준(호소)

등급		상태(캐릭터)	기 준								
			pH	COD (mg/L)	SS (mg/L)	DO (mg/L)	T-P (mg/L)	T-N (mg/L)	Chl-a (mg/m^3)	대장균군(군수/100mL) 총 대장균군	분원성 대장균군
매우 좋음 (Very Good)	I[a]		6.5~8.5	2이하	1이하	7.5이상	0.01 이하	0.2이하	5이하	50이하	10이하
좋음 (Good)	I[b]		6.5~8.5	3이하	5이하	5이상	0.02 이하	0.3이하	9이하	500이하	100이하
약간 좋음 (Fairly Good)	II		6.5~8.5	4이하	5이하	5이상	0.03 이하	0.4이하	14이하	1,000 이하	200이하
보통 (Fair)	III		6.5~8.5	5이하	15이하	5이상	0.05 이하	0.6이하	20이하	5,000 이하	1,000 이하
약간 나쁨 (Fairly Poor)	IV		6.5~8.5	8이하	15이하	2이상	0.1 이하	1.0이하	35이하	-	-
나쁨 (Poor)	V		6.5~8.5	10이하	쓰레기 등이 없을 것	2이상	0.15 이하	1.5이하	70이하	-	-
매우 나쁨 (Very Poor)	VI		-	10초과	-	2미만	0.15 초과	1.5초과	70초과	-	-

(자료 : 환경정책기본법 시행령 별표 1)

7) 생물지표종은 수질상태에 따라 서식하는 저서생물, 부착조류 및 어류, 즉, 하천·호소의 하부에서 주로 서식하는 다슬기·가재·지렁이 등을 조사하여 생태계의 건전성을 평가해 나가는 것이다.

표 4.5 물등급별 생물지표종

물등급	생물 지표종			
	어 류		저서생물	
매우 좋음 ~ 좋음	산천어	금강모치	보통옆새우	가재
	버들치	열목어	뿔하루살이	민하루살이
좋음 ~ 보통	갈겨니	쉬 리	다슬기	조개넙적거머리
	은어	쏘가리	강하루살이	동양하루살이
보통 ~ 약간 나쁨	피라미	끄리	물달팽이	돌거머리
	모래무지	참붕어	물벌레	밀잠자리
약간 나쁨 ~ 매우 나쁨	붕어	잉어	왼돌이물달팽이	실지렁이
	메기	미꾸라지	붉은깔다구	나방파리류

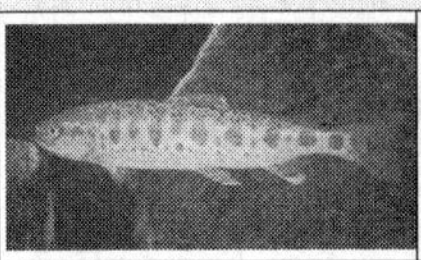

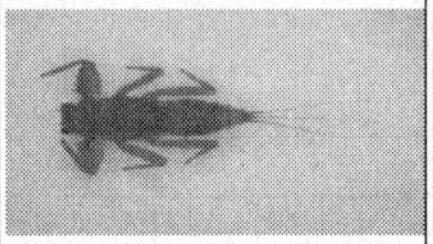

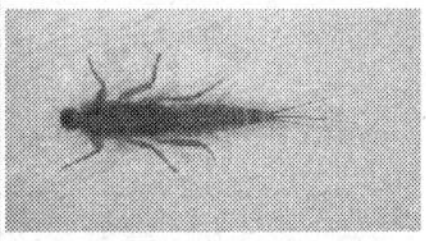

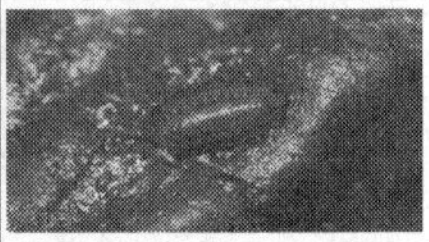

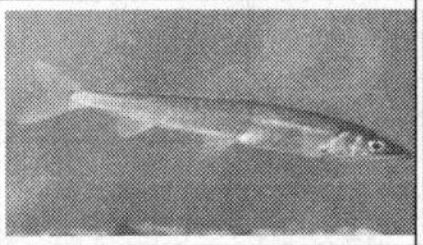

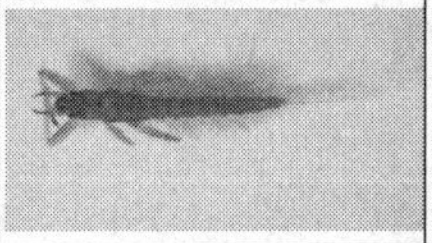

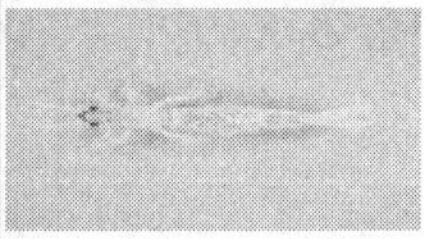

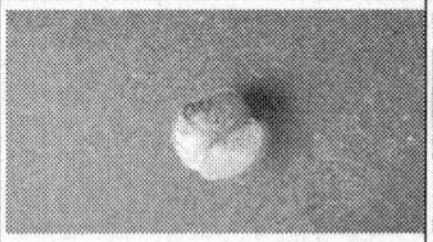

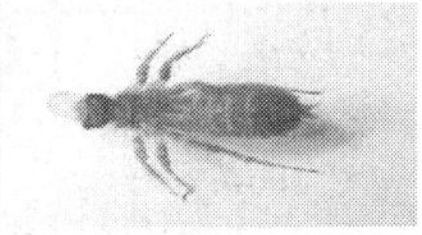

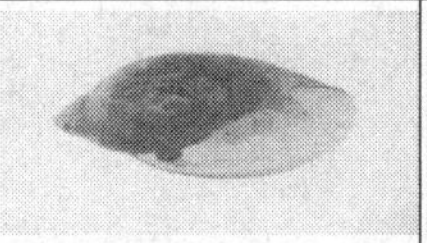

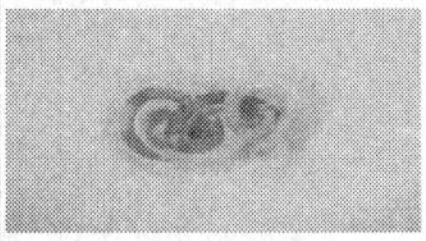

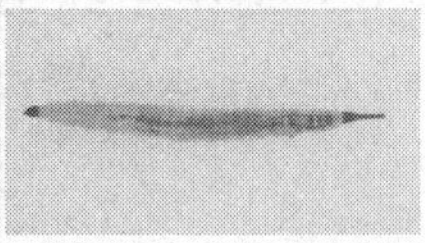

(자료 : 환경정책기본법 시행령 별표 1)

참고자료 4.2 외국의 물환경기준 현황

1. 일본의 물환경기준

가. 사람의 건강보호 환경기준

항목	기준(mg/L)	항목	기준값(mg/L)
카드뮴(Cd)	0.003이하	총시안(CN)	불검출
납(Pb)	0.01이하	6가 크롬(Cr^{6+})	0.05이하
비소(As)	0.01이하	총수은(Hg)	0.0005이하
알킬수은	불검출	PCB	불검출
디클로로메탄	0.02이하	사염화탄소	0.002이하
1,2-디클로로에탄	0.004이하	1,1-디클로로에틸렌	0.1이하
시스-1,2-디클로로에틸렌	0.04이하	1,1,1-트리클로로에탄	1이하
1,1,2-트리클로로에탄	0.006이하	트리클로로에틸렌(TCE)	0.03이하
테트라클로로에틸렌(PCE)	0.01이하	1,3-디클로로프로펜	0.002이하
티우람	0.006이하	시마진	0.003이하
티오벤카릅	0.02이하	벤젠	0.01이하
셀레늄(Se)	0.01이하	질산성질소 및 아질산성질소	10이하
불소(F)	0.8이하	붕소(B)	1이하
1,4 다이옥신	0.05이하		

※ 자료 : 일본 환경성

나. 생활환경 보전 환경기준

1) 하천 : 이용 목적에 따른 기준

항목 유형	이용목적의 적응성	기 준 치					해당 수역
		pH	BOD	SS	DO	대장균군수	
AA	수도1급 자연환경보전 및 A이하	6.5이상 8.5이하	1mg/L 이하	25mg/L 이하	7.5mg/L 이상	50MPN/ 100mL이하	지정 수역
A	수도2급 수산1급 수영 및 B이하	6.5이상 8.5이하	2mg/L 이하	25mg/L 이하	7.5mg/L 이상	1000MPN/ 100mL이하	
B	수도3급 수산2급 및 C이하	6.5이상 8.5이하	3mg/L 이하	25mg/L 이하	5mg/L 이상	5000MPN/ 100mL이하	
C	수산3급 공업용수1급 및 D이하	6.5이상 8.5이하	5mg/L 이하	50mg/L 이하	5mg/L 이상		
D	공업용수2급 농업용수 및 E 이하	6.0이상 8.5이하	8mg/L 이하	100mg/L 이하	2mg/L 이상		지정 수역
E	공업용수3급 환경보전	6.0이상 8.5이하	10mg/L 이하	부유쓰레기 없음	2mg/L 이상		

2) 하천 : 수생생물 서식에 따른 기준

항목 유형	수생생물 서식현황의 적응성	기준치(mg/L)		해당수역
		총아연	노닐페놀	
생물 A	곤들메기, 연어송어 등 비교적 저온을 좋아하는 수생생물 및 이들의 먹이생물이 서식하는 수역	0.03	0.001	지정 수역
생물 특 A	생물A의 수역 중 생물 A의 산란장(번식장) 또는 치어의 생육장소로서 특히 보전이 필요한 수역	0.03	0.0006	
생물 B	잉어, 붕어 등 비교적 고온을 좋아하는 수생생물 및 이들의 먹이생물이 서식하는 수역	0.03	0.002	
생물 특 B	생물 A 또는 B수역 중 생물B의 산란장(번식장) 또는 치어의 생육장소로서 특히 보전이 필요한 수역	0.03	0.002	

※ 기준치는 연평균치로 하며 호소, 해역에도 적용한다.

3) 하천 : 다이옥신류는 1pg-TEQ/L 이하

4) 호소

항목 유형	이용목적의 적응성	기 준 치					해당 수역
		pH	COD	SS	DO	대장균군수	
AA	수도1급 수산1급 자연환경보전 및 A이하	6.5이상 8.5이하	1mg/L 이하	1mg/L 이하	7.5mg/L 이상	50MPN/ 100mL이하	지정 수역
A	수도2,3급, 수산2급 수영 및 B이하	6.5이상 8.5이하	3mg/L 이하	5mg/L 이하	7.5mg/L 이상	1000MPN/ 100mL이하	
B	수산3급, 공업용수1급, 농업용수 및 C이하	6.5이상 8.5이하	5mg/L 이하	15 mg/L 이하	5mg/L 이상	-	
C	공업용수2급 환경보전	6.0이상 8.5이하	8mg/L 이하	부유 쓰레기 없음	2mg/L 이상	-	

2. 독일의 물환경기준

가. 독일 LAWA에 의한 수질등급 분류

등급	유기오염도	오수생물계열	오수생물지수	BOD(TOC)	NH_4–N (mg/L)	DO최소 (mg/L)
I	청정 내지 극경미 오염	빈부수성	1.0 – < 1.5	1(≤2)	많아야 흔적정도	> 8
I-II	경미한 오염	빈-β부수성 천이구역	1.5 – < 1.8	1-2(≤3)	0.1내외	> 8
II	보통 오염	β-중부수성	1.8 < 2.3	2-6(≤5)	< 0.3	> 6
II-III	상당한 오염	β-α중부수성 천이구역	2.3 – < 2.7	5-10(≤10)	< 1	> 4

III	강한 오염	α-중부수성	2.7－< 3.2	7-13(≤20)	0.5내지 (mg/L)	> 2
III-IV	매우 강한오염	α-중부수성, 내지 강부수성 천이구역	3.2－< 3.5	10-20(≤40)	(mg/L)	< 2
IV	지나친 오염	강부수성	3.5－< 4.0	15이상(> 40)	(mg/L)	< 2

※ 오수생물지수(saprobic index)의 산출방법 : 출현저서생물의 種連番號, 단위오탁계급치, 출현도, 지표가중치, 출현종수를 고려하여 산출

※ 독일은 2000년 이전까지는 BOD가 기준항목에 들어 있었으나 그 이후는 TOC로 대체됨

(자료 : 환경부, 2000, 수질환경기준 개선방안)

나. 독일의 수질등급에 따른 수질상태

등급	수 준	수 질 상 태
I	No to very low pollution	- 용존산소 포화된 순수한 물 - 영양물 농도 낮음 - 연어의 산란가능
I-II	Low pollution	- 용존산소 고갈물질이 없음 - 유기 및 무기물질 농도 낮음 - 다양한 종류의 조류(algae) 존재
II	Moderate pollution	- 약간 오염은 있으나 용존산소 공급이 좋음 - 수생태계의 다양성 유지 - 단일종류의 다량의 조류 존재, 수초 번식, 달팽이 등
II-III	Critical pollution	- 과량의 용존산소를 고갈하는 유기물 함유 - 용존산소결핍으로 물고기 폐사 시작 - 종의 다양성 감소, 조류의 다량 발생이 나타남
III	Severe pollution	- 상당량의 용존산소를 고갈하는 유기물 함유 - 용존산소결핍으로 주기적인 물고기 폐사 - 조류나 수초보다 하수박테리아 군집 다량 존재
III-IV	Very severe pollution	- 용존산소 부족 및 독성물질로 인해 생존 제한 - 고기는 제한된 지역에서 간혹 발견 - 슬러지의 퇴적, 실지렁이 다량 서식
IV	Excessive pollution	- 용존산소 고갈물질 다량 함유 - 용존산소가 거의 고갈 또는 완전 제로 - 박테리아 편모충 서식, 종종 독극물로 인해 생물 멸종

(자료 : 환경부, 2000, 수질환경기준 개선방안)

다. 수계별 목표기준의 설정 및 달성여부 평가

정부는 수질 및 수생태계 환경기준을 토대로 각 수계 및 주요 호소별로 이용목적, 수질 및 수생태계 현황, 오염원의 현황과 오염부하 전망 등을 고려하여 목표기준과 달성기간을 정하여 고시하고 있다. 이 목표는 지역별·유역별 수질보전 행정의 목표가 되고 '수질 및 수생태계 목표기준 평가 규정'에 따라 매년 수질모니터링을 통해 목표기준 달성 여부를 평가하고 있다.

전국 하천 194개 구간의 수질환경기준 달성률(달성 구간수/목표설정 구간수)을 보면 1995년에 13.8%이었던 것이 2000년에 27.8%, 2005년 42.3%로 점차 개선되고 있다.

라. 다양한 수질평가지표 개발

향후 환경 지표생물종[8]에 대한 조사결과를 바탕으로 한 생물학적인 평가를 병행하면 수생태 건강성을 평가할 수 있을 뿐 아니라 전반적인 하천오염 상황에 대한 국민들의 이해가 더욱 쉬워질 것이다. 또한 이화학적인 평가와 생물학적 평가 결과를 종합하여 물환경 상황을 객관적으로 나타낼 수 있는 물환경 종합평가방법과 수생태계의 건강성 평가 방식은 계속 개발해 나가야 한다. 물환경 종합평가방법을 개발하기 위하여 전문가들은 국내 호소의 부영양화 상태를 평가하는 부영양화 지표와 퇴적물에 축적된 각종 오염물질로 인한 수생태계 영향의 평가·관리 기준안을 제시하고 있으며 향후 지속적인 연구가 요구되는 분야이다.

표 4.6 수질평가 방법의 장단점 비교

구 분	이화학적 방법	생물학적 방법
수질의 반영	제한적	종합적
수질 항목의 상승작용	반영 불가능	반영 가능
수질항목 평가치의 이질성	나타남	나타나지 않음
과거 오염 영향 추적	불가능	가능
오염영향의 평가	간접적	직접적
평가의 신속성	항목에 따라 다름	신속
오염물질의 정량	직접적	간접적

8) 환경 지표생물종(indicator species)은 환경오염 또는 환경을 구성하는 요소의 변동 상황을 평가하는데 이용되는 생물로 ① 지역적으로 넓게 분포하고, ② 생태적으로 중요한 그룹을 대표하는 생물이어야 하며, ③ 먹이사슬 내에서 한 위치를 차지하고, ④ 다른 중요한 종들과 연관성이 있어야 하며, ⑤ 채집과 사육이 용이해야하고, ⑥ 유전적으로 안정시켜 균일한 집단으로 이용해야 하며, ⑦ 어떠한 물질의 영향 평가 시 일관된 반응을 보여야 한다.

생물학적 수질 평가는 무척추 동물의 조성 및 플랑크톤과 같은 수서 생물을 이용한 것으로 이화학적 평가만으로 분석하기 어려운 장기적인 수생태 환경 변화를 평가할 수 있어 중요한 물환경 수준 평가방식이라 하겠다.

4.1.4 수질오염물질의 처리체계

가. 배출허용기준의 설정

앞서 설명한 수질환경기준은 국가가 지향하는 수질보전정책의 궁극적 목표가 되고 이를 달성하기 위해 오염원별로 배출허용기준을 설정·관리하게 된다. 배출허용기준을 준수하지 못하는 배출자에 대하여는 이에 상응하는 제재를 가하는 강제적 규제방식을 적용하게 된다. 이와 별개로 독성이 강한 물질은 특정수질유해물질로 정하여 오염원 입지규제 등 별도의 규제정책을 시행하고 있다. 배출자 규제에 대한 상세한 내용은 4.4절에서 다루고자 한다. 오염원별로는 생활하수, 산업폐수, 가축분뇨 등에 대한 오염물질 배출기준을 설정하고 있다. 하수처리장은 배출허용기준을 규제하여 관리하며 하수처리구역이 아닌 지역의 경우는 개별 건축물에 오수처리시설을 설치하여 배출허용기준 이내로 배출하도록 의무를 부과한다.

산업폐수의 배출허용기준은 "수질 및 수생태계 보전에 관한 법률"에서 규정하고 있으며, 폐수배출량 규모와 지역에 따라 차등화하여 구분·적용하고 있다.[9] 가축분뇨에 대한 방류수 기준은 "가축분뇨의 관리 및 이용에 관한 법률"에 의해 축사의 규모(허가대상과 신고대상)와 지역에 따라 차등적으로 설정하고 있으며 오염물질의 증가와 환경기술의 발전수준 등을 고려하여 단계적으로 강화된다.[10]

나. 오염물질 처리 체계

생활하수, 산업폐수, 가축분뇨 등 일정한 장소에서 일정한 배출 형태를 보이는 점오염원은 법률에 의해 처리기준이 정해져 있으며, 이 처리기준을 맞추기 위해 하수처리시설 또는 폐수처리시설 등을 설치·운영하여야 한다. 생활하수의 경우 도시화된 지역에 대하여는 시장·군수가 하수도정비기본계획을 수립하여 하수처리장에서 처리하게 되며 하수처리장을 설치·운영하는 주체가 된다. 이 경우 국가에서 시설설치 비용의 최대 70%까지 지원하므로 실질적으로는 국

9) 지역에 따라 '청정' 지역(가장 엄격), '가' 지역(보통), '나' 지역(느슨함), 특례지역 등으로 4단계로 구분된다. 4.4절에서 상술한다.

10) 환경부, 2013, 환경백서

가와 지방정부가 공동으로 하수처리 인프라를 구축하는 것이다. 처리대상이 적어 시설 설치가 어려운 비시가화지역은 개별 배출자가 오수처리시설을 설치·운영하여야 한다.

산업폐수의 경우는 원칙적으로 배출자 부담원칙이 적용되어 배출자인 사업자가 처리시설을 설치·운영하여야 한다. 독성 폐수가 배출되는 도금·피혁산업 등이 개도국으로 이전하는 것은 폐수처리비용과 무관치 않다. 가축분뇨는 "가축분뇨의 관리 및 이용에 관한 법률"에 의해 일정규모 이상의 배출자에 대하여는 자가 처리의무를 부과하고, 소규모 배출자를 위해서는 정부가 가축분뇨공공처리시설을 설치하여 처리하고 있다. 축산분뇨 처리는 자원화와 수처리방식으로 구분되는데 자원화의 경우 수요처 문제가 있고, 처리방식의 경우 분뇨자체가 고농도인 만큼 처리비용이 문제가 된다. 종종 축산분뇨가 수질오염의 주범으로 거론되는데 지역별 처리시스템을 재정립하고 처리비용 부담 주체를 보다 명확히 할 필요가 있다.

위와 같은 점오염원에 대하여는 강제규제 방식이나 공공처리시설을 확충하여 체계적인 관리가 용이한 반면 비점오염원은 관리가 어려워 상대적인 오염부하가 커지게 된다. 비점오염원부하는 주로 도시노면 배수, 농경지 배수 등에 의해 발생하며, 하천오염 부하율에서 차지하는 비중이 1998년 27.0%, 2003년 52.6%, 2010년 68.3%로 지속적으로 증가하고 있다. 우리나라도 향후 비점오염원을 어떻게 관리하는가 하는 것이 공공수역 수질관리에 가장 중요한 요소가 될 것이다. 비점오염원은 배출 주체가 명확하지 않으므로 강제규제 방식을 적용하기 어렵다. 따라서 발생원을 포괄적으로 규제하는 정책수단이 요구된다.[11)]

다. 사전오염 예방정책

사전오염 예방원칙은 통합적인 수질·수생태계 관리정책의 기본원칙으로 유역관리체계를 통해 실현된다. 즉 오염원에서의 오염물질 발생량을 원천적으로 저감하는 것이다. 우리나라에서 적용되는 사전오염 예방적 정책수단은 오염원의 입지규제정책, 경제적 인센티브를 통한 오염저감정책, 지역별 오염총량 규제방식으로 구분된다. 입지규제 정책은 오염부하로 인한 수질영향이 큰 특정지역에 대하여 오염을 야기하는 일정한 행위를 금지하거나 제한하는 것이다. 환경법제에 의한 것으로는 "환경정책기본법"에 의한 수질보전특별대책지역, "수도법"에 의한 상수원보호구역, "4대강특별법"에 의한 수변구역, "수질 및 수생태계 보전에 관한 법률"에 의한 배출시설 설치제한지역이 있다.[12)]

토지법제에 의한 간접적 환경 규제로는 "국토의 계획 및 이용에 관한 법률"에 의한 자연환경보전지역 및 개발제한구역, "수도권정비계획법"에 의한 자연보전권역, "산업집적 활성

---

11) 비점오염원관리정책은 4.5절에서 상술한다.

12) 환경법제에 의한 사전오염예방정책은 4.4절에서 상술한다.

화 및 공장설립에 관한 법률"에 의한 자연보전지역, "산업입지의 개발에 관한 통합지침"에 의한 상수원 상류 일정거리 공장입지 제한, "산림법"에 의한 보전임지·보안림 등이 있다.

이중 수도권정비계획법에 따른 입지규제는 당초 수도권의 집중 완화와 체계적인 정비를 목적으로 하는 법령이다. 이러한 규제는 인구가 밀집된 수도권의 수질보전 정책에 상당한 영향을 미치게 되므로 광의의 의미로는 입지규제 방식을 적용한 환경정책 수단의 하나로 볼 수 있다. 수도권정비계획법에 의한 권역별 입지제한 내용은 다음과 같다.

표 4.7 수도권 정비권역 현황 기준(2007년 말 기준)

구 분	과밀억제권역	성장관리권역	자연보전권역
구분 기준	인구·산업이 과도하게 집중되거나 집중될 우려가 있어 이전·정비가 필요한 지역	과밀억제권역으로부터 이전하는 인구·산업을 유치하고 도시개발의 적정관리가 필요한 지역	한강수계 수질 및 녹지 등 자연환경 보전이 필요한 지역
면적 11,730km^2	2,042km^2(17.4%)	5,865km^2(49.9%)	3,838km^2(32.7%)
인구 24,472천명	19,345천명(79.1%)	4,144천명(16.9%)	982천명(4.0%)
행정 구역	16개 시 - 서울시, 인천시(일부), 의정부시, 구리시, 남양주시(일부), 하남시, 고양시, 수원시, 성남시, 안양시, 부천시, 광명시, 과천시, 의왕시, 군포시, 시흥시(일부)	12개 시, 3개 군 - 동두천시, 안산시, 오산시, 평택시, 파주시, 남양주시(일부), 용인시(일부), 연천군, 포천시, 양주시, 김포시, 화성시, 안성시 일부, 인천시 일부, 시흥시(일부)	5개 시, 3개 군) - 이천시, 남양주시(일부), 용인시(일부), 가평군, 양평군, 여주군, 광주시, 안성시(일부)

그림 4.3 수도권정비계획법에 따른 입지규제[13)]

13) 수도권을 과밀억제권역과 성장관리권역, 자연보전권역 등 3개 권역으로 구분하고 권역 특성별로 인구집

정책이야기 4.1 팔당·대청호 수질보전특별대책 수립

팔당호와 대청호는 1,500만 수도권 인구와 700만 중부권 인구의 주요한 상수원이다. 1980년대에 환경기초시설이 부족한 여건에서 공공수역에 수질오염물질 유입이 급증하여 상수원 수질오염이 심각해지자 정부는 상수원 보호를 위한 조치를 검토한다. 1989년 환경청은 이 지역 일대를 환경정책기본법에 근거한 특별대책지역으로 지정하는 방안을 제안하나 대책지역은 행위규제를 수반하기 때문에 지역주민의 반발은 물론 당시 지방자치단체와 내무부가 강력히 반대하여 지정하지 못한다.
이후 1990년에 환경청이 환경처로 격상된 후 당초 방안을 보완하여 대책지역을 직접영향권인 I 권역과 간접영향권인 II 권역으로 구분하여 행위규제를 차등화하고, 환경기초시설 설치 지원, 생활환경조성사업 등 지역 지원사업을 함께 마련하여 1990년 7월에 국무총리를 위원장으로 하는 환경보전위원회에서 확정하였다. 특별대책지역은 기존의 개별 오염원의 관리체계 중심에서 광역적 오염관리 개념으로 전환하는 유역관리(Watershed Management) 정책을 우리나라 최초로 도입한 것이다. 이는 국민의 절반 가까운 인구의 식수원인 팔당호와 대청호의 수질을 지속적으로 보전하는 제도적 기틀이 되었다. 1998년부터 전국 4대강 수질개선특별대책을 수립하는 근간이 되기도 한다.

4.2 물환경 관리 법규 및 제도

4.2.1 수질보전 법령 개관

1977년 공해방지법을 폐지하고 제정된 환경보전법에서 수질보전과 관련된 내용을 포함하였다. 이후 1990년 7월 환경 6법[14)]이 제정되면서 수질 분야의 전문법규인 수질환경보전법이 제정되었다. 이 법에서는 수질오염물질의 배출시설 관리제도인 배출시설 허가, 배출허용기준 설정 등 폐수배출시설 관리 중심으로 규정되었다. 이후 수질행정이 발전되면서 새로운 규정이 추가되어 왔다. 1995년에는 배출시설허가제를 일부 완화한 신고제가 도입되었고

중 유발시설과 대규모 개발사업의 입지에 대한 차등규제함

14) 환경정책기본법, 대기환경보전법, 수질환경보전법, 소음·진동규제법, 유해화학물질관리법, 환경오염피해분쟁조정법

2000년에는 호소수질관리법 관련 규정이 통합되었으며, 2004년에는 폐수 무방류시설 도입과 관리기준이 규정되었다.[15)]

2006년에 수생태 보전 개념을 보완하면서 '수질 및 수생태계 보전에 관한 법률'로 확대 개정되었다. 기존의 점오염원 중심에서 비점오염원 관리근거가 신설되었고, 수생태계 보전에 관한 제도가 강화되었다. 아울러 4대강 유역에서 시행되고 있던 수질오염총량제를 확대하기 위해 4대강 수계 이외의 지역에도 수질오염총량제와 수변 생태구역을 조성할 수 있는 법적 근거를 마련하였다. 한편 폐수 배출시설을 실시간으로 효율적으로 관리하기 위하여 수질자동측정기기(TMS)[16)] 설치도 이때부터 법제화되었다.

한편 수도권 상수원인 팔당호의 수질이 크게 개선되지 않자 정부는 1998년에 팔당호의 수질개선을 위한 특별대책안을 마련하여 상류지역 주민, 시민단체, 지방자치단체와 협의하여 "한강수계 상수원 수질관리 종합대책"을 확정하였고, 이어 1999년에는 동 대책을 법적으로 뒷받침하기 위한 "한강수계 상수원 수질개선 및 주민지원 등에 관한 법률"이 제정되었다. 1999년에는 낙동강수계, 2000년에는 금강수계와 영산강수계 물관리 종합대책을 차례로 수립하고 낙동강, 금강, 영산강 수계별 특별법을 제정하였다. 이 4대강별 특별법을 근거로 수계별로 목표수질을 설정하고 이를 달성하기 위하여 오염원과 그 허용총량을 과학적으로 관리하는 수질오염 총량관리제가 단계별로 시행되었다. 또한 유역관리체계를 확립하기 위해 하류 주민에게 부담금을 부과하고 이를 상류지역의 처리시설 확충과 규제대상 지역 주민 지원을 위한 재원으로 사용하는 물이용 부담금제, 수변구역의 지정, 상수원지역 지원 및 토지매수제 등 선진적인 물관리정책이 도입되어 시행되었다. 유역관리를 위하여 환경부, 지자체, 관계기관 등으로 수계관리위원회를 구성하는 것도 명문화되었다.

그 외에도 수질 관리와 먹는 물 공급을 위해 분야별로 다양한 법률이 있다. 수질오염 중에서 가장 많은 부분을 차지하는 생활하수 관리를 위해 "하수도법"이 있으며,[17)] 발생량은 적으나 농도가 높아 수질오염 기여도가 높은 가축분뇨의 수질오염을 방지하기 위한 "가축분뇨의 관리 및 이용에 관한 법률"이 있다. 안전한 먹는 물 공급 분야에서는 상수원보호구역 설정, 수돗물 수질기준 등을 규정하고 있는 "수도법", 먹는 샘물에 관한 "먹는물 관리법", 지하수 관리를 위한 "지하수법"이 있다.

---

15) 정회성·변병설, 2003, 환경정책의 이해, 박영사, p483～487

16) TMS(Tele Monitoring System)는 원격감시체계라 불리며 대기질과 수질측정에 적용되고 있다. 수질 TMS는 공공하수처리시설, 폐수종말처리시설, 폐수배출 사업장의 방류 수질을 실시간 관리·점검하여 수질오염사고 예방하며 사업장 스스로 계절별, 시간대별 수질현황을 분석·관리하여 자체 공정개선을 유도하고, 배출오염도를 정확히 파악하여 합리적이고 객관적인 배출부과금을 산정하는 등 수질관리의 과학화를 목적으로 한다.

17) 하수도법은 하수 공공처리시설 설치를 위한 하수도 정비 기본계획 수립, 방류수 수질기준 설정 등에 관한 내용이 규정되어 있다.

4.2.2 수질 및 수생태계 보전에 관한 법률

가. 법률의 제정 목적 및 경위

이 법은 '수질오염으로 인한 국민건강 및 환경상의 위해를 예방하고 하천·호소 등 공공수역의 수질 및 수생태계를 적정하게 관리·보전함으로써 국민으로 하여금 그 혜택을 널리 향유할 수 있도록 함과 동시에 미래의 세대에게 승계될 수 있도록 함을 목적으로 한다'고 규정하고 있다. 당초 1991년 수질환경보전법으로 독립되어 제정되었으며 이후 2006년 9월 물관리정책의 기본 틀을 이화학적 수질관리에서 이화학적 수질과 수생태계를 함께 관리하는 체계로 전환하면서, '수질 및 수생태계 보전에 관한 법률'로 개정하게 된다.

나. 법률의 체계 및 주요내용

이 법은 총 8장 82조로 구성되어 있다. 총칙에서는 목적과 정의, 수질오염물질의 총량관리를 규정하고 있으며, 공공수역의 수질 및 수생태계 보전과 관련하여 수질 측정방법과 목표기준 설정, 수계영향권별 수질보전에 관한 내용을 정하고 있다. 오염원별 규정으로 산업폐수 관리를 위한 배출허용기준, 배출시설의 설치허가 및 신고, 방지시설의 설치, 기준 초과시 조치내용, 폐수종말처리시설 설치에 관한 내용을 규정하고 있다. 비점오염원 관리를 위한 비점오염원 관리지역 지정과 관리대책 수립, 폐수처리업의 등록에 관한 사항도 포함되어 있다.

다. 수질오염물질의 지정과 배출기준의 설정

공공수역의 수질을 사람의 건강과 동·식물의 생육에 안전한 수준으로 관리하기 위하여 법 제2조에서 관리대상 오염물질을 지정하고 있다. 현재 수질오염물질로는 유기물질, 구리, 납, 니켈, 시안 등 48종이 지정되어 있으며, 특히 유해성인 큰 중금속, 페놀류 등 25종의 특정수질유해물질이 지정되어 있다. 수질관리 목표를 달성하기 위한 수단으로 생활하수, 산업폐수[18], 가축분뇨 등에 대한 오염물질 배출기준을 설정하고 있다.

18) 산업폐수는 배출시설 설치에 대해 허가제와 신고제가 적용되고, 오염방지시설을 설치할 의무가 있으며, 법령이 정하는 배출허용기준을 준수하여야 한다. 산업단지의 경우 개별처리보다는 공동으로 처리하도록 유도하고 있으며, 공단폐수처리시설의 경우 수도권 이외의 지역은 처리시설 설치비의 100%를, 수도권 지역은 설치비의 50%를 국고에서 지원하고 있다.

표 4.8 수질 및 수생태계 보전에 관한 법률 주요내용

조문	주요내용
제1장 총칙	목적 및 정의, 책무 총량규제, 수질오염공정시험방법
제2장 공공수역의 수질보전	상시측정, 측정망 설치계획 결정·고시 공공시설의 설치·관리 대권역·중권역·구간별 계획 수립 호소의 수질보전
제3장 점오염원의 관리	배출허용기준, 배출시설의 설치허가(신고), 방지시설 설치 배출부과금, 환경기술인 폐수종말처리시설의 설치
제4장 비점오염원의 관리	비점오염원의 설치신고 관리지역의 지정 및 대책 농약잔류허용기준 수립
제5장 기타수질오염원의 관리	기타 수질오염원의 설치신고 골프장의 농약사용 제한
제6장 폐수처리업	폐수처리업의 등록, 권리·의무승계, 과징금 처분

4.2.3 4대강 수계 특별대책 및 특별법

가. 4대강 수계 특별대책 추진경위

1989년 9월 "맑은물 공급종합대책"이 수립된 이래 1996년까지 총 6차례의 정부차원의 관련 종합대책을 수립·추진하였고 1996년까지 약 5조 6천억원을 투자하였다. 그러나 낙동강 페놀오염사고(1991)와 유기용제 유출사고(1994)가 발생하고 수도권 2천 4백만 주민의 상수원인 한강수계 팔당호의 수질이 쉽게 개선되지 않아 기존의 오염물질 사후처리와 환경오염사고 대응위주의 물관리정책이 한계를 보이고 있다는 판단아래 사전예방적이고 상·하류간 갈등을 해소할 수 있는 유역단위 차원의 선진적인 물관리정책을 강구하게 되었다.

1998년부터 2002까지 4대강에 대한 수계별 물관리 및 주민지원 등에 관한 법률을 제정함으로써 4대강에 대한 물관리종합대책을 완성하였다. 4대강 수질개선 종합대책은 2005년까지 주요 상수원 수질을 I 급수 내지 II 급수 이상으로 개선하여 전 국민이 안심하고 마실 수 있는 상수원수의 안정적 확보에 우선적인 정책목표를 두고 있으며, 2005년까지 총 11조 1,118억 원을 투자하여 하수도보급률을 72.6~84.4%까지 제고한다는 계획을 제시하였다.

나. 4대강 수계 특별법

4대강 수계법 중 “한강수계 상수원수질개선 및 주민지원 등에 관한 법률”은 한강수계 상수원을 적절하게 관리하고 상수원 상류지역의 수질개선 및 주민지원을 효율적으로 추진하고자 1999년 제정되었다. 이 법은 총 8장 32조로 구성되어 있으며, 수변구역의 지정·관리, 오염총량관리제의 실시, 주민지원사업 등의 실시, 환경기초시설 설치 촉진 등을 위한 조치, 재원의 확보 및 관리 등을 규정하고 있다. “한강수계 상수원수질개선 및 주민지원 등에 관한 법률 시행령”에서는 한강수계관리위원회의 조직 및 운영 등에 관한 사항을 규정하고 있다.

낙동강 등 나머지 3대강에 대하여는 2002년 “낙동강수계 물관리 및 주민지원 등에 관한 법률”, “금강수계 물관리 및 주민지원 등에 관한 법률”, “영산강·섬진강수계 물관리 및 주민지원 등에 관한 법률”을 제정하였다. 이 법들도 한강수계법과 마찬가지로 3대강 수계의 수자원과 오염원을 적절하게 관리하고 상수원 상류 지역의 수질개선 및 주민지원사업을 효율적으로 추진하기 위해 제정되었다. 법률 내용은 한강수계법과 유사하다.

4.2.4 상하수도 관련 법률 및 제도

상하수도 관련 법률로 수도법은 1961년, 하수도법은 1966년, 먹는물관리법은 1995년에 각각 제정되었다. 2007년도에는 기존의 오수·분뇨 및 축산폐수의 관리에 관한 법률이 폐지되면서 오수·분뇨 분야가 하수도법에 통합되었다.

가. 수도법

수도법은 상수도에 관한 종합적인 관리계획을 수립하고 적정하고 합리적으로 설치·관리함으로써 공중위생의 향상과 생활환경의 개선에 이바지함을 목적으로 1961년 12월 31일에 제정된 법률로서 총 9장 87조로 구성되어 있다. 주요 내용은 수도정비기본계획의 수립, 상수원보호구역의 지정, 일반수도사업의 인가와 정수시설 기준, 공업용수도의 인가, 전용상수도 인가 및 소규모 급수시설에 관한 내용, 기타 상하수도협회에 관한 내용 등이 규정되어 있다. 수도수돗물 수질기준 설정, 상수도시설기준 설정, 수도사업자 등에 관한 규정도 포함하고 있다.

최근 개정내용으로 2007년도에는 그동안 상수원수의 수질을 보호하기 위해 정부지침으로 상수원보호구역 상류 일정지역에 공장의 설치를 제한하던 내용을 수도법에 규정하여 법적 근거를 마련하였다. 또한 빗물의 이용 필요성이 높아지고 있음을 고려하여 기존에 실내체육관과 종합운동장만 포함되던 빗물이용시설의 의무설치 대상에 공공청사를 추가하였다. 사용 중 물에 접촉하여 수돗물 수질에 영향을 줄 수 있는 수도용 자재 및 제품은 환경부장관으로부터 위생안전기준에 적합하다는 인증을 받은 것만 제조·사용하도록 하였다. 법령상 상수도 관리업무는 환경부와 국토교통부와 이원화되어 있다.

나. 먹는물 관리법

먹는물관리법은 먹는 물로 인한 국민건강상의 위해를 예방하고 먹는 물의 수질관리를 위하여 1995년 1월 제정되었다. 2000년대 들어 수돗물 바이러스 파동이 발생한 후 정수처리 공정 중 여과 및 소독처리를 강화하여 병원성 미생물을 안전한 수준까지 제거토록 하는 정수처리기준을 새롭게 도입하였으며, 소독부산물 5종의 새로운 수질기준을 신설하였다.

이 법은 총 9장 61조로 구성되어 있으며, 먹는물의 수질관리 기준과 시험방법, 먹는샘물의 허가 기준과 영향조사 방법, 수질개선 부담금의 부과방법, 각종 표시방법과 검사방법 등을 규정하고 있다. 먹는 물 수질기준은 1995년 제정된 "먹는물 수질기준 및 검사 등에 관한 규칙"에 규정되어 있으며 2008년까지 13차례 개정되었다. 먹는물 관리법에 규정된 먹는 물에는 수돗물, 먹는 샘물, 먹는 해양심층수 등이 포함된다. 먹는물 수질기준 항목은 55개로써 미생물 4개 항목, 유해영향 무기 물질 11개 항목, 휘발성 유기화합물 16개 항목, 소독부산물 8개 항목, 및 심미적 영향 물질 16개 항목으로 구성되어 있다.

최근 개정 내용으로 2010년도 개정시에는 먹는물에 대한 소비자 선택의 폭을 확대하기 위하여 염지하수(鹽地下水)를 먹을 수 있도록 제조한 먹는염지하수[19]를 먹는물의 범주에 포함하여 이를 제조·판매할 수 있도록 하고, 다중이용시설에 설치된 냉·온수기에서 나오는 먹는물의 오염을 방지하기 위하여 냉·온수기를 설치·관리하는 자가 지켜야 할 위생기준에 대한 법적 근거를 마련하였다. 먹는샘물도 국민건강에 위해가 발생하거나 발생할 우려가 있는 경우에는 환경부장관 또는 시·도지사가 해당 제품에 관한 회수·폐기를 명할 수 있도록 하고, 법 위반사실에 대해 공표할 수 있는 제도를 마련하였다.

19) '먹는염지하수'란 염지하수(鹽地下水)를 먹기에 적합하도록 물리적으로 처리하는 등의 방법으로 제조한 물을 말하며,("먹는물관리법" 제3조제3의3호) '염지하수'란 물속에 녹아있는 염분 등 총용존고형물(總溶存固形物)의 함량이 2,000mg/L 이상인 암반대수층 안의 지하수로서 수질의 안전성을 계속 유지할 수 있는 자연 상태의 물을 먹는 용도로 사용하는 원수를 의미한다("먹는물관리법" 제3조제3의2호 및 "먹는물관리법 시행규칙" 제1조의2).

다. 하수도법

하수도법은 하수와 분뇨를 적정하게 처리하여 지역사회의 건전한 발전과 공중위생의 향상에 기여하고 공공수역의 수질을 보전함을 목적으로 하고 있다. 당초 하수도가 설치되는 하수처리구역의 하수관거와 하수처리시설에 대하여만 규정했으나 2006년 오수·분뇨 및 축산폐수의 처리에 관한 법률에 규정하고 있던 오수·분뇨의 관리를 통합함에 따라 생활하수를 종합적으로 관리하는 법률로 정비되었다. 이 법은 총 8장 80조로 구성되어 있으며 하수도종합계획의 수립, 하수처리시설을 포함한 공공하수도의 설치·관리, 중수도 및 배수시설의 설치 및 검사, 개인하수처리시설의 설치와 운영, 분뇨처리 의무와 관리, 하수도 비용부담의 원칙과 원인자 부담금 등의 내용을 규정하고 있다.

라. 가축분뇨의 관리 및 이용에 관한 법률

이 법은 가축분뇨를 적정하게 자원화하거나 처리하여 자연환경과 생활환경을 청결하게 하고 수질오염을 감소시킴으로써 환경과 조화되는 축산업의 발전 및 국민보건의 향상에 이바지함을 목적으로 하고 있다. 당초 오수·분뇨 및 축산폐수의 처리에 관한 법률에 규정하고 있던 내용으로 2006년 오수·분뇨 관련 규정을 하수도법으로 이관하면서 독립 법률로 제정되었다. 총 8장 53조로 구성되어 있으며 가축분뇨관리 기본계획의 수립, 가축분뇨의 사전관리, 처리 의무와 배출시설 설치허가, 처리시설의 설치와 관리, 퇴비·액비의 이용계획 수립 및 품질관리, 공공처리시설의 설치와 운영, 가축분뇨 처리 영업에 관련된 내용 등을 규정하고 있다.

4.2.5 기타 관련 법률

가. 지하수법

1993년 당시 건설교통부에서 지하수의 무분별한 개발로 인한 수원 고갈을 방지하고 폐공 방치에 따른 지하수 오염에 대처함으로써, 지하수의 개발과 이용 및 수질보전을 도모하기 위하여 "지하수법"을 제정하였다. 이후 1997년에 지하수법을 전면 개정하여, 지하수의 개발·이용 허가제, 지하수 영향 조사, 지하수 개발·이용 시공업의 등록제를 새로이 규정함으로써 지하수의 공공재 개념을 도입하였다. 2001년에는 지하수보전구역 제도 신설, 지하수오염유발시설 관리 강화, 지하수 정화업 등 신규 제도를 채택하였다. 지하수는 지하수법의관리

체계에서 국토해양부가 수량 관리를, 환경부는 수질관리를 담당하고 있다. 지하수는 지하수법 이외에도 표 4.9와 같이 수도법, 먹는물관리법, 하천법, 온천법 등의 10개의 개별 법령에 따라 여러 정부 부처에서 관리하고 있다.

표 4.9 지하수 관리 관련기관별 개별 법률

구 분	관 련 법 률
환경부	지하수법(수질관리), 먹는물관리법, 수도법
국토교통부	지하수법(수량관리), 제주도개발특별법, 하천법
농림축산식품부	농어촌정비법(농업용 지하수 개발)
안전행정부	온천법(온천 개발), 민방위기본법(민방위용 비상급수)
국방부	국방·군사시설사업에 대한 법률(군사목적 지하수 관리)

나. 해양환경관리법

해양오염방지법은 국제사회에서 "폐기물 등의 투기에 의한 해양오염 방지협약(일명 런던협약)"이 1972년에, 유류에 의한 해양오염방지 국제협약(MARPOL)이 1973년에 각각 채택됨에 따라 이에 맞는 국내법이 필요하게 되어 제정된다. 해양오염방지법은 1978년에 제정되었고 주요내용으로는 기름 또는 폐기물의 해양배출 규제, 폐기물 운반선박의 등록, 기름 또는 폐기물 배출자의 방제의무, 기름유출사고의 예방과 방제조치 등에 관한 규정 등을 담고 있었다.

해양오염방지 업무는 환경부가 담당하다가 1996년에 해양수산부가 새로이 출범하면서 그 업무가 이관되었다. 2007년에 기존의 해양오염방지법을 폐지하고 '해양환경관리법'을 제정·공포하였다. 이 법은 총 8장 80조로 구성되어 있으며 해양오염원인자 책임원칙의 채택, 해양환경관리 종합계획의 수립, 해역별·용도별 해양환경기준 제정, 오염물질의 해양배출자에 대한 해양환경개선부담금의 부과, 각종 오염원의 통합관리 등을 규정하고 있다.

해양환경을 관리함에 있어서 해역의 이용 목적에 따라 해역별 수질기준을 정하여 관리하고 있으며, 환경정책기본법 시행령의 규정에 따라 I등급, II등급, III등급으로 구분하고 있다. 앞으로 해양환경기준도 수질환경기준과 마찬가지로 수생태 개념을 보완할 필요가 있다.

4.3 수질오염 관리여건 및 오염현황

4.3.1 수질오염 개관

가. 수질오염의 정의

수질오염(water pollution)이란 사전적인 의미로 하천·호소·연안해역 등의 공공수역에 수질오염물질이 증가하여 물의 이용가치가 떨어지거나 생활에 피해를 주고, 수생태계에 악영향을 주는 현상을 의미한다. 수질오염의 정도를 나타내는 수질(water quality)을 산술적인 의미로 표현하면 [수질오염물질의 양/물의 양]이다.[20]

수질오염을 유발하는 물질 즉, 수질오염물질은 사회적·경제적 여건과 국가의 수질 관리 능력에 따라 다양하게 규정된다. 우리나라의 경우에는 현재 유기물질 등 48종이 법령상 수질오염물질로 정해져있다. 이 중에서 특히 사람의 인체나 수생태계에 미치는 위해성이 큰 25종을 특정수질유해물질로 정하여 특별 관리하고 있다.

나. 수질오염 발생원

수질오염 발생원을 우리나라 법에서는 점오염원(point source)과 비점오염원(non-point source), 기타 오염원으로 구분한다. 점 오염원은 공장, 가정, 축사 등으로서 오염발생 장소가 명확하여 관로를 통해 오염물질을 수집할 수 있는 배출원을 말하고, 비점오염원은 도시지역, 도로, 농지, 산지, 공사장 등으로서 불특정 장소에서 수질오염물질을 배출하는 배출원을 말한다. 기타 오염원은 엄밀하게는 점오염원이나, 법적으로 점오염원과 비점오염원으로 관리되지 않는 오염원으로서 수산물 양식시설, 골프장, 폐차장, 금은 세공시설, x-ray시설 등을 말한다[21].

다. 물의 자정작용(自淨作用)과 수질오염

수질오염물질이 공공수역에 유입되더라도 바로 심각한 수질오염이 발생되지는 않는다. 물

20) 물 수요가 늘어 공공수역의 수량이 적어지거나 수질오염물질의 양이 증가하면 수질은 악화된다.

21) 수질 및 수생태계 보전에 관한 법률 제2조

의 자정작용이 있기 때문이다. 자정작용은 수중에 오염물질이 유입될 경우 물이 자연적으로 원래의 상태로 복원되려고 하는 기능, 즉 물의 자연적 정화 기능을 말한다.

수계내의 자정작용이 일어나는 메커니즘은 물리적, 화학적, 생물학적 작용으로 구분할 수 있다. 첫째 물리적 자정작용은 수질오염물질이 희석, 확산, 혼합, 침적, 흡착, 여과 등에 의해 오염 농도가 감소하거나, 폭기에 의해 산화가 촉진되는 현상을 말한다. 둘째, 화학적 작용의 경우 수중에 용해된 산소에 의해 오염물질이 산화·분해되고 이때 발생하는 탄산가스가 물의 pH를 높여 수산화물 생성이 촉진되면 자연적으로 응집이 진행된다. 마지막으로 생물학적 작용은 미생물에 의해 호기성 조건하에서 오염물질의 산화가 일어나는 것을 말한다. 용존산소(DO), 온도, pH, 햇빛 등 주요 조건이 충족되면 미생물이 더욱 활성화되어 자정작용이 크게 일어난다.

표 4.10 수질오염물질의 종류

번호	수질오염물질	번호	수질오염물질
1	구리와 그 화합물	25	카드뮴과 그 화합물
2	납과 그 화합물	26	크롬과 그 화합물
3	니켈과 그 화합물	27	불소화합물
4	총 대장균군	28	페놀류
5	망간과 그 화합물	29	황과 그 화합물
6	바륨화합물	30	유기인 화합물
7	부유물질	31	6가크롬 화합물
8	브롬화합물	32	테트라클로로에틸렌
9	비소와 그 화합물	33	트리클로로에틸렌
10	산과 알칼리류	34	폴리클로리네이티드바이페닐
11	색소	35	벤젠
12	세제류	36	사염화탄소
13	셀레늄과 그 화합물	37	디클로로메탄
14	수은과 그 화합물	38	1, 1-디클로로에틸렌
15	시안화합물	39	1,2-디클로로에탄
16	아연과 그 화합물	40	클로로포름
17	염소화합물	41	생태독성물질(물벼룩 기준)
18	유기물질	42	1, 4-다이옥산
19	유기용제류	43	디에틸헥실프탈레이트(DEHP)
20	유류(동·식물성을 포함한다)	44	염화비닐
21	인화합물	45	아크릴로니트릴
22	주석과 그 화합물	46	브로모포름
23	질소화합물	47	퍼클로레이트
24	철과 그 화합물	48	아크릴아미드

(자료 : 수질 및 수생태계 보전에 관한 법률 시행규칙 제3조)

물의 자정능력을 오염물질의 등가량으로 환산한 용량이 수계의 환경용량이 된다. 환경용량을 추산하는 것은 매우 어려운 일인데, 대상 유역의 크기, 강우량·수량 및 유속·수심 등과 같은 수리·수문학적 요소와 수중 미생물과 먹이사슬 등의 생태학적 요소, 지형 및 지질학적 요소, 일사량·풍속과 같은 기상학적 요소 등 다양한 변수들로 용량을 추산한다. 자연적인 복원능력인 자정능력을 초과하여 수질오염물질이 유입되는 경우 이에 상당하는 양만큼 물은 오염되는 것이다.

표 4.11 특정수질유해물질의 종류

번호	특정수질유해물질	번호	특정수질유해물질
1	구리와 그 화합물	14	벤젠
2	납과 그 화합물	15	사염화탄소
3	비소와 그 화합물	16	디클로로메탄
4	수은과 그 화합물	17	1, 1-디클로로에틸렌
5	시안 화합물	18	1, 2-디클로로에탄
6	유기인 화합물	19	클로로포름
7	6가크롬 화합물	20	1, 4-다이옥산
8	카드뮴과 그 화합물	21	디에틸헥실프탈레이트(DEHP)
9	테트라클로로에틸렌	22	염화비닐
10	트리클로로에틸렌	23	아클릴로니트릴
11	페놀류	24	브로모포름
12	폴리클로리네이티드바이페닐	25	아크릴아미드
13	셀레늄과 그 화합물		

(자료 : 수질 및 수생태계 보전에 관한 법률 시행규칙 제4조)

라. 수질오염 지표

사회·경제활동으로 발생된 물질에 의해서 하천, 호소, 해양 등의 수질이 자연상태 수준 이상의 물질농도가 되었거나, 혹은 물질 성분비가 변화하여 정상적인 물의 환경기능이 저해되어 지는 것을 수질오염이라고 부르며, 이와 같은 상태를 나타내는 지표가 수질오염지표이다. 수질오염지표에는 화학적 지표, 물리적 지표, 생물학적 지표, 감각지표 등이 있다. 이들의 지표로는 각각 평가기준이 설정되어 있으며, 그 기준과 지표를 이용해서 얻어진 결과를 조합하여 수질오염의 정도를 판정한다.

1) 수소이온농도(pH)

pH는 물의 산성도를 측정하는 척도이며, 용액 1L 중에 존재하는 수소이온농도 값의 역수에 상용대수로 표현한다.(pH = $\log_{10}[1/(H^+)]$ = $-\log_{10}[H^+]$) pH가 7이면 중성, 그 이상은 알칼리성, 그 이하는 산성을 나타내는데, pH가 지나치게 높거나 낮으면 미생물 등 수생생물의 생존에 영향을 미치게 되며, 이로 인해 물의 자정능력과 수질에 영향을 미치게 된다.

표 4.12 수질오염 지표의 종류

지 표	종 류
화학적 지표	pH, 생물화학적 산소요구량, 화학적 산소요구량, 암모니아성 질소, 아질산성 질소, 질산성 질소, 인산성 인, 수은, 카드뮴, 6가크롬, 비소, PCB 등의 화학물질 혹은 간접적으로 이들의 존재를 나타내는 것
물리적 지표	수온, 물색, 투명도, 탁도, 미입자 농도 등
생물학적 지표	일반세균, 대장균군, 장내세균, 비루스, 그밖에 여러 가지 수생생물의 현존량, 군집구성상태 등
감각 지표	냄새, 맛 등의 인간의 감각을 기준으로 한 것

2) 용존산소(DO : Dissolved Oxygen)

DO란 수중에 용해되어 있는 산소를 의미하며 물의 유용성을 나타내는 중요한 지표로 사용된다. 일반적으로 20℃, 1atm의 대기에서 순수의 DO는 9ppm에서 포화상태에 이르게 되며, 염류의 농도가 높을수록 감소하고 수온이 낮거나 기압이 높을수록 증가한다. DO가 2ppm 이상이면 악취의 발생은 없고, 물고기의 생존에 필요한 허용한도는 약 5ppm이다. 생물학적 자정작용의 주요 메커니즘인 호기성 미생물의 호흡 대사에 영향을 미치는 주요 인자이기 때문에 주요한 수질지표로 사용된다. 용존산소의 임계점을 결정하는 요인으로 수온, 유입되는 BOD 양, 하천의 유량 및 유속 등을 들 수 있다.

3) 생물화학적 산소요구량(BOD : Biochemical Oxygen Demand)

BOD는 어떤 유기물을 미생물에 의하여 호기성상태에서 분해, 안정화시키는데 요구되는 산소량을 ppm단위로 표시한 것이다. 통상 20℃에서 5일간 어두운 곳에서 배양했을 때유기물을 산화시키는 데 필요한 산소의 양으로 표시된다.(BOD_5) 수중에 존재하는 분해 가능한 유기물질의 간접적인 정량 지표로써 대표적인 수질오염 지표이다. 유기물질이 유입되면 용존산소의 소모를 가져와 혐기성 생성물인 H_2S, NH_3, CH_4 등이 생성된다. 탄수화물을 호기성 조건에서 미생물에 의해 분해시키는데 소비되는 산소량을 CBOD라 하며, 7～10일 후에 질소화합물의 분해에 의한 산소소비곡선을 NBOD 또는 NOD라 부른다.

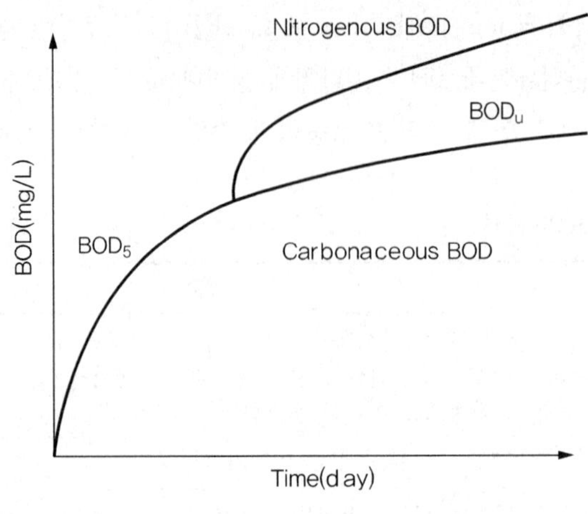

그림 4.4 BOD 곡선

4) 화학적 산소요구량(COD : Chemical Oxygen Demand)

COD는 수중의 피산화물을 산화제($KMnO_4$, $K_2Cr_2O_7$)를 이용하여 화학적으로 산화시킬 때 소비되는 산소량을 ppm 단위로 표시한 것으로서 BOD_5와 함께 폐수의 유기물의 함유 정도를 측정하는 중요한 척도이다. 측정법에 따라 COD_{cr}과 COD_{mn}으로 구분한다. BOD의 경우 미생물을 이용해서 산소요구량을 실험하기 때문에 미생물도 난분해성 물질을 분해하지 못하나 화학약품을 사용하면 이러한 물질도 분해 가능하기 때문에 통상 COD가 높게 나온다. 산화제중 과망간산칼륨은 유기물의 60% 정도를 분해하고 중크롬산 칼륨은 약 80%를 분해하므로 COD 값을 나타낼 때는 사용한 산화제를 명시하여 COD_{cr} 또는 COD_{mn}으로 표시하여야 한다.

5) 부유물질(SS : Suspended Solids)

SS는 크기가 0.1μm 이상인 현탁상태의 고형물을 말한다. SS는 물의 탁도와 색도를 유발하는 원인물질로서 빛의 투과량을 감소시켜 수생식물의 광합성을 저해하기 때문에 수질 관리의 물리적인 지표로 주요 사용된다. 가정하수의 SS는 200mg/L 정도이고, 도시하수의 증발잔류물은 1,000mg/L 정도이다.

6) 총유기탄소(TOC : Total Organic Carbon)

TOC는 수중에 유기적으로 결합한 탄소의 합을 말하며 일반적으로 수계에서는 DOC(용존성유기탄소 : issolved Organic Carbon)와 POC(입자성유기탄소 : Particulate Organic Carbon)의 합을 말한다. 휘발성 유기탄소(VOC)는 하천, 호소에 미미하게 존재하기 때문에 무시된다. 1980년대부터 하천, 호소의 유기성 오염도를 파악하는데 있어 전통적인 측정방법인 BOD, COD 만으로는 정확한 오염원인 분석이 어렵다는 문제가 제기되었고, 종합적인 수질오염 상태를 TOC가 가장 정확하게 나타내게 된다는 과학적 결과들이 도출되었다. 독일, 미국, 스위스 등에서는 수질관리 지표로 TOC를 사용하고 있으며 일본도 최근 TOC를 도입하였다. 우리나라도 하천, 호소에서 고분자 유기성 오염물질의 현황을 파악하기 위하여 총유기탄소(TOC = POC + DOC)로 평가된 지표 도입을 서둘러야 할 것이다.

7) 알칼리도(Alkalinity) 및 산도(Acidity)

알칼리도는 물속에 함유되어 있는 탄산, 광산, 유기물의 산성분을 중화하는 데 필요한 알칼리 성분을 이에 대응하는 탄산칼슘을 환산하여 ppm 단위로 표시한 것으로, 폐수처리시 적정 pH 조건을 유지시키며, 물의 연수화 과정에서 석회, 소다회 주입량 계산, 응집과정에서 응집제 주입시 적정 pH 유지 등에 이용된다. 산도는 수계에 알칼리의 유입시 이를 중화시킬 수 있는 능력을 의미하는 것으로 산도 유발 물질로는 SO_4^{2-}, SiO_3^{2-}, Cl^-, NO_3^- 등이 있다.

8) 총질소(TN : Total Nitrogen) 및 총인(TP : Total Phosphorus)

TN, TP는 주로 음식물 찌꺼기, 분뇨, 합성세제 등으로부터 유입되며, 식물이 생장하는데 필수적인 영양소로 알려져 있다. 때문에 공공수역에서 조류(藻類)가 성장할 우려가 있는 단계인 부영양화를 유발하는 주요 원인물질이다. 아울러 질소의 경우 산화과정에서 수중의 용존산소를 다량 소모할 뿐 아니라 아질산염은 물고기와 수중생물에 매우 유독하고, 인체에서는 헤모글로빈과 결합하여 갈색의 메트레모글로빈을 형성하는데 이는 6세 이하의 유아에게 잘 나타나는 청색증의 원인이 되는 것으로 알려져 있다.

9) 중금속

중금속에는 이따이이따이병을 일으키는 카드뮴(Cd, Cadmium), 미나마타병의 원인물질인 수은(Hg, mercury), 2000년대 후반 팔당 상수원 상류의 하이닉스 공장 증설 허용 문제로 논란이 있었던 구리(Cu, Copper), 독성이 강한 비소(As, Arsenic) · 시안(CN, Cyanogen), 그 밖에 납(Pb), 6가크롬(Cr^{6+}), 아연(Zn), 불소(F), 망간(Mn), 철(Fe) 등이 있다.

10) 경도(Hardness)

경도는 물속에 용해되어 있는 Ca^{2+}, Mg^{2+} 등의 2가 양이온 금속이온에 의하여 발생하며, 이에 대응하는 $CaCO_3$으로 환산하여 나타낸 값을 의미하며 황산염, 질산염, 염화물 등과 같이 끓일 때 침전되지 않는 Ca 및 Mg염에 의한 경도($CaCl_2$)인 영구 경도와 중탄산염과 같이 끓일 때 침전 제거되는 Ca 및 Mg염에 의한 경도[$Ca(HCO_3)_2$]인 일시 경도로 분류된다. 경수는 보일러, 온수관 등의 설비에 장애를 일으키며 열효율을 떨어뜨리며, 위생적인 면에서 경도가 높은 물을 마실 때는 설사, 복통을 유발한다.

11) 대장균군

대장균군은 보통 사람의 장내에 기생하는 세균의 일종으로 유당을 분해하여 산과 가스를 생성하는 호기성균이다. 이 균이 검출되면 분뇨에 의한 오염을 의심할 수 있는데, 만일 대장균이 물에서 다량 검출된다면 그 물에는 감염된 개체에서 배출된 세균이 있다는 것을 알 수 있다. 일반적으로 콜레라나 장티푸스 등과 같은 병원균보다도 수중에서 생존력이 강한 것으로 알려져 있기 때문에 대장균이 검출되지 않을 경우 이러한 병원균은 거의 존재하지 않는다고 간주하여 분변성 오염의 지표로 이용되고 있다. 즉, 대장균군 자체의 독성은 무시할 수 있을 정도로 낮으나 대장균군이 검출되면 콜레라, 장티푸스, 이질 등 수인성 전염병의 존재 가능성을 간접적으로 알 수 있다. 대장균군의 수는 MPN(Most Probable Number)으로 표시하며 음용수에서는 100/mL 이하여야 한다.

12) 색도(Chromaticity) 및 탁도(Turbidity)

색도는 색의 정도를 표시하는 것으로 백금 1mg을 포함한 색도표준액을 증류수 1L 중에 용해시켰을 때의 색상을 1도라 한다. 물은 원래 무색이지만 수층이 깊으면 빛의 분산으로 푸른색으로 보인다. 그러므로 물의 색도가 높으면 수층이 두꺼운 것으로 볼 수 있다. 원수 착색의 최대 원인은 humic substance에 의한 것으로 식물의 부패, 분해로 생기며 콜로이드로 착색된다. 국내 수도수의 기준은 5도 이하인데 자연물질에서 유래되는 색도물질은 독성이나 유해성을 가졌다기보다는 미관상의 문제로 소비자에게 혐오감을 줄 수 있기 때문에 정한 것으로 볼 수 있다.

탁도는 물의 탁한 정도를 나타내며 빛의 통과에 대한 저항도로서 표준단위로는 1mg/L SiO_2이다. 약품침전 시에 탁도가 너무 낮으면 플럭의 형성이 어렵고, 너무 높아 1,000도를 넘을 경우는 약품처리가 곤란하게 된다. 혼탁이 되어 있으면 세균이 탁질의 피막에 싸여서 염소소독 시에도 죽지 않으므로 탁도가 높은 물에 주의하여야 한다. 수돗물의 탁도기준은 2도 이하이다.

4.3.2 수질오염 현황 및 변화추이

가. 4대강 주요지점의 수질변화

1990년대 이후 정부대책의 목표는 BOD를 기준으로 주로 설정하여 공공수역의 BOD농도는 전반적으로 감소하고 있으나, COD 농도는 화학물질 사용 증가, 난분해성 오염물질의 증가 등으로 개선정도가 미흡하거나 수계에 따라 오히려 증가하고 있다. 또한 녹조발생의 주요 원인물질인 총인의 오염도는 전반적으로 완만한 증가세를 보이고 있다. 4대강 대표지점의 수질 변화추이는 그림 4.5와 같다.

하천별로 보면 그림 4.6과 같이 오염원이 거의 없는 상류지역에서는 좋은 수질을 유지하다가 대구시(낙동강), 광주시(영산강)와 같이 도시 밀집지역을 통과하면서 수질이 악화되고 이후 서서히 회복되는 추이를 보인다.

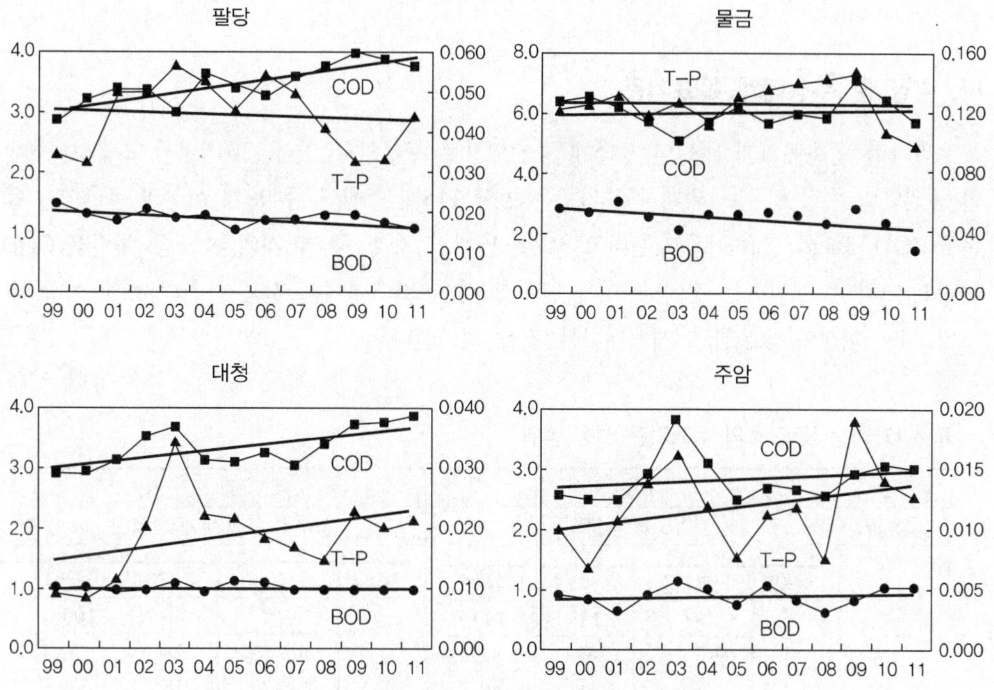

그림 4.5 4대강 주요지점 수질변화 추이

(자료 : 환경부, 2012, 환경백서 2012)

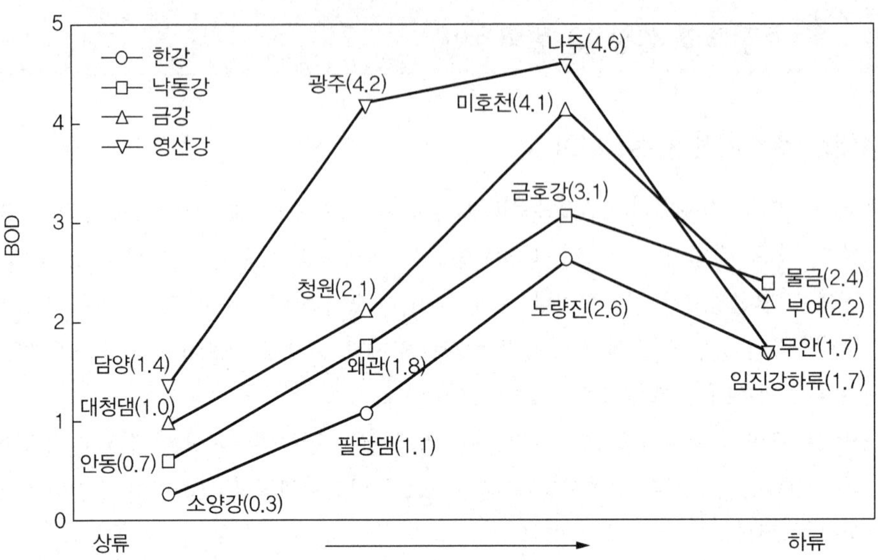

그림 4.6 4대강 수계별 수질 변화

나. 수질 및 수생태계 목표기준

우리나라 수계는 4개 대권역, 115개 중권역으로 구분하고 있다. 2015년까지 달성하여야 할 중권역별 수질 및 수생태계 목표기준은 전체 115개 중권역 중 98개 이상의 중권역을 좋은물(BOD 3mg/L 이하)로 개선하고 또한 49개의 호소 중 46개의 호소를 좋은물(COD 4mg/L 이하)로 개선하는 것이다. 이를 달성할 경우 2015년에는 전국 하천의 85% 이상, 호소의 94% 이상이 좋은물로 개선된다는 것을 의미한다.

표 4.13 하천 및 호소의 목표기준 설정 범위

구분	하천				호소			
설정범위	115개 중권역				상수원 중심의 49개 호소			
목표기준	권역명	목표기준	중권역수	비율(%)	권역명	목표기준	호소수	비율(%)
	전국	계	115	100	전국	계	49	100
		매우좋음	37	32		매우좋음	26	53
		좋음	46	40		좋음	16	33
		약간좋음	15	13		약간좋음	4	8
		보통	14	12		보통	3	6
		약간나쁨	3	3		약간나쁨	0	0
		나쁨	0	0		나쁨	0	0
		매우나쁨	0	0		매우나쁨	0	0

다. 좋은물 달성율

1) 하천

2011년도 수질평가결과, 수질조사 대상인 전국 114개[22] 중권역 중 93개 중권역이 '좋은물'에 해당되었다. 이는 전체 중권역의 약 82%에 해당하는 것으로 2015년 좋은물 목표기준인 85% 대비 96%의 목표 달성도를 나타내었다.

4대강 권역별로 살펴보면, 한강은 28개 중권역 중 25개의 중권역이 '좋은물'로 평가(85.7%)되어 2015년 목표를 약 7% 초과하여 달성하였으며, 낙동강의 경우에는 33개 중권역 중 29개, 금강은 22개 중권역 중 15개, 영산강은 31개 중권역중 24개의 중권역이 '좋은물'로 평가되었다. 이러한 평가방식은 BOD 지표 기준으로 나타낸 것으로 수질오염 처리 인프라가 상당한 수준으로 구축된 현시점에서는 수질개선 정도를 나타내는 데 미흡하다. 향후 유해물질이나 난분해성 물질, 부영양화 오염물질 등의 저감정도를 나타낼 수 있는 평가방식이 필요하다.

표 4.14 하천에서의 좋은물 달성 현황(대권역별)

대권역	전체 중권역수	2015년 좋은물 목표기준		좋은물 달성현황		목표달성 진척도(%)
		중권역 수	비율(%)	달성/중권역	비율(%)	
총 계	115	98	85.1	93/114	81.6	95.9
한 강	28	23	82.1	25/28	89.3	108.8
낙동강	33	29	87.9	29/33	87.9	100.0
금 강	22	16	72.7	15/22	68.2	93.8
영산강	32	30	93.8	24/31	77.4	82.5

(자료 : 환경부, 2012, 환경백서 2012)

2) 호소

2011년 호소 수질평가결과, 전국 주요 호소 49개중 32개 호소가 '좋은물'에 해당(65.3%)되어 2015년 좋은물 목표(94%) 대비 약 70%의 목표달성 진척도를 나타내었다.

한강권역의 경우 13개 호소 중 11개의 호소가 '좋은물'로 평가(84.6%)되었고, 낙동강권역은 14개 호소 중 8개(57.1%), 금강권역은 10개 호소 중 5개(50%) 영산강은 12개 호소 중 8개(66.7%)의 호소가 각각 '좋은물'로 평가되었다. 그러나 대부분의 호소에서 녹조가 수시 발생되는 등 수질개선 효과를 체감하기 힘든 상태로 기존의 수질 오염 지표로 수질상태를 평가하는 것은 한계가 있다.

22) 제주도의 1개 중권역은 연중 대부분 기간이 건천으로서 수질측정망을 운영하고 있지 않다.

표 4.15 호소에서의 좋은물 달성 현황(대권역별)

대권역	주요 호수 수	2015년 좋은물 목표기준		좋은물 달성현황		목표달성 진척도(%)
		호소 수	비율(%)	달성/호소수	비율(%)	
총 계	49	46	93.9	32/49	65.3	69.5
한 강	13	12	92.3	11/13	84.6	91.7
낙동강	14	14	100.0	8/14	57.1	57.1
금 강	10	8	80.0	5/10	50.0	62.5
영산강	12	12	100.0	8/12	66.7	66.7

(자료 : 환경부, 2012, 환경백서 2012)

라. 수질오염물질 발생량

발생원별 수질오염물질 발생량을 전국 4대 수계권역으로 구분하면 표 4.16과 같다. BOD 기준으로 2007년에 총 1,358톤/일이 발생하였다.

표 4.16 수질오염물질 발생량(2010년 기준) (단위 : 톤/일, (%))

구분	합계	점오염원			비점오염원	기타 오염원
		생활하수	가축분뇨	산업폐수		
전국	1,358(100)	156(11.5)	321(23.6)	55(4.0)	680(50.1)	147(10.8)
한강권역	420(100)	48(11.5)	85(20.2)	27(6.5)	230(54.6)	30(7.2)
낙동강권역	367(100)	47(12.9)	102(27.7)	8(2.1)	195(53.1)	16(4.2)
금강권역	294(100)	34(11.5)	83(28.2)	9(3.0)	134(45.4)	35(11.9)
영산강권역	276(100)	26(9.5)	51(18.6)	11(3.9)	122(44.1)	66(23.9)

(자료, 환경부, 2007년말 기준 전국 수질오염원 조사결과)

4.3.3 수질오염 측정 관리체계

수질보전정책의 첫걸음은 공공수역의 수질상태를 정확하게 진단하는 것이다. 신뢰성 있는 방법으로 수질을 주기적으로 측정하고 공공수역의 수질상태를 평가해야만 수질을 개선하기 위한 대상유역과 대책을 마련할 수 있기 때문이다. 현재 우리나라의 수질 관련 측정망 체계를 살펴본다.

가. 측정망 체계

수질을 본격적으로 측정하여 관리하기 시작한 시기는 1990년대 초반부터이다. 1990년 초반 잇달아 발생한 수질오염사고를 계기로 1994년에 마련된 4대강 수질관리개선대책에 따라 수질분석 장비를 확충하기 시작하였다.

수질오염측정망은 다양하다. 가장 기본적인 수질측정망은 수질 및 수생태계 보전에 관한 법률 제9조(상시측정 및 수질·수생태계 조사)에 따라 전국 하천과 호소 1,476개소에 설치되어 있으며, 우리나라의 공식적인 수질 데이터를 생산하는 측정망으로 활용되고 있다. 그 외에도 2000년대부터 시행되고 있는 4대강 총량관리 제도를 운영하기 위해 설치한 총량관리 측정망과 수질오염을 실시간으로 감시하기 위해 설치한 자동측정망, 지하수 수질오염을 측정하기 위한 지하수 측정망이 있다. 그 밖에도 수생태계 건강성 조사, 하천 퇴적물 측정망 등 새로운 측정망이 구축되고 있다.

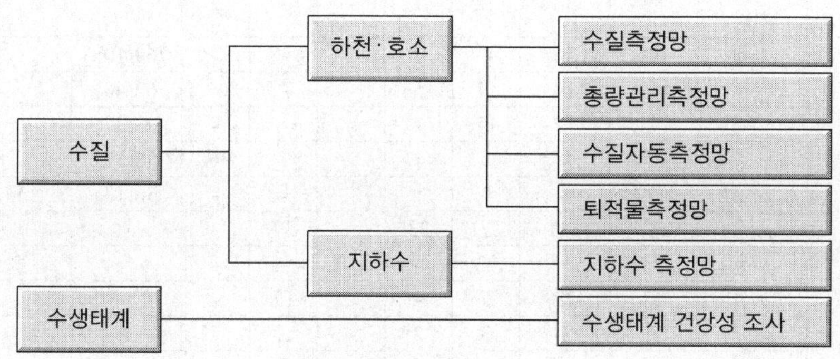

그림 4.7 측정망 체계도

나. 수질측정망의 구성

수질측정 지점은 하천·호소의 주요 수질관리 필요지점, 상수원수 및 농업용수 취수지점, 배출업소 관리를 위한 공단배수 지점을 선정하는 것을 기본으로 하며, 양호한 수질상태 유지를 위하여 보전하여야 할 지점, 수질변화 상태 및 오염추세를 파악하기 위한 지점, 수체(Water body)에 유입되는 오염물질 및 그 영향을 파악하기 위한 지점, 담수와 해수의 혼합지점에서 담수에 의한 오염부하량을 파악 할 수 있는 지점을 선정하여 측정한다.

상수원수의 조사항목, 조사횟수 및 시기는 상수원관리규칙에 규정되어 있다. 하천유량이 적을 때 또는 계절적 변동이 심하거나 기타 오염물질 유입량 변화가 심하다고 판단될 때, 호소수의 전도현상이 발생하는 시기에는 조사 횟수를 증가시킨다.

표 4.17 측정망 세부구성현황

구분		계	일반측정망						총량 측정망 (일반병행)	자동 측정망	퇴적물 측정망	
			소계	하천	호소	농업 용수	도시 관류	공단 배수			하천	호소
계		2,188	1,675	574	189	805	37	70	269 (105)	67	177	-
환경청	소계	448	381	230	81	-	-	70	-	67	-	-
	한강유역	69	56	31	7	-	-	18	-	14	-	-
	낙동강 유역	42	35	18	2	-	-	15	-	6	-	-
	금강유역	70	58	30	20	-	-	8	-	12	-	-
	영산강 유역	66	59	32	19	-	-	8	-	8	-	-
	원주지방	95	86	57	24	-	-	5	-	8	-	-
	대구지방	67	51	40	2	-	-	9	-	17	-	-
	새만금 지방	39	36	22	7	-	-	7	-	2	-	-
4대강 물환경 연구소	소계	496	50	43	7	-	-	-	269(105)			
	한강	119	16	11	5	-	-	-	62(48)			
	낙동강	171	17	17	-	-	-	-	93(27)			
	금강	104	9	8	1	-	-	-	58(17)			
	영산강	102	8	7	1	-	-	-	56(13)			
시·도	소계	331	331	271	23	-	37	-	-	-	-	-
	서울	23	23	23	-	-	-	-	-	-	-	-
	부산	22	22	5	-	-	17	-	-	-	-	-
	대구	7	7	3	2	-	2	-	-	-	-	-
	대전	17	17	14	-	-	3	-	-	-	-	-
	인천	4	4	2	-	-	2	-	-	-	-	-
	광주	4	4	2	2	-	-	-	-	-	-	-
	울산	20	20	16	-	-	4	-	-	-	-	-
	경기	70	70	52	18	-	-	-	-	-	-	-
	강원	19	19	19	-	-	-	-	-	-	-	-
	충북	33	33	33	-	-	-	-	-	-	-	-
	충남	29	29	29	-	-	-	-	-	-	-	-
	전북	20	20	15	-	-	5	-	-	-	-	-
	전남	13	13	13	-	-	-	-	-	-	-	-
	경북	10	10	10	-	-	-	-	-	-	-	-
	경남	40	40	35	1	-	4	-	-	-	-	-
	제주	-	-	-	-	-	-	-	-	-	-	-
한국수자원공사		108	108	30	78	-	-	-	-	-	-	-
한국농어촌공사		805	805	-	-	805	-	-	-	-	-	-

※ 4대강 물환경연구소는 국립환경과학원 소속기관이다.
(자료 : 환경부, 2013, 수질측정망 운영계획)

표 4.18 측정망별 조사항목, 횟수, 시기

구 분		조 사 항 목	조사횟수	시기 (월)	비 고 (선정기준)
하천수 (도시 관류 포함)	일반 측정망	pH, DO, BOD, COD, TOC, SS, 총질소, NH_3-N, NO_3-N, 총인, 수온, 페놀류, 전기전도도, 분원성대장균군수, 총대장균군수, DTN, DTP, PO_4-P, 클로로필a	12회/년 (48회/년)	매월	하천수질 환경기준 및 하천보호상 필요한 항목
		Cd, CN, Pb, Cr^{6+} As, Hg, ABS, 안티몬	4회/년 (12회/년)	3,6,9, 12월	
		TCE, PCE, 사염화탄소, 1,2-디클로로에탄, 디클로로메탄, 벤젠, 클로로포름	2회/년	3,9월	
		PCB, 유기인, 디에틸헥실프탈레이트(DEHP)	1회/년	7,10월	
	총량 측정망	수온, pH, DO, 전기전도도, BOD, COD, SS, 총질소, 총인, TOC	1회/ 평균8일	연간 36회 이상	수질오염 총량관리 항목
		유량			
호소수		pH, DO, BOD, COD, TOC, SS, 총질소, DTN, NH_3-N, NO_3-N, 총인, DTP, PO_4-P, 수온, 페놀류, 전기전도도, 클로로필a, 투명도, 분원성대장균군수, 총대장균군수	12회/년	매월	호소수질 환경기준 및 호소수질 변화 파악 항목
		Cd, CN, Pb, Cr^{6+}, As, Hg, ABS	4회/년	3,6,9,12월	
		TCE, PCE, 사염화탄소, 1,2-디클로로에탄, 디클로로메탄, 벤젠, 클로로포름	2회/년	3,9월	
		PCB, 유기인	1회/년	7월	
농업용수		pH, DO, BOD, COD, TOC, SS, 총질소, 총인, 수온, Cu, Pb, Cd, As, Hg, Cl^-, 전기전도도	4회/년	2,5,8, 10월	농업용수 환경기준 및 수질변화 파악 항목
공단배수		pH, DO, BOD, COD, SS, 수온, 전기전도도	24회/년	매월 2회	폐수배출허용기준 및 방류수수질 기준 항목
		Cd, CN, Pb, Cr^{6+}, As, Hg, Cu, Zn, Cr, F, ABS, 색도, 총질소, 총인, 페놀, N-헥세인, 용해성Mn, 용해성Fe, 총대장균군수 ※ 색도항목은 염색폐수 배출된 지점에 한함	12회/년	매월	
		유기인, PCB, TCE, PCE, 사염화탄소, 1,2-디클로로에탄, 디클로로메탄, 벤젠, 클로로포름	1회/년	11월	

※ 조사횟수 란의 ( )는 하천 및 금호강의 주요지점에 대한 조사횟수임
(자료 : 환경부, 2011, 수질측정망 운영계획)

다. 자동측정망(TMS)

수질관리 업무를 효율적으로 수행하고 수질 오염사고 발생시 신속하게 대응 할 수 있는 조기경보체계를 구축하기 위하여 주요 상수원 및 하천에 수질자동측정망을 운영하고 있다. 측정항목 중 공통항목은 수온, pH, DO, EC(전기전도도), TOC로 총 5개 이며, 선택항목으로는 탁도, T-N, T-P, 암모니아성 질소, 질산성 질소, 인산염 인, 클로로필-a, VOCs(벤젠, 톨루엔, 자일렌, 에틸벤젠, 디클로로메탄, 사염화탄소, 1,1,1-트리클로로에탄, 트리클로로에틸렌, 테트라클로로에틸렌), 생물감시(물고기, 물벼룩, 미생물, 조류) 등이 있다.

표 4.19 자동측정망 설치현황 : 전국 60개소

구 분	설치수	한강	낙동강	금강	영산강
계	60	19	21	12	8
1995	2	-	성서, 고령	-	-
1996	9	양평, 가평, 경안천	왜관, 강창	미호천, 갑천	주암호, 나주
1997	6	구리	적포, 청암	대청호, 공주	서창교
1999	3	여주, 원주	-	부여	-
2001	1	평창강	-	-	-
2002	4	한탄강	성주, 칠서, 창암	-	-
2003	4	-	-	장계, 용담댐	황룡강,옥정호
2004	6	서상, 강천	남천, 해평, 진주, 예천	-	-
2005	4	의암호, 신천	-	현도, 옥천천	-
2006	5	충주	-	이원, 봉황천	구례, 탐진호
2007	3	-	상동, 칠곡, 풍양	-	-
2008	3	포천, 인제, 미산	-	-	-
2009	4	단양, 화천	봉화	-	동복호
2010	1	-	구미공단	-	-
2011	5	능서	신암, 회상,도개	남면	

(자료 : 환경부, 2011, 수질측정망 운영계획)

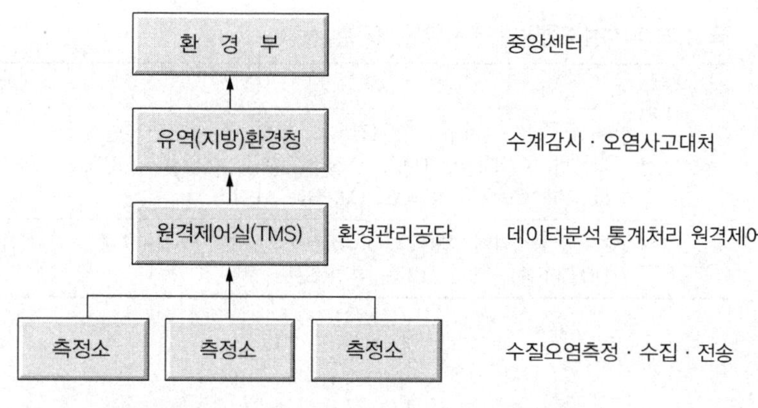

그림 4.8 자동측정망 시스템 구성도

라. 퇴적물 측정망

하상 퇴적물은 다양한 오염물질의 저장소로서 수질 및 수생태계의 건강성에 직접적인 영향을 미친다. 수질 및 수생태계 보전에 관한 법률 제9조(상시측정 및 수질·수생태계 조사)에 따라 퇴적물 오염영향 평가, 시·공간적인 변화 파악 및 퇴적물 관리목표 달성평가를 위해 퇴적물 측정망이 운영되고 있다. 퇴적물 측정망은 수질측정망과 연계·운영하여 퇴적물질에 대한 변화 상태를 모니터링하고 있다.

마. 지하수 측정망

지하수 수질의 현황과 수질변화 추세를 정기적으로 파악하여 지하수 수질보전정책 수립을 위한 기초자료로 활용하기 위하여 기존의 오염우심지역, 도시계획지역, 농림지역, 자연환경보전지역을 대상으로 측정망을 운영하고 있다. 상세한 내용은 4.11절에서 상술한다.

표 4.20 퇴적물 측정망 기관별 지점 수

기관 \ 측정망		총 계	퇴적물 측정망	
			하천(지점수)	호소(지점수)
총 계		177	177	-
연 구 소	소 계	177	177	2014년 구축
	한강물환경연구소	41	41	-
	낙동강물환경연구소	61	61	-
	금강물환경연구소	37	37	-
	영산강물환경연구소	38	38	-

표 4.21 퇴적물측정망별 조사항목, 횟수, 시기

구 분	조 사 항 목	조사횟수	시기(월)
하 천	수심, 수온, DO, pH, 전기전도도, 입도, 함수율, 완전연소가능량, CODsed, TOC, 총질소, 총인, 수용성인(SRP), Pb, Zn, Cu, Cr, Ni, As, Cd, Hg, Al, Li	2회/년	상반기 5～6월, 하반기 9～10월
호 소	하천항목 외에 투명도, PCBs(10동족체), PAHs(16종), DDTs(6종), VOCs(12종) 추가조사	1회/년	상반기 5～6월

4.4 수질보전정책의 주요 내용

4.4.1 정책수단별 추진대책

가. 통합유역관리체계 구축

유역이란 빗물이 하나의 수계로 모아지는 일정 영역을 지칭하며, 하천의 물이 모여서 흘러드는 주위의 지역으로 집수구역이라고도 한다. 유역은 주거지, 농장, 산림, 도시 지역으로 구성되고, 규모와 형태가 다양한 특징을 가진다. 유역규모와 형태에 따라 단위 지자체내에 포함되는 소규모유역에서부터 한강유역과 같이 대규모까지 다양하다. 유역은 'river basin' 혹은 'watershed'로 불리며, 유역의 크기와 특성에 따라 가장 큰 대유역(basin)에서 가장 작은 집수구역(catchment)까지 총 5단계로 분류하고 있다.

유역관리는 한정된 구역 내에서 물에 영향을 미치거나 물에 의하여 영향을 받는 모든 인간활동과 자연현상을 통합적으로 고려하는 것으로 유역 차원에서 물을 경제적이고 공평하게 관리·분배하고 수질·수생태를 최적의 상태로 유지하는 것이 유역관리의 목적이다.

선진국의 사례를 보면 1930년대 이후 1970년대까지의 유역관리는 대유역(river basin) 차원의 관리 형태로서 하향식(top-down) 방식을 위주로 추진되었다. 대유역 차원의 수자원관리는 전통적으로 지역의 경제개발 측면에서 물을 개발하고 분배하는 문제가 주요 관심사항이었다. 그러나 이러한 하향식 유역관리는 효과적인 주민참여를 제한하고 지역의 지식과 경험을 활용하기는 어렵다.

표 4.22 유역 관리 단위

유역 관리 단위	일반적인 규모(km^2)	불투수면에 의한 영향	관리사례
집수구역(catchment)	0.15～1.5	매우 강함	BMP 및 단지계획
단위유역(subwatershed)	2.5～25	강함	하천 구분 및 관리
소유역(watershed)	25～250	보통	유역에 기반한 지구설정
중유역(subbasin)	250～2,500	약함	대유역 계획
대유역(basin)	2,500～25,000	매우 약함	대유역 계획

1990년대부터 상향식(bottom-up) 방식인 소유역(watershed) 차원의 유역관리가 새로운 유역관리 형태로 발전되고 있다. 소유역 관리는 지역개발이나 수자원 개발이라는 차원보다 생태계 회복과 통합자원 관리의 차원에서 지속가능성에 중점을 두고 있다. 상향식 유역관리에는 지역현안에 관심이 많고 지역여건에 경험과 지식이 축적된 전문가와 지역주민이 광범위하게 참여하는 것이 매우 중요하다. 또한 하천유역을 효과적으로 관리하기 위해서는 경제개발 측면에서 수자원을 배분하는 공급 측면과 유역의 생태계 회복과 수질개선을 도모하는 지속가능성이 조화되어야 한다.

우리나라의 4대강 유역관리를 위한 대표적 의사결정 기구로서 다수의 지방자치 단체에 걸치는 유역을 효율적으로 관리하기 위하여 수계별로 설치된 수계관리위원회가 있다. 수계관리위원회는 환경부차관을 위원장으로, 수계별로 관계 시·도의 부시장·부지사, 한국수자원공사장, 지역 전문가 등을 위원으로 하여 구성된 공법인으로 다음사항에 대하여 협의·조정한다.

표 4.23 해외의 유역관리 정책과 비교

<table>
<tr><th rowspan="2">시대구분</th><th colspan="2">외국의 정책</th><th colspan="2">우리나라의 정책</th></tr>
<tr><th>관리이념</th><th>접근방법</th><th>관리이념</th><th>접근방법</th></tr>
<tr><td>1960년대 이전</td><td>종합적 개발식
하천관리</td><td>다목적 저수지
지역종합개발,
물＋토지관리</td><td rowspan="2">하천관리 유역개발</td><td rowspan="2">대규모 저수지·
댐 용수개발위주</td></tr>
<tr><td>1970년대～
1980년대</td><td>유역관리 도입</td><td>물환경 중시</td></tr>
<tr><td>1990년대 이후</td><td rowspan="2">통합수자원 관리</td><td rowspan="2">통합/수질·생태
관리, 소유역관리</td><td>유역관리개념 도입</td><td>통합적 유역관리
제도</td></tr>
<tr><td>2000년대 이후</td><td>수생태·수질 통합
관리</td><td>수생태복원제도</td></tr>
</table>

첫째, 수질개선을 위한 오염물질 삭감계획, 둘째, 물이용부담금의 부과·징수, 셋째, 수계관리기금의 운용·관리, 넷째, 토지매수, 다섯째, 주민지원사업 계획 및 민간수질감시활동의 지원에 관한 사항 등이다. 즉 주요 유역관리정책에 대하여 부시장·부지사가 관할지역 주민, 시민단체 등의 의견을 수렴하여 수계관리위원회에 참여함으로써 유역 주민들의 합리적인 의사가 반영되도록 하고 있다. 또한, 수계관리위원회는 유역 내 물문제 등에 대한 전문적인 자문을 위하여 주민·사회단체·전문가·업체대표들로 구성된 '자문위원회'를 운영하고 있다.

나. 입지규제형 사전오염 예방정책

1) 상수원 보호구역

상수원 보호구역은 취수원에 미치는 오염영향이 큰 지역을 대상으로 하며, 가장 강한 규제를 적용한다. 1961년 수도법의 제정으로 법적 근거를 마련한 상수원보호구역은 상수원[23) 수질을 각종 오염과 유해물질로부터 보호하여 국민에게 맑은 물을 공급하기 위해 지정된 취수원 상류의 일정한 구역을 말한다. 보호구역의 지정절차는 보호구역을 관할하는 시장·군수가 해당 시·도지사에 지정을 신청하고, 시·도지사는 타당성 여부를 검토한 후 지정한다. 전국에 321개소가 지정되어 있으며 면적은 1,447km^{2}에 달한다.

표 4.24 상수원보호구역 지정현황

보호구역수(개소)	지정면적(km^2)	취수능력(천톤/일)	거주인원(명)
321	1,447	22,762	37,144

(자료 : 환경부, 2012 환경백서)

상수원보호구역 내에서는 수질오염을 유발할 수 있는 대부분의 행위가 금지되어 있으며, 거주민에 한하여 100m^2 이하의 주택, 영농시설, 공공시설 등이 제한적으로 허용된다. 상수원보호구역 지정에 따른 주민들의 불만을 다소 해소 할 수 있도록 주민들에 대한 지원사업을 1996년부터 실시하고 있다. 주민지원사업은 상수원보호구역 안에 거주하거나 당해 구역 안에서 농림·수산업에 종사하는 자 및 상수원보호구역 지정으로 생계를 유지하기 어려운 보호구역 밖의 주민들을 대상으로 실시되며, 재원은 이익을 받는 수도사업자와 국고보조로 조성된다.

보호구역의 지정은 "상수원관리규칙" 제4조 1항에서 취수시설이 있거나 설치예정인 지역

23) 상수원이란 음용·공업용 등으로 제공하기 위해 취수시설을 설치한 지역의 하천·호소·지하수·해수 등을 말한다(수도법 제3조제2호).

중에서 설치할 수 있다고 규정하고 있으며, 제4조 2항에 의해 취수원이 하천인 경우 상류 4km이며 취수량, 수질 및 개발잠재력 등에 따라 ±3km를 가감할 수 있으며, 관할 시장 군수가 이를 시행하되, 2개 이상 자치단체에 걸치는 경우 등 특별한 경우에는 별도로 정하는 자가 관리하도록 규정하고 있다.

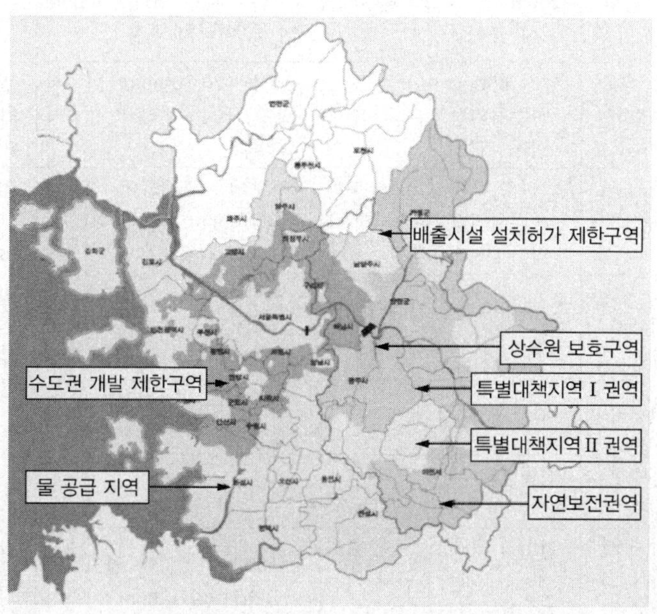

그림 4.9 팔당호 주변 주요 토지이용규제 현황도[24)]

(자료 : 최지용, 2012, 특별대책지역 내 개인하수처리시설 관리방안, 한국환경정책평가연구원)

2) 수질보전특별대책지역

환경정책 기본법에 따라 상수원 수질 개선을 위하여 수질보전특별대책지역을 지정할 수 있으며, 1990년 9월에 팔당호와 대청호 인근지역을 지정하였다. 팔당호 인근지역으로 남양주, 용인, 이천, 광주, 여주, 가평, 양평 7개 시·군의 약 2,100km^{2}가 특별대책지역으로 지정되어 있으며, 대청호 유역에는 대전광역시, 청원군, 보은군, 옥천군 등에 약 700km^{2}가 지정되어 있다.

특별대책지역은 오염물질이 정화되지 않고 상수원에 도달하는 비율을 의미하는 유달률에 따라 I·II권역으로 나뉘어 행위제한정도를 차등화하고 있다. 팔당지역에는 상수원보호구역, 특별대책지역, 수변구역제도가 복합적으로 시행되고 있는데 각 구역에 대한 대상지역과 행위제한 내용은 표 4.25와 같다.

24) 환경부, 2011, 팔당·대청호 상수원 수질보전특별대책지역 환경자료

표 4.25 팔당 상수원 주변 주요 토지이용규제 내용

구분	상수원 보호구역	특별대책지역		수 변 구 역
		I 권역	II 권역	
공 장	입지불허	- 특정수질유해물질 배출시설 불허. 다만, 위탁시 인정 - 200m^3/일 이상 폐수배출시설 불허	- 특정수질유해물질 배출시설 불허. 일부 예외인정 - 기타시설은 BOD 30ppm 이하 처리시 허용	- 입지불허
숙박업	입지불허	- 면적 400m^2 이상 불허 : 하수처리장 유입처리 시 입지 가능	- BOD 20(10)ppm 이하시 또는 하수 처리장 유입시 허용	- 입지불허 : 단, BOD 10ppm 이하 처리시 가능
식품 접객업	입지불허	- 연면적 400m^2 이상 불허 : 하수처리장 유입처리 시 입지 가능	- 규모에 관계없이 BOD 20(10)ppm 이하 처리시, 하수 처리장 유입시 허용	- 입지불허 : 단, BOD 10ppm 이하 처리시 가능
축산 시설	입지불허	- 허가대상시설 불허 - 신고시설은 입지가능	- 입지허용 : 단 BOD, SS 50ppm 이하 처리시 허용	- 입지불허 : 단, 퇴비화, 공공처리시 가능
양식장	입지불허	- 신규 입지 및 연장불허	- 신규 입지 및 면허기간 연장불허	-
유·도선업	무동력선 행위	- 신규면허·허가 불허 단, 주민교통목적 가능	- 입지가능	- 입지가능
일 반 건축물	주택(신축) (100m^{2}이하, 공공시설 제한적 허용)	- 연면적 800m^2 이상 불허 : 하수처리장 유입시 가능 - 공공복리시설은 BOD 20(10)ppm 이하시 가능	- 규모에 관계없이 입지허용 : BOD 20(10)ppm 이하시 허용	- 규모에 관계없이 입지허용 : BOD 10ppm 이하 처리
폐기물 처리 시설	입지불허	- 폐기물처리업 불가 : 생활폐기물, 도자기재생, 폐목재 처리시설 가능	- 좌동	-
골프장·연습장	입지불허	- 입지불허	- 2일 용량 저류지 구비 시 골프장 입지가능	-

(환경부, 2011, 팔당·대청호 상수원 수질보전특별대책지역에 관한 자료 요약)

3) 수변구역 제도

수변구역[25])은 하천 양안에 일종의 오염물질 완충지역(buffer-zone)을 설정하는 것으로 오

25) 수변구역이란 물의 가장자리로 여러 종류의 수생식물과 동물이 독특한 군락을 이루고 있는 부분을 말한다. 넓은 의미로는 물에 반복해서 잠기는 지역까지 포함하며, 더 폭넓은 의미로는 하천에 영향을 주거나 하천에 의해 영향을 받는 숲까지 이른다. 따라서 수변구역이란 일 년 중 일정 기간 동안 물을 담고 있는 지역과 육지 생태계 사이의 상호작용을 하는 곳이다. 우리나라는 1998년부터 팔당 등 한강상수원 수질을 개선하기 위한 특별대책을 수립하고 법률을 제정하여 수변구역을 지정해 왔으며, 주요 기능으로는 수질보전, 홍수조절, 지하수 보호가 있다.

염원 입지를 최대한 제한하고 자연정화 능력을 활용하는 수질관리제도이다. 우리나라는 1998년 이후 4대강 수질보전특별대책을 수립하면서 본격적으로 도입되었다. 수변구역 내에서는 음식점, 숙박시설, 목욕탕, 공동주택, 공장 및 축사 등의 신규 오염원 입지가 금지되며, 기존시설은 수변구역 지정 후 3년이 경과한 날부터 오수를 생물화학적 산소요구량(BOD) 및 부유물질량(SS)이 10ppm 이하가 되도록 처리하여 방류하여야 한다.

표 4.26 수변구역에서의 제한내용

구분	특별대책지역 내 수변구역	특별대책지역 외 수변구역
가축사육시설	설치금지	신고대상 규모이하 허용 (전량 공공처리장에서 처리 또는 자원화)
폐수배출시설	설치금지	설치금지
음식점·숙박시설·목욕탕	설치금지	허용(오수처리기준 10ppm)

한강수계의 경우 1999년 9월 팔당호, 남한강, 북한강 및 경안천의 양안 255km^{2}이 수변구역으로 처음 지정되었으며, 2011년 12월까지 4차례의 변경을 거쳐 190.2km^{2}로 조정되었다. 낙동강, 금강 및 영산강 수계의 경우에도 2002년 9월 상수원으로 이용하는 주요 댐, 하천 및 호소 주변지역이 수변구역으로 지정되었는데 낙동강수계는 8차례의 변경을 거쳐 338.4km^2, 금강수계는 2차례의 변경을 거처 372.8km^2, 영산강수계는 6차례의 변경을 거쳐 298.6km^{2}가 지정되어 있다.[26)]

4) 토지매수 제도

토지매수 제도는 수변구역 등 상수원 수질영향이 큰 지역과 수변생태계 복원에 필요한 지역의 토지나 건축물을 소유하고 있는 자와 협의하여 매수하는 제도이다. 각종 상수원관리지역 지정으로 행위가 제한되는 토지나 건물을 매수하여 공유화함으로써 수질오염원 증가를 억제함과 동시에 수변 완충녹지를 조성하여 상수원의 수질을 개선하고 수변생태계를 보호하는 것을 목적으로 하고 있다.

매수 대상토지는 "한강 등 4대강 수계 물관리 및 주민지원 등에 관한 법률"에 따라 상수원보호구역, 수변구역 및 상수원의 수질을 보전하기 위하여 필요한 지역의 토지 또는 그 토지에 부착된 시설이 해당된다. 매수한 토지를 하천생태계와 육상생태계를 연결하는 완충지

26) 수변구역은 기개발된 지역을 지정하기 어려워 주로 미개발된 지역을 지정함으로써 수질저감 효과가 적다는 비판이 있다. 그러나 미개발지역을 사전에 개발을 유보시킨다는 의미가 있으므로 제도효과는 오히려 크다. 앞으로 기개발지역중 오염부하가 큰 지역에 대한 단계적 지정방안을 검토할 필요가 있다.

대인 수변녹지(riparian buffer forest)로 복원하여 비점오염원 관리와 수원함양을 촉진시킴으로써 건강한 수생태계를 보전한다는 목적이다. 주로 생물서식지, 습지, 식생호안, 수림대 조성 등으로 조성하고 있다. 한강수계는 2000년부터, 나머지 3대강 수계는 2003년부터 토지매수를 시작하였으며, 2011년말 기준으로 1조 1,962억원을 투자하여 총 45,724천m^{2}의 토지를 매수하였다.

다. 수질오염 총량제

1) 도입 배경

수질오염물질의 배출총량을 제한하는 것은 최소한 현재상태의 수질상태를 유지한다는 것을 의미한다.[27] 총량제는 지역·유역 단위를 대상으로 하거나, 산업단지와 같은 특정배출원을 대상으로 할 수 있다. 우리나라에서는 행정관리상 불가피하게 지방자치단체 단위를 대상으로 도입하였다. 총량제는 관리하고자 하는 하천의 목표수질을 정하고 해당 유역에서 배출되는 오염물질의 양이 그 목표를 달성할 수 있는 기준치(허용총량) 이하가 되도록 관리하는 제도를 말한다. 전통적인 농도규제 방식이 개별 오염원을 관리할 수 있지만, 오염원이 밀집될 경우 해당 유역의 수질오염 총량이 급증하고 수질 악화 문제는 대응할 수 없었던 한계를 보완하기 위한 것이다.

우리나라의 경우 수계 특성상 하천의 환경기준 달성에 근본적인 한계가 있어 오염부하 절대량 증가를 적정하게 통제하기 위하여 1998년 수립된 "팔당호 등 한강수계상수원 수질관리특별종합대책"에서 총량제가 처음 도입되었다. 이후 낙동강, 금강, 영산강 종합대책에 반영되고 4대강 특별법에서 제도적으로 뒷받침되었다.

2) 총량제의 원리

수질오염 총량제의 기본원리는 먼저 현재 배출량과 목표연도의 예상배출량을 계산한 후 목표연도의 관리 목표수질을 결정한다. 그에 따라 오염물질의 총 배출할당량이 정해진다. 이때 현재 배출량과 추가예상 배출량을 합한 배출량이 총 배출할당량 보다 적어야 한다.

해당지역은 배출할당량을 초과해서 오염물질을 배출해서는 안되며, 할당량과 실제 배출량의 차이만큼 개발을 허용한다. 환경기초시설을 확충하는 등의 노력으로 오염물질을 많이 삭감할수록 지역이 개발할 수 있는 할당량은 늘어나게 된다. 이런 측면에서 수질오염 총량제

---

27) 배출허용기준을 준수하여 오염물질을 배출하더라도 총 폐수배출량이 많으면 오염물질의 양도 많아져 수질개선이 불가능해 지므로 배출총량을 제한해야 한다. 즉 총량제는 수용체인 수계에 들어가는 오염물질의 총량을 제한하는 것이다.

는 수질환경을 보전하면서 지역개발사업이 가능하도록 하는 제도이다.

표 4.27 오염 총량규제와 농도규제 제도의 비교

구분	총량 규제	농도 규제
규제방식	- 오염물질의 총량을 규제 (오염부하량 = 농도 × 폐수량)	- 오염물질의 농도를 규제 (농도 = 오염부하량/폐수량)
환경기준과의 관계	- 직접적인 관계 : 환경기준을 달성할 수 있는 부하량 이내로 총량할당	- 간접적인 관계 : 배출시설에만 환경기준에 따라 차등기준 적용
장점	- 규제효과가 높음 : 환경기준 준수 - 오염자간 형평성 유지 : 배출량에 따라 부담	- 기준설정이 용이 - 집행비용이 적음 : 순간 채수로 기준 준수 여부 확인
단점	- 허용 오염총량 설정 어려움 - 집행이 어렵고 고비용 : 일정 시간 간격으로 지속 채수, 확인	- 밀집지역에서는 오염심화 - 오염자간 형평성 논란 : 배출량에 관계없이 동일 농도기준 적용

(자료 : 환경부, 2010, 수질오염총량관리 업무편람)

수질오염 총량제를 도입한 지역에 대해서는 "환경정책기본법"에 따른 특별대책지역, "수도권 정비계획법"에 따른 자연보전권역 등에서 규정하고 있는 수질오염 발생시설에 대한 토지이용규제가 일부 면제되는 혜택도 주어진다. 한강수계의 팔당호 인근 7개 시·군 중에서 가장 먼저 수질오염 총량제도를 시행했던 A시가 수질보전과 지역발전을 동시에 추진하는 모습을 보여주면서 시장·군수의 판단에 따라 임의적으로 시행되던 한강수계 수질오염 총량제가 2013년부터 법률에 따라 의무적으로 시행해야 하는 의무제로 전환되었다.

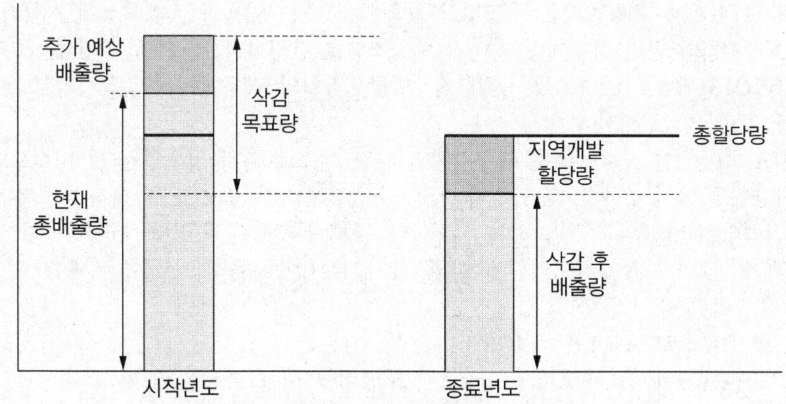

그림 4.10 수질오염 총량제의 개념도

표 4.28 의무제 오염총량관리제 시행시기

수계	시·도	시행시기
한강수계	서울·인천·경기	2013. 6월부터
	강원·충북·충남	2018. 6월부터(예정)
낙동강수계	광역시	2004. 8월부터
	시	2005. 8월부터
	군	2006. 8월부터
금강·영산강수계	광역시	2005. 8월부터
	대청·주암호 유역 군	2006. 8월부터
	기타 군	2008. 8월부터

(자료 : 환경부, 2012, 환경백서 2012)

참고자료 4.3 미국의 수질오염 총량관리 제도(TMDL)

1. TMDL 배경 : 미국의 수질관리 기본법인 청정수법(clean water act)의 303(d)조에 기존의 기술위주의 관리방법으로 수질환경기준을 달성할 수 없을 경우에는, 각 주정부는 이러한 수역을 선정하여 EPA의 감시 하에 엄격한 수질관리를 위한 수단으로 총량규제를 실시하도록 하고 있다.
2. TMDL 수립절차 : TDML의 계획 및 집행은 주 정부가, 승인은 환경보호청이 담당한다. 주 정부는 수질환경기준을 달성할 수 없다고 판단되는 수체를 선별하여 그 목록을 매 4년마다(2000년7월부터 2년에서 4년으로 변경) EPA에 보고하고 수질관리계획상 우선적으로 TMDL 개발이 필요한 수체를 선정한다. 선정된 수체에 대해서는 수질환경기준 달성을 위해 TMDL 계획을 수립한다. 해당 수체의 환경용량이 결정되면 배경부하량과 안전율을 고려한 부하량을 할당한다. 대상 오염물질은 해당 수역별로 수질환경기준을 초과하는 오염물질을 대상으로 하며 BOD, COD, T-N, T-P, 중금속 등 다양하다. TMDL의 유량조건은 특별히 표준화된 조건은 없으며 지역특성에 적합하게 선택한다. 점오염원의 경우에는 최악의 수질조건을 반영하기 위해 매 10년 빈도 7일 갈수량(7Q10) 및 높은 수온을 가정한다. 비점오염원의 경우에는 강우특성과 오염원 특성을 고려하여 결정한다.
3. TMDL 산정방법 : 주정부는 해당수체의 환경용량으로부터 점오염원 및 비점오염원의 부하량할당, 배경부하량 및 안전율 설정 등을 포함하는 TMDL을 산정하고 추진계획을 작성하여 EPA의 승인을 받아 시행한다. 부하량 할당은 목적에 따라 다양한 부하량 할당방법을 사용하나 점오염원에 대해서는 주로 일정분율 삭감법, 일정배출기준 설정법, 혼합법 등을 사용한다.

   ※ TMDL = WLA + LA + MOS
   WLA(Waste Load Allocation) : 점오염원에 대한 부하량 할당
   LA(Load Allocation): 비점오염원에 대한 부하량할당
   MOS(Margin of Safety) : 수질모델링등의 불확실성을 보정하여 수질 환경기준을

달성하기 위한 안전율

4. TMDL의 이행 : TMDL에 따라 기존의 수질관리계획을 변경하며, 수질환경기준 달성을 위해 배출시설허가를 제한하고, 비점오염원 관리를 시행한다. 점오염원은 배출허가(NPDES : National Pollutant Discharge Elimination System)를 통해 집행하고 비점오염원은 주 단위로 수행되는 최적관리방안 (BMP : Best Management Practice)을 이용한 비점오염원 관리프로그램을 통해 수행한다. 주 정부는 수질감시 및 모니터링프로그램을 수립 및 시행한다.

3) 총량제 시행 단계별 조치사항

① 오염총량관리 기본방침 : 환경부장관이 오염총량관리 제도 시행에 필요한 기본적인 사항과 총량관리 계획 수립지침 등을 규정한다. 오염총량 목표, 관리대상 오염물질의 종류, 총량관리 시행계의 기간, 오염부하량 산정방법 등이 규정된다.

② 목표수질 설정 : 수질오염 총량관리 목표설정을 위한 기준치로서 장기적 수질목표이다. 오염원 밀도와 지역개발도 그리고 환경기초시설 투자도 등 해당 수계의 환경용량 범위에서 설정되는 지표이다. 광역시·도 경계지점의 목표수질은 환경부장관이, 시·도 관할구역 내의 구간별 목표수질은 시·도지사가 공고한다.

③ 오염총량관리 기본계획 : 기본계획은 광역시·도지사가 환경부장관의 승인을 받아 수립하는 것으로서, 소유역별 할당 부하량과 기초지방자치단체별 할당부하량을 결정한다. 이 계획에는 지역개발계획의 구체적인 내용과 지역개발계획으로 인하여 추가로 배출되는 오염부하량 및 그 삭감계획, 관할지역에서 배출되는 오염부하량의 총량 및 연차적 삭감계획이 수록되어야 한다.

④ 오염총량관리 시행계획 : 기본계획에 따라 시·군에서 수립하는 계획으로 5년 단위로 수립된다. 수립 시기는 총량관리 단위유역의 목표수질을 측정한 결과 2회 연속 목표수질보다 나쁜 지역의 경우 그 최종 측정일로부터 1년 이내에 수립하여야 한다.

⑤ 오염부하량 할당 : 시행계획이 수립되면 사업장 별로 부하량을 할당한다. 유역환경청장은 시장·군수와 협의하여 폐수종말처리시설, 하수처리장 등에 부하량을 할당하고, 시장·군수는 1일 200m^3 이상 방류하는 시설에 대해 부하량을 할당한다.

⑥ 행정처분 : 조치명령, 조업정지, 총량초과 부과금 등이 있다. 먼저 할당된 오염부하량 또는 지정된 배출량을 초과하여 배출하는 사업자에 대해서는 개선명령을 내린다. 조치명령을 이행하지 아니하거나 계속 초과하는 때에는 6월 이내의 조업정지나 시설의 폐쇄를 명할 수 있다. 할당된 오염부하량 또는 지정된 배출량을 초과하여 배출한 자에 대해서는 총량초과 부과금을 부과할 수 있다.

⑦ 총량관리제도 이행담보 수단 : 시장·군수는 매년 전년도의 이행사항을 평가하고 그 결과를 5월말까지 이행평가보고서로 작성하여 환경부장관에게 보고한다. 환경부장관은 오염총량관리를 이행하지 않은 지방자치단체에 대하여 건축물, 배출시설 설치 등의 허가를 제한하는 등의 제재를 취한다.

라. 경제적 수단의 활용 정책

1) 물이용 부담금 및 수계관리기금

상수원 상류지역에서의 수질개선과 상수원 보호를 위해 각종 행위규제로 피해를 받고 있는 주민과 지방자치단체에 대한 지원, 상수원 수질에 큰 영향을 주는 토지 매수사업 등에 필요한 재원을 마련하기 위하여 물이용부담금제도[28]를 2000년에 4대강특별대책을 수립하면서 도입하였다. 물이용부담금은 상수원의 수질개선이라는 특정한 정책목적으로 그 물을 사용하는 수혜집단에 대하여만 부과하는 조세외적 부담금으로서 사용료의 성격을 갖는다. 수혜자 부담원칙이 적용되는 정책수단인 것이다. 물이용부담금의 톤당 부과율은 수계관리위원회에서 2년 주기로 결정한다. 2011년은 한강 및 영산강·섬진강수계는 170원, 낙동강 및 금강수계는 160원으로 부과율이 조정되었다.[29]

2) 상수원관리지역 지원제도

상수원관리지역 지원은 주민지원과 지방자치단체 지원으로 구분할 수 있다. 주민지원제도는 각종 규제로 불이익을 받고 있는 지역주민들의 생활환경을 개선하고 소득수준을 향상시킴으로써 규제에 따른 불이익을 최소화하는 한편 상수원 수질보호에 적극적인 협조를 유도하기 위하여 도입되었다. 주민지원사업의 종류는 소득증대사업, 육영사업, 복지증진사업 등 일반지원사업, 장학금, 주택개량사업 등 직접지원사업으로 구분하며, 사업비 배분은 수계관리위원회가 토지면적, 행위제한정도, 주민 수 등에 따라 배분한다.

다음으로 상수원지역에 소재한 시·군에 대해 환경기초시설 설치·운영비 중 일부를 수계관리기금에서 지원하고 있다. 이는 환경개선특별회계에서 지원하는 하수처리시설, 하수관거 등의 시설설치·운영사업의 지방비 부담분을 수계관리기금으로 지원함으로써 자치단체의 재정부담을 덜어주는 동시에 환경기초시설의 설치·운영을 촉진하기 위한 것이다. 수계관리기금의 지원정도는 수계별로 차이가 있다.[30]

---

28) 물이용부담금제도는 물자원의 절약과 효율적 배분을 위하여 '사용자부담원칙(The user pays principle)'에 따라 공공수역으로부터 취수된 원수를 직접 또는 정수하여 공급받는 최종사용자에게 물사용량에 비례하여 부과한다.

29) 상세한 내용은 제2장 환경예산편에 상술하였다.

마. 공공투자를 기반으로 한 환경인프라 확충대책

1) 하수처리장 및 하수관거 확충

2011년 말 기준으로 총 인구 중 공공하수처리시설(500m^3/일 이하포함) 및 폐수종말처리시설을 통해 처리되는 하수처리구역 내 인구 비율로 산정한 하수도보급률은 90.9%이다. 전국에 가동 중인 공공하수처리시설은 500m^3/일 이상 505개소, 시설용량은 25,017,730m^3/일이고, 500m^3/일 미만은 2,858개소에 시설용량은 210,376m^3/일이다.[31)]

2) 폐수종말처리장

폐수종말처리시설은 공장 밀집지역에서 발생하는 고농도 산업폐수를 공공처리시설에서 함께 처리하는 시설이다. 산업단지에 입주하는 기업체의 경쟁력 향상과 지역경제 활성화를 목적으로 설치비를 국가에서 지원하며, "산업입지 및 개발에 관한 법률" 또는 "국토의 계획 및 이용에 관한 법률"에 따라 지정된 공업지역에 설치되는 산업단지 폐수종말처리시설과 "산업입지 및 개발에 관한 법률"에 따라 지정된 농공단지에 설치되는 농공단지 폐수종말처리시설로 구분된다.[32)]

1983년부터 1991년까지 오염우심지역 특별대책사업의 일환으로 전액 국고를 투자하여 여수산업단지 등에 6개 폐수종말처리시설을 설치하였고, 이후 오염원인자부담원칙에 의하여 폐수를 배출하는 사업자가 비용을 부담하는 방식으로 추진해 왔다. 1997년부터는 국가경쟁력 강화를 위한 산업단지 분양가 인하방안으로 설치비의 50%를 정부가 보조하였다. 2003년부터 지역균형발전대책의 일환으로 수도권이 아닌 지역에 대하여는 100%, 2012년도부터는 70% 국고보조하고 있다. 2011년말 현재 가동 중인 산업단지폐수종말처리시설은 77개소, 처리시설용량은 1일 1,377천톤이다.

한편, 1988년부터 농어촌 소득증대사업의 일환으로 추진된 농공단지에서 산업폐수를 처리하기 위해 농공단지 폐수종말처리시설을 설치하고 있다. 이 사업은 농어촌 중소기업자의 투자의욕을 고취하기 위해 지역특성에 따라 일반지원·우선지원·추가지원 농어촌으로 구분하여 처리시설 설치비용의 50～100%를 국고보조로 지원하고 있다. 2011년말 현재 가동중인 시설은 75개소, 처리시설 용량은 일일 56천톤이다. 운영중인 처리시설의 톤당 평균 처리비용은 산업단지 360원, 농공단지 896원으로 소규모인 농공단지가 상대적으로 처리비용이

---

30) 시설 설치비의 경우 지방비 분담분의 15～95%를, 시설운영비는 지역에 따라 전체 운영비의 20～97%를 지원하고 있다.

31) 하수처리 인프라에 관하여는 4.9 하수도 정책편에서 상술한다.

32) 산업폐수 처리책임은 원칙적으로 배출자에게 부과한다. 산업단지의 경우 국가에서 책임의 일부를 부담하는 것으로 개별용지에 설치되는 공장과의 형평성 문제가 제기되기도 한다.

많이 소요된다.

표 4.29 폐수종말처리시설의 방류수 수질기준 (단위 : mg/L, 개/mL)

구 분	2007.12.31. 까지	2008.1.1부터 2012.12.31까지	2013. 1. 1 이후
생물화학적산소요구량(BOD)	30(30)	20(30)	10(10)
화학적산소요구량(COD)	40(40)	40(40)	40(40)
부유물질량(SS)	30(30)	20(30)	10(10)
총 질 소(T-N)	60(60)	40(60)	20(20)
총 인(T-P)	8(8)	4(8)	2(2)
대장균군수	-	3,000	3,000(3,000)

※ 적용기간에 따른 수질기준란의 ( )는 농공단지 폐수종말처리시설의 방류수수질기준임

3) 물환경관리 투자현황

1993～2008년까지 물환경 관리에 총 35조 6,823억원이 투자되었다.[33] 2000년대 이후 연평균 2조 5천억원 정도 투자되고 있으며 하수처리장과 하수관거에 70%이상 투입된다.

표 4.30 물환경분야 예산 투자내역 (단위 : 억원)

	계	하수 처리장	하수 관거	분뇨 처리	가축 분뇨	산업 폐수	생태 하천	비점 오염원
총계	356,823	206,281	114,808	6,457	5,878	13,684	8,616	1,099
1993～1995년	38,837	24,150	10,676	1,087	1,213	1,711	0	0
1996～2000년	114,220	63,941	41,429	2,304	1,541	3,648	1,233	124
2001년	25,247	15,606	7,083	622	523	601	712	100
2002년	27,965	17,267	8,078	458	843	468	759	92
2003년	28,611	16,667	9,461	465	322	503	1,089	104
2004년	26,735	15,349	9,187	395	250	654	824	76
2005년	25,158	13,716	8,569	360	299	1,363	775	76
2006년	22,718	12,318	7,503	254	239	1,451	851	102
2007년	22,986	12,987	6,635	275	195	1,631	1,102	161
2008년	24,346	14,280	6,187	237	453	1,654	1,271	264

(자료 : 환경부, 2010, 물환경정책 자료집)

33) 여기에는 상수도 관련예산은 포함되지 않았다.

바. 주요 수질오염원별 관리대책

수질오염원은 오염물질의 배출형태에 따라 점오염원(point source)과 비점오염원(non-point source)으로 대별된다. 점오염원은 생활하수·산업폐수·축산폐수 등 일정한 배출경로를 가진 오염원을 말하며, 비점오염원은 강우 시 노면배수, 농경지 배출수 등과 같이 불특정하게 배출되는 것을 말한다. 여기서는 산업폐수와 가축분뇨에 대해 설명하고자 한다.[34)]

산업폐수는 주로 제품 제조, 수리, 세척 등 제조업시설에서 배출되는 것으로 이러한 시설을 폐수배출시설이라 한다. 폐수배출시설은 49,201개소(2011년말 기준)가 있으며, 여기에서 발생되는 산업폐수는 하루 5,269천톤에 이른다. 가축분뇨(2010년말 기준)는 소, 돼지 등 가축이 배설하는 분·뇨 및 가축사육과정에서 사용된 물이 분뇨에 섞인 것을 말하는데 우리나라에는 돼지 988만두, 소 335만두 가량을 사육하고 있으며, 이로 인한 가축분뇨는 하루 118천톤에 이른다.

이렇게 발생된 오·폐수는 오염원별로 환경기초시설을 설치하여 정화처리하고 있다. 생활하수는 공공하수처리시설 또는 오수처리시설에 의하여, 산업폐수는 산업폐수종말처리시설 또는 개별공장의 자체 오염방지시설로, 축산폐수는 대규모 축산농가의 경우 자체 정화·자원화시설로, 소규모농가는 축산폐수공공처리시설을 설치하여 수거·처리하고 있다.

4.4.2 산업폐수 관리대책

산업폐수의 관리를 위한 정책수단은 "수질 및 수생태계 보전에 관한 법률"에서 규정하고 있다. 첫째 강제규제 방식으로 수질오염물질의 배출허용기준 설정, 사전 배출시설 설치허가 및 신고제도, 법적 규제기준의 이행여부 확인을 위한 지도·점검 및 처분 등이 있다. 둘째 경제적 유인수단으로 배출부과금제도를 도입하고 있다. 셋째 공공투자 및 전문처리 분야로 폐수종말처리시설 설치와 폐수처리업제도 등을 시행하고 있다.

가. 폐수배출시설 및 폐수발생 현황

폐수배출시설의 종류 및 규모는 "수질 및 수생태계 보전에 관한 법률"에서 규정하고 있다. 폐수배출시설을 분류함에 있어 초기에는 시설단위로 구분하였으나, 1996년부터 한국표준산업 분류체계를 도입하여 141개의 공정단위시설로 구분하였고, 2000년부터는 82개의 공

34) 점오염원 중 생활하수는 4.9절에서, 비점오염원은 4.5절에서 설명한다.

정단위시설로 분류하고 있다. 폐수배출시설은 1일 폐수배출량을 기준으로 표 4.31과 같이 1~5종으로 구분하여 관리하고 있다.

표 4.31 폐수배출시설의 규모별 분류

종류	배출규모
제1종	1일 폐수배출량이 2,000m^3/일 이상인 사업장
제2종	1일 폐수배출량이 700m^3/일 이상, 2,000m^3/일 미만인 사업장
제3종	1일 폐수배출량이 200m^3/일 이상, 700m^3/일 미만인 사업장
제4종	1일 폐수배출량이 50m^3/일 이상, 200m^3/일 미만인 사업장
제5종	1일 폐수배출량이 50m^3/일 미만인 사업장

폐수배출 사업장수는 경제성장과 유사한 추세로 증가하고 있다. 2010년말 기준 폐수배출업소는 48,266개소로서 전년 대비 1,286개소(2.7%)가 증가하였다. 지역별로는 서울(42개소), 부산(37개소) 등은 감소한 반면, 경기(591개소), 경북(224개소), 인천(178개소) 지역 등에서 신규 배출업소가 증가하였다.

2011년 12월말 전국의 폐수발생량은 5,269천m^3/일로 전년 대비 40천m^3/일(0.8%)의 폐수발생량이 증가하였다.

표 4.32 연도별 폐수배출업소수 추이 (단위 : 개소)

구 분	계	1종	2종	3종	4종	5종
1994(1994.3)	26,702	220	347	433	2,582	23,120
1998(1998.1)	37,621	241	433	1,034	2,036	33,877
2002(2001.1)	48,876	297	458	1,125	1,823	45,173
2006(2004.12)	39,012	317	480	979	1,686	35,550
2010(2008.12)	46,860	323	523	1,186	2,264	42,564
2012(2010.12)	48,266	346	539	1,207	2,336	43,838

※ ( )는 통계작성 기준 시점임

표 4.33 폐수배출시설 및 배출량 현황 (단위 : 개소, 천톤/일)

년도	2004	2006	2008	2010	2011
폐수배출 업소수	39,012	45,163	46,860	48,266	49,201
폐수배출량	8,682	6,215	4,557	5,229	5,269

※ 2004년부터 일부 폐수배출업체가 기타오염원으로 분류되어 업소 수가 감소
(자료 : 환경부, 2011, 공장폐수의 발생과 처리(환경오염배출업소조사, 승인통계 제10605호))

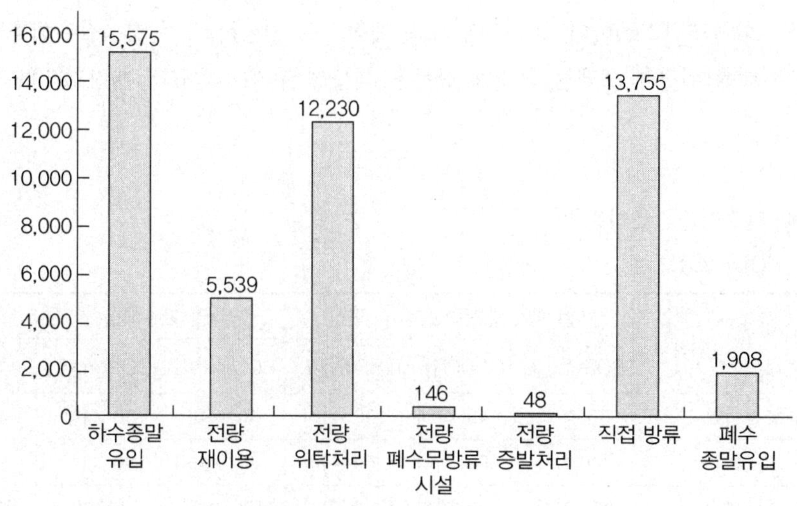

그림 4.11 폐수처리 형태별 현황

나. 강제규제방식의 산업폐수관리

1) 배출허용기준의 설정

배출허용기준은 정책의 목표치인 환경기준을 달성하기 위한 규제수단으로 각 배출사업장의 배출수 농도의 최대치를 정해주는 것인데 환경기준과 하천의 자정능력 등을 고려하여 설정하고 있다. 현행 "수질 및 수생태계 보전에 관한 법률"은 유기물질, 부유물질 및 페놀류 등 42개 항목에 대하여 폐수배출허용기준을 설정하고 있으며, 수역별 수질등급 등을 고려하여 지역을 4단계(청정, 가, 나, 특례지역)로 구분하여 적용하고 있다.

또한 유기물질 및 부유물질 항목에 대하여는 지역별로 사업장 규모에 따라 차등 적용하고 있다. 즉 폐수를 2,000m^3/일 이상 배출하는 폐수다량배출 사업장에 대해서는 하천에 미치는 영향을 고려하여 소규모 사업장보다 엄격한 배출허용기준을 적용하여 농도 규제방식에 양적 규제방식을 병행하고 있다. 산업단지나 농공단지 폐수종말처리시설로 폐수를 유입하는 사업장에 대해서는 폐수종말처리시설 처리능력 등을 고려하여 환경부장관의 승인을 받아 고시되는 별도 배출허용기준을 적용받을 수 있도록 하고 있다. 1997년부터는 호소의 부영양화 방지를 위하여 팔당호, 대청호, 낙동강 및 낙동강하구언 유역에 입지하고 있는 사업장을 대상으로 질소 및 인에 대한 배출허용기준을 적용하였고 2003년부터는 전국으로 확대하여 적용하고 있다.

한편, 화학물질 사용량 증가로 인한 통합독성 관리의 필요성이 제기됨에 따라 '생태독성(TU)'[35]을 배출허용기준 및 하·폐수종말처리시설 방류수수질기준 적용항목으로 추가(시행규칙 개정, 2007년 12월)하여 2011년부터 단계적으로 시행하고, 특정수질유해물질의 배출허용기준 확대를 위하여 셀레늄 등 5개 항목을 새롭게 추가(시행규칙 개정, 2008년 10월)하였다.

표 4.34 폐수배출허용기준[36)]

【BOD, COD, SS】

지역구분 \ 항목 \ 대상	1일 폐수배출량 2천 m^3 이상			1일 폐수배출량 2천 m^3 미만		
	BOD(mg/L)	COD(mg/L)	SS(mg/L)	BOD(mg/L)	COD(mg/L)	SS(mg/L)
청정지역	30 이하	40 이하	30 이하	40 이하	50 이하	40 이하
가지역	60 이하	70 이하	60 이하	80 이하	90 이하	80 이하
나지역	80 이하	90 이하	80 이하	120 이하	130 이하	120 이하
특례지역	30 이하	40 이하	30 이하	30 이하	40 이하	30 이하

【페놀류 등 수질오염물질】

항 목 \ 지역 구분		청정지역	가 지역	나 지역	특례 지역
수온이온농도		5.8~8.6	5.8~8.6	5.8~8.6	5.8~8.6
노말헥산추출물질함유량	광유류(mg/L)	1 이하	5 이하	5 이하	5 이하
	동식물유지류(mg/L)	5 이하	30 이하	30 이하	30 이하
페놀류함유량(mg/L)		1 이하	3 이하	3 이하	5 이하
시안함유량(mg/L)		0.2 이하	1 이하	1 이하	1 이하
크롬함유량(mg/L)		0.5 이하	2 이하	2 이하	2 이하
용해성철함유량(mg/L)		2 이하	10 이하	10 이하	10 이하
아연함유량(mg/L)		1 이하	5 이하	5 이하	5 이하
구리(동)함유량(mg/L)		1 이하	3 이하	3 이하	3 이하
카드뮴함유량(mg/L)		0.02 이하	0.1 이하	0.1 이하	0.1 이하

35) 단위시험기간 시험생물의 50%가 유형저해를 일으키는 농도(시험수 중 시료 함유율 %)인 EC50을 100/EC50으로 환산한 값을 말한다. 단, 100% 시료에서 물벼룩의 0~10%에 영향이 있을 경우에는 TU를 0으로 하고, 물벼룩의 10~49%에 영향이 있을 경우에는 0/02×영향 받은 퍼센트로 TU를 계산한다.

36) 이 기준은 2014년~2015년간 적용되는 기준이며 2016년부터 일부 기준이 강화된다. 강화되는 기준은 "수질 및 수생태 보전에 관한 법률 시행규칙"에 예고되어 있다.

수은함유량(mg/L)	0.001 이하	0.005 이하	0.005 이하	0.005 이하
유기인함유량(mg/L)	0.2 이하	1 이하	1 이하	1 이하
비소함유량(mg/L)	0.05 이하	0.25 이하	0.25 이하	0.25 이하
납함유량(mg/L)	0.1 이하	0.5 이하	0.5 이하	0.5 이하
6가크롬함유량(mg/L)	0.1 이하	0.5 이하	0.5 이하	0.5 이하
용해성망간함유량(mg/L)	2 이하	10 이하	10 이하	10 이하
플로오르(불소)함유량(mg/L)	3 이하	15 이하	15 이하	15 이하
PCB함유량(mg/L)	불검출	0.003 이하	0.003 이하	0.003 이하
총대장균군(群)(총대장균군수 mL)	100 이하	3,000 이하	3,000 이하	3,000 이하
색도(도)	200 이하	300 이하	400 이하	400 이하
온도(℃)	40 이하	40 이하	40 이하	40 이하
총질소(mg/L)	30 이하	60 이하	60 이하	60 이하
총인(mg/L)	4 이하	8 이하	8 이하	8 이하
트리클로로에틸렌(mg/L)	0.06 이하	0.3 이하	0.3 이하	0.3 이하
테트라클로로에틸렌(mg/L)	0.02 이하	0.1 이하	0.1 이하	0.1 이하
음이온계면활성제(mg/L)	3 이하	5 이하	5 이하	5 이하
벤젠(mg/L)	0.01 이하	0.1 이하	0.1 이하	0.1 이하
디클로로메탄(mg/L)	0.02 이하	0.2 이하	0.2 이하	0.2 이하
생태독성(TU)	1 이하	2 이하	2 이하	2 이하
셀레늄함유량(mg/L)	0.1 이하	1 이하	1 이하	1 이하
사염화탄소(mg/L)	0.004 이하	0.04 이하	0.04 이하	0.08 이하
1,1-디클로로에틸렌(mg/L)	0.03 이하	0.3 이하	0.3 이하	0.6 이하
1,2-디클로로에탄(mg/L)	0.03 이하	0.3 이하	0.3 이하	0.3 이하
클로로포름(mg/L)	0.08 이하	0.8 이하	0.8 이하	0.8 이하
니켈(mg/L)	0.1 이하	3.0 이하	3.0 이하	3.0 이하
바륨(mg/L)	1.0 이하	10.0이하	10.0 이하	10.0 이하
1,4-다이옥산(mg/L)	0.05 이하	4.0 이하	4.0 이하	4.0 이하
디에틸헥실프탈레이트(DEHP)(mg/L)	0.02 이하	0.2 이하	0.2 이하	0.8 이하
염화비닐(mg/L)	0.01 이하	0.5 이하	0.5 이하	1.0 이하
아크릴로니트릴(mg/L)	0.01 이하	0.2 이하	0.2 이하	1.0 이하
브로모포름(mg/L)	0.03 이하	0.3 이하	0.3 이하	0.3 이하

※ 지역구분은 대략 청정지역은 상수원보호지역 등 엄격한 수질오염 제한지역, 가지역은 수질보호 대상지역, 나 지역은 일반지역, 특례지역은 공동처리하는 산업단지를 의미함

(자료 : 수질 및 수생태 보전에 관한 법률 시행규칙 별표13)

표 4.35 생태독성 기준[37)]

구 분		대상시설수(2012년 기준)	지 역	기준(이하)	적용시기
공공 하·폐수 종말처리시설		264 개소[1)] (하수 : 117, 폐수 : 147)	-	TU1[2]	2011. 1. 1 부터
사업장	1, 2종	97	청정	TU1	2011. 1. 1 부터
			가, 나, 특례	TU2	2011. 1. 1 부터
	3, 4, 5종	919	청정	TU2	2012. 1. 1 부터
				TU1	2016. 1. 1 부터
			가, 나, 특례	TU2	2012. 1. 1 부터

※ 1) 공공하수처리시설은 500m^3/일 이상이면서 35개 업종 폐수가 유입되는 경우 적용
2) TU(Toxic Unit) : 시험 기간동안 시험생물의 50%가 유영저해를 일으키는 농도(시료 중 원폐수 함유율; %)인 EC_{50}을 100/EC_{50}으로 환산한 값

2) 폐수배출시설의 설치허가 및 신고

폐수배출시설을 설치하는 경우 사전에 허가받도록 하는 것은 환경관리에 공공부문이 적극 개입하는 행위로 기본적 환경규제 정책수단이다. 1963년 "공해방지법"에는 폐수배출시설 허가개념은 도입되지 않았고, 1971년 6월 "공해방지법"이 개정되어 화학공업 등 9개 제조시설을 배출시설로 규정하면서부터 배출시설에 대한 허가제도가 처음으로 시행되었다.

표 4.36 허가 및 신고대상 폐수배출시설 구분

허가대상	신고대상
① 특정수질유해물질이 발생되는 배출시설 ② 특별대책지역안에 설치하는 배출시설 ③ 배출시설 설치제한 지역안에 설치하는 배출시설 ④ 상수원 보호구역 및 그 경계로부터 상류로 유하거리 10km이내에 설치하는 배출시설 ⑤ 상수원 보호구역이 지정되지 아니한 지역중 상수원 취수시설로부터 상류로 유하거리 15km이내에 설치하는 배출시설 ⑥ 설치신고를 한 배출시설에서 새로이 특정수질유해물질이 발생되는 배출시설 ⑦ 폐수무방류배출시설	① 허가대상외의 배출시설 ② 허가대상 중 폐수를 전량 위탁처리하는 배출시설 ③ 허가대상 중 특정수질유해물질이 배출되지 아니하는 배출되는 폐수를 하·폐수종말처리시설에 유입처리하는 배출시설 ④ 환경친화기업 지정사업장중 허가대상의 ①,⑥항에 해당되는 배출시설

37) 섬유염색 및 가공시설, 기초무기화합물 제조시설 등 일부 시설에 대하여는 기준이 완화 또는 유예되어 있다.

이후 1990년 "수질환경보전법"이 제정되면서 허가제도가 체계적으로 발전하기 시작하였다. 1995년에는 기업의 경쟁력을 강화한다는 취지로 오염원의 입지 여건 또는 배출되는 오염물질의 성상을 고려하여 허가와 신고대상을 구분하는 제도를 도입하게 되었다. 즉 동일한 배출시설이라 하여도 특별대책지역 또는 특정수질유해물질을 배출하는 시설 등은 허가를 받도록 하고 그 외에는 신고를 하도록 규제를 완화한 것이다.

한편 특별한 수질관리가 필요한 지역에 대하여는 배출시설 설치허가를 제한하고 있다. 즉 상수원보호구역의 상류지역, 특별대책지역 및 그 상류지역, 지정호소 및 그 상류지역, 취수시설이 있는 지역 및 그 상류지역 등 배출시설로부터 배출되는 수질오염물질로 인하여 환경기준의 유지가 곤란하거나 주민의 건강·재산, 동·식물의 생육에 중대한 위해를 가져올 우려가 있는 경우에는 특정수질유해물질 배출시설의 설치가 제한된다. 다만, 폐수를 당해 사업장 안에서 처리하거나 재이용함으로서 폐수를 공공수역으로 배출하지 않는 경우 설치제한 지역에 설치할 수 있도록 하되, 상수원 보호에 미칠 수 있는 영향 등을 고려하여 그 설치절차, 설치기준, 운영기준 등을 엄격히 정하도록 개정하였다.

표 4.37 특정수질유해물질 배출시설 설치제한지역 현황

구 분	대 상 지 역
한강유역	경기 11시·군 63읍·면, 강원 1시7읍·면, 충북 1군5읍·면
임진강 유역	경기 3시1군, 20읍·면, 강원 1군2읍
낙동강 상·중류 유역	대구 2군·구 13읍·면·동, 경북 9시·군 22읍·면·동
낙동강 하류 유역	경남 13시·군 68읍·면·동
금강 유역	대전 2구 19동, 충북 4군 32읍·면, 충남 1군 8읍·면, 전북 3군 19읍·면, 경북 1시 6면
영산강·섬진강 유역	주암호(전남 3시·군 10면), 상사호(전남 1시 3읍·면) 동복호(전남 2군 5면), 수어호(전남 1시 1면)

(자료 : 환경부, 2012, 환경백서 2012)

배출시설에 대한 배출허용기준의 준수 여부를 과학적으로 확인하기 위하여 일정규모 이상의 배출시설 및 공공하수처리시설 등에 대하여는 수질오염물질의 배출농도를 상시 측정할 수 있는 자동측정기기의 부착을 2007년 5월에 의무화("수질 및 수생태계 보전에 관한 법률 개정")하였다. 2011년말 기준으로 자동측정기인 수질 TMS는 배출업소 219개소, 공공하수처리시설 349개소, 폐수종말처리시설 85개소 등 총 653개소에서 운영 중에 있으며, 이들 사업장의 수질오염물질 데이터는 수질원격감시체계 관제센터(한국환경공단)로 전송되어 실시간 모니터링되고 있다.

다. 경제적 수단형 배출부과금 제도

1983년 처음 도입된 배출부과금제도는 오염물질로 인한 환경상의 피해를 저감하기 위해 시행되었다. 기존 통제방식의 환경규제 정책수단이 가진 한계점을 보완하여 오염자부담원칙과 시장가격 기구를 이용한 정책 수단으로 도입되었다. 배출부과금은 배출량에 따라 부과하는 기본배출부과금과 배출허용기준을 초과하여 오염물질을 배출하는 사업자에게 부과되는 초과배출부과금으로 구분된다.

표 4.38 연도별 배출부과금 부과실적 (단위 : 백만원)

구분	1983~1989년	1990~1994년	1995~1999년	2000~2004년	2005년	2006년	2007년	2008년
부과금	19,775	63,056	58,406	71,652	5,705	7,530	40,361	32,882

(자료 : 환경 30년사 2011, 환경부)

표 4.39 기본배출부과금 및 초과배출부과금 비교

구분	기본배출부과금	초과배출부과금
부과사유	- 배출허용기준 이하로 배출되나, 수질오염에 기여	- 배출허용기준 초과 - 폐수무방류배출시설에서 공공수역에 오염물질 방류
부과대상 오염물질	- 2종 : 유기물질(BOD, COD), 부유물질(SS)	- 19종 : 유기물질(BOD, COD), 6가크롬, 부유물질(SS), 비소, 카드뮴, 수은, 시안, 구리, 유기인, 크롬, 납, 페놀류, 포리크로리네이티드비페닐, 트리클로로에틸렌, 테트라클로로에틸렌, 망간, 아연, 총질소, 총인
부과기간	- 매반기별 부과(연2회)	- 배출허용기준 초과시부터 개선완료시까지
부 과 금 산정방법	- 사업자가 제출한 자료를 기본으로 하여 조정	- 행정기관의 점검결과 - 자진 개선계획서 제출
부 과 금 산정산식	① 기준이내 오염물질 배출량(kg)×② 오염물질 1kg당 부과금액×③ 연도별 부과금 산정지수×④ 사업장별부과계수×⑤ 지역별부과계수×⑥ 방류수 수질기준 초과율별 부과계수	① 기준초과 오염물질 배출량(kg)×② 오염물질 1kg당 부과금액×③ 연도별 부과금 산정지수×④ 지역별부과계수×⑤ 배출허용기준초과율별부과계수×⑥ 위반횟수별 부과계수+⑦ 사업장 규모별 정액부과금 ※ 자진 개선하는 경우에는 ⑤⑥⑦항 제외
부 과 금 납부통지	- 확정배출량 제출기간 종료일부터 60일 이내	- 초과부과금 부과사유가 발생한 때

라. 폐수처리업제도

폐수배출량이 적은 사업장이나 수질오염방지시설 설치를 면제받은 사업장은 발생된 폐수를 전문업체에 위탁하여 처리할 수 있도록 폐수처리업 등록제도를 두고 있다. 참고로 2006년말 기준으로 사진처리시설, 도금시설 등 소규모 사업장(5종)은 전체 폐수배출사업장의 91%를 차지하고 있으나 폐수배출량은 8.8%에 불과하다. 이러한 현실을 감안하여 소량의 폐수를 배출하는 사업장에 대해 자체 수질오염방지시설을 설치하지 않고 전문처리업체에 위탁하여 처리할 수 있는 폐수처리업제도를 운영하는 것이다.

폐수처리업의 종류는 폐수수탁처리업과 폐수재이용업이 있으며 폐수수탁처리업은 폐수처리시설을 갖추고 수탁한 폐수를 재생·이용 외의 방법으로 처리하는 영업이고 폐수재이용업은 수탁한 폐수를 제품의 원료·재료 등으로 재생·이용하는 영업이다. 전문업체에서 위탁처리할 수 있는 폐수는 물리·화학적으로 처리가 가능한 1일 20m^3 미만의 폐수이거나 폐수의 성상이 서로 달라 수질오염방지시설에 유입될 경우 방지시설의 적정관리가 어려운 폐수이다. 폐수처리업을 하고자 하는 자는 기술능력·시설 및 장비를 갖추어 등록하도록 하고 있다. 폐수처리업이 다양한 업종에서 배출되는 다양한 성상의 폐수를 처리해야 함을 감안하여 폐수처리업의 시설·장비 등의 등록기준을 강화(시행규칙 개정, 2007.12.28)한 바 있으며, 2011년말 현재 등록된 폐수처리업체는 76개소이다.

2004년 하반기(2004. 7. 1∼12. 31) 기준 전국 67개소에 대한 폐수위탁처리 현황을 보면 처리하고 있는 폐수는 도금금속, 중금속, 실험실, 폐산 및 폐알칼리, 사진, 인쇄, 세척(관), 기타, 기타금속, 귀금속폐수로 총 505,902.9m^{3}을 처리하는 것으로 나타나고 있으며 수거업소는 38,406업소에 해당하고 있다. 기준년도에 가동중인 업체의 평균가동율은 52.9%이며 일평균 처리량은 3331.9m^{3}으로 업체당 일 평균 처리량은 49.72m^{3}으로 나타나고 있다.

지역별 분포를 보면 인천 31개소, 경기9개소, 부산 11개소, 대구 4개소 대전, 충청, 울산, 경남, 전북이 각각 2개소, 경북 및 광주는 각각 1개소로 조사되었다 각 지역별 처리량을 살펴보면 인천 소재 업소에서 총처리량 505,902.9m^{3}의 약 44%인 221,368.8m^{3}을 처리하고 있는 것으로 나타났으며 부산, 대구, 경기에서 각각 24.9%, 10.6%, 10.3% 비율을 보여 이들 4개 지역에서의 처리량이 전체의 약 90%를 차지하는 것으로 나타났다.

4.4.3 가축분뇨[38] 관리대책

가. 가축사육 및 분뇨 발생현황

2011년말 현재 19만여 축산농가에서 소, 돼지 등 1,153만두를 사육하고 있고, 이중 한우 사육은 꾸준히 증가하고, 젖소 및 돼지는 전년도에 비해 줄어들고 있다. 축산농가의 전업화, 기업화로 인하여 사육 농가수는 감소 추세에 있다.

표 4.40 축산농가 및 사육두수 현황 (단위 : 천가구, 천두)

구분		2006	2007	2008	2009	2010	2011
한우	농가수	190	184	181	175	172	174
	두 수	2,020	2,201	2,430	2,634	2,921	2,950
젖소	농가수	8	8	7	7	6	6
	두 수	464	453	446	445	430	404
돼지	농가수	11	10	8	8	7	6
	두 수	9,382	9,606	9,087	9,585	9,880	8,171

(자료 : 환경부, 2012, 환경백서 2012)

분뇨 발생량은 97,318m^3/일이며, 이 중 돼지 41,672m^3/일, 젖소 15,231m^3/일, 한우 40,415m^3/일로 돼지사육농가에서 발생되는 분뇨가 43%로 가장 많은 양을 차지하고 있다. 사육규모별로는 대규모 사육농가인 허가대상이 57%, 중규모 사육농가인 신고대상이 33%로 축산농가가 대규모화되고 있다.

표 4.41 가축분뇨 발생 현황(2011년말 기준) (단위 : m^3/일)

구 분	계	허가대상	신고대상	신고미만
계	97,318	55,194	32,029	10,095
돼 지	41,672	31,254	9,168	1,250
한 우	40,415	14,954	17,378	8,083
젖 소	15,231	8,986	5,483	762

38) 가축분뇨는 오염부하량이 높고, 오염성분은 뇨보다 분이 많다. 오수는 오염농도가 높지만 생물적 처리가 가능하다. 또 질소농도가 높고, 취기가 강한 특성을 갖는다. 또한 가축분뇨의 발생량과 성분은 가축의 종류와 연령 및 체중, 사료의 종류와 량, 급수량에 따라 크게 변할 뿐 아니라 계절이나 축사관리 등의 환경적 요인에 영향을 많이 받는다. 따라서 분뇨의 양과 성분을 일률적으로 규정하기는 어렵다.

나. 가축분뇨 처리체계

"가축분뇨의 관리 및 이용에 관한 법률"에서는 가축을 소, 젖소, 돼지, 말, 양, 사슴, 닭, 오리, 개로 규정하고 있으며, 사육규모에 따라 허가, 신고 및 신고미만 대상으로 구분하여 관리하고 허가·신고 등 규제대상시설에 대해서는 가축분뇨처리시설 설치의무를 부과하고 방류수 수질기준을 적용한다. 축산농가가 자체 처리시설을 갖추어 가축분뇨를 처리해야 하는 것이다.

표 4.42 규제대상 축사면적 및 방류수 수질기준 (단위 : 축사면적 m^2, 방류수기준 mg/L)

구 분		허가 대상	신 고 대 상		비고
			중 규 모	소 규 모	
축사면적	소·말	900이상 (75두)	200～900(17～75두)	100～200(8～16두)	
	젖소	900이상 (75두)	200～900(17～75두)	100～200(8～16두)	
		운동장 2,700이상	운동장 600～2,700	운동장 300～600	
	돼지	1,000이상(715두)	140～1,000(100～715두)	50～140(36～100두)	
	닭·오리·양	-	500	150～500	
	사 슴	-	-	500	
	개	-	-	60 이상	
방류수 수질 기준	특정지역	BOD·SS 50 T-N 260, T-P 50	BOD·SS 150 T-N 850, T-P 200	BOD : 1,500	
	기타지역	BOD·SS 150 T-N 850, T-P 200	BOD·SS 350		

※ "가축분뇨의 관리 및 이용에 관한 법률"에서는 시설면적을 규정하고 있으며, 사육두수는 해당면적에서의 적정사육두수를 산정한 것임

처리방식을 보면 전체 가축분뇨 발생량 중 약 80%는 자체적으로 퇴비·액비화시설을 설치하여 자원화하여 퇴비 등으로 활용하고 있으며, 일부 농가에서는 정화처리하거나 재활용업체 및 공공처리시설을 이용하여 가축분뇨를 처리하고 있다.

다. 가축분뇨 공공처리시설 확충

정부는 축산농가의 가축분뇨 처리부담을 경감하고 1991년도부터 국고를 지원하여 지방자치단체별로 가축분뇨공공처리시설을 설치·운영하고 있다. 공공처리시설은 수계별 수질보전의 필요성이 큰 지역을 중심으로 연차적으로 설치하고 있으며, 2011년말 기준 전국에 78개

시설(9.9천m^3/일)이 가동되고 있고, 33개 시설(3,6천m^3/일)이 설치·증설되고 있다.

가축분뇨는 고농도로 정화처리가 쉽지 않다. 운영과정에서 나타나는 가동률 저하 및 오염물질 제거효율이 낮아지는 문제점에 대해서는 질소·인 제거시설 설치, 공법 개선을 통해 적정운영을 도모한다는 계획이다.

라. 가축분뇨 관리대책 추진현황 및 전망

정부는 2012년 5월 가축분뇨관리 선진화 종합대책을 수립하였다. 이 대책에 따르면, 2020년까지 가축분뇨 공공처리시설 100개소 확충, 상수원 관련지역에 대한 가축사육제한 강화, 무허가·미신고 시설에 대한 행정처분 시설, 배출시설의 방류수 수질기준 강화, 발생부터 처분까지 전과정 관리 계획 등이 포함되어 있다. 이를 위하여 "가축분뇨의 관리 및 이용에 관한 법률"을 개정 중에 있다.

가축분뇨는 종종 공공수역 수질오염의 주범으로 지목된다. 분뇨의 오염도는 BOD기준 2만 ppm이상으로 적정 처리되지 않고 수계에 유입되면 그 영향이 생활하수나 폐수에 비해 매우 크다. 그간 우리나라는 퇴비화를 통해 주로 처리해왔으나, 퇴비화시설의 안전성이 떨어지고 퇴비 수요처 부족, 자원화 비용부담 등으로 적절히 처리되었다고 보기 어렵다. 최근에는 축산농가가 규모화 되고 인식도 높아져 무단 방류되는 사례는 거의 없는 것으로 보이나 아직 체계적인 처리시스템을 갖췄다고 보기 어렵다. 향후 축산분뇨 발생원에서의 분리시스템, 자체 자원화시설, 공공처리시설, 집단형 자원화시설과 수집·운반시스템을 지역단위로 조합한 종합적 수집·처리체계로 발전시켜 나가야 할 것이다.

4.4.4 수생태계 관리정책

가. 추진방향

수생태계는 물의 정화, 홍수 예방, 야생생물의 서식지 제공 등 중요한 환경적·생태적 기능을 갖고 있다. 그간 정부의 하천·호소 관리정책은 수질개선에 중점을 두어, 수생태계보전에는 관심이 적었다.

정부는 훼손된 하천의 생태적 기능을 회복하는 것을 목표로 하여 2006년 9월 물환경관리기본계획상에 '생태하천 만들기 10개년 계획', '푸른 한반도 만들기', '도랑 살리기' 등을 제시하였다. 최근에는 '도심 복개하천 복원사업', 하천의 종다양성을 도모하기 위한 '1하천 깃대종 살리기 사업', Fish-Way 확보사업, 지천·지류 멸종위기 어류의 증식·복원 등 다양한 사업을 추진 중이다.

표 4.43 하천관리 정책적 패러다임 전환

주요 정책분야	종래	현재/미래
생태적으로 건강한 물환경관리체계 마련	공원화, 조경화	자연화, 생태하천으로 복원
통합관리 체계로 전환	선개념(하천)	면개념(하천과 수변)
국토자원의 생태네트워크 구축	하천중심, 일정구역	유역, 발원지에서 하구까지
하천별 특성에 맞는 복원사업	공사중심	목표중심, 조사강조
참여형 사업추진체계 정립	관주도	협의체

(자료 : 환경부, 2007, 생태하천만들기 10년 계획)

나. 생태하천 복원

생태하천이란 "하천이 지닌 본래의 자연성을 최대한 살릴 수 있도록 조성된 하천"을 의미하며, 이·치수 기능뿐만 아니라 자연적인 기능을 극대화 할 수 있는 형태의 하천을 말한다.

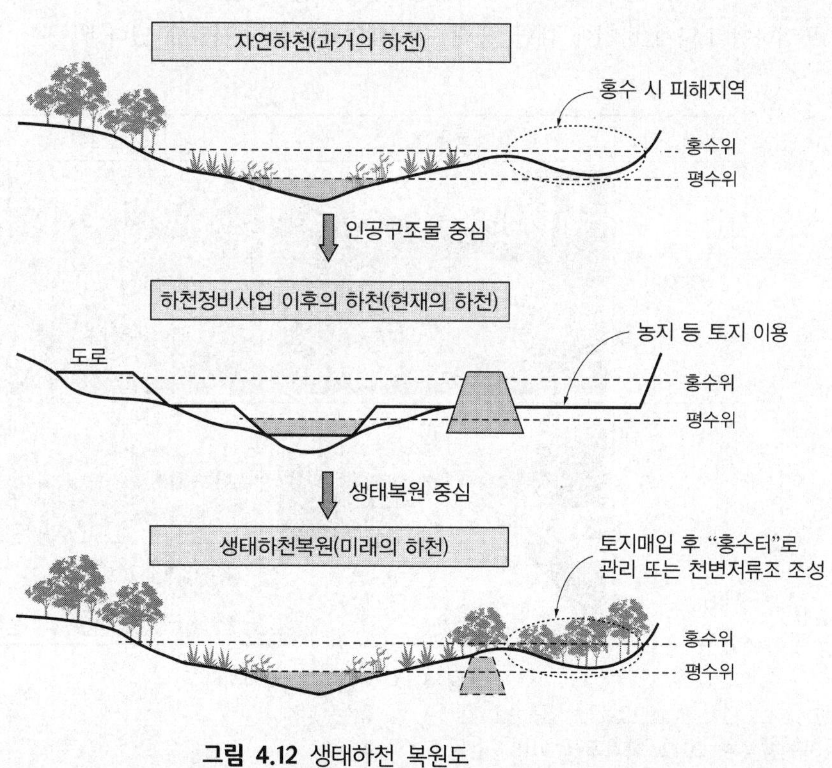

그림 4.12 생태하천 복원도

생태하천 복원이란 이러한 생태하천의 특징과 기능을 다시 살리는 것으로 하천 내외의 인공적인 생태계 교란요인을 제거하여 자연에 가깝고 건강한 생태계가 유지될 수 있도록 복원하는 사업을 의미한다. 주요 사업내용으로는 ① 퇴적오니 준설, 인공습지 조성, 하상여과시설 설치, 수생식물 식재, 비오톱·천변저류지 조성, 여울·소 설치 등 수질정화사업, ② 수생생물의 이동을 고려한 보 개량, 수생동식물 정착 등 하천 생태계 조성사업, ③ 기타 수생태계 모니터링사업 등이 있다.

다. 하천정화사업 추진현황

1987년에 수질개선을 위한 오염하천정화사업 타당성 조사를 실시한 이후 하천정화사업이 시작되었으나 주로 오염된 하천의 퇴적물 제거 등 시급한 수질개선에 필요한 사업을 추진하게 된다. 2000년대 들어 수질개선 뿐 아니라 수생태계 보호 필요성이 증대되면서 본격적인 생태하천 복원사업이 전개된다. 2007년에는 수질환경보전법을 "수질 및 수생태계 보전에 관한 법률"로 개정하여 하천 생태계 복원의 법적 근거를 마련하게 된다.

이러한 하천 정화·복원사업에 1987년부터 2011년까지 1조 8,521억원(833km)이 투입되었다 298개 하천을 대상으로 생태하천 복원사업을 추진하였으며, 2012년에는 2,397억원을 투입하여 154개 하천에 대한 생태하천 복원사업을 추진하고 있다.[39]

하 천	복원전	복원후
양재천		
전주천		

그림 4.13 생태하천 복원사례[40]

39) 환경부, 2012, 환경백서 2012

40) 환경부, 2010, 환경30년사

표 4.44 생태하천 복원사업 추진실적

구 분		계	1987~2007	2008	2009	2010	2011	2012
사업비 (억원)	계	20,918	10,682	1,297	2,741	1,865	1,936	2,397
	국고	13,254	6,466	811	1,807	1,235	1,311	1,624
	지방비	7,664	4,216	486	934	630	625	773

라. 생태독성 관리제도

1) 도입 배경

산업화가 가속화되면서 화학물질 사용량과 종류도 급증하고 있으며 우리나라도 약 4만종의 화학물질이 제조·사용되고 있다. 이러한 화학물질이 하·폐수에 함유되어 수계로 배출되는 경우 수많은 물질에 대하여 일일이 배출허용기준을 설정하고 관리하는 것은 불가능하다. 종래의 물질별 배출허용기준을 정하여 관리하는 규제방식으로는 유해물질로 인한 수질영향을 파악할 수 없는 것이다. 또한 BOD 등의 유기오염물질 위주로 관리하고 있는 공공 하·폐수처리시설에서 담수생물에 악영향을 주는 염분이나 유해화학물질이 다량 유입되는 경우 적절히 처리하기 어렵기 때문에 유해물질이 제대로 처리되고 있는지 측정하기 어렵다.

이러한 수생태 관리 여건을 고려하여 수계에 포함된 유해화학물질의 독성을 통합적으로 평가·관리하여 수생태를 보전하는 것이 요구된다. 이에 따라 생태독성 관리제를 도입하여 수계에 유입되는 유해화학물질의 독성을 종합적으로 검사하고, 이를 토대로 수생태계에 서식하는 생물체 중심의 수질관리체계를 구축한다.

2) 생태독성 측정방식

생태독성은 폐수가 실험대상 생물체에 미치는 급성독성(acute toxicity) 정도를 나타내는 것으로 방류수에 실험대상 생물인 물벼룩(daphnia magna)을 투입하여 24시간 후의 치사율을 측정하는 방식으로 독성정도를 나타낸다. 생태독성 수준은 TU(Toxicity Unit)라는 단위로 표현한다. 즉 유해물질이 존재하는 경우 물벼룩이 죽게 되므로 물벼룩의 치사량을 분석하여 배출수의 유해성을 간접적으로 측정하는 방식이다.

따라서 생태독성은 주로 유해물질이 함유될 가능성이 높은 산업폐수 또는 그 방류수 내에 포함된 미지의 수많은 유해물질이 생물체에 미치는 독성 영향을 분석하는데 사용한다. 기존의 수질지표로는 배출허용기준을 만족하더라도 이화학분석으로는 알아낼 수 없는 미지의 유해물질로 인해 수생태계의 건강성이 악화되는 것을 계량적으로 측정할 수 없다. 그러나 생태독성 측정을 통해 유해성 수준을 알아내고, 이를 토대로 생물학적 영향을 저감하고 건강한 수생태계를 보전하는 대책을 강구할 수 있게 된다.

3) 도입시기 및 대상

2007년 12월 '수질 및 수생태계 보전에 관한 법률 시행규칙'을 개정하여 생태독성 시행 근거를 마련하였다. 2010년에 시범사업을 통해 운영방법을 검증하였고 2011년부터는 생태독성 측정이 의무화되어 35개 업종에 해당되는 사업장과 폐수종말처리시설 대상으로 규모·지역에 따라 단계별로 시행하고 있다. 즉 폐수종말처리시설 및 1·2종 사업장은 2011년부터, 3·4·5종 사업장은 2012년부터 시행하고 있다. 세부 적용대상은 표 4.45와 같다.

표 4.45 권역별 생태독성기준 적용시설 현황[41)]

관할 환경청	한강	금강	낙동강	영산강	원주	대구	전주	계
폐수종말 처리시설	13 (12)*	39 (18)*	20 (6)*	19 (4)*	15 (5)*	22 (6)*	6 (3)*	134 (57)*

관할시도	서울	부산	인천	대구	대전	광주	울산	경기	강원	충북	충남	경북	경남	전북	전남	제주	계
개별사업장	37	32	78	15	14	3	58	398	85	130	317	304	128	346	111	7	2,063

(자료 : 환경부·환경관리공단, 2010, 산업폐수의 생태독성 관리제도)

표 4.46 규모별 생태독성기준 적용시설 현황

구분	계	1종	2종	3종	4종	5종
직접방류 총배출업소수	12,017	111	139	332	744	10,691
기준적용 배출업소수	2,063	74	60	117	231	1,581
비율	17%	67%	43%	35%	31%	15%

(자료 : 환경부·환경관리공단, 2010, 산업폐수의 생태독성 관리제도)

4) 생태독성 배출허용기준

배출허용기준은 표 4.47과 같이 지역별·시설별로 다르다. 여기서 TU(Toxicity Unit)는 실험대상생물인 물벼룩이 50% 이상 생존하는 것을 기준으로 하여, 원폐수인 경우 TU 1, 2배 희석한 경우 TU 2로 표현하는 것이다.

---

41) 이후 일부 업종에 대해 기준을 완화하거나 적용을 유예하여 2013년 현재 적용대상시설은 총 1014개소로서 1·2종 사업장이 97개소, 3·4·5사업장 919개소로 파악된다.(2013.9월 환경부 자료)

표 4.47 생태독성 배출허용기준

구분			적용기준
개별 사업장	청정지역	- 1·2종 사업장	TU1 이하
		- 3·4·5종 사업장	TU2 이하
	청정지역외	- 30개 업종	TU2 이하
		- 기초무기화합물 제조시설 - 합성염료유연제 및 기타 착색제 제조시설	TU8 이하 (2016년부터 TU2 이하)
		- 도금, 섬유염색 등 3개 업종	TU4 이하 (2016년부터 TU2 이하)
폐수종말 처리시설			TU1 이하

(자료 : 환경부·환경관리공단, 2010, 산업폐수의 생태독성 관리제도)

5) 외국의 생태독성제도 시행 현황

생태독성 관리제도는 미국, 유럽 등 18개국에서 1970년대부터 운영하고 있다. 시험 생물종으로는 독일에서 물벼룩을 개발한 이래 가장 범용화 되어있고, 이외에 박테리아, 조류, 물벼룩, 어류 등을 이용하고 있다. 국가에 따라 단일 종을 사용하거나 먹이사슬을 고려하여 두 가지 이상의 시험 생물종을 사용하여 급성독성과 만성독성시험을 시행하고 있다. 유럽 국가 중 생태독성 관리제도를 시행하고 있지 않은 국가도 EU 지침에 따라 2015년부터는 독성물질 배출량을 감축하는 의무가 부과되므로 여러 가지 방법으로 생태독성 시험을 모니터링하고 있다.

표 4.48 국가별 생태독성 시행현황

구분	규제 국가	미규제 국가
유럽	독일, 프랑스, 스웨덴, 체코, 아르헨티나, 러시아, 우크라이나, 카자흐스탄	영국, 네덜란드, 북아일랜드, 스페인, 덴마크, 노르웨이, 벨기에, 스위스, 포르투갈, 핀란드, 슬로베니아
미주	미국, 캐나다	멕시코
아시아/대양주	-	호주, 뉴질랜드, 일본, 홍콩

(자료 : 환경부·환경관리공단, 2010, 산업폐수의 생태독성 관리제도)

4.5 비점오염원 관리정책

4.5.1 비점오염원의 개념

비점오염원(non-point source pollution)은 점오염원에 대한 상대적 개념으로서, 명확히 오염발생 지점을 적시하기 어려운 오염 발생원이다. 도시지역이나 개발지역의 대지·도로를 통해 배출되는 오염물질, 산림·농지에서 발생되는 농약이나 비료성분을 포함한 오염물질 등이 대표적인 예다.

그림 4.14 점오염원과 비점오염원 개념도

수질 및 수생태계 보전에 관한 법률 제2조에서는 비점오염원을 "도시, 도로, 농지, 산지, 공사장 등으로서 불특정 장소에서 불특정하게 수질오염물질을 배출하는 배출원"으로 정의하고 있다. 통상 점오염원은 배출지점이 명확하여 오염물질을 수집·처리하기가 용이하므로 처리효율이 높다. 반면에 비점오염원은 배출지점이 광범위하게 분포되어 있고 배출량의 변동 폭도 커서 수집·처리가 어렵다.

표 4.49 점오염원과 비점오염원의 특성비교

구 분	점오염원	비점오염원
배출원	- 공장, 가정, 상가, 하·폐수처리장 분뇨처리장, 축산농가, 양식장 등	- 전답, 산림, 도로, 대기 중의 오염물질 등
특 징	- 인위적인 발생 - 배출지점이 명확함 - 일정 경로로 배출 - 시간적인 변화 작음 - 수집 용이, 처리효율 높음	- 인위적 및 자연적 발생 - 배출지점이 모호함 - 확산되면서 광범위하게 배출 - 시간적으로 변화가 큼 - 수집 곤란, 처리효율이 불확실

(자료 : 환경부, 2012, 환경백서 2012)

4.5.2 비점오염 배출현황 및 전망

가. 부하량 현황

2010년 기준으로 전국의 1일 수질오염물질 배출량은 BOD 1,640톤, TP 97.8톤이며, 그 중 비점오염원의 배출량은 BOD 1,120톤(68.3%), T-P 58톤(58.8%)으로 추산된다. 4대강별 1일 수질오염물질 배출량 중 비점오염물질(BOD)은 한강 409톤(66.1%), 낙동강 288톤(64.4%), 금강 232톤(76.3%), 영산강·섬진강 191톤(70.7%)으로 전 수계에서 비점오염 부하량이 점오염원보다 높다. 전국의 비점오염물질 배출량(BOD, 100%)중 4대강별 비중은 한강 36.5%, 낙동강 25.7%, 금강 20.7%, 영산강·섬진강 17.1%순이며, TP 배출량은 한강 19톤(51.4%), 낙동강 15톤(60%), 금강 13톤(65%), 영산강·섬진강 11톤(68.8%)이다.

표 4.50 2010년 대권역별 배출부하량 (단위 : 톤/일, %)

대권역	BOD			T–P		
	합계	점오염원	비점오염원	합계	점오염원	비점오염원
한 강	619	210	409	37	18	19
낙동강	447	159	288	25	10	15
금 강	304	72	232	20	7	13
영산강, 섬진강	270	79	191	16	5	11
전 국	1,640	520	1,120	98	40	58

(자료 : 환경부, 2011, 환경통계)

오염원을 표 4.51과 같이 발생계통으로 분류하면 1일 비점오염물질 발생량 중 BOD는 토지계가 약 710톤(63.5%)로서 가장 많고, 다음으로 축산계가 318톤(28.4%)을 배출한다. TP의 경우 토지계가 약 33.1톤(57.5%)로서 가장 많고, 축산계 22.0톤(38.1%) 순으로 배출되고 있다.

표 4.51 2010년 오염원 발생계통별 배출부하량(단위 : kg/일, %)

구분		합 계	생활계	산업계	토지계	축산계	양식계	매립계
BOD	점	520,296	383,880	29,675	38,746	12,205	55,539	253
	비점	1,119,428	89,854	1,220	710,650	317,597	0	106
	합계	1,639,724	473,734	30,895	749,396	329,802	55,539	359
TP	점	40,225	24,338	3,036	6,973	2,961	2,895	22
	비점	57,616	2,479	60	33,132	21,943	0	3
	합계	97,841	26,817	3,096	40,105	24,904	2,895	24

(자료 : 환경부, 2011, 환경통계)

나. 부하량 전망

비점오염원의 주요 인자인 토지계 오염물질의 삭감율은 5% 미만으로 생활계, 산업계 오염물질의 삭감율이 60∼95%에 달할 정도로 수질개선 인프라가 정비된 반면 비점오염원의 오염물질은 거의 삭감되지 않음을 의미한다.

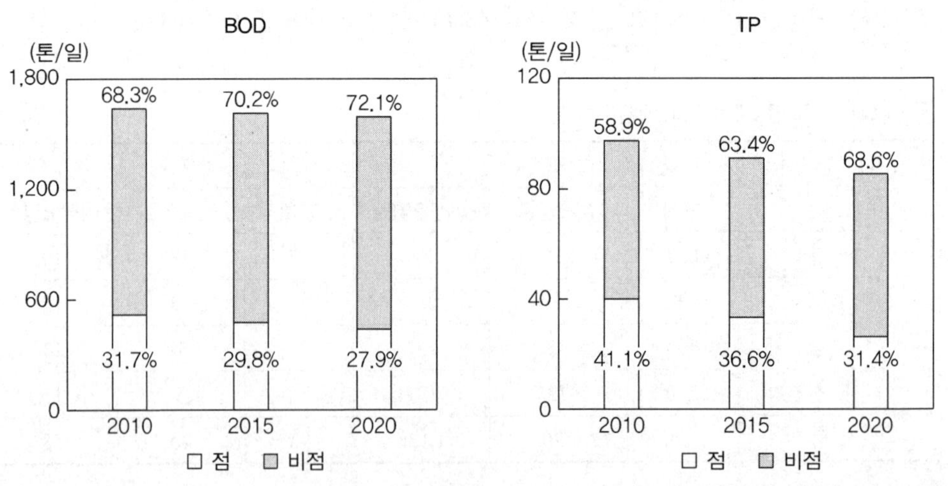

그림 4.15 배출원별 오염부하

비점오염원의 경우 강우와 함께 유출되는 토사 등 부유물질, 질소·인 등 영양물질과 중금속 등 다양한 오염물질이 그대로 공공수역에 유입되므로 수질오염은 물론 수생태계 파괴의 원인으로 작용하기 때문에 향후 수질개선 및 수생태계 보전을 위해서는 오염물질 삭감을 위한 다각적인 노력이 요구된다.

환경부가 추정한 바에 따르면 그림 4.15와 같이 비점오염 부하비중은 2015년에 BOD는 70.2%(1,136톤/일), TP는 63.4%(57.9톤/일)를 차지할 것으로 전망되며, 2020년에는 BOD 72.1%, TP는 68.6%를 차지할 것으로 전망된다.

4.5.3 토지용도별 발생 현황 및 특징

가. 토지용도별 단위 발생량

토지 지목별 비점오염원 배출원단위는 표 4.52에서 보듯이 BOD 기준으로 대지가 85.9kg/km^2·일로 농경지나 산림에 비해 수배에서 수십 배에 달한다. 도시지역과 공업지역의 체계적인 비점오염원 관리가 중요함을 나타낸다.42)

표 4.52 토지계 지목별 비점오염원 배출원단위(단위: kg/km^2·일)

지목	BOD	T-N	T-P
전	1.59	9.44	0.24
답	2.30	6.56	0.61
임야	0.93	2.20	0.14
대지	85.90	13.69	2.10
기타	0.960	0.759	0.027

※ '전'은 지목별 면적 중 전, 과수원를 포함
※ '대지'는 대지, 공장용지, 학교용지, 도로(도로사면 제외), 철도용지(철도선로 제외), 주차장, 주유소용지, 창고용지, 체육용지(골프장, 스키장 제외), 유원지, 종교용지, 사적지를 포함
- 도로사면 및 철도선로는 기타에 산입하고, 골프장·스키장은 토지이용형태에 따라 해당 지목에 산입
※ '기타'는 광천지, 염전, 제방, 하천, 구거, 유지, 양어장, 수도용지, 공원, 묘지, 목장용지, 잡종지를 포함
※ 하천부지 점용용지는 토지이용형태에 따라 해당 지목에 산입함
(자료 : 환경부, 2009, 제2단계 수계오염총량관리지침)

42) 비점오염원 배출원 단위는 과학적으로 정립된 자료가 없는 실정이다. 여기서는 환경부가 "수질오염총량제 관리지침"에서 제시한 수치를 인용하였다.

나. 토지용도별 비점오염 발생현황

토지용도별 비점오염원 배출비율을 보면 도시지역이 55%, 농경지가 10%, 산림지역이 16% 수준이며 도시화 진전에 따라 도시지역의 부하비율이 커지고 상대적으로 농경지 및 산림지역의 비율이 감소할 것으로 예상된다.[43] 토지계 오염원중 도시지역의 경우 택지·산업단지, 도로 및 주차장 등 주로 신규 개발사업에 의하여 비점오염 부하가 증가하는 것이며 산림지역과 달리 다양한 형태의 오염물질을 포함하게 되어 수질개선을 위해서는 우선적으로 저감해야 하는 분야이며 지역적으로 한정적이므로 투자대비 효과도 상대적으로 클 것이므로 중점적인 저감시설 설치 또는 저감대책이 요구된다. 이러한 도시지역 비점오염부하 증가추세에 따라 대지의 단위면적당 오염부하가 농경지, 산림지역에 비해 큰 점을 고려할 때 비점오염원의 부하량은 전반적으로 증가될 것으로 예상된다.[44]

표 4.53 토지용도별 비점오염원 배출비율 및 증가 전망(BOD 부하량 기준) (단위 : BOD, 톤/일)

구 분	계	도시(대지)	농경지	산림	기타
2005년	305.3(100%)	170.5(55.8%)	31.7(10.4%)	48.2(15.8%)	54.9(18.0%)
2011년	332.0(100%)	198.2(59.7%)	31.0(9.3%)	47.9(14.4%)	54.9(16.5%)
2020년	380.9(100%)	248.4(65.2%)	30.1(7.9%)	47.5(12.5%)	54.9(14.4%)

※ 예측조건
- 2005년 이전:4대강수계 물관리종합대책 예측치 활용
- 2005년 이후:토지이용별 오염부하 변화는 '전국토지이용 변화추세('91～'00, 국토연구원) 자료를 인용 예측(연도별 증가율 : 도시 2.54%, 농경지 -0.34%, 산림 -0.1%)
- 기타는 양식장 철거 및 도로·사업장등의 증가를 감안하여 현 수준으로 가정

(자료 : 환경부, 2004, 비점오염원 종합대책)

다. 토지용도별 발생 특징

1) 도시 및 공업지역

도시개발에 따라 녹지가 감소하고 불투수층이 증가함에 따라 비점오염원 관리가 어려워지고 있다. 교통량 증가와 인구 밀집화로 건기시 적체되었던 오염물질이 우기시 빗물과 함께 공공수역으로 유입되고, 단위시간당 유입량도 증가되고 있다. 도시지역에서는 각종 건축물 또는 인공 구조물의 불투수면에 적체되는 퇴적물, 우수로 강하되는 대기 중 오염물질, CSOs[45] 등이 비점오염으로 주로 발생되고 도로지역에서는 자동차 배출가스 및 타이어 마

43) 환경부, 2004, 4대강 비점오염원 종합대책

44) 환경부, 2011, 2009년 전국 수질오염원조사보고서

모로 도로면에 축적되는 오염물질, 자연적으로 이동·적체되는 토사 등이 발생된다. 이와 함께 개발지역에서는 부유물질이나 영양염류뿐만 아니라 화학물질이나 독성물질도 배출되므로 생태계 파괴와 수질오염의 주요 원인으로 작용한다. 불투수층의 확대는 강우 유출량을 증가시키게 되며 불투수층이 2배 증가할 경우 오염부하가 1.7～2.0배 증가한다고 보고되고 있으며[46] 초기 강우시의 오염부하는 이보다 훨씬 클 것으로 예상된다.

강우 유출수는 그대로 공공수역에 유입되거나 합류식 하수관거로 유입되는 경우는 월류하여 방류되게 되며 하수농도보다 최고 30배에 달하는 고농도로 유출되게 되며,[47] 2010년 말 기준으로 국내 하수관거의 상당부분이 합류식임을 고려하면 강우시에 지표면의 오염물질이 공공수역에 집중 배출됨을 알 수 있다.

2) 비도시지역

농업지역의 경우 농약, 비료, 퇴비 등 농업활동에 사용되는 물질과 특정한 수집경로가 없는 소규모 축사의 가축분뇨들이 오염물질로 배출된다. 특히 우리나라의 경우 표 4.54와 같이 비료, 농약 사용량이 높아 단위면적당 오염부하가 클 수밖에 없다. 또한 경작지의 토양침식과 농지내 부유물질, 농경지 배수도 비점오염물질의 유출을 증가시키게 된다. 고랭지 채소밭의 경우 주로 산악지역에 위치하면서 하천·호소로 이러한 오염물질을 집중적으로 유출할 수밖에 없는 구조를 갖고 있는 대표적 사례라 하겠다. 산림지역 역시 임도, 절토사면 등으로부터 토사를 유출하게 되며 하천지역 역시 주변지역 개발과 하천 둔치부의 개발, 직강화 사업 등으로 오염부하를 증가시키게 된다.

표 4.54 우리나라의 비료·농약 사용량 비교

국가명	비료 사용량(kg a.i./ha)	농약사용량(kg/ha)
한국	368	12.32
네덜란드	354	5.17
일본	270	12.59
독일	216	2.00
프랑스	203	3.56

(자료 : 1)FAO 비료연감, 2003, 2)OECD Environmental Indicators, 2011)

45) 합류식 하수관로의 월류수(CSOs : Combined Sewer Overflows)는 합류식 하수관로에서 우천시 우수와 오수가 혼합되어 우수토실(투구), 빗물펌프장 등의 시설에서 미처리된 상태로 하천이나 공공수역으로 월류 또는 방류되는 하수를 의미한다.

46) 환경부, 2004, Watershed Protection Techniques, 1994; 4대강 비점오염원 관리 종합대책

47) 환경부, 2004, 4대강 비점오염원 관리 종합대책

3) 비점오염물질의 구성

비점오염물질에는 유독성이 있는 농약, 유류, 중금속류, 각종 화학물질과 토사, 유기물질, 영양물질, 협잡물 및 쓰레기 등 다양한 물질이 포함되어 있다. 토사가 가장 높은 비율을 차지하고 배출되는 지역의 특성에 따라 물질의 조성 비율에 차이를 보인다. 예로서 대기오염물질 배출량이 많거나 대규모인 공단 인근 지역의 경우 상대적으로 유해물질을 많이 포함하고 있다.

4) 비점오염물질에 의한 수질오염 영향

비점오염물질의 성상에 따라 수질오염에 미치는 영향에는 차이가 있으나, 녹조현상, 물고기 집단폐사, 저서생물 서식지 파괴 등 수질 및 수생태계에 직접적인 영향을 미친다. 오염영향 정도는 일반적으로 동일한 용도지역의 경우 오염 배출량에 비례한다고 볼 수 있다. 용도지역 구분에 따른 오염지수는 각 지역 특성에 따라 상이하여 과학적으로 제시하기 어려우나 앞서 설명했듯이 수계오염총량관리제에서 적용하는 기준으로 대략적인 배출 비중을 가늠할 수 있다. 특히 초기 우수의 경우 지표면에 장기간 축적된 비점오염물질이 고농도로 일시에 배출됨으로써 오염부하를 급격히 상승시키게 되고 물고기 폐사 가능성도 커진다.[48)]

4.5.4 비점오염원 증가의 원인

가. 불투수면의 증가

그림 4.16과 같이 개발지역이 확대됨에 따라 대지, 도로 등의 불투수면이 증가하여 공공수역으로 직접 배출되는 강우 유출량이 지속적으로 증가되고 있다. 또한 불투수면 증가는 우수의 토양 침투량 감소로 인한 침수 발생빈도 증가, 갈수기의 하천 건천화 등을 유발하고, 유역의 생태 건강성을 훼손하는 원인이 되고 있다.

48) 비점오염원에서 강우와 더불어 유출되는 토사 등 부유물질, 질소/인 등 영양염류, 고농도의 중금속 등의 오염물질은 수집, 처리가 어려워 특별한 처리 없이 바로 하천으로 유입됨으로써 수질을 오염시키고, 이에 따라 물고기가 집단폐사하거나 저서생물의 서식처를 파괴되어 수생태계가 교란된다.

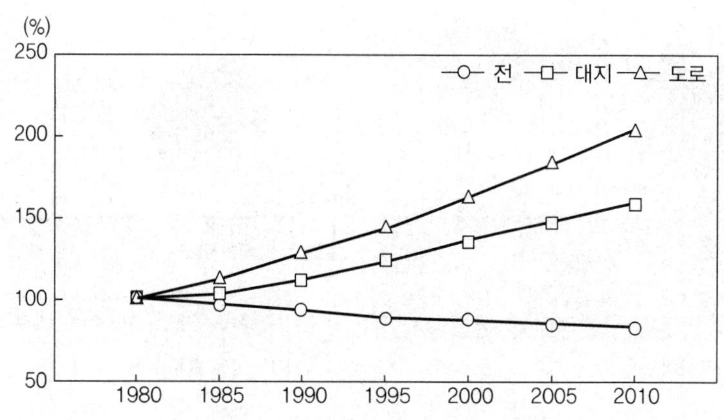

그림 4.16 주요 지목별 증감 추이

(자료 : 국토해양부, 2011, 지적통계연보)

나. 강우패턴의 변화

한반도 지역의 연평균 강수량은 장기적으로 증가하는 추세이며, 기상청에 따르면 2010년 대비 2100년의 강우량이 약 22% 증가할 것으로 추정된다. 또한 강우일수는 줄어드는 대신 강우강도는 높아지는 경향을 보이고 있어 국지성 호우, 집중강우, 잦은 가뭄과 같은 기상 이변현상이 빈번해 지고 있다. 이러한 기상패턴의 변화는 기후변화에 기인하는 것으로 추정되고 있으나, 개발지역의 확산과 산업화 촉진도 일정부분 영향을 미치는 것으로 보인다.

비점오염원의 중요한 배출특성은 부하량이 강우 유출과 밀접한 관계가 있다는 점으로 전체 비점오염원의 57%가 우기인 7~9월에 집중 배출된다.[49] 즉 대부분의 수질항목이 강우 유출수의 패턴과 유사하게 나타나 유출량 증가시 수질농도가 증가하는 것이다.[50] 그러나 계절별로 하천 수량에 차이가 많아 갈수기의 경우 오염물질 단위당 수질에 미치는 영향이 상대적으로 크기 때문에 유출량이 공공수역 수질과 절대적 상관관계를 가진다고 보기는 어려우며, 수량과 부하량이 함께 고려되어야 한다. 또한 강우 초기에 오염물질 농도가 급증한 후 서서히 감소해 가는 초기세척효과(first-flush effect)가 유역특성과 강우패턴에 따라 복잡하게 변화하므로 강우와의 상관관계는 비점오염 부하 특성시 고려할 중요한 인자이다.

49) 최지용, 2007, 비점오염원의 배출특성과 관리방안, 한국환경정책평가연구원, 워터저널

50) 최종수, 2003, 도시지역 비점오염원의 유출특성 및 저감방안, 2003년 물관리정책토론회 보고서

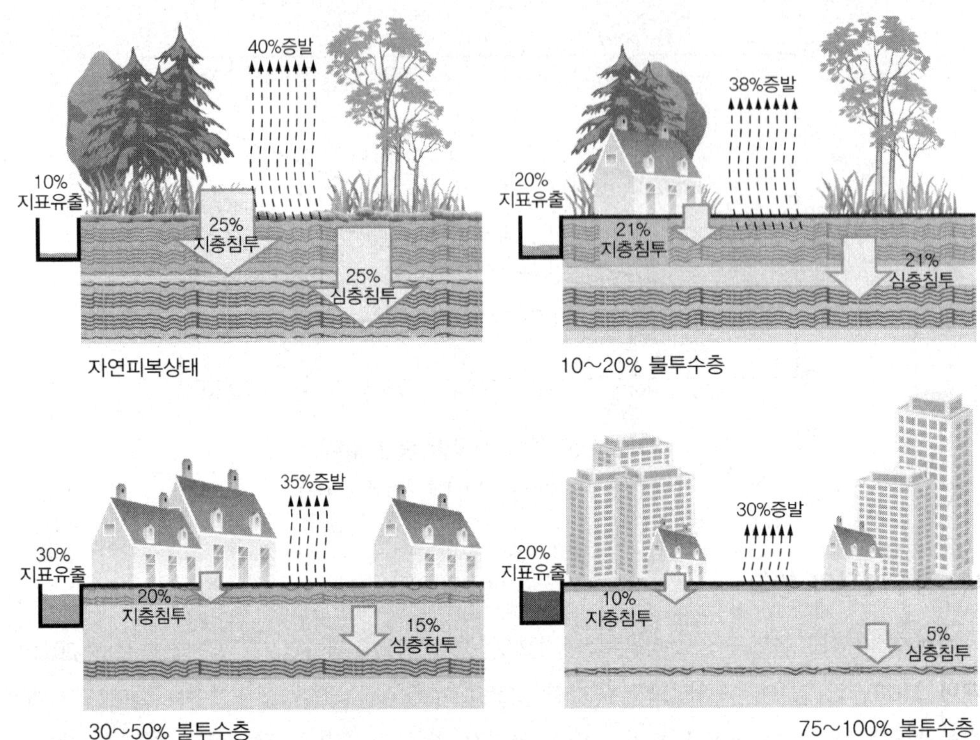

그림 4.17 도시화에 따른 물순환 악화

4.5.5 외국의 비점오염원 관리

가. 미국

하·폐수처리장 등 수질오염물질 처리 인프라가 정비될수록 점오염원의 관리시스템만으로는 수질개선 효과에 한계가 있어 비점오염원에 대한 관리가 필요하다. 미국도 비점오염원의 관리를 위해 1987년에 "연방수질오염관리법(CWA)"을 개정, 강우 유출수를 규제하기 시작하였다. 도시지역·건설지역·공업지역의 강우유출수를 국가오염배출량 감소제도(NPDES : National Pollutant Discharge Elimination System)에 따라 허가받도록 규정하고 있다.

도시지역의 경우, 1단계 기간 중에는(1990년) 인구 10만명 이상인 지역에서, 2단계 기간(1999년)에는 5만명 이상인 도시를 대상으로 지방정부가 자발적으로 비점오염원을 관리할 수 있도록 CWA를 근거로 국고보조금을 지원하고 다양한 프로그램을 통해 산림, 농업, 도로 및 교량, 습지 등에서 비점오염원을 관리하고 있다.

비점오염원 관리는 주로 빗물 관리에서 시작되었다. 즉 빗물을 적절히 수집, 이송하기 위해 일정한 개발지역에서 배수시설을 확충하여 배수 용량을 충분히 확보하는 치수개념으로 관리하였다. 1970년대 이후 수질오염원으로서 비점오염원 관리기법을 본격적으로 개발하게 된다. 지역이나 토지별로 최적관리기법(BMPs)[51]을 적용하기 위해 비점오염물질 처리장치가 현장에 설치되었고 다양한 자연정화기법도 도입되기 시작하였다.

1990년대 이후 비점오염원에 대한 본격적인 관리기법들이 도입된다. 유역의 자연형 배수로의 보전·복원, 강우 유출수의 분산 관리 기술들이 적용되기 시작하였고, 도시지역 비점오염원의 효과적인 관리를 위한 저영향개발기법(LID : Low Impact Development)이 개발되었다. 이러한 LID 기법의 적용은 궁극적으로 도시 물순환시스템을 확립하는 것으로 우수로 인한 비점오염물질의 배출을 최소화하는 것이다.

나. 영국

수자원법(Water Resources Act, 1991)에 근거하여 총질소 배출량을 저감하기 위해 '질소 취약지역'을 지정하고 특별 관리하는 제도를 도입하였다. 수계에 유입되는 질소 부하량의 45%가 비점오염원인 전답에서 유입되므로 농업을 대상으로 규제하는 것이라 할 수 있다.[52] 유럽에서는 질소 부하가 농업행위뿐 아니라 축산분뇨를 액비로 다량 사용하고 있어 더욱 가중되는 것으로 추정된다. 다양한 비점오염원에 대하여는 기여도를 조사하고 개별 관리프로그램을 운영하며, 유역 내 토지용도, 농경행위의 밀집도, 인구밀도 및 유역특성에 따라 다양한 조사를 바탕으로 개별적으로 관리한다.

축산분뇨로 인한 수계 오염을 저감하기 위해 토지 살포 최소화, 퇴비의 질소함유총량 규제, 토양 내 오염물질의 수계유입 방지, 살포기간 규제 등 영농방법의 개선과 연계하여 오염원 관리를 한다. 또한 농지에서 살충제와 비료사용을 저감하는 방안도 추진하고 있다. 친환경 농업을 실현한다는 차원에서 비점오염원을 관리하고 있으며, 질소비료사용 억제, 질소유입으로 인한 지하수 오염 방지, 경작 가능 토지의 초지 전환 등을 추진하고 있다. 오염발생을 저감하는 규제에 따라 발생되는 경제적 손실에 대하여는 지역에 따라 보전하고 있다.

---

51) BMPs는 WQS(Water Quality Standards, CWA의 수질기준)를 지키기 위한 최적의 관리방식으로서 여기서는 적절한 수집 처리장치의 설치·운영, 자연정화식 처리방식 등 여건에 맞는 방식을 선택하는 것이다.

52) 잉글랜드 웨일즈에서는 잉글랜드 중앙과 동부지역의 상당수 하천유역을 포함하여 72개의 질산염오염 취약지역(Nitrate Sensitive Areas)을 지정하였다. EC의 질산염 기준에 대응하여 영국 농림수산성(MAFF : Ministry of Agriculture, Fisheries and Food)은 1990년에 상수원의 질소농도가 EC 한계치를 넘거나 넘을 우려가 있는 곳에 대해 질산염오염 취약지역을 시범으로 설정하였고, 1994년에 더욱 확대하였다.

다. 일본

일본은 전통적으로 "수질오염방지법"을 근거로 점오염원을 주로 규제해 왔으며, "호소수질보전특별조치법"에 의해 수질개선이 필요한 호소를 지정 관리하고 있다. 이러한 점오염원 규제 관리만으로 주요 호소의 수질개선에 한계가 있어 2005년도에 관계부처 공동으로 호소 수질개선을 위한 협의체(국토해양성, 농림수산성, 환경성)를 설치하고 비점오염원 부하의 조사·분석, 저감대책의 수립을 위한 기본방향을 설정하였다. 이러한 대책이 최근까지도 수질관계법이나 지침으로 제도화되지는 못하지 있으나, 다양한 비점오염원 관리기법을 도입하고 있다.

비점오염원 관리 방안의 하나로 국토교통성은 2004년에 "하수도법 시행령"을 개정하여 10년간 분류식 관거 수준으로 합류식 하수관거의 월류수(CSOs)를 관리하는 방안을 의무화하였다.[53] 지역별로 적용되는 주요 비점오염 저감방안으로는 도시지역의 경우 투수성포장, 우수저류 및 침투시설 등 강우유출수의 침투 대책, 합류식 하수도의 월류부하량 대책, 보도·택지에서의 주기적 청소, 녹지면적 확보 등이 포괄적 대책으로 추진되고 있다. 농업지역에서는 적정 시비의 지도, 농업배수로 정비, 가축분뇨의 적정처리 등을 추진하고, 산림지역의 경우는 보안림 지정구역의 확대, 골프·스키장 등의 오염물질 유출 억제 등의 방안을 추진하고 있다.

4.5.6 우리나라의 비점오염원 관리정책

가. 추진 개요

1980년대부터 시급한 수질개선대책으로 하·폐수처리장의 집중적인 확충이 최우선적으로 추진되었다. 그러나 21세기 들어 비점오염원의 수질오염 부하 비중이 절반을 넘어서기 시작하자 정부에서 각종 대책을 추진하게 된다. 2004년에는 환경부 등 7개 부처 합동으로 "4대강 비점오염원관리 종합대책"을 수립하여 국가차원의 비점오염원 관리를 본격 추진하였다.[54] 이에 따라 환경부는 "수질 및 수생태계 보전에 관한 법률"을 개정(2005.3)하여 국가 및 지방자치단체에 비점오염원 관리 책무를 부여하고, 대규모 개발사업 및 폐수배출시설에

---

53) 합류식 하수도가 설치된 도시에서도 도시 내의 우수차집능력을 높이기 위한 시설정비와 저류관, 차집관의 정비 등에 의해 시가지에서의 비점오염원 부하를 상당정도 감소하고 있다. 분류식 하수도에서도 시스템 내 우수재이용, 지하침투 등을 통해 우수유출수를 감소시켜 비점오염원 부하를 저감하는 기법이 적용되고 있다. 현재 지역별로 "시가지 배수정화대책 모델사업" 등 하수도 시범사업이 시행되고 있다.

54) "4대강 비점오염원관리 종합대책"은 ① 제도개선, ② 비점오염물질 처리시설 시범설치 및 관리 ③ 조사·연구 및 홍보분야로 나뉘어져 있다.

대하여는 비점오염저감시설 설치를 의무화하는 '비점오염원 설치신고 제도'를 도입하였다. 아울러, 환경영향평가, 도시기본계획, 산림법령 등 27개 법규 및 지침에 비점오염원 관리규정을 반영함으로써 개발사업의 초기 단계부터 비점오염원을 저감할 수 있도록 하였다.

2006년 수립된 물환경관리기본계획(2006~2015)에 수변구역 지정, 수변녹지 조성, 도시지역의 저류지 건설, 하천부지에서의 농약 및 비료사용 제한, 가축분뇨 자원화 촉진 등 비점오염원에 대한 다양한 관리대책을 포함하였다. 국내 토지이용 및 강우 패턴에 적합한 비점오염 저감시설을 확충하기 위해 4대강 유역에 46개 시설을 시범적으로 설치하였다. 한강은 2004년부터 25개소, 낙동강은 2005년부터 5개소, 금강과 영산강은 2006년부터 각각 7개소, 5개소의 저감시설을 설치하고, 운영상황을 모니터링하고 있다. 장치형 저감시설 외에 생태유수지, 생태둠벙, 빗물생태저류시설 등을 시범사업으로 설치하여 효과를 평가하고 있다.

2012년 5월에는 관계부처 합동으로 '제2차 비점오염원관리 종합대책(2012~2020)을 마련하였다. 여기에는 LID 기법과 같은 진일보한 내용이 포함되어 있다. 대책에 따라 도시·농촌·산림 등 토지이용별 특성에 맞는 비점오염 저감대책을 추진할 계획이다. 도시지역에서는 불투수면 및 오염원이 지속 증가되므로 사전예방적 관리를 위해 도시계획 단계에서부터 비점오염의 발생을 고려하여 계획·설계하는 저영향 개발(LID : Low Impact Development) 기법[55]을 단계적으로 적용할 예정이다. 도시 인근의 유수지 등을 활용하여 생태유수지를 조성하고, 하수관거 월류수 저류시설을 대폭 확대한다는 계획이다.

농촌·축산지역에는 비점오염저감형 영농방법을 확대하고, 가축분뇨 등 유기성폐기물 종합자원단지와 생태습지를 조성하여 강우시 초기 유출수에 포함되어 하천·호소로 직접 유입되는 농약, 미처리 가축분뇨 등을 저감할 계획이다. 정부는 2020년에는 비점오염물질 배출량 중 BOD 24.6%(283톤/일), 총인 22.5%(13톤/일)을 삭감한다는 계획이나 비점오염원의 저감대책들의 효과가 과학적으로 검증되지 않아 목표를 달성할지는 미지수이다.

나. 비점오염원 관리 정책수단

비점오염 저감방법으로 ① 원천적인 배출 억제방법 : 불투수면의 축소 및 확대 억제, ② 배출량의 유입 지연방법 : 빗물을 최대한 침투·저류·증발시켜 유출량 저감과 유입시간 지연 ③ 처리방법 : 집중 발생되는 장소를 대상으로 한 처리 등 세단계로 나눌 수 있다. 발생원에서 유출(수량)과 오염(수질)을 동시에 제어할 수 있는 소규모 분산식 빗물 관리방식인 저영향개발기법(LID)은 배출억제와 유입지연을 동시에 추구하는 계획기법으로 볼 수 있다.

55) 개발로 인해 변화하는 물순환 상태를 자연친화적인 기법을 활용해 최대한 개발 이전에 가깝게 유지하도록 하는 것으로 저류형, 인공습지, 침투형, 식생형 시설 등의 종류가 있다.

현재 시행되는 정책 중 비점오염 저감시설 설치는 '처리'방식에 속하고 관리지역 지정제도는 배출억제 및 지연 방식에 속한다.

다. 비점오염원 설치신고 제도

1) 개요

일정규모 이상의 개발사업자에게 비점오염원 설치시 적정한 방지시설을 갖춰 신고하도록 하여 대규모 개발사업장의 비점오염저감시설을 확충하는 제도로서 2006년에 도입되었다.

2) 비점오염원 설치신고 대상 개발사업

비점오염을 유발하는 "환경영향평가법" 대상사업으로 일정규모 이상의 도시의 개발, 산업입지 및 산업단지의 조성, 에너지 개발, 공항의 건설, 개간 및 공유수면의 매립, 관광단지의 개발, 산지의 개발, 관광단지의 개발, 특정지역의 개발, 체육시설의 설치, 폐기물처리시설 및 분뇨처리시설의 설치 국방, 군사시설의 설치, 토석, 모래, 자갈 광물 등의 채취 사업장과 항만건설, 도로건설, 수자원개발, 철도건설, 하천 이용·개발 사업은 비점오염원 설치신고 의무대상이다.

또한, 폐수배출시설을 설치하고 부지면적 1만 m^2 이상인 사업장으로 제철시설, 섬유염색시설, 목재 및 나무제품 제조업, 코크스 석유정 제품 및 핵연료 제조업, 펄프·종이 및 종이제품 제조업, 화합물 및 화학제품 제조업, 고무 및 플라스틱 제조업, 비금속광물제품 제조업, 제1차 금속산업과 석탄, 원유 및 우라늄 광업, 금속광업, 비금속광업(연료용 제외), 음·식료품 제조업, 전기·가스 및 증기업, 도매 및 상품중개업, 하수처리·폐기물처리 및 청소관련 서비스업도 설치신고 대상이다.

라. 비점오염원 관리지역 지정 제도

1) 도입 취지

비점오염원에서 유출되는 강우유출수로 인하여 하천·호소 등의 이용목적, 주민의 건강·재산이나 자연생태계에 중대한 위해가 발생하거나 발생할 우려가 있는 지역을 비점오염원 관리지역으로 지정하여 수질오염 저감대책을 별도로 수립·시행토록 하는 제도를 2006년에 도입하였다.

2) 지정 대상

- "환경정책기본법 시행령" 제2조의 하천·호소의 수질에 관한 환경기준에 미달하는 유역

으로써 유달부하량 중 비점오염 기여율이 50% 이상인 지역

- 비점오염물질에 의하여 자연생태계에 중대한 위해가 초래되거나 초래될 것으로 예상되는 지역
- 인구100만 이상의 도시로서 비점오염원관리가 필요한 지역
- '산업입지 및 개발에 관한 법률'에 따른 국가산업단지, 지방산업단지로 지정된 지역으로 비점오염원 관리가 필요한 지역
- 지질·지층구조가 특이하여 특별한 관리가 필요하다고 인정되는 지역

3) 지정 현황

2007년부터 현재까지 소양호, 도암호, 임하호 유역과 광주광역시, 수원시가 지정되어 비점오염저감사업을 추진하고 있다. 향후 비점오염원 관리지역 지정을 지속적으로 확대하여 2020년에는 35개 지역까지 확대한다는 계획이다. 그러나 사업 주체인 지자체에 대한 강제적 의무사항도 없고 중앙정부의 인센티브도 적어 효과가 미흡한 실정이다.

표 4.55 비점오염원 관리지역 지정현황

지역명	위치(면적)	주요오염원	수질목표
소양호	양구군, 인제군, 홍천군(2227.81km^2)	탁도	50NTU이하
도암호	평창군(148.73km^2)	부유물질	5mg/L이하
임하호	안동시, 청송군, 영양군(1360.82km^2)	탁도	50NTU이하
광주	광주광역시 전역(501.31km^2)	BOD	5mg/L이하
수원	수원시 전역(121.0km^2)	BOD	년 250톤 삭감

마. 비점오염 저감시설 설치 시범사업

1) 시설개요

비점오염원 저감시설은 표 4.56과 같이 크게 자연형과 장치형으로 구분할 수 있으며 지역특성과 관리 여건 등을 고려하여 적합한 형태의 시설을 설치하는 것이 일반적이나 시설별 효과와 비교자료가 아직 충분치 않다. 아직 저감시설의 효과가 충분히 검증되지 않았다는 점에서 시설 설치효과에 의문을 제기할 수는 있으나 지역/유역에 대한 계획적 관리기법의 하나로 중요한 저감수단이므로 그간의 효과를 분석하여 확충하는 것이 필요하다.

표 4.56 비점오염저감시설의 종류

유 형	비점오염 저감시설
자연형	저류시설, 인공습지, 침투시설, 식생형 시설 등
장치형	여과형, 와류형, 스크린형, 응집·침전 처리형, 생물학적 처리형 등

2) 시범사업 현황

수계별로 비점오염원 저감시설의 시범 설치·운영 및 모니터링을 통하여 설계·운영자료를 확보하고 이를 비점오염저감시설 설계 및 유지관리 지침 마련,[56] 비점오염저감시설 저감효율평가, 삭감량 산정 방법 도출에 활용하고 있다.

환경부는 시설 설치가 의무화되기 이전인 2004년부터 비점오염저감시설을 시범 설치하기 시작하였고 2006년부터 국립환경과학원을 중심으로 한강유역부터 시작하여 전국 4대강 유역에 설치된 비점오염 저감시설을 모니터링하는 연구사업을 통해 저감시설의 설치효율을 평가하고 유지관리 매뉴얼을 도출하였다.

모니터링 결과를 보면 SOL(부하량합산법, Summation of Loads) 평가방법으로 산정한 효율이 자연형 시설의 경우 TSS는 63.22%, BOD는 50.98%, COD는 51.78%, TN는 34.62%, TP 54.66%로 나타났으며, 장치형 시설의 처리효율은 TSS 53.92%, BOD는 45.70%, COD는 50.48% TN은 37.97%, TP는 47.95%로 분석되었다. 모두 TSS의 제거효율이 가장 높게 나타나며, TN의 제거율이 가장 낮게 나타나고 있으며 전체적으로 자연형 시설의 경우가 더 높은 효율을 나타내고 있다. 자연형과 장치형을 합친 저감효율은 TSS 58.57%, BOD 48.34%, TN 36.3%, TP 51.31% 로 나타나 강우시 비점오염저감물질이 약 50% 정도 제거된 후 수계로 방류되는 것으로 분석되었다.[57]

표 4.57 수계별 비점오염원 저감시설 현황

수계구분	사업기간	총 사업비	시설설치 현황 (자연형, 장치형)
계	2004～2009	525억원	42개 시설
한강	2004～2008	118억원	12종 25개 시설
낙동강	2005～2008	139억원	4종 5개 시설
금강	2006～2009	119억원	3종 7개 시설
영산강·섬진강	2006～2009	149억원	5종 5개 시설

56) 2004년부터 한강수계(광주·용인·이천시 지역)에 25개 시설을 설치하였으며, 낙동강수계는 2005년부터 5개 시설을, 금강·영산강수계는 2006년부터 12개 시설 설치를 추진하고 있다.

57) 4대강수계 비점오염저감시설 모니터링 및 유지관리, 2010

바. 기타 비점오염원 관리

1) 우수유출 저감시설

우수유출 저감시설은 "자연재해대책법"에 의거하며, 강우시 우수의 직접 유출을 억제하기 위하여 인위적으로 우수를 지하에 침투시키거나 저류시키는 시설이다. 저감 방법은 저류시설과 침투시설로 나뉠 수 있는데 저류시설은 사용용도에 따라 침수형 저류시설, 전용 저류시설로 설치위치에 따라 지역내(On Site) 저류시설, 지역외(Off Site) 저류시설로, 연결 형태에 따라 하도내(On Line) 저류시설, 하도외(Off Line) 저류시설로 나뉜다.

또 저류시설은 설치장소에 따라 운동장 저류, 공원저류, 주차장저류, 단지내 저류, 건축물 저류, 공사장 임시저류지, 유지·습지 등으로 구분된다. 침투시설에는 침투통, 침투측구, 침투트렌치, 투수성 포장, 투수성 보도블럭이 있다.

2) 빗물 이용시설

빗물이용시설은 '빗물을 모아 생활용수·조경용수·공업용수 등으로 이용할 수 있도록 처리하는 시설'을 의미하며 침수피해 방지, 수질보전 및 물순환 이용을 목적으로 한다. 수도법에 따라 운동장 또는 체육관으로서 지붕 면적이 2,400m^2 이상이고, 관람석이 1,400석 이상인 시설물을 신축·증축하는 경우 의무적으로 설치해야 한다.

빗물이용시설은 ① 지붕에 떨어지는 빗물을 모을 수 있는 집수시설, ② 처음 내린 빗물을 배제할 수 있는 시설 또는 빗물에 섞여 있는 이물질을 제거할 수 있는 여과장치, ③ 처리시설에서 처리된 빗물을 일정 기간 저장할 수 있는 빗물 저류조, ④ 처리한 빗물을 사용하는 곳으로 운반하는 펌프·송수관·배수관 등 송배수시설로 구성된다.

3) 생태면적률

생태면적률은 개발로 인해 훼손되기 쉬운 도시공간의 생태적 기능(자연의 순환기능)을 유지·개선할 수 있도록 설정되는 환경계획 지표를 의미한다. 도심 내 녹지와 투수층을 확충하여 도시 환경성을 높이기 위해 개발되었다. 우리나라에서는 환경영향평가 대상사업 중 택지개발이나 공동주택건설과 관련되는 개발사업에 우선 적용하고 있다. 환경부가 제정한 '생태면적률 적용지침'에 따라 자연지반 녹지율 확보 목표를 설정한 후, 자연 녹지를 제외한 나머지 가용지에 대해 환경영향평가시 생태면적률 적용 목표를 협의하여야 한다.

생태면적률은 공간계획 대상면적 중에서 자연의 순환기능을 가진 토양면적의 비율로써, 자연지반 녹지와 인공화 지역 생태면적의 합을 전체 면적으로 나누어 산출하며, 자연순환기능 면적의 가중치는 표 4.58과 같다.

표 4.58 자연순환기능 면적 가중치

공간 유형	자연지반 녹지	수공간 (투수기능)	수공간 (차수)	인공지반녹지 ≥ 토심90cm	옥상녹화 ≥ 토심20cm	인공지반녹지 <토심90cm	옥상녹화 < 토심 20cm
가중치	1	1	0.7	0.7	0.6	0.5	0.5
공간 유형	부분포장	벽면녹화	전면 투수포장	틈새 투수포장	저류·침투시설 연계면	포장면	
가중치	0.5	0.4	0.3	0.2	0.2	0	

사. 비점오염원 관리 정책대안

1) 지역/유역단위 관리시스템 정비

비점오염원의 수질오염 영향을 최소화하기 위해서는 광역적으로 발생하는 특성상 단편적인 대책으로 효과를 거두기 어렵다. 따라서 지역 또는 소유역 단위별로 비점오염원에서 발생되는 수질오염물질을 종합적으로 분석·평가하여 최적의 저감방안을 강구해야 한다. 이를 위해서는 우선 소유역별로 최저 저류·정화기능을 확보해야 한다. 행정구역이 중복되어 소유역별로 시행하기 어려운 경우에는 지방자치단체별로 시행하는 것이 대안이다.

이와 함께 공공수역에 오염부하가 큰 산업단지, 주차장, 대규모 축산단지 등 일정지역 내의 비점오염원에 대하여는 점오염원과 같이 지역단위 방류수수질기준을 적용하고 오염원인자에게 기준 준수의무를 부과하는 적극적인 처리방안도 필요하다. 이 경우 정책의 실효성 확보를 위해서는 오염원인자에 대한 인센티브가 필요한데 시설설치비 지원과 세제 지원과 같은 경제적 유인조치와 저감시설 설치시의 토지형질 변경 등과 같은 행정적 지원조치가 병행되어야 할 것이다.

단기적으로 시행 가능한 정책 대안으로는 비점오염원 관리지역을 확충하고 의무사항과 지원시책을 명확히 규정하는 것이 요구된다. 예로서 지자체에서 시설 부지를 제공하고 사업자에게는 적정 시설설치를 의무화하는 방안을 도입하고, 중앙정부는 오염원인자 부담금과 국고 지원금으로 일정한 지원기금을 조성하여 시설 설치·운영을 지원하는 연계프로그램을 검토할 수 있을 것이다. 또한 관리지역에서의 오염부하 저감량의 일정부분에 대해 수질오염 총량제와 연계하여 지역개발사업을 허용하는 방안도 필요하다.

2) 수질오염 저영향 개발기법 도입

개발 사업에 따른 비점오염원 증가를 억제하고, 기존 개발지역에서의 저감방안을 도출하기 위해서는 저영향 개발기법(LID)[58]을 적용하는 것이 요구된다. 이를 적용하기 위한 정책수단으로 환경영향평가시 반영하는 방안과 함께 택지개발이나 산업단지 개발 등 개발관련 법령에서 저영향개발기법을 의무화하는 방안이 효과적이다. 이러한 기법 적용을 위해서는 우선 적용인자와 방법에 대한 국가차원의 일정한 가이드라인을 설정하고 기법 설계를 위한 전문기관의 육성이 요구된다. 이러한 기법을 적용하기 위해서는 사전에 지역/유역단위 관리 시스템이 정비되어야 하며, 하천·호소 주요 유입부에 대하여 저류·정화기능을 가지는 자연형 비점오염 저감시설을 설치하는 것이 효과를 극대화할 수 있다.

3) 도시지역 강우대비 오염물질 차단시스템 구축

도시지역의 비점오염저감을 위해서는 크게 투수층의 확충, 오염물질 저감시설 설치, 하수처리장 CSOs 처리 및 저류시설 확충 대책이 추진되어야 한다. 첫째, 투수층 확대를 위해 주차장, 공원지역, 도로인근, 보도 등에 대하여 신규시설부터 투수효과가 있는 시설로 설치하도록 의무화하고 기존시설은 장기적으로 교체·보완해 나가야 할 것이다. 주차장의 단위면적당 1일 발생부하량(BOD)이 농경지의 37～54배에 달함을 고려할 때 투수층 설치 확대는 수질개선 뿐 아니라 홍수 방지에도 효과적이다. 둘째, 비점오염원 저감시설의 경우 기존 의무화 대상사업장을 대폭 확대하고 소규모 사업장에 대하여는 정부가 설치 및 유지·관리 기능의 일부를 분담하는 방안을 고려할 필요가 있다. 셋째, 초기 우수처리를 위한 하수처리장의 CSOs 처리시설의 경우 소유역 단위로 집중적으로 지원하여 설치하는 것이 바람직하며 하천 유입부 저류시설과 병행 설치하는 것이 효과적일 것이다. 저류시설의 경우는 기존 유수지를 활용하는 방안과 함께, 하천부지 인근에 우수 중점 유입부에 습지 기능을 갖춘 저류지를 확충하는 방안을 적절히 조합할 수 있다.

산업단지 및 폐광지역의 경우 초기 우수방류수에 유해물질이 포함될 가능성이 상대적으로 높으므로 비점오염원 관리 뿐 아니라 유해물질 관리 차원에서 집중 관리할 필요가 있다. 정부가 2005년부터 낙동강 유역의 산업단지에 완충저류조를 설치하고 있는데 이 개념을 오염물질 저류·정화 기능으로 확대하여 산업단지의 방류지역에는 일정규모의 저류지와 함께 저감시설을 설치할 필요가 있다. 따라서 신규 산업단지는 환경영향평가시 이를 의무적으로 설치토록하고 기존 산업단지나 공장 밀집지역에 대하여는 정부가 단계적으로 설치하되 유지관리를 사업자에게 의무화하는 방안이 현실적 대안일 것이다.

---

58) 저영향개발 기법(Low-impact development)은 강우 유출로 인한 비점오염원의 수질 및 수생태계의 영향을 최소화하는 친환경적 토지이용 계획 및 도시개발 기법을 말한다.

4.6 호소수질 보전정책

4.6.1 호소수질 현황

호소는 인공호소와 자연호소가 있으며 지형 조건에 의해 물이 일정기간 흐르지 않고 체류하는 곳을 자연호소, 댐이나 제방을 축조하여 인위적으로 물을 체류하도록 만든 곳을 인공호소라 한다. 현재 우리나라에는 약 18,000여개의 호소가 있으며 대부분은 자연 하천을 막아 조성된 인공호소로서 농업용 저수지가 대부분이다. 우리나라는 수자원 확보, 홍수 조절 또는 전력생산을 위해 많은 댐과 저수지를 건설하여 왔으며 새만금호와 같이 농지 확보를 위한 간척사업으로 바다를 막아 조성한 호소도 있다. 이러한 인공 호소는 수질관리 측면에서 보면 대부분 폐쇄성 또는 준폐쇄성 수역공간이라는 구조적 특성 때문에 자연 하천에 비해 자체정화 능력이 떨어진다. 영양염류의 축적이 용이하여 일단 오염이 되면 부영양화(eutrophication)[59] 등 2차 오염이 유발될 우려가 크다. 과거에는 호소 인근에 오염원이 적어 수질오염이 크게 문제가 되지 않았던 경우에도 개발사업으로 오염물질 유입이 증가되면서 유역단위의 수질관리가 더욱 중요하게 되었다.

표 4.59 호소현황 (단위 : 개소)

구 분	다목적댐	발전 전용댐	용수 전용댐	농업용 저수지	하구호
호소	15	10	63	17,611	5

우리나라 호소의 경우 BOD 수치가 낮아도 녹조가 자주 발생하고 있다. 따라서 호소에서는 부영양화를 방지하는 것이 중요하며, 체류기간이 35일이 초과하는 호소의 경우 지표 특성상 BOD 대신 COD를 기준으로 관리하고, 총인 및 총질소에 대한 환경기준도 설정하고 있다. 2011년 현재 49개 주요 호소에 대해 호소별로 목표수질 기준과 달성기간을 설정하고 있다. COD 수치는 대부분 Ⅱ급수 수질을 유지하고 있으나 영양상태가 대부분 중영양·부영양화 상태[60]로 조건만 맞으면 항시 녹조가 발생할 수 있어 녹조방지대책이 호소관리의 관

59) 화학 비료나 오수의 유입으로 물에 영양분이 과잉 공급되어 식물의 급속한 성장 또는 소멸을 유발하고 물속의 산소를 빼앗아 생물을 죽게 하는 현상을 말한다. 일반적으로 화학비료 혹은 오수의 유입으로 생물이 죽으며 그 생물이 부식되어가는 과정에서 또 한번 영양분이 과잉 공급된다.

건이라 하겠다. 조류 발생 빈도도 2000년대 이후 증가하는 추세이다.

정책이야기 4.2 시화호 오염사건

시화호는 행정구역상으로 경기도 안산시, 시흥시, 화성시에 걸쳐 위치하고 있고, 해안변으로 12.3km의 방조제가 건설되어 인공호소를 조성한 곳이다. 1960년대 이후 정부가 추진한 대규모 간척사업의 일환으로 추진한 사업으로 수도권에서 부족한 공업용지와 도시용지를 확보한다는 목표아래 1985년에 시화지구개발사업이 정부 방침으로 확정되고 1987년에 환경영향평가를 거쳐 착공되었다. 사업 시행자는 한국수자원공사로 개발면적은 1단계사업이 시화호 북측 742만평, 2단계사업은 시화호 남측 2,978만평이었으며 조성시 유역면적은 476.5km^2, 호수면적은 56.5km^2, 담수량은 3억3천만 톤이고, 평균수심은 3.2m, 물의 체류시간은 1년 정도이다.

이 지역은 북쪽으로 반월공단과 시화공단이 위치하였고 대규모 신규 택지가 개발되어 다량의 오폐수가 발생하고 시화호로 6개 하천이 유입되는 반면 환경기초시설은 미비하여 수질오염이 심화될 수 있는 조건을 갖춘 지역이었다. 급기야 방조제가 완공된 1994년에 다량의 하·폐수가 미처리된 채 시화호로 유입되면서 수질이 크게 악화되었다. 1996년 시화호 유역의 오폐수 발생량이 하루 49만 톤인데 비해 하수처리장의 처리용량은 17만 톤에 불과하였고, 1996년의 수질오염도는 COD 20ppm에 달하였다.

언론에서 시화호의 수질오염이 연일 보도하고 환경단체들의 비판이 거세져 심각한 사회문제로 대두되자 정부는 1996년 시화호로 유입되는 하·폐수의 처리시설을 확충하기 위해 수질개선 종합대책을 마련하게 되었다. 이러한 상당한 환경 투자에도 불구하고 다량의 하·폐수가 유입되고 담수기간이 긴 폐쇄된 담수호의 특성상 수질개선이 현실적으로 어렵게 되자 환경부는 건설교통부, 농림부 등과 협의하여 2000년 시화호의 담수화를 포기하고 해수 유통을 결정한다. 당연한 결과지만 해수 유통후 시화호의 수질오염도(COD)는 1996년 20ppm에서 4~5ppm으로 개선되었다. 해수 유통방안은 수질개선을 위한 고육지책이며 당초의 담수화 목적과는 거리가 있으나 불가피하게 내린 결정으로 이해된다. 지역특성을 충분하게 고려하지 않고 수질오염을 예측하지 못한 채 개발사업을 추진한 사례이다.

1992년 시화방조제 건설 이전

1996년 9월 시화호 오염 이후

시화호 방조제 건설 이전과 이후의 오염상태 비교

(자료 : 환경부, 2010, 환경 30년사)

60) 부영양화지수(TSI : Trophic State Index)를 이용하여 빈영양(30미만), 중영양(30~50), 부영양(50~70), 과영양(70이상)으로 나눈다.

4.6.2 호소수질 보전대책

가. 개요

호소의 수질개선을 위해서는 크게 오염원의 유입 차단대책과 일단 유입된 오염물질의 처리대책으로 나눌 수 있다. 호소에 일단 오염물질이 다량 유입되면 수질개선에 비용도 많이 소요되고 개선효율도 낮다. 따라서 호소를 포함한 유입수계 전체에 대한 통합유역관리가 중요하다. 즉 호소에 유입되는 오염물질 발생지역에 충분한 하·폐수처리시설을 설치하여 배출오염도를 최대한 저감하고, 가능한 경우 처리수를 호소 하류지역으로 배출하는 것이 수질개선에 효율적이다. 호소 인근지역에 오염배출원이 산재해 있는 경우에는 소규모 처리시설을 다수 건설하는 것이 효과적이다. 일단 오염물질이 유입된 이후에는 녹조가 주로 문제가 되므로 녹조제거 기술을 적용한다. 녹조제거 방법은 다양한 기술이 개발되고 있으나 비용이 과다하게 소요되고 처리효율도 높지 않은 실정이다. 호소 수질개선은 호소의 수질조사, 인근 유역의 오염물질 저감, 호소내 녹조물질 저감 단계로 추진한다.

나. 호소 환경조사

호소별 특성에 적합한 수질·수생태계 보전대책을 추진하기 위하여 우리나라는 1일 취수량 30만톤 이상 또는 만수위 면적이 0.5km^2 이상인 호소에 대하여 정기적으로 수질 및 수생태계 현황을 조사하고, 그 결과는 DB화하여 호소수질보전 기초 자료로 활용하고 있다.

다. 녹조 방지대책

녹조 방지대책의 핵심은 원인물질인 인, 질소 등 영양염류물질의 유입을 저감하는 것이다. 이를 위해 하·폐수처리시설 등 환경기초시설의 방류수 수질기준 중 부영양화 발생물질인 총인 및 총질소 기준을 강화하고 있다. 강화된 기준을 충족하기 위해 하수처리장에는 질소·인 제거를 위한 고도처리시설을 단계적으로 확충하고 있다. 특히 녹조의 주요 원인물질인 총인 배출기준이 대폭 강화되어 2009년부터 하수처리장에 총인처리시설을 추가로 설치하고 있다.

한편 호소의 오염원으로 지목받아온 가두리 양식장을 제한하기 위해 1990년에 팔당·대청호 수질보전 특별대책지역을 지정하면서 가두리양식장의 신규입지를 금지한 이후 1997년에는 상수원인 호소에서의 가두리양식장 면허를 일체 금지하였다. 또한 낚시행위로 인한 오염방지를 위해 시장·군수·구청장이 낚시금지구역 또는 낚시제한구역으로 지정하도록 하고 있으며 66개소가 지정되어 있다.

라. 중점관리저수지 지정·관리

총 저수용량이 1,000만m^3 이상이거나, 오염도가 농업용저수지의 경우 IV등급(약간 나쁨), 그 밖의 저수지는 III등급(보통)을 초과하는 경우 중점관리저수지로 지정하고 수질개선대책을 추진하도록 "수질 및 수생태계 보전에 관한 법률"에 규정되어 있다.[61] 그러나 대부분의 저수지는 비점오염원에 의한 오염 비중이 크므로 근본적인 수질개선이 어려운 실정이며 전문 관리체계도 부재한 실정이다.

상수원으로 이용되는 호소에서 조류가 다량 발생하게 되면 정수처리 공정의 처리효율이 저하되므로 추가적인 정수처리 과정이 요구된다. 호소 내부에서 보면 산소저하로 어류 폐사 등의 부작용이 나타날 수 있다. 여름철에 주로 발생하는 남조류 일부는 독소를 생성하여 인체 건강 피해를 유발할 가능성이 있는 것으로 알려져 있다. 아직까지 우리나라에서 남조류 독소로 인한 피해 사례가 보고된 바는 없어 정수처리 과정에서 모두 제거되는 것으로 추정되나 불안전한 정수로 인한 위해 가능성을 배제할 수 없다.

조류 발생에 조기 대응한다는 차원에서 1998년부터 주요 상수원으로 이용되고 있는 팔당호·대청호·충주호·주암호 등 4개 호소를 대상으로 조류경보제를 도입하였다. 조류경보제 대상 호소는 연차적으로 확대하여 2011년말 현재 22개소에 달하고 있다.

표 4.60 조류경보제 시행 호소현황

시행년도	개소수	호 소 명
1998	4	팔당호, 대청호, 충주호, 주암호
1999	1	운문호
2003	1	용담호
2004	2	동복호, 영천호
2005	2	남강호, 안계호
2006	6	공산댐, 광교지, 춘천호, 섬진강댐, 진전지, 한강(10개 지점)
2007	1	사연호
2008	3	회야호, 덕동호, 탐진호
2009	2	보령호, 횡성호

61) 2012년 법률개정으로 도입되었다.

조류경보제는 클로로필(Chl-a) 농도와 남조류 세포수를 기준으로 발생정도에 따라 주의보-경보-대발생의 단계로 구분하여 발령하고 있으며 그 기준은 표 4.61과 같다. 조류경보는 2회 연속 측정하여 Chl-a 농도와 남조류 세포수 모두가 기준에 해당될 때 발령하며, 2회 연속 채취하여 Chl-a 농도가 15mg/m^3 미만이거나, 남조류 세포수가 500세포/mL 미만인 경우에는 해제한다.

표 4.61 조류경보제 발령기준

구 분	조류주의보	조류경보	조류대발생
Chl-a 농도(mg/m^3)	15이상	25이상	100이상
남조류 세포수(세포/mL)	500이상	5,000이상	1,000,000이상

조류경보제가 도입된 1998년 이후부터 2011년까지 총 2,084일간 조류경보(주의보1,777일, 경보 300일, 대발생 7일)를 발령하였으며 조류경보가 발생되면 표 4.62와 같이 해당 지방자치단체는 정수처리를 강화하는 등 안전한 상수원수 공급을 위한 조치를 취하게 된다. 조류경보와 관련하여 정수에의 영향뿐 아니라 인체 및 생태계에 대한 영향을 규명하여 조치내용을 보완해 나갈 필요가 있다.

표 4.62 조류발생시 조치사항

구 분	주 의 보	경 보	대 발 생
수질 측정기관	- 주1회 수질모니터링 및 관계기관 통보	- 주2회 수질모니터링 및 관계기관 통보 - 냄새·독성물질 분석	- 주2회 수질모니터링 및 관계기관 통보 - 냄새·독성물질 분석
경보제 운영기관 (지방청, 지자체)	- ‘조류주의보’ 발령 - 환경기초시설 등 주변 오염원 관리 강화	- ‘조류경보’ 발령 - 대국민 상황 전파 - 주변 오염원 관리 강화	- ‘조류대발생’ 발령 - 대국민 상황 전파 - 주변 오염원 관리 강화
취·정수장 관리기관	- 정수처리 강화 (활성탄, 오존처리 등)	- 취수구 이동 - 원·정수 독소분석 실시 - 정수처리 강화	- 취수구 이동 - 원·정수 독소분석 실시 - 정수처리 강화
관계기관	- 취수구 및 조류우심지역 차단막 설치 등	- 취수구 및 조류우심지역 차단막 설치 등	- 조류제거 조치 (황토 살포 등)

4.6.3 하구 및 석호 관리대책

가. 하구 및 석호62)의 현황

하구·석호는 해수와 담수가 만나는 기수역 지대로서 생태적 가치가 높은 수역이다. 그동안 우리나라는 상수원 중심의 수질보전 정책으로 인하여 상대적으로 하구·석호에 대한 관리가 소홀하여 인근지역이 과도하게 개발되는 등 수질오염도 심화되고 생태계도 많이 훼손되었다.

국내 하구는 한강, 금강, 낙동강, 영산강, 섬진강 등 5대강 하구를 비롯하여 하천 하류에 400여개 하구가 있다. 석호는 동해안에만 강릉 경포호 등 18개 석호가 분포되어 있으며 이중 화진포, 송지호 등 7개 석호는 상대적으로 보전 상태가 양호한 편이나, 풍호, 쌍호 등 일부 호소는 인근지역의 개발 영향으로 심각하게 훼손되어 석호로서의 기능을 상실한 상태이다.63)

표 4.63 지역별 석호 현황

구 분	석호수	석 호 명
강릉시	4	경포호, 향호, 순포개, 풍호
양양군	5	매호, 쌍호, 가평리습지, 염개호, 군개호
속초시	2	영랑호, 청초호
고성군	7	화진포호, 송지호, 광포호, 봉포호, 천진호, 봉포습지, 선유담

나. 하구 및 석호 관리방안

하구의 수생태를 보전하기 위해 정부는 2008년부터 국가하천 하류 14개소, 지방하천 하류 449개소 등 총 463개소의 하구를 대상으로 하구 수생태계 건강성 조사를 실시하고 있으

62) 석호(Coastal lagoon)란 연안류의 작용으로 형성되는 사주(모래톱), 사취 등이 만의 입구를 막아 바다와 분리되어 형성된 호수를 말하며 지질시간으로 볼 때 매우 일시적인 지형으로, 하천의 유입에 의해 염도가 점점 낮아지고 소택지로 변하며 결국 육지화된다.

63) 보존이 잘 되어 있는 그룹A 석호는 화진포호, 송지호, 광포호, 영랑호, 매호, 향호, 경포호 등 7개소이다. 석호의 원형이 비교적 잘 보전되어 있고 호수주변 경관이 수려하며, 역사·문화·환경적으로 보전 및 복원의 가치가 높으나, 석호 주변으로부터 개발 위협이 심각하여 보전사업을 실시하지 않을 경우 생태계 훼손 가능성이 크다. 또한 전국내륙습지 자연환경조사(2001, 환경부) 결과 학술적 가치가 높은 보호어종인 왜몰개와 살치, 멸종위기종인 흑고니, 검독수리 등이 다수 관찰되고 있다. 그 외 석호는 선유담, 천진호, 봉포호, 봉포습지, 청초호, 가평리습지, 쌍호, 연개호, 군개호(궁개버덩), 순포개호, 풍호로 이미 호수의 일부가 매립되어 원형이 매우 심하게 훼손되거나, 도시화, 진입도로, 건축물 등으로 호소주변의 자연경관이 훼손되고 이미 상당수의 석호가 육지화가 진행되어 내륙 습지로 전환되기도 하였다.

며, 2012년 현재 전체 463개소의 하구 중 81개소에 대한 조사가 완료되었다. 환경부는 이러한 조사를 기반으로 훼손이 심한 하구를 우선적으로 선정하여 하구 수생태계 복원 시범사업을 추진한다는 계획이나, 아직까지 조사단계에 머물고 있는 실정이다.

매년 하절기에는 집중 호우로 상류로부터 다량의 부유쓰레기가 하천·하구에 유입되어 하구오염 및 경관 훼손을 유발하고 있다. 현재 부유쓰레기 처리를 위해 국가와 지방자치단체가 공동으로 비용을 부담하여 처리하고 있다. 국고에서 쓰레기 수거·처리비용을 일부 지원[64]하고, 나머지 지방비는 상·하류 지자체간에 '쓰레기 수거·처리비용에 대한 비용분담협약'을 체결하여 분담하고 있다. 그러나 예산 부족으로 일부는 수거하지 못하고 바다로 유출되고 있는 상황이다.

석호의 수생태 보전을 위하여 7개 석호를 중점관리 대상으로 선정하여 2007년부터 동식물상, 어류분야 등 생태계 정밀조사를 실시하였으며, 기타 11개 석호에 대해서는 개괄조사를 시행하였다. 2010년에는 "동해안 석호 보전 및 복원 기본계획"을 수립하였다. 그러나 현재까지 단편적인 대책에 머물고 있으며, 보다 효율적인 석호 보전을 위해서는 주변 오염물질의 유입차단을 위한 우회수로 건설, 친환경적 지역개발 정책과 하·폐수처리시설 확충, 수생태계 복원 등을 포함한 통합적 유역관리가 요구된다.

4.7 해양환경 보전정책

4.7.1 해양수질 현황

우리나라의 관할 해역은 약 443,838km^{2}이며, 각 해역별로는 특성이 뚜렷이 구분된다. 평균수심의 경우 남해와 서해에 비해 동해가 가장 깊고, 밀물과 썰물의 차는 서해가 가장 크다. 해안선은 13,509km[65], 유·무인도서는 3,358개에 달한다. 연안 수질은 화학적 산소요구량(COD) 기준으로 그림 4.18과 같이 지난 10여 년간 큰 변화 없이 2등급을 유지하고 있으

64) 광역시는 40%, 도·시·군은 70%를 보조한다.

65) 국토해양부 연안계획과, 2010년 기준

며, 해양생물종은 총 9,574종이 존재하는 것으로 추정되고 있다. 연안·해양보호구역은 525개소에 약 1만 km^2로 국토면적(100,033km^2)의 10%, 영해면적(86,891km^2)의 11.5%를 차지하고 있다.

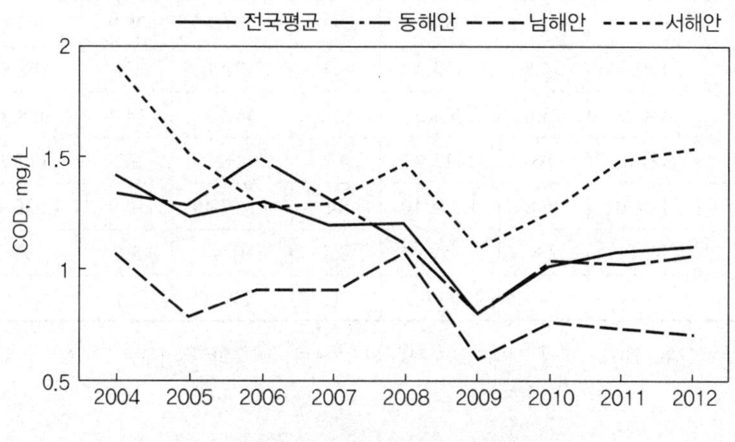

그림 4.18 전국 연안수질 현황

(자료 : 국토해양부, 2012, 갯벌생태계조사 및 지속가능한 이용방안 연구)

연안지역은 사회·경제활동의 중심역할을 하는 곳이 많아 오염물질이 다량 발생되고 해양 유입량도 지속적으로 증가하고 있다. 연안유역 인구는 약 2,300만 명으로 전 국민의 47.2%를 차지하고 있으며, 인구밀도는 543명/km^2로 전국평균(485명/km^2)을 상회[66]한다. 연안에 위치한 국가산업단지의 면적(723km^2)은 전국 국가산업단지 면적의 약 84%에 해당[67]되고, 연안유역의 하수처리시설은 생물학적 산소요구량(BOD) 기준 985톤/일의 오염 부하를 발생하고 있다.

2010년에는 '동서남해안권 발전 종합계획'이 수립되어 연안지역의 개발제한이 완화되었고 항만 재개발사업, 새만금 경제자유구역 개발 등 대규모 개발계획이 다수 추진중이다. 공유수면 매립도 증가하여 인공해안선 비율이 26.2%(2000년)에서 49.4%(2010년)로 증가하였다. 2009년 기준으로 공유수면 매립사업의 준공면적(162km^2)은 면허면적(1,419km^2)의 11.4%에 불과하여 향후 지속적으로 해안 매립이 진행될 전망이다. 해양생태계의 보고인 갯벌지역은 2,489km^2로 1987년 대비 약 22% 감소하였다. 최근 5년간 연간 300여건의 해양오염 사고가 발생하였고, 양식어장 밀집과 과잉어획, 어장환경 악화 등으로 수산자원 감소도 더욱 두드러지고 있다.

66) 국토해양부, 2009, 육상기인 오염원 관리대책 수립 연구

67) 지식경제부, 2009, 전국산업단지 현황 통계

표 4.64 갯벌면적의 변동 추이

	1987		1998		2003		2008	
	면적(km^2)	%	면적(km^2)	%	면적(km^2)	%	면적(km^2)	%
전국갯벌	3,203.00	100	2,393.00	100	2,550.20	100	2,489.40	100
인천	-	-	685	28.6	737.1	28.9	703.9	28.3
경기	1,179.60	36.8	153.5	6.4	177.8	7	168.8	6.8
충남	434.2	13.6	304.2	12.7	367.3	14.4	358.8	14.4
전북	321.6	10	113.6	4.7	132	5.2	117.7	4.7
전남	1,179.10	36.8	1,054.10	44	1,017.40	39.9	1,036.90	41.7
경남	89.1	2.8	59	2.5	91.4	3.6	79.1	3.2
부산	-	-	23.6	1	27.2	1.1	24.2	1

(자료 : 국토해양부, 2013, 갯벌 생태계조사 및 지속가능한 이용방안 연구)

4.7.2 해양환경 관리여건의 변화요인

연안 해양환경은 연안지역의 개발확대, 갯벌매립 증가 등으로 오염부하가 지속적으로 증가할 전망이다. 아울러 수산업, 해사 채취도 지속될 것이므로 전반적인 해양환경 관리여건은 더욱 열악해질 전망이다. 또 해저자원 개발 수요도 발생하고 있다. 2011년부터 국내 대륙붕 석유·가스에 대한 정밀 탐사를 추진하고 있다. 조력, 해상풍력 등 해양에너지 이용도 증가할 전망으로 전체적으로 신규 해양이용·개발행위로 인한 해양환경 악화가 우려된다. 이러한 여건을 고려한 해양생물의 서식지 보존과 생물다양성 관리, 생태관광을 통한 지역경제 활성화 등 해양생태계 관리·보존·이용에 관한 종합적인 정책이 필요한 시점이다.

기후변화의 해양 영향도 증가하여, "기후변화에 관한 정부간 협의체(IPCC)"에 따르면 2100년까지 해수면이 최고 1m 이상 상승하여, 최소한 10명중 1명이 삶의 터전을 상실할 위기에 처할 것[68]이라고 경고하고 있다. 국제적으로 오염물질에 대한 규제도 강화될 전망이다. IMO(국제해사기구)는 대기중인 선박에서 발생하는 오염물질의 누출과 선박·터미널에서 발생하는 휘발성유기화합물에 대한 규제를 강화하고 있다. 선박 온실가스 규제에 대한 새로운 국제규범도 논의되고 있으며, 구체적 방식으로 에너지 저감기술, 배출권거래제 등이 제기되고 있다.

68) 코펜하겐 국제기후변화과학회의, 2009

4.7.3 해양환경정책의 특성과 기본원칙

가. 해양환경정책의 특성

1) 해양환경 법률의 성격

해양환경보전 관련 법령은 환경법이자 국제법적 성격을 지닌다. 해양오염의 방지는 해양을 공유하는 국가들이 함께 협력하여야 하고, 이를 규율하기 위해 국제환경협약이나 관련 의정서를 제정하게 된다. 이러한 국제법상 내용을 국내법에 수용한 규정이 많기 때문에 실질적으로 국제법적 성격도 가지고 있는 것이다.

2) 해양환경 문제의 다양화·국제화

해양환경 문제는 오염 행위의 범위가 넓고 오염물질도 다양하므로 환경규제 방식과 내용이 간단치 않다. 또한 해양오염은 근본적으로 광역적으로 발생하고, 지구온난화, 생물다양성의 감소, 기상이변의 급증 등 지구환경문제의 영향도 크므로 개별 국가 차원에서 해결하기 어려운 문제들이 많아 국가간 협력이 중요한 역할을 하게 된다.

나. 해양환경보전 정책의 기본원칙

환경정책의 원칙은 다양하게 제시될 수 있다. 해양오염의 특성상 해양환경 보전 정책의 경우 사전예방원칙, 오염자부담원칙, 국가간 협력의 원칙이 더욱 중요하다.

1) 사전예방의 원칙

사전예방의 원칙은 원론적으로는 개인, 기업, 정부 등 모든 경제 주체들이 환경에 영향을 미치는 의사결정을 함에 있어 환경 보전에 관한 내용을 사전에 고려하여 오염 발생을 원천적으로 저감한다는 원칙이다. 해양환경의 경우 한번 오염되면 오염현상이 광역적으로 파급되고 복원이 어렵기 때문에 이러한 사전예방 원칙이 중요시되는 것이다.

2) 오염원인자 책임원칙

해양환경을 오염시킨 자가 복원에 대한 책임을 지고, 그 피해구제를 위한 비용을 부담하여야 한다는 원칙이다. 그러나 해양환경의 특성상 오염원인자를 명확히 정할 수 없는 경우가 많고 피해비용을 산정하는 기준도 모호하다. 피해로 인한 인적·물적 피해를 어느 정도까지 보상해야 하는지, 어느 수준까지 복원해야 하는지, 또 피해정도를 어떻게 비용으로 산정할 것인지 등 객관적 지표를 제시하기 어려운 경우가 많다는 의미이다. 오염원인자가 불특정 다수인 경우는 수익자 또는 사용자 부담원칙을 적용할 수 있다. 해양자원의 사용으로부터 이익을 얻는 자가 그 자원의 사용에 따른 미래세대의 손실비용, 그 자원의 질적 보전에 필요한 비용을 지불해야 한다는 것을 의미한다. 한편 국가 및 공공기관, 기업, 국민이 환경보전을 위한 비용을 공동으로 부담하는 공동책임의 원칙을 적용할 수도 있다. 원인자 부담원칙으로만 해결하기 어려운 경우나 정부가 단독으로 비용을 부담하는 것이 불합리한 경우에 적용된다.

3) 국가간 협력의 원칙

환경문제는 기본적으로 월경성(transboundary) 특징을 가지며 특히 해양환경문제는 이 성격이 매우 강하다. 따라서 해양환경 문제는 지구촌 공동문제로 인식되는 것이며 국가간 협력, 지역별 공동체 또는 국제기구를 통해 해결되는 경우가 많으므로 국제협력의 원칙이 중시된다.

4) 기타 원칙

기타 원칙으로 지속가능한 개발의 원칙(sustainable development principle), 정보공개와 참여의 원칙, 그리고 국내 환경법에서 국제환경법상 기준과 방법을 최대한 존중해야 하므로 국제적 조화의 원칙도 해양환경정책의 주요 원칙으로 고려되어야 한다.

4.7.4 해양환경정책 추진방향

기존 수질관리 중심의 해양관리정책에서 수질과 해양생태계 관리가 함께 고려되어야 한다. 그간 환경보전해역, 특별관리해역 지정 등 국내 해양환경 보전에 집중하였으나, 양자·다자간 국제협력을 강화하여 지역적·지구적 해양환경 현안에 적극 대응함으로써 국제적 논의를 주도해 나갈 필요가 있다.

기후변화에 대응한 해양환경 관리정책이 강화되어야 한다. 해수면 변동, 해수온도 상승 등 중장기 기후변동 예측과 함께 해양생태계 변동 상황을 조사·분석하고, 온실가스 저장 및 에너지 절감장비 등 관련 기술을 개발하여, 기후변화에 적극 대응하여야 한다. 아울러 해양환경과 해양관광, 수산 등 해양이용·보전 분야간 통합관리가 요구되며, 안전한 수산자원 확보를 위한 해양환경 관리정책도 모색되어야 한다.

4.7.5 주요 해양환경 보전정책

가. 해양환경보전을 위한 법제 및 계획

해양오염방지법은 1973년 11월 "기름에 의한 해양오염방지를 위한 국제협약(MARPOL)"과 1972년 "폐기물 및 기타물질의 투기에 의한 해양오염방지에 관한 협약(일명 런던협약)"이 국제적으로 채택됨에 따라 1978년 7월에 제정되었다. 2008년에는 해양오염방지법을 해양환경관리법으로 확대·개정하였다. "해양생태계의 보전 및 관리에 관한 법률"은 2006년에 제정되어 또한 1997년에는 "수질오염공정시험방법" 중 '해수편'을 분리하여 해저퇴적물과 해양생물에 대한 분석방법을 추가한 "해양환경공정시험방법"을 1998년 2월 해양수산부 고시로 제정하였다. 1996년 3월에 범 정부차원의 종합적인 해양오염 관리대책인 "해양오염방지 5개년 계획(1996～2000)"이 수립된 이래, 현재 "제4차 해양환경종합계획(2011～2020)"이 수립·시행되고 있다.

나. 해양환경 측정망 운영

정부는 1980년부터 해양환경 실태를 정기적으로 조사하고 있으며, 조사지점을 2005년 307개 지점에서 2011년 374개 지점으로 단계적으로 확대하고 있다. 현재 측정망은 지역 특성에 따라 연·근해 환경측정망, 환경관리해역 환경측정망, 항만환경측정망으로 구분하여 운영하고 있다.

다. 육상기인 오염원의 해양유입 방지

해양오염의 약 80%는 육상에서 발생된 오염물질의 영향이다. 특히 COD 외에 유해성이 높은 중금속, 유해화학물질에 대한 관리가 필요하므로 연안 통합관리가 중요하다.[69] 정부는 육상기인 오염원의 해양유입을 저감하기 위하여 해양폐기물 종합처리시스템 구축, 환경관리해역의 지정·관리, 연안통합관리정책의 수립, 환경친화적 공유수면매립기본계획의 수립, 연안관리정보 시스템의 구축, 연안오염총량관리 등의 제도를 도입·시행하고 있다.

라. 육상폐기물 관리

육상 폐기물의 해양 투기량을 감축하고(450만 m^3), 연간 약 5백여 척이 발생하고 있는 방

69) 우리나라의 경우 해양오염은 해양수산부가, 육상오염은 환경부가 관장하고 있다.

치 폐선을 별도 처리하고 있다.70) 또한 해양쓰레기의 해양유입 사전예방, 오염원인자 부담 원칙 강화를 주요내용으로 하는 국가차원의 '해양쓰레기 종합관리 대책'을 2009년에 수립하였다. 해양유입 및 강·하구 쓰레기의 자율관리를 위한 유역별 지방자치단체간 협약을 체결(2002 한강, 2009 낙동강, 2009 금강, 2009 영산강·섬진강)하는 등 연안 유입 해양쓰레기를 정부와 지자체가 처리하고 있다.

표 4.65 육상폐기물 해양투기량 추이(단위 : 천 m^3)

	2003	2004	2005	2006	2007	2008	2009	2010	2011	2012
계	8,874	9,749	9,929	8,812	7,451	6,173	4,785	4,478	3,972	2,310
액상류	5,259	5,884	5,827	5,190	4,462	3,628	2,734	2,463	2,231	1,460
오니류	3,056	3,230	3,115	3,050	2,777	2,505	2,033	2,004	1,734	844
무기물	368	372	373	216	34	23	9	-	-	-
기타	191	263	614	356	178	17	9	11	7	6

※ 액상류 : 분뇨, 축산분뇨, 폐수, 음식물류 처리폐수
※ 오니류 : 분뇨처리오니, 폐수처리오니, 가축분뇨처리오니, 하수처리오니
※ 무기물 : 광물성폐기물
※ 기타폐기물 : 수산가공 잔재물, 원료동식물 폐기물
(자료 : 해양수산부, 해양경찰청 해양투기량 집계자료, 2013)

마. 환경관리해역 지정

해양환경 오염 우려가 큰 지역을 대상으로 667개의 관리해역 및 관리유역을 설정하였다. 환경보전 해역인 완도·도암만(2005), 가막만(2006), 득량만(2007), 함평만(2009)과 특별해역인 시화호·인천연안(2001), 마산만(2004), 광양만(2005), 울산연안(2008), 부산연안(2009)에 대한 해역별 관리기본계획을 수립하였고, 특히 마산만의 경우, 2008년 연안오염총량관리 기본계획을 승인하고 시행계획을 마련하는 등 연안 오염총량 관리 제도를 도입하였다.71)

바. 해양오염사고 방제기능 강화

해양오염 사고에 대비하여 국가방제체제를 구축하고72) 대형 방제선 확보, 방제비축기지

70) 현재 방치폐선의 약 90% 정도를 처리하고 있다.

71) 제도도입 이후 시범해역 내 수질의 획기적 개선, 보호대상 해양생물이자 멸종위기 야생동물 2급인 붉은 발 말똥게 다수 서식 등 해양생태계 복원 추세(2012년 국토해양부 내부자료)

72) 중앙사고수습본부는 해양수산부가, 방제대책본부는 해양경찰청이 주관한다.

설치 등 해양오염 사고에 대비한 소요 장비를 확충하고 있다.

정책이야기 4.3 허베이스피리트호 해양유류 오염사고

해양 유류 오염사고 중 대형사고로 1995년 전남 여천시 소리도 앞바다에서 발생한 씨프린스호 오염사고가 있다. 5천 톤의 원유와 벙커C유가 유출되어 유류오염 사고의 심각성을 인식하게 된다. 2007년 12월 7일에는 태안 앞바다에서 우리나라 사고 중에 최대 피해를 안긴 허베이스피리트호 유류오염사고가 발생하였다. 유조선 허베이스피리트호와 해상크레인 예인선이 충돌하면서 드럼통 5만 2천개 분량의 기름, 12,547kL가 유출되었다. 사고 14시간 만에 해안까지 시커먼 기름이 밀려왔고 서해안은 죽음의 바다가 되었다. 사고 후 자원봉사자를 포함한 방제인력 100여만 명이 투입되어 해안가의 기름을 제거하여 대형사고 치고는 비교적 신속하게 외형상의 오염물질을 제거하였고 생태계의 원상 복원 속도도 빠른 것으로 알려져 있다. 그러나 사고 발생 후 5년이 지난 시점에도 피해보상 문제가 완전히 해결되지 않았고 지역 주민들에게는 깊은 상처를 준 사고이다.

사. 해양생태계 보전정책

2006년 제정된 '해양생태계 보전 및 관리에 관한 법률'에 따라 해양생태계 기본조사, 생물종다양성 보전대책 수립, 보호대상 해양생물의 지정·관리, 해양보호구역의 지정, 해양생태계보전협력금의 징수 등 해양생태계 보전제도를 시행하고 있다.

해안생태계에서 갯벌은 중요한 역할을 한다. 우리나라 갯벌면적은 2008년 조사시 약 2,489.4km^{2}로 2003년 2,550.2km^{2}보다 60.8km^2 감소한 것으로 나타났다. 이는 송도국제도시(25.9km^2), 평택항(11.1km^2), 여수 율촌산업단지 건설(3.2km^2) 등 대규모 갯벌 매립에 따른 것으로 분석된다. 지역별로는 서해안이 전체 갯벌면적의 약 83.6%인 2,080km^{2}이며, 나머지는 남해안에 산재되어 있다. 시·도별로는 전남이 약 41.7%, 인천·경기 약 35.1%, 충남 약 14.4%, 전북 약 4.7%, 경남·부산이 약 4.1%로 나타나고 있다. 갯벌보전을 위해 폐염전, 폐양식장 등 경제적 가치가 상실된 과거 갯벌지역을 건강한 갯벌로 복원하는 계획을 추진하고 있다. 그러나 갯벌보전을 위해서는 무엇보다 연안개발사업에 대한 환경성검토는 물론 갯벌가치를 고려한 경제성 분석을 강화하여 무분별한 매립사업을 최소화해야 한다.

해양(생태계·생물·경관) 보호구역의 경우 2012년 6개소에서 2020년까지 총 14개소 이상으로 확대하고, 갯벌 습지보호지역도 확대한다는 계획이다. 국가간 무역량 확대, 기후변화 등에 따른 외해 해양생물의 유입 증가[73]는 해양생태계의 안정성을 위협하는 변화 요인이 되고 있다. 교란생물 및 유해해양생물 지정·관리를 위한 기준과 방안을 마련할 필요가 있다.

73) 해파리 과잉 발생에 따른 경제적 손실은 연간 1,521~3,048억원으로 추산된다.(해양수산부, 2010년)

아. 해양생태관광 활성화 및 국제협력

해양의 다양한 생태자원을 환경친화적으로 활용하기 위하여, 갯벌, 해안, 도서 등 유형별 해양생태관광 프로그램을 활성화함으로써 주민소득 증대와 환경보전을 동시에 추구하는 것이 바람직한 정책방향이다. 국제적인 해양환경 협력사업에 참여하여 YSLME, PEMSEA, NOWPAP 등[74] 다자간 해양환경협력을 강화하고 있다.

4.8 상수도 관리정책

4.8.1 상수도 관리체계

상수도는 국민의 사회·경제 활동에 필수적인 공공시설이자 국민 건강에 큰 영향을 미친다. 경제가 발전하면서 가장 먼저 정비되는 환경시설이며 생활수준이 높아지면서 상수도 수요는 더욱 증가하게 된다. 우리나라는 1960~70년대 산업화가 본격 추진되면서 하천, 호소 등 공공수역 수질오염이 심화되어 상수도의 중요성은 더욱 커졌고, 그간 지속적으로 투자하여 2009년말 상수도 보급률은 94.1%로 크게 확충되었다. 그러나 아직 수돗물 수질이나 공급기반시설이 선진국 수준에는 도달하지 못하고 있다.

상수도는 일반수도와 공업용수도, 전용수도로 구분된다. 일반수도는 지방자치단체가 공급주체가 되는 지방상수도와 마을상수도, 그리고 국가가 공급하는 광역상수도로 구분된다.[75] 지방상수도는 지방자치단체가 관할 지역의 주민에 원수 또는 정수를 공급하는 일반수도 공급체계이며, 광역상수도는 둘 이상의 지방자치단체에 원수 또는 정수를 공급하는 것으로 한국수자원공사에서 관장한다.

74) YSLME(Yellow sea Large Marine Ecosystem) : 황해광역해양생태계, PEMSEA(Partnerships in Environmental Management for the Seas of East Asia) : 동아시아해양환경협의회, NOWPAP(Northwest Pacific Action Plan) : 북서태평양보전실천계획

75) 광역상수도는 국토교통부 소관으로 한국수자원공사에 위탁되어 설치·운영된다.

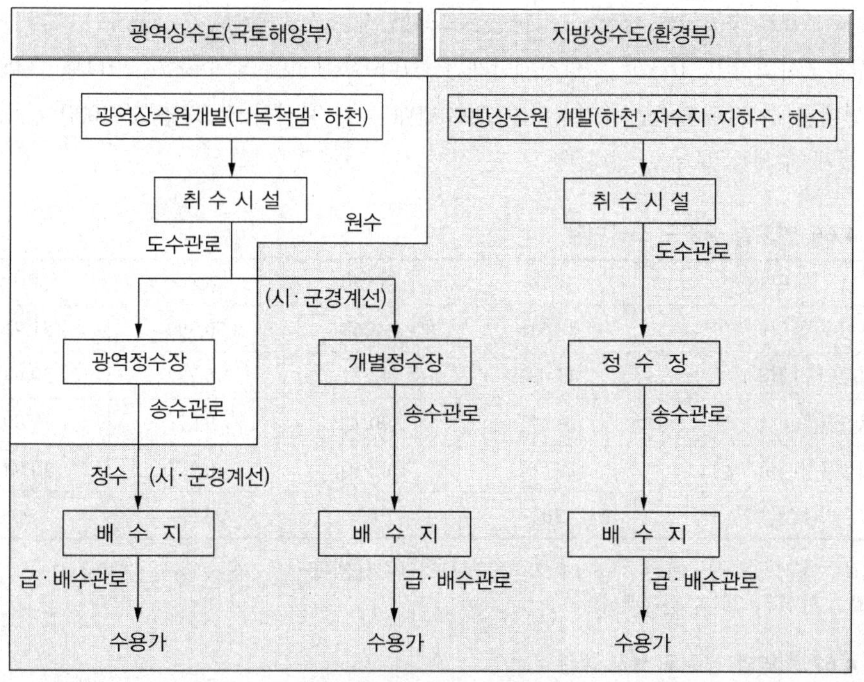

그림 4.19 상수도 공급 체계도
(자료 : 환경부, 2012, 환경백서)

통상 수도사업은 국토해양부 관할의 광역상수도와 환경부 관할의 지방상수도로 구분되는데 공급체계를 도식화하면 그림 4.19와 같다.[76] 이렇게 이원화된 상수도 관리체계는 심각한 비효율성을 가져올 수밖에 없으므로 단일화하는 것이 바람직하다.[77]

4.8.2 상수도 보급 및 요금현황

가. 상수도 보급현황

2011년 우리나라 총 급수량은 16,398 천m^3이고 급수대상 인구는 전체인구의 97%인 50,638천명에 달한다. 총 정수시설 용량이 30,944 천m^3이므로 시설 가동율이 매우 낮은 것

76) 여기에 안전행정부는 상수도회계를 감독하고 있어 관리체계는 더욱 복잡해진다.

77) 물관리 일원화는 수량을 관장하는 국토교통부의 기능과 수질을 담당하는 환경부 기능의 통합을 의미한다. 상수도 관리체계는 수량분야로 볼 수 있는 상수공급체계가 이원화된 것인데 가장 먼저 통합되어야 할 분야이다.

을 알 수 있다. 수돗물을 생산·보급하는 수도사업자는 1개 광역수도사업자인 수자원공사와 지방상수도사업자인 163개 지방자체단체가 있다.[78] 1인당 급수량은 2011년 335L이다. 1980년대 이후 지속적으로 증가하다가 2000년대 들어 서서히 감소하였고 2000년대 중반부터는 정체 추세를 보이고 있다.[79]

표 4.66 연도별 상수도 보급현황

구 분	2002	2005	2008	2011
총인구(천명)	48,518	49,268	50,394	51,717
급수인구(천명)	43,021	44,671	46,733	50,638
보급률(%)	88.7	90.7	92.7	97.9
시설용량(천m^3/일)	28,561	30,950	30,571	30,944
급수량(L/일·인)	362	363	337	335

※ 급수인구, 급수보급률은 마을상수도 및 소규모 급수시설 공급인구를 포함한 수치임
(자료 : 환경부, 2012, 환경백서)

표 4.67 지역별 상수도 보급 수준

구분	총인구(천명)	급수인구(천명)	급수보급률(%)	직접 급수량(천m^3/일)	1인 1일당 급수량(L)
전국	51,717	50,638(48,938)	97.9(94.6)	16,398	335
특·광역시	23,658	23,639(23,558)	99.9(99.6)	7,253	308
시지역	18,833	18,657(18,608)	99.1(98.8)	7,879	423
읍지역	4,210	3,994(3,825)	94.9(90.9)	1,265	187
면지역	5,016	4,348(2,947)	86.7(58.8)		

(자료 : 환경부, 2012, 환경백서)

도시·농촌지역별로 상수도 보급 수준을 비교해 보면 7개 특·광역시의 상수도보급률이 99.9%, 시지역이 99.1%, 읍지역이 94.9%, 면단위 농어촌지역이 86.7%로 농어촌지역으로 갈수록 보급률이 낮다.

상수도가 공급되지 않는 지역은 주로 농촌지역에 산재된 소규모 마을이다. 이 지역에는 마을상수도와 같은 소규모시설을 이용하여 생활용수를 공급하고 있으나 안정된 수질을 담

78) 163개는 특별시·광역시 8개, 제주특별자치도 1개, 시단위 73개, 군단위 81개이다.

79) 이러한 추세는 2000년대 들어 1인당 소비량이 거의 최대치에 근접했던 것이 주요 원인으로 보인다. 한편 1990년대부터 추진한 수요관리 대책과 유수율 제고사업도 일정부분 기여한 것으로 보인다. 향후 더욱 감소하기 위해서는 과감한 투자와 국민인식의 전환이 필요하다.

보하기 어려운 실정이다. 마을상수도 이용인구가 1,263천명, 소규모급수시설 이용인구가 607천명, 전용상수도 인구가 227천명, 우물 등 기타시설 이용인구가 943천명이다.

표 4.68 연도별 마을·전용상수도 현황

구 분	이용인구(천명)				시설수(개소)			
	2003	2006	2009	2011	2003	2006	2009	2011
마을상수도	1,872	1,682	1,331	1,151	10,905	10,252	9,415	8,539
소규모 급수시설	687	620	636	550	12,949	11,444	11,202	10,689
전용상수도	267	267	240	183	813	719	920	681
기타(우물 등)	2,556	1,760	1,102	895	-	-	-	-

(자료 : 환경부, 2012, 환경백서)

나. 수도요금 현황

상수도의 설치·운영 비용은 지자체의 별도 특별회계로 충당되고 있다. 2011년 전국의 평균 수도요금은 619.3원/m^3으로 생산원가 813.4원/m^3의 76.1% 수준이다. 수도요금은 2010년 m^3당 610.2원에서 1.5% 상승되었으나, 생산원가가 777.2원에서 813.4원으로 4.7% 높아져 현실화율은 78.5%에서 76.1%로 오히려 저하되었다. 상수도 공급비용이 원인자 부담원칙에 따라 수도요금으로 전액 징수되어야 하는 것은 논란이 있을 수 있지만 우리나라의 물값이 저렴한 편이고, 물 절약 유인동기를 유발하기 위해서라도 수도요금을 현재보다 상향조정할 필요가 있다. 어차피 부족한 재원은 세금으로 충당하게 되므로 일부 취약계층을 고려하면서 수도요금을 올리는 것이 합리적인 것으로 보인다.

표 4.69 연도별 수도요금 변화추이

구 분	2002	2005	2008	2011
요금(원/m^3)	514.0	563.2	603.9	619.3
생산원가(원/m^3)	593.9	680.0	715.4	813.4
현실화율(%)	86.5	82.8	84.4	76.1

전국 지자체의 평균 수도요금을 비교하면 강원도 정선군이 m^3당 1,382.2원으로 가장 높고, 경상북도 군위군이 m^3당 379.8원으로 가장 낮은 것으로 나타났다. 시·도별로는 대전광역시 484.6원, 서울특별시 520.1원 등이 낮은 편이며, 울산광역시 786.5원, 전라북도 763.6원으로 상대적으로 높은 편이다. 이와 같이 지역별로 수도요금이 차이가 나는 이유는 광역

상수도에서 물을 공급받는지의 여부, 취수원 개발의 용이성, 취수원과 물 공급지역과의 거리, 수돗물 생산시설의 규모, 정수처리비용, 수도사업 경영능력 및 재정상태의 차이에서 비롯되며 물가안정을 고려하여 공공요금의 현실화가 미진하기 때문이다. 인구가 적고 넓은 지역일수록 생산원가가 높을 수밖에 없어 수돗물 값도 높게 책정된다. 이러한 현상은 공공재 사용에 대한 지역간 불평등을 초래하는데 일반적으로 소득이 낮은 농촌지역이 높게 부담하는 모순이 발생된다.

4.8.3 물 수요 관리정책

가. 추진배경

우리나라의 1인당 연간 평균 강수량은 2,629m^3로 세계 평균 16,427m^3의 16% 밖에 되지 않는다. 우리나라의 1인당 물 사용량은 최근 다소 감소하였으나 여전히 선진국에 비해서 높은 편이다. 그간 급격한 경제성장 시대를 거치면서 물관리 정책은 댐 건설과 관망 확장을 통한 공급 위주의 정책을 추진하여 왔다. 그러나 다른 자원이나 에너지와 마찬가지로 수자원도 공급 위주의 관리정책에는 한계가 있으며 경제성 측면에서도 비효율적이다. 결국 수자원의 수요관리가 시대적으로 불가피하게 되었고 단순히 물을 절약하는 것 뿐 아니라 누수손실을 최소화하는 것을 포함한 종합적 수요관리정책이 중요해지고 있다

최근에는 Smart Water Grid 개념이 대두되고 있는데 이는 지역별로 가용한 수자원과 수요처를 연계한 통합 물관리시스템을 말한다. 정부는 1990년대 후반부터 본격적으로 물 수요관리대책을 추진하였고 2007년 9월에는 "국가 물 수요관리 종합대책"을 수립하여 2007년부터 2016년까지 1,021백만 톤의 수돗물을 절약한다는 계획을 제시하였다.

나. 주요 추진대책

2007년 수립한 "국가 물 수요관리 종합대책"에서는 수요자 중심의 절수기기 보급, 상수관망 개량·교체 등 유수율 제고대책, 중수도 설치 확충 등을 제시하고 있다. 정부는 대책시행 후 2007~2011년에 약 2억4천4백만 톤의 수돗물을 절감한 것으로 추산하였다.[80)] 이중 핵심적인 사업은 노후 상수관망 교체사업으로 과거보다는 투자가 다소 증가하고 있으나 수

80) 정부의 절감량 추정치는 1인당 수돗물 사용량이 정체 상태인 것으로 보아 과학적인 분석치로 보기 어렵다.

돗물 값을 인상하지 못하는 상태에서 매년 예산을 증가하는데도 한계가 있어 과감한 투자가 이루어지지 못하고 있다.

표 4.70 물절약 수단별 실적

구 분		단위	추 진 실 적						
			소 계	2000	2003	2006	2009	2011	2012
절수기	계	천개	16,738	4,191	1,468	2,108	73	382	684
	변기	천개	6,723	2,580	510	659	24	127	227
	수도꼭지	천개	9,331	1,611	958	1,449	49	255	457
중수도 설치		개	297	13	16	64	11	34	34
노후관 개량		km	32,251	2,140	2,421	1,727	3,232	3,106	2,758

※ 소계는 2000~2012년의 총계임(변기. 수도꼭지의 2012년 실적은 2011년 비율로 추정한 것임)
※ 노후관 개량실적은 2006년까지는 교체, 2007년부터는 교체 및 개량실적임

다. 물 수요관리 대책의 과제

지금까지 수요관리 대책은 주로 ①절수기기의 설치와 같은 장비의 확충, ②수도관망의 개량·교체를 통한 누수율 제고, ③국민들의 절약 유도 등 세 가지 분야에서 추진해 왔다. 앞으로 수요관리 대책은 수돗물의 생산부터 사용 후 오수로 배출하는 전 과정에 대한 통합적 관리시스템을 구축하는 방향으로 추진해야 한다. 즉 가용 수자원의 연계를 통한 스마트 워터 그리드시스템, 정수장 운영의 효율화,[81] 수돗물 공급시 지역별 최적시스템 개발, 누수율 최소화를 위한 모니터링시스템, 생활하수의 재이용 등을 기반으로 '지역단위의 물 순환 시스템'을 지향해야 한다. 수돗물값 조정도 수요관리를 위해 불가피한 측면이 있다.

4.8.4 상수도 관리정책

상수도 관리정책은 공급관리 측면에서는 상수도 시설의 확충과 적정관리, 수돗물 수질확보가 핵심 목표이며 수요관리 측면에서는 물의 효율적 이용이 목표이다. 여기서는 시설확충 분야, 수질관리 분야, 상수원 보호분야로 나누어 살펴본다.

81) 정수시설 가동율이 낮으므로 정수장을 통합하거나 개량하는 등 운영을 효율화해야 한다. 여기에는 광역상수도와 지방상수도간의 중복성을 배제하는 조정도 필요하다. 운영효율화를 통해 예산을 절감하고 노후관망 투자를 늘릴 수 있다.

가. 상수도시설 확충·개선 정책

1) 급수취약지역 상수도시설 확충

우리나라 도시지역의 상수도는 거의 보급되었으므로 향후 상수도 확충의 대상은 농어촌 지역이다. 면단위 지역의 상수도보급률은 2010년 기준으로 86.7% 수준이다. 이러한 현상은 취약지역에서 오히려 공공서비스를 제공받지 못한다는 측면도 있으나 외진 지역에 모두 상수도를 공급하는 것은 비효율적이므로 이동형 정수방식이나 자체 상수원 개발 등 다양한 공급정책이 필요하다. 표 4.71과 같이 상수도시설 설치는 여타 환경기초시설과 마찬가지로 정부 보조금과 지방정부 재원의 매칭펀드 형태로 투자된다.

표 4.71 상수도시설 국고보조율

사업명	지원형태	보조율(%)	비 고
<환경개선특별회계>			
중소도시 지방상수도 개발	융자		
- 시지역		50	가뭄지역 10% 가산
- 군지역		60	
기초생활가구 수도분기관 연결사업	보조	50	
저소득층 옥내급수관 개량지원	보조	50	
<광역지역발전특별회계>			
강변여과수 개발사업	보조	70(50)	( )안은
도서지역 식수원 개발사업	보조	70	계속사업 보조율
농어촌생활용수 개발사업	보조	70(80)	
고도정수처리시설	보조	70	
소규모수도시설 개량사업	보조	70	
상수관망 최적관리시스템 구축사업	보조	30±20	지역별 차등

정부는 농어촌지역의 생활용수 공급을 확대하기 위하여 1994년부터 2011년까지 농어촌 지역에 총 3조 1,124억원(국고 2조 2,566억원)을 투자하여 전국 농어촌 및 도서지역 648개소에 상수도시설을 설치한 것으로 나타났다. 여기에는 농어촌생활용수개발 446개소, 도서지역 상수원개발사업 202개소가 포함되어 있다.[82] 향후 2014년까지 농어촌지역 상수도보급률을 76%로 제고하기 위해 전국 농어촌 및 도서지역에 503개소의 상수도시설을 설치한다는 계획이다. 여기에는 농어촌 생활용수개발 397개소, 도서지역 상수원개발 106개소가 포함되고 국고 1조 7,232억원을 투자할 계획이다. 이러한 취약지역에 대한 상수도 보급사업시 유

82) 도시지역 상수도사업은 국가에서 보조금대신 융자금을 지원하는데 반해 이 사업들은 국가에서 보조금을 지원한다.

의할 점은 통상 공급인원 대비 설치비용이 높고 유지관리가 어려우므로 운영하기 편리한 최적의 기술을 선택해야 한다는 점이다.[83)]

표 4.72 농어촌 지방상수도 개발계획(국고투자액) (단위 : 개소, 억원)

전 체		2009년까지		2010년		2011년	
개소수	투자액	개소수	투자액	개소수	투자액	개소수	투자액
446	17,524	375	11,721	147	3,327	179	2,476

※ 2005년부터 종전의 환경개선특별회계에서 균형발전특별회계(현, 광역·지역발전 특별회계)로 전환됨

2) 고도정수처리시설 설치

산업이 고도화되면서 배출되는 오염물질의 유해성이 날로 커지고 있다. 이에 반해 보다 안전한 수돗물에 대한 국민들의 요구는 커지게 되어 고도정수처리 방식이 도입되게 되었다. 1994년 초에 발생한 낙동강 수질오염사고를 계기로 도입되었으며 유역 특성상 원수수질이 나쁜 한강수계 3개소, 낙동강수계 16개소, 금강수계 2개소 등 총 21개 정수장에 최초로 고도정수처리 방식을 도입하였다. 이에 소요되는 총 사업비의 50%를 국고에서 지원하였다.

표 4.73 고도정수처리시설 설치사업 투자 및 추진현황 (단위 : 백만원)

개소수	총사업비	국고	시설용량(m^3/일)
21	457,256	228,024	5,047

고도정수처리기술은 다양한 기술 개발로 더욱 신뢰성 있는 기술이 적용되고 있다. 21세기 들어서는 분리막을 적용한 고도정수처리기술이 선진국을 중심으로 확산되고 있다. 분리막도 MF, UF, NF, RO 등 다양한 종류가 있으며 분리막의 설치·운영비가 낮으면 상대적으로 수질은 떨어지게 되므로 원수 수질, 수요처, 운영비용과 기술을 종합적으로 고려하여 선택하여야 한다. 환경부에서도 2008년 말부터 5,000톤/일 이상의 정수시설에 대한 '막여과 정수시설 설치기준'을 제정·시행하고 있다.

3) 마을상수도 시설개선

마을상수도란 100명 이상 2,500명 이내의 인구를 대상으로 수돗물을 공급하는 일반수도로서 1일 공급량이 20m^3 이상 500m^3 미만인 시설이다. 2010년말 현재 전국에 8,811개소의

83) 1990년대에 도서지역에 해수담수화시설을 설치한 후 운영비와 운영기술 부족으로 거의 사용하지 못한 것은 잘못된 기술선책의 사례이다.

마을상수도가 설치·운영 중이며 전국 인구의 2.6%인 약 1,263천명이 이용하고 있다. 소규모급수시설은 주민이 공동으로 설치·관리하는 급수인구 100명 미만 또는 1일 공급량 $20m^3$ 미만의 급수시설이다. 소규모 급수시설은 1980년대 이전에 설치한 시설이 전체의 40%로 대부분 시설이 노후하여 시설개량이 필요하나 예산 부족으로 방치되는 경우가 많다. 정부는 2008년부터 2014년까지 8,686억원을 투자하여 수질기준을 초과하거나 노후화된 시설을 개량한다는 계획이다. 이러한 소규모 급수시설은 시설 수명이 짧고 수질을 보장하기 어려우므로 인증된 패키지형 정수장비와 같은 다양한 장치기술을 개발할 필요가 있다.

표 4.74 소규모수도시설 개량사업 연차별 투자계획

구 분	1단계 (2008~2011)	2단계 (2012이후)	합계	비고
시설수(개소수)	4,028	3,736	7,764	
개량비(억원)	4,640(2,320)	4,046(2,023)	8,686(4,343)	( )는 국고

4) 대체 상수원 개발

우리나라는 상수원수를 대부분 지표수에 의존하고 있으며 지하수나 대체 수원의 이용도가 낮다. 지하수의 경우 지표수보다 원수 수질이 좋은 경우가 많음에도 불구하고 식수원보다는 농업용이나 공업용으로 대부분 사용되고 있어 효율적인 활용방안이 필요하다. 여기서는 대체식수원으로 강변여과수[84]에 대하여 기술하고자 한다. 강변여과는 강변 대수층을 통해 여과된 지하수를 취수하여 상수원으로 활용하는 간접 취수방식으로써 독일, 프랑스, 네덜란드 등지에서는 오래전부터 활용되고 있다. 환경부는 1995년부터 1996년까지 낙동강 하류지역을 대상으로 강변여과수 개발 방안에 대하여 타당성 조사를 실시하고, 이 조사결과에 따라 경상남도 김해시 용산지구와 경상남도 함안군 이룡지구에 총 55억원의 사업비를 투자하여 각각 5천톤/일 규모의 시범사업을 추진하였다. 2000년부터는 창원시, 김해시 등에서 개발사업을 추진 중이다. 현재까지는 수량 확보가 어렵고 비용이 많이 소요되는 등 실용화하기에는 난제가 많은 것으로 알려져 있다.

84) 강변여과수는 취수방법은 토양과 물의 자정능력을 이용하여 개발해낸 방법으로, 하천이나 호수 그 인근 지역의 자갈이나 모래를 통과한 물을 하천 인접 지역을 굴착하여 설치한 양수시설로 취수하는 것으로 하천이나 호수의 물이 자연적으로 대수층을 통과하면서 정화되는 이점을 활용하는 방법이다.

표 4.75 외국의 강변여과수 이용사례

국 명	정수장명	취수방식	취수량 (톤/일)	비 고
독 일	뒤셀도르프	취수정식(70정) 특수집수정(18정)	33,600 324,600	라인강 둑으로부터 50～250m 이격
	에센	취수정식+인공함양	134,000	하천표류수를 직접 취수하여 급속여과 인공함양
	퀼른	취수정식+인공함양	-	라인강에서 50～100m 이격
	테겔	취수정식(1,200개 심정)	370,000	테겔호(강변)에서 60m 이격
오스트리아	비엔나	특수집수정	40,000	시험시설
프랑스	LePecq-Croissy	취수정식+인공함양	320,000	센느강 취수
네덜란드	암스테르담	취수정식+인공함양	250,000	라인강 지류 레크(Lek)강 취수

(자료 : 환경부, 2012, 환경백서 2012)

5) 정수장 운영효율 개선

2007년말 기준으로 정수장의 평균가동률은 54%에 불과하다. 이는 광역상수도가 보급된 지역에서의 정수장 운영 효율이 떨어지고, 정수장이 행정구역 단위로 운영되어 공급체계가 비효율적인 점이 주요 원인이다. 정부는 지방상수도의 운영효율을 높이기 위하여 전국을 9개 권역으로 나누어 급수체계를 조정한다는 계획이다. 이러한 권역별 급수체계는 운영효율 측면에서 바람직하나 광역상수도와 지방상수도간의 기능이 중복될 우려가 많고 지자체간 연계 운영이 사실상 어렵다는 점에서 시행에 어려움이 예상된다.

나. 수돗물 수질 개선정책

1) 대책의 배경

현재 수돗물을 직접 음용하는 비율이 매우 낮고 대부분 정수기를 거치거나 끓여서 음용하고 있다. 수돗물 수질에 대한 신뢰성이 떨어지기 때문인데 정수장에서 생산되는 수돗물의 수질은 안전하나 관망을 거치면서 오염될 수 있다는 의견이 보편적이다. 이러한 여건에서 수돗물의 수질 개선대책은 현실적으로 효과를 얻기가 쉽지 않다. 정수장에서의 고도정수처리 도입, 옥내 배관을 포함한 수도관망의 근본적인 개량 없이는 정책의 효과를 얻기 어려운 실정이다. 여기서는 2005년 1월 정부가 국민들이 안심하고 마실 수 있는 깨끗한 수돗물을 공급한다는 목표아래 마련한 “수돗물 수질개선 종합대책”[85]의 내용을 중심으로 기술하였다.

85) 수돗물 수질관리 분야의 구체적인 내용은 4.8.5 먹는물관리정책 참조

대책의 목표는 원수부터 수도꼭지까지 급수과정의 각 단계별로 수돗물 수질에 영향을 미치는 원인을 찾아 이를 사전에 예방하는 방안을 시행하는 것이다.

2) 옥내급수관 및 저수조 관리 개선

수돗물에서 녹물이 나오는 것은 옥내급수관에 기인한 경우가 대부분이나 검사 체계는 미흡한 상태이다. 서울시의 설문조사결과 1994년 4월 이전에 설치된 아연도 강관을 사용하는 주택의 63%에서 녹물 경험이 있는 것으로 나타났다.[86] 옥내 급수설비 검사제도를 2006년에 마련하였는데 수도사업자는 수돗물을 공급받는 자의 동의를 받아 급수설비에 대한 검사 및 수질검사를 실시할 수 있고, 수돗물을 공급받는 자도 해당 수도사업자에게 옥내급수관의 검사 또는 수질검사를 요구할 수 있도록 하는 내용이다.[87] 또한 건축연면적 5천 m^2이상의 공공시설 및 건축연면적 6만 m^2이상의 다중이용 건축물은 준공 5년 후부터 2년 주기로 급수관 검사를 실시하고 옥내급수관에서 먹는물 수질기준이 위반될 경우에는 세척·교체 등의 개선조치를 의무화하였다.

저수조는 수도 공급이 시간대별로 변동하는 경우 일시 저장하여 안정적으로 공급하기 위해 또는 비상시에 대비해 설치한다. "수도법"상 5천 m^2 이상의 대형건축물과 공동주택의 관리자는 저수조 청소와 위생 점검을 정기적으로 실시하여야 한다. 먹는물 수질기준 중 탁도 등 일정항목에 대해서는 매년 검사하도록 의무화되어 있다.[88] 또한 관리가 어려운 소규모 저수조에 대해서도 지방자치단체의 조례로 청소 및 위생점검, 구조 및 재질기준 등을 규정하여 관리할 수 있도록 하였다.

3) 노후 수도시설 개량

수도시설 개량은 관망과 취수·정수시설을 개량하는 사업이다. 정수장에서 양질의 깨끗한 수돗물을 공급하더라도 낡은 수도관에서 발생되는 이물질이 수질에 문제가 된다. 또한 노후 수도관에서 누수 되는 수량도 선진국에 비해 매우 많다. 노후수도관 정비는 이러한 수질 악화를 방지하고, 누수율을 선진국 수준으로 개선하기 위한 것이다. 1997년부터 2011년까지 3조 8천억원을 투자하여 노후 수도관 42,757km를 교체한다는 계획이었으나 계획에는 다소 못 미친 것으로 추정된다. 이후 매년 약 3천km의 수도관을 교체하고 있다.

86) 1994년 4월부터 아연도강관은 그 사용이 금지되고 있다.

87) 옥내급수관을 세척·갱생·교체할 경우에는 그 비용의 일부를 지방자치단체의 조례로 지원할 수 있도록 근거를 마련하였다.

88) 저수조는 매6개월마다 1회 이상 저수조 청소 및 소독실시해야 하며, 매월 1회 이상 저수조 위생상태 점검(저수조 위생점검표 작성·보관), 매년 1회 이상 저수조 수질검사 실시하여야 한다. 또한 검사 항목으로는 탁도, pH, 잔류염소, 일반세균, 총대장균군, 분원성대장균군 또는 대장균이 있다.

표 4.76 상수도시설 개량현황

구 분	노후수도관(km)	노후계량기(개)	유량계(개)
2011년	3,106	513,850	262
2012년	2,758	667,409	887

(자료 : 2012년 수도사업자 물 수요관리 추진성과 평가결과 발표, 2013.12, 환경부)

4) 위생안전기준 인증

정부는 정수장에서 정수된 수돗물이 공급과정에서 오염되는 것을 방지하기 위하여 수도용 자재와 제품으로부터 용출될 수 있는 유해물질에 대하여 위생안전기준을 설정·시행하고 있다(2006년 수도법 시행령 개정, 2009년 시행).[89] 여기에 위생안전기준의 실효성을 확보하고 수도용 자재와 제품의 품질관리를 위해 2010년 수도법을 개정하여 2011년 5월부터 위생안전기준 인증제도를 도입하였다. 수도용 자재와 제품을 제조·수입하는 자는 미리 환경부장관으로부터 위생안전기준 적합여부를 인증 받아야 하며, 인증받지 않은 제품은 제조·수입·공급할 수 없도록 제한하였다.

5) 수돗물 품질의 신뢰성 확보 대책

수돗물의 직접 음용수율은 매우 낮으며 쉽게 올라갈 것 같지 않다. 그렇다 하더라도 수돗물의 신뢰성을 확보하는 것은 공공 복리 차원에서 중요하다. 수자원공사나 일부 지자체에서는 정수장에서 병입수를 만들어 제공하기도 한다. 수돗물 수질정보의 정확한 공개는 수돗물 불신 해소의 기본이므로 정부는 수도사업자가 매년 수돗물 수질 보고서를 공개하도록 의무화하였다. 여기에는 상수원 수질오염도에 관한 정보, 수돗물 수질정보, 먹는물 수질기준 검사결과, 정수장 및 수질관련 부서의 연락처 등을 포함하도록 하였다. 수돗물 수질이 기준을 초과할 경우 그 정도에 따라 초과된 오염물질이 건강에 미치는 영향과 주민들의 행동요령을 공지하도록 하였다. 기준 초과 항목 또는 정도에 따라서 긴급공지, 30일 내 공지로 구분된다.

89) 위생안전기준 인증 등에 관한 규칙의 주요 내용으로는, ① 물과 접촉하는 수도용 자재와 제품으로서 수도관, 밸브, 수도꼭지, 유량계, 펌프 등을 인증대상으로 정하고, 인증제도의 원활한 도입·정착과 이미 생산된 수도용 자재와 제품의 물량을 고려하여 제품의 종류별로 인증시기를 단계적으로 확대토록 정하였다. ② 인증심사의 효율적인 운영을 위하여 공장심사와 제품시험으로 나누어 인증심사를 진행하되 공장심사에 합격한 경우에 제품시험을 하는 등 인증방법·절차를 정하고, 인증에서 적합판정을 받은 자재와 제품에 대해서는 인증표시 기준(규칙 제8조제2항 별표3)에 따라 인증표시를 하도록 하였다. ③ 아울러 인증기관인 한국상하수도협회는 인증제품에 대한 정보제공을 위해 인증정보망을 구축·운영하는 한편, 인증제품에 대한 품질관리를 위하여 필요한 때에는 유통되고 있는 제품에 대한 제품시험을 실시한 후 그 결과를 인증정보망에 게시할 수 있도록 하였다. 이에 따라 앞으로는 인증받지 아니한 수도용 제품을 제조·수입·공급·판매하거나 사용하게 되면 2년 이하의 징역 또는 1천만원 이하의 벌금에 처하게 된다.

다. 상수원보호를 위한 입지 규제

상수원 보호를 위해서 지정되는 입지규제 제도는 포괄적으로 보면 상수원보호구역, 수변구역, 특별대책지역 등이 있다. 구체적인 내용은 4.4.1절에서 상술하였다.

4.8.5 먹는물 관리정책

가. 먹는물 수질관리

1) 먹는물의 수질기준

먹는물이란 직접 마시는 자연 상태의 물과 자연수를 마시는데 적합하게 처리한 수돗물, 먹는샘물, 먹는해양심층수 등을 포괄한다. 먹는물 수질기준은 표 4.77과 같이 58개 항목을 설정하고 있다.[90] 먹는물 수질기준은 인체 건강과 수용성을 고려하여 건강에 영향을 미칠 수 있는 항목을 선정하고 안전한 수준의 함량을 설정한 것이므로 먹는물 수질기준에 적합한 물은 안심하고 먹을 수 있다. 그간 항목수를 지속적으로 확대해 왔음에도 선진국이나 세계보건기구 수준보다는 다소 적은 편이다.

먹는물 수질기준과 별개로 정수처리공정의 신뢰성을 담보하기 위한 정수처리기준을 별도로 설정하고 있다. 이 기준은 2000년대초 수돗물 바이러스 사건이 발생하면서 제정되었다. 상수원수 중에 미량유해물질이나 병원성 미생물이 포함될 가능성에 대비하여 정수처리공정에서 여과와 소독처리를 강화하여 바이러스 등 병원성 미생물을 안전한 수준까지 제거토록 하는 기준을 도입한 것이다.[91]

먹는물 수질기준은 과학기술의 발전에 따라 새로운 물질을 지정하거나 기준을 강화하는 노력이 필요하다. 우리나라의 경우 1989년부터 2010년까지 연차별 계획에 따라 세계보건기구(WHO) 및 미국 EPA에서 먹는물 수질기준으로 지정하였거나 조사중에 있는 미량유해물질중 526종을 선정하여 수돗물중의 함유실태를 조사하고 그 결과를 토대로 감시항목으로 지정하거나 수질기준을 강화해 나가고 있다.

---

90) "먹는물 수질기준 및 검사 등에 관한 규칙" 제2조에 규정되어 있다.

91) 미량유해물질 1,4-다이옥산에 대해 새로운 수질기준을 신설(2011.1 시행)하고, 병원미생물(노로바이러스)과 브롬산염 등 소독부산물 3종에 대해 새로운 수질 감시항목으로 지정(2010.11)하였으며, 포름알데히드에 대한 기준을 신설(2011.12 개정, 2014.1 시행) 하였다.

표 4.77 먹는물 수질기준

구분	수질항목		수돗물	먹는 샘물	먹는 해양심층수	샘물	먹는물 공동시설
미생물	일반 세균	저온(21℃) 중온(35℃)	-	100CFU/mL	100CFU/mL	20CFU/mL	-
	총대장균군		ND/100mL	ND/250mL	ND/250mL	ND/250mL	ND/100mL
	분원성 연쇄상구균		-	ND/250mL	ND/250mL	ND/250mL	-
	녹농균		-	ND/250mL	ND/250mL	ND/250mL	-
	아황산환원 혐기성 포자형성균		-	ND/50mL	ND/50mL	ND/50mL	-
	살모넬라		-	ND/250mL	ND/250mL	ND/250mL	-
	쉬겔라		-	ND/250mL	ND/250mL	ND/250mL	-
	분원성 대장균군		ND/100mL	-	-	-	ND/100mL
	대장균		ND/100mL	-	-	-	ND/100mL
	여시니아균		-	-	-	-	ND/2L
유해영향무기물질	납		0.01mg/L	0.01mg/L	0.01mg/L	0.01mg/L	0.01mg/L
	불소		1.5mg/L	2.0mg/L	2.0mg/L	2.0mg/L	1.5mg/L
	비소		0.01mg/L	0.01mg/L	0.01mg/L	0.05mg/L	0.01mg/L
	세레늄		0.01mg/L	0.01mg/L	0.01mg/L	0.01mg/L	0.01mg/L
	수은		0.001mg/L	0.001mg/L	0.001mg/L	0.001mg/L	0.001mg/L
	시안		0.01mg/L	0.01mg/L	0.01mg/L	0.01mg/L	0.01mg/L
	크롬		0.05mg/L	0.05mg/L	0.05mg/L	0.05mg/L	0.05mg/L
	암모니아성 질소		0.5mg/L	0.5mg/L	0.5mg/L	0.5mg/L	0.5mg/L
	질산성 질소		10mg/L	10mg/L	10mg/L	10mg/L	10mg/L
	카드뮴		0.005mg/L	0.005mg/L	0.005mg/L	0.005mg/L	0.005mg/L
	보론		1.0mg/L	1.0mg/L	1.0mg/L	1.0mg/L	1.0mg/L
	브롬산염		-	0.01mg/L	0.01mg/L	-	-
	스트론튬		-	-	4mg/L	-	-
유해영향유기물질	휘발성유기물질	페놀	0.005mg/L	0.005mg/L	0.005mg/L	0.005mg/L	0.005mg/L
		1.1.1-트리클로로에탄	0.1mg/L	0.1mg/L	0.1mg/L	0.1mg/L	0.1mg/L
		테트라클로로에틸렌	0.01mg/L	0.01mg/L	0.01mg/L	0.01mg/L	0.01mg/L
		트리클로로에틸렌	0.03mg/L	0.03mg/L	0.03mg/L	0.03mg/L	0.03mg/L
		디클로로메탄	0.02mg/L	0.02mg/L	0.02mg/L	0.02mg/L	0.02mg/L
		벤젠	0.01mg/L	0.01mg/L	0.01mg/L	0.01mg/L	0.01mg/L
		톨루엔	0.7mg/L	0.7mg/L	0.7mg/L	0.7mg/L	0.7mg/L
		에틸벤젠	0.3mg/L	0.3mg/L	0.3mg/L	0.3mg/L	0.3mg/L
		크실렌	0.5mg/L	0.5mg/L	0.5mg/L	0.5mg/L	0.5mg/L
		1.1 디클로로에틸렌	0.03mg/L	0.03mg/L	0.03mg/L	0.03mg/L	0.03mg/L
		사염화탄소	0.002mg/L	0.002mg/L	0.002mg/L	0.002mg/L	0.002mg/L
		1,4-다이옥산	0.05mg/L	0.05mg/L	0.05mg/L	0.05mg/L	0.05mg/L

표 4.77 계속

구분		수질항목	수돗물	먹는 샘물	먹는 해양심층수	샘물	먹는물 공동시설
유해영향유기물질	농약	다이아지논	0.02mg/L	0.02mg/L	0.02mg/L	0.02mg/L	0.02mg/L
		파라티온	0.06mg/L	0.06mg/L	0.06mg/L	0.06mg/L	0.06mg/L
		페니트로티온	0.04mg/L	0.04mg/L	0.04mg/L	0.04mg/L	0.04mg/L
		카바릴	0.07mg/L	0.07mg/L	0.07mg/L	0.07mg/L	0.07mg/L
		1,2-디브로모-3-클로로프로판	0.003mg/L	0.003mg/L	0.003mg/L	0.003mg/L	0.003mg/L
	소독부산물	유리잔류염소	4.0mg/L	-	-	-	-
		총트리할로메탄	0.1mg/L	-	-	-	-
		브로모디클로로메탄	0.03mg/L	-	-	-	-
		디브로모클로로메탄	0.1mg/L	-	-	-	-
		클로르포름	0.08mg/L	-	-	-	-
		클로랄하이드레이트	0.03mg/L	-	-	-	-
		디브로모아세토니트릴	0.1mg/L	-	-	-	-
		디클로로아세토니트릴	0.09mg/L	-	-	-	-
		트리클로로아세토니트릴	0.004mg/L	-	-	-	-
		할로아세틱에시드	0.1mg/L	-	-	-	-
심미적영향물질		경도	300mg/L	1,000mg/L	1,200mg/L	-	1,000mg/L
		과망간산칼륨	10mg/L	10mg/L	10mg/L	10mg/L	10mg/L
		냄새(소독외)	ND	ND	ND	ND	ND
		맛(소독외)	ND	-	ND	-	-
		동	1mg/L	1mg/L	1mg/L	1mg/L	1mg/L
		색도	5도	5도	5도	5도	5도
		세제	0.5mg/L	ND	ND	ND	0.5mg/L
		수소이온농도	5.8～8.5	4.5～9.5	5.8～8.5	4.5～9.5	4.5～9.5
		아연	3mg/L	3mg/L	3mg/L	3mg/L	3mg/L
		염소이온	250mg/L	250mg/L	250mg/L	250mg/L	250mg/L
		증발잔류물	500mg/L	-	500mg/L	-	-
		철	0.3mg/L	0.3mg/L	0.3mg/L	-	0.3mg/L
		망간	0.05mg/L	0.3mg/L	0.3mg/L	-	0.3mg/L
		탁도	0.5 NTU	1 NTU	1 NTU	1 NTU	1 NTU
		황산이온	200mg/L	250mg/L	200mg/L	250mg/L	250mg/L
		알루미늄	0.2mg/L	0.2mg/L	0.2mg/L	0.2mg/L	0.2mg/L

(자료 : "먹는물 수질기준 및 검사 등에 관한 규칙" 제2조 별표1)

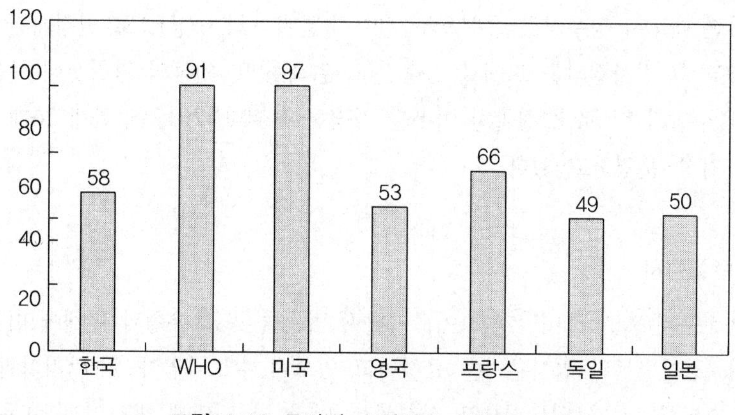

그림 4.20 국가별 수질기준 항목수 비교

2) 먹는물 수질감시항목제도 운영

먹는물 수질감시항목이란 현재로서는 먹는물에서의 검출 수준이 매우 낮아 수질기준으로 관리할 필요는 없으나, 안전성 확보를 위하여 체계적으로 검출 상태를 감시하는 항목을 말한다. 감시항목은 수돗물에서의 미량유해물질 함유실태 조사 결과와 국내외에서 문제가 제기되는 물질을 종합 검토하여 선정하며 수질기준 설정의 초기 단계라 할 수 있다. 감시항목

표 4.78 먹는물 수질감시항목 선정물질 현황(2012년)

번호	종 류	물 질 명	번호	물질구분	물 질 명
1	염소소독 부산물	Ethylendibromide	15	농약류와 할로초산	2.4-D
2		Bromate	16		Alachlor
3		Bromoform	17		Monochloroacetic acid
4		Chlorate	18		Monobromoacetic acid
5		Bromochloroacetonitrile	19	방향족탄화수소	Benzo(a)pyrene
6	휘발성 물질	Vinyl Chloride	20	프탈레이트와 탄화수소	Di-2(ethylhexyl)adipate
7		Styrene	21		Di-2(ethylhexyl)phthalate
8		Chloroethane			
9	무기질	Antimony(Sb)	22	기타	Formaldehyde
10		Perchorate	23		2-MIB
11	페놀류	Chlorophenol	24		Geosmin
12		2,4-Dichlorophenol	25		노로바이러스
13		Pentachlorophenol	26		부식성지수
14		2,4,6-Trichlorophenol			

※ 비고 : 수질감시항목으로 정수와는 별도로 우라늄(지하수 상수원수, 샘물), 부식성지수(상수원수), 포름알데히드(먹는샘물) 운영

으로 선정되면 대도시 정수장을 중심으로 정기적(분기 1회 이상)으로 일정기간 동안 수질검사를 실시하고 그 검사결과를 토대로 검출빈도, 위해성 및 외국의 관리실태 등을 종합 고려하여 먹는물 수질기준으로 설정할지 여부를 결정하게 된다. 2012년 현재 26개 항목의 수질감시항목을 지정·운영하고 있다.

3) 먹는물 수질검사

수돗물 생산부터 최종 소비단계에 이르기까지 먹는물 공급 유형과 단계에 따라 수질을 검사하고 있다. 검사항목과 검사주기를 규정하고 있으며 수도사업자 등 관리기관이 검사하게 된다. 현재 수도사업자가 의무적으로 실시하는 법정 검사 외에 민간인과 합동으로 연 2회 확인검사를 실시하고 있다.

표 4.79 급수시설 유형 및 단계별 검사항목 및 검사기준

구 분		측 정 항 목
정 수 장	매일검사 (6항목)	냄새, 맛, 색도, 탁도, 수소이온 농도, 잔류염소
	매주검사 (7항목)	일반세균, 총대장균군, 대장균 또는 분원성 대장균군, 암모니아성 질소, 질산성 질소, 과망간산칼륨 소비량, 증발잔류물
	매월검사 (52항목)	소독부산물중 총트리할로메탄, 클로로포름, 브로모디클로로메탄 및 디브로모클로로메탄을 포함한 먹는물 수질기준 전항목
	매분기검사 (6항목)	10개 소독부산물중 6개항목(잔류염소, 클로랄하이드레이트, 디브로모아세토니트릴, 디클로로아세토니트릴, 트리클로로아세토니트릴, 할로아세틱에시드)
수도꼭지	매월검사 (4항목)	일반세균, 총대장균군, 대장균 또는 분원성 대장균군, 잔류염소
수도관노후지역 수도꼭지	매월검사 (10항목)	일반세균, 총대장균군, 대장균 또는 분원성 대장균군, 암모니아성 질소, 철, 동, 아연, 망간, 염소이온, 잔류염소
급수과정별 시설	매분기검사 (11항목)	일반세균, 총대장균군, 대장균 또는 분원성 대장균군, 암모니아성 질소, 총트리할로메탄, 동, pH, 아연, 철, 탁도, 잔류염소
마을·전용상수도 소규모급수시설	매분기검사 (15항목)	일반세균, 총대장균군, 대장균 또는 분원성 대장균군, 암모니아성 질소, 질산성 질소, 냄새, 맛, 색도, 탁도, 불소, 망간, 알루미늄, 잔류염소, 보론 및 염소이온(해수에 한함)
	매년 전항목검사 (58항목)	먹는물 수질기준 전항목
먹 는 물 공동시설	매분기검사 (6항목)	일반세균, 총대장균군, 대장균 또는 분원성대장균군, 암모니아성 질소, 질산성 질소, 과망간산칼륨소비량(단, 2분기는 47개 전항목)

나. 먹는샘물 관리정책

1) 먹는샘물의 수질기준

먹는샘물이란 '암반대수층 안의 지하수 또는 용천수 등 수질의 안전성을 계속 유지할 수 있는 자연 상태의 깨끗한 물을 먹는데 적합하도록 물리적 처리 등의 방법으로 제조한 것'을 말한다. 먹는샘물의 수질기준은 대부분 먹는물 수질기준을 적용하지만 염소소독 등 화학적 처리가 허용되지 않는 먹는샘물 처리과정의 특수성을 고려하여 미생물 등에 관한 기준을 추가로 규정하고 있다.[92] 또한 먹는샘물의 원수는 오염되지 않는 심층지하수를 원칙으로 하고 오염에 취약한 지표수는 허용되지 않는다는 점에서 원수의 수질 또한 제품수의 수질과 거의 같은 정도의 청정도를 요구하고 있다. 먹는샘물의 원수 및 제품수의 수질기준은 '먹는물 수질기준 및 검사 등에 관한 규칙' 제3조에서 규정하고 있다.

정책이야기 4.4 먹는 샘물의 시판 경위

우리가 통상 생수라 칭하는 것의 법적 용어는 '먹는 샘물'이다. 먹는 샘물은 1974년 8월에 식품위생법 시행령에서 허가대상 업종으로서 "보존 음료수 제조업"을 신설하여 합법화되었다. 당시에는 전량 수출하는 조건으로 허가하였으며 국내 시판은 금지되었다. 생수 시판을 허용할 경우 수돗물에 대한 국민들의 불신이 더욱 심해지고 상류층을 위한 제도라는 비판과 물가 상승 등을 우려했기 때문이다. 먹는 샘물 관련업계는 이에 반발하여 지속적으로 시판을 건의하였으나 정부가 이를 허용하지 않자 위헌 소송을 제기한다. 1994년에 대법원은 생수 시판 금지는 국민의 행복추구권에 반하므로 위헌이라는 결정을 내렸다. 이에 따라 환경부는 식품위생법상의 먹는 물 관리에 관한 내용을 분리하여 생수 시판을 허용하는 내용을 담은 "먹는 물 관리법(안)"을 마련하여 국회에서 의결됨으로써 제조업으로 허가된 지 20년 만에 시판하게 되었다.

먹는 샘물에 대하여는 부담금으로 부과하는데 당초 판매가액의 일정 비율(7%내외)의 수질개선부담금을 징수하여 환경예산에 편입하였다. 2008년부터는 취수량을 기준으로 하여 일정액 (4,150원/톤)을 징수하고 있다. 먹는 샘물의 유통기한은 6개월로 한정하고 있으며, 수돗물에 대한 국민 신뢰성을 감안하여 먹는 샘물의 TV 광고는 허용하지 않고 있다. 먹는 샘물은 시판이후 다양한 제품이 생산되어 최근에는 해양심층수로 만든 제품도 시판되고 있다. 2012년 현재 먹는 샘물의 국내 시장규모는 약 4,700억 원에 달하고 있다.

---

92) 먹는 샘물의 원수는 암반대수층 내 지하수, 지하수가 수압에 의하여 지표로 흘러나오는 용천수, 강수량의 변화, 계절 및 기온의 변동, 취수 전·후의 주변상황 변화 등 자연적·인공적인 상황변경에 불구하고 수질의 안정성, 수량의 안정성을 항상 유지할 수 있는 자연 상태의 물로 엄격히 제한하고 있다. 또한 먹는 샘물의 제조는 원수에 포함된 이물질을 제거하거나 감소시키는 한도 내에서 이루어져야 하며, 침전, 여과, 폭기 및 자외선을 이용한 광학적 살균 등 최소한의 물리적 처리와 오존을 이용한 처리 이외의 어떠한 처리도 해서는 안 된다고 규정하고 있다(먹는 샘물 기준과 규격 및 표시기준 제2조, 제3조).

2) 먹는샘물 제조업 허가

먹는샘물 제조업은 사용되는 원수의 수질이 중요하므로 엄격한 허가요건을 규정하고 있으며, 지하수의 난개발을 방지하기 위한 제도적 장치를 마련하고 있다. 먹는샘물 제조업을 하기 위해서는 시·도지사로부터 '샘물개발 허가'를 받은 후 다시 '먹는샘물 제조업 허가'를 받아야 한다. 샘물개발 허가를 받기 위해서는 샘물개발로 인하여 주변 환경에 미치는 영향을 조사한 환경영향조사서를 작성하여 제출하여야 한다. 샘물개발 허가신청서를 제출받은 시·도지사는 현지 확인과 1일 취수한도량 등을 고려하여 허가여부를 결정하도록 하고 있으며, 샘물개발허가의 유효기간은 5년이다. 먹는샘물을 수입하고자 하는 자는 시·도지사에게 등록하여야 하며, 매 수입시마다 시·도지사에게 신고하여 수질검사를 실시하고 수질검사결과 기준이내인 제품만 수입을 허용하고 있다.

3) 먹는샘물에 대한 품질검사 등

먹는샘물 제조업자는 자사 제품이 먹는샘물의 기준 및 규격에 적합한지 여부를 확인하는 '자가 품질검사'를 실시하여야 한다. 이와 별도로 시·도지사는 반기별로 유통 중인 제품을 수거하여 직접 수질검사를 실시하고 그 결과 기준에 부적합한 제품이 발견된 경우에는 전량을 회수하여 폐기하도록 하고 있다.

표 4.80 먹는샘물 제조업자의 자가품질 검사기준

구분	검 사 항 목	검 사 주 기	비 고
먹는샘물	냄새, 색도, 탁도, pH(4개 항목)	매일 1회 이상	
	일반세균(저온균, 중온균), 총대장균군, 녹농균(4개 항목)	매주 2회 이상	3~4일 간격
	분원성연쇄상구균, 아황산환원 혐기성 포자형성균, 살모넬라, 쉬겔라(4개 항목)	매월 1회 이상	
	먹는샘물(제품수) 수질기준(50개 항목)	매반기 1회 이상	
샘물	일반세균(저온균, 중온균), 총대장균군, 녹농균, 분원성연쇄상구균, 아황산환원 혐기성포자형성균(6개 항목)	매주 1회 이상	
	샘물(원수) 수질기준(46개 항목)	매반기 1회 이상	

4) 먹는샘물 시장현황

먹는샘물 제조업체는 국내시판이 최초 허용된 1995년 "먹는물 관리법" 시행 당시 14개소에서 2011년말 현재 67개소로 증가하였다. 판매량도 꾸준히 늘어나 현재는 연간 판매량이

320만 톤을 넘어서고 있다. 전국 먹는샘물 제조업체 현황과 판매실적은 표 4.81과 같다.

표 4.81 먹는샘물 판매현황(단위 : 천톤, 백만원)

연 도	계		제조업체		수입업체	
	판매량	판매금액	판매량	판매금액	판매량	판매금액
2012	3,253	465,760	3,239	456,766	14	8,994

※ 2012년 기준 평균 판매액 : 36억원/업소

다. 먹는물 공동시설 관리

1) 현 황

등산로나 유원지에 설치되어 있는 약수터와 같은 '먹는물 공동시설'의 이용자는 계속 증가하고 있다. 2011년말 현재 시·도지사가 지정한 전국 먹는물공동시설은 1,499개소이며, 이용인구는 1일 25만 여명에 이르고 있다. 이 물은 직접 음용하는 경우가 많아 수질관리가 중요하다. 2002년부터 2011년까지 전국의 먹는물 공동시설에 대한 수질검사 결과는 표 4.82에서 보는 바와 같이 20% 정도가 부적합한 것으로 나타났다. 부적합비율이 증가하고 있는 것은 기존 공동시설들을 다수가 함께 사용하면서 오염되는 것으로 추정된다. 부적합한 시설 중 주변 환경오염이나 관리 소홀로 나타나는 일반세균, 대장균군 등 미생물 기준이 초과한 시설이 90% 이상으로 대부분을 차지하고 있다.

표 4.82 먹는물 공동시설 수질검사 결과 (단위 : 개소)

연 도	수 질 검 사	부 적 합
2002	6,945	1,024(14.7%)
2005	6,772	1,159(17.1%)
2008	9,347	2,049(21.9%)
2011	7,982	2,030(25.4%)

2) 관리대상 및 방법

먹는물 공동시설은 상시 이용인구가 50인 이상인 시설로서 시장·군수·구청장이 지정하는 시설과 상시 이용인구가 50인 미만이더라도 시장·군수·구청장이 수질관리의 필요성을 인정하여 지정하는 시설로 되어 있다. 시장·군수·구청장은 먹는물 공동시설에 대해서는 분기 1회 이상 수질검사를 실시하고, 이용인구가 많고 수질기준 초과율이 높은 3/4분기에는

월 1회 이상 수질검사를 실시토록 하고 있다. 수질검사 결과 부적합시설에 대하여는 사용중지하고, 이를 공지하도록 하고 있다. 1개월 간격으로 2회 이상 재검사를 실시하고, 계속 부적합 시에는 사용금지하고 경고판을 적색으로 표시하여야 한다. 사용 금지기간 중에도 1년간은 계절별로 수질검사를 실시하여, 계속 부적합 시에는 시설자체를 폐쇄하여야 한다.

라. 정수기[93] 관리

우리나라에는 현재 약 600만대 이상의 정수기가 보급되었으며, 연간 판매 대수가 약 110만대에 이르고 있는 것으로 추정된다. 표 4.83과 같이 2011년 말 현재 정수기 제조업체는 184개소, 수입판매업체 24개소이며 2011년도 정수기 시장규모는 1조 7,000억 원에 달하는 것으로 추산된다. 깨끗한 물을 마시고자 하는 소비자의 욕구가 높아짐에 따라 보급이 확산된 것이다. 그러나 정수기는 부적합하게 관리하는 경우 오히려 수돗물보다 수질이 악화될 수 있음에 유의해야 한다. 정수기는 세균의 증식을 억제하는 염소성분까지 걸러내므로 하루 이상 지나면 세균이 번식하기 쉽다. 대부분의 정수기는 내부 용기에 물을 저장하는 역삼투압 방식이므로 하루이상 사용하지 않는 경우에는 저장된 물을 제거하는 것이 바람직하며 정해진 필터 교환 시기를 지켜야 한다. 필터의 오염물질이 물에 섞이면 오히려 유해할 수도 있기 때문이다.

표 4.83 정수기 판매현황

연 도	업체수(개소)			판매대수 (천대)	판매금액 (백만원)
	계	제 조	수 입		
2012	210	186	24	1,790	1,792,052
2011	208	184	24	1,771	1,700,432
2010	200	179	21	1,609	1,610,000

※ 2012년 기준 평균 판매액 : 85억원/업소(판매금액은 임대(rental)를 포함한 금액임)
(자료 : 환경부, 2012, 환경백서)

정수기의 기준과 규격은 환경부 고시로 정하고 있으며, 정수기를 수입·제조판매 하고자 하는 자는 사전에 정수기 품질검사기관의 검사를 받아 신고하여야 한다. 2006년 9월에는

93) 정수기는 물리적·화학적 또는 생물학적 과정을 거치거나 이러한 과정을 결합한 과정을 거쳐 먹는물을 먹는물관리법 제5조제3항의 규정에 의한 먹는물의 수질기준에 적합하게 하는 기구(먹는물 관리법 제3조제6호)를 의미하는 것으로, 여과·흡착·이온교환·살균기능 등을 각각 하나 또는 두 개 이상을 결합하여 물을 정수하는 기구를 뜻한다.

고시를 개정하여 역삼투압식 정수기의 성능기준을 신설하고 활성탄 필터의 재질과 규격을 직접 시험하게 하는 등 정수기의 성능기준을 강화하였다.

마. 수질개선부담금 부과

수질개선부담금은 공공의 지하수자원을 보호하고 먹는 물의 수질개선을 위해 1995년 "먹는물 관리법"에 근거하여 도입되었다.[94] 당초 먹는 샘물의 국내 시판을 허용하면서 환경비용을 부담토록 한 것이다. 부과 대상은 샘물을 개발하여 이를 원료로 제품을 제조·판매하는 먹는샘물 제조업자 및 수입판매업자, 기타 1일 300톤 이상의 샘물을 개발하여 원수의 일부를 음료류·주류의 원료로 사용하는 자이다. 수질개선부담금은 먹는물 수질개선시책 사업비의 지원, 먹는물 수질검사비용의 지원, 지하수 자원의 개발·이용 및 보전·관리를 위한 기초조사와 복구비용 등의 용도에 사용하도록 되어 있으나 실제로는 환경개선특별회계에 세입조치되어 포괄적 환경예산으로 사용된다.

수질개선부담금 부과율은 처음에는 먹는샘물에 대하여 평균판매가격의 20%를, 청량음료 등 기타 샘물에 대하여는 샘물원가의 5%를 부과해 오다가, 먹는 샘물 업계의 인하 요구에 따라 2000년도부터 부과율을 먹는 샘물과 기타 샘물에 대해 7.5%로 조정하였다. 2006년 하반기에는 먹는샘물 제조 및 수입판매업자에 대하여 평균판매가액의 6.75%로 다시 조정하고, 기타 샘물개발자에 대하여는 수돗물 평균요금과 4대강 물 이용부담금 평균 금액을 더한 금액을 기준으로 부과하였다. 이후 2008년에 먹는물관리법을 개정하여 먹는샘물 제조 및 기타샘물 개발자는 취수량에 따라, 수입판매업자는 수입량에 따라 부과하고 있다. 부과 기준은 2011년 기준으로 먹는샘물 제조업자가 취수한 샘물과 수입판매업자가 수입한 먹는샘물의 경우에는 2,800원/m^3을, 기타샘물 개발업자가 취수한 샘물은 1,900원/m^3을 부과하였고, 2012년부터는 먹는샘물과 기타샘물 모두 2,200원/m^3을 부과하고 있다.

표 4.84 수질개선부담금 징수현황

연 도	2004	2006	2008	2010	2011
부담금(백만원)	14,638	18,467	21,750	14,894	13,579

94) 대다수의 국민이 사용하는 수돗물을 안전하게 공급한다는 정부의 수돗물 우선정책을 차질 없이 추진하고 지하수와 공공식수 수질개선에 소요되는 재원을 확보하기 위한 목적도 가지고 있다.

4.9 하수·분뇨 처리정책

4.9.1 하수·분뇨 처리정책 경과 및 관리체계

가. 추진경과

가정에서 발생되는 생활오수와 빗물이 혼합된 하수처리는 지방자치단체의 고유한 책무이다. 분뇨의 경우도 마찬가지이다. 따라서 지방자치단체는 하수·분뇨를 처리하기 위한 수집 관망과 처리시설을 설치·운영하여야 한다. 이러한 하수처리 인프라를 운영하기 위한 예산은 지자체의 예산, 중앙정부의 보조금, 원인자부담금으로 충당된다. 하수처리시설 설치가 어려운 지역에서는 배출자에게 오수처리시설 설치·운영 의무가 부과된다.

하수처리장은 1970년대 서울중랑하수처리장이 최초로 건설된 이후 1988년 서울올림픽과 1989년 맑은물 공급 종합대책 등을 계기로 크게 증가하여 전국 도시지역에 설치되기 시작하였다. 도시지역 하수처리장이 어느 정도 완비된 1990년대 중반부터는 농촌지역으로 확대되어 현재는 대부분의 읍·면단위 지역까지 설치·운영되고 있다. 2010년 말 기준으로 하수도보급률은 90.1%로 선진국 수준에 근접하였다. 기존의 하수 및 분뇨처리는 국민의 건강보호에 필요한 공중위생을 보전하고 생활환경을 개선하는 것이 주요 목표였으나, 2000년대 이후에는 공공수역의 수질 개선을 위해 처리수준을 높여나가고 있다.

그간 하수처리시설 확충 내역을 보면 1992년부터 2011년까지 국고 약 23조원을 투자하여 470개의 하수처리시설과 2,594개의 소규모 하수처리시설을 설치하였으며, 2002년부터는 하수관거 정비사업을 본격 추진하여 2005년부터 2011년까지 약 6조 5천억 원을 투자하여 하수관거 9,191km를 정비하였다.

표 4.85 공공하수처리시설 현황 (기준년도 : 2011년 말)

구 분	합 계		하수처리시설 (500m^3/일 이상)		마을하수도 (500m^3/일 미만)		하수도 보급률
	시설수 (개소)	시설용량 (m^3/일)	시설수 (개소)	시설용량 (m^3/일)	시설수 (개소)	시설용량 (m^3/일)	%
합 계	3,363	25,228,106	505	25,017,730	2,858	210,376	90.9

(자료 : 환경부, 2012, 환경백서)

나. 하수도 관리정책 방향

하수도는 사용한 수돗물이나 지하수를 다시 수집·정화하여 자연으로 배출하는 일련의 시스템이다. 사용된 물은 일단 오염된 상태이므로 안전한 수준까지 처리하여 자연으로 다시 배출하는 것이다. 하수도는 공중위생을 안전하게 유지하고 공공수역의 수질을 보전하는 기능을 하는 동시에 빗물을 안전하고 신속하게 배제하여 도시지역의 침수를 방지하는 치수기능도 갖는 필수적인 사회 기반시설이다. 우리나라는 1970~80년대 고도 경제성장시기를 거치면서 수질오염물질이 크게 증가하여 하천·호소가 심각하게 오염되었다. 이를 해결하기 위해 1980년대 이후 하·폐수처리장을 집중 건설하게 된 것이다.

하수도 시설은 크게 오수와 우수를 수집·배제하는 하수관거, 오수를 정화하는 하수처리장, 하수슬러지를 처리하는 하수슬러지 처리시설 등으로 구성된다. 일반적으로 하수도 발전은 오수·우수의 수집, 유기물질 처리, 영양염류 처리를 거쳐 미량유해물질 처리 단계로 발전된다. 우리나라는 영양염류 처리시설이 어느 정도 갖춰지고 미량유해물질 처리가 진행되는 상황이다.

				대비필요
			초기단계	5세대 하수도
		보급저조	4세대 하수도	미량유해물질처리
	보급저조(농어촌)	3세대 하수도	자원 재활용	자원 재활용
관거 미흡	2세대 하수도	영양염류 처리	영양염류 처리	영양염류 처리
1세대 하수도	유기물질 처리	유기물질 처리	유기물질 처리	유기물질 처리
오수·우수배제	오수·우수배제	오수·우수배제	오수·우수배제	오수·우수배제

그림 4.21 하수도 발전단계

앞으로 하수도 보급률이 90% 이상인 도시지역의 경우 고도처리시설 도입이 필요하고 아직 보급률이 낮은 농어촌지역은 소규모 처리시설이 지속적으로 확충되어야 한다. 하수관거의 지속적인 확충과 개량은 하수처리효율 제고와 치수측면에서 중요하다. 이와 함께 기존의 오수처리 위주의 기능에서 우수배제 기능을 강화하는 '도시침수 대비형 하수도 시스템'으로의 정비도 필요하다. 하수처리장에서는 하수 재이용을 극대화하고 에너지 이용효율을 높이는 선진기술의 접목이 요구된다. 이미 선진국에서는 분리막기술 등을 적용한 하수재이용이 확대되고 있으며, 하수슬러지의 바이오가스화 등 에너지 생산·절감기술이 필수적인 요소로 적용되고 있다. 이와 함께 하수처리장 통합운영시스템을 통해 처리효율을 높이는 정책도 요구된다.

다. 공공 하수도시설 설치·운영체계

지방자치단체는 관할구역 내 하수처리를 위하여 20년 단위로 하수도정비 기본계획을 수립하고 매 5년 마다 타당성여부를 검토하여 이를 계획에 반영하며, 하수도정비 기본계획에 따라 하수도시설을 설치하여야 한다.

종전에는 지방자치단체에서 공공하수도를 설치하고자 할 때 환경부장관의 승인을 받도록 하였으나, 2005년 3월 "하수도법" 개정을 통해서 특·광역시장 및 도지사는 별도의 인가절차 없이 하수도시설을 설치할 수 있으며, 시장·군수·구청장이 하수도시설을 설치하고자 하는 때에는 특·광역시 및 도지사의 인가를 받도록 하였다. 다만, 수질오염총량제[95]를 시행하지 않는 수질보전특별대책지역의 경우에는 환경부장관의 인가를 받도록 하고 있다. 공공하수도 정비에 관한 업무체계는 그림 4.22와 같다.

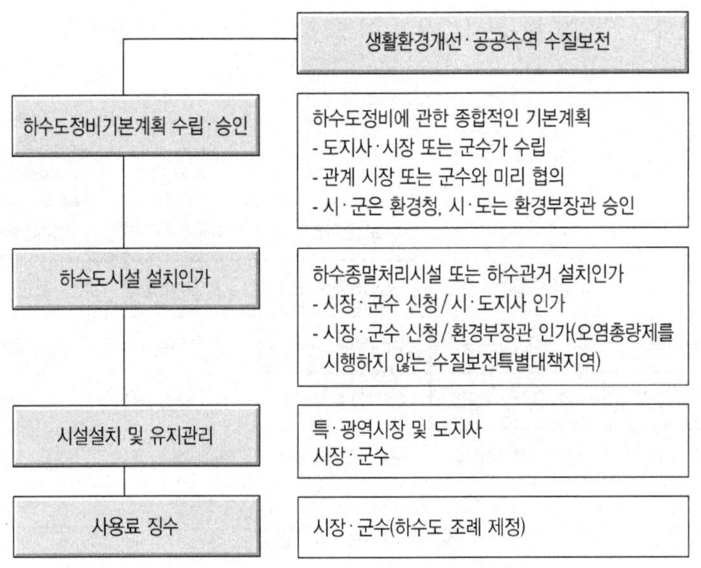

그림 4.22 하수도 업무체계

라. 개인 하수도 및 분뇨 관리체계

농어촌 지역이나 도시 외곽지역 중에서도 오염원이 산재되어 있는 곳에서 발생하는 생활

95) 오염총량관리제는 수계를 단위유역으로 나누고, 유역별로 목표수질을 설정한 후, 목표수질을 달성할 수 있는 오염물질의 배출총량을 설정·관리하는 제도로서 선진화된 과학적 물관리 정책수단이다. 하천의 허용 오염부하량을 고려하지 않는 배출허용기준 중심의 농도규제만으로는 오염부하의 양적 증가를 억제하기 어렵다. 특히 우리나라 하천의 중·하류에는 인구 및 산업시설이 과도하게 밀집되어 있음을 고려할 때 현행 농도규제방식으로는 환경기준 달성에 한계가 있어 오염총량제가 도입되었다.

오수의 경우, 하수관거 설치비가 과다하게 소요되고 발생량이 하수처리시설을 설치할 수 있는 최소한의 규모에도 못 미치기 때문에 공공하수도를 보급하기 어렵다. 이러한 지역에서는 발생자가 개인하수처리시설을 설치하여 처리하여야 있다. 수거식 화장실의 분뇨와 정화조, 오수처리시설의 청소과정에서 발생되는 찌꺼기 등의 대부분은 분뇨처리시설에 유입·처리하고 있다.

4.9.2 하수도 일반 현황

가. 공공하수도 보급현황

2011년말 기준으로 하수도보급률은 90.9%이다.[96] 전국에 가동중인 공공하수처리시설은 3,363개소로서 처리시설 용량은 2,523만톤/일에 달한다. 처리용량 500m^3/일 이상인 시설은 505개소이고 시설용량은 2,502만m^3/일로서 처리량으로 보면 전체 처리장의 99% 이상을 담당하고 있다. 처리용량 500m^3/일 미만인 시설은 2,858개소이고 시설용량은 21만m^3/일이다.

표 4.86 하수도 보급 추이

구분	2003	2004	2005	2006	2007	2008	2009	2010	2011
총인구(천명)	48,824	49,053	49,268	49,624	50,034	50,394	50,644	51,435	51,717
처리인구(천명)	38,449	39,924	41,157	42,450	43,570	44,631	45,263	46,358	47,034
처리시설(개소)	242 (878)	268 (1,153)	294 (1,404)	344 (1,681)	357 (1,854)	403 (1,991)	438 (2,332)	470 (2,594)	505 (2,858)
보급률(%)	78.8	81.4	83.5	85.5	87.1	88.6	89.4	90.1	90.9
시설용량(천톤/일)	20,954	21,617	22,568	23,273	23,942	24,568	24,925	25,118	25,228

※ ( )는 500톤/일 미만 시설수임.
(자료 : 환경부, 2012, 환경백서 및 환경통계연감 발췌)

연도별로 보면 1990년대 40～60% 수준에서 2000년대 들어 70%대로, 다시 2004년부터 80%대로 꾸준히 증가하였다.[97]

96) 하수처리율이 실제로 처리되는 비율을 나타내지 못한다는 의견도 있다. 현재의 인구대비 비율로 산정하는 방식 대신 처리량으로 산정하는 방식이 바람직하나 문제는 발생량을 어떻게 산정할 것인가 하는 것이다. 인구기준 하수처리율이 90%를 상회하고 있으므로 유의성 있는 지표로서 여러 가지 시나리오를 갖고 처리율 산정방식을 개선할 필요가 있다.

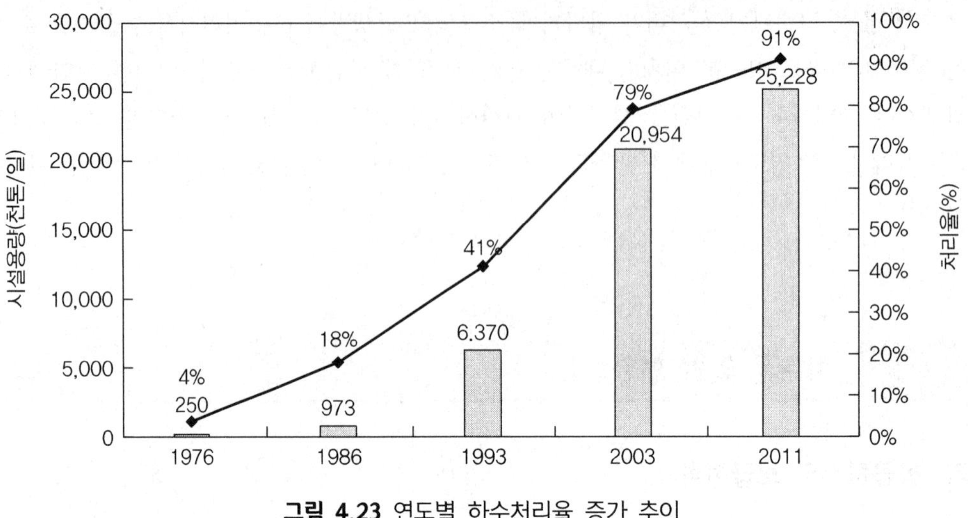

그림 4.23 연도별 하수처리율 증가 추이

나. 하수관거 현황

2011년말 현재 전국의 하수관거 설치연장은 118,329km로 하수도정비 기본계획상에 제시된 계획치 161,321km의 73.4%이다. 이중 우수와 오수를 동시에 수집하는 합류식이 47,510km(40.2%), 우수와 오수를 분리하여 배제하는 분류식은 70,820km (59.9%)이며 분

표 4.87 하수관거 보급현황 (단위 : km)

구분			2003	2004	2005	2006	2007	2008	2009	2010	2011
계획연장			129,779 (119,521)	132,183 (120,814)	137,474 (125,709)	141,156 (127,980)	145,563 (130,774)	150,540 (138,338)	156,444 (142,967)	159,051 (145,473)	161,321
시설연장	총계		78,605	82,214	85,755	91,098	96,280	102,078	107,843	113,494	118,329
	합류식		46,167	47,255	48,257	48,966	49,636	49,460	49,386	47,976	47,510
	분류식	합계	32,438	34,959	37,498	42,132	46,643	52,618	58,457	65,519	70,820
		오수	16,968	18,532	20,488	23,603	26,532	30,239	33,584	38,068	41,739
		우수	15,471	16,427	17,010	18,530	20,111	22,379	24,873	27,450	29,080
하수관거 보급률(%)			60.6 (65.8)	62.2 (68.1)	62.4 (68.2)	64.5 (71.2)	66.1 (73.6)	67.8 (73.8)	68.9 (75.4)	71.4 (78.0)	73.4

※ 계획연장, 하수관거 보급률 중 ( )는 오류를 정정하기 이전의 하수관거 보급률 및 계획연장임
(자료 : 환경부, 2012, 환경백서 및 환경통계연감 발췌)

97) 우리나라와 같이 30여년 만에 0→90%대로 하수처리율이 크게 증가한 경우는 도시국가를 제외하면 유례를 찾기 힘들다. 경제발전으로 투자재원이 확보되고 적절한 환경정책이 주도한 것이다.

류식 비중이 커지고 있다. 광역자지방치단체 별로 보면 서울시의 하수관거 보급률은 100%인 반면, 전라남도의 경우 63.7%에 불과하여 지역별 차이가 큰 실정이다.

다. 분뇨처리시설 현황

2011년에 전국적으로 운영 중인 분뇨처리시설은 총192개소(35,774톤/일)이다. 과거에 하수처리장이 미비한 시절에는 처리 후 직접 방류하였으나 현재는 대부분의 지역에서 하수처리장이 설치되어 있으므로 대부분 하수처리장의 전처리 개념으로 운영되고 있다. 즉 고농도의 분뇨를 1차 처리 후 공공하수처리시설에 유입하여 연계 처리하는 체계이다. 분뇨의 유기물 농도가 매우 높아 처리에 어려움이 있음을 고려하면 연계 처리가 효율적인 처리방식이라 하겠다.

표 4.88 시·도별 분뇨처리시설 현황(2011) (단위: 톤/일)

지 역	전 국	서 울	부 산	대 구	인 천	광 주	대 전	울 산	경 기
시설수	192	3	1	2	6	1	1	1	36
시설용량	40,531	10,500	3,500	2,200	1,826	1,000	1,500	300	6,470
처리량	35,774	10,814	3,390	2,336	1,856	1,113	965	451	5,135
지 역	강원	충북	충남	전북	전남	경북	경남	제주	
시설수	17	13	18	14	23	27	21	8	
시설용량	1,720	1,458	1,590	1,245	1,910	1,981	2,443	888	
처리량	1,517	1,250	1,175	804	1,053	1,458	1,775	655	

(자료 : 환경부, 2012, 환경백서 및 환경통계연감 발췌))

라. 개인 하수처리시설

하수처리구역 밖에 설치·운영 중인 오수처리시설은 배출자에게 설치·운영 의무를 부과하고 있다. 하수처리장과 거리가 멀어 관망 설치가 어려운 외딴 지역에 주택이나 상업용 건물을 짓는 경우가 해당된다. 2011년 기준으로 전국에 410,061개가 설치되어 있으며 배출자에게 설치 의무가 강화된 2002년부터 급격히 증가하고 있다. 정화조는 전국에 2,528천개가 설치되어 있다.

오수처리시설은 수세식변기 발생 오수, 목욕탕·주방 등에서 발생하는 오수를 처리하는 시설로 하수처리구역 밖의 지역에서 1일 오수발생량이 2m^{3}를 초과하는 건물에 설치한다. 정화조는 수세식 변기의 발생 오수를 처리하는 시설로 하수처리구역 밖에서 1일 오수발생량이 $2m^3$ 이하인 건물이나, 또는 합류식하수처리구역 안에서 수세식 변기를 설치하는 경우에 적용된다.

배출자들이 오수처리시설을 직접 관리하기 어려운 점을 감안하여, 2007년에 "하수도법"을 개정하여 일정규모 이상 오수처리시설에 대해서 전문관리인을 지정토록 하는 제도를 도입하고, 오수처리시설 설치시 전문업체 시공을 의무화 하는 등 전문 유지관리 체계를 도입하였다. 오수처리시설은 개별적으로 설치되어 수질 유지가 어렵고 공공수역 수질오염을 가중시킬 수 있다. 따라서 앞으로 5~10가구 정도의 소단위 처리시설을 개발하여 공공부문에서 관리하는 방안을 추진할 필요가 있다.98)

표 4.89 연도별 오수처리시설 및 정화조 현황 (단위 : 천개소)

구 분	2006	2007	2008	2009	2010	2011
합 계	3,103	3,124	3,082	3,011	3,005	2,939
오수처리시설	351	370	400	397	402	410
정화조	2,752	2,754	2,682	2,614	2,603	2,529

(자료 : 환경부, 2012, 환경백서 및 환경통계연감 발췌)

4.9.3 생활하수 및 분뇨의 관리정책

가. 하수처리시설의 설치·운영 기준

하수도법에서는 다른 환경기초시설과 마찬가지로 하수처리시설 설치·운영기준을 정하고 이를 준수하지 않을 경우 처벌하는 강제 규제방식을 채택하고 있다. 다만 하수처리시설의 설치·운영 의무가 시장·군수·구청장에게 부과되므로 처벌규정을 형벌이 아닌 행정질서벌인 과태료로 규정하고 있다. 하수처리시설의 방류수 수질기준은 표 4.90과 같다. 그간 기준을 계속 강화하여 왔으며 최근에는 총인 기준을 강화하여 2012년부터 시행하고 있다.

하수도법에 규정된 오수처리시설 및 분뇨처리시설, 가축분뇨 처리시설에 대한 방류수 수질기준은 각각 다음 표와 같다.

98) 공공시설을 소규모 단위로 확충하는 것은 예산 확보에 문제가 있다. 단순히 설치비용 뿐 아니라 운영비용이 크게 소요되기 때문이다. 따라서 소규모 시설을 온라인으로 제어·관리하고 인력 투입을 최소화하는 통합운영관리시스템이 요구된다.

표 4.90 공공하수처리장의 방류수 수질기준 (단위 : mg/L)

구 분		BOD (mg/L)	COD (mg/L)	SS (mg/L)	T-N (mg/L)	T-P (mg/L)	총대장균군수 (개/mL)	생태독성 (TU)
1일 하수처리 용량 $500m^3$ 이상	I지역	5 이하	20 이하	10 이하	20 이하	0.2 이하	1,000 이하	1 이하
	II지역	5 이하	20 이하	10 이하	20 이하	0.3 이하	3,000 이하	
	III지역	10 이하	40 이하	10 이하	20 이하	0.5 이하		
	IV지역	10 이하	40 이하	10 이하	20 이하	2 이하		
$500m^3$～$50m^3$ 이상		10 이하	40 이하	10 이하	20 이하	2 이하		
$50m^3$ 미만		10 이하	40 이하	10 이하	40 이하	4 이하		

※ 대략 I지역은 상수원보호구역, 수변구역 등, II지역은 COD 및 총인 오염우려지역, III지역은 4대강 유역, IV지역은 기타지역을 의미한다.(하수도법 시행규칙에 명확히 구분)
(자료 : 하수도법 시행규칙)

표 4.91 오수처리시설 및 단독 정화조의 방류수 수질기준

구분	1일 처리용량	지역	항목	방류수수질기준
오수처리 시설	$50m^3$ 미만	수변구역	BOD (mg/L)	10 이하
			부유물질(mg/L)	10 이하
		특정지역 및 기타지역	BOD (mg/L)	20 이하
			부유물질(mg/L)	20 이하
	$50m^3$ 이상	모든 지역	BOD (mg/L)	10 이하
			부유물질(mg/L)	10 이하
			총질소(mg/L)	20 이하
			총인(mg/L)	2 이하
			총대장균군수(개/mL)	3,000 이하
정화조	11인용 이상	수변구역 및 특정지역	BOD 제거율(%)	65 이상
			BOD (mg/L)	100 이하
		기타지역	BOD 제거율(%)	50 이상

골프장과 스키장에 설치된 오수처리시설은 BOD는 10mg/L 이하, SS는 10mg/L 이하임. 다만, 숙박시설이 있는 골프장의 경우 BOD 5mg/L 이하, SS는 5mg/L 이하임.

(자료 : 하수도법 시행규칙)

표 4.92 분뇨처리시설 방류수 수질기준

항 목 / 구 분	BOD (mg/L)	COD (mg/L)	SS (mg/L)	대장균군수 (개수/mL)	기타(mg/L)
분뇨처리시설	30이하	50이하	30이하	3,000이하	총질소 : 60이하 총인 : 8이하

(자료 : 하수도법 시행규칙)

표 4.93 가축분뇨 공공처리시설 및 가축분뇨 처리업자가 설치한 정화시설

항 목 / 구 분	BOD (mg/L)	COD (mg/L)	SS (mg/L)	대장균군수 (개수/mL)	기타(mg/L)
공공처리시설	30이하	50이하	30이하	3,000이하	총질소 : 60이하 총인 : 8이하
민간처리업체가 설치한 시설	30이하	50이하	30이하	3,000이하	총질소 : 60이하 총인 : 8이하

(자료 : 가축분뇨가축분뇨의 관리 및 이용에 관한 법률 시행규칙)

나. 공공하수처리시설의 확충

1) 하수도 및 분뇨처리사업 재원조달체계

생활하수·분뇨를 적정하게 관리하기 위한 기본적인 정책은 효율적인 처리인프라를 확보하는 것이다. 하수처리장, 하수관거, 농어촌 지역의 소규모 처리장, 개인하수처리시설, 분뇨처리시설이 이에 해당되며 먼저 각 시설별 재원조달체계를 살펴본다.

하수도 및 분뇨처리사업은 지방자치단체가 처리시설의 설치주체로서 국가에서 설치비의 일부를 보조받는 매칭펀드 방식으로 재원을 조달하고 있다. 2004년까지는 지방양여금을 주된 재원으로 지원하였으나, "지방양여금법"[99]이 폐지됨(2004.1)에 따라 2005년부터 '환경개선 특별회계' 및 '농어촌특별세관리 특별회계'의 보조 사업으로 전환되어 예산을 지원하

99) 지방양여금은 2004년에 폐지되었다. 국가가 징수하는 국세 중 특정 세목 수입의 전액 또는 일부를 일정한 기준에 따라 지방자치단체에 양여하여 특정목적사업 수요에 충당하도록 하는 지방재정지원 재원으로서 지방교부세 및 국고보조금과 함께 지방재정 조정제도 중의 하나의 형태이다. 이러한 지방양여금제도는 지방자치단체의 재정기반을 확충하고 도로정비사업 등을 추진함으로써 지역 간의 균형 있는 발전을 도모함을 목적으로 하였다. 지방양여금은 국가가 징수한 특정의 세금을 지방자치단체에 양여하는 것으로, 지방자치단체가 직접 부과·징수하는 지방세와 다르며, 재정조정을 위한 복잡한 배분방법이 아니라는 점과 일정수준의 행정을 유지하는데 필요한 일반재원 중 부족분을 단순히 보전하는 것이 아니라는 점 등에서 지방교부세와 다르다. 특정목적사업에 충당하면서도 구체적인 사업계획의 수립·시행은 자치단체장이 결정함으로써 지방의 자율성과 재량성이 보장되는 자주재원의 성격을 갖는다는 점에서 국고보조금과도 다른 특징을 지닌다.

고 있다. 국고지원 비율은 사업 분야와 지방자치단체별로 차등지원하고 있으며, 전체 사업비를 기준으로 10%~80%이다. 일반 시·군의 국고보조율이 70%로 국내 하수처리장이 급속히 확충된 중요한 동인이라 하겠다.

표 4.94 하수도 및 오수·분뇨처리사업 국고지원 체계

보조사업명	보조율	비 고
1. 하수관거 정비사업		
- 광역시	30% (10%)	신설 및 교체 지원율 이며, ( )는 보수
- 도청 소재지	50% (20%)	
- 일반 시·군	70% (30%)	
2. 개인하수처리시설 설치지원	50%	
3. 분뇨처리시설확충		
- 광역시	50%	( )는 2012년 지원사업
- 일반 시·군	70% (50%)	
4. 댐상류 하수도시설 확충	70%	
5. 농어촌 마을하수도정비	70%	
6. 하수처리장 설치사업		
- 광역시	10% (50%)	( )는 총인처리시설 국고지원율
- 일반 시·군(읍 이상)	50%	
- 일반 시·군(면 이하)	70%	
7. 하수찌꺼기처리시설, 하수처리수 재이용		
- 광역시	30% (60%)	( )는 하수처리수 재이용 민투사업
- 도청 소재지	50% (80%)	
- 일반 시·군	70% (90%)	
8. 면단위 하수처리장	70%	

2) 공공하수처리시설 확충

공공하수처리시설 확충사업은 크게 하수처리시설 신·증설, 개량, 소규모하수도 설치, 슬러지처리시설 설치 등 4개 분야로 구분할 수 있다. 2012년의 경우 하수처리장 신·증설 및 개량사업 169개소, 하수슬러지처리시설 46개소 등 총 247개소에 5,475억원의 국고가 투입되었다. 개량사업은 주로 고도처리시설설치사업과 소화조 효율 개선사업이다.[100)]

도시지역의 경우 대부분 처리장이 완비되었음에도 불구하고 인구증가로 시설용량 확충이

꾸준히 요구되고 있고, 농어촌 지역의 소규모 시설에 대한 투자가 지속적으로 요구되고 있다. 앞으로 도시지역의 경우는 시설 지하화 및 고도처리기술을 적용한 현대화 개량사업 수요가 크게 증가할 전망이다. 전체적으로는 하수재이용을 위한 개량사업과 하수슬러지 에너지화·자원화 사업에 대한 본격적인 투자가 요구되고 있다.

공공하수처리설의 방류수 수질기준 강화(2010.2.26 시행)에 따라 새로 설치하는 공공하수처리시설은 질소·인을 처리할 수 있는 고도처리시설을 설치하고 있으며, 기존 하수처리시설에 대해서도 고도화 사업을 추진하고 있다. 그간, 공공하수처리시설은 광역적으로 하수처리구역을 설정하여 대규모 하수처리시설을 설치하였다. 이러한 방식은 도시하천을 건천화시키고 하수관거설치 비용이 많이 소요되는 등의 비효율성이 크다. 현재는 하수 발생원 중심으로 하수처리구역을 설정하여 소규모 분산식 하수처리시설을 설치하고 있다.

3) 농어촌 마을하수도 정비사업

하수처리장은 초기에는 당연히 인구 밀집지역부터 건설하게 된다. 우리나라도 도시지역을 거쳐 읍단위 지역까지 일정규모 이상의 인구가 밀집된 지역의 처리장부터 건설해왔다. 2011년 기준으로 도시지역의 하수도보급률은 94.2%이나 농어촌지역은 59.5%에 불과한 실정이다. 이는 오염발생원이 산재되어 있어 투자효율이 떨어지고 적정한 운영관리도 어렵기 때문이다. 농어촌 지역에 소규모 처리시설은 1990년대부터 설치되기 시작했으나, 초기에 건설된 시설들은 기술력이 부족하여 처리효율이 낮고 운영비도 과다 소요되어 대부분 정상적으로 운영되지 못하고 있다. 정부도 이러한 점을 인식하여 2000년대 들어 소규모 시설에 투자를 확대하고 있다. 마을단위 공공하수도 정비사업에 대하여 2007년부터 매년 2,000억원~2,500억원 수준의 국고를 지원하여 시설을 확충하고 있으며 2012년까지 2,076개 시설에 국고 1조 3,000억원을 투입하였다.

4) 하수관거 정비사업

우리나라의 경우 대부분의 도시가 이미 형성된 상태에서 배출되는 하수 처리가 시급하여 하수처리시설 설치사업이 먼저 시작되었고, 이에 따라 하수관거의 정비가 상대적으로 부족했다. 부족한 하수관거 정비사업을 체계적으로 추진하기 위해서 2000년대부터 하수관거 정비사업을 본격 추진하였다. 특히, 팔당 상류 지역에 대해서는 환경부, 경기도, 9개 시·군 및 한국환경공단 등 12개 기관이 협약을 체결하여 2001년부터 2015년 까지 1조4,311억원을 투자하여 1,893km의 하수관거 신설·정비사업을 추진하였다. 이 사업은 하수관거 정비의

100) 소규모하수도(500m^3/일 미만)설치사업은 2007년 환경부로 이관된 농어촌마을하수도사업과 중복됨에 따라 이를 농어촌마을하수도로 통합관리 하기위해 시설개선을 추진 중에 있다.

시공책임을 보증토록 하기 위해 국내 최초로 설계·시공 일괄입찰방법으로 발주하였다.

또한, 대규모의 시급한 하수관거 정비사업을 조기에 추진하기 위한 방안으로 2005년부터 민자유치사업의 일환인 BTL(Build-Transfer-Lease) 방식으로 하수관거정비 사업을 추진하고 있다.[101] 이 사업은 민간의 역량을 최대한 활용하여 하수관거를 설치하고, 하수관거 정비 후에는 시공사에서 20년간 책임지고 관리하도록 하고 있다.

5) 댐상류 하수처리장 확충

국가적으로 중요한 상수원인 다목적댐 상류지역의 수질개선을 위하여 2004년~2011년까지 국고 1조 1,700억원을 투자하여 소양강댐 등 7개 다목적댐 상류지역 28개 시·군을 대상으로 434개 공공하수처리시설을 설치였다. 2004년 말에 27%에 불과하던 댐상류 지역 하수도보급률을 2011년까지 71.3%로 증가시켰다. 이 사업에서는 환경기술(ET)과 정보통신기술(IT)을 접목, 원격으로 온라인 감시·제어하는 댐상류 통합관리 시스템을 구축하기도 했다.

6) 공공하수처리시설 통합·운영관리체계 구축

물관리 체계는 종래 수자원을 공급하고 오염물질을 처리하는 단순한 시설 확충정책에서 지역별 수자원을 순환시켜 지속가능한 물순환체계를 형성하는 정책으로 발전되고 있다. 여기서는 전반적인 물순환체계의 하부요소인 하수처리시스템에 적용되어야 하는 통합관리체계에 대해 설명한다. 하수도의 설치·운영·관리가 행정구역 단위로 추진되어 수계별 하수도시설의 설치·운영이 비효율적으로 추진되고 있다. 효율을 높이기 위해 행정구역을 초월한 유역단위의 유역하수도 관리체계 도입이 필요한 것이다. 이러한 배경에서 하수도법을 개정(2012.2)하여 "유역하수도 정비계획" 제도를 도입하였다. 2015년 까지 전국 30개 유역에 대한 유역하수도 정비계획을 수립하고 장기적으로 10여개 내외의 권역으로 통합한다는 계획이다. 또한, 유역단위 또는 시·군 단위별로 규모가 큰 하수처리장을 '중심 하수처리장'으로 지정한 후 나머지 하수처리장과 마을하수도를 중앙원격 자동감시 제어시스템에 의해 자동화 운전하는 통합운영시스템을 도입하고 있다.

다. 하수도사업 재원조달 효율화 정책

101) BTL은 민간이 자금을 투자하여 사회기반시설을 건설(Build)한 후 국가·지자체로 소유권을 이전(Transfer)하고, 국가·지자체 등에 시설을 임대(Lease)하여 투자비를 회수하는 사업방식으로 민간사업자는 시설을 건설하여 국가·지자체에 기부 채납한 대가로 "사회기반시설에 대한 민간투자법"(이하 "민투법"이라 한다.) 제26조에 근거하여 시설의 관리운영권(物權)을 획득하고, 약정된 임대료 수입을 통해 투자비를 회수한다. 하수관거정비 BTL사업은 제원조달의 한계로 장기간 소요되는 하수관거 정비사업을 재정사업과 병행하여 민간자본을 활용하여 일시에 정비함으로써 하수처리장 운영효율을 제고하기 위해 추진되었다.

1) 하수도 분야 민자유치 정책

하수도사업이 시급하나 지방비 확보가 어려운 지역을 대상으로 지방비 부담분 중 일부에 민간자본을 유치하여 조기에 하수처리장을 건설하고 하수관거를 정비하기 위한 사업을 추진하고 있다. 전체 101건의 민자사업이 추진 중이며, 이중 민간제안 사업은 78건 정부고시 사업이 23건이다. 전체 재원규모는 3조 1,044억원이며 민간자본 8,447억원이 투입된다.

표 4.95 추진중인 민간투자 사업현황(2010)

구분	시설명	사업비(억원)			비고
		계	국비	지방비(민간투자액)	
계	101	31,044	12,886	18,158(8,447)	
민간제안 사업	78	25,069	9,811	15,258(7,077)	
정부고시 사업	23	5,975	3,075	2,900(1,370)	

또한, 공공하수도 운영·관리의 전문성 제고, 자율경쟁을 통한 일자리 창출과 물산업 육성을 위해 하수도법을 개정하여 기술진단 업무를 민간에 개방(2012.5)하여 8개 업체가 등록(2012년말 기준)하였고, 공공하수도 관리대행업 등록제를 도입하여(2013.2) 기술인력 및 운영장비 등록기준을 마련하였다. 2011년말 기준으로 설치·운영 중인 공공하수처리시설 중 민간업체에 위탁 관리하고 있는 시설은 전체시설 496개소 중(500m^3 이상) 339개소이다. 아울러, 공공하수처리시설의 효율적인 운영·관리를 위하여 지방자치단체의 장은 위탁사업자에 대한 평가를 단순관리 위탁은 1년마다, 복합관리 위탁은 5년마다 실시하도록 하고 있다.

2) 하수도 원인자 부담금

하수도 원인자 부담금은 1966년에 처음 도입되었으며 공공하수도관리청은 일정량 이상의 하수를 공공하수도로 유출시키는 건축물 등의 소유자(건축 또는 건설 중인 경우에는 건축주 또는 건설주체를 말한다)에게 공공하수도 개축비용의 전부 또는 일부를 부담시키는 일종의 원인자부담금이다. 부과 근거는 하수도법 61조에 규정되어 있으며 부담금 부과 기준이 되는 배출량 기준은 '건축물 등을 신축·증축 또는 용도 변경하여 오수를 하루에 10m^3 이상 새로이 배출하거나 증가시키는 경우'이다.

하수도원인자부담금의 부과·징수는 지방자치단체가 맡고 있으며 원인자부담금에 관한 세부내용에 관한 규정(부담금산정기준, 부담률)도 지방자치단체의 조례로 정한다.

라. 하수처리수 재이용 정책

1) 물 재이용 정책의 배경과 목표

국내 상수원은 90%가 대부분 지표수를 이용하고 있으며 이용효율을 고려하지 않고 사용 후 대부분 방류되어 바다로 유입된다. 선진국을 중심으로 이러한 사용수를 재이용하는 물순환체계가 새로운 물관리 패러다임으로 발전되고 있다. 우리나라도 물 재이용에 대한 정책을 추진하고 있다. 2010년 "물의 재이용 촉진 및 지원에 관한 법률"을 제정하고 2011년에는 향후 10년간 국가 물재이용 기본방향을 제시하는 "물 재이용 기본계획(2011～2020)"을 수립하였다.

계획에 따르면 표 4.96과 같이 2020년까지 빗물, 중수도, 하·폐수를 모두 포함한 총 물재이용량을 연간 2,535백만m^3으로 확대하여 2008년도 대비 2.9배 증대한다는 목표를 제시하였다. 분야별로는 빗물 재이용 49백만m^3, 중수도 489백만m^3, 하수도 1,978백만m^3, 폐수 20백만m^3으로 구성된다.

표 4.96 목표연도별·분야별 물 재이용 목표 (단위 : 백만m^3/년)

단계 구분		현재	1단계	2단계	3단계
목표 년도		2008	2011～2012	2013～2016	2017～2020
빗 물		0.7	5.2	17.6	48.6
중 수 도		198	256	364	489
공공 하수도	공업용수	15	105	353	507
	농업용수	27	50	85	106
	유지용수	214	279	527	778
	기타 도시용수	21	70	125	185
	소 계	277	503	1,090	1,576
	장내용수	401	401	401	401
폐 수		-	-	8	20
총 계		877	1,165	1,881	2,535

(자료 : 환경부, 2011, 물재이용 기본계획)

2) 하수재이용 추진배경

물순환 정책의 가장 큰 비중을 차지하는 것이 하수처리수 재이용이다. 하수처리장의 지속적인 확충으로 연간 방류되는 하수처리수는 2010년 기준 약 68억 m^3/년에 이르고 있다. 그간 하수처리수는 대부분 수계로 방류되었으나, 방류수기준 강화와 고도처리공정의 도입으로 처리수질이 개선되면서 유용한 수자원으로 인식되기 시작하였다. 그러나 하수처리수 재이용

에 대한 법적 근거와 재이용 수질기준 등이 미비하여 대부분 하수처리장내 세척수나 청소수 등으로 사용되고, 처리장 밖에서는 공급자와 수요자와의 협의에 의해 극히 제한적으로 농업용수나 공업용수로 사용되고 있는 실정이었다.

국내 공공하수처리시설의 연간 방류량 68억 m^3/년 중 50%를 재이용하는 경우 전체 수자원사용량의 10.1%를 대체할 수 있는 양이다. 비용 측면에서도 수돗물 생산비가 1,150원/톤(2010년 기준), 하수처리비용은 116.8원/톤(2010년 기준)임을 감안할 때 수돗물 생산비의 약 10~20%에 상응하는 비용을 처리비에 충당한다면 농업용수나 공업용수로 충분히 활용가능한 것이다.

3) 하수재이용 정책 추진현황

2000년대 들어 하수도정비기본계획 수립시 재이용계획을 반영하고 있다. 2006년 9월에는 "하수도법"을 개정하여 1일 하수처리용량이 5,000톤 이상인 공공하수처리시설에 대해서 하수처리수의 재이용을 의무화하였다. 2005년부터는 "하수처리수 재이용 촉진 시범사업계획"을 수립하여, 하수처리수 재이용 사업비의 일부를 2006년부터 국고에서 지원하고 있으며, 이와 병행하여 하수처리수를 안전하게 재이용할 수 있도록 조경용수, 청소용수, 농업용수, 공업용수 등의 용도별 하수처리수 재이용수질 권고기준을 마련하였다.

하수재이용 관련 물재이용기본계획에 따르면 표 4.96과 같이 목표연도 2020년에 하수처리수 장외 총재이용량은 1,576백만m^3/년으로 2008년도 대비 5.7배 증대할 계획이다. 하수처리 재이용수의 용도별로는 공업용수 32%(507백만m^3/년), 농업용수 7%(106백만m^3/년), 하천유지용수 49%(778백만m^3/년), 기타 도시용수 12%(185백만m^3/년)이다.

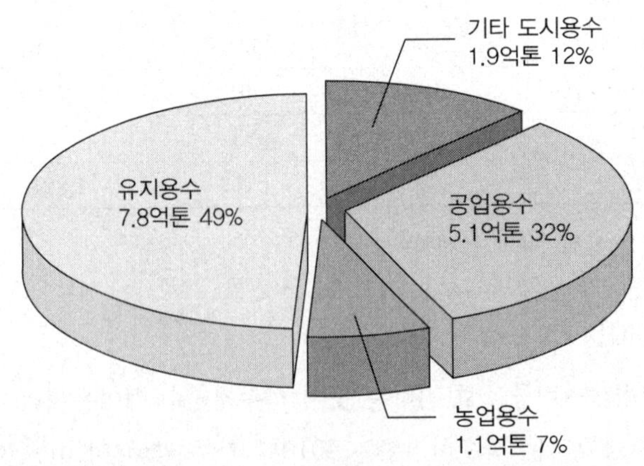

그림 4.24 2020년 하수처리수 재이용 용도별 목표량 및 구성 비율

지자체의 시설 설치를 지원하기 위해 2006~2008년 중 12개 하수처리시설에 국고지원 사업으로 재이용시설을 설치하였다. 특히, 2010년 "물의 재이용 촉진 및 지원에 관한 법률"이 제정됨에 따라 하수처리시설의 재이용율이 10%로 의무화되어 향후 재이용수는 먹는물 수준부터 유지용수까지 용도에 맞게 재이용될 전망이다.

표 4.97 하수처리수 재이용수질 권고 기준

수질항목	청소용수	조경용수	유지용수	친수용수	농업용수	공업용수
pH	5.8~8.5	5.8~8.5	5.8~8.5	5.8~8.5	6.0~8.5	6.5~8.5
SS(mg/L)				6이하		10이하
BOD(mg/L)	10이하	10이하	10이하	3이하	8이하	6이하
COD(mg/L)	20이하	20이하				
DO(mg/L)			2이상	2이상	2이상	
탁도(NTU)	2이하	2이하				10이하
잔류염소(mg/L)	0.2이상	-				
냄새	불쾌하지 않음	불쾌하지 않음	불쾌하지 않음	불쾌하지 않음		
색도(도)	20이하	20이하	40이하	10이하		
외관	불쾌하지 않음	불쾌하지 않음				
Cl-(mg/L)		250이하			250이하	
T-N(mg/L)			10이하	10이하		
T-P(mg/L)			1이하	1이하		
총대장균군 (개/100mL)	불검출	불검출	1,000이하	불검출	200이하	1,000이하

※ 중금속은 농업용수 기준에 설정되어 있음(여기에는 미표시함)

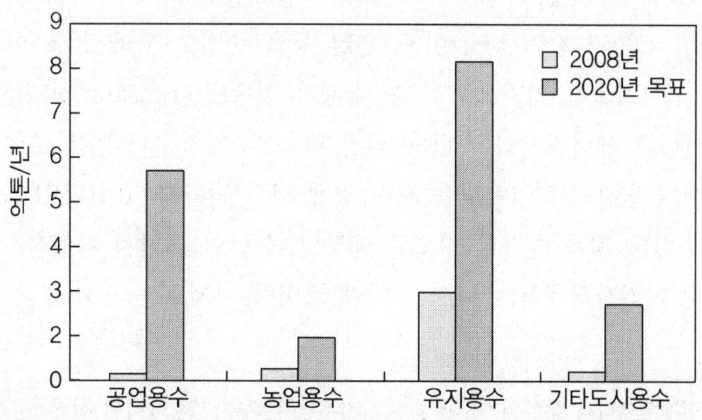

그림 4.25 2008년도 대비 2020년 하수처리수 재이용 목표량 비교

4) 하수 재이용정책 추진효과

하수재이용은 대체수자원을 확보한다는 차원을 넘어 공공수역으로 배출되는 오염부하를 저감한다는 점에서 필연적으로 확대될 것으로 전망된다. 이러한 환경적인 측면뿐 아니라 용수 생산비용을 절감하는 효과가 있으므로 경제적인 측면에서도 바람직하다.

5) 기술개발 방향

하수재이용을 위해서는 수요처별로 요구되는 수질을 보장해야 하며 다양한 선진 기술이 접목되어야 한다. 주요 수요 기술은 첫째, 수요처에 따라 적절한 수질의 재이용수를 공급하기 위해 분리막과 고도처리공법을 조합한 다양한 시스템기술이 필요하다. 용도별로는 종래 유지용수에서 진일보하여 농업용수와 공업용수로 사용하기 위한 안정적인 수질확보가 중요하다. 둘째, 하수 재이용기술을 토대로 산업폐수 재이용 기술개발을 본격화해야 한다. 산업폐수의 유독성을 근본적으로 차단하기 위해서 산업폐수를 공장내, 또는 산업단지 내에서 순환시키는 것이 바람직하다. 산업용수 공급비용도 지속 상승할 것이므로 재이용의 경제적·기술적 효용성이 높아지게 될 것이다. 산업폐수 재이용기술을 통해 독성물질도 효과적으로 처리할 수 있다.

마. 하수처리장 에너지 자립화 정책

1) 추진 배경

전 세계적으로 기후변화 및 자원고갈 위기에 대응하여 온실가스 저감과 환경오염 규제정책이 확산되고 있으며, 신재생에너지 확대 정책을 추진하고 있다.[102] 하·폐수 처리 시스템에서의 에너지 이용효율을 증대하는 것도 하수도 관리정책의 주요 이슈로 대두되고 있다. 선진국들은 하·폐수처리시설의 에너지 자립화 기술개발에 중점 투자하여 이미 실용화하고 있는 단계로 그림 4.26과 같이 EU, 미국, 일본 등을 중심으로 약 20% 이상의 자립화율을 보이고 있으며, 선진기술을 기반으로 상승 추세가 지속될 것으로 예상된다.

우리나라도 이러한 에너지자립 기반의 선진 하·폐수처리 시스템을 도입하고 있다. 국내 하·폐수처리시설의 연간 전력사용량을 보면 전체 전력사용량의 0.5%(1,821GWh) 수준이나 고도처리 강화에 따라 지속 증가할 것으로 예상된다. 반면 에너지 자립율은 0.8%에 불과하여 아직 하·폐수 처리과정에서 에너지를 다량 소비하는 저효율·고비용 시설이라 할 수 있

102) 우리나라도 신재생에너지 분야의 경우 정부는 기후변화에 대비한 에너지 절감 및 이용효율 증대를 위하여 2007년 현재 2.37%인 재생에너지 비율을 2020년 6.08%, 2030년 11%까지 확충한다는 계획을 제시하고 있다.

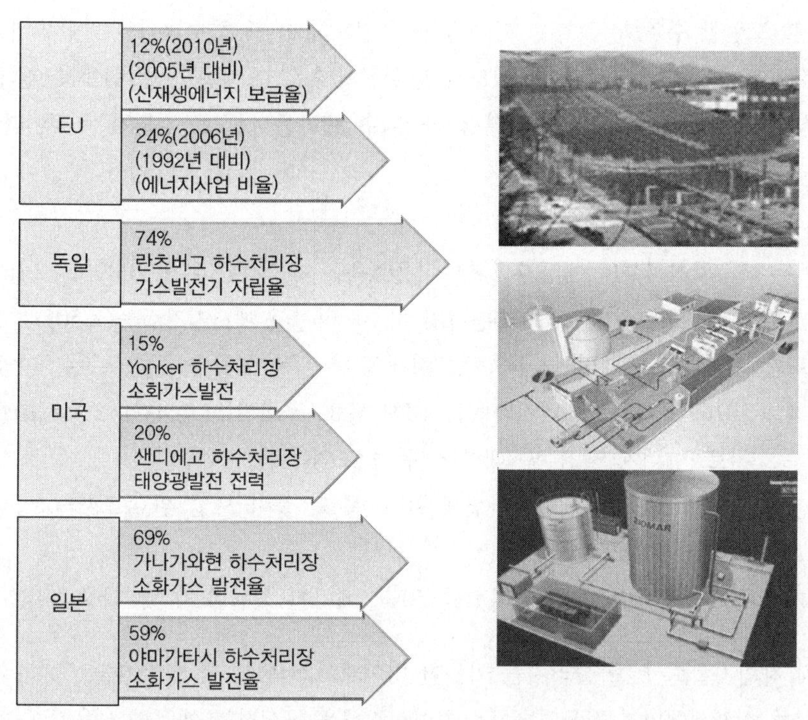

그림 4.26 선진국 하수처리시설 에너지 자립율 수준

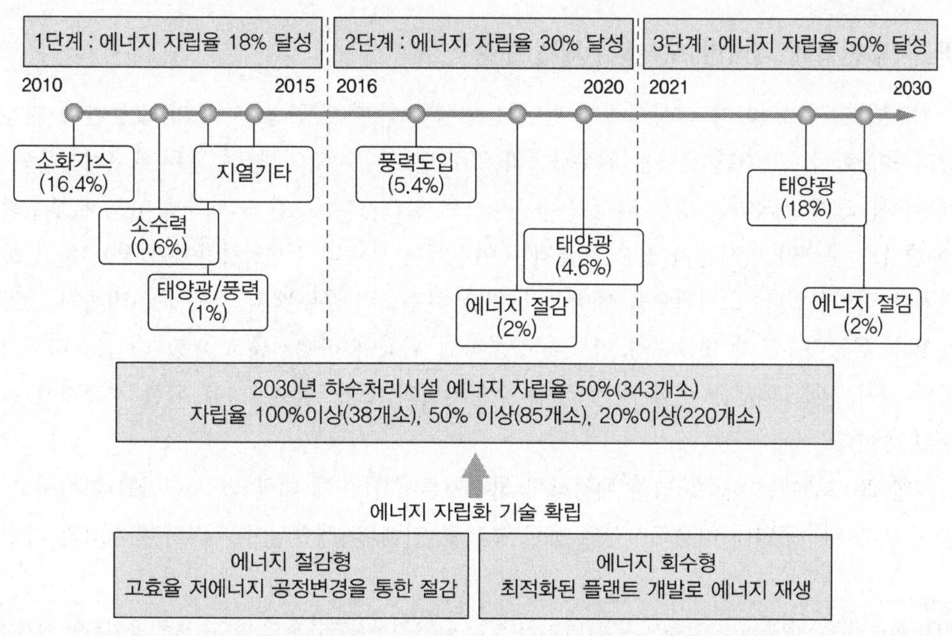

그림 4.27 국가 에너지 자립형 하·폐수 처리시스템의 단계별 목표

으며, 이를 보완할 수 있는 고효율 기술 적용이 필요하다. 즉 하수처리시설에서 에너지 자립화 및 온실가스 감축을 도모할 수 있도록 단위공정별로, 또 전체 시스템에서 에너지 절감·회수방식을 최적화하는 "에너지 순환형 하·폐수 재이용시설"로 전환하는 것이다.

2) 정책 추진내용

환경부는 하수처리시설의 에너지 생산·이용효율을 제고하기 위해 2009년 12월에 에너지 자립화 기본계획을 수립하였다. 2030년까지 하수처리시설 에너지자립율을 50%까지 향상한다는 목표를 제시하고 단계별 에너지자립 정책을 추진 중이다. 단계별 목표는 아래와 같다.

- 1단계 : 2010~2015년 에너지자립율 18% 목표, 소화가스(16.4%)·소수력(0.6%) 도입 완료, 에너지 절감 및 태양력·풍력 도입(1%).
- 2단계 : 2016~2020년 에너지자립율 30% 목표, 풍력 도입 완료(5.4%), 에너지 절감(2%)·태양광(4.6%) 확충.
- 3단계 : 2021~2030년 에너지자립율 50%, 에너지 절감(2%) 및 태양광(18%) 도입.

에너지 자립기술로서 ① 슬러지를 이용한 바이오가스 생산 및 발전기술, ② 하수열, 소수력, 풍력 등 신재생에너지 적용기술, ③ 처리시스템을 구성하는 에너지 사용기기·장비의 저에너지·고효율 설계·제조기술 등이 적용될 수 있다.

바. 기후변화에 대비한 도시하수체계 구축

기후변화에 기인하여 기상재해가 빈번히 발생함에 따라 공공하수도의 빗물관리 기능을 강화해야 한다. 2010년 광화문 침수사고와 2011년 강남지역의 침수 등은 배수시설물의 설계빈도를 크게 초과하는 강우 발생이 주원인으로 알려졌다. 그간 도시화에 따른 불투수면적의 증가로 우수가 단시간에 집중 유출되는 여건에서 오수의 이송·처리에 중점을 두고 하수관거를 정비하였다. 도시침수를 예방하기 위한 하수도의 우수배제 기능을 고려하지 않았던 것이다. 공공하수도의 빗물관리 기능을 강화하기 위하여 하수저류시설 및 대심도 하수저류터널 설치, 빗물 배제를 위한 첨단 설계·운영기법의 도입, 침수예방을 위한 제도개선 등을 추진 중이다.

또한 2012년에는 하수도법을 개정하여 하수저류시설[103]에 대한 법적 근거를 마련하고 집중 강우시 배수구역내 하수도시설의 용량 초과로 인해, 피해발생이 우려되는 지역과 하수도

103) 하수 저류시설은 주로 합류식 차집관로에서 빗물 또는 지하침투수 등이 하수관로로 유입되어 설계유입량을 초과해서 유입되는 하수 2Q를 저류했다가 갈수기에 처리 방류하거나 간이 처리해서 방류하기 위한 시설이다.

에서 월류되는 유출수로 인하여 공공수역의 수질 악화가 우려되는 지역에 대하여 '하수도정비 중점관리지역'으로 지정하는 제도를 도입하였다(하수도법 개정, 2012.2).

표 4.98 하수저류시설 투자계획(2022년까지) (단위 : 억원)

총 계	연도별 소요액							
	총소요액	2010	2011	2012	2013	2014	2015	2016	2017~2022
계	26,645	39	510	524	1,541	1,638	1,638	1,638	19,117
국 고	15,954	20	256	329	869	966	966	966	11,582
지방비	10,691	19	254	195	672	672	672	672	7,535

4.9.4 물산업 육성

가. 추진배경

수자원은 모든 국민이 향유해야 할 보편적 재화이며 국가는 공공재로서 수자원을 안정적으로 공급해야 한다는 차원에서 상하수도사업은 정부의 행정서비스로 인식되어 왔다. 한편 전 세계적으로 물부족 심화, 수질오염, 에너지난 등의 요인으로 청정한 수자원이 국가경쟁력 확보를 위한 중요한 요소가 되었다. 물산업 규모가 확대되면서 미래성장산업으로서 21세기를 선도할 Blue Gold 산업으로 부상하고 있는 것이다.

세계 물시장 규모는 연평균 6~7% 성장 추세를 보여 2010년 약 4,828억 달러(579조원, 추정)에서 2025년에는 8,650억 달러(1,038조원)까지 성장할 전망이다(GWI). 분야별로는 상·하수 분야가 여전히 가장 크며(74%), 재이용수 분야는 자원·에너지 절감 필요성이 증대됨에 따라 향후 급속한 성장이 예상된다(21배). 상하수도 분야의 경우 중국, 인도 등 상당수 개도국의 급격한 산업화에 따라 청정용수에 대한 수요가 급증할 뿐만 아니라 도시화와 생활수준 향상에 따라 하·폐수 발생이 집중화·다량화되고 유해물질 발생도 증가하고 있어 지속적인 성장세를 보일 것으로 예상된다.

우리나라 물산업은 전통적인 기술 분야인 생물학적 하수처리, 정수 분야에서는 선진국 수준에 근접한 것으로 평가되나 첨단기술을 활용한 통합 관리기술이나, 고도처리기술 등은 아직 미흡한 실정이다. 또한 규모화된 전문기업이 부족하여 국제경쟁력이 취약한 것으로 평가되고 있다. 물산업의 발전은 물 관련 플랜트, 화학, 소재 산업 등 관련 산업에도 상당한 파급효과가 예상된다. 최근 중국, 동남아 등 아시아 지역의 경제성장으로 해외시장 진출에도 유리한 여건이 조성되고 있어 물산업의 경쟁력 확보는 국내 환경개선에도 기여하고 세계 물시장에도 진출할 수 있는 기회로 인식된다. 정부에서도 물산업 육성을 위해 2000년대부터 다각적인 지원정책을 추진하고 있으며 여기서는 2010년 10월에 발표된 물산업 육성전략을 중심으로 주요정책을 기술하고자 한다.

표 4.99 세계 물 시장 성장 전망 (단위 : 백억 달러)

사업 분야 \ 업무분야	소재·부품공급, 설계·건설·컨설팅	운영·관리 서비스	합 계
상수	6.6 → 19.0	10.6 → 19.8	17.2 → 28.8
하수	7.5 → 21.1	7.8 → 14.4	15.3 → 35.5
공업용수	2.2 → 5.3	0.2 → 0.4	2.4 → 5.7
재이용수	0.1 → 2.1	-	0.1 → 2.1
해수담수화	0.5 → 1.0	0.7 → 3.4	1.2 → 4.4
합계	16.9 → 48.5	19.3 → 38.0	36.2 → 86.5

※ 2007년 시장규모 → 2025년 시장규모
자료 : 1) Global Water Market I, 2010, GWI, 2) 물산업실태와 사업전망, 2012, 임팩트

나. 물산업 육성대책의 주요 내용

1) 수처리 기술개발 지원정책

세계 물시장에서 경쟁력을 갖기 위해서는 기술력을 확보하는 것이 가장 중요하다. 국내 환경기술은 대략 선진국의 70~80%수준으로 평가하는데 대기업의 경우 시공분야에 강점을 갖고 있고 핵심기술은 주로 외국기술을 모방하거나 벤치마킹한 것으로 해외시장에서 경쟁력이 떨어진다. 한편 중소기업들은 분야별로 핵심기술을 보유한 기업들이 나타나고 있으나 경험이 적고 재원조달능력이 떨어져 해외시장에 진출하기가 어렵다. 국내기업들이 그간의 수처리 인프라 설치 경험이 축적되어 전통적 기술을 적용한 하수처리장이나 정수장 건설시 가격경쟁력을 가질 수는 있으나 고부가가치를 실현하기 어렵다.

정부도 이러한 기술 취약성을 인식하여 IT, BT, NT분야 핵심기술과 접목한 선진 수처리 기술개발을 위한 R&D 투자를 확대하고 있다. 환경부는 2000년대 초부터 차세대환경기술 개발사업의 일환으로 수처리 선진화 기술개발사업을 추진해 왔다. 2010년부터는 세계 최고 수준을 지향하는 에코이노베이션 환경 기술개발사업을 추진 중이다. 여기에서 고도정수처리 기술, 선진 하·폐수처리기술 개발을 집중 지원하고 있으며 연평균 200억원 이상의 연구개발비가 투자될 예정이다.[104)]

2) 전문 물기업 육성

국내 물 관련 대규모 사업은 건설업종 또는 엔지니어링 업종의 기업의 일부 부서에서 수행하고 있어 물 전문기업이라고 하기 어렵다. 이는 환경분야 사업이 불과 30여년전 시작된 점도 있으나 국내 시장규모로는 대형 전문기업이 성장하기 어려운 여건이 작용하고 있다. 따라서 국내 환경기업을 육성하기 위해서는 민간기업의 시장영역을 확보해줄 필요가 있다. 정부는 이를 위해 상수도 사업의 통합화와 유역단위 관리체계 도입을 추진하고 있다. 이러한 정책은 운영 효율화 측면에서 타당성이 있으나 공공서비스 기능을 민간에 위탁하는 범위와 기능에 대하여는 세밀한 검토가 필요하다.

3) 먹는샘물 연관산업 육성

먹는샘물 등 병입수의 세계 시장 규모는 연간 약 7조원에 달하고 매년 10% 이상 성장세가 지속될 것으로 전망된다. 국내 먹는샘물 시장도 유사한 성장세를 보이고 있다. 국내 기업들도 이러한 성장추세에 맞추어 제품을 다원화·특성화시켜 브랜드 이미지를 제고하려고 노력하고 있다. 정부도 국가 우수브랜드를 개발하여 이를 수출용 먹는샘물에 부착하게 함으로써 국내 먹는샘물의 국제신인도를 제고시켜 수출을 지원한다는 계획이다.[105)]

4) 물산업 육성기반 구축

물산업을 체계적으로 육성하기 위해 자금지원, 인력양성, 정보제공 등의 대책을 추진하고 있다. 민-관 공동의 녹색뉴딜펀드를 조성하여 물 사업에 기여하도록 하고 환경 분야 미취업 대학생을 대상으로 2013년까지 연간 100여명의 PM을 양성한다는 인력양성 계획도 추진 중이다.

---

104) 물처리 분야의 3대 핵심기술로는 에코스마트 상수 시스템, 하폐수 고도처리 기술, 지능형 상수관망 기술이 있다. 에코스마트 상수 시스템에서는 첨단 지능형 정수처리 시스템 개발 및 수출 사업화, 하폐수 고도처리 기술에서는 에너지 자립형 및 하수재이용 막여과 고도 수처리 기술 개발, 지능형 상수관망 기술은 관망 센터 네트워크 및 스마트미터 개발을 목표로 R&D를 통하여 글로벌 경쟁력을 확보하고자 한다.

105) 국가 브랜드 네이밍·로고 개발 및 시범사업을 추진하고 있으며(2012), 건강에 이로운 광물질 등을 함유한 샘물 자원을 발굴, 먹는 샘물 제품의 품질개발을 유도하고 있다.

4.10 토양환경 보전정책

4.10.1 토양환경 관리현황

가. 토양오염의 특성

토양은 지각의 표면을 덮고 있는 부드러운 물질로서 암석의 풍화물인 무기물과 동·식물의 유체, 생물체로 포함한 유기물, 그리고 이들 고체입자들 사이에 포함된 수분과 공기로 구성되어 있다. 즉 고체상, 액체상, 기체상의 3상으로 구성된다.[106) 즉 암석이 풍화하여 점토, silt, 모래, 자갈 등 다양한 형태로 만들어지고, 이렇게 생성된 토양은 홍수예방, 수원함양, 수질정화, 토사붕괴 방지, 침식 억제, 지반침하 방지, 오염물질 정화, 지표의 온도와 습도에 대한 영향, 토양생물종 보호, 식생보호 등의 다양한 환경적 기능을 갖고 있다. 식물을 물리적으로 지지하고 수분과 양분을 공급하여 주는 자연배지이자 환경오염물질의 수용체이기도 하다.

토양오염은 수질·대기오염과 달리 오염 현상이 단기간에 가시적으로 나타나지 않는 경우가 많다. 따라서 토양오염이 상당히 진전되어 피해를 입은 후에야 토양오염 사실을 알게 되는 경우가 많다. 또한 토양오염은 주로 토양에 서식하는 생물체와 지하수 오염을 통하여 인간에게 피해를 유발하므로 오염 시점과 피해 발생시점 간에 상당한 시차가 있어 오염 원인이 불명확해지기도 한다. 또한 토양오염으로 인한 피해는 장기간에 걸쳐 나타나고, 오염 정화에 많은 시간과 비용을 필요로 한다.

지하수 오염 측면에서 보면 모래가 많은 토양이 배수성과 투수성이 큰 반면 흡착력이 작아져 오염수가 토양에 흡착되어 제거되는 양이 작아지므로 지하수를 오염시키기 쉬운 조건이 된다. 일반적으로 점토량에 비례하여 지하수 오염 정도가 낮아지는 것이다. 쓰레기 매립장의 바닥재나 골프장에 점토 성분을 사용하는 것이 이러한 이유에서다.

106) 토양은 성상에 따라 고체상, 액체상, 기체 상태로 분류할 수 있다. 토양은 이러한 성상을 갖는 복합체이다. 그리고 이들 3상의 구성 비율은 토양의 상태와 유형에 따라 변화하며, 육지토양의 경우 식물이 잘 자라는 3상의 비율은 고체상 50%, 액체상 25%, 기체상 25% 정도이다.

나. 토양보전 법령과 기준

1) 토양환경보전법의 제정 경위

종래에는 수질환경보전법과 광산보안법에서 토양오염에 관하여 규정하였으며 적용 대상은 주로 농지 및 폐광산의 토양오염에 국한되어 있었다. 1995년에 토양환경보전법이 제정되면서 전 국토를 대상으로 토양오염을 규제하는 법체계가 만들어지게 된다. 2001년에는 토양환경평가 제도를, 2004년에는 토양오염의 신고 및 투기금지, 토양정화 검증제도, 토양정화업 등록제도와 위해성평가 제도가 새로이 도입되었다. 2011년에는 표토 침식 현황 조사제도, 위해성평가 절차에 주민참여방안, 토양정화공제조합 설립 규정을 추가하였다.

2) 주요내용

토양환경보전법은 총 5장 32개 조항으로 구성되어 있으며 주요 내용은 토양보전기본계획, 토양오염 우려기준, 토양오염도 측정과 측정망 구성, 표토침식 조사, 토양환경평가, 오염원인자의 범위, 토양오염 관리대상 시설의 범위, 오염토양 정화 기준과 방법, 토양오염대책기준과 대책지역 지정·조치 등이다. 사전오염방지 제도와 오염토양 정화사업 등 개선 제도를 함께 규정하고 있으며 주요 규정은 다음과 같다.

① 오염원인자 부담원칙 : 토양오염 원인자를 토양오염을 유발한 시설의 소유자·운영자 뿐 아니라 양수·경매를 통해 이를 인수한 자를 포괄하고 있다. 또한 원인자에게 토양오염에 대한 피해배상은 물론 오염토양의 정화책임도 부여하여 오염원인자 부담원칙을 비교적 엄격하게 적용하고 있다.

② 토양환경평가 : 원인자를 명확하게 하기 위하여 토양오염유발시설이 설치된 부지를 양도·양수하는 경우에는 양도·양수인이 부지의 토양오염을 사전에 조사하는 제도로 토양오염에 대한 책임을 명확히 하는 제도이다.

③ 토양오염 조사체계 : 통상 특정지점을 대상으로 반복 조사하는 다른 매체와 달리 시·도지사가 운영하는 3,000여개의 측정지점은 매년 다른 지점을 선정하여 국토 전반의 오염조사가 가능하도록 규정하고 있다.

④ 토양오염 관리대상시설 지정 : 폐기물매립지, 폐광지역 등 토양을 오염시킬 우려가 있는 시설·장치·건물·건축물 등을 토양오염 관리대상 시설로, 특히 오염우려가 큰 유류 및 유독물저장시설, 송유관시설은 특정토양오염 관리대상 시설로 지정하여 별도의 관리 방법을 규정하고 있다.

3) 토양오염기준

"토양환경보전법"에서 규정한 규제대상 토양오염물질은 카드뮴, 구리, 비소, 수은, 유류, 유기용제 등 21개 물질이다. 토양오염기준으로는 우려기준과 토양오염대책기준을 설정하고 있다. 우려기준은 사람의 건강 및 재산, 동·식물의 생육에 지장을 초래할 우려가 있는 정도의 기준을 말한다. 대책기준은 토양오염도가 우려기준을 초과하여 실제로 사람의 건강 및 재산, 동·식물의 생육에 지장을 주는 상태로 토양오염 정화가 요구되는 기준이다.[107] 토양오염기준은 토지 용도별로 구분하여 설정하고 있다. 전·답·과수원 등 상대적으로 오염가능성이 적은 지역을 '1'지역으로, 임야, 염전, 창고용지, 하천 등을 '2'지역으로, 공장용지·도로·철도용지 등 비교적 오염가능성이 큰 지역을 '3'지역으로 구분하여 기준을 설정하고 있다.

표 4.100 토양오염우려기준(21개 항목) (단위 : mg/kg)

구분	카드뮴	구리	비소	수은	납	6가크롬	아연	니켈	불소	유기인	PCB
1지역	4	150	25	4	200	5	300	100	400	10	1
2지역	10	500	50	10	400	15	600	200	400	10	4
3지역	60	2,000	200	20	700	40	2,000	500	800	30	12

구분	시안	페놀	벤젠	톨루엔	에틸벤젠	크실렌	TPH	TCE	PCE	벤조피렌
1지역	2	4	1	20	50	15	500	8	4	0.7
2지역	2	4	1	20	50	15	800	8	4	2
3지역	120	20	3	60	340	45	2,000	400	25	7

(자료 : 토양환경보전법 시행규칙 별표3)

표 4.101 토양오염대책기준(21개 항목) (단위 : mg/kg)

구분	카드뮴	구리	비소	수은	납	6가크롬	아연	니켈	불소	유기인	PCB
1지역	12	450	75	12	600	15	900	300	800	-	3
2지역	30	1,500	150	30	1,200	45	1,800	600	800	-	12
3지역	180	6,000	600	60	2,100	120	5,000	1,500	2,000	-	36

구분	시안	페놀	벤젠	톨루엔	에틸벤젠	크실렌	TPH	TCE	PCE	벤조피렌
1지역	5	10	3	60	150	45	2,000	24	12	2
2지역	5	10	3	60	150	45	2,400	24	12	6
3지역	300	50	9	180	1,020	135	6,000	120	75	21

(자료 : 토양환경보전법 시행규칙 별표7)

107) 토양오염물질이란 개별 환경관련법령에서 규정하고 있는 거의 모든 오염물질이 대상이라 할 수 있으나, 토양환경보전법에서는 특히 토양 중에서 분해되지 않고 오랫동안 잔류하는 물질로 농작물의 생육을 저해하거나, 지하수를 오염시키는 등의 작용으로 사람의 건강에 좋지 않은 영향을 미치는 물질로 대상으로 하고 있다.

다. 토양오염 조사 및 정화 체계

그림 4.28과 같이 토양오염도 조사결과 토양오염 우려기준을 초과하는 경우 정밀조사를 시행하고, 정밀조사 결과 우려기준을 초과하는 경우에는 방지조치를 취하여야 한다. 대책기준을 초과할 경우에는 토양보전 대책지역으로 지정하여 별도 관리하게 된다. 여기서 정화의 주체는 앞에서 설명한 바와 같이 오염원인자가 된다.

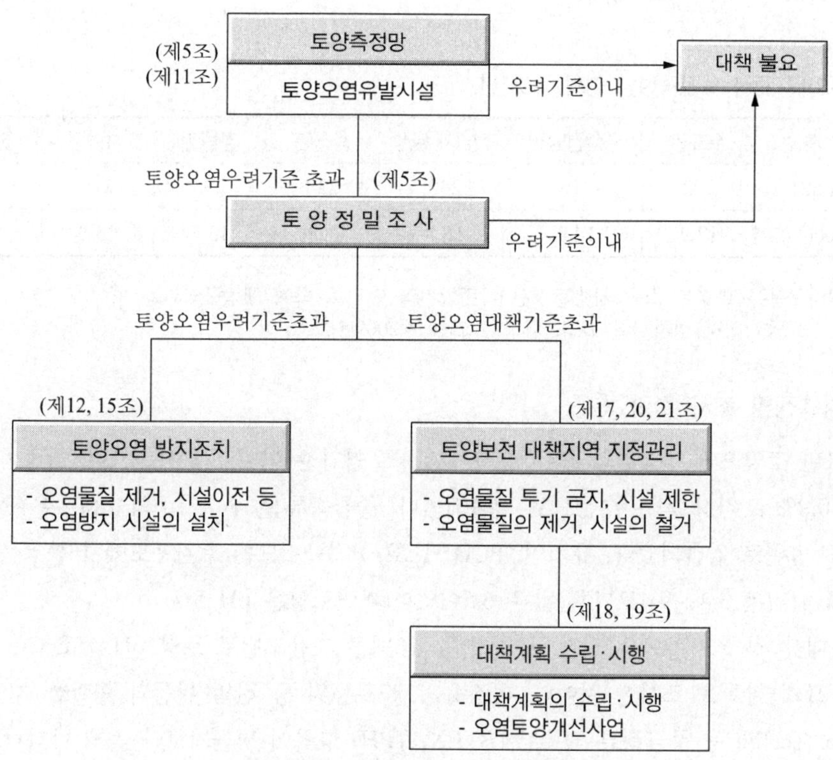

그림 4.28 토양오염 조사 및 정화체계도

※( )의 조는 토양환경보전법상의 근거 조항이다.

4.10.2 토양오염도 조사 및 오염현황

토양보전 정책을 수립하고 오염된 토양을 적기에 정화하기 위해서는 토양오염 현황에 대한 데이터가 필수적이다. 현재 전국의 토양오염도는 측정망과 실태조사를 통해 조사하고 있다.

가. 토양오염측정망 운영

1) 토양측정망[108] 현황

환경부는 농경지, 산업지역 등 토양의 용도별로 전국을 일정단위로 구획하여 측정망 1,521개소를 설치·운영하고 있다. 농경지는 3～4월에, 기타지역은 5～6월에 시료를 채취한 후 중금속류 8개 항목, PCB 등 12개 일반항목 및 토양산도(pH) 등 총 21개 항목에 대하여 매년 오염도를 측정하고 있다.

표 4.102 전국 토양측정망 현황, 2011년

계	수도권	부산경남권	전남제주권	충청권	강원권	경북권	전북권
1,521	272	216	240	228	206	228	131
100(%)	17.9	14.2	15.8	15.0	13.5	15.0	8.6

※ 권역구분은 환경부 소속 지방환경관서 관할지역 단위로 하여 행정구역과는 차이가 있다.
(자료 : 토양측정망 설치계획 변경, 환경부 고시 제2009-182호)

2) 토양측정망 조사 결과

2011년 토양오염 측정결과 모든 항목이 토양오염기준 이내로 조사됐으며, 불소가 우려기준의 50.9%로 가장 높은 수준으로 검출되었다. 중금속류는 우려기준의 1.0(수은)～32.3(카드뮴)% 범위로 검출되었다. 유기인, PCB, TCE, PCE는 모든 토지용도에서 불검출 되었으며, pH 범위는 3.4～9.4로 평균값은 6.5이었다(자연토양은 pH 5.7).

조사대상 및 조사항목은 전답, 유원지 등 16개 토지용도별로 토양 pH, Cd, Cu, As, Hg 등 총 21개 항목을 조사한 것이다. 공장용지·도로용지 등 산업 활동과 연관한 지역에서는 Cu, Pb, Zn, Ni 등 중금속류 및 유류(BTEX, TPH) 항목이 평균치보다 높게 나타났으며, 임야, 과수원 등에서 As, Hg, Cr(vi) 등 일부 중금속 항목이 높게 나타났다.

연도별 평균오염도 변화추이는 카드뮴 등 중금속류 5종의 경우, 2011년에 분석방법이 전함량 시험법으로 변경됨에 따라 2010년 이후 2006～2009년에 비해 농도가 증가되었으며 Hg, Pb, Ni, F, CN의 경우 전반적으로 유사한 수준이다. 2010년도에 처음으로 토양 측정망 1,521개 지점 모든 항목이 토양오염우려기준 이내로 조사되었다.[109]

108) 전국적인 토양오염실태 및 오염추세를 파악하여 토양오염예방 등 토양 보전정책 수립의 기초자료로 활용하기 위하여 토양환경보전법 제5조(토양오염도 측정 등), 제6조(측정망설치계획의 결정·고시)에 근거하여 토양측정망을 운영하고 있다.

109) 이러한 결과치에 대해 기준자체가 높게 설정되어 있고 조사지점도 잘못되었다는 의견이 있다. 신뢰성을 높이는 방안을 찾아야 할 것이다.

표 4.103 전국 토양측정망 평균오염도 현황 (단위 : mg/kg)

구분		Cd	Cu	As	Hg	Pb	Cr(Ⅵ)	Zn	Ni	F	유기인
2011	평균(%)	1.293	23.756	5.641	0.038	35.825	0.351	89.227	15.494	203.426	0.000
		(32.3)	(15.8)	(22.6)	(1.0)	(17.9)	(7.0)	(29.7)	(15.5)	(50.9)	(0.0)
	우려기준	4	150	25	4	200	5	300	100	400	10
2010	평균(%)	1.094	19.934	4.821	0.030	26.763	0.142	78.563	12.759	196.773	0.000
		(27.4)	(13.3)	(19.3)	(0.8)	(13.4)	(2.8)	(26.2)	(12.8)	(49.2)	(0.0)
	우려기준	4	150	25	4	200	5	300	100	400	10

구분		PCB	CN	페놀	유류						TCE	PCE
					BTEX	벤젠	톨루엔	에틸벤젠	크실렌	TPH		
2011	평균(%)	0.000	0.007	0.003	-	0.001	0.005	0.011	0.051	36.641	0.000	0.000
		(0.0)	(0.4)	(0.1)		(0.1)	(0.0)	(0.0)	(0.3)	(7.3)	(0.0)	(0.0)
	우려기준	12	2	4	-	1	20	50	15	500	8	4
2010	평균(%)	0.000	0.008	0.001	-	0.001	0.003	0.000	0.003	36.870	0.000	0.000
		(0.0)	(0.4)	(0.0)		(0.1)	(0.0)	(0.0)	(0.0)	(7.4)	(0.0)	(0.0)
	우려기준	12	2	4	-	1	20	50	15	500	8	4

※ 우려기준은 1지역 기준치를 의미한다.
(자료 : 환경부, 2011, 토양측정망 및 토양오염 실태조사)

표 4.104 연도별 토양오염측정망 기준초과지점 현황

연도	계	전	답	과수원	목장용지	임야	대지	공장용지	도로용지	철도용지	공원	체육용지	유원지	학교용지	잡종지	하천부지	종교부지
2007	13	1	1	2	4	-	2	-	-	-	-	-	1	2	-	-	-
2008	11	1	1	2	4	-	-	-	-	-	-	-	1	2	-	-	-
2009	6	-	1	2	1	-	1	-	-	-	-	-	1	-	-	-	-
2010	-	-	-	-	-	-	-	-	-	-	-	-	-	-	-	-	-
2011	-	-	-	-	-	-	-	-	-	-	-	-	-	-	-	-	-

※ 2011년도부터 지목에 종교부지 추가
(자료 : 환경부, 2011, 토양측정망 및 토양오염 실태조사)

나. 토양오염 실태조사[110]

1) 토양오염 실태조사 현황

시장·군수·구청장은 공장지역, 광산 주변지역, 폐기물매립지 등 토양오염이 우려되는 지역

110) 토양오염 실태조사는 토양오염이 우려되는 지역과 오염사고발생 등의 지역을 조사하여, 오염토양 정화·복원을 위한 자료를 제공하고, 국가 및 지역 토양환경 보전정책 수립을 위한 기초자료 수집을 목적으로 하고 있다.

을 대상으로 매년 2,000개소 이상의 지점을 선정하여 토양오염 실태를 조사하고 있다. 이 조사는 오염지역을 발굴하여 정화하기 위한 것으로 매년 조사지점을 변경한다는 점에서 환경부장관이 운영하는 고정 측정망과 차이가 있다. 실태조사 결과 토양오염우려기준을 초과하는 지역에 대해서는 토양정밀조사를 실시하고 오염원인자에게 오염토양을 정화하도록 하고 있다.

표 4.105 지역별 토양오염실태조사 지점 현황(2011)

계	서울	부산	대구	인천	광주	대전	울산	경기	강원	충북	충남	전북	전남	경북	경남	제주
2,470	199	178	115	85	82	85	88	284	199	206	154	163	156	250	171	55
100%	8.1	7.2	4.7	3.4	3.3	3.4	3.6	11.5	8.1	8.3	6.2	6.6	6.3	10.1	6.9	2.3

(자료 : 환경부, 2011, 토양측정망 및 토양오염 실태조사자료)

표 4.106 토지용도별(16개) 조사지점

계	공업 지역	공단 주변 지역	공장 폐수 유입 지역	원광석, 야적 지역	금속 제련소 지역	금속 광산 지역	폐기물 적치·매립 지역	교통 관련 시설 지역	놀이터 지역	토지개 발지역	사고 발생 ·민원 유발지역	기타 지역
2,470	661	139	68	81	18	119	407	347	352	132	100	48
100%	26.8	5.6	2.8	3.3	0.7	4.8	16.5	14.0	14.3	5.3	4.0	1.9

(자료 : 환경부, 2011, 토양측정망 및 토양오염 실태조사자료)

2) 토양오염 실태조사 결과

토양오염우려지역을 중심으로 조사지점을 선정하며, 대상지역은 공업지역, 산업폐수 유입지역, 폐기물처리시설 설치지역 등 16개 토양오염 우려지역을 주 대상으로 한다. 2011년의 경우 전국 2,470개소에 대한 토양오염 실태조사결과 41개 지역(1.66%)에서 토양오염 우려기준을 초과한 것으로 나타났다. 지역별 초과율은 강원, 서울, 부산·경기, 충남·경북 순으로 나타났다. 이러한 초과율은 대상지역 선정에 따라 달라질 수 있기 때문에 지역별 토양오염 절대치를 나타내는 것이 아니다.

표 4.107 토양오염우려 기준초과 건수

구분	계	서울	부산	인천	울산	경기	강원	충북	충남	경북	제주
초과지역	41	7	6	2	1	6	9	1	4	4	1
오염 발견율	1.66	3.25	3.37	2.35	1.14	2.11	4.52	0.49	2.60	1.60	1.82

(자료 : 환경부, 2011, 토양측정망 및 토양오염 실태조사자료)

토양오염 우려기준을 초과한 41개 지역을 토지용도별로 보면 폐기물 중간보관 및 매립장·소각장 등 처리시설 주변과 광산지역이 각각 10개(24.2%), 주유소 등 교통관련 시설 지역이 6개(14.6%), 공업지역 4개(9.8%) 순이었다. 오염물질별로는 TPH 및 As 14개, Zn 11개, Cu 6개, Pb 4개, 불소 및 크실렌 각 3개, Ni 및 벤젠 2개 순으로 우려기준을 초과하였다. TPH는 교통관련 시설과 폐기물 시설 주변지역, As는 광산지역, Zn은 폐기물 시설에서 토양오염 우려기준을 주로 초과하였다. 항목별 평균 오염도는 2010년과 우사한 수준이나, 유류오염물질 중 BTEX(벤젠, 톨루엔, 에틸벤젠, 크실렌)는 증가하였고, TPH는 감소하였으며, 유기인, PCB는 검출되지 않았다. 모집단이 적어 증감치와 토양오염 수준과의 유의성을 찾기는 어렵다.

4.10.3 토양오염 방지대책

가. 특정토양오염 관리대상 시설의 지정·관리

1) 특정토양오염 관리대상 시설의 종류 및 현황

토양오염을 사전 예방하기 위해서는 오염 우려가 큰 시설을 별도로 지정·관리하는 것이 효율적이다. 토양환경보전법에서는 토양오염 가능성이 특히 큰 시설을 특정토양오염 관리대상시설로 지정하고 있다. 대상은 위험물안전관리법에 의한 2만 리터 이상 석유류 제조 및 저장시설, 유해화학물질관리법에 의한 유독물 제조 및 저장시설, 송유관안전관리법에 의한 송유관 시설, 기타 환경부장관이 고시한 시설 등으로 설치 전에 신고하도록 하고 있다.[111)]

2011년말 기준으로 전국의 특정토양오염 관리대상 시설은 22,976개소이다. 종류별로는 표 4.108과 같이 석유류 시설이 22,633개소(98.5%)로 대부분을 차지하고 있고, 유독물은

표 4.108 특정토양오염관리대상시설 현황

구분	신고 업소수 (계)	석 유 류				유독물
		소 계	주유소	산업시설	기타 난방시설 등	
2007년	22,481	22,215	14,734	4,533	2,948	266
2009년	22,643	22,327	15,135	4,295	2,897	316
2011년	22,976	22,633	15,154	4,726	2,753	343

(자료 : 환경부, 2011, 특정토양오염관리대상시설 관리현황 보고)

111) 토양환경보전법 시행규칙 별표2에 규정되어 있다.

343개소로 1.5%이다. 석유류 저장시설 중에서는 주유소가 15,154개소(67%)로 가장 많고 산업시설 4,726개소(20.9%), 기타 난방시설 등이 2,753개소(12.1%) 순으로 나타났다. 지역별로는 경기도가 4,795개소(20.9%)로 가장 많았다.

2) 토양오염도 검사

특정토양오염 관리대상시설을 설치한 자는 시설 부지 및 주변토양에 대하여 정기적으로 토양관련 전문기관에서 토양오염 검사를 받아야 한다. 토양오염 검사는 토양 중의 시료를 직접 채취하여 오염물질 함유정도를 검사하는 토양오염도 검사와 저장시설의 누출여부를 검사하는 누출검사로 구분된다.

토양오염도 검사는 저장시설의 설치년수 등에 따라 1년~5년 주기로 검사를 받고, 자연환경보전지역, 지하수보전구역, 상수원보호구역, 수질보전 특별대책지역 내에 있는 특정토양오염 관리대상시설은 매년 받도록 하고 있다. 검사결과 토양오염 우려기준을 초과한 경우에는 의무적으로 누출검사를 실시하여야 하고, 토양오염 대책기준을 초과한 경우에는 시장·군수·구청장의 조치명령에 따라 시설개선이나 정밀조사, 오염토양 정화 조치를 하여야 한다.[112)]

3) 특정토양오염 관리대상시설에 의한 오염현황

2011년에 석유류의 제조·저장시설 22,633개소 중 8,326개소를 검사한 결과 287개 업소(3.4%)가 토양오염 우려기준을 초과하였다. 저장시설별로는 주유소가 5,804개 업소 중 228개 업소가 초과하였고, 산업시설은 1,630개 업소 중 28개 업소, 기타시설은 892개 업소 중 31개 업소가 초과하는 것으로 조사되었다. 항목별로는 BTEX 477건 중 45건이 초과되었으며, TPH는 1,977건 중 175건, BTEX 및 TPH를 검사한 5,872건 중 67건이 초과된 것으로 조사되었다.

표 4.109 석유류 제조·저장시설 토양오염도 검사결과

연 도	검사 업소수	기준초과	초과율(%)
2006년	11,810	266	2.3
2008년	19,812	224	1.1
2010년	7,347	247	3.4
2011년	8,326	287	3.4

(자료 : 환경부, 2011, 특정토양오염관리대상시설 관리현황 보고)

112) 2006년 7월 1일부터는 토양오염도 검사만으로는 오염물질 누출을 사전에 예방하는 한계가 있어 누출검사제도를 도입하여 토양오염의 사전예방 기능을 강화하였다.

누출검사의 경우에는 1,201개 업소를 대상으로 검사한 결과 57개소(4.7%)가 부적합 판정을 받았으며, 시설별로는 탱크 22개소, 배관 27개소, 탱크와 배관 8개소가 부적합한 것으로 조사되었다.

표 4.110 석유류 제조·저장시설 누출검사결과

연 도	누출검사수	적합	부적합	부적합률(%)
2006년	982	903	79	8.0
2008년	5,843	5,762	57	1.0
2010년	1,705	1,674	31	1.8
2011년	1,201	1,144	57	4.7

(자료 : 환경부, 2011, 특정토양오염관리대상시설 관리현황 보고)

4) 오염토양 자율정화를 위한 자발적 협약

주유소 등 유류저장 장치는 토양오염에 취약할 뿐 아니라 지하에서 누출되는 경우 조기에 발견하는 것도 쉽지 않다. 또한 유류 특성상 한번 오염되면 오염범위가 넓어지고 정화에 비용이 많이 들게 된다. 환경부는 2002년에 정유사들과 자율적인 토양오염 검사와 토양복원을 내용으로 하는 자발적 협약을 체결하였다. 이 자발적 협약은 국내 총 유류 유통량의 90% 이상을 차지하는 정유사가 토양오염 예방 및 복원에 자율적인 역할을 하게 되었다는 의미가 있다. 환경부는 협약체결 이후 2011년 말까지 994개소의 자사보유 저유소와 주유소에 대한 토양오염도 검사를 매 3년마다 실시하여 249개 오염지역을 발견하고 226개소는 토양오염 정화사업을 완료하였다고 발표하였다.

5) 토양오염 사전예방을 위한 클린주유소 설치

주유소는 유류 저장탱크를 통상 지하에 매설하고, 탱크 재질도 대부분 강철재를 사용하므로 부식되기 쉬워 오염에 취약하다. 환경부가 제안한 클린주유소는 오염발생 요인을 사전에 차단할 수 있도록 이중벽탱크, 이중배관, 탱크 및 주유기 섬프 등을 설치하고 누출 감지장치를 갖춘 주유소이다. 클린주유소는 전국에 2011년 말 기준으로 413개가 지정되어 있으며 주유소 측은 환경비용을 부담하되 환경마크와 같이 친환경 이미지를 갖게 되는 것이다. 아울러 정부는 15년간 토양오염검사의 면제, 방지시설 설치자금 융자 등 인센티브를 제공하고 있다. 이러한 자발적 유인제도는 강제규제 제도와 함께 추진해야 효과를 거둘 수 있으므로 오염조사·관리제도와 함께 발전시켜 나갈 필요가 있다.

그림 4.29 클린주유소 기본모델

나. 폐금속광산 토양오염 방지대책

1) 폐금속광산 현황

국내 광산은 크게 석탄광산, 금속광산, 기타 석회석광산 등으로 구분된다. 이중 토양오염원이 되는 물질은 금속광산의 광석에 포함되어 있는 중금속 성분, 제련과정에서 사용되는 화학약품, 갱구에서 유출되는 갱내수 등이다. 폐금속광산은 조업이 끝나 폐쇄된 광산으로 2010년 기준 5,735개소로 추산되며, 대부분 경제성 저하로 방치되어 있는 상태이다. 방치되고 있는 광물찌꺼기, 갱내수, 폐석 등은 주변 농경지나 하천에 심각한 오염을 유발하고 있으며 심각한 건강 피해가 우려되는 폐석면광산도 38개소가 포함되어 있다. 특히 오염 범위가 농경지, 하천수, 지하수뿐만 아니라 오염된 토양에서 생산된 농작물에도 영향을 미쳐 인체 건강까지 위협할 수 있다.[113)]

표 4.111 전국 폐광산 현황, 2010년

구 분	계	금속광산	비금속광산	석면광산	석탄광산
합 계	5,735	2,505	2,830	38	400
가행광산	593	56	531	0	6
휴지광산	122	21	101	0	0
폐광산	5,020	2,428	2,198	38	394

113) 폐금속광산 주변지역에 대한 토양오염실태 개황조사 결과 오염개연성이 확인된 광산에 대해서 연차별로 환경오염실태 정밀조사를 실시하고 있다. 광미유실방지, 토양개량 등 광해방지사업 추진에 활용된다.

2) 폐금속광산 토양오염방지사업 추진

폐금속광산은 오염현황은 물론 분포 실태도 정확하게 파악되었다고 보기 어렵다. 환경부에서 1992년부터 2011년까지 전국의 폐금속광산 2,089개소를 조사하여 오염지역에 대하여는 광해방지사업, 농경지 토양개량 등 토양오염 방지사업을 추진해 오고 있다. 2010년까지 완료된 정밀조사 결과에 따르면, 470개소의 폐금속광산 및 주변 토양에서 카드뮴, 비소 등 중금속이 토양오염 기준을 초과하였고, 주변 하천과 농산물에서도 중금속이 검출된 것으로 보고되고 있다. 특히 강우 시에는 폐광산지역에 적치된 광물찌꺼기가 심각한 오염을 유발하고 있다.

표 4.112 전국 폐금속광산 및 토양정밀조사 현황(2011년까지)

구분	계	서울	부산	대구	인천	광주	울산	경기	강원	충북	충남	전북	전남	경북	경남
총개소수	2,089	2	9	8	26	14	7	147	324	333	483	148	133	288	166
정밀조사 광산수	533	-	5	3	3	-	1	47	81	70	83	27	46	97	70

(자료, 환경부, 2012 환경통계연감 및 환경백서 발췌)

다. 폐금속광산의 관리대책

폐금속광산의 오염정화 사업은 기술적으로 어렵고 비용도 많이 소요된다. 오염원인자가 대부분 불확실하여 정부가 상당부분 역할을 담당할 수밖에 없는 실정이다. 1990년대 이후 폐광산 주변에 대해 지방자치단체가 환경부의 국고보조금(50%)을 받아 정화사업을 추진하였으나, 사업 대상도 적고 효과도 미미하였다. 정부는 정화사업을 효율적으로 추진하기 위해 2003년부터 부처별로 업무를 조정하였다. 환경부는 폐금속광산에 대한 정밀조사를 실시하고 산업통상부와 농림축산부 등 관계기관에 통보하게 된다. 산업통상부는 토양오염 방지사업을 포함한 광해방지사업을 주관하고 있으며[114] 2005년 5월에 "광산피해의 방지 및 복구에 관한 법률"을 제정하고 2006년 6월에는 정화사업을 전담할 한국광해관리공단을 설립하였다.

한편 환경부는 2005년 7월에 "광해방지사업이 완료된 사업장 주변 환경오염영향조사 지침"을 마련하여 광해방지사업이 종료된 후에도 5년간 시설물 관리실태, 토양, 수질 오염도 현황, 광미 등 오염물질 유실 여부에 대한 사후환경영향을 조사토록 하고 있다. 폐광산 오염정화사업은 앞으로도 장기간 지속될 전망으로 비용 조달체계를 다변화하고 고도 정화기술

114) 환경부, 산업통상부, 농림축산부 등 관계부처에서는 종전의 조사·복원사업 위주에서 조사·복원, 사후관리, 주민건강조사, 농작물 오염 등 종합적인 관리체계로 전환한다는 계획으로 업무를 분담하였다.

을 개발하는 등 지속적인 정책적 노력이 요구된다.

표 4.113 폐금속광산 관련 부처별 업무분담 현황

기 관 별	업 무 내 용
환 경 부	토양오염실태 조사, 주민건강영향조사, 농경지 오염실태 조사
산 업 통 상 부	광해방지사업, 오염농경지 휴경·보상, 토양개량
농림축산식품부	농산물 안정성 조사, 오염농산물 수매·폐기 등 유통방지
식품의약품안전처	농산물 중금속 잔류허용기준 마련(2006.12월)

(자료 : 국무총리실 업무 조정내역, 2003.11; 농산물관련 정부합동대책, 2006.9)

라. 기타 토양오염 유발시설 관리대책

1) 골프장 농약사용 제한

농약을 다량 사용하는 골프장에 대하여 환경부는 정기적으로 농약 사용량 및 잔류량을 검사하고 있다. '수질 및 수생태 보전에 관한 법률'에 의해 골프장에서 맹독성·고독성 농약사용이 금지되어 있으며, 수목의 해충·전염병 등의 방제를 위하여 불가피한 경우에만 승인을 받아 사용할 수 있도록 하고 있다.[115] 2011년도 전국 골프장 농약사용량 조사결과에 따르면, 전국 421개소의 골프장에서 연간 218개 품목의 농약 400톤을 사용하였고, 단위 면적당(ha) 농약사용량은 16.9kg으로 조사되었다. 2010년에 비해 연간 농약 총 사용량은 8.2톤이 증가하였으며, 단위면적당(ha) 농약사용량은 0.5kg 증가한 것으로 조사되었다.

표 4.114 골프장 농약사용량 조사결과

구 분	골프장수 (개)	골프장면적 (천ha)	사용량 (톤)	ha당 사용량 (kg)	사용 품목수
전년대비 증·감(△)	27	2.4	7.2	0.1	14
2012년도	448	40.3	125.8	5.1	232
2011년도	421	37.9	118.6	5.0	218
2010년도	396	35.9	115.8	5.2	229

농약잔류량 검사결과 2005년 2개 골프장에서 맹독성농약인 엔도설판이, 2006년에도 2개 골프장에서 엔도설판, 모노크로토포스가, 2007년에는 1개 골프장에서 엔도설판이, 2010년

115) 골프장에 사용되는 농약사용량 등을 전산으로 관리하고, 관련 자료를 인터넷(http//:nier.sgis.go.kr)에 공개하여 골프장 운영자의 농약사용에 대해 자발적인 감축을 유도하고 있다.

에는 1개 골프장에서 메티다티온이 검출되어 맹독성 농약 사용은 거의 사라진 것으로 보인다.

표 4.115 골프장 농약잔류량 검사결과 (단위 : 개)

구 분	골프장수	검출 골프장수	맹·고독성농약 검출 골프장수	잔디사용 금지농약 검출 골프장수	검출 품목수
2012년도	448	227*	불검출	1	12
2011년도	421	172	불검출	1	13
2010년도	396	185	1	4	14

※ 2012년 전체 검출건수 중 잔디는 91%, 토양은 9%를 차지하며, 최근 3년간 골프장 유출수에서는 농약성분이 검출되지 않음

2) 상수원보호구역의 잔류농약조사

우리나라는 단위면적당 농약 사용량이 높아 상수원에의 유입여부를 면밀히 감시해야 하고 근본적으로는 농약 사용량을 저감해 나가는 친환경 농업을 확산해야 한다. 환경부는 팔당호, 대청호 등 전국 주요 상수원보호구역내의 농약 잔류실태를 조사하고 있다. 조사 방법은 수질검사는 농약의 다량 사용으로 유출 우려가 높은 시기인 갈수기 및 장마철에, 토양검사는 작물재배 전과 수확 후로 각각 연 2회씩 조사하고 있다.

마. 토양환경 관리를 위한 경제적 수단

토양보전 정책의 실효성을 높이기 위해서는 토양환경 관련 기준을 선진국 수준으로 강화하는 한편 토양환경 오염조사와 정화에 필요한 재원조달방안을 강구해야 한다. 이를 위해서는 미국의 슈퍼펀드와 같이 오염원인자에게 부담금을 부과하는 경제적 수단이 오염정화 재원을 마련하고 사업자에게 강력한 오염예방 동기를 부여한다는 점에서 효율적이다. 미국을 비롯한 선진국에서는 오염된 토양을 복원하는데 막대한 재원을 투입하고 있음을 참고할 필요가 있다.

정책이야기 4.5 미국의 러브캐널사건과 슈퍼펀드법

러브캐널사건(love canal disaster)은 미국의 대표적인 유해폐기물 오염 사고이다. 1890년대 미국의 윌리암 러브가 나이아가라 폭포 부근에 운하를 계획하였으나 경기 침체로 회사가 도산하여 약 1.6km의 운하만 파고 중단하게 된다. 이 장소는 방치되었다가 1940년대

초 인근 화학공장에서 산업폐기물을 투기하는 장소로 사용한다. 이후 도시가 확장되면서 운하가 복개되고 그 위에 학교, 주택이 들어서게 되었다. 1978년에 호우와 폭설이 내리는데 정원과 지하실 벽에서 오수가 누출되고 악취를 풍기는 등 이상한 현상이 일어났다. 정부는 본격적인 조사에 착수하여 투기된 폐기물이 원인이 되어 폐수와 악취가 발생하였고 인체에 악영향을 미쳤을 가능성이 크다는 결론을 내린다. 세부 조사결과 아동의 심한 천식, 선천적 기형, 여성들의 유산 등이 여기에 원인이 있음을 밝혀낸다. 복개된 운하에 인접한 지역에서 1973~1978년 사이 출생한 16명의 어린이 중 9명이 정신박약, 심장 및 신장질환, 간장병세 등 심각한 선천적 기형을 갖고 있었고 부인들의 유산율은 정상인의 4배였다. 1978년 8월 미국 카터대통령은 이 지역을 국가 재난지역으로 선포하고 주민을 이주시키는 동시에 가옥과 학교는 불도저로 모두 파괴하여 사람의 접근을 막았다. 주민들은 수십억 불에 달하는 손해 배상소송을 제기하였으며, 이 사건은 영화로 제작되기도 했다. 현재도 폐쇄 상태에 있다고 한다.

이 사건 발생 2년 후에 미국 정부는 포괄적 환경처리·보상·책임법(일명 슈퍼펀드법, CERCLA : Comprehensive Environmental Response, Compensation and Liability Act)을 제정한다. 미국의 환경법을 대표하는 연방법으로 과거에 행해진 오염 행위에 대해서도 책임을 추궁할 수 있는 강력한 법률이다. 1986년에는 개정법인 수퍼펀드법 수정 및 재수권법(SARA : Superfund Amendments and Reauthorization Act)이 제정되고 기금도 16억 달러에서 85억 달러로 증액되었다. 수퍼펀드법이라고 부르는 것은 연방정부가 큰 기금(수퍼펀드)을 운영하면서 오염 책임자가 불확실하거나 정화비용을 부담할 수 없을 경우에 이 기금을 사용하게 된다는 의미에서이다. 이 기금은 석유세, 화학제품세, 환경법인소득세, 기타 일반 재원으로 조달된다.

4.11 지하수의 수질보전정책

4.11.1 지하수의 이용 특성

지하수는 지표수에 비하여 과도하게 채취하지만 않으면 계절 변화와 무관하게 안정적으로 이용할 수 있는 수자원으로 선진국들은 음용수의 상당 부분을 지하수에 의존하고 있다. 수질측면에서 보면 빗물이 땅으로 스며들면서 자연 정화되므로 인위적인 외부적 오염행위만 없으면 지표수보다 좋은 수질을 유지할 수 있다. 또한 지층내의 다양한 물질과 접촉하여 지표수보다 많은 광물질이 포함되어 있어 음용수로서 가치가 높고, 일반적으로 수자원 확보 비용이 적게 드는 장점도 있다. 따라서 지하수를 지속가능하게 이용하기 위해서는 지하수의 오염을 사전에 방지해야 하고, 적정 이용량을 과학적으로 산정하게 체계적으로 채수하는 것이 중요하다. 무분별하게 채수할 경우 지반 침하나 지하수 고갈 등 심각한 부작용을 유발할 수 있기 때문이다. 지하수 오염은 지표면에서 오염물질이 유입되어 발생하고 오염된 지하수를 복원하기 위해서는 상당한 시간과 비용이 소요되므로 오염을 사전 차단하는 것이 중요하다. 따라서 지하수에 오염물질 유입을 차단하면서 지역별로 적정 수량을 개발·이용하는 것이 지속가능한 이용을 위한 핵심 요소이다.

지하수의 수질을 일정 수준 확보하기 위해서는 오염물질이 유입되는 것을 최소화해야 한다. 지하수가 오염되었다는 것은 오염물질의 농도가 인간의 건강이나 주변 환경에 피해를 미치는 유해한 수준으로 악화된 것을 의미한다. 자연 상태에서 지하수는 매우 느리게 이동하기 때문에 대수층이 일단 오염되면 특별한 방법으로 정화하지 않는 한 반영구적으로 잔류하게 된다.

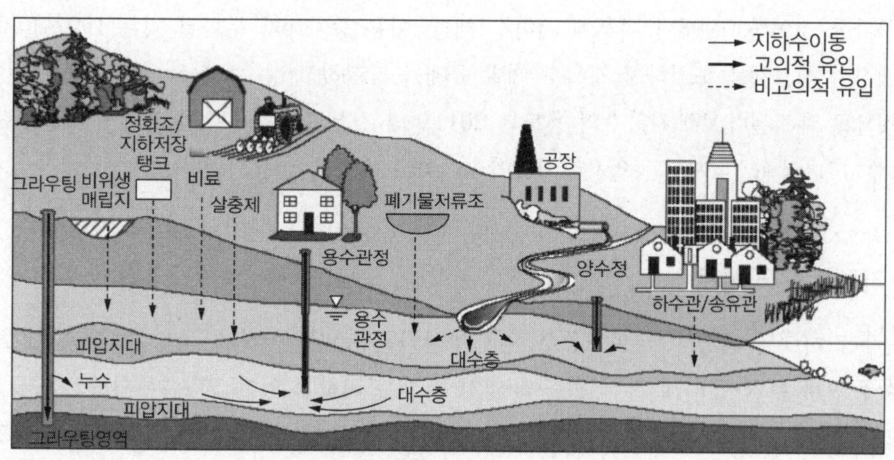

그림 4.30 지하수의 오염경로

(자료 : 환경부, 2012, 환경백서)

그림 4.30은 지표면 부근에서 누출된 유해물질로 인하여 지하수가 오염되는 경로를 보여주고 있다. 지하수 오염은 통상 먼저 토양이 오염된 후 발생되므로 토양보전 및 정화 정책이 지하수 보전정책의 선결 정책이 된다. 일반적으로 토양오염이 심화된 지역에서 지하수 오염이 확산되게 된다. 우리나라의 경우 과거 농업용이나 산업용으로 채수한 후에 채취공을 방치하여 오염되는 경우도 많이 있는 것으로 추정된다.

4.11.2 지하수 이용 및 관리현황

가. 지하수 이용현황

우리나라의 지하수 이용량은 2007년 기준으로 수자원 총 이용량 333억 m^3/년중 37억 m^3/년으로 11% 수준이다. 선진국들이 20% 이상 사용하는 것에 비해 비중이 낮은 편이다.[116] 지하수의 이용량이 크지 않는 것은 지질 구조상으로 대수층이 발달하지 않아 지하수 부존량이 적고 체계적인 개발체계가 미흡하기 때문이다. 우리나라의 연간 지하수 이용가능량은 약 117억톤으로 추정되고, 그 중 32% 정도를 이용하고 있는 것이다. 상수원수는 지표수에 주로 의존하고 있고 지하수는 갈수기의 농업용수나 저렴한 공업용수로 인식되고 있다.

지하수 개발·이용 시설수는 1990년대에 급격한 증가추세를 나타내다가 1998년부터 다소 둔화되었다. 지하수 이용량도 지속적인 증가 추세를 보이고 있다. 2011년 기준으로 총 시설수는 1994년의 63만여 개소에 비해 약 2배 이상 증가한 145만 개소로서 약 39.1억 m^3의 지하수를 채취하였다. 전년 대비 시설 수는 약 7만개가 증가하였고 이용량은 약 100만 m^3이 증가한 것이다. 1998년 이후에 지하수 개발·이용 증가세가 둔화된 것은 1997년 지하수법 개정시 허가제를 도입하여 지하수 개발 규제를 강화하고 상수도시설 보급이 확대된 때문인 것으로 추정된다.[117] 지하수의 용도는 2011년의 경우 농어업용수가 19.3억 m^3(49%), 생활용수 17.8억 m^3(46%), 공업용수 1.7억 m^3(4%) 순으로 이용되었다.

나. 지하수 관리체계

현재 지하수는 환경부, 국토교통부, 농림축산식품부, 행정안전부, 국방부, 교육부, 보건복지부 등 9개 부처가 14개 관련 법률에 의거 분산 관리하고 있다. 크게는 지하수 공급은 국토교통부에서, 수질보전은 환경부에서 관리하는 것으로 볼 수 있다.[118] 1993년 건설교통부에서는 지하수의 무분별한 개발로 인한 수원 고갈과 지하수 오염에 대처하기 위해 지하수법을 제정하였다.

1997년에는 지하수에 공공재 개념을 도입하여 지하수의 개발·이용 허가제 도입, 지하수

116) 참고로 미국의 지하수 이용률은 용수이용량 4,768억톤 중 24.1%, 일본의 경우는 용수이용량 870억톤 중 12.6%를 차지하고 있다(OECD Environmental data compendium 2006~2008).

117) 나라지표, 2013, 국토교통부

118) 지하수 관리는 물관리 일원화와도 관련이 있는데 수량과 수질을 분리하여 관리하는 것이다. 현재까지는 주로 공급측면에서 관리되고 있으며 향후 물관리 일원화와 관계없이 조속히 관리기관을 통합할 필요가 있다.

영향 조사, 지하수 개발·이용 시공업의 등록제가 도입되는 등 전면 개정되었다. 2001년에는 지하수보전구역 제도 신설, 지하수 오염유발시설 관리 강화, 지하수 정화업 등 새로운 제도를 도입하였다.

표 4.116 지하수 업무 분담 현황

부 처	관 장 업 무	관 련 법 률
환경부	<지하수 수질관리 총괄> · 지하수수질기준 제정 · 지하수 수질오염방지 및 수질검사 · 먹는샘물 및 상수원용 지하수 관리	· 지하수법(환경부령) · 먹는물관리법 · 수도법
국토교통부	<지하수 수량관리 총괄> · 지하수관리기본계획 수립 · 지하수 기초조사, 지하수 이용 관리 · 하천 인접지역 지하수 조사 · 공동주택 비상급수시설	· 지하수법 · 하천법 · 주택법
농림축산식품부	· 농·어업용 지하수 관리	· 농어촌정비법
안전행정부	· 온천 개발 및 관리 · 민방위 비상급수시설 관리	· 온천법 · 민방위기본법
국방부	· 군사목적의 지하수시설 관리	· 국방군사시설사업에관한법률
교육부	· 학교음용수 수질관리	· 학교보건법
기획재정부	· 양조용 용수관리	· 주세법
문화체육관광부	· 물놀이형 유기시설	· 관광진흥법
보건복지부	· 식품관련 용수 수질관리 · 목욕장 용수 관리	· 식품위생법 · 공중위생관리법

다. 지하수 수질측정망 운영 현황

지하수의 수질 현황을 파악하여 정책 자료로 활용하기 위하여 정부는 "지하수법" 제18조(수질오염의 측정)와 "지하수의 수질보전 등에 관한 규칙" 제9조(수질측정망 설치 및 수질오염실태 측정계획의 수립·고시)에 따라 지하수 수질측정망을 설치·운영하고 있다. 지하수 수질측정망은 2008년부터 국가측정망과 지역측정망으로 구분·운영하고 있으며, 지방환경청, 시·도에서 운영하고 있는 지하수수질 측정망은 지역측정망으로 분류하고, 환경부에서 직접 설치하는 수질전용측정망과 국토교통부·농림축산식품부에서 개발사업 목적으로 설치한 지하수 관측망을 국가측정망으로 분류한다. 2012년말 현재 우리나라 지하수 수질측정망은 국토교통부 국가 관측정과 농림축산식품부 농촌 관측망 478개소를 포함하여 총 2,611개소가 지정되어 있다.

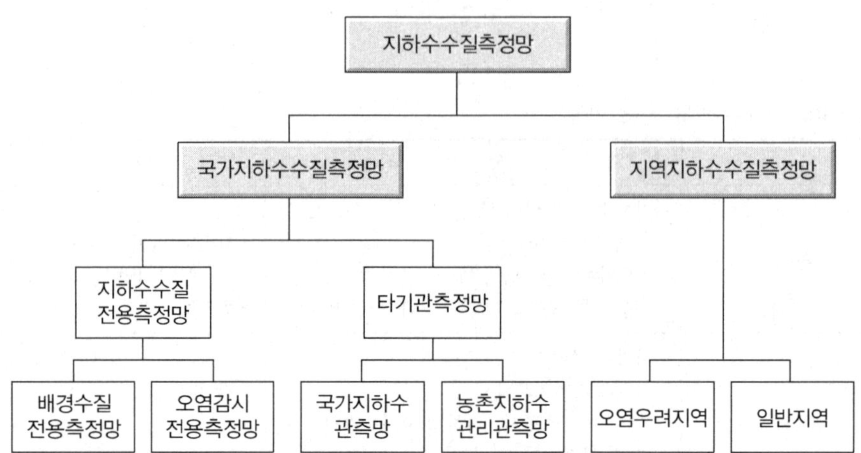

그림 4.31 지하수 수질측정망 설치·운영체계

※ 농촌지하수관리관측망은 2010년부터 편입·운영, 국가지하수수질 전용측정망은 2007년부터 구축 중
(자료: 환경부, 2012, 환경백서)

표 4.117 지하수 측정망 설치 현황 (단위 : 개소)

합 계	국가 지하수 수질측정망				지역 지하수 수질측정망	
	지하수 수질전용측정망		타기관 관측망			
	배경수질 전용측정망	오염감시 전용측정망	국가지하수 관측망	농촌지하수 관리관측망	오염우려 지역	일반 지역
2,611	72 (216지점)	39 (72지점)	361 (524지점)	117	781	1,241

표 4.118 지하수 수질측정망 측정항목 및 측정빈도

구 분			측 정 항 목		측정빈도
국가 지하수 수질 측정망	지하수수질전용측정망		2011년 설치 측정망	기본항목, 이온물질, 기타항목 등 65개 항목	연4회 (분기별 1회)
			2007~2010년 설치 측정망	기본항목, 이온물질, 개소별 관심항목	
	타기관 관측망	- 국가지하수관측망 - 농촌지하수관리관측망	20개 항목 지하수수질기준(생활용수), EC		연2회 (반기별 1회)
지역지하수수질측정망			20개 항목 지하수수질기준(생활용수), EC		연2회 (반기별 1회)

지하수 수질 조사항목은 기본적으로 카드뮴, 비소, 시안, 수은, 유기인, 페놀, 납, 6가크롬, 트리클로로에틸렌, 테트라클로로에틸렌, 1,1,1-트리클로로에탄, 벤젠, 톨루엔, 에틸벤젠, 크실렌 등 특정유해물질 15개 항목과 일반오염물질 4개 항목(수소이온농도, 총대장균군, 질산성질소, 염소이온), 현장 측정항목인 전기전도도 등 총 20개 항목이다. 지하수 관정의 용도 및 지역 특성에 따라 표 4.119의 검사항목을 추가한다. 조사는 매년 2회 실시하고 있다.

표 4.119 국가지하수 수질측정망 운영을 위한 분석항목 분류

구 분		분석항목	내용
기본 항목 (15)	현장측정항목 (6)	수위, 온도, 수소이온농도, 전기전도도, 용존산소, 산화환원전위	시료채취시 필수 측정항목
	주양이온/ 음이온(9)	Ca^{2+}, Mg^{2+}, Na^{+}, K^{+}, NO_3^{-}, SO_4^{2-}, Cl^{-}, HCO^{3-}, CO_3^{2-}	수리지구화학적인 수질특성파악
이온물질(6)		암모니아성질소, 질산성질소, 염소이온, 황산이온, 불소, 규소, 스트론튬, 리튬, 바륨	배경수질특성 파악 및 오염원 영향 파악
금속류(12)		납, 비소, 세레늄, 수은, 크롬, 카드뮴, 보론, 구리, 아연, 철, 망간, 알루미늄	지질기원 및 산업단지 등 오염원 영향 파악
유기오염물질 (농약류)(9)		페놀, 다이아지논, 파라티온, 이피엔, 펜토에이트, 디메톤-S-메틸, 페니트로티온, 카바릴, 시안	농경활동, 산업단지, 매립장
유기오염물질 (탄화수소류) (13)		1.1.1-트리클로로에탄, 테트라클로로에틸렌, 트리클로로에틸렌, 디클로로메탄, 벤젠, 톨루엔, 에틸벤젠, 크실렌, 1.1-디클로로에틸렌, 사염화탄소, 1,2-디브로모-3-클로로프로판, 1.4-다이옥산, 총유기탄소	산업단지, 저유소 등 오염원 영향여부 파악
추가관심항목*(3)		클로로폼, 사염화탄소, 1,2-다이클로로에테인	지하수 수질기준에는 없으나 추가 또는 연구 관심 항목 등
미생물(3)		총대장균군, 대장균, 분원성대장균군	정화조 등 오염원 영향 여부 파악
기타항목(7)		경도, 과망간산칼륨소비량, 냄새, 맛, 색도, 세제(ABS), 탁도(실험실)	심미적 영향물질

※ 총 65개 항목[중복 항목 3개 미포함]

※ 국립환경과학원에서 시행한 신규지하수 오염물질 조사연구결과(2009~2011)에 따라 2012년부터 지하수 수질기준 후보물질을 선정하여 실시(2012년 3개 항목 추가)

라. 지하수 수질기준

지하수법에 근거한 지하수 수질기준은 지하수의 보전과 이용, 그리고 오염방지의 목적에 적

합하도록 지하수를 관리하기 위해 제정되었다. 지하수 수질기준은 생활용수, 농업용수, 공업용수 등 이용 목적에 따라 pH, 대장균, 질산성질소 등 일반오염물질 5개와 카드뮴, 비소, 벤젠 등 15개의 특정유해물질에 대한 기준치를 정하고 있다. 2003년에 "지하수의 수질보전 등에 관한 규칙"을 개정하여 지하수를 음용수로 사용하는 경우에는 "먹는물 수질기준"을 준수하도록 하였으며, 생활용수에 일반세균과 BTEX(벤젠, 톨루엔, 에틸렌, 크실렌)과 트리클로로에탄 등의 항목을 추가하였다.

표 4.120 지하수 수질기준 (단위: mg/L)

구 분		생활용수	농어업용수	공업용수
일반 오염 물질 (5개)	pH	5.8∼8.5	6.0∼8.5	5.0∼9.0
	대장균 군수	5,000 이하(MPN/100mL)	-	-
	질산성 질소	20 이하	20 이하	40 이하
	염소이온	250 이하	250 이하	500 이하
	일반세균	1mL 중 100 CFU 이하	-	-
특정 유해 물질 (15개)	카드뮴	0.01 이하	0.01 이하	0.02 이하
	비 소	0.05 이하	0.05 이하	0.1 이하
	시 안	불검출	불검출	0.2 이하
	수 은	불검출	불검출	불검출
	유기인	불검출	불검출	불검출
	페 놀	0.005 이하	0.005 이하	0.01 이하
	납	0.1 이하	0.1 이하	0.2 이하
	6가 크롬	0.05 이하	0.05 이하	0.1 이하
	트리클로로에틸렌	0.03 이하	0.03 이하	0.06 이하
	테트라클로로에틸렌	0.01 이하	0.01 이하	0.02 이하
	1.1.1 - 트리클로로에탄	0.15 이하	0.3 이하	0.5 이하
	벤 젠	0.015 이하	-	-
	톨루엔	1 이하	-	-
	에틸벤젠	0.45 이하	-	-
	크실렌	0.75 이하		

(자료 : 환경부, 지하수의 수질보전 등에 관한 규칙)

지하수의 개발·이용하고자 하는 경우 지하수 수질기준에 적합한지 여부를 판정하기 위해 지하수 수질검사를 받아야 한다. 지하수 수질기준을 초과할 경우 사전에 지하수 개발·이용 시설의 오염방지 조치를 취하도록 하고 있다.

마. 지하수 수질현황119)

2011년도 지하수 수질측정망에 의한 수질조사 결과, 총 조사시료 4,879개(2,579개 측정 지점을 연 2회 조사)중 8.0%인 392개가 수질기준을 초과하였다. 항목별로는 총대장균군 48.6%, 질산성질소 11.2%, 염소이온 11.2%, 수소이온농도(pH) 9.0%, 트리클로로에틸렌(TCE) 9.0%, 비소 5.5%, 테트라클로로에틸렌(PCE) 2.6% 순으로 수질기준을 초과하였다.

2010년부터 추가된 측정항목인 총대장균군의 초과율이 높은 것으로 나타났으며 이는 생활하수와 축산분뇨, 비료 성분의 침투가 주 원인으로 파악된다. TCE, PCE는 세정제 등으로 사용되는 물질로서 산업단지에서 주로 초과되었다.

표 4.121 연도별 지하수측정망 초과율(2011년 기준)

연 도	조사시료(A)	기준초과(B)	초과율(B/A)	비 고
2011	4,879	392	8.0%	수질측정망(환경부), 국가관측망(국토부), 농촌관측망(농식품부)을 종합한 통계
2009	4,847	296	6.1%	
2007	4,828	260	5.4%	
2005	4,760	230	4.8%	

4.11.3 지하수 수질보전 정책

가. 최근의 지하수 수질관리 대책

1990년대부터 정부도 지하수 수질보전을 위해 다양한 대책을 추진하고 있으나 워낙 지하수 이용시설이 많고 각 지역에 산재하고 있으며 관리 주체도 명확하지 않은 경우가 많아 근본적인 수질개선이 어려운 실정이다. 지하수의 보전과 안전한 이용을 위해서는 지하수 오염방지, 지속가능한 이용, 오염된 지하수의 정화 등 3가지 대책이 유기적으로 추진되어야 한다. 수질관리와 함께 지하수 이용을 합리적으로 규제할 수 있도록 과학적으로 이용 한계를

119) 환경부, 2012, 환경백서

설정해야 하며 지하수 보충기술 등을 통해 안정적으로 수량을 유지하는 방안이 필요하다. 여기서는 2009년 2월 환경부에서 발표한 "지하수 수질관리 선진화대책"을 중심으로 살펴본다.[120]

대책에서는 지하수 수질관리 선진화를 위한 5개 추진분야 18개 세부과제를 제시하고 있다. 주요내용은 첫째, 지하수 수질관리 선진기반 마련을 위하여 지하수수질 모니터링 과학화, 지하수 정보화 추진, 국민건강 중심의 지하수 수질기준 설정, 지하수수질 및 토양환경을 통합 관리한다. 둘째, 사전예방적 취수정 보호대책으로 지하수 이용시설 관리 강화, 지하수 상수지역 취수정 보호대책, 지하수 오염원 관리강화, 지하수 수질검사제도 합리적 개선을 추진한다. 셋째, 오염지하수 사후관리 강화를 위하여 지하수 오염정밀조사, 지하수오염 위해성 평가제도 도입, 오염원인자 및 국가 주도의 정화정책을 도입한다. 넷째, 기후변화에 대응하는 지하수 보전 및 활용을 위하여 기후변화에 대처하는 지하수 수질관리, 지하수를 활용한 가뭄대책 추진, 도시화에 적응하는 지하수 함양 제고사업을 추진한다. 다섯째, 지하수 관련산업 육성, 국제협력 강화, 지하수 관련 기술개발 등 당면 과제를 추진한다.

2005년부터는 토양지하수정보시스템(SGIS)[121]을 구축하여 토양·지하수의 오염원 현황, 측정망, 검사자료 등 관련 자료를 DB화하고 있다. 한편 2010년부터 구제역 등으로 인한 긴급한 가축매몰에 대한 지하수 오염이 현안으로 대두되고 있다. 지하수 오염 측면에서 보면 소각처리 등의 매립외의 방식이 바람직하나 사안의 긴급성과 비용, 2차 오염 문제 등을 고려할 때 쉽지 않은 것으로 보인다. 따라서 가축매몰에 관한 지침을 강화하여 기본적인 침출수 수집시스템을 만들어 침출수를 별도 처리할 수 있는 방안을 마련해야 한다.

나. 지하수 오염유발시설[122] 지정·관리

지하수 오염을 사전에 차단하기 위한 수단으로 지하수 오염을 일으키거나 현저하게 오염시킬 우려가 있는 유류 또는 유해화학물질의 지하 저장시설 등을 지하수오염유발시설로 정하고 시설의 관리자에게 지하수 관측정을 설치하게 하여 지하수 오염여부를 지속적으로 관측하도록 하고 있다. 또한 지하수 수질조사 결과, 특정유해물질이 검출되거나 일반오염물질이 높게 검출된 지점은 주변 시설물을 조사하고, 지하수오염 유발시설에서 오염 원인물질이

120) 환경부, 2009, 지하수 수질관리 선진화대책

121) 토양지하수정보시스템(SGIC : Soil Groundwater Information System)은 산재된 토양·지하수정보를 전산화하여 2006년 11월부터 운영되기 시작하였다. SGIC에서는 토양·지하수측정망의 위치 및 오염현황 분포, 토양실태조사 위치 및 오염현황, 토양·지하수 오염원 분포 위치, 토양·지하수 오염도 지도, 특정토양오염관리대상시설 현황 및 오염도 검사 결과 등의 자료를 제공하고 있다.

122) 지하수오염 유발시설은 지하수 오염물질을 생산, 저장, 취급, 운반, 가공 및 처리함으로써 지하수를 오염시킬 우려가 있는 시설, 장치, 구조물 및 장소 등 잠재적 오염원을 뜻한다.

검출되면 개선 조치하도록 하고 있다. 특히 시장·군수가 필요하다고 인정하면 폐쇄 또는 철거조치 할 수 있도록 규정하고 있다.

지하수 오염의 경우 유입된 오염물질의 이동경로를 추정하기 어렵고 제거 또한 어렵기 때문에 오염물질 유입을 차단하는 것이 정책의 우선순위가 되어야 한다. 즉 지하수 채취가 완료되거나 중단된 경우에는 오염물질이 유입되지 않는 영구적인 차단시설이 설치되어야 한다. "지하수법"에서는 취수정으로부터 오염물질 유입을 방지하기 위해 지표 상부에 보호공을 설치하고 지표 하부에는 보호벽을 암반 이하까지 설치하여야 하며, 토지굴착 후 토지와 보호벽 사이에는 차수용 재료를 주입하도록 하고 있다. 지하수 폐공은 과거에 사용된 후 방치되어 관리 책임주체가 불분명한 경우가 많으므로 정확한 실태를 조사하여 별도의 관리 방안을 마련해야 한다.

참고문헌

- 국립환경과학원, 2009, *수질오염물질의 이해와 대응*
- 국토해양부, 2010, *수자원장기종합계획 2011~2020*
- 국토해양부, 2012, *갯벌생태계조사 및 지속가능한 이용방안 연구*
- 국토해양부, 2009, *육상기인 오염원 관리대책 수립 연구*
- 김영관 외, 1997, *폐수처리공학 상·하*, 동화기술
- 김좌관, 2003, *수질오염개론*, 동화기술
- 김철구, 2012, *수생태복원관리기술개발과 녹색성장*, 수생태복원사업단
- 배재근·오종민, 1995, *토양오염학*, 신광문화사
- 송동수, 2003, *수질오염총량관리제와 국토이용관계법령의 조화방안*, 한국환경법학회
- 송인홍·김익재, 2011, *생태하천 복원방안에 관한 연구-시각적 하천생태 평가를 중심으로*, 지역정책연구 제22권 제1호
- R&D정보센터, 2012, *물산업 및 고도 물처리산업의 기술현황과 국내·외 시장전망*, 지식산업정보원
- 양상현·이정무, 2004, *용폐수처리와 설계·관리*, 동화기술
- 유명진 외, 2003, *수질관리*, 동화기술
- 이병국·노태호, 2006, *수생태계 복원을 위한 제도정비 방안과 추진전략*, KEI
- 임영재·백회선, 2011, *상하수도공학*, 성안당
- 임팩트, 2011, *물 산업 실태와 사업전망*, 임팩트사
- 정건용·김종표, 2010, *에너지 절약형 분리막 기술*, 아진
- 정회성·변병설, 2003, *환경정책의 이해*, 박영사
- 지속가능발전위원회 물관리정책연구팀, 2005, *지속가능한 물관리정책*, 박영사
- 최종수, 2003, *도시지역 비점오염원의 유출특성 및 저감방안*, 2003년 물관리정책토론회 보고서
- 최지용, 2007, *비점오염원의 배출특성과 관리방안*, KEI, 워터저널
- 최지용, 2001, *토지임차제·휴경보상제 등 매수제 대안의 타당성 연구*, KEI
- 최지용, 2012, 특*별대책지역내 개인하수처리시설 관리방안*, 한국환경정책평가연구원
- 한국환경공단, 2010, *생태하천 복원사업 중장기 종합계획*, 한국환경공단
- 한국환경정책평가연구원, 2011, *기후변화 대응을 위한 수질 제어 및 관리방안*, KEI.
- 환경부, 2012, *환경백서*
- 환경부, 2013, *수질측정망 운영계획*
- 환경부, 2010, *수질오염총량관리 업무편람*
- 환경부, 2011, *공장폐수의 발생과 처리(환경오염배출업소조사, 승인통계 제10605호)*
- 환경부, 2010, *환경 30년사*

- 환경부, 2007, *생태하천만들기 10년 계획*
- 환경부·환경관리공단, 2010, *산업폐수의 생태독성 관리제도*
- 환경부, 2011, *환경통계*
- 환경부, 2006, *물환경관리기본계획*
- 환경부, 2009, *제2단계 수계오염총량관리지침*
- 환경부, 2011, *2009년 전국 수질오염원조사보고서*
- 환경부, 2008, *상수원보호구역 관리 개선방안 연구*
- Claudia Pahl-Wostl, P. Kabat, J. Moeltgen, 2008, *Adaptive and integrated water management : coping with complexity and uncertainty*, Springer
- Global Water Intelligence, 2012, *Global Water and Wastewater Quality Regulations*, GWI
- Joanne E. Drian, 2001, *Water & Wastewater Treatment*, CRC Press
- Larry W. Mays, 2004, *Urban water supply management tools*, McGraw-Hill
- M. Kumagai, W.F. Vincent, 2003, *Freshwater management : global versus local perspectives*, Springer
- Metcalf & Eddy. 2003, *Wastewater engineering : treatment and reuse*. McGraw-Hill
- OECD, 2011, *Environmental Indicators1*
- Tillman Gleun M, 1992, *Primary Treatment at Waste Water Trearment Plants*, Lewis Publishers
- Vernonl and Snoeyink David Jenkins, 1980, *Water Chemistry*, John Wiley&Sons
- Vladimir Novotny., 1995, *Nonpoint pollution and urban stormwater management*, Technomic Pub.
- WHO, 2006, *Guidelines for the safe use of wastewater, excreta and greywater*, World Health Organization
- W. Wesley Ecken felder, Jr, 2006, *Industrial Water Pollution Control(3rd Edition)*, McGRAW-HILL
- Ritter, William Frederick, Shirmohammadi, Adel, 2000, *Agricultural Nonpoint Source Pollution Watershed Management and Hydrology*, CRC Press
- Ward, Timothy J. (EDT), American Society of Civil Engineers Water Resourc, 1995, *Watershed Management*, Amer Society of Civil Engineers
- Huang, P. M., Iskandar, I. K., 2010, *Soils and Groundwater Pollution Remediation*, CRC Press
- Fuller, George Warren, 2010, *Sewage Disposal*, Nabu Press

CHAPTER 5

폐기물 관리정책

5.1 폐기물관리정책 개관

5.1.1 폐기물의 개념 및 분류

가. 폐기물의 정의와 범위

통상적으로 폐기물이라 함은 무가물(無價物)이거나 처리비를 주고 처리해야 하는 부(負)의 가치를 가지고 있는 물질을 말한다. 그러나 어떤 물질의 가치는 시장상황에 따라서 유가물이 무가물이 될 수도 있기 때문에 행정적으로 명확히 하기 위하여 폐기물관리법 제2조에서는 폐기물을 "쓰레기, 연소재, 오니, 폐유, 폐산, 폐알칼리, 동물의 사체 등으로서 사람의 생활이나 사업 활동에 필요하지 아니하게 된 물질"이라고 포괄적으로 정의하고 있다. 그러므로 유가물인 경우에도 생활이나 사업 활동에 필요하지 않아서 배출하는 것은 폐기물에 해당된다.

종전에는 폐기물 관리가 안전하게 처리하는 것을 중심으로 이루어졌고 폐기물의 불법처리를 방지하기 위하여 가능한 한 폐기물의 대상범위를 넓게 해석하였다. 그러나 최근에는 폐기물을 처리대상이 아니라 순환자원으로 생각하여 천연자원을 대체할 수 있는 물질을 최대한 회수하여 이용하는 정책을 펴나가고 있다. 또한 물질재활용은 어려우나 대체에너지로 사용할 수 있는 발열량이 높은 물질(플라스틱, 종이 등)은 선별하여 고형연료를 제조하여 화석연료의 대체에너지로 사용하거나, 소각 처리하면서 발생되는 소각여열을 회수하여 전력, 증기, 온수 생산에 활용하는 정책이 추진되고 있다.

표 5.1 폐기물 관련 용어의 정의

용어	규정 내용	근거 법률
폐기물	쓰레기, 연소재, 오니, 폐유, 폐산, 폐알칼리 및 동물의 사체 등으로서 사람의 생활이나 사업활동에 필요하지 아니하게 된 물질	폐기물관리법 제2조 제1호
재활용 가능자원	사용되었거나 사용되지 아니하고 버려진 후 수거된 물질과 부산물 중 재사용·재생이용 할 수 있는 것[회수할 수 있는 에너지와 폐열을 포함하되, 방사성물질과 방사성물질로 오염된 물질은 제외한다.]	자원의 절약과 재활용촉진에 관한 법률 제2조 제2호
부산물	제품의 제조·가공·수리·판매나 에너지의 공급 또는 토목·건축공사에서 부수적으로 생겨난 물질	자원의 절약과 재활용촉진에 관한 법률 제2조 제3호

(자료 : 폐기물관리법, 자원의 절약 및 재활용촉진에 관한 법률)

따라서 폐기물의 범위를 구체적이고 명확히 정하여 안전한 처리가 요구되는 폐기물은 발생부터 최종처리 단계까지의 관리를 강화하되 자원으로 순환 이용할 수 있는 폐자원에 대하여는 불필요한 중간 규제를 완화하는 방향으로 정책이 추진되고 있다. 최근에는 산업용 원료로 다량 이용되고 있고 유가로 거래되는 고철과 폐지에 대하여 폐기물에서 제외해야 한다는 의견도 있으며, 폐기물을 가공하여 원료로 사용할 수 있는 상태로 만든 것을 중간생성물로 별도 분류하여 폐기물 관리체계에서 제외시키는 방안[1])도 거론되고 있다.

나. 국내 폐기물 분류체계

현행 폐기물관리법에서는 폐기물을 처리주체, 유해성과 발생특성 등에 따라 그림5.1과 같이 분류하고 있다. 폐기물은 사업장폐기물과 생활폐기물로 나뉘는 데 법령상으로는 먼저 표 5.2와 같이 사업장폐기물을 규정하고 그 이외의 폐기물을 생활폐기물이라 한다.

표 5.2 사업장폐기물의 종류

종 류	정 의
사업장 배출시설계 폐기물	대기환경보전법, 수질 및 수생태계 보전에 관한 법률 또는 소음·진동관리법의 규정에 의하여 공장 등 배출시설을 설치·운영하는 사업장과 폐수종말처리시설, 공공하수처리시설, 분뇨처리시설, 폐기물처리시설에서 배출되는 폐기물
사업장생활계 폐기물	1일 평균 300kg 이상 배출하는 사업장, 일련의 공사(건설공사 제외)로 폐기물을 5톤 이상 배출하는 사업장에서 배출되는 폐기물
건설폐기물	건설공사장[2])에서 5톤 이상[3]) 배출하는 사업장에서 배출되는 폐기물
지정폐기물	사업장폐기물 중 폐유·폐산 등 주변 환경을 오염시킬 수 있거나 의료폐기물 등 인체에 위해를 줄 수 있는 해로운 물질로 대통령령으로 정하는 폐기물
의료폐기물	보건·의료기관, 동물병원, 시험·검사기관 등에서 배출되는 폐기물 중 인체에 감염 등 위해를 줄 우려가 있는 폐기물과 인체 조직 등 적출물(摘出物), 실험동물의 사체 등 보건·환경보호상 특별한 관리가 필요하다고 인정되는 폐기물로서 대통령령으로 정하는 폐기물

(자료 : 폐기물관리법 시행령 요약)

1) 일명 '폐기물 졸업'이라고 하는데 재활용을 명분으로 불법 처리하는 경우에 관리할 수단이 적절치 않아 완전히 폐기물관리체계에서 제외하는 것은 무리다.

2) "건설산업기본법" 제2조제4호에 따른 건설공사를 말한다.

3) 공사를 착공할 때부터 마칠 때까지 발생되는 폐기물의 양을 말한다.

한편 지정폐기물은[4] 의료폐기물과 의료폐기물 이외의 지정폐기물로 구분한다. 폐기물의 분류를 간략하게 정리하면 그림 5.1과 같다.

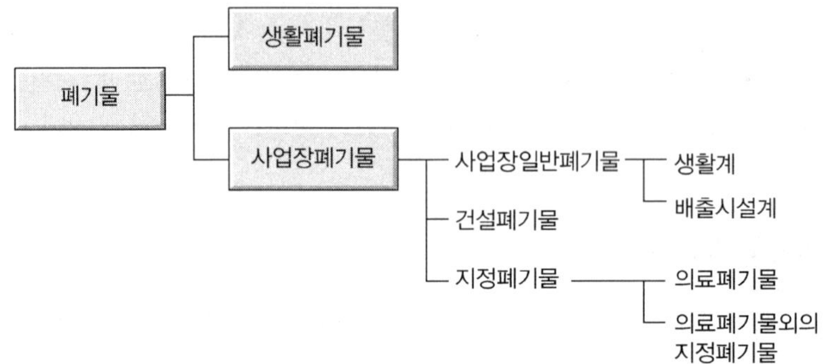

그림 5.1 폐기물의 분류체계
(국립환경과학원, 2006, 폐기물의 유해특성 심사 및 관리체계 구축에 관한 연구(Ⅰ))

국제적으로 유해폐기물은 적정하게 처리하지 않거나 환경에 유출될 경우 사람의 건강과 환경에 미치는 영향이 크기 때문에 이에 대한 관리가 강화되고 있는 추세이다. 우리나라도 유해성이 높은 물질을 지정폐기물로 별도 분류하여 엄격한 처리기준을 적용하고 있다. 우리나라의 지정폐기물의 종류는 표 5.3과 같고, 의료폐기물의 종류는 표 5.4와 같다.

표 5.3 지정폐기물의 종류

대분류	중분류	대상 범위
특정시설 발생되는 폐기물	폐합성고분자화합물	폐합성수지, 폐합성고무로서 고체상태의 것은 제외
	오니류	폐수처리오니, 공정오니
	폐농약	
부식성 폐기물	폐산	염산, 황산, 질산 등
	폐알칼리	수산화나트륨, 수산화칼슘, 탄산나트륨 등
유해물질 함유 폐기물	광재	
	분진	대기오염방지시설에서 포집된 것(소각시설 제외)
	폐주물사 및 샌드블라스트 폐사, 폐내화물 및 재벌구이 전에 유약을 바른 도자기 조각, 소각재 안정화 또는 고형화·고화 처리물, 폐촉매, 폐흡착제 및 폐흡수제	

4) 지정폐기물이라는 용어는 폐기물관리법상 특정폐기물이라는 용어에서 출발하였으며 특별히 지정·관리해야 할 폐기물이라는 의미로 해석된다. 그러나 '지정'의 의미를 일반적으로 이와 같이 해석하지 못하므로 유해(성) 폐기물, 특별관리폐기물 등 일반인도 쉽게 이해할 수 있는 용어로 바꾸는 것이 바람직하다는 의견이 있다.

표 5.3 계속

대분류	대상 범위
폐유기용제	할로겐족 유기용제
	그 밖의 폐유기용제(할로겐족 유기용제 이외의 것)
폐페인트 및 폐래커	페인트 및 래커와 유기용제가 혼합된 것, 폐페인트 용기 등
폐유	기름성분을 함유한 것(PCB 함유폐기물, 폐식용유, 폐흡착제 및 흡수제 등 제외)
폐석면	건조고형물 함량기준으로 석면이 1%이상 함유된 제품 해체시 발생하는 것 등
PCB 함유폐기물	액체상태와 액체이외의 것으로 분류
폐유독물	유해화학물질관리법에 의한 유독물을 폐기하는 것
의료 폐기물	의료기관이나 시험, 검사기관 등에서 발생하는 것
기타	유해한 물질로서 환경부장관이 고시한 것

(자료 : 폐기물관리법 시행령 별표1 요약)

표 5.4 의료폐기물의 종류

분류		대상 범위
격리의료폐기물		"전염병예방법" 제2조제1항에 따른 전염병으로부터 타인을 보호하기 위하여 격리된 사람에 대한 의료행위에서 발생한 일체의 폐기물
위해의료 폐기물	조직물류폐기물	인체 또는 동물의 조직·장기·기관·신체의 일부, 동물의 사체, 혈액·고름 및 혈액생성물(혈청, 혈장, 혈액제제)
	병리계폐기물	시험·검사 등에 사용된 배양액, 배양용기, 보관균주, 폐시험관, 슬라이드, 커버글라스, 폐배지, 폐장갑
	손상성폐기물	주사바늘, 봉합바늘, 수술용 칼날, 한방침, 치과용침, 파손된 유리재질의 시험기구
	생물·화학폐기물	폐백신, 폐항암제, 폐화학치료제
	혈액오염폐기물	폐혈액백, 혈액투석 시 사용된 폐기물, 그 밖에 혈액이 유출될 정도로 포함되어 있어 특별한 관리가 필요한 폐기물
일반의료폐기물		혈액·체액·분비물·배설물이 함유되어 있는 탈지면, 붕대, 거즈, 일회용 기저귀, 생리대, 일회용 주사기, 수액세트
비고 : 의료폐기물이 아닌 폐기물로서 의료폐기물과 혼합되거나 접촉된 폐기물은 혼합되거나 접촉된 의료폐기물과 같은 폐기물로 본다.		

(자료 : 폐기물관리법 시행령 별표2, 개정 2012.12.27.)

다. 외국의 폐기물 정의 및 분류체계

1) 일본(관련법: 폐기물처리법 제2조)

일본은 폐기물이란 "쓰레기, 대형쓰레기, 연소잔재물, 오니, 분뇨, 폐유, 폐산, 폐알칼리, 동물의 사체 기타 오물 또는 불요물(不要物)로서 고형상 또는 액상의 것(방사성물질 및 이 것에 의해 오염된 것을 제외)"이라고 규정하고 있다. 1999년 두부제조공장에서 발생하는 비지를 둘러싼 재판에서 최고재판소가 종합판단설[5)]을 채택하였으며 이후 이것이 폐기물 여부의 판단기준이 되고 있다

일본 환경성은 유상양도를 위장한 탈법 행위를 방지하기 위해 폐기물인지 아닌지를 판단할 때 운반비를 누가 부담하는지를 명확히 확인하도록 지시하고 있고 재생이용에 적합하지 않은 유해성이 있는 것이나 오물에 해당하는 것인지 여부를 명확히 하도록 하고 있다. 다만, 귀금속을 포함한 오니 등으로서 거래가치가 명확한 것은 폐기물에 해당하지 않는 것으로 명

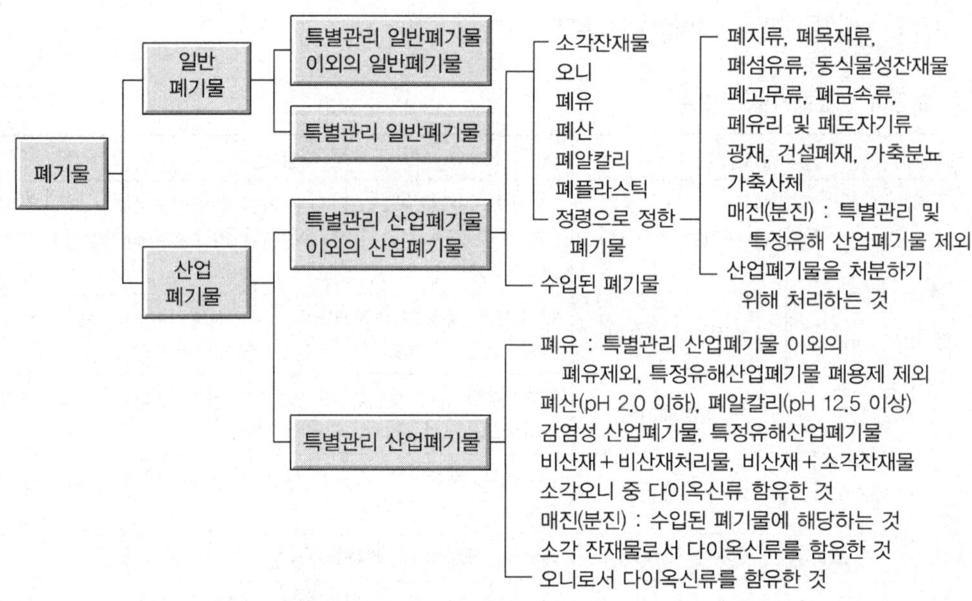

※ 연소하기 어려운 것 : 타르핏치류＋휘발유＋등유·경유류를 제외한 연소하기 어려운 폐유
※ 특별관리 산업폐기물은 폭발성, 독성, 감염성, 사람 및 생활환경에 피해를 발생시킬 우려가 있는 성상의 것으로 우리나라의 지정폐기물에 해당

그림 5.2 일본의 폐기물 분류체계

(자료 : 국립환경과학원, 2006, 폐기물의 유해특성 심사 및 관리체계 구축에 관한 연구(Ⅰ))

5) 종합판단설 : 폐기물처리법에서 규정하고 있는 불요물이란 스스로 이용하거나 타인에게 유상으로 양도할 수 없기 때문에 사업자에게 불필요하게 된 것을 말하고 이에 해당하는지 여부는 물질의 성상, 배출상황, 통상적인 취급형태, 거래가치의 유무 및 사업자의 의사 등을 종합적으로 감안하여 결정한다.

시하고 있다. 위에서 알 수 있는 바와 같이 일본은 유가물로서 거래시장이 안정적으로 형성되어 있는 것은 폐기물에서 제외하고 있다.[6)]

일본은 폐기물을 일반폐기물과 산업폐기물로 나누고 일반폐기물은 다시 특별관리 일반폐기물과 그 외의 일반폐기물, 산업폐기물은 특별관리 산업폐기물과 그 외의 산업폐기물로 나누고 있다. 참고로 특별관리 산업폐기물 내에 특정유해산업폐기물을 두고 있으며 폴리네이트비페닐(PCB)함유 폐기물, 폐석면, 폐유기용제 등이 이에 해당된다.

2) EU의 폐기물 정의와 분류방법

유럽연합에서는 폐기물을 "어떤 물질 또는 물건이 부속서 I에 나열한 범주에 해당하는 것으로서 소유자가 버리거나 버려야 하는 것"이라고 정의하고 있고, 부속서 I에는 소유자가 더 이상 사용하지 않는 제품, 유통기한이 지난 제품 등이라고 기술하고 있다.[7)] 따라서 EU의 폐기물 정의는 우리나라와 같이 포괄적이다. EU의 폐기물목록에서는 철(코드번호 160117)

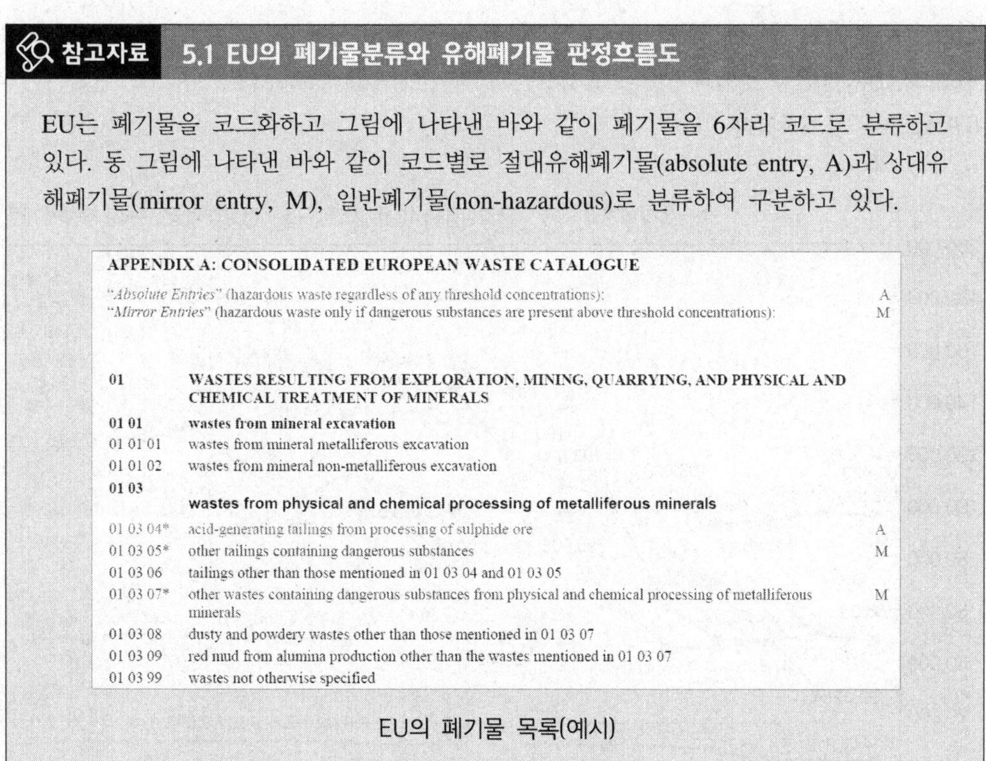

참고자료 5.1 EU의 폐기물분류와 유해폐기물 판정흐름도

EU는 폐기물을 코드화하고 그림에 나타낸 바와 같이 폐기물을 6자리 코드로 분류하고 있다. 동 그림에 나타낸 바와 같이 코드별로 절대유해폐기물(absolute entry, A)과 상대유해폐기물(mirror entry, M), 일반폐기물(non-hazardous)로 분류하여 구분하고 있다.

APPENDIX A: CONSOLIDATED EUROPEAN WASTE CATALOGUE

"*Absolute Entries*" (hazardous waste regardless of any threshold concentrations): A
"*Mirror Entries*" (hazardous waste only if dangerous substances are present above threshold concentrations): M

01	**WASTES RESULTING FROM EXPLORATION, MINING, QUARRYING, AND PHYSICAL AND CHEMICAL TREATMENT OF MINERALS**	
01 01	**wastes from mineral excavation**	
01 01 01	wastes from mineral metalliferous excavation	
01 01 02	wastes from mineral non-metalliferous excavation	
01 03	**wastes from physical and chemical processing of metalliferous minerals**	
01 03 04*	acid-generating tailings from processing of sulphide ore	A
01 03 05*	other tailings containing dangerous substances	M
01 03 06	tailings other than those mentioned in 01 03 04 and 01 03 05	
01 03 07*	other wastes containing dangerous substances from physical and chemical processing of metalliferous minerals	M
01 03 08	dusty and powdery wastes other than those mentioned in 01 03 07	
01 03 09	red mud from alumina production other than the wastes mentioned in 01 03 07	
01 03 99	wastes not otherwise specified	

EU의 폐기물 목록(예시)

(자료 : 2002, European Waste Catalogue(EWC 2002))

---

6) 폐기물리싸이클대책부 산업폐기물과장 통지 제050325002호(2005.3.25)

7) 관련법규 : EU Directive 2006/12/EC 제1조1(a)

과 비철금속(코드번호 160118), 플라스틱(코드번호 160119), 유리(코드번호 160120) 등을 모두 폐기물로 분류하고 있고 건설 및 해체공사에서 발생하는 구리, 알루미늄, 납, 아연, 철(170405), 주석, 혼합금속 등에 별도의 폐기물 분류 번호를 부여하고 있다. 또한 사용이 끝난 포장재, 배터리, 폐자동차, 폐가전제품 등도 폐기물로 규정하고 있다.

5.1.2 폐기물의 발생 및 처리 추이

가. 폐기물의 발생 추이

우리나라 폐기물의 총 발생량은 점진적으로 증가하는 추세이며, 2011년에 하루 평균 383,333톤(139,917천 톤/년)이 발생했다. 그림 5.3에서 알 수 있는 바와 같이 건설폐기물과 사업장배출시설계 폐기물은 계속적으로 증가하는 경향을 보이는 반면 생활폐기물(가정과 사업장에서 발생한 생활폐기물, 이하 같다)과 지정폐기물의 발생량은 거의 일정한 수준을 유지하고 있다. 1인당 생활폐기물의 발생량은 1994년에 1일 1.3kg이었으나 2011년에는 1일 0.95kg으로 감소하였다.

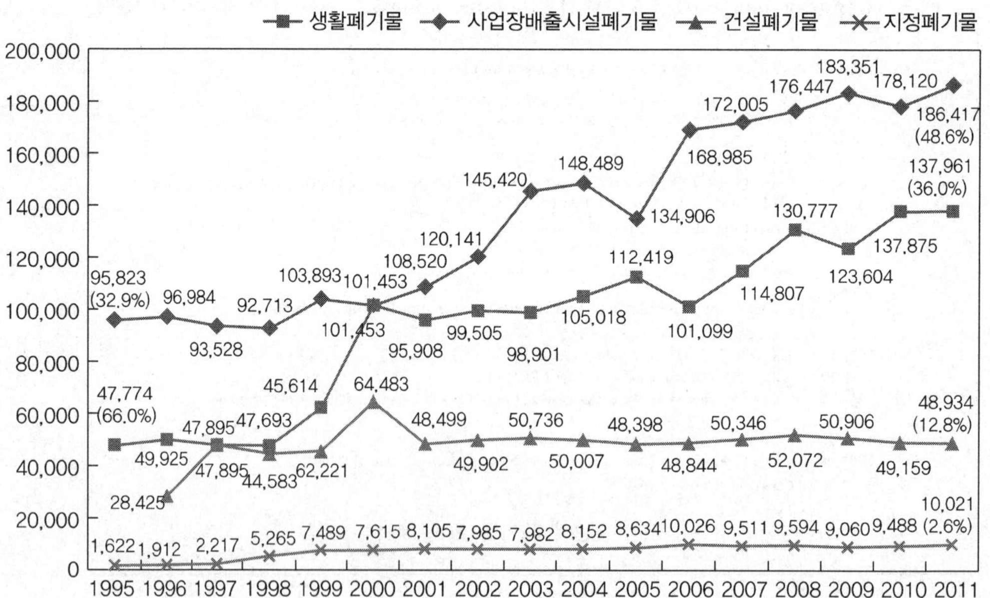

그림 5.3 폐기물 발생량 변화추이

(환경부, 한국환경공단, 2011 전국 폐기물 발생 및 처리현황)

2011년도의 폐기물 종류별로 구성비율을 보면 그림 5.3에서 나타낸 바와 같이 생활폐기물 12.8%, 사업장배출시설계폐기물 36.0%, 지정폐기물 2.6%, 건설폐기물 48.6%이다. 건설폐기물과 사업장배출시설계 폐기물이 84.3%를 차지하고 있으므로 폐기물의 발생량을 줄이기 위해서는 건설폐기물과 사업장배출시설계 폐기물의 감량을 위한 정책이 중요하다.

나. 폐기물의 처리 추이

생활폐기물 처리방법의 변화추이는 그림 5.4과 같다. 생활폐기물의 경우 재활용량은 계속 증가하고 매립량은 급격하게 감소하였다. 1995년에 생활폐기물의 72.3%를 매립 처리하고, 23.7%만을 재활용하였으나, 재활용품의 분리배출과 생산자책임재활용제도 등 각종 재활용 정책의 시행에 따라 2011년에는 재활용률이 59.1%로 크게 증가하고 매립처리율은 17.2%로 대폭 감소하였다. 또한 소각처리율도 1995년에는 4.0%이었으나 2011년에는 23.7%로 크게 증가하였다. 이와 같이 폐기물의 처리가 단순매립 위주에서 중간처리에 의해 자원과 에너지를 회수하고 잔재물을 매립하는 방향으로 개선되었다.

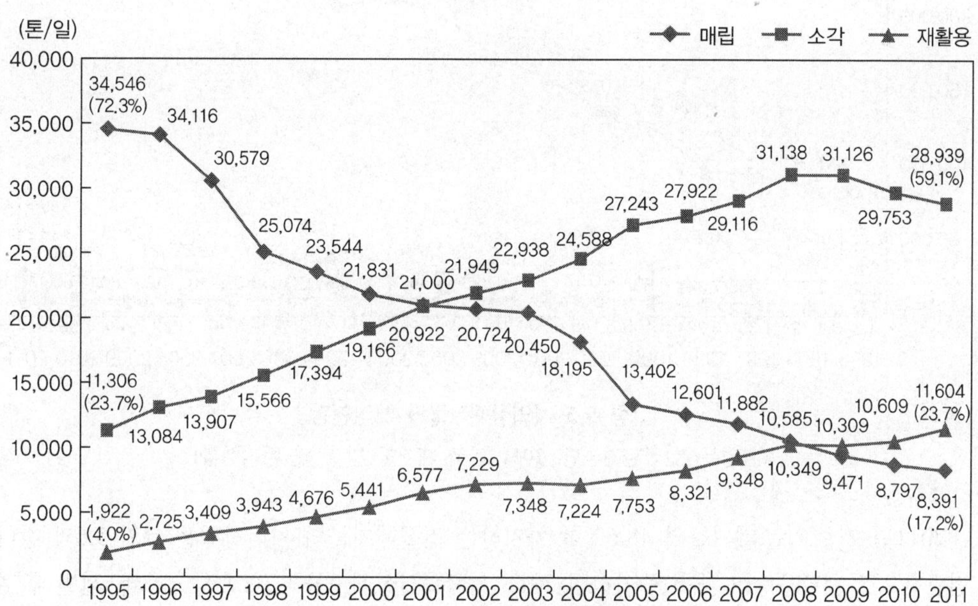

그림 5.4 생활폐기물의 처리현황 추이

(환경부, 한국환경공단, 2011 전국 폐기물 발생 및 처리현황)

사업장폐기물은 생활폐기물에 비하여 배출원별로 성상이 균질하고 다량 발생하는 배출원이 많기 때문에 재활용이 상대적으로 용이하다. 폐기물관리법에서는 사업장폐기물 중 재활용이 가능한 것은 재활용하고 가연성물질은 소각처리 하도록 규정하여 직매립을 금지하고 있다. 또한 재활용이 가능한 것은 유가물로 판매하는 것도 있고 소각·매립 처리에 비하여 처리비가 적게 소요되는 경우가 많아 사업장폐기물은 재활용 위주로 처리되어 왔다. 건설폐기물과 사업장배출시설계 폐기물의 발생량은 그림 5.3에 나타낸 바와 같이 증가 추세를 보이고 있다. 그림 5.5에 나타낸 바와 같이 매립과 소각에 의해 처리한 폐기물량에는 큰 변화가 없고 재활용량이 크게 증가하여 2011년에 사업장폐기물의 86.5%가 재활용되었다.

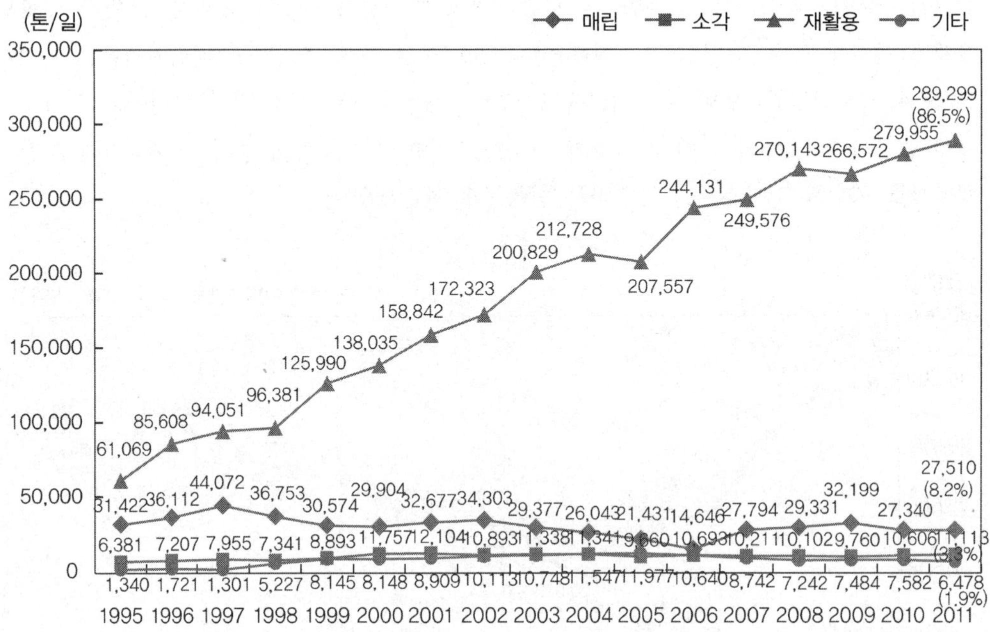

그림 5.5 사업장폐기물의 처리현황

(환경부, 한국환경공단, 2011 전국 폐기물 발생 및 처리현황)

2011년 기준으로 폐기물의 48.6%를 차지하는 건설폐기물의 처리방법은 그림 5.6과 같다. 전반적으로 재활용량이 계속 증가하여 2011년에는 건설폐기물의 98.1%가 파쇄·선별 후 순환골재를 생산하는 중간처리업체에서 처리되었다.[8)]

---

8) 2005년~2006년도에 재활용량이 급증하고 이후 건설폐기물의 매립량이 감소하였는데 이는 "건설폐기물의 재활용촉진에 관한 법률"이 제정되어 재활용이 활성화된 영향으로 보인다.

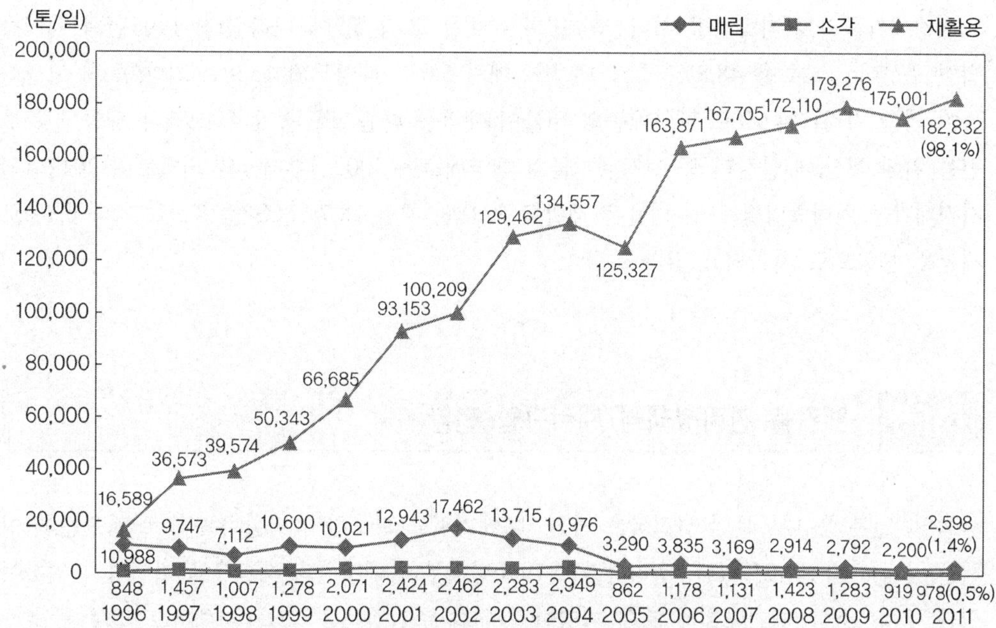

그림 5.6 건설폐기물의 처리현황

(환경부, 한국환경공단, 2011 전국 폐기물 발생 및 처리현황)

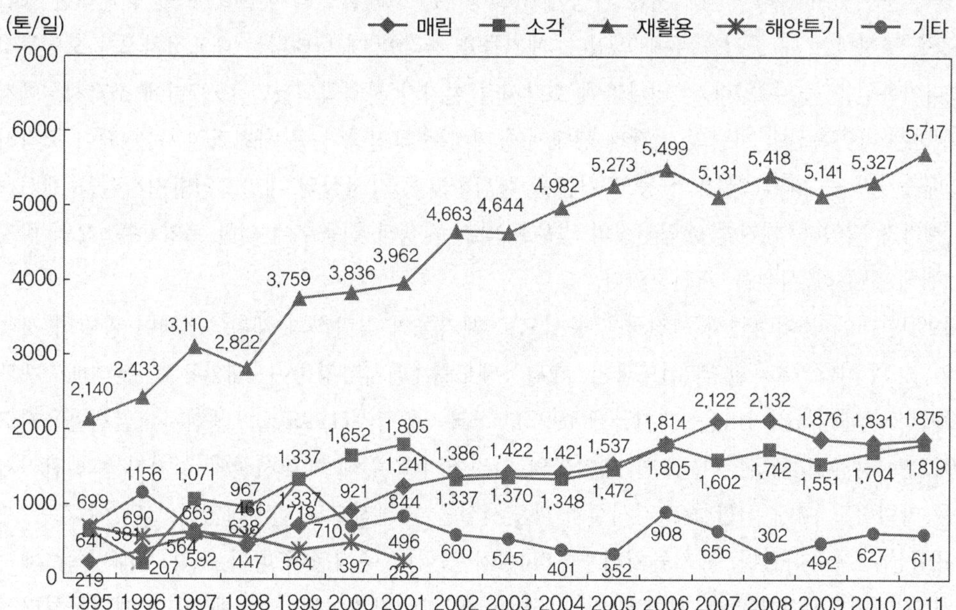

그림 5.7 지정폐기물의 처리방법별 처리량 변화추이

(환경부, 한국환경공단, 2011 전국 폐기물 발생 및 처리현황)

지정폐기물의 처리방법별 처리량의 변화 추이를 그림 5.7에 나타냈다. 1995년의 처리방법별 구성비는 재활용 48.8%, 소각 15.7%, 매립 5.0%, 해양투기 15.9%, 기타(중화, 고형화 등에 의한 처리) 14.6%로 해양배출의 비율이 재활용 다음으로 높았다. 그러나 해양환경 보전을 위해 폐산, 폐알칼리 등 지정폐기물의 해양배출이 2002년부터 금지되었으며 2011년의 지정폐기물 처리방법별 구성 비율은 재활용 57.0%, 매립 18.7%, 소각 18.2%, 기타 6.1%로 재활용 중심으로 처리되고 있다.

5.1.3 폐기물 관리정책의 패러다임 전환

독일, 일본 등 대부분의 선진국은 자원 및 에너지를 확보하기 위한 수단으로 자원순환 정책을 강력히 추진하고 있다. 우리나라도 1990년대부터 폐자원의 재활용을 확대하기 위하여 생산·유통·소비·폐기단계에 걸쳐 다양한 자원화 촉진정책을 도입·시행하고 있다.

종전에는 폐기물 처리시설의 기술수준이 낮아 폐기물의 처리과정에서 발생되는 2차 환경오염에 대한 국민의 우려가 높았다. 따라서 표 5.5에 나타낸 바와 같이 폐기물 관리정책도 재활용율을 높이면서 소각과 매립처리 과정에서 발생하는 오염물질의 배출량을 줄여 쾌적한 생활환경을 조성하는 데 중점을 두게 되었다. 폐기물을 처리할 때 나타나는 대표적인 2차 오염물질로 다이옥신을 들 수 있다. 우리나라에 소각시설 설치가 본격화되었던 1997년에 소각시설에서 발생하는 다이옥신이 사람의 건강과 생태계에 미치는 악영향이 큰 사회적 이슈가 되어 소각시설 배출가스 중 다이옥신류의 농도 기준을 설정하고 소각시설의 대기오염방지시설을 개선하는 계기가 되었다. 폐기물 매립시설의 경우도 악취 발생과 침출수에 의한 토양·수질오염 방지를 위해 꾸준히 시설을 개선하였다.

1990년대에 들어서면서 선진국을 중심으로 폐기물의 감량화와 재활용정책이 활발히 시행되었다. 우리나라도 환경 선도국의 재활용제도를 벤치마킹하여 재활용품 분리배출제도(1992년), 폐기물처리비용 예치금제(1992), 쓰레기종량제(1995년), 생산자책임재활용제도(2003년) 등을 도입하였다. 또한 폐기물의 안전처리를 위해 처리시설의 설치기준과 관리기준을 마련하고 이에 적합한 소각시설과 매립시설을 본격적으로 설치하였다. 그밖에 각종 재활용시설도 확충하였다. 폐기물처리시설의 설치 경험이 축적됨에 따라 소각과 매립 등 폐기물처리기술이 발전하였고, 지역별 처리시설이 대부분 갖추어졌다. 이에 따라 폐기물처리시설에서 발생하는 오염물질의 배출은 상당히 저감된 것으로 평가된다.

표 5.5 자원순환정책의 전환 방향

구 분	그간의 정책		새로운 정책방향
정책여건	폐기물로 인한 환경오염 심화	⇒	기후변화, 원자재·에너지 고갈
목 표	쾌적한 생활환경 조성	⇒	자원순환사회 구축
추진전략	감량 → 재활용 → 처리	⇒	효율적 생산·소비 → 물질재활용 → 에너지회수 → 처리선진화
주요과제	쓰레기종량제, 생산자책임재활용 제도 및 처리시설설치	⇒	자원순환성평가, 재활용품질 인증, 폐자원의 에너지화, 처리광역화
관점	'폐기물'	⇒	'순환자원'

(자료 : 환경부, 2012.12, 환경백서 2012)

최근에는 폐기물을 잠재 자원으로 보아 도시지역에서 다량 발생되는 폐전기·전자제품과 폐자동차, 그리고 금속 등을 다량 함유한 폐기물에서 자원을 회수하는 도시광산(urban mining) 정책이 대두되고 있다. 물질 재활용 이외에도 폐기물 중에서 발열량이 높은 폐플라스틱, 폐지, 폐목재 등을 에너지원으로 활용하는 한편 매립지내 발생 가스를 포집하여 에너지로 활용하는 등 폐기물의 에너지화 정책도 본격화되고 있다. 에너지화 정책은 재생에너지 확보는 물론 온실가스 감축에 기여한다는 측면에서 필수적인 처리방식으로 인식되고 있다. 이는 종래에 단지 환경오염이 발생하지 않도록 안전하게 처리해야 할 대상이었던 폐기물을 순환자원으로 최대한 활용하는 방향으로 정책의 패러다임이 전환된 것이다.

종전의 폐기물 관리정책은 제품이 판매되어 사용된 후 폐기되는 단계 이후에 초점을 맞추었으나, 이제는 제품의 설계와 제조단계부터, 생산, 유통, 배출 및 최종처리까지 전 과정을 관리하는 체계로 전환되었다. 제조단계에서는 생산 공정의 자원 투입량을 줄이고, 가능한 범위에서 제품의 사용수명을 늘리는 것이다. 천연자원 사용과 폐기물 발생 억제, 유해물질 함유량의 감소, 재활용의 용이성 향상을 위한 구조개선, 처리과정의 환경오염 방지 등을 제품의 제조자 등이 스스로 평가하도록 하고 정부가 기술을 지원하는 '자원순환성 평가제도'를 2008년 3월에 "자원의 절약과 재활용촉진에 관한 법률"을 개정하여 도입하였다.

폐기단계에서도 사용이 종료된 제품을 회수하여 부품교체 등을 통해 신제품과 같은 성능의 제품으로 다시 생산하는 재제조(remanufacturing), 재사용 가능한 부품을 회수하여 중고부품으로 다시 사용하는 재사용, 재사용이 어려운 제품·부품을 해체, 파쇄, 선별하여 유용자원을 회수하는 재활용이 확대되고 있다. 그 밖에도 폐자원·바이오매스의 회수·이용 확대 정책, 국가자원의 재활용 기술개발사업 등 다양한 정책을 펴나가고 있다.

참고자료 5.2 재제조의 개념과 재제조성의 향상을 위한 요소

1. 재제조의 개념

재제조란 자원순환을 위해 제품이 사용 종료된 후에 회수하여 해체하여 각 부품의 성능을 평가하고 성능이 저하된 부품의 교체 등 손질과 수리를 거쳐 동일한 제품으로 다시 생산하는 것이다. 여기에는 부품을 회수한 후 손질이나 수리를 하여 재생부품으로 다시 사용하는 것을 포함한다. OA기기, PC, 가전제품, 자동차 등에서 주로 도입되고 있다. 재제조에 의해 최종적으로 만들어진 제품은 '에코제품'으로서 시장에 공급되며 에코제품은 신제품과 동등한 품질이 요구되기 때문에 구성부품 하나하나를 완전히 재생9)하여야 한다. 재제조 공정은 아래 그림과 같다.

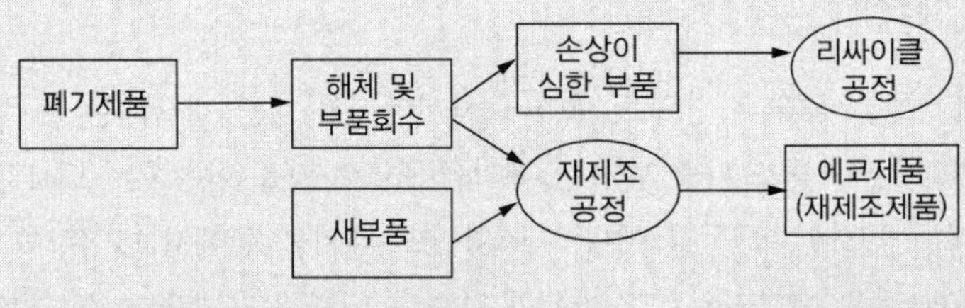

재제조공정의 개념도

2. 재사용, 재활용, 재제조의 관계

폐기 제품을 이용하는 공정은 재사용, 재활용, 재제조 등 3가지로 분류할 수 있다. 이 3가지 프로세스는 자원순환을 목적으로 하고, 각각의 독자적 요소와 다른 프로세스와 겹치는 요소가 있다. 이것을 아래 그림에 나타내었다. 원 밖에 표시한 1차, 2차, 3차이용은 소비자가 환경을 고려하여 선택할 수 있는 프로세스의 순서이다.

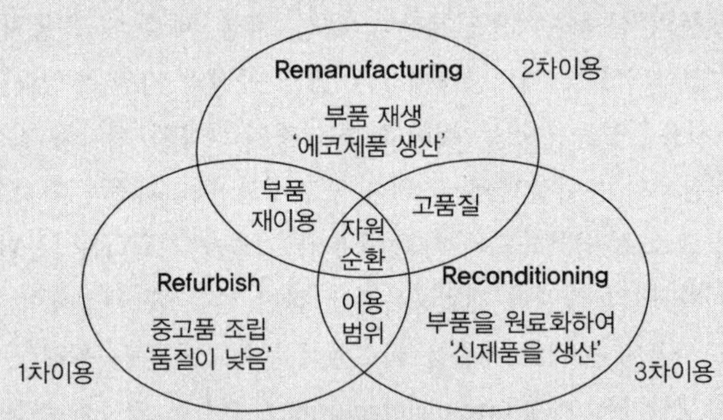

재사용, 재활용, 재제조의 관계

3. 재제조성의 향상을 위한 요소

이상적인 재제조는 제품을 구성하고 있는 소모부품 이외의 모든 부품이 장기간 사용되어도 손상이 생기지 않을 정도의 강도를 가진 재질로 제조함으로써 쉽게 재생하여 동일 제품에 재이용할 수 있어야 한다. 따라서 구성부품이 어떻게 설계되어있어야 재제조성(再製造性)이 향상되는 지를 정리하면 다음과 같다.

가) 재질 : ①내부식성, ②유해물질을 함유하지 않음, ③재이용하기에 충분한 강도
나) 연결부품 : ①내부식성, ②재이용 가능할 것, ③견고한 나사의 사용
다) 분해 : ①분해가 쉬운 접합, ②동력공구 작업이 쉬운 구조, ③플라스틱부품은 분해경로의 맨 앞쪽에 가까이 배치
라) 세정 : ①세정하기 곤란한 불필요한 홈이나 빈 공간의 제거, ②접착제를 사용하여 부품에 라벨부착을 부착하지 말 것
마) 조립 : ①현재의 조립방법보다 단순화, ②구성부품 수를 삭감

4. 재제조와 유사한 개념

재제조와 유사한 개념으로는 사용이 끝난 제품 중에서 품질이 우수한 것을 서비스거점 등에서 회수하여 일부 부품 등을 교환하고 간단한 수리후 다시 출하하는 리퍼비쉬(refurbish)와 사용이 끝난 제품 중 사용상황과 부품 상태 등을 기준으로 양호한 것을 선택하여 재생공장에 보내 적정한 수준까지 해체하고 부품을 교환하여 다시 조립하여 출하하는 리컨디셔닝(reconditioning)이 있다.

상기 두 가지 공정에서는 기본적으로 상당히 많은 부품을 재이용하기 때문에 품질이 신제품보다 저하된다고 할 수 있다. 그러나 재제조(remanufacturing)는 회수제품에서 사용가능한 부품을 떼어내어 재생하고 사용할 수 없는 부품은 새 부품으로 바꾸어 제품을 조립하는 것으로 재제조한 제품의 성능은 신제품과 동동한 수준이다.

(자료 : 花田 純一, Remanufacturingに関する基礎研究,)

5.2 폐기물관리 법규 및 제도

5.2.1 폐기물관리 관련 법령의 변천과정

폐기물관리 정책을 시행하기 위해서는 사업자나 국민에게 의무를 부과하고 국가기관, 지방자치단체, 공공기관 등에게 책무를 부여하게 되므로 의무와 권리에 관한 주요 내용을 법

9) 여기서 재생이란 녹슬고 손상된 부품을 새 부품과 동등한 품질로 만드는 것이다.

령으로 규정해야 한다. 따라서 폐기물 관리정책의 핵심 내용은 폐기물관리 법규에 담겨있으며, 폐기물 관리제도의 변천은 관련 법규의 제·개정과정을 통해 쉽게 이해할 수 있다.

우리나라의 폐기물관리법 체계는 2원화 구조, 1원화 구조, 세분화 단계를 거쳐 발전해왔다. 폐기물의 문제가 그다지 심각화하지 않았던 1980년대 중반 이전에는 생활폐기물은 "오물청소법", 사업장폐기물은 "환경보전법"에 근거하여 관리하는 2원화된 체제였다. 1986년에 "폐기물관리법"이 제정되면서 생활폐기물과 사업장 폐기물의 관리체계가 통합되어 일원화되었다. 1990년대부터 재활용의 활성화와 폐기물 처리시설의 설치 촉진 등을 위하여 세분화·전문화된 다수의 법률을 제정하였다. 폐기물관리법체계의 발전과정을 요약하면 표 5.6과 같다.

표 5.6 폐기물관리법 체계의 변천

법명	오물청소법 시대	환경보전법 시대	폐기물관리법 시대	폐기물 관리체계의 정착 시대	감량화·재활용 정책 발전 시대
적용 시기	1961～1977	1978～1986	1987～1992	1993～2002	2003～현재
주요 내용	생활쓰레기 등의 단순 매립처리	산업폐기물 처리에 관한 내용	오물청소법의 생활폐기물과 환경보전법의 산업폐기물의 관리를 통합	감량화와 재활용 촉진을 위한 법률과 처리시설 설치에 관한 법률 제정	건설폐기물, 전기전자폐기물, 폐차의 재활용을 촉진하기 위한 법제의 세분화
비고	이원화 관리체계		일원화 관리체계	분법화 관리체계	

가. 오물청소법 시대(1961년~1977년)

소극적 위생관리 개념 하에서 폐기물을 관리하던 시기로 1961년에 제정된 "오물청소법"에 의해 생활쓰레기 관리 규정이 마련 되었다. 이 법은 도시지역 주민의 보건·위생수준 향상을 목표로 청소체계를 확립하기 위해 제정되었으며, 서울특별시와 시 지역을 특별청소지역으로 정하고, 관광지, 스키장, 해수욕장, 기타 다수인이 모이는 지역을 계절적 청소지역으로 정하였다. 또한 청소지역, 하수도, 하천 및 해역 등에 오물투기 금지를 규정하였다. 1973년에는 동 법을 개정하여 공장 및 사업장을 경영하는 자가 조업으로 인하여 발생되는 오물을 스스로 처리하도록 규정하였다. 이는 폐기물 배출자인 사업자에게 처리 책임을 부과하여 오염물질의 배출자 책임원칙을 적용한 관리제도를 확립한 데 의의가 있다.

나. 환경보전법 시대(1978년~1986년)

적극적인 환경보전의 개념의 도입되었던 시기로 환경문제가 서서히 사회적 관심사로 대두되면서 종합적인 환경법규로서 1977. 12. 31에 "환경보전법"이 제정되었다. 이후 환경부의 전신인 환경청이 1980년에 발족됨으로써 환경문제에 대한 대처가 종전의 '소극적 방어적 개념'에서 '적극적 환경보전적 개념'으로 발전되었다. 이 시기에는 폐기물을 단순매립(비위생매립) 방법으로 처리하였으며, 생활폐기물은 "오물청소법"으로 관리하고, 산업폐기물은 "환경보전법"으로 관리하는 이원화된 관리체계였다.

다. 폐기물관리법 시대(1987년~1992년)

폐기물의 위생처리 개념이 강화되고 재활용 개념이 도입된 시기로 "폐기물관리법"이 1986년 말에 제정되어 1987년부터 시행되었다. 오물청소법과 환경보전법상의 폐기물 관련 규정이 통합되고 종전과 달리 '재활용' 개념이 도입되어 단순처리에서 진일보한 폐기물 관리가 시작되었다. 1991년에는 동 법을 전부 개정하여 폐기물의 발생억제와 재활용에 대한 조항을 신설하였고, 생활폐기물과 산업폐기물로 구분하던 폐기물 분류체계를 국민의 건강과 위해성 정도를 기준으로 일반폐기물과 특정폐기물로 구분하고 각각 국가와 지방자치단체에 처리책임을 각각 부여하였다. 한편 오수, 분뇨 등은 "오수·분뇨 및 축산폐수의 처리에 관한 법률"이 1991년에 제정되면서 수질관리 측면에서 관리하게 되었다.

라. 폐기물관리체계의 정착 시대(1993년~2002년)

폐기물의 발생 억제와 자원순환 개념이 도입되는 시기로 이를 위해 "자원의 절약과 재활용촉진에 관한 법률"이 1992년 말에 제정되어 1993년에 시행되었다.[10] 이 법은 폐기물 감량화를 촉진하는 제도와 함께 재활용 촉진을 위한 경제적 수단, 사업자 및 국민들의 의무를 규정하였다. 제품의 사용종료 후에 발생하는 폐기물 문제에 효과적으로 대응하기 위해 재활용이 어렵거나 유해물질을 담았던 용기 등에는 폐기물부담금을 부과하고, 재활용이 용이한 제품이나 용기에는 사전에 회수·처리비용을 예치하고, 회수·재활용한 후 반환 받는 폐기물 예치금제도를 도입하는 등 경제적 수단을 폐기물 관리정책에 도입하였다. 1995년에는 생활폐기물의 배출량에 따라 처리 수수료를 부과하는 쓰레기수거료 종량제를 전국적으로 시행하였다. 종량제 시행과 더불어 재활용품으로 분리 배출한 것은 무상으로 수거하는 재활용품 분리수거 제도를 강화함으로써 국민에게 폐기물을 줄이고 재활용품을 처리대상 폐기물(종량제 봉투 폐기물)과 분리 배출하도록 생활폐기물 관리에 경제적인 유인 동기를 부여하는 정책을 도입하였다. 이로써 생산·유통·소비의 전 과정에 걸쳐 폐기물의 발생을 억제하고 자

10) 이는 폐기물의 재활용을 촉진하기 위해 "폐기물관리법"에서 재활용관련 사항을 분리한 동시에 새로운 재활용 관련 제도를 대폭 포함하여 별도의 법률로 제정한 것이다.

원의 순환이용을 촉진하여 자원순환 사회로 나아가는 제도의 기틀이 마련되었다.

국제적으로는 유해폐기물이 발생 국가에서 처리되지 않고 개도국으로 이동하는 것을 방지하기 위해 바젤협약이 1989년 3월에 채택되었고, 1992년 5월에 발효되었다. 우리나라도 1994년 2월에 이 협약에 가입하면서 조약내용의 국내 이행을 위한 법적 근거를 마련하기 위해 "폐기물의 국가간 이동 및 그 처리에 관한 법률"을 1994년 5월에 제정하였다. 1995년에는 폐기물관리법을 개정하여 '사업장폐기물 감량제도'를 신설하였다. 1990년대 중반에 폐기물 처리시설 확충이 본격화됨에 따라 님비(NIMBY)현상이 팽배하여 폐기물처리시설의 설치에 어려움을 겪게 되었다. 이에 따라 이를 해결하기 위해 폐기물처리시설의 주변지역 주민이 시설의 설치와 운영과정에 참여할 수 있는 근거를 마련하기 위해 "폐기물처리시설 설치촉진 및 그 주변지역지원 등에 관한 법률"을 1995년에 제정하였다.

1990년대 들어 생활폐기물을 소각 중심으로 처리하는 일본에서 소각시설 주변의 다이옥신 오염이 사회문제로 크게 대두되었고 이의 영향을 받아 우리나라에서도 1997년에 폐기물 소각에서 발생하는 다이옥신류에 의한 소각시설 주변지역의 환경오염과 주민에 대한 건강영향이 큰 사회적 이슈가 되었다. 이에 대처하기 위해 정부는 생활폐기물 소각시설의 다이옥신류 배출허용기준을 생활폐기물 소각시설에 대하여는 1998년에, 사업장폐기물 소각시설에 대하여는 2001년에 각각 설정하였다.

1997년에 우리나라에 외환위기가 발생하여 많은 기업과 폐기물처리업체가 도산하면서 폐기물 배출업체가 발생한 폐기물을 처리하지 않고 적치해 두거나 불법투기 사례가 많았고, 특히 폐기물처리업체가 도산하면서 수탁한 폐기물을 옥외 부지 등에 다량 방치하여 악취 발생과 침출수의 유출 등으로 인한 환경오염이 사회문제로 대두되었다. 이러한 폐기물 방치에 효과적으로 대처하기 위해 '지정폐기물 처리증명제'와 폐기물처리업자에 대한 '방치폐기물 처리이행보증제'를 1999년에 도입하였다. 그밖에 의료법(보건복지부 소관)에 의해 관리해오던 '감염성폐기물'[11]이 2000년에 "폐기물관리법"으로 이관되었다.

마. 감량화·재활용 정책 발전 시대(2003년~현재)

1992년부터 각종 용기류, 폐타이어, 폐윤활유와 TV, 세탁기, 냉장고, 에어컨 등 가전제품 등 재활용이 가능한 주요 제품·용기를 대상으로 회수·재활용 비용을 제조자가 제품을 출고할 때 사전 예치하고, 폐기된 제품을 회수·재활용하는 경우 이를 반환해 주는 폐기물회수처리비 예치금제도를 도입하여 시행하였다. 선진국의 경우 통상적으로 소비자 예치금제를 도입한 반면 우리나라는 생산자 예치금제를 도입한 것이며 그 이전부터 시행되었던 공병보증

11) 그 후 감염성폐기물에서 의료폐기물로 명칭 변경되었다.

금제가 소비자예치금제에 해당된다. 그러나 이론적으로 예치금 요율이 회수·재활용비용 이상으로 책정되어야 경제적 수단으로 유인 효과를 가진다는 원칙에도 불구하고 산업계의 반대 등으로 예치금 요율이 실제 재활용에 소요되는 비용보다 훨씬 낮은 수준으로 설정되어 당초에 기대한 재활용 목표를 달성할 수 없었다. 이를 개선하고자 정부는 폐기물 예치금제도를 대체하여 생산자에게 직접 재활용의무를 부과하는 '생산자책임 재활용제도(expended producer responsibility)'를 2002년에 도입하게 되었다. 이 제도는 독일에서 처음 시행된 제도로 제품의 전수명주기에 걸쳐 생산자의 의무를 확대하는 것이며 제품에 환경비용을 내부화하는 효과를 기대한다. 수입제품에 대한 비관세 무역장벽으로 작용할 수 있는 제도이다.

건설폐기물의 경우 1990년대 후반부터 재개발·재건축 등 건설공사가 급격히 증가함에 따라 건설폐기물 발생량이 급증하여 2003년에 5,300만 톤에 달하였으며 이는 총 폐기물발생량의 49.3%를 차지하는 것이다. 이렇게 다량 발생되는 건설폐기물의 처리난을 해소하고자 순환골재 등으로 자원화하는 방안이 시급하였다. 이에 따라 정부는 기존에 "폐기물관리법"에 규정되어 있던 건설폐기물 관련 내용을 분리하여, 건설폐기물의 분리배출과 처리, 순환골재 품질기준 및 품질인증, 재활용 기준 등에 관한 사항을 규정한 "건설폐기물의 재활용촉진에 관한 법률"을 2003년 12월에 제정하였다.

21세기 들어 유럽연합과 일본 등에서 제품 생산에 다량의 자원을 사용하는 전기·전자제품과 자동차의 제조시 납, 수은 등 유해물질의 사용을 억제하여 재활용과 처리과정에서 환경오염을 방지하는 동시에 재활용이 용이하도록 제품의 설계단계에서부터 고려하도록 의무화하는 법규가 제정되었다. 우리나라도 폐자원의 재활용을 활성화하고 국제환경규제에 능동적으로 대응하기 위해 "전기·전자제품 및 자동차의 자원순환에 관한 법률"을 2007년 7월에 제정하여 2008년부터 시행하였다. 한편 전기·전자제품의 회수를 촉진하기 위해 2011년 4월에 동 법을 개정하여 전기·전자제품의 제조와 판매에 영향력이 크고 회수체계를 갖출 수 있는 판매업자에게도 회수의무비율을 부여하였다.

5.2.2 폐기물 관리정책 체계

현행 폐기물 관리정책의 우선순위는 발생량의 원천적 저감, 발생 폐기물의 재사용·재활용과 폐자원 에너지화, 소각열의 회수 및 이용, 최종 잔재물의 위생매립 처리이다.

참고자료 5.3 우리나라의 폐기물 관리체계 요약

구분	내용
발생억제 (Reduce)	1회용품 사용억제 - 규제방법 : 사용억제, 무상제공 금지, 제작·배포 억제 등 - 대상품목 : 1회용 컵·용기·수저, 면도기, 1회용 봉투, 쇼핑백(종이제 제외), 응원용품, 비닐식탁보 등
	과대포장 규제 - 규제대상 품목 : 음식료품류, 화장품, 세제류, 잡화류, 의약외품, 의류, 종합선물세트 등
	폐기물부담금제도 - 살충제·유독물, 부동액, 껌, 1회용기저귀, 담배, 플라스틱제품
재사용 (Reuse)	빈용기(공병) 보증금제도 - 맥주, 소주 등 발효 및 증류 주류, 청량음료류의 반복 사용이 가능한 유리병의 세척·재사용
재활용 (Recycle)	생산자책임재활용제도 - EPR 대상 품목 · 7개 제품군[전자제품(10종), 타이어, 전지(7종), 윤활유, 형광등, 양식부자, 합성수지 재질의 1회용 봉투 및 쇼핑백] · 4개 포장재군(금속캔, 유리병, 종이팩, 합성수지 포장재)
	재활용시설 지원 - 선별·보관 및 압축·파쇄시설 등 국고 보조
	자원재활용산업 육성 - 재활용시설자금 지원, 재활용품 사용 촉진, GR마크 제도
소각/매립	소각시설의 설치 및 관리 - 다이옥신 관리기준 강화, 주민지원 사업
	매립시설 설치 및 관리 - 위생매립 및 침출수 처리강화, 주민지원 사업

5.2.3 폐기물관리법의 주요내용

가. 폐기물관리 관련 법률

폐기물관리법은 폐기물 관리에 관한 기본법으로써 폐기물의 발생을 최대한 억제하고 발생한 폐기물을 친환경적으로 처리함으로써 환경보전과 국민의 쾌적한 삶의 질 확보에 이바지하는 것을 목적으로 1986년 12월에 제정되었고 이후 수차례 개정되었다.

폐기물 관리 분야의 다른 법률로는 "자원의 절약과 재활용촉진에 관한 법률", "건설폐기물의 재활용촉진에 관한 법률", "폐기물처리시설의 설치촉진 및 주변지역 지원 등에 관한 법률", "전기·전자제품 및 자동차의 자원순환에 관한 법률", "폐기물의 국가간 이동 및 그 처리에 관한 법률", "수도권매립지관리공사의 설립 및 운영 등에 관한 법률"이 있다.

표 5.7 폐기물관리법의 구성과 주요내용

구분	개 요
총칙	- 목적, 정의, 적용범위 - 폐기물관리의 기본원칙, 국가 및 지방자치단체, 국민의 책무 - 폐기물처리 기본계획 및 폐기물 관리 종합계획 - 폐기물 통계조사, 폐기물공정시험방법
폐기물의 배출과 처리	- 폐기물의 처리기준, 폐기물의 재활용 용도와 방법 - 재활용 제품 또는 물질에 관한 유해성기준 - 생활폐기물의 처리 등에 대한 폐기물배출자의 협조 등 - 사업장폐기물 배출자와 처리자의 의무 - 폐기물의 수출입 신고 등, 수입폐기물의 처리 등
폐기물처리업	- 폐기물처리업, 결격사유, 허가의 취소, 과징금 처분 - 폐기물처리시설의 설치·검사·관리 - 허가·신고의 의제, 권리·의무의 승계
폐기물처리업자의 지도·감독 등	- 기술관리인, 폐기물처리담당자등에 대한 교육 - 장부 등의 기록·보존, 휴업·폐업의 신고 - 보고·검사 등 폐기물 처리명령 - 방치폐기물처리, 폐기물처리공제조합의 설립
보칙 및 벌칙	- 폐기물인계·인수 내용 등의 전산처리 - 폐기물처리 신고, 과징금 처분 - 폐기물의 회수조치, 폐기물처리에 대한 조치명령 - 폐기물처리시설의 사후관리와 사후관리이행 보증보험 가입 등 - 사용종료 또는 폐쇄후의 토지이용 제한 등 - 폐기물처리사업의 조정, 국고보조 등 - 폐기물처리실적보고, 행정처분기준 - 벌칙, 양벌규정, 과태료

나. 폐기물관리법의 주요내용

폐기물관리법의 개요는 표 5.7과 같고, 주요내용을 요약하면 다음과 같다. 첫째, 폐기물의 범위를 정의하고 분류하고 있다. 폐기물을 생활폐기물과 사업장폐기물로 분류하고, 사업장폐기물은 다시 지정폐기물과 그 밖의 폐기물로 분류하고 있다.

둘째, 폐기물 관리의 기본원칙으로 폐기물의 발생억제 등을 통한 배출의 최소화, 주변 환경·주민 건강의 위해를 방지하기 위한 사전 조치, 폐기물로 인한 환경오염을 일으킨 자의 복원 책임 및 비용 부담, 국내 발생 폐기물의 국내 처리 및 폐기물의 수입을 억제하고, 재활용을 소각, 매립 등의 처리보다 우선하도록 정하고 있다.

셋째, 행정주체별 책무를 규정하고 있다. 국가는 지정폐기물의 적정처리를 위해 필요한 조치를 강구하고, 지방자치단체에 대한 기술적·재정적 지원, 시·도간의 폐기물 처리사업에 대한 조정 등의 책무를 진다. 시·도지사는 시장·군수·구청장에게 기술적·재정적 지원과 조정을 하며, 시장·군수·구청장은 관할구역안의 폐기물이 적정 처리될 수 있도록 폐기물처리시설을 설치·운영하고 생활폐기물을 수집·운반·처리하도록 정하고 있다.

넷째, 시·도지사 및 시장·군수·구청장은 10년마다 폐기물처리기본계획을 수립하고 국가는 10년마다 국가폐기물관리종합계획을 수립하도록 정하고 있다. 또한 폐기물을 처리[12](수집·운반·보관·재활용·처리)하려는 자가 준수해야 하는 기준과 방법을 정하고 있다.

다섯째, 사업장폐기물 배출자의 의무사항을 규정하고 있다. 폐기물 배출자 신고 또는 처리계획 제출을 규정하고 있다. 배출자는 스스로 처리하거나 처리할 자격 있는 자(해당 허가를 득한 자)에게 위탁처리토록 정하고 있고, 사업장폐기물을 위탁 처리하는 경우에는 전자정보처리프로그램(올바로시스템)에 입력하도록 정하고 있다. 또한 양수·상속·합병 또는 경매 등에 따라 사업장을 인수한 자는 사업장폐기물과 관련된 권리와 의무를 승계하는 것으로 규정하고 있다.

여섯째, 폐기물의 국가간 이동 및 그 처리에 관한 법률에 의한 허가대상 외의 폐기물을 수출·입하고자 하는 경우 절차에 따라 신고토록 하고 동 폐기물은 사업장폐기물의 기준 및 방법에 따라 처리하도록 규정하고 있다.

일곱째, 폐기물의 수집·운반, 재활용 또는 처리하고자 하는 자는 폐기물처리업 허가를 받아야 하며, 규정된 준수사항을 지켜야 한다. 지정폐기물은 환경부장관의 허가, 그 외의 폐기물은 시·도지사의 허가를 받아야 한다.

여덟째, 폐기물처리시설은 설치승인 또는 신고를 받아 설치하고, 시설의 설치·관리기준을 준수하는 한편, 시설 운영 중에도 정기적으로 검사를 받아야 한다.

아홉째, 폐기물처리업자나 재활용신고자는 수탁폐기물의 방치를 방지하기 위하여 보험가입이나 공제조합 가입 및 분담금 납부를 통하여 방치폐기물처리의 이행을 보증하여야 한다.

12) 폐기물처리에 대한 용어 설명 : 폐기물관리법 제2조에서 처리를 폐기물의 수집, 운반, 보관, 재활용, 처분으로 정의하고, 처분은 폐기물의 소각, 중화, 파쇄, 고형화 등 중간처분과 매립하거나 해역으로 배출하는 최종처분으로 구분하고 있다. 그러나 일반적으로 위에서 중간처분이라고 하는 것은 통상적으로 중간처리라고 하며, 최종처분은 최종처리 또는 최종처분이라고 한다. 또한 광의로 재활용을 중간처리로 보는 경우도 있다.

참고자료 5.4 일본의 폐기물관련 법의 구성체계

일본 폐기물관련 법체계는 순환형사회형성추진법을 기본법으로 하여 폐기물처리법과 자원유효이용촉진법, 개별제품에 대한 재활용촉진법으로 구성되어 있다.

순환형사회형성추진기본법 (2001.1 시행) — 사회의 물질순환확보 / 천연자원의 소비억제 / 환경부하의 저감

- 기본원칙
- 국가, 지자체, 사업자, 국민의 책무
- 국가시책

순환형성사회형성추진기본계획 : 국가의 다른 계획의 기본

↓ **일반적인 체계의 확립**

〈폐기물적정처리〉 〈리싸이클추진〉

폐기물 처리법(2003.12 개정)	자원유효이용촉진법(2001.4 시행)
① 폐기물의 적절처리 ② 폐기물 처리시설의 설치규제 ③ 폐기물처리업자 규제 ④ 폐기물 처리기준 설정 ⑤ 부정적처리 대책 ⑥ 공공관여에 의한 시설정비 등	① 부산물의 발생억제 리사이클 ② 재생자원, 재생부품의 이용 ③ Reduce, Reuse, Recycle을 배려한 설계·제조 ④ 분별회수 대상표시 ⑤ 사용종료제품의 자주(自主)회수·재자원화 ⑥ 부산물의 유효이용 촉진

↓ **개별제품의 특성에 따른 규제**

용기포장 리사이클법 (2000.4 시행)	가전리사이클법 (2001.4 시행)	식품리사이클법 (2001.5 시행)	건설리사이클법 (2002.5 시행)	자동차리사이클법 (2003.1 일부시행) (2005.1 본격시행)
- 소비자에 의한 분리배출 - 용기포장의 시정촌에 의한 수집 - 용기포장의 제조, 이용업자에 의한 재상품화	- 소비자에 의한 회수, 리사이클비용 부담 - 폐가전을 소매점이 소비자로부터 인수 - 제조업자 등에 의한 재상품화	- 식품의 제조·가공·판매업자가 식품폐기물의 재자원화	- 공사수주자·건축물의 분별해체·건설폐재 등의 재자원화	- 자동차소유자의 리사이클 요금부담 - 제조업자에 의한 프레온가스, 에어백, 슈레더더스트의 인수, 재자원화 등 - 관련 사업자에 의한 사용종료 자동차 등의 인수인계

그린구입법(국가등이 솔선하여 재상품등의 조달추진)(2001.4시행)

(자료 : 經濟産業省, 2004, 資源循環 ハンドブック 2004 法制度と 3Rの動向)

참고자료 5.5 독일의 폐기물관련 법령체계

독일의 폐기물관련 법령은 1972년에 제정된 순환경제 촉진 및 폐기물관리법을 기본법으로 하여 제품 규제법령과 재활용 촉진 법령, 기타 폐기물 처리와 국가 간 이동을 관리하는 법령으로 구성되어 있다.

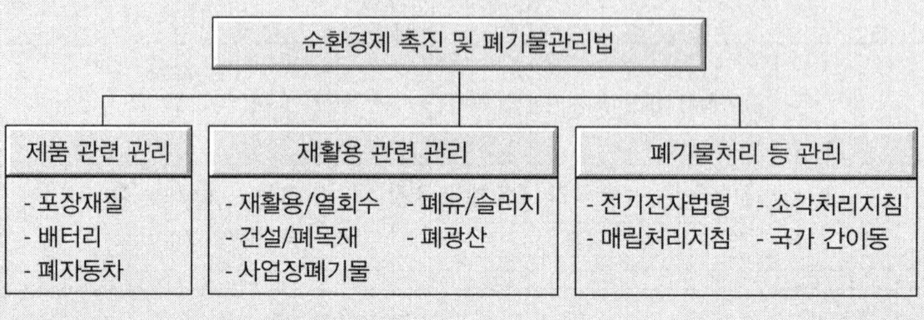

5.2.4 자원의 절약과 재활용촉진에 관한 법률의 주요내용

가. 제정 목적

이 법은 약칭하여 자원재활용촉진법이라 칭한다. 자원재활용을 촉진하여 폐기물을 적정하게 처리하고, 자원을 효율적으로 이용함으로써 환경보전과 국민경제의 건전한 발전에 이바지하는 것을 목적으로 1992년 12월에 제정되었으며, 이후 여러 차례 개정되었다. 동 법의 구성과 개요를 표 5.8에 나타내었다.

표 5.8 자원재활용촉진법의 법률 구성과 개요

구분	개 요
총칙	- 목적, 정의, 국가 및 지자체의 책무 등 - 자원순환기본계획의 수립 등
폐기물 발생억제	- 자원의 절약, 포장폐기물 발생억제 - 1회용품 사용 억제, 폐기물부담금
폐기물 재활용촉진	- 분리수거, 분리배출표시, 폐기물배출자의 재활용 이행 - 제조업자 등의 재활용 의무, 제품 판매업자의 회수의무, 빈용기 보증금 등
재활용사업 공제조합	- 조합의 설립, 분담금 등, 민법의 준용
재활용 산업 육성	- 자금 등의 지원, 재활용제품의 규격·품질기준 - 재활용단지의 조성 등
보칙·벌칙	- 자원재활용협회, 권한의 위임·위탁

나. 주요내용

첫째, 환경부장관은 자원순환기본계획을 5년마다 수립하도록 정하고 있다. 포장폐기물 발생억제 및 1회용품 사용억제를 규정하고 있다. 포장재와 관련하여 포장재질·포장방법 기준, 합성수지재질 포장재의 연차별 감량계획과 음식점·목욕장·백화점 등의 1회용품 사용억제 및 무상제공 금지 등을 규정하고 있다.

둘째, 재활용이 어렵고 폐기물 관리상 문제를 초래할 가능성이 있는 제품·재료·용기의 제조업자 등에게 폐기물 처리비용을 징수하는 폐기물부담금제도의 내용을 규정하고 있다.

셋째, 종이팩, 금속캔 등 제품·포장재의 제조업자 등에게 재활용의무를 부여하는 생산자책임재활용제도를 규정하고 있다. 또 주류 제조업자 등이 사용된 용기의 회수·재사용을 촉진하도록 하기 위해 빈용기 보증금제의 시행방법과 반환되지 않은 보증금의 사용용도를 정하고 있다.

넷째, 재활용의무생산자의 의무를 효율적으로 이행할 수 있도록 하기 위하여 제품·포장재별 공제조합을 설립하도록 하고 인가절차를 규정하고 있다. 재활용산업 육성을 위해 국가와 지방자치단체가 재활용사업자에게 자금 보조, 융자 등을 실시하고, 재활용단지 조성을 지원할 수 있도록 정하고 있다.

5.2.5 전기·전자제품 및 자동차의 자원순환법률의 주요내용[13)]

이 법은 자원순환법이라 약칭한다. 전기·전자제품 및 자동차의 재활용을 촉진하기 위하여 납, 수은 등 유해물질의 사용을 억제하고 폐기단계에서 재활용하기 쉽게 제조하도록 하여 자원을 효율적으로 이용함으로써 환경보호와 국제 환경규제에 능동적으로 대응하는 것을 목적으로 2007년 4월 제정되어 2008년 1월부터 시행되었다. 동 법의 구성과 개요를 표 5.9에 나타내었다.

13) 이 법의 상세한 내용은 5.4.7절에 기술하였다.

표 5.9 자원순환법의 구성과 개요

구분		개요
총칙		- 목적, 정의, 국가 및 지방자치단체의 책무 등
사전 관리	전기·전자 제품	- 유해물질 사용제한 및 재질구조개선, 재활용정보의 제공 등
	자동차	- 유해물질 사용제한 및 재활용 가능률 준수, 재활용정보의 제공 등
사후 관리	전기·전자 제품	- 재활용의무, 재활용부과금 징수 및 용도 - 판매업자의 회수의무, 공제조합 설립 등
	자동차	- 재활용비율 준수, 폐차 재활용방법 및 기준
기타		- 보고 및 검사, 권한의 위임위탁

참고자료 5.6 EU의 전기·전자제품 및 폐차관련 규제 현황

구 분		규제 내용
설계 및 생산단계	ROHS	- 신규제품에 납, 수은, 카드뮴, 6가크롬, PBB, PBDE 사용금지
	자동차 형식승인지침	- 부품 및 재질에 관한 정보 관리, 재활용가능률 달성을 위한 기업의 전략평가 - 재사용 및 재활용가능률 85% 이상
제품 사용 후 처리단계	WEEE	- 폐전기전자제품 재사용, 재활용촉진 - 생산자 회수 재활용 의무 부여 - 재생 및 재활용비율 의무 부여
	ELV	- 폐차처리비용 생산자 부담 - 폐자동차 재활용비율 85%달성

※ RoHS : Restriction of the use of certain Hazardous Substances in electrical & electronic equipment Directive (전기·전자제품 유해물질 사용제한지침)
※ WEEE : Waste Electrical and Electronic Equipment Directive(폐전기·전자처리지침)
※ ELV : End-of-Life Vehicle Directive(폐자동차처리지침)

5.2.6 건설폐기물의 재활용촉진에 관한 법률의 주요내용

가. 제정 목적

이 법은 건설폐기물재활용촉진법으로 약칭한다. 건설폐기물을 친환경적으로 적정 처리하고 재활용을 촉진하여 국가자원의 효율적 이용은 물론 경제발전과 공공복리 증진에 기여함을 목적으로 2003년 12월에 제정되어 2005년 1월부터 시행되었다.[14] 동 법의 구성과 개요는 표 5.10과 같다.

표 5.10 건설폐기물재활용촉진법의 구성과 주요내용

구 분	개요
총칙	- 목적, 정의, 국가 및 지방자치단체, 발주자, 배출자, 처리업자의 의무
건설폐기물의 재활용 시책 강구	- 재활용기본계획의 수립, 건설폐기물 정보관리체계 구축
건설폐기물의 친환경적 적정처리	- 건설폐기물의 분류 및 처리기준 - 건설폐기물처리업자의 용역이행능력평가·공시 - 처리용역의 발주 및 위·수탁계약
폐기물처리업 등	- 건설폐기물처리업의 허가 및 변경허가 - 건설폐기물처리시설의 설치승인 및 완료 신고
순환골재의 품질기준 및 사용촉진	- 품질기준 및 품질인증, 사용의무, 사용에 관한 권고와 시정조치
방치폐기물 처리이행보증	- 예방조치 및 처리이행보증
공제조합 등의 설립	- 공제조합 및 협회의 설립, 사업내용
보칙 및 벌칙	- 청문 및 권한 또는 업무의 위임·위탁

나. 주요 내용

첫째, 건설폐기물을 "건설산업기본법 제2조 제4호에 해당하는 건설공사로 인하여 공사를 착공하는 때부터 완료하는 때까지 건설현장에서 발생되는 5톤 이상의 폐기물"로 정의하고 있다. 순환골재는 "건설폐기물을 물리적 또는 화학적 처리과정 등을 거쳐 품질기준에 적합하게 생산된 골재"로 정의하고 있다. 또한 순환골재의 재활용용도를 도로공사용, 건설공사용(콘크리트제조용, 콘크리트제품 제조용, 되메우기 및 뒷채움용), 관계법령에 의한 인·허가 건설공사의 성·복토용 등으로 구분하였다.

둘째, 일정규모 이상의 공공 공사에 대한 순환골재의 사용 의무를 부여하고 그 대상 건설공사를 정하고 있다. 또한 환경부장관은 5년마다 건설폐기물 재활용기본계획을 수립하고 관계 중앙행정기관의 장 및 시·도지사는 연차별 시행계획을 수립·시행하도록 정하고 있다.

셋째, 건설폐기물 정보관리체계를 구축·운영함으로써 건설폐기물의 처리기술, 순환골재

14) 동 법을 제정하여 다른 법에 산재되어 있던 건설폐기물 관련 규정을 체계적으로 정비하였고, 천연골재의 대체재로서 순환골재의 제조와 사용을 활성화하는 데 필요한 건설폐기물의 분리배출기준, 순환골재의 품질기준과 품질인증, 순환골재의 사용의무화 등의 제도를 도입하였다.

의 생산·수요에 관한 자료와 정보를 관리하고 제공하도록 정하고 있으며, 건설폐기물 중간처리업자의 용역이행능력 평가제도를 도입하여 배출자가 적격업체 선정에 활용할 수 있도록 평가결과를 공시하도록 규정하고 있다.

넷째, 공공기관이 일정규모 이상의 건설공사를 발주하고자 하는 경우에는 건설공사와 건설폐기물 처리용역을 분리하여 발주하도록 정하고 있다. 국가·지자체·공공기관 등의 발주자가 건설폐기물 처리용역의 적격업체를 선정할 수 있도록 세부적인 평가기준을 환경부장관이 고시하도록 정하고 있다.

다섯째, 건설폐기물의 종류와 처리방법 등을 고려하여 적정처리비용을 환경부장관이 정하도록 규정하고 있다. 수집운반업과 중간처리업의 허가기준이 되는 시설 및 장비·기술능력·자본금·사업장 부지의 규모 등의 조건과 함께 처리업의 허가에 관한 절차와 방법을 정하고 있다.

여섯째, 순환골재의 신뢰성 확보를 위해 필요한 순환골재의 용도별 품질기준 및 설계·시방지침 등에 관한 기준과 품질인증에 대하여 정하고 있다. 방치폐기물의 처리이행보증 방법 및 절차를 규정하고 있다.

동 법의 시행을 위한 세부적인 규정을 환경부와 건설교통부(현, 국토해양부)의 지침이나 고시로 정하고 있으며, 현재 "건설폐기물처리용역 분리발주 시행지침"(2005.3.7.), "건설폐기물처리업자의 용역이행능력평가 업무처리지침"(2006.12.28.), "건설폐기물처리용역 적격업체 평가기준"(2007.7.27.), "건설폐기물 처리기준 및 방법 등에 관한 업무처리지침"(2008.5.30), 순환골재 품질기준(2007.1.2), 순환골재 품질인증 및 관리에 관한 규칙(2007.12.3), 순환골재 품질인증 업무처리요령(2007.12.13) 등이 제정·운영되고 있다.

5.2.7 폐기물처리시설 설치촉진 및 주변지역 지원 등에 관한 법률의 주요내용

가. 제정 목적

이 법률은 폐촉법이라 약칭한다. 님비(NIMBY) 현상으로 폐기물처리시설의 설치와 운영할 때에 나타나는 어려움을 해소하기 위하여 제정되었다. 폐기물처리시설의 부지확보를 촉진하고, 주변지역의 주민지원을 통하여 폐기물처리시설의 설치를 원활히 하며, 주변지역 주민의 복지를 증진하는 것을 목적으로 1995년 1월에 제정되었으며, 수차례 개정되었다. 법의 구성과 개요는 표 5.11과 같다.

표 5.11 폐촉법의 구성과 주요내용

구분	개요
총칙	- 목적, 정의 - 산업단지 등의 조성, 택지개발사업에 따른 폐기물처리시설 설치 등 - 폐기물처리시설 부지확보
폐기물처리시설의 설치 촉진	- 입지선정과 결정·고시, 시설설치계획 승인 - 시설부지 주민에 대한 지원
폐기물처리시설 주변영향지역 지원	- 주변영향지역 결정·고시 - 지원협의체 구성기준 등 - 주민편익시설 설치 - 주민지원기금 조성 및 주변영향지역 지원 - 환경상 영향 조사·공개
보칙 및 벌칙	- 민자유치 사업자 지원 - 폐기물종합처리시설의 설치 지원

나. 주요내용

첫째, 적용대상이 되는 폐기물처리시설의 설치기관을 일정 규모이상의 시설을 설치·운영하고자 하는 환경부장관, 지방자치단체의 장 및 수도권매립지관리공사의 장으로 정하고 있다. 대상 시설은 매립량 1일 300톤 이상으로서 조성면적 15만 m^2 이상인 매립시설, 1일 처리능력 50톤 이상인 소각시설, 기타 고시 또는 조례로 정하는 폐기물처리시설로 규정하고 있다.

둘째, 일정 규모이상의 산업단지, 택지 등을 개발·설치 또는 증설하고자 하는 자는 폐기물처리시설을 직접 설치·운영하거나 타인으로 하여금 설치·운영토록 규정하고 있다. 일정 규모이상의 택지 등을 개발하고자 하는 자는 폐기물처리시설을 설치하거나, 그 설치비용 상당액을 관할 시장·군수·구청장에게 납부하도록 규정하고 있다. 적용대상은 연간 폐기물발생량이 2만 톤 이상이고 조성 면적이 50만 m^2 이상인 산업단지, 연간 폐기물 발생량이 1만 톤 이상이고 조성 면적이 15만 m^2 이상인 공장, 조성 면적 100만 m^2 이상인 관광단지, 조성면적 30만 m^2 이상인 택지이다.

셋째, 입지선정 및 변경절차 등에 대하여 규정하고 있다. 폐기물처리시설 설치기관은 입지선정계획 수립 및 입지선정위원회 구성·운영을 통하여 입지를 선정하고, 이를 결정·고시하여야 한다. 선정된 입지에 대하여 부지면적, 시설의 종류·규모 등이 변경되는 경우에는 입지선정위원회의 동의를 받도록 정하고 있다.

넷째, 폐기물처리시설 설치기관은 환경부장관으로부터 설치계획을 승인받고, 환경부장관은 승인한 계획을 공고하여야 한다. 승인·공고 권한은 설치기관이 시장·군수·구청장인 경우에는 시·도지사에게, 시·도지사인 경우에는 지방환경청장에게 위임되어 있다.

다섯째, 폐기물처리시설의 주변영향지역에 대한 지원 사항을 정하고 있다. 폐기물처리시설 설치기관은 주민지원협의체[15]를 구성하고, 주변영향지역(직·간접영향권)을 결정·고시하며, 영향지역 내의 주민 지원을 위하여 출연금, 반입수수료 등으로 주민지원기금을 조성하고, 지원협의체와 협의하여 주민편익시설을 설치 등에 사용하도록 규정하고 있다.

정책이야기 5.1 수도권매립지 운영과정의 갈등과 해소

1992년 수도권매립지가 준공되었을 때 정부가 일반산업폐기물을 반입하려 하자 이를 반대하는 주민들의 항의데모가 일어났다. 더욱이 서울시민이 배출하는 쓰레기도 받을 수 없다며 쓰레기 반입을 저지하였다. 서울시는 매립지 건설 전 주민들과의 대화과정에서 쓰레기를 두부모처럼 압축한 후 매립하여 침출수, 악취 문제가 발생하지 않도록 하겠다고 약속하였는데 매립을 시작하면서 당초 약속한 방식으로 매립하지 않자 주민들은 당초 약속을 지키라고 주장하였다. 서울시는 실제로 두부모처럼 쓰레기를 압축하여 매립하려고 계획했었다. 그러나 막상 이를 시행하려 하니 쓰레기 압축, 적환 등의 과정에 기술적 문제가 많아 약속을 이행할 수 없었다. 산업폐기물 반입과 관련해서는 사전 공개된 사업계획, 환경영향평가서 등에 산업폐기물을 반입한다는 것이 명시되어 있었는데, 주민들은 이를 몰랐다며 만일 알았더라면 반대했을 것이라고 주장하였다.

이에 환경부와 3개 시·도는 주민들에게 폐기물의 분류, 처리방법, 환경문제 등을 설명하는 한편, 주민지원 대책을 마련하였다. 극렬히 반대했던 주민들도 시간이 지나면서 폐기물의 특성과 처리방법 등에 대해 이해하게 되었다. 약 5개월에 걸친 주민과의 협상을 통해 중금속 등 유해물질이 많이 함유되지 않은 산업폐기물과 서울시 쓰레기를 반입하기로 합의하였다. 수도권매립지는 주민들이 매립지 운영에 참여하고 정부가 주민대표들과 공식적으로 대화하는 최초의 사례이다. 주민들의 반대행위가 과도한 공권력 침해라는 비판이 있으나, 매립지 설치시 님비현상이 불가피한 만큼 지역 지원사업이 병행되고 지역주민이 참여하는 계기가 되었다.

5.2.8 폐기물의 국가간 이동 및 그 처리에 관한 법률의 주요내용

가. 제정 목적

이 법률은 폐기물의 국가간 이동법이라 약칭한다. 바젤협약에 의한 유해폐기물의 수출·

15) 주민지원협의체의 주요기능은 환경영향조사를 위한 전문연구기관의 선정, 주민편익시설의 설치 및 주민지원사업에 대한 협의, 주민감시요원의 추천 등이다.

수입과 국내 경유를 규제함으로써 폐기물의 국가간 이동으로 인한 환경오염을 방지하고 국제환경 협력을 증진함을 목적으로 1992년 12월에 제정되었다. 동법의 구성과 개요는 표 5.12와 같다.

표 5.12 폐기물의 국가간 이동법의 구성과 주요내용

구분	개 요
총칙	- 목적, 국가책무, 수출입자의 책무
폐기물수출입통제	- 수출입 허가, 수출입이동서류의 작성
수출입폐기물관리	- 수출입 항구의 지정, 폐기물 반출입 명령, 폐기물처리대집행
보칙	- 수출입허가 수수료, 국제기구 연락관의 지정

나. 주요내용

첫째, 적용범위를 정하고 있다. 바젤협약 부속서 등에 규정된 폐기물과 양자간·다자간 또는 지역적 협정에서 수출입의 규제가 필요한 것으로 정하는 물질로써 대통령령이 정하는 것을 대상으로 하며, "원자력법"에 의한 방사성물질 및 이에 의하여 오염된 물질, "해양오염방지법"에 의한 폐기물의 해역배출과 선박의 항행에 따라 배출되는 폐기물은 적용대상에서 제외되어 있다.

둘째, 폐기물을 수출입하고자 하는 자는 폐기물수출입 허가(신청)서를 환경부장관에게 제출하여 허가를 받아야 한다. 또한 수출입하고자 하는 폐기물의 수입국 또는 경유국의 동의를 받도록 정하고 있다.

셋째, 폐기물 수출입 허가를 받은 자가 국내에서 폐기물을 이동 할 때에 수출이동 서류 및 수입이동 서류를 작성하도록 정하고 있다. 또 수입폐기물의 처리를 완료하였을 때에는 10일 이내에 폐기물의 수령과 처리 결과를 기재한 서류를 수출국의 주무관청과 수출한 자에게 송부하고, 사본은 지방환경청장에게 송부하도록 정하고 있다.

넷째, 환경부장관(지방환경청장에게 위임)은 허위·부정한 방법으로 허가를 받았거나 수출입 허가시 부여한 조건을 준수하지 않을 때와 환경오염이 발생할 가능성이 있을 때에는 허가를 취소할 수 있도록 하고 있다. 아울러 국내를 경유하여 폐기물을 다른 국가로 수출시 경유지 항구를 관할하는 지방환경청장의 동의를 받도록 하였다. 수출국으로부터 폐기물의 국내경유에 대한 동의를 요청받은 때에는 동의 여부를 결정하여 통지하도록 정하고 있다.

다섯째, 환경부장관은 사람의 건강과 환경보전을 위하여 긴급한 조치를 취하여야 할 사유가 발생할 때에는 기간을 정하여 폐기물의 수출입을 금지하거나 제한할 수 있고, 폐기물의

적정한 처리능력이 없는 국가로 폐기물을 수출하지 못하도록 정하고 있다.

참고자료 5.7 바젤협약의 주요내용

1. 협약 개요(전문, 본문 29조와 부칙 6조로 구성)
   - 목적 : 유해폐기물의 교역최소화 및 유해폐기물 수출입국간의 협조체계 구축으로 유해폐기물로 인한 환경오염을 방지
   - 채택(발효) : 1989.3.20(1992.5.5) * 한국 가입(비준) : 1994.2.28(1994.5.29)
   - 당사국(2012.4월) : 178개국 1국제기구(EU) * 북한 : 2008.7.10 가입
   - 미가입국 : 아프카니스탄, 아이티서인도제도, 미국, 대만
2. 협약의 범위 : 규제대상 폐기물을 63종으로 정하여 관리
   - 유해폐기물 61종과 그 밖의 폐기물(가정폐기물 및 그 연소 잔재물) 2종
3. 당사국 의무사항
   - 폐기물 수입을 금지하는 당사국은 금지품목을 다른 당사자에게 통보
     * 폐기물 수입금지 당사국에게는 해당 폐기물 수출 불허 또는 금지
   - 수입국이 금지하지 않은 폐기물은 수입국이 서면부동의시 수출 불허 또는 금지
   - 비당사국과의 수출입 및 남위 60도 이남에서의 처리를 위한 수출 불허
   - 폐기물의 불법거래를 범죄로 간주하며 이에 대한 처벌 등 법적·행정적 조치
4. 협약국간 폐기물의 이동절차
   - 수출국 또는 수출국 생산자, 수출자가 주무관청을 통하여 수입국의 주무관청에 서면으로 폐기물의 국가간 이동계획을 통지
   - 수입국은 통지자에게 무조건 또는 조건부로 이동에 동의하거나 이동불허 또는 추가정보를 요구하는 서면회신
   - 수출국은 수입국의 서면동의 없이는 수출이 불가능함
   - 60일 이내에 경유국의 회신이 없는 경우 수출국은 당해 경유국을 통하여 수출 승인가능
5. 국내 이행
   - 협약 Focal Point : 환경부 자원순환정책과
   - Competent Authority : 한강유역환경청 등 7개 유역·지방환경청
   - "폐기물의 국가간 이동 및 그 처리에 관한 법률" 제정·시행

5.3 폐기물의 발생억제 정책

5.3.1 폐기물 발생억제 정책의 의의 및 발전과정

가. 에너지·자원 순환과 인간 활동의 관계

에너지·자원의 이용과 순환싸이클의 관계를 그림 5.8에 나타내었다. 지구상의 생태계는 생산자인 초목류와 식물 플랑크톤에 있는 엽록소가 태양에너지를 사용하여 광합성에 의해 이산화탄소와 수분으로 유기화합물을 생성함으로써 유지된다. 지구상의 생태계가 유지되는 것은 여러 가지 요소가 원활하게 순환되기 때문이며, 그중 중요한 싸이클은 물 싸이클과 탄소 싸이클이다. 지표면에서 증발한 증기는 대기권 밖으로 열을 방출하고 비, 눈, 우박으로 다시 지표면으로 떨어져 생물에게 물을 공급하고, 지표면의 온도가 일정하게 유지되도록 한다. 또한 초목류와 식물플랑크톤의 광합성에 의해 대기 중에 있는 이산화탄소를 유기화합물로 전환한 것을 먹고 초식동물과 육식동물이 살아가고, 미생물이 동식물의 사체나 배설물을 분해하여 무기물로 전환하여 탄소 등을 다시 자연으로 되돌린다. 그밖에도 자연에는 유기물의 순환, 해수의 순환, 공기의 순환 등이 있다.

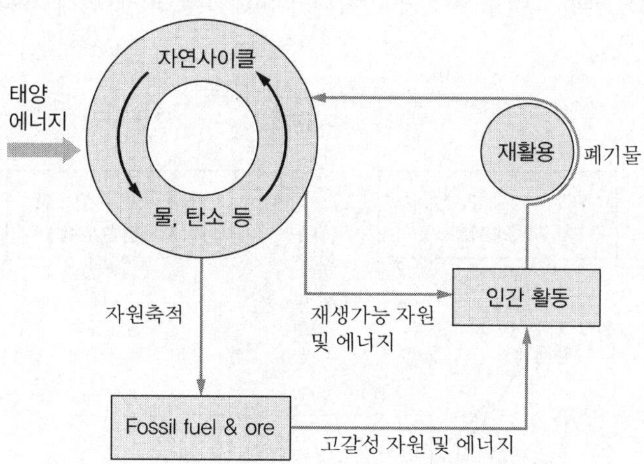

그림 5.8 에너지·자원의 이용과 순환싸이클의 관계
(자료 : SaburoKato, 자원순환사회의 조건)

인간은 자연에 존재하는 금속과 무기성 자원, 동식물이 지각변동으로 지하에 묻혀서 수백만 년에서 수억 년에 걸쳐서 생성된 화석연료와 바이오매스를 이용하고 있다. 이중 금속자원과 무기물을 채취할 수 있는 광산은 한정되어있기 때문에 고갈성 자원이고, 화석연료도 생성되는데 오랜 세월이 필요하기 때문에 고갈성 자원으로 분류하고 있다. 한편, 바이오매스는 재생가능한 자원이다. 인간은 생산, 분배, 소비 활동에서 자원을 소비하고 환경오염물질과 온실가스를 배출하면서 생활한다. 지구의 생태계를 건강하게 유지하기 위해서는 인간의 활동에서 배출되는 이러한 물질들이 자연 사이클에 영향을 미치지 않도록 하고, 환경오염물질을 자연의 자정능력으로 정화할 수 있는 범위 내에서 배출하여야 한다.

나. 자원순환 관점에서 지속가능한 사회의 개념

지속가능한 사회의 개념은 자원순환사회, 저탄소사회, 자연과의 공생사회 개념과 연계된다. 자원순환사회는 4R, 즉 폐기물의 발생억제(Reduce), 재사용(Reuse), 재생(Material recycle)과 에너지회수(Energy recovery)의 확대를 의미하고, 저탄소 사회는 화석연료의 사용억제, 에너지 효율의 증대, 재생가능에너지의 사용 확대를 기반으로 한다. 또한 자연공생사회는 환경오염을 저감하여 자연환경을 보전하고, 멸종위기 동식물 보호, 생물종 다양성 증대 등을 통해 생태계의 건강성을 유지하는 사회이다. 이 세 가지 사회의 개념은 서로 연계되어 있다. 즉 자원순환 사회를 이룩하면 오염물질의 배출량이 감소하고, 천연자원의 채취량이 감소하여 자연환경을 보전할 수 있고, 온실가스의 배출량을 감소시켜 저탄소사회 구축에 기여하게 된다. 한편 저탄소 사회가 정착되기 위해서는 4R에 의해 자원을 효율적으로 이

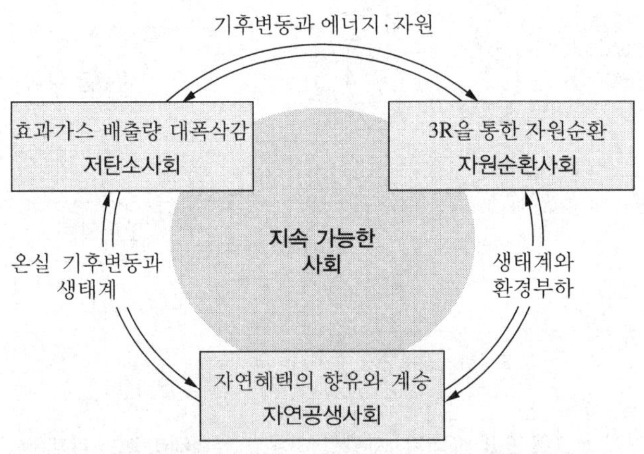

그림 5.9 지속가능한 사회의 개념

(자료 : Ministry of the Environment Government of Japan, 2008, The world in transition and Japan's efforts to establish a sound material-cycle society, p13)

용하는 자원순환사회와 바이오매스의 생산을 늘릴 수 있는 자연공생사회를 토대로 해야 한다. 이러한 개념을 그림 5.9에 나타내었다.

다. 자원순환형 사회구조

대량 생산·폐기 사회구조와 자원순환형 사회구조의 특징을 비교하면 다음과 같다. 대량생산, 대량소비, 대량폐기 사회는 첫째, 재생가능에너지인 태양열, 태양광, 풍력, 조력, 지열 등 자연에너지 사용량이 적고, 둘째, 천연자원을 다량으로 채취하여 제품을 대량생산하여 대량공급하고 대량소비하며, 셋째, 제조와 소비 과정에서 폐기물 감량과 재활용을 중요 정책으로 추진하지 않고, 제품의 사용이 종료된 후에는 단순 소각하거나 매립에 의해 처리하여 다량의 온실가스를 배출한다. 반면 자원순환사회는 첫째, 재생가능에너지인 태양열, 태양광, 풍력, 조력, 지열 등 자연에너지를 최대한 이용하고, 둘째, 제품의 생산과정에서 수명이 길고 자원의 소비가 적으며 재활용하기 쉬운 제품을 생산하여 자원의 소비량을 줄이는 사회이다. 또한 상품의 제조, 분배, 사용과정에서 폐기물 발생을 억제하고 발생하는 폐기물에서 유용자원과 에너지를 철저히 회수하여 이용하기 때문에 온실가스의 배출량이 매우 적다. 자원순환사회의 개념을 그림 5.10에 나타내었다. 또한 3R(Reduce, Reuse, Recycle)에 의해 온실가스 배출량이 어떻게 저감되는지 그림 5.11에 나타냈다.

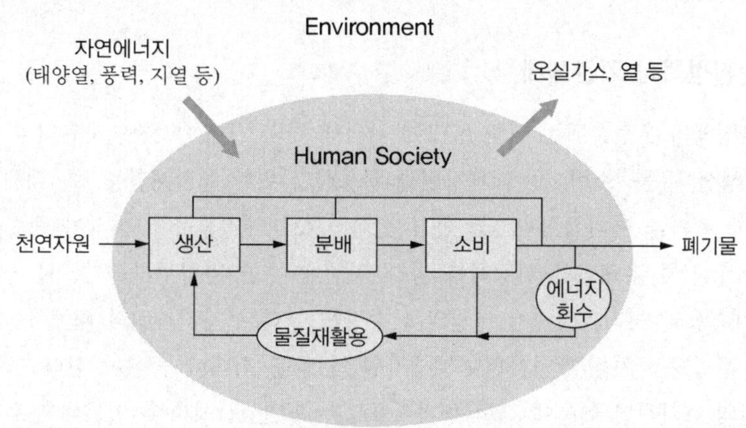

그림 5.10 자원순환사회의 개념

(자료 : 鈴木　胖 編著, 1996, リサイクル工学 -循環型社会の構築を目指して-, エネルギー, p4, 資源学会発行)

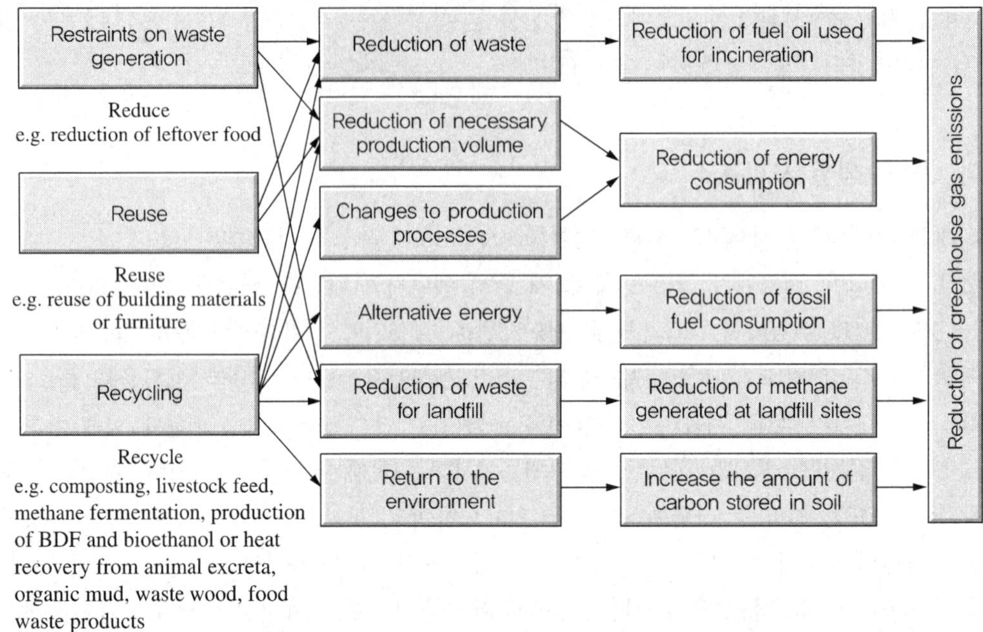

그림 5.11 폐기물의 3R과 온실가스 배출량의 삭감의 관계

(자료 : Ministry of the Environment Government of Japan, 2010, 2010 Establishing a sound material-cycle society Milestone toward a sound material-cycle society through changes in business and life styles, p24)

라. 자원순환정책의 기본체계

자원순환정책의 우선순위는 그림 5.12에 나타낸 바와 같이 ① 천연자원의 투입을 최소화하기 위한 생산, 유통, 소비, ② 대체자원을 확보하기 위한 물질재활용, ③ 대체에너지를 확보하기 위한 폐기물 에너지회수, ④ 환경 친화적으로 폐기물을 처리하여 매립량을 줄이고 최종처분하기 전에 무해화와 안정화를 통해 자연에 대한 환경부하를 줄이는 것이다. 또한 폐기물의 재활용과 처리과정에서 자원의 회수량을 늘려서 천연자원의 대체자원으로 활용하되 생산에 투입되는 자원(천연자원 + 재생자원)의 양을 최대한 줄여야 한다.

천연자원의 효과적인 이용에 대한 평가지표로는 자원생산성[16]이 있는데 자원생산성이 높을수록 자원을 효과적으로 사용하는 사회이다. 자원생산성을 높이기 위해서는 첫째, 제품의 제조공정을 개선하여 제품의 수율을 높이고 제조공정 내에서 발생하는 폐기물을 원료로 최대한 재이용하는 것이 필요하다. 둘째, 제품의 단위 기능당 자원 투입량이 적은 제품을 개발하고 제품을 사용한 후 폐기할 때에 자원을 회수하기 쉽도록 재질을 단순화하고 해체시간을

16) 자원생산성 : GDP를 자원(천연자원과 재생자원)의 총 투입량으로 나눈 값으로 자원 1톤당 GDP이다.

단축할 수 있는 제품을 제조하여야 한다. 셋째, 수명이 긴 제품을 개발하고 애프터서비스 체계를 강화하여 제품의 사용수명을 연장하여야 한다. 넷째, 1회용품의 사용을 줄이고 오래 사용할 수 있는 제품을 제조하여 사용하여야 한다.

물질재활용에 대한 평가지표로는 물질의 순환이용률[17]이 있다. 순환이용률이 높을수록 천연자원의 사용량을 줄일 수 있다. 순환이용률을 높이기 위해서는 첫째, 폐기물에서 자원을 회수하여 이용하는 도시광산(urban mining)을 활성화하는 것으로 재활용품을 분리수거하여 자원회수량을 늘리는 것이다. 특히 발생량이 많은 건설폐기물에서 금속을 회수하고 폐콘크리트로 순환골재를 생산하여 이용하며, 목재를 회수·재이용하는 것이다. 둘째, 회수한

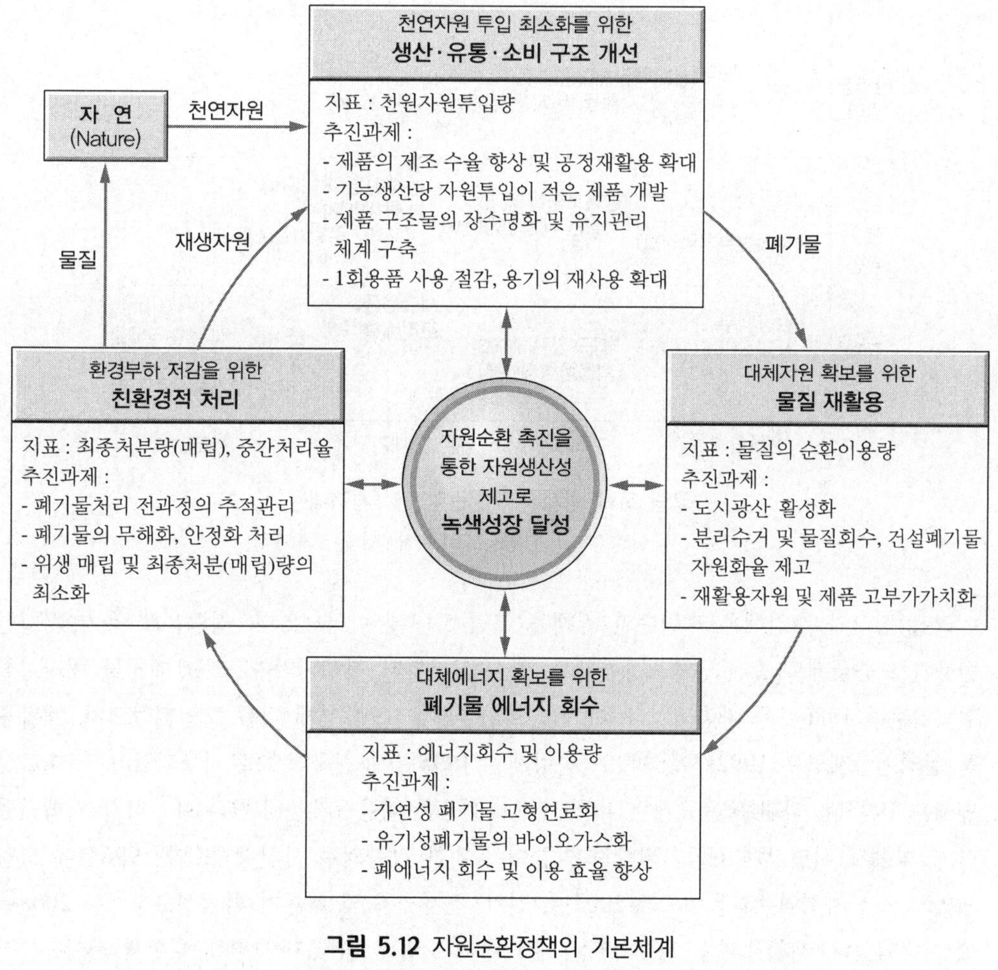

그림 5.12 자원순환정책의 기본체계

(자료 : 환경부, 2012.12, 환경백서 2012)

17) 순환이용률 : 국가에서 사용한 총 자원투입량으로 자원을 회수하여 이용한 양을 나눈 값

재생자원의 순도를 높이고 재활용제품의 품질을 향상시켜 재활용의 부가가치를 높이는 것이다.

폐기물의 에너지화 지표로는 에너지 회수·이용량을 들 수 있다. 이를 높이기 위해서는 소각열의 회수·이용, 가연성 폐기물의 고형연료화, 음식물류폐기물, 하수슬러지 등 유기성 폐기물의 바이오가스화, 매립가스의 포집과 이용을 확대해야 한다. 환경부하가 적은 친환경적 폐기물처리에 대한 평가지표 중 하나로 최종 처분량(매립량)의 최소화를 들 수 있다. 이를 위해서는 소각, 파쇄, 선별 등 중간처리에 의해 유용자원과 에너지를 최대한 회수한 후 그 잔재물만 매립하여야 한다.

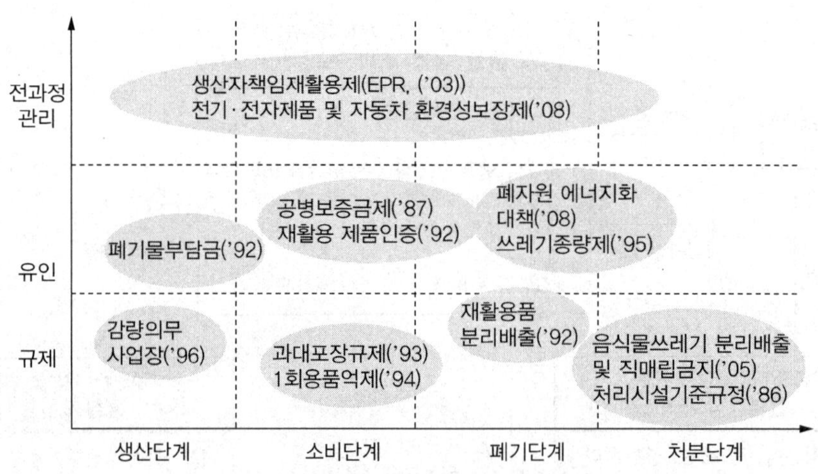

그림 5.13 단계별 자원순환정책 시행내용

(자료 : 국립환경인력개발원, 2012 자원순환정책과정)

그간 정부가 추진해온 자원순환 정책을 그림 5.13에 나타내었다. 청량음료 용기에 대한 빈용기 보증금제도(종전 공병보증금제도)가 1987년부터 시행되었다. 또한 폐기물 처리시설 설치기준이 1986년에 마련되었다. 폐기물 부담금제가 1992년에 처음 도입되었으며, 재활용품 분리배출제도는 1992년에, 폐기물종량제는 1995년에 전국적으로 시행되었다. 과대포장 규제는 1993년, 과대포장 규제는 1993년에, 1회용품 사용규제는 1994년에 각각 시행되었다. 그밖에도 사업장폐기물의 발생량을 줄이기 위한 감량의무 사업장제도가 1996년에 도입되었고, 생산자책임재활용제도가 2003년, 전기·전자제품 및 자동차 환경성보장제는 2008년에 시행되었다. 재활용제품 인증제도는 1992년에 도입된 후에 1997년에 우수재활용품 품질 인증(GR마크 : Good Recycled 마크) 제도로 발전하였다.

5.3.2 1회용품 사용규제 및 포장폐기물 발생억제 정책

가. 1회용품 사용규제

생활수준이 높아지고 편의성을 추구하는 생활방식으로 한 번 쓰고 버리는 1회용품의 사용이 보편화되었다. 이러한 생활방식은 자원을 낭비할 뿐만 아니라 폐기물이 다량 발생하여 그 처리비용과 환경부하도 크다. 이에 따라 환경부에서는 1994년 3월에 "자원의 절약과 재활용촉진에 관한 법률"을 개정하여 1회용품의 사용규제 제도를 도입하여 시행하였다. 1회용품 규제는 1회용 컵, 비닐봉투, 쇼핑백 등을 다량 사용하는 업종을 규제 대상으로 하고 있다.[18] 업종별 준수사항과 적용대상 1회용품은 표 5.13과 같다.

표 5.13 업종별 준수사항과 적용 대상 1회용품

업 종	준수 사항	적용대상 1회용품
식품접객업, 집단급식소	사용억제	1회용 컵·접시·용기(합성수지·금속박 재질 등) 1회용 나무젓가락, 이쑤시개, 비닐식탁보 등
목욕장업	무상제공 금지	1회용 면도기, 칫솔·치약, 샴푸·린스
대규모점포, 도·소매업	무상제공 금지	1회용 봉투·쇼핑백(종이로 된 것은 제외)
금융업, 보험 및 연금업, 증권 및 선물중개업 등	제작·배포억제 등 사용억제	1회용 광고 선전물

이러한 1회용품의 사용규제가 과도하여 국민생활에 불편을 초래한다는 비판을 반영하기 위해 2008년에 규제 기준을 완화하였다. 즉, 1회용 컵 보증금제도를 2009년부터 폐지하고 그 대안으로 휴게음식점에서 1회용품 사용을 자율적으로 줄이고 불가피하게 발생되는 종이컵은 회수하여 재활용하도록 하는 내용의 자발적 협약을 2009년 5월에 휴게음식점 13개사(17개 브랜드)와 체결하였다. 그밖에도 공공기관, 학교, 민간기업 등을 대상으로 사무실내 개인용 머그컵 사용, 회의실 1회용 컵 사용 자제, 그 사용량이 많은 기관의 종이컵 회수 의무화 등을 담은 '1회용품 줄이기 실천수칙'을 마련하여 시행하고 있다. 또한 종이로 만든 쇼핑백을 1회용품 규제대상에서 제외하였으며, 1회용 비닐쇼핑백의 사용을 줄이기 위해 '1회용 비닐봉투 없는 점포'를 2009년부터 시범적으로 지정하여 운영하고 있다. 그밖에도 1회용 비닐봉투의 사용을 줄이기 위하여 2009년부터는 대형 유통매장에서 종이나 비닐 쇼핑봉투 대신에 종량제 봉투를 구입하게 하는 '재사용 종량제봉투'의 판매를 유도하고 있다.

18) 2011년에 지방자치단체에서 업소에 대하여 1회용품 사용규제의 준수여부를 점검한 결과, 총 599건의 위반사례가 적발되어 17백만 원의 과태료를 부과하였다.

나. 포장폐기물의 발생억제

생활폐기물에서 상품의 포장재가 차지하는 비중이 크기 때문에 불필요한 포장의 사용을 줄이기 위해 1993년 8월에 "자원의 절약과 재활용촉진에 관한 법률"을 개정하여 포장재 사용에 대한 규제 제도를 도입하였다. 포장폐기물의 규제에는 포장재의 재질을 재활용하기 쉬운 친환경적 재질로 대체하도록 하는 포장재질 규제와 포장폐기물을 줄이기 위해 포장공간 비율, 포장횟수를 규제하는 포장방법 규제(과대포장규제)가 있다. 포장 재질 및 포장 방법에 관한 주요 규제기준은 표 5.14와 같다.

표 5.14 주요 포장재질 및 포장방법에 관한 기준

구 분	주요 규제기준
포장 재질	- 포장재질에 폴리비닐클로라이드(PVC)를 사용하여 첩합(라미네이션)·수축포장 또는 도포(코팅)한 포장재(제품의 용기 등에 붙이는 표지를 포함)는 사용금지 - 합성수지 재질(PVC 등)로 된 포장재는 사용을 금지하거나 연차별로 감축 • 사용금지(PVC) : 계란·메추리알, 튀김식품·김밥류·햄버거류·샌드위치류 등 6개 포장재 • 연차별 줄이기 대상 : 난좌·받침접시, 면류용기 등 4개 제품
포장 방법	- 가공식품 등 23개 제품 제조·수입·판매자를 대상으로 포장 공간비율(10%～35%), 포장횟수(2차 이내)제한

(자료 : 환경부, 2012.12, 환경백서 2012)

과대포장은 주로 명절 등 특정시기에 선물세트를 중심으로 집중적으로 발생되는 특성을 감안하여 주로 명절, 입학 및 졸업시즌 등을 중심으로 집중단속을 실시하고 있다.[19] 정부는 과대포장을 줄이기 위해서 제품 판매업소의 점검이외에도 대형유통업체, 시민단체와 함께 '농산물 그린포장 실천 협약'을 2011년에 체결하여 농산물을 포장할 때 자발적인 감량을 유도하고 있으며, 친환경 포장의 설계기준 개발도 추진하고 있다.

5.3.3 폐기물부담금제도

폐기물부담금제도는 특정 대기·수질 유해물질 및 유독물을 함유하고 있거나 재활용이 어렵고 폐기물의 관리에 있어서 문제를 초래할 가능성이 있는 제품·재료·용기의 제조업자·

19) 2011년에 지방자치단체에서 과대 포장제품을 점검하여 총 159건을 적발하고 376백만 원의 과태료를 부과하였다.

수입업자에게 환경오염 원인자부담원칙에 따라 그 폐기물의 처리비용을 부담하도록 하는 제도이다. 그러나 현재의 제도 운영에서는 당초에 제도를 도입한 목적인 폐기물 발생과 자원낭비의 억제효과보다는 폐기물처리시설 설치와 재활용 활성화에 필요한 재원을 확보하는 측면이 크다고 할 수 있다. 부담금 제도는 1992년에 도입하여 1993년에 시행한 후에 부과대상과 부담금의 산출기준 등을 수차 변경하였으며, 현재 자원의 절약과 재활용촉진에 관한 법률에 의해 6개 품목에 대하여 부과하고 있다. 동 법률 시행령 별표2에 규정되어 있는 부담금의 품목과 부담금 요율은 표 5.15와 같다.

표 5.15 폐기물부담금 품목과 부담금액

품목	종류 및 규격	부담금 요율의 범위
살충제, 유독물제품	플라스틱용기 유리병 금속캔	개당 24.9원~30.7원 개당 56.2원~84.3원 개당 53.9원~78.2원
부동액	부동액	L당 189.8원
껌	껌	판매가(수입가)의 1.8%
1회용 기저귀	1회용 기저귀	개당 5.5원
담배	담배(가격 200원 이하와 담배소비세를 면제하는 것은 제외)	20개비(전자담배는 20카트리지)당 7원
플라스틱제품	플라스틱제 건축용 제품(수입품 포함)	합성수지 투입 kg당 75원
	그 밖의 플라스틱 제품과 포장재(수입품 포함)	합성수지 투입 kg당 150원

(자료 : 자원의 절약과 재활용촉진에 관한 법률 시행령 별표2)

징수된 폐기물부담금은 환경개선특별회계에 귀속되어, 폐기물 감량과 재활용을 위한 연구와 기술개발, 폐기물 처리시설의 설치와 폐기물의 재활용을 위한 사업 지원, 지방자치단체에 대한 재활용품 회수 및 재활용 비용의 지원, 재활용가능자원의 구입·비축 등에 사용하고 있다. 표 5.16에서 보듯이 최근 5년간의 폐기물부담금 징수액은 지속적으로 증가하고 있다. 일부 부담금 품목은 자발적 감축을 유도하고 있는데, 2008년부터 환경부장관과 사업자간에 폐플라스틱 재활용을 위한 자발적 협약을 체결하고 약정한 재활용률을 달성하면 폐기물부담금을 면제하고 있다. 또한 출고된 제품의 용기를 회수하여 같은 종류의 제품용기로 재사용하는 경우에는 부담금을 부과하지 않으며 중소기업으로서 연간 매출액이 200억 원 미만의 제조업체는 부담금을 감면하고 있다. 정부는 폐기물부담금의 부과대상인 플라스틱 중 출고량의 일정비율 이상을 재활용할 수 있는 품목은 단계적으로 생산자책임재활용제도의 대상으로 전환할 예정이다.

표 5.16 폐기물부담금 징수 실적

연 도	2007	2008	2009	2010	2011
징수액(백만원)	56,614	46,476	56,189	60,515	86,995

(자료 : 환경부, 2012.12, 환경백서 2012)

5.3.4 쓰레기 수거처리 수수료 종량제

쓰레기 수거처리 수수료 종량제란 배출자부담원칙에 따라 배출하는 쓰레기 량에 비례하여 처리 수수료를 부과하는 제도이다. 쓰레기종량제가 시행되기 이전에는 쓰레기처리 수수료를 재산세나 건물면적 등을 기준으로 부과했었다. 종량제의 시행과 함께 재활용품(종이, 고철, 병, 플라스틱 등)을 분리 배출하도록 하고 무상으로 수거함으로써 주민들이 재활용품의 분리배출에 적극적으로 참여하도록 동기를 부여함으로써 처리대상 쓰레기의 발생량을 줄였다.

종량제에는 쓰레기의 무게에 따라 부과하는 방식과 부피에 따라 부과하는 방식이 있는 데 우리나라는 다세대주택이나 다가구주택이 많고, 골목길 등 협소한 도로가 많으며, 쓰레기수거장비를 완전히 기계화하지 못한 실정 등을 고려하여 종량제봉투에 담아서 버리는 부피기준의 부과방식을 채택하였다. 한편, 폐가구, 폐가전제품 등 대형폐기물은 스티커를 구입하여 부착한 후에 배출하도록 함으로써 배출자에게 수집운반비용의 일부를 수수료로 부과하고 있다. 최근에는 폐가전제품의 수거 및 재활용률을 높이기 위해 한국전자산업환경협회(생산자와 수입업자가 의무이행을 위해 결성한 단체)와 지방자자치단체가 협약을 체결하여 주민이 부담하던 수거비용을 동 협회가 부담하는 지역이 광역지방자치단체를 중심으로 늘어나고 있다.

1994년에 시범사업을 실시한 후 1995년 1월부터 전국적으로 시행된 종량제는 생활폐기물과 사업장생활계폐기물[20]을 대상으로 하고 있다. 세부사항은 "쓰레기 수수료 종량제 시행지침"(2011년 10월 개정)에서 정하고 있다.

2010년의 종량제봉투 제작량은 1,029백만 매이고, 봉투 제작비용은 607억원이었으며, 판매량은 874백만 매, 판매금액은 4,834억 원이다. 한편, 종량제 봉투의 가격은 지방자치단체별로 정하고 있으며 전국의 가정용 종량제봉투의 평균 판매가격은 10L는 233원/매, 20L는 464원/매이다. 쓰레기종량제를 시행한 후에 종종 가짜 종량제봉투가 유통되어 사회문제가

20) 사업장생활계 폐기물은 생활폐기물과 성상이 유사하여 생활폐기물의 기준 및 방법으로 수집·운반·보관·처리할 수 있는 것을 말한다.

된 적이 있어, 위조방지기술을 개발하여 2011년부터 신규로 제작하는 종량제봉투에 적용하고 있다.

정책이야기 5.2 쓰레기 종량제 도입 배경과 그 성과

1995년 이전의 쓰레기수수료제도는 배출량과 관계없이 건물면적이나 재산세를 기준으로 부과하는 방식이었다. 따라서 쓰레기 국민들은 쓰레기를 줄일 필요를 느끼지 못하였다. 당시 급속한 경제성장과 인구증가로 폐기물의 발생량이 증가하였고, 이로 인해 그 처리비로 인한 재정 부담과 매립지 확보난이 가중되었다. 이를 해소하기 위해서는 쓰레기의 발생량을 줄이는 것이 중요하였고, 이를 위해 쓰레기의 배출량에 따라 수수료를 부과하는 쓰레기 종량제를 도입하게 되었다.
도입 당시에는 불법투기와 경제적 부담 문제 등으로 관련부처와 지자체에서 회의적이었다. 의견 조정과정을 거쳐 1994년 4월부터 33개 시·군·구에서 시범적으로 쓰레기 종량제를 실시한 결과, 쓰레기의 발생량이 40% 감소하고, 재활용품의 분리배출량은 100%정도 증가하는 성과가 나타났다. 이에 따라 이를 1995년 1월부터 전국으로 확대하였고, 그 결과 쓰레기 발생량이 27% 감소하고, 재활용품은 35% 증가하는 성과를 얻었다. 이는 쓰레기 중 재활용품을 처리대상 쓰레기와 분리하여 배출하면 무상으로 수거해 가는 재활용품 분리수거제도를 함께 시행하여 경제적 인센티브를 부여했기 때문이다. 쓰레기 수수료 종량제는 전국을 대상으로 일률적으로 시행한 경제적 수단에 의한 배출억제제도라는 측면에서 의미를 찾을 수 있다.

5.3.5 음식물쓰레기 줄이기 정책

가. 그간의 추진경과

음식물쓰레기[21]는 수분을 많이 함유하고 쉽게 부패하기 때문에 취급이 어렵다. 또한, 매립 처리할 경우에 침출수가 많이 발생하며, 악취 발생과 해충번식 등으로 주변지역 주민에게 환경피해를 준다. 정부에서는 2005년 1월부터 음식물쓰레기의 직매립을 금지하였다. 음식물쓰레기의 발생량은 표 5.17에 나타낸 바와 같이 2005년에 음식물쓰레기의 직매립을 금지한 이후 2008년까지는 하루 발생량이 15,142톤까지 증가하다가 이후 감소 추세이며, 2011년에는 하루에 13,537톤이 발생하여 2008년 대비 10.6%가 감소하였다.

21) 음식물류쓰레기 : 폐기물관리법에서는 음식물류폐기물이라 칭하고 있으나 종전부터 널리 사용해온 음식물쓰레기를 혼용하며 같은 의미이다.

표 5.17 생활쓰레기 중 음식물쓰레기 점유비율

구 분	1999	2002	2005	2008	2011
생활쓰레기 발생량(톤/일)	45,614	49,902	48,398	52,072	48,934
음식물쓰레기 발생량(톤/일)	11,577	11,397	12,977	15,142	13,537
점유율(%)	25.4	22.8	26.8	29.1	27.7

(자료 : 환경부, 한국환경공단, 2012, 2011 전국 폐기물 발생 및 처리현황)

음식물쓰레기는 과거에는 가축의 먹이로 대부분 사용되어 왔으며, 유기물과 영양성분을 많이 포함하고 있어 사료와 퇴비로서의 이용가치가 충분하다는 연구결과도 있다. 그러나 음식물쓰레기를 원료로 사료나 퇴비를 제조하는 경우 염분 함량이 높고, 이물질의 혼입 우려가 크며, 계절에 따라 성상이 변화하는 등 품질관리가 어렵다. 따라서 다른 원료로 제조한 퇴비나 사료에 비하여 품질이 낮고 수요처 확보도 어려운 실정이다. 이러한 특성 때문에 표 5.18에서 보듯이 현재 생산된 사료나 퇴비의 67%가 무상으로 공급되고 있으며 약 20%만이 유상으로 판매되고 있고, 유상 판매되는 경우도 가격이 매우 낮다. 또한 음식물쓰레기로 제조한 사료나 퇴비는 본래의 용도로 사용되지 못하고 가축분뇨로 퇴비를 제조하는 업체에 수분조절용이나 탄소공급용 원료로 사용되는 경우가 많다. 이러한 문제점으로 인하여 최근 음식물쓰레기를 혐기성소화조에서 처리하여 바이오가스(메탄가스)를 생산하는 시설이 주목받고 있다. 혐기성소화시설(바이오가스화시설)을 운영하는 경우에는 처리 후 발생하는 고농도 폐수와 잔재물의 효율적인 처리방안이 미리 마련되어야 한다.

표 5.18 음식물류폐기물 재활용제품의 판매 형태(2011.12.31 현재)

	계	유상	유상/무상	무상	자가사용	기타
공공시설(개소)	74	12	4	58	0	0
구성비(%)	100	16.2	5.4	78.4	0.0	0.0
민간시설(개소)	133	29	6	81	15	2
구성비(%)	100	21.8	4.5	60.9	11.3	1.5
계 (개소)	207	41	10	139	15	2
구성비(%)	100	19.8	4.8	67.1	7.2	1.0

(자료 : 환경부, 2012, 음식물류폐기물 처리시설 운영현황 (2011.12.31 기준))

나. 최근의 음식물쓰레기 발생억제 대책

그 동안 음식물쓰레기 줄이기 대책의 효과가 미미하였기 때문에 정부는 2008년에 환경

부, 농림수산식품부 등 8개 부처 합동으로 "음식물쓰레기 줄이기 종합대책"을 발표하였다. 8개 부처가 참여하는 '음식물쓰레기 정책협의회'를 구성하였으며, 세부 추진대책을 시행하고 있다. 대책의 목표는 그림 5.14에 나타낸 바와 같이 2012년까지 음식물쓰레기 발생량을 20% 줄이는 것이었다. 그러나 음식물쓰레기는 강제적으로 감량시킬 수 있는 정책수단이 없어 발생량이 크게 줄지는 않은 것으로 추정된다.

대책의 추진전략은 첫째, 음식물쓰레기 종량제 전면도입 등 경제적 인센티브 제도를 도입하는 것이다. 둘째, 소형·복합찬기 보급, 식품나눔문화 확산, 한식의 낭비요인 제거 등 현실성 있는 대책을 마련하는 것이다. 셋째, 가정, 식당, 호텔, 휴게소 등 분야별로 맞춤형 대책을 추진하는 것이다. 넷째, 녹색생활 실천과 연계하여 민간 주도의 범국민 실천운동과 생활패턴 변화를 유도하는 것이다.

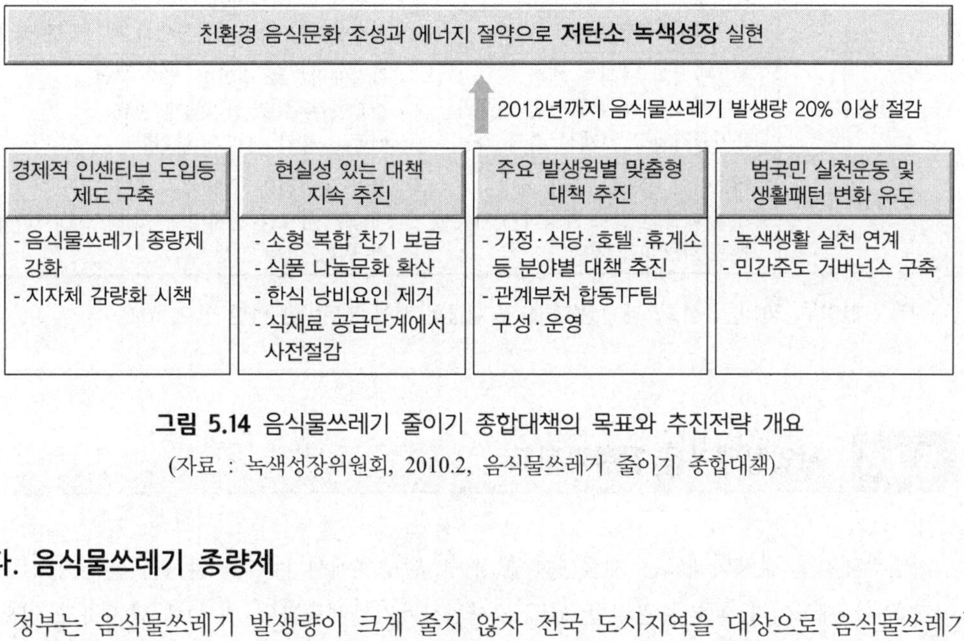

경제적 인센티브 도입등 제도 구축	현실성 있는 대책 지속 추진	주요 발생원별 맞춤형 대책 추진	범국민 실천운동 및 생활패턴 변화 유도
- 음식물쓰레기 종량제 강화 - 지자체 감량화 시책	- 소형 복합 찬기 보급 - 식품 나눔문화 확산 - 한식 낭비요인 제거 - 식재료 공급단계에서 사전절감	- 가정·식당·호텔·휴게소 등 분야별 대책 추진 - 관계부처 합동TF팀 구성·운영	- 녹색생활 실천 연계 - 민간주도 거버넌스 구축

그림 5.14 음식물쓰레기 줄이기 종합대책의 목표와 추진전략 개요
(자료 : 녹색성장위원회, 2010.2, 음식물쓰레기 줄이기 종합대책)

다. 음식물쓰레기 종량제

정부는 음식물쓰레기 발생량이 크게 줄지 않자 전국 도시지역을 대상으로 음식물쓰레기 종량제를 2013년 6월부터 시행하였다. 이에 앞서 2012년 6월에는 폐기물관리법을 개정하여 근거조항을 마련하였다.[22] 시행대상은 도시지역인 144개 시·구 지역으로 2013년 현재 129개 지역에서 시행중이며, 나머지 지역도 준비 중이다.

음식물쓰레기 종량제의 시행방식에는 음식물 전용봉투를 판매하여 수거료를 부과하는 방식(전용봉투제), 배출자가 '납부칩이나 스티커' 등을 구입하여 수거용기에 부착한 한 후에

22) 폐기물관리법 제 14조를 개정하여 '음식물류폐기물의 경우에는 배출량에 따라 산출한 금액으로 부과하는 방법으로 징수할 수 있다'라고 규정하였다.

배출하는 방식(납부 칩·스티커제), 수거용기에 전자태그를 부착하여 배출원별로 정보를 수집하고 계량한 쓰레기 배출량에 따라 수거료를 정확히 부과하는 방식(RFID 시스템)이 있다. 표 5.19에 종량제 방식의 종류별 장단점을 비교하여 나타내었다. 2012년까지는 무상·정액수거방식을 채택하고 있던 114개 기초 지방자치단체에서 종량제를 시행하였다. 전주시, 춘천시 등에서 종량제를 시행한 후에 음식물쓰레기의 배출량이 약 20% 감소하였기 때문에 다른 지방자치단체도 비슷한 수준의 발생억제 효과가 있을 것으로 기대하고 있다.

표 5.19 종량제방식 종류별 장단점 비교

방식 구분	장점	단점
전용봉투	- 배출이 편리함 - 단독주택 지역 등 열악한 수거여건에서도 적용 가능 - 수수료 징수가 쉬움	- 부피기준의 부과방식으로 배출(중량) 억제 효과가 적음 - 악취발생, 도시미관 저하 - 전용봉투가 자원화시설에서 폐기물로 배출
전용용기	- 봉투방식의 단점을 개선 - 다양한 수수료 부과방법 적용가능 - 용기규격화로 기계식 수거 가능	- 간접계량으로 정확한 계량 곤란 - 정교한 수수료 산정체계 필요 - 배출과 용기 관리가 불편함
RFID기반 계량	- 배출량의 정확한 중량 계량 - 개별 배출원 별로 계량하기 때문에 높은 감량효과 기대	- 기기 구입비와 운영비용 부담 - 배출량 자료를 전자정보시스템으로 처리하기 위한 비용 발생

(자료 : 환경부, 2010, 음식물쓰레기 종량제 및 감량화 시책 도입방안 마련 연구, p71)

5.3.6 사업장폐기물 감량화제도

사업장폐기물 감량화제도는 제품생산 공정 등 발생원에서 폐기물 발생을 원천적으로 줄이기 위한 제도이다. 폐기물관리법 제17조(사업장폐기물배출자의 의무)에 근거하고 있으며 세부사항을 '사업장폐기물 감량지침'[23]으로 제정하여 1996년 12월부터 시행하고 있다. 감량화 대상시설을 보다 명확히 하기 위해 2003년 5월에 폐기물관리법을 개정하여 감량화시설을 '생산공정에서 발생되는 폐기물의 양을 줄이고, 사업장내 재활용을 통하여 폐기물 배출을 최소화하는 시설'로 정의하였다. 2004년 2월에는 폐기물관리법 시행령을 개정하여 공정개선시설, 폐기물재이용시설, 환경부령이 정하는 폐기물재활용시설과 그 밖에 환경부장관

23) 주요 내용은 사업장폐기물을 발생원에서 감량과 재활용을 실시하도록 유도하고, 사업자의 폐기물 감량화 실적을 분석·평가하여 기술진단과 지도를 실시하는 것이다.

이 정하여 고시하는 시설을 폐기물감량화시설로 구체적으로 정하였다. 또한 감량화 대상 업체를 '지정폐기물을 연간 200톤 이상 배출하는 사업장'에서 '지정폐기물외의 폐기물을 1,000톤 이상 배출하는 사업장'까지 확대하였다.

한국환경공단은 감량화대상 사업장의 감량계획 및 실적을 제출받아 전산처리하고 있으며, 매년 폐기물감량평가심의위원회에서 감량계획과 감량실적을 평가하여 우수사업장을 지정하고 있다.[24] 한편, 2007년부터는 의무화되지 않은 비대상 사업장을 대상으로 '폐기물 감량 자발적 협약'을 체결하여 폐기물 감량을 유도하고 있다. 표 5.20과 같이 2011년 현재 감량화의무대상 사업장은 1,417개소이며 이중 전기, 가스, 증기업종을 제외한 1,345개소가 실적평가 대상 업체이다. 2011년도에 폐기물 발생량은 37,652천 톤으로 전년대비 13.0% 증가(4,337천 톤)하였으나, 생산량 원단위 폐기물 발생량은 51.5kg/톤(수재슬래그 포함)으로 1.7%(0.9kg/톤) 감소하였다. 또한 폐기물발생량의 91%를 재활용하여 폐기물로 최종 배출한 양은 3,384천 톤으로 2010년 대비 15.6%(627천 톤) 감소하였다.

표 5.20 감량화의무 대상사업장의 폐기물 감량 실적 (단위 : 천톤, kg/톤, 톤/10억원, %)

구 분	2010년도 실적	2011년도	
		실적	증감(율)
실적평가 대상업체수	1,311	1,345	34(262)
제품생산량(천톤)	635,757	730,485	94,728(14.9)
매출 (십억원)	784,694	887,672	102,978(13.1)
폐기물발생 예방량(천톤)	660	840	180(27.3)
폐기물발생량(천톤)	33,315(100)	37,652(100)	4,337(13.0)
- 생산량원단위(kg/톤)	52.4	51.5	△0.9(1.7)
- 매출액원단위(톤/십억원)	42.4	42.4	-
재활용량(천톤)	29,303(88.0)	34,268(91.0)	4,965(16.9)
- 생산량원단위(kg/톤)	46.1	46.9	0.8(1.7)
- 매출액원단위(톤/십억원)	37.3	38.6	1.3(3.5)
최종폐기물 배출량(천톤)	4,011(12.0)	3,384(9.0)	△627(15.6)
- 생산량원단위(kg/톤)	6.3	4.6	△1.7(27.0)
- 매출액원단위(톤/십억원)	5.1	3.8	△1.3(25.5)

※ 생산량 원단위 발생량 : 제품 1톤 생산 시 발생하는 폐기물량(kg)
※ 매출액 원단위 발생량 : 매출액 10억 원 당 발생하는 폐기물량(톤)

24) 2012년까지 우수사업장으로 지정된 곳은 73개 이다.

5.3.7 빈용기 보증금제도

빈용기 보증금제도는 주류·청량음료 제품의 출고가격에 일정 금액의 보증금을 더하여 소비자에게 판매하고, 소비자가 공병을 반납할 때 보증금을 반환하여 공병의 재사용을 촉진하는 제도로서 소비자 예치금제도의 일종이다. 이 제도는 보건복지부에서 식품위생법에 청량음료에 대한 빈용기 보증금(당시 공병보증금제도) 제도의 근거를 마련하고 1987년부터 시행하였으며 주류 병에 대한 보증금제의 법적 근거는 1988년에 국세청 고시로 마련되었다. 보건복지부, 국세청에서 각각 시행하고 있던 이 제도는 2002년 환경부로 이관되었고 자원의 절약과 재활용촉진에 관한 법률에 근거 규정을 마련하였다. 정부는 2005년에는 소비자가 반환받아가지 않는 미반환 보증금을 빈용기 회수율 향상을 위한 홍보, 빈용기 보관과 수집소의 설치 지원 등에 사용하도록 용도를 "자원재활용촉진법"에 규정하였고 2007년에 한국용기순환협회를 설립하였다. 현재 빈용기 보증금 제도의 대상은 발효주류, 증류주류, 청량음료류의 병이며 참여 대상업체는 소주 11개사, 맥주 2개사, 청량음료 4개사 등 총 17개사이다.[25)]

이 제도를 운영하는 과정에서 다음과 같은 문제들이 나타난다. 첫째, 동일한 형태의 공병을 각 사별로 제조·사용하면서 업체간 원가절감 등을 위한 공병회수 과당경쟁으로 일부 업체가 공병을 다량 회수하는 경우가 있어 효율적으로 재사용되지 못하고 있다. 둘째, 빈용기 취급수수료의 인상이 필요하나 빈용기 보증금을 인상하면 인상된 보증금액만큼 제품가격이 인상될 우려가 있어 인상하지 못하고 있다. 셋째, 공병은 소매점 → 도매점 →제조업체로 판매의 역 경로로 회수되는데 주류업계 특성상 도매점(유통업체)이 소매점에게 회수한 공병에 대해 적정한 취급수수료를 지급하지 않거나, 물류비용 등을 이유로 공병을 회수해 가지 않는 문제가 발생하고 있다. 현재의 빈용기 보증금은 회수비용에 못 미쳐 경제적 인센티브로서 의미가 반감되었기 때문에 보증금을 적정한 수준으로 인상하여 공병 회수율을 향상시키는 것이 필요하다.

이러한 문제를 개선하기 위해 환경부, 한국용기순환협회와 주류 제조사가 병을 동일한 구조로 통일시키고 빈병을 공용화하기 위해 자발적 협약을 2009년~2010년간에 체결하였으며, 이후 기업간 협력 증대로 회수율이 증가하였다. 또한 빈용기 취급수수료를 현실화하고

25) 이 제도의 대상이 되는 공병은 2009년에 약 52억 개가 발생하고, 이중 약 98.4%가 회수되어 사용되었다. 보증금액은 약 2천2백억 원이며 이중 약 98.4%가 소비자에게 반환되었고, 약 51억 원(1.6%)이 반환되지 않아 사단법인 한국용기순환협회에 귀속되었다. 참고로 보증요율은 용량에 따라 190mL 미만은 20원, 190mL이상 400mL 미만은 40원, 400mL 이상 1000mL 미만은 50원이며, 소주병은 360mL(40원), 맥주병은 500mL(50원)이다.

도·소매업자의 의무를 명확히 하기 위해 2009년 12월 "자원재활용촉진법 시행규칙"을 개정하여 빈용기 취급수수료를 3원 인상(소주 기준 13원→16원)하고 도매업자과 소매업자간 지급비율을 50:50에서 45:55로 조정하여 소매업자의 지급률을 높였다.

5.3.8 기타 폐기물 감량 방안

폐기물은 제품의 사용·유통구조를 개선하여 감량화할 수 있다. 가전제품, 컴퓨터, 자동차, 유아용품 등의 리스산업을 활성화하는 것도 제품을 효율적으로 이용하여 폐기물을 줄이는 방안의 하나이다. 이외에 일상생활에서 교복 물려입기, 중고품 거래활성화, 재활용품의 판매 확대 등도 폐기물 발생을 줄이는 방안으로써 더욱 활성화 할 필요가 있다.

5.4 폐기물의 물질 재활용 정책

5.4.1 자원순환사회의 개념

세계자원연구소(world resource institute)에 의하면 자원의 가용 채굴년수는 석유 40년, 천연가스 58년, 구리 28년이라고 하며, 스턴보고서(stern review)에 의하면 현재와 같이 기후변화를 방치할 경우 2100년까지 세계 GDP의 5～20%에 해당하는 경제손실이 발생할 것으로 전망하고 있다. 이와 같이 자원고갈, 온실가스로 인한 기후변화가 지구환경의 위협요인으로 등장하면서 자원다소비 사회에서 자원순환 사회로 전환할 필요성이 더욱 커지고 있다.

그림 5.15에서 보듯이 자원순환사회는 제품생산에 투입하는 천연자원의 양을 최대한 억제하고, 사용이 종료된 제품이나 제품 제조과정에서 발생하는 산업폐기물을 자원이라는 인식하에 최대한 회수하여 사용하는 사회이다. 이를 위해서는 첫째, 제품의 제조단계에서 자

원의 사용량을 최대한 줄이고, 사용과정에서 유지관리가 용이하고, 사용을 종료한 후에는 자원을 회수하기 쉬우며, 처리과정에서 환경오염을 일으키지 않도록 제품을 설계하여 생산하여야 한다.

둘째, 용기나 포장은 한번 사용하고 버리는 것이 아니라 회수하여 여러 번 재사용하고, 재사용할 수 없는 제품이나 용기, 포장재는 회수하여 재활용해야 한다. 폐윤활유 등은 재생하여 동일한 용도로 사용하고, 자원으로 회수할 수 없으나 에너지원으로 사용할 수 있는 고발열량의 물질인 종이, 플라스틱, 목재, 폐유 등은 고형연료나 정제연료유를 제조하여 대체에너지로 사용하여야 한다. 이렇게 자원과 에너지를 회수한 후 최종적으로 남는 잔재물과 무기성 물질만 매립해야 한다. 또한, 매립지에서 발생하는 메탄가스를 회수하여 에너지로 활용하고, 침출수는 토양, 지하수나 하천의 오염이 발생하지 않도록 처리하여 방류함으로써 환경오염이 발생하지 않도록 하는 자원순환과 폐기물처리 시스템을 갖추어야 한다. 위에 설명한 바와 같이 자원순환정책의 우선순위는 ① 생산·유통·소비단계에서 폐기물 발생억제(reduction), ② 발생된 폐기물 재사용(reuse), ③ 물질재활용(material recycle), ④ 에너지회수(energy recovery)이다.

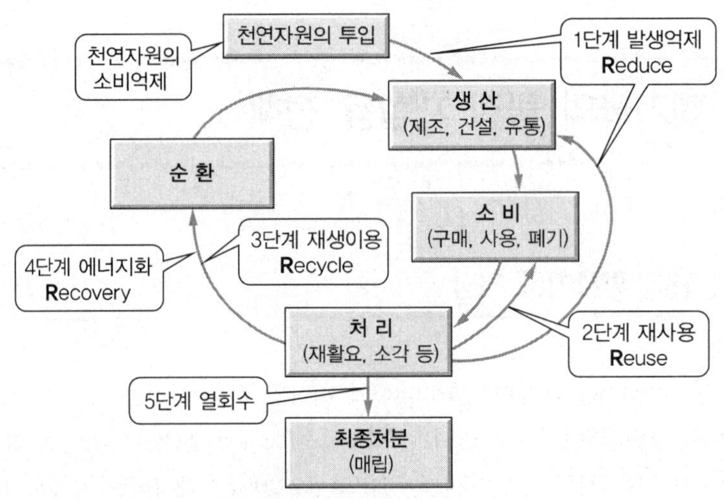

그림 5.15 자원순환의 개념도

(자료 : Ministry of the Environment Government of Japan, 2009, Establishing a sound material-cycle society-creating economic development through the establishment of a sound material-cycle society, p49)

5.4.2 자원순환사회 조성을 위한 국내외 정책 동향

가. 외국의 정책 동향

자원순환 사회를 지향하는 시대적 조류에 맞춰 독일, 일본 등 선진국들은 관련 법률을 제정하여 시행하고 있다. 독일은 1996년에 "순환경제 촉진 및 폐기물관리법"을 제정하였고, 일본은 2001년에 "순환형사회형성기본법"을 제정하고 2006년에 '순환형사회형성 기본계획'을 수립한 후 5년 단위로 계획을 수립하고 있다. 개도국인 중국도 2008년에 "순환경제촉진법"을 제정하였다. 또한 자원순환사회로의 전환 수준을 평가하기 위하여 OECD에서는 환경과 경제를 연계한 물질흐름 분석(MFA) 기법을 개발하고, 물질투입량을 최소화하도록 권고하고 있다.

참고자료 5.8 EU의 주요자원순환 정책

EU의 자원순환 정책의 주요 내용은 다음과 같으며, EU의 전기전자제품, 자동차와 화학물질에 대한 주요 환경규제 내용은 다음 표에 기술하였다.

- 자원순환정책은 지속가능성을 기조로 ①발생억제, ②감량, ③재사용, ④물질 회수, ⑤에너지 회수, ⑥최종처분(매립) 순으로 우선순위를 정하여 추진
- 폐기물관리는 예방, 근접처리, 오염자부담의 원칙으로 하며, 순환형 사회를 위한 범위를 넓혀가고 이를 위해 물질흐름(MFA : Material Flow Accounting)을 작성
- 폐기물매립법은 매립지에 반입되는 폐기물을 사전에 전처리하지 않은 상태로는 매립하지 못하도록 규정

EU 주요 환경 규제

분야	규제명	주요내용
전기전자제품	WEEE	생산자의 10개 품목군별 재활용률 의무화
	RoHS	4개 중금속 및 2개 난연제 사용금지
	EuP	에너지사용제품의 친환경설계 의무화
자동차	ELV	4개 중금속 함유 금지, 차량중량의 85%재생(5%내 에너지회수)
	EURO III, IV	배기가스 규제, 자기진단장치 탑재 의무화
화학물질	REACH	화학물질의 등록, 평가 또는 승인 의무화

(자료 : 관계부처합동, 2011.9, 제1차 자원순환기본계획(2011～2015))

독일은 국내총생산(GDP : Gross Domestic Product)은 증가하고 있는 반면, 폐기물의 발생량은 감소하는 생산성과 폐기량 간의 디커플링(decoupling) 현상이 나타나고 있어 자원생산성(국내 총생산/국내 자원소비량)이 계속 증가하고 있다. 또한 자원의 순환이용도 단순한 양적 순환방식에서 벗어나 재생자원의 가치를 제고시키는 업사이클링(upcycling)[26)]체제로 전환되고 있다.

참고자료 5.9 독일의 자원순환 정책 주요 사항

1. 폐기물관리 전략은 지속가능한 폐기물관리를 목표로 폐기물의 발생과 처분과정에서 환경에 미치는 악영향을 사전예방하거나 최소화
   - 환경정책의 원칙은 사전예방, 오염자부담 및 협력원칙으로 제품의 생산자는 제품의 전과정에서 오염을 유발할 잠재성이 있는지를 고려
   - 처분단계에서는 생산자, 소비자, 처분자, 재활용담당자, 지자체 등의 관계자들이 협력하여 자원회수를 극대화하고 환경영향을 최소화하여 처리
2. 2020년까지 생활폐기물 매립지를 단계적으로 폐지하고 생활폐기물에서 자원선별과 혼합폐기물에서의 자원회수를 위한 재활용시설을 확충
   - 순환경제촉진 및 폐기물관리법(Closed substance cycle and waste management act)에서 재활용되지 않는 폐기물은 장기적으로 순환경제로부터 퇴출시키고, 공공복지를 위해 폐기물이 처리되어야 한다고 규정
3. 2005년부터 가정이나 상업지역에서 배출되는 모든 쓰레기에 대해 열적 또는 고도의 기계적/생물학적 전처리를 거친 잔재물만 매립 허용
   - 2012년에는 매립지에서 발생되는 매립가스 발생량을 zero화하여 온실가스로 인한 기후변화 영향을 최소화

나. 국내 정책 추진경과

우리나라는 아직 자원순환사회 구축을 위한 기본법을 제정하지 못하고 있는데 이는 부처간 소관업무 범위에 대한 기능 조정이 원활히 이루어지지 못하기 때문인 것으로 생각된다. 이와 별개로 자원의 순환이용을 촉진하기 위한 개별법으로는 자원의 절약과 재활용촉진에 관한 법률, 전기·전자제품 및 자동차의 자원순환에 관한 법률, 폐기물관리법이 있다. 자원순환에 관한 기본법은 이러한 분야별 법령 내용과 함께 범정부적인 정책 목표를 설정하고, 범위를 확대할 수 있을 것이다.

기본법 제정과는 별개로 정부는 2011년 9월에 관계부처 합동으로 제1차 자원순환기본계

26) 업사이클링(Upcycling) : 폐기물(또는 쓸모없는 제품)을 질적·환경적으로 더 높은 가치를 가진 새로운 물질이나 제품으로 전환하는 과정을 말한다.

획(2011년~2015년)을 수립하여 관련된 부문별 계획을 통합하고, 중장기 국가목표를 제시하는 등 통합적인 자원순환 촉진정책을 추진하고 있다. 정부의 부처별 주요 자원순환정책은 표 5.21에 나타내었다.

표 5.21 정부의 부처별 주요 자원순환정책

구 분	주요 자원순환정책
환경부	4R(감량화·재사용·재활용·에너지회수) 정책 총괄, 자원순환산업 육성, 폐자원의 에너지화를 위한 기술개발 및 산업화 등
행정안전부	녹색에너지 자립마을 조성, 가축분뇨 자원화 등
농림수산식품부	바이오매스 에너지화 촉진(저탄소 녹색마을 시범조성)
지식경제부	소관 자원순환산업 육성, 신재생에너지 개발·보급, 도시광산 활성화, 산업계 자원생산성 향상, 자원순환형 산업구조로의 전환
국토해양부	육상폐기물 해양배출 감축

(자료 : 관계부처합동, 2011.9, 제1차 자원순환기본계획(2011~2015))

폐자원 관련 국가계획의 관계는 그림 5.16에 나타낸 바와 같다. 정부의 폐기물 관리계획에는 건설폐기물, 음식물쓰레기 등 부문별 재활용계획과 폐자원 에너지화 계획, 그리고 폐기물의 안전한 처리를 위해 시·도의 폐기물처리 기본계획을 취합하여 환경부가 수립하는 국가폐기물 관리 종합계획이 있다. 자원순환 기본계획은 부문별 재활용 계획의 상위 계획으로 국가폐기물관리종합계획과 대등한 관계를 가지고 있다.

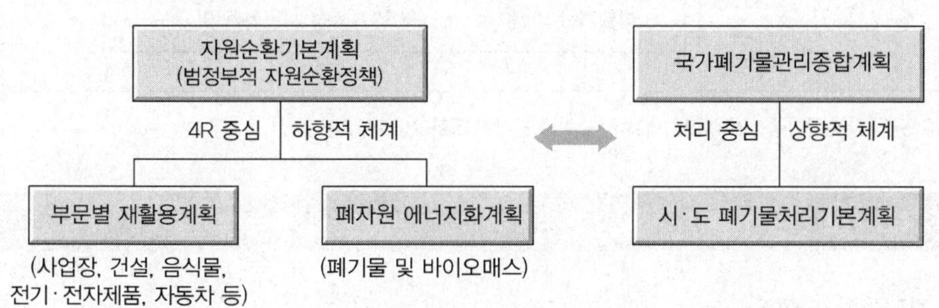

그림 5.16 자원순환기본계획과 다른 폐자원 관련 계획의 관계

(자료 : 관계부처합동, 2011.9, 제1차 자원순환기본계획(2011~2015))

제1차 자원순환 기본계획은 자원순환형(zero-waste) 사회 정착을 비전으로 매립량 26% 감축을 목표로 하고 있다. 세부 전략은 참고자료 5.10과 같이 5개 분야로 설정하였다. 기본계획에서 설정된 지표는 참고자료 5.11에 나타내었다.

참고자료 5.10 제1차 자원순환기본계획(2011~2015)의 개요

구분	내용	
비 전	**자원순환형(Zero-Waste) 사회 정착**	
목 표 (2015)	폐자원의 업사이클링(Upcycling) 기반 조성 **자원순환률 20.3% 달성, 최종매립량 26% 감축**(2009년 대비)	
전략 및 추진과제	1. 자원순환형 사회구조로 전환	- 국가 자원순환지표 개발 - 개발사업의 자원순환성 강화 - 제품 전과정의 자원순환성 확산 - 자원절약형 구매·소비문화 조성
	2. 가치상향형 자원순환(4R) 실현	- 유용자원 매립 최소화 - 폐자원 순환망 구축 - 자원의 재사용·재이용 촉진 - EPR 제도 개선 - 폐자원의 에너지화
	3. 통합형 폐기물처리 인프라 구축	- 폐기물처리 최적화 방법 설정 - 단계별 최적화 전략 - 유해폐기물 관리 강화
	4. 기술개발 및 산업육성	- 고부가가치 자원순환 기술개발 - 자원순환산업 육성 지원 강화
	5. 자원순환성 평가 및 실행기반 마련	- 경제주체별 협업체계 구축 - 자원순환성 시행평가 및 공표

(자료 : 관계부처합동, 2011.9, 제1차 자원순환기본계획(2011～2015))

참고자료 5.11 제1차 자원순환기본계획(2011~2015)의 중점 추진사항

지표관련 용어정의

1. 자원순환률은 투입된 자원 총량에 대한 순환이용한 자원량의 비율이다.
   자원순환률(%) = [순환자원량/(DMC+순환자원량)]×100
   * 순환자원량 = 물질재활용 + 에너지회수(연료화, 소각여열 등)
   * DMC = DMI − 수출 = DEU + 수입 − 수출
     DMC(Domestic Material Consumption, 국내 천연자원소비량)

DMI(Direct Material Input, 직접 천연자원투입량) = DEU + 수입
DEU(Domestic Extraction used, 국내사용 채취량)

2. 최종매립량은 발생된 폐기물을 자원회수, 소각 등에 의해 중간처리한 후 매립한 양이다.
3. 자원생산성은 생산요소로 투입된 자원이 창출한 경제적 가치를 나타내는 지표다.
자원생산성(원/톤) = 국내총생산(GDP)/국내천연자원소비량(DMC)

중점 추진 사항	국가 자원이용의 효율성 평가를 위한 신규 지표 설정 - 총괄지표로 자원순환률·최종매립량, 분야별 지표로 폐기물 감량·재활용·에너지화율, 주요 품목 재활용율 설정 - 산업별·제품별 자원순환성 모니터링 지표 개발 및 관리
총괄 지표	자원순환률(%) : (2007) 15.6 → (2015) 20.3 → (2020) 21.9 최종매립량(천톤) : (2009) 15,210 → (2015) 11,237 → (2020) 9,649 자원생산성(백만원/톤) : (2007) 1.61 → (2015) 2.25 → (2020) 2.6 폐기물 부문 온실가스 감축 : 2020년까지 2008년 대비 4.75% 감축
부문별 핵심 지표	생활폐기물 감량·재활용률(%) - 감량 : (2015) BAU 대비 6.1, 재활용 : (2009) 61.1 → (2015) 63.5 사업장폐기물 감량·재활용률(%) - 감량 : (2015) BAU 대비 6.4, 재활용 : (2009) 66.5 → (2015) 63.5 건설폐기물 감량·재활용률(%) - 감량 : (2015) BAU 대비 11.3, 순환골재 재활용 : (2009) 21.9 → (2015) 42 폐자원 에너지화율(%) : (2010) 3.7 → (2015) 28.4 주요품목 재활용률(%) - 전기·전자 : (2010) 23.6 → (2015) 35 - 폐자동차 : (2010) 84.5 → (2015) 95 - 폐지 : (2009) 89.9 → (2015) 94 - 유리병 : (2009) 73.7 → (2015) 83.1 - 페트병 : (2009) 74.9 → (2015) 84 - 플라스틱(용기류) : (2009) 65.3 → (2015) 84

(자료 : 관계부처합동, 2011.9, 제1차 자원순환기본계획(2011～2015))

자원순환 사회의 구축을 위해 우리나라는 3R(Reduce, Reuse, Recycle)에 에너지회수(energy recovery)를 추가하여 4R로 전환하고 있다. 폐기물 에너지회수는 폐기물의 고형연료화와 매립가스의 회수이용을 통해 이산화탄소(CO_2) 배출량을 줄이고 재생에너지를 확보하는 것이다. 자원순환 효율을 높이기 위해서는 재활용량을 확대하는 것과 함께 재생자원과 재활용제품의 품질을 향상하는 질적 향상도 중요하다. 이를 통해 자원생산성을 향상시켜야 한다. 그림 5.17에 나타낸 바와 같이 국내의 자원생산성의 연평균 증가율은 2.88%이며, 일본, 헝가리보다는 낮지만 독일, 영국, 프랑스보다는 높다.

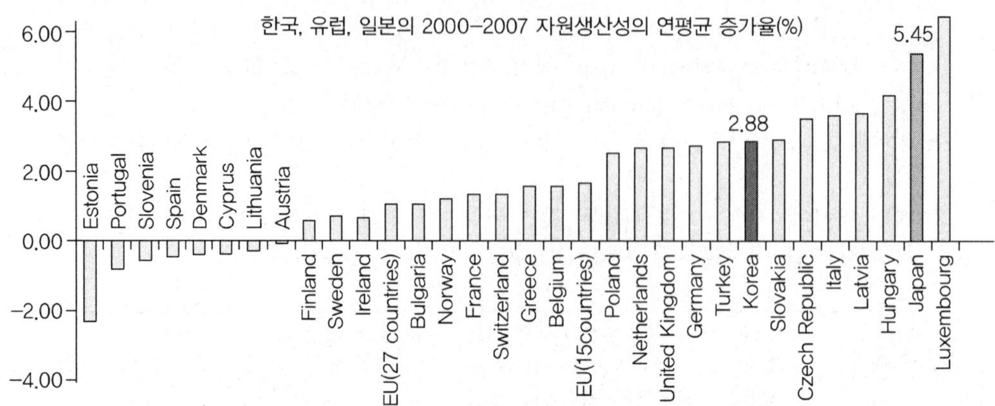

그림 5.17 각국의 자원생산성 연평균 증가율 비교

(자료 : 관계부처합동, 2011.9, 제1차 자원순환기본계획(2011～2015))

국내의 2007년도 물질흐름은 그림 5.18과 같이 직접 물질투입량(DMI)이 739.4백만 톤이고 수출량은 140.0백만 톤, 폐제품과 스크랩의 수입량은 18.7백만 톤, 폐제품의 수출량은 1.9백만 톤이었다. 반면 순환 이용된 자원의 양은 109.8백만 톤이다. 국내의 자원순환율은 그림 5.19에서 보듯이 2000년에 10.9%에서 2007년에 15.6%로 증가하였다. 2007년의 국내의 자원순환량은 물질재활용 102백만 톤, 연료화 0.9백만 톤, 에너지 회수 7백만 톤으로 총 109.8백만 톤이고, 2000년에서 2007년간의 연평균 증가율은 물질재활용과 연료화는 8% 수준으로 높았으나, 에너지회수는 1.9%로 비교적 낮았다. 또한 총 자원순환량의 연평균 증가율은 8% 수준이었다.

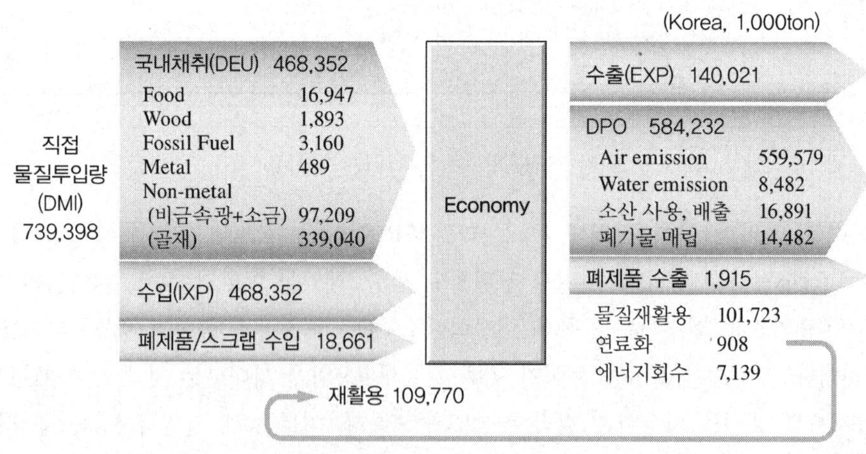

그림 5.18 국가물질흐름도(2007년)

(한국환경공단, 한국지질자원연구원, 2010.12, 자원순환 평가기준 및 지표 설정, p191)

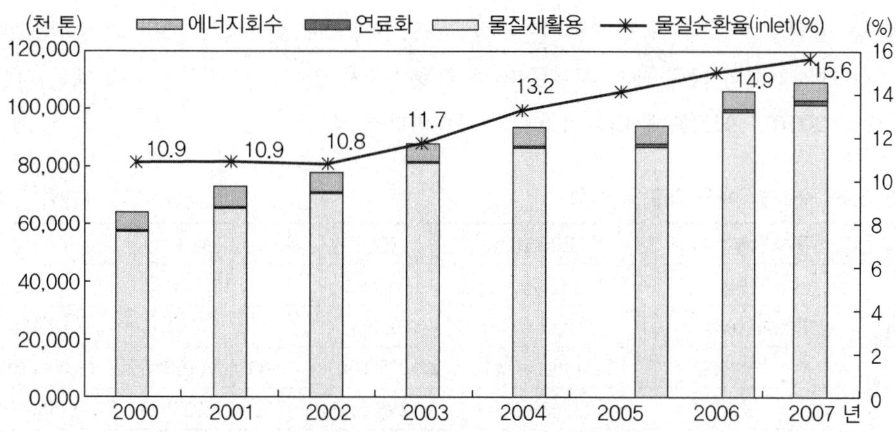

그림 5.19 국내의 자원순환량과 자원순환율의 증가 추이
(자료 : 관계부처합동, 2011.9, 제1차 자원순환기본계획(2011～2015))

국내의 폐기물 매립처리량은 표 5.22에 나타낸 바와 같이 2000년에 18.9백만 톤에서 2009년에 15.2백만 톤으로 연평균 0.76%씩 감소하였다. 종류별로는 생활폐기물과 건설폐기물의 매립량은 각각 8.55%와 7.17%가 감소하였으나, 매립량에서 큰 비중을 차지하는 사업장배출시설계 폐기물의 매립량은 13.18% 증가하였다.

표 5.22 국내의 폐기물 매립량 변화 추이 (단위: 천 톤)

구 분	생활	사업장배출시설계	건설	지정	합 계
2000년	7,968	6,921	3,658	336	18,883
2003년	7,464	5,198	5,006	519	18,187
2006년	4,599	3,246	1,436	662	9,944
2009년	3,457	10,049	1,019	685	15,210
연 평균 감소율	-8.55%	13.18%	-7.17%	8.97%	-0.76%

(자료 : 관계부처합동, 2011.9, 제1차 자원순환기본계획(2011～2015))

5.4.3 주요 품목의 재활용 현황

가. 폐지

일반가정에서 배출되는 폐기물 중 분리배출·수거의 주종을 이루고 있는 폐신문지, 폐골

판지 등 폐지류는 쓰레기종량제와 분리수거제도 정착으로 회수량이 매년 증가하였으며, 이에 따라 제지업체의 국내 폐지 사용률도 매년 증가추세에 있다. 2011년 국내 폐지 사용률은 94.5%로 2010년 92.7%에 비해 1.8% 증가하였다.

표 5.23 연도별 폐지 재활용 실적 (단위 : 천 톤)

구 분			2005	2007	2009	2011
종이생산량			11,279	11,602	10,759	11,526
종이소비량(A)			9,868	9,893	8,727	9,338
원료사용량	합계		11,436(100%)	12,275(100%)	11,556(100%)	13,000(100%)
	펄프		2,935(25.7%)	3,129(25.5%)	2,622(22.7%)	2,738(21%)
	폐지	소계	8,501(74.3%)	9,146(74.5%)	8,934(77.3%)	10,262(79%)
		국내(B)	7,086	7,998	7,851	8,827
		수입	1,415	1,148	1,083	1,435
국내 폐지사용률(B/A)			71.8%	80.8%	89.9%	94.5%

(자료 : 한국제지공업연합회, 환경백서 2012)

나. 고철 및 금속캔

2011년 고철 사용량은 24,666천 톤으로, 이중 74%인 18,324천 톤이 국내에서 조달되고 26%인 6,342천 톤은 수입되었으며, 2011년의 국내 고철사용률은 철재소비량 대비 26.7%로 2010년에 비해 소폭 감소하였다. 철재제품은 내구연한이 길어 장기간 사용 후 폐기물로 배출되므로 국내에 축적되는 양이 계속 증가하고 있다. 따라서 폐기물로 배출되는 양을 정확히 파악하기 어렵기 때문에 통상적으로 철강 생산시 국내고철의 사용량으로 재활용실적을 나타낸다. 금속캔에는 생산자책임 재활용제도 대상인 음식료품, 농·수·축산물, 의약품의 포장에 사용된 것과 그 대상에 속하지 않는 페인트, 화학약품 등의 포장에 사용된 것이 있다. 전자의 재활용률은 2011년에 77% 수준이나 후자는 재활용 현황을 알 수 있는 통계가 없다.

표 5.24 연도별 고철 재활용 실적 (단위 : 천 톤)

구 분		2005	2007	2009	2011
철재소비량(A)		47,124	55,108	48,123	68,519
고철 사용량	계	25,641(54.4%)	29,600(53.7%)	26,270(54.6)	24,666(36%)
	국내(B)	18,825	22,716	19,230	18,324
	수입	6,816	6,884	7,040	6,342
국내 고철사용률(B/A)		39.9%	41.2%	40.0%	26.7%

(자료 : 한국철강협회, 환경백서 2012)

표 5.25 연도별 금속캔 재활용 실적 (단위 : 천 톤)

구　분	2004	2006	2008	2010
발 생 량	360	330	319	352
재 활 용 량	159	159	205	138
재활용률(%)	44.2	48.2	64.3	39.2

(자료 : 한국금속캔자원협회, 환경백서 2012)

다. 폐유리

폐유리병의 분리수거 확대, 재활용 기술개발로 인하여 폐유리병, 폐판유리 등 폐유리 재활용률은 지속적으로 증가하였으나, 2005년 이후 유리병 소비량 감소의 영향으로 증가세가 다소 둔화되었다. 2011년 폐유리 재활용량은 535천 톤으로 2010년의 495천 톤에 비해 40천 톤이 증가하였다.

표 5.26 연도별 폐유리 재활용 실적 (단위 : 천 톤)

구　분	2005	2007	2009	2011
유리병소비량	776	731	641	716
폐유리사용량	567	533	471	535
재활용률(%)	73.0	72.9	73	75

(자료 : 한국유리공업협동조합, 환경백서 2012)

라. 폐타이어

타이어 제조업체로 구성된 대한타이어공업협회가 전국 30개 수거업체를 통해 폐타이어를 회수하여 재활용업체에 공급하고 있다. 2011년에는 폐타이어 발생량 310,991톤 중 75.5%에 해당하는 234,861톤을 회수·재활용하였다. 폐타이어의 재활용 방법에는 고무분말을 제조하거나 밧줄 등으로 가공하는 물질재활용 방법과 시멘트 소성로에 대체연료로 이용, 타이어로 제조한 재생연료(TDF : Tire Derived Fuel) 제조, 건류 소각을 이용한 에너지 회수·이용 등 에너지원으로 이용하는 방법, 매립공사 등에 원형으로 이용하는 방법이 있으며, 그밖에도 재생타이어의 제조에 활용된다. 위에서 열거한 재활용방법 중 에너지원으로 이용하는 비중이 가장 크다.[27)]

27) 대한타이어공업협회의 홈페이지에 게재된 자료에 의하면 2010년에 약 55%가 에너지원으로 이용되었고, 고무분말과 밧줄 제작 등에 약 20%가 이용되었다.

표 5.27 연도별 폐타이어 재활용 실적 (단위 : 천개)

구 분	2005	2007	2009	2011
폐타이어 발생량	275,072	294,200	293,930	310,991
폐타이어 재활용량	212,997	227,131	223,561	234,861
재활용률(%)	77.5	77.2	76.1	75.5

(자료 : 대한타이어공업협회, 환경백서 2012)

마. 폐윤활유

폐윤활유는 2011년 238,521톤이 발생되어 72.9%인 173,976톤을 회수·재활용하였다. 주요 재활용 방법은 열분해, 감압증류, 이온정제 공정을 통해 정제연료유를 제조하여 연료로 사용하는 것이다.

표 5.28 연도별 폐윤활유 재활용 실적 (단위 : 톤)

구 분		2005	2007	2009	2011
폐윤활유 발생량(A)	톤	239,744	237,788	220,189	238,521
폐윤활유 재활용량(B)	톤	149,259	163,902	148,952	173,976
재활용률(B/A)		62.3	68.9%	67.6	72.94

※ 폐윤활유 발생량 : 윤활유판매량의 70%(나머지는 소모된 것으로 추정)
(자료 : 한국윤활유공업협회, 환경백서 2012)

5.4.4 생산자책임 재활용제도

가. EPR 제도의 개념과 도입배경

생산자책임 재활용제도(Expanded Producer Responsibility, 이하 'EPR제도'라 한다)란 제품의 생산자들로 자신이 생산한 제품이 폐기물로 배출된 후에도 적절하게 재활용되거나 처분되도록 일정한 책임(물질적 또는 재정적 책임)을 부여하는 것이다. 이 제도는 생산자가 제품의 내구성을 높이고, 재사용과 재활용하기 쉬운 제품을 생산하도록 유도하여 재활용과 적정처리가 어려운 문제를 해결함으로써 '자원순환형 경제·사회체계'를 구축하기 위한 방안으로 시작되었다. 독일, 프랑스, 영국, 헝가리 등 유럽 15개국과 일본, 대만, 호주 등 대부분의 선진국들이 동 제도를 시행하고 있다. OECD의 EPR 안내매뉴얼에 나타난 EPR 제도의 주요 내용을 표 5.29에 나타내었다.

표 5.29 OECD의 EPR 제도의 주요 내용

구분	내용
정의	제품의 전과정에서 폐기 단계까지 생산자의 책임을 확대하는 환경정책수단 ① 생산자가 제품의 전과정에서 환경영향을 최소화하도록 설계하는 책임을 지는 것 ② 생산자가 설계에 의해 제거할 수 없었던 제품에 의한 환경영향에 대하여 책임을 지는 것
주요한 기능	폐기물 처리를 위한 비용 또는 물리적 책임의 전부 또는 일부를 지방자치단체와 소비자로부터 생산자로 이동
주요한 목적	① 천연자원 사용억제 ② 폐기물의 발생억제 ③ 친환경적인 제품 설계 및 제조 ④ 지속가능한 사회를 위한 계속적인 물질의 순환이용
효과	생산자에게 제품의 친환경적 설계를 유도하여 생산자가 제품에 외부환경비용을 내부화하도록 함
책임의 분담	제품의 제조에서 폐기단계별로 책임을 분담
구체적인 정책수법의 예	① 제품의 회수 ② 예치금 예치와 반환, 제품의 과징금/세금, 처리비 선지급 ③ 재생품의 이용에 관한 기준

(자료 : 環境省, 2010, 環境白書 平成22年-循環型社會白書/生物多樣性白書, p247)

우리나라는 1992년부터 폐기물 회수처리비 예치금제도를 시행하였다. 그러나 제도를 도입하면서 예치금 요율이 실제 재활용에 소요되는 비용보다 낮게 책정되어 재활용을 활성화하는 데는 한계가 있었다. 환경부는 이러한 문제점을 개선하여 생산자에게 재활용 책임을 명확히 하기위하여 "자원의 절약과 재활용촉진에 관한 법률"을 전면 개정(2002.2)하여 종전의 폐기물예치금제도를 폐지하는 대신 EPR제도를 도입하여 시행(2003.1)하게 되었다. 그러나 폐기물예치금제도도 생산자에게 재활용의 책임을 부여하고 있기 때문에 넓은 의미에서는 EPR제도의 일종이다. 다만, 예치금제도는 재활용에 필요한 비용을 사전에 예치한 후에 재활용하고 그 비용을 반환받아가는 반면 EPR제도는 생산자에게 일정한 양(또는 비율)의 재활용의무를 부과하고 이를 이행하지 않을 경우에 실제 재활용에 소요되는 비용보다 높은 재활용부과금을 부과하는 것으로 운영방식이 다르다.

예치금제도는 생산제품 전량에 대한 재활용비용을 사전에 예치하기 때문에 요율이 실제 재활용에 소요되는 비용으로 책정된다면 폐기물로 발생하는 것의 대부분이 재활용될 수 있을 것이다. 또한 EPR제도도 제품이 사용 후에 폐기물로 발생하는 양을 파악하여 발생량이 전부 재활용될 수 있도록 재활용의무량을 적정하게 부과하면 발생하는 폐기물이 모두 적정하게 재활용될 수 있다.[28] 참고자료 5.12에 종전에 시행하던 예치금제도와 현행 EPR제도를 비교하여 나타내었다.

참고자료 5.12 종전의 예치금제도와 EPR제도 비교

구 분	예치금제도	EPR제도
생산자의 재활용 목표량	경제적 방법을 통해 간접적으로 재활용 의무 부과 - 제품 출고량이나 수입물량 전체를 회수하는 것을 전제로 예치금을 부과	생산자에게 폐기물의 재활용 목표량 부여 - 재활용 목표량은 재활용가능폐기물의 발생 및 수거량, 제품 출고량, 재활용 여건 등을 고려하여 결정
미이행에 대한 제재	재활용하지 않은 폐기물량에 해당되는 예치금 미반환	목표량을 달성하지 못한 생산자로부터 재활용부과금 징수
의무 이행방법	생산자 및 수입업자가 기준에 따라 회수·처리할 경우 그 실적에 따라 예치금 반환	생산자가 재활용의무이행계획서를 수립하고 직접 또는 위탁하여 재활용하거나 공제조합에 분담금을 납부하고 조합이 재활용 의무를 대행
지자체의 역할	재활용품 분리수거업무 수행	관할구역 내 재활용가능폐기물 발생량·분리수거량 등을 매년 공표 - 분리수거, 보관시설 설치
판매업자의 회수의무	빈용기 보증금 대상제품 판매자에게만 회수의무 부여	제품의 제조자와 판매업자에게 회수의무 부여

EPR제도는 국가에 따라 소비자, 지방자치단체, 생산자에 부여되는 역할에 차이가 있다. 독일은 생산자가 수집·운반에서 처리까지 모든 책임을 지되 소비자가 대상 제품을 구입할 때 비용을 미리 부담한다. 반면, 프랑스, 일본과 우리나라는 배출장소에서 재활용시설까지의 수집·운반은 지방자치단체가 담당하고, 배출 시에 처리비의 일부를 수수료로 소비자가 부담하며, 재활용시설에 반입된 이후의 재활용책임은 생산자가 진다. 즉, 지방자치단체가 대상 폐기물을 수집하여 재활용시설로 운반하면 그 후에는 생산자가 자원의 회수와 잔재물의 처리를 책임진다. 우리나라도 사용종료 후 배출된 분리수거대상 포장재는 지방자치단체에서 무상으로 수거하고 있다. 전기·전자제품의 경우 소비자가 새 제품을 구입할 경우에는 제품의 판매업자가 무상으로 수거하고 있으며, 그렇지 않은 경우에는 배출자가 스티커를 구입하는 방식으로 비용을 부담하고 있다.

28) EPR제도를 도입하면서 수집운반은 지방자치단체가 하고 그 이후의 재활용에 대하여 생산자에게 의무를 부여하였으나 품목에 따라서는 재활용하는 비용보다 수집운반에 소요되는 비용이 훨씬 비싸기 때문에 지방자치단체로부터 회수책임도 생산자가 분담해야한다는 주장이 있다. 수거와 재활용에 소요되는 비용 때문에 재활용의무량을 계속 높이기 어려운 현실적 한계가 있다.

나. EPR제도의 시행절차

첫째, 환경부장관은 제품·포장재별로 출고량과 분리수거량 등을 기초로 품목별 재활용의무율을 산정하여 고시하며, 개별 재활용의무생산자는 제품출고량과 고시된 재활용의무율에 따른 의무량을 부담하게 된다.

둘째, 각 재활용의무생산자는 재활용의무량을 달성하기 위한 계획서를 환경부장관에게 제출하여 승인을 받아야 한다. 이 때 개별생산자는 공제조합을 통하여 의무를 이행할지, 개별적으로 재활용 의무를 이행할 것인지를 선택하고 구체적인 의무이행 방법을 제시하여야 한다.

셋째, 각 재활용의무생산자는 재활용의무를 이행하고 그 결과보고서를 제출하여야 하며, 마지막으로, 환경부장관은 보고서를 확인·조사하여 의무를 적정하게 이행했는지 여부를 확인하고 의무를 이행하지 않은 것으로 확인될 경우에는 그 정도에 따라 생산자에게 부과금을 부과한다.

시기	절차	근거	연도
12월 까지	품목별 재활용의무율 고시 (환경부장관)	법 제17조 제1항 시행령 제22조 제1항, (시행령 별표5)	재활용 의무이행 전년도
1월	재활용의무이행계획서 제출 (공제조합, 의무생산자 → 공단)	법 제18조 제1항 시행령 제24조, 시행규칙 제15조	당해년도
2월	재활용의무이행계획서 승인 (공단 → 의무생산자, 공제조합)	법 제18조 제1항 시행령 제25조, 시행규칙 제16조	당해년도
1～12월	재활용의무이행 (의무생산자, 공제조합)	법 제16조 제1항내지 제3항 법 제29조, 시행규칙 제13조	당해년도
4월15일	제품·포장재 출고실적 제출 (생산자 → 공단)	시행령 제22조 제2항 시행규칙 제14조	재활용 의무이행 다음년도
4월30일	재활용의무이행 결과보고서 제출 (공제조합, 의무생산자 → 공단)	법 제18조 제2항 시행령 제26조, 시행규칙 제17조	재활용 의무이행 다음년도
6월30일	재활용부과금 고지(재활용의무량 미달성 의무생산자 및 공제조합)	법 제19조 시행령 제28조 제3항, 시행규칙 제18조	재활용 의무이행 다음년도
7월20일	재활용부과금 납부	법 제19조 시행령 제28조 제4항)	재활용 의무이행 다음년도

그림 5.20 EPR제도의 시행절차

(자료 : 환경부, 2012.1.11., 전기·전자제품의 재활용·회수의무이행에 관한 업무처리지침(환경부예규 제450호))

다. EPR 대상품목

이 제도를 도입한 2003년도에 대상품목은 종전의 예치금 품목을 대상으로 하였으며, 2004년에 필름류 포장재, 형광등을 추가하였다. 2005년에는 오디오, 이동전화단말기를, 2006년에는 프린터, 복사기, 팩시밀리를, 2007년에는 화장품을 추가하였으며 2008년에는 망간전지, 알칼리망간전지, 니켈수소전지를, 2009년에는 일회용 봉투 등 필름류 포장재를, 2010년에는 양식용 부자, 윤활유 용기 등을 추가하였다. 한편, "전기·전자제품 및 자동차의 자원순환에 관한 법률"이 시행된 2008년부터는 EPR 품목 중 전기·전자제품이 동 법률의 관리대상으로 전환되면서 유해물질 사용규제 등을 통한 사전관리가 강화되었다. EPR 대상품목은 표 5.30에 나타내었다. 정부는 2014년부터 현행 10개 가전제품 외에 자판기와 선풍기, 다리미 등 소형가전제품 등 17개의 품목을 EPR대상으로 추가하기 위해 자원순환법의 하위법령 개정을 추진하고 있다.

표 5.30 EPR 대상품목(2012.12월말 현재)

분야	세부 품목
제품	- 전자제품(TV, 컴퓨터, 냉장고, 에어컨, 세탁기, 휴대폰, 오디오, 프린터, 복사기, 팩스) - 합성수지 재질의 1회용 봉투 및 쇼핑백 - 전지(수은전지, 산화은전지, 니켈카드뮴전지, 리튬1차전지, 망간·알칼리망간전지, 니켈수소전지) - 타이어(자동차, 군용차량, 건설기계, 농업기계) - 윤활유(자동차, 군용차량, 건설기계, 농업기계, 한국선박, 원양어선외의 어선) - 형광등 - 양식용 부자
포장재	- 음식료품, 농·수·축산물, 세제류, 화장품류 및 애완동물용 샴푸·린스, 의약품 및 의약외품, 부탄가스제품, 살충·살균제, 의복류, 종이제품, 고무장갑, 부동액·브레이크액 및 윤활유 등의 포장에 사용된 금속캔·유리병·종이팩·합성수지포장재 - 전기기기, 오디오·비디오 응용기기 및 정보·사무기기의 합성수지재질의 포장재

(자료 : 2013.1.22., 자원의 절약과 재활용촉진에 관한 법률 시행령 제18조)

라. 재활용의무 생산자 및 의무면제 기준

EPR제도에서 생산자는 원료업자, 제품 제조업자, 포장재 제조업자, 유통판매업자 등 폭넓게 규정되어 있다. 그러나 현실적으로 시장에서 이들 생산자의 책임을 획일적으로 구분하는 것은 불가능하므로 우리나라는 주책임자 방식[29]을 채택하고 있다. 재활용의무 생산자는 일반제품(윤활유, 타이어, 전자제품, 전지 등)의 경우에는 제품의 제조·수입업자가 되며, 포장재

29) 주책임자 방식 : 생산자중 시장에서 제품, 포장재의 디자인 및 설계의 실질적인 권한을 갖는 자가 주책임자로서 재활용의무를 부담하게 된다.

(종이팩, 금속 캔, 유리병, 플라스틱 포장재)의 경우에는 포장재를 사용한 제품의 제조자(filler) 및 수입업자, 즉 내용물을 생산하는 자가 되는 것이다. 이러한 원칙의 예외로 내용물의 생산자가 소규모 불특정 다수인 농·수·축산물 받침접시 등은 불가피하게 용기·포장재를 제조하는 자에게 의무를 부과하고 있다. 한편, 포장재와 같이 영세 사업자가 많아 현실적으로 모든 생산자에게 의무를 부과하기 어려운 경우가 있으므로 면제기준[30]을 두고 있다.

전기·전자제품은 생산자가 직영하는 판매점도 있지만 대부분 대형 유통업체를 통하여 판매되고 있어 판매 역경로를 통하여 이들 제품을 회수하는 것이 효과적이다. 2011년부터 사용종료 제품의 회수율을 높이기 위해 생산자와 수입업자 외에도 연간 전기전자제품의 매출액이 50억 원 이상인 판매자에게도 판매하는 전기전자제품의 회수의무를 부과하고 있다.

마. 재활용의무량 및 재활용부과금

EPR제도에서는 품목별로 생산자가 연간 재활용하여야 하는 재활용의무율을 매년 산정·고시하게 되는데 의무율은 의무생산자의 출고량, 분리수거량, 재활용실적 등 재활용여건을 고려하여 산정토록 하고 있다. 재활용의무율이 확정되면 개별생산자의 재활용의무량은 생산자별 시장점유율(market share)에 비례하여 자동적으로 산정된다. 한편, 재활용의무 생산자가 재활용의무량을 달성하지 않았을 경우에는 재활용부과금이 부과되는데 이는 품목별 실제 재활용비용의 130% 이하로 하되 재활용 미이행률에 따라 차등을 두고 있다. 그리고 생산자가 목표량을 초과하여 재활용한 경우에는 초과하여 달성한 실적량을 2년간 의무이행실적으로 이월하여 사용할 수 있도록 하는 인정하고 있다.

바. 품목별 재활용사업공제조합 설립·인가

생산자들은 환경부로부터 부여받은 재활용의무를 이행하기 위해 ① 직접 재활용하거나 ② 의무생산자별로 재활용사업자들에게 위탁하거나 ③ 재활용사업 공제조합을 설립하여 공제조합에 분담금을 납부하는 방법 중 하나를 선택하게 된다. 현재 품목별로 11개 재활용사업 공제조합이 결성되어 환경부로부터 인가를 받아 공동 재활용사업을 수행하고 있다.

사. 품목별 재활용의무율과 장기 재활용목표율

재활용의무 생산자들이 이행해야 하는 제품·포장재별 재활용의무율(2013년)과 장기 재활

30) 전년도 연간 매출액 10억 원 미만, 수입액 3억 원 미만 또는 전년도 연간 출고량 4톤 미만, 수입량 1톤 미만 등

용 목표율은 표 5.31에, 전기 · 전자제품별 재활용 및 회수 의무율(2013년)과 장기 재활용 목표율은 표 5.32에 나타내었다. 매년 개별생산자에게 부과되는 재활용의무량은 고시된 당해 년도의 재활용의무율에 개별생산자별 출고량을 곱하여 산정한다.

표 5.31 제품 · 포장재별 재활용의무율(2013년)과 장기 재활용 목표율

품 목				2013년도 재활용의무율	2017년도 장기 재활용목표율
금 속 캔	철 캔			0.786	0.831
	알루미늄캔			0.786	0.816
유 리 병				0.760	0.793
종 이 팩				0.341	0.360
합성수지 포장재	PET병	단일 재질	무색	0.806	0.830
			유색		
		복합재질			
	발포합성수지(폴리스티렌페이퍼 제외)			0.781	0.805
	단일재질 폴리스티렌페이퍼			0.423	0.423
	단일 · 복합재질 폴리비닐클로라이드			0.664	0.733
	기타 합성수지	용기류 · 트레이 단일재질		0.800	0.845
		복합재질 및 필름 · 시트형 단일 · 복합재질		0.600	0.675
	윤활유용기			0.795	0.790
윤 활 유				0.725	0.730
타 이 어				0.762	0.770
형 광 등				0.328	0.394
수산물 양식용 부자				0.285	0.277
전지류	수은전지			0.600	0.600
	산화은전지			0.560	0.560
	리튬전지			0.650	0.650
	니켈 · 카드뮴전지			0.400	0.400
	망간전지 · 알칼리망간전지			0.216	0.213
	니켈수소			0.203	0.153

(자료 : 환경부, 2012.12.28, 2013년 제품 · 포장재별 재활용의무율(환경부고시 제2012-43 호))

표 5.32에서 전기전자제품별 회수의무율은 판매자에게 부과된 것이며, 전기·전자제품의 생산자는 판매자가 책임지게 되어있는 회수율과 재활용률의 차이에 해당하는 비율을 회수하여야 한다. 따라서 생산자는 판매자가 회수하여 넘겨주는 양과 자신들이 회수의무 양을 합한 양을 재활용하여야 한다. 현재 전기·전자제품의 판매자는 부과된 회수율이상의 폐가전제품을 회수하여 생산자단체인 한국전자산업환경협회가 운영하는 재활용센터까지 운반하여 인계하고 있다. 한편 정부는 생산자가 장기적인 관점에서 재활용계획을 수립할 수 있도록 2008년부터 장기 재활용목표율을 설정하도록 제도를 개선하여 EPR대상 품목에 대하여 생산자가 향후 5년간 달성해야 할 장기 재활용목표율을 고시하고 있다.

표 5.32 전기·전자제품별 재활용 및 회수 의무율(2013년)과 장기 재활용 목표율

품 목	2013년도 재활용의무율	2013년도 회수의무율	2017년도 장기 재활용목표율
텔레비전	0.362	0.250	0.431
냉장고	0.343	0.168	0.389
세탁기	0.388	0.181	0.392
에어컨디셔너	0.088	0.060	0.080
개인용컴퓨터	0.229	0.060	0.260
오디오	0.268	0.061	0.278
이동전화단말기	0.399	0.182	0.400
복사기	0.234	0.095	0.280
팩시밀리	0.223	0.103	0.250
프린터	0.218	0.086	0.243

(자료 : 환경부, 2012. 12.31, 2013년 전기·전자제품별 재활용·회수의무율(환경부고시 제2012-251호))

앞에서 설명한 TV, 냉장고, 세탁기, 컴퓨터, 이동전화기 등 전자제품의 판매자에게 회수의무를 부과한 것은 판매점을 통한 역회수를 의미한다. 즉, 전자제품의 판매업자는 구매자가 신제품을 구입하면서 폐기물로 배출하고자 하는 같은 종류의 전자제품(다른 제조업자·수입업자의 제품 포함) 및 신제품의 포장재를 회수할 것을 요구하는 경우에는 무상으로 회수하도록 의무화하고 있으며, 제품의 종류별 회수의무율은 표 5.32에 나타내었다. 또한, 생산자재활용의무대상 품목에 대한 분리배출 표시제도를 2003년 1월부터 도입하여 시행하고 있다. 또한, 2011년 1월부터는 분리배출표시 도안에 있는 재질표시 문자를 국민들이 알기 쉽도록 표 5.33에 나타낸 바와 같이 영문에서 한글로 변경하였다.

표 5.33 분리배출표시 방법

도안예시	도안내부 표시문자	도안외부 색채	표시재질
플라스틱 PP	페　　트	노란색	-
	플라스틱	파랑색	HDPE, LDPE, PP, PS, PVC, OTHER
	비 닐 류	보라색	
	캔　　류	회　색	철, 알루미늄
	종　　이	검정색	-
	종 이 팩	녹　색	-
	유　　리	주황색	-

(자료 : 환경부, 2010.9.27, 분리배출 표시에 관한 지침(환경부 고시 제2010-139호))

아. EPR제도에 대한 평가 및 개선방향

EPR제도의 시행이후 재활용률은 점차 증가하고 있다. 포장재 중에서 유리병, 금속캔, 유리병, PET병, 발포합성수지(EPS) 등의 재활용률은 74～82% 정도로 비교적 높으나, 종이팩은 32.3%로 매우 낮다. 제품의 재활용달성률은 타이어 64.5%, 윤활유 50.6%, 리튬전지 59.6%로 50%를 넘고 있지만 나머지 품목은 낮은 수준이다. 특히, 전지류 중 발생량의 89%를 차지하는 망간/알카리망간 전지의 재활용률은 13.3%로 매우 낮다. 가전제품은 텔레비전 27%, 냉장고 27.2%, 세탁기 28.6%, 팩시밀리 25%, 형광등 27.3%이며 이들 5개 품목을 제외하면 모두 재활용률이 20% 이하이다. 특히, 희유금속 등 귀금속류가 다량 함유되어 있는 이동전화단말기의 재활용률이 18.2%로 낮다. 참고로 포장재에 비하여 가전제품의 출고량 대비 재활용률이 낮은 이유는 포장재는 대부분 출고한 당해 연도에 폐기물로 발생하는 반면, 가전제품은 제품의 사용수명이 10년 정도이므로 현재 폐기물 발생량과는 차이가 있고, 일부가 중고품으로 해외에 수출되고 있기 때문이다.

따라서 제품의 수명, 회수체계, 폐기물의 가치 등의 특성을 감안하여 적정한 회수 및 재활용 체계를 구축하는 것이 필요하다. 특히, 건전지와 형광등의 경우 제품의 가치에 비하여 수집·운반비용이 비싸기 때문에 지방자치단체에서 분리수거 품목으로 수거하는데 소극적이다. 따라서 계절별로 집중수거기간을 정하거나 대형유통업체나 편의점 등과 연계하여 효율적인 수거체계를 구축하고 이해관계자들이 비용을 합리적으로 분담하도록 할 필요가 있다. 또한 중고품으로 해외수출이 많은 이동전화단말기나 가전제품에 대하여는 사용 후 폐기물로 발생되는 양, 재사용되는 양, 재활용되는 양, 소각이나 매립에 의해 폐기되는 양, 해외로 수출되는 양에 대한 신뢰성 있는 통계자료를 작성하여 재활용 목표 등을 합리적으로 설정하는 것이 필요하다.

EPR제도의 도입 목적 중 가장 중요한 것은 생산자가 제품의 제조, 사용, 폐기의 전과정에서 환경영향을 최소화하기 위해 개선방안을 마련하는 것이다. 이를 통하여 천연자원의 사용과 폐기물의 발생을 억제하며, 친환경적인 제품을 제조하여 사용하고, 사용종료 후에 재활용하는 것이다. 이러한 점에서 볼 때에 현행 EPR제도의 개선이 필요하다고 할 수 있다. 아직도 제품을 설계할 때 상품기능 향상, 소비자 기호에 맞춘 마케팅전략 위주로 제품을 설계하고 있으며, 단위 제품당 자원의 사용량 절감, 물질회수율과 재생원료의 순도향상, 재활용제품의 품질향상에 대한 고려가 부족하다.

이러한 문제점을 개선하기 위해서는 생산자가 제품을 친환경적인 재질과 구조로 개선하고 사용종료 제품의 수거·운반과 재활용에 실질적인 역할을 수행할 수 있도록 EPR제도를 재설계하는 것이 필요하다. 즉 제품을 제조할 때 재활용이 쉬운 재질을 사용하도록 재질별 재활용비용을 차등화하여 자발적인 재질 개선을 유도하고, 부가가치가 높은 재생원료나 재활용제품 제조에 대하여는 재활용의무 이행실적에 가중치를 부여함으로써 재활용제품의 품질향상을 유도하는 방안 등의 도입이 필요하다. 그밖에 품목별 공제조합 운영과 관련하여 폐제품 수거·회수시스템 구축, 재활용기술개발 기금 마련, 고품질 재활용제품에 대한 인센티브 제공 등의 개선방안이 마련되어야 한다.[31)]

5.4.5 음식물류폐기물의 자원화 정책

가. 음식물류폐기물의 자원화 추진배경

우리나라는 1990년대까지 음식물류폐기물을 주로 매립에 의해 처리하였다. 음식물류폐기물은 쉽게 부패하고 함수율이 높아서 매립지 주변에 악취가 심하게 발생하여 민원이 많이 발생하고, 고농도의 침출수가 다량 발생하여 처리비용이 높아지는 등 매립장 운영에 많은 어려움이 있다. 또한 음식물류폐기물을 먹이로 하는 파리, 까마귀 등의 해충과 해금의 서식처가 되어 이로 인한 환경개선이 필요하였다. 한편 당시 곡물의 70%, 사료용 곡물의 96%를 수입에 의존하는 실정에서 유기성분을 다량 함유하고 있는 음식물류폐기물을 사료나 퇴비의 제조에 이용함으로써 사료 수입을 대체하고 비료로 활용하기 위하여 사료화와 퇴비화가 추진되었다. 특히, 1997년 말 외환위기시 사료가격의 폭등으로 음식물류폐기물로 제조한

31) 이러한 제도개선의 일환으로 정부는 2011년에 포장재 재질구조개선 사전평가제도를 도입하고, PET병을 kg당 부담금을 단일재질 178원, 복합 360원에서 단일재질은 150원으로 낮추고, 복합재질은 450원으로 높였으며 재활용방법 등을 기준으로 등급을 분류하고, 기술개발 등에 따라 가중치를 설정하였다. 그밖에도 투명한 실적관리를 위해 2011년에 재활용실적 실시간 관리시스템을 구축하고 허위실적 제출시 최대 2년간 생산자책임재활요제도의 참여를 금지하는 등 제재조치를 마련하였다.

사료의 수요가 증가하여 사료화시설이 많이 설치되었다. 그밖에도 당시에 님비(NIMBY)현상으로 매립지의 확보에 많은 어려움이 있었기 때문에 음식물류폐기물을 자원화하여 매립처리량을 줄임으로써 매립시설의 사용기간을 연장하는 부수적인 효과도 기대되었다.

나. 그간의 추진대책

정부에서는 표 5.34에서 보듯이 음식물류폐기물과 관련하여 다양한 정책을 펼쳐왔다. 음식물류폐기물의 분리배출은 1990년대 초반 수도권매립지 주변의 주민들의 요청에 의해 본격 검토하였으며, 이를 위해 1996년 12월에 음식물류폐기물 줄이기 종합대책을 수립하였다.

1997년 12월에는 음식물류폐기물 분리배출을 위한 "조례준칙"을 제정·시행하였으며, 1999년 8월 폐기물관리법 시행규칙을 개정하여 음식물류폐기물을 별도의 전용용기나 전용봉투에 담아 배출하도록 하였다. 또한 시 지역에서 발생하는 음식물류폐기물은 2005년부터 바로 매립하지 못하도록 규정함으로써 분리배출 비율이 96%까지 증가하였다. 2005년 11월에는 음식문화 개선 및 음식물류폐기물 종합대책(2006~2010)을 수립하여 시행하였고,

표 5.34 음식물류폐기물 관련 추진한 대책 요약

연 도	추진내역	관계기관
1996	수도권매립지에 음식물류폐기물 반입금지	
1996	음식물류폐기물 줄이기 종합대책	환경부
1997	음식물류폐기물의 재활용 조례준칙 제정	환경부
1998	음식물류폐기물 자원화기본계획(1999~2003)	정부합동
2001 2003	사료·퇴비의 품질관리를 위해 사료관리법(2001.3), 비료관리법(2003.3) 개정	농림축산 식품부
2002	음식물류폐기물 자원화시설 설치운영지침 제정	환경부
2004	음식물류폐기물 종합대책(2004~2007)	환경부
2005	시지역의 음식물류폐기물 직매립 금지(1997.7)	환경부
2005	음식문화 개선 종합대책(2006~2010)	정부합동
2007	음식물류폐기물 처리시설 발생폐수 육상처리 및 에너지화 종합대책(2008~2012)	환경부
2010	음식물류폐기물 줄이기 종합대책	녹색성장 위원회

(자료 : 환경부, 2004.4, 음식물류폐기물 종합대책)

2007년 12월에는 "음식물류폐기물 처리시설 발생폐수 육상처리 및 에너지화 종합대책"(2008~2012)을 수립하여 시행하였다.

농림축산식품부에서는 2001년 3월에 "사료관리법"을 개정하여 생산된 사료를 유상뿐만 아니라 무상으로 공급하는 경우에도 사료를 타인에게 공급하기 위해서는 사료제조업으로 등록하도록 하고, 음식물류폐기물에 함유된 세균의 멸균처리에 의해 사료의 안전성을 확보하고자 가열온도와 시간 등에 관한 기준을 신설하였다. 또한 2003년 3월에는 "비료관리법"을 개정하여 음식물류폐기물을 원료로 부산물 비료를 생산하여 무상으로 타인에게 공급하는 경우에도 "비료관리법"에 따라 비료생산업 등록하도록 함으로써 이들 업체의 관리를 강화하였다.

다. 음식물류폐기물의 관리정책 방향

음식물류폐기물의 정책수단과 기대효과는 다음과 같으며, 이를 요약하여 나타낸 것이 그림 5.21이다. 첫째, 발생을 억제하는 것이다. 주요 정책수단은 농산물의 유통구조개선 친환경적 음식문화 확산, 감량화에 대한 경제적 인센티브 부여 등이다.

둘째, 음식물류폐기물의 처리시설의 운영을 내실화하고 생산품의 수요와 공급을 감안하여 시설의 종류를 다양화하는 것이다. 이를 위해서 지방자치단체가 공공처리 시설을 설치·운영하여 민간업체가 운영비용을 과도하게 절감하기 위해 부적정 처리하는 것을 방지할 수 있다. 특히 음식물류폐기물의 발생량과 퇴비·사료의 수요량 등을 감안하여 여건에 적합한 재

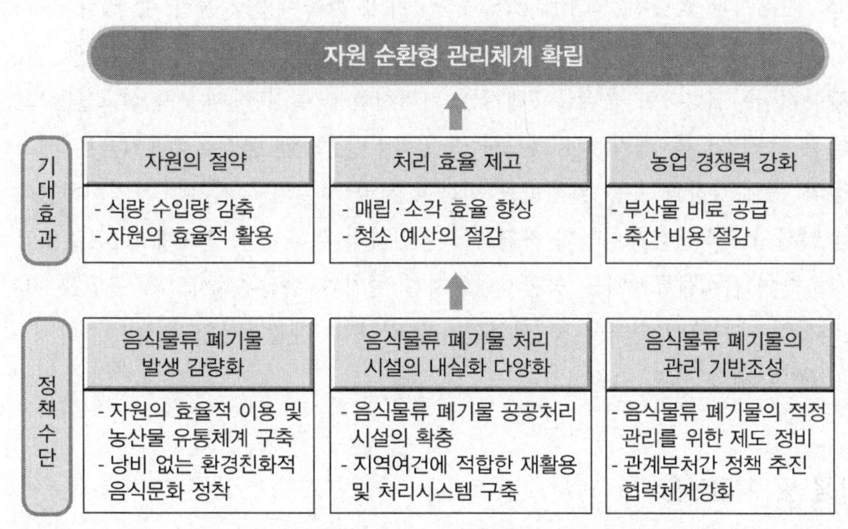

그림 5.21 음식물류폐기물의 관리정책 방향

활용 시스템을 구축하는 것이 중요하다. 즉, 사료의 수요자가 많은 축산단지 지역에서는 사료화를, 퇴비의 수요자가 많은 농촌지역에서는 퇴비화를 추진하며, 수요처 확보가 어려운 도시지역에서는 단독 또는 하수병합처리 등에 의해 바이오가스를 생산하는 처리체계를 구축하여야 한다.

셋째, 음식물류폐기물의 과학적 관리기반을 조성하는 것이다. 음식물류폐기물의 발생억제를 위한 종량제의 시행, 처리시설의 설치·관리기준의 강화, 생산된 사료· 퇴비 및 바이오가스의 원활한 사용을 위한 제도개선이 필요하다. 효과적인 정책 추진을 위해서 식품위생 등 음식점 관련 업무를 관장하는 보건복지부, 사료·퇴비와 농수산식품의 유통을 관장하는 농림수산식품부, 지자체의 지원을 담당하는 안전행정부와 환경부의 정책공조가 매우 중요하다.

이러한 감량·자원화 정책을 통하여 기대되는 효과는 다음과 같다. 첫째, 음식물류폐기물의 발생을 줄여 식량자원의 효율적인 활용을 도모하고 궁극적으로 식량의 수입량을 줄일 수 있다. 둘째, 음식물류폐기물이 감소하면 폐기물처리 비용이 줄어든다. 또한 음식물류폐기물 발생을 억제하거나 자원화하면 소각시설의 규모를 줄이거나 매립시설의 사용기간을 연장할 수 있다. 그리고 수분을 많이 함유한 음식물류폐기물의 일반폐기물 포함 비율이 감소하면 종량제봉투로 배출되는 폐기물의 발열량이 높아져 고형연료 제조가 쉬워지고, 제조비용이 감소하며, 고형연료의 품질을 높일 수 있다. 소각 처리할 경우에도 소각시설 내에서 침출수와 악취가 감소하여 운영이 용이할 뿐만 아니라 발열량이 높아져 소각열의 회수량이 증가한다. 매립 처리의 경우에도 매립작업이 쉬워지고, 침출수의 발생량이 감소하여 운영비용이 감소하게 된다. 셋째, 퇴비를 제조하여 이용하면 농지의 지력(地力)을 높일 수 있고, 사료의 경우에도 안전성과 품질이 보장된다면 축산농가의 사육비용을 줄일 수 있다.

한편, 각종 자원화시설의 안전한 운영관리도 중요하다. 정부에서는 2004년에 "폐기물관리법 시행규칙"을 개정하여 음식물류폐기물 처리시설을 설치할 때 사용신고를 하고, 시설의 성능을 잘 유지하도록 정기검사 제도를 도입하였다. 또한 음식물류폐기물로 제조한 사료, 퇴비 등의 품질 향상과 유통 활성화를 위하여 처리 시설의 설치기준을 강화하였다. 그밖에 2010년 말까지 음식물류폐기물의 자원화를 촉진하기 위하여 총 271개소에 1,576억 원의 국고를 보조하여 음식물류폐기물 공공자원화시설 설치와 수집운반차량의 구입을 지원하였다. 또한, 민간의 자원화 기술개발 및 시설설치를 위하여 '재활용산업 육성자금'에서 총 2,227개소 9,260억 원을 융자 지원하였다.

라. 발생 및 처리현황

음식물류폐기물 발생 및 처리현황은 표 5.35에서 보듯이 2003년부터 2008년까지 계속 증가하다가 2009년부터 감소하고 있으며, 2010년에는 2008년 대비 9.7%가 감소하였다. 생활폐기물에서 음식물류폐기물이 차지하는 비율은 2008년에 30%까지 높아졌다가 2010년에는 27%로 감소하였다. 음식물류폐기물의 처리방법을 살펴보면 2004년에는 14.0%를 매립에 의해 처리하였으나, 2005년 1월부터 시지역의 음식물류폐기물의 직매립을 금지한 이후에 매립처리율이 급격히 감소하여 2011년에는 1.2%로 감소하였고, 소각처리율은 2004년에 4.7%에서 2010년에는 3.4%로 감소하였다. 그 반면에, 재활용률은 2004년에 81.3%였으나 2011년에는 95.3%로 증가하였다.

표 5.35 음식물류폐기물의 발생 및 처리현황 (단위 : 톤/일)

구 분	2005	2007	2009	2011
발 생 량	12,976.7	14,451.9	14,118	13,537.3
(kg/인·일)	0.27	0.29	0.28	0.26
매 립	356.2(2.7%)	451.4(3.1%)	281(2.0%)	167.2(1.2%)
소 각	516.2(4.0%)	673.9(4.7%)	459(3.3%)	465.4(3.4%)
재 활 용	12,104.3(93.3%)	13,326.6(92.2%)	13,378(94.7%)	12,904.7(95.3%)

(자료 : 환경부, 2013, 환경백서)

마. 음식물류폐기물 처리시설 현황

음식물류폐기물 처리시설을 공공시설과 민간시설로 나누어 처리용량과 처리량을 표 5.36에 나타내었다. 민간시설이 차지하는 비율은 시설 수의 60.4%, 시설용량의 61.5%로 공공시설보다 높다. 그러나 가동률은 공공시설 85.5%, 민간시설 61.5%로 공공시설이 민간시설보다 높다. 음식물류폐기물의 처리시설은 표 5.37에서 나타냈듯이 처리방법을 구분하면 공공시설은 퇴비화 40.8%, 사료화 19.4%, 탈수 14.6%, 건조 9.7%, 하수병합 8.7%, 바이오가스화 5.8% 순이며, 처리방식이 다양하다. 그러나 민간시설의 경우 사료화 68.5%, 퇴비화 30.8%로 두 가지 방법이 대부분을 차지하고 있다.[32)]

표 5.18에 나타낸 바와 같이 음식물류폐기물을 재활용하여 생산된 사료·퇴비 등의 제품 중 유상으로 판매되는 것은 19.8%에 불과하고, 대부분 무상으로 제공되고 있다. 특히 공공시설의 경우 무상제공의 비율이 78.4%로 매우 높다. 또한 유상으로 판매하는 경우도 판매가격이 낮아 재활용제품의 판매수익은 미미하다. 음식물류폐기물의 배출 및 재활용 흐름을 요약하면 그림 5.22와 같고 이외에도 탈수와 건조에 의한 처리방법이 있다. 지렁이 사육시

32) 공공시설 중 서울시 송파구 시설은 사료화와 바이오가스화를 함께 갖추고 있으나 사료화 시설로 분류하며, 민간사료화 시설 중 4개소는 사료와 퇴비를 함께 생산하나 사료의 비중이 크다.

설은 2000년대 초에는 여러 개가 운영되었으나, 넓은 부지가 필요하고 관리에 많은 인력이 소요되는 등 경제성이 낮아 현재는 대부분 가동이 중단되었다.

표 5.36 음식물류폐기물의 처리시설 현황(2011.12.31 현재)

	시설 수	시설용량(톤/일)	처리량(톤/일)	가동률(%)
공공시설	103(39.6%)	6,948.5(38.5%)	5,938.7(46.5%)	85.5
민간시설	157(60.4%)	11,115.2(61.5%)	6,839.8(53.5%)	61.5
계	260(100%)	18,063.7(100%)	12,778.5(100%)	

(자료 : 환경부, 2012, 음식물류폐기물 처리시설 운영현황 (2011.12.31 기준))

표 5.37 음식물류폐기물의 처리시설의 구분(2011.12.31 현재)

	계	사료화	퇴비화	바이오 가스화	하수 병합	건조	탈수	파쇄	소멸화
공공시설(개소)	103	19	42	7	9	10	15	1	0
구성비(%)	100	19.4	40.8	5.8	8.7	9.7	14.6	1.0	0.0
민간시설(개소)	146	100	45	0	0	0	0	0	1
구성비(%)	100	68.5	30.8%	0.0	0.0	0.0	0.0	0.0	0.7
계 (개소)	249	119	87	7	9	10	15	1	1
구성비(%)	100	47.8	34.9	2.8	3.6	4.0	6.0	0.4	0.4

(자료 : 환경부, 2012, 음식물류폐기물 처리시설 운영현황 (2011.12.31 기준))

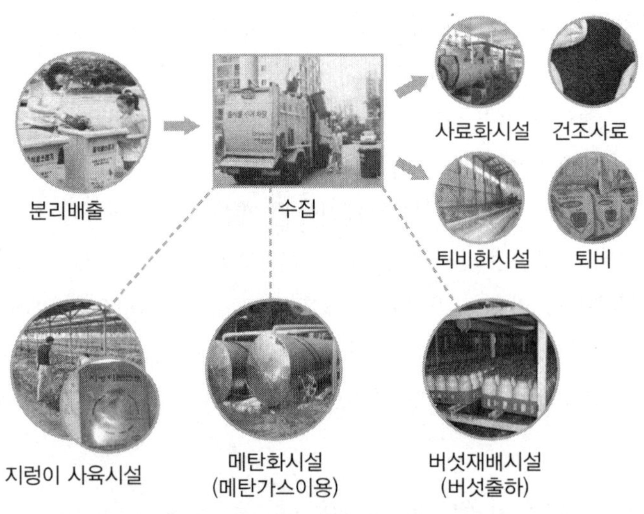

그림 5.22 음식물류폐기물의 배출 및 재활용 흐름

바. 음식물류폐기물 자원화의 문제점과 개선대책

음식물류폐기물 자원화의 효용성에도 불구하고 여러 가지 문제점도 나타나고 있다. 첫째, 표 5.36에서 알 수 있는 바와 같이 음식물류폐기물의 처리에서 민간시설이 차지하는 비율이 61.5%로 높다. 특히 서울시의 경우 공공처리시설을 가지고 있는 곳은 도봉구, 강동구, 송파구, 동대문구이며, 나머지 구는 모두 다른 지역에 소재한 민간처리시설에 위탁처리하고 있다. 민간처리업체의 적정 이윤을 보장하지 못하는 경우 음식물류폐기물이 언제든 수거와 처리가 중단될 수 있어 주민의 생활에 큰 불편을 초래할 우려가 있다. 따라서 지방자치단체는 공공처리시설을 설치하여 일정비율까지 스스로 처리할 수 있는 능력을 갖추어야 한다.

둘째, 음식물류폐기물로 제조한 사료와 퇴비의 품질이 낮아 유상으로 판매되는 비율이 표 5.18과 같이 약 20%에 지나지 않으며 판매가격도 매우 낮다. 또한 수요자의 요구조건을 충족하지 못하여 당초에 의도한 용도로 사용되지 못하고, 다른 퇴비화시설에서 수분 조절재나 탄소공급원으로 사용되는 경우도 있다. 따라서 생산제품의 품질을 향상시키기 위한 시설개선, 기술개발이 무엇보다 우선되어야 한다. 또한 음식물류폐기물로 제조한 사료·퇴비 등 제품의 유통망을 체계화하여 소비를 촉진시켜야 한다. 이를 위해 농림수산식품부 등 수요처를 관장하고 있는 기관과 수요자로 구성된 기관들과의 협력체계를 구축하는 것이 필요하다.

참고자료 5.13 독일의 유기성폐기물로 제조한 퇴비의 수요처

독일에서는 우리나라와 달리 음식물류폐기물, 하수슬러지 등 유기성폐기물로 제조한 퇴비가 농업용 52.5%, 토양산업 15.0%, 조경과 재경작 11.9%, 원예 9.9% 등으로 다양한 수요처에서 원활하게 사용되고 있다.

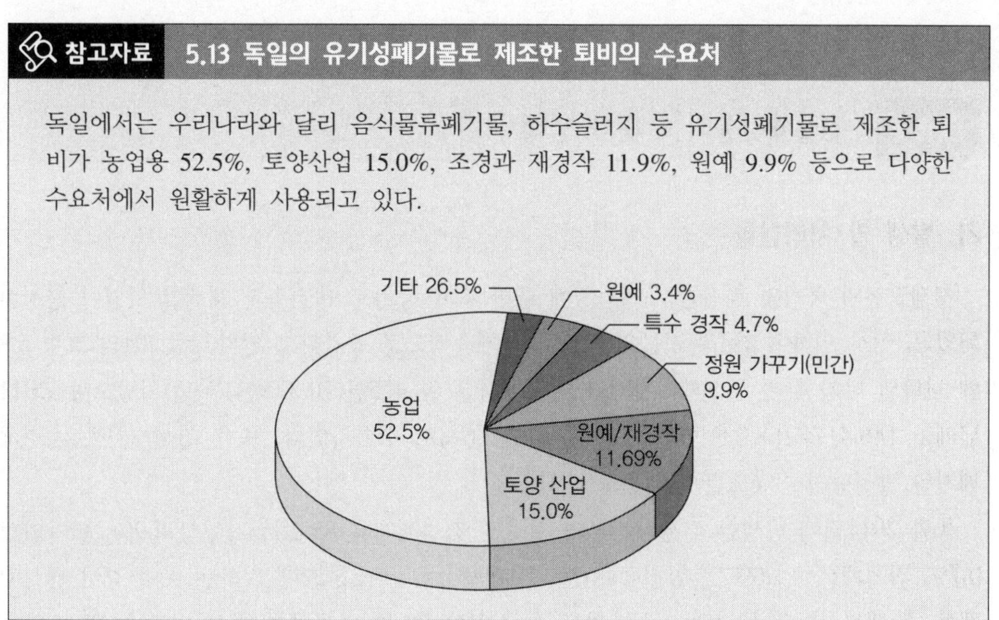

(자료 : Bundesgütegemeinschaft kompost e.V, 2010, Division of markets in 2009)

셋째, 음식물류폐기물 처리시설은 원활한 시설설치와 주변지역 주민피해를 줄이기 위해 악취방지가 중요하다. 충분한 용량의 악취방지시설을 설치하고 적정하게 유지·관리하면서 처리시설을 운영해야 한다. 특히 운영경비의 절감 등을 목적으로 악취방지시설을 부적정하게 운영하는 시설에 대한 엄격한 관리가 필요하다.

넷째, 음식물류폐기물 자원화시설의 탈수공정과 염분 제거를 위한 세척공정에서 발생하는 다량의 음식물류폐기물 폐수(이하에서 '음폐수'라 약칭한다.)에 대한 효과적인 처리대책이 필요하다. 환경부의 "음식물류폐기물 처리시설 발생폐수 육상처리 및 에너지화 종합대책"의 연도별 음폐수 발생량을 음식물류폐기물의 재활용량으로 나누면 음식물류폐기물 1톤 처리 시 2006년에는 0.65톤이 발생하였고, 2007년 6월까지는 0.715톤이 발생하였다. 2013년부터 음폐수의 해양배출이 금지되므로 해양 배출되던 것을 모두 육상처리 할 수 있도록 선진 처리기술을 개발·적용하는 노력이 필요하다.

다섯째, 궁극적으로 바이오가스로 에너지화 기술 확대가 필요하다. 음식물류폐기물은 유기물 성분이 높아 바이오가스 생산 효율이 높으므로 온실가스 저감차원에서도 가스화가 바람직하다. 이미 많은 선진국들에서 유기성폐기물의 바이오가스화 사업이 활발히 진행되고 있다. 우리나라도 기술개발과 시설확충을 추진해야 할 것이다. 또한, 축산분뇨나 하수슬러지 등과 병합하여 바이오가스를 생산하는 방안도 검토하여야 한다.

5.4.6 건설폐기물의 자원화 정책

가. 발생 및 처리현황

경제발전과 국민의 쾌적한 주거환경에 대한 수요 증가로 재건축과 재개발 사업이 활성화되었고, 이로 인하여 건설폐기물의 발생량은 계속적으로 증가하고 있다. 5.1.2절의 그림 5.3에 나타낸 바와 같이 건설폐기물의 1일 발생량은 28,425톤(10,375천 톤/년)이었으나, 2011년에는 186,417톤(68,039톤/년)으로 15년간 6.6배로 증가하였다. 또한 건설폐기물은 전체 폐기물 발생량의 48.6%를 차지하고 있다.

또한 2011년에 발생한 건설폐기물의 성상은 건설폐재류 85.2%, 가연성 0.9%, 비가연성 0.7%, 건설폐토석 2.6%, 혼합건설폐기물 10.6%이며, 그림 5.23에 나타낸 바와 같이 건설폐재류 중 폐콘크리트가 전체 건설폐기물 중에서 65.0%를 차지하여 가장 비중이 크고, 다음으로 폐아스팔트가 18.9%를 차지하고 있다.

표 5.38 건설폐기물 성상별 발생현황 (단위 : 톤/일)

구 분		2007	2009	2011
총 계		172,005	183,351	186,417
건설 폐재류[1]	소 계	141,158	149,715	158,765
	폐콘크리트	117,866	115,424	121,181
	폐아스콘	22,176	32,612	35,245
	기 타	1,116	1,679	2,339
가연성 건설폐기물[2]	소 계	1,688	2,093	1,708
	폐 목 재	727	1,125	592
	폐합성수지	948	901	1,096
	기 타	13	67	20
비가연성 건설폐기물[3]	소 계	317	803	1,407
	건설오니	300	795	1,403
	기 타	17	8	4
건설폐토석		7,102	6,779	4,838
혼합건설폐기물		21,740	23,961	19,699

※ 1) 건설폐재류 기타 : 폐콘크리트, 폐아스팔트콘크리트, 폐벽돌, 폐블럭, 폐기와
2) 가연성 건설폐기물 기타 : 폐목재, 폐합성수지, 폐섬유, 폐벽지
3) 비가연성 건설폐기물 기타 : 폐금속류, 폐유리, 건설오니
(자료 : 환경부, 2011.12, 제2차 건설폐기물 재활용 기본 5개년 계획(2012～2016))

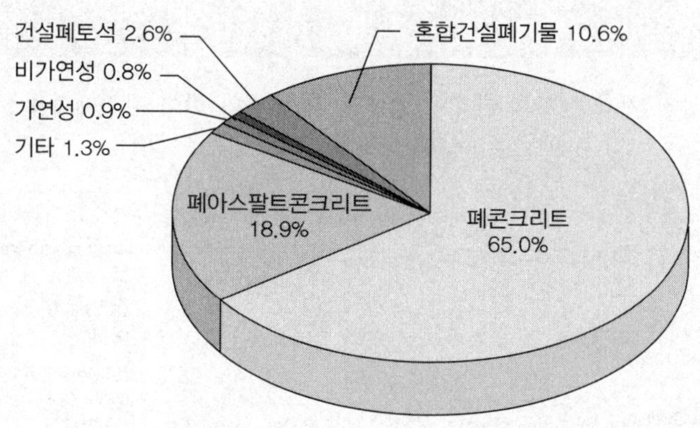

그림 5.23 건설폐기물의 성상별 구성비(2011년도)[33]
(자료 : 환경부, 한국환경공단, 2012, 2011 전국 폐기물 발생 및 처리현황)

33) 구성 비율이 85.2%로 가장 큰 건설폐재류는 폐콘크리트, 폐아스팔트콘크리트와 기타로 구분하여 나타냈다.

건설폐기물의 처리방법은 5.1.2절의 그림 5.6에 나타낸 바와 같이 2011년도의 폐기물 처리시설의 반입량 기준으로 재활용 98.1%, 매립 1.4%, 소각 0.5%로 대부분 재활용에 의해 처리되고 있다. 또한 그림 5.24에 나타낸 바와 같이 건설폐기물의 처리주체는 민간처리업체가 97.1%, 자가처리 1.9%, 지방자치단체 1.0%를 차지하고 있어 민간처리업체가 대부분을 처리하고 있다.

건설폐기물의 재활용률은 98.1%로 높은 수준에 도달하였으나 재활용 용도는 대부분 성토용과 복토용 등 저급한 용도로 사용되고 있으며 도로 기층용이나 콘크리트용 골재 등과 같이 부가가치가 높은 용도의 재활용률은 약 31%에 불과하다. 앞으로 고부가가치의 재활용 기술개발과 수요처 개발이 중요함을 알 수 있다.

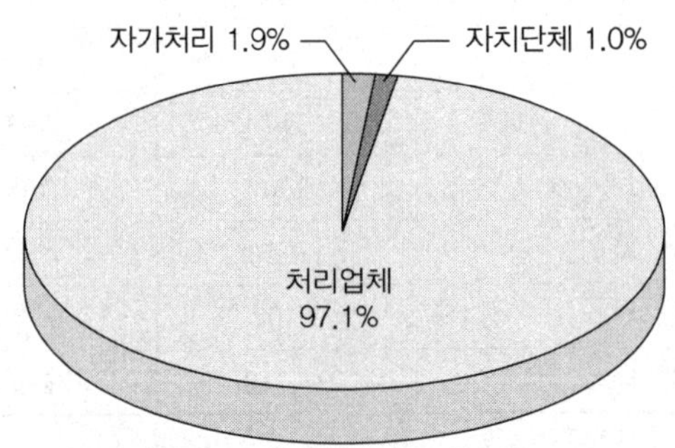

그림 5.24 건설폐기물의 처리주체별 처리비율

(자료 : 환경부, 한국환경공단, 2012, 2011 전국 폐기물 발생 및 처리현황)

참고자료 5.14 독일의 건설폐기물 처리방법

독일의 건설폐기물의 처리 현황은 아래 그림에 나타낸 바와 같이 물질재활용 89.1%, 에너지회수 0.3%, 단순소각 0.2%, 매립 10.4%이다

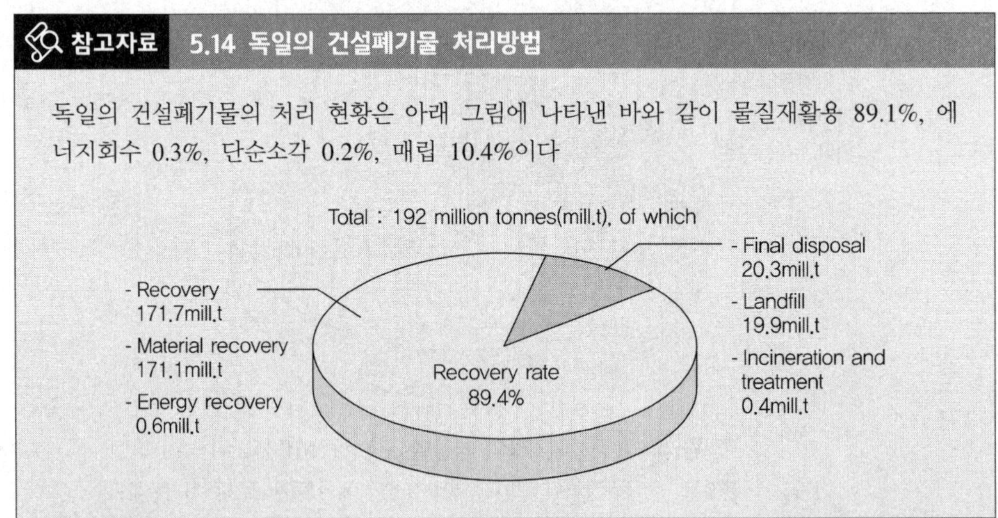

(자료 : Federal Environment Ministry(BMU), Federal Statistical Office, 2010, Federal Ministry for the Environment, Nature Conservation and Nuclear Safety, Closed-loop waste management, p17)

나. 건설폐기물의 분리발주제도

건설폐기물을 적정하게 처리하기 위해서는 건설폐기물 처리업체에 적정한 처리비용을 지급하는 것이 전제되어야 한다. 건설폐기물 처리의 분리발주가 시행되기 전에는 건설공사와 건설폐기물 처리용역을 일괄 발주함에 따라 하도급 관례상 건설업체에서 폐기물처리업체에 적정 처리비를 지급하지 않는 경우가 많아 불법처리 및 무단투기가 자주 발생하였다. 이러한 문제 해결을 위하여 정부에서는 공공기관이 발주하는 건설공사에 대하여 공사와 폐기물 처리를 분리하여 발주토록 하는 분리발주제도[34]를 도입하였다.

분리발주제도가 시행된 후에는 건설폐기물 처리업체가 입찰에 참가하여 공사발주자로부터 직접 처리비를 받고 건설폐기물을 수탁하게 됨으로써 건설폐기물의 불법투기가 현저하게 줄어들었다. 또한, 건설공사의 발주자가 건설폐기물 처리업체의 처리능력을 평가할 수 있게 되어 공개경쟁입찰을 통하여 입찰가격, 용역이행능력, 순환골재 생산능력, 기술능력, 과거 불법처리 유무 등을 종합 평가하여 적합한 처리업체를 선정하게 되었다. 이에 따라 건설폐기물의 친환경적 적정 처리를 어느 정도 담보할 수 있게 되었으며, 경쟁력을 갖춘 건설폐기물처리업체들이 기술개발 및 시설확충을 통해 양질의 순환골재를 생산하여 천연골재의 대체재로 공급함으로써 골재의 확보난도 해소할 수 있게 되었다.

다. 건설폐기물 재활용 관련 법규

환경부는 "건설폐기물의 재활용 촉진에 관한 법률"(건설폐기물재활용촉진법이라 약칭한다) 및 하위법령을 제정하여 2005년 1월부터 시행함으로써 건설폐기물을 친환경적으로 재활용할 수 있는 제도적 기반을 마련하였다. 또한, 순환골재를 천연골재로 대체하여 사용할 수 있는 도로건설공사, 산업단지 및 택지 조성공사, 하수관거 설치공사, 환경기초시설 설치공사, 물류단지 개발공사, 주차장 설치공사 등에 대하여 의무적으로 순환골재를 사용토록 규정하여 수요기반을 마련하였다.

건설폐기물의 적정처리 및 재활용과 관련된 업무는 환경부와 국토교통부가 역할을 분담하여 수행하고 있다. 환경부는 폐기물관리 및 재활용기본계획 수립 등 건설폐기물의 적정처리 도모와 재활용의 촉진을 위한 전반적인 정책을 수립·시행하고, 국토교통부는 건설현장에서의 환경관리, 순환골재의 수요기반 조성 업무를 관장하고 있다. 소관 부처별 건설폐기물 관련 법규를 정리하여 표 5.39에 나타내었다.

---

34) 이 제도는 "폐기물관리법 시행규칙" 개정을 통하여 2001.1.1부터 시행되다가 "건설폐기물의 재활용촉진에 관한 법률"(이하 건설폐기물법이라 한다)이 제정(2003.12.31)됨으로써 상기 분리발주제도가 동 법률에 규정되어 2005.1.1일부터 시행되고 있다.

표 5.39 건설폐기물 재활용 관련 제도

관계기관	법 률 및 지 침	주 요 내 용
국무총리실	공공기관의폐기물재활용촉진을위한지침	폐기물의 재활용을 촉진하기 위한 공공기관의 의무를 규정
환경부	폐기물관리법	폐기물의 처리방법, 재활용 자재의 품질기준 등 규정
	자원의절약과재활용촉진에관한법률	지정부산물(토사, 폐콘크리트, 폐아스콘 등)을 규정하고, 건설업체에 대하여 재활용 의무를 부여
환경부·국토교통부	건설폐기물의재활용촉진에관한법률	건설폐기물의 적정 처리 및 순환골재의 사용 활성화 기반 조성을 위한 근거 마련
	순환골재 등 의무사용건설공사의 순환골재·순환골재재활용제품 사용용도 및 의무사용량에 관한 고시	순환골재의무사용건설공사의 사용용도 및 의무사용량을 규정
국토교통부	건축법	건축폐자재의 사용 비율에 따른 건축기준의 완화를 규정
	건축폐자재의 활용기준	건축물에 건축폐자재 사용 비율 및 기준완화에 대한 세부 규정
	건설표준품셈	건설폐기물 발생원단위를 규정
	건설기술관리법	발주자 및 건설업체의 재활용 의무, 폐기물처리비 산정 기준
	건설폐기물의 재활용요령	건설폐기물의 처리 및 재활용에 대한 제도 현황 및 기준을 정리
	순환골재 품질기준	순환골재 용도별 품질기준 규정
	순환골재 품질인증 및 관리에 관한 규칙	순환골재 품질인증의 기준, 관리방법, 절차를 규정

(자료 : 환경부, 2012.12, 환경백서 2012)

라. 건설폐기물의 재활용 정책 방향

환경부는 2011년 12월에 건설폐기물의 순환이용을 확대하기 위해 '제2차 건설폐기물 재활용 기본 5개년 계획'(2012~2016)을 수립하였다. 2012년부터 2016년까지 관계 중앙행정기관 및 지방자치단체에서는 동 기본계획을 바탕으로 연차별·단계별 시행계획을 수립하여 시행하게 된다. 이 기본계획에 포함된 건설폐기물 재활용 정책의 목표, 주요 추진정책과 이행과제는 그림 5.25에 나타내었다.

정책의 목표	생태환경보전 및 자원순환성 강화 인프라 구축

3대 추진 정책	7대 추진과제 15개 이행 과제
1. 배출저감 (혼폐 배출량 5%이하 관리)	1.1 건축물 분별해체 관리 강화 및 의무화 가. 시설물 규모·종류별 분별해체 제도 도입 나. 건설폐기물 발생량 저감관리 지침마련 및 관리 강화
2. 환경보전 및 자원순환성강화 (순환골재 실질 재활용율 45% 달성)	2.1 생태환경을 고려한 순환골재 재활용 가. 순환골재 환경성 관리 강화 나. 매립·소각 폐기물 저감방안 구축 2.2 건설폐기물 재활용 확산 가. 순환골재 의무 사용율은 높이되 품질관리는 강화 나. 콘크리트/아스팔트콘크리트 순환골재 품질관리 강화 및 적용확대 다. 순환골재 사용 시설물 시범사업 및 모니터링 실시
3. 건설폐기물 관리정책 및 산업인프라구축 (건설폐기물 100% 재활용기반구축)	3.1 발생 원단위 확립 가. 건설공사 표준품셈에 폐기물 발생 원단위 반영 나. 시설물 종류별 건설폐기물 발생량 산정 프로그램 구축 3.2 건설폐기물 관리 시스템 개선 가. 발생-처리-재활용 단계별 실적관리 및 모니터링 시스템 구축 나. 건설폐기물 재활용 국가 보증체계 평가·확립 3.3 기술 선진화 및 성장 동력화 기반구축 가. 건설폐기물 재활용의 온실가스 저감 평가 및 CO_2 지표개발 나. 해외기술협력 및 수출지원시스템의 구축

주요 추진 시책	
건설폐기물 관련 정책 · 기술개발 사업추진 - 순환골재 재활용 정책연구 - 순환골재 생산기술/발생 저감기술 - 적정처리 기술/재활용 기술 등	건설폐기물관련 사회 인프라 지원추진 - 재활용 시장 형성 - 수급 Network 활성화 정책

그림 5.25 건설폐기물 재활용 정책의 정책 목표 및 주요 추진정책과 이행과제
(자료 : 환경부, 2011.12, 제2차 건설폐기물 재활용 기본 5개년 계획(2012~2016))

기본계획에서는 순환골재의 실질 재활용률을 2016년까지 45%로 제고하는 것을 목표로 연도별 목표율을 표 5.40과 같이 제시하였다. 기본계획에 포함된 중점 추진과제와 이행과제를 구체적으로 설명하면 다음과 같다.

표 5.40 순환골재의 건설현장 실질 재활용 목표율

연도	2012	2013	2014	2015	2016
목표율(%)	36	39	41	43	45

(자료 : 환경부, 2011.12, 제2차 건설폐기물 재활용 기본 5개년 계획(2012~2016))

첫째, 건설폐기물의 배출량을 줄이기 위해 건축물을 해체할 때 분별해체를 실시하도록 의무화하는 것이다. 이를 위해 시설물의 규모와 종류별로 분별해체공사의 적용가능성을 분석하여 적용대상을 점진적으로 확대하고 있으며, 건축공사 표준시방서에 국가표준화 체계에 따른 작업방법을 제시하였다. 향후 건축법에 따른 멸실신고 단계에서 석면 건축자재 이외에 동 법에서 규정한 폐기물의 종류별로 분별해체 계획을 제시하도록 하고, 건설폐기물재활용촉진법에서 분별해체공사의 정의와 이행주체, 이행방법, 미이행에 따른 벌칙 규정을 마련할 예정이다. 또한 건설폐기물 발생량 저감을 위한 관리지침을 마련할 예정이다. 지침에는 자원순환을 고려한 건축물의 설계, 시공, 유지관리와 해체 방안을 제시하고, 단계별로 발주자, 설계자, 건설업자, 해체업자, 건설폐기물 재활용업자의 준수사항을 규정할 예정이다. 이를 통하여 혼합건설폐기물의 배출량을 5%이하로 저감할 예정이다.

둘째, 순환골재의 실질 재활용률을 2016년까지 45%로 높이는 것이다. 이를 위해 순환골재의 환경관리기준을 제정하여 순환골재로 인한 2차 환경오염을 방지하려고 한다. 동 기준에는 순환골재의 pH와 환경유해물질의 권장 수준을 설정할 예정이다. 폐목재의 순환이용을 촉진하기 위해 폐목재의 분리선별을 통한 물질재활용을 추진하고 물질재활용이 곤란한 것은 고형연료를 제조하여 이용함으로써 건설폐기물의 매립과 소각 처리량을 줄이려고 한다. 순환골재의 실질 재활용을 높이기 위해 용도별 의무사용 목표비율을 상향조정하여 표 5.41과 같이 고시하였다. 이를 통해 2016년도 순환골재 생산 예측량 2,122만 m^3중 965만 m^3(약 45%) 이상이 사용될 것으로 예상된다. 그림 5.26에는 다양한 종류의 순환골재를 나타내었다. 그 밖에도 정부는 On-off Line 거래를 활성화하기 위한 시스템을 구축하여 순환골재의 생산, 유통관련 정보를 제공하고 전량 순환골재를 사용한 시설물을 시범적으로 건축하여 효용성을 검증할 계획이다. 그 일환으로 2013년 2월에 경부고속도로의 입장휴게소에 건설폐기물을 100% 사용하여 '되돌림 화장실'을 설치하였다.

셋째, 궁극적으로 건설폐기물을 100% 재활용할 수 있는 기반을 조성하려고 한다. 건설공사의 종류별로 건설폐기물의 성상별 발생량 원단위를 산정하여 건설공사 표준품셈에 반영하고, 건축물의 유형별로 해체할 때의 건설폐기물의 발생량을 자동 산정하는 프로그램을 개발하여 보급할 예정이다. 또한 기존의 Allbaro[35]시스템을 보완하여 건설폐기물의 발생, 처

35) 올바로(Allbaro)시스템은 5.6.3절에서 상술한다.

리, 재활용의 각 단계별로 실적을 관리 할 수 있는 모니터링 시스템을 구축할 예정이다. 순환골재 품질인증과 관련해서는 순환골재 생산업자의 기술과 관리능력 등을 종합적으로 인증하는 방안을 검토하고 있다.

표 5.41 순환골재의 용도별 의무사용 목표비율

	의무사용률		2009년 현재 사용률(%)
	2009년도	2016년도	
	의무사용율(%)	의무사용목표율(%)	
도로보조기층용	15 이상	40 이상	30.0
동상방지층 및 차단층용	15 이상	40 이상	1.5
하수관거 베딩용 골재	15 이상	40 이상	-
재생아스팔트콘크리트용	15 이상	30 이상	-
콘크리트 2차 제품제조용	-	30 이상	5.7

(자료 : 환경부, 2011.12, 제2차 건설폐기물 재활용 기본 5개년 계획(2012~2016))

그림 5.26 순환골재의 종류(크기에 의한 구분)

(자료 : 환경부, 2011.12, 제2차 건설폐기물 재활용 기본 5개년 계획(2012~2016))

정부는 안전 처리와 관련하여 국가 폐기물관리 시스템인 '올바로 시스템'에 건설폐기물 처리체계를 구축하고 2010년 6월부터 건설폐기물의 전자인계서 사용을 의무화함으로써 부적정하게 처리될 수 있는 가능성을 차단하였다. 그림 5.27은 건설폐기물 정보관리시스템의 정보흐름을 나타낸 것이다. 이 시스템을 통하여 순환골재 생산/판매 등 온라인 유통체계가 마련되었고 유관기관간 정보의 공동 활용이 활성화될 것으로 예상된다.

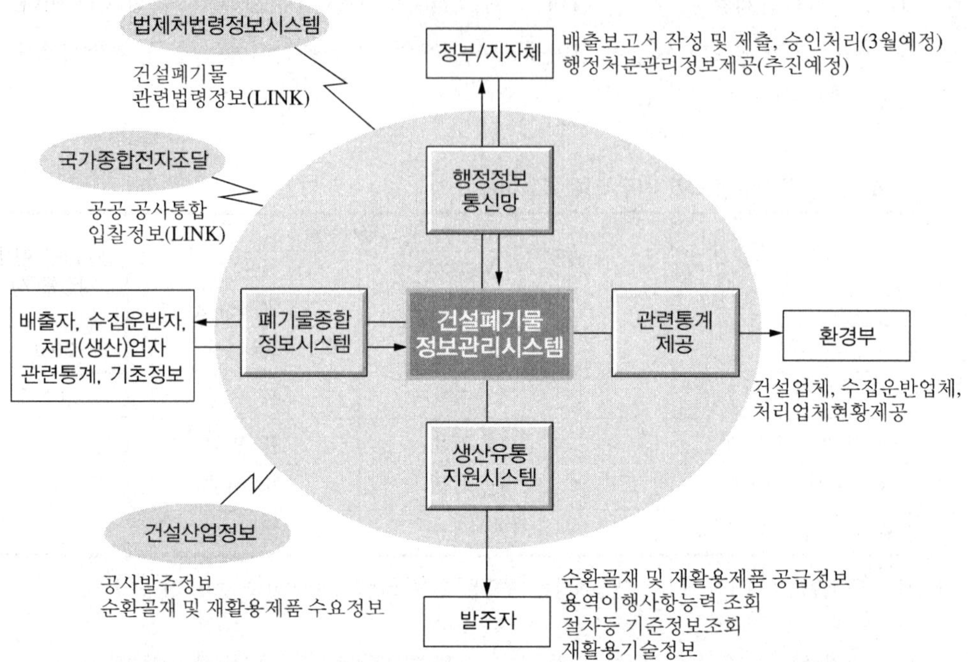

그림 5.27 건설폐기물 정보관리시스템의 정보 흐름도

(자료 : 환경부, 2011.12, 제2차 건설폐기물 재활용 기본 5개년 계획(2012～2016))

5.4.7 재활용산업 육성과 자원화 촉진제도

가. GR마크 제도

우수재활용품 품질인증(GR마크 : Good Recycled) 제도는 품질이 우수한 재활용품에 대하여 국가기관이 심사하여 성능을 보증해 주는 제도이다. 자원 재활용에 대한 인식을 확산시키기 위해 1997년 5월부터 시작되었다. GR마크의 모양은 그림 5.28과 같다.

GR마크는 그림 5.29와 같이 재활용업체의 신청에 의해 산업통상자원부 산하 기술표준원에서 제품의 품질평가, 제조시설에 대한 현장심사 등의 인증절차를 거쳐 부여하고 있다. 대상 품목은 "자원의 절약과 재활용촉진에 관한 법률 시행규칙" 별표1에 규정된 재활용제품이다.

그림 5.28 GR마크의 모양

(자료 : 산업통상자원부 기술표준원)

신청서 제출	→	접수	→	품질 평가	→	현장 심사	→	종합 평가	→	심의	→	인증서 교부
신청 업체		기술 표준원		평가 위원회		평가 위원회		평가 위원회		심의 위원회		기술 표준원

그림 5.29 GR마크의 인증절차

(자료 : 산업통상자원부 기술표준원, 인증절차 안내 요약)

나. 재활용산업의 육성

재활용업체는 대부분 영세하여 외부시장 변화에 취약한 실정이다. 정부에서는 재활용업체가 시설설치자금, 경영안정자금 및 기술개발자금 등의 용도로 사용할 수 있는 장기저리 융자제도를 운영하고 있다. 1994년부터 2011년까지 9,260억 원을 2,337개 재활용업체에 융자하였다. 현재 융자금 지원업무는 한국환경산업기술원이 대행하고 있다.

표 5.42 재활용산업육성자금 융자조건(2012년)

지원 분야	대출금리	대출기간	업체당 지원한도액	상환방법
시설자금	변동금리	3년 거치 7년 상환 (10년 이내)	25억원 (감량화시설의 경우 10억원)	거치기간 경과 후 매 분기마다 균등분할 상환
사업화자금			10억원	
기술개발자금			4억원	
경영안정자금		2년 거치 3년 상환 (5년 이내)	5억원 (최근 결산년도 매출액 이내)	
유통·판매 지원자금			2억원	

(자료 : 한국환경산업기술원, 2012, 2012년도 환경정책자금 융자운용요강)

표 5.43 재활용산업육성자금을 융자받은 업체 수 및 금액현황 (단위 : 백만 원)

년 도	신 청		승 인		융 자	
	업체 수	금액	업체 수	금액	업체 수	금액
2003	282	182,180	225	144,286	162	60,000
2005	381	293,386	241	179,636	149	70,000
2007	200	156,003	169	124,075	137	68,849
2009	329	251,482	173	122,237	112	65,000
2011	203	161,205	141	111,908	114	65,000

(자료 : 환경부, 2012.12, 환경백서 2012)

그밖에도 정부에서는 재활용 기술개발을 지원하고 있다. 폐금속 등의 회수·선별·추출·정련 등 전 과정의 재활용기술을 업그레이드하고 희유금속을 회수하여 대체금속으로 활용하는 첨단기술을 개발하고자 2011부터 '폐금속·유용자원 재활용기술개발 사업단'을 발족하여 2020년까지 1,500억 원의 연구비를 지원하는 프로젝트를 추진하고 있다. 또한 자원 회수 및 고순도화, 사용량 저감과 대체재 개발 등을 위해 2011년부터 도시광산 R&D를 추진하고 있다.

다. 공공재활용기반시설 설치 확충

1995년에 쓰레기종량제를 실시한 이후 분리 배출하는 대상 품목을 확대하였고, 재활용품의 수거량도 크게 증가하였다. 지방자치단체에서는 재활용품을 선별하여 재활용업체에 판매하기 위하여 집하·선별장 등을 설치하는 한편, 이를 현대화하기 위해 2000년부터 공공재활용기반시설 확충사업을 추진하고 있다.36)

표 5.44 재활용선별장 국고지원 현황(2000~2011) (단위 : 백만원)

연 도	총계	2000	2002	2005	2008	2011
예산액	126,015	3,018	6,402	17,069	10,637	11,139
개 소	360	15	22	46	35	17

※ 개소 수에는 신규와 계속 사업을 포함한 숫자임
(자료 : 환경부, 2012.12, 환경백서 2012)

36) 정부는 2000년부터 2012년까지 총 1,285억 원의 예산을 지방자치단체에 지원(국고 보조율 30%)하여 선별장 360개를 설치하거나 개선하는 사업을 실시하였고, 2012년에도 108억원의 예산을 투입하여 선별장 17개소를 설치하도록 지원하였다.

라. 전기·전자 제품 및 자동차에 대한 환경성 보장제

유럽연합은 제품의 설계단계부터 폐기단계까지 제품의 제조, 사용, 폐기의 전과정에 걸쳐 환경영향을 줄이도록 하는 통합제품정책(IPP : Integrated Product Policy) 개념의 폐기물 관리정책을 시행하고 있다. 특히, 전기·전자제품 및 자동차에 대하여는 중금속 등 유해물질의 사용을 제한하는 WEEE(전기전자제품폐기물)와 ELV(폐자동차)에 대한 규제를 통해 재활용을 강화하고 있다. 이에 따라 지난 2001년부터 유럽연합에서는 전기전자제품과 자동차의 제조자에게 유해물질을 제거하고 발생된 제품폐기물을 일정 비율 이상 회수·재활용하도록 하는 의무를 부과하였다.

일본은 포장폐기물 등의 재활용을 촉진하기 위해 2000년 "용기포장리싸이클법"을 제정하였으며, 2001년에는 "가전리싸이클법"을 제정하여 시행하고 있다. 또한 2003년에 자동차의 재활용을 촉진하기 위해 "자동차리싸이클법"을 제정하여 2005년부터 시행하고 있다. 폐컴퓨터에 대하여도 "자원유효이용촉진법"에 따라 재활용체계를 구축하여 시행하고 있다. 이러한 법률에 근거하여 일본에서는 전기·전자제품에 대하여 유해물질 및 재활용물질에 대한 정보표시를 의무화하고, 자동차 설계 시 유해물질의 제거와 재활용이 용이한 제품설계를 요구하는 등 유럽연합과 유사한 정책을 시행하고 있다. 최근에는 중국과 미국에서도 유럽연합과 유사한 법률을 제정하였다.

우리나라는 2007년까지 전기·전자제품과 자동차에 대하여 재활용성을 향상시키고 유해물질의 사용을 제한하기 위하여 관리지침을 마련하여 시행하였으나 충분한 시행 효과를 거두지 못하였고, 사후관리는 전자제품에 대해서만 생산자책임재활용제도에 포함하여 실시하였다. 이후 전기·전자제품과 자동차에 대하여 설계단계에서 재활용이 쉽도록 하고 유해물질의 사용을 제한하며 적정하게 재활용하도록 제품의 전과정을 관리하기 위해 "전기·전자제품 및 자동차의 자원순환에 관한 법률"을 2007년 4월에 제정하여 2008년 1월부터 시행하고 있다.

그 주요 내용은 다음과 같다. 첫째, 전기·전자제품 및 자동차에 여러 가지 유해물질과 복합재질을 사용하는 것은 재활용을 저해하므로 표 5.45에 나타낸 바와 같이 전기·전자제품 및 자동차의 제조단계에서 유해물질의 함유량을 규제하고, 전기·전자 제품별 재활용의 방법과 기준을 표 5.46과 같이 정하였다. 자동차에 대하여는 2014년 말까지는 대당 중량기준으로 재활용 및 에너지회수의 합이 85% 이상(단, 에너지회수는 5% 이하), 2015년 이후에는 95% 이상(단, 에너지회수는 10% 이하)으로 규정하고 있다. 또한 재활용하기 쉬운 재질을 사용하고 해체하기 쉽도록 재질과 구조를 개선하도록 하여야 하며, 유해물질의 함유기준 등을 스스로 확인·평가하여 공표하도록 함으로써 제품의 제조단계부터 환경유해성과 재활용성을 높이도록 하였다.

표 5.45 전기·전자제품 및 자동차의 유해물질 함유기준

제품 구분	유해물질 종류	함유 기준 (동일물질[37] 내 중량기준)
전기·전자제품	납, 수은, 육가크롬, 폴리브롬화비페닐, 폴리브롬화디페닐에테르	0.1% 미만
	카드뮴	0.01% 미만
자동차	납, 수은, 육가크롬	0.1% 미만
	카드뮴	0.01% 미만

(자료 : 전기·전자제품 및 자동차의 자원순환에 관한 법률 시행령 별표1)

표 5.46 전기·전자 제품별 재활용의 방법과 기준

구 분	내 용
재활용 방법	해체·압축·파쇄·절단 등의 중간처리과정을 거쳐 재사용가능부품을 재사용하거나 소재별로 분리하여 재활용
재활용 기준	1. 대당 중량기준 재사용·재활용하는 비율 - 텔레비전(LCD와 PDP TV 제외)·개인용 컴퓨터는 65% 이상 - 냉장고·오디오·이동전화단말기는 70% 이상 - 세탁기·에어컨디셔너는 80% 이상 - 프린터·복사기·팩시밀리는 75% 이상 2. 냉장고는 CFC 등 냉매물질(오존층파괴지수 0인 물질 제외)을 안전하게 따로 회수 3. 개인용 컴퓨터, 이동전화단말기는 인쇄회로기판(PCBs)의 유가금속을 회수하는 등 안전하게 재활용 4. 이동전화단말기 등의 전지는 "자원의 절약과 재활용촉진에 관한 법률 시행규칙" 별표 6 제7호의 전지류의 재활용 방법 준수

(자료 : 전기·전자제품 및 자동차의 자원순환에 관한 법률 시행규칙 별표1)

둘째, 제조·수입업자는 재활용사업자의 편의를 위해 제품의 구성 재질, 유해물질 정보와 해체방법 등에 대한 재활용관련 정보를 제공하도록 하였다.

셋째, 그간 자원재활용촉진법에 따라 전기·전자제품의 제조·수입업자에게 부과하던 재활용의무를 이 법으로 이관하고, 제품의 회수에서 역할을 할 수 있는 판매업자에게도 회수의무를 부과하였다.

넷째, 자동차의 제조·수입업자는 폐자동차의 재활용기술을 개발하여 보급하고, 재정적·

37) 동일물질 : 나사를 풀거나 절단·압착·파쇄·연마 등 기계적인 방법으로 분리되지 아니하는 플라스틱, 세라믹, 유리, 금속, 합금, 종이, 합성수지 및 이러한 물질을 코팅한 것과 같은 단일 형태의 물질을 뜻한다.

기술적인 지원을 하며, 자동차폐차업자, 파쇄재활용업자와 파쇄잔재물 재활용업자는 재활용 가능자원을 최대한 회수하여 재활용하도록 역할을 부여하였다. 또한, 폐자동차의 재활용방법과 기준을 정하고 일정비율 이상을 재활용하도록 규정하였다.

다섯째, 폐자동차에 함유된 기후·생태계변화 유발물질인 프레온가스에 대하여 폐차업자에게 회수하여 보관하도록 하고, 파쇄재활용업자에게 파쇄잔재물을 분리·배출하도록 하였다. 또한, 재활용과 처리 비용은 폐자동차의 가격에서 충당할 수 있도록 하여 안전한 처리가 가능하게 하였다.

이 제도로 전기·전자제품과 자동차의 유해물질 함유량이 감소하고 재활용하기 쉬운 재질과 구조로 개선될 뿐 아니라 유해물질의 기준을 초과하는 제품의 수입을 차단함으로써 국내의 환경을 보호하고, 내수시장에서 국내제품의 경쟁력이 높아질 것으로 기대된다.

마. 재활용제품의 수요촉진대책

재활용제품에 대한 수요를 촉진하기 위하여 자원재활용법 제32조(재활용제품의 구매촉진 등) 및 "공공기관의 폐기물재활용촉진을 위한지침"(국무총리 훈령 제381호)에 근거하여 1992년도부터 공공기관의 재활용제품 우선구매제도를 도입하여 공공기관이 물품을 구매할 때에는 재활용제품을 우선 구매하도록 하였다.

이 제도는 2005년 7월부터 "친환경상품 구매촉진에 관한 법률"이 시행됨에 따라 친환경상품 구매촉진 제도로 통합되어 운영되고 있다. 2009년도 친환경상품 의무구매 대상 공공기관은 국가기관, 지방자치단체 등을 포함하여 총 838개 기관이다. 상기 법률이 시행된 후에 공공기관이 조달청의 나라장터를 통하여 구매한 재활용제품의 구매실적이 계속 증가하고 있는 것으로 나타났다.[38)]

바. 국가 폐자원 순환망 구축

생활수준의 향상에 따라 가전제품, 자동차 등 금속을 다량 함유한 대형폐기물의 발생이 증가하고, 지속적인 산업화로 사업장폐기물과 부산물의 발생량이 증가하고 있다. 그간 사업장폐기물에 대하여는 규제와 감독, 실적보고 등 안전한 처리를 위한 관리정책의 시행에 중점을 두었기 때문에 자원의 순환이용을 촉진하는 데는 한계가 있었다. 또한 재활용시설이 혐오시설로 인식되어 산업단지에 입주하는 것도 제한되는 등 재활용 기반이 취약하고, 재활용시설이 도시 외곽지역에 분산되어 있어 폐자원이 발생장소 인근에서 재활용하지 못하고

38) 동 제도가 시행되기 이전인 2004년도에는 나라장터를 통한 공공기관의 재활용제품 구매실적은 약 12억 원이었으나, 2008년도에는 264억 원으로 늘어나는 등 재활용제품의 구매가 크게 증가하고 있다.

먼 곳으로 운반하여 재활용함으로써 물류비용이 높다. 우리나라는 자원이 부족하여 원자재 가격 상승 등 외부요인에 큰 영향을 받기 때문에 환경적 지속가능성을 확보하기 위해서는 폐기물을 순환 이용하여 산업발전에 필요한 자원을 안정적으로 확보하는 한편, 원자재 가격의 폭등으로 인한 영향을 줄이기 위해서 소각 또는 매립되는 자원을 회수하여 이용하여야 한다. 또한, 부가가치가 높은 재활용제품을 제조하여 이용하는 자원순환시스템의 구축이 시급하다.[39)]

또한, 권역별로 재활용시설 관련 정보를 종합하여 폐자원 정보를 실시간으로 제공할 수 있는 자원순환정보시스템을 구축하는 등 국가가 중심이 되어 자원순환망을 구축하고 있다. 자원순환망이 구축되면 폐자원 흐름을 관리하고 공급자와 수요자간 맞춤식 정보를 제공할 수 있게 되어 연관 산업간 유기적 협력이 가능할 것이다.

사. 재활용가능자원의 이용 촉진

자원재활용촉진법에서는 주요 재활용가능자원에 대하여는 제조업에서 일정비율이상 사용하도록 규정하고 있다. 즉, 재활용가능자원의 이용이 필요한 종이제조업, 유리용기제조업, 제철 및 제강업을 운영하는 재활용지정사업자 중 일정 생산규모 이상인 중점관리대상 사업자는 폐자원을 일정비율 이상 제품원료로 사용하도록 의무화하고 있다. 그 결과 2011년도에는 폐지 94.5%, 폐유리 75%가 각각 제품의 원료로 순환 이용되었다.

또한 생산·건설공사장 등에서 발생한 부산물 중 재활용이 특히 필요한 부산물 배출자를 지정부산물 배출사업자로 지정하고 재활용시설을 설치, 지정부산물의 재활용을 위한 기술개발 등을 추진하도록 의무를 부과하고 있다. 2009년도에는 지정부산물 중 철강슬래그 99.8%, 석탄재 64.0%가 재활용되었다.

---

39) 정부는 전주시에 비철금속 등의 회수와 재생연료유 생산 등 도시형 자원순환종합타운(81천m^2)의 조성을 2006년에 시작하여 2011년에 준공하였다. 또한, 2012년부터는 철강, 자동차, 조선 등 중화학공업이 발달한 동남권(부산)을 대상으로 폐금속 등 고부가가치가 높은 품목을 재활용하는 자원순환종합타운의 조성을 추진하고 있으며 앞으로 폐기물 발생량이 많은 지역을 거점으로 자원순환단지를 확대할 계획이다.

5.5 폐기물 에너지화 정책

5.5.1 폐기물 에너지화의 국제 동향

유럽연합(EU) 27개 국가의 2010년도의 평균 재생에너지의 보급률은 참고자료 5.15에서 보듯이 12.4%이며, 2020년까지 20%까지 확대하는 것을 목표하고 있다. 재생에너지의 2020년도 보급 목표치 20%중 바이오매스의 에너지화가 차지하는 비율은 13%로 2020년도의 재생에너지 목표량 중 65%를 차지하고 있다. 이밖에도 EU는 '매립지침(andfill Directive 1999)'을 제정하여 1995년의 생분해성 도시폐기물의 중량을 기준으로 매립 처리하는 양을 2004년까지 25%, 2007년까지 50%, 2014년까지 65%를 삭감하는 것을 명문화하였다. 이를 통하여 생분해성 폐기물의 매립에서 발생하는 온실가스 배출을 줄이기 위해 유기성폐기물의 자원화를 유도하고 있다.

참고자료 5.15 EU-27의 재생에너지 2020년도 목표치

EU국가의 재생에너지 보급률은 2006년 9%에서 2010년 12.4%로 증가하였으며, 2020년의 목표는 20%로 설정하였다. 다음 표는 연도별 EU 국가의 재생에너지의 사용비율과 2020년도의 목표치이다.

Country	2006	2007	2008	2009	2010	2020 target
EU27[1)]	9.0	9.9	10.5	11.7	12.4	20.0
Belgium	2.7	3.0	3.3	4.6	-	13.0
Bulgaria	9.6	9.3	9.8	11.9	13.8	16.0
Czech Republic	6.5	7.4	7.6	8.5	9.2	13.0
Denmark	16.5	18.0	18.8	20.2	22.2	30.0
Germany	6.9	9.0	9.1	9.5	11.0	18.0
Estonia	16.1	17.1	18.9	23.0	24.3	25.0
Ireland	2.9	3.3	3.9	5.1	5.5	16.0
Greece	7.0	8.1	8.0	8.1	9.2	18.0
Spain	9.0	9.5	10.6	12.8	13.8	20.0
France[2)]	9.6	10.2	11.1	11.9	-	23.0
Italy	5.8	5.7	7.1	8.9	10.1	17.0

Cyprus	2.5	3.1	4.1	4.6	4.8	13.0
Latvia	31.1	29.6	29.8	34.3	32.6	40.0
Lithuania	16.9	16.6	17.9	20.0	19.7	23.0
Luxembourg	1.4	2.7	2.8	2.8	2.8	11.0
Hungary	5.1	5.9	6.6	8.1	-	13.0
Malta	0.2	0.2	0.2	0.2	0.4	10.0
Netherlands	2.7	3.1	3.4	4.1	3.8	14.0
Austria	26.6	28.9	29.2	31.0	30.1	34.0
Poland	7.0	7.0	7.9	8.9	9.4	15.0
Portugal	20.8	22.0	23.0	24.6	24.6	31.0
Rumania	17.1	18.3	20.3	22.4	23.4	24.0
Slovenia	15.5	15.6	15.1	18.9	19.8	25.0
Slovakia	6.6	8.2	8.4	10.4	9.8	14.0
Finland	29.9	29.5	31.1	31.1	32.2	38.0
Sweden	42.7	44.2	45.2	48.1	47.9	49.0
United Kingdom	1.5	1.8	2.3	2.9	3.2	15.0
Croatia	13.8	12.4	12.2	13.2	14.6	20.0
Norway	60.6	60.5	62.0	65.1	61.1	67.5

※ 1) EU27 aggregate contain estimates of missing data

2) France métropolitaine, excluding the four overseas departments (French Guyana, Guadeloupe, Martinique and Réunion)

- Data not available

(자료 : Eurostat, 2012.6.19, Ami Sedghi, Renewable energy in the EU)

EU-15의 재생에너지 2020년도 목표치 20%의 구성비율

Type of energy	2000		2010 Target		2020 Target	
	Eurostat Convention	% of Total	Eurostat Convention	% of Total	Eurostat Convention	% of Total
Total Gross Inland Consumption(Mtoe)	1,445		1,576 (Trends)		1,576	
1. Wind	1.92	0.13	14.4	0.91	38	2.4
2. Hydro	27.6	1.9	30.6	1.94	33	2.1
3. Photovoltaics	0.01	-	0.3	0.02	3.6	0.2
4. Biomass	54.5	3.73	125.5	7.96	205	13.0
5. Geothermal	3.32	0.22	6.2	0.4	12.4	0.8
6. Solar Thermal	0.38	0.02	3	0.2	24	1.5
Total Renewable Energies	87.8	6.0	180	11.43	316	20.0

(자료 : European Renewable Energy Council, *Renewable Energy Target For Europe 15 20% by 2020*, pp12～13)

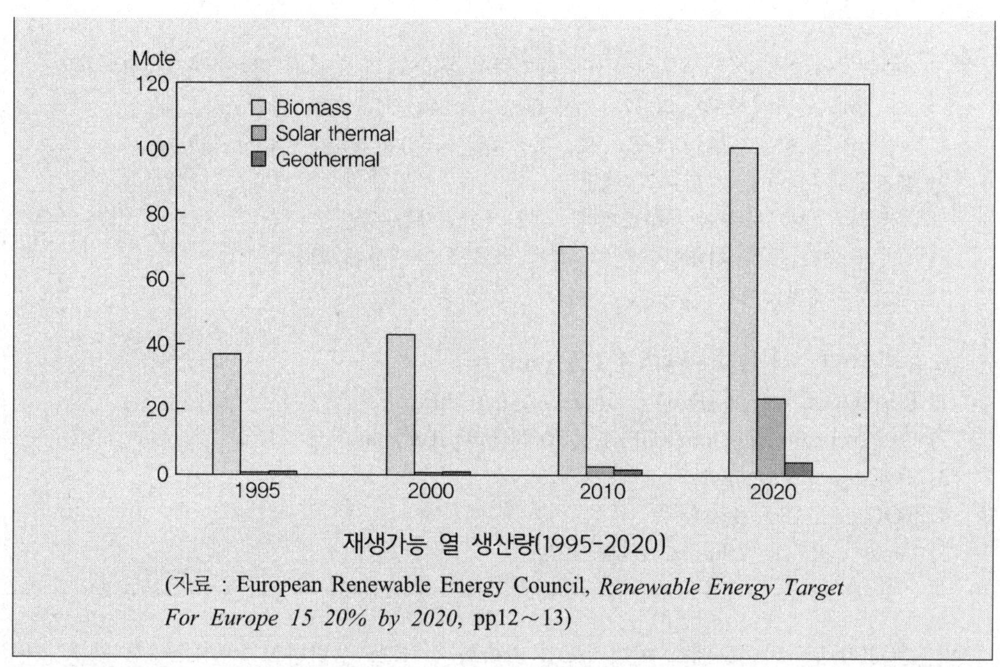

재생가능 열 생산량(1995-2020)

(자료 : European Renewable Energy Council, *Renewable Energy Target For Europe 15 20% by 2020*, pp12～13)

독일은 폐기물의 매립기준을 제정하여 2005년 6월부터 직매립을 금지하고 있으며, 기계적·생물학적으로 전처리(MBT)[40]한 잔재물의 매립기준은 참고자료 5.16과 같다. 독일은 이 기준을 통하여 소각하여 에너지를 회수할 수 있는 가연성물질의 매립을 금지함으로써 폐기물의 자원화와 에너지화를 강력하게 추진하고 있다. MBT시설의 처리용량은 스페인, 이탈리아, 독일 순이다. MBT 처리기술이 가장 발달된 독일은 연간 가연성폐기물 720만 톤을 MBT 처리하여 300만 톤의 RDF[41]를 생산하여 전용발전시설과 화력발전소, 시멘트 소성로 등에서 에너지로 이용하고 있다. 독일에는 생분해성폐기물(음식물쓰레기, 하수슬러지, 축산분뇨 등)에서 에너지를 생산하는 소규모 바이오가스화시설 1,900개가 가동되고 있으며, 대형 바이오가스화시설도 11개가 가동되고 있다.

참고자료 5.16 독일의 MBT 도입배경

1) EU 매립지침(EU Landfill Directive, 1999)에서 생분해성 폐기물의 직매립을 억제함으로써 소각을 하거나 MBT처리를 거친 후에 매립 추진

40) MBT(Mechanical Biological Treatment)는 폐기물을 기계적·생물학적으로 전처리하는 시설을 말한다.

41) RDF(Refuse Derived Fuel)는 폐기물에 함유된 수분과 불연성분을 파쇄·선별·가공하여 제거하고 가연성분으로 만든 고체연료이다. 제거정도와 가공방식에 따라 여러 가지 RDF로 구분된다.

- 매립지에 반입하는 생분해성 도시폐기물을 1995년의 도시폐기물의 매립량을 기준으로 2004년까지 25%, 2007년까지 50%, 2014년까지 65% 감축
- 반입기준 총유기탄소(TOC) 5%, 저위발열량 6,000 kJ/kg(1,435kcal/kg)

2) 폐기물로부터 에너지회수의 확대
- 생분해성폐기물은 혐기성소화에 의해 바이오가스 생산
- 가연성폐기물은 RDF를 생산하여 발전과 스팀 생산에 활용

3) 폐기물처리과정에서 발생하는 온실가스의 감축

독일의 MBT 처리물의 매립기준 (2005.6.1 시행)

1) Respiration activity(RA_4) $\leq$ 5mg O_2/g-day mass
2) Gas formation potential(GF_{21}) $\leq$ 20 N ml/g-day mass
3) TOC_{eluate} $\leq$ 250 mg/L
4) TOC_{solid} $\leq$ 180 Mass%
5) Gross calorific value $\leq$ 6,000 kJ/kg

일본은 2007년 '바이오매스 에너지도입 가속화 전략'을 수립하고 '바이오매스 타운' 건설을 추진하고 있다. 일본은 1997년부터 다이옥신 배출억제 정책의 일환으로 중소형 생활폐기물 소각로의 신규 설치를 억제하고, RDF 생산시설로 전환하여 펠렛형 RDF를 대형 전용발전시설 등으로 이송하여 에너지원으로 활용하는 정책을 추진한 바 있다. 일본의 RDF의 품질기준은 참고자료 5.17에 기술한 바와 같이 유럽이나 미국과 달리 플러프 RDF[42)]는 폐기물고형연료로 인정하지 않고 있다. 일본에서 펠렛형 RDF의 생산시설을 가동한 결과, 당초의 예상과 달리 RDF의 생산비가 높고, 생산된 펠렛형 RDF가 대부분 폐기물 처리비를 지급하고 수요처에 위탁처리하고 있다. 또한 인근에서 수요처를 확보하지 못하여 멀리 이송되는 사례가 많고, RDF 제조시설과 이용시설에서 시설고장과 폭발사고 등이 다수 발생하였다.

이에 따라 일본정부는 폐기물에너지화 정책을 고효율 폐기물발전시설을 확대하는 쪽으로 전환하여 폐기물처리시설의 발전효율 또는 열회수율을 10%이상 향상시키는 것을 목표로 정책을 추진하고 있다. 이를 위해 2009년 3월 "고효율 폐기물발전시설 정비 매뉴얼"을 제정하여 1일 1,000톤에서 1,400톤의 소각시설을 기준으로 발전효율이 23%를 초과하는 경우에 국고보조율을 1/2(일반소각시설의 국고보조율은 1/3)로 높여 지급함으로써 소각시설을 발전시설로 활용하는 정책을 적극적으로 추진하고 있다. 일본의 고효율 폐기물발전시설의 교부요건과 폐기물발전 효율향상을 위한 기술 요소는 표 5.47에 수록하였다.

42) 플러프 RDF : 가연성폐기물에서 불연물과 RDF 부적합물질을 제거한 후에 균질화한 것이다.

표 5.47 폐기물발전 효율향상을 위한 기술 요소와 그 효과

기술요소/시책		향상효과	비교조건
열회수 능력의 강화	저온 이코노마이저	1%	보일러 출구 배기가스온도 250℃ ⇒ 190℃
	저공기비 연소	0.5%	300톤/일 1.8 ⇒ 1.4
증기의 효율적 이용	저온 촉매탈질	1～1.5%	촉매탈질시설 입구의 배기가스 온도 : 210℃ ⇒ 185℃(재가열 없음), 백연방지시설의 운전정지와 조합
	고효율 건식 배기가스 처리	3%	습식 ⇒ 고효율 건식
	백연방지 중단	0.4%	백연방지 조건 5℃, 60% ⇒ 조건 없음
	배수Closed System 도입하지 않음	1%	보일러 출구 배기가스 온도 : 250℃ ⇒ 190℃
증기터빈 시스템의 효율향상	고온고압 보일러	1.5～2.5%	증기조건 : 3MPaG×300℃ ⇒ MPaG×400℃
	추기 복수터빈	0.5%	탈기기 가열용 증기열원 : 주증기 ⇒ 터빈 추기
	수냉식 복수기	2.5%	터빈 증기압력: 76kPaG ⇒ 94kPaG

※ 위 시책의 발전효율 증가는 각 시책의 효과를 단순 합계한 것과 같지는 않다
(자료 : 2005.3.25, 環境省廃棄物·リサイクル対策部産業廃棄物課長通知 環廃産発 第050325002号,)

참고자료 5.17 일본의 폐기물고형연료의 성상

1) 형상 : 일반적으로 직경 10～50mm 정도의 원기둥 모양이다.
2) 단위체적 중량 : 펠렛화 한 것만 RDF로 인정하고 있으며 0.3～0.7 톤/m^3이다.
3) 수분, 저위발열량 등의 기준은 일본공업표준조사회의 표준정보(TR Z0011: 2002)에 다음과 같이 규정되어 있다.

일본의 RDF의 품질규격

품질항목	품질(표시)규격
저위 발열량	12,500kJ/kg(3,000 kcal/kg)이상
수분	10%이하
회분	20%이하
중금속함량, 전염소분, 유황분, 질소분, 겉보기밀도, 분화도(粉化度)	기준치는 정해져있지 않지만 시험한 값을 표시해야 한다.

(자료 : ごみ固形燃料適正管理検討会, 2003.12.25, ごみ固形燃料の適正管理方策について, (添附)資料1)

5.5.2 우리나라의 폐기물 에너지화 추진배경

우리나라는 세계 10위의 에너지 소비국이며 에너지의 97%를 수입에 의존하고 있다. 2007년 하반기에 국제 유가는 다시 급격하게 상승하여 2008년에는 배럴당 100달러를 넘어서는 등 에너지가격의 상승으로 국내 산업에 미치는 영향이 매우 크다. 이에 따라 수입에 의존하는 석유나 석탄과 같은 화석에너지의 사용량을 줄이기 위해 신·재생에너지를 비중을 늘려가기 위한 대책을 추진하게 되었다. 정부는 2008년에 신재생에너지의 비율을 2050년까지 20%까지 확대한다는 계획을 수립하였다. 표 5.48에 나타낸 바와 같이 우리나라의 재생에너지 보급률은 2011년 현재 2.75%이며, 이중 국내 신재생에너지 공급량의 약 71%를 폐기물에너지 부문이 차지하고 있다.

표 5.48 우리나라의 연도별 재생에너지 보급률 추이

구 분	2005	2007	2009	2011
총 1차 에너지 증가율	3.8	1.2	1.06	5.0
신재생 에너지 증가율	6.5	7.3	3.9	10.6
신재생 에너지 비중	2.13	2.37	2.50	2.75

(자료 : 에너지관리공단 신재생에너지센터, 2011, 2010 신재생에너지통계)

폐기물에너지의 생산단가는 태양광의 10%, 풍력의 66% 수준으로 저렴하기 때문에 신·재생에너지의 확대시 비용측면에서 폐기물 에너지화[43]를 추진하는 것이 효과적이다. 폐기물을 에너지화하면 화석연료를 대체할 수 있을 뿐만 아니라 온실가스의 발생량을 간접적으로 줄일 수 있다. 특히, 메탄가스의 지구온난화지수는 이산화탄소의 21배이기 때문에 매립지에서 발생하는 가스(Landfill Gas)를 회수하여 에너지원으로 사용하면 기후변화의 완화에 크게 기여하게 된다.

2006년 3월에 발효된 '런던협약 96의정서'에 따라 국제적으로 폐기물의 해양배출에 대한 규제가 강화되고 있다. 해양환경 보전 및 수산물 안전을 위해 정부는 생분해성폐기물 중 하수

43) 폐기물에너지화의 방법에는 가연성폐기물을 소각하여 소각열을 회수하여 발전을 하거나 스팀을 생산하여 공급하는 방법, 가연성 폐기물에서 타지 않는 무기물과 발열량이 낮은 유기물을 선별한 후에 이를 균질화하여 그대로 이용하거나 펠렛화하여 이용하는 폐기물고형연료화(RDF)하는 방법, 음식물쓰레기, 하수슬러지 등 생분해성 폐기물을 혐기성 소화시켜 메탄가스(바이오가스)를 생산하는 방법, 폐플라스틱, 폐타이어, 폐고무 등 고분자폐기물을 열분해하여 액체연료로 변화시키는 방법, 폐유를 정제하여 재생연료유를 생산하는 방법, 폐기물매립지에서 발생하는 메탄가스(LFG)를 포집하여 연료로 사용하는 방법 등이 있다.

슬러지와 가축분뇨는 2012년 1월부터, 음식물류폐기물 처리시설에서 발생하는 폐수(음폐수)는 2013년 1월부터 해양배출을 금지하고 있으며, 2014년 1월부터는 폐수처리오니의 해양배출을 금지할 예정이었으나, 관련업체에 육상처리 준비 기간을 준다는 취지에서 2년간 시행을 유예하였다. 따라서 이러한 생분해성 폐기물의 처리방법이 해양배출에서 육상처리로 전환되고 있으므로 더욱 효율적인 육상처리기술개발이 시급한 실정이다. 정부에서는 이러한 폐기물의 육상처리방법의 하나로 혐기성소화를 통한 바이오가스화 방식을 추진하고 있다.

폐기물의 에너지화를 추진하게 된 배경은 국가마다 다소 차이가 있으나, 온실가스 배출량과 매립량 감축에 그 목적이 있다. 독일은 EU의 매립지침에 따라 생분해성 폐기물의 매립을 줄이기 위해 소각처리의 대안으로 MBT를 도입하였다. 일본은 다이옥신 배출억제 대책의 일환으로 중소형 소각시설의 수를 줄이기 위한 수단으로 중소형 소각시설의 국고보조를 중단하고 RDF제조시설에 대한 국고보조를 실시하는 사업을 추진했었다. 우리나라도 다른 국가와 유사하게 가연성 폐기물 중에 매립하는 폐기물을 에너지원으로 이용함으로써 폐기물의 매립량을 줄이고 해외의존도가 높은 화석연료의 대체에너지로 사용하기 위해 폐기물에너지화 정책을 추진하고 있다. 그림 5.30에 생활폐기물의 고형연료화 대상 폐기물을 나타내었다.

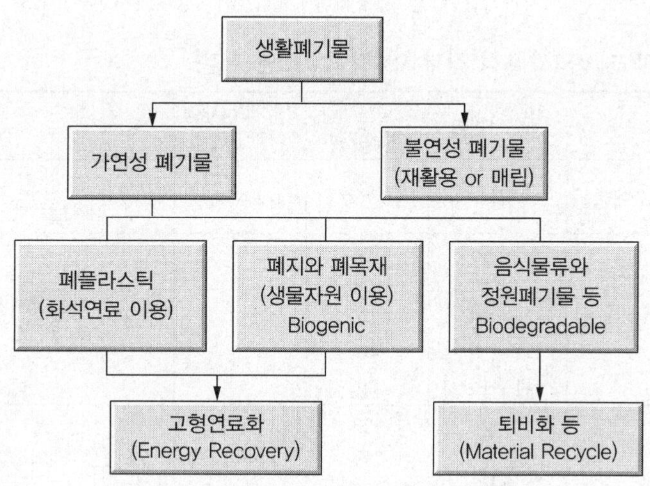

그림 5.30 생활폐기물의 고형연료화 대상 물질

참고로 표 5.49와 표 5.50에 우리나라의 2010년도의 바이오매스 가용자원량과 2030년도의 바이오매스 기술적 잠재자원량을 나타내었다. 여기서 알 수 있는 바와 같이 도시폐기물과 축산폐기물이 차지하는 비율은 각각 37.2%, 41.1%이다. 임산바이오매스의 경우 수집·운반 비용이 크지만, 처리하기 위해서는 어차피 수집·운반하여야 하며 수집·운반하여 일정 장소에 모아진 것은 에너지화하는 것이 매립하거나 단순 소각하는 것에 비하여 유리하다.

표 5.49 우리나라의 바이오매스 가용자원량(2010)

부문별	세부자원별	가용잠재량 (천toe/년)	부문합계 (천toe/년)	%	비고
임산 바이오매스	임목	6,760	6,760	58.1	연간 임목축적량(총 축적량의 5%, 2007) 만큼 벌채 사용 가능
농부산 바이오매스	볏짚 왕겨 보리짚 콩줄기 사과 전정지	308 122 12 40 60	542	4.7	부존 잠재량 대비 평균 이용률 23.3%
축산폐기물 바이오매스	우분 돈분 계분	523 799 329	1,650	14,2	축산 분뇨 모두 Biogas화 할 수 있음
도시폐기물 바이오매스	가연성	2,675	2,675	23,0	전량 소각 열회수 가능
바이오매스 에너지 가용 잠재량 합계			11,627	100	

※ 신재생에너지 자원지도 및 활용시스템 구축사업, 한국에너지기술연구원, 2007
(자료 : 지식경제부, 에너지관리공단 신·재생에너지센터, 신재생에너지백서2012)

표 5.50 바이오매스의 기술적 잠재 자원량 (2030년 기준)

부문별	세부자원별	가용잠재량 (천toe/년)	기술적잠재량 (천toe/년)	%	비고
임산 바이오매스	임목	6,760	2,450	39.7	현재 임목 벌채량(173만톤/년)을 고려, 약 12.5% 가능
농부산 바이오매스	볏짚 왕겨 보리짚 콩줄기 사과 전정지	324 128 19 40 60	190	3.2	가용잠재량의 33.3% 사용 추정
축산폐기물 바이오매스	우분 돈분 계분	523 799 329	400	6.5	돈분의 50% Biogas화
도시폐기물 바이오매스	가연성	2,675	890	14.4	가용잠재량의 1/3 사용 추정 (하수슬러지, 음식쓰레기)
	음식쓰레기	1,747	268	4.3	가스화 음식쓰레기의 15.3% 매립기준
	하수슬러지	982,233	983	15.9	가스화
농산물	유채재배	990	990	16.0	
바이오매스 에너지 가용 잠재량 합계			6,171	100	

※ 1. 전제 : 바이오가스 발열량은 LNG(10,800KCAL)의 65% 수준
2. 음식물쓰레기 : 2006년 기준 발생량 연간 6,379,530톤 전제
3. 하수오니류 : 2006년 기준 발생량 연간 5,134,650톤 전제
4. 음식물쓰레기의 메탄발생량 : 0.36～0.47m3/톤
5. 하수오니의 메탄발생량 : 0.23～0.32m3/톤
(자료 : 지식경제부, 에너지관리공단 신·재생에너지센터, 신재생에너지백서2012)

5.5.3 폐기물 에너지화 현황과 목표

국내 신재생에너지 공급량의 약 71%를 폐기물 에너지가 차지하고 있다. 그러나 현재의 폐기물에너지화는 주로 생활폐기물 소각시설에서 발생되는 소각열을 회수하거나 매립가스를 포집하여 활용한 양이며, 정부의 적극적인 폐기물 에너지화 정책에 따른 효과로 보기는 어렵다. 정부는 가연성폐기물을 이용하여 RDF를 생산하고 이를 발전소, 제지회사, 시멘트 소성로 등에서 대체에너지로 활용하도록 하고, 필요한 경우 RDF 전용발전시설을 설치하는 것을 추진하고 있다. 또한 음식물류폐기물과 음폐수, 하수슬러지 등 유기성폐기물을 혐기성 소화에 의해 메탄가스를 생산하는 바이오가스화시설을 늘려나가고 있다.

폐기물 고형연료 부문에서는 2012년 6월 현재 RDF 생산시설 4개소(원주시, 수도권매립지, 남해군, 부천시)와 민간주도의 RPF 제조시설 77개소(2011년, 23만톤 생산)가 가동되고 있다. 음식물쓰레기·음폐수, 가축분뇨 및 하수슬러지 등 유기성폐자원 에너지화시설의 경우 55개 시설이 가동되고 있는 것으로 조사되었으나, 최근 완공된 일부 시설을 제외하면 대부분 폐기물 감량 및 처리를 목적으로 설치되어 바이오가스의 생산효율은 낮은 실정이다.[44)]

정부는 2008년 10월 "폐자원 및 바이오매스 에너지 대책"을 확정하고 폐자원 에너지화를 위한 각종 대책을 추진하고 있다. 그림 5.31에 나타낸 바와 같이 2007년 현재 에너지화가 가능한 가연성 폐기물과 유기성 폐기물의 발생량은 각각 약 384만톤/년과 785만톤/년이나, 이 중에서 각각 1.5%(5.8만톤/년)와 2%(16만톤/년)만이 에너지원으로 활용되고 있다. 정부는 2013년까지 가용 가연성 폐기물의 47%(182만톤/년), 가용 유기성 폐기물의 26%(204만톤/년)를 에너지화하는 것을 목표로 설정하였다. 또한 2020년에는 중·대형 소각시설에서 발

44) 이와 같이 국내에서의 폐자원 에너지화가 미흡한 것은 그간 정부에서 물질 재활용을 위해서는 다양한 정책을 펼쳐왔으나, 폐기물 에너지화는 소극적으로 대처하였기 때문으로 생각된다. 또한 신·재생에너지 개발·보급을 담당하고 있는 지식경제부에서도 태양광, 풍력, 소수력, 지열 등의 분야만을 중점 지원하고, 폐기물 에너지화 분야에 대하여는 발전차액 지원에 미온적으로 대처하는 등 전반적으로 정부의 정책적·재정적 지원이 부족했다. 이러한 요인에 의해 현재 국내의 가연성폐기물 고형연료화기술은 실증단계에 있고, 유기성폐기물의 바이오가스화기술은 파일럿플랜트와 소규모시설이 설치되어 가동되고 있어 선진국에 비해 기술 수준이 낮은 실정이다.

생하는 미회수 여열의 77%, 쓰레기 매립장에서 회수·이용 가능한 매립가스량의 91%를 회수하여 활용하는 것을 목표로 정하였다.

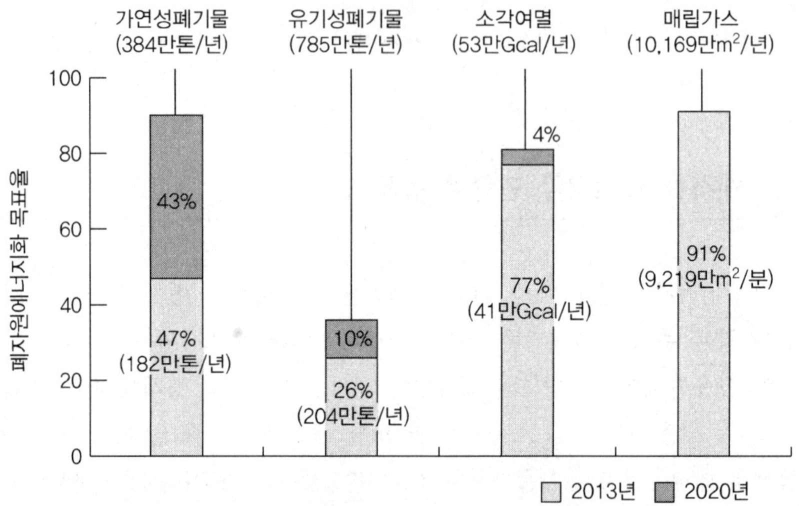

그림 5.31 폐자원 에너지화 추진목표

(자료 : 환경부, 2012.12, 환경백서 2012)

5.5.4 폐자원 에너지화 시설 확충 계획

2007년 이후 폐자원 에너지화시설 설치에 필요한 국고 지원을 확대한 결과, 2012년에는 약 677억원 규모의 국비가 지방자치단체의 폐자원 에너지화시설 설치에 지원되었다. 그 결과, 2009년에는 동대문구에 98톤/일, 2012년에는 속초와 대구에 각각 40톤/일 및 300톤/일 규모의 음식물쓰레기 바이오가스화시설이 완공되어 가동되고 있으며 수도권매립지 등 16개소에는 유기성폐자원 바이오가스화 시설이 설계·시공 중에 있다. 2012년 6월 현재 RDF 제조시설 4개소가 완공되었으며, RDF 제조시설 14개소 및 전용보일러시설 4개소가 설치 중에 있다. 에너지화시설에서 2013년까지 총 에너지화 대상 폐자원 물량의 17%를 처리할 것으로 예상된다. 2013년까지 에너지화를 추진할 폐기물의 양을 표 5.51에 나타내었다.

표 5.51 에너지화 대상 폐기물의 양(2013년까지)

구 분		계	수도권매립지	에너지타운	개별시설
가연성 (천톤/년)	RDF 제조	1,636(100%)	360(22.0%)	1,035(63.3%)	241(14.7%)
	건·폐 연료화	130(100%)	130(100%)	-	-
유기성 (천톤/년)	바이오가스화	1,045(100%)	264(25.3%)	409(39.1%)	372(35.6%)
	고형연료화	831(100%)	690(83.0%)	117(14.1%)	24(2.9%)
소각여열(천Gcal/년)		411(100%)	-	-	411(100%)
매립가스 (천m^2/년)	발전	68,429(100%)	-	7,128(10.4%)	61,301(89.6%)
	정제	23,760(100%)	14,256(60%)	-	9,504(40%)

(자료 : 환경부, 2012.12, 환경백서 2012)

농어촌 및 소도시는 가연성·유기성 폐기물, 산림 자원 및 농업부산물 등 에너지 가용 자원의 잠재량은 크지만 지역별로 분산되어 소량씩 발생하므로 실제 에너지 활용률은 매우 낮다. 독일, 일본 등의 선진국에서는 하수슬러지, 음식물 쓰레기, 가축 분뇨, 산림과 농업 부산물 등을 이용하여 자립형 바이오에너지타운을 운영하고 있어, 국내에서도 소규모 자원순환형 마을을 조성하여 자원·에너지 이용효율을 극대화 하고 지역경제 활성화에도 기여할 필요가 있다. 이에 따라 2010년도부터 환경부, 농림축산식품부, 안전행정부, 산림청 등 4개 부처가 공모를 통하여 유형별 시범사업(6개소)을 추진하고 있다. 환경부는 광주광역시 광산구 망월마을에 녹색마을 시범사업을 추진 중에 있으며, 2013년 9월에 준공될 예정이다. 표 5.52에 정부의 저탄소 녹색마을 시범사업 추진현황을 나타내었다.

표 5.52 정부의 저탄소 녹색마을 시범사업 추진현황

구분		환경부	안전행정부	농림축산식품부	산림청
선정된 지방자치단체	2010년	광주 광산구	충남 공주	전북 완주	경북 봉화
	2011년	-	경기 포천	미선정	강원 화천

(자료 : 환경부, 2012.12, 환경백서 2012)

5.5.5 전국 8대 권역 13개 '환경에너지 타운' 조성사업

정부는 폐자원 에너지화 시설의 광역화·집중화를 통해 지역형 소규모 개별시설 난립을 방지하고, 경제성이 있는 시설규모를 확보하기 위하여 폐자원 에너지화 시설을 집적한 권역

별로 환경·에너지 타운을 조성하고 있다.

이를 위해 정부는 수도권의 폐기물을 1일 평균 11천 톤 매립하고 있는 수도권 매립지에 '환경·에너지 종합타운' 시범단지를 조성하고 전국으로 확산하기 위한 모델을 구축하기 위한 시범사업을 추진하고 있다. 장래 매립 예정부지 약 460만m^2에 폐자원 에너지타운, 자연력 에너지타운, 바이오 에너지타운, 환경·문화단지로 구성된 신재생에너지 생산기지의 건설을 추진하고 있다.[45)]

정부는 그림 5.32에 나타낸 바와 같이 수도권 매립지 이외에도 전국을 8대 권역으로 구분하여 전국 광역쓰레기 매립장 부지나 신도시 건설 예정지를 중심으로 13개의 환경·에너지 종합 타운을 조성할 계획이다. 이 타운이 모두 완성되면 총 에너지화 대상 폐기물량의 43%를 에너지화 할 수 있을 것으로 예상하고 있으며, 현재 전국 9개 타운 내에 15개의 폐자원 에너지화 시설을 조성하고 있다.

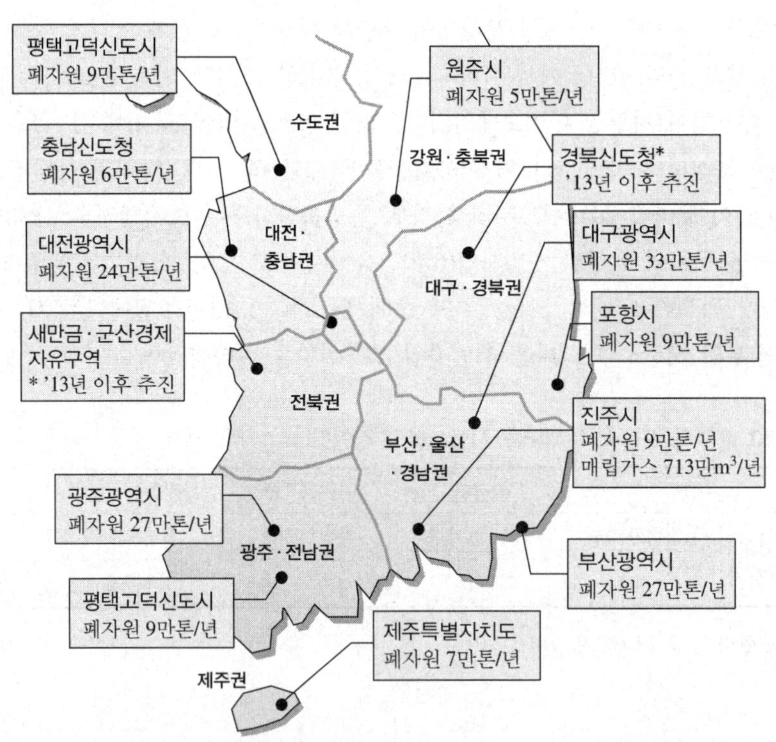

그림 5.32 권역별 타운 조성 계획 및 설치 용량
(자료 : 환경부, 2012.12, 환경백서 2012)

45) 현재 동 매립지에는 매립가스 자원화시설(50MW), RDF 생산시범시설(200톤/일), 바이오가스 자동차연료화시설(10m^3/분), 하수슬러지 에너지화 시설(1,000톤/일)과 음폐수 바이오가스화 시설(500톤/일)이 설치되어 가동되고 있다.

5.5.6 폐자원 에너지화를 위한 제도 개선과 기술개발 등

정부는 폐자원 에너지화를 촉진하기 위해 법령 개정 등 제도개선을 추진하고 있다. 2012년부터 유기성폐기물의 해양배출을 금지하였고, 석탄 화력발전소에서 하수슬러지를 연료로 사용할 수 있도록 "폐기물관리법 시행규칙"을 개정하였다. 또한, 종전에는 폐기물의 고형연료화를 빙자한 폐기물의 불법처리를 방지하기 위해 펠렛형 RDF만을 허용하였으나, 폐기물 고형연료의 제조를 촉진하기 위해 2009년 7월에 생활폐기물에 대하여 비성형 고형연료제품(Fluff RDF)의 품질·등급기준 및 관리방안을 마련하였다. 또한 2013년 1월에는 그동안 RDF, RPF, TDF, WCF 등으로 분류하였던 폐기물고형연료의 제품 종류를 참고자료 5.18과 같이 일반 고형연료제품(SRF : Solid Refuse Fuel)과 바이오 고형연료제품(BIO-SRF : Biomass-Solid Refuse Fuel)으로 단순화하고, 품질·등급기준을 개정하였다. 고형연료제품 제조를 활성화하고 제조자 및 사용자 간의 정보교류를 원활히 할 수 있도록 2010년 12월에 '고형연료제품 정보관리시스템'을 구축하여 운영하고 있다.

국내 폐자원 에너지화 기술수준은 독일이나 일본 등 선진국에 비하여 낮기 때문에 실용화에 어려움이 크다. 정부는 Eco-Star 프로젝트(2007～2014)를 추진하면서 '폐자원에너지화·Non-CO_2온실가스사업단'을 발족하여 폐기물에너지화 기술개발을 지원하고 있다. 2011년부터는 그간 개발된 기초기술을 본격적으로 실용화하기 위해 '글로벌탑 환경기술개발사업'의 하나로 유기성 폐자원 기술개발사업을 추진 중이다. 또한 폐기물에너지화 시설의 운영 전문인력을 양성하기 위해 2011년까지 가연성 폐자원 에너지화, 유기성 폐자원 에너지화, 바이오매스 에너지화 등 5개의 특성화 대학원을 지정하여 운영하고 있으며, 2013년까지 총 1,400여명의 폐자원에너지화 분야의 맞춤형 고급인력을 양성할 계획이다.

참고자료 5.18 고형연료제품의 종류 및 기준

1. 재활용제품에 해당하는 고형연료제품의 종류
   가. 일반 고형연료제품(SRF : Solid Refuse Fuel): "폐기물관리법" 제2조제4호의 지정폐기물이 아닌 다음의 가연성 고형폐기물을 사용[46]하여 제조한 것을 말한다.
      1) 생활폐기물(폐가구류 등 대형 가연성 고형폐기물을 포함하며, 음식물류폐기물 제외)
      2) 폐합성수지류[자동차 파쇄잔재물(ASR) 제외]
      3) 폐합성섬유류

46) 다음의 폐기물을 서로 혼합하거나 다음의 폐기물과 나목의 바이오 고형연료제품 제조에 사용되는 폐기

4) 폐고무류(합성고무류 포함)

5) 폐타이어

6) 그 밖에 에너지로 사용이 가능하다고 환경부장관이 고시하는 가연성 고형폐기 물

나. 바이오 고형연료제품(BIO-SRF : Biomass-Solid Refuse Fuel): "폐기물관리법" 제2조제4호의 지정폐기물이 아닌 다음의 가연성 고형폐기물을 사용(다음의 폐기물을 서로 혼합하는 경우를 포함)하여 제조한 것을 말한다.

1) 폐지류

2) 농업폐기물(왕겨, 쌀겨, 옥수수대 등 농작물의 부산물)

3) 폐목재류(원목으로 된 폐가구류 및 제재부산물을 포함하며, 철도용으로 사용된 침목과 전신주로 사용된 것은 제외)

4) 식물성잔재물(땅콩껍질, 호두껍질, 팜껍질, 코코넛껍질, 귤껍질 등을 말하며, 음식물류폐기물은 제외)

5) 초본류 폐기물

6) 그 밖의 바이오매스(Biomass) 폐기물

2. 고형연료제품의 품질·등급기준

일반 고형연료제품[SRF : Solid Refuse Fuel]

구분		단위	성형		비성형	
모양 및 크기		mm	직경	50 이하	가로	50 이하
			길이	100 이하	세로	50 이하
수분		wt.%	10 이하		25 이하	
저위발열량		kcal/kg	3,500 이상			
회분		wt.%	20 이하			
염소		wt.%	2.0 이하			
황분		wt.%	0.6 이하			
금속성분	수은(Hg)	mg/kg	1.0 이하			
	카드뮴(Cd)		5.0 이하			
	납(Pb)		150 이하			
	비소(As)		13.0 이하			

※ ① 회분, 염소, 황분 및 금속성분은 건조된 상태를 기준으로 한다.

② 성형제품은 펠릿으로 제조한 것으로 한정한다.

③ 같은 부지에 있는 고형연료제품 사용시설에서 사용하기 위해 비성형제품을 제조하는 경우에는 체 구멍의 크기가 가로 120mm, 세로 120mm 이하(원형은 면적이 14,400mm^2 이하)인 체에 통과시켰을 때 무게 기준으로 제품의 95% 이상이 통과할 수 있는 것으로 제조할 수 있다.

④ 위 표에도 불구하고 별표 1 제10호 가목의 일반 고형연료제품 중 폐타이어만을 사용하여 제조한 고형연료제품의 황분 함유량은 2.0wt.% 이하로 한다.

물을 혼합하여 사용하는 경우를 포함한다.

바이오 고형연료제품[BIO-SRF(Biomass-Solid Refuse Fuel]

구분		단위	성형		비성형	
모양 및 크기		mm	직경	50 이하	가로	120 이하
			길이	100 이하	세로	120 이하
수분		wt.%	10 이하		25 이하	
저위발열량		kcal/kg	3,000 이상			
회분		wt.%	15 이하			
염소		wt.%	0.5 이하			
황분		wt.%	0.6 이하			
금속성분	수은(Hg)	mg/kg	0.6 이하			
	카드뮴(Cd)		5.0 이하			
	납(Pb)		100 이하			
	비소(As)		5.0 이하			
	크롬(Cr)		70.0 이하			

※ 위의 표 ①, ②는 동표에도 똑같이 적용한다.

(자료 : 자원의 절약과 재활용촉진에 관한 법률 시행규칙 별표1과 별표2 요약)

5.6 폐기물의 안전처리 정책

5.6.1 폐기물 처리 원칙과 기준

가. 폐기물 처리의 기본원칙

폐기물 관리정책에서 최종 처분량을 최대한 줄이기 위한 감량·자원화가 강조되고 있다. 그러나 어차피 최종 처리되어야 하는 폐기물은 발생할 수밖에 없으므로 환경적·위생적으로 안전하게 처분하는 것은 폐기물관리의 기본이다. 또한 최종 처분단계뿐만 아니라 수집·운반 및 중간처리 등 모든 과정에서 안전하게 관리하는 것은 주변 환경을 청정하게 유지하고, 인체 건강에 미치는 나쁜 영향을 최소화하기 위해 필수적이다. 우리나라는 위생매립방식을 채택한 시설은 1991년 준공된 수도권매립지가 최초이다. 그 이후 사용 중이던 비위생매립지의 단계적으로 사용을 종료시키고 위생매립지로 전환하였다. 그 결과 현재는 대부분 위생매립방식의 관리형매립지이다. 폐기물관리법 제3조의2에서는 폐기물을 안전하게 관리하기 위하여 다음과 같이 기본원칙을 정하고 있다.

① 사업자는 제품의 생산방식 등을 개선하여 폐기물의 발생을 최대한 억제하고, 발생한 폐기물을 스스로 재활용함으로써 폐기물의 배출을 최소화하여야 한다.

② 누구든지 폐기물을 배출하는 경우에는 주변 환경이나 주민의 건강에 위해를 끼치지 아니하도록 사전에 적절한 조치를 취하여야 한다.

③ 폐기물은 그 처리과정에서 양과 유해성을 줄이도록 하는 등 환경보전과 국민건강보호에 적합하게 처리되어야 한다.

④ 폐기물로 인하여 환경오염을 일으킨 자는 오염된 환경을 복원할 책임을 지며, 오염으로 인한 피해의 구제에 드는 비용을 부담하여야 한다.

⑤ 국내에서 발생한 폐기물은 가능하면 국내에서 처리되어야 하고, 폐기물의 수입은 되도록 억제되어야 한다.

⑥ 폐기물은 소각, 매립 등의 처분을 하기보다는 우선적으로 재활용함으로써 자원생산성의 향상에 이바지하도록 하여야 한다.

또한 시장·군수·구청장이나 공원·도로 등 시설의 관리자가 폐기물의 수집을 위하여 마련한 장소나 설비에는 폐기물을 버리지 못하도록 규정하고 있으며 허가 또는 승인을 받거나 신고한 폐기물처리시설이 아닌 곳에서 폐기물을 매립하거나 소각하지 못하도록 규정하고 있다.

나. 폐기물관련 각 주체의 책무

폐기물 처리 과정에는 폐기물 배출자, 수집·운반자, 처리자가 관련되며, 각 단계별로 관리주체와 의무를 명확히 하고 있다. 폐기물관리법 제4조와 제7조에서는 폐기물을 적정하게 처리하기 위한 국가, 지방자치단체, 국민의 책무를 표 5.53과 같이 규정하고 있으며 생활폐기물의 처리책임을 기초 지방자치단체에게 부여하고 있다.

표 5.53 폐기물 관리 주체별 책무

관리주체	책무
시장·군수·구청장	관할 구역의 폐기물의 배출상황을 파악하여 폐기물처리시설을 설치·운영 폐기물 처리사업을 능률적으로 수행
특별시장·광역시장·도지사	시장·군수·구청장이 책무를 수행하도록 기술적·재정적 지원 관할 구역의 폐기물 처리사업 조정
국가	지정폐기물이 적정 처리되도록 조치 시·도지사와 시장·군수·구청장이 책무를 수행하도록 필요한 지원 특별시·광역시·도·특별자치도 간의 폐기물 처리사업 조정
국민	자연환경과 생활환경을 청결히 유지 폐기물의 감량화와 자원화를 위하여 노력
토지나 건물의 소유자·관리자	소유·점유 또는 관리하고 있는 토지나 건물의 청결을 유지 시장·군수·구청장이 정하는 계획에 따라 대청소

(자료 : 폐기물관리법 제4조, 제7조, 제13조, 제25조)

다. 폐기물의 관리 시점

폐기물을 관리하는 시점은 폐기물의 종류마다 다르다. 생활폐기물은 폐기물이 발생하여 집안에 보관하다가 배출하는 시점부터는 지방자치단체가 폐기물 관리 주체가 되어 수집·운반하여 처리한다. 그러나 사업장폐기물은 폐기물을 장기간 보관할 경우 환경오염이 발생하거나 국민의 건강에 위해를 줄 수 있기 때문에 폐기물이 발생하는 시점부터 관리하고 있다. 폐기물의 관리시점을 정리하여 그림 5.33에 나타내었다. 사업장폐기물은 발생후 보관할 수 있는 기간을 설정하고 있으며, 폐기물관리법령에 규정된 사업장 폐기물의 종류별 보관허용기간은 표 5.54와 같다.

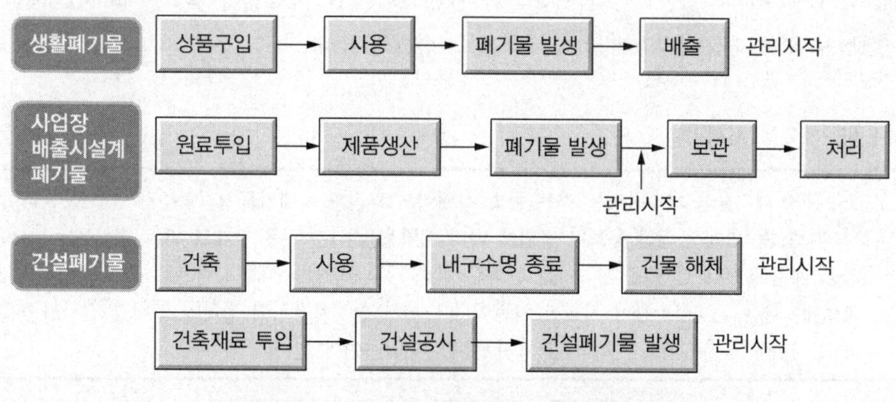

그림 5.33 행정기관의 폐기물 관리시작 시점

표 5.54 사업장 폐기물의 종류별 보관허용기간

폐기물의 종류		보관 허용기간
사업장일반폐기물(( )안은 중간가공된 폐기물의 보관허용 기간)		90일(120일)
지정폐기물 (의료폐기물 제외)	폐산, 폐알칼리, 폐유, 폐유기용제, 폐촉매, 폐흡착제, 폐흡수제, 폐농약, PCB 함유폐기물, 유기성 폐수처리오니	45일
	상기 이외의 것	60일
의료폐기물	가. 격리의료폐기물	7일
	나. 위해의료폐기물 중 조직물류폐기물(치아 제외), 병리계폐기물, 생물·화학폐기물 및 혈액오염폐기물과 의료폐기물 마목을 제외한 일반의료폐기물	15일
	다. 위해의료폐기물 중 손상성폐기물	30일
	라. 위해의료폐기물 중 치아	60일
	마. 일반의료폐기물(의원, 치과병원 및 한의원에서 발생한 것으로서 4℃이하로 냉장 보관하는 것)	30일
건설폐기물 (보관개시 일부터 산정한 일수를 말한다)		90일

※ 건축물이나 구조물은 해체하여 폐기물로 배출된 후부터 관리하며 보관 개시일 부터 폐기물로 발생한 것으로 본다.

(자료 : 폐기물관리법 시행규칙 별표5, 별표9, 별표11)

라. 폐기물의 처리 기준

폐기물의 배출단계부터 최종처분 단계까지 항상 위생적인 문제를 일으킬 수 있다. 따라서 폐기물관리법에는 표 5.55와 같이 각 단계별로 처리기준에 대한 원칙을 명확히 제시하고 이를 준수하지 않을 경우에 처벌규정을 정하고 있다. 폐기물관리법 시행령 제7조에서는 그 처리기준을 구체적으로 정하고 있으며, 또한 폐기물관리법 시행규칙 별표 제5에는 폐기물의 종류별로 수집, 운반, 처리방법을 구체적으로 정하고 있다.

표 5.55 폐기물 처리기준

① 누구든지 폐기물을 처리하려는 자는 동법 시행령으로 정하는 폐기물처리기준과 방법을 따라야 한다. 다만, 동 법에서 정한 용도나 방법에 따라 재활용을 하기 쉬운 상태로 만든 폐기물(이하 '중간가공 폐기물'이라 한다)에 대하여는 완화된 처리기준과 방법을 대통령령으로 따로 정할 수 있다.
② 의료폐기물은 환경부장관이 지정한 기관이나 단체가 환경부장관이 정하여 고시한 검사기준에 따라 검사한 전용용기만을 사용하여 보관·운반·처리하여야 한다.

(자료 : 폐기물관리법 제4조, 제7조, 제13조, 제25조)

마. 사업장폐기물의 배출자신고와 처리계획 확인

사업장폐기물은 원칙적으로 배출자에게 처리의무를 부과하고 있다. 폐기물관리법 제17조에서는 사업자가 사업장에서 발생하는 모든 폐기물을 적정하게 처리하고, 생산 공정에서 폐기물의 발생을 최대한으로 억제하여야 하며, 위탁 처리하는 경우 수탁자가 폐기물의 처리기준과 방법에 처리할 능력이 있는지를 확인한 후 위탁하도록 하는 등 포괄적 처리 의무를 부과하고 있다. 또한 사업장폐기물 배출자는 사업장폐기물의 종류와 발생량 등을 시장·군수·구청장에게 신고하도록 하고 있다.

지정폐기물은 더욱 엄격하게 관리하기 위해 배출자에게 폐기물처리계획을 수립하여 환경부장관의 사전확인을 받도록 규정하고 있다. 또한, 사업장폐기물이 적정하게 처리되지 않고 방치되는 것을 방지하기 위해 사업장폐기물 배출자가 그 사업을 양도하는 경우에 양수인이 사업장폐기물과 관련한 권리와 의무를 승계하도록 하여 처리주체를 명확히 정하고 있다.

바. 사업장폐기물의 위탁처리의 제한과 인수·인계정보의 신고제도

사업장폐기물이 안전하게 처리되도록 하기 위해 폐기물관리법 제18조에서는 그림 5.34에 나타낸 바와 같이 발생하는 폐기물을 스스로 처리하거나 위탁처리 하도록 규정하고 있다. 위탁처리가 가능한 자는 폐기물처리업 허가를 받은 자, 폐기물처리 신고자, 공공 폐기물처리시설을 설치·운영하는 자, 건설폐기물 처리업의 허가를 받은 자 또는 폐기물 해양 배출업 등록을 한 자로 규정하고 있다.

한편 폐기물이 적정하게 수집, 운반, 처리되는 지 여부를 확인하기 위해 사업장폐기물을 취급하는 자는 그 폐기물을 배출, 수집·운반, 재활용 또는 처분할 때마다 폐기물의 인계·인수에 관한 내용을 한국환경공단이 운영하고 있는 올바로(Allbaro)시스템에 입력하도록 규정하고 있다. 의료폐기물은 더욱 엄격하게 관리하기 위하여 무선주파수 인식방법(RFID)을 이

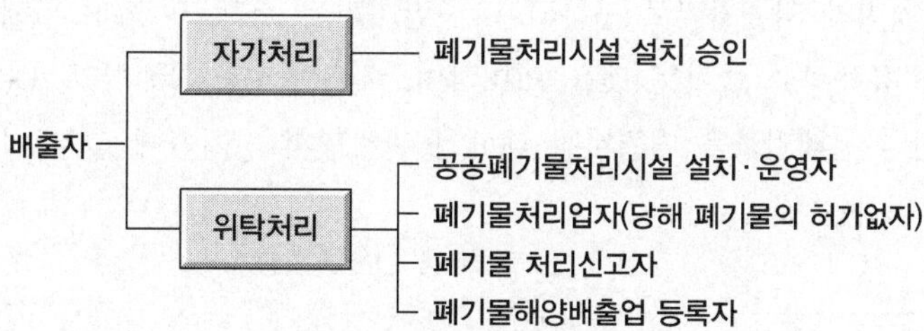

그림 5.34 사업장폐기물배출자의 폐기물의 수집·운반과 처리방법

용하여 내용을 올바로시스템에 입력하도록 관리하고 있다. 올바로시스템에 대하여는 5.6.3절에 자세히 기술한다.

사. 폐기물처리업의 허가

폐기물을 스스로 처리하는 것이 어려운 사업장폐기물 배출자는 폐기물처리업체에 위탁하여 처리하여야 한다. 따라서 처리업체가 통상 실제 처리과정을 주관하게 되므로 자격과 능력을 사전에 검증할 필요가 있기 때문에 처리업을 하려는 자는 해당 행정기관의 허가를 받아야 한다.[47] 환경부장관이나 시·도지사는 폐기물처리업 허가 신청자가 제출한 폐기물 처리사업계획서에 대하여 다음 사항을 검토한 후 적합 여부를 폐기물처리사업계획서를 제출한 자에게 통보하여야 한다.

① 폐기물처리업 허가를 받으려는 자(법인의 경우에는 임원 포함)의 결격사유에 해당 여부
② 폐기물처리시설의 입지 등이 다른 법률에 저촉되는지 여부
③ 폐기물처리사업계획서상의 시설·장비와 기술능력이 허가기준에 맞는지 여부
④ 폐기물처리시설의 설치·운영으로 사람의 건강이나 주변 환경에 영향을 미치는지 여부

폐기물처리사업 계획서의 적합통보를 받은 자는 2년(폐기물 수집·운반업은 6개월, 폐기물처리업 중 소각시설과 매립시설의 설치가 필요한 경우는 3년) 이내에 시설·장비 및 기술능력을 갖추어 지정폐기물을 처리대상으로 하는 경우는 환경부장관, 그 이외의 폐기물을 대상으로 하는 경우는 시·도지사의 허가를 받아야 한다.[48]

폐기물의 종류별 특성에 맞게 폐기물처리시설을 갖추어 처리업을 영위하도록 하기 위해 폐기물처리업의 업종구분과 영업내용은 표 5.56과 같이 구분하고 있다. 참고로 폐기물관리법에서는 폐기물의 중간처리나 최종처리(매립)를 모두 처분으로 칭하고 있으나 일반적으로는 처리는 중간처리와 최종처리로 구분되고, 중간처리는 소각, 안정화, 무해화 등 최종처리를 위해 부피나 유해성을 줄이는 것을 의미하며, 매립방식을 최종처리 또는 최종처분이라 한다. 즉 최종처리는 폐기물을 매립시설 내에 보관하면서 장기간에 걸쳐 미생물 분해 등에 의해 자연에 환원하는 것이다.

---

47) 지정폐기물 처리업 허가는 환경부장관(유역(지방)환경청장에게 위임)이 하고 있으며 그 이외의 폐기물의 처리업 허가는 시·도지사가 하고 있다.

48) 폐기물처리업을 허가하기 전에 폐기물처리사업계획서를 제출토록 하여 적합여부를 검토하여 적합통보를 사전에 하는 것은 허가를 받고자 하는 자가 적정하지 않은 계획으로 폐기물처리시설을 설치한 후에 허가를 받지 못함으로써 발생할 수 있는 비용의 낭비를 예방하려는 것이다.

표 5.56 폐기물처리업의 업종 구분

업종 구분	업종 설명
폐기물 수집·운반업	폐기물을 수집하여 재활용 또는 처분 장소로 운반하거나 폐기물을 수출하기 위하여 수집·운반하는 영업
폐기물 중간처분업	폐기물 중간처분시설을 갖추고 폐기물을 소각 처분, 기계적 처분, 화학적 처분, 생물학적 처분 등 중간 처분하는 영업
폐기물 최종처분업	폐기물 최종처분시설을 갖추고 폐기물을 매립 등(해역 배출은 제외한다)의 방법으로 최종 처분하는 영업
폐기물 종합처분업	폐기물 중간처분시설 및 최종처분시설을 갖추고 폐기물의 중간처분과 최종처분을 함께 하는 영업
폐기물 중간재활용업	폐기물 재활용시설을 갖추고 중간가공 폐기물을 만드는 영업
폐기물 최종재활용업	폐기물 재활용시설을 갖추고 중간가공 폐기물을 폐기물관리법에서 정한 용도 또는 방법으로 재활용하는 영업
폐기물 종합재활용업	폐기물 재활용시설을 갖추고 중간재활용업과 최종재활용업을 함께 하는 영업

(자료 : 폐기물관리법 제4조, 제7조, 제13조, 제25조)

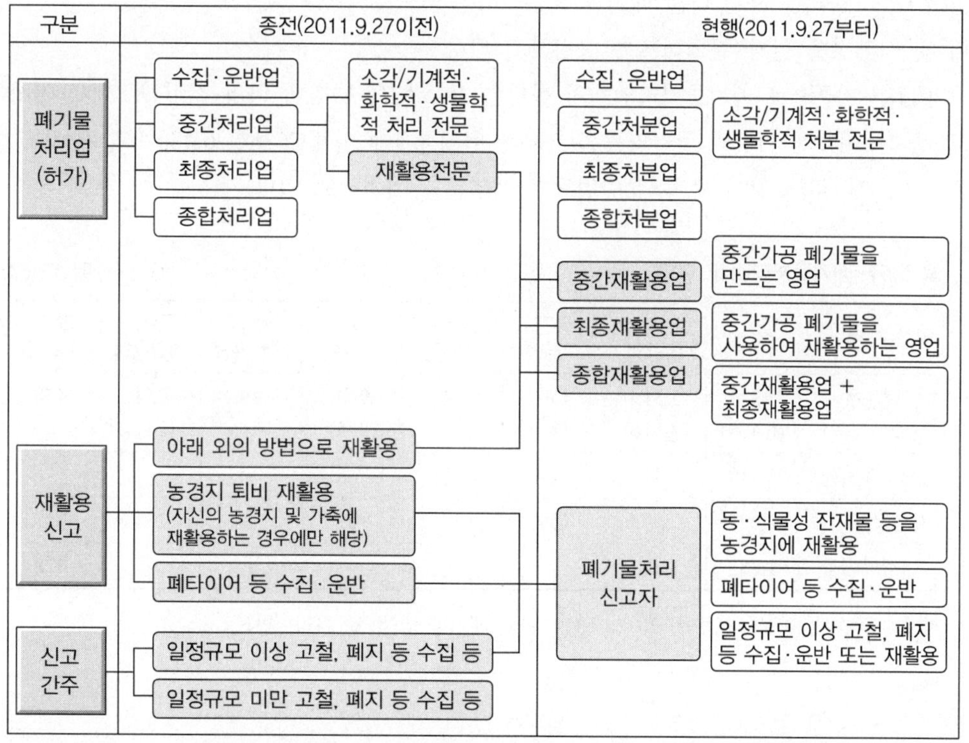

그림 5.35 폐기물처리업과 재활용신고제도의 변경 내용

폐기물처리업과 폐기물처리신고에 대한 업종구분이 2011년 9월부터 변경되었으며, 그림 5.35에 변경내용을 도식화하여 나타내었다.

폐기물의 중간처리나 최종처리의 허가를 받은 자에 대하여는 폐기물 수집·운반업의 허가를 받지 않고, 처리 대상 폐기물을 스스로 수집·운반할 수 있도록 허용하고 있다. 환경부장관 또는 시·도지사는 폐기물처리업을 허가할 때 주민생활의 편익, 주변 환경보호 및 폐기물처리업의 효율적 관리 등을 위해 필요한 조건을 붙일 수 있도록 행정기관에 재량을 부여하고 있다. 폐기물처리업의 영업구역은 전국으로 허가하는 것이 원칙이다. 다만, 생활폐기물 수집운반업에 한하여 영업 구역을 제한할 수 있도록 하고 있으나, 시·군·구 단위 미만으로는 제한하지 못하도록 규정하고 있다.

폐기물처리가격을 너무 높게 하여 배출자의 부담을 과중하게하거나 폐기물을 적정하게 처리하기 어려운 싼 가격에 수탁을 받아 부적정하게 처리하는 것을 방지하기 위해 폐기물처리가격의 최고액보다 높거나 최저액보다 낮은 가격으로 수탁(受託)하지 못하도록 규정하고 있다. 그밖에 폐기물을 다량 수탁받아 쌓아둔 상태로 도산하여 폐기물이 방치되는 것을 방지하기 위해 폐기물처리업자는 허용보관량 또는 허용보관기간을 초과하여 폐기물을 보관할 수 없도록 하고 있다. 병원균의 감염 우려가 있는 의료폐기물의 수집·운반 또는 처분을 업(業)으로 하려는 자는 다른 폐기물과 분리하여 별도로 수집·운반 또는 처분하는 시설·장비 및 사업장을 설치·운영하도록 규정하고 있다.

2011년 기준으로 폐기물처리업체의 현황은 표 5.57에 나타낸 바와 같이 7,227개 업체이고, 중복하여 2개 이상의 처리업을 허가받은 업체를 1개 업체로 보면 6,480개 업체이다. 이 표에 나타낸 바와 같이 수집·운반업체가 대부분을 차지하고 있다.

표 5.57 폐기물처리업체 현황 (단위 : 개소)

구 분	총 계	수집·운반업	중간 처분업	최종 처분업	중간 재활용업	최종 재활용업	종합 재활용업	중간 처리업
총 계 (중복제외)	7,227 (6,480)	5,319 (4,616)	150 (131)	34	903 (885)	89	254 (247)	478
생활폐기물	1,319	1,319	-	-	-	-	-	-
사업장폐기물	4,023	2,593	150	34	903	89	254	-
건설폐기물	1,885	1,407	-	-	-	-	-	478

(자료 : 환경부, 한국환경공단, 2012, 2011 전국 폐기물 발생 및 처리현황)

5.6.2 폐기물처리시설의 관리제도

폐기물관리법에서는 폐기물을 적정하게 처리할 수 있는 폐기물처리시설 범위와 기준을 정하고 있다. 폐기물처리시설의 종류는 중간처분시설, 최종처분시설, 재활용시설로 대분류하고 중간처분시설은 소각시설, 기계적 처분시설, 화학적 처분시설, 생물학적 처분시설로 중분류하고 있다. 최종처분방법은 매립과 해양배출이 있으나, 폐기물관리법에서는 매립시설에 대하여만 관리하고 있고 해양배출 관련 사항은 해양환경관리법에서 규정하고 있다. 재활용시설은 기계적 시설, 화학적 시설, 생물학적 시설로 중분류하고 있으며 시멘트소성로, 용해로 등도 재활용시설로 인정하고 있다.

폐기물처리시설은 설치단계부터 안전하게 관리하기 위해 설치 허가 또는 신고제도가 있으며, 설치기준과 관리기준을 상세히 규정하고 있다. 또한 시설의 정상적인 가동여부를 확인하기 위해 폐기물처리시설을 정기적으로 검사받도록 하고 있으며, 정기검사에 대한 세부기준은 환경부장관 고시로 정하고 있다.

1992년 수도권쓰레기 매립지가 완공된 이후 대부분의 지자체에서 위생매립지를 확보하고 있으며, 소각시설은 폐기물 배출업체에서 설치한 자가 처리시설이 많고, 기타 처리시설은 지자체와 자가 처리업체의 시설 수가 비슷하다. 표 5.58과 같이 2011년 말 현재 전체 매립시설의 잔여 매립 가능량은 약 282백만 톤이며 2011년 매립량은 21백만 톤이다. 매립한 후 다짐작업을 하였을 때의 폐기물 비중을 1로 보고, 향후의 매립량이 2011년의 매립량과 같다고 가정하면 13년 동안 사용할 수 있다.

표 5.58 매립시설의 현황(2011년 말 현재)

구 분	매립지수 (개소)	총매립지면적 (천 m^2)	총매립용량 (천 m^3)	기매립량 (천 m^3)	잔여매립 가능량 (천 m^3)	2011년 매립량 (천톤)
지방자치단체	222	31,320	424,341	209,120	215,220	8,117
자가처리업체	32	17,468	131,937	79,027	52,910	9,274
최종처분업체	34	1,793	29,869	16,035	13,833	3,627
합계	288	50,581	586,147	304,182	281,963	21,018

(자료 : 환경부, 한국환경공단, 2012, 2011 전국 폐기물 발생 및 처리현황)

전국의 소각시설은 표 5.59와 같이 611개소이며 2011년의 소각 처리량은 6,667천 톤이다. 자가 처리시설은 시설개소에 비해 처리량이 적어 지방자치단체나 중간처분업체에 비하여 소규모시설이 많음을 알 수 있다. 지방자치단체가 생활폐기물 소각시설의 유지관리에 사용한 비용은 2011년에 3,824억 원이며 소각열 8,432Tcal(원유 843톤에 해당하는 열량)를 회수하여 이용하였다. 최근 중간처분업체의 소각시설에서도 소각열로 스팀을 생산하여 인근 공장 등에 판매하는 경우가 있다.

표 5.59 소각시설의 현황(2011년 말 기준)

구 분	시설수(개소)	처리량(톤/년)	연간 유지비(백만원)	에너지 회수이용량(Gcal)
지방자치단체	173	3,963,740	382,362	8,431,715
자가처리업체	363	1,118,084	-	-
중간처분업체	75	1,585,506	-	-
합계	611	6,667,330	-	-

(자료 : 환경부, 한국환경공단, 2012, 2011 전국 폐기물 발생 및 처리현황)

표 5.60에 기타 처리시설의 현황을 나타내었다. 2011년에 압축, 파쇄, 퇴비화, 사료화 등에 의해 처리한 폐기물량은 6,925천 톤이며 지방자치단체가 처리한 양이 1/2수준이다. 지자체의 처리시설은 대부분 사료화·퇴비화 등 음식물쓰레기 처리시설이다.

표 5.60 기타 처리시설(압축·파쇄, 퇴비·사료화, 연료화 등) 현황(2011년)

구 분	업체수 (시설수)	2011년 처리량 (톤)	연간유지관리비(백만원)
지방자치단체	307(397)	3,108,219	374,925
자가처리업체	289(307)	2,469,936	-
중간처분업체	75(78)	1,346,751	-
합계	671(782)	6,924,906	-

(자료 : 환경부, 한국환경공단, 2012, 2011 전국 폐기물 발생 및 처리현황)

폐기물처리시설의 설치기준과 관리기준은 각각 폐기물관리법 시행규칙에서 세부적으로 정하고 있다. 특히 소각시설의 경우 배출가스에 유해물질이 제거되어야 하므로 숙련된 운영기술과 엄격한 관리가 필요하다. 소각시설의 배출가스에 대하여는 대기환경보전법에 별도로 배출허용기준을 정하여 관리하고 있다.[49] 대기환경보전법 시행규칙 별표 8에 규정된 2014년 말까지 적용되는 가스상 및 입자상 대기오염물질의 배출허용기준은 표 5.61과 표 5.62와 같다.

49) 잔류성유기오염물질 관리법이 2013년 제정·시행되면서 다이옥신 배출허용기준이 이 법으로 이관되었다.

표 5.61 가스상 대기오염물질의 배출허용기준

대기오염물질	배출허용기준	
암모니아(ppm)	30(12) 이하	
일산화탄소(ppm)	소각용량 2톤/h(의료폐기물은 200kg/h) 이상 소각용량 2톤/h 미만	50(12) 이하 200(12) 이하
염화수소(ppm)	20(12) 이하	
황산화물(SO_2로서)(ppm)	소각용량 2톤/h(의료폐기물은 200kg/h) 이상 소각용량 200kg/h 이상 2톤 미만 소각용량 200kg/h 미만	30(12) 이하 50(12) 이하 70(12) 이하
질소산화물(NO_2로서)(ppm)	소각용량 2톤/h(의료폐기물은 200kg) 이상 소각용량 2톤/h 미만	70(12) 이하 100(12) 이하
이황화탄소(ppm)	30 이하	
포름알데히드(ppm)	10 이하	
황화수소(ppm)	소각용량 200kg/h 이상 소각용량 200kg/h 미만	2(12) 이하 10(12) 이하
불소화합물(F로서)(ppm)	소각용량 200kg/h 이상 소각용량 200kg/h 미만	2(12) 이하 3(12) 이하
시안화수소(ppm)	10 이하	
브롬화합물(Br로서)(ppm)	5 이하	
벤젠(ppm)	20 이하	
페놀화합물(C_6H_5OH)(ppm)	10 이하	
수은화합물(Hg로서)(mg/Sm^3)	0.1(12) 이하	
비소화합물(As로서)(ppm)	0.5(12) 이하	

※ 배출허용기준 난의 ( )는 표준산소농도(O_2의 백분율)를 말한다.
(자료 : 대기환경보전법 시행규칙 별표 8)

표 5.62 입자상 대기오염물질의 배출허용기준

대기오염물질	배출허용기준	
먼지(mg/Sm^3)	소각용량 2톤/h(의료폐기물은 200kg) 이상 소각용량 200kg/h 이상 2톤/h 미만 소각용량 200kg/h 미만인 시설	20(12) 이하 40(12) 이하 70(12) 이하
카드뮴화합(Cd로서)(mg/Sm^3)	소각용량 2톤/h(의료폐기물은 200kg) 이상 소각용량 200kg/h 이상 2톤/h 미만 소각용량 200kg/h 미만	0.02(12) 이하 0.1(12) 이하 0.2(12) 이하
납화합물(Pb로서)(mg/Sm^3)	소각용량 2톤/h(의료폐기물은 200kg) 이상 소각용량 200kg/h 이상 2톤/h 미만 소각용량 200kg/h 미만	0.2(12) 이하 1.6(12) 이하 5(12) 이하
크롬화합물(Cr로서)(mg/Sm^3)	0.5(12) 이하	
구리화합물(Cu로서)(mg/Sm^3)	10 이하	
니켈 및 그 화합물(mg/Sm^3)	20 이하	
아연화합물(Zn로서)(mg/Sm^3)	10 이하	
비산먼지(mg/Sm^3)	0.5 이하	
매연	링겔만비탁표 2도 이하	

(자료 : 대기환경보전법 시행규칙 별표 8)

소각시설 배기가스 중 다이옥신의 배출허용기준은 "잔류성유기오염물질관리법"에서 정하고 있다. 소각시설 중 의료폐기물을 처리하는 소각시설과 처리능력이 시간당 2톤 이상인 생활폐기물 소각시설을 제외하고 표 5.63과 같이 규정하고 있다. 또한 시간당 처리능력이 2톤 이상인 생활폐기물 소각시설에 대한 다이옥신 배출허용기준은 상기 소각시설 중 처리능력이 4톤 이상인 신설시설과 같이 0.1ng-TEQ/Sm^3로 엄격하게 정하고 있으며, 의료폐기물 소각시설 배기가스의 다이옥신 배출허용기준은 표 5.64과 같이 정하고 있다. 소각시설에서 배출되는 폐수의 다이옥신 배출허용기준은 10pg-TEQ/L이다[50].

50) 소각시설의 배출가스와 폐수의 국제독성등가 환산계수(I-TEF)로 환산한 농도(TEQ)는 푸란을 포함한 농도이며, 폐수로 배출되는 다이옥신의 측정은 배출된 다이옥신이 방지시설에서 처리된 후 최종 방류구에서 부지경계선 외부로 배출되는 지점까지의 구간에서 측정한다.

표 5.63 소각시설 배기가스의 다이옥신 배출허용기준51) (단위: ng-TEQ/Sm^3)

구분	신설시설	기존시설
시간당 처리능력이 4톤 이상인 경우	0.1	1
시간당 처리능력이 4톤 미만 2톤 이상인 경우	1	5
시간당 처리능력이 2톤 미만 25킬로그램 이상인 경우	5	10

(자료 : 잔류성유기오염물질관리법 시행규칙 별표3)

표 5.64 의료폐기물 소각시설 배기가스의 다이옥신 배출허용기준 (단위: ng-TEQ/Sm^3)

시설별 적용기간 / 시간당 처리능력	신설 시설	2001. 1. 1.이후 2004. 7. 20. 전에 설치된 시설	2001. 1. 1.전에 설치된 시설
4톤 이상	0.1	0.1	1
2톤 이상 4톤 미만	1	1	5
1톤 이상 2톤 미만	1	1	5
200kg 이상 1톤 미만	5	5	5
25kg 이상 200kg 미만	5	10	10

(자료 : 잔류성유기오염물질관리법 시행규칙 별표3)

폐기물 최종처분시설(매립시설)의 경우 발생하는 침출수로 인한 지하수나 하천수, 해수의 오염을 방지하기 위해 폐기물관리법 시행규칙 별표11에 침출수의 배출허용기준을 정하고 있다. 지역별로 BOD는 30～70mg/L CODmn는 50～150mg/L, SS는 30～70mg/L 범위 내에서 차등적으로 정하고 있다.

정책이야기 5.3 소각시설 다이옥신 파동과 기준설정 과정

1995년에 12월에 일본의 산업폐기물 노천소각시설 등이 밀집되어 도코로자와시(所沢市)에서 고농도의 다이옥신이 검출되었다는 언론보도가 있어 이 지역에서 재배된 야채가격의 폭락하는 등 ‘다이옥신 파동’이 발생하였고, 일본열도에 다이옥신에 대한 공포와 건강에 대한 불안이 심화되었다. 이러한 내용이 우리나라에 알려지자 환경부는 이에 대응하기

51) 의료폐기물 소각시설 및 생활폐기물소각시설 중 처리능력이 2톤/h 이상을 제외한 것에 적용한다. 신설시설이란 2001.1.1(처리능력 200kg/h 미만인 시설은 2004.7.20) 이후 폐기물처리사업계획서의 적합 통보를 받거나 변경허가를 받은 시설 또는 폐기물처리시설의 설치승인을 받거나 신고한 시설을 말한다. 생활폐기물관리 제외지역의 생활폐기물 소각시설은 소각시설의 다이옥신 배출기준을 적용하지 아니한다. 소각시설의 표준산소농도는 12퍼센트를 적용하며, 배출허용기준은 국제독성등가 환산계수(I-TEF)로 환산한 농도를 말한다.

위해 1997년 전국의 쓰레기 소각장의 다이옥신 배출실태를 조사하여 발표하였고 그 결과를 놓고 한바탕 큰 논란이 일어났다. 베트남전의 고엽제에 비유되어 다이옥신의 맹독성이 언론에 보도되고, 소각장 인근 주민들은 당장 엄청난 피해를 입을 것을 우려하여 두려움에 휩싸였다. 언론에는 연일 다이옥신이란 무엇인가?, 사람에게 얼마나 유해한가? 등에 관한 기사들이 넘쳐났고, 다이옥신을 많이 배출하는 소각장이 어디라는 추측성 기사가 난무하였다. 국민의 건강에 관한 자료는 공개해야 하고 긴급 대책이 필요하다는 여론이 높아지자 환경부는 개별소각시설의 다이옥신 배출 조사결과를 발표하고 다이옥신 저감대책을 발표하였다.

그 후 1997.7.19.에 "폐기물관리법" 시행규칙의 폐기물처리시설의 관리기준을 개정하여 소각로의 다이옥신 배출규제를 시작하였다. 배출가스중의 다이옥신 배출허용농도기준은 1일 50톤 이상인 생활폐기물소각시설을 대상으로 신설시설은 0.1ng-TEQ/Nm^3이하, 기존 시설은 2000년까지 20ng-TEQ/Nm^3에서 1ng-TEQ/Nm^3까지 단계적으로 강화하는 것이었다. 2001년부터는 다이옥신 배출허용기준을 시간당 200kg 이상 규모의 모든 소각시설로 확대하였다.

이를 통하여 소각시설의 대기오염방지시설의 기술과 소각시설의 운전기술의 큰 발전이 있었고, 규제기준을 만족하지 못하는 소형 소각로는 폐쇄되고, 소각시설 규모의 대형화가 이루어졌다. 우리나라의 다이옥신의 연간 국가 배출량은 2001년도 1004.0g I-TEQ에서 2010년에 118.5g I-TEQ로 88.2%가 줄어들었고, 이로 인한 국민들의 불안도 어느 정도 해소되었다. 일부에서는 다이옥신에 대한 공포가 과도하게 제기된 것이라고 비판하기도 하지만 우리나라 대기오염 방지기술 수준을 제고하고 소각장이 현대화되는 계기가 되었다.

5.6.3 폐기물 적법처리시스템의 구축과 운영

종전에 폐기물의 이동경로를 추적·감시하기 위하여 시행하고 있던 '폐기물 처리증명제'는 폐기물인계서 또는 간이인계서의 작성, 인계 및 행정기관 보고과정을 모두 수작업으로 작성하여 보고하는 체계였다. 따라서 폐기물이 배출되어 처리된 후에 배출자에서 감독기관에 폐기물인계서(또는 폐기물 간이인계서)가 도착하는 데 7일에서 15일정도가 소요되어 적정처리여부를 확인하는 것이 어려웠다. 또한 폐기물의 이동경로를 확인하기 위한 자료의 대조에 과도한 인력과 시간이 소요되어 본래의 취지를 달성하지 못하였다.

이에 대한 대안으로 폐기물의 배출에서 최종처리까지 전 과정을 온라인상에서 입력하도록 하여 폐기물의 이동경로를 실시간으로 쉽게 파악하고, 적정한 처리업체에 반입되어 처리되었는지를 확인하는 동시에, 폐기물의 이동현상과 처리동향을 분석하며, 폐기물의 배출자와 처리업체의 폐기물처리 관리 기능을 할 수 있도록 하는 '폐기물 적법처리시스템'이 2001

년 9월에 구축되었다.[52] 폐기물 적법처리시스템의 전자인계서 흐름도는 그림 5.36과 같다.

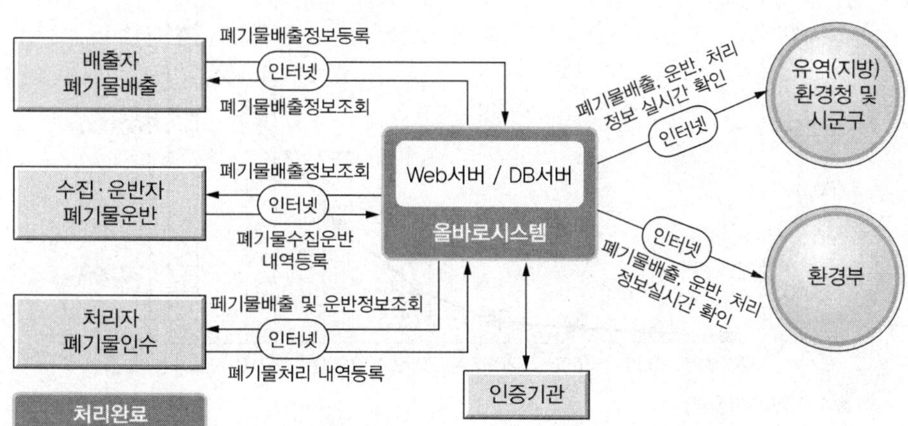

1. **배출업체** : 배출자가 신고한 사업장폐기물 배출신고 DB를 활용하여 인터넷으로 폐기물 발생 및 배출내역 등록
2. **운반업체** : 운반자가 폐기물 인수, 인계시 인터넷을 통해 폐기물 인수, 인계 내역을 실시간 등록
3. **처리업체** : 처리자가 폐기물 인수, 처리시 인터넷을 통해 폐기물 인수, 처리내역을 실시간 등록

그림 5.36 올바로시스템의 전자인계서 흐름도

(자료 : 환경부, 2012.12, 환경백서 2012)

이 적법처리시스템은 올바로(Allbaro)시스템이라고 불리며 배출자, 운반자, 처리자 및 행정기관 간에 유통되는 폐기물인계서를 인터넷상에서 전자정보 형태로 처리한다. 이미 입력되어 있는 업체의 인·허가 정보와 폐기물 인수·인계정보를 취합·대조·분석할 수 있는 기능을 갖추었다. 사용자들은 자신의 폐기물인계정보와 처리상황, 처리결과를 수시로 조회할 수 있고, 행정기관은 폐기물의 이동이 적법하게 이루어지는지를 실시간으로 확인하여 폐기물의 부적정 처리를 방지하는 효과를 얻고 있다.

2002년 9월 이 시스템이 본격 운영된 이후 사업장폐기물을 배출·운반·처리할 때에 이를 사용하여 보고하도록 하였다. 단계적으로 그 대상을 확대하였으며, 2011년 말 기준 약 31만 여개 업체에서 사용하고 있다. 그림 5.37과 표 5.65에 나타낸 바와 같이 연간 900만 건 이상의 전자인계서가 발행되어 전국 사업장폐기물 발생량의 대부분인 약 1억 2,300여 만톤의 사업장폐기물의 처리상황이 전자정보로 관리되고 있다.

---

52) 2007년에는 동 시스템을 '폐기물 처리의 모든 것(All)'과 '초일류 수준 폐기물 처리의 기준·척도(Barometer)'의 의미를 가진 올바로(Allbaro)시스템으로 명명하였다. 그 후 2002년 9월까지 시범운영을 거쳐 지정폐기물 다량 배출업체와 이들 업체와 위·수탁 계약을 체결한 폐기물수집·운반·처리업체를 대상으로 운영을 시작하였다.

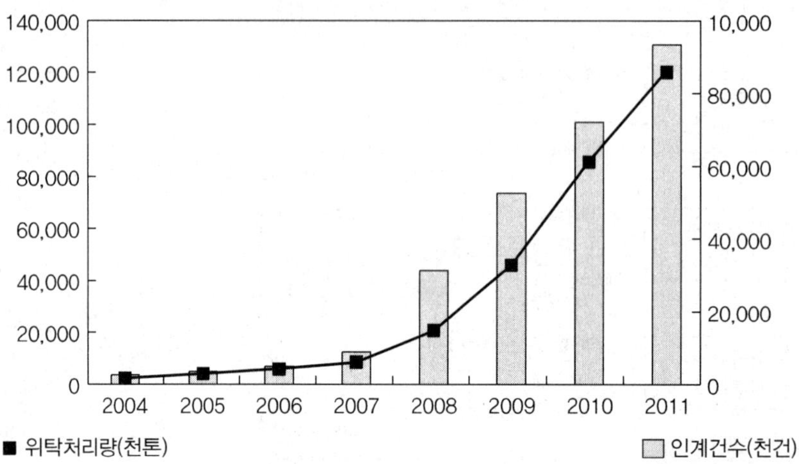

그림 5.37 연도별 올바로시스템 사용 현황

(자료 : 환경부, 2012.12, 환경백서 2012)

표 5.65 연도별 올바로시스템 사용현황

구 분	2005	2008	2011
위탁처리량(천톤)	2,617	18,815	123,372
인계건수(천건)	468	3,295	9,338

(자료 : 환경부, 2012.12, 환경백서 2012)

2004년도까지 시스템의 사용업체는 지정폐기물과 사업장배출시설계 폐기물 배출업체가 중심이었으나, 2005년 9월부터 건설폐기물 배출사업장까지 사용할 수 있도록 이용범위를 확대하였고, 2007년 8월에 "폐기물관리법"을 개정하여 표 5.66에 나타낸 바와 같이 단계적으로 의무 사용자의 범위를 확대하였다. 그림 5.38에 나타낸 바와 같이 2011년도의 시스템 이용자는 건설폐기물이 약 14만 1천명으로 가장 많고, 지정폐기물, 의료폐기물, 일반폐기물(사업장배출시설계폐기물) 순으로 이용자가 많다.

표 5.66 Allbaro시스템 사용의 단계적 의무화 시기와 대상폐기물

구분	1차	2차	3차
시행 일자	2008.08.04.	2010.06.10.	2011.07.22.
대상 폐기물	- 지정폐기물 - 지정 외 폐기물(일부)	- 건설폐기물 (10톤 이상)	- 전 사업장폐기물 (인허가 대상)

(자료 : 환경부, 2012.12, 환경백서 2012)

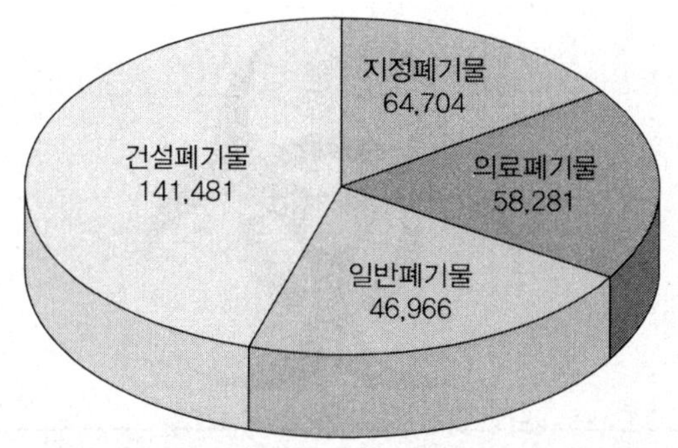

그림 5.38 폐기물별 올바로시스템 사용자 분포(2011년)
(자료 : 환경부, 2012.12, 환경백서 2012)

5.6.4 의료폐기물의 관리

의료기관에서 발생하는 폐기물중 병원균에 의하여 2차감염의 우려가 있는 폐기물은 환경적·위생적으로 안전하게 관리되어야 한다. 의료폐기물은 보건복지부에서 "의료법"에 근거하여 적출물로 관리하다가 2000년 8월부터 환경부로 업무가 이관되어 "폐기물관리법"에 의한 의료폐기물[53]로 관리하게 되었다. 2004년 8월에는 "폐기물관리법 시행규칙"을 개정하여 교도소·구치소·소년원의 의무시설, 기업체 의무시설, 사단급 이상 군부대의 의무대, "노인복지법"에 의한 노인전문요양시설 및 태반 재활용신고사업장을 의료폐기물 배출기관으로 추가로 지정하여 의료폐기물 배출기관의 종류를 16개 기관으로 확대하였으며, 전용용기의 재질과 규격 기준을 마련하였다.

의료폐기물은 위해성 정도에 따라 표 5.4에 나타낸 바와 같이 격리의료폐기물, 위해의료폐기물(조직물류폐기물, 병리계폐기물, 손상성폐기물, 생물·화학폐기물, 혈액오염폐기물), 일반의료폐기물로 구분하여 관리하고 있다. 또한, 의료폐기물은 보관, 운반과정에서 안전하게 관리할 수 있도록 격리의료폐기물, 위해의료폐기물 중 조직물류폐기물(치아는 제외한다), 손상성폐기물과 액체상태의 폐기물은 합성수지류 상자형 용기를 사용하고 그 밖의 의료폐기물은 봉투형 용기나 골판지류 상자형 용기를 사용하여야 한다. 의료폐기물 전용용기에는 그림 5.39과 같이 의료폐기물임을 나타내는 도형과 취급 시 주의사항을 표시하여야 한다.

53) 2007.1.3에 감염성폐기물에서 의료폐기물로 용어를 변경하였다.

<table>
<tr><th>의료폐기물의 종류</th><th colspan="2">도형 색상</th></tr>
<tr><td>격리의료폐기물</td><td colspan="2">붉은색</td></tr>
<tr><td rowspan="2">위해의료폐기물(재활용하는 태반은 제외한다) 및 일반의료폐기물</td><td>봉투형 용기</td><td>검정색</td></tr>
<tr><td>상자형 용기</td><td>노란색</td></tr>
<tr><td>재활용하는 태반</td><td colspan="2">녹색</td></tr>
</table>

그림 5.39 의료폐기물의 표시도형과 종류별 도형의 색상
(자료 : 폐기물관리법 시행규칙 별표5, 별표9, 별표11)

의료폐기물은 전용용기에 넣어 밀폐 포장된 상태로 흰색으로 도색하고 녹색으로 의료폐기물의 도형을 표시하거나, 부착한 의료폐기물 전용 운반차량으로 수집·운반하여야 한다. 수집·운반차량은 섭씨 4도 이하의 냉장설비를 갖추어야 하고, 의료폐기물을 운반할 때는 항상 냉장설비를 가동하여야 한다. 또한, 적재함은 사용할 때마다 약물소독을 실시하여야 한다.

의료폐기물의 배출자는 시간당 처분능력 25킬로그램 이상인 소각시설이나 시간당 처분능력 100킬로그램 이상인 멸균분쇄시설에서 처리할 수 있다. 그러나 격리의료폐기물, 위해의료폐기물 중 조직물류폐기물 및 생물·화학폐기물, 보관 및 운반 과정에서 혈액, 체액, 분비물, 배설물 등 흘러내릴 수 있는 물질을 포함하는 의료폐기물, 폐기물중간처분업자 또는 최종처분업자가 처분하는 의료폐기물은 소각 처리하여야 한다. 배출자가 멸균분쇄한 잔재물은 다시 소각한 후에 소각재를 매립하도록 하여 안전하게 처리되도록 규제하고 있다. 한편 의료폐기물의 배출, 수집·운반, 처리의 전 과정을 실시간으로 모니터링하기 위하여 2008년 8월부터 무선주파수 인식방법(RFID)에 의해 폐기물 인수·인계 상황을 보고하도록 하고 있다. 의료폐기물의 인수인계에 대한 RFID 관리체계는 그림 5.40에 나타내었다.

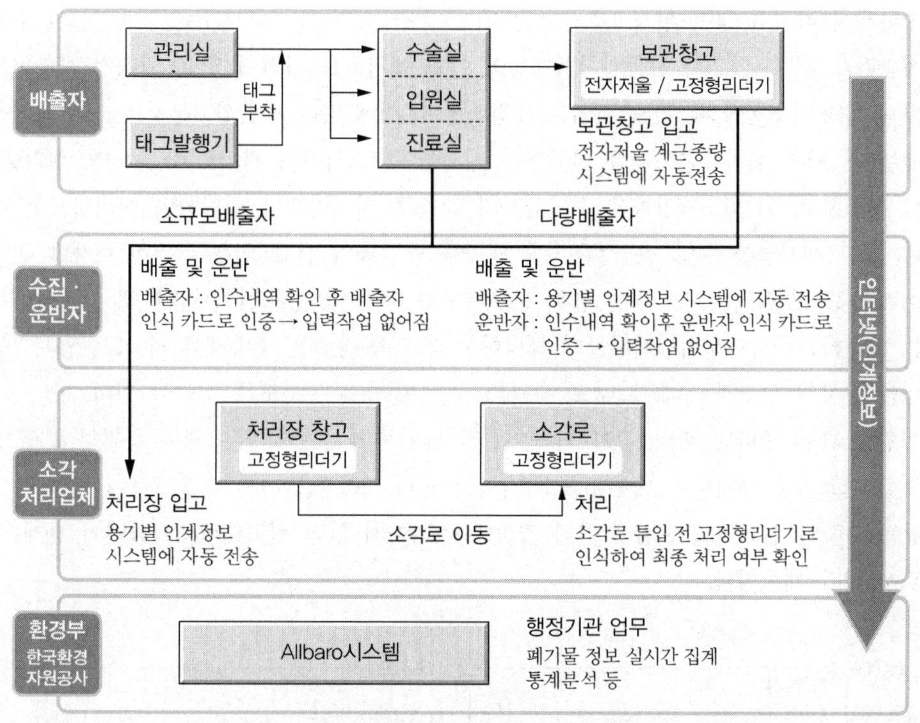

그림 5.40 의료폐기물의 인수인계에 대한 RFID 관리체계

5.6.5 수출입 폐기물의 관리

유해폐기물이 환경규제가 엄격하지 않은 개도국에 수출되어 부적정하게 처리되거나 무단 투기되는 것을 방지하기 위하여 1989년에 "유해폐기물의 국가간 이동 및 그 처리의 통제에 관한 바젤협약"이 체결되고 1992년에 발효되었다. 이에 따라 우리나라는 바젤협약의 국내 이행을 위해 "폐기물 국가 간 이동 및 그 처리에 관한 법률"을 1992년 12월에 제정한 후에 1994년 2월에 바젤협약에 가입(비준 1994.5.29)하였다. 한편, 동 법률의 시행령을 1994년 5월에 제정하여 시행하였다.

정부는 바젤협약과 OECD에서 정한 수출입통제 폐기물을 "폐기물의 국가간 이동 및 그 처리에 관한 법률"상의 적용대상 폐기물 품목으로 고시하고 동 고시에서 정한 폐기물을 수출입하는 경우에는 사전에 지방·환경청장의 허가를 받도록 하였다. 현재, 폐배터리, 슬러지, 브라운관 폐유리, 니켈카드뮴전지 등 86개 품목을 수출입 허가대상 폐기물로 관리하고 있다.

한편, 정부는 석탄재 등 허가대상에서 제외되어 있는 외국의 폐기물이 국내에 수입되어 적정하게 관리되지 않아 환경오염을 일으키는 것을 방지하기 위해 수출입폐기물의 엄격한 추적관리를 할 수 있도록 수출입허가대상이 아닌 폐기물도 사전에 지방·환경청장의 신고를 하도록 2008년 8월에 폐기물관리법을 개정하였다. 이에 따라 폐합성고분자화합물, 동식물성 잔재물 등 25개 품목을 '수출입 신고대상 폐기물'로 고시하여 관리하고 있으며, 허가를 받거나 신고하고 수입된 폐기물은 수입업자가 스스로 처리하거나 위탁하여 처리하도록 하고 있다. 또한 폐기물을 수입·운반·처리할 때마다 폐기물의 인계·인수에 관한 내용을 전자정보처리프로그램(올바로시스템)을 통해 신고하도록 하고 있다. 또한 수입폐기물을 운반·보관 또는 처리하는 자는 사업장폐기물에 해당하는 기준과 방법을 준수해야 하고, 수입폐기물을 수입할 당시의 성질과 상태 그대로 제3국으로 수출하지 못하도록 정하고 있다.

그림 5.41에 나타낸 바와 같이 최근 6년간 폐기물의 수출입량은 계속 증가하고 있으며, 수출입 신고대상 폐기물이 대부분을 차지하고 있다. 2008년 이후 수출입량이 크게 증가한 이유는 수출입 신고제도 도입에 따라 그동안 관리하지 않던 신고대상폐기물량이 통계에 포함되어 있기 때문이다.

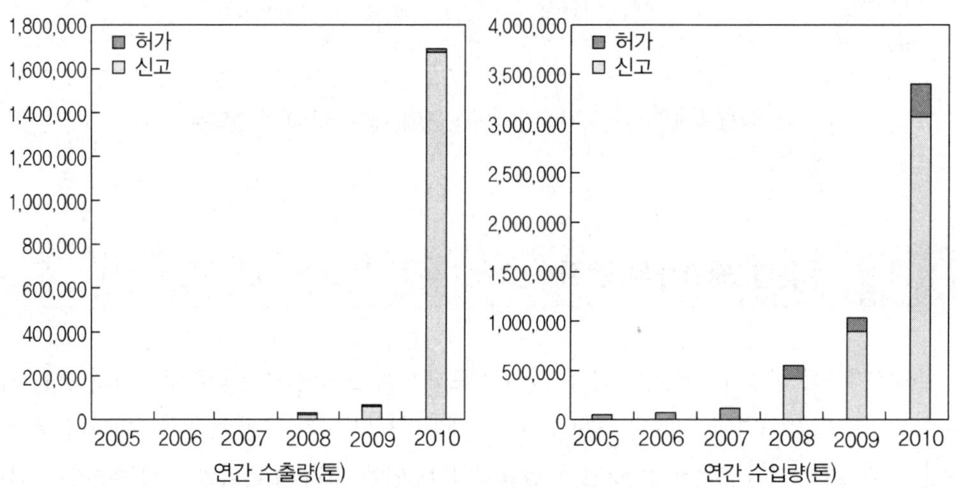

그림 5.41 최근 폐기물 수출입량의 변화추이

(자료 : 환경부, 2012.12, 환경백서 2012)

표 5.67와 표 5.68에 허가대상 폐기물의 수출입 현황을 나타내었다. 허가대상 폐기물의 2010년 수출입량을 비교하면 수입되는 폐기물량이 수출되는 폐기물의 600배로 월등히 많았으며 수입량 중 납배터리가 60%, 납스크랩이 24%를 차지하고 있어 주로 납 관련 폐기물이 84%를 차지하고 있다. 그 밖의 것도 대부분 유가금속의 자원화를 위해 수입하고 있다. 폐기물의 수출입은 폐기물의 재활용이나 처리비용을 줄이기 위해 환경관리가 엄격한 나라에서

그렇지 않은 나라로 이동되는 경향이 있으므로 폐기물을 수입하여 재활용하는 업체에 대한 관리감독을 강화하고, 이들 폐기물의 재활용시설에 대한 설치기준과 관리기준 등을 정비하여야 한다.

표 5.67 허가대상 폐기물 수출 현황 (단위 : 톤/년)

구 분	수출 현황					비 고
	2006	2007	2008	2009	2010	
합 계	595	402	276	586	609	
폐전기전자제품	-	-	220	552	609	납, 동 등 추출
PCB 함유 폐변압기 등	407	388	56	-	-	PCB 처리 등
PCB 함유 폐유	151	-	-	-	-	PCB 처리 등
폐플라스틱	37	-	-	-	-	재생원료로 가공
폐알칼리	-	14	-	-	-	시험분석용
자동차 파편	-	-	-	34	-	유가금속 추출 등

표 5.68 허가대상 폐기물 수입 현황 (단위 : 톤/년)

구 분	수입 현황					비 고
	2006	2007	2008	2009	2010	
합 계	61,116	124,461	139441	148,688	365,347	
폐배터리	57,830	122,362	134,622	142,568	218,187	납괴 가공, 황산 재활용등
납 스크랩	119	-	330	-	86,071	납괴로 가공
인쇄회로기판	-	-	-	-	46,774	유가금속 추출 등
광재	-	-	-	17	5,540	주석 추출
오니	-	-	-	-	2,611	유가금속 추출 등
브라운관 폐유리	152	-	-	1,636	2,305	유리원료로 가공 등
분진	-	-	-	-	1,812	유가금속 추출 등
폐금속류	-	-	-	-	1,310	금속 재활용 등
니카드전지	186	295	173	1,012	728	니켈, 카드뮴 등 추출
폐유기용제	-	-	-	-	9	유가금속 추출 등
납재	102	1,035	2,127	3,213	-	납괴로 가공
슬러지	2,727	769	2,038	180	-	은, 동, 주석 등 재련원료 가공
PVC전선	-	-	-	35	-	동 추출 등
폐전기전자제품류	-	-	151	27	-	납, 동 등 추출

5.6.6 방치폐기물의 관리

1997년 말 외환위기로 인한 경기침체로 부도난 배출업소, 처리업소 및 재활용신고업소 등에서 배출된 폐기물을 적정처리하지 않고 방치하여 그로 인한 오염문제가 사회적 이슈가 되었다. 그 이후에도 폐기물 배출업소의 도산 등으로 배출한 폐기물을 처리하지 않고 방치하는 사례가 종종 발생하고 있다. 표 5.69에 나타내 바와 같이 2011년 말까지 총 970개소에서 3,057천 톤의 방치폐기물이 발생하였으며 이중 원인자부담, 행정대집행 등을 통하여 2011년 말까지 발생량의 96%인 2,937천톤을 처리하였으나, 14개소에 120천톤의 폐기물이 방치되어 있다.

정부에서는 방치폐기물 문제를 해결하기 위해 1999년 2월에 폐기물관리법을 개정하여 '방치폐기물 처리이행보증 제도'를 도입하였다.[54] 이후 방치폐기물 발생자의 처리책임이 충분하지 않다는 문제가 제기됨에 따라 2003년 5월에 폐기물관리법을 개정하여 방치폐기물 처리이행보증 대상사업자의 범위에 종전에 가입을 면제하던 사업장폐기물 재활용신고자를 추가로 포함시키고, 방치폐기물 처리이행보증을 위한 공제조합이나 보험의 가입 시기를 영업개시 이전으로 앞당겼다. 또한, 방치되거나 또는 부적정 처리된 폐기물의 처리의무대상을 폐기물처리자, 위탁자에서 폐기물 수집·운반·보관·처리자, 위탁자 및 토지 임대자로 확대하고, 사업장에 방치되는 폐기물이 적정 처리될 수 있도록 양도·상속·법인합병 등에 의하여 사업장을 승계하는 경우 양수인·상속인·합병법인 등 승계 받은 자가 폐기물처리의무도 자동 승계 받도록 폐기물관리법에 규정하였다.

방치폐기물 이행보증을 한 사업체에 부도가 발생하면 보증보험회사는 허용보관량에 상당하는 보험금으로 그 책임범위가 한정되는 반면, 공제조합은 허용보관량을 초과하여 보관한 양까지 모두 처리하도록 하는 것이 불공평하다는 이의제기가 있어 이를 허용보관량의 1.5배로 한정하여 이행보증방법 간 불공평성을 개선하였다. 방치폐기물의 처리이행보증금 산출의 기준이 될 수 있도록 폐기물의 종류별 처리단가를 고시하고 있으며, 폐기물 처리가격을 현실화하기 위해 2010년 7월에 고시를 개정하였다.

54) 동 제도는 폐기물처리업체로 하여금 도산에 대비하여 폐기물 보관허용량에 해당하는 폐기물을 사후에 처리할 수 있도록 '공제조합가입'하여 분담금을 납부하거나 '이행보증보험가입'에 가입하게 함으로써 방치폐기물의 처리이행을 보증하는 것이다.

표 5.69 연도별 방치폐기물 발생 업소수 및 발생량

구 분	합계	2004년 말까지	2007	2009	2011
발생 업소수(개소)	970	885	12	12	3
발생량(천톤)	3,057	2,475	93	105	5

(자료 : 환경부, 2012.12, 환경백서 2012)

표 5.70 방치폐기물처리 이행보증 방법 및 처리 주체

공제조합 가입	이행보증보험 가입
공제조합이 조합원 공제사업으로 처리	감독청이 보험금을 수령 처리

(자료 : 환경부, 2012.12, 환경백서 2012)

5.6.7 영농폐기물의 관리

1970년대 중반 이후 농업용 비닐의 사용이 증가되면서, 폐비닐의 무단방치와 노천 소각으로 농촌의 환경오염이 가중됨에 따라 이를 체계적으로 자원화하는 방안이 필요하였다. 정부는 1979년 합성수지폐기물처리사업법을 공포하고, 합성수지폐기물의 수거·처리 및 재자원화 업무를 전담할 수 있는 기구로 한국자원재생공사[55]를 1980년에 설립하여 영농폐비닐의 수거·처리를 전담하게 하였다. 이 사업은 폐비닐의 배출자인 농민은 전혀 수거처리비용을 부담하지 않고 오히려 수거를 촉진하기 위해 지방자치단체에서 '수집장려금'이라는 명목으로 폐비닐 수거 농민에게 보상금(2012년 현재 kg당 110원)을 지급하는 방식으로 시작되었다. 그러나 이 제도는 폐비닐의 수거를 촉진시켜 주변경관 훼손이나 불법소각 등의 문제를 해결하는 데는 도움을 줄 수는 있어도, 농민으로 하여금 폐비닐 배출량을 줄이고 발생하는 폐비닐이 재활용이 쉽도록 흙, 모래 등 이물질을 잘 제거한 후 배출하도록 유도하는 데는 실패하였다. 왜냐하면 이물질을 잘 제거하면 수거한 폐비닐의 무게가 줄어들어 보상금액이 줄어들기 때문에 이물질을 제거하지 않고 배출하고 있다. 일본의 경우 배출자인 농민이 폐비닐 수거처리비를 1/2을 부담하고 나머지는 기초 지방자치단체에서 보조해주고 있어 농민이 처리비용을 줄이기 위해 폐비닐을 배출할 때 이물질을 잘 제거한 후에 재활용이 쉽도록 묶어서 배출하고 있다.

우리나라도 폐비닐 감량화를 위해서 원칙적으로 농민에게 수거처리비용을 부담하게 하는 것이 바람직하다. 그러나 오랫동안 수집장려금을 지급하여 왔기 때문에 배출자인 농민에게

55) 한국자원재생공사는 2008년에 환경관리공단과 한국환경공단으로 통합되었다.

수거처리비를 부과하는 것은 현실적으로 쉽지 않다. 한국환경공단은 이를 보완하는 방안으로 농촌폐비닐 수거등급제[56]를 2012년 7월에 도입하였다. 향후 농민이 폐비닐의 수거책임을 지고 이물질을 잘 제거한 후에 지정된 장소에 배출하도록 하고, 배출된 이후에 지방자치단체나 환경공단에서 처리를 지원해주는 방안으로 처리구조를 개선해야 한다. 수거한 폐비닐은 한국환경공단의 자체 처리시설에서 상품화가 용이한 중간재료(폴리에틸렌 펠렛)로 가공하여 재활용업체에 공급하고, 품질이 낮은 폐비닐은 시멘트 소성로에 투입하여 대체연료로 사용하고 있다. 그동안 매년 농촌폐비닐의 적체량이 늘어나고 있었으나, 2011년에는 약 18만톤이 수거되고, 19만톤이 처리되어 적체된 재고량이 감소하였다.

1986년 9월에 농약용기의 수거·처리 업무가 한국자원재생공사로 이관되었다. 폐농약용기 수거·처리 사업비는 정부(30%), 지자체(30%), 한국작물보호협회(40%)가 각각 분담하고 있다. 수거된 농약용기 중 플라스틱병, 유리병은 재활용되고, 재활용이 어려운 봉지류는 소각처리하고 있다. 2011년에는 폐농약용기는 40,638천개, 봉지류는 10,401천개를 수거하여 처리였다. 그밖에도 농어촌에서 발생하는 폐농기구, 폐어구, 농업부산물, 어업부산물 등도 회수·처리체계를 강화하고, 수거된 것은 적정하게 재활용되거나 안전하게 처리하는 것이 필요하다.

56) 농촌폐비닐 수거등급제 : 영농 폐비닐을 수거할 때 이물질 함유율에 따라 등급 판정 후 수거보상비를 차등지급하여 이물질의 제거를 유도하는 제도이다.

참고문헌

- 관계부처 합동, 2005.11, *음식문화 개선 및 음식물류폐기물 종합대책*
- 관계부처 합동, 2011.9, *제1차 자원순환기본계획(2011~2015)*
- 국립환경과학원, 2006, *폐기물의 유해특성 심사 및 관리체계 구축에 관한 연구(I)*
- 국립환경인력개발원, 2012 *자원순환정책과정(환경교육교재)*
- 녹색성장위원회, 2010.2, *음식물쓰레기 줄이기 종합대책*
- 농업과학기술원, 1998~1999, *음식물쓰레기 퇴비화 기술개발연구*
- 대한타이어공업협회, *환경백서 2012*
- 에너지관리공단 신재생에너지센터, 2011, *2010 신재생에너지통계*
- 지식경제부, 에너지관리공단 신·재생에너지센터, *신재생에너지백서 2012*
- 축산기술연구소, 1998~1999, *남은 음식물 사료화 이용기술*
- 한국금속캔자원협회, *환경백서 2012*
- 한국유리공업협동조합, *환경백서 2012*
- 한국윤활유공업협회, *환경백서 2012*
- 한국제지공업연합회, *환경백서 2012*
- 한국철강협회, *환경백서 2012*
- 한국환경공단, 2012, *연도별 총 출고량 대비 재활용 현황*
- 한국환경공단, 한국지질자원연구원, 2010.12, *자원순환 평가기준 및 지표 설정*
- 한국환경산업기술원, 2012, *2012년도 환경정책자금 융자운용요강*
- 환경부, 2012.12.31, *2013년 전기·전자제품별 재활용·회수의무율(환경부고시 제2012-251호)*
- 환경부, 2012.12.28, *2013년 제품·포장재별 재활용의무율(환경부고시 제2012-43호)*
- 환경부, 2012.12.21, *2017년도 제품·포장재별 장기 재활용목표율(환경부고시 제2009-152호)*
- 환경부, 2010.9.27, *분리배출 표시에 관한 지침(환경부 고시 제2010 -139호)*
- 환경부, 2004.4, *음식물류폐기물 종합대책*
- 환경부, 2007.12, *음식물류폐기물 처리시설 발생폐수 육상처리 및 에너지화 종합대책 (2008~2012)*
- 환경부, 2012, *음식물류폐기물 처리시설 운영현황 (2011.12.31 기준)*
- 환경부, 2010, *음식물쓰레기 종량제 및 감량화 시책 도입방안 마련 연구*
- 환경부, 2012.1.11, *전기·전자제품의 재활용·회수의무이행에 관한 업무처리지침 (환경부예규 제450호)*
- 환경부, 2011.12, *제2차 건설폐기물 재활용 기본 5개년 계획(2012~2016)*
- 환경부, 한국환경공단, 2012, *2011 전국 폐기물 발생 및 처리현황*
- 환경부, 한국환경공단, 2012, *2011 지정 폐기물 발생 및 처리현황*

- 환경부, 2012.12, *환경백서 2012*
- BIR 정보시리즈 2편, 2010, 지식경제부, 에너지관리공단 신·재생에너지센터, *신재생에너지 백서 2012*
- Bundesgütegemeinschaft kompost e.V, 2010, *Division of markets in 2009*, Prof. Dr.-Ing. Klaus Fricke의 강의자료 T*he Current Status of Municipal Waste Management in Germany(2013.1)*
- EU Environment Agency, 2003, *Technical Guidance WM2: Hazardous Waste*
- European Renewable Energy Council, *Renewable Energy Target For Europe 15 20% by 2020*
- Eurostat, Ami Sedghi, 2012.6, *Renewable energy in the EU.*
- EWC, *European Waste Catalogue* (EWC 2002), 2002
- Federal Environment Ministry(BMU), Federal Statistical Office, 2010, Federal Ministry for the Environment, Nature Conservation and Nuclear Safety, *Closed-loop waste management*
- Ministry of the Environment Government of Japan, 2010, *2010 Establishing a sound material-cycle society Milestone toward a sound material-cycle society through changes in business and life styles*
- Ministry of the Environment Government of Japan, 2009, *Establishing a sound material-cycle society -creating economic development through the establishment of a sound material-cycle society*
- Ministry of the Environment Government of Japan, 2008, *The world in transition and Japan's efforts to establish a sound material-cycle society*
- Official Journal of the European Communities, Article4, 2 (a)~(C), 1999, *Council Directive 1999/31/EC of 26 April 1999 on the landfill of waste,*
- Saburo Kato, *자원순환사회의 조건*
- 環境省, 2010, *環境白書 平成22年-循環型社會白書/生物多様性白書*
- 環境省大臣官房廃棄物·リサイクル対策部廃棄物対策課, 2010.3, *高効率ごみ発電施設整備マニュアル*
- 環境省, 2008.5, *"第2 次循環型社会形成推進基本計画"の概要について*
- 經濟産業省, 2004, *資源循環 ハンドブック 2004 法制度と 3Rの動向*
- ごみ固形燃料適正管理検討会, 2003.12.25, *ごみ固形燃料の適正管理方策について*, (添附)資料1
- 鈴木 胖 編著, 1996, *リサイクル工学 -循環型社会の構築を目指して-*, エネルギー, 資源学会発行
- 花田 純一, *Remanufacturingに関する基礎研究*, www.mech.chuo-u.ac.jp

CHAPTER 6

자연환경 보전정책

6.1 자연환경 보전정책의 배경

가. 국내외 여건

20세기 후반에 접어들면서 대량 생산·소비 사회 구조가 지속되면서 기후변화, 오존층 파괴 등 지구환경 훼손 현상이 가시화되었다. 이러한 환경문제로 인간의 삶의 질도 악화되고 인류의 미래를 위협할 것이라는 위기감이 국제사회에서 공론화되었고 '지속가능한 발전' 이념이 인류가 추구해야 할 보편적 가치로서 자리 잡게 되었다. 현대 사회에서 무조건적으로 개발행위를 제한하거나 금지할 수는 없으나 바로 지속가능한 발전의 범위 내에서 개발을 추구해야 한다는 것이다. 따라서 자연환경 보전은 근본적으로 지속가능한 발전을 추구하여 인간 삶의 터전인 지구 생태계를 보전하고 훼손되거나 파괴된 생태계를 복원하는 것이며, 자연환경 보전정책은 정부가 시행하는 생태계의 보전·복원 활동을 의미한다.

타 환경 분야의 정책과 마찬가지로 자연보전 정책도 강제적 규제수단, 경제적 수단, 계획이나 평가에 의한 수단 등 다양한 정책도구가 사용된다. 이러한 정책 수단들은 자연생태계에 대한 인간의 개입을 최소화하거나 인간의 활동으로 자연환경에 미치는 영향을 억제하는 것, 즉 인간의 생산·소비행태를 친환경적으로 전환하는 것을 의미한다. 자연환경 보전정책은 대기보전, 수질보전 정책 등 다른 오염매체 관리정책과도 긴밀히 연계되고, 때로는 특정 지역이나 시기에 인간의 행위나 개입을 전면 금지·제한하는 정책도 필요하므로 개발정책과의 조화가 쉽지 않다. 대부분의 국가에서 경제성장을 추구하면서 성장과 보전 간에 갈등이 유발될 수밖에 없는데 대표적인 분야가 자연환경 문제이다.

우리나라 환경정책은 1970년대 이후 대기·수질오염 저감과 폐기물의 적정처리 등에 주력하였다. 자연환경 보전은 산림녹화 위주로 추진되었고 통합적인 자연환경 보전정책은 1990년대 이후에 비로소 정립되기 시작하였다. 환경오염물질의 제거를 주목적으로 하였던 초기 환경정책과 달리 생태계 보전, 야생동식물 보호, 자연경관의 보호 등을 대상 영역으로 하는 자연환경의 보전정책은 미래 세대를 배려하고 쾌적한 삶의 질을 추구하기 때문에 21세기 들어 더욱 중요한 과제가 되고 있다.

나. 자연환경 보전의 개념

자연환경은 지하·지표 및 지상의 모든 생물과 이들을 둘러싸고 있는 비생물적인 것을 포함한 자연의 상태(생태계 및 자연경관을 포함한다)를 말한다. 즉 자연환경은 대기, 물, 토양 등의 무기계 환경요소와 동식물 등의 생명체로 구성되는데, 이들 구성요소들은 계속 물질순환을 하고 있다. 따라서 이들을 상호 분리하면 전체 기능과 구성요소로서의 기능을 파악할 수 없기 때문에 무기 환경과 생물을 하나의 총체적인 체계(system)로 통칭하며 이를 생태계라고 한다. 생태계는 지질권(lithosphere), 수문권(hydrosphere), 대기권(atmosphere), 생물권(biosphere)으로 구성된다.

또한 '자연환경 보전'이라 함은 자연환경을 체계적으로 보존·보호 또는 복원하고 생물다양성을 높이기 위하여 자연을 조성하고 관리하는 것을 의미한다. 인간을 포함한 생물들은 생물이라는 환경과 비생물이라는 환경, 즉 자연환경 사이에서 균형을 맞추면서 생존한다. 인간 역시 자연환경을 이루는 한 구성요소이자 다른 생물들과의 상호작용을 통하여 생존할 수밖에 없다는 사실을 인지한다면 우리가 왜 자연환경보전에 노력해야 하는지를 이해할 수 있을 것이다.[1)]

참고자료 6.1 자연환경 분야의 주요 용어의 정의

1. '자연환경'이라 함은 지하·지표(해양을 제외한다) 및 지상의 모든 생물과 이들을 둘러싸고 있는 비생물적인 것을 포함한 자연의 상태(생태계 및 자연경관을 포함한다)를 말한다.
2. '자연환경보전'이라 함은 자연환경을 체계적으로 보존·보호 또는 복원하고 생물다양성을 높이기 위하여 자연을 조성하고 관리하는 것을 말한다.
3. '자연환경의 지속가능한 이용'이라 함은 현재와 장래의 세대가 동등한 기회를 가지고 자연환경을 이용하거나 혜택을 누릴 수 있도록 하는 것을 말한다.
4. '자연생태'라 함은 자연의 상태에서 이루어진 지리적 또는 지질적 환경과 그 조건 아래에서 생물이 생활하고 있는 일체의 현상을 말한다.
5. '생태계'란 식물·동물 및 미생물 군집(群集)들과 무생물 환경이 기능적인 단위로 상호작용하는 역동적인 복합체를 말한다.
6. '소(小)생태계'라 함은 생물다양성을 높이고 야생동·식물의 서식지간의 이동가능성 등 생태계의 연속성을 높이거나 특정한 생물종의 서식조건을 개선하기 위하여 조성하는 생물서식공간을 말한다.
7. '생물다양성'이라 함은 육상생태계 및 수생생태계(해양생태계를 제외)와 이들의 복합생태계를 포함하는 모든 원천에서 발생한 생물체의 다양성을 말하며, 종내(種內)·종간(種間) 및 생태계의 다양성을 포함한다.
8. '생태축'이라 함은 생물다양성을 증진시키고 생태계 기능의 연속성을 위하여 생태적으

1) 유네스코한국위원회, 2010, 생물다양성은 우리의 생명, 궁리출판사

로 중요한 지역 또는 생태적 기능의 유지가 필요한 지역을 연결하는 생태적 서식공간을 말한다.

9. '생태통로'라 함은 도로·댐·수중보(水中洑)·하구언 등으로 인하여 야생동·식물의 서식지가 단절되거나 훼손 또는 파괴되는 것을 방지하고 야생동·식물의 이동 등 생태계의 연속성 유지를 위하여 설치하는 인공 구조물·식생 등의 생태적 공간을 말한다.
10. '자연경관'이라 함은 자연환경적 측면에서 시각적·심미적인 가치를 가지는 지역·지형 및 이에 부속된 자연요소 또는 사물이 복합적으로 어우러진 자연의 경치를 말한다.
11. '대체자연'이라 함은 기존의 자연환경과 유사한 기능을 수행하거나 보완적 기능을 수행하도록 하기 위하여 조성하는 것을 말한다.
12. '생태·경관보전지역'이라 함은 생물다양성이 풍부하여 생태적으로 중요하거나 자연경관이 수려하여 특별히 보전할 가치가 큰 지역으로서 환경부장관이 지정·고시하는 지역을 말한다.
13. '자연유보지역'이라 함은 사람의 접근이 사실상 불가능하여 생태계의 훼손이 방지되고 있는 지역중 군사상의 목적으로 이용되는 외에는 특별한 용도로 사용되지 아니하는 무인도로서 대통령령이 정하는 지역과 관할권이 대한민국에 속하는 날부터 2년간의 비무장지대를 말한다.
14. '생태·자연도'라 함은 산·하천·내륙습지·호소(湖沼)·농지·도시 등에 대하여 자연환경을 생태적 가치, 자연성, 경관적 가치 등에 따라 등급화 하여 작성된 지도를 말한다.
15. '자연자산'이라 함은 인간의 생활이나 경제활동에 이용될 수 있는 유형·무형의 가치를 가진 자연 상태의 생물과 비생물적인 것의 총체를 말한다.
16. '생물자원'이란 "생물다양성 보전 및 이용에 관한 법률" 제2조제3호에 따른 생물자원을 말한다.
17. '생태마을'이라 함은 생태적 기능과 수려한 자연경관을 보유하고 지속가능하게 보전·이용할 수 있는 역량을 가진 마을로서 환경부장관 또는 지방자치단체의 장이 지정한 마을을 말한다.
18. '생태관광'이란 생태계가 특히 우수하거나 자연경관이 수려한 지역에서 자연자산의 보전 및 현명한 이용을 통하여 환경의 중요성을 체험할 수 있는 자연친화적인 관광을 말한다.

(자료 : 자연환경보전법 제2조 용어의 정의)

6.2 우리나라 자연환경 여건과 현황

6.2.1 지리적 특성

우리나라는 유라시아 대륙의 동북부에 위치한 반도로서 남서쪽 방향으로 뻗어 나온 내륙과 3,200여 개의 도서로 구성되어 있다. 한반도의 총면적은 약 22.3만km^2이며 이중 남한 면적은 약 10만km^2이다. 우리나라는 전형적인 동고서저의 지형으로 동부 지역에서 남서방향으로 내려오면서 설악산, 오대산, 소백산, 지리산 등으로 이어지는 백두대간이 주요 산악축을 형성하고 여기서 작은 산악축들이 갈라진다.[2] 한반도 면적의 약 70%는 산림지역으로 높은 비중을 차지하고 있어 산림생태계가 양호하다. 서남지역을 중심으로 평야가 형성되어 있고 하천은 대부분 남서쪽으로 큰 하천이 완만한 경사로 흐르고 동쪽은 짧은 하천이 급경사를 이루고 있다.

한반도는 삼면이 해안으로 둘러싸여 있고 해안선은 약 11,352km에 달한다. 삼면의 바다는 다양한 특징을 지니고 있어 비교적 풍부한 해양생태계를 형성하고 있다. 기후는 지리적 위치상 대륙의 영향을 받는 한랭 건조한 겨울과 대양의 영향을 받는 고온다습한 여름의 온대계절풍 기후로써 연평균 강수량은 남한이 1,200mm~1,300mm 수준이고 북한은 이보다 조금 적다.

6.2.2 자연생태계

우리나라의 자연생태계[3]는 일제시대와 6.25전쟁, 이후 급격한 산업화·도시화 과정을 겪으면서 산림훼손과 환경오염, 각종 개발사업 등 인위적인 요인으로 과거에 비하면 크게 훼손되었다. 그러나 산림녹화가 성공적으로 이루어졌고 환경오염도 점차 저감되고 있으며 국민들의 환경인식도 높아지고 있어 자연생태계도 서서히 복원되는 추세를 보일 것으로 예상된다.[4]

---

2) 백두대간을 축으로 13개 정맥이 파생된다.

3) 자연생태계는 크게 산림, 농경지, 도시, 호소, 하천, 습지, 해양 생태계로 나눌 수 있다.

가. 산림생태계

우리나라의 자연환경 중 가장 중요한 것은 산림과 농경지 등 자연녹지로서 전국토의 80.9%(산림 63.6%, 농경지 17.3%)를 차지한다. 산림은 1960년대 후반부터 산림보호 운동을 시작한 이후 1973년부터 15년간 계속된 치산녹화계획 기간 동안에 심어진 인공림이 전체 산림 637만ha중 약 27%를 차지[5]하고 있고, 나머지는 자연림이다. 자연림의 대부분은 온대 낙엽활엽수와 소나무로 구성되어 있다. 인공 조림된 산림은 대부분이 리기다소나무, 일본잎갈나무(낙엽송), 잣나무 등의 침엽수로 되어 있고 활엽수 조림의 경우에는 유실수, 속성수와 사방수종이 대부분이다.

표 6.1 전국 산림의 임상분포(2010년말 현재)[6]

구분	침엽수림	활엽수림	혼효림	죽림·무림목지
면적(천ha)	2,581	1,719	1,865	204
비율(%)	40.5	27.0	29.4	3.1

(자료 : 산림청, 2013 임업통계연보)

우리나라 자연산림의 식생을 대표하는 낙엽활엽수림은 주로 중부지역에 분포되어 있으며 북부지방은 침엽수림이 발달해 있고, 남부지방과 일부 동·서해안 지방은 상록활엽수림이 발달되어 있다. 제주도를 비롯한 남단 지역과 남부 도서지역에는 난온대 상록수림이 발달해 있다. 최근 10년간 임상변화 추이를 보면 표 6.2와 같이 침엽수림이 소폭 감소했다. 우리나라의 산림을 구성하고 있는 나무들은 대부분이 청년기(평균 20년)에 있어서 현재는 목재 등 물질적 재화의 생산 기능보다는 국토보전, 대기정화, 수자원함양, 야생동식물의 종 다양성보전, 국민 휴양처 제공 등의 공익적 기능이 크다. 최근 국립산림과학원에서 조사한 산림의 공익적 가치는 2005년 기준으로 연간 66조원, 국민 1인당 연간 136만원에 달하는 것으로 추정된다.[7]

한편, 도시화 및 산업화에 따른 산림면적의 감소와 공해물질에 의한 서식처 오염으로 많은 야생생물종이 감소 또는 멸종위기에 처해있다.[8] 지난 1962년 사방사업법 제정과 함께

---

4) 박용하, 2001, 21세기 자연환경보전정책 발전방향, 한국환경정책평가연구원

5) 2006년말 현재 전국 인공 조림지는 1,713만 ha이며, 2007년 이후는 산림청에서 인공조림지에 대한 통계를 발표하지 않음(산림청, 2013, 2013 임업통계연보).

6) 산림자원분야(산림면적, 임목축적) 통계는 2011년부터는 5년 주기로 수행되는 국가산림자원조사 조사주기를 고려하여 5년마다 공표키로 하였다.(산림자원의 조성 및 관리에 관한 법률 시행규칙 제36조) 2015년까지는 2010년말 기준 산림 기본통계가 우리나라의 공식적인 통계이다.

7) 국립산림과학원, 2007, 산림의 공익적 가치

시행된 사방사업과 1973년부터 시작된 치산녹화사업으로 대부분의 황폐지가 복구되어 삼림 축적량은 크게 증가하였으나, 당시 식재된 수종이 주로 외래수종으로 삼림에서 자연적 천이를 억제하는 등 장기적인 측면에서 산림생태계의 생물다양성에 악영향을 미치고 있다. 아울러 산림자원의 무질서한 이용에 따른 산림훼손과 체계적인 훼손지 복구 미흡, 산불피해의 대형화 등으로 산림생태계 기능이 저하되어 있어 종합적인 보전대책이 필요하다.[9]

표 6.2 최근 10년간 임상별 산림면적 변동 추이 (단위 : 천ha)

구분	2001	2003	2005	2007	2009	2010
침엽수	2,692	2,720	2,699	2,687	2,672	2,581
혼효림	1,896	1,876	1,875	1,862	1,844	1,865
활엽수	1,672	1,660	1,659	1,662	1,657	1,719

(자료 : 산림청, 2013 임업통계연보)

나. 농경지 생태계

우리나라에는 2012년 현재 약 173만 ha의 농경지[10]가 있는데 이 중 97만 ha가 논이고 나머지 76만 ha가 밭으로 되어 있다. 이 중 대부분이 단모작 농경지이고 그 중에서도 벼 재배면적이 88만 ha로 가장 많다. 벼 재배를 위한 논은 저수 기능이 커 홍수를 조절하는 기능도 가지고 있다. 그러나 우리나라의 농업은 도시와 공장으로부터 유입되는 공해물질과 과다한 농약과 비료의 사용으로 인하여 농경지 생태계의 지속가능성에 의문이 제기되고 있다.

우리나라 농약 총생산량은 1980년 16,132톤, 1991년 27,476톤으로 1.7배가 증가하였고, 2001년 28,218톤으로 최고치를 기록하였다가 2012년 17,438톤으로 감소하는 추세이다. 1ha당 사용량도 1980년 5.8kg, 1991년 13.1kg, 2008년 13.8kg으로 크게 증가한 후, 2012년 9.9kg으로 감소 추세를 보이고 있다.[11] 이러한 농약의 과다한 사용은 인근지역의 토양 및 지하수 오염으로 연계된다. 비록 환경 및 생태계 오염을 저감하기 위해 자연 상태에서의

---

8) 우리나라에서 멸종되었거나 멸종위기에 있는 종(멸종위기 I급)의 수는 51종으로 보고되고 있고, 자연적·인위적 위협요인으로 개체수가 감소되고 있어 장래에 멸종위기에 처할 우려가 있는 종(멸종위기 II급)도 195종이 지정되어 있다(환경부, 2013).

9) 박용하, 2001, 21세기 자연환경보전정책 발전방향, 한국환경정책평가연구원

10) 1990년 210만ha에 달하던 농경지가 이후 비농업용지, 도시구역, 도로, 공장부지, 댐 수몰지 등 공공용지로의 편입과 유실에 따라, 지난 10년간 매년 평균 11.2천ha씩 줄어들고 있다. 또한 주거, 공업용지와 도로 등 사회간접자본시설 확충 수요가 계속 증가되고 있어 향후 농지 감소추세는 더욱 심화될 것으로 예상된다(박용하, 2001, 21세기 자연환경보전정책 발전방향, 한국환경정책평가연구원).

11) 농림축산식품부, 2013, 농림축산식품 주요통계

분해가 빠르고 유해성이 낮은 농약이 개발되고 있으나, 농약은 동물성 플랑크톤의 개체 밀도와 종 다양성을 감소시키기 때문에 사용량이 감소 추세에 있다고 하더라도 여전히 생태계의 위협요소로 작용하고 있다. 또한 가축분뇨에 의한 지하수 오염과 토양 염류축적도 심각한 농업 환경문제를 일으키고 있기도 하다.

표 6.3 2012년 국토 이용상황 (단위 : 천 ha)

국토 면적	농경지				산림		기타	
		%	논	밭		%		%
10,019	1,730	17.3	966	764	6,369	63.6	1,920	19.2

※ 통계 : 통계청, 산림청(국토면적에는 미수복지가 불포함)
(자료 : 국토해양부, 2012, 2012년도 국토의 계획 및 이용에 관한 연차보고서)

다. 도시 생태계

우리나라의 전체 도시지역의 지목별 토지이용 현황을 보면, 2007년말 현재 임야가 58.8%, 전·답·과수원 등 농경지 면적이 전체의 약 22.1%, 대지, 공장용지 등 도시용지는 5.3%이다. 또한 공원용지가 0.2%로 이는 도시용지의 3.8%에 불과하다.

표 6.4 도시지역의 지목별 토지이용 현황 (단위 : km^2, %)

구분	계	농경지			임야	대지	공장용지	공원	기타
		전	답	과수원					
시계	44,831.82	3,591.75	5,926.52	390.93	26,346.42	1,841.28	528.08	89.24	6,117.60
(%)	100.00	8.01	13.22	0.87	58.77	4.11	1.18	0.20	13.65

(자료 : 행정자치부, 2008, 한국도시연감)

우리나라의 도시화율은 1960년 39.1%에 불과하였으나 1970년에는 50.1%로서 비도시인구와 유사한 시점을 지나, 2011년말 현재 91.1%의 도시화율[12)]을 기록하고 있어 거의 최고치에 다다른 것으로 보인다.

이러한 도시화 추세는 필연적으로 생태계의 중요한 요소인 임야와 농지의 훼손을 초래한다. 특히 보전지역인 자연환경보전지역이나 농림지역이 개발 용도로 변경되거나, 기타 보전이 필요한 용도지역이 도시지역 또는 준도시지역으로 변경되는 경우가 빈번하여 도시 외곽

12) 국토해양부, 2012, 2012년도 국토의 계획 및 이용에 관한 연차보고서(안)

의 골격산림과 구릉성 산림, 도시 내 잔존 산림들이 파괴되고 있는 것으로 나타나고 있다.[13]

표 6.5 도시화 추세

(단위 : 천명, %)

구 분 \ 연도별	1960	1970	1980	1990	2000	2008	2011
전국인구	24,989	31,435	37.449	43,520	47,964	49,540	50,734
도시인구	9,784	15,750	25,738	34,634	42,375	44,835	46,230
비도시인구	15,205	15,685	11,711	8,886	5,579	4,705	4,504
도시화율	39.1	50.1	68.7	79.6	88.3	90.5	91.1

※ 도시인구는 2000년까지는 도시계획구역 내에 거주하는 인구이며, 그 이후는 도시지역내 거주하는 인구임

(자료 : 국토해양부 2012, 국토의 계획 및 이용에 관한 연차보고서안)

라. 하천 및 호소

우리나라의 하천은 댐 건설, 직강화(直江化), 제방건설, 준설 등으로 인하여 자연성에 큰 변화가 있었고, 여기에 과도한 하천수의 이용, 다량의 오염물질 유입 등으로 하천의 생물상도 크게 변화하였다. 또한 우리나라에는 원래 자연호[14]가 많지도 않고 면적도 적기 때문에 경제발전과 더불어 증가한 물 수요에 대응하고 홍수를 조절하기 위하여 많은 댐을 건설하였다. 그 결과 많은 자연하천에 호소화되는 구간이 길어지면서 유속이 느려지고 오염물질이 축적되어 부영양화 현상이 심각해지고 있다.

이러한 하천의 호소화와 수질오염 심화로 하천에 서식하는 생물종이 변화되었고, 블루길, 베스, 황소개구리 등 외래종이 유입되어 우리나라 고유의 하천 생태계가 위협받고 있다. 댐 건설이나 하구둑 축조 등으로 조성된 대형 인공호수의 경우 부영양화가 급격히 진행됨에 따라 호수 생태계 파괴가 심각하게 진행되고 있으나 그간 전체적인 호수 생태계에 대한 이해보다는 수질에 관심을 집중하고 있는 실정이다. 호수생태계 전반의 기능에 대한 연구와 평가가 절실하다. 더욱이 농업용 저수지가 남한에만 1만 8천여 개에 이르지만, 이러한 소형 저수지에 대한 생물의 서식 실태에 관한 정보는 거의 없는 실정이다. 갯벌과 인접한 일부 저수지의 경우 철새의 도래지로써 중요한 생태 공간적 가치를 지니고 있다.

13) 박용하, 2001, 21세기 자연환경보전정책 발전방향, 한국환경정책평가연구원

14) 우리나라의 자연호수의 수는 다른 나라들과 비교하면 매우 미미한 편이나 동해의 석호와 낙동강의 배후습지 등은 생태적으로 중요한 호수들이다. 특히 동해석호는 해양과 연결되어 있어 독특한 육수학적인 특성으로 인해 생물다양성이 높은 습지생태계를 이루는 등 가치있는 생태계를 이루고 있다(박용하, 2001).

마. 습지생태계

세계적으로 습지 생태계는 오랫동안 중요하지 않은 생태계로 여겨져 농경지로 전환되는 등 광범위한 면적이 소실되었다. 그러나 높은 1차 생산력과 다양한 생물상을 지니고 있고 철새의 주요 서식처 기능과 홍수조절, 지하수의 안정적 공급, 수질정화 효과 등이 밝혀짐에 따라 습지에 대한 인식이 크게 전환되고 있다. 남한의 연안습지 면적은 약 3,074km^{2}로 국토면적의 3%를 차지하며, 이 중 73%에 해당하는 2,243km^{2}가 서해안에 분포하고, 나머지 27%인 831km^{2}가 남해안, 동해안 및 제주도에 발달해 있다. 갯벌의 면적은 2008년 현재 2,489.4km^{2}로 전체의 83%인 2,080km^{2}가 서해안에, 나머지는 남해안에 산재하여 분포하고 있다.

과거 우리나라의 서남해안에는 염생습지가 넓게 분포했으나, 간척사업으로 농지를 조성하면서 급격히 줄어들었고, 1970년대 이후에는 농지 이외에도 산업용지, 도시용지, 쓰레기 매립용지, 발전용지 등의 용도로 대규모 간척사업이 진행되어 연안습지와 갯벌 면적이 크게 감소하고 있다. 무분별한 공유수면 매립을 엄격히 제한하고, 갯벌 복원 등의 대책 마련이 시급하다.

국내의 주요 내륙습지 유형은 호수주변습지, 하천유역습지, 고산습지가 있다. 일반적으로 습지는 수위가 비교적 안정적인 자연호수의 주변부에서 잘 발달되나, 우리나라의 경우 수위변화가 심한 인공호수가 많아 호수주변 습지는 적은 편이다. 그러나 큰 강을 끼고 있는 습지의 경우 큰 수위 변화로 매립이 어려워 상대적으로 잘 보존되어 있는 편이다(예: 낙동강 우포늪). 국내의 많은 습지들이 생태적으로 우수함에도 무분별한 이용으로 인해 훼손되었거나, 훼손될 우려가 큰 실정이나, 지역개발 압력이 커서 보전지역 지정도 쉽지 않다. 지역 주민과의 상생 전략을 토대로 한 보전대책이 필요하다.

바. 해안 및 해양생태계

삼면이 바다로 둘러싸인 우리나라는 서해안과 남해안의 해안선이 복잡하고 연근해에 3,150여 개의 섬이 산재해 있다. 갯벌을 포함한 대륙붕의 총면적은 50만km^{2}으로 국토면적의 2배가 넘는데, 이중 약 80%는 서해에 분포되어 있다. 연근해에는 한류와 난류가 교류하여 어장형성에 유리한 조건을 가지고 있다. 그간 해양오염과 무절제한 어획 등으로 인하여 어종이 감소하고 조성이 변화하는 등 연근해역의 해양생태계의 변화가 심각하다. 연근해역은 적조 현상도 매년 발생하고 있어 육상 오염방지 대책과 더불어 중장기적인 저감방안이 요구된다.

사. 생물종

우리나라에 존재하는 생물종의 수는 면적이나 기후를 고려할 때 약 10만종 정도로 추정하고 있으나, 현재까지 약 3만 9천여 종이 보고되었다. 세부적으로는 동물 22,502종, 식물 5,281종, 균류·지의류 4,113종, 원생생물 1,573종, 조류 4,672종, 박테리아 1,009종 등 총 39,150종이다. 이러한 생물종의 수는 지난 30여 년간 급격한 경제성장을 성취하는 과정에서 나타난 각종 개발행위, 밀렵 및 남획, 환경오염 등으로 다소 감소된 것으로 추정된다.[15)]

서식하는 생물종은 산림지역이 넓어 비교적 다양한 편이나 척추동물과 현화식물[16)]을 제외하고는 잘 알려져 있지 않다. 한편 조사·보고된 생물종의 수는 유사한 생물학적·지리학적 조건을 가진 선진국의 생물종수와 비교할 때 적은 편이다. 선진국에 비하면 생물종 조사가 본격적으로 수행된 역사가 짧기 때문이며, 최근 자생생물종에 대한 조사·연구가 활발히 진행되고 있어 확인되는 생물종 숫자는 계속 증가할 것으로 예상된다.

6.3 자연생태계 개념과 기능

6.3.1 생태계의 개념

생태계라는 용어는 1935년 영국의 생태학자인 A.G Transley가 처음으로 사용하였으며 생물이 포함된 자연을 하나의 열린 시스템으로 보고 생물뿐만 아니라 에너지와 물질까지도 포함하는 개념이다. 즉 생태계(ecosystem)란 생물군집 및 그것들을 둘러싼 자연계의 물리적·화학적 환경인자들이 총합된 체계를 말한다. 이러한 생태계는 동·식물과 같은 생물체와 땅, 공기, 물과 같은 무생물적 요소로 구성되는데, 생물체는 무생물적 요소(abiotic)를 이용하고 그 조건 속에서 살아가며, 물, 공기, 토양과 같은 무생물적 요소는 생물체가 살아가는 데 필요한 물질과 삶의 조건을 제공하는 것이다. 이를 달리 표현하면 생태계는 생물체와 무생물적 요소가 균형과 조화를 이룰 때 물질순환이 이루어지고 생물군집이 유지될 수 있으며, 생물체와 그 생물체를 싸고 있는 무생물체적 요소로 이루어지는 생태계, 즉 자연환경은 서로 불가분의 관계를 가지고 있는 것이다.[17)]

15) 환경부, 2013, 자연환경통계

16) 현화식물(顯花植物) : 꽃이 피어 씨로 번식하는 식물. 겉씨식물과 속씨식물이 이에 속한다.

17) 정회성·변병설, 2006, 환경정책의 이해 ; 정명규 외 12인, 2001, 환경공학개론 제5장 환경생태학(공인철), 동화기술 ; 이광래 외 9인, 2001, 최신 환경공학, 동화기술

6.3.2 생태계의 구성요소

생태계는 자연의 기본이 되는 기능적 단위로서 생물과 무생물로 구성되어 있다. 생물은 기능에 따라 생산자, 소비자, 분해자로 나눌 수 있는데, 생산자는 생태계에서 가장 기본이 되는 생물체로서 무생물적 환경의 물질을 재료로 유기화합물을 합성할 수 있기 때문에 붙여진 이름이며, 녹색식물이 여기에 속한다. 소비자는 스스로 먹이를 생산할 수 없으므로 다른 생물을 먹이로 취하게 되는 생물들로 모든 초식, 육식, 잡식동물이 여기에 속한다. 분해자는 세균, 곰팡이, 바이러스, 원생동물들로, 먹이를 합성하지는 못하지만 소비자와는 달리 죽은 동식물을 분해하여 에너지를 얻는 한편, 원형질 속의 여러 가지 물질을 환경으로 되돌려 보내 녹색식물이 다시 이용할 수 있는 역할을 한다.

이러한 생물의 3개 구성요소와 무생물적 구성요소[18]는 상호 의존적·보완적 관계를 맺고 있으며, 어느 한 요소라도 자연상태의 기능을 상실하면 안정된 생태계를 유지할 수 없게 된다.[19] 자연 상태에서 인간이 개입하지 않으면 무생물과 생물이 조화를 이루고 자연스럽게 생존한다. 물질과 에너지가 생태계 내에서 순환되며, 변화와 진화를 계속하면서 평형 상태를 유지할 수 있는 능력이 있는 것이다. 하지만 생태계에서 어떤 외부요인이 개입되면 평형 상태는 깨어지고 생태계는 파괴된다.[20]

6.3.3 생태계의 기능과 특징

가. 생태계의 기능

생태계는 구조와 기능이 단순하지 않다. 생태계의 기능은 크게 에너지이동(energy flow)과 물질순환(material cycle)이라는 두 가지 흐름에 의해 유지된다. 즉 주변의 물리적 환경요인과의 적절한 조화를 통해 항상성을 유지하는 것이다.

---

18) 무생물적 요소는 에너지, 물리적 요소, 화학물질로 나누어지는데, 태양에너지는 식물의 광합성에 에너지를 제공하고, 물리적 요소는 온도·빛·비·구름 등의 자연조건을 말하며, 화학물질은 물·산소·탄소 등의 무기물과 탄수화물·단백질 등 유기물을 말한다.

19) 신현국, 2000, 환경학개론, 신광문화사

20) 이병학, 2007, 환경공학개론, 동화기술

1) 에너지 이동(energy flow)

어떤 식물군집의 일부가 초식동물에 먹히면 그 에너지는 이에 의존해 사는 존속 영양생물로 옮겨간다. 예로서 메뚜기는 그들이 먹는 식물에 저장된 에너지로 활동을 하며 살아가고 메뚜기는 개구리 같은 육식동물의 먹이가 된다. 생물에서 생물로의 에너지 전환과정은 계속되는데 개구리는 뱀에게 잡아먹히고 뱀은 다시 매에게 잡아먹히게 된다. 이와 같은 먹이의 경로를 먹이연쇄 또는 먹이사슬이라 한다. 먹이연쇄의 각 소비 단계에서 순 생산성의 일부는 다음 단계에서 소비되지 않고 생물이 죽은 후 부패 미생물에 의해 분해된다.

생물권을 통한 에너지 흐름은 태양에서 생산자로, 그 다음 소비자로, 부패생물로 연계되면서 한 방향으로 흐르며 생물체 내에 태양에너지를 저장한 물질들은 생태계가 계속 작동되는 한 계속 재순환된다. 이러한 재순환은 각 영양단계에서 생성되고 유기물질의 사체에 작용하는 부패생물로 가능해진다. 생물체가 얻은 에너지의 대부분은 생물이 살아가는데 써야하기 때문에 100% 저장될 수 없다. 먹이에너지는 세포호흡에 의하여 ATP[21)] 에너지 형태로 전환된다. 이 에너지는 생물체의 대사활동에 사용될 수 있기 때문에 먹이 사슬의 상부로 올라갈수록 일정량의 에너지 손실이 발생된다.

2) 물질순환

생물에 필요한 모든 물질은 비생물 환경으로부터 생산자로 들어오고, 먹이 연쇄를 통하여 소비자로 옮겨가며 마침내 분해자에 의하여 다시 생물 환경으로 되돌아간다. 즉, 생태계에서는 태양에너지를 화학에너지로 전환시켜 유기물이 생산·축적되고 이 유기물은 다시 소비·환원되어 지구의 생물화학적 물질순환이 이루어진다. 이 순환과정에서 식물은 무기물, 즉 탄소·질소·인 등을 받아들여 유기물을 만드는 생산자로서 중요한 위치를 차지하고 있다. 또, 유기물의 소비자인 동물류는 균류의 활동을 돕고, 균류는 유기물을 무기물로 만들어 무기적 환경으로 되돌리는 환원자로서 중요한 역할을 한다.

생물권을 유지하고 있는 지구 자체에서도 지구화학적 물질순환이 이루어지고 있다. 다시 말하면, 각종 암석과 퇴적물은 생물의 작용으로 토양을 형성하고 토양은 다시 침식·붕괴하여 퇴적물이 됨으로써 지구화학적 물질순환이 이뤄지는 것이다. 그림 6-1과 같이 물질순환이란 생태계에서 생물들 사이 또는 생물과 비생물과의 사이에 물질을 무한하게 이용하는 메커니즘을 체계화한 것이라 할 수 있다.

---

21) ATP(아데노신 삼인산, adenosine triphosphate)는 생명체의 주된 에너지원이다. ATP는 고에너지 인산결합을 가지며, 이 결합이 깨지면서 에너지를 방출하고, 이 에너지는 특정 물질의 수송이나 신진 대사에 쓰인다.

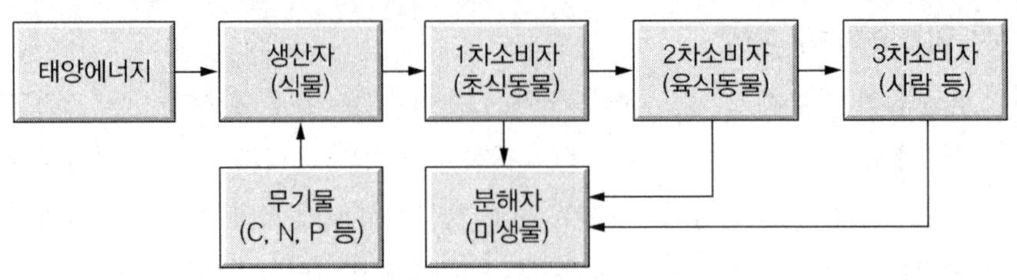

그림 6.1 생태계의 물질순환

나. 생태계의 특성

1) 항상성 및 안전성

생태계는 자연적인 상태에서 계속적으로 순환하며 일정한 복구능력이 있는 항상성을 가진다. 그러나 환경이 자연의 복원능력 이상으로 파괴되면, 이 훼손된 생태계를 복원하는데 많은 비용과 시간이 소요된다. 자연의 생태계는 무기적 환경 조건에 따라서 각기 다른 특징을 가진 많은 생물의 집단으로 이루어져 있으며, 각 구성원은 경쟁이나 먹이연쇄를 비롯한 여러 가지 상호 관계를 통하여 서로 연관성을 가지고 있다. 이러한 연관성은 그 생태계에 속하는 생물의 종류가 많을수록 복잡해지고 다양해진다.

자연계는 여러 종류의 동식물이 동시에 존재하는 조건이 아니면 생태계 자체의 안정성이 사라진다. 예로서 산림을 개간해서 농지로 바꾸어 단일 농작물을 대규모로 재배하면, 병충해가 크게 발생하여 작물을 망치기 쉽다. 또, 삼림에서도 단일 수종이 밀집된 곳은 해충에 의한 피해를 입기 쉽다. 이를테면, 캐나다 동부의 발삼전나무 숲에서는 몇 가지 활엽수가 섞여 있는 경우에 그렇지 않은 경우보다 해충에 의한 피해가 적은 것으로 관찰되었다. 포도의 해충에 시달리던 미국의 한 지방에서는 그 천적인 기생벌의 생존조건을 만들기 위해 과수원 안에 검은 딸기를 곳곳에 심어서 피해를 크게 감소시켰다. 검은 딸기에는 포도를 해치지 않는 해충인 매미충이 붙어서 살고 있어 매미충에서 증식된 기생벌이 포도의 해충을 제거하였기 때문이다.

이와 같이 자연계에서의 동식물의 군집은 포식자와 피포식자의 관계, 숙주와 기생벌의 관계와 같은 먹이연쇄, 나아가 먹이 그물이라는 복잡한 관계에 의해서 서로 연결되어 있다. 이러한 관계가 복잡할수록, 즉 그곳의 생태계에 다양성이 풍부할수록 동식물군은 전체적으로 유연하고 탄력적인 안정성이 생긴다. 안정된 생태계의 평형은 특별한 일이 없는 한 깨어지지 않는다. 삼림 생태계의 경우 자연적인 상태에서 심한 폭풍우나 산불을 만나면 부분적으로 평형성이 붕괴되는 경우가 있으나, 일정한 시간이 지나면 대개는 원래의 상태로 안정화된다. 그러나 산업혁명 후 급증한 환경오염물질의 배출로 생태계를 심각하게 위협하고 있으며 복원이 불가능해질 정도로 파괴되고 있다.

2) 복잡성

생태계는 복잡하고 미묘한 상호관계의 사슬에 서로 얽혀져 있다. 예컨대 한 생태계를 통과하는 어떤 단일한 화학성분의 움직임은 매우 복잡하다. 또한 생태계는 여러 물질과 가공물을 포함하고 있으며 이것들이 환경에 관여하고 변화를 초래함으로써 그 상호관계는 상상할 수 없을 만큼 복잡하다.

3) 적응성

적응이란 주어진 환경에서 생물체가 생존에 유리한 방향으로 스스로 생존체계나 환경을 형성할 수 있도록 반응하여 진화해 나가는 것을 의미한다. 동일한 환경조건이라고 할지라도 종의 특성에 따라 적응에 미치는 영향이 다르며, 이로 인하여 생태계 내에서의 차이를 가져온다.

이러한 생태계의 기능과 관련하여 생물다양성(biodiversity)[22]이 높은 생태계가 그렇지 않은 생태계보다 더 안정한지에 대한 연구가 수십 년 동안 생태학자들의 관심을 끈 주제였다. 이를 생태계의 복잡성과 안정성의 문제라고 부른다. 생태계가 안정되었다고 하는 것은 태풍이나 가뭄 같은 교란요인이 왔을 때, 생태계의 기능을 잃지 않고, 또 잃었더라도 빨리 회복하는 것을 말한다. 만약 종 다양성이 높은 생태계가 종 다양성이 낮은 생태계보다 더 안정하다면 생물다양성을 보존해야만 생태계가 붕괴되지 않고 그 기능을 유지할 수 있기 때문에 인류의 생존에도 매우 중요한 이슈가 되는 것이다.[23]

22) 생물다양성(biodiversity)은 원래 '자연의 다양성(natural diversity)' 또는 '생물학적 다양성(biological diversity)'으로 쓰이다가 하버드대학의 생물학자 윌슨(Edward O. Wilson, 1988)이 둘 중 후자를 축약하여 책의 제목으로 쓰이면서 널리 퍼진 용어로, 일반적으로 지구상에 존재하는 생명 전체(life on earth)의 풍요로움을 의미한다고 보면 될 것이다(유네스코한국위원회, 2010, 생물다양성이란 무엇인가?).

23) 이러한 생물다양성, 즉 복잡성과 생태계 안정성에 대한 가장 유명한 연구는 미국의 틸먼(D. Tilman)이 미네소타주의 Cedar Creek 장기생태연구에서 1982년부터 장기간 수행한 연구이다. 틸먼은 이 연구에서 초본식물의 종수가 많은 곳일수록 가뭄 등에도 수확량이 크게 줄지 않아, 다양성이 높은 생태계가 교란에 대한 내성이 강하고 안정성이 높게 나타난 결과를 제시하였다.

6.4 자연환경 보전정책의 추진체계 및 법제

6.4.1 추진체계

자연환경 보전정책은 각 국가의 여건과 특성에 맞게 기능을 설정하고 주관 부서를 정한다. 예로서 산림이 풍부한 국가는 산림의 보존·관리에 정책 우선순위를 두어 별도의 조직을 두거나 오염관리 기능과 합친 환경 부서를 설치하는 것이다. 우리나라의 경우 자연환경 보전 기능이 환경부, 산림청, 문화재청, 해양수산부 등으로 분산되어 있으며 대상에 따라 관리기관을 달리하고 있다. 자연환경 보전업무는 크게 ① 자연환경 및 생태계 조사, ② 생물다양성 보전과 생태계 복원, ③자연생태계 보호지역의 지정·관리, ④ 야생 동식물 보호 ⑤ 지구환경문제와 연계한 생물주권 보호·관리 분야로 구분할 수 있다.

1980년대까지 우리나라의 자연환경 보전정책은 별도의 추진체계를 갖춘 것이 아니라 산림행정의 일환으로 주로 산림생태계를 보전하는 것이었다. 1980년에 환경청이 발족하면서 자연환경조사 등 제한된 영역에서 정책 기능을 갖다가 1991년에 자연환경보전법이 제정되

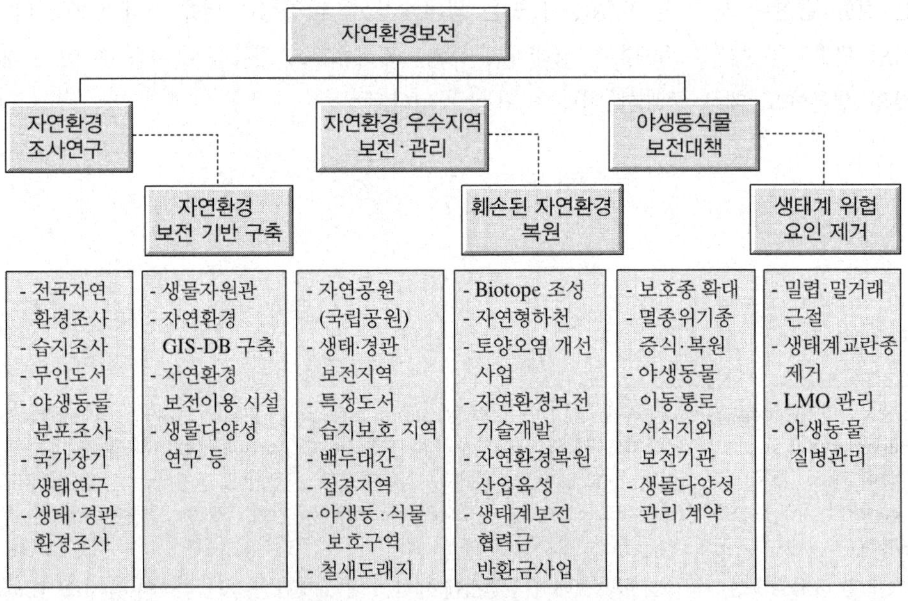

그림 6.2 환경부의 자연환경보전 업무추진체계

(자료 : 환경부, 2012, 2012 환경백서)

고 1998년 국립공원 관리업무가 내무부에서 이관되는 등의 과정을 거치면서 환경부가 자연환경 분야에 적극적인 역할을 담당하게 되었다.

6.4.2 자연환경보전 관련 법령

자연환경보전 기능이 정부내 다양한 부처에 분산되어 있어 관련 법령도 보전 대상에 따라 소관 부처별로 운용되고 있다. 환경부에는 "자연환경보전법", "습지보전법", "독도등 도서지역의 생태계 보전에 관한 특별법", "백두대간 보호에 관한 법률", "야생동·식물보호법", "자연공원법" 및 "문화유산과 자연환경자산에 관한 국민신탁법"이 있다.

표 6.6 환경부소관 자연환경 관련 법률

법 명	제 정	주 요 내 용
자연환경보전법	1991.12	- 자연환경보전원칙, 방침, 계획 수립 - 생태계 보전지역의 지정·, 자연환경 조사 등
습지보전법	1999. 2	- 습지·갯벌조사 및 습지보전계획 수립 - 습지보호지역의 지정·관리
독도등도서지역의 생태계보전에관한특별법	1997.12	- 생태계우수 무인도서의 조사 - 특정도서 지정 및 보전계획 수립·시행
백두대간보호에관한법률	2003.12	- 백두대간보호 기본계획 수립·시행 - 백두대간 보전지역 지정 및 훼손지 복원
야생생물 보호 및 관리에 관한 법률	2004. 2	- 야생동식물 및 멸종위기 야생동식물 보호 - 생물자원 보전 및 수렵관리
자연공원법	2008. 1	- 국립·도립·군립공원의 지정 - 공원계획 수립 및 공원사업 시행
문화유산과 자연환경자산에 관한 국민신탁법	2006. 3	- 문화유산·자연환경 국민신탁 법인설립 - 문화유산 및 자연환경자산 목록작성 등
환경정책기본법	2009. 8	- 사전환경성검토 협의대상 및 협의방법 등 - 사전환경성검토 협의 이행의 관리·감독 등
환경영향평가법	2011. 7	- 환경영향평가서의 작성, 협의 - 환경영향평가 대행자 등록, 협의내용 관리 등
생물다양성 보전 및 이용에 관한 법률	2012. 2	- 생물다양성 및 생물자원의 보전 - 외래생물 및 생태계교란 생물 관리 등

(자료 : 환경부, 2012, 환경백서)

자연환경보전법은 우리나라 자연환경 보전정책의 기본법적 성격을 지니고 있으며 생태계 조사부터 생물다양성 보전, 생태계 복원에 이르는 일련의 제도를 규정하고 있다. 이 법에 따라 10년 단위의 전국자연환경조사, 자연환경보전 기본계획 수립, 자연생태계보전지역의 지정·관리, 특정야생동식물 또는 멸종위기동식물 지정, 자연생태계 보전지역 지정 등의 대책들이 수립·시행되고 있다.

1980년대까지 우리나라의 자연환경 보전정책은 별도의 추진체계를 갖춘 것이 아니라 산림행정의 일환으로 주로 산림생태계를 보전하는 것이었다. 1980년에 환경청이 발족하면서 자연환경조사 등 제한된 영역에서 정책 기능을 갖다가 1991년에 자연환경보전법이 제정되고 1998년 국립공원 관리업무가 내무부에서 이관되는 등의 과정을 거치면서 환경부가 자연환경 분야에 적극적인 역할을 담당하게 되었다.

이외에 해양수산부에는 해양환경 보전을 위한 "해양환경관리법", "해양생태계의 보전 및 관리에 관한 법률"이 있으며, 산림청에는 "산림법", 문화재청에는 "문화재보호법"이 있다.

6.4.3 자연환경보전 기본계획

가. 기본계획 수립 경과

'자연환경보전 기본계획'은 자연환경보전법에 근거한 10년 단위의 장기계획으로서 생태계 보호와 생물다양성 보전에 관한 국가정책의 기본 방향을 제시한다. 계획의 지위는 환경정책기본법에 의한 '국가환경종합계획'의 하위 계획이자 백두대간보호 기본계획, 특정도서 보전 기본계획, 야생 동·식물보호 기본계획 등의 정책계획과 비무장지대 생태계보전대책, 도서·연안 생태축 보전방안, 생물자원보전종합대책 등 정부대책의 상위 계획이다. 계획은 자연환경보전법이 제정된 이후 1993년에 계1차 계획(1996~2005)을 수립한 바 있으며, 2006년에 2차 계획(2006~2015)을 수립하였다. 여기서는 2차 계획을 중심으로 내용을 소개한다.

나. 기본계획의 목표

기본계획의 핵심적인 목표는 자연환경 보전을 위한 보호지역을 국토의 9.6%(2005년)에서 2015년까지 15%로 확대하고, 자연환경 보전정책에 생태축 개념을 도입하여 생태계를 전국에 걸쳐 종횡으로 연계하겠다는 것이다. 주요 정책목표는 표 6.7과 같다.

표 6.7 자연환경보전 기본계획상의 정책 목표

구 분	2005년 현재	2015년 목표
국토면적 대비 보호지역 면적	9.6%	15.0%
(생태경관보전지역)	(0.29%)	(0.5%)
(습지보호지역)	(15개소)	(30개소)
(야생동식물보호구역)	(1.4%)	(2.8%)
람사협약 등록습지	3개소	10개소 이상
야생동물 이동통로 운영	92개소	205개소
생물자원관	1개소	7개소
국내 생물종 발굴	29,916종	6만 여종
국외반출 승인대상 생물종	333종	3,000종
멸종위기종 복원	반달가슴곰 등 10종	64종(동물 28종, 식물 36종)

(자료 : 환경부, 2006.2, 자연환경보전 기본계획)

다. 기본계획의 주요 내용[24]

1) 한반도 생태네트워크 구축사업 추진

이 계획에서는 처음으로 생태축 개념을 정책에 반영하였다. 한반도를 백두대간, 비무장지대, 연안의 3대 핵심 생태축을 중심으로 생태계를 보전한다는 전략을 제시하였다. 3대 생태축별 보전계획과 함께 국토환경계획상의 대권역 단위로 5대 광역생태축을 설정하여 3대 생태축과 생태공간을 연계한다는 원칙을 제시하였다.

2) 자연보호지역의 확대 및 관리 내실화

이 계획의 핵심적 내용으로 2015년까지 자연생태 보호지역을 전 국토의 15% 수준으로 확대[25]한다는 목표를 제시하고 생태경관보전지역, 습지보호지역, 동식물 보호구역을 확충한다는 계획이다. 현실적으로 보호지역 지정은 사유지의 경우 재산권 제한으로 매우 어려운 과제임에도 정부가 정책 목표를 제시했다는데 의미가 있다.

3) 습지보전 체계의 선진화

24) 계획의 내용은 분야별 정책편과 일부 중복되나 계획의 요지를 이해할 수 있도록 개괄적으로 기술한다.
25) OECD 전체 평균 16.4%, OECD 국가 중 유럽 평균 13.7%

2008년 람사르총회를 창원시에 유치한 바 있다. 이를 계기로 개발사업으로 습지가 훼손될 경우 이에 상당하는 면적만큼의 습지 복원을 의무화하는 습지총량제를 도입하고, 습지보호지역과 람사르 습지 등록을 2005년 3개소에서 2015년에는 10개소 이상으로 확대한다는 계획을 제시하였다. 습지총량제의 경우 내륙습지의 경우는 가능할 수도 있으나 습지훼손의 대부분을 차지하는 연안습지 개발시는 현실적으로 개발면적이 커서 실현가능성이 낮은 제도이다. 이후 학자들 사이에서 연구되다가 현재는 논의가 중단된 상태이다.

4) 국토 환경성 평가제도의 개선

전략환경평가를 도입하여 사전예방 중심의 국토관리체계를 확립하고 2008년에 사전환경성 검토와 환경영향평가가 통합된 가칭 "환경성 평가에 관한 법률"을 제정한다는 계획을 제시한다.[26] 아울러 도시 내 환경문제를 예방하는 생태면적률 제도와 개발사업에 의한 자연경관의 훼손을 사전 예방하는 '자연경관 심의제도'를 본격 실시한다는 방안도 포함하고 있다. 생태면적률 제도는 일부 개발사업에 대해 시범적으로 적용 가능성을 시험해 보는 단계로서 궁극적으로 개발 사업자의 비용부잠 증가요인이 되어 실제 정책으로 추진될 수 있을지는 아직도 미지수이다.

4) 국가 생물자원 보전 및 이용의 조화

고유 생물종 조사·발굴을 통하여 2014년까지 국가 생물종 목록을 작성하고 해외 반출 승인대상 생물종을 2014년까지 3천종으로 크게 확대한다는 계획을 제시하였다. 이외에 생태관광 활성화와 생태탐방로 조성사업, "문화유산 및 자연환경자산에 관한 국민신탁법" 제정과 자연 신탁운동 활성화, 자연환경보전에 관한 남북협력과 동북아지역 협력 강화 등의 정책과제를 제시하고 있다. 생태관광의 경우 2008년부터 국립공원과 일부 생태계 우수지역을 대상으로 다양한 시책들이 전개되고 있으며 지속가능한 이용의 모델이 되고 있다.

26) 이후 환경영향평가와 사전환경성 제도를 단일 법률로 통합하여 '환경영향평가법'을 제정하고 2012년부터 시행하고 있다.

6.5 주요 자연생태계 보전정책

6.5.1 생태계 네트워크 연계·복원 정책

생태계 네트워크는 지역별로 구성된 생태계가 서로 연결되어 생물다양성이 증진되는 연계망을 말한다. 생태계 네트워크로 형성된 중심지역을 생태축이라 할 수 있다. 생태축을 보전한다는 것은 각종 개발사업으로부터 생태계의 단절과 훼손을 방지하고, 생태계 본래의 기능을 복원하기 위해 전 국토를 생태적으로 연계된 유기체로 관리하는 것을 의미한다. 따라서 생태계 네트워크 관리정책은 자연환경이 우수한 핵심 지역을 보존하고 이들을 상호 유기적으로 연결하는 생태보전 정책을 총칭한다.

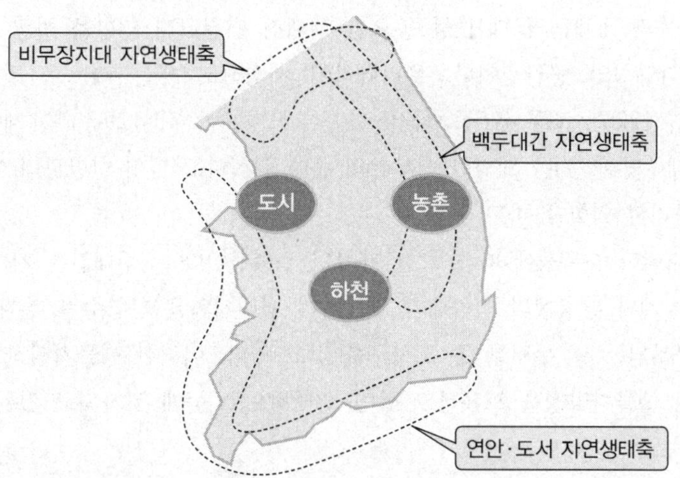

백두대간	- 백두산, 설악산에서 지리산 천왕봉으로 이어지는 1,400km의 산줄기 - '백두대간 보호지역' : 길이(남한) 684km, 면적 2,634km^2
비무장지대 (DMZ)	- 군사분계선을 기준으로 남북 2km 구간 - DMZ 내부(886km^2), 민통선 이북(1,565km^2), 접경지역(9,637km^2)으로 구성
도서연안	- 동부해안 지역의 경관 보전축, 남부 한려수도를 중심으로 한 도서 생태보전축, 서부의 갯벌 생태축과 유·무인도서 등

그림 6.3 국토생태네트워크 개념도
(자료 : 환경부, 2013, 자연환경통계)

정부는 백두대간, 비무장지대 및 도서·연안지역을 우리나라의 3대 핵심 생태축으로 설정하고 5개 광역생태축을 설정하여 관리하고 있으며, 2004년 12월 개정된 "자연환경보전법"에 생태축[27]의 개념을 도입하였다. 여기서는 한반도 3대 생태축과 광역생태축의 보전정책을 중심으로 기술하고자 한다.

가. 한반도 3대 핵심 생태축 - 백두대간 생태축 보전

1) 백두대간의 의미

백두대간은 한반도의 중심축으로 다양한 자연식생과 동물이 서식하는 생태계의 보고이며 자연생명력의 원천지로서 다음과 같은 의미를 갖고 있다. 첫째, 백두대간은 한반도 야생 동·식물의 핵심서식지이며 생태계 연결통로이다. 백두대간은 대부분 20년 이상 된 자연림지역으로 자연생태계가 매우 우수하며, 야생동물의 먹이 공급 지대이다. 험준한 지리·지형적 특성으로 인해 인위적 간섭이 적어 야생 동·식물에 양호한 서식조건을 제공하고 백두산, 금강산, 설악산, 태백산, 지리산 등 명산들과 고산초원지대, 습지들이 연속적으로 이어져 야생 동·식물의 이동과 개체군의 확산 등 중요한 생태적 연결고리 역할을 하고 있다.

둘째, 생물다양성의 공급원이다. 우리나라에 서식하고 있는 것으로 알려진 야생동물 1,799종(포유류 122종, 조류 496종, 양서·파충류 52종, 어류 1,129종) 중 제주도 등 일부지역의 고유종(제주땃쥐 등)을 제외한 대부분의 종이 서식하고 있어 한반도내 야생 동·식물의 중요한 보금자리의 역할을 하고 있다.

셋째, 생물지리학적 특성에 따른 보전 가치의 우수성이다. 백두대간은 지리·지형적 특성에 의하여 북방계와 남방계의 식물대가 교차하며 냉대지역은 침엽수림, 온대지역은 낙엽활엽수림대로 구분되는 등 뚜렷한 종 조성군을 갖고 있다. 이러한 생물지리적 특성으로 좁은 지역에 다양한 생물다양성을 보유하고 있어 생태적으로 높게 평가되고 있는 지역이다.

2) 백두대간의 훼손실태

1960년대부터 시작된 공급 위주의 국토개발로 백두대간 지역에서도 각종 관통도로, 관광리조트, 댐, 석회석 광산, 송전탑 등 개발사업이 진행되었다. 이로 인해 백두대간의 생태축이 단절되고 고유한 자연생태 및 경관이 파괴됨은 물론 생물서식지가 훼손되어 각종 생물종이 멸실되었다. 국토가 좁은 여건에서 경제성장을 위해 불가피한 측면도 있으나 개발단계에서 생태축 훼손을 최소화하고 훼손된 지역을 복원하는 정책적 노력이 부족했다. 백두대간에

27) '생태축'이라 함은 생물다양성을 증진시키고 생태계 기능의 연속성을 위하여 생태적으로 중요한 지역 또는 생태적 기능의 유지가 필요한 지역을 연결하는 생태적 서식공간을 말한다.

는 현재 72개의 도로가 평균 9km 간격으로 관통하고 있으며, 산불통제나 임산물 수송을 위해 개설된 임도(林道) 역시 백두대간 훼손의 주요 원인이 되고 있다. 또한 댐 건설, 광산·리조트 개발 등의 대규모 개발사업은 야생 동·식물의 서식지를 훼손하고 있으며, 백두대간을 관통하는 고압송전탑 개설을 위한 진입로 및 부대시설의 설치과정에서도 생태계 훼손을 가중시키고 있다.

3) 백두대간의 보전대책

백두대간의 무분별한 개발행위로 인한 훼손을 방지하기 위해 "백두대간 보호에 관한 법률"이 환경부와 산림청 공동소관 법령으로 2003년 12월에 제정되어 2005년 1월부터 시행되고 있다. 산림청에서는 2005년에 2,634km^2(핵심구역 1,699km^2, 완충구역 935km^2)에 달하는 지역을 백두대간보호지역을 표 6.8과 같이 지정하였다.

표 6.8 백두대간 보호지역 지정현황 (단위 : km^2, %)

구 분	보호지역 지정 면적				
	계	핵심	%	완충	%
계	2,634	1,699	65	935	35
강 원 도	1,339	941	70	398	30
충청북도	356	120	34	236	66
전라북도	179	143	80	36	20
전라남도	52	34	65	18	35
경상북도	478	320	67	158	33
경상남도	230	141	61	89	39

※ 전 국토의 2.6%, 산림면적의 4%, 7개 국립공원, 2개 도립공원 포함
(자료 : 환경부, 2013, 자연환경통계)

백두대간보호지역에서는 엄격한 행위제한이 적용되어 군사용도 등 불가피한 경우를 제외하고는 개발사업이 제한된다. 지형적인 여건상 불가피하게 백두대간을 관통하는 도로는 터널형으로 설치하거나 생태통로를 설치토록 의무화하였다. 앞으로 각종 개발사업으로 훼손된 산림에 대하여는 생태적 천이를 고려하여 복구하는 방안이 추진되어야 할 것이다.

나. 한반도 3대 핵심 생태축 - 비무장지대 생태축 보전

1) 비무장지대 생태계 현황 및 문제점

한국전쟁 이후 조성된 비무장지대(DMZ : Demilitarized Zone)는 국토분단이라는 역사의 상징 지역이자 50여 년간 인간의 간섭이 최소화되면서 야생 동·식물의 보고로서 생물다양성이 어느 지역보다도 훌륭하게 복원되었다. 1953년 이후 비무장지대와 그 일원에 군사분계선과 민간인통제선이 설정됨에 따라 지난 50여년간 각종의 개발사업으로부터 야생동식물이 보호받게 되어 106종의 멸종위기종을 포함한 5,097종의 야생동·식물이 서식하고 있는 것으로 알려져 있다. 세계적인 희귀종으로 국제적인 관심을 받고 있는 두루미와 저어새 등의 서식지도 비무장지대 일원에 분포하고 있어 국제적인 관심이 높다. 비무장지대와 민간인통제선 이북지역을 혼돈하기 쉬운데 국가생태보전정책은 우선 민통선 이북지역과 접경지역을 대상으로 시행하고 DMZ내 지역은 남북한 공동협력사업으로 추진하는 것이 타당할 것이다.

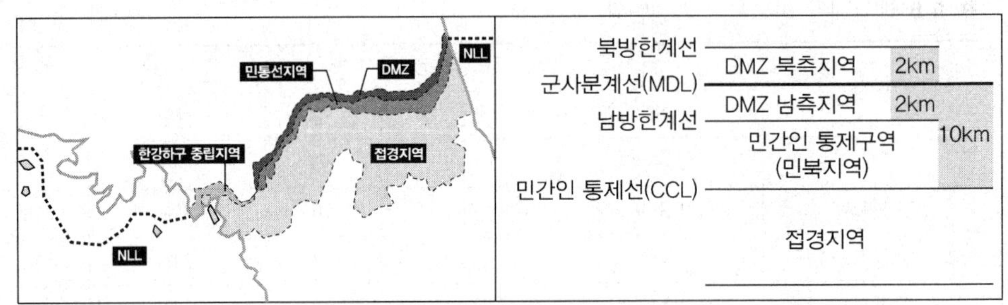

그림 6.4 DMZ 일원의 개념[28)]

※ NLL : Northern Limit Line, MDL : Military Demarcation Line / CCL : Civilian Controlled Line
(자료 : 환경부, 2013, 자연환경통계)

한편 그간 군사적 필요에 따라 상당한 규제가 불가피했던 접경지역의 경우 2000년 남북정상회담 이후 교류협력 증진에 따른 잠재적 개발 수요가 증가되고 지역주민의 개발 요구도 커지게 된다. 정부는 2000년 1월 "접경지역지원법" 을 제정하고, 2007년에는 민통선까지의 거리도 지역에 따라 축소하였다. 국방부는 "군사기지 및 군사시설 보호법"에 근거한 군사시설 보호구역 중 민통선을 군사분계선으로부터 15km 이내에서 10km로 축소하였다. 이로 인해 224.79km^{2}가 통제보호구역에서 제한보호구역으로 변경되어 주택의 신축 등 일부 개발행위가 가능해졌다.

특히 DMZ 중·서부지역은 주기적인 산불 발생으로 인위적 생태계 교란이 반복되고, 도

28) 환경부, 2013, 자연환경통계

로 및 군사시설로 인해 생태계가 단절된 곳이 많다. 또 묵은 논·습지에 인삼 등 농산물 재배가 확대되어 두루미 서식지가 훼손되는 등 생태계 훼손이 심화되고 있다. 따라서 비무장지대와 접경지역의 보전은 지역주민의 개발 욕구를 환경친화적으로 개발하는 조건으로 일정 부분 충족시키면서 핵심 생태축을 보전하는 전략이 필요하다.

2) 비무장지대 생태계 보전대책

현행 "자연환경보전법" 제2조에서 비무장지대는 관할권이 대한민국에 속하는 날부터 2년간 자연유보지역으로 지정하여 관리하도록 규정하고 있다. 환경 분야에서는 주로 생태계 조사를 축적하는 단계로서 2008년에는 최초로 UN군과 협조하여 민관 공동으로 DMZ 내의 생태계조사를 시행한 바 있다. 현재 문화관광부, 안전행정부, 국방부, 환경부, 경기도 등 관계부처에서 다양한 관리방안을 제시하고 있는데 앞으로 비무장지대 및 접경지역의 관리방안에 대해 관계기관이 함께 종합적인 개발·보전 정책을 수립해야 할 것이다. 한편 DMZ의 생태적 가치를 국제적으로 널리 알리고 지역사회 발전과 연계하기 위하여 2011년부터 유네스코 생물권보전지역(UNESCO Biosphere Reserve) 지정을 추진하고 있다.

다. 한반도 3대 핵심 생태축 - 도서·연안 생태축 보전

도서·연안 지역은 육상생태계를 해양생태계와 연결하는 지역으로 생태적으로 해안지역의 갯벌과 하구, 도서가 주요 생태축이 된다. 해안지역은 고도성장 시대를 거치면서 해안매립, 하구언 건설, 관광지 개발 등 각종 개발사업으로 자연생태계와 자연경관이 많이 훼손되었다.

도서 생태축 보호를 위해 1998년부터 전국에 산재한 2,679개 무인도서 중에서 생태계가 우수한 657개소에 대한 식생·식물상·지형경관 등에 대한 조사를 실시하였으며, 조사결과 특히 자연환경 및 생태계가 우수한 도서를 특정도서로 지정·관리해 오고 있다. 도서·연안 생태축 보전정책은 주로 생태적 가치가 높은 지역을 보호지역으로 지정하여 관리하는 정책이다. 도서중 생태가치가 높은 것은 특정도서로, 하구역을 포함한 우수한 갯벌지역은 습지보호지역으로 지정하는 것이다.[29]

라. 광역생태축 구축 정책

1) 추진경과

정부는 지난 1960년대 이후 경제개발과 도시화로 인하여 단절된 주요 생태계를 연계한다

29) 보호지역에 대하여는 6.5.4절에서 상술한다.

는 취지로 2002년에 '생태네트워크 구축 추진전략'을 발표한 바 있다. 이에 따라 농촌과 산림을 중간지역으로 하여 각 도시화 구역을 유기적으로 연결하는 광역생태축의 구축 방향을 제시하였다. 2005년 수립된 '국가환경종합계획'(2006～2015)에서는 3대 핵심생태축과 연계되는 5대 대권역의 광역생태축을 구축하여 한반도 생태계를 통합한다는 목표를 제시하였다. 5대 대권역은 그림 6.5와 같이 한강 수도권, 금강 충청권, 영산강 호남권, 낙동강 영남권, 태백 강원권으로 제시하였다.

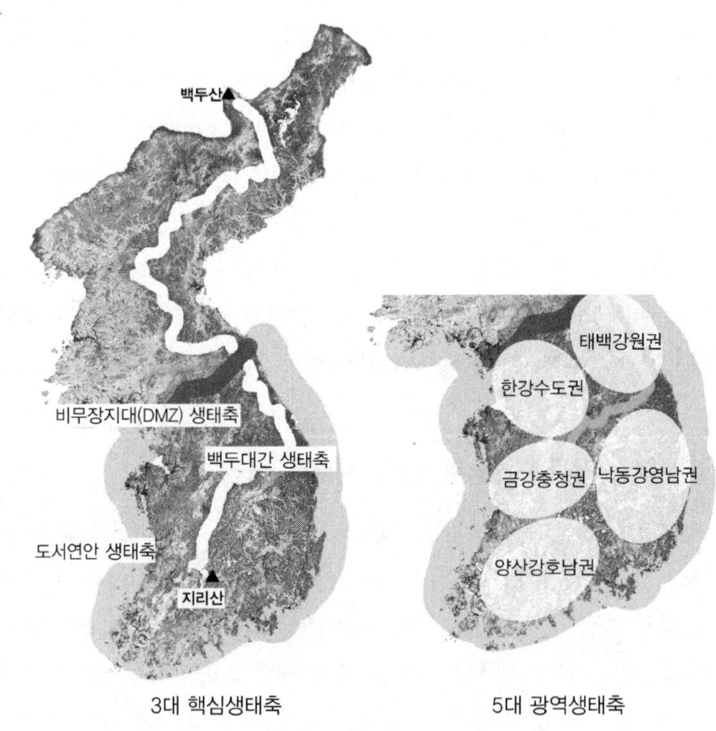

그림 6.5 3대 핵심생태축과 5대 광역생태축(권)
(자료 : 환경부, 2012, 환경백서 2012)

2010년에는 '한반도 생태축 구축방안'을 수립하여 백두대간, DMZ 일원, 해안도서 등 3대 핵심생태축의 입지제한과 훼손지 복원사업 등 중장기 보전대책을 추진하고 광역생태권과 핵심생태축간 연결지점을 보전·복원하여 "산～강～바다"로 이어지는 한반도 생태네트워크를 구축한다는 계획을 제시한 바 있다. 5대 광역생태권에서는 생태적 보전가치에 따라 산림축(50,198km^2), 수생태축(5,196km^2), 야생동물축(3,745km^2)을 관리대상 지역으로 설정하고 주요 생태축 내 훼손·단절지역의 토지매수·복원, 개발행위 제한, 백두대간, 철새도래지 등 보호지역 확대, 광역생태축과 도시생태축을 연결하는 생태탐방로 조성, 생태연못·녹색길·녹색지붕 조성, 도시 비오톱[30] 확대 등의 계획을 제시하였다.

2) 광역생태축 구축 정책의 평가

광역생태축 구축은 생태보전 측면에서 3대 핵심생태축을 기점으로 주요 도시지역을 연계한다는 이상적인 이론을 바탕으로 하고 있다. 그러나 광역생태축 구축을 위하여는 단편적인 정책이 아니라 도시계획, 국토관리계획과 토지관리계획을 연동하는 통합적 정책이 필요하다. 정부가 제시하는 광역생태축 구축이라는 정책 의제가 구체적이지 못한 이유도 여기에 있다. 현실적으로는 광역생태축 구축에 장애가 되는 요인을 제거하고 여기에 생태보전 정책수단을 통합적으로 조합해야 하는 것이다. 예를 들어 도시간 녹지축 연계(green way)나 수변 연계(blue way), 생태축이 단절된 지역의 복원사업과 같은 상호보완적 정책수단이 병합되어야 생태축 보전이 가능한 것이다.

마. 도시생태계 보전 정책[31)]

1) 도시지역 생태네트워크 구축

우리나라 도시화율[32)]은 1960년 39%에서 2006년에 90%까지 증가하였다. 도시화 과정에서 개발공간이 확대됨에 따라 녹지, 수생태계 등 친자연적인 공간이 크게 축소되었고 토양이 가진 생태기능이 저하될 수밖에 없었다. 또한 생태공간 축소로 대기 확산의 저하, 도시열섬현상, 도심내 우수 집중현상, 생물서식처 감소, 생활 쾌적성 저하 등 다양한 도시환경 문제가 발생하고 있다. 도시지역의 경우 농어촌지역에 비해 대지, 공장용지 등 개발용지가 많으므로 생태축이 단절되기 쉬우며, 개발지역이 확대되면서 자연생태 공간이 더욱 축소될 수밖에 없다. 따라서 녹지나 수변공간과 같은 도심의 생태공간을 확충하는 것이 도시 생태네트워크 구축의 핵심 요소이다.[33)]

환경부는 2008년도에 도시지역 생태축의 기능, 기존 녹지의 생태용량 제고방안, 생태계보전 및 복원방안, 생태축 연결 등을 포함한 '도시 생태축 구축 가이드라인에 관한 지침'을 마련하고, 2009년에는 자연환경보전법에 근거하여 도시환경개선사업 가이드라인, 도심재생사

30) 비오톱은 그리스어로 생명을 의미하는 '비오스(bios)'와 땅 또는 영역이라는 의미의 '토포스(topos)'가 결합된 용어로 인간과 동식물 등 다양한 생물종의 공동 서식장소를 의미. 자연환경보전법 제2조에서는 '소(小)생태계'라 함은 생물다양성을 높이고 야생동·식물의 서식지간의 이동가능성 등 생태계의 연속성을 높이거나 특정한 생물종의 서식조건을 개선하기 위하여 조성하는 생물서식공간을 말한다고 규정하고 있다.

31) 도시생태계 보전정책은 기본적으로 도시계획의 범주 안에 있으며 도시개발계획과 통합되어야 한다.

32) 도시화율은 전국 인구에 대한 도시지역내 거주인구의 비율로 정의할 수 있다.

33) 도심 생태공간을 확보하기 위해서는 '도시공원법'에 의해 관리되는 도시공원 지역을 확충하는 것이 가장 중요하다.

업 경관지침, 지하공간 생태경관지침을 제시하여 지자체에 권고하였다. 2010년부터는 도시 생태네트워크 구축 시범사업으로 대구시·강릉시에 녹색길·녹색지붕 조성 시범사업(25km)을 시작하였고 대상사업을 확대해 나가고 있다. 또한, 쾌적한 도시환경을 조성하고 생물서식 공간을 확충하기 위해 2012년부터 '도심속 생태공간 조성사업'을 추진 중에 있다. 이러한 중앙정부의 지원정책 외에 지방자치단체들 자체적으로 녹색길(green way), 생태탐방로 조성 등 다양한 사업을 전개하고 있다.

이러한 정책적 노력에도 불구하고 도시생태계 보전을 위해서는 기본적으로 도시계획의 틀을 바꾸어야 한다. 이전보다는 많이 개선되고 있으나 여전히 주택공급과 교통망 위주의 도시계획 개념으로는 근본적인 생태계 보전이 어렵기 때문이다. 앞으로 도시공원과 녹지 등 생태공간 확충을 위한 국가 차원의 지원과 지자체의 투자 확대, 그리고 택지 또는 산업단지와 같은 집단지역 개발시의 녹지확보 의무화 방안 등의 제도 개선방안을 포함한 도시생태 개선정책이 필요하다.

2) 도시 생태공간 창출을 위한 비오톱지도 제작·보급

비오톱(biotope)지도는 자연내의 공간 경계를 생태적 특성을 기준으로 구분하고, 구분된 각 지역(비오톱)별 유형과 보전가치를 등급화한 지도로 각 지역단위에서의 친환경적인 공간관리와 자연환경보전, 생태축 및 생태네트워크 조성을 목표로 작성한다. 그간 서울시, 성남시 등 일부 지자체에서 자체적으로 비오톱지도를 작성하였으나, 적극적인 활용은 미흡한 실정이다. 환경부에서는 2005년 9월에 토지이용현황도, 토지피복도, 지형 주제도, 현존 식생도 등 4개 주제를 중심으로 비오톱지도 작성지침을 마련하였다. 2012년 현재 전국 38개 시·군에서 비오톱 지도를 제작하여 활용중이다.

3) 도시 물·자원 순환시스템 구축

독일, 일본 등 선진국은 자연친화적인 도시환경을 조성하기 위해 도시 생태공간을 확충하는 동시에 수자원 및 폐자원 순환시스템을 구축하는 정책을 추진하고 있다. 독일 뮌헨시나 베를린시는 도시내 물순환을 촉진하기 위해 비오톱 면적지수를 개발하여 적용하고 있으며, 일본 동경도는 '동경 물순환 마스터플랜 보고서'(1999)를 마련하였다. 앞으로 우리나라도 도시지역내 수자원의 생산·소비·배출 체계를 연계한 물순환 시스템을 연구·적용할 필요가 있다. 즉 도시지역내 가용한 수자원을 통합하여 효율적으로 사용하고 사용된 물은 정화하여 최대한 재이용하는 것이다. 또한 발생된 폐기물을 최대한 자원화하여 지역내에서 에너지나 물질로 순환시키는 자원순환시스템에 대한 체계적인 정책 추진이 요구된다.

6.5.2 자연생태계 복원

가. 자연환경 복원 정책의 개요

산업화 시대를 거치면서 훼손된 자연환경을 복원하는 것은 건강한 생태계 회복을 위해서는 필수적인 요소이다. 우리나라에서 산림녹화를 통해 산림생태계를 복원한 사례나 국립공원에서 도로나 탐방로 설치로 훼손된 지역을 복원하는 것이 모두 자연환경 복원의 일환이다. 선진국들은 오래전부터 생물 서식처를 보존하기 위해 자연보호구역 지정과 복원사업을 병행, 추진하고 있다. 일본은 "자연재생추진법"을 제정(2002)하여 자연환경복원을 제도화하였고, 미국은 "습지총량제"(1989), "연안습지 계획·보호 및 복원법"(1990), "하구복원법"(2000), "건강한 산림복원법"(2003) 등을 제정하여 특정 지역별 자연환경 복원정책을 적극적으로 추진하고 있다.

우리나라의 경우 자연환경 복원사업은 주로 생태경관보호지역이나 국립공원 등 자연보호구역 내에서 제한적으로 추진되고 있으며 경제적 수단으로 생태계보전협력금 제도를 운영하고 있다. 향후 복원사업 대상 지역을 확대하고 자연환경을 훼손한 자에게 복원 의무를 부과하는 원인자부담원칙을 확대하는 것이 바람직할 것이다.

나. 생태계보전협력금 제도 운영

생태계보전협력금은 생태계에 미치는 영향이 현저하거나 생물다양성의 감소를 초래하는 개발사업자에게 원인자부담원칙에 따라 훼손 면적에 상응하는 비용을 부담금 형태로 부과하고 복원시 이를 반환해 주는 경제적 수단이다. 경제적 유인책을 통해 생태계 훼손의 최소화를 유도하고 생태계복원사업을 위한 재원도 마련한다는 취지로 도입되었다. 환경부는 "자연환경보전법" 제46조에 근거하여 2001년부터 협력금을 부과하고 있다.

도입 당시에는 생태계보전협력금 부과대상 사업을 사업규모가 비교적 큰 "환경영향평가법" 제22조에 따른 평가 대상사업과 "광업법"에 의한 10만m^2 이상의 노천탐사·채굴사업이었다. 그러나 소규모 개발사업(종전 사전환경성검토 대상)의 경우 환경영향평가 대상사업보다 자연환경 또는 생태계 훼손면적은 작지만 개발사업의 수가 10배 이상 많아 2007년에 대상사업을 확대하였다. 개발면적이 3만m^2 이상인 소규모 환경영향평가 대상사업을 추가로 협력금 부과대상에 포함한 것이다. 앞으로 개발사업자가 복원사업에 적극 참여할 수 있는 경제적 유인책 도입, 협력금 상한액(10억원) 폐지와 훼손 정도에 따른 차등화방안, 복원사업의 다양화 등의 개선 대안을 강구할 필요가 있다.

표 6.9 생태계보전협력금 부과 및 징수현황 (단위 : 백만원)

구 분		2002	2004	2006	2008	2010	2011	2012
부과현황	금액	3,341	49,725	72,986	111,329	142,714	98,609	91,848
	건수	25	277	420	666	1,085	947	588
징수현황	금액	1,491	34,629	42,728	85,221	101,918	61,509	53,913
	건수	17	228	332	473	805	698	542

(자료 : 환경부, 2013, 자연환경통계)

한편, 생태계보전협력금 반환사업은 협력금을 납부한 개발사업자가 대체 자연녹지 조성, 생태계 복원 등의 자연환경 보전사업을 시행한 경우 납부한 협력금의 50% 범위 내에서 사업비를 반환해 주고 있다. 그동안 반환사업은 증가추세를 보이고는 있으나, 생태계보전협력금의 수납액이나 부과 건수에 비하면 미미한 수준이다. 이는 반환사업이 사업자의 입장에서는 경제적 이득이 없기 때문이다. 이에 따라 협력금을 납부한 개발사업자뿐 아니라 자연환경 복원 분야의 전문 기술을 가진 제3자가 생태계보전협력금의 반환사업을 추진할 수 있도록 자연환경보전사업 대행자 제도를 2008년부터 도입하였다. 일정한 자격을 갖춘 자연환경보전사업 대행자가 다수의 개발사업자로부터 협력금의 반환사업에 관한 동의를 얻어 일괄적으로 복원사업을 시행할 수 있게 됨으로써, 단위 반환사업의 규모가 커져 국립공원 등에서의 대규모 훼손지 복원사업이 가능하게 되었다.

표 6.10 생태계보전협력금 반환현황 (단위 : 백만원)

구 분	2002	2004	2006	2008	2010	2011	2012
금액	-	383	800	3,000	6,000	9,000	8,600
건수	-	2	5	6	11	10	15

(자료 : 환경부, 2013, 자연환경통계)

다. 생태우수지역에 대한 인센티브제도

농촌지역의 자연환경은 도시지역에 비해 양호하나 개발사업과 축산업 활성화 등으로 어느 정도의 생태계 훼손은 불가피하다. 그러나 도시지역보다 훨씬 적은 노력으로 생태계를 보전·복원할 수 있으므로 친환경 농업·축산업을 토대로 자연환경 및 경관을 보전하는 노력이 필요하다. 우수한 생태계를 잘 보전하는 마을에 대한 시범사업이나 인센티브를 주는 정책들이 추진되고 있다. 사례로 환경부는 2001년부터 자연생태 우수마을과 자연생태복원 우수마을 지정제도를 시행중이다.

자연생태 우수마을은 자연환경 및 경관 등이 잘 보전되고 있는 마을을 대상으로 하고, 자연생태복원마을은 오염된 지역을 지역주민의 노력으로 복원한 마을을 대상으로 한다. 2012년까지 자연생태 우수마을 96개소, 자연생태복원 우수마을 17개소 등 총 113개소를 지정하였다. 앞으로 인센티브를 다양화하고, 생태관광과 연계하여 지역소득 증진에 기여하는 방안을 강구하는 한편, 여러 부처에서 시행하는 유사한 제도를 통합하여 유형별로 지정하는 방법을 통해 효과를 높여나갈 필요가 있다. 예를 들면 생태 우수유형, 친환경농업 유형, 경관 우수유형, 특정식생 우수유형 등으로 구분할 수 있을 것이다.

표 6.11 연도별 지정현황(2011년 기준) (단위 : 개소)

구 분	계	2006	2007	2008	2009	2010
계	113	24	34	26	16	13
자연생태 우수마을	96	22	27	20	15	12
자연생태복원 우수마을	17	2	7	6	1	1

(자료 : 환경부, 2013, 자연환경통계)

6.5.3 자연환경보전 기반 구축

가. 자연환경 조사·연구사업

자연환경에 대한 과학적인 조사·연구는 보전정책의 기초가 된다. 현재 자연환경 조사·연구는 ① 전국자연환경조사, ② 우수생태계 정밀조사, ③ 멸종위기 야생 동·식물 전국 분포조사로 구분할 수 있으며, 국립환경과학원과 국립생물자원관을 주축으로 수행하고 있다.

1) 전국 자연환경조사

전국 자연환경조사는 "자연환경보전법" 제30조제1항의 규정에 의해 10년마다 실시되는 전국 단위의 종합조사로서 지형 경관, 식생, 식물상, 저서성 대형무척추동물, 육상곤충, 담수어류, 양서·파충류, 조류, 포유류 등 총 9개 분야에 대해 매년 전국의 일정 부분을 선정하여 조사하고 있다.

'전국 자연환경조사'는 제1차 조사는 1986년부터 1990년까지, 제2차는 1997년부터 2005년까지 실시하였으며, 2006년부터는 제3차 조사를 실시하고 있다. 제1차 조사에서는 식물의 경우 행정구역별로 식물상, 현존식생도 및 녹지자연도를 조사하였다. 동물의 경우에는 포유류, 조류, 양서·파충류, 곤충류로 구분하여 각각에 대한 지역별 동물상을 조사하였으며, 일부 분류군에 대하여는 지역별 분포상황을 포함하였다. 호소의 경우 209개 호소에 대한 물리적 개황을 파악하였으며, 주요 하천의 경우 담수어, 수서곤충, 저서생물 및 수중생물 등의 생물상 조사를 실시하였다.

제2차 조사는 제1차 조사를 보완하여 추진되었다. 제1차 조사는 행정구역 중심으로 조사권역을 구분하였지만, 제2차 조사에서는 육지부와 해안선으로 구분한 후 육지부는 산악 중심으로 6개 대권역, 206개 소권역으로 구분하였고, 해안선은 6개 대권역, 145개 소권역(소지역)으로 구분하였다. 또한 각 소권역은 자연환경의 절대적 가치와 상대적 가치에 따라 우선조사권역 및 일반조사권역으로 구분하여 실시하였다.

제3차 조사는 전국을 총 824개 도엽으로 구분하여 실시하고 있다. 제2차 조사의 권역별 조사는 권역의 경계가 주로 산림을 중심으로 이루어졌기 때문에 하천의 생물상을 파악하는데 불합리한 점이 많았다. 또한 권역별 조사는 권역의 면적이 통일되지 않아 조사자에 따라 조사범위 및 조사강도(해상도)가 각각 다르게 나타났다. 제3차 조사에서는 총 824개 도엽을 각각 9개 격자로 나누어 실시함으로써 제2차 조사에서 노출된 문제점을 해결하고자 하였다. 다만, 식생분야의 경우에는 권역별의 경계선이 명확하기 때문에 기존의 현존식생도 및 생태·자연도의 변화추이를 분석할 수 있도록 제2차 조사와 같이 계속 권역별로 조사하고 있다.

표 6.12 제1·2·3차 전국자연환경조사 비교

구 분	제1차 전국조사	제2차 전국조사	제3차 전국조사
조사기간	1986~1990년(5년간)	1997~2005년(9년간)	2006~2012년(7년간)
조사예산	20억원	118억원	369억원
조사방법	행정구역(郡)별 조사	권역별 조사	도엽별 조사
조사인원	240명/년(중앙중심)	400명/년(지역우선)	450명/년(격자중심)
표 본	표본 미확보	표본 확보	표본 확보
결과 활용	녹지자연도 작성	자연환경 GIS-DB구축 생태·자연도 작성	자연환경 GIS-DB구축 생태·자연도 갱신

(자료 : 환경부, 2012, 2012 환경백서)

표 6.13 제3차 전국자연환경조사 연차별 조사계획

	계	2006	2007	2008	2009	2010	2011	2012
조사 도엽수	824	86	116	125	125	125	125	122

(자료 : 환경부, 2012, 2012 환경백서)

2) 우수생태계 정밀조사

생태계가 우수한 지역에 대하여 해안사구, 하구역, 무인도서, 자연겸관, 습지, 동굴 등 6개 분야별로 국립환경과학원에서 정밀조사를 시행하고 있다.

표 6.14 우수생태계 정밀조사 현황

정밀조사 유형	사업 기간	조사 지역	
전국해안사구정밀조사	2003～2012	총 133개 해안사구	
하구역생태계정밀조사	2004～2013	총 29개 하구역	
무인도서 자연환경조사	2006～2014	총 513개 무인도서	
특정도서정밀조사	2006～2014	총 133개 특정도서	
독도생태계 정밀조사	2005～2006	독도	
전국 자연경관 조사	2006～2010	총 20개 국립공원, 총 18개 습지보호지역, 총 9개 생태·경관보전지역 주변	
습지보호지역 정밀조사	2006～2011	환경부지정 습지보호지역 13개소	
전국내륙습지 조사	2011～2015	3개 대권역 30개 소권역	
전국자연동굴조사	2002～2016	우선조사 : 57개 동굴 일반조사 : 575개 동굴	2007년부터 문화재청으로 사업이관

(자료 : 환경부, 2012, 2012 환경백서)

① 전국 해안사구 정밀조사 : 해안사구는 태풍이나 해일 발생 시 해안의 침식을 완화하는 기능을 하며, 모래에서 살아가는 독특한 생물종들이 다수 분포하므로 생물다양성 측면에서 가치가 높다. 따라서 전국해안사구 정밀조사는 해안사구의 보전가치를 과학적으로 검증하고 해안사구를 보호하기 위한 목적으로 시행하고 있다.

② 하구역 생태계 정밀조사 : 우리나라 서·남해안의 하구역은 조수간만의 차가 커서 담수와 염수가 섞이는 기수역이 넓게 형성된다. 염도변화에 따라 다양한 생물종이 서식하며, 철새의 도래지로서 보전가치가 큰 곳이다. 하구역 생태계 정밀조사는 2004년부터 중요한 하구역에 대해 실시하고 있다.

③ 전국 무인도서 자연환경조사 : 전국의 2,689개 무인도서 중에는 식생이 우수하고 철새 등 희귀동·식물의 서식지로서 보전가치가 높은 곳이 많이 있으나, 외부 간섭으로 생태계가 급격히 훼손되고 있다. 이에 따라 조사결과를 토대로 자연경관이 우수하고 희귀 동·식물이 서식하고 있는 무인도서를 “독도 등 도서지역의 생태계 보전에 관한 특별법”에 의한 ‘특정도서’로 지정하고 있다. 조사 분야는 식생, 식물, 동물, 육상곤충, 해조류, 해안무척추, 지형경관 등 7개 분야이다.

④ 전국 자연경관조사 : 각종 개발사업시 자연경관을 충분히 고려하지 못하여 경관이 훼손되고 조망권 문제도 발생하고 있다. 2006년부터 개발사업의 자연경관 영향을 심의하는 경관심의제가 도입되었다. 전국자연경관조사는 경관심의제도를 지원하기 위해 전국 주요지역의 경관 현황 및 조망정보를 조사하여 DB화하는 것이다.

⑤ 습지보호지역 정밀조사 : 습지는 육상생태계와 수생태계의 전이지대로서 생물다양성의 보고이며, 홍수조절, 수자원 함양 및 수질오염 정화, 휴양지 제공 등 다양한 사회적 편익을 가져온다. 1980년대까지도 습지의 가치보다는 매립으로 인한 경제적 이득이 훨씬 중요시 되어 많은 습지들이 사라지거나 훼손되었다. 습지보호지역 정밀조사는 12개 습지보호지역에 대하여 5년 주기로 생태현황을 조사하고 있다.

⑥ 전국 내륙습지 자연환경조사 : "습지보전법" 제4조에 따라 2000년부터 전국내륙습지에 대한 기초조사와 함께 생물다양성과 자연경관이 우수한 내륙습지에 대한 정밀조사를 실시하고 있다.

3) 멸종위기 야생동식물 전국 분포조사

국내의 많은 야생동식물이 서식지 파괴, 밀렵, 불법 채취로 멸종위기에 처해 있다. 이에 따라 2004년 "야생동·식물보호법"을 제정하여 총 221종의 야생동식물을 멸종위기종으로 지정하였으며 현재는 246종으로 확대되었다. 멸종위기 야생동식물 전국 분포조사는 멸종위기종의 체계적으로 보전하기 위하여 전국적인 서식·분포 실태, 개체군의 크기, 주요 서식위치, 서식권 형태, 분포 넓이, 주요 위협요인 등 다양한 생태정보를 조사하는 것이다. 국립생물자원관[34)]은 생태적으로 비슷한 서식지를 이용하는 멸종위기종을 그룹으로 묶어 매년 30~40종의 분포와 개체군의 크기를 가능한 정량적으로 산정하고 개체군의 위협요인을 분석하고 있다.

표 6.15 멸종위기 야생동·식물 전국분포조사 현황

2002	2003	2004	2005	2006	2007	2008	2009	2010	2011
53종	36종	30종	28종	31종	35종	38종	38종	38종	48종

※ 2006년까지 221종 조사 완료, 2007년부터는 위협요인이 큰 멸종위기종을 조사
(자료 : 환경부, 2012, 2012 환경백서)

4) 독도 생태계 정밀조사 및 모니터링

독도는 1997년 제정된 "독도 등 도서지역의 생태계 보전에 관한 특별법"에 따라 2000년

34) 2007년 인천시 수도권매립지 연구단지내에 설립되어 생물종 보호의 중심 역할을 하고 있다.

9월 5일 지정된 특정도서 제1호이다. 환경부는 독도의 생물다양성을 보전하기 위하여 독도 자연생태계 정밀조사, 생태계 모니터링, 외부유입종 조사, 바다사자 복원사업 등 생태계보전 대책을 추진하고 있다. 지난 2005년 4월에서 2006년 3월까지 독도 4계절 자연생태계 정밀 조사결과 107종의 조류, 49종의 식물, 93종의 곤충 등 다양한 동·식물이 서식하고 있는 것으로 조사되었다. 특히, 멸종위기종 I 급인 매, II 급인 벌매, 올빼미, 솔개, 뿔쇠오리, 물수리, 고니, 흑두루미와 괭이갈매기 만여 개체, 바다제비 600여 개체가 서식하고 있다. 식물은 울릉도 특산식물인 섬장대를 포함하여, 도깨비 쇠고비 등 49종이 관찰되었으나, 이중 19종은 독도 자생종이 아닌 외부 유입종 또는 식재종으로 나타났다.

매(멸종위기종 1급)

물수리(멸종위기 2급)

괭이갈매기(10,000개체 서식)

해국

그림 6.6 독도 자연생태계 정밀조사결과 관찰된 동·식물

(자료 : 국립공원관리공단 제공)

그림 6.7 2007년 자연생태계 모니터링 결과 새롭게 발견된 배무래기

(자료 : 국립공원관리공단 제공)

2007년 자연생태계 모니터링에서는 바위털갯지렁이 등 해양무척추동물 26종이 새롭게 서식하고 있는 것으로 밝혀졌다. 환경부는 새로운 서식종이 계속 관찰됨에 따라 2014년까지 독도 생태계 모니터링을 타 특정도서와는 달리 연 3～4회로 확대하고(특정도서는 연1회 모니터링), 매 5년마다 4계절 정밀조사를 실시하여 생태계 변화추이를 분석하는 동시에 외부유입종이 독도 고유종에 미치는 영향을 조사하고 있다.

5) 국가 장기생태연구사업

서울의 겨울철 평균 온도는 1960년대 -2.3도, 1970년대 -1.2도, 1980년대 -1.5도, 1990년대 0.2도로 지속적으로 상승하고 있으며, 동·남해안의 연안지역에서 원인불명의 백화 현상이 발생하는 등 기후변화로 인한 자연생태계의 교란과 생물다양성의 변화가 예상되고 있다.

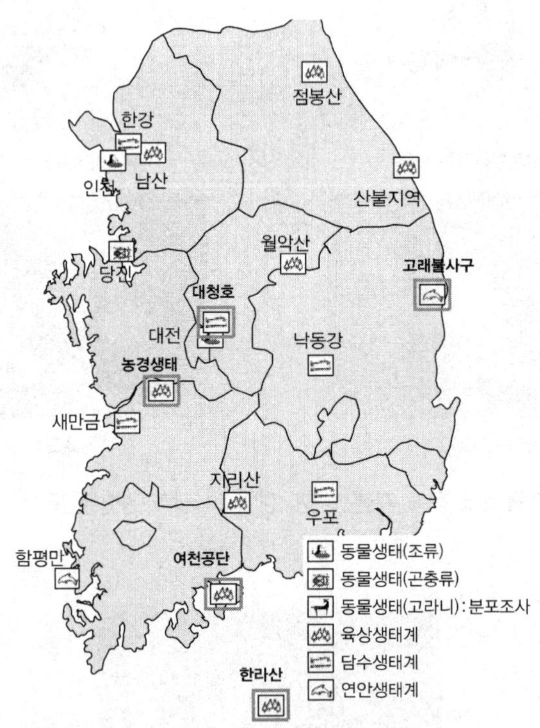

〈연구 지소(2010년) : 총**19**개 지소〉
- 동물생태 분야 : 3개 지소(조류, 포유류, 곤충류 등 조사지점 별도)
- 육상분야 : 8개 지소(점봉산, 월악산, 지리산, 남산, 삼척산불피해지, 여천공단 산림, 농경생태, 한라산
- 담수분야 : 5개 지소(낙동강, 한강, 우포, 새만금, 대청호)
- 연안분야 : 3개 지소(함평만, 동해사구〈고래불사구〉, 순천만)

그림 6.8 국가장기생태연구사업 연구지소 현황

(자료 : 환경부, 2012, 2012 환경백서)

이러한 기후변화와 환경오염에 따른 자연 생태계의 변화현상을 중장기적으로 관찰하여 생물종 감소 및 생태계 변화에 대한 과학적 자료를 확보하기 위하여 2004년부터 한반도의 장기생태변화 조사·연구사업을 추진하고 있다. 2004년에 육지·강·습지·연안 분야별로 국가장기생태연구 1단계 사업이 착수되어 2009년까지 2단계 사업이 완료되었다. 2010년부터 3단계 사업이 시작되어 2013년까지 19개 연구지소에서 장기적인 생태계 변화를 모니터링 하였다.

나. 자연환경종합 GIS-DB 구축

자연환경종합 GIS-DB 구축사업은 생태·자연도[35]와 자연환경조사 보고서 등 관련 문헌 자료, 주요 생물종에 대한 정보(사진, 생활상, 분포지역, 특징)를 입체적으로 DB화하는 것이다. 그동안 자연환경종합 GIS-DB는 국립환경과학원에서 1998년부터 2007년까지 7단계에 걸쳐 추진하였다. 2007년에는 그동안 축적된 GIS-DB 자료를 토대로 생태·자연도를 인터넷(환경지리정보서비스; http://egis.me.go.kr)을 통해 공개하였다.

생태·자연도는 기존의 녹지자연도가 수목연령, 자연성 등 생태계의 일부 요소, 특히 식물 및 식생에 의해서만 평가되어 생태계에 대한 종합적인 평가에는 한계가 있다는 지적이 있어 식생을 비롯하여 야생동·식물, 자연경관 등을 추가하여 작성한 지도로서 각종 개발사업의 입지 적정성 검토와 환경성평가에 활용되고 있다.

6.5.4 자연보호지역 지정 및 보전대책

가. 자연보호지역(Protected Area)의 개념

자연보호지역은 자연생태계를 보전·유지하기 위해 설정된 지역으로 생물다양성 보전을 위해 중요한 기능을 갖는다. 세계자연보전연맹(IUCN)[36]에 따르면 '보호지역은 자연생태계의 기능을 유지하고, 생물종의 피난처 역할을 하며, 집중 관리된 대부분의 육상(해상)경관에

35) 전국자연환경조사 결과를 토대로 도출된 현존식생도, 동·식물분포도와 기존의 녹지자연도 및 산림청의 임상도를 활용하여 국토전역을 생태적 가치에 따라 1～3등급 및 별도관리지역으로 구분하여 1/25,000 축척으로 작성한 지도이다.

36) 세계자연보전연맹(IUCN : International Union for Conservation of Nature and Natural Resources)은 자연과 자원의 보호 및 균형적 이용(생태계의 지속가능한 이용)을 도모하기 위해 유엔의 지원을 받아 1948년 설립된 국제기구이다.

서 유지할 수 없는 생태계를 유지시키며 국가적 또는 국제적인 모든 보전전략에 토대가 된다'고 설명한다.

보호지역은 국립공원, 천연보호구역, 원시야생지역, 야생생물 관리구역, 자연경관보호지역 등 다양한 명칭으로 분류되고, 사람의 접근을 엄격하게 규제하는 지역부터 일정 부분 방문객의 탐방을 환영하는 공원 개념까지 다양한 기능을 가진다. 또한 지역에 따라 인간의 간섭을 배제하는 절대 보전형 지역부터 자연자원의 채취나 수렵활동이 허용되는 지역도 있고, 자연환경 복원을 위해 인위적인 관리가 필요한 보호지역도 있다.

표 6.16 IUCN이 분류한 보호지역 범위와 정의

카테고리명	정의
I-a 엄정 자연보호지역 (Strict Nature Reserve)	특이하거나 대표성을 갖는 생태계, 지리적 또는 생리적인 특성이나 종을 가진 육지 및 해양 보호지역 - 과학적 연구 및 생태환경 모니터링에 유용한 지역
I-b 원시야생지역 (Wilderness Area)	자연적인 생태특성을 유지하면서 전혀 변형되지 않았거나 최소한의 변형만 이루어진 상당히 넓은 면적의 육지 또는 해양보호 지역
II 국립공원 (National Park)	(a) 현재뿐만 아니라 미래세대를 위하여 주요 생태계 를 원상대로 보호하고 (b) 지정의 목적에 위해되는 개발·점용을 배제하며 (c) 심미적, 과학적, 교육적, 레크리에이션 목적에 부합하게 이용자에게 방문기회의 토대를 제공하고, 환경적, 문화적으로 양립할 수 있는 육지나 해양지역
III 자연기념물 보호지역 (Natural Monument or feature)	희귀성이나 대표성을 갖고 심미학적 특징 또는 문화적 중요성이 뚜렷하거나 독특한 가치가 있는 한개 이상의 특별한 자연현상이나 문화적 특성을 지닌 보호지역
IV 야생동식물 서식지 및 종 관리지역 (Habitat/Species Management Area)	야생동·식물의 서식지 유지와 특별한 생물종의 보전을 위한 요구조건을 보장하기 위해 적정히 관리하는 육지 또는 해양보호 지역
V 육상·해상 경관보호지역 (Protected Landscape/Seascape)	오랜 시간을 두고 인간과 자연사이의 상호작용에 의하여 미학적, 생태적, 문화적 가치와 풍부한 생물종 다양성을 지닌 독특한 자연환경 상태의 지역 ※ 한국의 20개 국립공원은 모두 이 Category(경관보호구역)로 분류되어 있음.
VI 자연자원의 지속가능한 이용을 위한 보호지역(Protected area with sustainable use of natural resource)	변형되지 않는 우수한 자연계와 장기적으로 생물종 다양성의 보호·유지를 보장하는 동시에 자연생산물의 지속가능한 이용과 지역주민의 요구 해소가 가능한 보호지역

(자료 : IUCN, 1994, 2, Guidelines for Applying Protected Area Management Categories; IUCN, 2008, 보호지역 카테고리 적용을 위한 가이드라인, 한국보호지역포럼)

자연보호지역은 접근하는 관점에 따라 다양하게 분류할 수 있는 데 여기서는 세계자연보전연맹에서 분류한 보호지역에 대하여 설명한다. 세계의 국립공원을 비롯한 자연보호지역이 각 국가별, 국제기구별로 상이하게 구분됨으로서 발생되는 혼란을 방지하기 위하여 기준을 통일시키고자 1994년에 IUCN에서는 국립공원 및 보호지역을 표 6.17과 같이 지정 목적에 따라 크게 6개의 카테고리로 구분하고 적용범위를 정하였다.

이 내용은 1994년 후반에 IUCN과 세계자연모니터링센터(World Conservation Monitoring Centre)에 의해 가이드라인으로 출간되었다. 가이드라인에서 보호지역을 '법률적이거나 기타 효율적인 수단을 통해 생물다양성과 자연, 관련 문화자원을 보호하고 유지하기 위해 특별히 설정된 지역[37]'으로 정의하고 있다.

일반적으로 카테고리 I부터 VI의 순서로 생태계 우수성이 높고, 접근성은 역으로 VI부터 I의 순이긴 하나 반드시 그렇지는 않다. 즉 각 지역의 인구 밀집도나 생태계 특징, 관리역량에 따라 상대적 가치는 바뀔 수 있다.

표 6.17 IUCN 카테고리를 기준으로 한 국내보호지역 분류

카테고리명	국내 보호구역
I-a 엄정 자연보호지역	생태경관보호지역, 습지보호구역
I-b 원시야생지역	-
II 국립공원	-
III 자연기념물 보호지역	천연보호구역
IV 야생동식물 서식지 및 종 보호지역	특정도서, 산림유전자원보호구역,
V 육상·해상 경관보호지역	21개 국립공원, (천연보호구역)
VI 자연자원의 지속가능한 이용을 위한 보호지역	

나. 우리나라 자연보호지역의 종류

우리나라 자연보호지역은 환경부, 농림축산식품부(산림청), 문화관광부, 국토교통부 등 각 부서에서 정책 목표 달성을 위해 다양하게 정하고 있다. 환경부의 경우 우수한 자연생태계를 보전하고 지속가능한 이용을 도모하기 위한 생태경관보전지역, 습지보호지역, 특정도서, 국립·도립공원 등을 지정하고 있고 산림청은 천연보호림, 문화재청은 천연보호구역을 각각 지정하고 있다. 보호지역으로 지정되면 보전하고자 하는 생태계 목표 수준에 따라 차이는

37) An area of land and/or sea especially dedicated to the protection and maintenance of biological diversity, and of natural and associated cultural resources, and managed through legal or other effectiveness

있으나 각종 개발행위를 제한하여 자연 훼손을 예방하고, 이미 훼손된 지역에 대하여는 복원사업을 추진하고 있다. 보호구역 종류별로 IUCN이 분류한 카테고리로 분류하면 표 6.17과 같다. 여기서 우리나라에는 카테고리 I-a나 I-b와 같이 우수한 생태계를 엄격히 보전하는 보호지역은 적으며, 국립공원의 경우 IUCN이 제시한 국립공원 개념으로 보기 어렵고 V 경관보호구역에 해당한다.

우리나라에서 법적으로 지정·관리되고 있는 보호구역을 IUCN의 분류 기준을 고려하여 크게 다음 세 가지로 구분할 수 있다.

① 생태가치 보전형 보호구역 : 생태적 가치가 높거나 독특한 생태적 특성을 가진 지역으로 생물자원을 엄격하게 보호하기 위해 행위제한 수준이 높은 지역이다.

② 자연환경 유지·보전형 보호구역 : 자연환경이 우수한 지역 또는 생태환경 가치가 높지 않더라도 훼손이 우려되어 보전이 요구되는 지역으로 개발제한구역(그린벨트)이 해당된다.

③ 지속가능한 이용형 보호구역 : 우수한 자연환경이나 경관을 가진 지역으로 사람의 친환경적인 탐방과 접근을 허용하는 지역으로 국립·도립공원이 대표적이다.

다. 생태가치 보전형 보호구역

생태적 가치가 높은 지역으로 비교적 엄격하게 관리되고 있는 생태가치 보전형 보호구역으로는 2013년 9월말 현재 생태·경관보전지역 36개소(354km^2), 습지보호지역 32개소(336km^2), 특정도서 183개소(10.7km^2)가 있다. 비교적 행위제한 수준이 높아 사유지의 경우 소유자의 반발이 커 지정하기 어려우므로 주로 국공유지를 대상으로 지정하게 되고 지정면적도 작은 편이다.[38] 국제적인 보호지역으로 등록·지정된 곳으로는 람사르습지와 유네스코(UNESCO) 생물권보전지역(biosphere reserve)이 있다.

1) 생태·경관보전지역

생태·경관보전지역은 "자연환경보전법"에 근거하여 환경부장관이나 시도지사가 지정한다. 대상 지역은 ① 자연 상태가 원시성을 유지하거나 생물다양성이 풍부하여 학술적 가치가 큰 지역, ② 지형 또는 지질이 특이하여 학술적 연구 또는 자연경관의 유지를 위하여 보전이 필요한 지역, ③ 다양한 생태계를 대표할 수 있는 지역 또는 생태계의 표본지역, ④ 그 밖에 하천·산간계곡 등 자연경관이 수려하여 특별히 보전할 필요가 있는 지역으로 규정하고 있다. 이 지역은 환경부장관이 지정하며, 시·도지사는 생태·경관보전지역에 준하여 보

38) 환경부, 2013, 자연환경통계

전할 필요가 있다고 인정되는 지역을 '시·도 생태·경관보전지역'으로 지정할 수 있는 환경부는 연차적으로 생태우수지역을 조사하여, 이중 생물다양성이 풍부하거나 멸종위기종이 서식하는 지역을 생태경관보전지역으로 지정하고 있다. 2012년 기준으로 국가가 지정한 생태·경관보전지역은 동강유역 등 13개 지역(311.986km^2)이며, 시·도 생태·경관보전지역은 광양 백운산 등 23개 지역(42.53km^2)이다. 전체적으로 총 36개 지역에 354.516km^{2}이다.

표 6.18 국가 생태·경관보전지역

지역명	위 치	면적(km^2)	특 징	지정일자
환경부 지정 : 9개소, 241.613km^2				
지리산	전남 구례군	20.20	극상원시림(구상나무 등)	1989.12
섬진강 수달서식지	전남 구례군	1.83	멸종위기동물인 수달의 서식지	2001.12
고산봉 박쥐서식지	전남 함평군	8.78	멸종위기동물인 붉은 박쥐의 서식지	2002.5
동강유역	강원 영월군 등	64.97	지형·경관 우수, 희귀야생동·식물 서식	2002.8
왕피천 유역	경북 울진군	102.838	지형·경관 우수, 희귀 야생동식물 서식	2005.10
소황사구	충남 보령시	0.121	해안사구, 희귀야생동·식물 서식	2005.10
하시동 안인사구	강원 강릉시	0.234	사구의 지형·경관 우수	2008.12
운문산	경북 청도군	26.395	경관 및 수달, 하늘다람쥐 등 멸종위기종 서식	2010.9
거금도 적대봉	전남 고흥군	8.365	멸종위기종과 특정야생동식물 서식	2011.1
국토해양부 지정 : 4개소, 70.373km^2				
신두리 사구해역	충남 태안군	0.639	다양한 식생과 특이한 지형	2002.10
문섬 등 주변해역	제주 서귀포시	13.684	국내 유일의 산호군락지 다양한 해조류 군락 존재	2002.11
오륙도 주변해역	부산 남구	0.35	기암괴석 무인도서 및 수직암반 생물상 보호	2003.12
대이작도 주변해역	인천 옹진군	55.7	경관우수 및 수산생물과 저서생물의 주요서식지	2003.12

(자료 : 환경부, 2012, 2012 환경백서)

표 6.19 시·도 생태·경관보전지역

시·도지사 지정 : 23개소, 42.53km²

시도	지역명	위　치	면적 (km²)	특　징	지정일자
서울	한강밤섬	영등포구	0.275	철새도래지, 서식지	1999.8
	둔촌동 자연습지	강동구	0.025	도시지역의 자연습지	2000.3
	방이동습지	송파구	0.059	도시지역의 습지	2002.4
	탄천	송파구	1.151	도심 속의 철새도래지	2002.4
	진관내동습지	은평구	0.017	도시지역의 자연습지	2002.12
	암사동습지	강동구	0.129	도시지역의 하천습지	2002.12
	고덕동 한강고수부지	강동구	0.320	다양한 자생종, 조류 서식	2004.10
	청계산원터골	서초구	0.146	갈참나무 등 낙엽활엽수 군집	2004.10
	헌인릉 오리나무	서초구	0.057	다양한 자생종 번성	2005.11
	남산	중구 및 용산구	0.705	신갈나무군집, 남산 소나무림 지역	2006.7
	불암산 삼유대	노원구	0.204	서어나무군집 발달	2006.7
	창덕궁 후원	종로구	0.441	갈참나무군집 발달	2006.7
	봉산 팔배나무림	은평구	0.073	팥배나무림 군락지	2007.12
	인왕산	서대문구	0.258	기암, 소나무 등 자연경관	2007.12
	성내천 하류	송파구	0.700	도심속 자연하천	2009.11
	관악산	관악구	0.7482	회양목군락 자생지	2009.11
	백사실 계곡	종로구	0.133	생물다양성 풍부	2009.11
울산	태화강	태화강 하류	0.983	철새 등 야생동·식물 서식지	2008.12
강원	대덕산·금대봉	태백시, 삼척시, 정선군	4.20	희귀야생동·식물 집단 서식지	1993.4
	소한계곡	삼척시	0.104	국내 유일 소하천 자생 민물김 서식	2012.10
전남	광양백운산	광양군	9.74	자연경관 수려 및 원시자연림	1993.4
경기	조종천 상류	가평군, 포천군	22.06	희귀곤충상 및 식물상이 다양	1993.9
경남	고란초 서식지	거제시	0.002	고란초 집단자생지	1995.10

(자료 : 환경부, 2012, 2012 환경백서)

2) 습지보호지역

습지보호지역은 "습지보전법"에 따라 ① 자연상태가 원시성을 유지하고 있거나 생물다양성이 풍부한 지역, ② 희귀하거나 멸종위기에 처한 야생동·식물이 서식·도래하는 지역, ③

특이한 경관적·지형적 또는 지질학적 가치를 지닌 지역을 대상으로 지정한다. 육상지역은 환경부장관, 해양지역은 해양수산부장관이 지정하며 시·도지사도 지정할 수 있다. 2012년 6월말 현재 습지보호지역은 총 32개소, 336.61km^{2}로 환경부장관이 낙동강하구 등 18개 지역(117.126km^2)을, 국토해양부장관이 무안갯벌 등 11개소(212.850km^2)를, 시·도지사가 송도갯벌 등 3개소(6.634km^2)를 각각 지정하였다. 또한 람사르협약에 근거한 람사르습지로 18개 지역, 177.172km^{2}가 지정되어 있다.

표 6.20 환경부지정 내륙습지보호구역(18개소, 117.126km^2)

지 역 명	위 치	면적 (km^2)	특 징	지정일
낙동강하구	부산 사하구, 강서구	37.718	철새도래지	1999.8
대암산 용늪	강원 인제군	1.36	우리나라 유일의 고층습원	1999.8
우포늪	경남 창녕군	8.54	우리나라 최고의 원시 자연늪	1999.8
무제치늪	울산시 울주군	0.184	희귀야생동·식물이 서식하는 산지습지	1999.8
물영아리오름	제주 남제주군	0.309	기생화산구	2000.12
화엄늪	경남 양산시	0.124	산지습지	2002.2
두웅습지	충남 태안군	0.067	신두리사구의 배후습지, 희귀 동·식물 서식	2002.11
신불산 고산습지	경남 양산시	0.308	희귀야생동·식물이 서식하는 산지습지	2004.2
담양습지	담양군, 광주시 북구	0.981	멸종위기 및 보호야생 동·식물 서식 하천습지	2004.7
신안장도습지	전남 신안군	0.090	도서지역 최초의 산지습지	2004.8
한강하구	김포대교 남단, 강화군	60.668	장항습지 등 대규모습지, 멸종위기종 26종·서식	2006.4
재약산 사자평습지	경남 밀양시	0.58	이탄층이 발달한 습지, 멸종위기종 삵 등 서식	2006.12
제주1100고지 습지	서귀포시	0.126	산지습지로 멸종위기종 및 희귀야생동식물 서식	2009.10
물장오리 오름습지	제주시	0.610	산정화구호의 특이지형, 희귀야생동식물 서식	2009.10
동백동산습지	제주시	0.590	생물다양성이 풍부한 곶자왈지역	2010.11
고창 운곡습지	전북 고창군	1.797	생물다양성이 풍부하고 수달 등 서식	2011.3
상주 공검지	경북 상주시	0.264	말똥가리, 잿빛개구리매 등 멸종위기종 서식	2011.6
영월 한반도습지	강원도 영월군	2.81	수달, 돌상어, 묵납자루 등 법정보호종 서식	2012.1

(자료 : 환경부, 2012, 2012 환경백서)

표 6.21 국토해양부 지정 연안습지보호구역(11개소, 212.850km²)

지 역 명	위 치	면적 (km^2)	특 징	지정일
무안갯벌	전남 무안군	42.0	생물다양성 풍부, 지질학적 보전가치 있음	2001.12
진도갯벌	전남 진도군	1.44	수려한 경관 및 생물다양성 풍부, 철새도래지	2002.12
순천만 갯벌	전남 순천시	28.0	흑두루미 서식·도래 및 수려한 자연경관	2003.12
보성·벌교갯벌	전남 보성군	10.3	자연성 우수 및 다양한 수산자원	2003.12
옹진 봉도갯벌	인천 옹진군	68.4	희귀철새 도래·서식 및 생물다양성 우수	2003.12
부안 줄포만갯벌	전북 부안군	4.9	희귀철새 도래·서식 및 생물다양성 우수	2006.12
고창갯벌	전북 고창군	10.4	광활한 면적과 빼어난 경관, 유용수자원의 보고	2007.12
서천갯벌	충남 서천군	15.3	검은머리물때새 서식, 빼어난 자연경관	2008.2
증도갯벌	전남 신안군	31.3	국제적 보호조류가 서식하는 연안습지	2010.1
봉암갯벌	창원시 마산	0.1	도심습지, 희귀·멸종위기야생동물 서식·도래 지역	2011.12
시흥갯벌	경기 시흥시	0.71	내만형 갯벌, 희귀·멸종위기야생동물 서식·도래 지역	2012.2

(자료 : 환경부, 2012, 2012 환경백서)

표 6.22 시·도지사 지정 습지보호구역(3개소, 6.634km²)

지역명	위 치	면적 (km^2)	특 징	지정일
달성하천 습지	대구시 달서구	0.178	흑두루미 등 철새 도래지, 노랑어리연 등 습지 식물 발달	2007.5
대청호 추동습지	대전시 동구	0.346	수달, 말똥가리, 흰목물떼새, 청딱따구리 등 희귀 동물서식	2008.12
송도갯벌	인천시 연수구	6.11	저어새, 검은머리갈매기, 도요새 등 동아시아 철새이동경로	2009.12

(자료 : 환경부, 2012, 2012 환경백서)

표 6.23 람사르습지 지정현황(18개소 지역, 177.172km^2)

지역명	위 치	면적(km^2)	지역명	위 치	면적(km^2)
대암산용늪	강원 인제군	1.06	동백동산습지	제주도 제주시	0.590
우포늪	경남 창녕군	8.54	신안 장도습지	전남 신안군	0.09
강화 매화마름군락지	인천 강화군	0.003	제주 물장오리오름 습지	제주 제주시	0.628
순천만·보성갯벌	전남 순천시	35.5	제주 1100고지습지	제주 서귀포시	0.126
제주 물영아리오름 습지	제주 서귀포시	0.309	오대산국립공원습지	강원 평창군, 홍천군	0.017
무제치늪	울산 울주군	0.04	고창·부안갯벌	전북 부안군	45.5
서천갯벌	충남 서천군	15.3	두웅습지	충남 태안군	0.065
무안갯벌	전남 무안군	35.89	운곡습지	전북 고창군	1.797
증도갯벌	전남 신안군	31.3	한강밤섬	서울시 영등포구	0.273

(자료 : 환경부, 2013, 자연환경통계)

3) 특정도서

특정도서는 "독도 등 도서지역의 생태계 보전에 관한 특별법"에 의하여 사람이 거주하지 아니하거나 극히 제한된 장소에만 거주하는 섬으로서 ① 화산·기생화산·계곡·하천·호소·폭포·해안·연안·용암동굴 등 자연경관이 뛰어난 도서, ② 수자원·화석, 희귀동·식물, 멸종위기동·식물 기타 우리나라 고유의 생물종의 보존을 위하여 필요한 도서, ③ 야생동물의 서식지 또는 도래지로서 보전의 가치가 있다고 인정된 도서, ④ 자연림지역으로서 생태학적으로 중요한 도서, ⑤ 지형 또는 지질이 특이하여 학술적 연구 또는 보전이 필요한 도서, ⑥ 기타 생태계보전을 위하여 필요한 도서를 지정하도록 하고 있다. 환경부는 1998년부터 2002년까지 5년간 실시한 전국 무인도서에 대한 자연환경조사 결과를 토대로 생태보전 가치가 높은 153개 도서를 특정도서로 지정하였다.

2006년부터 매년 57개 무인도서의 자연환경조사를 실시하여 2007년에 전남 완도군에 소재한 잠도 등 5개 도서, 2008년도에 전북 군산 십이동파도 등 4개 도서, 2009년도에 충남 보령 변도 등 5개 도서, 2010년에 전남 고흥 진지외도 등 3개 도서, 2011년도에는 여수·보성 지마도 등 7개 도서, 2012년에는 신안 장산 구도 등 6개소를 추가 지정하여 2012년 현재 총 183개의 특정도서가 지정되어 있다. 특정도서는 기본적으로 생태가치가 높은 도서를 보전하는 목적 외에 인간의 간섭이 거의 없는 무인도를 대상으로 미래세대를 위해 개발을 유보하는 의미도 있다.

표 6.24 전국 지역별 특정도서 지정현황(2012년말 현재)

구 분	계	부산	인천	경북	경남	충남	전북	전남	제주
도서수	183[39)]	3	26	1	39	19	12	81	2
면적(천m^2)	10,767[40)]	30	1,433	181	1,365	1,554	1,311	4,580	313

(자료 : 환경부, 2013, 자연환경통계)

4) 보호지역 관리

생태·경관보전지역, 습지보호지역 또는 특정도서로 지정된 지역에서는 건물 신·증축, 토지 형질변경 등을 엄격히 제한하며, 필요할 경우에는 출입을 금지하고 있다. 또한 위반자에게는 원상회복 명령과 벌칙을 부과하고 있으며, 보호지역내의 토지소유주와 협의하여 사유지를 국가에서 매입하는 경우도 있다. 이와 함께 체계적인 보호지역 관리를 위해 생태·경관보전지역은 관리 기본계획을, 습지보호지역은 습지보전계획을 각각 수립·시행하고 있다. 생태가치 보전형 보호구역에 속하는 이들 지역은 학술적 목적 등 예외적인 경우를 제외하고는 개발행위가 금지되어 인간의 간섭을 최대한 배제하고 있다. 따라서 대부분 국공유지를 대상으로 지정되며, 사유지인 경우 재산행사권이 상당히 제한되므로 토지를 국가에서 매수하여 관리하는 것이 바람직하다.

표 6.25 자연보호지역 행위제한

구 분	규 제 내 용	벌 칙
생태계훼손 행위 제한	야생동·식물의 포획·채취·이식·고사행위(생계수단은 제외) 건축물·공작물의 신축 또는 2배 이상 증축 토지의 형질변경, 수위·수량 증감행위, 토석의 채취 수면의 매립·간척, 불을 놓은 행위	3년 이하 징역 또는 2천만원 이하 벌금
원상회복의무	행위제한 위반자에 행위중지, 원상회복 명령	
행위제한	폐기물 투기 행위, 인화물질 소지 또는 취사·야영행위 가축 방목, 야생동·식물에 피해를 주는 행위	2백만원 이하의 과태료
개발제한	임도설치, 매립사업, 농지전용, 초지전용, 하천훼손, 골재채취	
출입제한	필요시 출입제한·금지(주민생활영위를 위한 경우는 제외)	
토지매수	토지소유자와 협의매수	-

(자료 : 환경부, 2012, 2012 환경백서)

39) 갯수로는 무인도서 전체(2,679개)의 6.8%

40) 면적으로는 무인도서 전체(85,281천m^2)의 12.6%

정책이야기 6.1 국민신탁운동

국민신탁운동은 시민들의 자발적인 모금을 통해 보전가치가 있는 자연환경 자산이나 문화유산을 매입 또는 기부 받아 공유화하고, 민간주도로 영구히 보전·관리하는 시민운동이다. 1895년 영국에서 최초로 시작된 국민신탁운동은 현재 호주, 미국, 일본 등 30여개 국가에서 활발히 전개되고 있으며, 우리나라에서도 선진국의 국민신탁운동을 모델로 2006년도에 "문화유산과 자연환경자산에 관한 국민신탁법"을 제정하여 국민신탁 운동을 활성화시킬 수 있는 제도적 기반을 마련하였다. 자연보호구역은 일정한 행위규제를 수반하게 되므로 사유지의 경우 소유자의 반발이 불가피하므로 원천적으로 갈등을 없애기 위해서는 토지를 공유화하는 것이 매우 효율적이다.

"문화유산과 자연환경자산에 관한 국민신탁법"의 내용을 보면 미래 세대를 위하여 국민의 이름으로 신탁된 보전재산은 함부로 처분될 수 없으며(법 제10조), 보전해야 할 중요자산을 체계적으로 관리해 나가기 위해 기본·시행계획을 수립·운영하고(법 제5조, 제6조), 기부금에 대한 조세감면 조항(법 제15조) 등을 포함하고 있어 국민신탁운동이 활성화 될 수 있는 법적 기틀이 마련되었다. 법이 제정됨에 따라 자연환경자산 분야에 자연환경국민신탁법인이, 문화유산 분야에 문화유산국민신탁법인이 설립(2007.4)되어 활동하고 있다.

라. 자연환경 유지·보전형 보호구역

1) 산림유전자원보호구역

산림유전자원보호구역은 산림보호법에 근거하여 지정·관리되는 산림내 지역으로 식물의 유전자와 종 또는 산림생태계의 보전을 위하여 보호·관리가 필요한 산림을 대상으로 지정한다. 이 구역의 특징은 절대적 보전을 위해 인간의 간섭을 배제하는 규제보다는 생물자원의 보전과 함께 지속가능한 활용 방안을 동시에 추구하는 것이다. 즉 생물다양성을 보전하면서 생물자원의 지속가능한 이용을 추구하는 것이다. 대상은 원시림 고산식물지대, 진귀한 임상 희귀식물, 자생지 유용식물, 자생지 산림습지지역, 자연생태지역으로 구분되며 378개 지역의 131,812ha가 지정되어 있다.

표 6.26 산림유전자원 보호구역의 유형 현황(2012년 기준) (단위 : ha)

구분	계		원시림		고산 식물지대		진귀한 임상		희귀식물 자생지		유용식물 자생지		산림습지 지역		자연생태 보전	
	개소	면적	개소	면적	개소	면적	개소	면적	개소	면적	개소	면적	개소	면적	개소	면적
계	378	131,812	62	9,338	3	1,558	38	40,569	98	41,220	34	9,072	105	1,363	38	28,692
1	83	5,605	42	2,800	-	-	24	133	6	2,309	4	35	3	197	4	131
2	295	126,207	20	6,538	3	1,558	14	40,436	92	38,911	30	9,037	102	1,166	34	28,561

※ 구분의 1은 지방자치단체 관리, 2는 산림청 지방관서에서 관리하는 지역을 말한다.
(자료 : 산림청)

2) 천연보호구역

천연보호구역은 문화재보호법에 근거하여 천연기념물을 보호하기 위해 인근지역을 보호구역으로 지정하는 것이다. 천연기념물이 자연자산인 경우 자연환경보호구역의 일종으로 볼 수 있는 것이다. 천연보호구역은 보전하는 동시에 경관을 감상할 수 있는 구역이므로 자연환경 보전 및 활용형 보호구역에 속한다고 볼 수 있다. 이 구역은 원형으로 보존함을 원칙으로 하기 때문에 지정 대상을 핵심 자연유산만을 대상으로 하며 통상 적은 면적으로 설정된다.

표 6.27 천연기념물 지정현황

구분	계	동물	식물	지질·광물	천연보호구역
지정건수	431	79	262	78	11

(자료 : 문화재청, 2013.6.30, 주요업무 통계 자료집)

표 6.28 천연보호구역 지정현황

연번	명칭	면적(천m^2)	지정일	소재지
1	홍도	6,616	1965.4.7	전남 신안군
2	향로봉·건봉산	106,671	1973.7.10	강원 인제군
3	한라산	91,691	1966.10.12	제주도일원
4	창녕 우포늪	3,438	2011.1.13	경남 창녕군
5	차귀도	5,655	2000.7.18	제주시
6	성산 일출봉	5,019	2000.7.18	제주 서귀포시
7	설악산	173,595	1965.11.5	강원 속초시, 인제군, 양양군
8	문섬·범섬	9,196	2000.7.18	제주 서귀포시
9	마라도	5,741	2000.7.18	제주 서귀포시
10	독도	187	1982.11.16	경북 울릉군
11	대암산·대우산	46,239	1973.7.10	강원 양구군, 인제군

(자료 : 문화재청)

3) UNESCO 생물권보존지역

생물권보전지역은 UNESCO MAB(Man and the Biosphere Programme)[41] 사업을 실현

41) 인간과 생물권(MAB) 사업은 1971년 유네스코 총회에서 합의되면서 시작된 사업이다. 현재 150여개국의 전문가들이 참여하고 있으며 생물다양성 보전과 지속가능발전을 목표로 하는 UNESCO 내의 연구협

하는 주요 수단으로서 생물다양성의 보전과 지속가능한 이용을 조화시킬 수 있는 방안을 모색하기 위해 전 세계적으로 보전할 가치가 있는 뛰어난 생태계를 대상으로 유네스코가 지정한다. 생물권보전지역으로 지정하는 것은 그 지역의 토지이용계획을 수립하여 생물다양성과 생태계의 여러 요소들을 효과적으로 보전하고, 자원의 지속가능한 이용을 허용하기 위한 것이다. 그 지역의 고유한 전원적 또는 야생적 특성을 유지하며, 또 과학자에게 다양한 연구지역을 제공하는 기능도 가진다. 따라서 생물권보전지역은 새로운 규제를 반드시 필요로 하지는 않으며 실용적인 토지이용관리 방안이라고 할 수 있다.

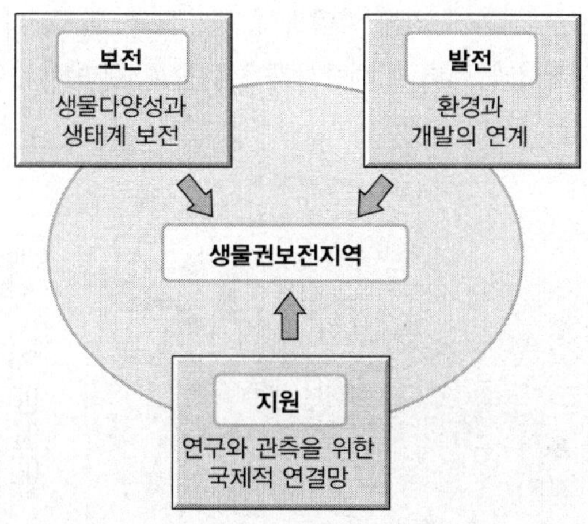

그림 6.9 생물권보전지역의 3가지 기능

(자료 : 환경부, 2013, 자연환경통계)

생물권보전지역은 국제적 협약이나 협정의 적용을 받지 않으나 다음의 세 가지 기능이 적절히 발휘되는데 필요한 기준들을 만족시켜야 한다.

① 경관, 생태계, 종, 유전적 변이의 보전

② 사회·문화적, 생태적으로 지속가능한 경제와 인간의 발전

③ 시범사업, 환경교육, 연구 및 모니터링을 위한 지원

생물권보전지역은 참여형 관리 방식과 함께 뚜렷한 지리적 구획 계획이 필요하며, 구획은 다음 세 가지 개념으로 설정된다.

의체이다. 대표적인 사업은 각국의 대표적인 육상 및 해양 생태계를 생물권보전지역(Biosphere Reserve)으로 지정하는 것이다. 생물권(Biosphere)이란 용어도 MAB을 구성하면서 탄생한 용어이다. MAB 한국위원회는 1980년 유네스코한국위원회 주도로 구성되어 있다,

① 핵심지역(core area) : 엄격히 보호되는 하나 또는 여러 개의 지역이다. 생물 다양성의 보전과 간섭을 최소화한 생태계 모니터링, 파괴적이지 않는 조사연구, 영향이 매우 작은 행위(예: 교육)를 할 수 있다.

② 완충지대(buffer zone) : 핵심지역을 둘러싸고 있거나 이에 인접해 있다. 환경교육, 레크리에이션, 생태관광, 기초연구 및 응용연구 등 건전한 생태적 활동에 적합한 협력활동을 위해 이용된다.

③ 신축성 있는 전이지역 또는 협력지역(flexible transition area, area of cooperation) : 다양한 농업활동, 주거지, 기타 용도로 이용된다. 지역의 자원을 함께 관리하고 지속가능한 방식으로 개발하기 위해 지역사회, 관리당국, 학자, 비정부단체(NGO), 문화단체, 경제적 이해집단과 기타 이해당사자들이 함께 협력하는 곳이다.

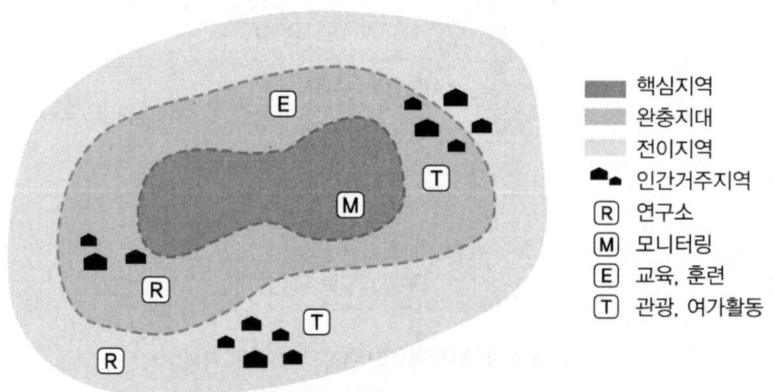

그림 6.10 생물권보전지역 용도구획
(자료 : 환경부, 2013, 자연환경통계)

표 6.29 생물권보전지역 3개 구성 지역의 특징

핵심지역(Core area)	완충지대(Buffer zone)	전이지역(Transition area)
- 엄격히 보호되는 하나 또는 여러 개 지역 - 생물다양성의 보전과 간섭을 최소화한 생태계 모니터링, 파괴적이지 않는 조사연구 등이 가능	- 핵심지역을 둘러싸고 있거나 이에 인접한 지역 - 환경교육, 레크리에이션, 생태관광, 기초연구 및 응용연구 등의 건전한 생태적 활동에 적합한 협력활동을 위해 이용	- 다양한 농업활동, 주거지, 기타 용도로 이용되는 지역 - 지역의 자원을 함께 관리하고 지속가능한 방식으로 개발하기 위해 지역사회, 관리당국, 학자, 비정부단체(NGO), 문화단체, 경제적 이해집단과 기타 이해당사자들이 함께 협력하는 곳

(자료 : 환경부, 2013, 자연환경통계)

2013년 6월말 현재 117개국에 621개소의 생물권보전지역이 지정되어 있다. 우리나라에는 남한지역에 설악산(1982), 제주도(2002), 신안다도해(2009), 광릉숲(2010), 고창(2013)이, 북한지역에 백두산(1989), 구월산(2004), 묘향산(2009) 등 총 8개소의 생물권보전지역이 있다.[42)]

표 6.30 한국의 생물권보전지역 지정현황

지역명	지정 년도	면적(km^2)	특 징
설악산	1982	총 면적 : 393.50km^2 - 핵심지역 : 164.30km^2 - 완충지대 : 223.85km^2 - 전이지역 : 5.35km^2	- 설악산국립공원(1970년 지정)과 점봉산 일원 - 북방계·남방계 식물이 함께 있는 중요 지역 - 약 5,300여종의 동·식물이 서식 - IUCN 카테고리 Ⅱ(2005년 지정)로 지정·관리
제주도	2002	총 면적 : 830.94km^2 - 핵심지역 : 151.58km^2 - 완충지대 : 146.01km^2 - 전이지역 : 533.35km^2	- 한라산국립공원(1970년), 서귀포해양공원(1999년), 영천과 효돈천 일원 등을 포함 - 핵심지역 일부는 2007년 세계자연유산으로 지정 - 한라산국립공원은 2010년 IUCN 카테고리Ⅱ로 지정
신안 다도해	2009	총 면적 : 573.12km^2 - 핵심지역 : 32.42km^2 - 완충지대 : 143.24km^2 - 전이지역 : 397.46km^2	- 다도해해상국립공원(1981년 지정), 장도 람사르 습지(2005년), 증도 도립공원(2008년), 태평염전 등 포함 - 약 37km^2의 갯벌을 포함하고 국내 조류의 약 75%가 관찰되는 우리나라 철새들의 주요 이동 경로 - 다도해국립공원은 2009년 IUCN 카테고리 Ⅱ로 지정
광릉숲	2010	총 면적 : 244.65km^2 - 핵심지역 : 7.55km^2 - 완충지대 : 16.57km^2 - 전이지역 : 220.53km^2	- 500년 이상 잘 보존되어 온 낙엽활엽수 천연림과 최고 100여년의 임령을 가진 인공림으로 구성 - 핵심지역은 온대지방의 전형적 극상림을 형성 - 약 5,700여종의 동·식물이 서식
고창	2013	총 면적 : 671.52km^2 - 핵심지역 : 91.28km^2 - 완충지대 : 265.54km^2 - 전이지역 : 314.70km^2	- 고창군 행정구역 전체를 생물권보전지역으로 지정한 국내 최초 사례 - 고창부안습지, 운곡습지, 선운산도립공원, 고인돌세계문화유산, 동림저수지 야생동물보호구역 등

(자료 : 환경부, 2013, 자연환경통계)

마. 지속가능한 이용형 보호구역

1) 국립공원의 개념

국립공원은 미국에서 처음 사용한 보호지역 개념으로 생태가치가 높아 인간의 행위가 상당히 엄격하게 제한된다. 세계자연보전연맹이 분류한 보호지역중 카타고리 II의 국립공원

42) UNESCO 홈페이지 (http://www.unesco.org)

(national park)은 "대규모의 생태적 형성과정을 보호하기 위해 따로 남겨둔 자연상태 또는 자연과 가까운 상태의 큰 지역으로, 환경적으로, 문화적으로 양립할 수 있는 지역이며 과학적, 교육적, 휴양적 탐방 기회의 토대를 제공한다."라고 정의하고 있다. 국립공원의 구체적인 조건은 다음과 같다.

① 국립공원은 비교적 넓은 면적이어야 하며, 이 구역은 인간의 개발과 점용에 의해 물리적으로 변화되지 않은 수개(1~7개)의 생태계를 유지하고 있어야 하고, 이 지역의 동·식물과 지형학적 위치 및 서식지가 특별한 과학적, 교육적, 여가선용적 가치를 지니고 수려한 자연풍경을 구비해야 한다.

② 국가는 전 지역에서 개발이나 점용을 방지하거나 제거하는 조치를 취할 수 있어야 하고, 지정 당시의 생태적, 지형학적 또는 미학적 특성유지를 위한 조치를 효과적으로 시행할 수 있어야 한다.

③ 영감적·교육적·문화적 그리고 여가선용을 위한 특별한 조건하에서만 탐방이 허용되어야 한다.

이러한 국립공원의 분류 특성을 고려할 때 우리나라의 국립공원의 실질적 성격은 카타고리 V(육지·해양 경관보호지역)에 가장 유사하며 실제로 21개 국립공원 모두 여기에 등록되어 있다. 육지·해양 경관보호지역(Protected Landscape/Seascape)이란 "시간이 흐르면서 사람과 자연의 상호작용이 중요한 생태적, 생물적, 문화적, 경관적 가치가 있는 차별적인 특징 지역을 만들어 내고, 이 상호작용의 온전함을 보호하는 것이 그 지역과 연관된 자연 보전과 다른 가치를 보호하고 유지하는데 절대 필요한 보호지역이다" 라고 IUCN은 규정하고 있다.

또한 "문화적 경관과 연관된 생물종을 유지하고, 상당히 이용되고 있는 자연경관에 보전기회를 제공함으로써 광범위한 규모의 보전에 기여한다"고 설명하고 있으며 "휴양과 관광을 통해서 향유(enjoyment)와 충만함(wellbeing), 사회·경제활동의 기회를 제공하고 천연의 제품과 환경서비스를 제공한다"고 지역 특성을 설명하고 있다. 따라서 상당수의 탐방객이 방문하고 있는 우리나라 국립공원은 여기에 해당한다고 보는 것이 타당하다.

2) 자연공원 지정현황

자연공원은 자연생태계와 수려한 자연경관, 문화유적 등을 보호하여 국민들의 정서향상과 지속적인 이용을 위하여 지정·관리되고 있으며, 국립·도립·군립공원 세 가지로 구분된다. 2013년말 현재 우리나라의 자연공원은 총 80개소(총넓이 7,910.8km^2)로서 국립공원이 21개소, 도립공원이 30개소, 군립공원이 27개소이다. 육지넓이는 5,104km^2(국토면적의 5.1%), 해면 넓이는 2,754km^2(국토면적 대비 2.8%)이며, 전 국토 면적을 기준으로 볼 때 7.9%를 차지하고 있다.

표 6.31 자연공원 지정현황

구 분	개소수(80)	면적(7,910.8km^2)
국립공원	21	6,656.246km^2(육지 3,902km^2, 해면 2,754km^2)
도립공원	30	1,006.951km^2
군립공원	27	237.794km^2
지질공원	2	9.791km^2

(자료 : 환경부, 2013, 자연환경통계)

표 6.32 국립공원 현황 (단위 : km^2)

지정순위	공원명	위 치	공원구역		비 고
			지정년월일	면적	
계			21개소	6,656.246	육지 : 3,902.537, 해면 : 2,753.709 ※ 국토의 3.9%(육상면적 기준)
1	지 리 산	전남·북, 경남	1967.12.29	483.022	
2	경 주	경북	1968.12.31	136.550	
3	계 룡 산	충남, 대전	1968.12.31	65.335	
4	한려해상	전남, 경남	1968.12.31	535.676	해상 408.488
5	설 악 산	강원	1970. 3.24	398.237	
6	속 리 산	충북, 경북	1970. 3.24	274.766	
7	한 라 산	제주	1970. 3.24	153.332	
8	내 장 산	전남·북	1971.11.17	80.708	
9	가 야 산	경남·북	1972.10.13	76.256	
10	덕 유 산	전북, 경남	1975. 2. 1	229.430	
11	오 대 산	강원	1975. 2. 1	326.348	
12	주 왕 산	경북	1976. 3.30	105.595	
13	태안해안	충남	1978.10.20	377.019	해상 352.796
14	다도해상	전남	1981.12.23	2,266.221	해상 1,975.198
15	북 한 산	서울, 경기	1983. 4. 2	76.922	
16	치 악 산	강원	1984.12.31	175.668	
17	월 악 산	충북, 경북	1984.12.31	287.571	
18	소 백 산	충북, 경북	1987.12.14	322.011	
19	변산반도	전북	1988. 6.11	153.934	해상 17.227
20	월 출 산	전남	1988. 6.11	56.220	
21	무 등 산	광주, 전남	2013 .3. 4	75.425	

(자료 : 환경부, 2013, 자연환경통계)

표 6.33 도립공원 현황 (단위 : km^2)

	공 원 명	위 치(시·군별 면적)	면 적	지정일
계	30개소		1,006.951	
1	금 오 산	경북 구미 20.86, 칠곡 7.94, 김천 8.49	37.290	1970. 6
2	남 한 산 성	경기 광주 23.409, 하남 8.841, 성남 4.718	35.166	1971. 3
3	모 악 산	전북 김제 28.442, 완주 10.835, 전주 6.290	45.567	1971.12
4	덕 산	충남 예산 20.671, 서산 0.353	21.024	1973. 3
5	칠 갑 산	충남 청양 32.946	32.946	1973. 3
6	대 둔 산	전북 완주 35.342, 충남 논산 16.384, 금산 8.386	60.112	1977. 3
7	낙 산	강원 양양 8.682	8.682	1979. 6
8	마 이 산	전북 진안 17.221	17.221	1979.10
9	가 지 산	울산 30.199, 경남 양산 61.069, 밀양 14.161	105.429	1979.11
10	조 계 산	전남 순천 27.250	27.250	1979.12
11	두 륜 산	전남 해남 33.39	33.390	1979.12
12	선 운 산	전북 고창 43.7	43.700	1979.12
13	팔 공 산	대구 35.365 , 칠곡 29.753, 영천, 군위, 경산	125.668	1980. 5
14	문 경 새 재	경북 문경 5.494	5.494	1981. 6
15	경 포	강원 강릉 6,865	6.865	1982. 6
16	청 량 산	경북 봉화 41.09, 안동 8.38	49.470	1982. 8
17	연 화 산	경남 고성 22.26	22.260	1983. 9
18	태 백 산	강원 태백 17.44	17.440	1989. 5
19	고 복	세종특별자치시 연서면	1.949	1990. 1
20	천 관 산	전남 장흥 7.594	7.594	1998.10
21	연 인 산	경기 가평 37.371	37.371	2005. 9
22	신안증도 갯벌	전남 신안 12.824	12.824	2008 .6
23	무안갯벌	전남 신안 37.123	37.123	2008. 6
24	마 라 해 양	제주 남제주군 대정읍, 안덕면	49.755	1997. 8
25	성산일출해양	제주 남제주군 성산읍	16.156	1997. 8
26	서귀포해양	제주 서귀포시 보목~강정동	19.540	1999. 1
27	추 자	제주 북제주군 추자면	95.292	2000. 8.
28	우도해양	제주 북제주군 우도면	25.863	2000. 8
29	수리산	경기안양 2.544, 안산 0.116, 군포4.302	6.963	2009. 7
30	제주 곶자왈	제주 서귀포시 대정읍	1.547	2011.12

(자료 : 환경부, 2013, 자연환경통계)

국립공원은 우리나라를 대표하는 자연생태계 보유지역 또는 수려한 자연경관지로서 환경부장관이 지정한다. 1967년 지리산국립공원 지정을 최초로 1960년대에 지리산·경주 등 4개소, 1970년대에 설악산·속리산 등 9개소, 1980년대에 다도해 해상 등 7개소가 지정되어 2013년 9월 현재 21개소, 총면적 6,656km^{2}로서 전 국토의 6.65%(해면 포함[43])에 이른다. 2013년에는 무등산이 21번째 국립공원으로 지정되었다. 공원별 특징을 살펴보면 한려해상·다도해 해상국립공원은 해양·도서·육지 복합형 해상공원이고, 태안해안국립공원은 해안 절경과 육지를 대표하는 해안공원이며, 경주국립공원은 역사 기념공원이다. 이들 4개를 제외한 나머지 국립공원은 우리나라를 대표하는 명산을 중심으로 한 산악육지공원으로 구성되어 있다.

도립공원은 광역지방자치단체에서 자연경관을 대표할 만한 지역을 지정하는 것으로 1970년 6월 1일 경상북도 금오산이 최초의 도립공원으로 지정된 이래 2012년 현재 30개소, 총넓이 1,006km^{2}로서 전 국토의 1.0%를 차지하고 있다. 도립공원은 남한산성과 같은 사적공원, 경포·낙산 도립공원과 같은 해안공원, 기타 명산 등을 위주로 한 산악육지공원으로 구성되어 있다.

군립공원은 시·군의 자연경관을 대표할 만한 수려한 지역으로 1981년 전라북도 순창군의 강천산이 최초의 군립공원으로 지정된 이래 2012년 6월 현재 27개소, 총넓이 238km^{2}로서 전 국토의 0.24%가 지정되어 있고 사찰·사적·계곡·명산 등을 중심으로 한 산악형 공원이 대부분이며, 산이 아닌 저수지를 공원으로 지정한 곳으로 고복저수지가 있다.

3) 국립공원 관리정책

국립·도립·군립공원의 지정·해제, 운영 및 관리에 관한 제도는 자연공원법에 규정되어 있다. 우리나라 국립공원은 외국에 비해 면적이 작고 사유지 비율이 33.5%로 높으며 주로 산악형 위주의 지역이다. 이용 형태도 국립공원이 과거부터 관광객들이 선호하는 지역으로 생태보전 측면보다는 등산과 위락 중심으로 이용되어 왔다. 국립공원 관리 주체가 당초 건설부에서 내부부로, 1998년에는 환경부로 이관되면서 국립공원 관리패턴도 다소 변화하고 있다. 종래 이용편의 위주의 관리정책이었다면 자연환경 보전을 강조하는 정책으로 전환하고 있다. 국립공원 구역은 법에 따라 10년 단위로 조정토록 되어 있으며 1999년과 2010년 두 차례 조정되었다. 주로 집단 밀집지역인 사유지를 제외하고 생태가치가 높은 국공유지를 편입하는 방향으로 조정되었다.

2007년부터는 입장료가 폐지되어 탐방객 수가 크게 증가하였다. 입장료 폐지는 국민들에게 우수한 자연환경에의 접근성을 높여주는 장점이 있는 반면, 자연환경 보전에는 어려움이

43) 해면 미포함 시에는 전 국토의 3.9%임

따르게 된다. 국립공원관리공단은 특히 보전이 요구되는 지역을 '국립공원 특별보호구'로 지정하고 있다. 국립공원 관리의 큰 목표는 생태계 보전과 환경친화적 탐방문화를 조화롭게 정착시키는 것이다. 먼저 자연생태계의 효과적인 관리를 위하여 국립공원내 자원 조사·연구, 훼손된 지역에 대하여는 생태계복원 사업을 추진하고 있다. 또한 환경친화적 이용을 위해 탐방안내소 등 자연학습시설을 확충하고 자연환경안내원(Eco-guide) 배치 및 생태해설프로그램 운영 등을 시행하고 있다.

① 국립공원 자원 조사 및 연구

국립공원 관리를 위해서는 자연자원, 역사·문화자원 등에 대한 조사·연구가 선행되어야 한다. 이를 토대로 국립공원의 용도지구 조정, 훼손지 복원, 동·식물군락 보호, 생태계 우수지역 관리 등 체계적인 생태보전 사업을 추진할 수 있다. 공원자원조사사업에는 자연공원법에 따라서 10년마다 시행하는 자연자원조사와 자연공원법 제11조(공원기본계획 수립 등)에 의한 '자연공원 기본계획'을 토대로 추진되는 공원자원모니터링이 있다.

② 훼손지 복원사업

국립공원 내 자연환경 훼손은 탐방객의 과도한 이용으로 인한 탐방로 노면유실, 노폭확대, 야영으로 인한 나대지 확대 등 인위적 요인과 이상기후에 의한 자연훼손, 집중호우에 의한 탐방로 세굴 및 토사유실로 인한 식생 훼손 등 자연적 요인에 의해 발생한다. 국립공원관리공단은 이를 최대한 자연적 상태로 복구하기 위해 1994년 처음으로 생태복원 전문가를 주축으로 조사단을 구성, 지리산 노고단, 세석지구에 대한 훼손지 조사를 실시하여 복원대책을 수립하였다. 이후 훼손지 복구사업은 지속적으로 확대되고 있으며 2011년의 경우 65억원을 투입하여 49개소를 복원한 것으로 나타났다. 훼손지 복구는 생태조사, 훼손원인 및 영향요인 분석을 거쳐 복구사업계획을 확정하고 토양 개량, 사면안정, 식생 복원, 모니터링 등의 과정을 거친다.

③ 동·식물 보호사업

국립공원 지역은 우리나라에서는 동식물이 다양하게 분포한 지역으로 생태적·학문적 가치가 큰 지역이다. 1990년대 까지는 주로 식물 보호를 위한 사업을 추진해 왔다. 수목 뿌리 보호시설 설치, 객토·복토·시비·수목과 병충해 방제 등의 방법이다. 21세기 들어 지리산 반달곰 복원 사업, 월악산 산양복원 사업 등 멸종위기 야생동물의 보호 및 복원을 위한 사업을 시행하고 있다. 지리산국립공원에 서식하는 야생 반달곰은 약 5마리 정도로 추정되어 방치할 경우 멸종될 위기에 있었다. 이에 2004년부터 2011년까지 총 34마리의 반달곰을 도입·방사했으며, 2020년까지 최소 존속개체군인 50마리로 증식할 계획이다. 또한, 월악산국립공원에 약 10여 마리의 산양이 서식하고 있으나, 근친교배에 의한 도태 우려가 있어 타 지역의 개체를 재도입해 방사함으로써 유전적 다양성을 회복하기 위한 사업을 수행 중이다. 이외에 아직은 초기단계이기는 하나 각 국립공원별로 특성에 맞는 멸종위기종 식물 복원사업을 추진하고 있다.

④ 특별보호구역제도 시행

'특별보호구역'이란 국립공원 내에서도 생태환경을 보호할 가치가 높거나 인위적인 훼손으로부터 보호할 필요성이 높은 야생동물 서식지, 야생식물 군락지, 주요 자원 분포 지역중 특정지역을 지정하여 특별관리하는 구역을 말한다. 이 구역은 원천적으로 출입을 통제하여 인간의 간섭을 최소화하는 것으로 종래의 자연휴식년제를 강화한 것이다. 자연휴식년제는 1991년부터 3년간 14개 공원 30개소를 대상으로 최초로 시행하였으며 훼손지 복원 효과가 매우 큰 것으로 나타나 이를 확대하게 된 것이다. 특히 2007년 국립공원 입장료 폐지로 탐방객이 크게 증가함에 따라 특성화된 서식지 관리지역을 특별 관리하는 '국립공원특별보호구역' 제도를 도입한 것이다. 현재 98개소 233km^{2}의 특별보호구역이 지정되어 있으며 보호구역은 비록 면적은 작으나 IUCN의 보호구역 분류중 I내지 II의 특징을 반영한 것이다.

표 6.34 특별보호구역 시행현황

기 별	시 행 일	기 간	지 정 내 용
제1기	1991.1.1	3년	등산로 중심 (14개 공원 30개소 : 136.6km)
제2기	1994.1.1	3년, 5년, 영구	등산로, 수목군락지, 산정상부 훼손지 (12개 공원 36개소 : 143.7km, 125,737m^2)
제3기	1997.1.1	2년, 3년, 영구	등산로, 식물군락, 훼손지, 계곡 (13개공원 38개소 : 122.1km, 376,997m^2)
	1998.7.1	1.5년(계곡)	
	1999.1.1	1.5년(계곡)	등산로, 계곡, 식물군락, 훼손지, 습지 (12개 공원 44개소 : 126.1km, 476,997m^2)
제4기	2000.1.1	3년	등산로, 계곡, 식물군락, 훼손지, 습지 (12개 공원 48개소 : 133.2km, 2,276,997m^2)
제5기	2003.1.1	3년, 6년	등산로, 계곡, 식물군락, 훼손지, 습지 (14개 공원 51개소 : 134.7km, 4,721,997m^2)
제6기	2006.1.1	5년, 10년	식물군락지, 동물서식지, 고산습지, 계곡, 훼손지 (9개 공원 28개소 : 23.3km, 10,168,197m^2)
특별보호 구역 시행	2007.1.1～	20년	식물군락지, 동물서식지, 고산습지, 계곡, 훼손지, 자연휴식년제 구간(19개 공원 98개소 : 233km^2)

(자료 : 환경부, 2012, 2012 환경백서)

⑤ 친환경적 탐방문화 조성

국립공원 관리에서 가장 중요한 것은 방문객들의 친환경 탐방문화를 정착시키는 것이다. 어차피 이용이 불가피한 여건에서 위락적 요소를 최소화하고 생태탐방 개념의 문화를 확산해야만 자연환경·경관 보전이라는 국립공원의 운영 목적을 달성할 수 있다. 이를 위해서는 탐방객 수를 제한하는 예약탐방제, 특정 시기에 입산을 제한하는 탐방제한제를 확대할 필요가 있다. 국립공원관리공단은 이외에 자연친화적 탐방문화를 확산하기 위해 자연해설 프로그램을 운영하고 있으며 자연관찰로, 자연학습시설도 확충하고 있다. 1999년 10월에 도입된 자연해설프로그램을 전국 국립공원으로 확대 운영하고 있으며 2011년에는 260개의 해설프로그램에 63만명이 참가하였다. 자연관찰로는 국립공원내 78개소에 설치되어 있다.

6.5.5 자연환경의 지속가능한 이용정책

가. 자연환경의 지속가능한 이용의 개념

자연환경을 보전하기 위해서는 자연생태계에 인간의 간섭을 최소화하는 것이 가장 효율적이나 현대사회에서 인간의 삶의 질 확보를 위한 사회적·경제적 활동을 보장해야 하므로 절대 보전에는 한계가 있다. 따라서 자연환경의 지속가능한 이용은 생태계 보전을 위해 중요한 요소이다. 지속가능한 이용수단은 자연자원의 효율적 채취와 순환, 생물자원의 보존 등을 위한 각종 환경친화적 개발정책부터 과학기술을 활용한 자연자원의 보전·재생에 이르기까지 매우 광범위하다. 즉 자연환경·경관의 보전[44]과 현명한 이용(wise use)[45]이라는 두 가지 목표를 함축하고 있는 것이다. 여기서는 자연환경의 지속가능한 이용이라는 이념을 실천하기 위해 선진국을 중심으로 발전되고 있는 생태관광(eco tourism)과 자연환경이용 인프라 조성을 중심으로 추진정책을 살펴본다.

나. 생태관광(Eco-tour)의 개념과 발전과정

생태관광은 우수한 자연환경을 가진 지역에 관광객이 증가하여 주요 자연자원 자산이 훼

44) 보호구역의 설정과 현재 생태환경 수준을 유지하기 위한 제한조치, 자연환경 훼손 원인자에 대한 경제적 부담정책, 자연환경 복원정책 등

45) 자연환경 용량 범위 내에서의 인간활동 허용, 규제지역 주민들의 불이익 해소방안, 환경친화적 탐방문화의 정착 등을 포함한다.

손되자 환경친화적 관광문화가 필요하다는 인식에서 출발하였다. 소득이 증대되고 대량 소비문화가 확산되면서 전 세계적으로 이익을 우선시 하는 관광개발이 계속되고, 이로 인한 자연파괴가 가속화되면서 1950년대 유럽과 북미 지역을 중심으로 환경에 미치는 영향을 최소화하자는 운동의 일환으로 나타나기 시작하였다.

생태관광에 대해 국제생태관광협회는 "지역주민의 복지를 개선하고 환경을 보전하는 자연(지역)으로의 책임있는 여행"이라고 정의하고 있다.[46] 즉 탐방자들이 지역의 생태계 또는 문화를 손상시키지 않으면서 자연환경을 방문하여 자연환경·경관과 지역 문화를 이해하고 감상하는 관광으로 책임감 있는 자연보전을 전제로 하는 지속가능한 관광을 의미한다. 생태관광의 필요성과 효과는 다음과 같다.

① 소득 증대로 여가생활이 확대되고 다양한 대안관광 수요도 증가하므로 과거의 관광문화를 지속할 경우 자연환경 파괴가 가속화되어 결국 관광가치가 떨어진다.

② 기존의 관람형, 위락형 관광에서 레저, 문화, 자연생태가 복합된 관광 패턴에 대한 수요가 증가하므로 자연환경을 보전하면서도 관광산업을 활성화할 수 있다.

③ 생태관광지는 우수한 생태 및 문화자원을 유지해야 하므로 그 지역은 우수한 자연환경을 간직한 지역으로 인식된다.

④ 대규모 관광지 개발보다 생태관광이 지역경제에 더 크게 기여하고 지역주민에게 실질적인 혜택[47]을 준다.

⑤ 중화학공업은 환경오염을 유발하여 환경비용이 소요되나, 생태관광은 청정형 관광산업으로 지속적으로 유지된다.

우리나라는 지역별로 생태관광 자원이 널리 분포되어 있고 고유한 전통문화가 자리잡고 있어 환경·문화를 결합한 생태관광이 유망할 것으로 예상된다. 정부도 2008년 10월 람사르협약 당사국총회를 개최한 이후 생태관광에 대한 국민들의 관심이 늘어감에 따라 생태계 보전, 지역경제 활성화, 국민 삶의 질 향상을 목표로 생태관광 활성화 정책을 수립·추진[48]하고 있다.

순천만 갯벌은 대표적인 생태관광 지역으로 2010년에 295만명이 방문하여 경제적 효과

---

46) Ecotourism is defined as "responsible travel to natural areas that conserves the environment and improves the well-being of local people." (The International Eco Tourism Society, 1990

47) 인도네시아 코모도 섬의 생태관광객은 하루 평균 100불을 지역에서 소비하는 반면, 패키지 관광객은 50불, 크루즈 관광객은 5센트만을 소비한다.

48) 2008.12월에 환경부와 문화관광부가 공동으로 수립한 생태관광 활성화대책의 주요 내용
- 보호지역 지정확대, 훼손지 복원 등 자연환경의 체계적 보전관리
- 생태체험시설, 에코빌리지, 생태탐방로 등 친환경인프라 확충
- 생태·문화 특성과 지역특색을 연계한 프로그램 및 상품개발·운영
- 신뢰성 있는 정보제공 등 맞춤형 마케팅을 통한 수요창출

가 1,180억원에 달하는 것으로 나타났다. 순천만은 1990년대 초반까지도 도심쓰레기를 버리는 방치된 땅이었으나, 습지를 잘 복원한 후 두루미 등 철새 도래지로 변모하였으며, 조류관찰, 갈대축제 등 다양한 프로그램을 개발하여 생태관광을 브랜드화한 사례이다. 2013년에는 세계정원박람회를 이 지역에 유치하여 국제 브랜드 지역으로 발돋움하고 있다.

표 6.35 순천만 연도별 관광객 수 및 경제적 효과

구 분	2002	2006	2008	2010	2011	2012
관광객 수	10만명	70만명	260만명	295만명	199만명	235만명
경제적 효과	40억원	240억원	1,100억원	1,180억원	796억원	940억원

(자료 : 환경부, 2013, 자연환경통계)

또한 우리나라 최대의 내륙습지인 우포늪의 경우 1990년대부터 본격적인 보존 조치를 취하여 습지생태를 복원하였으며 2008년 람사르총회를 계기로 우수 생태관광자원으로 변모하였다. 이외에도 각 지역별로 생태관광 모델을 개발하고 있으며 정부가 선정한 10대 생태관광 지역은 표 6.36과 같다.

표 6.36 생태관광 10대 모델사업 대상지역(2010.2)

구 분	보호지역의 현명한 이용 유형	일반관광을 생태관광으로 전환하는 유형
개 념	자연의 영향을 최소화하는 생태관광	문화중심에 생태, 지역문화 체험
대상지	습지보호지역, 생태·경관보전지역, 생물권보전지역, 자연유산지역 등	슬로시티, 보호지역, 문화유산지역 중 대중관광지
모 델 사업지	(내륙습지)창녕 우포늪 (화석·동굴) 평창 (해안)태안 (동부 DMZ) 파주 (섬)제주 거문오름	(해안습지)순천 순천만 (철새도래지) 서산 천수만 (산/강) 소백산 자락길, 진안 고원 (서부 DMZ) 화천

※ 추후 울릉도 포함(2011.4)
(자료 : 환경부, 2012, 2012 환경백서)

다. 생태탐방로 조성

여가문화가 확산되고 도시화가 급속히 진전되면서 도시지역 주민들의 자연자원과 역사·문화자원을 찾는 생태탐방 수요는 지속적으로 증가할 것으로 전망된다. 국립공원의 경우 연간 약 32,307천명의 탐방객이 방문하고 있으며, 2007년 입장료 폐지 이후 탐방객이 지속적

으로 증가하고 있다.

표 6.37 국립공원 탐방객 현황 (단위 : 천명)

구 분	2002	2004	2006	2008	2010	2011
탐방객 수	23,042	25,841	24,948	37,707	42,658	40,804

(자료 : 환경부, 2012, 2012 환경백서)

환경부에서는 자연자원, 문화·역사자원 등을 체계적으로 보호하는 가운데, 증가하고 있는 국민들의 생태탐방 수요를 효과적으로 충족하기 위한 정책대안으로서 그림 6.11과 같은 '전국단위 생태탐방로 조성사업'을 추진하고 있으며 유사한 사업들이 여러 부처에서 추진하고 있다. 좋은 사례로 제주 올레길의 경우 친환경적으로 정비하여 많은 탐방객이 자연환경 훼손을 최소화하면서 우수한 자연환경에 접근할 수 있게 되었다. 아직까지 생태탐방로 조성사업이 초기단계이기는 하나 각 부처에서 추진하는 사업들을 효율적으로 통합하고 지역사회 중심으로 지역특성을 반영한 탐방로 조성사업을 추진할 필요가 있다.

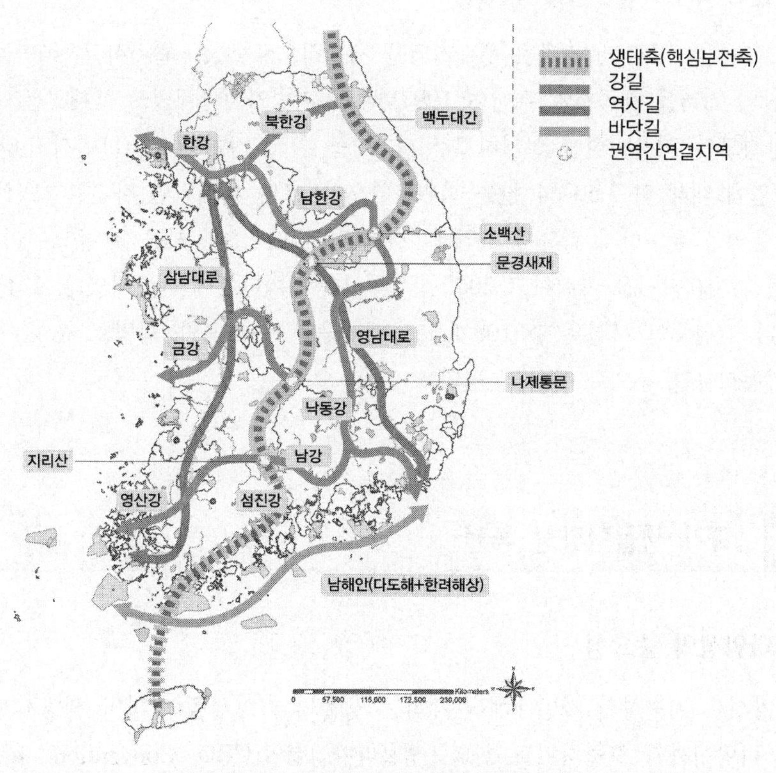

그림 6.11 생태탐방로 조성계획

(자료 : 환경부, 2013, 자연환경통계)

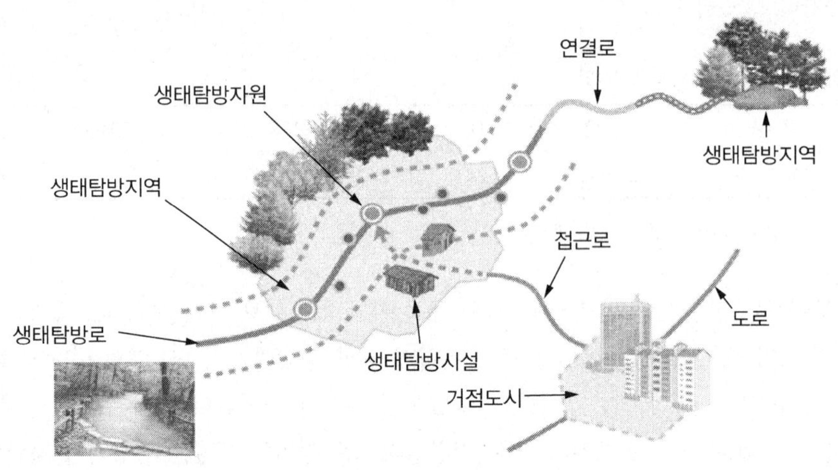

그림 6.12 생태탐방로 구성요소

(자료 : 환경부, 2013, 자연환경통계)

라. 자연환경 보전·이용시설의 확충

자연보호지역을 포함한 생태계 우수지역을 체계적으로 보전·관리하고, 국민들에게 생태체험·관찰의 기회를 제공하기 위하여 1997년부터 지방자치단체별로 생태공원, 자연학습원 등 자연환경보전·이용시설을 설치하고 있다. 이를 위해 1997년~2011년까지 국가에서 총 240개 사업에 대해 약 3,597억 원을 지원하였으며, 보다 체계적인 자연환경보전·이용시설의 설치·운영을 유도하기 위하여 사업계획단계에서부터 설계, 시공 및 운영관리 전반에 대한 기술적 가이드라인을 마련하고 2005년 7월 지방자치단체에 배포하였다. 2011년까지 설치되었거나 건설중인 시설은 총 109개소로 생태공원, 습지공원, 탐방로 조성, 생태박물관, 지역특성 동식물관 등으로 설치·운영되고 있다.

6.5.6 국가 생물다양성 보전

가. 생물다양성의 중요성

생물다양성은 지구상의 자연계에 존재하는 생물의 다양성을 말하며 생명체가 살아가는 서식처의 다양성까지 포괄하기도 한다. 생물다양성협약(CBD : Convention on Biological Diversity)[49]에서는 생물다양성을 육상·해상 및 그 밖의 수중생태계와 이들 생태계가 부분을 이루는 복합생태계 등에서 나타나는 생물 간의 상이성을 말한다고 정의하고 있다.(협약 제2조) 지구상에 동식물을 비롯한 생물종과 생태계는 다양성이 잘 유지될수록 외부의 변화에 안정적인 상태를 유지한다. 생물다양성은 지구의 영속성, 즉 인류의 생존을 위해 꼭 필요한 것이다. 생물다양성은 생명체를 보는 관점에 따라 유전자 수준의 다양성, 종 수준의 다양성 그리고 생태계 수준의 다양성 등 세가지 유형으로 구분할 수 있다.[50]

① 종 다양성(species diversity) : 동식물, 곤충 및 미생물 등 다양한 생물종을 뜻하는 것으로, 환경에 적응하여 선택된 유전자가 특정 생명체의 형질로 진화되며, 그 결과 생물종의 다양성으로 나타난다. 따라서 지구상의 각 지역내에 존재하는 다양한 생물의 종류를 뜻하며, 진화의 계통이나 생태계 특성에 따라 다르다. 우리가 통상 의미하는 생물다양성 개념이다

② 유전자 다양성(gene diversity) : 유전정보의 총칭이며, 지구상에 생존하는 개체 생물의 세포 속에 들어 있는 유전자는 모두 포함된다. 형태학적으로 동일 생물종이거나 종내에서도 이들 개체를 구성하고 있는 유전자의 일차구조(염기서열)에 변이가 있을 수 있다.

③ 생태계 다양성(ecosystem diversity) : 생물종의 군집양상과 상호작용 시스템의 차이로 구분되며, 일반적으로 특정 서식지의 특성을 의미한다. 생태계 다양성은 에너지와 물질순환 및 시스템의 재생력 등 생태계의 평형유지 기능에 필수적인 요소가 된다.

나. 생물다양성 보전 정책의 대두

산업화 시대 이후 무분별한 개발과 자원 채취, 산림·습지의 훼손, 기후변화 등으로 생물의 서식처가 파괴되면서 생물다양성이 크게 위협받게 되었다. 예로서 현재 속도로 지구온난화가 지속될 경우 50년 후에는 지구상 생물종의 1/4이 멸종될 것이라는 예측(2004, Nature)도 있다. 국제적으로는 이러한 생물다양성을 보전하고 자연자원을 지속가능한 방식으로 이용하는 과제가 인류의 현안으로 떠오르게 되었다. 1990년대 이전까지는 국제 사회에서 생물학적 차원의 조사와 경제적 이익 차원의 생물종 확보에 머물렀다가 1992년 생물다양성협약이 채택되면서 각국이 생물자원의 이용과 유전자원의 주권에 관심을 갖게 되었다.

생물다양성협약이 1993년에 발효되면서, 생물자원에 대한 국가의 주권이 인정된 이후 생물자원을 둘러싼 국가간 경쟁이 치열해 지게 되었다. 우리나라의 경우 좁은 국토여건에 급격한 산업화를 진행하는 과정에서 생뭍다양성이 크게 훼손된 반면, 이에 상응하는 대응 정

49) 1992년 브라질 리우에서 열린 환경정상회의에서 채택된 국제환경협약으로 사무국은 캐나다 몬트리올에 위치하고 있다.

50) 한국생명공학연구원 미생물자원센터, 2013

책은 미비하였다. 1990년대 중반부터 정책적 관심을 기울이기 시작하였고, 생물자원의 체계적인 보전 방안을 추진하기 시작하였다. 1994년에 생물다양성협약에 가입하였고, 1997년에는 생물다양성 국가전략[51]을 수립하였다. 이 전략에서는 국내 생물종과 생태계 실태조사, 생물자원의 지속가능한 이용방안 등이 제시되었다.

2005년에는 보다 구체화된 정부 대책으로 생물자원의 조사, 멸종위기 생물종 복원, 생물자원의 국외유출 관리, 외래종관리 강화 등을 포함한 '생물자원보전 종합대책(2005～2014)'을 수립하였다. 2007년에는 국가생물자원의 보존과 조사·연구를 전담하는 국립생물자원관이 설립되었다. 2009년 6월에는 관계부처 합동으로 국가생물다양성 전략 및 이행계획을 수립하였고 2012년 6월에는 "생물다양성 보전 및 이용에 관한 법률"이 제정되는 등 정책 기반이 어느 정도 확립되게 되었으나 아직까지 선진국에 비해 환경정책중에서도 많이 뒤떨어진 정책분야이다.[52]

2013년에는 국립생태원이 설립되어 국가 차원의 생물자원과 생태계의 조사·연구 체계가 정립된 것으로 평가된다. 여기에서는 생물자원 및 생물다양성 보전정책에 관하여 자연환경보전 기본계획상의 정책과 2012년 정부가 제시한 생물다양성 보전대책의 내용을 중심으로 기술한다.[53] 생물다양성 보전을 위해서는 생태계 보호지역 확대가 매우 효과적인 정책으로 앞에서 상술하였으므로 여기서는 고유생물종 보존, 생물다양성 보전 기반 확충, 지속가능한 이용대책, 국내 대응능력 강화, 야생동식물 보호 분야를 기술한다.

다. 국가 고유 생물종의 확보

우리나라 생물종 수는 약 10만종 수준일 것으로 추정되고 있으나 본격적으로 자생생물종이 조사되어 목록화된 역사가 짧아 2011년까지 목록화된 것은 3만 8천여종에 불과하다. 정부는 2020년까지 남북한의 생물종을 전체적으로 조사하여 한반도 고유 생물종의 60%를 목록화한다는 계획을 제시하였다(2011년 3만8천종, 38% → 2020년까지 6만종, 60%). 이중 남한의 경우는 발굴 목표의 80%인 17,600종을 발굴한다는 계획이다.

한편 2006년부터는 '자생생물 조사·발굴사업'에 착수하여 전국의 자생 생물종으로 조사하였으며 한국 고유종 DB를 구축하였다. 고유종 2,322종을 발굴하여 수록한 최초로 '한국 고유생물종 도감'을 발간하기도 하였다. 이러한 고유 생물종 조사가 중요한 이유는 생물다양성

51) 이 전략의 성과를 높이 평가하기는 어려우나 정부가 생물다양성에 본격적인 관심을 기울였다는 점에 의의를 찾을 수 있다.

52) 국토면적 대비 보호지역 비율(10.9%)이 OECD 평균(16.4%)에 못 미치고, 환경성과지수(EPI) 평가에서도 생물군보호 부문은 132개국중 96위로 부진한 것으로 평가되었다. 전체 EPI 지수는 43위임

53) 관계부처 합동, 2012.9. 생물다양성정책 이행점검 및 향후 대책, 제21차 녹색성장위원회 자료

과 생태계 건강성을 유지하는 동시에, 생물다양성이 국가 생물주권으로 연결되기 때문이다. 고유 생물종 조사사업은 생물다양성 보전정책의 기본이 되는 사업이므로 정부가 제시한 목표 달성을 위해 충분한 전문인력을 확보하여 조속히 생물종 조사사업을 확대해야 할 것이다.

정책이야기 6.2 미스킴 라일락과 구상나무의 사연

해방 후 미군정청 소속의 미더(Meader)라는 직원이 도봉산에서 라일락나무의 열매를 채취하여 1947년 미국으로 가져간다. 식물 채집가였던 미더씨는 이를 개량해서 새로운 품종을 만들었고 당시 자료 수집을 도왔던 한국인 직원 미스킴의 이름을 따서 '미스킴 라일락(Miss Kim Lilac, Syringa patula Miss Kim)'이라고 명명한다. 미스킴라일락은 미국에서 관상용으로 큰 인기를 끌게 되었고, 1970년대 이후에는 우리나라에 역수입되어 가정용 관상식물로 판매된다. 미스킴라일락은 수수꽃다리속에 속하는 식물로 진보라색 꽃을 피우고 매혹적인 향을 갖고 있다.

한라산과 지리산의 자생식물이었던 구상나무는 1900년대 초반에 유럽으로 반출돼 크리스마스트리로 각광받고 있다. 하늘말나리, 털중나리 등 우리 토종을 교배해 얻은 나리꽃들은 이제 우리나라가 해마다 400여만 달러를 지불하고 수입하는 실정입니다. 우리나라가 생물자원의 중요성을 인식하지 못하던 시절 불법(당시로서는 불법도 아니지만)으로 유출된 자생식물들의 주권을 잃은 셈이다. 생물자원 보전의 중요성을 일깨워주는 사례들이다.

그림 6.13 수수꽃다리와 구상나무
(자료 : 국립공원관리공단 제공)

라. 생물다양성 보전 기반 확충

생물다양성 보전정책은 장기적이고 체계적인 조사·연구가 뒷받침되어야 한다. 그간 환경부 소속의 국립환경과학원, 산림청 소속 산림과학연구소 내의 한 부서에서 조사사업을 추진해 오다가 2007년에 국립생물자원관을 설립하여 생물표본의 보관, 생물종 보존 기술개발,

생물정보시스템 관리, 교육·홍보 등의 기능을 갖춤으로서 비로소 독립적인 생물자원 보존·조사 관리기관이 탄생하였다. 정부는 권역별 생물자원관을 추가로 설치한다는 계획으로 현재 경북 상주시에 낙동강 생물자원관을 건설중이며 2014년에 발족할 예정이다. 2013년에는 장항갯벌 매립의 대안사업으로 충남 서천군에 설립된 국립생태원이 발족하였으며 국립해양생물자원관도 2014년에 건설이 완료될 예정이다. 이외에 국립수목원도 확충할 예정으로 분야별 생물다양성 관리 기관은 확충될 것으로 보인다.

생물다양성 정보망으로는 현재 교육부의 국가생명연구자원 통합정보시스템, 농식품부의 농수산생명자원 통합정보서비스, 환경부의 국가생물자원 관리시스템, 해양수산부의 한국해양생물다양성 정보시스템, 농진청의 농업생명자원정보 통합관리시스템, 산림청의 국가생물종지식 정보시스템 등이 있다. 정부에서 이를 연계한 국가 생물다양성 종합정보시스템을 구축한다는 계획이다.

마. 생물자원의 지속가능한 이용대책

생물자원의 지속가능한 이용을 위해 앞서 기술한 생태관광 활성화, 해외 생물자원 조사, 나고야 의정서에 대비한 고유 생물자원 주권확보방안 마련 등의 대책을 제시하고 있다.

바. 생태계 위협요인에의 대응능력 강화 대책

생태계에 위협을 주는 대외적 요인은 외래종이 무분별하게 들어오는 것과 우리 고유 생물종이 반출되는 것이 있다. 우선 생물종의 국외 반출을 통제·관리하기 위하여 정부는 '야생동·식물 보호법'에 따라 보호할 가치가 높은 생물종을 환경부장관이 '국외반출 승인대상 생물자원'으로 지정·고시하였다. 이 제도는 1997년에 도입되었으며, 2000년에 201종을 국외반출 승인대상 생물자원으로 최초로 지정한 이래, 2012년 현재 총 1,971종(파충류 1, 어류 76, 곤충류 670, 식물 596)이 지정되어 국외반출이 규제되고 있다.

표 6.38 국외반출 승인대상 생물종 지정현황(2012년)

종 별	계	곤충	거미류	연체동물	기타 무척추동물	식물	해조류	고등균류	지의류	파충류	어류
신규 선정종	437	124	42	50	63	64	45	44	5	-	-
기 고시종	1,534	546	62	60	118	532	62	72	5	1	76
계	1,971	670	104	110	181	596	107	116	10	1	76

(자료 : 환경부, 2013, 자연환경통계)

외래종이 유입되어 생태계를 교란시키는 것을 방지하기 위하여 정부는 2011년 16종인 생태계 교란종을 18종으로 확대한다는 계획이다. 또 생태계 위해 외래종에 대한 제거작업도 시행하고 있다. 2010년까지 조사된 외래생물은 동물 620종, 식물 310종에 달한다.[54)]

이중에서 특히 문제가 되는 것은 생태계에 위협을 가하는 일부 생물로서 이를 '생태계 교란 야생 동식물'로 지정하는 것이다. 대표적으로는 단풍잎돼지풀, 돼지풀, 가시박, 황소개구리, 블루길, 배스 등이 있으며 최근에는 경남북 일원에 뉴트리아가 번식하고 있어 생태계를 크게 교란시키고 있다.[55)] 이러한 교란종은 한번 번식되면 제거하기가 매우 어렵기 때문에 사전 관리가 매우 중요하다.

사. 생물다양성 보전에 관한 국제협력

1) 생물다양성협약

생물다양성협약은 생물다양성의 보전과 생물자원의 지속가능한 이용, 그리고 생물자원을 이용하여 얻어지는 이익을 공정하고 공평하게 분배할 것을 목적으로 1992년 채택되었으며 우리나라는 1994년에 가입하였다. 이 협약은 생물다양성의 보전과 지속가능한 이용에 관한 일반적 조치, 생물자원에 대한 접근 및 지적재산권, 기술이전 등을 핵심 내용으로 한다. 이후 생물주권에 대한 각국의 이해관계를 반영하여 2010년 10월 유전자원의 접근 및 이익공유에 관한 의정서(일명 "나고야 의정서")가 채택되며 우리나라는 2011년 서명하였다. 여기에 대하여는 제9장에서 상술한다.

1990년대부터 새로운 환경보건 이슈로 대두된 유전자변형생물체(LMO : Living Modified Organism)의 이용 및 관리와 관련하여 2000년에 생물다양성협약에 근거한 바이오 안전성 의정서가 채택되어 2003년에 발효되었다. 이 의정서는 유전자 조작에 의해 만들어진 농작물 품종, 식품과 의약품 등의 안전성을 확보하기 위한 것이다.

2) 바이오안전성 국가관리

1980년대부터 유전자변형생물체(LMO : Living Modified Organism)에 대한 연구가 본격화되었다. 인구증가에 따른 식량 확보, 축산물·수산물의 생산성 증대 등과 관련하여 다양한 분야에서 폭 넓게 연구되어 응용되고 있다. OECD에 의하면 1986년 이후 2001년까지 15년

54) 국립환경과학원의 '한국의 외래생물 종합검색 시스템'

55) 뉴트리아(nutria)는 쥐와 유사한 설치목 동물로 1미터에 몸무게가 10킬로그램까지 나간다. '괴물쥐'라고도 불리며 날카로운 이빨을 가지고 있어 함부로 만졌다가는 손가락이 절단될 수도 있다. 1985년 모피 생산을 위해 남미에서 들여온 뉴트리아는 2001년 가축으로 지정되면서 전국의 농가에서 길러왔으나 일부가 우리를 탈출한 뒤 개체수가 급격히 늘어나 농작물과 생태계에 큰 피해를 입히고 있다.

간 30여개 국가에서 10,300건 이상의 유전자변형생물체에 대한 실험이 수행되었으며, 52종의 제품이 시중에 판매되고 있다. 그러나 LMO로 인한 생태계나 인체 위해성은 여전히 확실히 규명되고 있지 않다. 이는 역으로 유전자조작생물체가 환경에 우발적으로 방출되거나, 또는 반입됨으로써 인간의 건강과 자연생태계의 질서를 위협할 수 있는 가능성이 상존하고 있음을 의미하는 것이다. UN은 이러한 위험성에 대처하고자 LMO의 위해성·안전성을 확보하기 위해 "바이오 안전성의정서"를 2000년에 채택하였다. 의정서에는 LMO를 안전하게 취급하기 위한 PIC(사전통보) 제도를 중심으로 국가별 바이오안전성 관리체계에 관한 내용을 포함하고 있다.

우리나라는 많은 LMO 농산물을 수입하고 있을 뿐만 아니라, 국내적으로도 유전자조작기술을 이용한 의약품과 농산물품종 개발 등을 추진하고 있다. 이에 반해 LMO로 인한 위해성 문제에 대한 연구는 매우 미진하다. 한편 바이오안전성의정서에 대응하고자 정부는 "유전자변형생물체의 국가간 이동 등에 관한 법률"을 제정하여 2008년부터 시행하고 있다. 이 법은 산업통상자원부에서 주관하고 있다.[56)]

아. 야생동식물 보호 정책

1) 야생 동식물보호 법규

산림청에서 관장하던 조수보호 기능이 1999년 환경부로 이관되었다. 환경부는 자연환경보전법 야생동·식물 관련 조항과 "조수보호 및 수렵에 관한 법률"을 통합하여 2004년에 "야생 동·식물보호법"을 제정하여 2005년부터 시행되었으며 현재는 "야생 동식물 보호 및 관리에 관한 법률"로 개정되었다. 이 법은 6장 73조로 구성되어 있으며 야생동·식물보호 기본계획 수립, 밀렵·밀거래의 금지, 야생 동식물의 실태조사 및 구조, 특별보호구역의 지정, 멸종위기종의 보호, 수렵관리 등 야생 동·식물의 보호와 관련된 제도를 포괄적으로 규정하고 있다.

2) 멸종위기 야생동식물 보호

1987년에 멸종 위험이 있는 야생 동식물을 법적으로 보호하기 위해 당시 환경청은 환경보전법에 특정 야생동식물 지정제도를 도입하였다. 1989년에 처음으로 양서류 5종, 파충류 7종, 곤충 21종, 식물 59종 등 92종을 처음으로 지정하였다. 1993년에는 양서류 9종, 파충

---

56) LMO 관리법률을 산업육성 담당 부처에서 담당하는 것이 적합지 않다는 의견이 있다. 실제 LMO가 많이 적용되는 농산물 주관부서인, 농림축산식품부, 생태계 관리 주관부서인 환경부, 식품의약품안전처 등 관계부처간 재논의할 필요가 있다.

류 13종, 곤충 31종, 식물 126종 등 179종으로 확대하였다. 1998년에는 개정된 특정 야생동식물 지정제도를 개선하여 멸종위기 야생동·식물 43종과 보호야생동·식물 151종으로 변경하였다. 즉 멸종위기에 있는 종과 멸종위기에 있지는 않으나 보호가치가 높은 종을 구분하여 지정하도록 한 것이다. 한편 1990년대 후반부터는 밀렵뿐 아니라 밀거래 행위도 강력하게 단속하고 처벌도 대폭 강화하여 소위 강장제로 거래되던 야생 동식물이 많이 저감된 것으로 보인다.

그림 6.14 한반도 멸종위기동물 산양
(자료 : 국립공원관리공단 제공)

그러나 보호종이라는 개념이 모호되어 2004년에는 다시 "야생동·식물보호법"을 개정하여 종전의 멸종위기종과 보호야생종을 멸종위기 야생동식물로 통합하고 멸종위기 정도에 따라 I 급과 II 급으로 구분하여 총 221종을 지정하였다. 멸종위기 야생동·식물 I 급은 자연적 또는 인위적 위협요인으로 개체수가 현저하게 감소되어 멸종위기에 처한 야생동·식물이며, 멸종위기 야생동·식물 II 급은 자연적 또는 인위적 위협요인으로 개체수가 현저하게 감소되고 있어 현재의 위협요인이 제거되거나 완화되지 않을 가까운 장래에 멸종위기에 처할 우려가 있는 야생동·식물을 의미한다. 2001년부터 멸종위기 야생 동·식물 분포조사를 시행하고 있으며 멸종위기에 있는 동식물의 복원사업도 추진하고 있다.

참고자료 6.2 멸종위기종 지정 내역

구 분	주 요 생 물 종
	멸종위기 야생생물 I급(51종)
포유류(11종)	늑대, 대륙사슴, 반달가슴곰, 붉은박쥐, 사향노루, 산양, 수달 등
조류(12종)	검독수리, 넓적부리도요, 노랑부리백로, 두루미 등
양서파충류(2종)	비바리뱀, 수원청개구리
어류(9종)	감돌고기, 꼬치동자개, 남방동사리, 미호종개 등
곤충류(4종)	산굴뚝나비, 상제나비, 수염풍뎅이, 장수하늘소
무척추동물(4종)	귀이빨대칭이, 나팔고둥, 남방방게, 두드럭조개
식물(9종)	광릉요강꽃, 나도풍란, 만년콩, 섬개야광나무, 풍란 등
	멸종위기 야생생물 II급(195종)
포유류(9종)	담비, 무산쇠족제비, 물개, 물범, 삵 등
조 류(49종)	검은머리물떼새, 고니, 독수리, 따오기, 뜸부기, 수리부엉이, 참매, 흑두루미 등
양서파충류(5종)	구렁이, 금개구리, 남생이, 맹꽁이, 표범장지뱀
어류(16종)	꾸구리, 다묵장어, 돌상어, 묵납자루, 열목어 등
곤충류(18종)	꼬마잠자리, 물장군, 붉은점모시나비, 소똥구리, 왕은점표범나비 등
무척추동물(27종)	갯게, 기수갈고둥, 깃산호, 대추귀고둥, 칼세오리옆새우, 흰발농게 등
식 물(68종)	가시연꽃, 노랑붓꽃, 단양쑥부쟁이, 백부자, 제비동자꽃 등
해조류(2종)	그물공말, 삼나무말

(자료 : 환경부, 2013, 자연환경통계 요약)

3) 멸종위기 야생 동식물의 보전 및 복원

정부는 멸종위기 야생 동·식물을 원래의 서식지에서 보전하기가 어려운 경우 여건이 유사한 다른 지역에서 보전·복원하도록 유도하고 있다. 이들 생물종을 증식·복원하는 기관에 대하여는 '서식지외 보전기관'으로 지정하고 정부가 일부 재정적인 지원을 하고 있다. 2000년에 서울대공원과 제주 한라수목원을 시작으로 현재 전국에 총 23개소의 서식지외 보전기관이 지정되어 있다. 정부가 직접 관장하기 어려운 공공성격의 사업을 민간 전문기관이 대행하는 것으로 이해할 수 있다.

표 6.39 서식지외 보전기관 지정 현황(2013)

번호	명 칭	지 정 동·식물	지 정 일 자	주요 지정 내역
1	서울대공원	동물 20종	2000. 4	반달가슴곰, 늑대, 여우, 표범, 호랑이, 삵, 두루미
2	한라수목원	식물 26종	2000. 5	개가시나무, 나도풍란, 만년콩, 삼백초, 죽백란
3	(재)한택식물원	식물 19종	2001.10	가시오갈피나무, 노랑만병초, 미선나무, 백부자
4	한국황새복원센터	조류 1종	2001.11	황 새
5	내수면양식연구센터	어류 3종	2001.11	꼬치동자개, 감돌고기, 모래주사
6	여미지식물원	식물 10종	2003. 3	한란, 암매, 솔잎란, 대흥란, 죽절초, 개가시나무
7	에버랜드동물원	동물 6종	2003. 7	호랑이, 산양, 검독수리, 두루미, 큰바다사자
8	기청산식물원	식물 10종	2004. 3	섬개야광나무, 매화마름, 갯봄맞이꽃, 큰바늘꽃
9	한국자생식물원	식물 16종	2004. 5	노랑만병초, 산작약, 가시오갈피나무
10	홀로세생태연구소	곤충 3종	2005. 9	애기뿔소똥구리, 붉은점모시나비, 물장군
11	한국산양·사향노루 보존회	포유류2종	2006. 9	산양, 사향노루
12	천리포수목원	식물 4종	2006. 9	가시연꽃, 노랑붓꽃, 매화마름, 미선나무
13	곤충자연생태연구센터	곤충 3종	2007. 3	붉은점모시나비, 물장군, 장수하늘소
14	함평자연생태공원	식물 4종	2008.11	나도풍란, 풍란, 한란, 지네발란
15	평강식물원	식물 6종	2009. 8	개병풍, 노랑만병초, 단양쑥부쟁이, 조름나물
16	신구대학식물원	식물 11종	2010. 2	가시연꽃, 섬시호, 매화마름, 백부자, 나도승마
17	우포따오기복원센터	동물 1종	2010. 6	따오기
18	경북대 조류생태환경 연구소	동물 3종	2010. 7	두루미, 재두루미, 큰고니
19	고운식물원	식물 5종	2010. 9	광릉요강꽃, 노랑붓꽃, 층층둥글레, 진노랑상사화
20	강원도 자연환경연구소	식물 7종	2010. 9	왕제비꽃, 복주머니란, 제비동자꽃, 가시오갈피
21	한국도로공사 수목원	식물 8종	2011. 9.	노랑붓꽃, 진노랑상사화, 지네발란, 초령목
22	(재)제주테크노파크	동물 3종	2011.12	두점박이사슴벌레, 물장군, 애기뿔소똥구리
23	순천향대 어류복원센터	동물 7종	2013. 2	미호종개, 흰수마자, 여울마자, 부안종개

(자료 : 환경부, 2013, 자연환경통계 요약, 일부 기관명칭은 약칭하였음)

또 멸종위기 동식물이나 생태적 가치가 높은 동식물의 서식처를 안정적으로 확보하기 위해 경제적 수단으로 '생물다양성 관리계약 제도'를 1997년에 자연환경보전법을 개정하여 도입하였다. 철새 도래지 등을 대상으로 소유주는 농약 사용의 자제, 경작방식의 변경, 습지의 조성 등 서식에 유리한 여건을 조성해주고 이로 인한 피해 비용을 일정 부분 정부로부터 보상받는 것이다. 계약은 지자체와 토지 소유자간에 체결하고 중앙정부도 보상비용의 일정 부분 분담하는 형태이다. 2002년에 창원시 (주남저수지), 군산시(금강호), 해남군(영암호·고천암호·금호호) 등 철새도래지를 대상으로 시범사업을 시행한 이후 확대57)하고 있으며 2011년까지 135개 시·군·구가 참여하였고 총 93억원이 지원되었다. 정부는 연 9억원 수준의 지원금을 2020년에는 30억원 수준으로 확대한다는 계획이다.

정부는 우리 생태계의 고유 기능을 최대한 살린다는 취지로 멸종위기종 복원사업을 추진하고 있다. 현재 지리산 반달가슴곰 복원사업, 월악산 산양복원용 개체포획 및 방사사업, 오대산 장수하늘소 정밀조사 및 원종확보 사업, 소백산·덕유산 멸종위기식물원 조성사업 등을 추진하고 있다.

정책이야기 6.3 지리산 반달가슴곰 복원사업

지리산에 방사한 반달 가슴곰
(자료 : 국립공원관리공단 제공)

1995년 지리산에 반달가슴곰이 서식한다는 여러 가지 과학적 증거를 확보하였고, 그 후 이들 반달가슴곰이 밀렵꾼에 의해 희생당하지 않도록 올무·덫 등을 제거하였으나 근본 대책으로는 미흡하였다.
국립공원관리공단은 2001년~2004년에 걸쳐 지리산에 반달가슴곰 4마리를 시험 방사하였고, 방사한 곰들의 활동상황을 파악할 수 있는 위치추적 시스템을 갖추고, 5마리 정도로 추정되는 지리산의 야생 반달가슴곰을 보호하기 위하여 159km^{2}의 출입통제 구역을 지정하였다. 5마리 정도로 추정되는 지리산의 자생 반달가슴곰 개체수를 50마리 수준으로 늘려서 장기적으로 반달가슴곰들이 스스로의 힘으로 생존할 수 있는 동물군락 규모를 갖추도록 할 계획이다.
2008년에는 방사된 반달가슴곰이 새끼를 낳기도 하는 등 시행착오를 거쳐 서서히 정착되고 있다. 국내에서 포유류를 대상으로 시행하는 최초의 복원사업으로 의미가 크다.

57) 생물다양성관리계약의 유형으로는 사업대상 농경지에 지역주민이 보리를 계약경작하고 철새에 먹이를 제공하는 계약의 이행에 따른 인센티브를 제공하는 '경작관리 계약' 방식이 있고, 다른 방식으로는 철새의 먹이를 제공하는 목적으로 벼 등 농작물을 미수확한 채 존치하던가, 볏짚 존치, 철새의 쉼터 조성관리 등 지역주민들의 철새 및 생태계보전 활동에 따른 인센티브를 제공하는 방식이 시행되고 있다.

4) 철새보호를 위한 주변국가와의 협력

우리나라의 조류 총 522종 중에서 철새가 차지하는 비중이 391종 74.9%로 러시아와는 337종, 일본과는 278종, 중국과는 337종, 호주와는 59종의 철새를 공유하고 있다. 이러한 철새를 보호하기 위해서는 우리나라 단독의 노력으로는 어렵고, 철새가 오가는 나라들과 공동으로 보호정책을 추진하는 것이 효과적이다. 이러한 취지에서 1994년에 러시아와 철새보호협정을 체결하여 양국을 오가는 철새의 이동경로를 조사하고 서식지와 도래지를 보호하기로 하였다. 2006년에는 호주와, 2007년에는 중국과 철새보호협정을 체결하였다. 아울러 철새보호협정 체결을 계기로 철새이동경로 공동조사 등 양자간 다양한 공동협력사업을 추진하고 있다. 또한 우리나라는 '동북아시아의 이동성 물새 국제네트워크 사업'에 참여하여, 한강하구 및 철원평야를 두루미 국제네트워크로, 전북 동진강 하구를 도요새 국제네트워크로, 천수만 서산 간척지를 오리·기러기 국제네트워크로 지정하여 국제적인 철새보호 활동에 동참하고 있다.

6.6 환경영향평가 제도

6.6.1 환경영향평가제도 도입 배경

인간의 사회·경제활동은 필연적으로 개발행위를 수반하게 되며 개발사업으로 인한 환경영향은 대기오염, 수질오염, 생태계 파괴 등 다양한 형태로 나타난다. 이렇게 국토환경에 영향을 미치는 각종 개발사업은 현재의 환경의 질을 유지할 수 있는 한계, 즉 각종 환경부하에 대하여 스스로 수용·정화 및 복원할 수 있는 한계인 환경용량(environmental capacity)의 범위 내에서 이루어지는 것이 바람직하다. 그러나 현실적으로는 개발행위가 현재의 환경질을 어떤 형태로든 악화시키게 되므로 이를 어떻게 복원 또는 정화할 것인지 과학적인 분석을 기초로 대책을 만들어야 한다. 즉 사전적으로 개발사업의 기획·입안 단계에서부터 국토의 환경용량을 체계적으로 고려해야 한다는 의미이다.

사전예방적 국토환경 관리를 위해서는 입지규제와 같은 강제적 규제·명령 수단, 국토환경 훼손자에 대한 부담금 부과 등 경제적 수단도 적용될 수 있으나 여기서는 개발사업으로 인한 환경영향을 미리 예측하고 대책을 사전에 마련토록 함으로써 환경오염과 생태계 훼손을 최소화한다는 측면에서 환경영향평가(EIA : Environmental Impact Assessment) 제도가 매우 효율적이다.

1960년대 이후 급격한 경제성장 시기를 거치면서 공장, 사회기반시설, 도시개발 등 각종 개발사업이 활발하게 진행되었다. 이 과정에서 환경용량을 고려할 경제적 여력도 없었고 사회적인 공감대도 형성되지 못했다. 따라서 산림녹화 정도의 단편적인 자연보전정책 외에는 사전예방적 국토환경 관리정책이 부재했다고 볼 수 있다. 이후 개발사업으로 인한 환경오염과 생태계 훼손이 점차 심각해지면서 1970년대 후반부터 무분별한 개발행위에 대한 국가의 규제·관리 필요성이 본격 제기되었고 1977년에 처음으로 환경영향평가제도가 도입된다.

6.6.2 환경영향평가제도의 발전 경과

1977년 12월 제정된 "환경보전법" 제5조(사전협의)의 규정에 따라 행정기관이 시행하는 도시개발, 산업단지 조성, 에너지 개발 등 3개 분야에 대한 평가 협의 근거를 최초로 마련, 개발사업에 대한 사전협의 형식으로 환경영향평가 제도를 도입, 시행하게 되었다. 그러나 이에 대한 시행지침이 마련되지 않아 실질적인 환경영향평가는 시행되지 못하고 있다가 1981년 "환경보전법"의 개정과 1981.2.28 "환경영향평가서 작성에 관한 규정(환경청 고시 제81-4호)"이 제정되면서 본격적으로 환경영향평가가 실시되게 되었다. 이후 점차 평가대상 사업 범위도 확대되고 행정기관 외에 공공기관, 정부투자기관 및 민간부문에서 시행하는 사업까지 확대된다.

우리나라의 환경영향평가 제도는 1990년 환경관련 법령의 체계를 전면 개편하여 환경보전법이 분법되고 "환경정책기본법"이 제정되면서 정착되었다 할 수 있다. 이 법에 환경영향평가 제도의 내용이 보다 구체화되고, 이어 1993년에는 단일법으로 환경영향평가법이 제정·시행되면서 절차를 명확히 하고 대상사업의 사후관리 제도를 강화하는 등 제도를 보완하였다. 이때 주민의견 수렴제도가 도입되어 개발사업으로 인한 환경영향에 대해 지역주민의 이해관계를 사전 조정함으로써 개발과정의 합리성을 제고하게 되었다. 또한 환경영향평가 협의 업무를 지방환경관서로 위임함에 따라 실질적인 검토가 가능토록 하였다.

환경영향평가와 유사한 교통영향평가, 재해영향평가, 인구영향평가가 국토해양부, 소방방재청 등 관련부처에서 시행됨에 따라 동일한 사업이 2가지 이상의 영향평가 대상이 될 경우 절차가 중복되어 사업자에게 경제적·시간적 부담이 크다는 지적이 제기됨에 따라 각종 영향평가제도의 근거법률을 1999년 12월 31일 "환경·교통·재해 등에 관한 영향평가법"으로 통합하여 2001년부터 시행되었다. 이로써 일부 행정절차는 간소화되었으나 여전히 분야별 영향평가 협의를 과거 개별법과 같이 소관부처가 담당하여 영향평가의 실질적인 통합이 이루어지지 못하였다. 여전히 교통영향평가, 재해영향평가, 인구영향평가가 환경영향평가상의 대상항목과 중복되어 평가의 효율성 저하, 불합리한 사업자 부담 가중 등의 문제가 제기됨에 따라 교통·재해·인구관련 사항을 삭제하고 스코핑(scoping) 절차 의무화 등의 개선 사항을 반영하여 2008년 3월 "환경영향평가법"으로 다시 개정하고 2009년 1월 1일부터 시행되었다.

한편 환경영향평가 대상사업이 일정규모 이상의 대규모사업들을 대상으로 함으로써 중소규모 개발사업으로 인한 난개발 문제가 제기되면서 2000년 환경정책기본법을 개정하여 사전환경성검토 제도를 도입하였다. 사전환경성검토 제도는 당초 사업의 계획 수립단계에서 환경영향을 분석하는 전략환경평가 개념으로 도입되었으나 실제적으로는 환경영향평가와 대상사업만 달리하는 제도가 되었다. 이렇게 사전환경성검토 및 환경영향평가 제도가 동일목적의 사전 협의 제도임에도 불구하고 "환경정책기본법"과 "환경영향평가법"으로 각각 운용되고 있어 처리절차가 복잡하고 적용에 일부 혼선도 있는 등의 문제점이 나타남에 따라 이원화되어 있는 환경영향평가제도를 하나의 법률로 규정하여 전략환경영향평가, 환경영향평가, 소규모 환경영향평가로 구분하여 시행하는 내용으로 환경영향평가법을 개정하여 2012년 7월부터 시행하고 있다.

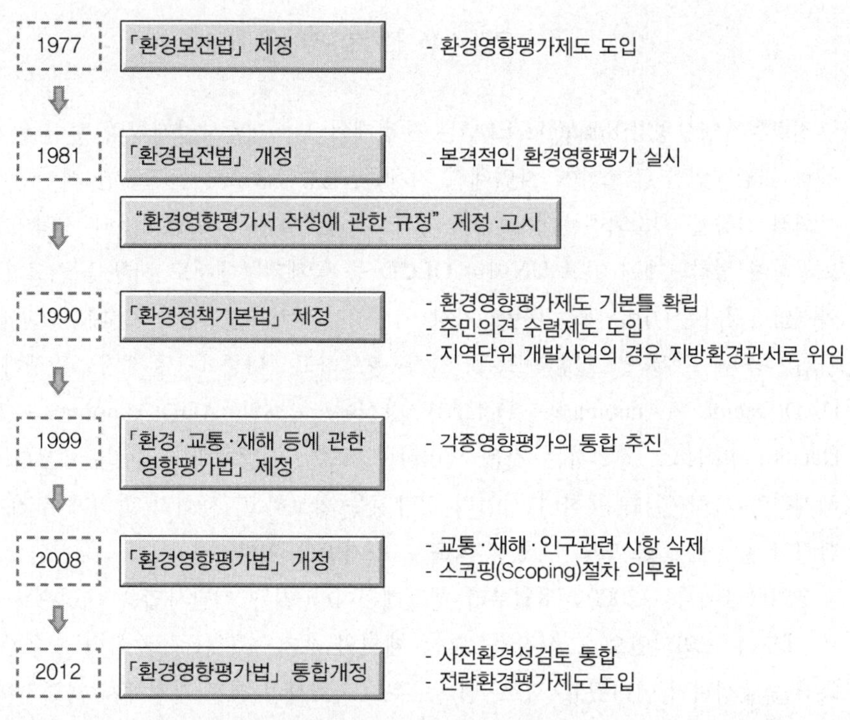

그림 6.15 환경영향평가법 제·개정 연혁

6.6.3 통합 환경영향평가법의 주요내용

가. 환경평가 체계의 일원화

개정된 환경영향평가법은 현행 시행되는 환경성검토 제도를 모두 통합하여 2012년 7월부터 시행되었다. 기존 환경정책기본법에 규정된 행정계획에 대한 사전환경성검토는 전략환경영향평가로, 환경민감지역의 개발사업에 대한 사전환경성검토는 소규모 환경영향평가로 개편하여 일관적인 환경평가체계를 구축한 것이다.

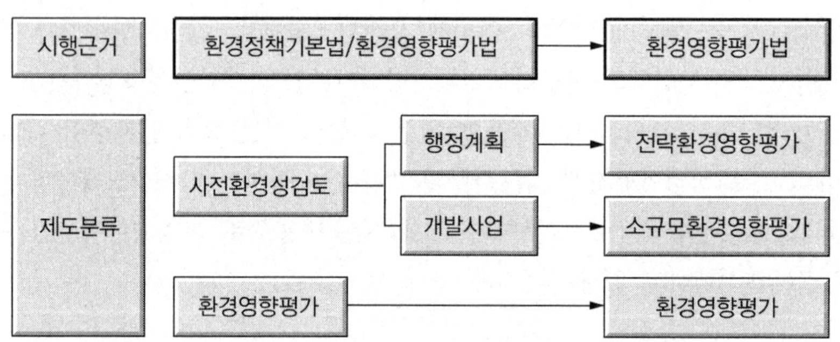

그림 6.16 전략환경평가의 개념도

전략환경영향평가(Strategic EIA)는 행정계획이나 개발사업계획의 수립 단계에서 환경영향과 저감방안을 검토하여 사업계획 자체를 변경함으로써 불필요한 예산낭비를 방지하고 사회적 갈등을 최소화하는데 목적이 있다. 선진국들은 1990년대부터 전략영향평가 개념을 도입하여 정착단계에 있고 UN이나 OECD 등 국제기구에서도 시행을 권고하고 있다. 전략환경영향평가는 거버넌스 실현에 가장 이상적인 방법으로 인식되는데, 종전에는 각종 국책사업 등을 정부가 일방적으로 결정·통보하고 나중에 문제가 발생하면 설득하는 DAD(Decide → Announce → Defend) 방식에서 소위 ADD(Announce → Discussion → Decide) 방식으로 전환하는 것을 의미한다. 또한, 개발계획의 수립단계부터 시행단계까지 체계적인 환경평가를 통하여 사업의 정당성을 확보하고, 사회적 합의를 조기에 이끌어내어 환경적 갈등을 최소화할 수 있는 제도로 평가받고 있다.

우리나라에서는 2000년 8월부터 행정계획이나 일부 개발사업을 대상으로 사전환경성검토 제도가 도입되었으나, 실질적으로는 계획의 초기 수립단계가 아닌 경우가 많아 본래의 목적을 달성하기 어려웠고, 도로·댐 등 주요 국책사업 추진 과정에서 사회적 갈등이 지속적으로 발생하였다. 이에 따라 2006년 6월부터 대규모 개발사업의 상위 단계에서부터 환경성을 검토하도록 전략환경평가 개념을 도입하고 행정계획 평가대상을 대폭 확대(38개 → 83개)하는 등 평가제도를 개선하였으나 여전히 개발계획에 앞서 정책계획을 수립할 때 경제성, 사회성과 함께 환경성을 통합 고려하는 측면이 부족하다는 문제점이 제기되었고, 결과적으로 전략환경평가의 취지를 제대로 살리지 못하였다. 이러한 근본적 문제점을 해소하기 위해 종전의 사전환경성검토 대상 행정계획을 전략환경영향평가 체계로 개편하는 내용을 포함하여 2012년 7월 법을 개정하였다.

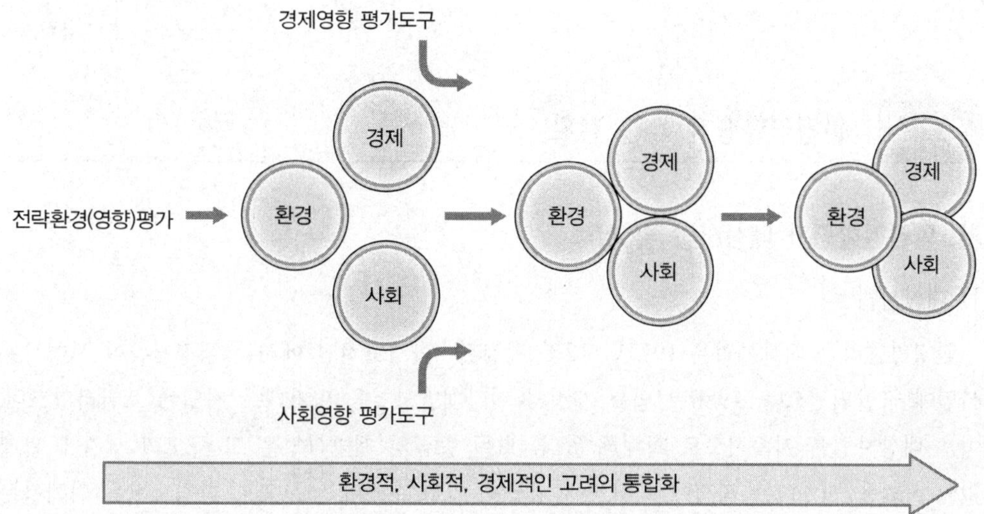

그림 6.17 전략환경평가의 의미

나. 환경영향평가사 신설 및 자연생태계 분야 평가업

환경영향평가는 각종 개발사업 시 나타날 수 있는 미래의 불확실한 환경변화 상태를 과학적으로 예측해야 한다는 측면에서 예측·평가 기법의 개발 등 전문 지식이 요구된다. 특히 과거 사전환경성검토에 포함되어 있던 전략환경영향평가는 서면 내용만으로 계획의 적정성과 입지타당성에 대한 전문적 검토가 요구되어 국토공간 및 도시계획, 토지이용구상, 생태·경관계획 등에 대한 종합적인 지식이 요구된다. 환경영향평가서 작성을 대행하고 있는 환경영향평가업체의 경우에도 매체별 기술인력(수질, 대기 등 국가기술자격)이 주를 이루고 있어 사회·경제 분야 평가항목에 대한 전문성이 부족한 실정이다. 실제로 환경영향평가의 항목은 6개 분야 20개인데 반하여 환경분야 기술사는 6개 분야에 불과하여, 사회·경제 환경 등 환경전반에 대한 종합적 분석·검토에는 한계점이 있다.

이러한 문제를 해결하기 위해 환경영향평가 업무를 총괄 조정할 수 있는 국가자격제도로

서 환경영향평가사를 도입하게 되었다. "환경영향평가법"을 개정하면서 도입된 환경영향평가사는 응시자격을 기술사 취득자 또는 일정 자격을 갖춘 전문인력으로 한정하여 환경영향을 종합적으로 조망하고 대안을 판단할 수 있는 고급 전문가로 분류할 수 있다. 환경영향평가의 기본적인 데이터는 개발지역의 생태환경 자료이다. 축적된 동식물상이나 지형 관련 자료를 토대로 환경영향을 예측할 수 있기 때문에 중요한 기초 데이터이다. 종래 환경영향평가 대행업체에서 병행하여 시행하던 생태조사를 전문적으로 시행할 자연조사생태업(2종)을 신설하여 보다 과학적인 생태환경의 조사와 분석을 도모하고 있다.

6.6.4 환경영향평가 추진 현황

가. 환경영향평가 대상사업 및 실적

1) 대상사업

환경영향평가 대상사업은 1977년 12월 제정된 "환경보전법"에서는 행정기관이 시행하는 사업에 국한되었으나, 1986년 법률 개정시 민간개발사업을 평가대상 사업에 포함하였으며, 이후 대상사업을 지속적으로 확대해 왔다. 모든 종류의 개발사업은 그 규모의 크기에 관계없이 사업을 시행하는 과정에서 환경에 영향을 미칠 수밖에 없으므로 환경보전을 위해서는 모든 개발사업에 대하여 환경영향평가를 실시하는 것이 바람직할 것이다. 그러나 환경영향평가의 실시에 따른 사회적 비용과 시간, 행정력 소요 등을 고려할 때 환경개선의 실익이 적은 사업은 평가대상에서 제외하고 지역의 특수성, 환경에 미치는 영향정도에 따라 평가를 실시하도록 하는 것이 타당할 것으로 판단된다.

현재 우리나라는 환경영향평가법에서 도시 개발, 산업입지 및 산업단지의 조성, 에너지 개발 등 모두 17개 분야 78개 단위사업을 평가 대상사업으로 정하고 있으며 그 세부내용은 표 6.41과 같다. 이는 평가 대상사업을 미리 정하여 놓는 평가대상사업 열거(positive list)방식을 적용하는 것으로서 미국 등이 채택하는 평가대상 여부의 사전심사 방식과는 차이가 있다.

표 6.41 환경영향평가 대상사업

사업분야	세부사업 및 규모
가. 도시개발 (13개)	- 도시 및 주거환경 정비, 대지조성, 택지개발·보금자리주택단지조성, 학교설치공사 : 30만m^2 - 도시개발, 혁신도시개발, 역세권도시개발 : 25만m^2 - 공동집배송센터, 여객자동차터미널, 물류터미널, 농어촌마을정비 : 20만m^2 - 도시계획시설사업 : 운하, 유통설비(20만m^2), 주차장(20만m^2), 시장(15만m^2) - 공공·개인하수처리시설설치(10만m^3/일)
나. 산업입지 (7개)	- 산업단지개발, 중소기업단지개발, 자유무역지역지정, 공장설치, 공업용지조성, 산업기술단지조성, 연구개발특구의 조성 : 15만m^2
다. 에너지개발 (7개)	- 전원개발 : 발전소(1만kW, 댐 및 저수지 건설 수반시 3천kW, 태양력·풍력·연료전지발전소 10만kW, 공장용지내 자가발전설비 3만kW), 지상송전선로(345kV 이상 및 10km), 옥외변전소(765kV), 회처리장(30만m^2), 저탄장(5만m^2) - 해저광업, 광업(30만m^2), 송유관시설 중 저유시설설치공사(10만kL), 석유 저유시설 설치공사·석유비축시설설치공사(10만kL), 가스저장시설(10만kL)
라. 항만건설 (5개)	- 어항시설건설 : 외곽시설(300m, 매립 수반시 3만m^2), 계류시설(매립 3만m^2), 기타(15만m^2, 매립 수반시 3만m^2) - 항만시설건설, 신항만시설건설사업 : 외곽시설(300m, 매립 수반시 3만m^2), 기능시설(매립 3만m^2), 기타(15만m^2, 매립 수반시 3만m^2) - 항만준설사업(10만m^2, 준설량 20만m^3), 항만재개발사업(30만m^2)
마. 도로건설 (1개)	- 신설(4km, 도시지역 폭 25m)·확장(2차로 이상 및 10km)·신설 및 확장(신설길이/4km + 확장길이/10km ≥ 1)
바. 수자원개발 (3개)	- 댐·하천시설(하구언설치공사), 저수지·보·유지조성 : 만수면적 200만m^2, 저수용량 2,000만m^3
사. 철도건설(3개)	- 철도건설(고속포함), 도시철도건설 : 4km 또는 10만m^2 - 삭도·궤도건설(삭도 : 2km, 궤도 : 4km 또는 10만m^2)
아. 공항건설(1개)	- 공항개발 : 비행장, 활주로(500m), 기타(20만m2)
자. 하천개발(1개)	- 하천공사(하천구역, 홍수관리구역) : 10km
차. 개간·매립 (2개)	- 매립사업 : 30만m^2, 지정항만·신항만·자연환경보전지역내 3만m^2 - 간척·개간사업 : 100만m^2
카. 관광단지 (6개)	- 관광사업, 관광지 및 관광단지 조성, 온천개발 : 30만m^2 - 공원집단시설지구(10만m^2), 유원지(10만m^2), 도시공원(10만m^2)
타. 산지개발 (2개)	- 묘지·봉안설치(25만m^2), 초지조성(30만m^2), 산지전용(20만m^2) - 임도설치사업 : 8km 이상·생태·자연도 I등급 권역내 사업
파. 특정지역개발 (10개)	- 지역종합개발(20만m^2), 주한미군시설, 국제화지구개발, 평택시개발, 행정중심복합도시건설, 기업도시개발, 신공항건설, 경제자유구역개발, 친수구역조성사업, 지역균형개발및지방중소기업육성사업
하. 체육시설 (5개)	- 청소년수련시설설치사업, 청소년수련지구조성사업 : 30만m^2 - 체육시설설치공사, 경정·경륜시설설치사업, 경마장설치사업 : 25만m^2

거. 폐기물·분뇨·축산폐수처리시설	- 폐기물처리시설설치사업 : 매립시설(면적 30만m² 또는 용적 330만m³, 지정폐기물의 경우 면적 5만m² 또는 용적 25만m³), 소각시설(100톤/일) - 분뇨처리시설·가축분뇨처리시설설치 : 100kL/일
너. 국방·군사시설(3개)	- 군용항공기지내시행사업 : 비행장, 활주로(500m), 기타(20만m²) - 국방·군사시설(33만m²), 해군기지내 시설(15만m², 매립 수반시 3만m²)
더. 토석 등 채취(7개)	- 하천 및 연안구역에서의 토석 등 채취사업 : 상수원보호구역내 2만m², 상수원보호구역 상류 5km 이내 5만m²) - 산지 토석 등 채취사업(10만m²), 해안광물채취(강원·경북 2만m², 기타 3만m²), 해안골재채취(25만m², 채취량 50만m³), 골재채취예정지 지정 : 25만m², 50만m³), 골재채취단지 지정, 채석단지 지정

2) 평가 협의실적

환경영향평가제도가 1981년 2월부터 본격적으로 시행되었으나, 시행 초기에는 행정기관 및 정부투자기관에서 시행하는 사업만을 평가대상사업으로 하여 협의건수가 많지 않았다. 그러나 1990년부터 대상사업이 확대되면서 협의실적도 증가하게 되었다. 특히, 2008년에서 2010년 사이에는 협의 건수가 이전 년도에 비해 크게 증가한 것을 확인할 수 있으며 2012년에는 총 2,153건을 협의하였다.

표 6.42 환경영향평가 협의현황 (단위 : 건)

구 분	총계	1982~2000	2001	2002	2003	2004	2005	2006	2007	2008	2009	2010	2011	2012
총 계	2,153	2,153	117	167	181	211	232	214	209	282	303	288	189	220
도시개발	826	447	19	25	30	40	46	35	44	32	48	43	17	23
에너지개발	390	317	2	2	7	10	4	1	9	11	8	4	15	19
산업단지	600	245	7	11	6	10	21	25	19	55	79	85	37	55
도로건설	979	418	50	59	62	69	81	61	30	47	42	29	31	23
체육시설	404	135	4	5	7	17	16	29	39	49	44	39	20	15
기 타	1,046	591	35	65	69	65	64	63	68	88	82	88	69	85

(자료 : 환경부, 2012, 2012 환경백서)

나. 사전환경성검토 현황

1) 협의대상

환경영향평가 대상 미만의 산발적인 소규모 개발사업으로 국토의 난개발 문제가 환경적·사회적 이슈로 대두되면서 사전환경성검토 제도를 "환경정책기본법"에 법제화하고 민간부문의 개발사업까지 포함하여 2000년 8월부터 시행하였다. 대상사업은 크게 행정계획과 개발사업으로 분류하여 도로, 댐, 철도 등 개발사업의 상위 행정계획을 포함하여 91개 행정계획을 사전환경성검토 협의대상 행정계획으로 규정하였고, 개발사업의 경우 환경적으로 보전가치가 높은 19개 용도지역 내에서의 일정규모(5천～1만m^2) 이상의 개발사업을 검토 대상으로 하였다.

사전환경성검토는 2006년 확대·개편시 도시기본계획, 도로정비기본계획, 댐건설장기종합계획 등 그간 사회적 갈등의 대상이 되어왔던 개발사업의 상위 행정계획이 새로이 검토 대상으로 포함되어 개발과 보전을 둘러싼 사회적 갈등을 미리 예방할 수 있는 제도적 기반을 마련하는 계기가 되었다. 이후 2012년 환경영향평가법 전면 개정시 사전환경성검토 제도는 전략영향평가로 전환된다.

표 6.43 사전환경성검토 협의대상

사업 분야	
1. 도시의 개발사업	10. 개간 및 공유수면의 매립사업
2. 산업입지 및 산업단지의 조성사업	11. 관광단지의 개발사업
3. 에너지개발사업	12. 산지의 개발사업
4. 항만의 건설사업	13. 특정 지역의 개발사업
5. 도로의 건설사업	14. 체육시설의 설치사업
6. 수자원의 개발사업	15. 폐기물처리시설의 설치사업
7. 철도(도시철도를 포함한다)의 건설사업	16. 국방·군사시설의 설치사업
8. 공항의 건설사업	17. 토석·모래·자갈·광물 등의 채취사업
9. 하천의 이용 및 개발사업	

(자료 : 환경부, 2012, 2012 환경백서)

2) 협의실적

2000년 8월 제도 시행시부터 2012년 전략환경평가로 전환하기 이전까지 "환경정책기본법"에 의한 사전환경성검토 협의실적은 표 6.46과 같이 총 50,619건에 달하고 있다. 연간 약 4～5천건 수준으로 2008년 이후 소폭 감소하는 추세이다.

그간의 협의결과를 보면 상수원에의 악영향, 자연환경 훼손, 하천 수질기준 초과 우려, 자연생태계 단절, 주변경관과의 부조화 등 입지·계획의 부적정을 사유로 협의를 부동의한 건수는 1,296건(2.6%)이다. 사업규모 조정 및 토지이용계획 변경, 공공녹지 확보, 오염물질 처리기준 강화 등 계획의 조정을 전제로 한 조건부 동의한 건수는 43,813건(86.6%)이었으며 개발계획에 대한 원안동의는 1,018건(2.0%), 협의 미대상이거나 행정절차 위반 등으로 인한 반려는 4,492건(8.9%)으로 나타났다.

표 6.44 "환경정책기본법"에 의한 협의현황 (단위 : 건)

구 분	계	환경부	지 방 환 경 청								
			소계	한강청	낙동강청	금강청	영산강청	경인청	원주청	대구청	전주청
2000.8	250	44	206	-	25	26	26	33	61	19	16
2002	2,995	181	2,814	150	422	355	411	336	457	382	301
2004	3,778	150	3,628	607	468	521	542	371	394	381	344
2006	4,115	236	3,879	955	611	657	518	-	493	348	297
2008	6,145	288	5,857	1,647	1,072	878	600	-	635	633	392
2010	4,807	265	4,542	1,295	758	723	461	-	535	449	321
2012	4,299	95	4,203	1,385	593	615	408	-	456	435	312
계	50,619	2,353	48,265	11,479	7,486	7,369	5,717	1,513	5,743	5,107	3,852

※ 합계는 2000.8월부터 2012년까지 전체 합계임. 경인청 업무는 2005년부터 한강청에서 흡수
(자료 : 환경부, 2013, 자연환경통계)

표 6.45 사전환경성검토 협의결과 (기간 : 2000.8.17 ~2012.12.31)

구 분	협 의 결 과 (건, %)					비 고
	계	동 의	조건부	부동의	기 타[58]	
계	50,619 (100%)	1,018 (2.0%)	43,813 (86.6%)	1,296 (2.6%)	4,492 (8.9%)	

(자료 : 환경부, 2013, 자연환경통계)

다. 전략환경영향평가 도입 현황

전략환경영향평가는 환경에 영향을 미치는 상위 개발계획을 수립할 때 환경적 측면에서 해당 계획의 적정성과 입지의 타당성을 검토하는 제도로 미국, 캐나다, 호주 및 유럽연합 27개국 등에서 시행하고 있다. 2012년 7월부터 시행된 전략환경영향평가의 대상인 행정계획은 사전환경성검토 대상 행정계획(93개)에 5개 계획을 삭제하고, 13개 계획을 추가해 총 101개 계획으로 확대하여 시행하고 있다.

58) 기타는 반려된 건수로, 그 사유는 승인기관이 아닌 사업자가 직접 협의 요청한 경우, 환경성검토서가 부실하게 작성된 경우, 협의대상이 아닌 경우 등이다.

참고자료 6.3 전략환경영향평가 대상 정책계획(15개)

구 분	근 거 법 령	행 정 계 획
가. 도시 개발	유통산업발전법	유통산업발전기본계획(제5조), 유통산업발전시행계획(제6조)
나. 도로의 건설	도로법	도로정비기본계획(제22조)
다. 수자원 개발	댐건설 및 주변지역지원법	댐건설장기계획(제4조)
라. 철도의 건설	철도건설법	국가철도망구축계획(제4조)
마. 관광단지의 개발	관광진흥법	관광개발기본계획(제49조), 권역별관광개발계획(제49조)
	온천법	온천발전종합계획(제3조)
바. 산지의 개발	사방사업법	사방사업 기본계획(제3조)
	산림기본법	산림기본계획(제11조)
	산림문화·휴양에 관한 법률	산림문화·휴양기본계획(제4조)
	임업 및 산촌 진흥 법률	산촌진흥계획(제23조)
사. 특정지역 개발	농어촌정비법	농어촌정비종합계획(제4조), 농업생산기반정비계획(제7조)
	도시철도법	도시철도기본계획(제3조의2제1항) 노선별 도시철도기본계획(제3조의2제2항)
아. 폐기물·분뇨처리시설	폐기물관리법	폐기물 처리 기본계획(제9조)

(자료 : 환경영향평가법, 일부 법률명은 축약함)

참고자료 6.4 전략환경영향평가 대상 개발계획(86개)

구 분	근 거 법 령	행 정 계 획
가. 도시 개발	건설기술관리법 시행령	총공사비 500억원 이상의 건설공사계획(제57조)
	혁신도시 건설 특별법	혁신도시개발예정지구의 지정(제6조)
	국토의 계획 및 이용에 관한 법률	도시·군 관리계획(제2조)
	기업도시개발 특별법	개발구역의 지정(제11조)

	도시개발법	도시개발구역의 지정 및 개발계획 (제3조 및 제4조)
	도시재정비 촉진을 위한 특별법	재정비촉진지구의 지정(제5조), 재정비촉진계획(제9조)
	도시 및 주거환경정비법	정비계획 및 정비구역의 지정(제4조)
	물류시설의 개발·운영에 관한 법률	물류단지개발계획 및 물류단지의 지정(제22조)
	보금자리주택건설에 관한 특별법	보금자리 주택지구의 지정(제6조)
	사회기반시설에 대한 민간투자법	민간투자시설사업기본계획(제9조 및 제10조)
	역세권의 개발 및 이용에 관한 법률	역세권개발구역의 지정 및 사업계획 (제4조 및 제7조)
	유통산업발전법	지역별 시행계획(제7조), 공동집배송센터 개발촉진지구의 지정(제34조)
	택지개발촉진법	택지개발지구의 지정 및 택지개발계획 (제3조 및 제8조)
나. 산업 입지	국토의 계획이용법 시행령	공장의 건축이 가능한 지역의 지정 (별표 20 제2호 카목)
	문화산업진흥 기본법	문화산업진흥지구의 지정(제28조)
	산업입지 및 개발에 관한 법률	국가산업단지의 지정(제6조), 일반지방산업단지의 지정(제7조), 도시첨단산업단지의 지정(제7조의2), 농공단지의 지정(제8조),재생사업지구 지정을 위한 재생계획(제39조의2)
	산업집적활성화 및 공장설립법률	유치지역의 지정(제23조)
	외국인투자촉진법	외국인투자지역의 지정(제18조)
	중소기업진흥 및 제품구매 촉진법	협동화실천계획(제19조)
다. 에너지	전원개발촉진법	전원개발사업예정구역의 지정(제11조)
라. 항만 건설	신항만건설촉진법	신항만건설기본계획(제3조), 신항만건설예정지역의 지정(제5조)
	어촌·어항법	어항의 지정(제17조), 어항기본계획(제19조)
	항만법	항만기본계획(제5조), 항만재개발기본계획(제51조), 항만재개발사업계획(제54조)
마. 도로 건설	농어촌도로 정비법	도로기본계획(제6조)
	도로법	도로의 건설공사 계획(제2조)

바. 수자원 개발	댐건설 및 주변지역지원 법률	댐건설기본계획(제7조)
사. 철도 건설	도시철도법	도시철도기본계획(제3조의2제1항)
	철도건설법	사업별 철도건설기본계획(제7조)
아. 공항 건설	수도권신공항건설 촉진법	신공항건설에 관한 기본계획(제4조)
	항공법	공항개발기본계획(제89조제2항)
자. 하천 이용	소하천정비법	소하천정비종합계획(제6조), 소하천정비시행계획(제8조)
	하천법	하천정비기본계획(제25조)
차. 매립	공유수면매립법	공유수면매립기본계획(제22조)
카. 관광 개발	관광진흥법	관광지등의 지정(제52조)
	온천법	온천공보호구역의 지정(제5조), 온천개발계획(제10조)
	자연공원법	도립공원계획의 결정(제13조), 군립공원계획의 결정(제14조)
타. 산지의 개발	임업 및 산촌 진흥에 관한 법률	임업진흥계획(제21조), 산촌개발사업계획(제25조)
	장사 등에 관한 법률	묘지 등의 수급 중·장기 계획(제5조제2항)
파. 특정 지역 개발	경제자유구역의 지정운영 특별법	경제자유구역개발계획 및 경제자유구역의 지정(제4조)
	농어촌정비법	농업생산기반 정비사업 기본계획(제8조), 생활환경정비계획(제54조), 한계농지 등 정비지구의 지정(제94조), 마을정비구역의 지정(제101조)
	연구개발특구의 육성에 관한 특별법	특구의 지정(제4조), 특구육성종합계획(제6조), 특구관리계획(제34조)
	도서개발 촉진법	개발대상도서의 지정 및 사업계획(제4조, 제6조)
	석탄산업법	탄광지역진흥사업 추진대상지역 지정 또는 진흥사업계획(제39조)
	신발전지역 육성 투자촉진 특별법	신발전지역 종합발전구역의 지정(제5조), 신발전지역 발전촉진지구의 지정(제8조)
	행정중심복합도시 건설 특별법	개발계획(제20조)
	평택시 등의 지원 특별법	국제화계획지구의 지정(제21조)
	지역균형개발 및 지방중소기업	광역개발권역의 지정(제4조), 광역개발사업계획

	육성에 관한 법률	(제5조) 개발촉진지구의 지정(제9조), 개발촉진지구개발계획(제14조) 특정지역의 지정(제26조의3), 특정지역개발계획(제26조의4) 지역종합개발지구의 지정(제38조의2) 지역종합개발지구개발계획(제38조의3)
	지역특화발전특구 규제 특례법	특구의 지정 및 특구계획(제4조)
	제주특별자치도 설치 특별법	광역시설계획(제224조)
	친수구역 활용에 관한 특별법	친수구역의 지정 또는 사업계획 수립(제4조)
	폐광지역개발 지원에 관한 특별법	폐광지역진흥지구의 지정(제3조), 폐광지역 환경보전계획(제5조)
파. 체육시설	청소년활동진흥법	청소년수련지구의 지정(제47조)
	체육시설의 설치·이용에 관한 법률	사업계획(제12조)
하. 폐기물	폐기물처리시설 설치촉진한 법률	폐기물처리시설입지의 선정(제9조)
	오수·분뇨 및 축산폐수 법률	분뇨 및 축산폐수처리기본계획(제4조의2)
거. 국방시설	국방·군사시설사업에 관한 법률	국방·군사시설사업의 실시계획(제4조)
	군사기지 및 군사시설 보호법	보호구역등의 지정(제4조)
너. 채취	골재채취법	골재채취예정지의 지정(제21조의2)

(자료 : 환경영향평가법, 법률명은 일부 축약함.)

6.6.5 환경영향평가 지원 정책

가. 환경영향평가 내실화를 위한 공공서비스 확대

1) 평가 내실화를 위한 환경정보 제공

각종 개발사업에 대한 환경영향평가서 작성시 필요한 자연생태 자료를 정부가 제공하기 위하여 2012년부터 자연생태 DB를 구축하여 운영하고 있다. 대상 지역은 산업단지, 관광단지 등 경제적 효과가 큰 사업지역을 우선 추진하고 연차별로 대상지역을 확대한다는 계획이다. 2012년에는 수도권 지역의 2개 기초지방자치단체(안성시, 포천시)에서 신청한 4개 사업을 대상으로 서비스를 시행하였으며, 향후 전국으로 확대할 계획으로, 2013년은 20개 사업에 대하여 서비스를 시행하였다. 정보내용은 지형, 식생, 동·식물상, 조류 등의 9개 분야 정보를 현행(축적 1/2만5천)보다 정밀한 지도(축적 1/5천)로 제작하여 한국환경정책평가연구원(KEI)에서 운영하고 있는 환경영향평가정보지원시스템(EIASS)을 통해 제공하고 있다.

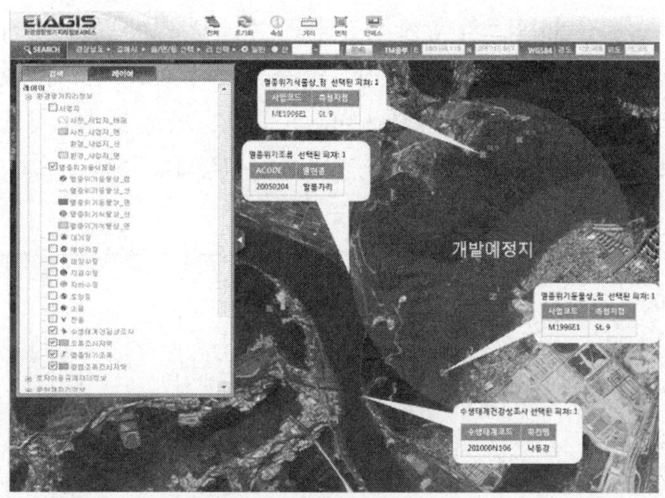

그림 6.18 개발예정지 자연생태조사 DB 구축 제공 개념도

2) 사후관리 DB 구축

환경영향평가를 수행한 개발사업에 대하여는 개발지역 관할 지방환경청에서 평가시 제시된 협의 내용을 차질 없이 이행하고 있는지를 점검하는 사후관리제도가 제도화되어 있다. 사후관리정보를 체계화하기 위해 환경부는 '환경영향평가정보지원시스템'을 보완하여 협의 내용 이행관리에 관한 모바일 DB 체계를 구축하였다. 이를 통해 사후환경평가를 관리하고, 실시간 사후관리 통계조회 등 온라인 관리가 가능하게 하고 있다. 환경영향평가 정보지원시스템의 '스마트패드용 웹 사이트'와 '모바일 기반서비스'를 구축하여 현장 조사 시 환경영향평가 통합DB에 접근하여 주변의 협의사업을 탐색하고, 관련 사업의 개요, 협의 진행현황, 환경질 측정치 등의 정보를 활용할 수 있다.

3) 환경입지 컨설팅제 운영

환경영향평가 제도의 대상이 되는 개발사업의 초기 단계에서 가장 중요한 것은 입지예정지의 적합성이다. 만약 사업주체가 초기 계획수립 단계에서 부적절한 입지를 선정할 경우, 이후 인·허가 및 환경성평가의 지연, 지역주민과의 갈등 등으로 인해 원활한 사업 추진이 어렵다. 환경영향평가 제도의 대상이 되는 개발사업의 투자 규모가 크게는 수 조원에 이르는 점을 고려하면, 입지예정지의 환경적합성에 대한 예비평가는 사회적 손실 방지를 위한 중요한 요소이다.

이에 환경부는 2006년부터 정식 환경성평가를 하기 전에 기초 자료만으로 개발사업 예정지의 법률적, 환경적 적합성을 개괄적으로 안내해 주는 사전입지상담 서비스를 실시하고 있다. 2012년부터는 민간컨설턴트와 함께 입지적합성 컨설팅 서비스를 제공하는 환경입지 컨설팅제를 도입하였다. 민간컨설턴트가 현장실사 등을 거쳐 비교적 상세한 전문컨설팅 검토의견서를 제공하도록 함으로써 입지판단 서비스의 품질이 한층 높아질 것으로 기대된다. 그림 6.19에서 보듯이 연평균 150건 정도의 서비스가 진행되고 있다.

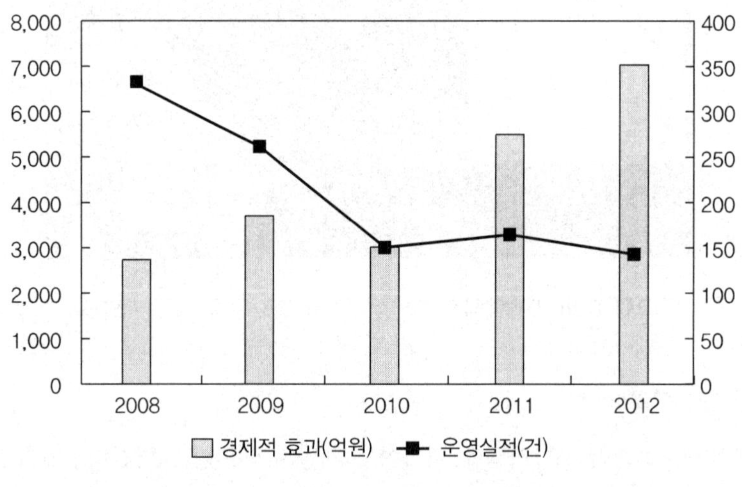

그림 6.19 환경입지상담제 운영 실적

나. 친환경적 개발사업을 위한 선진기법 개발

1) 환경친화적 계획기법 개발보급

환경영향평가는 결국 각종 개발사업을 친환경적으로 유도하는 것으로, 효과적인 평가를 위해서는 환경을 고려한 개발계획 수립이 중요하다. 선진국에서는 도로, 철도, 산업단지 등 다양한 개발사업에 대해 환경친화적 계획기법을 개발하여 적용하고 있다. 예를 들면 산업단지의 경우 발생되는 폐기물을 제로화하는 생태산업단지로 개발하는 기법을 제시하는 것이다. 우리나라도 10여년 전부터 주요 개발사업 분야에 대한 계획기법을 연구해 왔다. 2012년의 경우 한국환경정책평가연구원을 중심으로 수행한 환경친화적 계획기법 관련 연구를 보면 표 6.46과 같이 수자원·대기·폐기물·환경영향평가 등의 전통적인 환경 분야에서 에너지, 빛공해 등 새로운 분야까지 광범위하게 수행되었다.

표 6.46 환경친화적 계획기법 관련 연구내역

연번	과제명
1	친환경골프장 조성방안 및 평가기준 마련을 위한 기획 연구
2	빛공해환경영향평가 기법 개발 연구
3	하구 전문가 포럼 및 친환경적인 하구관리를 위한 전략과제 도출
4	영흥화력 7, 8호기 증설에 따른 환경영향 및 경제성 분석
5	CCS 사업 추진에 대비한 환경평가방안(2)
6	원자력에너지 개발 환경관리전략 연구
7	조력 및 해상풍력사업 환경평가방안에 관한 연구
8	성남 판교지구 택지개발사업의 환경평가 모니터링 시범사업
9	4대강살리기사업 2단계 사후모니터링 실태분석
10	SOC건설과 환경영향평가
11	셰일가스 도입에 따른 환경영향 및 대응방안 마련 연구
12	환경영향평가법 관련규정 정비 전문가 포럼
13	환경영향평가 대행체계 개선방안 마련
14	육상풍력발전시설 환경영향평가 전문가 포럼
15	사후환경관리평가제도 도입방안 마련
16	녹색산업단지 조성 가이드라인 마련 연구
17	환경평가의 공정한 하도급거래 정착 및 부실업체 합리적 제재
18	산림경영 기반시설의 주요 환경영향-선형사업(임도) 중심으로
19	방조제 건설로 인한 연안환경 변화조사 - 수치모델링을 통한 아산만의 해양환경 변화조사
20	누적영향평가 적용의 사례 분석 및 시사점 연구
21	환경영향평가에 적용되는 3차원 소음예측모델의 가이드라인 마련
22	환경갈등 예방을 위한 환경평가제도 개선 연구 - 환경평가 관련 소송 사례를 통한 접근
23	백두대간 기맥에 대한 환경성평가 방안 연구

2) 국토환경성 평가지도 제작

환경영향평가를 시행하는데 있어서 가장 큰 어려움은 초기 계획 수립단계라 하더라도 어느 정도 비용이 투자되었고 예상 가능한 환경문제를 해결할 대안을 찾기가 어렵다는 점이다. 특히 자연생태가 매우 우수하여 개발이 적합하지 않은 장소를 입지대상으로 검토하는 경우 사업자체를 포기하거나 상당한 비용을 들여 대안을 모색하여야 한다. 이러한 부작용을 사전에 방지하기 위해서는 지역별로 토지의 개략적인 환경적 가치를 제시하는 것이 필요하다. 국토환경성 평가지도는 국토의 다양한 환경정보(65개 항목)를 종합적으로 평가하여 환경적 가치에 따라 전국을 5개 등급으로 구분하여 표시한 지도로 색채를 다르게 하여 누구나 쉽게 파악할 수 있게 만들었다. 여기서 환경성이 우수한 상위등급의 토지일수록 훼손 우려가 큰 개발사업은 제한되는 것이다. 즉 개발사업자가 토지이용 가능성을 사전에 예측하고 부적절한 입지 선정에 따른 손실을 미연에 방지하는 효과를 기대하는 것이다.

그림 6.20 국토환경성평가지도

3) 국토환경정보통합시스템 구축

환경성평가와 관련하여 협의 내용과 이력을 관리하는 시스템은 환경영향평가법에 따른 '환경영향평가 정보지원시스템'(2005년)과 환경정책기본법에 따른 '사전환경성검토 이력관리시스템'(2007)으로 분산되어 관리되어 왔다. 개발사업의 환경성평가는 사전 환경성검토, 환경영향평가 및 사후 환경조사의 3단계 절차에 따라 진행되며 상호 유기적으로 연계되고 피드백 되어야 함에도 분리 운영되면서 평가의 효과가 반감되었다. 환경부는 2개의 시스템을 '환경영향평가 정보지원시스템(EIASS)'으로 통합하여 환경영향평가의 전 과정(Life-Cycle)에 걸친 협의진행 상황 및 정보 제공 서비스를 2010년 2월부터 실시하였다.

현재 이 시스템에서는 환경영향평가 협의가 진행 중인 사업의 평가서 검토담당자, 진행상황, 협의내용 등이 공개되고 있으며, 전국자연환경조사 자료 및 생태자연도를 DB화하여 제공하고, 문화재·산림지리정보, 지적도, 기상·기후 등의 정보를 유관기관시스템과 연계하여 서비스를 제공하고 있다. 또한 이들 자료를 활용하여 개발사업의 입지 가능여부도 사업자가 사전에 자가 진단할 수 있는 부가서비스도 갖추고 있다. 시스템 통합으로 환경성평가와 관련한 기초정보 및 통계, 각종 서비스를 하나의 포털에서 제공 받을 수 있게 된 것은 선진국에서도 유례를 찾기 힘든 공공기관의 환경정보 제공기능으로 높이 평가된다.

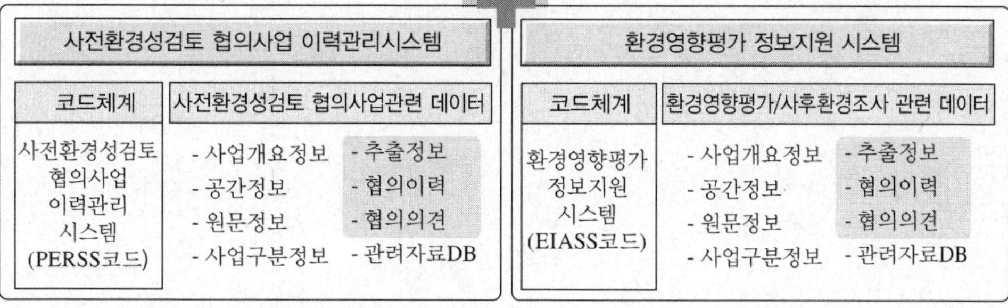

그림 6.21 환경영향평가 정보지원시스템 구성내용

다. 환경영향평가의 과제

환경영향평가 제도는 질적·양적으로 상당한 발전을 가져왔으나 여전히 개발사업의 면죄부라는 비판도 있고, 다른 한편으로는 개발주체들로부터 불필요한 행정 규제로 사업만 지연시킨다는 비판도 받고 있다. 결국 평가로 인한 시간·비용 소모를 최소화하면서도 환경성을 면밀하게 검증해야 하는 과제를 안고 있다. 이를 위해서는 몇 가지 문제가 선결되어야 한다.

첫째, 국가기관이 수립하는 행정계획에 대한 전략환경영향평가를 강화하고 대상 범위를 확대해야 한다. 단위 개발사업보다 국가 행정계획이 미치는 환경영향이 매우 크기 때문에 환경피해를 사전에 차단하는 효과가 크다. 현재 전략환경영향평가 실시 대상계획은 총 101개로서 종전 사전환경성검토 대상 행정계획보다 다소 증가하였지만, 앞으로 국토개발과 관련된 핵심적인 상위계획들이 더 포함되는 것이 바람직하다.

둘째, 현재 사업주체가 평가대행업체를 선정하는 체계를 개선해야 한다. 사업주체가 평가 전문기업인 대행업체에 기술용역을 주는 형태로 평가서를 작성하고 있기 때문에, 평가대행업체가 사업 주관기관의 의견을 무시하기 어려우며 객관적인 평가서 작성을 담보하기 어렵다. 개선 방안으로는 사업주체에 일정한 비용을 부과하고 이를 재원으로 정부 또는 제3의 기관이 객관적으로 대행업체를 선정하고 관리하는 방안을 도입할 필요가 있다.

셋째, 행정계획에 대한 평가를 현재보다 강화하는 동시에 행정계획에 근거하여 시행되는 세부 개발사업에 대하여는 평가범위와 내용을 간소화할 필요가 있다.

넷째, 개발사업 분야별로 예상되는 환경영향과 대안을 체계화하여 최소한의 개발 기준이나 가이드라인을 설정하고 환경친화적 개발기법을 제시해야 한다. 이러한 가이드라인을 강제 규범화 할 것인지 여부는 일률적으로 정하기 어려우므로 사안별로 판단해야 할 것이다.

다섯째, 개발사업의 사업비 산정 단가에 대한 재검토가 시급하다. 산정 단가가 낮을 경우 사업자가 환경성을 고려하기 어렵고, 환경영향평가 협의사항을 반영하기 어려운 결과를 초래하므로, 환경적 비용을 고려한 사업단가 산정이 필요하다.

참고문헌

- 국립공원관리공단, 2005, *외국 국립공원 벤치마킹 보고서*
- 국립산림과학원, 2007, *산림의 공익적 가치*, 산림청
- 국토해양부, 2012, *2012년도 국토의 계획 및 이용에 관한 연차보고서*
- 김영화, 2011, *녹색환경정책론*, 신광출판사
- 노영재·임경택, 1987, *생태학*, 동화기술
- 농림축산식품부, 2013, *농림축산식품 주요통계*
- 문석기, 2005, *환경계획학*, 보문당
- 문화재청, 2013, *주요업무 통계 자료집*
- 박용하, 2001, *21세기 자연환경보전정책 발전방향*, 한국환경정책평가연구원
- 박종성 외 2인, 2009, *환경영향평가사 자격종목 개발에 관한 연구*
- 박희두, 2007, *자연환경과 인간*, 한울아카데미
- 산림청, 2013, *임업통계연보*
- 손부순 외 7인, 2005, *환경영향평가*, 동화기술
- 신현국, 2000, *환경학 개론*, 신광문화사, p34
- 유네스코한국위원회, 2010, *생물다양성은 우리의 생명*, 궁리출판
- 이광래 외 9인, 2001, *최신 환경공학*, 동화기술, p17
- 이병인·이영경, 2000, *환경영향평가*, 양서각
- 이병학, 2007, *환경공학개론*, 동화기술, p176
- 정명규 외 12인, 2001, *환경공학개론*, 동화기술
- 정회성·변병설, 2006, *환경정책의 이해*
- 한국환경정책평가연구원, 2010, *국제 환경평가 포럼 자료집*, KEI
- 한국환경정책평가연구원, 2010, *환경평가 연구동향 분석 자료집*, KEI
- 행정자치부, 2008, *한국도시연감*
- 허학영, 2006, *우리나라 보호지역에 IUCN 카테고리 채택방안*, 국립공원관리공단
- 환경부, 2010, *환경 30년사*
- 환경부, 2013, *2012 환경백서*
- 환경부, 2012, *자연환경통계*
- 환경부, 2007, *전국단위 국토생태탐방로 조성계획 연구*
- 환경부, 2010, *전략환경평가 내실화를 위한 평가단계별 방법론 마련 연구*
- Francisco A. Comin.. 2010, *Ecological restoration : a global challenge*, Cambridge University Press
- Howll, Evelyn A., John A. Harrington, Stephen B., 2012, *Introduction to Restoration*

Ecology, Islans Press

- John Glasson, Riki Therivel, Andrew Chadwick, 1994, *Introduction to EIA : principles and procedures, process, practice, and prospects*, UCL Press
- Manuel C. Molles, Jr., 2009, *Ecology : concepts and applications*, McGraw-Hill
- Phillips Adrian. 2002, *Management Guidelines for IUCN Category V Protected Areas Protected Landscapes/Seascapes*, IUCN
- Surhone, Lambert M., Timpledon, Miriam T., 2009, *Natural Environment Natural Environment, Nature, Biodiversity, Built Environment, Conservation Movement, Earth Science, Ecosystem, Environmentalism*, Betascript Publishing
- Thomas Sterner, 2002, *Policy Instruments for Environmental and Natural Resource Managemen*t, Routledge

CHAPTER 7

환경보건정책

7.1 환경보건 개관

7.1.1 환경보건(Environmental Health)의 개념

환경보건은 인간과 환경간의 생태학적 균형을 이루고 인체 건강을 유지해 나가는데 필요한 인간과 환경과의 상호관계를 연구하는 분야로서 인체건강에 영향을 미칠 수 있는 모든 자연적·인위적 환경요인을 대상으로 하는 공중보건의 한 영역이다. 세계보건기구(WHO)에서는 "환경보건은 인간에 대한 모든 물리적, 화학적, 그리고 생물학적 외부 요인과 인간 행동에 영향을 미치는 모든 관련 요소를 포괄한다"고 정의하고 있다. 또한 "환경보건은 인간 건강에 잠재적인 영향을 미칠 수 있는 이러한 환경 요인을 평가·제어하는 것을 포괄하며 질병을 예방하고 건강을 보존하는 환경을 조성하는 목표를 갖는다"고 정의하고 있다.[59]

7.1.2 환경보건의 범위와 환경요인

가. 환경보건의 범위

환경보건학은 인간의 건강 보호를 위하여 환경위해성을 평가하고 위험요소를 제거하는 방안을 연구하는 학문으로 생태계 건강성을 확보하고 환경질을 제고할 수 있는 실행수단을 제시하는 분야이다. 영국의 국립보건청(NHS : National Health Agency)은 환경보건 2012 보고서에서 환경보건의 영역을 그림 7.1과 같이 제시하였다.

WHO에서 제시한 환경보건학의 영역과 범위를 보면 실내공기오염, 대기오염, 수질오염관리, 화학물질 안전, 전자기장, 전리방사선, 자외선, 어린이 건강, 직업보건, 긴급한 상황의 환경오염, 기후변화와 건강 등의 이슈를 포괄한다. 환경보건에 미치는 환경요인은 표 7.1과 같이 크게 자연환경과 사회환경적 요인으로 분류할 수 있다. 오염매체별로 보면 대기환경, 토

59) Environmental health addresses all the physical, chemical, and biological factors external to a person, and all the related factors impacting behaviours. It encompasses the assessment and control of those environmental factors that can potentially affect health. It is targeted towards preventing disease and creating health-supportive environments. This definition excludes behaviour not related to environment, as well as behaviour related to the social and cultural environment, and genetics.

양환경, 수질환경, 소음환경, 폐기물 등이 포함되며 이러한 오염매체들은 단독 또는 복합적인 요인으로 인체 건강에 직·간접적인 영향을 미치게 되므로 환경보건 정책에서 영향요인과 그 정도를 분석·평가하는 작업이 정책수단 설정의 전제조건이 된다.

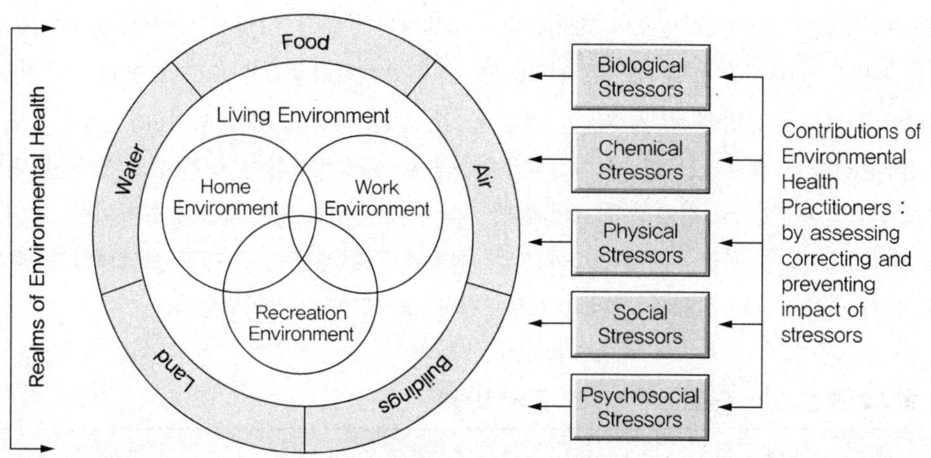

그림 7.1 환경보건의 범위60)

표 7.1 환경보건에 미치는 환경요인

구분	분야	환경 요인
자연환경 (1차적 환경)	이화학적 환경	공기, 토양, 광선, 물, 소리, 대기오염 (SO_2, CO_2, 매연, 먼지 등), 수질오염, 폐기물 등
	생물학적 환경	동물, 위생곤충(파리, 모기, 바퀴 등), 각종 병원미생물 등
사회환경 (2차적 환경)	인위적 환경	의복, 식생활, 주거지, 산업시설, 위생시설 등
	사회문화적 환경	정치, 경제, 문화, 종교, 교육 등

(자료 : 국립환경과학원(환경보건포탈: http://www.envhealth.go.kr/))

나. 환경오염의 건강영향

환경오염은 정도의 차이는 있으나 직간접적으로 인체건강에 많은 피해를 준다. 그러나 피해 과정이 복잡하고 양상이 다양하여 인체건강 피해를 규명하는 것은 현대과학으로도 한계가 있다. 특히 장기간에 걸쳐 나타나는 건강피해나 공간적으로 광역적 피해양태를 보이는

60) WHO. Public health and environment health topics, Sue Burke, Ian Gray, Karen Paterson and Dr Jane Meyrick, 2012, Environmental Health 2012.

경우는 인과관계를 밝히기가 어렵다.

환경오염과 질환 발생간의 상관성에 관한 신뢰성 있는 연구결과가 증가하는 가운데 세계보건기구(WHO) 등이 발표한 환경이 미치는 주요 사례를 표 7.2에 나타냈다. 대기오염은 천식 질환 등을 유발하게 되며, 특히 아이들은 어른보다 더 민감하게 영향을 받는다. 2002년에 80만 명이 대기오염으로 사망하였으며 2030년에는 미세먼지로 인해 3.1백만 명이 사망하고, 오존에 의한 사망은 6배나 증가 될 것으로 전망하고 있다. 유해화학물질에 노출될 경우 환경 악화뿐 아니라 피부 질환, 만성 기관지염, 신경장애, 암 같은 건강 문제를 야기한다.

지구온난화에 따라 아토피, 천식, 새집증후군 등 환경성질환이 증가하고 있다는 사례가 발표되기도 하였다. 또 전염성 질환의 발병 지역이 확대되고 전염시간이 증가되어 발병빈도가 높아지고 있다. 최근 지구온난화에 따른 심혈관 질환의 증가 사례가 보고되었고 대기오염, 특히 미세먼지와 심혈관 질환의 발생률간에 상관관계가 확인되었다.

표 7.2 환경오염이 인체 건강에 미친 주요 사례[61]

기 관	사례
세계보건기구 (2002, 2003)	산업국가의 질병 중 25~33%는 환경요인에 의해 발생
유럽위원회 (2002)	유럽의 오염된 공기로 인한 연간 조기 사망자수는 약 31만 명으로 추정
EU 환경국 (2002)	최근 유럽 어린이 7명중 1명이 천식 우려가 있으며, 영국에서만 연간 치료비로 39억 유로가 소요
미국 EPA (2005)	65세 이상의 노인은 기준 이하의 낮은 미세먼지 농도에서도 심혈관계, 폐렴 및 만성호흡기계에 영향
WHO 아태지역사무소	환경오염 등으로 아시아-태평양지역에서 년간 100만 명이 조기 사망
서울대보건대학원 (2004)	천식 치료에 들어가는 사회적 비용 증가, 연간 2조1천억원~4조1천억원이며, GDP의 0.26~0.52%로 추정
OECD (2008)	대기오염으로 매년 80만명 사망, 2030년 미세먼지로 3.1백만명 사망 및 오존에 의한 사망은 6배 증가

61) WHO/HEI Workshop, 2002, Exposure assessment in studies on the chronic effects of long-term exposure to air pollution. WHO Regional Office for Europe 2003; WHO Europe, 2003, Health aspects of air pollution with particulate matter, ozone and nitrogen dioxide. Report on a WHO working group Document EUR/03/5042688. Copenhagen, WHO Regional Office for Europe.; 국립환경과학원, 2011, 환경오염 민감계층의 건강영향조사 평가 및 개선방안 연구, 최종보고서; 서울대보건대학원, 2005, 천식의 사회적 비용과 환자의 생활에 미치는 영향, 11월호, 한국천식알레르기협회.; OECD, 2008, Policy Brief 'Health and the Environment' and 'OECD' Environmental Outlook to 2030.

수질오염은 수인성 전염병을 유발하고 오염된 물고기를 섭취할 경우 시간이 흐른 후에 건강피해가 나타나기도 한다. 토양오염은 농작물을 오염시켜 결국 인체에 피해를 주고 폐기물을 비위생적으로 처리하는 경우도 결국 건강에 영향을 미친다. 이렇게 환경오염은 다양한 매체를 통해 인체건강에 피해를 주는 것이다. 세계보건기구는 다음 참고자료와 같이 환경오염의 주요 건강영향 사례를 제시하였다.

참고자료 7.1 세계보건기구(WHO)가 발표한 환경이 건강에 미친 10대 사례

가. 조사 배경 및 의의

1. 세계보건기구가 다각적인 연구자료를 토대로 발표한 자료로서 전 세계적으로 환경이 건강에 의미있는 영향을 미친 10가지 사실관계를 제시
2. 각종 환경오염이 인간 건강과 함께 생태계 건강성을 위협하는 실질적인 통계로서 환경보건 정책이 인간 건강을 위해 중요한 영역임을 제시
3. 환경위해 인자가 세계적으로 질병인자 약 1/4에 대한 주요 원인이며 사하라 이남 아프리카지역에서는 30%에 달한다고 제시

나. 10대 사례의 내용

1. 전 세계적으로 더 건강한 환경조성으로 연간 1,300만명의 사망을 방지할 수 있음
2. 5세 이하 유아에서 발병하는 질병의 1/3은 안전하지 않은 물과 대기오염과 같은 환경요인에 기인함
3. 안전하지 않은 물과 대기오염과 같은 환경위험을 제거함으로서 매년 5세 이하 유아 2백만명(대부분 개도국)의 생명을 살릴 수 있음
4. 개도국에서 환경요인에 의한 주된 질병은 설사병, 하기도 호흡기 전염병, 불의의 부상, 말라리아임
5. 환경관리 개선은 세계 3대 아동 사망인자인 말라리아 사망자의 40%, 하기도 전염병 사망자의 41%, 설사병 사망자의 94%를 저감할 수 있음
6. 최빈개도국에서 사망과 질병의 1/3은 환경인자의 직접적 결과임
7. 선진국에서 더 건강한 환경은 암, 심장질환, 천식, 하기도 전염병, 근골격 질병, 도로교통사고, 중독 및 drownings의 발생을 현저히 저감할 수 있음
8. 환경인자가 세계보건보고서에 나열된 105개 질병·부상 범주중 85개에 영향을 미침
9. 사망, 질병, 불구의 상당수는 안전한 가정용수 저장, 위생조치의 개선, 청정하고 안전한 연료사용 등과 같은 효과적인 목표지향적 조치로서 저감할 수 있음
10. 환경을 더욱 건강하게 조성하는 다른 조치－건축물 안정성 제고, 가정과 직장에서 유해물질의 안전한 사용 및 관리, 수자원 관리의 개선 등

(자료 : 세계보건기구)

7.1.3 환경성질환의 원인과 발생 추이

가. 환경성질환의 정의와 범위

환경성질환(environmental disease)이란 환경인자(environmental factor)와 관련되어 발생하는 건강장애로서 알레르기, 천식 및 아토피 피부염 등이 있다. 광의의 개념으로는 유전적 요인 이외에 식습관, 음주, 흡연 등을 포함한 외부 환경요인에 의해 발생할 수 있는 건강장애를 모두 포함할 수 있으나, 통상 협의의 개념으로 개인 생활습관과 직업 활동에 의해 노출된 직업적 환경요인을 제외하고 환경유해인자에 노출되어 발생하는 질병을 의미한다. 즉 환경성 질환이란 역학조사를 통하여 환경유해인자와 질환 사이에 상관성이 있다고 인정되는 질환이라고 정의할 수 있다.[62)]

나. 환경성질환의 원인

환경오염이 건강에 영향을 미친다는 결과들이 여러 연구를 통하여 보고되고 있으며, 특히 환경위해성 오염물질에의 노출은 특정 질병의 유발이나 건강장애의 직접적 원인으로 규명되고 있다. 이러한 환경성 질환은 대기오염, 수질오염, 유해물질, 토양오염 등 다양한 환경오염 매체를 통해 사람에게 발생하는 호흡기계, 순환기계, 신경계, 감각기 등의 급성 또는 만성 질환을 말하며 원인 물질인 환경오염물질의 유해성과 발생량 정도에 따라 발생빈도에 크게 차이가 난다. 일반적으로 오염물질이 다량 발생하는 산업단지와 공장 인근 지역에서 높은 발생빈도를 보인다. 또한 노약자, 어린이, 산모 등 건강 취약계층에서 발생 빈도가 높게 된다. 따라서 환경성 질환은 민감계층과 취약지역을 중심으로 노출정도와 영향을 중점적으로 분석하고 그 대처방안을 마련하는 것이 타당하다.

다. 환경성질환의 발생 추이

환경성질환에 적절히 대처하지 못할 경우 건강피해로 큰 사회·경제적 손실이 발생된다. 국민건강관리공단이 2009년에 발표한 자료에 따르면, 표 7.3에서 보듯이 알레르기성 비염 환자 수는 2002년에서 2008년까지 무려 64%(약 495만명)가 증가했다. 전체 질환 중 환자 수 증가세가 가장 빠른 질환이었다. 총 진료비도 2008년에 약 4,033억원에 달하고 있다. 또한 천식 치료를 받은 환자중 취학전 6세 이하 아동이 69만명(31.5%)으로 가장 많았다. 국내

62) 고상백, 2012, 환경성질환(environmental disease), J Korean Med Assoc March, 55(3).

아토피피부염의 유병률은 전 인구의 5～15% 정도이며, 지난 30년간 계속 증가하는 추세를 보이고 있다. 이러한 질병의 원인이 환경오염만이라고 할 수는 없으나, 환경오염의 영향을 크게 받고 있음은 분명하다.

표 7.3 국내 환경성질환 발생현황

항목	환자수 및 유병률(%)	진료비
알레르기성 비염 환자수	302만명(2002) → 495만명(2008)	4,033억원(2008)
천식 환자수	202만명(2002) → 242만명(2008)	3,208억원(2008)
아토피 피부염 유병률	19.7%(1995) →29.2%(2005)	800～1,600억원(2005)

(자료 : 보건복지부 통계포털, 2008, 주요 환경성 질환 진료환자 분석.; 소아알레르기호흡기학회, 2007, 아토피피부염의 유병률 조사.; 환경부 국립환경과학원, 2009, 환경성질환의 이해와 국내 동향)

환경오염 취약지역에서의 주민 건강피해 사례를 보면 영월군 시멘트공장 인근지역 주민에게서 만성폐쇄성폐질환(COPD)과 비직업성 진폐증(3명)이 확인되었으며, (구)장항제련소 인근 일부 주민은 높은 농도의 카드뮴에 노출된 것으로 확인되고 신세뇨관 미세손상 등의 건강피해가 강하게 의심되었다[63]. 석면 폐질환의 경우 4개소의 석면광산과 석면공장 인근 주민에게서 석면폐 발생이 확인되었고(2009～2010), 2001년～2008년간 악성중피종으로 사망한 사람이 370명에 달하는 것으로 조사되었다. 과거 국내 석면 사용량과 발암 잠복기(10～30년)를 감안할 때 2045년경까지 계속 증가할 것으로 추정된다.

환경요인으로 인한 소아질환의 경우 날로 증가하는 소아발달장애(ADHD)[64], 선천성기형 등의 원인 조사에서 환경요인의 영향 가능성이 제기되고 있다. 국내 선천성 기형 환자수는 2005년 59,782명에서 2008년 65,176명으로 연평균 3%씩 증가하는 추세이며 수은, PCBs, 납 등의 유독물질과 ADHD 등의 증상간의 상관성을 입증하는 연구 사례가 보고되고 있다.

라. 환경성 질환의 영향인자

1) 중금속 유해물질

산업화시대로 접어들면서 화학물질의 사용 증가로 사람이 각종 유해물질에 노출되는 빈도와 강도가 높아졌다. 이에 따라 인체에 축적되는 유해물질의 양이 증가하고, 때로는 급성 질환을 유발하기도 한다. 우리나라의 경우 2005년～2008년 동안 전국 193개 구역, 5천여명

63) 환경부, 2008, (구)장항제련소 주변지역 주민건강영향조사 결과

64) 소아발달장애(ADHD : 뇌신경발달, 주의산만, 과잉 행동 등 장애)

을 대상으로 혈중 중금속(납, 수은, 카드뮴, 망간 등) 농도를 조사한 결과, 표 7.4와 같이 수은 및 카드뮴 농도가 주요 선진국에 비해서는 다소 높게 나타났으나 인접한 중국, 일본보다는 낮은 수준이었다. 특히 수은의 경우 구미 국가들보다 크게 높아 향후 중점 관리해야 할 분야로 나타났다.

표 7.4 국내 혈중 중금속 농도 및 국가간 비교

년도/국가	납(Pb)	수은(Hg)	카드뮴(Cd)
2005	2.66	4.34	1.52
2007	1.72	3.8	1.02
2008	1.98	3.0	-
미국	1.56	0.82	0.47
독일	3.07	0.5	0.44

(자료 : 환경부 국립환경과학원, 2008, 제3차 국민 생체시료 중 유해물질 실태조사)

또한 민감계층과 환경오염 취약지역 주민에 대한 혈·뇨중 중금속농도 조사결과를 보면, 폐금속 광산과 (구)제련소 인근 주민의 카드뮴 노출수준이 표 7.5와 같이 비노출지역에 비해 높게 검출되었다. 산모, 태아, 어린이 및 노령 인구의 혈중 중금속 농도는 대부분 외국의 권고기준보다는 낮은 수준이나, 태아의 제대혈[65]에서 수은농도가 높고 노령 인구에서 카드뮴, 납 등의 노출 수준이 높게 나타났다.

표 7.5 민감계층 및 환경오염 취약지역 주민의 인체내 유해물질 농도

구분	카드뮴		혈중 납(μg/dL)
	혈중(μg/L)	뇨중(μg/L_crea.)	
공단지역		1.38	2.26
폐금속광산 주변지역	1.64	2.75	3.26
제련소 주변지역	3.12	3.47	4.53
독일 인체노출기준(Ⅱ)		3～5	15～25

(자료 : 환경부, 2008, 2차 국민 인체내 유해물질 실태조사 결과)

65) 제대혈(臍帶血, 탯줄피, cord blood)은 탯줄의 조직에 있는 혈액으로, 조혈 줄기 세포가 다량 함유되어 있다. 백혈병이나 재생 불량성 빈혈 등 난치성 혈액 질환을 근본적으로 치료하는 방법 중에 하나인 조혈 줄기세포 이식에 쓰이고 줄기세포의 공급원으로서 골수 및 줄기세포 동원 말초혈과 함께 사용된다. 제대혈은 혈액을 제공하는 사람의 부담이 거의 없어서 효과적인 공급원이라고 할 수 있다.

2) 대기오염물질

대기 중 이산화황(SO_2), 일산화탄소(CO) 등 1차 오염물질의 오염도는 2000년대 들어 현저히 개선되었으나 2차 오염물질인 미세먼지(PM_{10}), 이산화질소(NO_2), 오존(O_3)의 오염도는 대도시를 중심으로 여전히 높은 추세이다. 국내 오존경보 발령일수를 보면 대부분의 도시에서 증가되는 추세를 보이고 있다.[66] 세계 주요도시와 이산화질소(NO_2) 및 미세먼지(PM_{10}) 오염도를 비교하면 서울이 비교대상 도시 중에서 가장 높고 WHO 권고기준보다도 높게 나타났다.

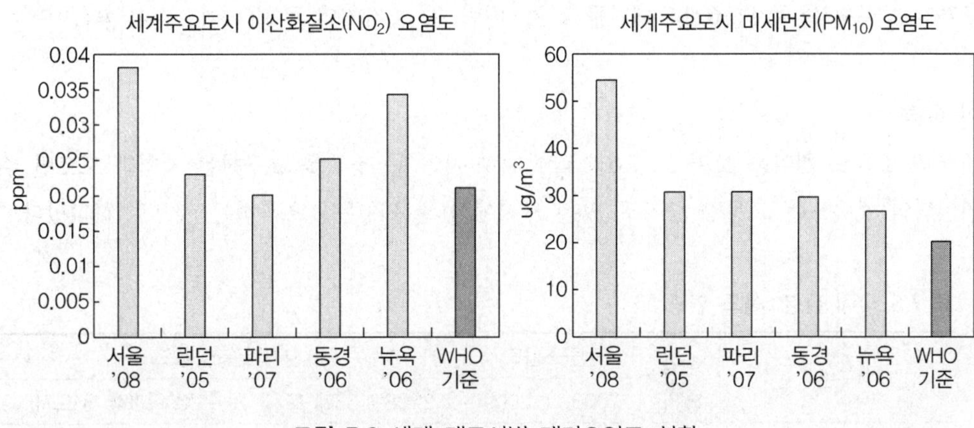

그림 7.2 세계 대도시별 대기오염도 현황

전국 다중이용시설의 약 3%가 실내공기질 유지기준을 초과하고 있으며, 매년 증가[67]하는 추세이다. 신축 공동주택에 관한 VOC 농도는 입주 후 22개월에 톨루엔은 80%, 자일렌은 75% 감소하는 경향을 나타낸 반면, 포름알데히드의 농도는 오히려 증가하는 것으로 나타났다. 2008년부터 2010년까지 서울 지하철 실내공기질 측정 결과, 모든 노선에서 권고기준 이내인 것으로 조사되었으나, 다중이용시설에 비해서는 높은 수준이다.[68]

3) 수질오염물질

전국 하천수질은 BOD의 경우 전반적으로 개선되고 있는 추세이나 COD, TN 등은 정체되거나 일부지역은 소폭 악화되고 있다. 농어촌지역의 81%에 해당하는 주민이 사용하는 지하수의 수질기준 초과율은 2009년 6.1%에 달하고 주요 오염원은 일반세균, 질산성질소 등

66) e-나라지표 포털싸이트, 2008, 대기오염물질 배출업소현황 및 주요 도시 대기오염도

67) 기준 초과율은 2.6%(2007년) → 3.2%(2008년) → 3.4%(2009년)로 증가하는 추세

68) 환경부, 2011, 2009년도 다중이용시설 실내공기질 점검 결과 발표

으로 나타났다. 먹는물공동시설(1,574개소)에 대한 수질기준 초과율은 2009년 22.8%이며, 이중 서울지역은 36.3%로 나타나 대도시 밀집지역에서 높게 나타났다.

4) 토양오염물질

환경부가 전국 1,500개 지점을 대상으로 토양측정망을 통해 조사한 결과 토양오염 우려지역의 기준 초과율이 2000년부터 2007년까지 증가[69]하였고 대책기준 초과율 역시 증가[70]하는 것으로 나타났다. 이는 조사가 정밀해진 측면도 있으나, 아직 많은 지역이 오염되어 있음을 확인한 것이다. 2007년 토양 중금속 우려기준을 초과한 117개소는 금속제련소 주변(37개), 금속광산 주변(36개), 폐기물 적치·매립 및 소각지역 주변(13개) 순이었다.[71]

5) 소음

국내 소음도 현황을 보면 표 7.6과 같이 주거지역 등 정온을 요구하는 지역과 도로변 주거지역의 소음도는 교통량 증가로 많은 도시에서 소음기준을 초과하는 것으로 나타났다.

표 7.6 국내 환경소음도 현황

구분			환경기준	평균소음도		환경기준 달성도	
				2008	2009	2008년(33개 도시)	2009년(45개 도시)
일반지역	전용주거	낮	50	52	53	33% (11개 도시)	33% (15개 도시)
		밤	40	46	46	12% (4개 도시)	18% (8개 도시)
	일반주거	낮	55	54	54	82% (27개 도시)	84% (38개 도시)
		밤	45	46	47	39% (13개 도시)	36% (16개 도시)
도로변	주거	낮	65	65	64	61% (20개 도시)	60% (27개 도시)
		밤	55	58	58	27% (9개 도시)	27% (12개 도시)

(자료 : 환경부, 2009, 생활소음측정망 운영결과)

6) 생활환경과 관련된 건강위협요인

나노물질, 잔류성 유기오염물질, 내분비계장애 추정물질 등 건강 위해가 우려되는 잠재적 유해인자가 증가되고 있다. 최근에는 라돈, 전자파 등 물리적 요인에 의한 위해성 문제도 제기되고 있다. 2009년 폐암유발 원인물질로 알려진 라돈농도 조사결과, 학교 89개소(13.5%),

69) 기준초과율 0.3%(2000) → 4.9%(2007)

70) 기준초과율 0.2%(2000) → 2.2%(2007)

71) 환경부, 2007, 2006년도 토양측정망 및 실태조사 결과

관공서 8개소(1.8%)에서 실내공기질 권고기준인 148 Bq/m^3을 초과하였다.[72]

단기간에 다량으로 전자파에 노출되는 경우에 인체에 미치는 악영향은 과학적으로 정립되었으나, 만성 노출로 인한 영향에 대하여는 연구가 진행 중에 있다. 세계보건기구(WHO)는 전자파가 무해하다는 증거가 있을 때까지 사전예방 차원에서 유해한 것으로 간주하여 관리할 것을 권고하고 있다. 과도한 인공조명은 자연생태계의 교란현상, 농작물 수확감소 및 국민의 정온한 야간생활 침해 요인이 되고 있다.

7.1.4 환경보건의 패러다임 전환

2000년대 초반까지 우리나라의 환경정책은 오염물질의 배출원 관리에 중심을 두었다. 즉 수질, 대기질, 토양보전 등 매체별 오염물질 관리에 치우쳐 있어 환경오염으로 인한 국민들의 건강영향 문제를 직접적으로 연계하지 못했다. 21세기 들어서면서 정부는 환경정책의 대상을 수용체 중심으로 두고 위해성을 저감하기 위한 정책으로 전환하겠다는 방향을 제시한 바 있다. 위해성 저감을 위해서는 환경오염 피해가 비가역적이고 치명적일 수 있다는 점을 고려할 때 사전예방원칙(precautionary principle)에 기초한 매체 통합관리방식이 중요하다. 또한 환경정책 추진시에 국민소득 증가와 더불어 웰빙, 로하스(LOHAS)[73] 등 지속가능성과 건강을 고려한 새로운 생활양식이 확산되고 있다는 점도 고려해야 한다.

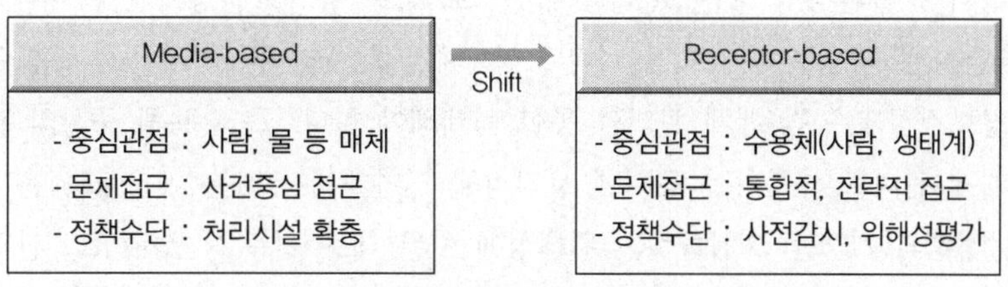

그림 7.3 환경보건의 패러다임 전환
(자료 : 환경부, 2010, 환경보건정책 현황 및 정책방향)

이러한 배경에서 정부의 환경보건정책은 다음과 같은 기본원칙이 반영되어야 한다. 첫째,

72) 제현국, 2010, 국내외 라돈정책 및 라돈산업의 현황, 한국지구시스템공학회지, 47(3), 400~405

73) 공동체 전체의 더 나은 삶을 위해 소비생활을 건강하고 지속가능한 친환경 중심으로 전개하자는 생활양식·행동양식·사고방식을 뜻한다. 'Lifestyles of Health and Sustainability'의 약자이다.

처리중심의 오염물질 관리에서 수용체 중심의 사전관리로 전환하는 것이다. 둘째, 환경관리의 목표가 행정지표에서 건강지표로 전환되어야 한다. 환경오염 농도를 나타내는 행정지표만으로는 환경개선이 실제로 국민건강에 얼마나 긍정적인 영향을 주었는지를 나타내지 못하기 때문이다. 셋째, 환경보건 정책의 관리 대상과 수단이 민감집단이나 취약지역에 집중되어야 한다.

7.2 국내외 환경보건정책의 여건 및 전망

7.2.1 환경보건정책의 영역

환경보건정책은 유해물질이 수용체인 인간과 동식물, 그리고 생태계에 미치는 영향을 분석하고 원인을 찾아내어, 이로 인한 피해를 사전 예방하고 피해범위를 최소화하기 위해 사후 관리하는 정책이다. 그림 7.4와 같이 환경보건정책은 사람의 건강에 영향을 미칠 수 있는 자연환경과 생활환경의 모든 요소를 대상으로 하는 공공보건정책의 한 분야이다.

환경정책은 전통적으로 대기오염, 수질오염, 폐기물 처리 등 매체관리 중심으로 발전해 왔는데 환경보건정책은 각 매체 관리를 통합 연계해야 한다. 즉 수용체 중심의 관점에서 다양한 오염매체 관리를 통합하는 동시에 보건정책과 연계해야 하는 매우 폭넓은 정책분야이다. 따라서 정책의 기조는 오염물질의 위해성에 따른 대응 기준을 제시하고, 환경성 질환을 예방·관리하는 기능을 수반해야 한다. 환경보건정책의 영역은 수용체인 사람과 생태계를 중심으로 인체건강에 피해를 주는 원인 물질부터 사후적으로 나타나는 환경성 질환 범위까지를 포괄하며 환경정책과 의료보건정책과의 중간영역에 놓여 있다.

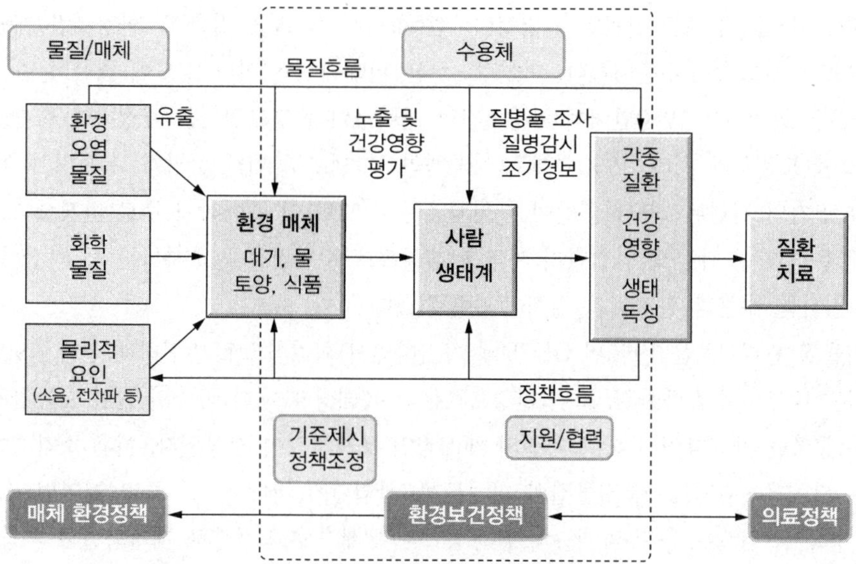

그림 7.4 환경보건 정책의 영역과 흐름
(자료 : 환경부, 2010, 환경보건정책 현황 및 정책방향)

7.2.2 국내 환경보건정책의 발전과정

일련의 환경보건정책의 발전과정을 표에 나타냈다. 1970년대 까지만 해도 환경문제는 오염문제로 접근하였기 때문에 환경의 피해는 '공해'로 해석되었다. 오염물질이 다량 발생되고 처리가 충분치 못했던 공업단지 지역을 중심으로 공해병 문제가 제기되기 시작하여 환경보건 문제가 우리 사회에 태동하는 시기였다.

표 7.7 국내 환경보건정책의 발전과정

시기	1985~1995	1996~2005	2006~2012
정책 기조	환경오염 건강피해 문제제기에 대한 조사	매체관리 차원의 유해화학 물질 및 환경유해인자 관리	환경보건정책 제도 확립, 환경성 질환 예방과 치료
정책 이슈	- 울산·온산병 제기(1985) - 유해화학물질관리법(1991) - 낙동강 페놀 오염사건(1994) - 인천 고잔동 유리섬유 사건(1995)	- 다이옥신 파동(1997) - 실내혈중 중금속 농도조사(2005) - 실내공기질 관리법(2004)	- 환경보건 10개년 종합계획(2006) - 환경보건법(2008) - 석면피해구제법(2010)

1980년 환경행정 전담기관인 환경청이 발족하면서 '환경성 질환'과 환경보건 개념이 도입되었으나 기초 연구수준이었다. 현실적으로는 피해의 원인이나 정도에 대한 논란이 끊이지 않았다. 환경청은 1980년대에 환경보건과 관련하여 환경보전법을 개정하여 화학물질 관리 제도를 도입하게 된다. 1990년대부터 국책연구과제로서 위해성 평가, 독성평가 기술, 건강영향 평가와 관련된 연구사업들이 수행되었다. 1990년대 중반까지 주로 환경오염으로 건강피해 우려가 큰 대규모 공업단지 지역을 대상으로 주민건강을 조사하는 등 환경성질환을 모니터링하는 수준의 환경보건 정책이 수행되었다.

화학물질 관리정책은 1996년 OECD에 가입하면서 획기적으로 발전하게 된다. 1990년 후반부터는 내분비계 장애물질, 소위 환경호르몬의 유해성에 대한 국민의 관심이 높아지고 언론에서 문제를 제기하면서 국가 차원의 체계적인 조사사업이 시작된다. 이후 소각장에서 발생하는 다이옥신과 같은 특정물질의 피해문제, 산업단지, 폐광산 등 특정 지역의 건강피해 문제, 영유아, 임산부 등 취약계층의 환경성질환 문제가 지속적으로 제기되면서 환경보건정책이 본격 추진되는 계기가 되었다.

이와 같이 환경오염으로 인한 건강피해 사례가 사회문제로 대두되면서 환경부는 2004년에 전담부서인 환경보건정책과를 설치하였고, 2006년에는 국내최초의 종합계획 성격의 "환경보건 10개년 종합계획"을 수립하였으며 환경보건법이 2008년에 제정되기에 이른다.

7.2.3 국내 환경보건정책의 여건과 전망

가. 생활주변 환경유해요인에 기인한 보건정책 수요 증가

전자파, 빛 공해, 라돈, 나노물질 등 생활 주변의 새로운 환경유해인자에 대한 위해성 문제가 제기되면서 원인분석과 대처방안에 대한 연구가 활발하게 진행되고 있다. 기후변화, POPs, 수은 등 범지구적 환경보건 이슈는 국가차원의 정책 제시뿐 아니라 국제사회의 협력 방안이 모색되고 있다. 과거 특정지역이나 계층에 한정되는 유해요인이라고 인식되던 석면, 분진 등의 문제도 보편적인 정책이슈로 대두되고 있다.

나. 통합적 위해성관리 필요성 증대

유해화학물질이나 중금속에 대한 기존의 단일 매체별 노출평가에서 다매체·다경로 노출평가를 기반으로 한 통합적인 위해성 평가와 저감대책이 요구되는 추세이다. 실생활에서의 유해물질은 생활환경, 식품, 음용수 등 다양한 노출경로를 거치므로 통합관리가 불가피한 것이다.

다. 환경오염에 의한 건강피해 분쟁 증가와 구제제도의 발전

다양한 환경요인과 건강영향간의 연관성에 대한 연구가 활발해 지고, 그 결과에 따라 환경성질환의 범위가 확대되는 한편 피해분쟁도 증가될 것으로 예상된다. 현재의 손해배상 청구방식으로는 원인자를 규명하거나 인과 관계를 명확히 입증하는 것이 어려우므로 환경오염 피해구제 제도가 보다 발전될 것이다.

라. 환경성질환의 예방관리 정책 강화 필요

어린이, 노인 등 건강 민감계층과 취약지역을 주 대상으로 건강위해성이 우려되는 유해인자를 사전에 제거·차단하는 예방정책이 강화될 것이다. 산업정책, 보건 위생정책, 오염매체 관리정책 등 관련 정책과의 연계가 요구된다.

7.2.4 선진국의 환경보건정책 추이 및 연구동향

미국, EU, 일본 등 주요 선진국들은 산업화가 성숙된 1960년대 이전부터 환경오염으로 인한 건강피해에 주목하였다. 산업화 과정에서 다양한 피해사례를 경험했기 때문이다. 건강피해의 원인을 조사·추적하고, 밝혀진 건강 위해인자를 제거하는 사후적 관리정책 뿐 아니

표 7.8 선진국 및 국제기구에서의 환경보건정책 추진 동향

구분	주 요 내 용
미국	- 1980년대 이후 환경정책을 국민건강 보호를 위해 추진 - 위해성 평가/관리제도 확립, 건강보호 권고/목표 기준 설정
일본	- 공해병에 의한 건강피해 지원 중심의 환경보건정책 추진 - 환경성 질환 감시체계, 지역별 환경성질환 지정 관리제도 마련
EU	- 1970년대 환경정책의 초기단계부터 보건 관점에서 접근 - 환경성 질환 예방 프로그램, 건강증진 및 모니터링사업 추진
OECD	- 대량유통 화학물질에 대한 위해성 경감방안의 체계적 연구 - 국가간 화학물질 관리체계, 화학물질 위해 정보 및 표시제도 추진
WHO	- 범지구적인 환경문제에 대한 환경보건 정보체계 및 대책 제안 - 환경문제로 인한 질병자료 평가 및 국가별 환경보건정책 평가

(자료 : 환경부, 2005, 환경보건정책 10개년 종합계획 연구; 환경부, 2006, 선진 환경보건정책 및 제도연구, 국외 정책연수 결과보고서)

라 근본원인을 제거하는 사전적 예방정책을 포괄하는 환경보건정책으로 발전하고 있다. 환경보건문제를 사회적 약자를 고려하는 '환경정의'의 관점에서 접근하여 어린이, 임산부, 노약자 등 민감·취약군 보호에 집중하고 있다. 아울러 개별적인 환경성질환의 치료 및 피해보상, 위해성평가, 질병 감시시스템 등을 기반으로 국가차원의 환경보건 진단·처방 체계를 구축하고 있다. 표 7.8은 선진국 및 국제기구의 주요 환경보건 정책내용을 요약하였다.

가. 미국

미국 환경보호청(EPA)[74]을 중심으로 중장기 환경보건 목표를 설정하고, 세부계획을 수립·실천하고 있다. 특히 질병관리센터는 천식, 암 등 주요 환경성질환에 대해 발생현황과 환경적 요인 규명을 위해 2000년부터 환경유해인자, 인체 노출수준 및 환경성 질환에 관한 모든 정보를 통합적으로 관리·감시하는 환경공중보건추적 네트워크(environmental public health tracking network)를 구축하였다. 또한 기존의 환경기준이 국민건강을 충실히 보호할 수 있는지 주기적으로 검토하여 기준을 재설정하고 있다.

최근의 연구과제로 환경오염의 영향에 민감한 어린이, 노인 등 건강 취약계층에 대하여 납 노출로 인한 신경행동 발달장애, 대기오염물질로 인한 천식, 태아기 화학물질 노출로 인한 발달장애, 심혈관계 질환과 같은 노인층 환경성질환 등에 대하여 지속적으로 연구하고 있다. 아울러 EPA는 위해성 평가·관리, 농약의 안전성, 내분비계장애 추정물질 영향 등에 대하여 체계적으로 연구·추진하고 있다.

나. 유럽연합(EU)

유럽연합(EU)은 2003년에 '환경과 건강 전략(european environment & health strategy)'을 수립하였다. 전략의 최종 목적을 보면 ①환경성질환으로 인한 부담 감소, ②신규 환경요인에 의해 야기되는 건강위해성 분석·방지, ③환경관리전략 실행능력 제고 등이다. 이에 따라 2004~2010년까지 세부 실행계획(action plan)을 수립하여 인체노출 모니터링 사업, 환경성질환 원인규명 사업 등을 수행하고 있다. 목표 달성을 위해 EU는 환경보건 5대 중점 전략(SCALE : Science, Children, Awareness, Legislation, Evaluation)[75]을 설정하였다. 여

74) 미국 EPA의 가장 큰 부서가 화학물질 관리부서이다. 화학물질 관리를 토대로 환경보건분야의 사전예방적 정책들을 추진하고 있다.

75) 5대 중점 전략(SCALE : Science, Children, Awareness, Legislation, Evaluation)으로 Science(환경오염물질의 인체영향에 대한 과학적 규명), Children(어린이 중심의 환경과 건강보호), Awareness(환경보건에 대한 국민 인식 제고), Legislation(EU 규정 및 국가내 법률 개정), Evaluation(환경보건정책·사업 수행에 대한 지속적인 평가)을 설정하였다.

기에는 인체노출모니터링, 통합정보시스템, 주요 환경성 질환의 환경적 원인 규명 등 13개 세부정책을 포괄하고 있다.

환경오염과 건강영향과의 관련성 연구로 화학물질, 대기오염, 전자기장(휴대폰), 소음, 자외선(UV), 전리방사선, 복합 환경유해 인자, 수질오염, 기후변화, 나노물질 등의 건강영향을 심층 연구하고 있다. 이 외에도 환경성질환 프로그램 개발, 건강 증진 및 모니터링 사업 등을 추진하였다. 국제협력 사업으로는 WHO/Europe ENHIS (environment and health information system) 구축 등 환경성 질환의 공동조사·감시 사업을 추진하고 있다. 독일의 UBA(연방환경부)와 UFZ(환경연구소)는 잔류성유기화합물질(POPs) 등 오염물질 연구와 REACH 관련 화학물질정책 연구를 강화하고 있다. 화학물질 관리와 관련하여 신규 화학물질은 물론 기존 물질에 대해서도 산업체가 위해성을 평가하여 등록시 평가결과를 의무적으로 제출토록 하는 신화학물질 관리제도(REACH)[76]를 2007년 5월에 도입하였다.

다. 일본

1950년대부터 이따이이따이병, 미나마타병 등 심각한 공해병을 경험한 일본은 초기에는 건강피해 보상 중심의 환경보건 정책을 추진하였다. 이후 사전예방제도를 도입하였으며, 특히 석면피해 및 일반 환경성질환에 대한 구제제도를 마련하였다. "석면에 의한 건강피해규제에 관한 법률(2006)"을 제정하였고, "공해건강피해보상법"에 의한 환경성질환 피해 보상제도를 운영하고 있다. "화학물질 제조 및 심사 등의 규제에 관한 법률"을 강화하여 EU의 REACH와 유사한 화학물질 관리 제도를 시행하고 있다.

정책이야기 7.1 이따이이따이병과 미나마타병에 관한 이야기

이따이이따이병은 일본의 후지야마현의 유역에서 발생되었던 만성 카드뮴 중독에 의한 공해병이다. 하천 상류에 있던 미츠이 금속광업소에서 배출한 산업폐수에 함유된 카드뮴이 인근 전답을 오염시킨 것이 원이이었다. 이 지역에 원인을 알 수 없는 독특한 증세의 병을 앓는 사람들이 발견된 것은 1920년대 부터였다. 카드뮴 성분이 농작물과 식수, 민물고기를 통하여 주민의 체내에 축적되어 건강 피해를 야기한 것이다. 처음에는 요통, 근육통, 관절통으로 시작되어 전신의 뼈가 연해지고 상하게 되어 결국 사망에 이르는 무서운 병이다. 일본 정부가 조사에 착수한 것은 1961년 경이고 1968년에야 카드뮴 중독이 원인이라고 공식 발표하게 된다. '아프다'라는 말로 너무 괴롭다는 의미로 이따이이따이병으로 명명되었다.

76) REACH 제도는 7.5 유해화학물질 관리정책에서 상술한다.

미나마타병은 1950년대 초 일본의 구마모토현 미나마타시 인근 주민에게서 중추신경마비 증세가 나타나면서 시작되어 1956년에 구마모토대학 연구진이 원인을 수은 중독이라고 밝혀낸다. 이 지역에 소재한 신일본질소주식회사에서 배출한 산업폐수에 메틸수은이 함유되어 있었고 폐수가 바다로 흘러가 주변에서 잡은 어패류를 오염시켜 이를 먹은 주민들에게서 집단 발생한 것이다. 이 병에 걸리면 감각이 무뎌지고 똑바로 걸을 수 없고 눈과 귀의 기능이 떨어지며 말도 할 수 없는 등 다양한 증상이 나타난다고 한다. 심한 경우 경련을 일으켜 사망하기도 한다. 잠재적 환자가 20만명으로 추정되기도 하나 인정된 환자는 3천여명 수준이다. 50년이 지난 지금까지도 피해보상을 둘러싼 법적 공방이 지루하게 계속되고 있다. 2013년 10월에 이곳 구마모도현에서 국제환경회의가 열려 수은국제협약이 채택된다.

7.3 환경보건법과 기본계획

7.3.1 환경보건법의 구성 및 내용

가. 제정 목적

환경보건 분야의 기본법이라 할 수 있는 환경보건법은 2008년 제정되어 2009년부터 시행되고 있다. 이 법의 제정 목적은 "환경오염과 유해화학물질이 국민건강 및 생태계에 미치는 영향 및 피해를 조사, 규명 및 감시하여 국민건강에 대한 위협을 예방하고, 이를 줄이기 위한 대책을 마련함으로써 국민 건강과 생태계의 건전성을 보호, 유지할 수 있도록 한다."라고 규정하고 있다.

나. 구성

그림 7.5의 체계도와 같이 환경보건법은 총 6장 33조로 구성되어 있고 각 장에는 총칙, 위해성평가, 환경관련 건강피해의 예방 및 관리, 어린이 건강보호, 기타 행정사항을 규정하고 있다.

환경보건법 : 총6장 33조

총칙	위해성평가 등	환경관련 건강피해의 예방·관리	어린이 건강보호	보칙	벌칙
- 목적/정의 - 적용범위 - 기본이념 - 국가 등의 책무 - 환경보건 종합계획 - 환경보건 위원회	- 환경유해 인자의 위해성 평가/관리 - 신기술이나 신물질의 적용 또는 사용제한 - 건강영향 항목의 추가 평가	- 국민환경 보건기초조사 - 환경관련 건강피해의 역학조사 - 건강영향 조사의 청원 - 배상책임 및 국가지원	- 어린이 활동 공간의 위해성 관리 - 어린이용도 유해물질 관리 - 어린이 위해성 정보제공	- 환경보건센터 지정 및 운영 - 환경보건의 전문인력의 육성 및 지원 - 보고 및 검사 - 권한위임 및 위탁	- 벌칙 - 양벌 규정 - 과태료

그림 7.5 환경보건법 체계도

다. 주요 내용

환경보건법은 크게 i)유해물질의 범위를 정하고, ii)유해물질의 영향을 평가하는 내용, iii)건강피해를 예방하고 사후 관리하는 분야로 나눌 수 있다. 환경유해인자에 대해서는 "환경정책기본법 제3조 제4호에 따른 환경오염과 유해화학물질관리법 제2조제8호에 따른 유해화학물질 등"으로 규정하고 있으며 유해인자는 각 물질에 대한 유해성 평가를 기반으로 설정하도록 규정하고 있다. 환경보건법에서 규정하고 있는 주요내용을 조문별로 살펴보면 다음과 같다.

첫째, 정부는 체계적인 환경보건종합계획을 수립하고, 주요 환경보건정책을 심의·의결하기 위해 환경보건위원회를 설치한다. 환경부장관은 환경오염물질 등 유해물질에 대한 위해성 평가를 통해 관리대책을 수립하고, 새로운 과학기술의 적용 및 새로운 유해물질에 대한 위해성 평가를 통해 과학기술 적용을 제한하거나 유해물질의 사용을 제한할 수 있도록 한다.

둘째, 환경기준 설정시 어린이 등 민감계층에 기반한 통합적인 위해성평가를 실시하도록 하고, 지자체의 장에게 환경기준의 유지·준수 의무를 부여한다. 사전환경성검토 및 환경영향평가시에 대상이 되는 계획·사업중 대통령령이 정하는 것에 대해서는 검토·평가항목에 국민건강에 미치는 영향을 추가하여 협의를 요청하도록 한다.

셋째, 환경성질환과 관련한 국민환경보건 기초조사, 정밀조사 및 역학조사를 할 수 있는 근거를 마련하고, 환경오염으로 건강피해를 받거나 받을 우려가 있는 자는 환경부장관에게 건강영향조사를 청원할 수 있도록 한다. 어린이 건강보호를 위하여 어린이 활동공간에 대한 위해성을 평가·관리하고, 어린이용품에 대한 유해물질의 사용을 제한·금지할 수 있도록 한다.

넷째, 유독물을 제조·수입하는 자에게 유독물부담금을 부과하고, 환경요인에 의한 국민건강 및 생태계 위해의 예방·관리에 필요한 사업을 안정적으로 수행하기 위하여 환경보건증진기금을 설치한다. 환경관련 질환의 조사·예방·관리 등을 위하여 중앙환경보건센터를 설치하고 환경성질환 연구센터를 지정·운영하며, 환경보건에 관한 인식 증진을 위해 환경보건협회를 설치한다.

7.3.2 환경보건 종합계획

가. 추진경위 및 목표

이 계획은 환경정책의 궁극적인 목표인 국민건강 보호를 위해 수립하는 10년간의 중장기 계획이다. 헌법 제35조의 환경권 구현과 환경정책기본법 제21조4의 '환경오염으로 부터 국민건강 보호'를 실현하는 실행계획으로 수립되었다.

당초 제1차 계획이 2006년에 2006~2015년을 계획기간으로 하여 수립되었으나 환경보건 실태에 대한 전반적인 평가가 부족하여 명확한 목표 및 전략 설정이 미흡하다는 비판이 있어 기존의 계획을 변경하여 2010년에 2011~2020년까지를 계획기간으로 하여 재수립하였다. 종합계획의 목표와 비전은 다음과 같다.

1) 비전

환경유해인자로 인한 건강피해를 예방하여 건강하고 안전한 사회를 구현하는 것이다. 이는 수용체 중심으로 각종 매체를 통합 관리하여 환경유해인자로 인한 위해도를 저감하고 환경성질환의 예방·구제대책을 마련하여 환경오염으로부터 안전한 사회를 구현하는 것을 의미한다.

2) 목표

환경성질환으로 인한 부담액 기준으로 추정한 환경보건정책 국가별 순위를 2010년 40위권 → 2020년 20위권 이내로 제고한다.

나. 계획의 주요 내용

환경보건종합계획의 핵심 내용은 표 7.9부터 7.12와 같이 환경성질환 조사·감시 및 예방·구제 분야, 환경유해인자로 인한 건강피해 저감 분야, 환경오염 민감계층 및 취약지역 대책 분야, 기후변화에 따른 건강피해 대응기반 분야 등 4개 분야로 구분하여 제시하였다.

표 7.9 환경성질환 조사·감시 및 예방·구제

환경성질환 조사 및 감시체계	환경성질환 피해구제 체계	환경성 질환 예방·대책
- 환경성질환 조사 및 평가 - 국가인체노출 평가체계 강화 - 환경성질환 감시체계 구축 - 환경보건지수 개발 및 내용 - 생태계 중 유해물질 감시·관리	- 환경유해인자로 인한 건강피해조사 - 환경오염우려지역 건강피해자 사후관리 - 건강피해 구제제도 도입	- 환경유해인자로 인한 알레르기 질환예방·관리대책 - 환경유해인자로 인한 호흡기 질환 예방·관리대책 - 석면질환 치료·예방·대책

표 7.10 환경유해인자로 인한 건강피해 저감

매체별 환경유해인자의 건강피해 예방관리	생활주변 환경유해 인자의 예방·관리	유해화학물질 관리 강화 및 유해중금속 관리대책
- 대기오염으로 인한 건강피해 예방 및 관리 - 실내 공기질 관리 강화 - 먹는 물로 인한 건강피해예방 및 관리 - 소음·진동 관리 강화로 정온한 생활환경 조성	- 석면 안전관리 체계구축 - 라돈으로부터 안전한 실내 환경 조성 - 나노물질 안전관리 체계 구축 - 전자파로 인한 위해 관리 - 인공조명으로 인한 빛 공해 예방·관리	- 국가우선관리대상물질 관리 - 잔류성 유기오염물질 관리 강화 - 내분비계장애 추정물질 관리 - 화학물질 평가로 위해성 사전 관리 - 화학물질 배출량 조사 강화 - 수은, 납, 카드늄 및 비소관리

표 7.11 환경오염 민감계층 및 취약지역 대책

환경오염 민감계층 대책	환경오염 취약지역 대책
- 전생애 환경보건 진단·관리체계 구축 - 유해물질 노출기준 마련 - 어린이 활동공간 안전관리기준 적용 강화 - 산모-어린이 환경보건대책 - 노령인구 환경보건 대책	- 국가우선관리 환경보건취약지역 관리 - 산업단지지역 환경보건대책 - 폐광지역 환경보건대책 - 가축매몰구역 환경보건대책 - 기타 환경오염 취약지역의 환경보건대책

표 7.12 기후변화에 따른 건강피해 대응기반 마련

기후·생태변화 적응역량 및 알레르기 대책	대기, 물, 화학물질 거동변화에 따른 대책
- 기후변화 적응역량 강화 및 국민인식 제고 - 기후변화에 따른 알레르기 유발 인자 관리 - 생태계 변화에 따른 야생동물 감염병 대응 - 이상기후로 인한 건강 피해 대응	- 대기환경 변화에 따른 건강영향 평가 및 대응 - 물 환경 변화에 따른 건강영향 평가 및 대응 - 화학물질 거동변화에 따른 인체·생태 영향조사

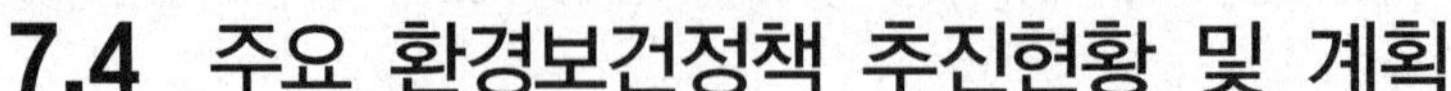

7.4 주요 환경보건정책 추진현황 및 계획

우리나라의 환경보건대책은 1980년대 공단지역의 건강피해를 조사하면서 시작되었다 할 수 있다. 여기서는 2010년에 수립된 환경보건종합계획을 중심으로 분야별 대책을 살펴보고자 한다. 이 계획은 (2011～2020년)까지의 10개년 계획이다.

7.4.1 환경성질환의 감시 및 구제·관리 정책

환경성질환의 관리를 위한 3가지 중점대책을 제시하고 있다. i) 유해물질의 인체·생태계 노출수준과 환경성질환에 대한 발생현황을 모니터링 하는 환경성질환 조사·감시체계 구축, ii) 환경오염 취약지역을 중심으로 건강피해 사후관리 등 환경성질환의 건강피해 구제제도 마련, iii) 천식·아토피피부염 등 주요 환경성질환의 추적·감시, 환경적 요인 규명, 예방·관리 가이드라인 마련 등 환경성질환의 예방관리대책으로 구분된다.

가. 환경성질환 조사 및 감시체계

1) 환경성질환의 부담수준 조사 및 평가

WHO에서 아토피피부염, 천식 등 환경성질환에 대한 국민 부담수준을 산정하고 이를 근거로 국가별 환경보건 수준을 평가한 결과, 우리나라는 2007년에 세계 50위권, 2010년에는 40위권으로 평가되었다. 정부는 2020년까지 20위권으로 제고한다는 계획이다.

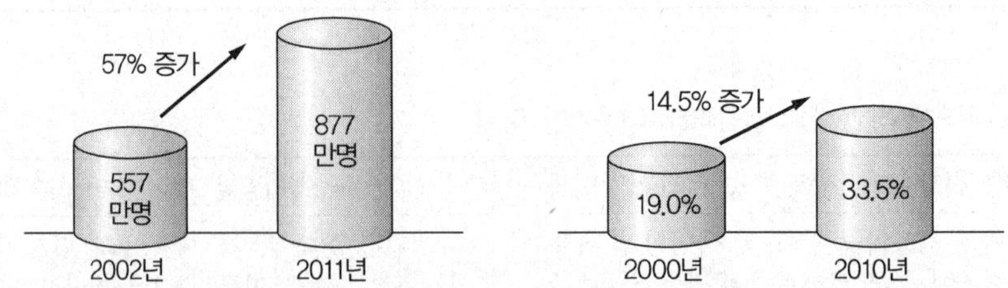

그림 7.6 환경성 질환 환자수(왼쪽) 및 어린이 아토피피부염 유병률(오른쪽)
(자료 : 건강보험심사평가원, 2012; 질병관리본부 어린이·청소년 알레르기질환 조사, 2000, 2010)

환경성질환 중 아토피피부염 등 알레르기질환으로 진료받은 환자수가 2002년 557만명에서 2011년 877만명으로 57% 증가하였으며, 2011년 한해 환경성질환으로 인한 진료비가 3,620억원에 달하는 등 사회·경제적 비용이 상당한 것으로 나타났다.[77)]

표 7.13 국민환경보건 기초 조사 내용

연도	사업명	조사대상 및 숫자	조사시기	조사내용
2005	혈중 중금속 농도조사·연구	전국 20세 이상 남녀 2,000명	2005.3～2005.11 (8개월)	유해물질 노출농도 측정(3종) - 중금속 3종 : 혈중 납, 수은, 카드뮴
2007	제2차 국민생체 시료중 유해 물질 실태조사	전국 18세 이상 남녀 2,342명	2007.8～2008.4 (8개월)	유해물질 노출농도 측정(6종) - 중금속 혈중 3종(납, 수은, 망간), 요중 2종(수은, 카드뮴) - PAHs 대사물 1종 : 요중 2-naphthol - 환경담배연기 1종 : 요중 Cotinine
2008	제3차 국민 생체시료 중 유해물질 실태조사	전국 20세 이상 남녀 5,129명	2008.4～2008.12 (8개월)	유해물질 노출농도 측정(13종) - 중금속 5종 : 혈중 3종(납,수은, 망간), 요중 2종(비소, 카드뮴) - 환경담배연기 1종 : 요중 Cotinine - PAHs대사물 2종 : 요중 2-naphthol, 1-OHP - 내분비장애추정물질 2종 : 요중 phthalates 대사체, bisphenol A - 농약류 대사물 1종 : 요중 3-PBA - VOCs 대사물 2종 : 요중외 1종
2009 ～ 2011	제1기 국민환경보건기초조사	전국 만19세 이상 남녀 6,000명 (2,000명/년)	3년 주기	유해물질 노출농도 측정(16종) - 중금속 5종 : 혈중 3종(납, 수은, 망간), 요중 2종(비소, 카드뮴) - 요중 대사체 11종 : PAHs, VOCs, Phthalates, 농약류, 니코틴 등
2012 ～ 2014	제2기 국민환경보건기초조사	전국 만19세 이상 남녀 6,000명 (2,000명/년)	3년 주기	유해물질 노출농도 측정(21종) - 중금속 3종 : 혈중 중금속 2종(납, 수은), 요중 중금속 2종(수은, 카드뮴) - 요중 대사체 18종 : PAHs 대사체 4종, VOCs 대사체 5종, Phthalates 대사체 5종, 환경성 페놀류 2종, 농약류 대사체 1종, 환경담배연기 1종

77) 건강보험심사평가원, 2012

2) 유해물질의 인체노출 조사

유해물질로 인한 건강피해를 줄이기 위해서는 우선 노출실태를 파악해야 한다. 미국의 경우 EPA와 질병관리본부(CDC : Center for Disease Control and Prevention) 주관으로 1995년부터 환경오염물질 및 유해물질의 인체노출에 대한 잠재적 위해성에 대한 노출평가를 시행하고 있다. 우리나라도 이러한 외국사례를 벤치마킹하여 2005년부터 표 7.13과 같이 유해물질 노출과 건강영향의 상관관계를 규명하기 위한 인체노출 평가사업인 국민환경보건 기초조사를 수행하였다.

2009년도에 발표된 4번째 보고서의 경우 중금속 5종 (혈중 3종 : 납, 수은, 망간, 요중 2종 : 비소, 카드뮴)과 요중 대사체 11종 (PAHs, VOCs, Phthalates, 농약류, 니코틴 등) 등 16종 유해물질에 대한 노출농도를 측정하였다.[78] 정확한 유해물질 노출에 대한 분석·평가를 위해서는 앞으로 조사 대상과 항목을 확대할 필요가 있다. 정부는 인체 내 유해물질의 시·공간적 분포와 영향을 주는 원인을 상세히 규명하기 위하여 '국민환경보건 정밀조사'를 2019년까지 단계별로 추진할 계획이다.

3) 환경성질환의 추적 및 감시

환경성질환을 모니터링·감시하기 위해서는 다양한 조사·연구 결과와 정보관리 시스템이 필요하다. 현재 환경유해인자로 인한 환경성질환 발생률을 추적 조사하기 위해 환경부, 보건복지부 등 유관기관 간에 역할을 분담하여 조사 체계를 구축하고 있으나 매우 미흡한 실정이다. 참고로 미국은 피부질환, 호흡기질환, 기형, 암, 신경장애, 납·수은과 같은 중금속 중독 등 26종의 질환에 대해 어린이, 성인 등 계층별로 나타날 수 있는 건강피해 이슈를 제시하고 추적조사하고 있다. 전반적으로 조사·관리대상 오염물질과 오염매체의 종류를 확대하고, 이에 따라 환경성질환의 조사범위도 넓혀야 한다.

4) 환경보건지수 개발 및 적용

환경보건법에 환경오염과 건강문제를 동시에 고려한 환경보건 지표를 개발하여, 전국적·지역적 차원의 환경보건 상태를 평가할 수 있다고 규정하고 있다. 선진국들은 국가 환경보건 수준을 평가할 목적으로 환경보건지표(environmental health indicators)[79]를 개발하여 정책에 활용하고 있다. 우리나라도 2015년까지 환경보건 상태를 종합적으로 평가할 수 있도록 민감계층 지표 등 30개 이상의 환경보건지표를 개발한다는 계획이다.

---

78) 국립환경과학원, 2011, 환경오염 민감계층의 건강영향조사평가 및 개선방안 연구

79) 환경보건지표는 환경오염도와 오염의 영향정도, 건강피해 등을 종합하여 특정 국가·사회 또는 지역의 환경보건 수준을 나타내는 지표이다.

참고자료 7.2 EU의 환경보건지표 개발동향

EU는 DPSEEA 모델(WHO, 1999)을 토대로 환경보건지표 개발·산정절차를 확립함.

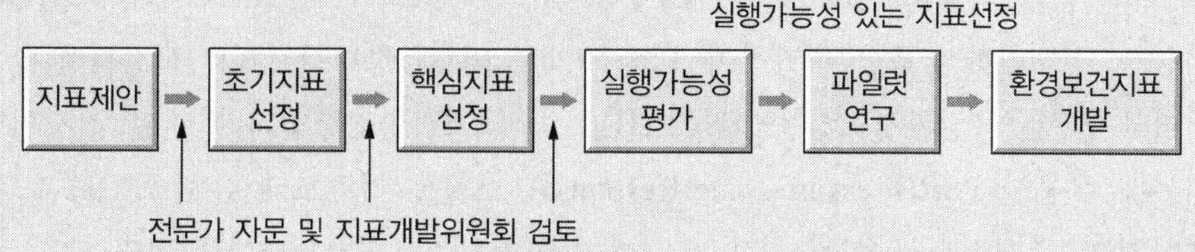

환경보건지표 개발 절차

※ DPSEEA 모델에서의 용어 정의

- Driving force (추동력) : 환경적 변화 요인 (인구성장, 경제발전, 기술발달 등)
- Pressure (압력) : 환경상태에 직접적 영향을 주는 요인 (생산, 소비, 폐기물배출 등)
- State (환경상태) : 압력(P) 등에 의해 변화되는 환경상태 (자연적 유해도, 환경오염도 등)
- Exposure (노출) : 유해인자와 인간과의 상호반응 (흡수량, 노출량, 생체내 오염물질축적)
- Effect (건강영향) : 인간이 노출됨으로써 발생할 수 있는 다양한 영향 (사망률, 질병발생 등)
- Action (대책) : 영향에 직면한 정책적 대응조치 (기준설정, 환경규제 등)

항목	핵심 환경보건지표(총 17개중 발췌)
대기질	① 대기오염물질에 노출된 인구 ② 담배연기에 대한 노출을 줄이기 위한 정책의 존재유무
주거	③ 주거밀집도 ④ 실내의 습기 및 곰팡이 번식 ⑤주거위생 ⑥ 주거지역의 범죄발생과 인식 ⑦ 극단적 기온에 의한 사망
소음	⑧ 다양한 수준의 소음에 노출된 인구 ⑨ 소음노출을 줄이기 위한 정책 존재유무
교통	⑩ 도로 교통사고에 의한 사망 ⑪ 도로교통에 의한 상해
폐기물·상하수도	⑫ 안전한 식수를 공급받는 인구
화학물질 안전	⑬ 토지이용계획에 관한 규제조건의 존재유무 ⑭ 화학물질 사고 등록 ⑮ 화학물질 사고에 대한 정부의 준비상태
방사선	⑯ 악성흑색종의 발병률 ⑰ 효과적인 방사능 모니터링 체계의 존재

(자료 : 한국환경정책평가연구원, 2012, 국가 환경보건지표로서 환경성질병부담 도입방안)

참고로 유럽의 경우 환경보건전략 실행계획(European Environment and Health Action Plan, 2004년~2010년)의 주요 사업에 포함하여 지표를 개발·보완하였다. 참고자료에서 제시한 것과 같이 유럽의 DPSEEA 모델을 토대로 지표 제안, 핵심지표 선정, 실행성 평가, 파일롯트 연구 등의 과정을 거쳐 지표를 개발하였다.[80] 자료의 가용성, 데이터의 질(quality), 비교가능성, 정책연관성 등을 평가하여 지표 17개를 EU 환경보건지표로 선정하여 활용하고 있다. 미국에서는 국립환경보건센터(NCEH)를 중심으로 환경오염과 관련된 건강위험성을 평가하는데 유용한 PSR(Pressure-State-Response) 모델을 기반으로 유해성지표, 노출지표, 건강영향지표, 중재(intervention)지표 등 4가지 환경공중보건지표를 개발하였다.

5) 생태계 중 유해물질의 감시·관리

유해물질은 생물내에 잔류·농축되어 궁극적으로 인체건강을 위협한다. 특히 수은, 카드뮴 등 중금속과 잔류의약물질의 위해성은 매우 높다. 정부는 "항생제 내성 관리 종합대책"을 수립하여 전국 4대강의 담수 환경(수질. 퇴적물) 조사, 어패류 체내 수은농도 조사와 함께 '담수 어패류의 섭취 가이드라인' 마련, 수은농도 분포지도 작성 등의 대책을 추진하고 있다. 그러나 아직 분포 실태도 정확히 조사되고 있지 않은 상태여서 향후 심층적인 조사·연구가 필요한 실정이다.

나. 환경성질환 피해의 구제·관리

1) 환경유해인자로 인한 건강피해 조사

최근 국내에서도 건강피해 사례가 지속적으로 발생하고 있다. 표 7.14와 같이 석면광산과 공장 인근에서의 석면 피해, 사업장 인근 주민의 분진으로 인한 호흡기계 질환 발생, 과거 금속제련소 소재지 주변의 카드뮴 고노출 현상 등이 발생하였다. 석면폐 등 일부 질환 외에는 환경성질환이 대개 만성적 영향이 크고 장기간 잠복기를 거쳐 나타나기 때문에 환경유해인자와 건강피해간의 상관성을 정확하게 규명하는데 한계가 있다.

2011년부터 2020년까지 석회석 광산, 석면광산, 금속광산, 산업단지 등 환경오염 우려지역과 주민들의 건강영향조사 청원지역에 대하여 건강피해 진단·평가 작업을 추진하고 있다.

---

80) 한국환경정책평가연구원, 2012, 국가 환경보건지표로서 환경성질병부담 도입방안

표 7.14 국내 환경성질환 피해 사례

환경오염지역		위치	건강피해 사례
석면광산 주변		충남	14개 석면광산 주민 4,057명 중 179명(4.4%) 석면폐증, 227명(5.6%) 흉막반 소견
사업장 주변	분진(시멘트) 사업장	영월	만성폐쇄성폐질환(COPD) 유소견자 및 비(非) 직업성 진폐증(3명) 확인
	(구)금속 제련소	장항	주민 687명 중 24% 정도가 카드뮴 노출 참고치 초과, 15명은 카드뮴 건강피해(신세뇨관 미세손상 등) 의심

(자료 : 환경부, 2008, (구)장항제련소 주변지역 주민건강영향조사 결과 ; 환경부 국립환경과학원, 2009, 석면 공장·광산 등의 인근 주민의 석면노출로 인한 건강영향 조사 기초연구보고서)

2) 환경오염 우려지역에서의 피해자 사후관리

환경오염 우려지역의 주민을 대상으로 건강피해를 조사하고 있으나 조사결과를 바탕으로 한 피해 관리대책은 미흡한 실정이다. 최근 영월 시멘트, 장항 제련소 등 오염우려지역 주민의 건강피해가 확인됨에 따라 피해자 관리와 추가피해 예방 등의 후속조치를 추진하고 있다. 대부분의 경우 환경오염지역 인근의 주민들은 본인의 의사나 경제적 이익과는 무관하게 유해인자에 노출되고 있으나 개인적 차원의 피해규명은 한계가 있다. 따라서 분진·중금속을 다량 배출하는 사업장이나 광산 인근 지역에서의 고농도 노출자 및 환경성질환 유소견자를 대상으로 정기적인 건강 모니터링 등 사후관리가 보다 체계적으로 추진되어야 한다.

3) 환경유해인자로 인한 건강피해 구제제도

최근 환경오염으로 인한 건강피해 분쟁사례가 증가하는 추세이다. 제련소, 시멘트공장, 석면광산 등 오염물질을 다량 발생하는 시설의 주변지역 주민의 건강피해가 발생하고 있음에도 피해 조사 및 구제 체계가 미흡하기 때문이다. 화학물질 사용량과 종류도 계속 증가하고 있어 유해화학물질에 의한 건강피해도 주목해야 한다. 정부는 환경유해인자로 인한 건강피해 구제에 대한 법률을 마련하여 구제 원칙을 제시하고 건강피해 보상 기준, 지급조건, 지원방법, 재원조성 방안 등을 마련한다는 계획이다.[81] 여기서 피해구제를 위해서는 비용부담 주체와 보상기준을 명확히 하는 것이 중요한데, 오염원인자가 불확실하거나 보상범위가 불확실한 경우가 많으므로 비용부담에 대한 정부의 역할을 설정하고 피해범위를 객관적으로 평가하는 전문 조사기관이 필요하다.

81) 환경오염피해 구제법(안)이 2013년 7월 의원입법 형태로 발의되어 국회에 계류중이다. 사업자의 환경오염배상책임, 환경책임보험제, 환경오염피해보상기금 등의 내용을 담고 있다.

정책이야기 7.2 가습기 살균제 사건

2011년 4월부터 원인이 불분명한 급성 호흡부전으로 입원하는 환자들이 늘어나 급기야 사망하는 사건이 발생한다. 사건은 병원 측이 보건복지부 질병관리본부에 신고하면서 드러나게 되었다. 그해 8월에 보건복지부는 가습기 살균제가 사망원인으로 추정된다는 중간 조사를 발표하였고, 11월 11일 동물실험 결과 가습기 살균제가 호흡기로 흡입될 때 독성이 발생하여 폐 세포에 손상을 입히게 된다는 점을 공식 확인하고 6개의 제품에 대하여 가습기 수거명령을 내렸다. 가습기 분무액에 살균제를 첨가하여 사용한 사람들 중 임산부나 영아 등이 사망에 이른 사건이다. 사망자가 120여명에 이르는 것으로 알려졌다. 가습기 살균제의 주요 성분은 PHMG, PGH로 일반적인 독성 실험에서는 안전검사를 받았으나, 흡입독성 시험을 하지 않은 것으로 나타났다. 세계적으로 처음 발생한 생활제품의 대규모 치사사건으로 관리상의 사각지대에 있는 대표적인 Biocide(살생물제 또는 생태계교란물질)의 피해사례이다. 원료를 판매한 외국에서는 주로 분수대 세정용으로 사용하였고 사고 이후 금지된 것으로 알려지고 있다. 정부가 진상조사와 의료비 지원 등의 조치를 취하고 있으나 제조사의 책임 한계와 피해자 보상 문제에 대하여 아직 공방 중이다. 환경부서와 보건부서의 중간 영역에서 관리 공백이 나타난 사례이자 환경보건정책의 중요성을 인식시키는 사건이다.

다. 환경성질환의 예방·관리 대책

환경오염으로 인한 질병의 감시체계는 건강에 영향을 미치는 유해물질에 대한 노출 감시체계를 기반으로 각 물질별·매체별·지역별 위험인구를 모니터링하고 노출저감 대책을 마련하는 것이다. 구체적인 내용은 표 7.15에 요약하였다.

1) 알레르기 질환 예방·관리대책

아토피피부염, 천식, 알레르기 비염 등 알레르기성 질환의 유병률이 지속적으로 증가하고 있다. 질환 발생률을 모니터링하고 질환에 관여하는 환경요인을 규명하여 함께 저감방안을 마련해야 한다. 환경부는 2016년까지 환경유해인자로 인한 알레르기질환 추적·감시 시스템을 구축하고 2019년까지 환경요인을 규명하여 관리대책을 확립한다는 계획이다. 이러한 대책 수립시까지 우선적으로 지역별·계층별 샘플조사를 통해 잠정적인 관리방안을 마련하는 것이 요구된다.

2) 호흡기 질환 예방·관리대책

미세먼지와 같은 유해성 대기오염물질에 의한 만성 호흡기질환이 증가하고 있다. 2009년 남성의 만성폐쇄성폐질환(COPD : Chronic Obstructive Pulmonary Disease)[82] 진료 환자는

23만 명으로 2003년에 비해 12.6% 증가하였다. COPD, 기관지염 등 호흡기질환과 관련된 환경유해인자의 조사·연구는 아직 미흡한 실정이다. 환경부는 2016년까지 환경유해인자로 인한 호흡기질환 추적·감시시스템을 구축한다는 계획이다. 특히 자동차, 공장 등 대기오염물질 배출원과 호흡기질환과의 연관성 및 질환부담 기여율을 조사하기 위하여 2020년까지 '대기오염 변화에 따른 호흡기 질환 유병률에 대한 시·공간적 분석'을 포함한 관련 연구를 수행할 예정이다.

표 7.15 환경성질환 예방·관리 대책

대책	내용
알레르기 질환 예방·관리	- 환경유해인자로 인한 알레르기 질환 추적·감시 시스템 구축 - 환경요인 규명 및 예방·관리대책 수립 - 알레르기질환 관리 가이드라인 개발
호흡기 질환 예방·관리	- 환경유해인자로 인한 호흡기 질환 추적·감시 시스템 구축 - 환경오염의 호흡기질환 영향 연구 - 호흡기질환 예방·관리 가이드라인 개발
석면질환 치료·예방 및 관리	- 석면광산·공장 등 피해우려지역 주민 건강영향조사 - 권역별 석면피해신고센터(의료기관) 지정·운영 - 석면질환 전담 의료·연구센터 설립 - 환경성 석면 누적 노출량 조사·산정을 위한 측정망 운영
기타 예방·관리	- 발암물질, 내분비계장애 추정물질 등 환경유해인자 조사 - 상대적으로 취약한 어린이, 여성 대상 추적·감시 시스템 구축 - 선천성 기형, 소아암, 발달장애, 유방암 및 기타 만성질환의 발생·유병률 등을 기초로 환경보건지표 정립 - 산모, 어린이에 대한 코호트연구를 통해 환경요인 노출과 소아질환 및 유방암 등의 질환간의 상관성을 추적조사

(자료 : 환경부, 2011, 환경보건종합계획(2011~2020))

3) 석면질환 치료·예방 및 관리대책[83)]

1993년 이후 2008년까지 국내에서 465명이 석면 악성중피종으로 사망하였고, 지속적으로 증가하는 추세이다. 2010년에는 석면 노출에 따른 석면질환자에 대한 의료비, 생활수당 지급 등 보상을 위한 "석면피해구제법"이 제정되었다. 석면으로 인한 건강피해 조사, 정확한 진단, 전문적 치료 시스템의 부재로 석면질환자의 건강을 회복하기는 현실적으로 어렵고,

82) 세계 주요 사망원인 4위인 만성폐쇄성폐질환은 만성 기관지염과 폐기종을 가리키며 보통 이 둘이 허파에 공존하여 숨길이 좁아지는 현상을 가리키며 줄여서 COPD(Chronic Obstructive Pulmonary Disease)라고 한다.

83) 7.6.6절에서 상술한다.

구제 급여만 지급하고 있는 실정이다. 중·장기적으로 석면질환을 치료·예방할 수 있는 대책을 마련하고 석면광산·공장 등 피해우려지역에 대한 주민 건강영향조사를 추진한다는 계획이다.

7.4.2 환경오염 민감계층 및 취약지역 관리대책

가. 환경오염 민감계층에 대한 환경보건대책

1) 전생애주기(Life-cycle) 진단·관리체계 구축

생애주기별·계층별로 환경유해인자의 노출 양상과 건강영향이 상이하므로, 맞춤형 대책이 필요하다. 태아, 영·유아, 청소년, 성인, 노년층 등 계층별로 환경유해인자의 우선관리목록을 작성하고 각 생애주기의 사회·경제 여건에 따른 주요 건강장애 및 환경유해 인자(화학적, 물리적 요인 포함) 노출평가를 시행해야 한다.

2) 민감계층 보호를 위한 유해물질 노출권고기준

환경보건법 제6조 및 제15조에 따라 환경오염에 취약한 민감계층을 대상으로 환경유해인자에 대한 건강영향을 조사토록 되어있다. 현재까지 노출권고기준을 마련하기 위해 샘플조사를 시행하는 단계이다. 조사경과를 보면 초등학생 2천명을 대상으로 2005년부터 2010년까지 혈중 중금속 및 뇨중 유해물질을 분석하였다. 또한 산모 1,700명 및 영아(~4세)를 대상으로 생체 유해물질, 생체지표 및 건강상태에 대한 실태를 조사하였다. 60세 이상 노인 400명/년을 대상으로 생체내 유해물질 및 대사체 분석, 심혈관계 기능 등을 토대로 한 건강영향조사도 추진하고 있다.

우선 계층별 생리학적 특성과 생활 요인을 고려하여 차별화된 노출 권고기준을 설정하는 것이 시급하다.[84] 그러나 유해물질 노출권고기준을 마련하기 위해서는 장기간의 추적조사가 필요하나, 아직까지 국내 연구기반이 취약하고 예산도 부족하여 충분한 조사체계를 갖추지 못하고 있다. 예로서 영유아는 천식 등 환경성질환이 비교적 명확히 나타날 수 있는 약 7세 전후까지 동일한 방법으로 지속적인 추적조사가 필요하다. 또 산모·어린이에 대한 장기간의 환경보건 코호트 조사 및 추적조사가 요구되는 것이다.

어린이의 경우 선진국에서는 태아기부터 성장과정에 걸쳐 환경노출과 영향을 장기적으로

---

84) 환경독성보건학회, 2011, 민감계층 유해물질 노출 권고수준 도입방안 마련 연구

조사하는 '출생 코호트 연구사업'을 활발히 추진하고 있다. 미국의 '국가 어린이 연구(National Children's Study)', 스페인 '산모·영유아 코호트연구(INfanciay Medio Abients)', 네덜란드 '2세대 연구(The Generation R Study)', 일본 '환경과 어린이연구(Japan Eco & Child Study)[85]' 등의 사례가 있다.

최근 급격한 인구 고령화에 대비하여 노령인구에 대한 환경보건대책을 강화해야 한다. 노령인구에 대한 건강영향 조사를 수행하였고 특히 노령인구 패널을 활용한 반복조사를 통해 인체 내 유해물질 모니터링 등 환경노출과 건강영향과의 상관성을 조사하였다. 노령인구는 대기오염물질은 물론 VOCs 등 실내오염물질 노출로 인해 호흡기능 및 신경기능(자율신경계) 저하 등 쉽게 건강피해에 노출될 수 있다. 공업단지 등 환경오염 취약지역, 농어촌 소외지역 내 거주 노인들의 건강보호를 위한 대책 마련이 필요하다.

3) 어린이용품의 환경안전기준 강화

정부는 어린이 활동공간과 사용용품에 대한 유해물질 노출 실태조사, 위해성평가와 개선대책을 추진하고 있다. 2009년에는 어린이 활동공간에 대한 환경안전관리기준을 설정하고 환경유해인자 시험방법, 어린이용품의 환경유해인자 종류, 135종의 유해성 목록을 확정하였다.[86] 특히 플라스틱 인형 등에서 가소제가 검출되고, 어린이용 장신구 등에서 일부 중금속이 검출되기도 하였다. 2010년에는 어린이용품 제조업체인 완구, 문구, 가구업체 및 협동조합 등 15개 기업과 '위해성관련 정보교류 및 자발적 화학물질 저감을 위한 사용감축 협약'을 체결하였다. 현재까지 "환경안전관리기준"이 적용되는 대상시설은 일부 시설에 국한되어 있어 향후 어린이 건강 안전을 위해 대상을 확대하고 관리기준도 강화할 필요가 있다. 환경유해인자 135종의 제품별 위해성평가를 위한 물질별 전이량 분석법이 아직 미정립된 상태이고, 위해성 평가결과에 따른 사후관리 제도도 미흡하다. 조속히 어린이용품내 함유된 환경유해인자의 전이량 시험방법을 정립하고 주기적인 위해성평가 체계가 필요하다.[87]

나. 환경오염 취약지역 관리대책

1) 국가우선관리 대상 취약지역 선정·관리

산업단지, 폐금속 광산 등 환경오염 우심지역에 대한 건강영향조사는 여러 차례 실시되고 있으나 전국적인 건강영향조사 절차나 기준은 아직 정립되지 못한 상태이다. 최근에 산업단

85) ECOAICHI(The Center of Aichi Unit of the JECS), Japan Eco&Child Study

86) 환경부 고시, 2009.8

87) 국가환경기술정보센터, 어린이 건강보호를 위한 환경보건정책

지, 폐금속 광산, 폐기물처리시설에 대한 목록을 보완하고 화력발전소, 가축매몰지역, 비금속광산, 교통밀집지역 등을 추가한 취약지역 목록을 작성하고 있다. 미국의 경우 포괄적환경처리보상책임법(CERCLA)[88]에 근거한 EPA 슈퍼펀드 프로그램에 따라 유해폐기물 오염지역에 대하여 국가 우선순위 목록(National Priorities List)[89]을 작성하여 정화하고 있다.

2) 공장지역의 환경보건대책

공장지역의 건강피해조사는 1984~1985년 울산·온산 공업단지 지역에 대한 피해조사가 최초의 사례이다. 1980년대 초부터 인근지역 주민들이 신체부위의 통증을 호소하면서 문제가 제기되었다. 1985년 정부가 역학조사 결과를 발표하고 일부 주민을 이주시키게 되었다. 이후 정부에서는 공단 인근지역을 간헐적으로 조사하다가 2003년부터 주요 대규모 산업단지를 대상으로 지역주민의 환경오염 노출수준과 건강영향을 연차별로 조사하기 시작하였다. 울산, 포항, 시화·반월, 청주·대산 공업단지를 조사하였고 60개 우선조사 대상지역을 목록화하였다. 환경부는 2020년까지 산업단지 인근지역 주민의 환경오염 노출수준과 건강영향 조사를 지속적으로 실시할 계획이다.

3) 폐광지역 환경보건대책

2004년 고성군의 폐광주변 주민의 환경성질환 의심 사건을 계기로 2006년부터 폐광산 토양·수질 정밀조사를 본격 추진하였다. 2008~2011년간 전국에 토양오염이 우려되는 폐금속 광산 401개소 중 정밀조사가 필요한 37개 폐금속 광산 지역주민을 대상으로 건강영향조사를 실시하였다. 한편 석면 광산, 석회석광산 지역의 분진피해 가능성도 제기되고 있으나 다양한 비금속 광산 인근지역의 주민 건강영향조사는 미흡한 실정이다. 환경부는 1단계 정밀조사 결과를 바탕으로 2020년까지 후속 조사를 추진하고 있다. 아울러 광산지역 중금속 고노출자에 대한 추적관찰 및 관리, 건강보호 가이드라인 마련도 추진 중에 있다.

다. 환경보건센터 지정 및 운영

환경보건 분야의 전문적인 조사·연구를 위해 환경보건법 제26조(환경보건센터의 지정·운영)에 근거하여 표 7.16과 같이 전국의 14개 종합병원을 환경보건센터로 지정하였다.

---

88) 미국의 포괄적환경처리보상책임법(CERCLA : Comprehensive Environmental Response, Compensation and Liability Act, 일명 슈퍼펀드법 1980) ; 미국정부는 1978년 러브운하 오염사고를 계기로 오염토양을 정화할 목적으로 오염원인자에게 비용을 부담시키는 강력한 법을 제정하였다.

89) 미국 EPA가 주민에 중대한 위협요인이 있는 것으로 확인한 지역, 토양정화의 비용효과가 높은 곳 등 총 1,277개 지역을 선정

2007년 6월에 아토피 피부염, 천식, 소아발달장애를 연구대상으로 삼성서울병원, 고려대학교 안암병원, 단국대학교 의료원을 지정한 이후 최근에는 순천향대 구미병원을 유해가스 노출분야를 연구대상으로 하는 환경보건센터를 신규로 지정하였다.90)

표 7.16 전국 환경보건센터 지정 현황

센터(지정년도)	전문분야	사업 내용
고려대 안암병원(2007)	알레르기천식	천식 유발 환경요인 연구 및 천식 예방
단국대의료원(2007)	소아발달 장애	환경요인에 의한 소아발달장애 등 정신질환 예방
삼성서울병원(2007)	아토피 피부염	아토피피부염의 특성 연구, 아토피 검사실 운영
서울대 의과대학(2008)	선천성 기형	환경요인에 따른 출산 전후 질환 예방·관리 연구
인하대병원(2008)	알레르기	알레르기질환 발생현황과 환경요인 연구 및 예방
제주대 의과대학(2008)	아토피, 비염	환경성질환 협력체계 구축, 예방 및 관리지침 마련
전남대 화순병원(2008)	소아암	환경요인에 의한 백혈병 등 소아암 예방 연구
태안의료원(2008)	유류유출	유류에 의한 환경역학 조사 및 통계 관리
울산대병원(2009)	아토피 피부염	공단인근, 주거별 아토피질환 특성 연구 및 예방
연세대원주(2010)	라돈	라돈에 따른 폐암 등 환경성질환 예방·관리 강화
강원대병원(2012)	호흡기질환	호흡기질환과 환경요인과의 상관성 조사연구
동아대병원(2012)	중금속노출	중금속 노출에 따른 환경성질환 예방·관리 강화
순천향대 구미병원 (2013)	유해가스노출	불산 등 유해가스 노출에 따른 환경성질환 관리
부산대 의과대학(2008)	석면 중피종	석면 조사 연구

※ 부산대, 순천향대 센터는 “석면안전관리법”에 따른 석면환경보건센터로 전환(2012.2.15)
(자료 : 환경부, 2013, 불산 등 유해가스 노출 분야 환경보건센터 신규 지정)

7.4.3 기후변화에 따른 건강피해 대응대책

기후변화에 따른 건강피해 대응대책으로 기후·생태변화 적응역량 강화 및 알레르기 대책, 대기질·수질 및 화학물질 거동변화에 따른 환경보건대책이 진행되고 있다. 대책의 주요 내용으로는 대기오염 예·경보 시스템 개선, 국민행동요령 마련, 대기오염 피해 저감 대책, 꽃가루 모니터링 등 알레르기질환 유발 환경인자 관리, 인수공통 감염병에 대비한 야생동물 감시 강화, 건강영향 감시 및 평가체계 구축 등이 있다.

90) 환경부, 2013, 불산 등 유해가스 노출 분야 환경보건센터 신규 지정

가. 기후·생태변화 적응역량 강화 및 알레르기 대책

우리나라는 선진국에 비해 기후변화 적응정책이 아직 정립되지 못하고 있다. 2010년 관계부처 합동으로 수립된 "국가기후변화 적응대책(2010.10)"에 따라 인수공통감염병[91] 감시체계 구축, 취약계층의 대기오염 피해저감 등 건강부문 적응대책을 추진 중에 있다. 아토피피부염, 천식과 같은 알레르기 증상은 온도·습도 등 기후환경에 민감할 뿐만 아니라, 실내진드기, 곰팡이 등 생물학적 항원과도 연관성이 있다. 따라서 꽃가루 모니터링 및 정보제공, 기후변화로 인한 알레르기 유발 식물의 개화기 영향 규명 및 식생관리대책, 대기 및 실내환경 변화로 인한 건강영향 평가 및 대책을 2020년까지 단계적으로 추진할 계획이다.

야생동물이 매개하는 인수공통 감염병의 경우 공중보건 측면의 피해 우려가 커지고 있다. 세균, 바이러스, 리케치아, 기생충 등 야생동물 기생생물에 노출시 조류인플루엔자(AI), 사스 등 인수공통감염병의 발병 가능성이 높아지는 것으로 알려져 있다. 기상조건과 관련하여 한파, 폭설 등 이상기후에 대한 건강영향평가를 2020년까지 추진한다는 계획이다. 이러한 기후변화 적응대책 역시 아직 초기단계라 하겠다.

나. 대기환경 변화에 따른 건강영향 평가

대기오염은 대도시 지역과 광양만 지역이 상대적으로 심각하며 오염물질중에는 미세먼지와 오존으로 인한 건강피해가 우려되고 있다. EU 환경청(European Environment Agency)은 기후변화로 인하여 NOx, 미세먼지, 오존 등 대기오염물질이 증가하고, 이로 인해 인간의 수명이 1년가량 단축될 것으로 추정하고 있다. 기후변화에 따른 대기오염물질의 변화와 민감계층의 건강영향 예측·평가에 관한 연구는 국내에서 거의 진행되지 않았다. 현재 기후변화로 인한 미세먼지, 오존, NOx 및 자외선(UV) 변화 현상이 가져오는 복합적 건강영향에 대한 연구가 착수된 정도이다.

다. 물환경 변화에 따른 건강영향 평가

수온 상승은 조류 및 병원균의 성장을 촉진하고, 집중 강우는 초기 비점오염원으로부터의 오염물질의 발생량을 크게 증가시킨다. 기후변화는 수온 상승과 함께 증발량, 유량 및 강우량을 불규칙적으로 변화시켜 수질·수생태계에 영향을 미친다고 보고되었다.[92] 따라서 물환경 변화와 독성물질의 수계 노출과 관련된 건강영향 평가와 대응방안이 필요하다. 환경부는

---

91) 인수공통 감염병(人獸共通感染病, zoonosis)은 동물과 사람 사이에 상호 전파되는 병원체에 의하여 발생되는 전염병을 말한다.

92) IPCC 제4차 보고서

기후변화 시나리오에 따른 수자원 유출특성, 이동경로, 화학반응 등을 분석할 수 있는 통합 영향평가 모델을 개발 중에 있다. 기후변화가 수질변화와 수질오염에 기여하는 수준을 평가하는 것이다.

7.4.4 환경보건정책 관련 법·제도의 강화

가. 환경보건 법령 정비

1) 환경성질환 예방 및 구제에 관한 법제 확립

환경오염으로 인한 신체·재산·정신적 피해가 증가하고 있다. 환경부소속 중앙환경분쟁조정위원회[93]에서 처리한 환경분쟁 조정사건을 보면 1991～2011년까지 처리건수는 2,601건에 달한다. 법원 소송은 환경분쟁조정제도 조정건수의 약 10% 수준이다. 환경오염으로 인한 건강피해는 인과관계 입증의 한계와 장기간 소송에 따른 비용부담 등으로 보상이 쉽지 않다. 정부는 환경요인으로 인한 건강피해에 대한 손해배상제도 개선을 추진하고 있다.

2) 석면안전관리법 제정

석면안전관리법은 2011년 4월 제정되었으며, 석면의 체계적 관리를 위하여 석면함유 가능물질 및 자연발생 석면지역의 관리, 석면 해체·제거시의 석면 비산방지기준 등을 규정하고 있다. “산업안전보건법”, “폐기물관리법” 등 부처별·개별법령별로 분산된 석면 관리체계를 연계·강화한 것이다. 앞으로 각 부처로 분산된 석면관리 제도의 사각지대를 보완하기 위해 석면에 관한 매체통합관리법으로 발전시켜야 한다.

3) 목질판상제품 관리제도 선진화

목질판상제품(wood based pannel)은 오염물질을 실내에서 방출하기 때문에 사전 관리할 필요가 있다. 특히 공동주택 실내공기 중의 폼알데히드 농도는 입주 후에 오히려 증가함에 따라 내장 가구류의 원자재인 파티클보드 등의 폼알데히드 저감대책이 필요하다. 이를 위해 합판, 섬유판 등 목질판상제품에 폼알데히드 방출량에 따라 KS마크 등급을 표시토록 하였다. 또 목질판상제품에 대해 폼알데히드 및 VOC 기준을 설정하여 환경마크를 부과하고 있다. 이와 같이 KS 규격, 환경마크 등 저방출 인증제도가 운영되고 있으나, 임의 인증제도로

93) 위원회는 복잡해지는 환경분쟁을 행정기관의 전문성과 신속성을 활용하여 소송외적으로 처리하기 위해 1991년 설치된 환경부 소속기관이다.

써 활성화되지 못하고 있으므로 폼알데히드 방출량에 대한 규제 도입이 시급히 요구된다.[94]

4) 인공조명 빛 공해 방지법

인공조명에서 방출되거나 반사되는 과도한 빛에 의하여 수면방해, 눈부심 현상 등 인체건강 영향, 생태적 피해, 에너지 낭비 등의 우려가 커지고 있다. '빛 공해'란 조명기구의 부적절한 사용과 누출 광이 쾌적한 빛 환경을 형성하는 데 악영향을 미치는 현상을 말한다. 미국, 일본 등의 선진국들은 빛 공해의 심각성과 관리 필요성을 1990년대 이전부터 인식하여 법령 및 가이드라인으로 관리 중에 있다. 국내는 빛 공해에 대한 체계적인 관리기준이 마련되어 있지 않아 필요 이상의 인공조명이 사용되고 있다. 이러한 배경에서 2012년 2월 "인공조명에 의한 빛 공해 방지법"을 제정하였다.[95]

나. 선진화된 위해성 평가 및 관리체계 구축

1) 매체통합 위해성 평가·관리

수용체 중심의 매체통합적 위해성평가를 통해 각종 환경유해인자를 선제적으로 관리하기 위한 제도적 근거를 마련하기 위해 환경보건법에 "다매체노출 통합관리를 위한 환경유해인자의 통합위해성 평가규정"을 마련하였다. 이와 함께 "환경유해인자의 위해성평가를 위한 절차와 방법 등에 관한 지침"(환경부예규, 2010)을 제정하여 흡입, 섭취 등 노출경로별 통합위해성 평가절차를 정하였다. "유해화학물질관리법"에서는 취급제한·금지물질 지정을 위한 유해물질의 위해성 평가 규정을 두어 화학물질로 인한 피해예방조치를 취하고 있다. 또한 세부규정으로 "위해성평가의 대상물질 선정기준, 절차 및 방법 등에 관한 지침"(국립환경과학원 고시 제2006-30호)이 운영되고 있다.

그간 2002년에 수립된 "위해우려물질 관리 기본계획"에 따라 단계적으로 매체통합 위해성평가사업을 2010년까지 실시하였다. 환경노출, 식품섭취, 제품사용 등 노출경로별 위해성 평가를 통합하여 아래 참고자료의 위해성평가 절차에 따라 건강영향 평가를 추진하고 있다. 이렇게 위해성평가 근거규정 마련, 시범사업 실시 등 평가기반은 구축되었으나, 매체관리정책으로의 환류에는 한계가 있다. 평가 물질에 대한 배출기준을 강화하는 등 위해성 평가 결과를 매체관리정책에 반영하는 체계가 미흡한 것이다.[96]

아울러 위해성평가를 수행할 전문인력 및 시스템도 부족한 실정이다. 평가에 필요한 데이

94) 경북대학교, 2010, 목질판상제품 방출 폼알데히드 세부 관리방안 연구

95) 빛 공해에 대하여는 7.7.5절에서 상술한다.

96) 환경부, 2006, 국민 건강보호에 기반한 통합 위해성 관리 연구 ; 환경부, 2010, 환경유해인자의 위해성 평가 및 인프라 구축 연구

터(독성 참고값, 모니터링자료 등)가 부족하고, 기존 자료들도 체계적으로 축적되어 있지 않아 평가시에 어려움이 있다. 새롭게 부각되는 소음, 전자파 등의 유해인자나 복잡한 독성·노출 메카니즘에 대한 위해성평가 방법 개발도 필요하다.

참고자료 7.3 환경유해인자의 위해성 평가 및 지침

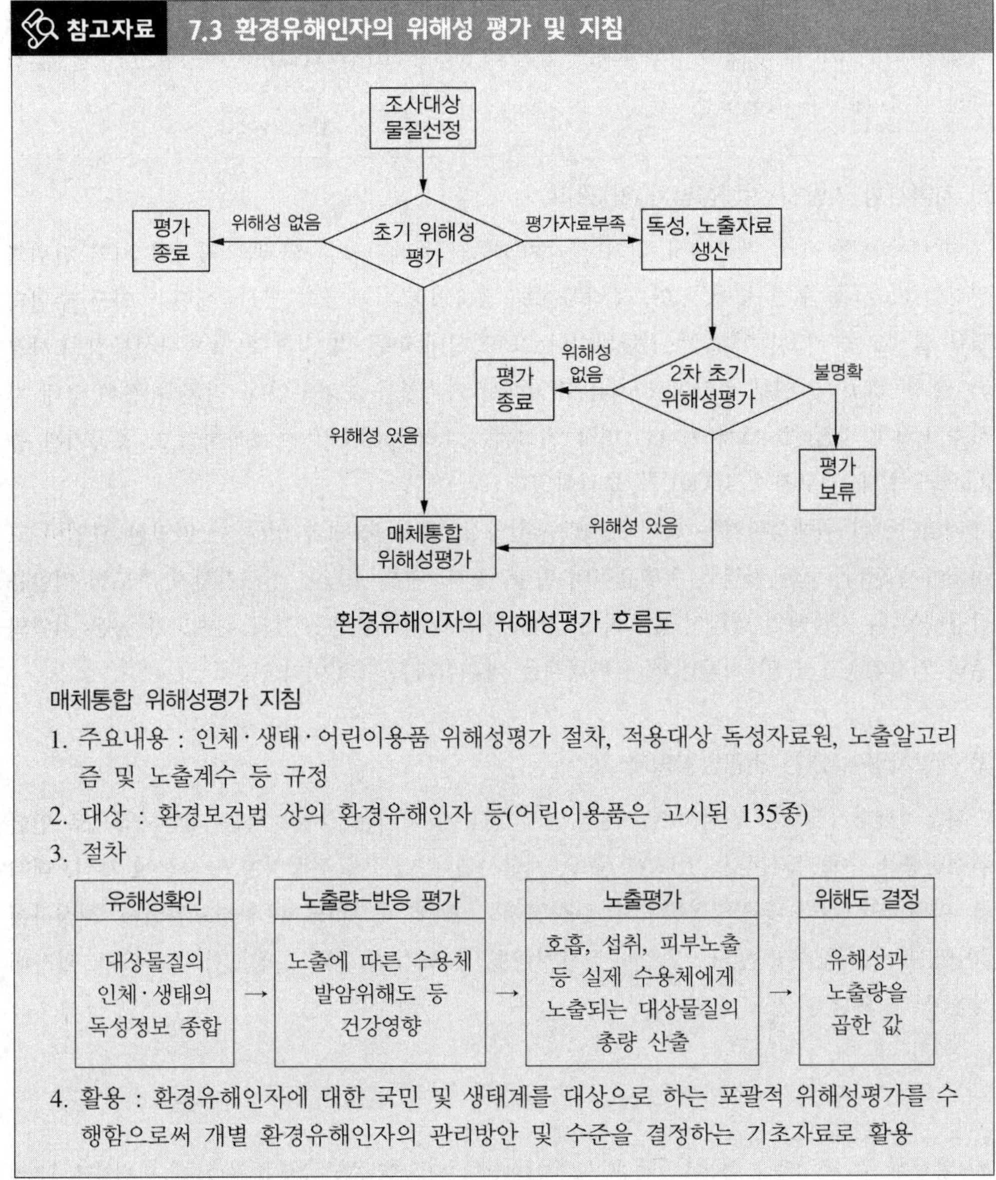

환경유해인자의 위해성평가 흐름도

매체통합 위해성평가 지침

1. 주요내용 : 인체·생태·어린이용품 위해성평가 절차, 적용대상 독성자료원, 노출알고리즘 및 노출계수 등 규정
2. 대상 : 환경보건법 상의 환경유해인자 등(어린이용품은 고시된 135종)
3. 절차

유해성확인		노출량-반응 평가		노출평가		위해도 결정
대상물질의 인체·생태의 독성정보 종합	→	노출에 따른 수용체 발암위해도 등 건강영향	→	호흡, 섭취, 피부노출 등 실제 수용체에게 노출되는 대상물질의 총량 산출	→	유해성과 노출량을 곱한 값

4. 활용 : 환경유해인자에 대한 국민 및 생태계를 대상으로 하는 포괄적 위해성평가를 수행함으로써 개별 환경유해인자의 관리방안 및 수준을 결정하는 기초자료로 활용

(자료 : 국가법령정보센터, 환경유해인자의 위해성평가를 위한 절차와 방법 등에 관한 지침; 신용승, 2009, 통합환경관리를 위한 매체통합적 위해성 평가의 필요성 및 현황, 환경법과 정책, 제2권)

정부는 위해성평가와 관련하여 2015년까지 환경유해인자별 유해성자료의 통합 DB를 구축하고 생활·행동양식에 따른 국내형 노출계수와 제품의 유해물질 노출계수를 확정할 계획이다. 또한 2020년까지 "환경유해인자의 위해성평가를 위한 절차·방법에 관한 지침"에 따라 다양한 유해인자에 대하여 위해성평가 방법을 단계별로 적용(2011～2020)할 예정이다. 1단계(2011～2014)에는 라돈 등 방사성물질, 소음, 자외선(UV), 빛 공해 등 물리적요인, 2단계(2015～2017)는 2개 이상의 복합노출현상, 3단계(2018～2020)는 미생물, 나노물질, 전자파 등에 대하여 적용하게 된다.

2) 지역사회 기반의 위해성평가 및 관리

정부는 특정 지역·계층에서 일어나는 환경보건 문제가 이슈화되는 가운데 지역 단위의 건강영향조사를 추진 중에 있다. 조사사례로 경북지역의 폐금속 광산, 제련소 인근 주민의 경우 혈·뇨 중 카드뮴이 높게 검출되었다. 또한 실내 라돈 및 지하수 중 방사성물질 조사결과, 충청·강원 등 일부 화강암류 지층 지역에서 기준치를 초과하였다. 라돈의 경우 국내 지하수 169개 지점 중 45개 지점이 미국 권고기준 4,000pCi/L[97]를 초과하였고, 공공기관 중 8.8%가 실내 권고기준 4pCi/L를 초과하였다.

지역단위의 위해성평가는 지역주민의 생활양상, 문화, 경제적 영향 등 다양한 요인이 고려되어야 한다. 또한 지역별 위해요인의 발굴, 평가, 대책 수립에 이르기까지 주도적 역할을 담당해야 할 지자체의 역할이 중요하다. 2020년까지 위해성평가 결과 위해도가 높은 지역의 주민 건강영향조사 및 저감대책 지원체계를 마련한다는 계획이다.

3) 개발사업에 대한 건강영향평가

환경영향평가제도는 지금까지 개발사업이 건강에 미치는 영향보다는 개발사업으로 인한 환경영향을 주로 분석하고 있다.[98] 주요 개발사업에 대하여 건강영향도 사전에 분석, 대책을 마련하기 위해 환경영향평가시 건강영향도 함께 평가하도록 환경보건법을 개정하여 2010년부터 시행하고 있다. 앞으로 건강영향평가제도가 발전되고 정보가 축적되면, 평가대상을 보다 확대할 필요가 있다.

---

97) 공기 중 라돈의 농도는 Bq/m^3이나 pCi/L로 표시한다. 베크렐은 방사성물질 국제표준 단위이며, 1초에 방사선 1개가 핵에서 한번 방출되는 것, 즉 1초 동안 하나의 방사성 붕괴가 일어나는 양을 나타낸다. 큐리는 라돈 1g이 1초동안 방출하는 방사능의 크기를 말하며, 공기 1리터에 들어있는 1조분의 1큐리가 피코큐리다. 1pCi/L는 $37Bq/m^3$에 해당하는 농도이다.

98) 환경부, 2011, 건강영향평가 운영실태 및 개선방향 연구

참고자료 7.4 건강영향평가 대상사업 및 평가대상 물질

<table>
<tr><th>구분</th><th>내 용</th></tr>
<tr><td>대상
사업</td><td>- 산업단지 및 공장(개발면적 15만 m²이상)
- 화력발전소(발전시설용량 1만kw 이상)
- 폐기물매립시설(조성 면적 30만 m², 매립용적 330만 m³)
- 지정폐기물처리시설(조성 면적 5만 m², 매립용적 25만 m³)
- 소각시설(100t/일 이상)
- 분뇨처리시설, 가축분뇨 처리시설·공공처리시설(100kL/일 이상)</td></tr>
<tr><td>평가
대상
물질</td><td>- 대기질 : 당해 사업의 시행으로 발생하는 오염물질 중 건강에 영향을 미칠 것으로 예상되는 물질
<table>
<tr><th>대상사업</th><th>평가대상물질</th></tr>
<tr><td>산업
단지</td><td>SO₂, NO₂, PM₁₀, CO, Pb, O₃, 포름알데히드, 스티렌, 염화수소, 암모니아, 황화수소, 시안화수소, 수은, 니켈, Cr⁺⁶, 벤젠, 염화비닐, 카드뮴, 비소
※ 석유정제시설이 입지할 경우 톨루엔, 에틸벤젠, m-자일렌, n-헥산, 시클로헥산을 추가 평가 < 19(5) ></td></tr>
<tr><td>화력
발전소</td><td>SO₂, NO₂, PM₁₀, CO, Pb, O₃, 수은, 비소, 베릴륨, 카드뮴, 크롬⁺⁶, 니켈, 벤젠 < 13 ></td></tr>
<tr><td>소각장</td><td>SO₂, NO₂, PM₁₀, CO, Pb, O₃, HCl 다이옥신, 암모니아, 황화수소, 아세트알데히드, 수은, 비소, 카드뮴, 크롬⁺⁶, 니켈, 벤젠 < 17 ></td></tr>
<tr><td>매립장</td><td>PM₁₀, NO₂, NH₃, H₂S, 톨루엔, 에틸벤젠, 자일렌, 1,2-디클로로에탄, 클로로포름, 크리클로로에틸렌, 염화비닐, 사염화탄소, 벤젠 < 13 ></td></tr>
<tr><td>가축분뇨
처리장</td><td>복합악취, 암모니아, 황화수소, 아세트알데히드, 스티렌 < 6 ></td></tr>
</table>
- 수질 : 사람의 건강보호기준이 설정된 물질 중 당해 사업에서 배출되는 물질 (환경정책기본법 시행령 별표1에 따른 물질)
<table>
<tr><th>평가대상물질</th></tr>
<tr><td>구리(Cu), 납(Pb), 수은(Hg), 시안(CN), 비소(As), 유기 인, 6가크롬(Cr⁺⁶), 카드뮴(Cd), 테트라클로로에틸렌(PCE), 트리클로로에틸렌(TCE), 페놀, 폴리크로리네이티드비페닐(PCB), 1,2-디클로로에탄, 벤젠, 클로로포름, 안티몬</td></tr>
</table>
</td></tr>
</table>

(자료 : 한국보건사회연구원, 2011.6, 환경보건과 건강영향평가, 보건·복지 Issue & Focus 제 91호)

다. 환경보건 정보교류 및 국제협력

환경보건 관련 정보를 제공하고, 전문가간의 정보공유를 위하여 환경보건포털이 2009년에 구축되었다. 또한 '어린이 환경과 건강포털 홈페이지'도 개설하여 아동에 대한 환경보건 정보를 제공하고 있다. 세계적으로 공중보건 영역에서 수질 및 대기, 유해화학물질, 조류인플루엔자(AI), 기후변화 등으로 인한 환경보건문제에 대한 관심이 증대하고 있다. 우리나라도 UNEP, WHO와 함께 환경·보건 장관회의, 지역환경보건계획 수립 등을 통해 환경보건 문제 해결에 협력하고 있다.

7.5 유해화학물질 관리 정책

7.5.1 국내외 화학물질 사용·관리 현황

가. 화학물질 생산·사용 현황

전 세계에서 유통되는 화학물질은 약 10만종에 달하고, 매년 2,000여종이 새로이 개발되어 시장에 출시되고 있다. 선진국의 경우 화학물질 사용량은 시장수요의 임계치를 넘어선 것으로 보인다. 대부분의 OECD 회원국에서는 유해화학물질의 배출·이동량이 꾸준히 감소하는 추세인데, 미국과 캐나다의 경우 일반 화학물질 152종의 총 배출·이동량이 1995년에서 2002년 사이에 약 18% 감소하였다. 일본의 경우 화학물질 354종의 배출량이 2000~2004년 기간 동안 54% 감소하였다.

국내에서는 약 4만 여종의 화학물질이 사용되고, 매년 400여종의 화학물질이 새롭게 유통되고 있으며 사용량도 꾸준히 증가하고 있다. 화학물질의 유통량, 제조량, 수출입량에 대한 현황은 표 7.17과 같다. 수출입량이 지속적으로 증가하고 유통량도 2002년 287.4톤에서 2010년 432.5톤으로 약 1.5배 증가하였다.

특히 국내에서 2010년 기준 1,000톤 이상의 단위로 제조·수입되는 대량생산 화학물질(HPV: High Production Volume)은 총 866종, 417.3백만톤으로 전체 유통량의 99% 이상[99]을 차지하고 있다. 벤젠 등 18종의 1급 발암물질 사용량은 17백만톤으로 2002년 대비

99) 일본 99.6%, EU 99.8%

133% 증가하였고, 비스페놀 등 29종의 내분비계장애 추정물질 사용량은 378.5천톤으로 2002년 대비 22.7% 증가하였다.[100)]

표 7.17 국내 화학물질 유통현황 조사[101)]

항목	1998	2002	2006	2010
조사사업장[102)] (개소)	13,051	13,773	16,405	16,547
조사화학물질 (종)	8,030	9,358	14,607	15,840
유통량 (백만톤)	175.4	287.4	417.9	432.5
제조량 (백만톤)	181.2	216.2	286.3	289.1
수입량 (백만톤)	42.2	122.0	189.3	231.0
수출량 (백만톤)	48.0	50.8	57.7	87.6

※ 유통량=제조량+수입량-수출량
(자료 : 환경부, 2011, 제4차 화학물질 유통량조사결과)

나. 화학물질 취급·배출 현황

주요 사업장[103)]의 화학물질 배출량은 표 7.18과 같이 2011년 52,288톤으로 취급량 150,514천톤 대비 0.035%를 차지하고 있다.

표 7.18 화학물질 취급·배출량 현황 (단위 : 개소, 종, 천톤, 톤, %)

구 분		2004	2006	2008	2010	2011
조사사업장(개소)		2,892	2,769	2,945	2,985	3,159
조사화학물질(종)		218	222	215	213	242
취급량(천톤)		113,188	118,166	129,345	143,014	150,514
배출량	합계(톤)	51,021	47,796	47,625	50,034	52,288
	대기(톤)	50,841	47,598	47,474	49,882	52,105
	수계(톤)	179	198	150	152	183
	토양(톤)	0.3	0	0	0	0
취급량 대비 배출량(%)		0.045	0.04	0.037	0.035	0.035

(자료 : 환경부 2012, 2011년도 화학물질 배출량조사 결과)

100) 환경부, 2013, 화학물질 위해성 관리방안 연구
101) 환경부는 4년주기로 국가 화학물질 유통량조사를 시행한다.
102) 화학물질을 100kg이상 취급하는 사업장임.
103) 2011년의 경우 종업원수 30인 이상의 39개 업종에 대하여 조사하였다.

화학물질 중 벤젠, 1,3-부타디엔 등 건강영향이 큰 1군 발암물질 10종[104)]의 2011년 기준 배출량은 404톤으로서 2000년대 이후 꾸준히 감소하였으며 2010년 배출량 409톤과는 유사한 수준으로 나타났다. 연도별 배출량 추이는 그림 7.7과 같다.

1군 발암물질을 사용하는 곳은 주로 울산, 대산, 여수 산업단지의 기업으로 정부는 2012년 12월에 주요 배출업소와 "화학물질 배출저감 자발적 협약"을 체결하여 벤젠, 1,3-부타디엔 등의 배출량 저감을 추진하고 있다. 2017년까지 저감 목표치를 벤젠 100톤, 1,3-부타디엔 29톤으로 설정하였다.

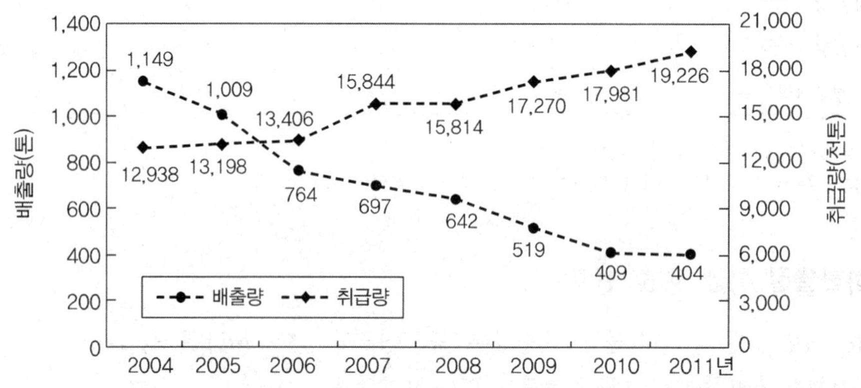

그림 7.7 1군 발암물질 취급·배출량 변화(2004~2011)

(자료 : 환경부, 2012, 2011년 화학물질 배출량 조사결과)

다. 화학물질의 발암성 기준 및 유통량

특정물질의 발암성 기준은 세계적으로 미국, EU, WHO 등 3개 기관이 설정하는 기준에 따른다. 참고자료 7.5와 같이 발암성을 평가하는 WHO 산하기관인 IARC[105)], 참고자료 7.6과 같이 평가하는 미국 국립보건원 산하기관인 US NTP[106)]와 유럽화학물질청인 ECHA CLP[107)] 등 세 기관의 판정이 세계적으로 공신력을 가진다. WHO 산하 IARC에서 조사한 130개 물질의 경우 29,383천톤이 유통되고 그 중 발암물질군인 Group 1에는 25개 물질이 해당되었다. US NTP 발암성 평가기준에 따라 조사된 83개 물질의 유통량은 20,823천톤으

104) 10종(IARC 기준) : 벤젠, 포름알데히드, 1,3-부타디엔, 염화비닐, 산화에틸렌, 크롬, 카드뮴, 비소, 석면, 디디티

105) 국제 암 연구기관(IARC : International Agency for Research on Cancer)은 세계보건기구의 산하 기관으로 본부는 프랑스 리옹에 있다. 암의 원인에 관한 연구를 지휘하고 조정하는 역할을 한다.

106) 미 국립보건원 산하 독성물질관리프로그램(NTP : US National Toxicology Program)

107) 유럽화학물질청(ECHA : European Chemicals Agency)

로 발암물질 Group 1에 해당되는 물질은 15개로 조사되었다. 또한 ECHA CLP 발암성 평가기준에 따르면 291개 화학물질, 100,702천톤이 유통되고 있으며 그 중 37개 물질이 1급 발암물질로 분류되었다.

국내의 경우 WHO 산하 IARC 평가기준에 따라 유통되고 있는 발암확인물질/우려물질인 Group 1·2에 해당하는 물질은 총 130종이다. 이 중 주요물질 39종의 2011년 취급량은 18,621천톤이고 이중에서 31종을 유독물 또는 취급제한·금지물질로 지정·관리하고 있다.

표 7.19 국내 발암물질의 수 및 유통량 (단위 : 천톤, 2012년 기준)

구분	WHO 산하 IARC			US NTP			ECHA CLP		
	구분	물질수	유통량	구분	물질수	유통량	구분	물질수	유통량
총계		130	29,383		83	20,828		291	100,702
발암물질	1	25	14,615	K	15	13,457	1A	37	13,146
발암우려물질	2A	14	4,006	R	68	7,371	1B	180	60,473
발암가능물질	2B	91	10,761				2	74	27,084

(자료 : 환경부, 2013, 환경보건 주요 통계)

참고자료 7.5 IARC 발암성 평가기준

분류	평가기준
Group 1	인간 발암물질 (Carcinogenic to humans) ; 이 카테고리는 사람에 대해 충분한 발암성을 나타내는 증거가 있을 때 사용된다. 예외적으로 사람에 대한 발암성의 증거가 충분하지 않지만 실험동물에 대해 충분한 증거가 있고, 발암메커니즘을 통하여 사람에 작용한다고 하는 강한 증거가 있을 때 이 카테고리로 분류된다.
Group 2A	인간 발암성 우려 물질 (Probably carcinogenic to humans) ; 이 카테고리는 사람에 대한 제한적인 발암성의 증거가 있고, 실험동물에 대한 충분한 증거가 존재할 때 사용된다. 경우에 따라서는 사람에 대해 부적절한 증거밖에 갖고 있지 않지만 실험동물에서 충분한 발암성의 증거를 나타내고, 또 사람에게도 작용되는 메커니즘에 의해 매개되는 발암성의 강한 증거가 있을 때 이 카테고리로 분류될 가능성이 있다.
Group 2B	인간 발암성 가능 물질 (Possibly carcinogenic to humans) ; 이 카테고리는 사람에 대한 제한적인 발암성의 증거와 실험동물에 대한 충분하다고 할 수 없는 증거가 존재할 때 사용된다. 이 카테고리는 사람에 대해 부적절한 증거밖에 갖지 못하지만 실험동물에서 충분한 발암성의 증거를 나타낼 때에도 사용된다.

Group 3	인간 발암성 미분류 물질(Not classifiable as to carcinogenicity to humans); 사람에 대한 발암성에 대해 분류할 수 없다. 이 카테고리는 사람에 대한 발암성의 부적절한 증거와 실험동물에 대한 부적절 또는 한정된 증거가 있을 때 사용된다.
Group 4	인간 비발암성 추정 물질(Probably not carcinogenic to humans); 사람에 대해 발암성을 나타내지 않을 것으로 추정된다 이 카테고리는 사람과 실험동물에 대해 발암성이 없다는 것을 시사하는 증거가 있을 때 분류된다.

(자료 : 환경부, 2013, 환경보건 주요 통계)

라. 선진국의 화학물질 관리 동향

주요 선진국과 국제기구들은 30여년 전부터 화학물질 특성과 노출경로를 파악하고 위해성 평가체계를 구축하여 건강영향 화학물질로 인한 저감대책을 강구하고 있다. 환경정책중 가장 중요한 분야의 하나로 인식되고 있다.

1) UN의 SAICM(국제적 화학물질관리를 위한 전략적 접근)

UN은 2006년에 화학물질의 전과정 관리(life-cycle management)와 어린이 건강보호 등을 주요 내용으로 하는 2020년까지의 '화학물질관리전략(SAICM : Strategic Approach to International Chemicals Management)'을 수립하였고 화학물질 사용 전과정에 걸쳐 위해요소를 저감하는 정책적 노력을 각국에 촉구하고 있다.

표 7.20 UN SAICM 주요내용

분야	내용
위해성 저감	- 화학물질 전 과정(Life-Cycle)에 있어서 위해성 최소화, 민감·취약계층의 고려, 위해성 평가·관리, 안전한 대체물질 개발, 유해폐기물 관리
지식과 정보교류	- 위해성 정보 생산·제공 활성화, 취약계층에 대한 정보전달 강화, GHS 이행, 국제적 유해성 정보 조화 및 공유
거버넌스 형성	- 화학물질 전과정에서 이해관계자 참여와 협력확대, 여성 등 취약계층의 참여 확대, 산업계 참여 및 책임 확대
역량형성 및 기술적 협력	- 선진국과 개도국간 역량 차이 극복, 개도국과 경제 전환국의 역량형성 지원 및 기술지원·교류
국제적 불법 거래 방식	- 유해화학물질의 국제적 불법거래 방지, 국가별 금지물질의 수출제한

(자료 : 환경부, 2008, 국제적 화학물질관리를 위한 전략적 접근(SAICM) 이행방안 마련 연구)

화학물질 관련 국제규제는 화학물질 노출 정보를 토대로 한 위해성 관리체계로 바뀌고 있으며, 제품에 대한 안전성 규제를 강화하는 추세이다. 2020년까지 UN은 SAICM을 기반으로 위해성 감소, 지식과 정보교류, 거버넌스 형성, 역량형성 및 기술적 협력, 국제적 불법거래 방지 등을 추진하는 내용의 포괄적 정책전략(OPS : Overarching Policy Strategy)을 설정하였다. SAICM의 세부이행과제로 36개 분야, 273개 행동계획을 제시하였고 이를 지구행동계획(GPA : Global Plan of Action)이라 명명하고 있다. 국제화학물질관리회의(ICCM : International Conference on Chemicals Management)가 중심이 되어 SAICM 이행 상황을 주기적으로 평가하고 있다.

참고자료 7.6 US NTP 및 ECHA CLP 발암성 평가기준

US NTP 발암성 평가기준

분류	평가기준
Group K	인간 발암성으로 알려진 물질(known to be human carcinogen) – 충분한 인체 연구 증거가 있는 경우. 여기에서 언급한 인체 연구는 체내 발암 기전을 평가하는데 유용한 모든 전통적인 암 역학 연구, 임상연구, 해당 물질에 노출된 인체에서 분리한 세포 혹은 조직에 관한 연구를 포함한다.
Group R	합리적으로 인간발암성이 예상되는 물질(reasonably anticipated to be human carcinogen) a. 제한적인 인간에 대한 발암성 증거(limited evidence of carcinogenicity from studies in humans) 또는 b. 다양한 종·장기·조직·노출경로에 대한 충분한 동물실험 증거나 종양의 발생, 발생기관, 종양 유형, 발생 연령에 관해 비이상적인 경우 또는 c. 사람에 대한 연구나 동물실험에서 증거가 부족하다고 하더라도 화학구조의 유사성이나 발암기전의 상관성이 있는 경우

ECHA CLP 발암성 평가기준

CLP 분류	CLP 평가기준
Cat 1A	인간에 대한 발암 가능성이 있다고 알려짐. 분류는 대부분 인간 증거에 기반을 둔다. 즉, 물질의 인간에 대한 노출과 암 발생 사이의 인과관계 (인간 발암성 물질)를 입증하는 인체 연구가 있음.
Cat 1B	인간에 대한 발암 가능성이 있다고 인정됨. 분류는 대부분 동물 증거에 기반을 둔다. 즉, 동물 발암성 (인간 발암성 추정 물질)을 입증하기에 충분한 증거가 있는 동물실험. 사례에 따라, 과학적 판단은 실험동물에서의 발암성의 제한된 증거와 함께, 인간에 대한 발암성의 제한된 증거를 보이는 연구로부터 도출된 인간 발암성 추정의 결정을 정당화할 수 있다.

Cat 2	Cat 2로의 물질 분류는 추가적인 고려사항이 필요한 증거에 기반하지만 물질을 범주 1A 또는 1B로 분류하는 것을 충분히 설득하지 못하는 인간 또는 동물연구로부터 얻어진 증거에 대해 분류한다. 이러한 증거는 인간 연구에서의 발암성의 제한된 증거 또는 동물연구에서의 발암성의 제한된 증거로부터 도출될 수 있다.

(자료 : 환경부, 2013, 환경보건 주요 통계)

2) 유럽연합(EU)의 화학물질 관리 프로그램

EU는 2007년 6월부터 제조·수입하는 모든 화학물질에 대하여 산업계에 위해성 입증 책임을 부과하는 신화학물질관리제도(REACH)를 도입하여 규제를 강화하였다. 연간 1톤 이상 제조·수입하는 화학물질에 대해 제조·수입자가 위해성 정보를 2010년, 2013년, 2018년 3단계로 등록하고, 등록 정보를 지속적으로 갱신·관리하도록 의무화한 것이다. 화학물질에 대한 안전성 입증 책무가 정부에서 화학물질의 제조·수입자에게 전환된 것으로 제조물책임(Product Liability) 개념이 환경분야에 적용된 대표적인 사례이다. 이를 통해 화학물질의 전과정(Life-Cycle)에서 등록자·사용자간의 정보전달 체계를 구축하였으며 유통되는 모든 화학물질 유통에 관한 정보 확인이 가능하다. 특히 등록된 위해성정보의 평가결과 확인된 고위험 유해물질(발암성, 생식독성, 잔류성 등)에 대하여는 단계적으로 물질의 유통을 허가·제한하고 대체물질 개발을 촉진하도록 하였다. 우리나라의 경우 REACH에 대비하여 산업계, 관련부처, 학계 등이 참여하는 "화학물질정책협의회"를 구성하여, REACH 관련 국제동향을 파악하고 정보를 공유하는 등 공동 대응체계를 구축하였다.108)

참고자료 7.7 REACH 제도의 개요

가. 도입배경

- EU는 화학물질로 인한 위해성을 사전에 차단하고 EU 국가들의 산업경쟁력을 강화하기 위해 기존의 각종 화학물질 관리규정을 통합하여 화학물질의 등록·평가·허가 및 제한제도(REACH : Regulation on Registration, Evaluation, Authorisation and Restriction of Chemicals)를 도입하고 2007년 6월부터 시행함.

나. 법적 지위

- REACH는 EU 모든 회원국에 적용되는 법률(regulation)로서, EU의 화학물질 규제에 대한 강력한 의지를 표명한 제도임

108) REACH기업지원센터, 2007, EU의 신화학물질 관리제도 REACH 법령집

- 신규 물질뿐아니라 그간 유통된 기존물질까지도 제조자가 위해성을 입증(등록)해야 제조를 허용함.

다. 구성 및 절차

- REACH는 15편 141개 조항, 17개의 부속서로 구성되어 있으며, 구체적인 절차와 세부내용을 규정한 22개 지침서(guidance)가 별도로 제정되었음. 화학물질의 제조·수입자는 다음 네 단계를 거친 후 제품/물질을 판매함

단계	대상 물질	이행주체
등록 (Registration)	연간 1톤 이상 EU내 제조/수입되는 물질	해당제품(물질)의 EU내 제조자 및 수입자
평가 (Evaluation)	- 서류평가 : 등록서류의 내용 검토 및 시험제안서 검토(≥100톤) - 물질평가 : 정보를 토대로 위해성 평가	유럽화학물질청과 회원국, EU 집행위원회
허가 (Authorisation)	위해성이 있는 물질로 REACH 부속서 XIV (허가물질목록)에 해당하는 물질	- 허가신청 : 제조자 및 수입자 - 허가결정 : 유럽화학물질청, 회원국 대응당국, EU 집행위원회
제한 (Restriction)	REACH 부속서 XVII에 해당하는 물질	유럽화학물질청, 회원국 대응당국, EU 집행위원회

3) 미국의 화학물질 관리정책

미국은 화학물질 평가 및 관리 프로그램(ChAMP : Chemical Assessment and Management Program)을 2008년에 도입하였다. 2010년에는 화학물질 안전성 판단에 필요한 모든 자료를 요구할 수 있는 권한을 환경청(EPA)에 부여하는 내용의 유해화학물질관리법(TSCA : Toxic Substance Control Act) 개정안이 발의되었다. 개정의 주요 목적은 EU의 REACH에 버금가는 화학물질 관리체계를 구축하고 신규 화학물질은 물론 기존 화학물질에 대한 각종 유해성 정보를 확보·관리하기 위한 것이다. EPA에서는 물질별로 각종 규제정책을 제시하고 있는데 예로서 다층벽 탄소나노튜브를 신규 화학물질로 간주하여 제조 90일 전에 신고를 의무화하여 나노물질의 안전관리 체계를 구축하였다. 또 2013년에는 생활용품에 함유된 유해 화학물질을 통제하기 위하여 "화학물질안전법(Safe Chemicals Act)"을 발의하였다.

4) 일본의 화학물질 관리정책

일본은 "화학물질 제조·심사 등의 규제에 관한 법률"을 개정하여 연간 제조·수입량이 1톤 이상인 화학물질 중 우선평가 대상을 선별(스크리닝)하고 이 물질의 제조 또는 수입자에

게 위해성평가(단계적으로 실시)에 필요한 유해성 관련 정보 제출을 요구하고 있다. 이는 EU의 REACH제도와 유사한 것으로 2011년부터 시행되었다. 절차적으로 기존 화학물질에 관한 대책으로 모든 물질을 제조·수입한 사업자에게 수량과 위해성 관련 정보가 포함된 신고서를 제출하도록 의무화한 것이다. 또한 각종 국제협약에 포함된 규제대상 물질을 새로이 목록화하여 관리체계를 강화하였다.

5) 중국

중국 환경부는 신규화학물질환경관리법을 2003년 10월에 제정하고 중국의 기존화학물질 목록에 등재되지 않은 물질에 대한 등록제도를 도입하였다. 2010년 10월에는 다시 법을 개정하여 연간 제조 또는 수입량이 1톤 이상인 신규화학물질에 대하여 제조·수입자가 해당물질의 유해성 및 위해성정보를 신고하도록 의무화하고 신고된 정보는 환경부 소속 화학물질 등록센터가 검토하여 최종 등록하도록 하였다. 연간 1톤 미만의 신규화학물질의 경우에도 간이신고를 의무화하였다. 제도적으로는 선진국에 버금가는 관리체계를 갖추었다.

6) UN의 화학물질의 분류 및 표시에 관한 세계조화시스템(GHS)

2002년 환경정상회의(WSSD)[109]에서 2008년까지 각국이 화학물질의 분류·표시에 관한 세계조화시스템(GHS : Globally Harmonized System of classification and labelling of chemicals)[110]을 갖추기로 합의하였다. 국제적으로 자료의 공동 활용을 통해 화학물질의 시험·평가에 소요되는 시간과 비용을 절감하고, 또한 분류·표지제도를 아직 도입하지 않은 국가에게 제도의 틀을 제공하기 위한 것이다. 주요 국가별 GHS의 도입 현황은 표 7.21과 같다.

---

109) 세계지속가능발전정상회의(WSSD : World Summit on Sustainable Development), 지구촌 최대의 환경회의로 지구촌 환경을 지키기 위해 세계 각국 정상은 물론 환경단체 회원들이 모인 회의. 남아프리카공화국 요하네스버그에서 열려 '요하네스버그정상회의' 2002 또는 1992년 브라질 "리우정상회의' 이후 10년 만에 열려 '리우+10'으로도 불린다.

110) 화학물질의 유해성정보 및 관리사항을 국제적으로 통일된 간단한 라벨과 안전보건자료를 통해 쉽게 일관성 있게 전달하고자 하는 시스템이다.

표 7.21 세계 주요 국가별 GHS 도입 추진현황

항목	브라질	미국	캐나다	뉴질랜드	호주	유럽	일본
기존분류 표시체계	○	○	○	○	○	○	×
GHS 이행기관	전문가 그룹결성	OSHA	Health Canada	환경부, 노동부	Safe Work Australia	-	부처간 회의
GHS 도입시기	2010년 이후	2010년 이후	운송 (2008년) 작업장 및 농약(2010)	2006.7부터 전면시행	2012년 시행 예정 (작업장)	단일물질 (2010. 12) 혼합물질 (2015.6)	2007년부터 단계적 시행
제도화 방안	가이던스, 국가기준 정비	경고표지, 안전보건 자료 개정중	관련 법 개정	관련법 개정	관련법 개정	CLP 시행, 가이던스 발간	노동안전 위생법 개정

(자료 : 환경부, 2010, 제3차 유해화학물질관리 기본계획(2011～2015))

7) OECD의 화학물질 관리 사업

OECD의 화학물질 관리는 국제적 조화와 정보공유를 통하여 경제적 낭비를 방지하고 효율성을 높이는 것을 목표로 하고 있으며 회원국들의 관리정책을 선도·조정하고 있다. 또한 화학물질 유해성 심사 등에 관한 정보제공, 내분비계 장애물질의 시험지침 개발 등 다양한 화학물질 관리 프로그램을 운영하고 있다.

표 7.22 OECD 화학물질관리 프로그램(2009～2012)

현황	관리 여건
지식과 정보교류	- 대량생산 화학물질, 위해성 평가, 신규화학물질 유해성 심사 - 화학물질 분류 표시 조사, 화학물질 노출평가 - SAR 적용 툴박스, 나노물질 안정성, IT 툴 개발 등
거버넌스 형성	- 내분비계 장애물질 등에 대한 시험지침 개발 - GLP 교육 및 관리 철저 - 비회원국과의 자료 상호인정(MAD) 등
역량 형성 지원	- 화학물질 정보에 대한 인터넷 포탈 등 OECD 결과물 전파
위해성 저감	- 지속가능한 화학물질 개발, 위해 우려물질 조사 등
기타	- 농약, 살생물질, 바이오기술 등

(자료 : 환경부, 2010, 제3차 유해화학물질관리 기본계획(2011～2015))

7.5.2 유해화학물질 관리법규

가. 관련법규 현황

국내 유통되는 화학물질은 이용 목적과 용도에 따라 표 7.22와 같이 7개 부처에서 13개 법률에 의하여 관리되고 있다. 각 개별법의 관리목적에 따라 동일한 화학물질이라도 2개 이상의 법령에 의하여 규제될 수 있다.

표 7.23 우리나라 7개 부처에 의해 관리되는 화학물질 관련법률 현황

관리대상	소관부처	근거법령	관 리 목 적
유해화학물질	환경부	유해화학물질관리법 잔류성 유기오염물질관리법	유해화학물질로 인한 사람의 건강 및 환경보호
건강장해물질	고용노동부	산업안전보건법	산업재해예방 및 근로자 안전보건 유지·증진
농약·비료·사료	농림축산식품부	농약관리법, 비료관리법, 사료관리법	농약, 비료, 사료의 품질향상과 수급관리
의약품, 마약류	보건복지부	약사법, 마약류관리에 관한법률	의약품의 적정관리를 통한 국민건강 향상
식품첨가물	보건복지부	식품위생법	식품으로 인한 위해방지 및 식품영양의 질적 향상
화장품	보건복지부	화장품법	화장품의 안전관리
위험물, 화약류	안전행정부	위험물 안전 관리법, 총포·도검·화약류 단속법	위험물로 인한 위해를 방지, 화약류 등으로 인한 위험 방지
고압가스 화학무기	산업통상자원부	고압가스 안전 관리법	고압가스로 인한 위해방지
방사성물질	미래창조과학부	원자력법	원자력이용과 안전관리
공산품 중 유해물질	산업통상자원부	품질경영 및 공산품 안전관리법	소비제품 안전확보

(자료 : 환경부, 2013, 케미스토리)

나. 유해화학물질 관리체계

우리나라는 1991년 '유해화학물질 관리법'을 제정한 이후의 신규화학물질과 법 시행 이전부터 유통되고 있던 기존화학물질로 구분·관리하고 있다. 이 법은 화학물질 관리의 기본법적 성격을 지니고 있으며 총 5장 63개 조로 구성되어 있다. 화학물질의 유해성 관리, 유해화학물질의 안전관리, 화학물질의 배출량 및 유통량 조사, 화학물질 사고대응 등을 주요

내용으로 하고 있다.

법의 주요 적용대상이 되는 유해화학물질은 유독물(612종), 관찰물질(62종), 취급제한물질(12종) 또는 취급금지물질(60종), 사고대비물질(69종), 그 밖에 유해성 또는 위해성이 있거나 그러할 우려가 있는 화학물질을 포괄하며, 각 물질군별로 별도의 평가·관리제도를 규정하고 있다. 핵심 내용은 신규 화학물질의 제조·수입자가 위해성 분석자료를 작성하여 위해성을 평가받아야 하고, 기존 화학물질은 국가가 안전성시험을 통해 위해성을 평가하여 유해 우려가 큰 물질에 대해 생산·사용을 제한 또는 금지하는 것이다. 유해화학물질관리법에서 규정하고 있는 화학물질 관리체계는 그림 7.8과 같다.

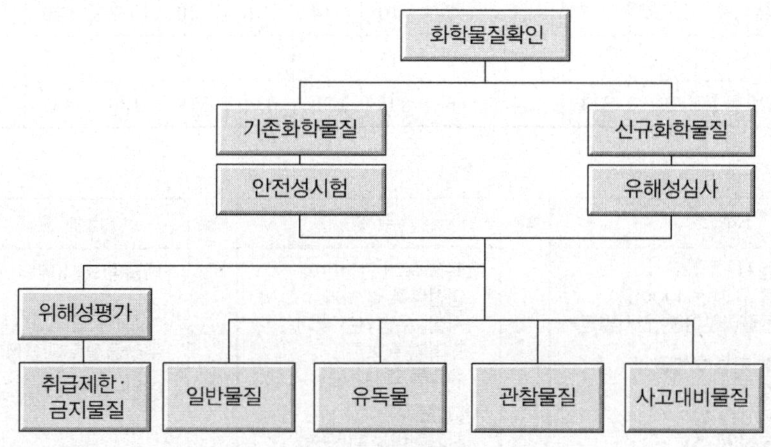

그림 7.8 우리나라 화학물질 관리체계

1991년 신규화학물질 유해성심사 제도 도입 이후 총 6,878종의 신규화학물질을 심사하여 유독물 200종, 관찰물질 70종을 지정하였으며, 총 615종의 기존 화학물질에 대해서도 안전성 시험을 완료하여 58종을 유독물로, 6종을 관찰물질로 지정하였다. 또한 275종의 화학물질에 대해서 약 827개 항목의 독성자료를 생산하였다.

현행 화학물질 관리체계를 물질 수명주기에 따라 구분하면 그림 7.9와 같이 제조단계, 유통단계, 배출단계로 구분된다. 제조단계에서는 유해성을 심사하고, 유통단계에서 취급업소를 관리하고 유통량을 조사하는 동시에 사고에 대비하며, 배출단계에서 적정 처리하는 것이 단계별 핵심 정책이다.

선진국의 사례를 보면 1960년대부터 관련 법률을 제정하는 등 규제관리 제도가 시행되었다. EU는 처음으로 위험물질의 분류, 표시 및 포장에 관한 법률을 1967년에 제정하였으며 앞서 설명한 REACH 제도를 2007년부터 시행하였다.

표 7.24 연도별 신규화학물질 유해성심사 실적

구분 \ 연도		계	1991	1992	1993	1994	1995	1996	1997	1998	1999	2000	2001
심사건수		6,878	34	86	127	185	136	168	235	244	218	314	328
심사결과	유독물	200	2	7	12	11	9	16	7	11	4	7	5
	관찰물질	70	-	-	-	-	-	-	-	2	-	-	2
	일반물질	6,608	32	79	115	174	127	152	228	231	214	307	321
구분 \ 연도		2002	2003	2004	2005	2006	2007	2008	2009	2010	2011	2012	
심사건수		300	321	439	575	918	660	441	298	198	334	319	
심사결과	유독물	8	7	2	7	10	14	6	10	7	20	18	
	관찰물질	1	1	3	2	13	8	1	10	5	7	15	
	일반물질	291	313	434	566	895	638	434	278	186	307	286	

제 조	유 통	배 출
유해성심사 - 신규물질(매년 400여종) - 기존물질(4만여종, 연차별평가) 유해성에 따른 특별관리 대상물질 지정 - 유독물(612종) - 관찰물질(62종) - 취급제한(12종) - 금지물질(60종)	유독물 등의 안전관리 - 영업등록 및 허가 - 시설·운영기준 부과 - 관리기록 보존 - 유독물 표시기준 사고대응 - 사고대비물질(69종) - 자체방제계획 수립 유통량조사(매 4년)	배출량 조사(매년) 오염실태조사 우려물질 위해성평가 일반·지정폐기물 관리

관리기반 : 화학물질목록 및 유해성 심사 정보 제공, 화학물질 시험기관(GLP기관) 지정 및 시험방법 규정

그림 7.9 유통단계별 화학물질 관리

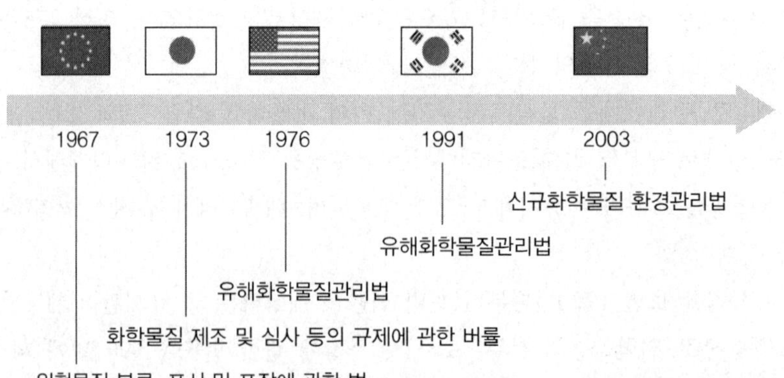

그림 7.10 국가별 유해화학물질관리법 추진경위

7.5.3 유해화학물질 관리 기본계획

가. 추진현황

2001년 이후 환경부에서 3차례에 걸쳐 유해화학물질관리에 대한 기본계획을 수립하였다. 1차 기본계획에서는 주로 수용체에 대한 위해성 중심의 화학물질 관리 기반을 마련하였다. 2차 기본계획은 화학물질 전과정 관리체계를 구축하기 위하여 보다 구체적인 위해성 관리 제도를 도입하였다. 화학물질 관리정책을 유해성 관리에서 위해성 사전관리 개념으로 전환하고 스톡홀름협약의 국내이행을 위해 잔류성 유기오염물질 관리법을 제정한 시기이다. 자발적인 화학물질 배출저감을 유도하기 위해 사업장별 배출량을 공개하고, 사용자에게 위해성 정보를 제공하는 화학물질 정보시스템을 구축하였다. 일상생활에서 노출가능성이 높은 유해물질 관리를 위해 2010년 10월부터 국가 우선관리 대상물질을 선정하여 관리하고 있다.

국제적인 화학물질규제가 계속 강화됨에 따라 우리나라도 국제동향을 고려한 제3차 계획을 2011년에 수립하였다. 3차 기본계획의 주요내용은 선진국 수준의 신화학물질 등록·평가 제도를 도입하고, 유해성 심사항목을 OECD 최소 요구수준인 13개 이상으로 확대하는 것이다. 앞으로 2010년 5월에 스톡홀름협약 규제물질로 추가된 PFOS[111] 등 9개 신규 규제물질 관리, 나노물질 안전관리, 수은에 관한 국제협약 제정에 대비한 관리대책, 납·카드뮴 관리 등 국제적 규제동향과 조화되도록 제도를 강화한다는 계획이다.

표 7.25 단계별 유해화학물질관리 기본계획 핵심 내용

계획	주요 내용
1차 기본계획 (2001～2005)	- 수용체에 대한 위해성 중심의 화학물질관리 기반 마련 - "유해화학물질관리법"에 의한 위해성관리 개념 도입(2004.12) ※ 수용체중심의 위해관리업무 수행 기능을 가진 환경보건정책과 신설
2차 기본계획 (2006～2010)	- 2차 기본계획(2006～2010)기간 동안 화학물질 전과정 위해성관리 기반 마련 - 위해성 평가 대상물질 선정기준 방법, 절차 등 고시(2007.1) ※ 화학물질 사후관리를 위해 지방환경청에 화학물질관리과 신설(2006.2)
3차 기본계획 (2011～2015)	- 급변하는 국내·외 환경에 대응하여 국제표준에 맞게 정비·강화 - 사전예방적 위해성 관리를 위한 구체적 실행방안 마련

111) PFOS란 Perfluorooctanoic Acid로서 코팅재, 계면활성제, 난연재, 발포제 등 여러 분야에 사용되고 있는 난분해성 물질이다.

나. 제3차 기본계획의 목표 및 추진전략

1) 목표

계획의 기본목표는 전과정 관리에 기반을 둔 SMART(Sustainable MAnagement of Risk and Toxics) 화학물질 관리체계를 구축하여 국민건강 보호 및 화학산업계 경쟁력 제고를 동시에 추구하는 것이다. 계획의 목표는 다음과 같다.

> 기본계획의 정량적 목표
> - 사업장의 발암물질 배출 저감률 : 2008년 35.1% → 2015년 60.1%
> - 대량생산 화학물질의 유해성 평가율 : 2008년 12.3% → 2015년 41.2%

2) 추진전략 및 내용

제3차 계획상에 제시된 4가지 추진 전략을 보면 i) 사전 예방적 위해관리체계를 구축하기 위해 화학물질 등록·평가제도를 강화하고 화학산업의 친환경화 시책을 추진한다. ii) 취급제한·금지물질 함유제품 및 국가 우선관리 대상물질의 관리를 체계화하여 국민들이 생활 속에서 접하는 화학물질 안전관리시책을 강화한다. iii) 수은협약 제정, 나노물질 안전성 관리, 납·카드뮴 등 유해중금속 규제와 같이 최근 국제사회에서 논의되는 이슈에 대한 국내 대응책을 마련한다. iv) 화학물질의 위해성 정보를 통합하고 사업장 화학물질 배출 저감방안을 마련한다. 이에 따라 이상의 4개 분야별로 표 7.26과 같이 세부실천대책을 추진하고 있다.

표 7.26 화학물질관리 기본계획의 추진전략 및 핵심과제

4대 추진전략	핵심내용
사전예방적 위해관리체계 구축	- 화학물질 등록 및 평가제도 도입 - 국제화학물질관리전략 국내 이행 철저 - 녹색화학 활성화 - 위해성 평가 및 관리시스템 구축
화학물질 안전관리 강화	- 취급제한·금지물질 관리 강화 - 유독물 안전관리 및 화학테러·사고 대비 강화 - 유독물 GHS분류·표시제 시행 - 국가 우선관리 대상물질 관리체계 구축
국제 화학물질 관리 논의 대응	- 잔류성 유기오염물질 관리 강화 - 내분비계장애(추정)물질 관리 - 수은 등 유해중금속 관리 강화 - 나노물질 안전관리 추진
화학물질 정보관리 선진화	- 신규화학물질 유해성심사제도 강화 - 기존화학물질 안전성평가 개선 - 화학물질 유통량·배출량조사 제도 개선 - 화학물질 정보생산 능력 제고

7.5.4 유해화학물질 관리정책

가. 위해성 관리체계 구축

1) 위해성평가 및 관리시스템 구축

2006년 1월에 개정된 유해화학물질관리법에서 위해성 평가를 위한 법적 근거를 마련하였다. 인체 건강이나 생태계에 대한 위해가 클 것으로 우려되는 화학물질에 대하여 위해성평가를 실시하고, 그 결과에 따라 취급제한·금지물질 지정 등 필요한 조치를 취하도록 하였다. 아울러 환경보건법 제정(2009.3월 시행)에 따라 환경유해인자[112]에 대한 위해성평가 결과를 토대로 기준을 초과하는 경우 관리대책을 수립토록 규정하였다.

앞으로 대량생산 화학물질, 발암성·유전독성·생식독성 물질, 고위험성 물질, 취급제한·금지 후보물질 등에 대해 우선순위를 설정하고 다경로·다매체 통합 노출평가를 시행한 후, 그 결과를 바탕으로 취급제한·금지물질 지정 등 위해성 관리 방안을 마련해야 한다. 향후 화학물질의 등록·평가제도가 도입됨에 따라 화학물질의 제조 주체인 산업계의 위해성 평가 능력을 제고할 수 있는 방안도 시급한 실정이다.

표 7.27 위해성평가 내용 비교

구분	유해화학물질관리법	환경보건법
목적	전과정 관리원칙에 따른 유해화학물질의 '제조·사용' 단계에서의 화학물질 용도별 노출 위해도 평가	환경유해인자에 대한 인체·생태계 등 수용체중심의 다경로·다매체 통합 노출 위해성 평가
대상	기존 및 신규 화학물질	기존 화학물질
활용	취급제한 금지물질 지정 등 화학물질 용도 규제를 통한 노출저감 방안 마련	환경기준, 배출허용기준 등 매체별 관리대책 마련

2) 친환경 화학산업(Green Chemistry)의 활성화

국제기구를 중심으로 유해물질로 인한 위해성을 저감하면서도 화학산업의 경쟁력을 확보하는 방안으로 친환경 화학산업(green chemistry) 개념을 적극 도입하고 있다. UN은 2006년 SAICM을 제정하면서, 저독성·무독성 화학물질의 사용을 촉진하고, 유해화학물질의 배출량을 저감하는 방안의 하나로 이를 강조하고 있다. 미국 EPA도 1990년대 초부터 이를 활성화하기 위해 친환경화학 우수기술상 제정, 관련 교육프로그램 및 정보제공 등의 지원정

112) '환경유해인자'는 유해화학물질 등 사람의 건강과 생태계에 영향을 미치는 인자를 말함

책을 추진하고 있다. 우리나라는 아직까지 선진국에 비해 친환경 화학에 대한 산업계의 관심이 저조하고, 자발적인 유해화학물질 배출저감이나 대체물질 개발 노력이 미흡한 실정이다. 정부는 녹색화학 R&D, 대체물질 개발 지원, 정보 보급 등의 시책을 추진중이나 아직 초보 단계라 하겠다.

3) 국제화학물질 관리전략(SAICM) 대응

UN은 국제 화학물질 관리전략(SAICM)을 채택하여 각국이 SAICM 이행을 위한 화학물질 관리전략을 마련할 것을 요구하고 있다. 또 매 3년마다 SAICM에 대한 각국의 이행상황을 평가할 예정이다. SAICM에 관한 국내 이행을 위해 2006년에 국가 주관기관(national focal point)을 지정하고 추진협의회를 구성하였다.

나. 화학물질 안전관리

1) 취급제한·금지물질 관리제도

유해화학물질관리법상 취급제한물질은 '특정용도로 사용되는 경우 위해성이 크다고 인정되어 그 용도로의 제조, 수입, 판매, 보관·저장, 운반 또는 사용을 금지하기 위하여 지정한다'고 규정하고 있다. 취급금지물질은 어떤 용도로 사용되더라도 위해성이 크다고 인정되어 모든 용도로의 제조 및 사용을 금지하기 위하여 지정하는 화학물질을 말한다. 이는 사람의 건강이나 환경에 위해성이 큰 물질의 용도를 제한·금지하는 강제규제 방식의 관리제도로서 1991년부터 도입되었다. 규제대상 물질은 환경부장관이 "취급제한·금지물질에 관한 규정"에서 정하고 있다.

법 시행 초기에는 주로 고독성물질을 대상으로 하였으나 2006년 1월에 유해화학물질관리법을 개정하여 독성이 낮더라도 실제 사용과정에서 노출 가능성이 높아 장기간 누적시 인체에 영향을 미칠 수 있는 화학물질에 대하여도 사용 용도를 제한하는 내용을 포함하였다. 현재는 취급금지물질 60종과 취급제한물질 12종 등 총 72종이 지정되어 있다. 취급제한물질의 경우 발생 저감을 위한 대책을 병행하고 있다. 예로서 프탈렌이트[113] 사용 저감을 위하여 산업계와 자발적협약을 체결하여 자율규제를 유도하고 있다. 2008년도에는 핵심 유해물질 4종[114]에 대하여 노출실태를 조사하였다.

113) 의료용 수액백 및 혈액백, 어린이용 완구에서 프탈레이트 사용을 자율적으로 제한하는 "프탈레이트 가소제의 용도제한을 위한 자발적 협약"을 체결(2007, 2010)·이행하여 수액백 등에서 프탈레이트 사용이 근절되거나 제한되는 효과가 발생하였다.

114) 핵심 유해물질 4종(벤젠, 폼알데히드, DEHP, 수은화합물)에 대해 전국 3,240개 사업장을 대상으로 세부 유통경로를 조사하였다.

2) 유독물 안전관리 강화

법령상 관리대상이 되는 유해화학물질은 위의 취급제한·금지물질 외에 유독물, 관찰물질, 사고대비물질이 있다. i) 유독물은 유해성이 있는 화학물질이고 ii) 관찰물질은 유해성이 있을 우려가 있는 화학물질, iii) 사고대비물질은 급성독성·폭발성 등이 강하여 사고발생의 가능성이 높거나 사고가 발생한 경우에 그 피해 규모가 클 것으로 우려되는 화학물질로 정의하고 있으며 세부 목록은 환경부고시로 정하고 있다. 2011년 현재 등록된 유독물은 612종, 관찰물질은 62종, 사고대비 물질은 69종(42종은 유독물과 중복)이다. 유독물의 유통량은 그간 지속적인 증가세를 보여오다가 2008년부터 소폭 감소·정체하는 추세이다.

유독물 영업 등록업소는 2009년 기준 총 6,381개소로 총 취급량은 112,104천톤에 달한다. 주로 석유화학단지 등 대규모 산업단지에 위치한 울산 및 전남지역이 전체 유독물 취급량의 50%(56,030천톤)를 차지하고 있다. 유독물에 대하여는 화재·폭발·누출 등의 화학사고를 방지하기 위한 취급시설기준이 마련되어 있으며, 누출사고 발생시 피해를 최소화하기 위해 유독물 관리기준을 세분화하여 정하고 있다. 유독물 취급시설기준 및 관리기준 중 일부는 매우 포괄적이어서 일선 사업장에서 적용하는데 혼선이 발생한다는 문제가 제기되고 있다. 미국의 경우는 EPA 지하저장탱크 시설규정[115] 등 분야별·시설별로 별도의 취급기준을 제정하여 관리하고 있다.

표 7.28 유독물 유통현황 (단위 : 천톤)

년도	2002	2004	2006	2008	2010	2011
유통량(a+b)	24,446	31,058	32,294	34,250	37,995	39,345
제조량(a)	20,806	26,688	27,017	29,095	30,353	32,542
수입량(b)	3,640	4,370	5,277	5,155	7,642	6,803

※ 유통량 = 제조량 + 수입량
(자료 : 환경부, 2013, 2012 환경백서 요약)

3) 화학 테러·사고 대응 강화

최근 주요 화학물질 사고를 보면 2010년에 반월공단 폭발사고 (53명 사상), 2005년에 여수 산단 염화수소 누출사고로 (65명 중독), 2008년도에 김천 페놀유출사고 (16여명 사상), 2010년도에 인천남동공단 화학물질 폭발사고 등이 발생하였다. 이러한 화학물질 사고는 사

115) 미국 EPA 지하저장탱크 시설규정, 직업안전위생국(OSHA)의 유해물질저장시설 규정, 교통국(DOT)의 유해물질 운송법 및 위험액체 파이프라인수송법 등 선진국의 경우 사고 다발 및 특별히 위험성이 높은 유해물질 취급시설은 별도의 취급기준을 제정·법규화 하였다.

람과 환경에 많은 피해를 영향을 주고 사업자에게도 막대한 재산피해를 야기하였다. 화학물질 취급량의 증가에 따라 시중 판매업체를 통해 쉽게 구입할 수 있는 화공약품으로 사제폭탄물을 제조, 테러 수단으로 이용하는 사례도 있다. 또한 2013년에는 플루오린화수소 가스가 유출되어 23명의 사상자가 발생하고 공장 일대의 주민과 동·식물들에 대해 엄청난 피해를 준 구미 불산 사고가 발생하였다. 우리나라는 EU MARS(Major Accident Reporting System, 중대 사고보고시스템)[116] 수준의 화학물질 사고 통계·분석 관리시스템을 운영하고 있으나 사고에 대비한 방제역량은 미흡한 실정이다. 특히 화학물질 관리기관이 여러 부처로 나뉘어져 있어 효율적인 사고 대응체계를 갖추지 못하고 있다. 최근 환경부에서 사고대응을 총괄하는 화학물질합동방재센터가 설립(2014.1)되었다.

4) 유독물 GHS 분류 표시제 시행

국가별로 상이한 규정에 따른 불필요한 무역장벽을 해소하는 방안으로 2002년 환경정상회의(WSSD)에서 2008년까지 각국이 화학물질의 분류·표시에 관한 세계조화시스템(GHS : Globally Harmonized System of Classification and Labelling of Chemicals)을 도입하기로 합의하였다. 이에 따라 EU, 일본, 중국 등 주요 국가들은 GHS를 법제화하여 시행하고 있다. 우리나라도 노동부에서 2006년 산업안전보건법을 개정하여 GHS에 의한 화학물질 분류·표시제를 도입하였다.

5) 국가 우선관리 대상물질 관리체계 구축

화학물질 관리를 위한 기본적인 작업은 관리대상 물질의 목록을 구체화하고 우선순위를 설정하는 것이다. 미국의 경우 독성물질·질병등록청(ATSDR)과 환경보호청(EPA) 주관으로 국가우선순위 리스트(NPL)를 만들어 접하기 쉬운 유해물질부터 우선순위를 설정하고 엄격하게 관리하고 있다. 우리나라도 생활공간 안에서 직접 체감할 수 있는 유해화학물질을 체계적으로 관리하기 위하여 2010년 국가 우선관리대상 10대 물질[117]을 선정하였다. 또한 국가 우선관리 화학물질 목록을 구체화하기 위해 독성, 유통량, 국민 체감도 등을 고려하여 100대 관리물질을 선정하여 관리할 계획이다.

116) MARS(Major Accident Reporting System, 중대사고보고시스템) : EU내에서 발생하는 화학물질로 인한 주요 사고자료를 통일된 형식으로 보고·관리하는 시스템이다.

117) 국가 우선관리 대상 10대 물질 : 중금속 3종(비소, 카드뮴, 납), 휘발성 유기화합물질 4종(벤젠, 톨루엔, 폼알데하이드, PCE), 내분비계장애추정물질 3종(PBDEs, 비스페놀A, 프탈레이트)

다. 신규 화학물질 등록·관리제도 도입

우리나라도 화학물질의 안전한 사용을 도모하고 EU의 REACH 및 선진국들의 규제 강화에 대응하여 2013년 6월 "화학물질의 등록 및 평가 등에 관한 법률"을 제정하였으며 2015년 1월부터 시행할 예정이다. EU REACH와 유사하나, 일부 유예조항을 적용하였다. 법에서는 화학물질을 제조·수입하는 자로 하여금 사전에 등록하도록 하고, 환경부장관이 유해성을 평가, 해당 화학물질을 유독물, 허가물질, 제한물질 또는 금지물질로 지정할 수 있도록 하여 화학물질의 체계적인 관리 체계를 마련한다는 취지이다, 주요내용은 다음과 같다.

① 신규화학물질 또는 연간 1톤 이상 기존화학물질을 제조·수입·판매하는 사업자는 화학물질의 용도 및 그 양 등을 매년 보고해야 함

② 기존화학물질에 대하여 평가위원회의 심의를 거쳐 등록대상물질로 지정·고시하도록 함

③ 등록대상 기존화학물질을 연간 1톤 이상 제조·수입하거나 신규화학물질을 제조·수입하는 자는 사전에 등록해야 함

④ 화학물질을 연간 100톤 이상 제조·수입하는 자는 등록시에 위해성에 관한 자료를 제출하도록 함. 2020년까지 연간 10톤 이상 제조·수입하는 자로 확대되도록 단계적으로 적용

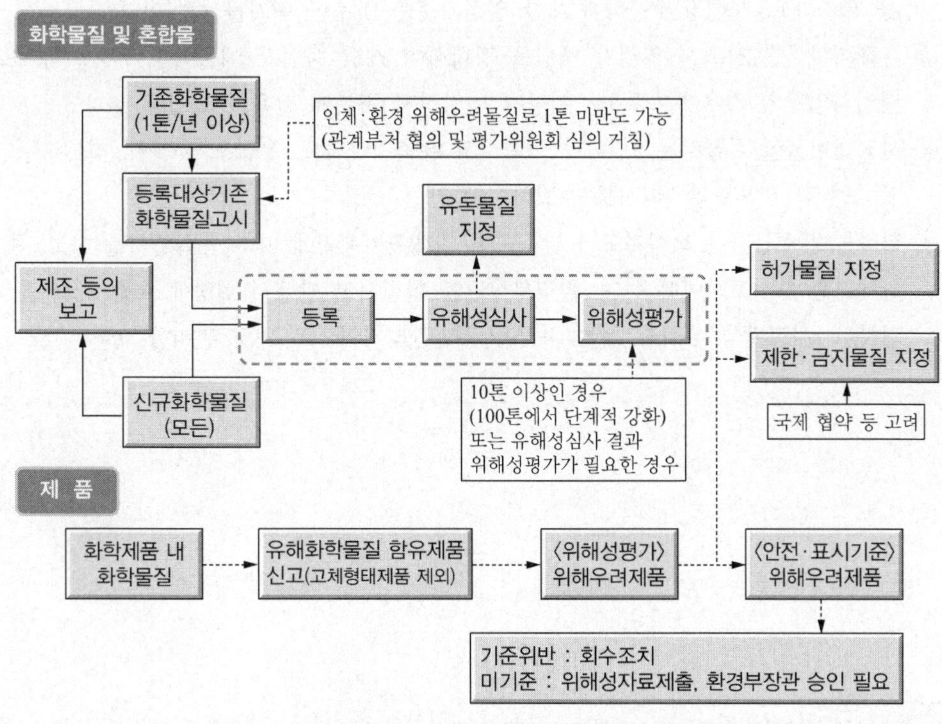

그림 7.11 화학물질 등록 및 평가에 관한 법률 체계도
(자료 : 환경부, 2013.8, 화학물질의 등록 및 평가 등에 관한 법률 주요내용)

⑤ 등록한 화학물질에 대하여 유해성심사를 하도록 하고, 유해성이 있는 화학물질에 대해서는 유독물로 지정함
⑥ 위해성이 있다고 우려되는 화학물질을 허가물질로 지정하고, 위해성이 있다고 인정되는 화학물질을 제한물질 또는 금지물질로 지정함
⑦ 화학물질의 양도자는 양수자에게 해당 화학물질의 등록번호, 명칭, 유해성 및 위해성에 관한 정보 등을 제공하고, 화학물질의 하위사용자 및 판매자와 제조·수입자는 요청하는 해당 화학물질의 정보를 서로 제공함

화학물질 평가와 관련하여 시험자료의 국가간 상호인정을 위하여 OECD가 정하는 우수실험실(GLP : Good Laboratory Practice)[118] 기준을 만족하는 실험실을 확충하고 위해성평가·관리 기능을 보강해야 한다. 또한 평가대상, 심사항목 및 관리대상을 확대할 필요가 있다.

한편 유해화학물질관리법은 화학물질등록법이 제정됨에 따라 2013년 화학물질관리법으로 개정하였으며 2015년부터 시행될 예정이다. 일부 조항은 화학물질등록법으로 이관되었고, 화학물질 사고와 관련 조항된 규정 등을 보완하였다 주요 개정내용은 다음과 같다.

① 유해화학물질 영업허가를 받으려는 자는 장외영향평가서, 검사결과서, 위해관리계획서를 제출하고, 시설장비·인력에 대한 일정기준을 갖추어 허가를 받아야 함
② 유해화학물질 사고시 영업자 책임을 강화하여 해당 사업장 매출액의 5% 이하 또는 단일사업장의 경우에는 2.5% 이하의 영업정지 처분에 갈음한 과징금 부과
③ 사고대비물질 취급자는 5년마다 화학사고 유출시나리오, 응급조치 계획, 피해복구 등을 포함한 위해관리계획서를 수립하여야 함
④ 화학물질 취급자는 화학사고가 발생하면 위해관리계획에 따라 응급조치를 하고, 즉시 관계기관에 신고하여야 하며, 환경부장관은 화학사고 발생시 현장에 수습조정관을 파견하고, 사고발생 우려가 높은 지역을 특별관리지역으로 지정 관리함.

118) 우수실험실 운영규정('Good Laboratory Practice'를 말하며, 이하 'GLP'라 한다)이란 시험기관에서 행해지는 시험이 계획·실행·점검·기록·보고되는 체계적인 과정과 그 조건들에 관련된 총체적 사항을 규정한다.

7.6 특정 유해화학물질 관리

7.6.1 잔류성 유기오염물질 관리

가. 정의 및 유해성

잔류성 유기오염물질(POPs : Persistent Organic Pollutants)[119]은 자연환경 내에서 분해되지 않고 먹이사슬을 통해 동식물의 체내에 축적되는 유기화합물질을 일컫는다. 이 화합물질은 체내에서 분해되지 않아 동물과 사람의 지방조직에 축적되는데, 특히 먹이 사슬의 가장 상위 단계인 동물과 사람에게서 높은 농도로 발견되고 있다. 이 물질은 면역체계 교란, 중추신경계 손상 등을 초래하는 유해물질로 대부분 산업생산 공정과 폐기물의 저온 소각과정에서 발생한다.[120]

나. 국제적 관리 동향

잔류성 유기오염물질(이하 POPs)의 위해로부터 건강과 환경을 보호하고자 이 물질의 생산·사용·배출을 관리하는 스톡홀름협약이 2004년 5월에 채택되었다. 당초 12개 물질을 규제하다가 2009년도 제4차 당사국총회에서 브롬계 난연제, 과불화합물(PFOS) 등 9종이 추가되어 관리대상 물질이 21종이 되었다. 관리대상물질은 표 7.29와 같이 부속서 A(근절, 17개), 부속서B(제한, 2개), 부속서C(비의도적물질, 5개)로 구분되며, 3개 물질은 부속서 A·C에 같이 포함되어 있다.

---

119) 잔류성 유기오염물질(persistent organic pollutants): 환경 및 생체 내에 장기간 잔류, 축적되어 피해를 야기하는 유기성 오염물질의 총칭, 대표적인 물질은 DDT, BHC와 같은 농약, PCBs, 다이옥신 등이 있다.

120) 한국환경공단, 2009, 잔류성 유기오염물질 배출량 보고서

표 7.29 스톡홀름협약상 규제대상 POPs 물질과 국내 사용현황

<table>
<tr><th>물질명</th><th>부속서</th><th>용도</th><th>허용여부</th><th>국내사용현황</th></tr>
<tr><td>알드린(Aldrin)</td><td>A</td><td>농약, 살충제</td><td>금지</td><td>없음</td></tr>
<tr><td>엔드린(Endrin)</td><td>A</td><td>농약, 살충제</td><td>금지</td><td>없음</td></tr>
<tr><td>디엘드린(Dieldrin)</td><td>A</td><td>농약, 살충제</td><td>금지</td><td>없음</td></tr>
<tr><td>톡사펜</td><td>A</td><td>농약, 살충제</td><td>금지</td><td>없음</td></tr>
<tr><td>클로르덴(Chlordane)</td><td>A</td><td>농약, 살충제</td><td>금지</td><td>없음</td></tr>
<tr><td>헵타클로르(Heptachlor)</td><td>A</td><td>방충제</td><td>금지</td><td>없음</td></tr>
<tr><td>미렉스(Mirex)</td><td>A</td><td>화염억제제, 살충제</td><td>금지</td><td>없음</td></tr>
<tr><td>헥사클로로벤젠(HCB)</td><td>A, C</td><td>살충제</td><td>금지</td><td>없음</td></tr>
<tr><td>폴리클로리네이티드비페닐(PCBs)</td><td>A, C</td><td>농약, 살충제</td><td>금지</td><td>절연체로 사용</td></tr>
<tr><td>디디티(DDT)</td><td>B</td><td>살충제</td><td>금지</td><td>없음</td></tr>
<tr><td>다이옥신(PCDDs)</td><td>C</td><td>부산물</td><td>저감</td><td>-</td></tr>
<tr><td>퓨란(PCDFs)</td><td>C</td><td>부산물</td><td>저감</td><td>-</td></tr>
<tr><td>클로로데칸(Chlorodecone)</td><td>A</td><td>농약</td><td></td><td></td></tr>
<tr><td>린단(Lindane)*</td><td>A</td><td>이, 진드기 제거용으로 사용</td><td>특정면제 (최장 10년간)</td><td>이 제거제 등 전문의약품으로 사용중</td></tr>
<tr><td>알파헥사클로로사이클로헥산 (Alpha HCCH)*</td><td>A</td><td>농약</td><td>금지</td><td>없음</td></tr>
<tr><td>베타헥사클로로사이클로헥산 (Beta HCCH)*</td><td>A</td><td>농약</td><td>금지</td><td>없음</td></tr>
<tr><td>테트라브로모디페닐에테르 (TBDE)와 펜타브로모디페닐에테르(PBDE)*</td><td>A</td><td>산업용물질 (방염제 등)</td><td>기존함유제품의 재활용시 한시허용 (2030년 종료)</td><td rowspan="3">RoHS 및 '전기전자제품 및 자동차의 순환에 관한 법률'에 따라 국내사용금지(06.7월 이전까지는 국내사용)</td></tr>
<tr><td>헥사브로모디페닐에테르(Hexa BDE)와 헵타브로모디페닐에테 (Hepta BDE)*</td><td>A</td><td>산업용물질 (방염제 등)</td><td>기존함유제품의 재활용시 한시허용 (2030년 종료)</td></tr>
<tr><td>헥사브로모비페닐(HBB)*</td><td>A</td><td>산업용물질</td><td>금지</td></tr>
<tr><td rowspan="2">펜타클로로벤젠(PCB)*</td><td>A</td><td>농약</td><td>금지</td><td rowspan="2">없음</td></tr>
<tr><td>C</td><td>비의도적 생성물 (연소부산물)</td><td>저감</td></tr>
<tr><td>과불화옥탄술폰산(PFOS) 그 염류와 과불화옥타술포닐플로라이드 (PFOS-F)*</td><td>B</td><td>세정제, 방염제, 광마스크 등</td><td>항구적 면제 (용도별 정의됨) 특정면제 (최장 10년)</td><td>반도체 필름 LCO 등의 중간산물 및 포소화제로 사용</td></tr>
</table>

※ 부속서A : 근절, 부속서B : 제한, 부속서C : 비의도적 물질

※ PFOS는 '15년부터 매 4년 단위로 평가, 대체기술이 인정되는 용도는 항구적 면제에서 제외

다. 국내 관리 경과

국내 POPs 관리를 위하여 2008년도에 "잔류성유기오염물질관리법"을 제정하였다. 법 제정 이전인 2005년도에는 다이옥신 배출저감을 위한 산업계와의 자발적 협약을 체결한 바 있다. 산업계에서는 자발적으로 비의도적인 POPs 배출량을 저감하여 2007년 대기 중의 다이옥신 배출량은 2001년에 비해 81%가 감소[121]하였다.[122]

유독성이 매우 높은 PCBs의 경우 대부분 변압기유에서 발생한다. 2009년 말에 한국전력에서 보관중이던 폐변압기 약 8만대를 전량 처리하였고 PCBs를 함유한 폐기물 처리할 시설도 확충되었다. 환경부는 관련 기업과 함께 다이옥신 배출저감, PCBs 안전관리, POPs 측정망 운영 및 실태조사 등 신규 POPs 후속대책을 추진하고 있다. 그러나 2009년에 POPs로 추가된 9종의 경우 현재까지 환경중 모니터링 자료 뿐만 아니라, 국내 사용정보, 폐기물 정보에 대한 자료가 많이 부족한 상태이다. 우리나라에서 신규 POPs 중 주로 PBDEs(Polybrominated diphenyls ethers), PFOS(Perfluorooctane sulfonate) 및 HCHs (hexachlorocyclo hexane)에 대한 환경매체 및 생태영향을 일부 조사하였으나, Pentachlorbenzene, Chlordecone, PBBs(Polybrominated biphenyls)에 대한 조사는 거의 이뤄지지 않고 있다.

라. 향후 관리대책

우리나라는 스톡홀름협약 신규 등재물질에 대한 관리를 위해 신규 POPs 물질의 대기, 수질, 토양, 퇴적물중 잔류 실태조사를 실시하여 2012년에 '국가이행계획서 수정본'을 스톡홀름협약 사무국에 제출하였다. 2011년에는 대기, 수질, 토양, 및 퇴적물 등 170개 지점에 대한 POPs 오염실태를 파악하였고, 향후 규제대상물질 12종을 대상으로 지속적으로 측정망 지점수를 확대한다는 계획이다. 또한 비의도적인 POPs(U-POPs : Unintentional POPs)[123]에 대한 배출저감 대책으로 다이옥신 배출원별로 배출실태를 파악하고 기여율을 평가하여 2년 주기로 국가배출량을 작성·발표하고 소각시설 등 주요 다이옥신 배출시설에 대한 배출량 실측사업을 지속적으로 추진하고 있다. 또한 화장장, 발전소 및 지역난방시설 등에 대한 비의도적 POPs 배출량 조사와 함께 다이옥신 배출허용기준을 설정할 계획이다. 다이옥신 등의 배출시설에 대하여는 3년 주기로 주변지역의 영향을 조사하도록 의무화하고 있다. 주요 관리대책은 표 7.30과 같다.

121) 1,004gI-TEQ/yr(2001) → 188gI-TEQ/yr(2007)

122) 환경부, 2008, 잔류성유기오염물질 측정망 실태조사

123) U-POPs(Unintentional POPs) : 공정중 발생하는 부산들 등 비의도적으로 발생되는 POPs총칭

표 7.30 잔류성 유기오염물질 관리대책

대 책	내 용
신규 등재물질의 후속 조치 이행	- 린단(Lindane) 등 9개 신규 추가물질 규제 및 공정시험방법 제정 - 신규물질의 분포, 잔류농도, 배출특성 등 국내 실태조사
POPs 측정망 (170여개 지점) 운영	- 대기, 수질, 토양 등 170개 지점에 대해 POPs 오염실태 파악
U-POPs 배출량 산정 및 관리대상 시설 확대	- 소각장 등 주요 다이옥신 배출시설 배출량 실측 - 발전소 및 지역난방시설, 화장장 등에 대해 U-POPs 배출량 조사 및 다이옥신 배출허용기준 설정('12)
POPs의 지속적 관리 및 근절 방안 추진	- 지속적인 POPs 모니터링 사업 추진 및 국제 공조 강화 - 관계부처별 조사결과 공유 및 협력 강화

7.6.2 내분비계 장애(추정)물질 관리

가. 정의 및 인체영향

내분비계 장애(추정)물질(EDs : Endocrine Disruptors)이란 내분비계의 정상적인 기능을 방해하는 물질로서 환경으로 배출된 물질이 체내에 유입되어 마치 호르몬처럼 작용한다고 하여 환경호르몬으로 불리기도 한다. 내분비계 장애물질은 생태계 및 인간의 생식기능 저하, 기형, 성장장애, 암 등을 유발하고 모든 생물종에 위협이 될 수 있다고 인식되고 있으며 오존층 파괴, 지구온난화 문제와 함께 심각한 지구환경문제로 대두되고 있다.[124)]

Estradiol Diethylstilbestrol DDT

PCB Bisphenol A Nonylphenol

그림 7.12 주요 내분비계 장애(추정)물질

124) 강창근, 이승환, 김의경, 2006, 내분비계 장애물질, 대한의사협회지, 359~368

미국 EPA는 '체내의 항상성 유지와 발생과정을 조절하는 생체내 호르몬의 생산, 분비, 이동, 대사, 결합작용 및 배설을 간섭하는 외인성 물질'로 정의하고 있다. OECD는 '내분비계 기능에 변화를 일으켜 정상적인 개체 또는 그 자손의 건강에 위해한 영향을 나타내는 외인성 물질'로 규정하고 있다.[125)]

나. 국내외 관리 동향

내분비계 장애(추정)물질로는 그림 7.12와 같이 Estradiol, Diethylstibestrol, DDT, PCB, Bisphenol A, Nonylphenol 등이 있으며 1990년대 후반 세계야생생물기금(WWF : World Wildlife Fund)[126)]에서 67종, 미국에서 73종, 일본 후생성에서 산업용 화학물질, 의약품, 식품첨가물 등 140여 종, 일본 환경성에서 65종의 물질을 분류한 바 있다. 우리나라에서 별도로 정한 내분비계 장애(추정)물질 목록은 없으며 WWF에서 정한 67종을 토대로 조사·연구 사업을 추진하고 있다.

표 7.31 국가 분류에 의한 내분비계 장애물질 목록

분류	내분비계 장애물질
세계야생생물기금 (WWF) 분류(67종)	- 다이옥신류 등 유기염소물질 6종 - DDT 등 농약류 44종 - 알킬페놀(펜타 - 노닐) - 비스페놀 A - 디에틸헥실프탈레이트 등 프탈레이트 8종 - 스티렌 다이머, 트리머 - 벤조피렌 - 수은, 납, 카드뮴
일본 NIHS 분류 (160 여종) T. Kaminuma (Chem-Bio Informatics)	- 다이옥신 및 퓨란 류 7종(2,3,7,8-TCDD 등) - 다이옥신류 외의 건강과 생활물질 6종(벤조피렌 등) - 산업용 화학물질 53여종 (비스페놀 A, 알킬페놀류, 브롬화난연제 등) - 농약류 68종(DDT, Alachlor 등) - 진균성에스트로젠 2종(Zearalenol, Zearalenone) - 신물성에스트로젠 31종(Coumestol 등)

(자료 : 국립독성과학원, 2007, 내분비계장애물질 연구보고서; 환경부, 2006, 내분비계장애 추정물질 우선관리대상 선정 및 평가연구)

125) 이철우, 최경희, 정석원, 김혜림, 서영록, 2009, 내분비계장애물질에 대한 이해와 미래 연구방향, 대한내분비학회지, 24(1), 7～14

126) 세계 자연보호 기금(WWF : World Wide Fund for Nature)은 자연보호를 위한 국제 비정부 기구이다. 원 이름은 세계 야생생물기금(World Wildlife Fund)으로, 미국과 캐나다에서는 이 이름으로 활동하고 있다. 세계 최대의 환경단체로, 90여 나라의 5백만명 이상의 회원이 있으며, 15,000개의 보호/환경 프로젝트를 수행하고 있다. 수입의 90% 이상이 기부를 통해 얻어지고 있다.

우리나라에서 1999년부터 2008년까지 내분비계 장애(추정)물질에 대하여 잔류실태조사를 실시한 결과 다이옥신, 프탈레이트(BBP, DBP, DEHP, DEP), HCB 등이 지속적으로 검출되고 있다. 2000년 이후 대기중 다이옥신류 농도는 감소[127]추세이다.

2007년부터 관계부처 합동으로 내분비계 장애(추정)물질을 5개년 계획으로 조사하고 있다. 조사대상 물질은 지속적으로 검출되는 물질 위주로 선정하고, 에스트로겐류 등 신규물질에 대하여도 조사하고 있다. 조사결과를 보면 다이옥신류와 PEC(tetrachloroethylen)를 제외한 나머지 물질은 미량 검출되었고, 벤조피렌, HCB는 감소 추세이나 BBP, DEHP는 증가 추세에 있다.

WWF에서 제시했던 내분비계장애물질 67종에 대한 국내 규제 현황은 표 7.32와 같다. 내분비계 장애(추정)물질에 대한 물질별 관리는 별도 법률로 정하지 않고 잔류성유기오염물질관리법에 의한 POPs 규제[128]와 함께 용도별 관리 법률에 의해 규제하고 있다.

주요 내분비계장애물질인 프탈레이트류, 노닐페닐, 비스페놀A에 대한 구체적인 규제 내용을 정리하면 표 7.33과 같다.

국내·외적으로 표준화되고 통일화된 내분비계장애(추정)물질 시험방법이 없어 OECD에서 시험방법을 마련 중에 있다. 아직까지 국제적으로 표준화된 목록은 없으며, WWF에서도 내분비계장애(추정)물질 용어를 삭제하고 POPs로 일원화시키는 경향이다. 국제적으로 내분비계장애(추정)물질의 영향에 대한 미합의로 관리방안 마련이 미진한 상태이다.

127) 0.255pgTEQ/m^3('02) → 0.154pgTEQ/m^3('05) → 0.076pgTEQ/m^3('06) → 0.071pgTEQ/m^3('07)

128) 앞의 잔류성유기오염물질(POPs) 장에서 상세히 기술하고 있다.

표 7.32 WWF의 내분비계장애물질 잠정목록에 대한 관리 현황

국내 사용 금지 물질(22종)	
농약(17종)	aldicarb(살충제), DBCP(살충제), DDT(살충제), beta-HCH(살충제), lindane(살충제), PCP(방부제, 살균제), toxaphene(살충제), maneb(살균제), zineb(살균제), chlordane (살충제), dieldrin(살충제), heptachlor(살충제), 2,4,5-T(제초제), nitrofen(제초제), amitrole(제초제), mirex(살충제) hexachlorobenzene(살균제, 합성중간체),
산업용화학(2종)	PCBs(변압기절연유), PBBs(난연제)
부산물 또는 대사물(3종)	DDT metabolites(DDT의 대사물), h-epoxide(heptachlor의 대사물), oxychlordane(chlordane의 대사물)
취급제한 등 규제되고 있는 물질(29종)	
농약(19종)	endosulfan(살충제), ethylparathion(살충제), trifluralin(제초제), 2,4-D (제초제), carbaryl(살충제), cypermethrin(살충제), dicofol(살충제), fenvalerate(살충제), malathion(살충제), methomyl(살충제), permethrin(살충제) ziram(살균제 ,가황촉진제, 안료 · 도료 · 잉크첨가제), alachlor(제초제), mancozeb(살균제), metiram(살균제), metribuzin (제초제), vinclozolin(살균제),
산업용화학 (8종)	tributyltin oxide(방오제), 4-nitrotoluene(합성중간체), DBP(가소제), DEHA(가소제), bisphenol A(합성수지), DEHP(가소제), BBP(가소제), alkyl(C=5～9)phenol[pentyl～nonylphenol](합성중간체, 안료 · 도료 · 잉크첨가제) ※ nonylphenol류와 4-tert-octylphenol은 2001.4.3일 유독물로 신규 지정 ※ DBP, BBP(장난감), DEHA(식품용기)는 일부제품에 사용금지 ※ DEHP는 식품용기, 젖병·젖꼭지등에 사용금지, bisphenol은 용출기준 마련
부산물 또는 대사물(2종)	dioxins/furans(소각시설 부산물)
미규제 물질(16종)	
산업용 화학물질(4종)	benzophenone(생산출발물질/중간체, 안료 · 도료 · 잉크첨가제), DEP(가소제), DCHP(가소제), 2,4-Dichlorophenol
부산물 또는 대사물(4종)	benzo(a)pyrene(불순물, 부산물), octachlorostyrene(대사물, 부산물), styrene dimers/trimers(불순물, 부산물)
국내 유통사례가 없는 물질(8종)	농약(4종) : : atrazine(제초제), kepone(살충제), methoxychlor(살충제), transnonachlor(살충제)
	산업용화학물질(4종) DHP(가소제), DprP(가소제), DPP(가소제), n-butylbenzene(합성중간체)

표 7.33 주요 내분비계장애물질의 규제 내용

물질명	규제내용	근거 법률
프탈레이트류	- DEHP, DBP, BBP를 유독물로 지정 관리 (제조/수입량 보고)	유해화학물질관리법
	- 어린이용품 중 프탈레이트 가소제 2종 환경 유해인자로 규제기준 설정('13.9월)	환경보건법
	- DEHP의 혈액저장용기 용출기준 설정 (15mg/100mL)	의료기기법
	- 합성수지 어린이용품 및 벽지에 대한 프탈레이트 안전기준 설정, 실내바닥재에 프탈레이트 가소제 함유량 기준 시행('13.7월)	품질경영 및 공산품안전관리법
	- 식품용기 및 포장에 사용금지(DEHP), 젖병, 생육, 포장 등에 사용금지(DBP, BBP)	식품위생법
노닐페놀	- 취급제한물질로 지정 관리(0.1% 이상 함유 혼합물질) : 세척제, 잉크, 페인트의 용도로 국내 유통금지	유해화학물질관리법
	- 주방용 세척제로의 사용금지	공중위생관리법
	- 식품 및 식품첨가물로 사용금지	식품위생법
	- 환경유해인자에 대한 규제기준 설정('13.9월) : 어린이용품(잉크제품) 중 노닐페놀 및 이를 0.1% 이상 함유한 혼합물질의 사용 금지	환경보건법
비스페놀 A	- 관찰물질로 지정 관리(실적보고, 배출량·유통량 조사)	유해화학물질관리법
	- 유아용 젖병 제조시 BPA 사용금지, 폴리카보네이트(PC) 재질의 유아용 젖병 제조·수입 및 판매 금지 등 식품용기 및 포장재에 재질규격과 용출규격(2.5mg/L 이하)을 설정	식품위생법

다. 외국의 대응현황

국가별 내분비계 장애(추정)물질에 대한 대응현황을 표 7.34에 요약하였다. 미국 EPA 연구개발국(ORD : Office of Research and Development)에서는 내분비계장애물질 문제를 6가지 우선 연구과제 중의 하나로 채택하여 1996년부터 본격적인 연구를 시작하였다. 1996년에는 내분비계장애물질의 검출시험과 평가방법을 도출하고, 1998년에는 장기 연구계획안을 발표하였다. 현재는 내분비계장애물질을 분류, 검색, 시험 평가하는 단계로 시행하는 EDSP(Endocrine Disruptors Screening Program) 프로그램을 구성하여 조사 중에 있다.

표 7.34 주요국가의 내분비계장애(추정)물질 대응 현황

국가/기구	대응방안
미국	- 1996년 전문가로 구성된 자문위원회(EDSTAC)를 구성하여 내분비계장애물질 중·장기 연구 수행 - 내분비계장애물질의 평가프로그램인 EDSP(검색시험프로그램) 개발
일본	- 1단계 조사사업인 'SPEED 98'을 완료하고 2005년 2단계 조사계획인 'ExTEND 2005' 발표 - 환경 및 생태계 모니터링, 검색시험법 개발, 정보제공체계 구축 등
EU	- 1999년부터 내분비계장애물질에 대한 연구사업을 본격 추진 - 독성예측프로그램을 이용, 106종에 대한 추정물질 목록을 발표 - 이들 물질의 생태영향 등에 대한 연구 중
OECD	- 내분비계장애물질 T/F(EDTA) 구성(1997. 5) - 포유류에 대한 시험지침 마련(2005년) - 어류, 양서류에 대한 시험법은 아직 초기단계

(자료 : 박귀례, 한순영, 길광섭, 1996, 내분비계 장애물질에 대한 국내 연구동향 및 대응방안, 식품과학과 산업, 32(2), 19~28; 관계부처합동, 2011, 국가화학물질관리 기본계획(2011~2020))

유럽연합은 1990년대부터 내분비계 장애(추정)물질의 우선순위 작성과 영향 평가를 수행하는 단기전략(short-term action)과 정책적인 관리·규제 방안을 마련하기 위한 장기전략(long-term action)으로 구분하여 추진하고 있다.

일본 환경성은 환경호르몬을 인체의 호르몬 균형을 깨뜨려 정상적인 신진대사를 교란하는 물질로 간주하여 이를 내분비계교란물질(Endocrine disrupting chemicals)이라고 명명하고 1998년부터 연구를 시작하였으며 "환경호르몬 전략계획 SPEED(Strategic Programs on Environmental Endocrine Disruptors) 98"을 수립하고 조사·연구를 진행해 왔다.

7.6.3 과불화화합물(PFOA, PFOS) 관리

가. 과불화화합물(PFOA, PFOS) 특성 및 유해성

최근 국내외 하천, 호소, 하수처리장, 토양과 동식물 체내에 검출되어 논란이 불거진 과불화화합물인 PFOA(Perfluoro octanoicacid : $C_7F_{15}COOH$)와 PFOS(Perfluorooctan tane-sulfonic acid : $C_8F_{17}SO_3H$)는 특정 화학구조를 갖는 일부 Perfluoroalkyl(Rf)이 함유된 그림 7.13과 같은 구조를 가진 화합물이다. PFOS로 대표되는 유기불소 화합물은 우수한 방유성, 방수성 등의 특징으로 인해 표면 코팅제, 계면활성제 등의 용도로 사용되고 있을 뿐 아니라,

방수성 의류, 특수용지, 건축자재, 자동차 내장재 등 다양한 분야에서 광범위하게 사용되고 있는 난분해성 물질이다. PFOA는 주로 주방기구 등의 붙지 않는(Non-Stick) 코팅재로 널리 쓰이는 고분자량의 불소수지의 제조에 사용되는 기능성 화학물질의 일종으로, 아직 대체할 물질이 없는 상태이다.[129)]

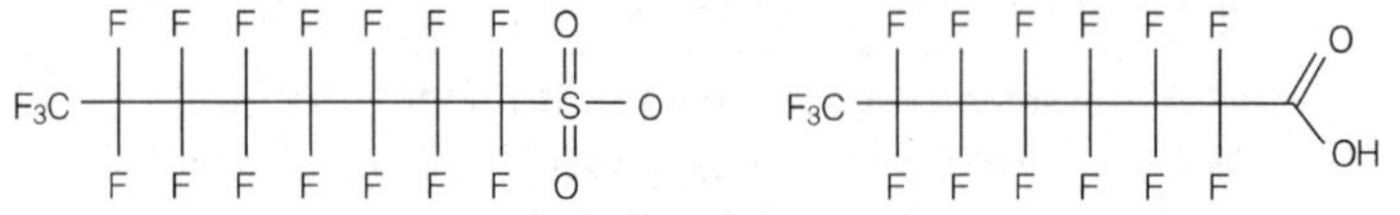

PFOS(Per Fluoro Octane Sulfonate)　　PFOA(Per Fluoro Octanoic Acid)

그림 7.13 과불화화합물(PFOA, PFOS)의 구조
(자료 : 환경부, 2010, 과불화화합물의 환경 중 배출량 추정연구)

최근 PFOS와 PFOA에 대한 독성과 환경위해성 우려가 보고되면서 세계 각국의 행정기관과 산업계에서 대응책을 모색하고 있다. PFOS는 동물실험 결과 쥐에 노출시 간독성과 사망률 증가현상을 보였고, PFOA는 동물실험에서 암을 유발하는 것으로 나타났다. 다만 아직 인체발암 증거는 부족하며 급성독성이 낮게 나타났다.[130)] 최근 PFOS 물질이 강한 잔류독성과 생체축적성이 규명되면서 스톡홀름협약상 후보 물질로 선정되었다. 2000년에는 3M사가 PFOA를 2002년까지 근절하겠다는 PFOA 제거(phase-out) 방안을 마련하여 추진하고 있다.

나. 외국의 관리 및 규제 현황

1) 미국

미국은 불소계 화합물의 저감방안과 규제방안을 주도적으로 추진하고 있다. 2003년에는 PFOA에 대한 초기위해성 평가 결과를 발표하였다. 2006년에는 과학기술자문위원회에서 위해성평가 내용을 발표하고 추가조사가 필요하다고 결론 내렸다. 한편 2006년에 미국의 듀퐁사는 자발적으로 2010년까지 현재 PFOA 배출량과 제품 중 함량을 95%까지 저감하고 2015년까지 완전 근절할 것이라고 발표하였다.

미국 EPA의 "중요 신규 물질사용규칙"에 따라 PFOS를 포함하여 현재 88종의 불소계화합물을 신규로 제조·수입하는 경우 반드시 EPA에 통보하도록 하였다. 이를 통보받은 EPA는 제조·수입 의도, 사용용도 등을 검토하여 필요시 제한 또는 사용금지 등의 조치를 취하도록 하였다.[131)]

129) 환경부, 2010, 과불화화합물의 환경 중 배출량 추정연구

130) 여성환경연대, 2013, 일회용 종이컵의 과불화화합물 오염실태 보고서

2) EU

유럽 연합(EU)은 시장에서 판매되는 상품의 PFOS(Perfluoro Octane Sulfonate) 함유량을 규제하기 시작하였고, 이는 섬유제품과 피혁제품을 EU로 수출하는데 새로운 기술장벽으로 작용하고 있다. PFOS는 섬유제품, 피혁제품의 계면 활성제로 널리 사용되고 있는데 EU가 2006년 말에 발표한 사용 규제지침(2006/122/EC)에서 EU로 수출되는 제품의 PFOS 함유량에 대하여 규정하고 있다.

지침에서 규정한 바에 의하면 2008년 6월부터 EU 시장에서 판매되는 상품에 PFOS가 0.005%(질량비) 이상 포함되어 있는 물질의 제조·판매를 금지하며, 0.01%(질량비) 이상 포함된 반제품 역시 판매를 금지토록 했다. 또한 직물류 등의 코팅물질 중 PFOS가 1μg/m^2 이상인 경우에도 판매를 금지하였다.[132)]

다. 국내 관리현황

과불화화합물에 대한 국내 조사는 국립환경과학원에서 2005년 전국을 대상으로 환경 중 잔류실태조사에 포함하여 실시하였으며, 2006년부터 2007년까지 전국 주요 하천, 호소 및 연안을 중심으로 PFOS와 PFOA에 대하여 조사하였다. 그 결과 연안 해수보다 하천수에서 높은 농도로 검출되었고 이 중에서도 산업단지가 밀집되어 있는 지역에서 상대적으로 검출 농도가 높은 것으로 나타났다. 또한 퇴적물에서도 국가산업단지 지역에 인접한 시화호 주변에서 가장 높은 농도를 보여 우리나라 환경 중 과불화화합물의 농도는 산업시설과 밀접한 관련이 있는 것으로 추정된다. 토양 중 과불화화합물 실태조사는 국립환경과학원이 전국 23개 지점을 조사한 결과, 평균농도로 PFOS는 0.71μg/g, PFOA는 0.24μg/g으로 검출되었다. 또한 동 사업에서 울산, 안산, 광양 및 일반지역을 대상으로 어류 중 과불화합물을 조사한 결과 PFOA는 모두 불검출되었으며, PFOS는 지역별 평균농도로 8.7～83.0μg/g으로 검출되었다.

한편 식품의약안전청에서는 2006년 공장근로자와 일반인을 대상으로 혈액 중 과불화화합물의 농도를 비교평가하는 연구가 수행되었으며, 그 결과 산업체에 종사하는 근로자에서 일반인보다 과불화화합물의 농도가 높게 나타났다.

PFOS는 반도체 세정제 및 코팅제, 소화용 방염제 등에 사용중인 산업용물질로서 현재 대체제가 없어 당장 규제하기 어려운 상태다. 환경부는 항구적 면제용도(광이미지, 비행기 코

131) 한국섬유연구소, 2010, 중국의 섬유제품 수출 EU의 PFOS 규제로 타격 받아, 해외섬유정보, 11(4), 235호

132) EU집행위원회, 2008, EU 탄화플루오르옥탄술폰산(PFOS) 함유제품 규제(Directive 2006/122/EC amending for the 30th time Council Directive 76/769/EEC)

팅, 금속세정, 의약용 기기, 반도체 코팅, 방염제 등)와 특정 면제용도(광마스크(반도체, LCD), 칼라인쇄 전기제품, 섬유, 종이, 카펫, 가죽 첨가제 등)로 구분하고, 2015년부터 매 4년 단위로 평가하여 대체기술이 인정되는 경우에는 항구적 면제 대상에서 제외하도록 하였다.[133)]

7.6.4 수은의 관리 및 대응

가. 수은 발생원과 유해성

수은은 발생빈도, 독성, 인체 유해성을 고려할 때 환경보건 측면에서 관리 우선순위가 높은 중금속이다. 미국 독성물질·질병등록청(ATSDR : Agency for Toxic Substances and Disease Registry)에서 발표하는 독성물질 우선순위에서 비소, 납에 이어 세 번째를 차지하고 있다.[134)] 수은은 증기압이 높아 공기 중에 노출될 위험이 높은 특성을 갖고 있으며 자연계에 널리 분포되어 있다.

해수, 토양, 대기, 동식물을 포함한 모든 생물체에서 미량 성분의 형태로 분포하고 있으며, 산업화 이후 수은 사용량이 크게 늘어나고 있다. 수은은 다양한 화합물로 존재하는데 크게 금속수은, 무기수은, 유기수은의 형태로 구분된다. 다양한 오염원으로부터 배출된 무기수은이 바다, 하천 등으로 흘러들어가 수중에서 박테리아와 플랑크톤에 의해 메틸수은으로 변환되며, 어패류를 포함한 수중 생물의 생체 내에 축적이 되고, 어패류 섭취를 통해 메틸수은이 인체 내로 유입되는 것이다.

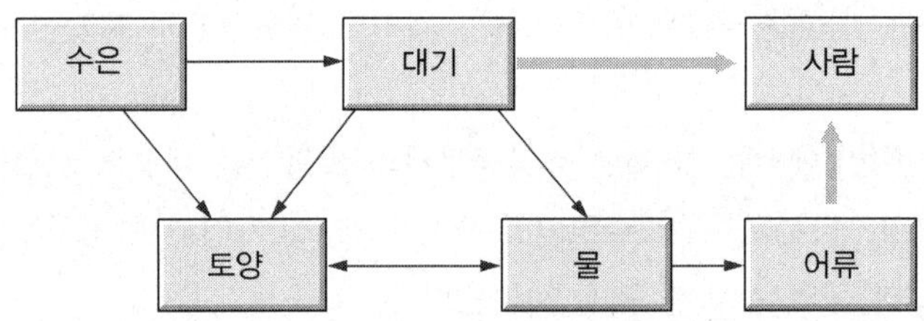

그림 7.14 수은 노출, 생태계 순환 및 인체 노출 경로
(자료 : 국립환경과학원, 2012, 수은의 인체노출 저감대책 연구)

133) 김병훈, 이지윤, 2010, 국내 잔류성 유기오염물질(POPs)의 정책 및 관리 방향, 공업화학 전망, 13(5),

134) Agency for Toxic Substances & Disease Registry(ATSDR). 1999, Toxicological profile for mercury. U.S. Department of health and human services

메틸수은이 인체에 유입되면 단백질 중 설프히드릴기(sulfhydryl group)와의 높은 친화력으로 만들어진 이황화물(disulfide)이 단백질 구조와 효소기능을 비특이적(nonspecific)으로 만들어 독성효과를 나타낸다. 수은 오염지역에 거주하는 주민들은 직업적인 노출이 없더라도 급·만성 수은 중독이 발생할 수도 있다.

나. 수은의 배출·유통량 및 노출수준

수은은 유해화학물질관리법 상 유독물로 지정되어 있으며 매년 배출량과 유통량을 조사하고 있다. 2011년에 수은 총 수입량은 10.2톤이며 수은 체온계와 혈압계를 통한 유입양도 359kg에 이르고 있다.[135)] 한편 EU에서는 판매 금지되고 있는 수은 계측기와 치과 치료용 아말감에 대해서는 국내에서 규제하지 않고 있다.

수은함유제품 중 전지, 형광등, 고압수은램프, LCD용 램프, 혈압계 등 계측기기, 농약 및 소독제, 비누 및 화장품 등 수은 함량이 높은 7개의 대표적 제품군의 경우 2020년부터 생산과 수출입이 금지된다. 우리나라에서 수은의 인체 노출과 건강영향에 대한 평가가 중요한 이유는 수은의 인체 노출수준이 상당히 높고, 일부 지역별로 고노출 위험에 대한 우려가 제기되고 있기 때문이다. 2009년과 2010년 국민건강영향조사에서 국내 성인의 혈중 수은농도는 각각 4.28μg/L, 3.64μg/L로 보고되었다.

국민환경보건 기초조사에서는 2009년 혈중 수은농도의 기하평균은 3.93μg/L, 2010년은 2.88μg/L의 수준이었다. 조사에 따라 다소 차이가 있으나 2.88~4.28 μg/L의 혈중 수은농도를 보이고 있으며 이는 미국 0.98μg/L, 독일 0.58μg/L 수준과 비교하여 4~8배 이상 높은 수치이다.[136)] 선진국의 인체 수은 노출기준과 비교해도 높은 수준으로, 미국 환경보호청(EPA : US Environment Protection Agency) 기준을 적용하는 경우 전국에서 기준 초과자는 26.2% 정도로 추산된다.[137)]

다. 국제기구 및 선진국의 수은 관리대책

UNEP은 2000년대 초반부터 수은 저감을 위한 연구사업으로 표 7.35와 같이 국제기구 및 선진국들과 7개 분야의 국제 파트너십사업을 추진하고 있다. 한편 미국 EPA는 수은의

135) 환경부, 2011, 수은관리 종합대책 마련을 위한 국내 수은 유통 및 배출현황 기초조사(II)

136) 환경부 국립환경과학원, 2012, 수은의 인체노출 저감대책 연구, 수은노출에 의한 위해도 저감방안 및 심화연구 방향 도출

137) Caldwell, K, L, Mortensen, M. E, Jones, R. L, Caudill, S. P, Osterloh, J. D. 2009, Total blood mercury concentrations in the US population: 1999~2006. Int J Hyg Environ Health, 212, 588~598

효과적인 관리 및 연구를 목적으로 1998년 'Mercury action plan'을 수립하였고 2006년에는 "수은 로드맵(EPA's Roadmap for Mercury)"을 제시하였다.

표 7.35 국가·기관별 수은 파트너십사업 추진 현황

연구 국가/기관	항목	추진내용
UNIDO	금세공·소규모 금광	2017년까지 수은 사용량의 50% 저감
미국	클로르-알칼리 생산	수은 저감목표 설정(유럽 2020년, 인도 2012년)
이태리	수은 이동·거동 연구	2008 UNEP 수은 배출량 보고서 발간
미국	수은 함유 제품	물질별 단계적 감축(2015년까지 25% 추가감축)
국제에너지기구	석탄연소	러시아, 중국 등의 화력발전소 인벤토리 구축
일본	수은 폐기물 관리	수은폐기물 관리를 위한 BAP/BEP지침 개발
NRDC	수은공급·저장	키르기즈스탄 수은광산 프로젝트, 수은저장시설 프로젝트 (아태, 중남미)

※ 비철금속, 시멘트, 염화비닐모노머(VCM) 생산시설에 대한 파트너십사업 추가 검토중
(자료 : 환경부, 2011, 수은관리 종합대책 마련을 위한 국내 수은 유통 및 배출현황 기초조사(Ⅱ); 환경부, 2010, 수은관리 종합대책(2011~2015))

표 7.36 미나마타 협약의 주요 내용

유통단계	협약의 내용
공급 및 저장	- 신규 수은광산 불허, 발효 후 최대 15년간은 기존 수은광산 허용 - 수출입시 허용된 수은제품으로의 사용 또는 친환경적 처리를 담보하는 증명서 필요
첨가제품 생산	- 2020년 이후 수은첨가제품의 제조 및 무역의 제한 1) 단계적 금지 제품군 : 전지, 스위치·계전기, 형광등(소형, 직선형, 고압수은증기램프, LCD), 농약, 화장품, 계측기(온도계, 압력계 등) 2) 사용저감 제품 : 치과용 아말감, 보험정책 변경, 취약계층의 비수 은함유 대체제 사용 등의 사용 저감조치 병행
대기로 배출	- 석탄화력발전, 산업용 보일러, 비철금속(납, 아연, 구리 및 산업용 금), 폐기물 소각시설, 시멘트 클링커 제조시설 등 5개 배출원 규제 1) 신규시설은 BAT/BEP 또는 배출허용기준 의무 적용 2) 기존시설은 배출허용기준, BAT/BEP 적용, 다오염물질 관리전략 및 대체적 저감조치 중 하나 이상을 국가계획에 포함
폐기	- 수은 및 수은화합물의 친환경적인 임시저장 및 재생·회수, 처리 - 수은 폐기물은 바젤협약을 준용하여 처리기준 제시 예정

라. 수은 국제협약 체결

2013년 10월에 일본 구마모토에서 '수은에 관한 미나마타 협약'(Minamata Convention on Mercury, 이하 '미나마타 협약')이 채택되었다. 그간 2009년 UNEP에서 협약을 제정하기로 결정한 이후 4년여 간의 정부간 협상회의를 거쳤다. 이 협약은 장거리 이동과 생체 축적성이 높은 대표적인 유해물질인 수은으로 인한 사람과 환경 위해성을 줄이기 위해 수은의 생산부터 저장, 사용, 배출, 폐기까지를 관리하는 협약으로 단일물질로는 세계 최초의 협약이다. 협약은 50개국이 비준하면 발효될 예정으로 이르면 2015년경에 발효될 전망이다. 협약은 공급, 사용, 배출, 폐기 단계별로 규제하고 있다.

마. 우리나라 수은관리 현황 및 전망

우리나라의 대기 중으로 배출되는 수은량은 연간 6.5～20.15톤 수준이다. 수은 관리를 위해서는 제조·수입, 유통, 사용, 폐기 등 전 과정에 걸친 체계적인 관리가 필요하다. 정부는 형광등, 혈압계, 체온계 등 수은함유 제품의 유통 과정에 대한 현황을 파악하고 최적 관

표 7.37 수은 종합관리 대책

대책	내용
원자재 수은, 수은제품 및 폐기물 등 수은 전과정 통합 관리	- 수은 유통량 조사 및 원자재 수은관리 강화 - 수은 회수·저장 의무화 등 잉여수은 관리체계 마련 - 제품 중 수은함량 기준설정 등 수은함유제품 관리강화 - 수은함유제품의 대체물질 보급 활성화 - 수은함유제품의 재활용률 제고(2012～2020) 및 수은함유 폐기 제품의 적정처리를 위한 관리체계 개선
대기, 수질, 폐기물 등 매체별 수은 관리 강화	- 수은화합물 대기배출기준 검토 및 주요 대기배출원에 대한 수은 연속 자동측정 장비 적용성 평가 - 수질 중 수은관리제도 조사 및 적정 수질배출기준 제시 - 수은함유 폐기물의 배출현황 조사 및 처리기준 설정
국가 수은측정망, 장거리 이동 수은감시 등 환경모니터링 강화	- 국가 수은 대기측정망 운영·확대, 수은 퇴적물 관리기준 설정 및 모니터링 추진 - 장거리이동 수은 감시체계 구축 및 국내 대응방안 마련
수은의 인체노출 저감 및 취약·민감계층의 수은피해 예방	- 수은노출 건강영향조사, 위해저감대책 수립지침 개발 - 국내 어패류 섭취량에 근거한 어패류 섭취권고기준 제시
국제 수은협약 대응	- 국가 수은 배출인벤토리 구축 및 친환경적 폐기물 처리 가이드라인 마련 - 수은협약 대응 및 UNEP 수은 파트너십사업 참여

(자료 : 환경부, 2010, 수은관리 종합대책(2011～2015))

리방안을 도출한다는 계획이다. 또한 화력발전시설, 소각시설, 비철금속 제련시설, 시멘트킬른, 철강시설 등의 주요 배출원에 대한 배출계수를 개선하였고 대기, 수질, 토양으로 배출되는 수은 배출수준조사를 강화한다는 계획이다.[138)]

현재 수은 전지, 농약, 화장품, 페인트, 문구 등에 대하여 수은함량기준을 설정하여 관리하고 있다. 2006년부터 산모·영유아 등 민감계층에 대한 수은 농도를 조사하고, 담수 어패류에 대한 수은 농도를 조사하고 있다. 우리나라의 경우 수은 노출량이 많은 편임에도 불구하고 대책은 매우 미흡한 실정이다. 수은함유 제품에 대한 라벨링 제도, 수은함유 기준치 설정, 수은제품을 포함한 완제품의 수입규제와 같은 구체적인 대응방안이 제시되지 못하고 있다. 앞으로 원자재 수은관리, 수은함유 제품, 수은함유 폐기제품 관리를 포함하는 전과정 통합관리체계가 필요하다. 우리나라는 2011년 수립한 수은종합관리대책(2011~2015)에 따라 표 7.37과 같이 원자재·제품·폐기물에 걸친 전과정 통합관리, 대기·수질 등 매체별 수은관리, 환경모니터링 강화, 취약·민감계층의 수은피해 예방, 국제수은협약 대응 대책을 추진하고 있다.

7.6.5 납 및 카드뮴의 관리 및 대응

가. 생산량 및 노출농도

우리나라는 세계 제3위[139)]의 납 사용국으로 대부분(87%)을 자동차 배터리의 제조에 사용하고 있으며 정련과 재활용 등을 통해 연간 27만톤의 납을 생산하고 있다. 또한 카드뮴은 세계 제1위의 생산국으로 2007년 3,704톤을 아연생산 부산물로 생산하여 대부분 수출하며 국내에서는 2006년 기준 100톤을 도금, 합금 등의 용도로 사용하고 있다.[140)]

납의 환경중 농도는 1993년 유연휘발유를 사용금지한 이후, 대기 중 납의 농도가 점차 감소하여 2008년 평균 0.07μg/mm^{3}으로 조사되었다. 대기 중 카드뮴 농도는 2008년 평균 0.00027μg/m^{3}로 1990년대 이후 점차 감소하는 추세이다.

138) 환경부, 2011, 수은관리 종합대책 마련을 위한 국내 수은 유통 및 배출현황 기초조사(Ⅱ)

139) 납 사용량(2003) : 미국 147만톤, 중국 118만톤, 한국 35만톤(UNEP, 2008)

140) 국립환경과학원, 2011, 국내 납·카드뮴 유통 및 배출현황 기초조사

나. 국제기구의 관리현황

UNEP은 2005년 제23차 집행이사회에서 납 및 카드뮴에 대한 인체유해성, 장거리 이동성 등에 대한 정보 수집을 결정하였고 2009년에 납, 카드뮴의 검토에 관한 최종보고서를 제출하였다. 2011년에 제26차 UNEP 집행이사회에서 국제적인 조치의 필요성이 논의되었으며 이후 규제방안이 서서히 진전되고 있다. 미국은 2011년부터 모든 어린이용품의 납 함량을 100mg/kg 이하로 규제하였다.[141)]

다. 관리대책

우리나라는 유해 중금속 관리를 위한 로드맵을 마련하고 3가지 중점 대책을 추진하고 있다. 첫째, 배출원을 파악하고, 환경중 모니터링, 위해성 평가 등 유해 중금속 관리를 위한 기본방향을 설정하였다. 둘째로 유해중금속의 제조·수입, 유통, 사용, 폐기, 회수에 이르는 전 과정에 걸친 관리기반을 구축할 계획이다. 셋째, 주요 배출원과 배출량 자료를 이용하여 납과 카드뮴의 유해중금속 인벤토리를 2015년까지 구축할 계획이다.[142)]

7.6.6 석면관리 동향 및 대책

가. 석면 발생원과 위해성

1) 석면 발생원

석면은 그리스어로 '불멸의 물건'이라는 뜻을 갖고 있으며 천연에서 생산되는 섬유상 형태를 가진 '규산염 광물류'이다. 구성성분에 따라 백석면, 갈석면, 청석면 등이 있으며 세계적으로 연간 400만톤이 생산되고, 이중 백석면이 95% 이상을 차지하고 있다. 최근 국내에서 가장 이슈가 되고 있는 환경보건 문제가 바로 석면으로 인한 건강피해이다. 우리나라에서 석면은 1960~1970년 주로 슬레이트[143)] 지붕, 칸막이(밤라이트), 천장재(텍스), 흡음판, 뿜칠재, 시멘트(내화재), 직물(방화재), 가스켓(단열재), 브레이크 라이닝(마찰재) 등 건축용도로 다량 사용되었다.

141) 환경부, 2008, 2차 국민 인체내 유해물질 실태조사 결과

142) 환경부, 2010, 제3차 유해화학물질관리 기본계획(2011~2015)

143) 점판암(粘板岩)은 점토가 굳어서 된 검은 빛깔의 치밀한 변성암이다. 간단히 슬레이트(slate)라고도 한다. 슬레이트 석판, 벼룻돌 등에 사용한다.

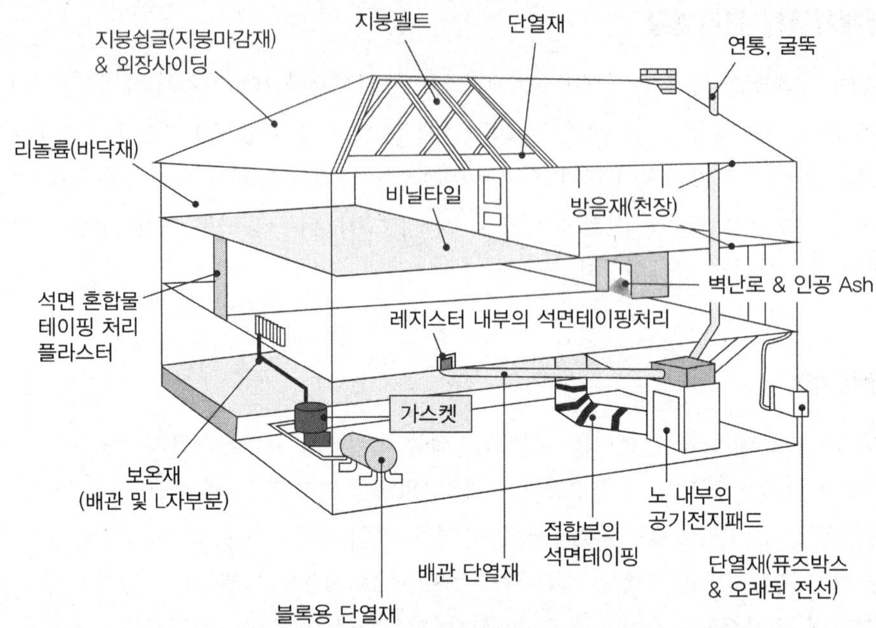

그림 7.15 건축물로부터 석면의 발생원

(자료 : 국가법령정보센터, 석면안전관리법; 생활법령정보시스템, 석면관리; 국립환경과학원, 2010, 석면함유 건축자재 비산방지 관리방안 연구)

2) 석면의 위해성과 피해사례

석면은 산업화 시대를 거치면서 편의성 때문에 다량 사용되었고, 30~40년이 지나면서 피해자들이 나타나게 된 것이다. 석면의 직경은 일반적으로 1~5μm로서 머리카락의 5천만 분의 1정도이며, 주로 호흡에 의하여 인체에 흡입되고 10~40년의 잠복기를 거쳐 악성중피종이나 폐암 등 악성질병을 유발하는 것으로 알려져 있다. 세계보건기구(WHO)에 따르면 세계적으로 1억 2천만명이 석면에 노출되어 있으며 연간 9만명이 석면에 기인한 질병으로 사망한다고 알려져 있다.[144)]

미국의 독성물질·질병등록청(ATSDR : Agency for Toxic Substances and Disease Registry)은 석면의 건강영향에 대한 많은 이슈들을 제시하였다.[145)] 첫째 석면의 종류에 상관없이 노출은 폐암, 중피종 등에 영향을 줄 수 있다. 둘째, 석면의 노출농도, 기간, 빈도 및 크기는 독성에 영향을 미친다. 셋째, 청석면, 트레몰라이트 석면, 액티노라이트 석면 같은 각섬석 계통은 같은 크기의 백석면보다 더 오랫동안 기관지 하부에 잔류하게 된다. 넷째, 폐

---

144) 한국법제연구원, 2008. 석면으로 인한 건강피해 구제를 위한 법제연구; 고용노동부, 2012, 석면업무 종사인력 교육기관의 운영 실태 및 개선방안 연구

145) 관계부처 합동, 2010, 석면관리 종합대책 세부추진계획

간질 섬유화는 콜라겐의 침착, 폐조직 경화, 가스교환능력 상실, 괴사 등과 관련이 있다. 다섯째, 석면폐와 폐암은 초기 노출 후 15년 이상의 잠복기를 가진다. 여섯째, 석면 노출 후 중피종의 진단은 대개 30년 이후에 이루어진다. 일곱째, 석면취급 근로자의 경우 가족 구성원과 석면광산 인근지역 주민은 직업적 노출 없이도 중피종이 나타날 수 있다. 일본에서는 2006년까지 중피종으로 1,050명이 사망하였는데, 1990년대까지만 해도 10명 내외였으나 2000년부터 가파르게 상승하였다.

우리나라의 석면 기준을 보면 직업적 노출인 경우에 0.1개/mL, 일반환경에서는 0.01개/mL로 되어있으며, 미국과 같은 선진국의 기준과 비슷하다. 이는 과거 역학조사 결과를 근거로 추정한 것이며, 노출기준 차이는 노출집단의 차이, 노출기간의 차이, 위해도를 결정하는 기준에 따라 달라질 수 있다.

표 7.38 석면관련 국내 주요부처별 관계법령 및 업무

구분	주요업무	관계법령	소관부처
수입 제조 사용	- 수입·사용·제조 등의 허가 - 석면사용 제동장치 장착 자동차 등록 규제 - 취급제한·금지물질의 지정	- 산업안전보건법 - 자동차관리법 - 유해화학물질관리법	고용노동부 국토교통부 환경부
건축물 이용	- 다중이용시설 공기질 관리 - 작업장 공기질 관리 - 학교의 환경위생(공기질)관리	- 다중이용시설 등의 실내 공기질 관리법 - 산업안전보건법 - 학교보건법	환경부 고용노동부 교육부
건축물 철거	- 건축물 해체·철거 - 석면함유 건축물의 해체·제거 등의 허가	- 건축법 - 산업안전보건법	국토교통부 고용노동부
폐석면 처리	- 폐기물의 분류 및 처리	- 폐기물관리법	환경부

나. 국내 석면관리 현황과 문제점

2009년 대부분의 용도로 석면이 사용 금지될 때까지 국내에서 사용된 석면의 총량은 약 200만톤으로 추정되고 있다. 국내 석면의 주 용도는 건축자재(82%), 자동차부품(11%), 섬유제품(5%), 기타(2%) 순으로 조사되었다. 석면함유 탈크(talc)로 인한 베이비파우더 석면 검출, 농어촌 슬레이트 지붕재의 부식·풍화 등에 의한 공기 중 석면비산 가능성 등의 문제가 대두됨에 따라 '취급제한·금지물질' 지정, '수입·사용금지' 및 '건축물 해체 작업에 따른 작업장 석면관리' 등의 조치를 취하여 석면의 사용·철거·폐기 등 석면 전과정 관리체계

를 구축하였다. 다만 소관부처가 표 7.38과 같이 대상별·장소별로 산재해 있으므로 이를 통합하는 기능을 강화할 필요가 있으며, 과거 사용된 석면에 대한 처리대책과 피해보상대책을 보다 구체화해야 한다.

다. 선진국의 석면 규제 및 관리 동향

1) EU

EU는 1999년부터 석면과 석면에 첨가된 제품의 유통·사용을 금지시켰다. 백석면의 경우 일부 대체재가 없는 경우에만 허용하였다. 네덜란드는 발암성을 이유로 청석면에 대한 사용을 1977년에 금지시켰고 1983년에 제품에 고정된 석면섬유를 제외한 백석면과 갈석면에 대한 사용도 전면 금지하였다.

표 7.39 외국의 석면관리 정책 및 내용

국가	법령	주요 내용
미국	연방유해대기물질 배출기준(NESHAP)	- 석면함유물질(ACM : Asbestos-Contain Materials)을 3단계로 구분하여 석면의 해체·보수시 준수절차 명시 등 석면비산 최소화, 환경기준(no-visible) 설정
	유해석면긴급대응법(AHERA)	- 학교의 안전을 위한 교내 석면함유물질의 조사 및 적절한 조치이행과 관련된 연방 차원의 규제 도입 - ACM 사용건물의 조사, 석면관리계획 수립 - 석면공사 시행시 통지, 책임자 지정 등
영국	석면금지법(APR)	- 석면 및 석면함유제품의 수입·제조·사용 금지 - 청석면·갈석면(1986), 백석면 등 5개 석면(1992), 각섬석계 석면(2003) 금지
일본	건축기준법/ 건축리사이클링법	- 석면건축자재의 사용금지(건축기준법) - 건축물의 해체작업시 석면 분리(건축리사이클링법)
	대기오염방지법/ 폐기물처리법	- 특정 건축재료·분진 배출시 방지시설설치(대기오염방지법) - 석면을 특별관리 산업폐기물로 처리(폐기물처리법)

(자료 : 관계부처 합동, 2010, 석면관리 종합대책 세부추진계획; 인천발전연구원, 2010, 석면안전관리법 시행에 대비한 폐석면 관리방안)

2) 미국

미국에서는 석면위험 긴급 대응법을 1986년에 제정하여 공공 또는 상업용 빌딩에서 석면에 의한 건강위험 정도를 조사할 의무를 부여하였다. 연방대기법(clean air act)에서는 1% 이상의 석면을 함유하는 석면함유물질을 규제하고 있으며, 독성물질관리법(toxic substances control act)에서는 석면제품의 제조·수입·처리·공급 및 판매의 단계적 금지규정을 제정하여 관리하고 있다. EPA의 석면유해비상대응법(AHERA : Asbestos Hazard Emergency Response Act)과 석면의 건축 기준을 통해 학교, 공공건물, 상업용 빌딩 등의 석면조사·측정, 관리에 대하여 엄격한 기준을 적용하고 있다.

3) 일본

일본은 2006년 9월부터 중량 0.1% 이상을 함유한 석면 제품의 제조·수입, 양도, 제공을 전면 금지하였다. 2006년에는 석면에 의한 건강피해자 구제를 위한 법률이 공포되어, 노동재해 보상제도에서 보상받지 못하는 석면피해자의 구제 방안을 마련하였다. 2006년 건축법에서 건축물 관리를 위한 '석면 안정화제 인증제'를 도입, 건축물에 사용된 석면재질의 비산을 관리하고 있다.

라. 석면 관리대책

1) 석면관리 종합대책의 수립배경

우리나라는 1970~1980년대에는 건축물 보온재, 내화재 등 건축자재로 석면원료가 약 80% 이상 사용됨에 따라 석면이 함유된 건축물의 안전한 관리와 철거 문제가 가장 큰 이슈로 대두되고 있다. 1970년대 주거환경개선사업의 일환으로 농가 지붕재에 다량 사용된 석면 슬레이트가 노후화되어 석면비산에 인한 주민들의 건강피해가 우려된다. 이러한 시대적 여건에 따라 2000년대 들어 정부도 석면의 위해성으로부터 국민 건강을 보호하기 위한 대책을 마련하게 되었다. 2007년에는 환경부, 고용노동부, 교육부 등 관계부처 합동으로 "석면관리 종합대책"을 수립하고 근거 법령을 제정하게 된다.

2) 석면관리 종합대책 추진

정부는 석면에 대한 국민의 막연한 불안감을 해소하고 석면의 사용부터 폐기까지 전과정에 걸친 안전관리체계를 구축한다는 목표아래 관계부처 합동으로 2007년 7월에 "석면관리 종합대책"을 수립하였다.[146] 주요 내용으로 공공건물, 농가, 다중이용시설의 석면실태조사와 폐석면 처리대책, 석면광산 및 석면공장 인근주민 건강영향조사 등을 포함하고 있다. 대책 수립 이후에도 석면광산 인근주민 건강영향 조사(2008), 베이비파우더 석면함유 탱크사용(2009.4), 재개발·재건축지역 석면비산(2009.9) 문제 등 석면으로 인한 다양한 사회문제가 계속되자 기존 "석면관리 종합대책"을 2009년 7월에 보완하여 발표하게 된다.

146) 관계부처 합동, 2010, 석면관리 종합대책 세부추진계획

석면 종합대책은 크게 석면의 원천적 차단, 건축물의 전생애 석면 안전·관리체계 구축, 석면광산 및 자연발생 석면 관리, 석면 건강피해 관리·구제 등으로 구분된다.

표 7.40 국내 석면관리 정책 및 내용

세부 중점대책	주요내용
석면의 원천적 차단	- 석면함유제품 제조·수입·유통 관리 강화 - 의약품·화장품용 탈크 석면불검출 기준 마련 및 수입·유통 단계 검사 강화 - 공업용 탈크 석면기준 마련 및 수입·제조 관리 - 비의도적인 석면함유 가능물질 석면오염 차단
건축물 전생애 석면 안전관리체계 구축	- 학교, 군부대시설, 공공건물, 다중이용시설 실태조사 - 관리기준 마련 및 시설별 석면관리 매뉴얼 개발·보급 - 석면지도 DB화 및 건축물 석면정보 통합관리시스템을 구축, 석면정보 이력 관리 및 교차 점검(cross check)을 통한 관리 강화 - 축물 철거·멸실 단계 석면 확인 강화 - 건축물 석면 해체·제거 시 주변 환경으로 석면 비산 방지 - 석면 해체·제거 작업 안전관리 기반 확충 - 폐석면 추적·관리 강화 및 처리기준 개선 - 농어촌 슬레이트 철거·처리 지원방안 강구
석면광산 및 자연발생석면 관리	- 석면광산 및 석면함유 가능물질 광산 조사 및 위해성 평가 - 석면광산 및 주변 지역 광해방지사업 - 자연발생 석면(NOA)지역 조사 및 피해 예방체계 구축 - 석면 피해 사전 예방을 위해 토지 이용·개발 및 토석 채취 인·허가 시 석면 관련 환경성평가 강화
석면 건강피해 관리 및 구제	- 석면 광산·공장, 재개발지역 등 피해우려지역 건강영향조사 확대 - 석면질환 판정지침서 개발, 석면질환 진단·감시체계 구축 - 석면건강피해 구제방안 마련
척면 위해도 정보공개 및 홍보	- 석면 대국민 인식도 조사 및 석면관련 정보 공개 - 수요자별 대응요령 프로그램 개발·홍보 - 석면상담센터 운영 활성화 및 석면관련 국제협력 강화

(자료 : 관계부처 합동, 2010, 석면관리 종합대책 세부추진계획)

3) "석면피해구제법" 제정(2010.3) 및 시행(2011.1)

과거 국내에 석면 수입이 집중된 시점(1970~1980년대)과 잠복기를 고려할 때 향후 석면 관련 질병이 점차 증가할 것으로 예상된다. 석면광산·공장 인근지역 주민이나 석면광산 근무자 등 특별한 부주의나 과실이 없음에도 건강피해를 입은 국민에 대하여 피해보상의 필요성이 제기되었다.

예로서 대전시에서 2010년 시행한 '폐쇄된 석면공장, 광산 인근 주민의 건강영향조사' 결과 과거 석면제품 생산공장의 1km 이내에서 10년 이상 거주한자 중에 총 17명의 질환 의

심환자가 나타났다.[147] 환경부에서는 석면피해구제법을 2010년에 제정하여 석면으로 인한 피해자가 있을 경우 석면건강피해 인정절차를 거쳐 건강피해자와 유족에게 구제급여를 지급하게 되었다. 기초적인 피해주제 절차가 마련된 것으로 앞으로 피해상황에 따라 범위와 보상규모를 조정해야 할 것이다.

표 7.41 석면피해구제기금 구제급여 지급현황 (단위 : 백만원, 명)

구 분	총 계		2011년도		2012년도		2013년도	
	금 액	인원수	금 액	인원수	금 액	인원수	금 액	인원수
계	16,452	1,106	2,172	326	7,246	866	7,034	1,025
요양급여	109	632	36	232(58)	47	428(86)	26	550(60)
요양생활수당	4,190		813		1,756		1,621	
특별유족조위금 및 특별장의비	9,763	456	846	87	4,285	422	4,632	455
구제급여조정금	2,141	106 (88)	425	19 (12)	1,041	53 (37)	675	36 (16)
장의비	205		35		98		72	
석면피해검사비용	44	(263)	17	(118)	19	(103)	8	(42)

※ 총계 인원수는 인정자 대비 실제 지급된 인원수임.

4) "석면안전관리법"의 제정(2011.4)

2008년부터 2010년까지 전국 공공건물 및 다중이용시설에 대해 석면 또는 석면함유물질의 사용 실태를 표본 조사한 결과, 공공건물은 전체 424곳 중 79%인 335곳, 다중이용시설은 전체 313곳 중 48.9%인 153곳에서 석면사용이 확인되었다. 또한 건축물의 해체·제거 작업장, 건설폐기물 처리장, 지정폐기물 처리장 및 재개발·재건축 현장 등 4개 시설군 122개 작업장의 주변 대기 중의 석면농도 모니터링을 2009년~2010년간 실시한 결과 15.6%인 18개소에서 실내 공기질 권고기준(0.01/cc)을 초과한 것으로 나타났다.

이러한 실태조사 결과를 바탕으로 자연발생 석면과 석면함유 가능물질에 대한 효율적인 관리를 도모하고 기존의 석면관리 사각지대를 보완하기 위해 2011년에 "석면안전관리법"을 제정하였다. 이 법에는 자연발생석면 관리, 석면 함유가능물질 관리, 사용중인 건축물의 석면조사, 사업장 주변의 석면배출허용기준 등을 담고 있다.

147) 환경부 국립환경과학원, 2009, 석면 공장·광산 등의 인근 주민의 석면노출로 인한 건강영향 조사 기초연구

5) 슬레이트 관리대책

슬레이트는 대표적으로 석면 함량(10～15%)이 높은 건축자재로 우리나라에서는 1970년대에 다량으로 사용되었다. 주택용 슬레이트 지붕이 노후되어 석면의 비산으로 인한 건강위해 가능성이 매우 높은 실정이다. 정부는 "슬레이트 관리 종합대책(2011～2021)"을 수립하여 2011년도에 철거시범사업으로 110개 시·군·구에 2,500여 영세 농어촌 주택의 슬레이트 철거·처리 비용을 지원하였으며 연차별로 확대한다는 계획이다.[148)]

148) 환경부, 2011, 국민건강 보호 및 주거환경 개선을 위한 슬레이트 관리종합대책(2011～2021)

참고문헌

- 강창근, 이승환, 김의경, 2006, *내분비계 장애물질*, 대한의사협회지, 359-368
- 관계부처 합동 2011, *국가화학물질관리 기본계획(2011~2020)*
- 고상백, 2012, *환경성질환(environmental disease), J Korean Med Assoc March*, 55(3), 212-213
- 국가환경기술정보센터, *어린이 건강보호를 위한 환경보건정책*
- 국립독성과학원, 2007, *내분비계장애물질 연구보고서*
- 국립환경과학원, 2012, *수은의 인체노출 저감대책 연구, 수은노출에 의한 위해도 저감방안 및 심화연구 방향 도출*
- 국립환경과학원, 2010, *석면함유 건축자재 비산방지 관리방안 연구 연구보고서*
- 국립환경과학원, 2011, *환경오염 민감계층의 건강영향조사평가 및 개선방안 연구*
- 국립환경과학원, 2009, *석면 공장·광산 등의 인근 주민의 석면노출로 인한 건강영향 조사 기초연구보고서*
- 국립환경과학원, 2008, *제3차 국민 생체시료 중 유해물질 실태조사*
- 국립환경과학원, 2009, *환경성질환의 이해와 국내 동향*
- 국립환경과학원, 2011, *환경오염 민감계층의 건강영향조사 평가 및 개선방안 연구*
- 리치(REACH) 기업지원센터, 2007, *EU의 신화학물질 관리제도 REACH 법령집*
- 박종안, 2007, *환경보건학*, 동화기술
- 서울대보건대학원, 2005, *천식의 사회적 비용과 환자의 생활에 미치는 영향*, 11월호, 한국천식알레기협회
- 소아알레르기호흡기학회, 2007, *아토피피부염의 유병률 조사*
- 신용승, 2009, *통합환경관리를 위한 매체 통합적 위해성 평가의 필요성 및 현황, 환경법과 정책*, 제 2권, 145-166
- 한국환경공단, 2009, *잔류성유기오염물질 배출량 보고서*
- 한국환경정책평가연구원, 2012, *국가 환경보건지표로서 환경성질병부담 도입방안*
- 환경독성보건학회, 2011, *민감계층 유해물질 노출 권고수준 도입방안 마련 연구*
- 환경부, 2008, *(구)장항제련소 주변지역 주민건강영향조사 결과*
- 환경부, 2010, *과불화합물의 환경 중 배출량 추정연구*
- 환경부, 2011, *환경보건종합계획(2011~2020)*
- 환경부, 2006, *국민 건강보호에 기반한 통합 위해성 관리 연구*
- 환경부, 2010, *환경유해인자의 위해성평가 및 인프라 구축 연구*
- 환경부, 2011, *건강영향평가 운영실태 및 개선방향 연구*
- 환경부, 2013, *화학물질 위해성 관리방안 연구*
- 환경부, 2013, *환경보건 주요 통계자료*
- 환경부, 2008, *화학물질관리를 위한 전략적 접근(SAICM) 이행방안 마련 연구*

- 환경부, 2010, *수은관리 종합대책(2011 ~2015)*
- 환경부, 2011, *국민건강 보호 및 주거환경 개선을 위한-슬레이트관리종합대책 (2011 ~ 2021)*
- Agency for Toxic Substances & Disease Registry(ATSDR). 1999, *Toxicological profile for mercury,* U.S. Department of health and human services.
- Australian Government, Department of Health and Ageing, *National Industrial Chemicals Notification and Assessment Scheme (NICNAS)*, http://www.nicnas.gov.au/chemical-information/new-chemical-assessments.
- Caldwell, K, L, Mortensen, M. E, Jones, R. L, Caudill, S. P, Osterloh, J. D. 2009, *Total blood mercury concentrations in the US population: 1999-2006*. Int J Hyg Environ Health, 212, 588-598
- EU 집행위원회, 2008, *EU 탄화플루오르옥탄술폰산(PFOS) 함유제품 규제(Directive 2006/122/EC amending for the 30th time Council Directive 76/769/EEC)*
- Government of Canada, Chemical Substances, *The Significant New Activity (SNAc) Approach*, www.chemicalsubstanceschimiques.gc.ca
- Koren, Herman, 2003, *Handbook of environmental health. 2, Pollutant interactions in air, water, and soil*, Lewis Pub
- Koren, Herman, 2003, *Handbook of environmental health. 1, Biological, chemical, and physical agents of environmental related disease,* Lewis Pub
- MacArthur, I. and Bonnefoy, X., 1998, Environmental Health Services in Europe 2 - Policy Options. *WHO Regional Publications, European Series No. 77*, WHO Regional Office for Europe, Copenhagen
- Sue Burke, Ian Gray, Karen Paterson and Dr Jane Meyrick, 2002, *Environmental Health 2012: A key partner in delivering the public health agenda*, Health Development Agency, London
- OECD, 2008, *Policy Brief 「Health and the Environment」 and OECD Environmental Outlook to 2030*
- UNEP, 2012, *Geneva. 'Outcomes of the 4th session of the Intergovernmental Negotiating Committee to prepare a global legally binding instrument on mercury'*
- WHO homepage, 2013, *Public health and environment health topics*
- WHO/HEI Workshop, 2002, *Exposure assessment in studies on the chronic effects of long-term exposure to air pollution*. WHO Regional Office for Europe
- WHO Europe, 2003, *Health aspects of air pollution with particulate matter, ozone and nitrogen dioxide. Report on a WHO working group. Document EUR/03/5042688*. Copenhagen: WHO Regional Office for Europe

CHAPTER 8

생활환경 관리정책

8.1 실내공기질 관리

8.1.1 실내공기질 발생원과 인체영향

가. 실내공기질 문제

실내에서 많은 시간을 보내는 생활방식, 유해물질을 함유한 각종 건축자재 및 기기들의 사용, 밀폐된 거주공간 등의 생활여건으로 현대인은 다양한 실내오염물질에 노출되어 건강피해가 우려된다. 실내공기오염은 주택, 사무실, 지하역사, 병원, 교통수단 등 다양한 장소에서 발생할 수 있으며 오염물질이 지속적으로 배출되는 밀폐된 공간에서는 고농도로 축적되는 특징이 있다. 실내오염물질의 발생원은 건축자재 및 마감재, 냉난방 장치, 사무기기 등 다양하다. 특히 접착제, 합성수지 등의 건축자재와 각종 생활용품에 화학물질 사용량이 증가하고 있으며, 제품 품질과 기능성 향상을 위한 복합 화학물질 사용도 확대되고 있어 이들 물질로 인한 실내공기 오염 가능성도 증가하고 있다.

표 8.1 용도별 화학물질 사용량 추이 (단위 : 천톤)

용도	2002	2006	증가율(%)
접착제	474	1,474	211
내화/방염/난연제	234	866	269
안료/도료/잉크·첨가제	569	2,025	256
세제/살균·소독제	1,309	2,150	64
합성수지	4,065	8,488	109

(자료 : 경기개발연구원, 2007, 다중이용시설 실내공기질 관리방안)

나. 실내공기질의 오염원

실내공기질에 영향을 미치는 요소는 온·습도나 풍속과 같은 물리적 요소와 미세먼지, 일산화탄소, 이산화탄소, 질소산화물과 같은 화학적 요소, 세균, 바이러스, 벌레 같은 생물학적 요소가 있다. 이 중에서 화학적 요소와 생물학적 요소가 실내공기질에 주로 영향을 주는 오염물질이라 할 수 있다. 실내공기 오염물질은 크게 가스상과 입자상 오염물질로 분류될 수 있으며, 이는 다시 그림 8.1과 같이 세분할 수 있다.

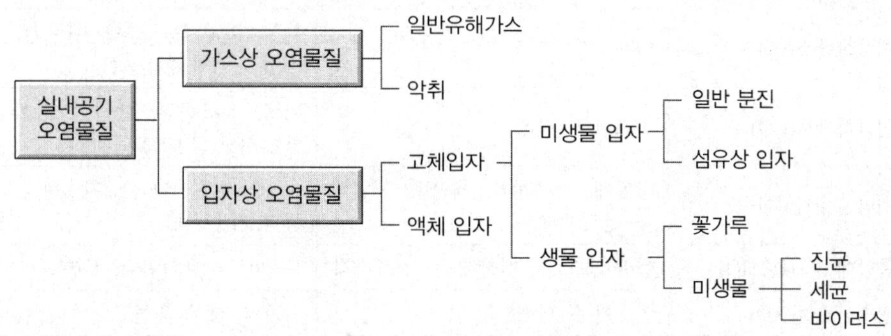

그림 8.1 실내공기 오염물질의 분류

(자료 : 한국환경공단, 2011, 다중이용시설의 저탄소형 실내공기질 관리지침)

다. 실내공기 오염의 영향

표 8.2와 8.3은 대표적인 가스상, 입자상 오염물질의 발생원과 건강에 미치는 영향을 나타내었다. 인간의 1일 물질 섭취량중 공기가 79%로 대부분을 차지하고, 이중 실내공기의 비율이 80~90%를 차지한다. 다중이용시설에서 주로 문제가 되는 물질은 외부공기와 인체활동으로 발생하는 미세먼지, 도로의 자동차 매연에 포함되어 있는 NOx 및 CO, 인체호흡에서 발생하는 CO_2 등이다. 실내오염 물질이 실외오염 물질보다 인체의 폐에 전달될 확률은 1,000배 높다는 WHO의 연구결과도 있다. 미국 EPA는 레르겐(allergens), 집먼지 진드기(dust mites), 동물털(animal dander), 바퀴벌레, 곰팡이(mold), 꽃가루(pollen) 등과 자극제(irritants), 간접 흡연(second hand smoke), 연소산화물(NO_2) 등이 실내 환경에서의 중요한 호흡기계 질환 유발요인이라고 발표하였다.

특히 지하상가에서는 각종 건물 및 도로의 공사현장, 자동차 매연 등에 의해 오염된 외부공기가 유입·축적되고 이용객들의 활동, 건물외피의 습기, 환기설비 계통의 먼지, 부족한 환기량, 부적절한 공기여과 등으로 실내공기 오염이 쉽게 진행되므로 세심한 관리가 요구된다.

표 8.2 가스상 오염물질의 발생원 및 인체영향

오염물질	주요 발생원	인체 영향
이산화탄소(CO_2)	인체, 연소기구	두통, 어지러움(고농도가 아닐 경우 직접적 영향 없음)
일산화탄소(CO)	연소기구, 담배	피로, 호흡곤란, 판단력 상실(저농도), 사망(고농도)
휘발성유기화합물	방향제, 스프레이, 페인트, 단열재 등 건축자재	눈·목·호흡기자극, 두통, 신경·생리학적 기능장해
폼알데히드(HCHO)	합판, 보드류, 접착제 등 건축자재	눈·피부·점막 자극, 두통
질소산화물(NOx)	연소기구, 담배	기관지, 폐에 위험
이산화황(SO_2)	연소기구	눈, 피부, 점막에 자극
오존(O_3)	건식복사기	눈, 피부, 점막, 기도에 자극
라돈(Rn)	토양, 지하수, 석재	폐암 유발
악취	인체, 조리, 담배 외	불쾌감

(자료 : 한국환경공단, 2011, 다중이용시설의 저탄소형 실내공기질 관리지침)

표 8.3 입자상 오염물질의 발생원 및 인체영향

오염물질	주요 발생원	인체 영향
미세먼지	신발, 외기, 의복, 침구, 식품	알레르기 반응
담배연기	흡연	폐암 등
세균	인체, 외기	병원성이 있을 수 있음
진균(곰팡이)	건축자재, 외기	알레르기 반응
꽃가루	외기	알레르기 반응
석면	단열재, 내화피복재	폐암, 악성종피종, 기타

(자료 : 한국환경공단, 2011, 다중이용시설의 저탄소형 실내공기질 관리지침)

8.1.2 실내공기질 노출농도

세계보건기구는 공기오염으로 인한 사망자수가 연간 최대 600만 명에 달하고, 실내공기오염에 의한 사망자수는 280만 명에 이르는 것으로 추정하고 있다. 실내오염도를 20% 줄이면 급성 기관지질환에 의한 사망률을 4~8% 줄일 수 있는 것으로 보고된 바 있다. 우리나라에서 2009년도에 전국 9,213개 다중이용시설에 대한 실내공기질 관리실태를 점검한 결

과, 81개 시설에서 실내공기질 관리 기준을 위반하였다. 이 중 오염도검사를 실시한 1,514개 시설 중 3.4%인 52개 시설이 실내공기질 유지기준을 초과하였다.1) 2012년에 21개 시설군, 14,483개소의 다중이용시설을 조사한 결과, 오염물질별로 미세먼지는 PC방, 지하역사 순으로, 이산화탄소는 전시시설, 학원 순으로, 포름알데히드는 박물관, 산후조리원 순으로, 총부유세균은 어린이집, 의료기관 순으로 높게 나타났다.2)

8.1.3 실내공기질 규제

국내 실내공기질 관리는 참고자료 8.1과 같이 환경부, 보건복지부, 교육부와 고용노동부 4개 부처의 소관 법령에 따라 서로 다른 항목과 기준으로 관리하고 있다. 단일 법령으로 통합적으로 관리할 필요가 크다.

참고자료 8.1 부처별 실내공기질 관리기준 및 현황

실내공기질 관리현황

- 실내공기질 관리에 관한 업무가 4개 부처의 소관 법령에 따라 서로 다른 항목, 다른 기준으로 관리되고 있음

구 분	환경부	보건복지부	교육부	고용노동부
대 상	다중이용시설 (지하역사, 어린이집 등 21개 시설군)	공중이용시설 (업무시설*, 공연장, 예식장, 실내체육시설 등)	학교	사무실
법 률	다중이용시설 등의 실내공기질관리법	공중위생관리법	학교보건법	산업안전 보건법
기 준	10개 항목**	4개 항목	12개 항목, 환기량, 온·습도	9개 항목, 환기량, 환기횟수

* 공공·일반 업무시설로 구분되며 청사, 금융업소, 신문사, 오피스텔 등이 해당

** (유지기준 항목) 미세먼지, 이산화탄소, 포름알데히드, 총부유세균, 일산화탄소

(권고기준 항목) 이산화질소, 라돈, 총휘발성유기화합물, 석면, 오존

1) 환경부, 2010, 다중이용시설 실내공기질 점검결과

2) 환경부, 2013, 다중이용시설 실내공기질 점검결과

부처별 실내공기질 관리기준 세부내역

구 분	환경부	보건복지부	교육부	고용노동부
미세먼지($\mu g/m^3$)	100~200	150	100	150
이산화탄소(ppm)	1,000	1,000	1,000	1,000
포름알데히드($\mu g/m^3$)	100	120	100	120
총부유세균(CFU/m^3)	800	-	800	800
일산화탄소(ppm)	10~25	25	10	10
이산화질소(ppm)	0.05~0.3	-	0.05	0.05
라돈(Bq/m^3)	148	-	148	-
휘발성유기화합물($\mu g/m^3$)	400~1,000	-	400	500
석면(개/cc)	0.01	-	0.01	0.01
오존(ppm)	0.06~0.08	-	0.06	0.06
낙하세균(CFU/실당)	-	-	10	-
진드기(마리/m^2)	-	-	100	-

※ 실내주차장(주차장법, 국토교통부) : CO 관리기준 50ppm. 단, 다중법 적용대상 시설 제외

(자료 : 환경부, 2013, 환경보건 주요 통계)

환경부는 1996년 "지하생활공간 공기질관리법"을 제정하여 지하역사, 지하도상가를 대상으로 7개 오염물질에 대한 기준을 설정하고 실내공기질 관리기준을 제시하였다. 이 법은 2003년 5월 "다중이용시설 등의 실내공기질 관리법"으로 개정되었으며, 적용 대상도 종전의 지하역사, 지하도상가의 2개 시설군에서 도서관, 의료기관, 찜질방, 대규모점포 등 15개 시설군을 추가하여 17개 시설 군으로 확대하였다. 또한 관리대상 오염물질도 10개 항목으로 확대하고, 오염물질에 따라 유지기준과 권고기준으로 나누어 적용대상 건물은 이 기준을 의무적으로 준수하도록 규정하였다. 실내공기질 오염물질 중 미세먼지(PM_{10}), 이산화탄소(CO_2), 포름알데히드(HCHO), 총부유세균, 일산화탄소(CO) 등 5개 물질에 대해서는 유지기준을 설정하고 위반시 제재 조치를 취한다.

포름알데히드, 총휘발성 유기화합물 등의 오염물질을 기준치 이상 방출하는 건축자재를 선정하고, 다중이용시설에 사용하는 것을 금지하고 있다. 다중이용시설의 관리책임자는 유지기준 오염물질은 연 1회, 권고기준 오염물질은 2년에 1회를 측정하도록 하였다. 또한, 100세대 이상 신축 공동주택의 시공자는 주민입주 전에 실내공기질을 측정하여, 그 결과를 공지하도록 의무화하고 있다. 다중이용시설의 소유자들에 대해 실내공기질 관리에 관한 교

육을 받도록 의무화하였으며, 다중이용시설을 설치하는 자는 제시된 기준에 적합한 환기설비를 설치하도록 의무화하고 있다.

표 8.4 실내공기질 관리 기준(환경부, 다중이용시설 등의 실내공기질관리법)

<table>
<tr><th>오염항목</th><th colspan="5">실내공기질 유지기준</th><th colspan="5">실내공기질 권고기준</th></tr>
<tr><td>다중이용시설</td><td>PM_{10} ($\mu g/m^3$)</td><td>CO_2 (ppm)</td><td>HCHO ($\mu g/m^3$)</td><td>총부유세균 (CFU/m^3)</td><td>CO (ppm)</td><td>NO_2 (ppm)</td><td>Rn (pCi/l)</td><td>VOC ($\mu g/m^3$)</td><td>석면 (개/cc)</td><td>오존 (ppm)</td></tr>
<tr><td>지하역사, 지하도상가, 여객 자동차 터미널의 대합실, 철도 역사의 대합실, 공항시설 중 여객터미널, 항만 시설 중 대합실, 도서관, 박물관, 미술관, 장례식장, 목욕장, 대규모점포</td><td>150 이하</td><td rowspan="3">1,000 이하</td><td rowspan="3">100 이하</td><td>-</td><td rowspan="2">10 이하</td><td rowspan="2">0.05 이하</td><td rowspan="3">4.0 이하</td><td>500 이하</td><td rowspan="3">0.01 이하</td><td rowspan="2">0.06 이하</td></tr>
<tr><td>의료기관, 보육시설, 노인의료시설, 산후조리원</td><td>100 이하</td><td>800 이하</td><td>400 이하</td></tr>
<tr><td>실내주차장</td><td>200 이하</td><td>-</td><td>25 이하</td><td>0.3 이하</td><td>1,000 이하</td><td>0.08 이하</td></tr>
</table>

※ 공기질 유지기준을 지키지 아니한 경우 1천만원 이하의 과태료 부과

최근 에너지 절약 때문에 건물이 밀폐되고 다양한 기술을 적용한 새로운 건축자재가 사용되고 있는데, 이로 인하여 실내공기질의 문제가 더욱 심각해질 우려가 크다. 특히 신규건축물에서 거주하는 유아나 노인과 같이 환경에 민감한 계층의 경우 포름알데히드와 휘발성 유기화합물(VOCs)이 눈, 코, 목의 점막을 자극하거나 현기증, 구토, 두통을 유발시키며, 심한 경우 아토피성 피부염이나 천식을 유발하게 된다. 실내에서 포름알데히드(HCHO)의 발생원은 건축자재, 가구, 가정용품, 흡연 및 난방기구 등이다.

VOCs는 합판, 벽지 등의 건축내장재와 건축 시공시에 사용되는 접착제, 커튼이나 카페트, 가구와 같은 일상생활용품, 살충제, 흡연에 주로 기인하는 것으로 알려져 있다. 정부는 2003년부터 신축공동주택에 대해서는 포름알데히드 및 벤젠을 비롯한 여섯 종류의 VOCs에 대한 측정 및 공고를 의무화하였다. 신축 공동주택은 아파트, 연립주택 및 기숙사로 100세대 이상의 규모를 갖는 시설을 말하며 관련 기준은 표 8.5와 같다.

표 8.5 신축 공동주택 실내공기질 기준

오염물질	포름알데히드	벤젠	톨루엔	자일렌	에틸벤젠	스텔렌
권고기준(μg/L)	201	30	1,000	700	360	360

공동주택 실내공기 중 포름알데히드 농도는 입주 후에 오히려 증가하기 때문에 내장 가구류의 원자재인 파티클보드 등의 포름알데히드 저감 대책이 필요하다. 이러한 목질판상제품(wood based pannel)의 오염물질 방출량은 KS마크 등급표시와 환경마크제를 통해 간접적으로 관리하고 있다. 목질판상제품의 포름알데히드 KS 방출기준은 표 8.6과 같다. 그러나 인증제도만으로는 한계가 있기 때문에 포름알데히드 방출량에 대한 강제규제 방안을 검토할 필요가 있다.3)

표 8.6 폼알데하이드 KS 방출기준

제품군	등급/종류	포름알데히드 방출량(mg/L)	
		평균값	최대값
보통합판, 섬유판, 파티클보드 특수가공 치장합판, 천연무늬 치장합판, 천연무늬목 치장마루판, 치장목질 마루판	SE0	0.3	0.4
	E0	0.5	0.7
	E1	1.5	2.1
중밀도 섬유판 문틀재	RF형/DF형	1.5	2.1

(자료 : 환경부, 2011, 목질판상제품 방출 포름알데히드 세부 관리방안 연구)

표 8.7 환경마크 기준

제품군	포름알데히드(mg/m^2·h)	VOC(mg/m^2·h)	톨루엔(mg/m^2·h)
파티클보드, 섬유판 등	0.12	0.4	0.080

포름알데히드가 발암물질로 분류(2006년, 국제암연구소) 됨에 따라 국제적으로 목질판상제품의 관리를 강화하는 추세이다. 일본은 포름알데히드 기준(1.5mg/L)을 초과하는 제품은 사용을 제한하고, 0.3～1.5mg/L를 방출하는 제품은 사용면적을 제한하고 있다. 대만은 2007년부터 기준(1.5mg/L)을 초과하는 합판 등의 제조·수입을 금지하고 있다. 미국 캘리포니아 주정부는 2007년 합판, 파티클보드, 섬유판에 대한 포름알데히드 방출기준을 마련하여 2009년부터 제조·판매·수입을 금지하고 있다.

3) 환경부, 2011, 목질판상제품 방출 포름알데히드 세부 관리방안 연구

8.1.4 선진국의 실내공기질 규제와 관리대책

선진국들은 대부분 자국내 거주형태 및 생활여건에 따라 실내 공기질의 환경기준을 제정하여 규제하고 있다. 국가별 실내공기질 기준은 표 8.8과 같다.

표 8.8 세계 주요 국가의 실내공기환경 기준

오염물질	실내공기환경기준
일산화탄소 (CO)	10ppm(일본 건축기준법, 빌딩위생관리법) 20ppm(일본 학교위생관리기준) 8.6ppm(WHO 유럽 8시간 평균) 25ppm(WHO 유럽 1시간 평균) 51ppm(WHO 유럽 30분 평균) 86ppm(WHO 유럽 15분 평균)
포름알데히드 (HCHO)	0.1ppm(ASHRAE) 0.08ppm(WHO 유럽) 0.1ppm(스웨덴, 신축주거용 건물)
이산화질소 (NO_2)	0.21ppm(WHO 유럽 1시간 평균) 0.075ppm(WHO 유럽 24시간 평균)
오존 (O_3)	0.055(ACGIH 8시간 평균) 0.03ppm(뉴질랜드 8시간 평균) 0.08ppm(WHO 유럽 8시간 평균) 0.1ppm(WHO 유럽 1시간 평균)
라돈 (radon)	4pCi/mL(EPA, 주택) 2.7pCi/mL(WHO) 2.9pCi/mL(스웨덴, 주택)
이산화황 (SO_2)	0.12ppm(WHO, STEL, 1시간 평균) 0.18ppm(WHO, STEL 15분 평균)
부유분진	0.15mg/m^3(일본 빌딩위생관리기준) 0.12mg/m^3(WHO 8시간 평균)
이산화탄소 (CO_2)	1,000ppm(일본 빌딩위생관리기준) 920ppm(WHO 유럽) 1,000ppm(ASHRAE)
휘발성유기물 (VOCs)	0.2～0.6mg/m^3(핀란드 FISLAQ)

(자료 : 대한건축학회, 1998, 최근 실내공기환경기준의 국제 연구동향, 21세기 실내공기질 세미나)

가. 미국

미국은 다양한 실내공간을 관리하기 위하여 작업장 환경에 대한 실내오염물질 가이드라인을 제시하고 있다. 직업안전위생국(OSHA)[4]은 작업장 공기오염을 기준으로 설정하였고, ASHRAE에서는 환기 및 공기질과 관련한 자발적인 기준을 설정하였다.[5] 미국 EPA에서는 30여년 전부터 실내공기질에 대한 가이드라인을 제시하고 있으며, 사용자 맞춤식 교육용 프로그램도 제공하고 있다. EPA에서 개발한 'Building Air Quality'는 실내공기질 관리를 위한 가이드라인으로 건물의 실내공기질에 영향을 미치는 실내오염원, 냉난방 및 환기시스템(HVAC : Heating, Ventilation & Air Conditioning)의 설계와 운전, 오염경로, 거주자 등의 요인들과 실내공기오염을 사전에 예방하기 위한 실내공기질 프로파일(IAQ profile) 작성, 건물 관리계획을 포함하고 있다. 이러한 가이드라인은 건축허가 절차 등에서 검토되기 때문에 실질적인 규제효력을 갖고 있다.

EPA에서 개발한 'Indoor Air Quality Tools for School Kit'는 학교 건물의 실내 공기질을 개선하기 위해 제작된 가이드라인으로 학교 내 유해물질 노출로 인한 학생들의 건강 피해를 최소화 하기 위해 제시되었다.[6]

나. 캐나다

캐나다에서 실내공기오염은 보건부, 환경부, 노동부, 지방정부 등이 상호 협력하여 작업장 및 주거지의 실내공기질 관리지침을 정하고 이에 따라 관리하고 있다. 관리대상 오염물질은 크게 비발암물질과 발암물질로 나누고, 그밖에 생물학적인 오염원과 먼지, 담배연기 등을 포함하여 물질별로 권고기준을 두고 있다. 특히, 역학조사와 임상실험, 동물실험에 대한 연구·평가에 기초하여 기준치를 설정하여 관리하기 때문에 각 항목의 설정 근거가 매우 과학적이다.

다. 일본

실내공기질은 국토교통성, 환경성, 후생노동성이 관리하고 있다. 국토교통성의 실내공기 관련 부서로 주택국과 사회자본정비심의회가 있으며 주택의 실내공기오염 관련 성능표시제도를 강화하여 주택품질 향상을 유도한다. 후생노동성은 실내공기오염물질에 대한 제도를

4) American Society of Heating, Refrigerating, and Air-conditioning Engineers

5) US Green Building Council, 2009, LEED 2009 for Existing Buildings Operation and Maintenance.

6) US Environmental Protection Agency, 2009, Indoor air PLUS Instruction Specification.

주관하고 있으며 최근에는 VOCs에 대한 개별적인 지침, 오염물질 채취방법, 측정 매뉴얼에 대한 연구를 진행하고 있다.

라. 유럽연합

유럽은 ECA라고 하는 유럽공동연구를 조직하여 실내공기오염 문제에 적극적으로 관여하고 있으며, 연구 결과는 유럽규격(EN) 및 국제표준규격(ISO)에 반영되어 있다. 독일의 경우 실내공기질 관리는 환경부, 보건부, 경제부, 건설노동사회부, 과학기술부 등이 관련되어 있으며 부처 간에 협조채널(Working Group)이 결성되어 있다. 영국은 환경부와 건설교통부가 통합된 환경건설교통부에서 실내오염 측정 및 감시, 연구 등을 총괄하고 있다.

표 8.9 실내공기질 종합대책 핵심과제

추진전략	추진과제
오염원 관리 확대	- 목질판상제품 관리 추진 - 친환경적인 건축자재 관리체계 구축 - 실내공기 친화적인 생활용품 관리 - 방향제·살충제 관리 - 오염원의 실내공기 영향 평가·예측기법 개발
실내공기질 관리 선진화	- 관리대상 확대 및 실내공기질 기준 합리화 - 새집증후군 예방을 위한 주택 관리 - 어린이·청소년 이용 공간 공기질 관리 - 지하역사 공기질 개선대책 추진 - 학교·사무실·공중위생시설 관리 - 대중교통수단 등 특수 실내환경 관리
환기·공기정화설비 관리체계 구축	- 환기설비 관리체계 구축 - 환기기준 개선 - 공기청정기 관리
건축물 전생애 관리	- 저탄소형 실내공기질 관리방법 개발·보급 - 건축물 전과정 실내공기질 관리체계 구축 - 건축물 인증시 실내공기질 평가 강화
건강영향이 큰 물질의 관리강화	- 석면 - 라돈 - 미생물 - 실내흡연
건강영향 사전관리	- 실내공기질 관련 환경성질환 관리 - 유해물질 위해성평가 - 실내공기질 지표 개발 - 위해성/건강영향 평가기반 구축

(자료 : 환경부, 2009, 실내공기질 관리 기본계획(2009~2013))

8.1.5 우리나라 실내공기질 대책

실내공기질 관리 기본계획(2009~2013)에서는 6대 중점 추진분야를 설정하였다. 주요 내용은 1)영화관 등을 다중이용시설의 대상을 확대하고 VOC, 곰팡이, $PM_{2.5}$에 대한 공기질 기준의 마련, 2)가구·건축자재의 원자재인 합판·파티클보드와 같은 목질판상제품의 포름알데히드 규제, 3)환기설비 운영 및 사후관리 기준 마련 등 실내공기질 관리 선진화, 4)오염물질 저방출자재 사용, 환기설비 가동 등 실내공기질 관리방안 개발·보급, 5)석면, 라돈, 흡연과 같이 인체에 암을 유발하는 건강영향이 큰 물질에 대한 체계적인 대책 마련, 6)주요 환경성질환 관리, 위해성 및 건강영향 평가기반 구축과 같은 건강영향 사전관리 등의 내용을 담고 있다.

8.2 실내 라돈관리

8.2.1 실내라돈 유입경로 및 인체영향

가. 라돈의 정의

라돈(^{222}Rn)은 지각의 암석 중에 들어있는 우라늄(^{238}U)이 몇 단계의 방사성붕괴 과정을 거친 후 생성되는 무색·무취·무미의 기체로 지구상 어디에나 존재하는 자연방사능 물질이다. 방사선은 암석 등에서 나오는 지각방사선, 별에서부터 오는 우주방사선, 공기, 음식 등에서 발생하는 자연방사선과 원자력 발전소 주변의 방사선, 항암치료나 X-ray촬영 시 발생하는 인공방사선이 있다. 라돈에 의해 노출되는 방사선은 연간 노출되는 방사선의 약 50%이고, 이외의 자연방사선이 35%, 의료 방사선 14%, 직업상 피폭방사선 1% 순이다.[7)]

나. 라돈의 유입경로

라돈은 실외 공기 중에도 존재하나, 그 농도가 낮아 크게 문제가 되지 않는다. 실내에 존

7) 환경부, 2007, 실내라돈관리 종합대책

재하는 라돈의 80~90%는 토양이나 지반의 암석에서 발생된 라돈 기체가 건물바닥이나 벽의 갈라진 틈을 통해 들어온다. 그밖에 건축자재에 들어있는 라돈에서 2~5%, 지하수에 녹아 있던 라돈이 실내로 유입 되는 것은 1% 수준이다. 라돈의 인체노출경로 중 약 95%가 실내공기를 호흡할 때 노출된다.

다. 라돈의 인체영향

호흡으로 인체에 흡입된 라돈과 라돈자손은 붕괴를 일으키면서 알파(α)선을 방출한다. 방출된 알파(α)선은 폐조직을 파괴하고 지속적으로 라돈에 노출되는 경우 폐암을 유발할 수 있다고 알려져 있다. 세계보건기구(WHO)는 라돈을 흡연 다음의 폐암 원인이며 약 3~14%의 비중을 차지한다고 발표하였다.

미국에서는 연간 폐암 사망자의 10% 이상이 라돈에 의한 것이며 폐암을 유발시키는 제2의 원인으로 지목하고 있다.[8] 미국 EPA는 라돈에 의한 미국 내 사망자수를 연간 7,000~30,000명으로 추정하고 있다. 영국의 경우, 라돈방사능에 의한 폐암발병이 연간 2,500건 이상으로 보고되고 있다. 동일 라돈 농도인 경우 흡연자의 폐암 발생률은 비흡연자보다 8배 이상 높은 것으로 나타났다.

표 8.10 흡연유무에 따른 폐암 발생률 및 위험도 비교

라돈농도	흡연유무	폐암 발생률(1,000명당)	기타 사고와의 위험도 비교
148 Bq/m^3 (4 pCi/L)	흡연자	62명	자동차 사고의 5배
	비흡연자	7명	자동차 사고의 1배

(자료 : 환경부, 2013, 환경보건 주요 통계)

기준치를 보면 일본은 0.4pCi/L, 영국은 0.5pCi/L로 강한 기준치를 갖고 있으며, 미국 1.3pCi/L와 프랑스 1.7pCi/L는 비슷하였으며 스웨덴은 2.9pCi/L, 핀란드는 3.2pCi/L 이다. 우리나라는 4pCi/L의 권고기준을 설정하고 있다.

라. 우리나라 라돈의 실내농도 현황

우리나라에서는 1980년대 후반부터 한국원자력안전기술원을 중심으로 라돈농도를 조사하였으며 이후 국립보건원, 식품의약품안전청에서도 조사하였다. 최근에는 국립환경과학원

8) WHO, 2009, WHO Handbook on Indoor Radon: a public health perspective.

이 2011년부터 2012년까지 2년간 겨울철9)에 조사한 전국 주택의 실내라돈농도를 측정하였다. 대상주택 7,885호 중 22.2%인 1,752호가 다중이용시설 권고기준 148Bq/m^{3}을 초과한 것으로 나타났다. 주택 유형별로는 표 8.11과 같이 단독주택이 권고기준을 33.0% 초과해 가장 높았으며, 연립/다세대주택 14.4%, 아파트 5.9% 순으로 나타났다. 지역별로는 강원도가 조사대상 주택 424호 중 42.0%에서 권고기준을 초과해 가장 높았고, 전라북도가 494호 중 40.7%가 초과해 그 다음이었다. 반면에 서울, 울산은 10% 미만으로 나타났다.

다중이용시설의 경우 2006년에 153개 시설을 조사한 데이터를 보면 대부분 0.5pCi/L 이하로 나타났으나, 일부 지하역사의 경우 장기 측정시(3개월) 권고기준을 초과하였다.10) 공공건물은 가옥과 비교하여 대부분 창문이 크고, 많은 사람들의 왕래가 있는 장소로서 상대적으로 환기율이 좋기 때문에 낮은 농도를 보이는 것으로 추정된다.

표 8.11 주택 유형별 실내 라돈 현황(2011~2012년)

구 분	시료수(개)	초과율(%)	실내라돈농도평균 (Bq/m^3)
단독주택	4,203	33.0	156.9
연립·다세대	1,744	14.4	103.3
아파트	1,938	5.9	75.0
전체	7,885	22.2	124.9

(자료 : 환경부, 2013, 환경보건 주요 통계)

8.2.2 국내 라돈 규제

우리나라에서도 라돈의 위험성이 종종 제기되나 아직 효과적인 관리체계를 갖추지는 못하고 있다. 지금까지 "다중이용시설 등의 실내공기질관리법"(2004.5), "학교보건법"(2005.11)에 근거하여 지하역사·지하도상가 등 17개 다중이용시설군과 학교(지하교실)에 대하여 실내 라돈 권고기준(4pCi/L)을 설정·운영하고 있다. 이렇게 공공시설에 대한 권고기준만 있을 뿐 주택의 실내 라돈방출량과 관련된 규제는 미흡한 실정이다. "다중이용시설 등의 실내공기질관리법" 제6조에 지하역사, 지하도상가, 실내주차장 등 다중이용시설의 쾌적한 실내

9) 과학원은 실내외 온도 차이가 크고 환기율이 낮은 겨울철에 실내 라돈농도가 다소 높아지기 때문에 겨울철에 집중적으로 조사를 실시했다고 발표했다.

10) 적어도 1개월 이상 모니터링해서 분석해야 하는데 1회 측정한 자료로 신뢰성있는 자료로 보기 어렵다.

공기를 유지하기 위하여 소유자가 실내공기질을 측정하여 권고기준에 맞게 시설을 관리하도록 규정하여 자발적 참여를 유도하는 수준이다.

8.2.3 선진국 규제 동향

국가별 주택 내 라돈농도에 대한 관리기준을 표 8.12에서 제시하였다. 세계보건기구와 외국에서는 체계적인 라돈 실태조사와 주택 등에서 라돈노출을 줄이기 위한 대책을 추진하고 있다. WHO는 2005년에 라돈 저감을 위한 국제협력프로젝트에 착수하였다.

표 8.12 국가별 주택내 라돈농도 관리기준

국가	관리기준(피코큐리 ; pCi/L)	국 가	관리기준(pCi/L)
미국	4(148Bq/m^3)	영국	5.4(200Bq/m^3)
스웨덴	기존주택 : 10.8(400Bq/m^3) 신규주택 : 5.4(200Bq/m^3)	벨기에 스위스	10.8(400Bq/m^3)

(자료 : 제현국, 2010, 국내외 라돈정책 및 라돈산업의 현황, 한국지구시스템공학회지, 47(3), 400~405; 환경부, 2010, 라돈 고노출 경로 관리체계 구축)

가. 미국

미국은 EPA와 주정부를 중심으로 실내 라돈에 대해 1980년대부터 조사하였다. 위해 가능지역을 3개 Zone(Zone1-high risk area, Zone2-medium risk area, Zone3-low risk area)으로 구분하고 최근까지 조사 표본의 약 10%의 주택에 대한 조사가 수행되었다. 그 이전에 가옥내 라돈 평가를 위한 기초자료를 확보하기 위해 1989년부터 1992년까지 지질조사원(USGS : United States Geological Survey)의 협조로 라돈 포텐셜 평가가 수행되었다. 또한, EPA는 라돈에 관한 시민가이드(A Citizen's Guide to Radon)와 실내 라돈저감 공법자료를 발간하였다.[11] 미국의 실내라돈 조치기준은 4pCi/L이며, 수질 대체기준은 4,000pCi/L이다.

나. 영국

지질조사원(BGS : British Geological Survey)과 방사선방호위원회(NRPB : National

11) EPA, 2010, Consumer's Guide to Radon Reduction(EPA402-K-10/002)

Radiological Protection Board)를 중심으로 1980년대부터 현재까지 지속적으로 실내 라돈조사가 수행되어 총 45만개 이상의 자료가 축적되어 있는 상태이다. 고농도지역은 5km 격자, 나머지 지역은 10km 격자별로 라돈분포도(radon atlas)를 작성하였다. 실내라돈 조치기준은 5.4 pCi/L(200 Bq/m^3)이며, 고농도 지역에 위치한 건물의 경우 정부가 라돈 측정을 권고하고 있다.

다. 일본

국립방사선의학연구소(NIRS : National Institute of Radiological Sciences)와 일본 화학분석센터(JCAC : Japan Chemical Analysis Center)에 의해 1994년~1996년 간 899개소의 실내조사가 수행되었다. 2004년 이후에는 고농도 가옥에 대한 조사에 집중하고 있으며, 각 현별로 연간 2,000개 가옥에 대해 조사하고 있다.

라. 스웨덴

스웨덴은 실내 라돈농도 관리기준으로 기존주택의 경우는 10.8 pCi/L(400 Bq/m^3), 신규주택의 경우는 5.4pCi/L(200Bq/m^3)로 설정하고 있다. 토양기체의 경우 라돈농도가 270pCi/L 이상일 때는 라돈방어기준(radon protection level)으로, 1,350pCi/L 이상일 때는 라돈안전기준(radon safety level)으로 설정하고 있다. 토목과 건축공사시 토양가스의 라돈조사를 의무화하고 있다.

8.2.4 라돈관리대책

환경부는 2007년 8월 라돈종합관리대책을 발표하였데, 주요 내용은 2012년까지 라돈 측정기반을 구축하고 노출현황 파악과 경로관리를 위한 단계적인 대책을 추진한다는 것이다. 2010년 환경부에서 발간한 실내 라돈가이드라인은 미국 환경보호청의 라돈관련 자료를 참조하여 제작되었다. 주요 관리대책을 표 8.13에 나타내었다. 이러한 대책은 주로 기술자료 제작이나 소규모 조사에 국한되어 있어 실효성을 담보하기 어려운 실정이다. 다중이용시설·학교에 대한 실내 권고기준은 있으나, 권고기준 초과시 조치 의무에 대한 규정이 미비하고 공공시설보다 라돈 농도가 높은 주택에 대한 기준은 설정되어 있지 않다. 아울러 고위험 건축물 등에 대한 라돈 차폐시공 등 건축 매뉴얼과 골재 등 건축자재에 대한 관리기준도 필요하다.

표 8.13 실내공기질 라돈 관리대책

구분	내용
라돈 측정기반 구축	- 측정방법 및 검·교정 시스템 구축 - 라돈 실태조사 지침 마련, 전문 검·교정 기관 육성
전국 실태 조사 및 라돈 지도작성	- 매체별 라돈 실태 조사 - 라돈지도 작성, 라돈 피폭선량 평가
라돈 노출 건강영향 조사	- 건강영향 기초조사 및 추진계획 수립 - 노출경로별 건강영향조사, 건강 위해 저감대책 수립
고노출 경로관리	- 고위험 건물 라돈 관리지침 개발 - 토양·지하수 등 이용 지침 마련 - 건축자재 관리방안 마련 및 인력양성
인식제고와 커뮤니케이션 강화	- 라돈정책협의회 구성·운영 - 국제 협력 강화

(자료 : 환경부, 2007, 실내 라돈관리 종합대책(2007~2012년))

8.3 소음·진동 저감대책

8.3.1 소음·진동 노출현황

쾌적한 생활환경을 유지하기 위해 중요한 요소중 하나가 소음·진동 및 악취를 적정수준 이하로 유지하는 것이다. 정부는 1990년 소음진동규제법을 제정하여 생활소음과 이동소음원에 대하여 기준을 설정하고 소음행위 제한 제도를 도입하였다.

가. 소음 노출현황

2012년도 주요도시 소음도는 낮 시간대는 대전과 광주만이 환경기준(65dB)을 만족하고, 밤 시간대는 대전을 제외한 주요 도시 모두 환경기준(65dB)을 초과하였다. 일반지역의 환경기준 달성률(주간기준)은 전용주거지역 25%(2011년 23%), 일반 주거지역 82%(2011년

84%)로 전년 대비 각각 2% 증감하였다. 도로변 지역의 환경기준 달성률(주간기준)은 주거지역 61%(2011년 55%), 상업지역 95%(2011년 98%)로 나타났다.[12] 전반적으로 주요도시의 지난 3년간 소음도는 1dB(A) 범위 이내로 소폭 증감하거나 비슷한 추세를 보여 유의할 만한 수준의 변화를 보이지 않았다. 이는 차량증가와 도로확장, 도심 공사 등 소음발생원이 증가함에도 불구하고, 방음시설 설치, 교통소음규제지역 지정, 저소음 포장재 활용 등 소음저감 대책을 추진하여 어느 정도 소음도 상승요인을 억제한 것으로 분석된다.

표 8.14 일반지역 소음 현황

구분			환경기준 (dB(A))	평균소음도 (dB(A))		환경기준 달성률		2012년 최고지역 (dB(A))	2012년 최저지역 (dB(A))
				2011	2012	2011년(44개)	2012년(44개)		
일반지역	전용주거	낮	50	53	53	23%(10개 도시)	25%(11개도시)	화성(61)	목포·여수(47)
		밤	40	47	47	16%(7개 도시)	11%(5개 도시)	순천(57)	목포(37)
	일반주거	낮	55	53	53	84%(37개 도시)	82%(36개 도시)	포항(60)	평택(49)
		밤	45	47	47	48%(21개 도시)	45%(20개 도시)	순천(55)	여수·평택(40)
	상업	낮	65	59	59	98%(43개 도시)	100%(44개도시)	파주(65)	춘천(53)
		밤	55	54	53	70%(31개 도시)	77%(34개도시)	천안 등(60)	춘천(46)

※ 낮(06～22시), 밤(22～06시)
(환경부, 2013. 9, 환경보건 주요 통계)

표 8.15 도로변지역 소음 현황

구분			환경기준 (dB(A))	평균소음도 (dB(A))		환경기준 달성률		2012년 최고지역 (dB(A))	2012년 최저지역 (dB(A))
				2011	2012	2011년(44개)	2012년(44개)		
도로변	주거	낮	65	64	64	55%(24개 도시)	61%(27개 도시)	서울·대구 등(68)	군포(57)
		밤	55	58	58	30%(13개 도시)	30%(13개 도시)	서울(66)	목포(51)
	상업	낮	70	67	67	98%(42개 도시)	95%(41개 도시)	파주·구리(71)	의정부(56)
		밤	60	61	61	35%(15개 도시)	40%(17개 도시)	서울·부산 등(66)	의정부(50)

※ 낮(06～22시), 밤(22～06시)
(환경부, 2013. 9, 환경보건 주요 통계)

12) 환경부, 2012, 환경소음 측정망 운영결과(2012년)

나. 소음·진동 배출업소 현황

전체 배출업소는 매년 증가하는 추세이며 2011년 소음·진동 배출업소는 총 42,922개소로 2007년 대비 11.0% 증가하였고 전년도 대비 1.1% 증가하였다. 종합병원, 도서관, 학교 등 정온을 요구하는 지역의 배출업소(허가대상)는 사전환경성 검토 등을 통해 배출업소 유입을 억제하여 감소하고 있다.[13)]

"국토의 계획 및 이용에 관한 법률"에 따른 용도지역별로 구분하면 관리지역(59.5%)과 도시지역(34.4%)에 대부분의 배출업소가 소재하고 있으며, 도시지역 중에서는 공업지역 76.5%, 녹지지역 14.0%, 주거지역 6.5%, 상업지역 1.9% 순으로 배출업소 상당부분이 공업지역에 위치하고 있다.

다. 민원발생 현황

2011년 소음·진동민원은 56,244건으로 전년 대비 4.7% 증가하였으며 환경관련 전체 민원중 33.4%로 가장 높은 분야이다. 전체 소음·진동 민원건수는 최근 5년간 47.4% 증가하였다. 발생원별로는 생활소음 96.2%(54,075건), 공장소음 1.7%(953건), 도로·철도 1.2%(685건), 항공기 소음 0.9%(531건) 순으로 나타났다. 2002년부터 2009년도까지 중앙환경분쟁조정위원회에 접수된 피해 원인별 분쟁조정 비율을 보면 소음진동 분야가 87%를 차지하고, 건설공사장 소음(98%)과 층간소음(2%)로 구성되었다.

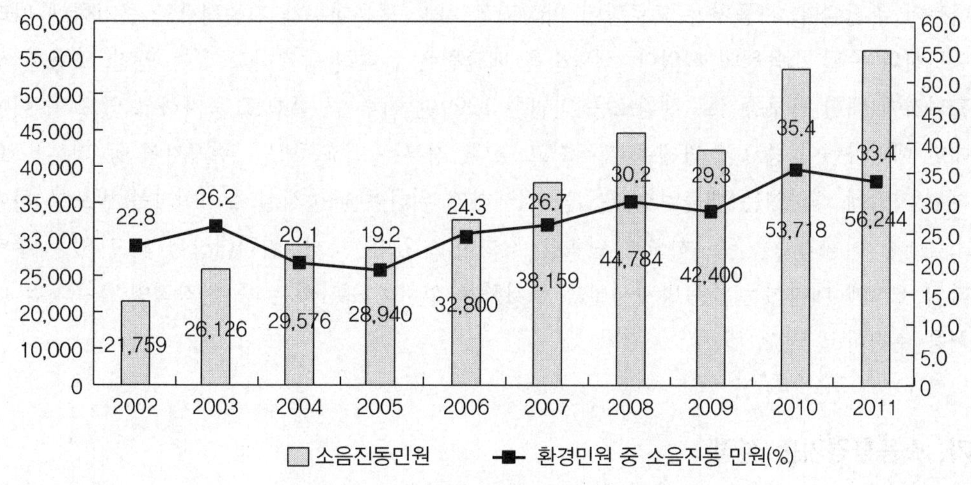

그림 8.2 소음·진동민원 발생 추이

(환경부, 2013. 9, 환경보건 주요 통계)

13) 2007년 1,153개소 → 2009년 1,126개소 → 2011년 985개소, 2007년 대비 14.6% 감소

라. 층간소음 문제

공동주택의 증가와 쾌적한 주거환경에 대한 욕구 증대로 인해 층간소음 분쟁이 지속적으로 증가하고 있다. 층간소음은 크게 공동주택의 구조체를 통해 전달되는 고체 전달음과 공기 상으로 전파되는 공기 전달음으로 구분할 수 있다. 바닥충격음 차단성능기준의 적용대상 공동주택은 주택법에 따라 사업계획승인을 받은 20세대 이상의 공동주택에 한해 적용되며, 20세대 미만의 연립이나 다가구 주택 등에는 적용되지 않고 있다.[14)]

표 8.16 층간소음 원인별 분석

구분		계	아이들 뛰는 소리 등	망치질 소리	가구 끄는 소리	악기	가전제품	기타
총계	건수	3,526	2,580	165	82	77	70	552
	비율(%)	100	73.2	4.7	2.3	2.2	2.0	15.6

(환경부, 2013. 9, 환경보건 주요 통계)

8.3.2 소음·진동 관리대책

소음진동 관리대책은 발생원에 따라 공장 소음, 교통소음, 생활소음, 항공기 소음 분야로 나누어 추진된다. 자동차는 도로망이 확장되고 차량 보유대수가 지속적으로 증가함에 따라 대도시의 주된 소음원이 되었다. 생활소음 배출원은 급격히 증가하고 있는 반면, 조용한 생활환경에 대한 욕구증가로 생활소음 민원은 1999년 이후 큰 폭으로 증가하고 있으며, 이에 대한 대책마련이 중요한 과제로 대두되고 있다. 정부는 학교, 병원, 주거지역 등 정온을 요하는 지역에 대하여는 배출업소 유입을 억제하기 위하여 배출시설 설치허가를 받도록 하며 소음배출 허용기준을 준수하도록 단속을 강화하고 있다. 특히, 민원대상이 되고 있는 주택가의 공장에 대하여는 소음방지시설을 철저하게 설치하도록 하는 등 다각적인 소음저감 대책을 추진하고 있다

가. 소음환경기준 설정

앞서 설명한 바와 같이 국가가 달성해야 할 목표를 제시한 것이 환경기준이다. 표 8.17와 같이 소음환경기준은 환경정책기본법에 설정되어 있으며 선진국과 유사하거나 약간 낮은

14) 환경정보, 2010, 환경분쟁조정사례 - 아파트 층간소음 건축주 배상판결, 389, 38~59

수준이다.

표 8.17 소음환경기준 (단위 : Leq dB(A))

지역 구분	적용 대상지역	기준	
		낮	밤
일반 지역	"가"지역 (전용주거지역)	50	40
	"나"지역 (준주거지역)	55	45
	"다"지역 (상업지역)	65	55
	"라"지역 (공업지역)	70	65
도로변 지역	"가" 및 "나"지역	65	55
	"다"지역	70	60
	"라"지역	75	70

※ 낮(06:00～22:00), 밤(22:00～06:00)

나. 교통 소음·진동 관리대책

1960년대 이후 자동차, 철도교통량의 급격한 증가로 교통소음 문제가 날로 심각해지고 있다. 1993년 12월에 소음진동규제법을 개정하여 교통 소음·진동의 한도기준을 마련하였다. 이 한도기준은 강제규제 기준과는 다소 성격이 다르다. 즉 도로와 철도 등의 소음·진동으로 피해를 받는 자에게 대책이 필요하다고 판단되는 수준을 정한 것이다. 한도 초과시에는 방음시설을 설치하게 하거나 시·도지사가 원인자에게 대책 수립을 요청할 수 있다. 정부는 교통수단에서 발생하는 소음·진동을 규제할 필요가 있는 지역을 교통소음·진동규제지역으로 지정하고, 규제지역 내에서는 속도의 제한, 우회명령 등 필요한 조치를 명할 수 있도록 하고 있다. 2011년까지 총 455개 지역 855.5km를 관리지역으로 지정하였다. 학교, 주거지역 등 정온지역에서의 교통소음에 대한 대책의 일환으로 2011년까지 방음벽 총 4,904개소 1,315.7km를 설치하였다. 도로교통 소음 피해를 저감하기 위하여 방음벽 설치가 어려운 도로 및 고층 공동주택 주변에 2011년까지 총 422개소에 361.3km까지 저소음 노면을 포장하였다.

다. 생활소음·진동 관리대책

주거지역 주변에는 공사장, 소규모 공장, 확성기 등과 같은 소음·진동 발생원이 산재되어 있다. 이러한 소음원을 규제하여 쾌적한 생활환경을 유지하고자 건설계와 생활계에 대한 소음·진동 규제기준을 정하고 있다. 생활소음 규제기준은 표 8.18과 같고, 건설소음 규제기준은 생활규제기준 중 공사장 소음기준과 같다. 야간기준은 주간보다 5～10dB(V)씩 낮게 정하고 있다.

표 8.18 생활소음·진동 규제기준

【생활소음 규제기준】 (단위 : dB(A))

<table>
<tr><th rowspan="2">대상 지역</th><th colspan="2" rowspan="2">시간대별 / 소음원</th><th>아침, 저녁 (05:00～07:00, 18:00～22:00)</th><th>주간 (07:00～ 18:00)</th><th>야간 (22:00～ 05:00)</th></tr>
<tr></tr>
<tr><td rowspan="7">가. 주거지역, 녹지지역, 관리지역 중 취락지구 및 관광·휴양개발진흥지구, 자연환경보전지역, 그 밖의 지역에 있는 학교·병원·공공도서관</td><td rowspan="2">확성기</td><td>옥외설치</td><td>70 이하</td><td>80 이하</td><td>60 이하</td></tr>
<tr><td>옥외로 소음이 나오는 경우</td><td>50 이하</td><td>55 이하</td><td>45 이하</td></tr>
<tr><td colspan="2">공장</td><td>50 이하</td><td>55 이하</td><td>45 이하</td></tr>
<tr><td rowspan="2">사업장</td><td>동일 건물</td><td>45 이하</td><td>50 이하</td><td>40 이하</td></tr>
<tr><td>기타</td><td>50 이하</td><td>55 이하</td><td>45 이하</td></tr>
<tr><td colspan="2">공사장</td><td>60 이하</td><td>65 이하</td><td>50 이하</td></tr>
<tr></tr>
<tr><td rowspan="6">나. 그 밖의 지역</td><td rowspan="2">확성기</td><td>옥외설치</td><td>70 이하</td><td>80 이하</td><td>60 이하</td></tr>
<tr><td>옥외로 소음이 나오는 경우</td><td>60 이하</td><td>65 이하</td><td>55 이하</td></tr>
<tr><td colspan="2">공장</td><td>60 이하</td><td>65 이하</td><td>55 이하</td></tr>
<tr><td rowspan="2">사업장</td><td>동일 건물</td><td>50 이하</td><td>55 이하</td><td>45 이하</td></tr>
<tr><td>기타</td><td>60 이하</td><td>65 이하</td><td>55 이하</td></tr>
<tr><td colspan="2">공사장</td><td>65 이하</td><td>70 이하</td><td>50 이하</td></tr>
</table>

【생활진동 규제기준】 (단위 : db(V))

시간대별 / 대상 지역	주간 (06:00～22:00)	심야 (22:00～06:00)
가. 주거지역 등(위 소음규제기준과 동일)	65 이하	60 이하
나. 그 밖의 지역	70 이하	65 이하

라. 공장소음 저감대책

공장소음을 근본적으로 해결하기 위해서는 소음배출원과 주거지역의 분리가 최선의 방안이다. 다음으로 저소음 기계류의 개발, 소음방지시설의 기술개발 및 확충이 필요하다. 정온을 필요로 하는 주거지역의 경우 공장설치 허가시 소음 배출허용기준 준수여부를 면밀히 검토하여 소음방지시설을 설치하거나 입지를 규제하여야 한다.

마. 항공기 소음대책

항공기는 이착륙시에 큰 소음이 발생되기 때문에 인근지역에 심한 소음피해를 가져온다. 국내 공항들은 항공기 소음측정망이 설치되어 지속적으로 모니터링하고 있다. 1994년 7월 소음진동규제법 시행령을 개정하여 항공기소음의 한도를 새로이 규정하고 소음피해지역에 대하여 관계기관에 필요한 조치를 요청할 수 있는 법적 근거를 마련하였다. 우리나라는 공항이 도심과 인접하고 있어 민원이 다수 발생하므로 중장기적인 대책이 필요한 분야이다.

8.3.3 생활소음 줄이기 종합대책

환경부의 생활소음 줄이기 종합대책(2011~2015)을 보면 환경기준 달성률 10% 상승, 소음노출인구 300만명 저감을 목표로 제시하고 있다. 7대 추진과제로 사전예방제도 기반강화, 신규 소음원 및 생활공간 소음관리, 교통소음 관리, 공사장 소음관리, 공장·사업장·이동소음 관리, 조사·연구 강화, 교육·홍보 및 파트너십 강화 등을 추진하고 있다. 주요 정책과제로는 정온시설(학교, 도서관, 공동주택 등) 입지관리, 층간소음 관리, 공사장 야간 및 공휴일 소음 관리강화, 고소음발생 건설기계 제작·수입·사용제한, 교통소음 관리기준 강화, 소음지도 작성, 가전제품 저소음표시제 도입, 휴대용음향기기 최대음량 권고기준 및 저주파소음 관리 가이드라인 마련 등을 제시하고 있다.[15)]

15) 관계부처 합동, 2011, 생활소음 줄이기 종합대책

8.4 빛 공해 저감대책

8.4.1 빛 공해의 정의 및 영향

가. 빛 공해의 정의[16)]

빛 공해란 조명목적과 관계없이 지나치게 밝거나 잘못된 배광 설계로 조명영역을 벗어나는 인공조명에 의한 빛이라고 정의한다. 즉 불필요하거나 필요 이상의 빛이 인간이나 자연환경 등에 피해를 주는 현상을 말한다. 우리나라는 외국과 달리 빛 공해에 대한 논의가 이제 막 시작되고 있는 실정이다. 밤하늘이 밝아지면 생태계를 교란시키고 건강에 해를 주게 된다. 산업화로 인한 부작용 중 하나이며, 인구 밀집지역일수록 심각하다.

휘도(L : Luminance)는 빛을 발하거나 반사하는 표면의 밝기를 나타내는 것으로 조명기구에서 발생된 빛이 직접 눈에 들어오거나 물체의 표면에 반사된 후에 눈으로 들어오는 빛이 얼마나 밝은 것인가를 나타내며 인간의 작업 능력과 피로도에 커다란 영향을 미친다. 휘도의 단위는 면적당 칸델라(Cd/m^2, Cd/cm^2, Cd/ft^2)로 표시한다.[17)]

나. 빛 공해의 유형

빛 공해의 유형은 빛의 침입(light trespass), 과도 조명(over-illumination), 눈부심(glare), 빛의 혼란(light clutter), 밤하늘에의 영향(sky glow) 등으로 나타날 수 있다. 하나의 광원이 여러 가지 유형에 해당되기도 한다.

다. 빛 공해의 피해 및 영향

빛 공해에 의한 다양한 피해사례가 점차 증가하고 있는 추세이다. 빛 공해의 종류는 천체관측 방해, 생태계 피해, 인체피해, 에너지 낭비 및 농작물 피해 등이다.

---

16) 생활환경정보시스템(living environment information center), 빛공해 정의

17) 1 Cd/m^2는 1 니트(nit) 라고도 한다.

표 8.19 국내 빛공해 현황 및 피해 실태

대상	피해현황
상가 및 복합쇼핑몰 등	- 고휘도 및 현란한 색채로 국제조명위원회(CIE) 휘도 기준값(E4지역, 25cd/m^2)을 최고 7배 초과
보안등·가로등	- 상향광 및 부적합한 높이로 주택 창면에 침입광 발생
부산 해안지역	- 휘도 기준값(E2, 5cd/m^2)의 7~20배 이상 높음
목포 경관지역	- 휘도 기준값(E2, 5cd/m^2)의 4~80배 이상 높음
인체 피해	- 과다한 빛 노출로 인한 멜라토닌 생성억제로 생체리듬이 변화하여 불면증, 피로, 스트레스, 불안 및 암 발생률 증가 - 야간에 과다한 빛에 노출된 여성들의 유방암 발생비율이 그렇지 않은 지역의 여성들보다 73% 높게 나타남(이스라엘 사례, 2008)
생태계 피해	- 식물 번식률 저하, 양서류·포유류 등의 생식률 저하, 조류의 서식지 이탈 등 생태계 교란 - 이른 개화(보리, 밀, 시금치) 또는 늦은 개화(벼, 콩, 들깨) 피해 - 벼는 단일식물로 야간조명에 의해 출수 지연이 발생

(자료 : 강원대학교 스마트조명연구센타, 2012, 빛공해의 양상과 각국의 규제방안)

1) 천체관측 방해

빛 공해의 영향으로서 가장 대표적인 것이 밤하늘이 밝아져 별이 보이지 않는 현상이다. 빛 공해가 진행된 지역에서는, 은하수가 전혀 보이지 않는 것은 물론, 육안으로 볼 수 있는 별들도 매우 한정된다. 빛 공해로 천문대의 천체관측과 사진촬영 등이 방해되기도 한다.

2) 생태계 피해

빛 공해는 희소 생물종의 멸종 가능성을 높이고, 산란 장애, 생식 주기 변화, 성장 지연, 생산력 저하 등 생태계에 악영향을 미칠 수 있다. 미국 웰즈리 대학(Wellesley College)에서 동물 플랑크톤에 대한 연구를 하는 마리안 무어는 호수 주변의 빛 공해가 수면의 조류를 먹는 물고기의 포식행위를 막아 적조 등의 해로운 조류가 증가하고 물고기를 전멸시키는 원인이 되었다고 주장한다. 많은 곤충학자들은 야간의 조명이 벌의 비행능력을 방해하고 있다고 주장한다. 이외에도 과학적으로 입증하기 어려운 다수 사례가 있다.

3) 인체 피해

어두울 때 인체는 멜라토닌이라는 호르몬을 분비하는데, 불빛이 있으면 이 호르몬이 생산되지 않는다. 멜라토닌 생성억제로 생체리듬이 변화하여 불면증, 몸의 피로, 스트레스와 불안 등이 나타날 뿐만 아니라 암의 발생확률 또한 증가할 수 있다는 주장도 있다. 야간에 과

다한 빛에 노출된 지역의 여성들이 그렇지 않은 지역보다 유방암 발생비율이 73% 높게 나타난다는 조사결과도 있다. 과도한 빛이 건강에 미치는 영향은 다양하게 나타난다. 편두통의 경우 과도한 빛에 의해 유발된다고 알려져 있다. 밝은 빛 뿐만 아니라 부적절한 스펙트럼도 두통에 기여한다. 또한 노동현장에서 느끼는 피로는 과도한 빛, 특히 형광성 빛에 노출된 사람들의 공통된 증상이다. 한편, 스트레스와 불안 역시 과도한 빛 노출 하에서 일 할 때 흔히 나타나는 증상이다. 밝은 빛에 의한 불쾌감이 의학적 스트레스를 일으킨다는 연구결과가 보고되었다. 또한 어린이들에게 과도한 빛은 학습 과정을 방해하기도 한다.

4) 에너지 낭비

과도한 조명 사용은 에너지의 낭비이다. 국제에너지기구의 2006년도 발표에 따르면 현재와 같이 조명이 사용되면 2030년에는 사용전력이 80% 증가되나, 적절하게 사용하면 2030년이라도 현재 수준의 소비전력으로 억제할 수 있다고 주장하였다.

5) 농작물 피해

야간조명은 식물의 성장·개화 등에 영향을 주고 산란 장애, 벼의 출수지연(출수 전 20/40일이 영향최대) 등을 유발하는 것으로 알려져 있다.

8.4.2 빛공해 측면의 기준

빛공해에 대한 기준은 1990년대부터 선진국을 중심으로 제정하고 있다. 여기서는 조명과 색채에 대하여 국제적인 표준을 제정하는 단체인 국제조명위원회(CIE)의 기준을 소개한다. 이 위원회는 빛공해를 방지하기 위하여 2003년 3월 '옥외조명 설비에 따른 장해광 규제 가이드'를 발행하였다. 여기에서 빛공해 측면에서 4개 조명환경구역으로 구분하고 휘도의 상한치를 정하였다. 야간에는 안전하게 활동할 수 있도록 야외에 일정한 밝기(휘도)가 필요하다. 그러나 너무 밝거나 또는 부적절한 색을 사용하는 조명은 전체적인 조명효과를 손상시키고 사람의 피로도를 높이므로 CIE에서는 이를 고려하여 각 환경구역의 최대 허용휘도를 제시한 것이다.

표 8.20 국제조명위원회의 조명환경구역 분류

기호	지역특성			표면 평균휘도의 상한값	
	지역구분	밝기	적용지역	건물표면	간판
E1	자연	어두운 경관의 지역	공원, 녹지	0	50
E2	교외	낮은 휘도 분포지역	교외 주거지역	5	400
E3	도시	중간 휘도 분포지역	산업단지	10	800
E4	도심	높은 휘도 분포지역	도심지	25	1,000

(자료 : 빛공해 설명자료, 2012, 환경부)

8.4.3 선진국의 빛 공해 관련 주요정책

인공조명에 대한 선진국의 주요 관리정책을 표 8.21에 제시하였다. 미국, 영국, 일본 등 선진국들은 인공조명 규제를 추진하고 있다.

표 8.21 인공조명 관련 선진국 주요정책 및 사례

국가	사 례
미국	- 각 주나 지자체에서 빛 공해 방지 관련 법규·조례 제정·운영
캘리포니아	- 4개 지역으로 조명구역을 설정하여 관리
코네티컷	- 1,800루멘(lumens) 이상의 광도를 지니는 가로등은 광원 위쪽으로 불빛이 새어나가지 않도록 시설 설치
영국	- "청정근린 환경법"에 인공조명 위법사항의 제재조항 신설, 개인의 사생활을 침해하는 불빛에 대해 이의제기가 가능하며 해당지자체는 시정 명령 조치, 불이행시 최고 ￡50,000(약 1억원)의 벌금 부과
일본	- 지자체별로 "빛 공해 방지조례"를 규정하여 운영하고 있으며, 환경성에서 빛 공해 대책 가이드라인 개발·보급 - 오카야마현(岡山) 등에서 "빛공해방지조례" 제정
호주	- "환경보호법"에서 지나친 조명으로 인한 빛 공해를 불법행위로 간주하여 적정 관리 추진

(자료 : 강원대학교 스마트 조명연구센타, 2012, 빛 공해의 양상과 각국의 규제방안; 환경부, 2010, 외국의 빛 공해 현황 및 사례 조사·분석)

8.4.4 우리나라의 빛 공해 관련 주요정책

2012년 2월 "인공조명에 의한 빛공해방지법"이 제정되면서 빛 공해에 관한 제도들이 도입되었다. 핵심 규제내용은 빛 공해가 심각한 지역을 조명환경관리구역으로 지정하고 이 지역내에서는 빛 방사허용기준을 준수토록 하는 것이다. 법률의 적용을 받는 조명기구의 범위를 도로나 공원녹지 등의 발광기구, 시장·군수의 허가를 받아 설치하는 옥외광고물의 발광기구, 교량이나 5층 이상의 건축물의 장식용 발광기구로 정하고 있다.

조명환경관리구역은 토지용도를 고려하여 1종~4종으로 구분하고, 빛 방사 허용기준을 차등화 하였다. 1종은 자연환경보전지역, 2종은 농림지역, 3종은 주거지역, 4종은 상업지역이 대상이다. 조명환경관리구역은 법 시행(2013년 2월) 이후 지자체장이 필요하다고 판단될 경우 빛 공해방지 지역위원회의 심의를 거쳐 지정하며, 조명환경관리구역으로 지정 후 5년 뒤에 빛 방사허용기준을 적용한다.

표 8.22 빛 공해 관리지침상 조명환경관리구역 구분

구분	범위	토지용도(참고)
제1종	과도한 인공조명으로 인하여 자연환경에 부정적인 영향을 미치거나 미칠 우려가 있는 구역	자연환경보전 지역, 녹지지역 등
제2종	과도한 인공조명으로 인하여 농림수산업 및 동식물 생장에 부정적인 영향을 미칠 우려가 있는 지역	농림지역, 생산녹지지역 등
제3종	국민의 안전과 편의를 위하여 인공조명이 필요한 구역으로서, 과도한 인공조명으로 인하여 국민의 주거생활에 부정적인 영향을 미칠 우려가 있는 구역	주거지역 등
제4종	상업활동을 위하여 일정 수준 이상의 인공조명이 필요한 구역으로서, 과도한 인공조명으로 인하여 국민의 쾌적하고 건강한 생활에 부정적인 영향을 미칠 우려가 있는 구역	상업지역 등

(자료 : 환경부, 2011, 인공조명에 의한 빛 공해 관리지침)

8.5 나노물질 관리

8.5.1 나노물질 사용현황과 위해성

가. 나노물질의 정의 및 특징

최근 환경오염물질의 유해성 분야중 대기 중 입자와 입자사이에 함유된 유해성분에 대한 연구가 활발히 진행되고 있다. 입자에 함유된 유해성분의 종류와 양 뿐만 아니라 그 크기에 따라서도 독성영향은 매우 달라지는데, 이는 입자의 크기에 따라 폐 또는 피부 등을 통한 인체 노출량이 달라지기 때문이다. 나노입자는 입경 100nm 이하의 초미세입자(ultrafine particle)로 금속 및 무기산화물로 이산화티타늄, 산화아연, 이산화규소 등이 있으며 물에 용해시 독성을 띈다. 탄소계 물질로는 탄소나노튜브, 카본블랙 등이 있으며 석면과 같이 진폐증을 유발한다. 고분자 물질의 경우 폴리스티렌, 나노클레이 등이 있으며 EU 살균제법과 관련되어 있고, 가습기 사고 원인물질과 같이 독성유발 가능성이 있다.

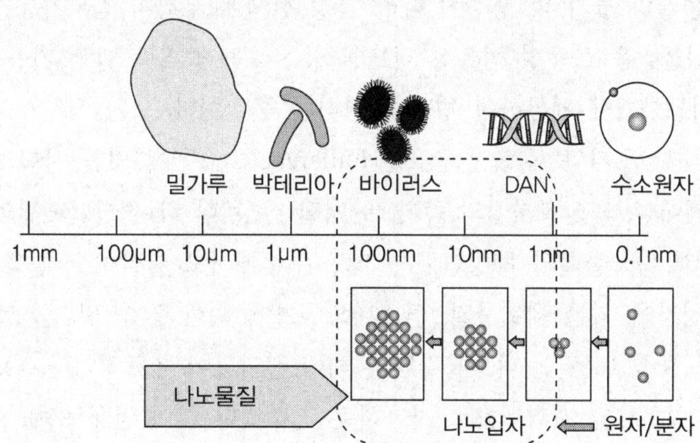

그림 8.3 나노물질의 크기
(환경부, 2013. 9, 환경보건 주요 통계)

나. 나노물질의 생산·사용 및 기술현황

우리나라의 나노기술 산업규모[18])가 급격히 증가하고 있으며 세계 4위의 나노기술 보유국으로 미래 신성장 동력과제로 중점 추진중이나, 나노물질의 안전관리 노력은 미흡한 실정이다.

국내에서는 2009년 기준으로 연간 약 8.7천톤(TiO_2 등 5종)이 제조·수입되고 있으며 SiO_2(54.9%), TiO_2(44.8%) 등 2종이 대부분(99.7%)을 차지하고 있다. 우리나라에서 제조하는 나노제품의 종류는 약 120종으로 미국(540종) 다음으로 나노제품을 다양하게 생산하는 국가이다. 2010년 220개 업체에서 93종의 물질, 약 3.4만톤을 제조·수입하였으며 입자크기별 유통량 현황은 표 8.23에 제시하였다.

표 8.23 나노물질 유통량 현황(2010년) (단위 : 톤)

구분		입자크기별		
		합 계	1~100nm	100nm 이상
유통량 (톤)	계	34,136	32,385	1,751
	제조량	30,708	29,175	1,533
	수입량	3,428	3,210	218

(환경부, 2013. 9, 환경보건 주요 통계)

다. 나노물질의 안전성과 위해성

나노물질은 형태에 따라 입자상 우려물질과 섬유상 우려 물질로 나눌 수 있다. 입자상 우려물질은 나노물질의 크기 및 형상에 따라 특정 신체 내부까지 침투가능 한 물질을 의미하며, 섬유상 우려물질은 불용성 섬유상 나노물질로 석면 중피종 발생 가능성이 높아 흡입하면 흉막으로 이동하거나 체류하여 병을 유발하는 물질이다.

나노물질에 대한 초기의 독성 연구로는 Fullerene(C_{60})[19]에 의한 산화스트레스(oxidative stress)가 대표적이며, 과산화지질의 증가, 단백질 손상 및 막 결합단백질의 손실 등이 보고된 바 있다. 현재 나노물질의 독성연구가 세포 수준에서도 활발히 진행되고 있는데 이산화티나늄(TiO_2) 입자에 의한 세포사멸, 탄소나노튜브에 의한 염증 및 콜라겐성 육아종 유발, 그 밖에 금 나노물질 또는 인 나노물질의 유해성 결과들이 대표적이다. 나노물질에 대한 독성연구는 크게 설치류를 시험동물로 사용하는 건강영향 분야(인체독성), 어류 및 수생무척추동물을 시험동물로 주로 이용한 생태독성 분야로 구분할 수 있다.

나노물질의 인체와 환경 노출의 유해성은 아직 불확실하나 나노물질의 잠재적인 위험성에 관한 관심이 선진국을 중심으로 확산되고 있다.[20] 미국 EPA는 나노기술의 개발과 위해

18) 2005년 35조원(전체 산업규모의 2.4%)와 2010년 104조원(5.5%) → 2020년 593조원(17.7%)

19) Fullerene은 탄소 원자가 구, 타원체, 원기둥 모양으로 배치된 분자를 통칭하는 말이다. 1985년에 발견되었으며, 흑연 조각에 레이저를 쏘았을 때 남은 그을음에서 발견된 완전히 새로운 물질이다. 주로 탄소 원자 60개가 축구공 모양으로 결합하여 생긴 버크민스터풀러렌 C_{60}을 말한다.

성 평가에 관한 연구를 주요 과제로 설정하였다. 유럽 신규보건위해성위원회(SCENHR : Scientific Committee on Emerging and Newly Identified Health Risks)는 나노물질에 대한 기존의 자료를 분석하여, 나노물질의 위해성 평가를 시행하는데 따르는 몇 가지 문제점을 제시하고, 나노물질 위해성평가의 한계성을 극복할 새로운 방법을 모색해야 한다고 강조하였다.[21] 나노물질의 안전성이 검증되지 못한 상황에서 사용이 급증하는 것에 대한 우려가 높아지고 있으며 나노물질을 잠재적 위해우려물질로 간주하고 사용규제를 확대하는 추세이다. 일부 선진국에서는 나노물질을 신규 화학물질로 간주하여 제조 또는 사용전에 안전성 자료 제출을 의무화하고 유해성 평가를 시행중에 있다.

8.5.2 선진국의 나노물질 관리 및 규제 현황

나노물질의 잠재적 위해성이 입증되면 국제환경협약으로 발전될 것으로 예상되고 무역장벽으로 연계되는 경우 기업의 피해도 우려된다. 우리나라의 나노물질에 대한 안전성평가 연구는 초기 단계이다. 이런 여건에서 초기단계이기는 하나 정부는 나노물질에 대한 기초 정보의 확보 및 인프라 구축, 나노물질의 안전성 사업, 나노물질에 대한 관리제도 마련 등 다양한 대책을 추진하고 있다.[22]

가. 미국

화학물질이 TSCA(Toxic Substances Control Act) 인벤토리[23]에 등재되어 있다 하더라도 비나노규모 물질과 동일한 분자특성을 갖지 않는 나노물질은 신규물질로 간주하여 유해성을 심사하고 있다. 신규 화학물질 제조·수입자는 EPA에 제조·수입 90일전에 사전 제조 신고서(PMN : PreManufacture Notification)를 제출하여야 한다. 이에 따라 2005년 이후로 EPA는 탄소나노튜브(CNTs)를 포함한 나노물질 137건의 신고를 받아 위해성을 평가하였

20) Kim, Y. and Yi, J. 2005, Risk of Nanotechnologies, News & Information for Chemical Engineers, 23, 338～342

21) 김미숙, 최경희, 김영훈, 이종협, 2007, 나노물질의 인체 및 환경유해성에 관한 위해성평가 방안의 고찰, 청정기술, 13(3), 161～172

22) 환경부, 2011, 전 세계 나노물질 규제동향(현지동향보고서)

23) 인벤토리에 등재되어 있는 화학물질과 동일한 분자특성(molecular identity)을 갖는 물질은 기존 화학물질이며, 나노물질의 사이즈는 분자특성에 해당되지 않으므로 신규 또는 기존물질 구분과 관계없다는 것이다.

다. 주로 코팅제, 화학물질 중간체, 전도성 첨가제, 염료 등의 제품이었다. 2008년 10월부터는 탄소나노튜브에 대한 사전 제조신고(PMN : Pre-manufacture notice)를 적용하였다. 2010년 6월에 미연방회계감사원은 정량기반(volume-based)의 EPA의 기존 규제체계가 나노기술 관리에 비효율적임을 지적하고 EPA로 하여금 나노물질에 대한 중요신규사용규칙(SNUR : Significant New Use Rule)[24)]을 적용할 것을 요구하였다.[25)] 이에 따라 2010년 10월부터 일부 물질에 대해 중요신규사용규칙을 적용하였다. EPA는 2012년 1월에 나노물질에 대한 규제(안)을 발표하였다. 다중벽 탄소나노튜브(PMN P-08-199), 특정 Clay, 벤토나이트, 알루미나, 나노 스프레이 제품의 제조자·가공자에게 물질 특성자료를 제출토록 하고, 건강·생태영향과 환경중 거동 시험도 요구하는 내용이다.

나. EU

EU의 REACH에서 나노물질에 대해 명시적으로 규정하고 있지는 않지만, EU에서는 동법의 적용대상인 'substance'에 포함되는 것으로 해석하고 있다. 따라서 현행 REACH하에서 연 1톤 이상의 화학물질을 생산·수입하는 자에 대하여 등록서류(registration dossier) 제출 의무와 연 10톤 이상 생산·수입자에 대한 화학물질안전보고서(chemical safety report) 제출 의무가 나노물질에 대하여도 동일하게 적용하게 된다.

다. 프랑스

2013년 1월부터 100g 이상의 나노물질을 생산·유통·수입하는 업체는 물질의 특성(identity), 수량, 사용에 관한 정보를 식품안전환경노동청에 보고하도록 의무화하였다. 2013년 7월부터 보고하지 않는 기업에 대해 3,000유로의 벌금을 부과하고 있다. 이는 나노물질의 용도, 생산·유통량, 유통경로, 독성·생태독성 정보를 포함한 유럽 최초의 나노물질 의무적 신고제이다.

라. 호주

호주는 2011년 1월부터 산업용 나노물질을 신규 화학물질로 간주하여 이에 필요한 제조신고와 평가를 시행하고 있으며 국가산업화학물질 평가기관(NICNAS : National Industrial Chemicals Notification and Assessment Scheme)이 주관하고 있다.[26)]

---

24) SNUR(Significant New Use Rule)이란 TSCA 인벤토리에 등재되어 있는 기존 화학물질을 새로운 용도로 사용하기 위해 제조, 수입 또는 가공하고자 하는 자는 사업 착수 90일전에 EPA에 보고토록 하여 신규용도를 평가하고 필요한 경우 신규 사용 금지 및 제한 조치를 취할 수 있도록 하고 있다.

25) Government of Canada, Chemical Substances, The Significant New Activity (SNAc) Approach

참고자료 8.2 국가별 나노물질 관리현황

국가	관리현황
미국	- EPA는 2009.3월부터 다층벽 탄소나노튜브(MWCNT)를 신규물질로 간주 - 사전제조신고(PMN : Pre-manufacturenotice)의무 적용 - 나노물질 제조자가 용도, 생산량, 물리·화학적 성질, 특성, 제조공정, 노출정보, 유해성자료 제출 의무화 추진('10년중 TSCA 개정목표)
캐나다	- 2009.2월 세계 최초로 제조나노물질 사용량과 화학정보 제공 - 의무화 법안 추진, 작업장 유해물질 공표 시스템 도입으로 제조자 표시와 물질 안전보건자료를 의무화
EU	- 나노물질을 REACH로 확대 적용하는 방안 검토를 위해 작업반 구성·운영
일본	- 경제 산업성은 산업계에 제조 나노물질 안전자료의 자발적 보고를 요구 - 환경성은 나노물질 환경배출지침(2009.3)을 발표
프랑스	- 유통 중인 나노 함유제품 제조, 수입, 판매시 사용량과 용도공개 - 나노물질 정보수집 관련내용 입법(안) 의견 수렴 중
영국	- 영국 표준협회에서 나노물질 용어 정의 및 제조 나노물질과 나노물질을 포함하는 제품 표시 - 제조 나노물질 지정, 제조 나노물질 안전취급 및 처리 등 3개 지침서 제정
독일	- 독일 연방환경부는 나노 생산품의 편익과 위해성, 나노물질 규제방안 논의 중
오스트리아	- 나노기술 사용으로 인한 편익과 중소기업의 개발 촉진 - 환경 보호 및 이익당사자간의 협력을 제고하기 위해 나노기술에 대한 국가행동 계획(~2012)을 승인(2010.3월)

(자료 : 환경부, 2013, 환경보건 주요 통계; 환경부, 2011, 전 세계 나노물질 규제동향(현지동향보고서) ; Young & Global Partners, 2012, Nano-regulation in China, Japan, Korea, USA and EU)

마. 캐나다

캐나다는 1kg 이상의 나노물질을 제조·수입하는 자에게 사용량, 사용부문, 생산품 형태 등 사용내역과 함께 물리·화학적 성질, 독성 자료를 제출하도록 의무화하는 환경보전법(Canadian environment protection act)을 적용하고 있다. 캐나다 국내물질목록(DSL : Domestic Substace List)에의 등재여부와 물질의 구조 및 분자배열을 고려하여 신고 대상여부를 결정하고 있다.

나노규모 형상의 물질이 DSL에 등재되어 있는 물질과 동일한 화학성분이더라도 독특한 구조나 분자배열을 갖고 있으면 신규 화학물질에 해당된다. 심사결과 해당 화학물질의 위해

26) Australian Government, Department of Health and Ageing, National Industrial Chemicals Notification and Assessment Scheme(NICNAS)

성이 의심될 때는 중요신규활동(SNAc : Significant New Activity) 적용 대상으로 고시하고 있다. 중요신규활동이란 연간 사용량, 제품의 사용자 및 용도에 관한 해당 정보를 첨부하여 신고토록 하고, 신고 후 90일 이내에 평가하는 유해물질 평가시스템을 의미한다. 이는 미국의 TSCA의 중요신규용도규칙(SNUR) 적용과 유사하다. 다중벽 탄소나노튜브(MWCNTs)에 대하여는 2010년 9월에 중요신규활동(SNAs)을 적용한다고 공지하였다. 2012년말 현재 16건의 나노물질이 신고되었으며 주요 용도는 코팅제로 확인되었다.

참고자료 8.3 선진국의 관리수준별 규제사례

국가	법령 및 지침	규제 대상	규제 내용
미국	독성물질관리법 (TSCA)	탄소나노튜브, 다층탄소 나노튜브, 실리카, 알루미나(4종)	규제대상 나노물질 제조 이전에 물질특성, 생산량, 용도 등 제출
	살충살균살서제법 (FIFRA)	항균 은나노 제품	항균기능 은나노 성분을 살균제로 분류, 안전성 정보 제공 의무화
EU	신화학물질관리법 (REACH)	나노물질	REACH 적용 대상으로 2013. 5월까지 안전성 정보 제출 요청
	화장품지침	나노물질 함유 화장품	물질정보, 유통량, 독성, 안전성 자료 제출 및 라벨링 의무화(2013.7)
	살균제품법 (BPR)	나노물질 함유 살균제	등록·신고절차, 환경·건강위해성 자료 제출 등 의무화 (2013.9)
프랑스	그르넬법	나노물질	나노물질 유통량 등 연차보고 의무화(2013.1)
독일	제2차 나노기술 이행 계획 2015	나노물질 함유 화장품	제품에 위해성정보를 표시하는 라벨링 의무화(2013)
호주	산업용화학물질평가법 (ICA)	산업용 나노물질	산업용 나노물질 함유 제품에 대한 유통현황 정보 등 제출 (2011.1)
캐나다	환경보호법 (CEPA 1999)	다층 탄소나노튜브	나노제품 안전성정보 제출 권고(2010)
뉴질랜드	화장품 기준	나노 함유 화장품	화장품 라벨링제도 시행 예정 (2015.7)
대만	나노제품 인증제도	나노제품	자발적 나노제품 인증표시제 운영(2003)

바. 일본

나노물질 안전관리위원회를 설치하여 나노물질 위해성 및 전과정 관리방안에 대한 연구를 추진하고 있다. 2008년부터 산업계에 나노물질의 안전성 정보와 관리방안에 관한 자료를 자발적으로 제출할 것을 요청하여 안전성 평가를 시행하고 있다.

8.5.3 나노물질 안전관리 대책

우리나라도 선진국의 나노물질 규제 추세를 고려하여 2011년에 '나노물질 안전관리 대책'을 마련하였다. 우리나라의 나노안전분야 연구사업을 부처별 기초연구 단계에서 종합적 안전성평가 연구로 전환하고 '전과정(life cycle) 나노 안전관리 방안'을 마련한다는 계획이다. 제1차 계획(2012～2016) 기간 중 다음의 4개 분야를 중점 추진한다고 제시하였다.[27)]

첫째, 국내 유통되는 나노물질의 제품·기술에 대한 기초자료를 확보하기 위해 주기적으로 국내 유통현황을 조사하고, 이를 기반으로 국가 인벤토리를 구축할 계획이다. 나노물질에 대한 물리·화학적 특성 규명을 위한 측정·분석 기법과 관련 원천기술 개발을 추진한다. 환경오염매체 또는 작업장에서의 나노물질 거동조사 및 모니터링 기법을 개발하고 나노물질 조사·감시체계를 구축한다.

둘째, 나노물질 독성시험 지침을 마련하여 나노물질의 안전성평가 기반을 구축한다. 나노물질별, 매체별 노출 경로를 파악하고 노출평가기법을 개발하여 안전성 평가를 수행한다. 즉 국제 표준에 부합되는 나노 안전성평가 방법을 확립하고자 하는 것이다.

셋째, 나노기술 연구윤리 지침과 안전관리 방안을 마련하여 나노제품의 안전관리 체계를 구축하는 것이다. 이러한 계획은 선진국에 비해 매우 초보적인 조사단계로 보다 과학적인 관리체계를 확보할 필요가 있다.

---

27) 국가과학기술위원회, 2011, 제1차 나노 안전관리 종합계획(안)

8.6 전자파 관리

8.6.1 전자파의 발생원과 유해성

가. 전자파의 정의

전자파(Electromagnetic Wave, 전기자기파)란 시간에 따라 변화하는 전기장과 자기장의 상호 작용으로 공간을 전파해 가는 일종의 에너지의 흐름이라고 할 수 있다. 전자파는 전기장과 자기장의 두 가지 성분으로 구성된 파동을 가리키며, 전기장 또는 자기장의 세기와 주파수로 특성을 나타낼 수 있다. 여기서 주파수란 1초당 같은 변화를 반복하는 회수를 말하는 것으로 사이클(cycle) 또는 헤르츠(Hz) 단위로 표현한다. 한 사이클이 변화하는데 걸리는 시간을 주기라고 하고, 한 주기 동안 진행하는 거리를 한 파장이라고 한다.

전자파의 범위는 넓은 의미로는 주파수가 낮은 것부터 전파(극저주파, 저주파, 고주파, 초고주파), 적외선, 가시광선, 자외선, X선, γ선 등을 총칭하며, 여기서 전파는 주파수가 3,000 GHz 이하의 전자파를 말한다. 좁은 의미로는 국제적 분류에 따른 주파수 범위로서 초장파(VLF: Very Low Frequency)에서 준밀리파까지를 의미한다. 여기서 흔히 고주파라고 하는 것은 3~30MHz 범위의 전파를 가리키고, 저주파는 장파로 도달거리가 길고 전파법에서는 30kHz~300kHz의 전파를 말한다. 이중 극저주파와 저주파가 우리의 인체에 장기간 노출되면 체온변화와 생체리듬이 깨져 질환으로 발전될 가능성이 큰 것으로 알려져 있다. 그림 8.4는 주파수에 따른 전자파의 종류를 구분하여 설명하고 있다.

나. 전자파의 발생원

전자파는 전기장과 자기장의 두 가지로 구성된 파동을 가리킨다. 전자파는 휴대전화 및 무선랜 단말기 등 통신기기, 라디오, TV, DMB 등 방송기기, 전자레인지, 컴퓨터와 같은 가전제품 등 각종 전기·전자기기는 물론 센서용 RFID, 내비게이션, 각종 의료기기(MRI, X-ray, 적외선 치료기) 등 다양한 분야에서 활용되고 있다.[28)]

전자파는 전기를 사용하는 모든 기구에서 발생된다. 가전제품 중 비교적 많은 전자파를 발생시키는 것은 2450MHz의 고에너지 극초단파(마이크로웨이브)를 사용하는 전자레인지,

28) 동향과 전망, 2013, 생활환경 주변 전자파의 인체유해성 인식조사

800～900MHz의 극초단파를 사용하는 휴대폰이나 카폰, 컴퓨터 등이다. 의료기기 중에 전자파를 이용하는 것이 많다. 초음파, 자외선, 레이저를 사용하는 기기나 MRI도 전자파를 이용한 의료기기이다. 현대사회의 생활 필수품이 된 컴퓨터에서도 발생하는데 오락실에서 다량의 전자파가 발생하는 것으로 조사된 것도 다수의 컴퓨터가 밀집되었기 때문이다. 특히 강한 전류가 흐르는 송전선 근처에서는 강한 전자파가 발생하는 것으로 알려져 있다.

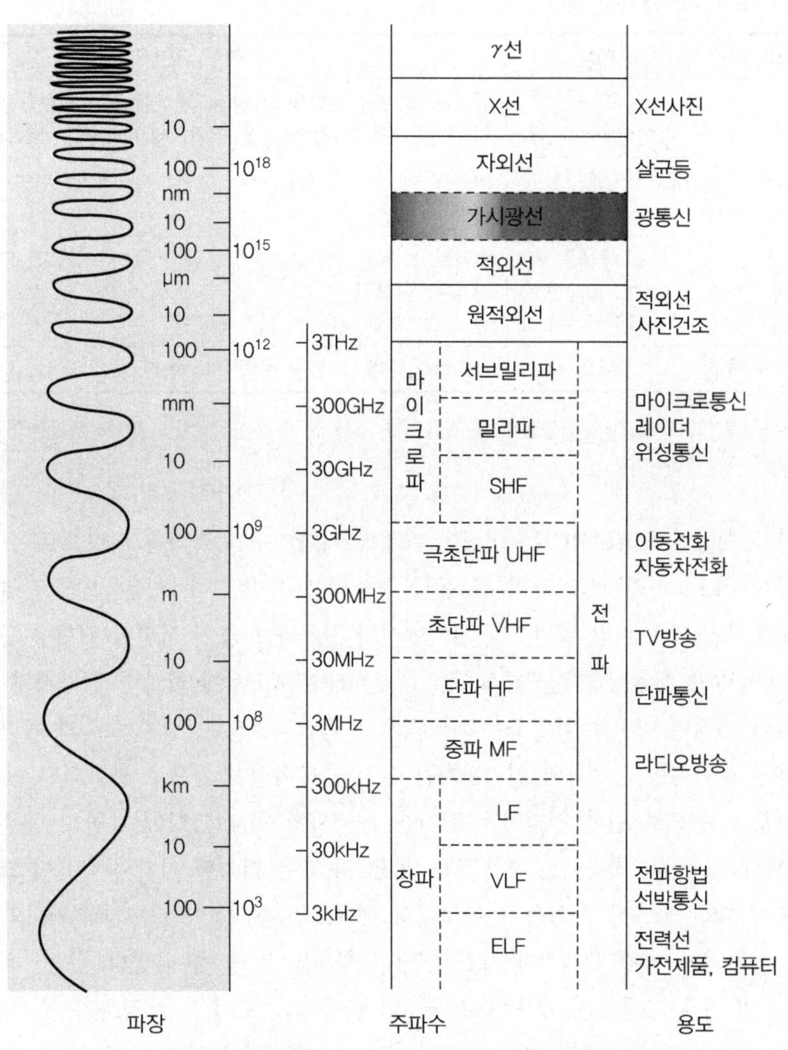

그림 8.4 주파수 크기에 따른 전자파 종류

(자료 : 환경부, 2007, 전자파 노출실태 및 건강영향 조사 연구)

다. 전자파의 유해성

무선통신 및 전기·전자제품의 이용 증가는 다양한 주파수 대역의 전자파를 방출하고 있으며 생활환경 속에서 발생원의 분포특성상 일반대중에 무작위적으로 노출되고 있다. 1993년에 실시된 미국 내 60Hz 극저주파 자기장의 노출인구를 추정한 조사에 따르면 하루 평균 2mG(밀리가우스)를 초과하는 노출인구가 14% 수준인 것으로 보고된 바 있다.

표 8.24 극저주파 자기장 영향의 조사 분류

조사영역	대상	분석 요인
역학	인간 (어린이, 성인)	암(뇌종양, 소아백혈병, 유방암, 피부암 등), 생식활동, 자살, 생리 기능 저하, 신경 퇴행성 질환, Alzheimer's disease, 과민증
급성노출 (실험실 연구)	인간	뇌전도, 심전도, 역작용, 지각, 기억, 멜라토닌, 면역 작용, 신경화학
In Vivo 연구	동물 (토끼, 쥐, 개코 원숭이 등)	멜라토닌, 동물 행동, 생식기 발달, 기형학, 지각 작용, 면역작용, 시각계, 신경계 암 관련: 피부, 유방, 긴장, 뇌종앙
In Vitro 연구	세포	신호변환, 세포증식, 유전자 합성, 이온 교환, DNA, 단백질 합성

(자료 : 환경부, 2007, 전자파 노출실태 및 건강영향 조사 연구; 동향과 전망, 2013, 생활환경 주변 전자파의 인체유해성 인식조사)

2001년 국제암연구소(IARC)는 어린이 백혈병 역학연구의 결과를 바탕으로 수 mG 수준의 극저주파(ELF) 자기장을 '암 분류 등급 2b: 암을 유발할 수 있는' 인자로 분류하였고, 직업적 노출 뿐만이 아니라 일반 생활환경에서의 전자파 노출이 어린이 백혈병 등 특정질병의 발생을 유발할 개연성을 경고하고 있다.[29] WHO 보고서에 따르면 전자계의 단기간 고노출로 인한 인체에 미치는 악영향은 과학적으로 정립되었으나, 장기 노출과 관련하여 극저주파 자계와 소아백혈병 등과의 인과관계는 여전히 불확실한 것으로 보고되고 있다. 그러나 여전히 핸드폰 등으로 인한 전자파에 장기간 노출시의 인체 영향에 대한 논란은 계속되고 있다고 보고하고 있다. 최근에는 휴대전화 및 PC와 같은 디지털 기기의 사용이 크게 증가하여 전자파에 대한 노출도가 한층 높아지면서 세계보건기구를 비롯한 국제기구와 선진국을 중심으로 전자파의 인체 유해성에 대한 연구가 활발히 진행 중에 있다.

우리나라의 경우 도시 밀집도가 높고 국토가 좁아 비의도적 노출 정도가 클 수밖에 없다. 하지만 이 분야에 대한 국내의 연구는 체계적으로 수행되지 못하고 단편적인 노출 실태조사나 방출현황 조사에 그치고 있어 위해성 우려에 대한 효과적인 대책이 미흡한 실정이다.

29) IARC, 2011, Classifies radio frequency electromagnetic fields as possibly carcinogenic to humans

참고자료 8.4 송·변전설비 건설갈등

송·변전설비는 님비시설로서 항상 입지갈등 소지를 갖고 있다. 송전설비는 그동안 국민소득이 증가하고 산업규모가 커지면서 증가하는 전기 수요를 감강하기 위해 지속적으로 확충되어 왔다. 1960년대 최대 154kV 고압선이 현재 765kV까지 높아져 전기를 대량 송전하는 시대로 접어들었다. 종전에는 국책사업으로 민원이 크게 제기되지 않았으나 수년 전부터 건설사업에 대한 민원이 급증하고 주민과의 갈등도 심화되고 있다.[30] 2013년에는 밀양지역의 송전탑 설치문제가 크게 사회문제화 되고 있다.

송전시설의 입지 갈등은 단순히 보상이나 환경보전, 또는 절차적 문제와 관련된 갈등만이 아니라 송·변전 시설에서 나오는 전자파로 인한 건강상의 문제가 복합적으로 작용하기 때문에 합의점을 찾기 어려운 과제이다. 전자파로 인한 건강상의 문제를 과학적으로 입증하기가 현재로서는 불가능하여 갈등 해소가 더욱 어렵다. 그러나 많은 선진국들이 잠재적 위해성을 어느 정도 인정하는 추세이며 특히 어린이, 노인과 같은 민감계층에 대하여는 사전예방차원의 관리가 필요하다는 입장이다. 앞으로 중장기적으로 송변전설비 인근지역 주민의 건강영향과 생태계 영향을 모니터링하고 대책을 마련할 필요가 있다.

8.6.2 국내외 전자파에 대한 기준

가. 인체 영향에 대한 국제기준

현재 전자파 인체노출 제한 기준은 국제전기전자기술자협회(IEEE : Institute of Electrical and Electronics Engineers)의 표준과 국제비방사선보호위원회(ICNIRP : International Commission on Non-Radiation Protection)[31]의 인체보호기준 등 두 가지이다. 대부분의 국가에서 ICNIRP 기준을 채택하는 경향으로 국제기준처럼 여겨지고 있다. ICNIRP의 전자파 인체보호기준은 크게 전자파 인체노출한계(exposure limit) 기준과 전자파 흡수율(SAR : Specific Absorption Rate) 기준으로 구분할 수 있다. 선진국들은 두 노출한계 기준을 기본으로 하여 흡수율 기준을 보완하여 채택하고 있다. 노출한계기준은 전자파 방출원에 대해 기준의 준수를 법적으로 강제하고 시험기관에서 방출원에서의 전자파 세기를 측정·관리하

30) 이선우, 홍수정, 2012, 송·변전설비 건설갈등해소를 위한 과정과 선택: 밀양 765kV 송전선로건설관련 갈등조정위원회운영사례를 중심으로, 한국정책과학학회, 16(2), 183~212

31) 국제방사선 방호협회(International Radiation Protection Association)는 인간과 환경을 방사로부터 보호하는 것을 목표로 활동하고 있으며, IRPA가 설립한 ICNIRP는 비전리방사에 대해 권고안 개발을 목적으로 하고 있다. WHO 등과 공동으로 다양한 형태의 전자파 저감 권고안을 제시하고 연구하고 있다.

는 제도를 시행하고 있다.

인체보호기준은 대부분의 국가가 동물실험으로 이상증세가 나타나는 전자파 발생량을 측정하며, 미국국가규격협회(ANSI : American National Standard Institute)와 ICNIRP의 기준은 쥐의 이상증세가 나타나는 단위체중당 흡수전력(SAR)을 4W/kg으로 규정하고 있다. 이 기준은 측정치를 바탕으로 실현가능한 낮은 값(ALARA : As Low As Reasonably Achievable) 원칙을 적용하여 측정치의 1/10~1/100 정도의 안전계수를 적용한 것이다.

나. 우리나라 전자파 인체보호기준

우리나라의 전자파 인체보호기준은 전파법에 따라 방송통신위원회의 고시로 정하고 있다. 이 기준은 세계에서도 엄격한 수준에 속한다. 다만 이 기준이 적용되는 휴대용 기기가 휴대폰뿐인 데다 기준이 하나로 묶여져 있다는 한계가 있다. 방송통신위원회가 태블릿 PC 등 몸에 가까이 대고 사용하는 모든 기기로 적용 범위를 확대할 계획이지만 전자파 규제를 더 세분해야 한다는 지적이 나오고 있다. 우리나라의 전자파 인체보호기준은 크게 두 가지로, 휴대폰 기지국과 같은 무선 설비에 적용하는 전자파 강도기준과 휴대폰 등 단말기에 적용하는 전자파흡수율이다.

표 8.25 일반인에 대한 전자파 강도기준

주파수 범위	전기장강도 (V/m)	자기장강도 (A/m)	자속밀도 (μT)	전력밀도 (W/㎡)
1Hz 이하	-	3.2×10^4	4×10^4	
1Hz 이상 ~ 8Hz 미만	10,000	$3.2\times10^4/f^2$	$4\times10^4/f^2$	
8Hz 이상 ~ 25Hz 미만	10,000	4,000/f	5,000/f	
0.025kHz 이상 ~ 0.8kHz 미만	250/f	4/f	5/f	
0.8kHz 이상 ~ 3kHz 미만	250/f	5	6.25	
3kHz 이상 ~ 150kHz 미만	87	5	6.25	
0.15MHz 이상 ~ 1MHz 미만	87	0.73/f	0.92/f	
1MHz 이상 ~ 10MHz 미만	$87/f^{1/2}$	0.73/f	0.92/f	
10MHz 이상 ~ 400MHz 미만	28	0.073	0.092	2
400MHz 이상 ~ 2,000MHz 미만	$1.375f^{1/2}$	$0.0037f^{1/2}$	$0.0046f^{1/2}$	f/200
2GHz 이상 ~ 300GHz 미만	61	0.16	0.20	10

※ 단위는 주파수(f)의 주파수 범위란에 표시된 단위와 같다.

표 8.25는 일반인에 대한 전자파 강도기준이며 직업인의 경우 이 기준의 대략 두 배 정도이다. 또 전자파흡수율(SAR)은 생체조직에 흡수되는 단위질량 당 에너지율을 말하며 최대 허용기준을 표 8.26과 같이 정하고 있다.

국내의 경우 방송통신위원회가 전자파에 의한 인체보호를 강화하는 전자파 종합대책을 마련하고 전파연구원은 인증받은 휴대폰의 SAR 측정결과를 공개하는 등의 정책을 추진하고 있으나 선진국들이 시행하고 있는 사전예방적 정책에는 미치지 못하고 있다.

표 8.26 전자파흡수율(SAR) 최대기준

주파수	구분	전자파흡수율 기준(W/kg)		
		전신	머리/몸통	사지
100kHz~10GHz	일반인	0.08	1.6	4
	직업인	0.4	8	20

※ 머리/몸통은 사지를 제외한 신체부위를 말하며 이 부분에 대한 전자파 흡수율 기준은 임의 인체 조직 1그램에 대하여 평균한 최대값을, 사지에 대한 전자파흡수율 기준은 임의 인체조직 10그램에 대하여 평균한 최대값을 적용한다.

다. 사전예방 정책 사례

스위스, 이탈리아, 스웨덴 등은 기본적으로 ICNIRP의 기준을 설정하고 사전예방 차원에서 훨씬 강화된 기준을 적용하고 있다. 예로서 스위스의 경우 전자파 민감지역에 설치되는 고정형 장치의 전자파 방출량을 제한하는 장치한계값(ILV : Installation Limit Value)을 규정하고 있다. 여기서 전자파 민감지역은 학교, 병원, 어린이 놀이터, 주거지역 등을 말한다. 이 ILV는 우리나라의 전자파 노출한계기준 대비 약 1/10 수준의 낮은 한계값이다. 즉 주거지역에 대하여는 훨씬 강한 기준을 적용하는 것이다.

라. 일본

일본은 총무성 산하 우정사업청에서 전자파 관련 인체보호기준을 마련해 시행하고 있다. 인체보호기준을 넘어서는 지역에 대해서는 민간인 출입제한을 의무화하고 있다. 스위스는 어린이 놀이터나 학교 등을 '전자파 민감지역'으로 설정했다는게 특이한 점이다. 민감지역에 허용된 전자파량은 일반적인 전자파 인체보호기준 대비 10% 수준이다.

마. 미국

미국은 1996년 연방통신위원회(FCC : Federal Communications Commission)가 인체보호기준을 법제화했는데 여기엔 '인체보호기준을 초과하는 지역에 대한 민간인 출입통제'를 의무화하는 내용이 포함됐다. 미국에서는 PDA, 노트북 PC, 넷북 등 신체에 근접해 사용하는 모든 기기에 대해 SAR 규제를 적용하고 있다. '디지털 기기가 다양해지고 휴대폰을 주머니에 넣고 다니는 등 이용 행태도 머리 외에 전신에 영향을 줄 수 있기 때문에 규제 범위를 확대하기로 했다'는 취지이다.

FCC의 인체보호기준은 100kHz～3GHz 주파수 대역에서 참고자료 8.5와 같이 전자파흡수율(SAR) 기준으로 일반인에 대해 전신 0.08W/kg, 머리·몸통 1.6W/kg, 사지는 4W/kg으로 구분하고 있다. 참고로 최근 한국전자통신연구원에 따르면 5세 어린이의 SAR는 20세 남성보다 1.5배 정도 높은 것으로 나타났다. 어린이 전자파흡수율이 높은 이유는 체질량지수가 낮기 때문으로 분석되었다.

표 8.27 국가별 전자파흡수율(SAR) 기준

구분	허용량
국제기준(유럽, 일본 등 대부분 국가)	2.0W/kg[10g 평균]
한국, 미국, 캐나다	1.6W/kg[1g 평균]

(자료 : 국가법령정보센터 포털싸이트, 전파법 제47조의2(전자파인체보호기준등) SAR의 정의 및 SAR 기준; Wirelessweek, 2012, GAO Report Recommends FCC Review of SAR Limits)

2012년 8월에 미국 회계감사원은 휴대폰 전자파 규제 강화를 요구하는 보고서를 공개하고, 휴대폰 전자파흡수율(SAR) 제한을 실행하도록 FCC에 권고하였다. 한편 전자파 관련 가이드라인은 비관세 무역장벽(NTB)으로 작용할 수 있어 국내 휴대폰 제조업체에도 영향을 미칠 것으로 예상되므로, 미국의 규제 강화에 따른 사전 대응이 필요할 것으로 보인다.

참고자료 8.5 SAR(Specific Absorption Rate: 전자파흡수율)의 정의

휴대전화에서 발생하는 전자파 노출에 대해 인체보호를 위한 노출 제한기준은 전자파흡수율(SAR)로서 정의하며, SAR는 주로 무선주파수 대역에서 노출원과 피노출체 간의 정량화를 위한 것이다.

전자파흡수율(SAR)은 이동통신단말기 등에서 나오는 전자파가 인체 두부(頭部)에 흡수되는 양으로 측정하며 측정을 위한 표준환경, 피시험기기의 조건과 배치, 측정 프로브의 성능 및 측정절차 등에 대한 표준방법을 정하고 있다.

【국가별 일반인 및 직업인별 전자파흡수율 세부기준】

구분		한국	일본	미국	CENELEC[1)]	ICNIRP[2)]	IEEE[3)]
주파수 범위(Hz)		$10^5 \sim 10^{10}$	$10^5 \sim 3\times10^9$	$10^5 \sim 6\times10^9$	$10^4 \sim 3\times10^{11}$	$10^5 \sim 10^{10}$	$10^5 \sim 3\times10^9$
일반인 (W/kg)	전신	0.08	0.08	0.08	0.08	0.08	0.08
	머리/몸통	1.6	2	1.6	2	2	2
	사지	4	4	4	4	4	4
직업인 (W/kg)	전신	0.4	0.4	0.4	0.4	0.4	0.4
	머리/몸통	8	10	8	10	10	10
	사지	20	20	20	20	20	20

※ 머리/몸통은 사지를 제외한 신체부위를 말하며 이 부분에 대한 전자파 흡수율 기준은 한국, 미국은 임의 인체 조직 1그램에 대하여 평균한 최대값을, 일본, CENELEC, ICNIRP, IEEE 및 사지에 대한 전자파흡수율 기준은 임의 인체 조직 10그램에 대하여 평균한 최대값을 적용한다.

※ 1) CENELEC : European Committee for Electrotechnical Standardization, 유럽전기기술표준위원회
2) ICNIRP : International Commission on Non-Ionizing Radiation Protection, 국제비전리방사방호위원회
3) IEEE : Institute of Electrical and Electronics Engineers, 미국전기전자기술자협회

(자료 : 한국전파진흥협회, 2003, SAR(Specific Absorption Rate:전자파 흡수율)란 무엇인가?)

참고문헌

- 강공언, 김신도, 이정실, 최경순, *실내 공기질 관리학*, 2012, 문운당
- 강원대학교 스마트조명연구센타, 2012, *빛공해의 양상과 각국의 규제방안*
- 경기개발연구원, 2007, *다중이용시설 실내공기질 관리방안*
- 경북대학교, 2010, *목질판상제품 방출 폼알데하이드 세부 관리방안 연구*
- 관계부처 합동, 2011, *생활소음 줄이기 종합대책*
- 국립환경과학원, 2007, *제조나노물질의 위해성 평가를 위한 데이터베이스 구축 및 위해성 평가기술관련 연구(I)*
- 김미숙, 최경희, 김영훈, 이종협, 2007, *나노물질의 인체 및 환경유해성에 관한 위해성평가 방안의 고찰*, 청정기술, 13(3), 161~172
- 대한건축학회, 1998, *최근 실내공기환경기준의 국제적 연구동향*, 21세기 실내공기환경의 질 세미나
- 박종안, 2007, *환경보건학*, 동화기술
- 정일록 , 김재용, 윤세철, 이태호, *최신 소음과 진동: 이론과 실무*, 2010, 신광문화사
- 제현국, 2010, *국내외 라돈정책 및 라돈산업의 현황*, 한국지구시스템공학회지, 47(3), 400-405
- 한국전파진흥협회, 2003, *SAR란 무엇인가?*
- 환경부, 2011, *환경보건종합계획(2011~2020)*
- 환경부, 2013, *환경보건 주요 통계자료*
- 환경부, 2011, *목질판상제품 방출 폼알데하이드 세부 관리방안 연구*
- 환경부, 2009, *실내공기질 관리 기본계획(2009~2013)*
- 환경부, 2010, *라돈 고노출 경로 관리체계 구축*
- 환경부, 2010, *외국의 빛공해 현황 및 사례 조사·분석*
- 환경부, 2011, *인공조명에 의한 빛공해 관리지침*
- 환경부, 2007, *전자파 노출실태 및 건강영향 조사 연구*
- EU 집행위원회, 2008, *EU 탄화플루오르옥탄술폰산(PFOS) 함유제품 규제 (Directive 2006/122/EC amending for the 30th time Council Directive 76/769/EEC)*
- Heinsohn and Robert Jennings, 2003, *Indoor air quality engineering : environmental health and control of indoor pollutants*, Marcel Dekker
- IARC, 2011, *Classifies radio frequency electromagnetic fields as possibly carcinogenic to humans*
- Kim, Y. and Yi, J. 2005, *Risk of Nanotechnologies, News & Information for Chemical Engineers*, 23, 338-342
- Koren, Herman, 2003, *Handbook of environmental health. 2, Pollutant interactions in air, water, and soil*, Lewis Pub

- US EPA, 2010, *Consumer's Guide to Radon Reduction (EPA402-K-10/002)*
- US Green Building Council, 2009, *LEED 2009 for Existing Buildings Operation and Maintenance*
- US Environmental Protection Agency, 2009, *Indoor air PLUS Instruction Specification*
- WHO, 2005, *Environmental Health Criteria-Extremely Low Frequency Fields. World Health Organization EMF project*. WHO headquarters in Geneva, Switzerland. October 3-7, 29
- WHO, 2009, WHO *Handbook on Indoor Radon: a public health perspective*
- WHO, *Electromagnetic fields and public health: mobile phones*[online] Available: http://www.who.int/mediacentre/factsheets/fs193/en/

CHAPTER 9

기후변화와 지구환경문제

9.1 지구환경문제 개관
9.2 기후변화
9.3 오존층파괴와 국제협약
9.4 생물다양성 감소와 국제협약
9.5 사막화방지협약
9.6 유해물질 및 유해폐기물 관련 국제환경협약

9.1 지구환경문제 개관

9.1.1 지구환경문제의 대두

산업혁명 이후 인류가 끊임없이 추구해 온 물질문명의 이면에는 다양하고 복잡한 환경문제가 인류의 새로운 해결과제로 대두되게 된다. 인구 증가는 모든 환경문제의 근본 원인으로 자리 잡고 있다. 세계 인구는 1800년 10억 명에서 1927년 20억 명, 1974년 40억 명, 2011년 70억 명을 돌파하는 등 지난 한 세기 동안 크게 증가하였다.[1] 이렇게 인구가 늘어난 만큼 인류는 식량을 조달하기 위하여 산림이나 초지, 습지였던 토지를 농지로 전환함으로써 생물종들의 서식처를 잠식하게 되었다.

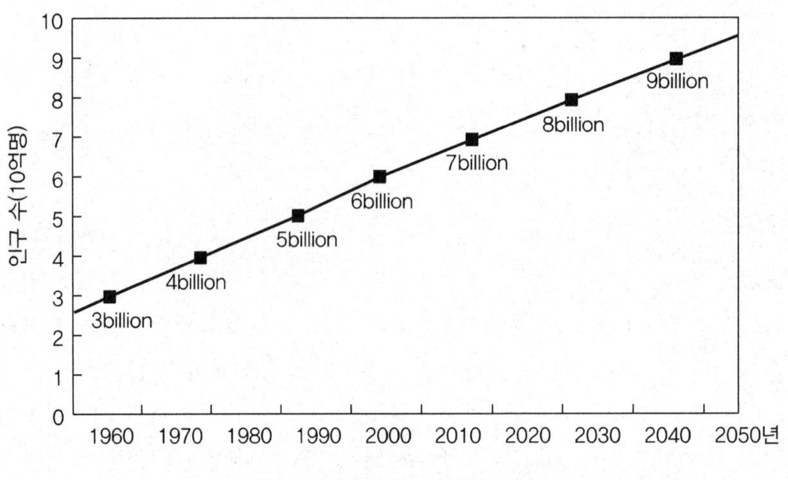

그림 9.1 세계 인구증가 추이

(자료 : U.S. Census Bureau, 2012, International Data Base)

인구증가와 함께 경제규모가 커지면서 필요한 생활·산업 공간이 확대되고, 기술발전을 기반으로 도로와 철도 등 사회간접자본 시설[2]이 크게 확충되면서 많은 토지가 인위적으로 개

1) United Nations Population Fund estimate 2011.10.31

2) 사회간접자본시설은 각종 생산 활동의 기반이 되는 시설 및 당해 시설의 효용을 증진시키거나 이용자의 편의를 도모하는 시설과 국민생활의 편익을 증진시키는 시설을 의미한다.(사회간접자본시설에대한민간자본유치촉진법 제2조제1호) 사회간접자본시설의 범위에는 도로, 철도, 항만, 공항 등과 댐, 상하수도시설,

발되어 생물종들의 서식지를 잠식하는 결과를 가져오게 되었다. 생물종의 멸종이나 감소의 원인은 비단 서식지 잠식뿐 아니라 인간의 무분별한 포획에 의해서도 가속화되었다.

또한 도시화·산업화의 진전으로 수자원에 대한 수요가 증대되고 수질 악화를 초래하는 요인이 되었다. 자동차의 보급과 산업규모의 증대, 인구 밀집현상은 도시 대기오염을 가속화하였다. 석탄과 석유 등 화석연료의 사용 증가로 대기 중의 이산화탄소 농도가 높아져 지구온난화 현상이 초래되었고 금세기 최대의 지구환경문제가 되었다. 한때 꿈의 신물질로 각광받던 냉장고나 에어컨의 냉매로 쓰이던 염화불화탄소(CFCs)는 오존층 파괴의 주원인으로 밝혀져 생산을 중단해야만 했다. 화학공업의 발달에 따라 고독성 농약과 유해화학물질의 생산·사용량이 크게 늘면서 인간의 건강과 생태계의 안전을 위협하는 새로운 위협요인이 되었다.

이와 같이 오늘날 인류가 직면한 기후변화, 생물다양성 감소, 수질오염, 대기오염, 폐기물과 유해화학물질의 범람 등 제반 환경문제들의 기저에는 인구증가와 과학기술이 깔려있다. 특히 과학기술은 어떻게 응용하느냐에 따라 환경문제를 야기하기도 하고 해결하기도 하는 양면성을 지닌다. 지구환경문제는 1970년대부터 국제사회에서 논의되기 시작했으며 1992년 리우 환경정상회의를 기점으로 각국의 참여가 본격화되었다. 이 장에서는 지구환경문제에 대한 국제사회의 대응 경과와 주요 이슈들에 대한 논의 동향, 그리고 우리나라의 대응 현황을 살펴본다.

9.1.2 주요 지구환경문제의 실상

가. 기후변화

화석연료의 사용 증가로 이산화탄소 농도가 약 200년 전 275ppm에서 2011년에는 391ppm으로 50% 가까이 증가하여 지구온난화 현상을 야기하게 되었다. 이는 극지방의 빙하를 녹이고 해수면을 상승시켜 가뭄과 폭우, 기상이변을 심화시키고 식량 생산기반을 저해함은 물론 생태계에도 악영향을 미치게 된다. 또한 질병을 확산시켜 인류의 건강에도 직접적인 영향을 미치고 있다.

2014년에 발표된 IPCC 제5차 평가보고서에 따르면 지구 평균 기온이 1850년 이래 지난 30년(1983～2012년)간 가장 높았고, 21세기 첫 10년인 2011～2010년은 더 높았던 것으로 나타나 지구온난화가 지속되고 있음을 확인[3)]하였다. 지난 133년간(1880～2012년) 지구의

폐기물처리시설, 전기통신설비, 화물저장시설, 도시공원, 체육시설, 박물관 및 미술관 등도 포함된다.

평균 기온이 0.85℃(0.65～1.06℃) 상승하였으며, 지구의 평균 해수면은 지난 110년간(1901～2010년) 19cm(17～21cm) 상승하여 연 평균 해수면 상승률이 약 1.7mm/yr에 달했다. 빙상과 빙하의 양은 계속 증가하여 지난 34년(1979～2012년) 동안 북극 연평균 면적이 10년에 3.5～4.1% 감소하였고 남극 해빙은 1.2～1.8% 증가했을 가능성이 높은 것으로 나타났다.

그림 9.2는 1850년 이후 전 지구 평균기온의 변화추이를 나타낸 것이다. 1961～1990년의 평균기온을 기준으로 3개의 지표 온도세트[4]를 이용해 산출한 것이다. 상단은 연평균값, 하단은 10년 평균값을 나타낸 것이다.

한반도의 경우는 더욱 심각하여 약 100년간(1912～2008년) 6개 관측지점[5]의 평균 기온 상승률은 1.8℃로 전 지구 평균보다 높은 수준을 보이고 있다. 지난 30년간(1981～2010년)은 상승속도가 더욱 증가하여 연평균 1.2℃가 상승(0.41℃/10년) 하였으며, 모든 계절에 걸쳐 상승하는 경향을 나타내고 있다.

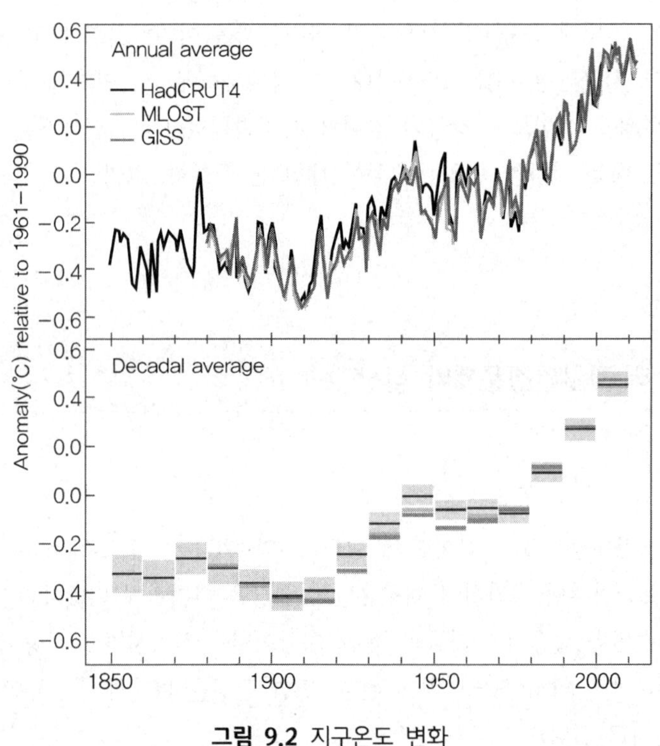

그림 9.2 지구온도 변화

(자료 : IPCC, 2013.9, Climate change 2013: The physical science basis, summary for policy makers)

3) 보고서에는 'Warming of the climate system is unequivocal'로 서술하고 있다.

4) 3개의 지표는 기온예측 모델로서 HardCRUT4, MLOST, GISS이다.

5) 서울, 인천, 강릉, 대구, 목포, 부산

해수면 및 해수온도 변화도 지구 평균에 비해 큰 것으로 나타나고 있다. 1978∼2011년간 제주항의 해수면 연평균 상승률은 5.97mm/yr로 전 지구 평균의 약 3.5배에 달하였다.[6] 이와 같은 해수면의 상승은 연안 개발시 설계기준의 변화, 저지대 범람과 습지이동, 해안침식, 해수의 담수층 침투, 연안 퇴적유형의 변화 등의 영향을 가져올 수 있다. 연근해 지역의 어종도 명태 등 한류성 어종에서 오징어, 고등어 등 난류성으로 변화되었으며 명태의 경우 어획량이 1980년 10만톤에서 2000년도에는 1천톤 수준으로 급감하였다.

표 9.1 우리나라 주변해역의 해수면 상승률 및 해수온도 변화

구분	남해안	동해안	서해안	평균
해수면 상승률 (1978∼2011)	1.98 mm/yr (제주 5.97)	2.12 mm/yr	1.36 mm/yr	-
해수온도 (1968∼2008)	1.29℃ 상승	1.39℃ 상승	1.24℃ 상승	1.31℃ 상승

(자료 : 국립해양조사원, 2012.4.19)

지구온난화에 따른 급격한 기후변화로 인해 지구촌 곳곳에서 집중호우와 가뭄, 한파와 폭설 등 이상기후가 더 자주, 더 강력하게 발생하면서 사회·경제적으로 심각한 피해를 주고 있다. 2012년 북극해의 빙하 면적은 역대 최소 면적을 기록하였으며, 이는 기존에 최소치를 기록했던 2007년의 면적보다 18% 적은 면적이다(2012년 9월 기준). 2011년에 일본에서는 기상 관측 이래 최악의 폭염(7월)이, 중국은 60년만의 겨울가뭄(2월)이, 미국은 1958년 이후 최악의 한파(1월)가 발생하는 등 전 세계적으로 기상이변이 증가한 해로 기록되고 있다. 2012년의 경우에도 2월 북반구 지역에서 기록적인 한파가 발생하고 봄과 여름에는 이상고온 현상과 극심한 가뭄이 발생하여 세계 곡물 가격이 상승하기도 하였다. 기후변화로 인한 "기후 양극화 현상"도 두드러져 중국 윈난성에서 60년만의 가뭄이, 브라질 북동부에서는 30년만의 가뭄이 발생하는 등 건조한 지역의 강수량은 더 감소하였고, 방글라데시, 필리핀, 중국 남부지역 등 강수량이 많은 지역은 큰 홍수가 발생하였다.[7]

우리나라도 2011년 초에 기록적인 한파(1월)와 영동지방에 100년만의 폭설(2월)이 발생하였다. 여름에는 시간당 30mm 이상 내리는 폭우가 128회 발생하여 역대 최대치를 기록하였다. 2012년 1월 하순에는 북극의 찬 공기가 남하하여 기록적인 한파가 나타났고, 5월 평균 기온은 18.3℃로 1973년 이래 가장 높은 기온을 기록하였으며 1962년 이후 50년 만에 처음으로 한 해 동안 4회의 태풍이 한반도에 상륙한 해로 기록되었다.

6) 국립해양조사원, 2012.4.19

7) 관계부처 합동, 2013.1, 2012년 이상기후 보고서

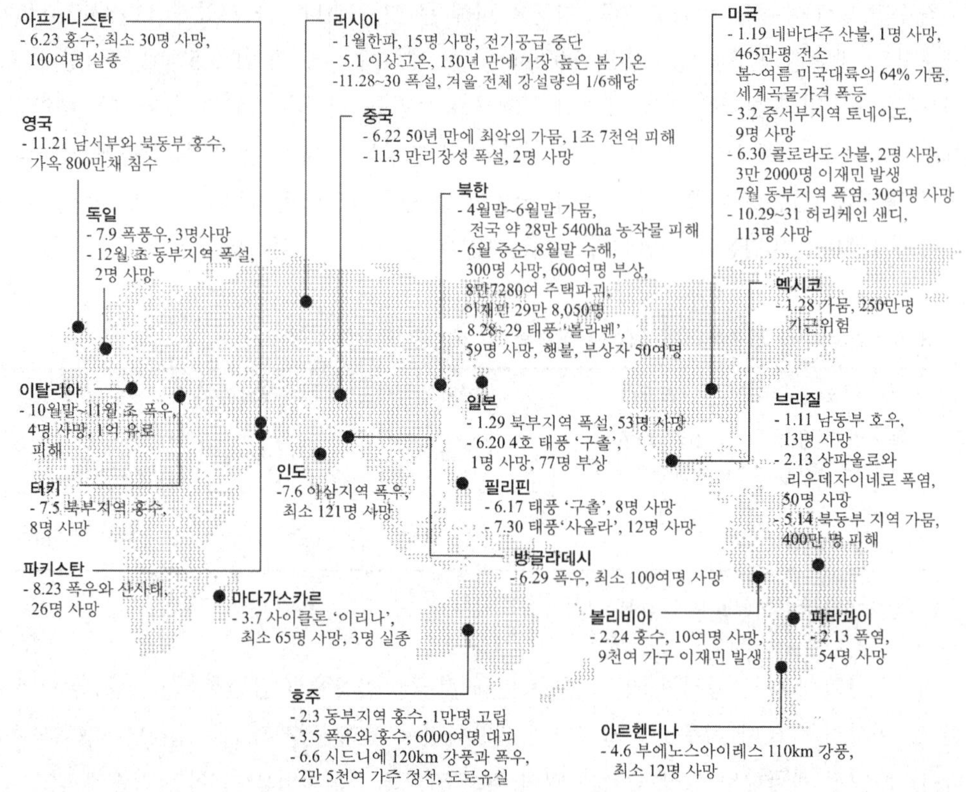

그림 9.3 전세계 이상기후 발생현황(2012년)

(자료 : 관계부처 합동, 2013.1, 2012년 이상기후 보고서)

나. 생물다양성 감소

생물다양성은 세계자연보전연맹(IUCN)의 정의에 따르면 생물종 내의, 또는 생물종간의 다양성과 생태계의 다양성을 포괄하는 개념으로 육상, 해상, 기타 수생태계 등에 존재하는 살아있는 유기체의 다양성과 그것들의 생태학적 복잡성을 의미한다. 현재 지구환경 악화로 나타나는 대표적인 현상 중의 하나는 생물종이 감소되어 생물다양성이 급격한 저감 추세를 보인다는 것이다.

IUCN에서 발표한 생물종 감소 현황을 보면 현재까지 조사된 59,507종 가운데 19,265종이 멸종된 것으로 나타나났다. 포유류의 경우 5,494종 가운데 78종은 이미 멸종되었고, 191종이 매우 강한 멸종위기에 처해 있으며(critically endangered), 447종이 멸종위기에 처해 있고(endangered), 496종은 생존 위기에 처해 있는 것(vulnerable)으로 나타나 있다. 양서류는 6,312종 중 1,910종이 멸종위기에 있다. 이러한 생물종의 감소는 산림 벌채가 확대되고 산림지역이 도시용지나 농업용지로 전환되어 서식지의 절대면적이 감소하는 것과 함께 기후변화, 대기·수질오염, 외래종의 유입 및 남획 등이 주요 원인으로 꼽힌다.

다. 사막화(Desertification)

'사막'은 불충분한 강우 또는 토양건조 등의 원인으로 식생이 결여되어 있는 지역을 말한다. '사막화'는 일반적으로 산림벌채, 가뭄, 부적절한 농업행태, 과도한 가축방목 등으로 인해 땅이 사막으로 바뀌는 현상을 의미한다. 즉 사막화는 토지가 가지는 생물 생산력의 감퇴내지 파괴현상을 거쳐 종국에는 사막 상태에 이르는 과정으로써 지구 대기 순환의 장기적 변동이라는 기후적 요인과 인간 활동에 의한 인위적 요인이 복합적으로 작용되어 일어난다.

표 9.2 전 세계 사막화 현황

지역	사막화된 면적(백만 ha)	분포 비율(%)
아프리카	1,286.0	24.9
아시아	1,671.8	32.3
호주	663.3	12.8
유럽	299.6	5.8
북미	732.4	14.2
남미	516.0	10.0
합 계	5,169.1	100

※ 전 세계 토지 면적=149억 ha
(자료 : UNEP 데이터 발췌)

생태학적·지리학적으로 농경지로 사용하기에 부적합한 지역을 인간이 무리하게 개간함으로써 삼림이 농경지로, 농경지는 다시 사막으로 변함에 따라 사막화 현상이 확대되고 있다. 유엔환경계획(UNEP)의 "사막화방지 행동계획평가[8]"에 따르면 사막화 또는 이와 유사한 황폐화된 토지의 총면적은 현존하는 사막 주변지역에 걸쳐 매년 6만 km^2 가량 확대되고 있으며, 사막화로 인한 피해인구도 1977년의 5,700만명에서 1억 5,500만명으로 증가하고 있다.[9]

아프리카를 비롯하여 남미나 아시아 등 가난한 국가들에서는 현재도 많은 인구가 농업·

8) "사막화방지 행동계획평가(GAP : General Assessment of Progress in the Implementation of Plan of Action to Combat Desertification)"은 1977년부터 1984년까지 7년간 전세계 사막화 진행상황을 분석한 유엔환경계획(UNEP)의 보고서이다.

9) 심영규, 2004, 국제환경협약 편람

목축을 영위하면서 많은 삼림이 사막으로 변화되는 현상이 벌어지고 있다. 육지에서는 삼림이 있어야 빗물이 만들어지고, 또 빗물을 저장하여 홍수와 가뭄을 막아 준다. 삼림이 없어진 지역에서 강우량이 감소하고 사막화 현상이 가속화되는 악순환이 지구 곳곳에서 일어나고 있다. 특히 아프리카 지역에서 이러한 악순환이 두드러지게 나타나고 있으며 해마다 수많은 사람이 홍수와 가뭄의 피해를 입고 식량 부족으로 시달리고 있다. 삼림이 사라진 지역에서는 지표면의 태양에너지 반사율이 증가하고 이에 따라 지표면이 냉각되면서 온도가 낮아진다. 차가워진 지표면에는 건조한 하강기류가 형성되고 강우량이 감소하여 토양의 수분이 적어지므로 사막화는 더욱 빠른 속도로 진행된다.

라. 물 문제

물은 인간의 생존에 필수적인 요소이다. 인류의 4대 문명이 모두 하천유역을 중심으로 번성했다는 사실은 결코 우연한 일이 아니다. 또 인간의 생존과 일상생활 뿐 아니라 농업, 제조업 등 산업 활동에서도 물은 필수불가결한 자원이다. 산업화로 수자원 수요가 급증하면서 물부족, 수질오염 그리고 홍수와 같은 재난문제가 심화되고 있다. UNEP의 연구결과에 따르면 39억 명의 인구가 거주하는 424개 주요 하천 유역 중에서 26.7억 명의 인구가 거주하는 223개 하천 유역에서 연중 한 달 이상 '심각한 물 부족'에 시달리고 있다.10)

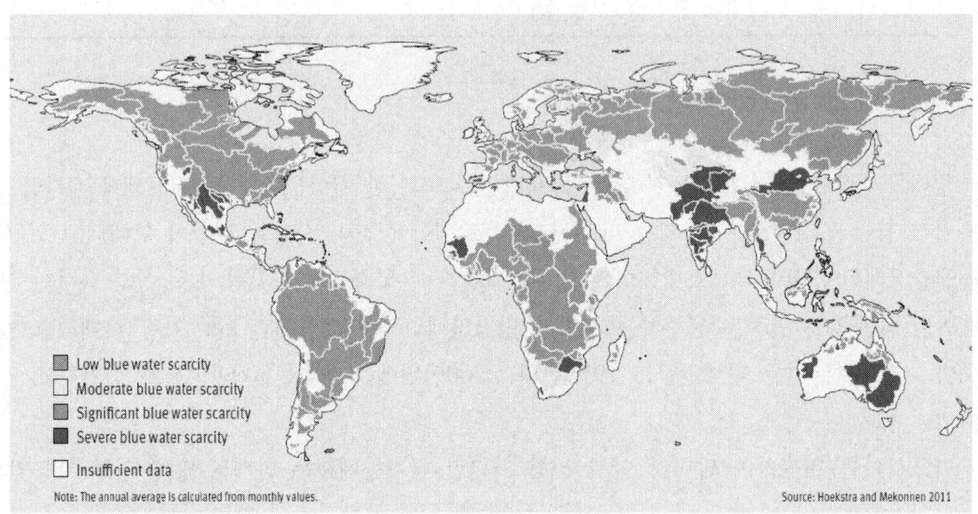

그림 9.4 주요 강 유역의 연평균 물 부족 현황(1996~2005년)

(자료 : GEO-5, UNEP)

10) Global Environment Outlook-5, UNEP, 2012, p.102

수질오염의 문제는 산업화되고 있는 세계 각국에서 공통적으로 발생되고 있다. 1970년대 이래 지구 전체적으로 하천의 영양염류 농도는 15% 증가했고, 호수의 조류 및 대형 수생식물 생산성은 74% 증가한 것으로 나타났다. 한편, 홍수 빈도는 연도별로 편차는 있으나 1980년대부터 2000년대 사이에 2.3배 증가했고, 이재민 수도 같은 기간 동안 114% 증가했으며, 1970년부터 2008년까지 홍수로 인한 사망자의 95%는 개도국에서 발생했다. 최근 들어 홍수 건수가 늘어나는 것은 기후변화가 심화되고 있는 것이 주요 원인인 것으로 추정된다.

9.1.3 국제사회의 논의 동향

1960년대부터 선진국을 중심으로 지구환경문제에 대한 심각성이 거론되기 시작하였다. 이러한 분위기 속에서 1972년 3월에 로마클럽[11]이 발간한 '성장의 한계(The Limits to Growth)'가 큰 반향을 가져온다. 이 보고서에서 "현재 상태의 성장추세가 지속될 경우 100년 내에 재생이 불가능한 자원이 소진될 것이며, 그렇게 될 경우 대량실업, 식량생산 감소, 사망률 증가에 따른 인구감소 등으로 경제기반이 붕괴될 것"이라고 경고하고 있다. 1972년 6월에는 스웨덴의 스톡홀름에서 "유엔인간환경회의(UNCHE)[12]"가 열려 지구적 차원에서 환경문제가 본격적으로 논의되기 시작하였다. 이 회의에서 채택된 '인간환경선언(Declaration on the Human Environment)'은 인간은 환경을 창조하고 변화시킬 수 있는 존재인 동시에 환경의 형성자임을 인정하고, 환경이 인간의 복지와 기본적 인권, 나아가 생존권 자체의 본질이라고 천명하였다.[13] 이후 지구환경문제가 유엔체제의 틀 속에서 논의되기 시작하였고 같은 해에 UN에서는 환경문제를 전담하는 UN 산하 전문기구로 '유엔환경계획(UNEP)'을 케냐 나이로비[14]에 설립하게 된다.

UNEP은 설립 이후 생물다양성 저감, 오존층 파괴, 철새보호, 기후변화, 폐기물의 국가 간

11) 로마 클럽(Club of Rome)은 1968년에 한 이탈리아 사업가가 주도하에 환경 및 자원문제의 심각성을 인식하는 유럽의 지식인들이 모여 만든 모임이다. 주로 로마에서 회의를 가져 로마클럽으로 통칭되며 지구환경오염과 자원고갈의 심각성을 경고하였다.

12) United Nations Conference on Human Environment의 약자

13) Declaration of the United Nations Conference on the Human Environment, 1972

14) UN산하 전문기구는 대부분 선진국에 본부를 두고 있으나 UNEP(United Nations Environment Programme)과 UNCHS(United Nations Centre for Human Settlements) 만이 개도국인 케냐에 본부를 두고 있다. 이는 두 기구가 1972년에 설립되었는데 1960년대부터 아프리카 국가들이 독립하면서 UN내에 발언권이 커져 아프리카로 유치한 것이다.

이동, 유해화학물질 관리 등 지구환경문제와 관련된 국제환경협약 체결을 주도하게 된다. UN은 1983년에 환경과 발전에 관한 세계위원회(WCED : World Commission on Environment and Development)를 설립하고, 위원장에 노르웨이 수상을 역임한 브룬트란드를 임명하였다. 이 위원회는 1987년에 "우리 공동의 미래(Our common future, 일명 Brundtland 보고서)"를 출간하였다. 이 보고서에서 환경문제를 해결하는 발전 이념으로 "지속가능한 발전"[15)]을 제시하였고, 이를 "미래 세대가 그들의 필요를 충족시킬 수 있는 가능성을 손상시키지 않는 범위 내에서 현재 세대의 필요를 충족시키는 발전"으로 정의하였다.

이러한 지속가능한 발전 개념은 1992년 6월 세계정상들이 참여한 가운데 브라질의 리우데자네이루에서 열린 "유엔환경개발회의(UNCED)[16)]"의 기본 이념으로 자리 잡는다. 이 회의에서 지구환경에 관한 기본원칙이라 할 수 있는 리우선언과 함께 세부적인 행동강령으로 "의제21(Agenda21)"[17)]을 채택하였다. 아울러 유엔기후변화협약, 생물다양성협약, 사막화방지협약 등 주요 국제환경협약이 채택됨으로써 국제환경사에서 중요한 분기점이 되었다. 리우회의의 후속조치를 위해 유엔경제사회이사회 산하에 "지속가능개발위원회(UNCSD)"가 설치된다.

한편 리우회의 10주년을 맞아 남아프리카공화국의 요하네스버그에서 2002년 8월 "지속가능발전 세계정상회의(WSSD : World Summit on Sustainable Development)"가 열려 "의제 21"에 대한 지난 10년간의 각국의 실천 노력을 평가하고 향후 10년간 추진할 과제를 논의하였다. 그 결과 21세기 지구촌의 지속가능한 발전 방안이라 할 수 있는 "WSSD 이행계획"과 실천의지를 담은 "요하네스버그 선언문"을 채택한다. 2012년 6월에는 다시 리우데자네이루에서 Rio+20 회의가 개최되었다. 이 회의에서는 "빈곤탈출과 지속가능 발전을 이루기 위한 녹색경제", 지속가능발전을 구현하기 위한 "국제환경거버넌스 개편"을 집중적으로 논의하여 "우리가 원하는 미래(The future we want)"라는 정상선언문을 도출하게 된다. 이 선언문은 "녹색경제(green economy)"가 빈곤탈출과 지속가능 발전을 구현하는 하나의 대안이라고 제안한다.[18)]

15) ESSD, Environmentally Sound and Sustainable Development

16) United Nations Conference on Environment and Development, 통상 리우회의라 한다.

17) "의제 21"은 21세기 지구환경보전을 위한 실천계획으로 부문별 구체적 실천방안을 제시한 행동지침으로, 전문과 4부 39개 과제로 구성되어 있다.

18) The future we want, UNCSD, 2012.6.

9.1.4 국제환경협약 현황

국제환경법의 역사를 보면 19세기 초부터 국제수로법 분야를 중심으로 환경에 관한 국제 관습법이 형성되기 시작하였다. 당시에는 주로 어류, 조류, 물개 등 특정 야생생물의 보존을 위한 국제법적 규제에 관심이 모아졌다.[19] 보다 현대적 의미의 국제환경법 체계는 1972년 개최된 유엔인간환경회의를 기점으로 본격적으로 발전하기 시작했다고 보는 것이 타당하다. 이후 1992년 리우회의를 계기로 지속적인 증가 추세에 있으며 선진국을 중심으로 많은 국가들이 참여하고 있다.

국제환경협약은 기본적으로 가입국의 협약 준수를 전제로 실효성을 담보할 수 있다. 협약에는 가입하였더라도 협약의 내용을 이행하지 않는다면 그 협약은 실효성이 떨어지는 것이다. 대부분의 국제환경협약은 강제적으로 협약 내용의 이행을 관철시킬 수 있는 구체적 수단은 없으나 협약상에 이행준수와 관련된 위원회를 설치하여 각국의 협약 이행실태를 모니터링 하는 등 협약의 실효성을 높이기 위해 노력하고 있다.

지역적, 광역적, 그리고 지구적 환경문제의 해결을 위한 국제환경협약의 수를 정확히 파악하는 것은 어렵다. 이는 국제환경협약을 구분하는 명확한 기준이 없어 어떤 범위의 협약까지 환경협약으로 포함할 것인가는 논란의 소지가 있기 때문이다. 환경부에 따르면 2011년 6월 기준으로 총 221개의 국제환경협약이 있는 것으로 파악되고 있다.[20] 국제환경협약을 주제별로는 구분하면 표 9.3과 같다.

표 9.3 국제환경협약 및 우리나라가 가입한 협약 현황

구분	계	대기 기후	담수 보호	해양 어업	자연 생물보호	핵안전	유해물질 폐기물	기타
채택	221	14	15	86	50	13	13	30
발효	164	10	9	66	40	12	8	19
가입	56	8		23	8	7	3	7

(자료 : 환경부, 2011, 환경백서)

우리나라는 현재 유엔기후변화협약, 오존층 보호를 위한 비엔나협약 및 몬트리올의정서, 멸종위기에 처한 야생동식물종의 국제거래에 관한 협약, 생물다양성협약, 바젤협약, 사막화방지협약 등 56개의 국제환경협약에 가입하였다.

19) 2004 국제환경협약 편람, 심영규

20) 환경부, 2011 환경백서

9.2 기후변화

9.2.1 기후변화의 원인과 영향

가. 온실효과와 기후변화의 개념

온실효과(greenhouse effect)란 지구 표면에서 발생되는 적외선 중 일부가 온실가스에 흡수되어 열이 재방출됨으로써 대기 온도가 올라 지구가 따뜻해지는 현상을 말한다. 지구 대기의 1% 미만을 구성하는 이산화탄소, 메탄 등의 온실가스는 지구에 들어오는 짧은 파장의 태양 에너지는 통과시키는 반면, 지구에서 나가는 긴 파장의 적외선 복사 에너지는 흡수하여 지구 온도를 유지하는 역할을 한다.

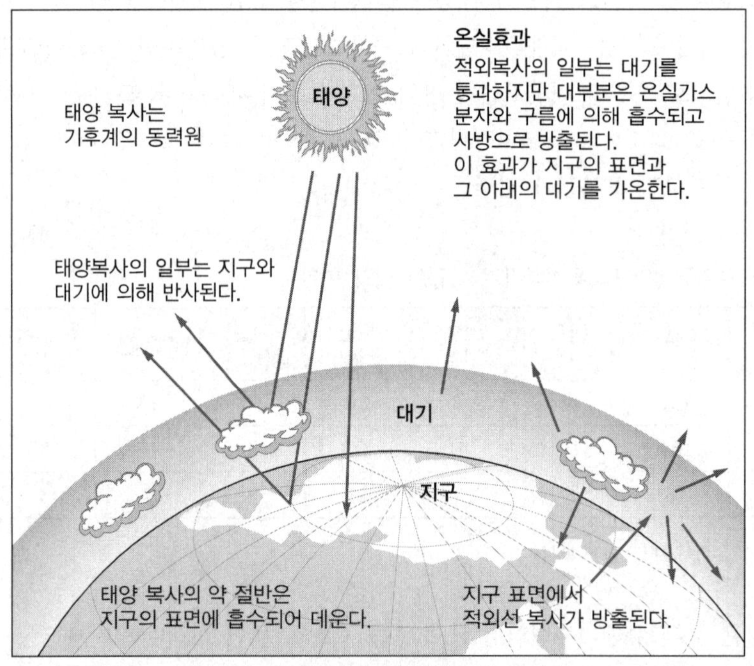

그림 9.5 온실효과

(자료 : 기상청, 2010.7, 기후변화 핸드북)

기후[21]변화의 원인은 화산분출, 태양활동의 변화 등 자연적 원인과 화석연료의 과다 사용에 따른 대기 중 이산화탄소 증가와 같은 인위적 원인이 있다. 20세기 후반부터 나타나고 있는 지구 온도의 상승 현상, 즉 지구온난화는 온실가스의 농도가 증가하고 산림이 감소하는 것이 주요 원인이다.[22] 자연적 온실효과의 범위를 넘어 인위적인 요인에 의해 지구의 평균 기온이 지속적으로 상승하는 기후변화가 나타나고 있는 것이다.

2013년 9월에 발표된 "IPCC 제5차 평가보고서" 중 WG-1 보고서에서는 인간 활동이 최근 60년간 온난화의 주된 원인일 가능성이 극히 높다고(extremely likely) 결론내리고, 이를 95% 이상의 확률로 제시하였다. 참고로 2007년의 제4차 보고서에서는 가능성이 매우 높다고(very likely) 설명하면서 90% 이상 확률로 제시했었다. 온실가스 농도는 2011년에 391ppm으로 1750년 산업화 이후 40% 증가하였으며, 이는 지난 80만년 이래 가장 높은 수준이다.[23] 메탄은 1,803ppb로 산업화 이후 150%, 아산화질소는 324ppb로 20% 증가하였다. 그림 9.6은 전지구 탄소순환 관측지표로 Mauna Loa[24](변화가 심한 선)와 남극(변화가 적은 선)에서 측정한 이산화탄소 농도치이다.

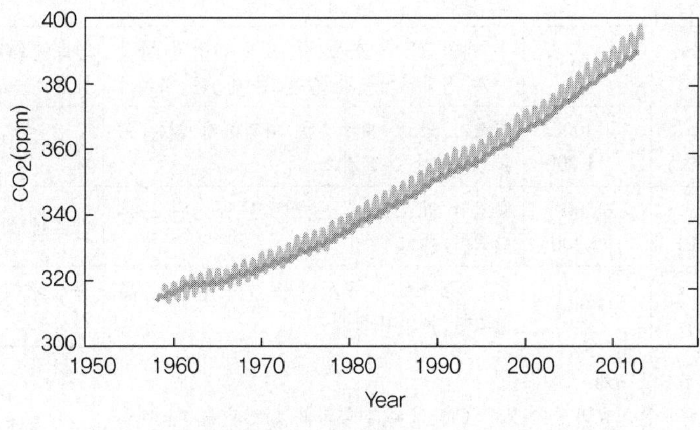

그림 9.6 연도별 온실가스 농도

(자료 : IPCC, 2013.9, Climate change 2013: The physical science basis, summary for policy makers)

21) 기후(climate)는 장기간의 평균(average) 기상학적 현상을 의미하는데 반해 기상(weather)은 단기간의 기상학적 상태를 말한다.

22) IPCC, 2013.9, Climate change 2013: The physical science basis, summary for policy makers

23) 지난 10년간(2002~2011) 화석연료 사용으로 인한 연간 전세계 온실가스 배출량은 평균 8.3Gt/yr(7.6~9.0) 이었으며 2011년에는 1990년 수준보다 54% 증가한 9.5Gt/yr(8.7~10.3)이었다. 1750~2011년간 화석연료 사용으로 365Gt(335~395), 토지이용에 따른 산림 파괴의 영향 등으로 180Gt(100~260) 등 총 545Gt(460~630)이 배출되었다. 이 중 240Gt(230~250)은 대기 중에 잔류, 155Gt(125~185)은 해양에 흡수되었고, 나머지 150Gt(60~240)은 육상생태계(natural terrestrial ecosystems)에 잔류되어 있다(IPCC, Climate change 2013: The physical science basis, summary for policy makers, 2013.9)

24) 하와이에 소재한 산으로 면적으로 세계에서 가장 큰 화산의 하나이다.

온실가스는 화석연료를 사용할 때 나오는 이산화탄소와 농업활동이나 폐기물 처리시에 발생하는 메탄, 아산화질소가 주를 이루고 있다. 최근 들어 반도체 등 첨단산업의 발달에 따라 생산 공정에서 발생하는 수소불화탄소, 과불화탄소, 육불화황 등 불소계 가스도 늘어나고 있다. 이들 여섯 가지 온실가스가 지구온난화에 미치는 영향은 차이가 있다. "IPCC 제2차 평가보고서(1995)"에서 이산화탄소를 기준으로 가스별 영향 정도를 표시한 지구온난화 계수를 발표하였으며 온실가스 배출량은 이 계수를 고려하여 이산화탄소에 상당하는 총 배출량으로 산정한다.

표 9.4 주요 온실가스 및 특징

온실가스[1]	지구온난화 계수[2]	성 질	주요 배출원
이산화탄소 (CO_2)	1	대표적인 온실가스	화석연료 연소
메탄(CH_4)	21	천연가스의 주성분이며, 상온에서 기체. 연소 잘됨	농축산업, 폐기물
아산화질소 (N_2O)	310	수 개의 질소산화물 중 가장 안정된 물질. 다른 질소산화물과 같은 유해성은 없음	연료연소(자동차), 산업공정, 농축산, 폐기물
HFC (수소불화탄소)	1,300 ~11,700	염소가 없고, 오존층을 파괴하지 않는 프론. 강력한 온실가스	에어콘, 냉장고의 냉매
PFC_s (과불화탄소)	6,500 ~9,200	수소가 없고, 탄소·불소로만 구성된 프론. 강력한 온실가스	반도체 세정
SF_6 (육불화황)	23,900	유황·불소로만 구성된 프론과 같은 종류. 강력한 온실가스	전기의 절연체(중전기기), 전자제품 세정

※ 1) 교토의정서상 6개 온실가스
2) 각 가스의 온실효과 기여도 : CO_2의 온실효과를 1로 봤을 때 비율

나. 기후변화의 영향

영국 총리 경제고문인 Stern이 2006년에 발표한 "지구온난화가 경제에 미치는 영향에 관한 보고서[25)]"에 따르면 지구온난화가 현재와 같이 계속되는 경우 2050년에는 각 국가에서 이 문제를 해결하기 위해 전세계 국내총생산(GDP)의 1%인 약 6,510억 달러를 지출하여야 하며, 200년 안에 기후변화로 세계 경제규모가 5~20% 감소될 가능성이 있다고 전망하였다. 또한 지구 기온이 3℃ 증가하면 40억 명이 물부족으로, 5억 명은 식량 기근에 봉착할 것이라고 전망하였다. 각 부문별 기후변화로 인한 영향은 "기후변화 2007년 종합보고서",

25) 제12차 기후변화 당사국 총회(2006.11, 케냐)에서 발표

"IPCC 제4차 평가보고서" 등에 분석되어 있다. 아울러 기후변화 적응 정책이 수반되지 않을 경우 기후변화로 인해 장기적으로 생태계, 기상, 수자원 등 각 부문에 심각한 영향이 있을 것으로 전망하였다.[26)]

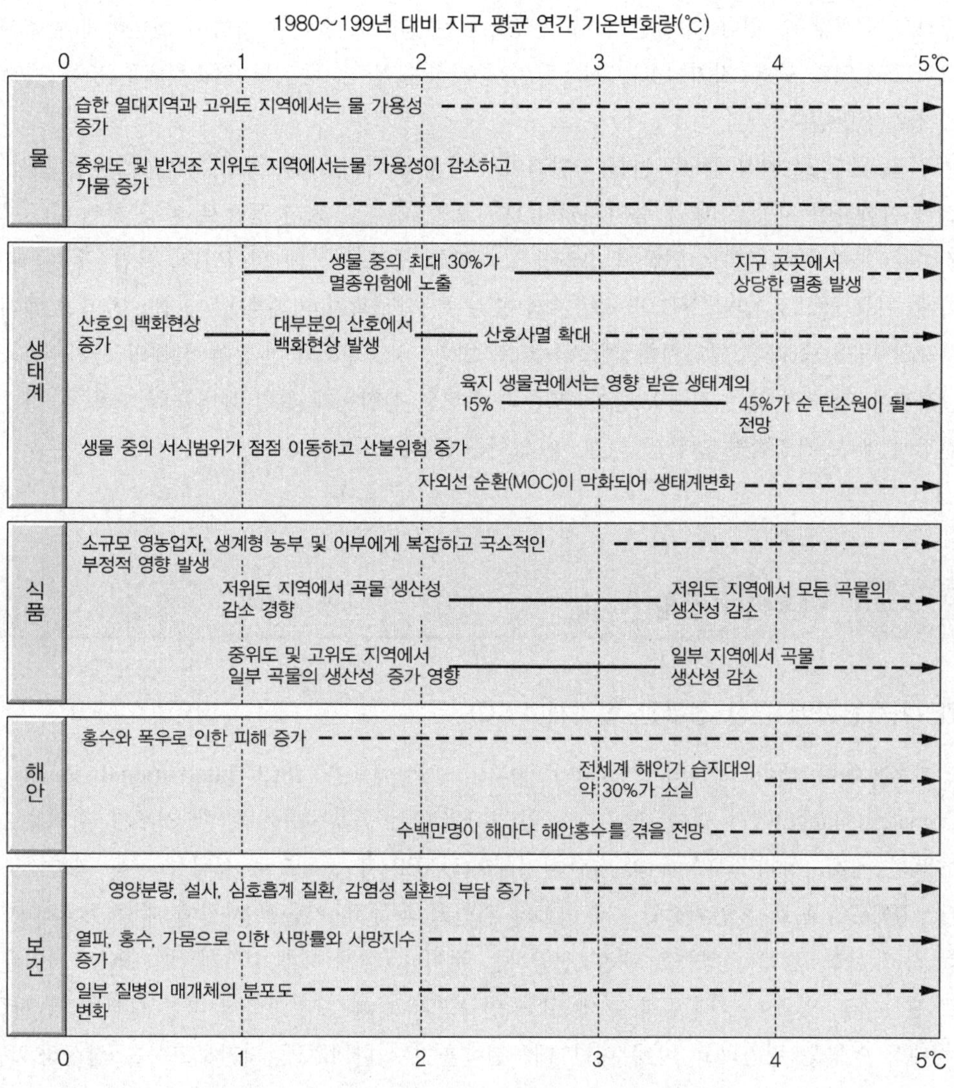

그림 9.7 지구평균 기온변화로 인한 분야별 영향의 사례

(자료 : IPCC, 2008, 기후변화 2007 종합보고서)

26) 기상청, 2010.7, 기후변화 핸드북

해양에서는 북극해 빙하가 융해되면서 해수면이 상승하여 저지대 해안지역이 물에 잠기는 피해가 발생할 뿐만 아니라 해안침식 등의 위험이 증가할 우려가 높다. 생태계에도 큰 영향을 미칠 것으로 예상되는데, 지구 온도 2～3℃ 상승시 20～30%의 생물종이 멸종위기에 노출될 우려가 있다. 또한 생태계내 상호 작용에도 영향을 미쳐 생태계 유지에 부정적인 결과를 초래할 수 있다. 수자원의 경우, 강우패턴 변화로 홍수와 가뭄이 빈번하게 발생하고 고위도 지역과 습윤 지역에서는 강우량이 증가하는 반면, 중위도 건조지역은 더욱 감소할 것으로 전망된다.

폭염, 홍수 등 기상재해로 인한 직접적인 영향뿐만 아니라 물, 공기, 생태계, 농업 등의 여건이 변화하여 사망, 질병을 증가시키고 대기오염, 전염병 확산 등으로 건강 피해도 증가할 것이다. 특히 기후변화로 인한 건강영향은 다양한 경로를 통해 일어난다. 폭염, 홍수, 태풍, 화재, 가뭄 등으로 인한 질병과 사망자의 증가 등 직접적인 피해뿐만 아니라 전염병 매개체 분포의 변화, 꽃가루 알러지의 계절적 분포 변화, 영양실조와 후천성 장애의 증가, 설사나 말라리아, 뎅기열 같은 질병의 증가, 오존과 관련된 심혈관계 질병 유병률의 증가 등 인간의 건강에 매우 치명적인 영향을 미칠 수 있다는 것이다.[27)]

9.2.2 기후변화 전망

가. 기후변화에 관한 정부간 협의체(IPCC)

기후변화에 대한 과학적·기술적인 평가와 영향예측은 IPCC(International Panel on Climate Change)에서 많이 제공하고 있다. IPCC는 기후변화에 관한 정부간 협의체로서 1988년 세계기상기구(WMO)와 유엔환경계획(UNEP)이 공동으로 설립한 전문 과학기구이다. IPCC의 목표는 인위적인 기후변화와 관련된 과학적·기술적 사실에 대해 이론적 평가를 하고 사회·경제적 영향을 예측·전망하는 것이다. 현재 세계 195개국이 IPCC 회원국으로 활동하고 있으며, 기후변화 추세 및 원인규명과 함께 기후변화에 따른 생태학적, 사회·경제적 영향을 평가하고 이에 대한 대응전략을 분석한 IPCC 평가보고서를 작성하고 있다.[28)]

27) 환경부, 국립환경과학원, 2010 한국기후변화 평가보고서, 2011.9

28) IPCC는 그동안 지역별 기후변화영향, 기후변화 관련 기술이전 등 세부 주제별 정보와 함께 생물다양성 협약, 사막화방지협약 등 다른 국제환경협약과 관련된 보고서 등 특별보고서(special report)와 기술보고서(technical report)도 발표하였다.

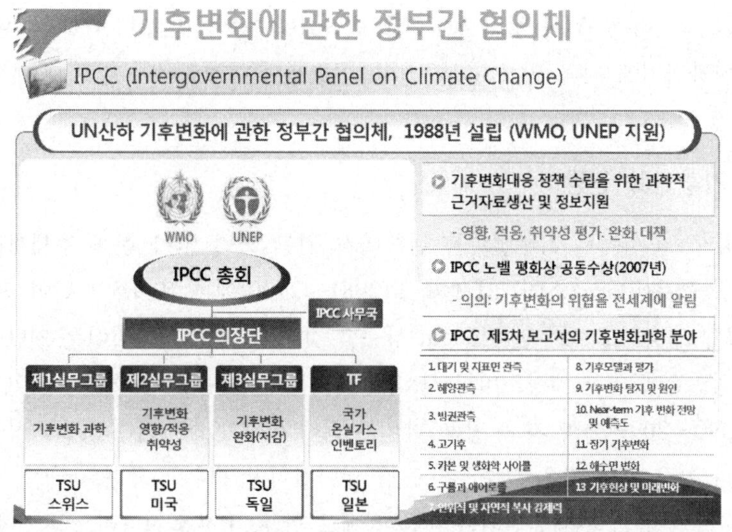

그림 9.8 IPCC 조직과 기능

IPCC 보고서는 1990년 이후 5~6년 주기로 기후변화 평가보고서를 발간하고 있으며 기후변화의 과학적 증거를 수집·분석하고 각종 대응 조치들을 제시하여 기후변화 관련 국제 협상에 큰 영향을 미치고 있다.[29)]

1990년에 발표된 제1차 보고서에서는 19세기 중반 이래 지구 평균 온도가 0.3~0.6℃ 상승했으며, 아무런 조치를 하지 않을 경우(BAU[30)]) 향후 100년 동안 10년마다 0.3℃ 증가하여 2100년까지 3℃가 증가할 것이라고 전망하여 지구온난화의 과학적 근거를 최초로 제시하고 1992년 기후변화협약을 채택하는데 기여하였다. 1995년 발표된 제2차 보고서에서는 지구온난화를 인간에 의한 영향으로 결론내리고 예측모델을 활용하여 원인과 영향 간의 관계를 정립하였다. 또한 온실가스를 감축하기 위한 구속력 있는 장치가 필요하다는 논리를 제공하여 교토의정서 탄생에 기여하였다. 2001년에 발표된 제3차 보고서는 미래 기후변화에 대한 예측치와 이의 불확실성을 제시하였으며 교토의정서 운영체제에 관한 마라케시 합의를 도출하는 데 기여하였다.

2007년에 발표된 4차 보고서는 지구온난화가 진행 중이라는 것에 이견이 있을 수 없으며(unequivocal), 20세기 중반 이후 진행된 지구온도 상승은 대부분이 인간의 활동으로 인한 온실가스 농도 증가에 기인(very likely) 한다고 구체적으로 증명하였다. 제5차 보고서는 과

29) 김찬우, 포스트 2012 기후변화 협상, 에코 리브르; 기상청, 2010.7, 기후변화 핸드북

30) BAU(Business as usual, 배출전망치) : 특별한 조치를 취하지 않을 경우 배출될 것으로 예상되는 미래 전망치. 즉, 국민경제의 통상적 성장 추세를 전제로 유가변동·인구변동·경제성장률 등으로 인한 영향을 고려해 산정한 온실가스 배출 추계치를 의미한다.

학적 근거를 제시하는 WG1 보고서가 2013년 9월에 채택되었으며, WG2와 WG3 보고서는 2014년 3월과 4월에 각각 발표되고 2014년 9월에 종합보고서가 발표될 예정이다.

나. 지구 기후변화 전망

제5차 평가보고서에서 기후변화를 완화하기 위한 노력 없이 현재 추세대로 온실가스를 계속 배출할 경우(RCP 8.5)[31] 21세기 말(2081~2100)에는 표 9.5와 같이 전 지구의 평균 기온이 3.7℃ 상승하고 해수면은 63cm 상승할 것으로 전망되었다. 이는 지난 4차 평가보고서에서 화석연료에 의한 대량소비형 사회(A1FI)가 계속될 경우 1980~1999년에 비하여 금세기 말(2090~2099년)의 지구 평균 기온은 최대 6.4℃, 해수면은 59cm 상승한다고 예측한 전망보다 지구 평균 기온 상승폭은 조금 낮아졌지만 해수면 상승은 더 높아진 것이다.[32] 또 어느 정도 저감 노력이 실천되는 것을 전제로 한 RCP 4.5 시나리오의 경우 평균 기온은 1.8℃, 해수면은 47cm 정도로 상승 폭을 완화할 수 있을 것으로 내다봤다.

또 지구온난화가 진행되면서 극한 혹염 일수는 증가하고 혹한 일수는 감소할 것으로 전망되었다. 지구 대부분의 지역에서 건조 지역과 습윤 지역의 계절별 강수량 차이가 커지고, 우기와 건기 간의 기온의 차이도 더 벌어지며 고위도 지역과 적도 태평양의 경우 강수량이 증가할 가능성이 매우 높은 것으로 나타났다.[33]

표 9.5 21세기 전지구 평균 기온 및 해수면 변화(1986~2005년 대비 전망)

구분 / 시나리오	기온(℃)		해수면(cm)	
	2046~2065년	2081~2100년	2046~2065년	2081~2100년
RCP 2.6	1.0(0.4~1.6)	1.0(0.3~1.7)	24(17~32)	40(26~55)
RCP 4.5	1.4(0.9~2.0)	1.8(1.1~2.6)	26(19~33)	47(32~63)
RCP 6.0	1.3(0.8~1.8)	2.2(1.4~3.1)	25(18~32)	48(33~63)
RCP 8.5	2.0(1.4~2.6)	3.7(2.6~4.8)	30(22~38)	63(45~82)

(자료 : IPCC, 2013.9, Climate change 2013 : The physical science basis, summary for policy makers)

31) RCP는 미래 기후예측 시나리오로 RCP 8.5는 현재 추세대로 저감 없이 온실가스가 배출되는 경우, RCP 6.0는 저감 정책이 어느 정도 실현되는 경우, RCP 4.5는 저감 정책이 상당히 실현되는 경우, RCP 2.6는 당장에 적극 감축하는 경우를 의미한다.

32) 기상청은 4차 보고서가 인위적인 기후변화 요인 가운데 온실가스와 대기 중 화산재·미세먼지 등 에어로졸의 영향만을 고려했다면, 5차 보고서는 여기에 열대우림 등 식생에 의한 토지이용 변화도 함께 분석하여 두 모델 간에 전망치가 다르게 나타났다고 설명하였다.

33) 기상청, 2013.9, 기후변화 발표문

다. 우리나라 기후변화 전망

기상청이 발표한 동아시아 지역의 기후변화 전망에 따르면 어느 정도 저감 노력이 실천되는 경우(RCP 4.5) 21세기 말 평균 기온은 2.4℃ 증가하고, 강수량은 7% 증가할 것으로 예상되었다. 또한 여름 몬순의 강수량은 증가하고, 해안에 상륙한 태풍으로 인한 극심한 강우가 증가하며, 온대성 저기압이 억제되어 한겨울이 감소할 것으로 전망되었다.

현재 추세대로 온실가스를 계속 배출할 경우(RCP 8.5) 21세기 후반(2071~2100)에는 한반도의 연평균 기온이 16.7℃(5.7℃ 상승)까지 올라갈 것으로 전망되는데 이는 현재

표 9.6 2050년 우리나라 기후변화 영향

부문		기후변화 영향(2050년)
자연 환경	산림 식생대	- 소나무 식생지역 → 경기북부, 강원 지역에만 분포 - 동백나무 등 난대 수종 → 서울에서 관찰 가능
	육상 생태계	- 생태계 변화, 서식지 축소 → 생물다양성 감소 - 꽃매미 등 남방계 외래 곤충 증가 - 멧돼지 개체수 증가로 농작물 피해 확산
	해양 생태계	- 제주 산호 군락지 → 백화현상 - 난대성 어종 북상, 한대성 어종 남하 꽃게어장 : 연평도 부근 → 북한 영해 참조기, 갈치 : 제주도 → 전남·경남 연안 대구 : 동해 → 전남 연안
생활 환경	물관리	- 하천 유역, 도심지 홍수발생 가능성 증가 - 가뭄 발생, 생활·농업용수 수요 증가 → 물부족
	해수면 상승	- 해수면·해일고 상승 → 해안 저지대 범람, 침식 해수면 상승으로 여의도 면적 7.7배 범람(2020년) - 일부 방조제·항구 등 범람에 취약
	건강	- 폭염·열대야 1개월간 지속 → 노인, 환자 등 취약 - 말라리아, 뎅기열 등 아열대성 질병 증가 기온 1℃ 상승 → 말라리아(3%), 쯔쯔가무시병(6%) 증가
산업	농업	- 쌀, 과수·채소 등 생산성 감소, 매년 2~4만ha 경작지 감소 기온 2℃ 상승 → 사과 생산량(34%), 고랭지 배추 재배 면적(70% 이상) 감소 - 품종개량 및 신품종 재배 기회 창출
	수산업	- 갯녹음 현상 확대, 대형 해파리 증가 → 어업·양식업 피해 발생 - 참치 등 난대성 어종 양식 기회 제공
	산업전반	- 산업생산 차질, 전력 수급 불안정 등 발생 - 기후친화형 산업, 관광·레저 부문 활성화

(자료 : 기후변화 영향예측, 기상청, 2011.11)

제주도 남단의 연평균 기온에 해당하는 수준이다. 한반도의 평균 기온 상승폭은 지구 평균 상승치의 1.2배, 동아시아 지역 평균 상승치의 1.4배 수준으로 예측되었다.[34)]

9.2.3 우리나라 온실가스 배출현황

가. 온실가스 배출추이

우리나라 온실가스 배출량은 산업화 이후 1997년까지 지속적으로 증가하다가 IMF 기간인 1998년에 큰 폭으로 하락하였으나, 1999년 이후 다시 증가 추세에 있다. 2010년 기준으로 온실가스 총 배출량은 668.82백만톤 CO_2eq[35)]으로 1990년 배출량 296.13백만톤 CO_2eq 대비 약 125.9%, 2009년 대비 9.8% 증가하였다. 우리나라는 근본적으로 에너지 다소비형 산업구조를 갖고 있고 경제규모도 지속적인 성장세를 유지하고 있어 앞으로도 온실가스 배출량은 계속 증가할 전망이다.

표 9.7 연도별 우리나라 온실가스 총배출량 추세

구분	1990	2006	2009	2010	증가율
총배출량(백만톤)	296.2	575.4	609.1	668.8	2010년에 1990년 대비 125% 증가
전년대비 배출량 증가율(%)		1.2	0.8	9.8	
GDP 증가율(%)		5.2	0.3	6.3	

(자료 : 온실가스 종합정보센터, 2013.2.28)

전세계의 이산화탄소 배출총량은 2011년 약 340억톤으로 조사되었다.[36)] 우리나라는 6.1억톤으로 표 9.8에서 보듯이 세계 7위[37)]의 배출국이며 경제규모보다 상대적으로 더 많은 양을 배출하고 있다. 1인당 CO_2배출량은 더욱 심각하여 12.3톤/인으로 중동국가와 미국, 캐나다를 제외하고는 세계 최고 수준이다.[38)]

34) 기상청, 2012.12, 한반도 기후변화 전망 보고서 2012

35) 모든 종류의 온실가스를 CO_2로 환산한 단위

36) EC 공동연구센터와 네덜란드 환경평가청이 공동조사한 자료(2013)를 인용하였다.

37) IEA Report, 2011

38) 1인당 배출량 증가속도는 OECD 국가중 단연 최고 수준이다.

표 9.8 국가별 이산화탄소 배출량

국가	1990년 (10억 톤)	2008년 (10억 톤)	2009년 (10억 톤)	2010년 (10억 톤)	2011년 (10억 톤)	2011년 순위	1990년 대비(%)	2010년 대비(%)
중국	2.51	7.79	8.27	8.90	9.70	1	287	8
미국	4.99	5.74	5.33	5.53	5.42	2	9	-2
EU-27	4.32	4.09	3.79	3.91	3.79	-	-12	-3
인도	0.66	1.56	1.75	1.86	1.97	3	198	6
러시아	2.44	1.80	1.74	1.78	1.83	4	-25	3
일본	1.16	1.25	1.18	1.26	1.24	5	7	2
독일	1.02	0.86	0.80	0.84	0.81	6	-21	-4
한국	0.25	0.54	0.54	0.59	0.61	7	144	3
캐나다	0.45	0.57	0.53	0.54	0.56	8	24	4
인도네시아	0.16	0.41	0.44	0.49	0.49	9	210	0
영국	0.59	0.53	0.49	0.50	0.47	10	-20	-6
세계	22.70	31.70	31.30	33.00	33.90	-	49	3

(자료 : 기후변화행동연구소, 2012, 원자료－European Commission's Research Centre and Netherland Environmental Assessment Agency)

1인당 배출량은 통상 경제성장 속도와 연동되므로 중국, 인도 등 개도국들은 증가하고 선진국들은 감소 또는 정체 추세를 보인다. 특히 2011년 중국의 1인당 배출량은 7.2톤으로 유럽연합(EU-27)에 근접하고 있다. 우리나라의 증가패턴이 1990년대 이후 정체 추세인 선진국보다는 개도국에 가깝게 증가하고 있음을 알 수 있다.

나. 부문별 배출현황

2010년의 부문별 온실가스 배출량을 보면 2009년에 비해 에너지부문이 10.6%, 산업공정부문은 9.1%, 농업부문은 0.4% 증가한 반면, 폐기물부문은 1.5% 감소하였다. 에너지부문과 산업공정 비중이 증가한 것은 GDP 증가와 함께 폭염·한파로 인한 냉·난방용 전력수요 증가 등으로 화력발전량이 늘어난 것이 주요 원인으로 분석된다. 분야별로는 에너지 분야의 배출량이 85.3%로 가장 많고, 산업공정(9.4%), 농업(3.2%), 폐기물(2.1%) 순이다. 온실가스별로는 CO_2(89.1%), CH_4(4.2%), SF_6(2.9%), N_2O(2.1%), HFCs(1.2%), PFCs(0.4%) 순으로 나타났다.

표 9.9 부문별 온실가스 배출량 (단위 : 백만 tCO_2, %)

부 문	1990	1995	2000	2005	2006	2007	2008	2009	2010
총배출량	296.13	445.92	512.01	568.75	575.42	590.26	604.10	609.07	668.82
에너지부문	242.59	356.25	413.00	467.83	474.71	495.46	509.27	516.05	570.70
산업공정	20.2	50.9	58.6	64.5	64.1	59.5	59.6	57.4	62.7
농 업	23.48	24.08	22.75	20.90	20.73	20.77	20.80	21.17	21.26
폐기물	9.86	14.67	17.64	15.49	15.89	14.57	14.44	14.40	14.18

※ LULUCF(Land-Use, Land Use Change and Forestry)에 의한 흡수량 제외한 총 배출량
(자료 : 온실가스 종합정보센터, 2013.2.28)

9.2.4 기후변화 대응 법규 및 제도

가. 저탄소 녹색성장 기본법

저탄소 녹색성장기본법은 2009년 제정되었으며 7장 64개 조문으로 구성되어 있으며 주요 내용은 표 9.10과 같다. 동법 시행령에서 구체적인 감축목표를 제시하고 있는데 2020년까지 온실가스 배출량을 BAU 대비 30% 감축하도록 목표를 설정하고, 이를 달성하기 위해 온실가스 목표관리제, 배출권거래제 등을 규정하고 있다.

표 9.10 녹색성장기본법 체계도

구분	구 분	주요내용
1장	총칙	- 목적, 정의, 추진원칙
2장	저탄소 녹색성장 국가전략	- 녹색성장 국가전략 수립 - 추진계획 수립 및 점검·평가
3장	녹색성장위원회 등	- 녹색성장위원회의 구성, 운영, 기능 등
4장	저탄소 녹색성장의 추진	- 녹색경제, 녹색산업의 육성·지원 - 자원순환, 녹색경영, 녹색금융 활성화 - 친환경세제 개편
5장	저탄소사회의 구현	- 기후변화대응·에너지 기본계획 - 기후변화 대응 및 에너지 목표관리 - 온실가스 배출량·사용량 보고 - 총량제한 배출권거래제도 도입
6장	녹색생활 및 지속가능 발전의 실현	- 지속가능발전 기본계획 - 녹색국토·물·녹색교통·건축·소비·녹색생활
7장	보칙	- 국제협력 증진, 국가보고서 작성, 과태료

나. 온실가스 배출권거래제

1) 기본 개념

온실가스 배출권거래제[39]는 온실가스를 배출하는 사업장에 배출량 감축목표를 제시하고 배출권 매매라는 시장 메커니즘을 활용하여 감축의무를 달성하도록 유도하는 시장기반형 정책수단(market-based instruments)이다. 배출자는 설정된 배출기준을 초과한 경우는 초과분만큼 배출권을 다른 기업에서 매입해야 하고, 역으로 기준보다 적게 배출한 양은 판매할 수 있다. 오염물질의 배출에 대해 배출권 구입이라는 비용을 지불하는 반면, 오염물질을 감축한 성과에 대해서는 배출권 판매를 통해 경제적으로 보상받는 것이다.[40] 직접 규제방식인 목표관리제와 대비되는 정책으로 경제적 수단의 일종이며 기술수준의 차이에 따른 업체간 감축비용 격차를 이용해 국가 전체적으로 감축 비용을 절감하기 위해 도입된 개념이다.

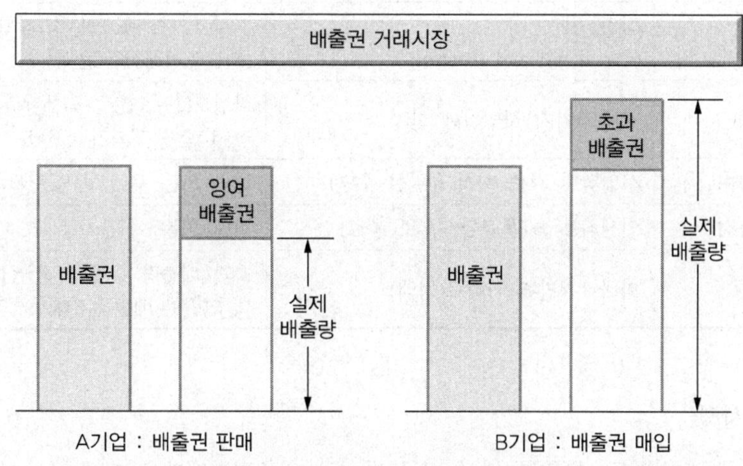

그림 9.9 배출권거래 제도의 개념[41]

39) 기본개념은 환경문제를 포함한 외부성의 문제가 불명확하거나 정의되지 않은 재산권 때문에 발생하므로 재산권을 명확히 제시해 준다면 경제주체간 자발적 협상을 통해 환경문제가 해결된다는 Coase(1960)의 이론에서 출발하였다. 이후 Dales(1968)가 동 개념을 토대로 배출권거래 제도를 제안한 후 기후변화, 산성비, 오존층 파괴와 같은 국제 환경문제에서 유용한 정책수단으로 평가되고 있다(기후변화와 법의 지배, 제4절 온실가스 배출권 할당방식에 관한 논쟁과 시사점, 김용건, p340)

40) 박호정, 나남, 녹색성장 바로알기

41) 기업A(톤당 감축비용 : 1만원)는 배출허용량(10톤)보다 1톤을 더 감축하고 시장에서 이를 판매(가격 : 2만원)하여 1만원 이익(1톤×2만원-1톤×1만원), 기업B(톤당 감축비용 : 3만원)는 배출허용량(10톤)까지 감축하는 대신 시장에서 1톤분을 구매하여 직접감축시보다 1만원 절감(1톤×3만원-1톤×2만원)

배출권거래제는 1995년 미국에서 화력발전소의 이산화황 배출을 줄이기 위해 시행된 산성비 프로그램의 일환으로 처음 도입되었다. 온실가스에 대한 배출권거래 제도는 EU를 중심으로 본격적으로 도입·시행되었다. 배출권거래제는 단순히 온실가스 감축이라는 환경규제만을 목적으로 하지 않고, 에너지 과소비·저효율의 산업구조를 고효율 구조로 전환하는 계기가 될 것으로 기대된다.

표 9.12 목표관리제와 배출권거래제 비교

구 분	목표관리제	배출권거래제
감축목표·경로	국가 목표(2020년 BAU 대비 30% 감축) - 부문별·업종별 감축목표와의 정합성을 고려, 목표(배출권 할당량) 설정 ※ 목표관리제와 배출권거래제에서 감축목표 설정 방법 동일	
MRV	목표관리제 하에서 구축되는 MRV 공통 활용	
규제방식	직접규제 (Command and Control)	시장 메커니즘 또는 가격기능 (배출권거래시장 연동)
이행경계	단년도/자기 사업장에 한정	다년도(3～5년) / 외부감축(상쇄)인정 ※ 1·2차 계획기간 3년, 이후 5년
목표달성수단	사업장내 감축 실시(유일한 수단)	감축 또는 구매, 차입·상쇄[42]
초과감축시	인센티브 無(목표달성으로 종료)	판매 또는 이월 가능
제재수준	최대 1천만원 과태료(정액)	초과 배출량 비례 과징금(10만원 범위 내 연평균 배출권거래가격의 3배 이내)

2) 외국의 사례

EU 27개국, 뉴질랜드, 호주 등에서 전국 단위로 배출권거래제를 시행 중이다. 2005년부터 운영 중인 EU는 산업경쟁력의 저하 없이 효과적으로 온실가스 감축에 성공한 모범사례로 평가된다. EU는 27개 회원국과 비회원국 3개국에 대하여 2005～2007년간 시범 운영하였고 2008～2012년에는 33개국, 12,000여개 사업장을 대상으로 2기 운영을 하였으며, 2013～2020년간 3기 배출권거래 제도를 실시하고 있다.[43] 미국과 일본은 지역단위로 배출권거래 제도가 시행 중인데, 미국의 경우 2005년부터 북동부 10개주에서 배출권거래제(RGGI : Regional GHG Initiative)를 시행 중이며, 캘리포니아주는 2013년부터 시행할 예

42) 상쇄는 타사업장에 자본 및 기술을 지원하여 감축한 양을 자기 감축분으로 인정하는 것, 이월은 잉여 배출권을 미래 특정연도로 넘겨서 사용하는 것, 차입은 배출권이 부족한 경우에 미래 특정연도로부터 당겨서 사용하는 것을 의미한다.

43) 노희진, 2012.5, 자본시장 weekly 2012-20호, 자본시장연구원

정이다.[44] 일본은 도쿄도(2010.4월), 사이타마현(2011.4월), 교토부(2011.10월) 등 지역단위로 의무적 배출권거래제를 시행하고 있다. 전국적인 배출권거래제 도입을 위한 법률이 2011년에 의회를 통과한 호주는 2012년 7월부터 고정가격 배출권거래제를 도입하고, 2015년부터 유동가격 배출권거래제를 시행할 예정이다.[45] 뉴질랜드는 2008년부터 산림·산업부문을 대상으로 시행 중이다.

중국, 인도 등 개도국에서도 지역단위 배출권거래제의 시범사업을 검토 중이다. 중국은 2013년부터 7개 지역[46]에서 배출권거래제(에너지 소비총량 제한)를 시범 시행하고, 2015년에 전국단위로 도입할 계획이다. 인도는 2011년 3월부터 3개 지역[47]에서 배출권거래제를 시범 시행한 후 2014년 4월부터는 에너지절약 인증서 거래제를 시행할 계획이다.

3) 배출권거래 제도의 유형

배출권거래제는 감축목표(cap) 유무에 따라 총량제한(Cap & Trade) 방식과 감축실적 거래(Baseline & Credit) 방식으로 분류할 수 있다.[48] 총량제한 배출권거래는 배출총량(cap)을 설정한 후 참여대상에게 배출허용량(allowance)을 할당하고 이를 기준으로 상호 거래하는 방식이다(쌍방향거래). 감축실적 거래 방식은 특정사업 수행으로 인한 기준배출량(Baseline)을 부여받고, 기준량 이하로 감축한 경우 감축량에 상응하는 감축실적(credit)을 공인된 기관으로부터 확인받아 판매하는 방식을 말한다(단방향거래).

거래방식	주요 내용
Cap & Trade	- 참여자는 의무 준수기간 동안 배출상한선(cap)에 해당하는 배출권을 할당받고, 기간 말 의무준수에 해당하는 배출권을 보유하도록 규정하여 이행기간 동안에 거래 가능 - (사례) 유럽배출권거래제(EU-ETS), 미국 RGGI 등
Baseline & Credit	- 참여자는 이행기간 완료 후 실제 배출량과 Baseline에 의한 배출량을 비교, 초과 달성한 실적을 검·인증 후 배출권(Credit)을 부여(최종 승인과정)받은 후 시장에서 거래 가능 - (사례) 교토메커니즘의 청정개발체제(CDM), 공동이행제도(JI), 국내 KCERs 제도

44) 캘리포니아州 대기환경위원회는 2013년 배출권거래제 시행을 만장일치 결정하고(2011.8월) 시행규칙을 최종 승인(2011.10월) ⇒ 2012년 배출권 할당 실시 예정

45) 녹색성장위원회, 국무총리실, 온실가스 배출권거래제법 시행령 공청회 자료, 2012.8

46) 베이징, 충칭, 광둥, 허베이, 상하이, 텐진, 선전(중국 GDP의 약 1/4을 차지)

47) 타밀나두, 구자라트, 마하라쉬트라 주 등 산업밀집지역

48) 배출권거래제법 제정을 통해 도입하는 방식은 Cap & Trade 방식이며, Baseline & Credit 방식은 상쇄수단 등으로 활용가능

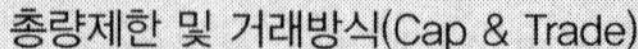

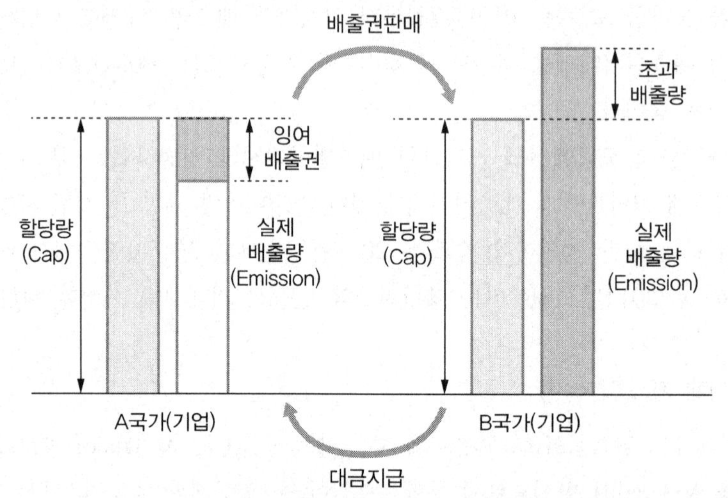

기준선 및 크레딧 방식(Baseline & Credit)

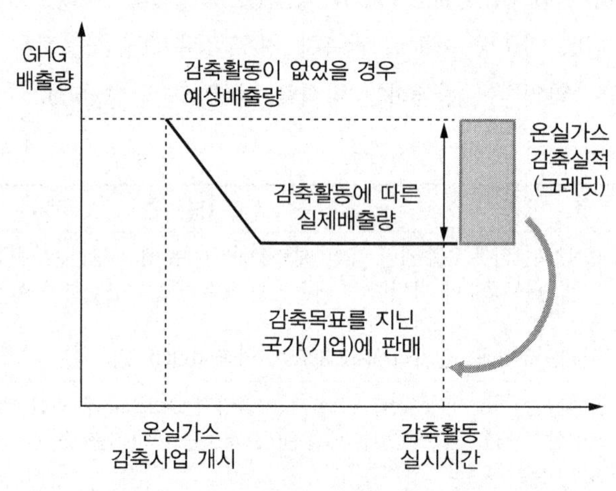

그림 9.10 배출권거래제 유형 및 특성

4) 국내 시행 내용

녹색성장기본법 제46조에서 시장기능을 활용하여 효율적으로 국가의 온실가스 감축목표를 달성하기 위하여 온실가스 배출권을 거래하는 제도를 운영할 수 있다고 규정하고, 이 제도의 실시를 위한 배출허용량의 할당방법, 등록·관리방법 및 거래소 설치·운영 등은 따로 법률로 정한다고 규정하였다. 이에 따라 온실가스 배출권의 할당 및 거래에 관한 법이 2012

년 5월에 발효되었다. 이 법은 총 8장 43개 조항으로 구성되어 있으며 법과 시행령의 주요 내용은 표 9.11과 같다.

운영 절차는 우선 녹색성장기본법에 의해 지정된 관리업체 중 온실가스 배출량이 일정기준 이상인 기업과 자발적으로 참여를 신청하는 기업을 대상으로 할당 대상업체를 지정하게 된다. 다음으로 할당 대상업체에게 계획기간의 총 배출권과 이행연도별 배출권을 할당하고, 무상으로 할당하는 배출권의 비율(1·2차 계획기간은 95% 이상)은 국내 산업의 국제경쟁력에 미치는 영향 등을 고려하여 정하도록 하였다. 여기서 제1차 계획기간은 2015～2017, 제2차 계획기간은 2018～2020년이며 이후에는 5년 단위로 설정하기로 하였다. 계획기간 중에 할당계획이 변경된 경우나, 시설의 신·증설 등으로 할당의 조정이 필요한 경우 또는 할당 대상업체의 전체 시설을 폐쇄한 경우에는 배출권을 추가 할당하거나 또는 조정·취소할 수 있도록 하였다. 이렇게 할당된 배출권은 배출권거래소에서 거래할 수 있게 된다.

표 9.11 온실가스 배출권의 할당 및 거래에 관한 법·시행령 주요 내용

구 분	법	시행령
제1장 총칙	목적, 정의, 기본원칙	목적, 정의
제2장 배출권거래제 기본계획의 수립 등	배출권거래제 기본계획 수립 국가 배출권 할당계획 수립 배출권 할당위원회 설치	배출권거래제 기본계획의 수립절차 국가 배출권 할당계획의 수립절차 할당위원회의 구성 및 운영
제3장 할당대상업체의 지정 및 배출권의 할당	할당대상업체의 지정 목표관리제의 적용 배제 배출권 할당, 무상할당비율 결정 조기감축실적의 인정 배출권 할당의 조정, 취소	배출량 할당의 기준 배출권의 무상할당비율 무역집약도/생산비용증가의 기준 조기감축실적의 인정 신청에 의한 할당의 조정
제4장 배출권의 거래	배출권 거래계정의 등록 배출권 거래의 신고 배출권 거래소	배출권 거래소의 설치·지정 및 감독 시장안정화 조치 기준
제5장 배출량의 보고·검증 및 인증	배출량의 보고·검증 배출량의 인증	배출량 검증기관의 지정 배출량 인증위원회
제6장 배출권의 제출, 이월, 소멸 등	배출권의 제출, 이월 및 차입 상쇄 및 외부사업 감축량 인증 배출권의 소멸, 과징금	배출권 이월·차입의 절차 상쇄 및 외부사업 온실가스 감축량 인증 과징금의 징수 및 체납처분
제7장 보칙	금융·세제상의 지원 국제 탄소시장과의 연계 등 실태조사, 이의신청, 수수료 등	금융상·세제상의 지원 배출권거래 전문기관의 지정 이의신청, 수수료

다. 온실가스 감축목표 설정

우리나라는 온실가스 배출량을 2050년까지 현재 수준 대비 50% 감축한다는 국제사회의 장기 목표를 지지하고 교토 의정서상 의무감축 국가는 아니지만 자발적으로 2020년까지의 국가 온실가스 중기 감축목표를 배출전망(BAU) 대비 30%로 2009년 11월 결정하였다. 이를 토대로 2011년 7월에는 분야별·업종별 온실가스 감축목표를 설정하였다. 여기서 2020년의 온실가스 배출량은 경제성장률, 에너지 가격, 산업구조, 산업계 투자계획 등 경제전망을 토대로 산정한 결과 2005년 대비 37% 증가한 813백만톤으로 예상되었다.49)

한편 2011년 11월에는 이러한 목표 달성을 위한 부문별·업종별 온실가스 감축목표를 설정·발표하였다. 이에 따르면, 2020년까지의 배출전망치와 대비하여 산업부문 18.2%, 전환(발전) 26.7%, 수송 34.3%, 건물 26.9%, 농림어업 부문에서 5.2%를 감축하여 국가 전체적으로 30%를 감축한다는 계획이다.

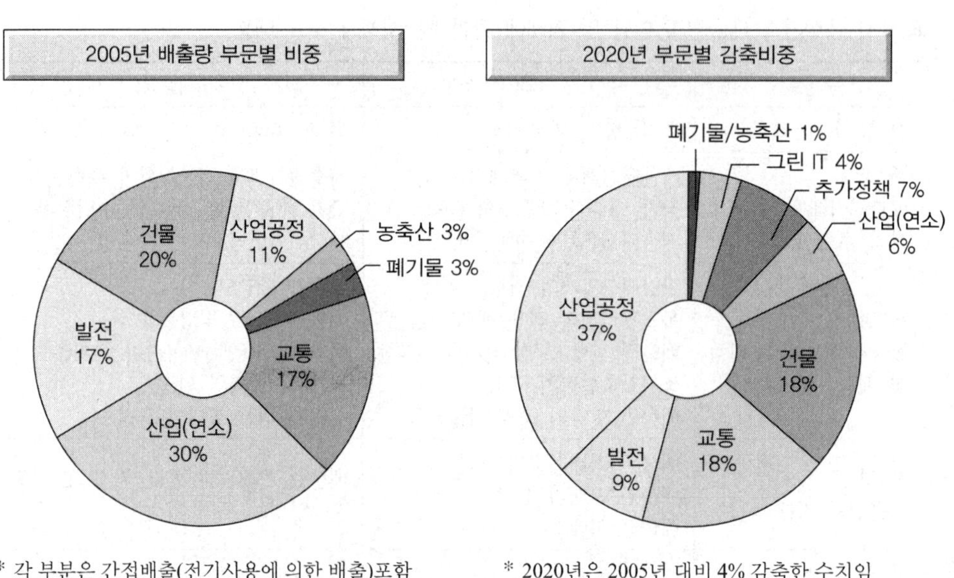

그림 9.11 부문별 온실가스 배출 및 감축 비중50)

(자료 : 녹색성장위원회, 2010)

49) 인구는 2008년 4,860만명에서 2020년 4,930만명으로 증가하는 것으로 예상하였다. 잠재 경제성장률은 인구, 자본의 성장률, 총요소생산성의 증가율에 의해 결정되는데 한국개발연구원에서 예측한 3.66%를 적용하였다. 유가는 2005년 실질가격을 기준으로 2008년 배럴당 98달러에서 2010년 84달러를 기록한 후 지속적으로 감소하여 2020년에는 70달러로 전망하였다(제6차 녹색성장위원회 보고대회, 2009.11, 국가온실가스 중기(2020년) 감축목표의 설정방안)

50) 온실가스 종합정보센터 보도자료, 2011.7.12

표 9.13 부문별 2020년의 배출량 전망치(BAU) 대비 감축목표(%)

산업*	전환	수송	건물	농림어업	폐기물	공공, 기타	전체
18.2	26.7	34.3	26.9	5.2	12.3	25	30

※ 산업부문 감축목표 18.2% 중 산업에너지는 7.1%, 나머지는 공정배출 및 냉매처리에서 감축률

2014년까지에는 기술투자 소요기간과 비용부담을 고려하여 저비용 감축방안을 주로 적용하여 국가 배출량은 2014년에 최고치에 도달하였다가 2015년부터 고비용 감축방안을 단계적으로 확대하면서 배출량이 감소되는 것으로 예측되었다.[51]

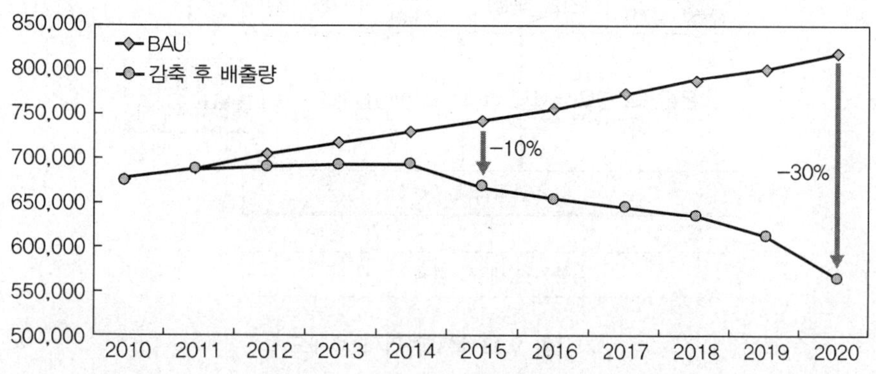

그림 9.12 연도별 예상 감축경로

(자료 : 온실가스 종합정보센터, 2011.7.12)

라. 온실가스·에너지 목표관리제

국가 온실가스 감축목표를 달성하기 위한 수단으로 온실가스·에너지 목표관리제(이하 "목표관리제")를 도입하였다. 목표관리제는 대규모 배출시설에 대한 직접 규제방식으로써 온실가스를 다량으로 배출하거나 에너지를 많이 소비하는 사업장을 관리업체로 지정하고, 관리업체 별로 온실가스 감축목표와 에너지 절약목표를 설정하여 그 이행을 정부가 관리하는 제도이다.

목표관리제는 부문별 부서에서 관리하는데 총괄기관인 환경부가 제도 운영에 필요한 기준·절차와 지침을 마련한다. 부문별로는 농림축산부(농업·축산 분야), 산업통상자원부(산업·발전 분야), 환경부(폐기물 분야), 국토교통부(건물·교통 분야)가 관리업체를 지정하고 목표를 설정하며, 이행을 직접 관리하는 구조다. 관리업체의 지정 절차, 업체별 감축목표의 설

51) 이 예측치에 대하여 전문가들 사이에 이견이 있다. 향후 정밀한 검증이 필요한 부분이다.

정, 배출량의 산정·보고·검증(MRV[52]) 방법과 감축 조기 행동의 인정방법, 검증기관의 지정 등 목표관리제의 운영에 관한 내용에 대해서는 온실가스·에너지 목표관리 운영 등에 관한 지침[53]에서 규정하고 있다.

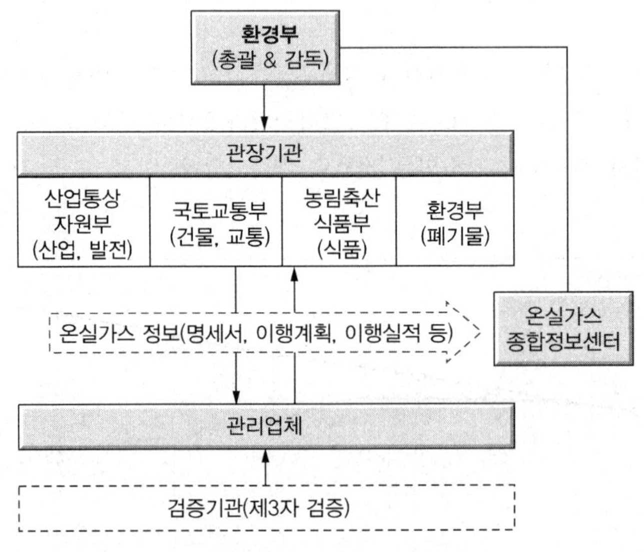

그림 9.13 목표관리제 체계도

(자료 : 환경부, 2012, 환경백서 2012)

목표관리제의 대상업체는 온실가스 배출량과 에너지 소비량을 기준으로 지정한다. 현재 온실가스 배출량이 87,500 CO_2톤을 초과하고 에너지 사용량이 350 TJ[54]을 초과하면 기업 단위로 관리업체 목록에 등록된다. 산정범위는 직접 배출원(scope 1 : 관리업체에서 직접 발생되는 온실가스)과 간접 배출원(scope 2 : 관리업체가 외부에서 공급된 전기 또는 열을 사용함으로써 배출하는 온실가스)을 포함하며, 기타 산업 배출원(scope 3)은 배출량 산정에서

52) MRV(Monitoring, Reporting, Verification 산정, 보고, 검증)
① 산정(Monitoring) : 법 제44조제1항 및 시행령 제34조에 따라 관리업체가 해당 관리업체의 온실가스 배출량 등을 계산하거나 측정하여 이를 정량화하는 것
② 보고(Reporting) : 관리업체가 법 제44조제1항 및 시행령 제34조에 따라 온실가스 배출량 등을 전자적 방식으로 부문별 관장기관에 제출하는 것
③ 검증(Verification) : 자체적으로 산정 또는 측정한 온실가스 배출량에 대하여 제3차 검증기관이 의견을 제공하는 행위(일반적), 온실가스 배출량과 에너지 소비량의 산정과 조기감축실적 및 외부감축실적의 산정이 "온실가스·에너지 목표관리 운영 등에 관한 지침"에서 정하는 절차와 기준 등에 적합하게 이루어졌는지를 검토·확인하는 체계적이고 문서화된 일련의 활동(출처 : 목표관리지침)

53) 환경부 고시 제2012-211호

54) 1 TJ = 10^{12} Joule, 무연탄 40톤이 연소할 때 발생하는 열량과 동일, 23.88 석유환산톤(TOE)

제외[55]한다. 관리업체의 배출대상은 업체가 소유·운영하는 생산시설 외에도 건물, 차량, 폐기물 처리시설 등 모든 시설이 포함된다. 2012년말 현재 산업 및 발전분야 450개소, 농업 및 축산분야 29개소, 건물 및 교통분야 67개소 등 580개소의 관리업체가 지정되었다.

표 9.14 목표관리제 관리업체 지정기준[56]

구 분	2011.12.31까지		2012.1.1부터		2014.1.1부터	
	업체 기준	사업장 기준	업체 기준	사업장 기준	업체 기준	사업장 기준
온실가스 배출량 (CO_2 ton)	125,000	25,000	87,500	20,000	50,000	15,000
에너지 소비량 (TJ)	500	100	350	90	200	80

※ 최근 3년간 연평균 총량 기준

2012년부터 목표관리제가 본격 시행됨에 따라 국가 온실가스 배출량의 2/3를 차지하는 대규모 배출업체들을 정부가 직접 관리하기 시작했다고 볼 수 있다. 또한 온실가스·에너지 의무보고와 제3자 검증체계를 마련함으로써 관리업체들은 국제적 수준의 산정·보고·검증, 즉 MRV 체계를 확보할 수 있을 것으로 기대된다. 그러나 중요한 것은 결국 감축목표의 수준이고 수준이 낮을 경우 효과는 없이 행정력만 낭비하게 된다. 따라서 중장기적으로 대상 업체별로 강력한 감축목표를 제시하는 것이 필요하다.

9.2.5 기후변화 적응대책

지구 온실가스 농도를 450ppm으로 안정화시키더라도 지구온도 상승치를 2℃ 이내로 억제한다는 목표[57]를 달성할 확률은 50% 내외(IPCC, 2007)에 머무르는 것으로 분석된다. 기후변화의 원인물질인 온실가스 배출이 현저히 감소된다 하더라도 향후 최소 수 십년간은 과

55) 이재현 등, 2011, 녹색성장 바로알기, 온실가스-에너지 목표관리, p121-122

56) 녹색성장기본법 시행령 제29조제1항

57) 2009년 기후변화협약 당사국 총회에서 전 지구 기온상승을 산업혁명 이후 2℃ 이내로 유지시키기로 합의(copenhagen accord). 2℃ 목표 실패시 빙하 융해로 태양광 흡수 증가, 영구 동토층의 메탄 대방출로 기후변화 통제가 불가능하다고 예측. 2℃ 목표 달성을 위해서는 대기 중 CO_2 평균농도 450ppm으로 억제해야 함(450ppm 목표). 이를 위해 선진국은 2020년까지 1990년 대비 25~40% 감축, 개도국은 2020년 BAU 대비 15~30% 감축 권고

거에 배출한 온실가스로 인해 지구온난화가 지속될 것이기 때문이다.[58] 온실가스 배출을 줄이는 동시에 기후변화 환경에 적응해야 하는 이유가 여기에 있다.

기후변화 적응(adaptation)이란 기후변화로 인한 악영향을 줄이고 새로운 환경에 적응하는 것을 말한다. 즉 적응정책은 이미 지난 100년간 배출된 온실가스로 인해 야기되는 기후변화로 인한 피해를 최소화하며, 지속가능한 성장 동력을 발굴하는 것을 목표로 한다. 국제사회에서 기후변화 적응에 대한 논의는 2001년 발간된 IPCC 제3차 보고서 이후 본격적으로 시작되었다.

정부는 그간 수차례 적응대책을 발표하였다. 여기서는 2010년 10월에 13개 부처 공동으로 수립한 "국가 기후변화 적응대책(2011～2015)"을 중심으로 설명한다. 이 대책은 저탄소 녹색성장기본법에 따른 법정 국가 적응대책으로 각 부처 및 지자체별로 세부 시행계획을 수립하기 위한 기본계획(master plan)으로서의 성격을 가진다. 기후변화 영향의 불확실성을 감안하여 5년 단위 연동계획(rolling plan)으로 추진된다. 대책은 건강, 재난/재해, 농업, 산림, 해양/수산업, 물관리, 생태계, 기후변화 감시예측, 적응산업/에너지, 교육홍보 및 국제협력 등 총 10개 부문, 87개 세부과제로 구성되어 있다.

국가 기후변화 적응대책
(2011～2015) (총괄 : 환경부)

건강	재난/재해	농업	해양/수산업	물관리	생태계	기후변화 감시예측	적응산업 에너지	건강	교육홍보 및 국제협력
복지부 환경부	안행부 국토부 방재청 환경부	농림부 농진청	산림청	해수부 농림부	국토부 환경부	환경부 농식품부 국토부 등	환경부 미래부 기상청	산업부 환경부 국토부	관련부처

그림 9.14 국가 기후변화 적응대책 추진체계

건강 부문에는 취약계층에 대한 폭염피해 방지대책, 알러지 모니터링 강화 등을 추진한다. 재난·재해 부문은 재해 유형별로 기후변화 취약성 지도를 작성하고 집중강우에 대비하

58) 지구온난화를 2℃ 이내로 억제하기 위해서는 산업화 시대 이후 발생한 인위적인 이산화탄소 배출총량을 약 1,000 Gt로 제한해야 하는데 이미 동 누적량의 절반(460～630 Gt)이 2011년까지 배출되었다. 따라서 이산화탄소를 포함한 온실가스의 배출을 당장 멈춘다 하더라도 기후변화의 영향과 양상은 수 백년 동안 지속, 이미 배출된 이산화탄소의 20% 이상이 1천년 이상 대기 중에 남아 있을 가능성이 커 더 적극적인 감축 노력과 함께 적응대책이 필요하다(IPCC, 2013.9, Climate change 2013: The physical science basis, summary for policy makers)

여 도시 하수도 시설을 개선하는 등 적응을 고려하여 방재·사회기반시설을 개선한다. 농업 부문에서는 기후변화 적응 작물 재배기술과 신품종을 개발하고 병해충·가축질병 예측 및 확산 방지체계를 구축한다는 내용을 담고 있다.

산림 부문은 지역·수종별 취약성 평가와 이를 토대로 임업 생산성을 유지·증진시키며 산림 건강성을 향상시키는 대책이, 해양수산업 부문은 해수면 상승으로 인한 연안변화 관리체계 및 적응방안을 마련하고 기후변화로 인한 어장변화를 감시·예측함으로써 안정적 수산 식량자원을 확보하는 방안이 포함되어 있다. 물 관리 부문은 홍수와 가뭄에 대비하는 물대응 체계 구축, 생태계 부문은 기후변화에 민감한 생육종을 보호하고 생물다양성을 확보하기 위한 대책을 추진한다. 아울러 기후변화 예측기술 개발, 실시간 기후정보 전달체계 구축 등의 내용을 담고 있다.

한편 국가 기후변화 적응대책을 효과적으로 시행하기 위하여 한국환경공단에 "국가 기후변화 적응센터"가 설치되었다. 이 센터는 기후변화 적응대책 추진을 위한 조사·연구, 적응대책 지원 및 협력을 위한 사업, 적응 관련 교육·홍보사업, 국제교류 등의 역할을 하고 있다.[59]

9.2.6 기후변화에 관한 국제적 논의현황

가. 기후변화협약(UNFCCC)의 배경 및 내용

1) 협약의 배경 및 추진 경위

지구온난화 문제는 1979년 세계기상기구(WMO)에서 개최한 제1차 세계기후회의를 계기로 인간의 활동에 기인한 기후변화와 이에 따른 부정적 영향에 대한 대책이 필요하다는 국제적 공감대가 형성되면서 공론화되었다. 1988년 11월에 세계기상기구와 UNEP은 공동으로 기후변화에 관한 과학적 연구를 전담할 전문가 협의체인 IPCC를 구성하였다. 패널에서 1990년 8월 발간한 제1차 보고서는 인간의 활동에 기인한 온실기체의 배출과 지구기온의 상승간의 상관관계를 토대로 적절한 대응조치가 미진할 경우 지구환경의 위기가 도래할 것이라고 경고하였다.

1990년 12월 개최된 UN 총회에서는 총회결의(45/212)를 통해 1992년 6월 개최예정인 유엔환경개발회의(UNCED) 때까지 기후변화협약을 제정하기로 결정하고, "기후변화에 관한 정부간 협상위원회(INC : Intergovernmental Negotiating Committee on Climate Change)"

59) 대기환경보전법 제92조의2, 시행령 제2조의2

를 설치하였다. 협상위원회는 1991년 2월부터 1992년 5월까지 총 5회에 걸쳐 협상회의를 개최하여 협약 문안을 합의하였고, 협약안은 1992년 6월 브라질의 리우데자네이루에서 열린 유엔환경개발회의에서 공식 채택되었다.

2) 협약의 주요내용

협약은 전문(Preamble), 본문 26개 조항, 그리고 2개의 부속서(Annex I, Annex II)로 구성되어 있다. 협약의 본문은 크게 협약의 이행을 위한 기본원칙, 당사국의 의무사항, 재정체계, 기술이전 그리고 기타 협약의 체계에 관한 일반사항 등으로 구성되어 있다.

제2조에서는 협약의 목적을 "기후체계에 위험을 야기하는 인위적 간섭을 방지하는 수준으로 대기 중의 온실가스 농도를 안정화시키는 것"이라고 규정하고 있다. 제3조는 협약의 기본원칙을 천명하고 있는데 여기에는 '형평성(equity)'과 함께 '공동의, 차별화된 책임원칙(common but differentiated responsiblities),' '개도국에 대한 특별한 고려,' '사전예방의 원칙,' '국가의 지속가능한 개발에 대한 권리,' '개방적인 국제경제체제 지향' 등이 포함되어 있다. 일반적으로 형평성은 1인당 온실가스 배출량, 공통의 차별화된 책임은 역사적 배출총량, 대응 능력은 국내총생산 같은 경제능력을 의미하는 것으로 해석된다. 이러한 원칙에 따라 선진국들의 선도적인 대응 행동이 요구되는 것이다.

제4조에서는 당사국의 의무에 관한 사항을 규정하고 있다. 모든 당사국이 기후변화에 대응하기 위해 온실가스를 감축하는 동시에 기후변화에 대한 적응대책을 추진할 것을 요구한다. 각 국가에게 국가별 감축 행동에 대해 국가보고서의 형태로 제출하도록 하고 있다. 부속서 I 국가(주로 선진국)에 대해서는 2000년까지 1990년 배출 수준으로 감축할 것을 요구하고 있으며 이 기준이 기후변화 대응에 적절한지 점검하도록 하고 있다. 기후변화협약 당사국은 감축의무를 부담하는 부속서 I 국가와 부담하지 않는 비부속서 I(Non-Annex I) 국가로 구분된다. 협약을 채택할 당시에는 부속서 I에 경제협력개발기구(OECD) 회원국 24개국과 동구권 국가 10개국이 포함되었다. 이후에 경제협력개발기구 회원국 24개국과 동구권 국가 14개국, 기타 3개국으로 확대되었다.

부속서 I 국가에 속하는 OECD 회원국들은 개발도상국에 재정적·기술적 지원을 하도록 규정하고 있다. 즉 선진국은 개도국을 지원하고, 지원 정도에 따라 개도국의 협약 의무 이행을 제시하고 있다. 이러한 원칙은 선진국의 재정·기술지원이 기후변화 협상의 핵심 쟁점으로 논의되는 이유이기도 하다.

참고자료 9.1 기후변화협약에서 선진국·개도국의 기본입장

기후변화에 대한 선진국과 개도국간의 인식은 기본적으로 차이가 있다. EU를 중심으로 한 선진국그룹은 현재 기후변화 현상이 심각하므로 모든 국가들이 온실가스 저감에 참여해야 한다는 입장인 반면, 중국, 인도 등 개도국그룹은 선진국들이 역사적으로 많은 온실가스를 배출하였고 현재도 1인당 배출량이 훨씬 크므로 저감의무를 져야한다는 입장을 지닌다. 이러한 기본 입장을 반영한 것이 역사적 책임의 문제이다.
역사적 책임의 경우, 선진국과 개도국의 첨예한 논쟁이 계속되고 있는 원칙 중 하나이다. 개도국은 세계 인구의 1/5도 안 되는 선진국들이 역사적으로 배출총량의 3/4 이상을 차지하고, 선진국의 1인당 배출량 역시 개도국의 5-10배 이상을 차지하는 등 현재와 미래의 지구온난화는 주로 선진국의 역사적 배출에 기인하므로 이에 부합하는 책임을 선진국에게 요구하고 있다. 또한 기후변화의 주요 피해자는 개도국으로 기후변화의 부정적 영향으로 인해 발생하는 일차적이고 심각한 피해를 개도국이 받고 있을 뿐 아니라, 빈곤을 탈피하기 위한 경제성장 조차 온실가스의 배출량을 증가시키지 않고 진행할 것을 요구받는다는 것은 부당하다고 주장한다.
이에 대해 선진국은 일정부분 역사적 책임을 인정하는 한편 기온 상승을 줄여야 하므로 (산업화 이전 수준과 대비 2℃ 이하로 제한해야 한다는 의견) 선진국과 함께 개도국의 감축도 필요하다고 주장한다. 즉 선진국의 감축의무에 상응하는 개도국의 적절한 기여를 요구하면서 개도국이 함께 참여하는 새로운 기후변화 협상 체제를 제안하고 있다. 이러한 기본적인 입장 차이는 향후 기후변화 관련 협상에서 좁혀지기 어렵기 때문에 선진국과 개도국이 함께 참여하는 국제협약의 틀은 당분간 정립하기 어려울 것으로 예상된다.

나. 교토의정서(Kyoto Protocol)의 배경 및 내용

1) 의정서 추진배경

기후변화협약은 온실가스의 배출을 감시하고 규제하는 기본적인 절차를 확립했다는 점에서 의의가 있으나, 협약 자체로써 실질적인 감축량과 감축시한을 정하지는 않고 있어 실효성에 한계가 있었다. 1995년 3월 독일 베를린에서 개최된 제1차 당사국총회(COP)에서는 협약 부속서 I 국가들에게 요구되는 온실가스 감축 의무가 지구온난화 방지에 충분하지 않다는데 공감하고 추가적으로 의무를 강화하기로 결정하였다.[60] 1997년 12월에 마침내 일본의 교토에서 개최된 제3차 당사국총회[61]에서 부속서 I 국가들의 의무를 구체화하는 내용의 교토의정서가 채택되었다.

60) 이 회의에서 소위 베를린 위임사항(Berlin Mandate)이 채택되었고, 선진국들의 온실가스 감축목표와 일정에 대하여 규정할 의정서를 준비하기 위해 특별작업반(Ad Hoc Working Group on Berlin Mandate) 설치에 합의하였다. 이 작업반은 수차의 협의를 거쳐 의정서(안)을 마련한다.

61) 일본은 지구환경문제 협상에 주도적으로 참여하여 선진국으로써의 위상을 확립하고자 교토에 총회를 유치하고 의정서 체결을 적극 지지한다. 당시 일본 산업계에서는 무리한 의무설정에 반대하였으나 정부가 국제사회에서의 위상제고를 위해 추진한 것으로 보인다.

2) 의정서 구성 및 주요내용

교토의정서는 전문(preamble), 본문 28개 조항, 그리고 2개의 부속서(Annex A, Annex B)로 구성되어 있다. 제3조 제1항에서 교토의정서의 근본 목표라 할 기후변화협약 부속서 I 국가들의 온실가스 감축 목표를 제시하고 있다. 즉 의정서의 부속서 B에 적시된 대로 협약 부속서 I 국가들은 공동으로 또는 개별적으로 2008년부터 2012년까지 5년간(1차 공약기간) 온실가스 배출량을 1990년 대비 평균 5% 이상 감축하도록 규정하고 있다. 이러한 목표에 따라 선진국들에게는 1990년 배출량 대비 -8%부터 +10%까지 차등적으로 감축의무가 부과되었다. 미국은 온실가스 감축 목표치가 설정되었음에도 불구하고 교토의정서를 비준하지 않아 이 감축 목표수치에 구속되지 않는다.

의정서에서는 부속서 I 국가들이 제대로 온실가스를 감축하는지 점검하기 위한 측정·보고·검증 체제를 규정하고 있다. 먼저 부속서 I 국가들은 온실가스의 배출과 흡수를 측정할 수 있는 국가 시스템을 구축하고 배출통계와 국가보고서를 제출하도록 하고 있다. 그리고 전문가팀이 배출통계와 국가보고서를 점검하도록 하고 있다.

한편 온실가스 감축목표의 이행수단으로 공동이행제도(JI : Joint Implementation)[62], 청정개발체제(CDM : Clean Development Mechanism)[63], 배출권거래제[64] 등 시장기반 메커니즘을 도입하고 있다. 공동이행제도와 청정개발체제는 온실가스 감축 프로젝트를 통해 줄인 온실가스만큼 탄소 크레디트를 부여하고, 이를 계약에 따라 분배하는 메커니즘으로서 "프로젝트 기반의 메커니즘"으로 간주된다. 공동이행제도는 부속서 I 국가간에 추진되고, 청정개발체제는 부속서 I 국가의 재원과 기술로 비부속서 I 국가인 개도국에서 추진되는 온실가스 감축방식이다.

배출권 거래제는 감축의무를 가진 선진국들이 탄소 크레디트를 거래할 수 있도록 한 제도이다. 탄소 크레디트에는 온실가스 감축 의무국이 최초 의무 설정을 하는 과정에서 배출 한도로 할당받은 배출권, 공동이행제도와 청정개발체제로 발생하는 배출권, 그리고 조림 등을 통해 발생하는 배출권이 있다. 배출권은 모두 이산화탄소 1톤을 기본단위로 하고 있다. 이 제도들은 선진국들이 자국 내에서 온실가스를 감축하는 것보다 비용면에서 더 효과적으로

62) 교토메커니즘의 한 종류로서(교토의정서 제6조) 선진국들 사이에서 온실가스 감축사업을 공동으로 수행하는 것을 인정하는 것으로 한 국가가 다른 국가에 투자하여 감축한 온실가스 감축량의 일부분을 투자국의 감축실적으로 인정하는 제도

63) 선진국이 개발도상국에서 온실가스 감축사업을 수행하여 달성한 실적을 해당 선진국의 온실가스 감축목표 달성분으로 인정하는 제도이다.

64) 온실가스의 의무 감축량을 초과 달성한 국가가 그 초과분을 의무 감축량을 채우지 못한 국가에 팔 수 있도록 한 제도를 말한다. 온실가스 감축 보조 수단이다.

온실가스 감축의무를 이행할 수 있도록 경제적 수단을 제공한 것이다. 한편 자국 내에서 시행되어야 할 온실가스 감축 행동을 등한시 하고 교토 메커니즘에만 의지하는 것을 방지하기 위해 '국내 행동에 부수적'이라는 원칙이 확립되어 있다.

참고자료 9.2 수도권매립지 매립가스자원화 CDM사업

수도권매립지관리공사는 매립가스를 포집하여 발전하는 가스발전시설(50MW)을 운영하고 있다. 이 시설은 매립가스로 인한 악취발생 방지와 신재생에너지의 생산뿐 아니라 온실가스를 감축하는 효과가 있다. 매립가스의 주요 성분인 메탄(CH_4)은 지구온난화지수가 이산화탄소(CO_2)의 21배에 이르는 온실가스이자 유용한 에너지원이기도 하다.
2010년에 이 시설에서 저감되는 온실가스에 대해 기후변화협약에 규정된 CDM(청정개발체제)사업의 탄소배출권(CERs, Certified emission reductions)으로 인정되었다. 탄소배출권 394,672 CO_2톤이 UN으로부터 발급되었고, CDM 사업기간인 10년(2007.4.30.~2017.4.29) 동안 총 700만 CO_2톤 이상의 탄소배출권을 확보할 수 있을 것으로 예상된다. 이 사업은 지난 2007년 4월 30일 폐기물 분야에서는 국내 최초로 UN기후변화협약에 CDM사업으로 등록되었으며 전 세계 폐기물 분야 CDM사업 중 최대 규모이다. 또한 선진국의 기술이나 자본의 참여 없이 공사가 독자적으로 추진하고 있는 사업이기도 하다. 2010년 4월 현재 UN에 등록되어 있는 CDM사업은 총 2,129건이며, 국내에도 37건의 CDM사업이 등록되어 있다.

(자료 : 2010. 5, 수도권매립지관리공사 발표자료)

의정서의 발효 규정을 보면 먼저 55개국이 비준해야 하고, 다음으로 전체 부속서 I 국가 중에서 1990년 이산화탄소 배출량의 55%를 차지하는 국가가 비준해야 발효된다. 이 때문에 교토의정서가 1997년 채택되었음에도 2005년에야 발효되었다. 끝으로 교토의정서는 부속서 I 국가의 차기 공약기간에 대한 논의를 1차 공약기간이 종료되기 최소 7년 전에 개시하도록 규정하고 있다. 이에 따라 2005년 몬트리올 회의부터 온실가스 감축 협상이 시작되었다.

다. 국제협상 경과[65)]

교토의정서가 부속서 I 국가들에 한하여 온실가스 감축을 의무화하고, 감축 기간도 한시적(2008~2012년)이었기 때문에 협약 당사국총회가 열릴 때마다 2012년 이후의 대응방안에 대한 논의가 활발히 전개되었다. 2007년 인도네시아 발리에서 열린 제13차 당사국총회

65) 교토의정서 채택이후 온실가스 저감 실천 방안을 놓고 선진국-개도국간, 국가간 치열한 협상을 전개한다. 협상과정과 내용을 들여다보면 향후 국제환경협약에서의 이해관계를 이해할 수 있다. 이러한 국제환경 메커니즘을 이해할 수 있도록 그간의 협상과정을 기술하고자 한다.

에서는 소위 '발리로드맵'을 제시하여 교토의정서 협상트랙(post-2012 협상)과 장기협력행동 협상트랙[66]으로 구분하여 협상을 진행하도록 결정하였다. 2009년 덴마크 코펜하겐에서 열린 제15차 당사국총회에서는 지구온도 상승을 산업화시대 이전과 대비하여 2℃ 이내로 제한할 수 있는 과감한 온실가스 감축방안을 선진국에서 제기하였으나 구체적인 감축수준이나 목표를 설정하는 데는 실패하였다. 다만 개도국에 대한 재정지원을 위하여 녹색기후기금을 설치하기로 합의한 것은 진일보한 것이었다.

2010년 멕시코 칸쿤에서 열린 제16차 당사국총회에서는 칸쿤합의를 발표하는데 여기에는 지구온도 상승을 2℃ 이내로 제한한다는 목표를 재확인하고, 개도국의 자발적 감축행동 등록부(NAMA Registry) 설치, 녹색기후기금 설립 구체화, 적응 및 기술메커니즘 설립 등에 합의하였다. 2011년 남아공 더반에서 열린 제17차 당사국총회에서는 소위 더반패키지를 통하여 교토의정서 연장문제, 2021년 이후의 기후변화 대응체제, 녹색기후기금 설치 등에 관한 결정문을 채택하였다.

이후 2012년 카타르 도하에서 열린 제18차 당사국총회에서는 교토의정서 제2차 공약기간을 2013년부터 2020까지 연장하도록 합의하였다. 또 2020년 이후에 신기후체제를 수립하기 위한 논의의 장으로서 더반플랫폼의 구체적인 작업계획을 확정하고, 녹색기후기금 사무국을 한국의 인천시로 확정하였다. 2013년 폴란드 바르샤바에서 열린 제19차 회의에서는 향후 협상과정에 대해 잠정적으로 합의하였다.

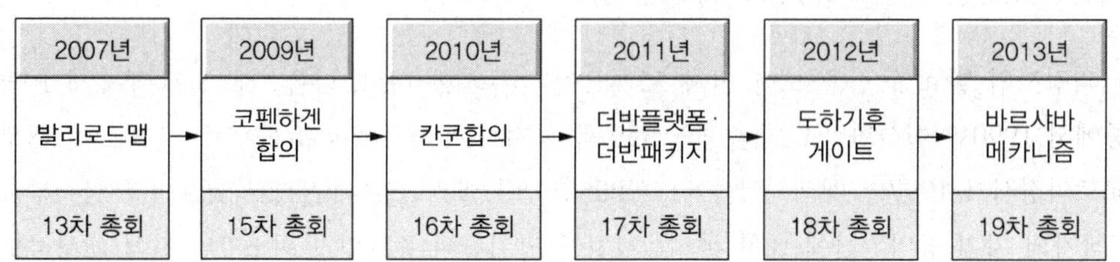

그림 9.14 교토의정서 후속협상 주요합의 경과

라. 향후 협상 전망

기후변화협약은 1992년 채택 당시부터 선진국과 개도국간의 대립구도 속에서 출발하였다. 그 결과 협약을 지탱하는 근본원칙의 하나로 "공통의, 그러나 차별화된 원칙(common but differentiated principle)"이 자리 잡고 있다. 이에 근거하여 교토의정서를 채택하여 선

66) 여기서 장기협력행동 협상트랙이란 2012년 이후의 제도를 논의하는 게 아니라 공유비전, 온실가스 감축, 기후변화 적응, 기술개발 및 이전, 재정지원 등을 논의하는 협상이다.

진국들의 감축목표를 정한 것이다.

EU, 일본, 캐나다, 호주, 러시아 등이 중심이 되어 어렵게 교토의정서에 규정된 1차 공약기간(2008~2012년)을 마치게 되었다. 국제사회는 그간 교토의정서의 연장문제와 범지구적인 온실가스 감축방안에 대하여 논의한 결과 가까스로 교토의정서를 2020년까지 연장하고 2021년부터는 선진국과 개도국 모두가 감축에 동참하기로 합의하였다. 그러나 비록 교토의정서는 연장되었다 하더라도 이미 2차 공약기간(2013~2020년)에 미국은 물론 일본, 러시아, 캐나다, 뉴질랜드가 이탈함으로써 감축의무를 부담하는 기존의 부속서 I 국가의 범위가 한층 줄어들어 지구적인 온실가스 감축의 실효성에 근본적인 회의가 나타나고 있다. 또한 2020년 이후 들어서는 새로운 감축체제 또한 선진국·개도국간 감축수준에 대한 구체적인 합의가 없어 국제 기후협상은 험난한 여정을 예고하고 있다.

마. 우리나라의 대응현황

우리나라는 기후변화협약에 1993년 12월 가입하여 1994년 3월 발효하였고, 교토의정서는 2002년 11월 국회에서 비준하였다. 기후변화협약상 우리나라는 개도국 지위를 인정받아 협약 부속서 I에 등재되어 있지 않아 교토의정서 부속서 B에 제시된 온실가스 감축목표에도 포함되어 있지 않다. 그러나 소위 부자클럽이라고 불리는 OECD 가입국이자 주요 경제지표상 개도국으로 분류하기에 무리가 있는 우리나라에 대한 국제적 감축압력이 갈수록 커지고 있다. 우리나라의 온실가스 배출량은 세계 7위권으로 전 세계 배출량의 2%를 상회하고 있다. 1850년부터 2002년까지 우리나라의 역사적 배출총량 또한 전 세계 배출량의 0.8%에 달해 자유롭지 못한 상황이다.[67)]

이에 우리나라는 2009년 11월 덴마크 코펜하겐에서 열린 제15차 당사국회의에서 2020년까지 온실가스 배출전망치(BAU, Business As Usual) 대비 30%를 감축한다는 자발적 중기 감축목표를 공표하여 국제사회로부터 큰 호응을 얻은 바 있다. 이 목표를 실현하기 위하여 "저탄소 녹색성장 기본법" 제정, 국가온실가스종합정보센터 설립, 발전소 등 대형배출원 약 500개소에 대한 "온실가스 목표관리제" 도입 등의 정책을 추진하고 있다. 그러나 최근에 자발적 감축목표 달성이 쉽지 않다는 문제가 제기되고 에너지 사용량이 지속적인 증가추세를 보이는 등 국내 감축노력이 국제사회의 기대치에 못 미치고 있는 것으로 보인다.

67) 환경부, 2011 환경백서, 2012

9.3 오존층파괴와 국제협약

9.3.1 오존층파괴 원인과 국제사회의 대응

가. 오존층 파괴의 원인

지표면으로부터 대략 20~30km 상공의 성층권에는 상대적으로 오존 농도가 높은 오존층이 형성되어 있다. 오존층은 태양으로부터 방사되어 지표면에 도달하는 자외선의 약 97~99%를 흡수하는 것으로 알려져 있다. 태양광선중 자외선(UVB)은 오존층을 통하여 흡수되지 않고 투과되어 지표에 도달하는 양이 많아질 경우 사람에게는 피부암이나 백내장을 유발하고 면역기능을 저하시킨다. 식물이나 해양플랑크톤의 엽록소를 파괴하여 식물의 생육을 저해함으로써 농작물의 생산량을 감소시키고, 해양플랑크톤의 생산량 감소는 먹이연쇄 반응을 통하여 해양생태계에도 악영향을 미치는 것으로 알려져 있다.

과학자들은 이러한 오존층의 파괴가 인류의 산업 활동에 의해 개발되고 사용되어 온 특정 물질과 연관된다는 사실을 규명하였다. 이 물질은 1928년 미국의 듀퐁(Du Pont)사에서 개발한 염화불화탄소(CFCs : Chlorofluorocarbons)를 비롯한 유사물질로서 주로 냉장고나 에어컨의 냉매나 세척제, 분사제, 발포제 등으로 사용되어 왔다.

나. 오존층파괴물질 규제를 위한 국제협상 과정

1970년대 초부터 꿈의 신물질로 알려져 있던 염화불화탄소(CFCs)와 소화제로 사용되는 할론(Halon)이 성층권의 오존층을 파괴한다는 주장이 제기되기 시작하였다. 오존층 파괴문제에 대처하기 위한 국제적인 논의는 유엔환경계획(UNEP) 주도하에 1977년 5월 "오존층에 관한 세계 행동계획(World Plan of Action on the Ozone Layer)"이 채택되고 UNEP와 WMO가 공동으로 "오존층에 관한 조정위원회"를 구성하면서 본격화되었다. 이후 1985년 3월 오스트리아에서 개최된 UNEP 이사회에서 "오존층 보호에 관한 비엔나협약"이 채택되었다. 그러나 이 협약은 선언적 의미의 오존층 보호를 언급하였을 뿐, 오존층을 파괴하는 특정 물질에 대한 구체적인 감축 조항은 담고 있지 않았다. 실질적인 규제는 1987년 몬트리올에서 채택된 "오존층 파괴물질에 관한 몬트리올의정서"에 규정되어 비로소 실효성 있는 오존층 보호조치가 마련되었다.

9.3.2 오존층파괴와 관련된 국제환경협약

가. 비엔나협약

협약의 정식명칭은 "오존층 보호를 위한 비엔나협약(Vienna Convention for the Protection of the Ozone Layer)"으로 전문과 본문 21개 조항, 그리고 2개의 부속서(Annex I, Annex II)로 구성되어 있다. 전문에서는 협약이 오존층 파괴로 야기되는 인간의 건강과 환경에 미치는 부정적 영향을 방지하기 위한 것이라고 명시하였다. 당사국의 일반적 의무사항으로는 I) 체계적인 관측과 연구, 정보교류 협력, ii) 적절한 입법적, 행정적 조치를 채택하거나 오존층에 부정적 영향을 미치는 활동의 제한, 감소, 방지를 위한 협력, iii) 의정서 등 협약 이행을 위한 조치, 절차, 기준 마련에 협력, iv) 협약이나 의정서의 효과적 이행을 위한 국제기구와의 협력 등을 규정하고 있다.

한편 부속서 I 에는 연구와 체계적 관측에 관한 세부사항을 기재하고, 연구내용으로 i) 대기의 물리·화학적 연구, ii) 자외선의 방사에 따른 건강 및 생물학적 영향 연구, iii) 기후 영향에 대한 연구, iv) 오존층의 체계적 관측에 관한 내용이 포함되어 있다. 부속서 II에는 정보교류에 관한 내용으로 여기에는 과학적 정보, 기술적 정보, 사회경제적·상업적 정보, 법적 정보 등이 포함되어 있다.

나. 몬트리올의정서

의정서의 정식명칭은 "오존층 파괴물질에 관한 몬트리올의정서(Montreal Protocol on Substances that Deplete the Ozone Layer)"이다. 의정서는 전문과 본문 20개 조항, 그리고 5개의 부속서(Annex A, B, C, D, E)로 구성되어 있다. 의정서에서는 국가별로 1986년 사용량과 생산량을 기준으로 한 규제물질의 단계별 감축일정을 제시하고 있다. 물질별 감축일정은 수차례 의정서가 개정되면서 확정되었다. CFCs의 경우 의정서 가입국은 선진국 기준으로 최초 의정서 발효일로부터 7개월째부터 각 12개월간의 기간 동안 1986년 사용량·생산량의 100%로, 1991년 7월 1일부터 1992년 12월말까지는 1986년 사용량·생산량의 150%로 한정하였다. 이후 1994년부터는 연간 사용량을 1986년 사용량의 25%로 줄여야 한다고 명시하고 1996년부터는 규제물질의 사용을 전면 금지하였다. 생산의 경우도 전면 금지되는 것이 원칙이나 일부 예외를 인정하는 규정을 두고 있다.

개도국에 대한 특별고려에 관한 사항을 규정하여 특정 규제물질의 금지 일정과 관련하여 선진국에 비해 10년간을 유예하도록 하였고, 대체물질 및 대체기술에 대한 접근과 이용촉진, 대체기술 및 대체제품의 이용을 위한 재정지원 등을 규정하고 있다. 또 개도국을 위한 재정적, 기술적 지원을 위한 재정메커니즘을 규정하고 있다. 몬트리올 의정서는 국제환경협약에서 가장 성공적인 사례로 꼽힌다. 오존층 파괴라는 전 지구적 환경문제 해결을 위해 원인물질 제거라는 근본적인 대책을 제시하였고, 이후 파괴되었던 오존층이 복원되었다는 연구결과도 나오고 있다.

9.3.3 우리나라의 대응현황

우리나라는 1992년 2월 27일 비엔나협약과 몬트리올의정서의 비준서를 동시에 기탁하여 1992년 5월 27일 발효하였다. 특히 특정물질의 생산·사용 규제와 관련한 몬트리올 의정서 체제상 우리나라는 1994년 이래 개도국 지위를 인정받아 특례조항에 따라 개도국의 감축 일정을 적용받게 되었다. 우리나라는 몬트리올의정서에 가입함으로써 개도국 지위로 규제물질의 생산·소비의 전폐 일정을 준수하고, 비당사국과의 규제대상물질의 무역을 금지하는 등 의정서상 무역제한조치를 취하였다. 한편 국내조치로 가입 당시에 규제대상물질의 생산·소비를 제한하는 방안을 마련하였다. 1991년 1월 "오존층보호를 위한 특정물질의 제조규제 등에 관한 법률"을 제정하여 의정서의 준수를 위해 특정물질의 제조·수입 및 판매를 규제하고, 대체물질 개발을 추진하는 동시에 CFCs 등 특정물질의 사용합리화방안을 강구하였다.

9.4 생물다양성 감소와 국제협약

9.4.1 생물다양성 감소 동향

지구상의 생물종의 분포와 멸종 상황은 정확하게 파악되어 있지 않다. 그러나 과학자들은 제한된 범위의 연구를 통해 대략적인 생물종의 멸종 정도와 추이를 추정하고 있다. 과거 400년 동안 대략 300~350 종의 척추동물이 멸종하고, 400종의 무척추동물이 멸종한 것으로 추정하고 있다. 포유류와 조류의 경우에는 400년간 연평균 약 20～25종씩 멸종한 것으로 알려져 있다.

표 9.13 지구상에 존재하는 것으로 추정되는 생물다양성

Kingdoms	기술된 생물종수	추정되는 생물종수
박테리아	4,000	1,000,000
원생생물(지의류, protozoa 등)	80,000	600,000
동물	1,320,000	10,600,000
균류	70,000	1,500,000
식물	270,000	300,000
계	1,744,000	약 14,000,000

(자료 : Secretariat of the CBD, 2011, Global Biodiversity Outlook)

문제는 지구의 탄생이래 존재했던 생물종의 자연적인 멸종속도와 최근 400년간의 멸종속도간의 차이이다. 생물종이 평균적으로 화석으로 나타나는 기간이 4백만 년임을 고려할 때 한 시대에 1천만종이 존재하고 있었다면 연평균 멸종 생물종은 2.5종으로 추정할 수 있다. 이 수치를 최근의 조류와 포유류에 적용해 보면, 이들 종이 각각 1만종과 5천종 있다고 할 때 멸종속도는 조류의 경우 400년에 한 종, 포유류의 경우 800년에 한 종씩 멸종해야 타당하다. 그러나 이들 종의 최근 알려진 멸종 정도는 이보다 100배 내지 200배 높은 것으로 나타나고 있다.[68] 이러한 현상은 급격히 증가한 인구와 이들을 부양하기 위한 식량생산, 그리고 각종 경제활동이 결국 생물종의 급격한 감소를 초래하는 요인으로 작용하고 있다고 할 것이다.

9.4.2 생물다양성 보호를 위한 국제협약

가. 생물다양성협약(Convention on Biological Diversity)

1) 협약의 추진 경위

산업화와 열대림 파괴 등 인간의 개발행위로 생물종의 멸종이 지속되면서 1980년대부터 감소되는 생물종 보호를 국제규범의 필요성이 제기되었고 세계자연보전연맹(IUCN)과

68) CBD, 2001, Global Biodiversity Outlook 1, pp.70～71

UNEP을 중심으로 구체적으로 논의되기 시작하였다. 1987년 6월 개최된 제14차 UNEP 집행이사회는 생물다양성 보존에 관한 협약을 다루기 위한 특별작업반을 설치할 것을 결의하였고, 이에 따라 UNEP, IUCN, 세계식량농업기구(FAO)는 공동으로 생물다양성협약(안)을 마련하여[69] 1992년 6월 리우회의에서 158개국이 서명하여 채택되었다.

2) 주요 내용

협약은 전문과 42개 조문, 그리고 2개의 부속서로 구성되어 있다. 제1조는 협약의 목적을 "유전자원에 대한 적절한 접근, 관련 기술의 적절한 이전 및 재원 제공 등을 통하여 생물다양성을 보존하고, 그 구성요소를 지속가능하게 이용하며, 유전자원의 이용으로부터 발생되는 이익을 공정하게 공유하도록 한다"고 규정하고 있다. 제2조에서는 '생물다양성'이란 육상·해양 및 그 밖의 수중생태계와 이들 생태계가 부분을 이루는 복합생태계 등 모든 분야에서의 살아있는 유기체간의 변이성을 말하며, 여기에는 종 내의 다양성, 종간의 다양성 및 생태계의 다양성을 포함하는 것으로 정의하고 있다.

제5조부터 제21조까지는 생물다양성의 보존과 지속가능한 이용에 관한 내용을 기술하고 있다. 즉 국가 간 협력에 관한 사항, 생물종 보존 및 지속가능한 이용을 위한 조치, 조사와 감시에 관한 사항, 보호지역제도와 같은 '현지내 보존'에 관한 사항, 동물원이나 식물원 등과 같이 특정한 시설설치를 통한 '현지외 보존'에 관한 사항 등을 규정하고 있다. 특히 제15조에서 유전자원에 대한 접근에 관한 내용을 다루어 후에 "생물유전자원의 접근 및 이익 공유에 관한 나고야의정서"가 태동하는 토대를 제공하였다. 여기서는 우선 자국의 자연자원에 대한 주권적 권리를 인정하고 있으며 유전자원에 대한 접근을 결정하는 권한은 해당 국가에 있고 법률로 정하도록 규정하고 있다. 동시에 협약당사국은 다른 당사국이 건전한 이용을 위하여 유전자원에 대한 접근이 용이하도록 여건을 조성하고, 협약목적에 반하는 제한을 부과하지 않도록 해야 한다고 강조하고 있다. 또 각 국가들이 연구·개발의 결과와 유전자원의 상업적 이용 등으로 얻어지는 이익을 그 자원을 제공하는 국가와 공정하게 공유하기 위하여 입법적·행정적·정책적 조치를 취하도록 규정함으로써 이익 공유에 관한 나고야의정서의 근본정신을 일찍이 표방하였다고 할 수 있다.

3) 우리나라의 대응조치

우리나라는 1994년 10월 생물다양성협약에 가입하였고, 1995년 1월부터 발효하였다. 협약 가입에 따라 협약상의 일반적 의무이행을 위해 1997년 12월 '생물다양성 보전 및 지속

69) 박수진, 생물다양성협약상 유전자원의 접근 및 이익공유의 최근동향 및 정책방향에 관한 고찰, 국제법무연구, 2008, 제12권 2호

가능한 이용을 위한 종합적 국가계획 및 전략'을 확정하여 1998년 1월 협약사무국에 제출하였다. 또한 국내의 생물다양성 관리를 강화하기 위하여 1997년 자연환경보전법을 전면 개정하여 관련조항을 추가하였다. 국내 생물자원의 현황 파악을 위해 생물자원에 대한 조사 및 목록화 작업을 추진 중에 있으며 국가 생물자원의 효율적인 보전과 관리를 전담할 기구로서 환경부 산하에 국립생물자원관을 설치하여 2008년부터 운영하고 있다.

나. 나고야의정서

1) 제정 경위

생물다양성협약의 체결로 자국의 유전자원에 대한 각국의 주권을 인정하게 되었다. 이에 따라 유전자원으로부터 발생되는 이익이 공정하게 분배될 수 있도록 국제적 합의가 필요하게 되었다. 유전자원의 접근 및 이익 공유(ABS : Access to genetic resources and Benefit-Sharing)에 대한 국제협상은 1999년부터 진행되었다. 2002년 제6차 당사국총회에서 "ABS에 대한 본(bonn) 가이드라인"이 채택되었고, 2010년 10월 일본 나고야에서 개최된 제10차 당사국총회에서 유전자원에 대한 접근 및 이익 공유에 관한 나고야의정서를 채택하였다.[70)]

2) 주요 내용

나고야의정서의 정식 명칭은 "생물다양성협약 부속 유전자원에 대한 접근 및 유전자원의 이용으로부터 발생하는 이익의 공정하고 공평한 공유에 관한 나고야의정서(Nagoya Protocol on Access to Genetic Resources and the Fair and Equitable Sharing of Benefits Arising from their Utilization to the Convention on Biological Diversity)"이다. 의정서는 전문과 36개 조문, 그리고 1개의 부속서로 구성되어 있다.

제3조는 적용범위를 규정하고 있는데, 생물다양성협약 제15조의 적용범위에 있는 유전자원과 이러한 유전자원의 이용으로부터 기인한 이익에 대하여, 그리고 유전자원과 결부된 전통 지식과 그 이용으로부터 나오는 이익에 대하여 적용범위에 있다고 규정하고 있다. 의정서에서는 엄밀한 의미에서 물적 적용범위에 대해서만 언급하고 있으므로 시간적 또는 지리적 적용범위에 대하여는 동 의정서의 물적 적용범위에 포함되는 유전자원 내지 전통지식의 범위에 따라 이해되어야 한다고 보는 견해가 유력하다.

제5조는 이익 공유에 관한 규정으로서, 유전자원의 이용이나 상용화에 따라 발생하는 이익은 그 자원의 원산지 국가로서 자원을 제공하는 당사국과의 협약에 따라 유전자원을 획득한 당사국간에 공정하고 공평한 방식으로 공유하도록 하고 있다. 아울러 토착지역 공동체가

70) 환경부, 2012 환경백서, 2013

보유하는 유전자원의 이용으로 나오는 이익이나 유전자원 관련 -전통지식의 이용으로부터 발생하는 이익 등에 대하여도 공정하고 공평하게 공유되도록 입법적, 행정적, 정책적 조치가 취해져야 한다고 언급하고 있다. 당초 생물다양성협약은 유전자원과 관련하여 '전통지식'에 대한 토착지역 공동체의 권한을 인정할 뿐 토착지역 공동체가 보유하는 '유전자원'에 관한 권리까지 인정하는 것은 아니었으나, 토착지역 공동체가 보유한 유전자원에 대한 권리를 인정한 의정서 제5조 제2항은 생물다양성협약 이상의 권한을 토착지역 공동체에게 주고 있다는 특징이 있다.[71)]

제6조는 유전자원에 대한 접근을 규정하고 있다. 즉 유전자원의 이용을 목적으로 하는 유전자원 접근시 자원의 원산지 국가로서 자원을 제공하는 당사국, 또는 생물다양성협약에 따라 유전자원을 획득한 당사국은 사전통보승인 절차를 따르도록 규정하고 있다. 이는 사전통보승인(PIC : Prior Informed Consent) 발급의 전제조건으로서 제공국이 국내 ABS법(접근 및 이익공유) 또는 규제요건을 갖춰야 한다는 것이다. 유전자원 이용자가 유전자원의 접근을 위해 PIC 의무를 갖게 되는데, 이 의무는 의정서에서 바로 정해지는 것이 아니라 제공국의 국내 ABS법 또는 규제요건으로부터 도출되는 것이다. 결국 의정서는 제공국의 ABS 입법을 PIC의 전제조건으로 규정하고 있는 것이다. 이 규정은 주로 개도국인 유전자원 제공국 측면에서 보면 자국 관할 내의 유전자원에 대한 주권적 권한을 약화시키는 측면이 있다고 할 것이다.[72)]

이외에 비상업적 연구를 위한 접근을 간소화하는 내용, 농업을 위한 유전자원의 중요성을 특별한 고려에 관한 내용, 유전자원 접근 및 이익 공유에 관한 국내 입법 또는 규제요건의 준수에 관한 사항, 유전자원 관련 전통지식에 대한 접근 및 이익 공유에 관한 국내 규제요건의 준수 등에 관하여 규정하고 있다.

3) 우리나라의 대응현황

나고야의정서의 채택을 계기로 앞으로 자국 생물자원에 대한 주권적 권리를 강화하는 한편 이익공유가 의무화됨에 따라 해외 생물자원의 이용에 따른 부담이 가중될 것으로 전망된다. 이에 우리 정부는 생물자원의 이익공유 및 전통지식 보호 등 나고야의정서의 주요 내용을 포함하는 국내법적 조치로서 2012년 "생물다양성 보전 및 이용에 관한 법률"을 제정하였다.

이 법은 생물다양성의 체계적 보전과 생물자원의 지속가능한 이용을 목적으로 국가생물다양성전략의 수립·시행, 생물다양성 현황조사, 생물자원의 국외반출 통제, 국가생물다양성

---

71) 생물유전자원의 접근 및 이익 공유에 관한 나고야의정서 조문설명서, 환경부

72) 생물유전자원의 접근 및 이익 공유에 관한 나고야의정서 조문설명서, 환경부

센터 운영, 생물자원에 대한 이익 공유 및 전통지식 보호, 관련 연구 개발 등을 규정하고 있다. 우리나라는 고유 생물자원이 그다지 풍부한 편은 아니나 현재 우리나라의 자생 생물자원은 약 10만 여종으로 추정되고, 2011년 현재 약 3만 7천여종이 확인되고 있는데 환경부는 우리나라의 생물주권 강화를 위해 고유 생물자원 확보와 국가 생물종합관리시스템 구축 등을 추진할 계획임을 밝히고 있다.[73)]

정책이야기 9.1 타미플루와 유전자원에 관한 이야기

몇 해 전 우리나라에 신종플루가 창궐하여 사회적으로 커다란 소동이 일어난 적이 있었다. 스위스 기업에서 만든 '타미플루' 외에는 이렇다 할 특효약이 없는 터에 사람의 목숨을 앗아갈 수도 있다고 알려지면서 온 나라가 신종플루의 공포에 휩싸이고 말았다. 병원마다 감기환자들이 타미플루 처방을 받으려고 아우성쳤고, 정부는 타미플루 재고 확보에 촉각을 곤두세웠다. 그런데 이 타미플루가 알고 보면 중국 원산의 팔각회향이란 식물성분으로 제조되는 것으로 알려져 있다.

이처럼 많은 현대 의약품이 생물자원으로부터 성분을 추출하여 만들어지고 있어 생물자원은 생물 산업의 잠재적인 저장고라 할 수 있다. 1992년 리우에서 채택된 생물다양성협약의 목적도 단순히 생물다양성의 보전에 그치지 않고 생물유전자원의 지속가능한 이용과 그 이용에 따른 이익의 공평한 공유 등 세 가지를 명시하고 있다. 지난 2010년 일본 나고야에서 열린 제10차 생물다양성협약 당사국총회에서는 유전자원의 접근 및 이익 공유에 관한 나고야의정서가 채택되기에 이르렀다. 앞으로 해외에서 생물자원을 이용하여 의약품 등을 개발하게 되면 그에 따른 이익을 생물자원 제공국과 공유하는 것이 일반화할 것으로 전망된다. 마찬가지로 우리의 생물자원을 활용하여 외국에서 의약품 등을 개발한 경우에는 우리도 그 이익을 나누어가질 수 있는 길도 열릴 것으로 전망된다.

다. 멸종위기야생동식물의 국제거래에 관한 협약(CITES)

1) 추진배경 및 경과

생물종은 인간의 개발행위에 따른 서식지 파괴로 인하여 멸종위기에 이르는가 하면 인간의 포획활동에 의해서도 종이 감소할 수 있다. 애완용 야생동물이나 관상용 식물에 대한 수요 증가로 살아있는 야생동식물의 거래가 증가될 뿐만 아니라, 동식물의 부산물인 표피, 뼈, 가죽, 목재 등을 원료로 한 식품, 의약품, 목재제품, 가죽제품 등의 상업적 거래가 늘어남에 따라 야생동식물이 감소되는 것이다. 예컨대 악어가죽 가방을 만들기 위해 악어를 포획하거나, 상아를 얻기 위해 코끼리를 해치고, 약재로 쓰기 위해 호랑이나 코뿔소를 잡는 행위가

73) 환경부, 2012 환경백서, 2013

대표적이다.

국제사회는 국제교역을 위하여 야생동식물이 포획되는 것을 막기 위하여 특정 야생동식물종의 국가 간 교역을 금지하는 국제협약을 모색하였다. 1963년 세계자연보전연맹(IUCN) 총회에서 멸종위기에 처한 야생동식물의 보호를 위하여 국제거래와 수송을 규제할 수 있는 국제협약의 체결을 결의하고 그 대상이 될 야생동식물의 목록을 작성하였다. 이후 1973년 3월 3일 CITES협약(Convention on International Trade in Endangered Species of Wild Fauna and Flora)이 채택되었다. 협약은 1975년 7월 발효되었으며, 현재 전세계 175개국이 가입하고 있다.

2) 협약의 주요 내용

협약은 전문과 본문 25개 조항, 그리고 3개의 부속서(Appendix I, Appendix II, Appendix III)로 구성되어 있다. 전문에서는 야생동식물이 심미적, 과학적, 문화적, 휴양적, 경제적 관점에서 점증하는 가치가 있음을 강조하고, 특정 야생동식물이 국제교역을 위해 남획되는 것을 방지해야 한다고 강조하고 있다. 제2조에서 부속서에 포함된 종들의 구분을 규정하고 있는데, 부속서 I에는 현재 멸종위기에 처해 특별히 엄격한 규제가 필요한 생물종들이 포함되며, 부속서 II에는 현재 비록 멸종위기에 처해있지는 않으나 거래를 엄격하게 규제하지 않을 경우 장차 멸종위기에 이를 수 있는 생물종들이 포함되어있다. 부속서 III에는 어느 당사국이 자국 내에서 특정 종에 대한 남획의 예방과 제한을 도모하기 위하여 국제거래의 통제에 당사국간의 협력이 필요하다고 지정한 생물종들이 포함된다. 당사국들은 협약상의 예외조항의 규정을 제외하고는 부속서 I, II, III에 속한 생물종 표본의 거래를 금지하고 있다.

제3조는 부속서 I에 규정된 생물종 표본 거래에 관한 사항을 규정하고 있는데 수출하는 경우 사전승인과 함께 엄격한 요건에 따른 수출허가증의 제시를 요구하고 있다. 마찬가지로 수입의 경우에도 사전승인과 함께 수입허가증의 제시를 요구하고 있다. 제4조와 제5조는 각각 부속서 II와 III에 속한 생물종의 표본 거래에 관한 사항을 규정하고 있는데 수출입의 경우 절차는 부속서 I의 경우와 유사하다.

3) 우리나라의 대응현황

우리나라는 이 협약에 1993년 7월에 가입하여 같은 해 10월부터 발효하였다. 현재 국내 법적 조치로 "야생생물 보호 및 관리에 관한 법률"에 관련 규정을 반영하여 협약을 이행하고 있다. 협약에서 정한 국제적 멸종위기종 및 그 가공품을 수출·수입·반출 또는 반입하고자 하는 경우에는 법에서 정한 허가기준에 따라 환경부장관의 허가를 받도록 규정하고 있다. 협약 가입 전에 우리나라는 한약재 수요에 따른 코뿔소 뿔과 호랑이 뼈 등의 수요와 도장 및 공예품 재료로서 상아의 수요가 많아 국제사회로부터 야생동식물의 멸종을 부추긴다는 부정적 인식이 많았으나 협약 가입 후 점차 실추된 국가이미지를 회복하는 것으로 보인다. 앞으로 보다 더 철저한 수출입 통제가 요구된다.

라. 습지 보전을 위한 람사르협약

1) 추진배경 및 경과

습지는 각종 식물을 비롯하여 곤충류, 양서류, 파충류, 조류, 포유류 등 동물의 서식처로서 생물다양성이 매우 풍부한 곳이다. 또한 홍수와 가뭄 등에 대한 조절기능뿐만 아니라 수질정화 기능도 가지고 있다. 습지의 생산성은 농지나 초지, 임야 등 육지보다 월등히 높은 것으로 보고되고 있다. 이처럼 습지가 많은 동식물이 서식하고 다양한 생태계를 유지하는 자원임에도 불구하고 습지를 보전하기 보다는 매립이나 배수 등의 방법으로 개발하거나, 또는 자연적인 가뭄으로 육지로 전환되어 전 지구적으로 습지가 감소하는 추세에 있다. 이에 습지 감소를 막고 생태계를 보전하기 위하여, 특히 물새 서식처로서 습지를 보호하기 위하여 1971년 이란의 람사르(Ramsar)에서 통칭 람사르협약이 체결되었다. 정식 명칭은 "물새 서식처로서 국제적으로 중요한 습지에 관한 협약(Convention on Wetlands of International Importance Especially Waterfowl Habitat)"이다.

2) 협약의 주요 내용

협약은 전문과 본문 12개 조항으로 구성되어 있다. 전문에서는 습지가 수계시스템(water regime)의 조절자로서. 그리고 동식물 특히 물새를 보호하는 서식처로서 생태학적 기능이 있음을 강조하면서 경제적, 문화적, 과학적, 휴양적 가치를 지니고 있으며 훼손으로 인한 손실은 회복 불가능하다는 것을 인식해야 한다고 규정하고 있다. 제1조에서 보호대상인 '습지'를 정의하고 있는데 이에 따르면 자연적이거나 인공적이거나, 영구적이거나 임시적이거나, 물이 정체하고 있거나 흐르거나, 담수나 기수에 관계없이 소택지, 늪지, 토탄지 또는 수역을 말하며 여기에는 간조시 수심 6미터 이내의 해역을 포함하고 있다.

제2조는 협약상의 습지 '목록'에 관하여 기술하고 있다. 당사국은 협약에 가입할 당시 최소한 한 개의 습지를 목록에 등재해야 하는데 등재되는 습지는 생태학, 식물학, 동물학, 육수학, 수문학적으로 중요성이 있어야 한다. 제3조는 당사국의 의무를 규정하고 있는데, 당사국은 목록에 포함된 습지의 보전과 그 영토내에 있는 습지를 현명하게 이용하기 위한 보전계획을 입안하고 집행하도록 하고 있다. 이 밖에 자연보호구역(nature reserve)의 설치, 인접

국가간의 협력, 상설사무국으로서 세계자연보전연맹(IUCN)의 역할 등이 포함되어 있다.

3) 우리나라의 대응현황

우리나라는 1997년 3월에 협약에 가입하면서 생태경관보호지역으로 지정된 강원도 인제군 소재 '대암산 용늪'을 람사르습지로 등록하였다. 1998년 3월에는 경남 창녕의 '우포늪'을, 2005년에는 전남 신안군 장도와 순천만 갯벌을 등록하는 등 2012년 5월 현재 총 16개의 습지목록을 등재하여 관리하고 있다. 우리나라는 "건강한 습지, 건강한 인간(Healthy etlands, Healthy People)"을 주제로 2008년 10월에 경남 창원시에서 제10차 당사국총회를 개최하였다. 세계 140여개국의 2천여명의 대표단이 참석하였으며 총회에서는 "인류복지와 습지에 관한 창원선언문"과 "습지시스템으로서의 논지역의 생물다양성 증진에 관한 결의문" 등 습지보호에 관한 결의문이 채택되었다.

9.5 사막화방지협약

9.5.1 추진배경 및 경과

사막화현상은 식생의 파괴, 토양침식, 토양질의 악화를 수반하는 현상으로 환경적 문제는 물론 사회·경제적으로 큰 문제를 야기하고 있다. 1977년 사막화에 관한 유엔회의에서 사막화 방지를 위한 실천계획(PACD)을 채택하는 등 국제사회의 관심에도 불구하고 지구적인 사막화 경향은 오히려 가속화되었다. 1992년 리우회의에서 채택된 의제21(Agenda 21) 제12장에는 사막화 방지를 위하여 지역적, 국제적 협력을 강화하고 국제법적 장치를 강구할 것을 제시하였다. 이후 1994년 6월 프랑스 파리에서 협약이 채택되었고, 1996년 12월에 발효되었다.

9.5.2 협약의 주요 내용

협약의 정식 명칭은 "심각한 한발 또는 사막화를 겪고 있는 아프리카지역 국가 등 일부 국가들의 사막화 방지를 위한 국제연합협약(United Nations Convention to Combat Desertification in those Countries Experiencing Serious Drought and/or Desertification, Particularly in Africa)"이다. 명칭에서 보여주듯이 협약은 아프리카 지역에 대해 특별한 고려를 하고 있다. 협약은 전문, 본문 40개 조항 그리고 5개의 지역이행 부속서로 구성되어 있다.

제4조부터 제6조까지는 국가별 의무를 규정하고 있다. 제4조는 우선 공통의무로 일관되고 장기적인 전략 수립을 포함하여 양자간 또는 다자간 협력을 통한 조치를 취할 것을 규정하고 있다. 제5조는 피해 당사국의 의무에 관하여 사막화 방지와 가뭄피해 해소에 우선순위를 부여하고 자국의 여건과 역량에 따라 적절한 자원을 할당하는 등의 전략을 수립하고 우선순위를 정하도록 규정하고 있다. 제6조는 선진당사국의 의무로 피해 개도국, 특히 아프리카 국가와 최빈국의 사막화 방지와 가뭄피해 완화를 위한 노력을 지원할 것, 특히 재정적인 지원을 규정하고 있다. 제7조는 아프리카의 피해 당사국을 우선적으로 고려하도록 규정하고 있다.

제9조에서 제15조까지는 실행계획(action programme)에 관한 내용을 담고 있다. 제20조는 재원과 관련하여 선진국이 피해당사국의 사막화 방지와 가뭄피해 완화를 위한 실행계획의 이행을 위해 재정을 지원하는 동시에 국제협력을 통한 기술과 지식, 노하우의 이전을 촉진할 것을 규정하고 있다.

9.5.3 우리나라의 대응현황

우리나라는 1999년 8월 협약에 가입하여 같은 해 11월부터 발효하였다. 제10차 당사국총회를 2011년 10월에 창원시에 유치하기도 하였다. 아시아 국가에서는 최초로 열린 총회에는 UNCCD 당사국 161개국의 정부 대표와 국제기구, NGO 관계자 등 약 6500여명이 참석하였다. 창원총회에서는 사막화방지 활동을 실천할 구체적 이행방안을 담은 '창원이니셔티브'가 채택되었으며 여기에는 사막화와 토지황폐화 및 가뭄 해결을 위한 기준과 실질적 이행체계가 진일보된 것으로 평가된다. 우리나라로서는 중국의 사막화 현상으로 인한 황사의 직접적인 영향권 국가로서 이 협약을 기반으로 지역적 협력을 강화할 필요가 있다.

9.6 유해물질 및 유해폐기물 관련 국제환경협약

9.6.1 스톡홀름협약

가. 추진배경 및 경과

잔류성 유기오염물질(POPs)이란 자연 상태에서 분해되지 않고 먹이사슬을 통해 동식물 체내에 축적되고 궁극적으로 인체 내에 면역체계 교란, 중추신경계 손상 등을 초래하는 독성이 강한 물질을 말한다. 대부분 산업생산 공정과 폐기물 소각과정에서 발생하며, 주요 물질로는 DDT, 알 드린 등 농약류와 PCB, 헥사클로로벤젠 등 산업용 화학물질, 다이옥신, 퓨란 등이 있다.

POPs는 분해가 잘 되지 않아 생태계에 장기간 잔류하면서 환경을 오염시키는데 심각성이 있으며, 국제사회는 이 문제를 해결하기 위하여 1990년대 중반부터 이들 물질의 생산과 사용을 규제하기 위한 국제협상을 진행하였다. 이후 2001년 5월 스톡홀름에서 "잔류성 유기오염물질 관리에 관한 스톡홀름협약(Stockholm Convention on Persistent Organic Pollutants (POPs))"이 정식으로 채택되었으며 2004년 5월에 발효하였다.

나. 협약의 주요 내용

협약은 전문, 본문 30개 조항 그리고 7개의 부속서(Annex A～G)로 구성되어 있다. 제3조는 고의적인 생산·사용, 수출입 저감이나 금지에 관하여 규정하고 있다. 부속서 A에는 올드린을 비롯한 17종의 화학물질을 명시하고 있으며 생산·사용을 매우 제한적으로 허용하는 경우를 제외하고는 원칙적으로 금지(elimination)토록 규정하고 있다. 제5조는 비고의적 생산으로부터의 저감이나 방출금지에 관하여 규정하고 있다. 이와 관련하여 부속서 C에서 그 대상물질(HCB, PeCB, PCB, PCDD/PCDF)과 발생원 범주(source categories) 등 세부 내용이 규정되어 있다.

제6조는 재고 물질이나 폐기물로부터 배출을 금지하거나 저감하기 위한 사항을 규정하고 있다. 즉 부속서 A, B, C와 관련된 대상물질을 안전하고 환경적으로 건전한 방법으로 보관할 것과 대상물질을 포함한 폐기물에 대한 적절한 조치를 취할 것을 규정하고 있다. 이외에 당사국들의 협약 이행계획 수립·제출에 관한 사항, 부속서 A, B, C에 포함된 규제 대상물

질 목록에 등재하는 절차 등을 규정하고 있다. 한편, 부속서 D는 부속서 A, B, C에 등재할 물질의 선정기준을 규정하고 있으며, 부속서 E와 F는 각각 위해성 관련정보와 사회경제적 고려사항을 규정하고 있다. 부속서 G는 분쟁해결과 관련한 중재 및 화해 관련 절차를 규정하고 있다.

다. 우리나라의 대응현황

우리나라는 2001년 4월 협약에 서명하고, 2002년 8월에 비준하였다. 국내 이행을 위해 "잔류성유기오염물질관리법"을 제정하여 시행중에 있다. 이 법에서는 잔류성 유기오염물질의 정의, 잔류성유기오염물질의 제조·수출입·사용 금지 또는 제한, 잔류성유기오염물질 배출규제 등에 관하여 규정하고 있다. 동 법에 의한 규제대상인 잔류성 유기오염물질은 협약 체결이후 추가되어 알드린 등 21종(기타 고시물질 추가 가능)에 이르고 있다.[74)]

9.6.2 로테르담협약

가. 추진배경 및 경과

1960년대 이후 맹독성 농약을 비롯한 유해화학물질의 국제교역이 증가함에 따라 인간 건강과 생태계 위험에 대한 우려도 증가하였다. 특히 화학물질이나 농약 중에서 선진국에서 금지되거나 규제되는 물질을 개도국에 수출함으로써 국가간 갈등의 원인이 되기도 하였다. 선진국을 비롯한 다수 국가에서 1980년대 들어 자발적인 사전통보승인(PIC : Prior Informed Consent procedure) 절차를 도입하였고 국제법적 규제를 위한 논의가 본격화되었다. 1995년 5월 UNEP 집행이사회의 결정에 따라 협약 체결을 위한 정부간 협상이 시작되었고, 1998년 9월 네덜란드 로테르담 회의에서 협약을 채택하게 되었다.

나. 협약의 주요 내용

이 협약의 정식명칭은 "특정 유해화학물질 및 농약의 국제교역에 있어서 사전통보승인에 관한 로테르담 협약(Rotterdam Convention on the Prior Informed Consent Procedure for Certain Hazardous Chemicals and Pesticides in International Trade)"이다. 동 협약은 전

74) 잔류성유기오염물질에 대하여는 제7장에서 상술하였다.

문, 본문 30개 조항 그리고 6개의 부속서로 구성되어 있다. 제3조는 협약의 적용대상 범위를 규정하여 금지 또는 엄격히 제한되는 화학물질과 위험한 농약제재를 포함하도록 하고 있다. 사전통보승인(PIC) 대상물질 목록은 부속서 III에 명시하였으며, 향정신성 약물, 방사성물질, 폐기물, 화학무기, 의약품, 식품첨가물, 식품, 연구용 화학물질 등 소량 수입물질 등은 적용범위에서 제외하였다.

제5조는 규제대상 화학물질에 대한 규제조치를 취한 당사국은 그 내용을 사무국에 통보하도록 규정하고 있다. 제6조는 농약제재의 사용에 따라 문제점을 경험한 국가에서 PIC 절차에 포함되도록 사무국에 부속서 III에 등재할 것을 제안할 수 있도록 하였다. 제7조는 부속서 III에의 등재절차를 규정하고 있으며, 제8조는 자발적인 PIC 포함절차를 규정하고 있다. 제10조는 부속서 III에 등재된 화학물질의 수입과 관련하여 적절한 입법적, 행정적 수단을 강구토록 규정하고, 동 물질의 수입에 따르는 절차를 규정하고 있다. 제11조는 부속서 III에 등재된 화학물질의 수출에 따르는 의무를 규정하고 있다. 제12조는 부속서 V에 따르는 수출 통보에 관한 사항을 규정하고 있다.

한편 부속서에는 통보에 포함될 사항(부속서 I), 부속서 III에 등재된 금지 또는 엄격히 제한되어야 할 화학물질 목록의 기준(부속서 II), 사전통보승인 대상이 되는 화학물질 목록(부속서 III), 부속서 III에 포함될 농약제재 관련 정보 및 기준(부속서 IV), 수출통보시 포함될 정보(부속서 V) 등이 포함되어 있다.

다. 우리나라의 대응현황

우리나라는 이 협약에 2003년 8월에 가입하여 2004년 2월 발효하였다. 협약 이행을 위한 취급제한·금지 물질의 수출승인과 관련한 사항은 "유해화학물질관리법"에 반영하여 시행중에 있다.

9.6.3 바젤협약

가. 추진배경 및 경과

산업화시대 이후 대량생산·소비·폐기라는 경제구조가 고착되면서 필연적으로 다량의 유해폐기물이 발생되게 되었다. 1960~1970년대에 경제적인 이유로 다량의 유해폐기물이 선진국으로부터 개발도상국으로 이동하는 경향을 보였다. 유해폐기물에 대한 체계적인 관리능력이 취약한 개발도상국으로 유해폐기물이 이동하는 경우 환경문제가 더욱 심각하게 된다.

이러한 유해폐기물 문제를 해결하기 위해 UNEP 집행위원회는 1985년 카이로선언을 통해 유해폐기물 관리에 관한 지침서를 제시하였고, 이후 1989년 3월 스위스 바젤에서 협약이 채택되었으며[75] 1992년 5월에 발효되었다.

나. 협약의 주요 내용

이 협약의 정식명칭은 "유해폐기물의 국가간 이동 및 그 처리의 통제에 관한 바젤협약(Basel Convention on the Control of Transboundary Movements of Hazardous Wastes and their Disposal)"이다. 협약은 전문, 본문 29개 조항 및 9개의 부속서로 구성되어 있다. 제1조는 협약의 규제대상인 '유해폐기물'의 범위를 규정하여 부속서 I에 적시된 45종의 유해폐기물과 수출입국 및 경유국이 국내법에서 유해폐기물로 정한 폐기물을 대상으로 한다고 규정하고 있다. 아울러 가정에서 나오는 폐기물이나 그 소각 잔재물은 기타폐기물(other wastes)로 분류하며(부속서 II), 방사능폐기물과 선박폐기물에 대하여는 적용범위에서 제외하고 있다.

제3조는 당사국으로 하여금 부속서 I, II의 폐기물 외에 해당 당사국이 국내법으로 유해폐기물로 정한 폐기물의 목록과 국경간 이동에 관하여 규정한 내용을 협약 사무국에 통보토록 하고 있다. 제4조는 일반적 의무사항을 규정하여 우선 유해폐기물의 수입을 금지한 당사국에 대하여는 수출을 원천적으로 금지하고, 수입을 금지하지 않은 국가에 대하여는 당해 수입에 대하여 서면으로 동의를 받지 않으면 역시 수출을 금지하도록 하였다. 또한 당사국들에게 유해폐기물의 적정관리에 관한 의무를 부과하고 당사국은 비당사국으로의 유해폐기물의 수출을 금지하는 동시에 비당사국으로부터의 수입도 금지하도록 하고 있다. 이 밖에 당사국들은 남위 60도 남쪽 지역으로의 유해폐기물 수출을 금지하도록 하고 있다.

제6조는 당사국간의 국경간 이동에 관하여 규정하여 우선 수출국은 자국내 주무관청을 통해 수입국 측에 대해 유해폐기물의 국가간 이동계획을 서면으로 통보하도록 하되, 통보사항은 부속서 V에 규정된 내용을 포함하도록 하고 있다. 수입국은 통지자에게 일정 조건하에서 이동에 동의하거나 허가를 거부할 수 있으며 추가정보를 요청할 수도 있다. 아울러 경유당사국은 통지자에게 즉시 통지의 접수를 알리고 60일 이내에 통지자에게 결과를 회신토록 규정하고 있다. 제7조는 당사국으로부터 비당사국으로의 이동에 관하여 규정하고 있다. 유해폐기물의 국경간 이동에 관하여 우선 수출국은 자국내 주무관청을 통해 수입국 측에 대해 유해폐기물의 국가간 이동계획을 서면으로 통보하도록 하고 통보사항은 부속서 V에 규정된 내용을 포함하도록 하고 있다.

---

75) 바젤협약, 유엔환경계획 한국위원회, UNEP Press, 2002

다. 우리나라의 대응조치

우리나라는 협약 가입 이전인 1992년 12월에 국내 조치법인 "폐기물의 국가간 이동 및 그 처리에 관한 법률"을 제정하였다. 이 법은 바젤협약과 동 협약에 의해 체결되는 양자간·다자간 또는 지역적 협정의 시행을 위한 것으로 폐기물의 수출입 및 국내경유를 규제하는 법률이다. 폐기물의 국가간 이동으로 인한 환경오염을 방지하고 국제협력을 증진함을 목적으로 한다. 바젤협약에는 1994년 2월 가입하여, 같은 해 5월부터 발효되었다.

참고문헌

- 관계부처 합동, 2010.10, *국가 기후변화 적응대책 2011~2015*
- 관계부처 합동, 2013.1, *2012년 이상기후 보고서*
- 국립해양조사원 보도자료, 2012.4.19
- 기상청, 2010.7, *기후변화 핸드북*
- 기상청, 2012.12, *기후변화 시나리오의 이해 및 활용 사례집*
- 기상청(역), 2008.5, *기후변화 2007 종합보고서*
- 기상청 보도자료, (2011.11.29, 2013.9.27)
- 기상청, 2012.12, *한반도 기후변화 전망 보고서 2012*
- 김찬우, *포스트 2012 기후변화 협상*, *에코 리브르*
- 김형국 편저, 2011.3, *녹색성장 바로알기*
- 녹색성장위원회, 제6차 녹색성장위원회 보고대회, 2009.11, *국가온실가스 중기(2020년) 감축목표의 설정방안*
- 녹색성장위원회, 국무총리실, 2012.8, *온실가스 배출권거래제법 시행령 공청회 자료*
- 온실가스 종합정보센터 보도자료, (2011.7.12, 2013.2.28)
- 노희진, 2012.5, *자본시장 weekly 2012-20호*, 자본시장연구원
- 니노미야 고조, 2010, *기후변화와 지구환경*, 진한엠엔비
- 대외경제정책연구원, 2010, *UNCCD 제10차 총회개최를 통한 사막화방지 국제협력사업 확대 방안*
- 박수진, 2008, *생물다양성협약상 유전자원의 접근 및 이익공유의 최근동향 및 정책방향에 관한 고찰*, *국제법무연구(제12권 2호)*
- 심영규, 2004, *국제환경협약 편람*, 한국환경정책·평가연구원
- 연세대학교, 2009, *21세기 지구환경문제 해결을 위한 첨단환경과학기술과 신성장동력산업*, 연세대학교 환경과학기술연구소
- 유엔환경계획 한국위원회, 2002, *바젤협약*, 유넵프레스
- 이민희, 2005, *지구환경 오염문제와 국제적 협약*, 신광출판사
- 조홍석 등, 2010, *기후변화와 법의 지배*
- 한국행정연구원, 2012.10, *온실가스 배출권거래제 도입에 따른 규제영향분석 및 수용성 제고 방안 연구*
- 환경부, 2010, *생물유전자원의 접근 및 이익 공유에 관한 나고야의정서 조문설명서*
- 환경부, 국립환경과학원, 2011.9, *한국기후변화 평가보고서 2010*
- 환경부, 2012, *환경백서(2012)*

- 환경부, 2010, *환경30년사*
- CBD, 2001, *Global Biodiversity Outlook 1*
- Donella H. Meadows, Dennis L. Meadows, Jørgen Randers, and William W. Behrens III, 1972, *The Limits to Growth,* Universe
- IEA, 2011, *IEA Report*, 2011
- IPCC, 2007, *Climate Change 2007: Synthesis Report*
- IPCC, 1990, *Climate Change: The IPCC Scientific Assessment*
- IPCC, 2013.9, *Climate change 2013: The physical science basis, summary for policy makers*
- Louis J. Kotz, 2013, *Global Environmental Governance*, Edward Elgar
- Nicholas Stern, 2006, *The Stern Review on the Economics of Climate Change*, Cambridge University Press
- UN, 1972, *Declaration of the United Nations Conference on the Human Environment*
- UNCSD, 2012, *The Future We Want*
- UNEP, 2012, *Global Environment Outlook-5*
- World Commission on Environment and Development (WCED), 1987, *Our Common Future*, Oxford University Press
- Global Environment Facility, 1998, *Valuing the Global Environment Actions & Investments for a 21st Century*
- Wise, Donald L., 1997, Global *Environmental Biotechnology Proceedings of the 3rd Int'l Symposium-Int'l Socty*, International Society for Environmental
- Whitmore, Harland Wm, 1999, G*lobal Environmental Macroeconomics*, M.E. Sharpe

찾아보기

· **김지태**
한양대학교 공학박사
현) 경기대학교 환경에너지공학과 교수

· **김상훈**
서울대학교 행정학석사
현) 환경부 생물다양성협약총회 준비기획단장

· **안세창**
미국 델러웨어대학교 공학박사
현) 주케냐한국대사관 환경관

· **오길종**
일본 홋카이도대학교 공학박사
현) 국립환경과학원 환경자원연구부장

· **정병철**
부산대학교 문과대학 졸업
현) 환경부 대구지방환경청장

· **황석태**
미국 인디애나대학교 정책학박사
현) 환경부 수도정책과장

환경정책의 이론과 실제 정가 40,000원

인 쇄 2014년 9월 1일 초판 1쇄
발 행 2014년 9월 10일 초판 1쇄
저 자 김지태·김상훈·안세창·오길종·정병철·황석태
발행인 정우용
발행처 도서출판 동화기술
경기도 파주시 광인사길 201(문발동, 파주출판도시)
Tel (031)955-4211~6 donghwae@kornet.net
Fax (031)955-4217 www.donghwapub.co.kr
(등록) 1977년 12월 19일/9-16호

Printed in Korea
ISBN 978-89-425-1882-1